U0316012

中国工程科技论坛第125场论文集

Proceedings of the 125th China Engineering Science and Technology Forum

爆炸合成新材料与高效、安全爆破关键科学和工程技术

汪旭光　主编

冶金工业出版社

图书在版编目(CIP)数据

爆炸合成新材料与高效、安全爆破关键科学和工程技术/汪旭光主编.—北京：冶金工业出版社，2011.8

ISBN 978-7-5024-5753-2

Ⅰ.①爆… Ⅱ.①汪… Ⅲ.①爆炸复合—复合材料②爆破技术 Ⅳ.①TB33 ②TB41

中国版本图书馆 CIP 数据核字(2011)第 173339 号

出 版 人　曹胜利
地　　址　北京北河沿大街嵩祝院北巷 39 号，邮编 100009
电　　话　(010)64027926　电子信箱　yjcbs@cnmip.com.cn
责任编辑　程志宏　廖　丹　美术编辑　李　新　版式设计　孙跃红
责任校对　王永欣　责任印制　牛晓波
ISBN 978-7-5024-5753-2
北京兴华印刷厂印刷；冶金工业出版社发行；各地新华书店经销
2011 年 8 月第 1 版，2011 年 8 月第 1 次印刷
787mm×1092mm　1/16；34.75 印张；838 千字；539 页
150.00 元

冶金工业出版社发行部　电话:(010)64044283　传真:(010)64027893
冶金书店　地址:北京东四西大街 46 号(100010)　电话:(010)65289081(兼传真)
（本书如有印装质量问题，本社发行部负责退换）

代　　序

刘延东

宋健同志、匡迪同志、各位院士、同志们：

今天，很高兴再次来到工程院，参加中国工程科技论坛创办十周年座谈会，共同回顾和见证论坛十年百场的累累硕果。刚才匡迪同志和几位院士做了很好的发言，大家总结回顾了论坛的创办与发展历程，对今后的发展提出了很多好的想法，听后深受启发，倍感振奋。在座的院士和专家都是我国工程科技战线的领军人物，为我国工程科技事业发展做出了重要贡献。在此，我代表党中央、国务院向各位院士和专家，并通过你们向广大工程科技工作者致以诚挚的问候！

中国工程科技论坛创办于本世纪之初，正处于世界科技革命迅猛发展、我国工程科技加快进步之际。作为工程院的一项重要系列学术活动，论坛的创办体现了老一辈科学家的远见卓识，承载着广大工程科技工作者相互交流借鉴的殷切期望，成为广大院士发挥学术引领作用的重要载体。十年来，论坛秉承创办宗旨，紧跟工程科技前沿，把握科技进步方向，服务国家发展大局，以灵活多样的组织形式、和谐宽松的学术氛围，为科技界开辟了一个百花齐放、百家争鸣的学术交流与才华展示的崭新舞台。十年来，论坛不断创新，从个别领域发展到多个领域，从单一学科发展到多学科交叉，从热点学科发展到边缘学科，形成了兼容并蓄、激发创造的良好局面。十年来，论坛积极鼓励优秀青年工程科技工作者参与学术研讨，为院士发现、提携和培养优秀人才创造了良好条件，一批杰出人才崭露头角，加快成长，走进了院士行列，为国家的院士队伍增添了新的活力。十年来，论坛给科技界带来了一股清新的学风，形成了重要学术活动的特色和品牌，赢得了工程科技界的广泛赞誉。

※　中共中央政治局委员、国务委员刘延东2010年12月6日在中国工程科技论坛创办十周年座谈会上的讲话。

今天，以论坛为代表的学术活动，已经成为我国工程科技界交流学术成果、分享学术思想的重要平台，为活跃学术思想、促进学科融合、引领科学发展发挥着重要作用；已成为一个聚焦战略问题、凝聚集体智慧的重要平台，为做好战略咨询、服务政府决策、促进经济社会发展作出了积极贡献。回首十年，论坛取得了令人鼓舞的成果，这些成果正是我国工程科技事业开拓奋进、跨越发展的具体展示，是中国工程院服务国家、引领学术的生动写照，是广大院士、专家和工程科技工作者心系祖国、勇攀高峰的光辉例证。

各位院士，同志们，党中央、国务院历来高度重视工程科技事业的发展，对院士们寄予很高期望。前不久闭幕的十七届五中全会，对未来五年我国经济社会发展作出了全面部署，鲜明指出我国发展仍处于可以大有作为的重要战略机遇期，经济社会发展呈现新的阶段性特征。站在历史的新高度继续推进现代化建设，中央要求必须以科学发展为主题，以加快经济发展方式转变为主线，深化改革开放，保障和改善民生，巩固和扩大应对国际金融危机冲击成果，促进经济长期平稳较快发展和社会和谐稳定，为全面建成小康社会打下具有决定性意义的基础。全会强调加快转变经济发展方式，最根本的是要靠科技的力量，最关键的是要大幅度提高自主创新能力。当前，科技知识创新、传播、应用的规模和速度前所未有，科学研究、技术创新、产业发展、社会进步相互促进和一体化发展趋势更加明显，必须紧紧跟上国际经济科技发展大势，牢牢把握发展主动权。工程科技承担着把科学知识转化为现实生产力的重大任务，是创新驱动、内生增长的关键因素，在加快转变发展方式中承担着前所未有的崇高使命。工程院作为我国工程科技界最高荣誉性、咨询性学术机构，要把握世界科技发展方向，适应国家发展重大需求，把学术引领、战略咨询、科技服务、人才培养有机结合，促进思想库建设的全面协调发展，引领工程科技发展的未来，为国家决策提供坚实的科技支持。

第一，希望工程院面向国家重大战略需求，充分发挥高端思想库的作用。“十二五”时期是实现全面建设小康社会奋斗目标承前启后的关键时期，也是深化重要领域和关键环节改革的关键时期。事关国家长远发展的战略问题、党和政府重大决策都需要强有力的智力支持。希望工程院按照中央的要求，紧扣时代脉搏，聚焦重大工程科技问题，前瞻部署，密切跟踪，组织开展战略研究，为国家和地方的经济建设和社会发展提供决策咨询。要瞄准世界工程科技发展前沿，大力促进学科之间、科学与技术之间的交叉融合，为我国在工程科技领域占据制高点提供支持。要把科技重大专项、技术创新工程、战略性新兴产业发展作为工程院发挥思想库的优先领域和重要方向，引导广大院士建言献策、贡献力量。

第二，希望工程科技界围绕加快转变经济发展方式这一主线，加强重大工程科技攻关与应用。当前，工程科技进步已成为产业升级和经济发展的有力推手，新一轮产业革命将与工程科技领域的新突破息息相关。加快经济发展方式转变的战略，对工程科研提出了新的更高要求。高水平、高质量、高层次的工程科研是科技事业繁荣发展的重要组成部分，是建设创新型国家的基石。作为工程科研领域的人才高地，工程院应团结动员广大工程科研工作者，围绕中心，服务大局，为转变经济发展方式提供强大的科技支撑。要贴近行业、企业的科技需求，加快推进产学研结合，让科技创新为推动产业升级、民生改善、生态建设开辟新的途径。工程科技与生产实践有着紧密联系，院士和广大工程科研工作者要深入基层，多与生产一线的行业工人和企业家接触，了解他们的需求，让工程科技深深扎根在应用的土壤上。

第三，希望广大院士积极培养和提携年轻人才，造就一支更有朝气、更富活力的工程科技工作者队伍。人才资源是第一资源，优秀的青年科技人才是繁荣科技事业的希望所在。只有不断发现、培养和使用优秀青年科技人才，才能使科技事业薪火相传。胡锦涛总书记在今年的两院院士大会上对院士们以科教兴国为己任、悉心培养和提携优秀青年人才提出了希望。青年工程科技人才是科研战线的生力军，是富有活力的创新力量。希望院士们把培养青年科技人才作为义不容辞的责任，悉心指导，促其成长，并放手让他们担当大任。要开阔视野发现人才，竭诚尽力培养人才，不拘一格使用人才，充分调动广大青年科技工作者投身创新型国家建设的积极性、主动性和创造性。对拔尖创新人才要采取特殊政策，为他们施展才智创造条件，激励他们脱颖而出，在科技创新道路上奋勇拼搏、锐意进取，在人生的黄金时期作出杰出的业绩。

第四，希望中国工程科技论坛继续创新发展，进一步发挥学术活动的引领作用。中国工程科技论坛等学术活动是工程院高智力密集、多学科荟萃的特色平台，希望工程院以战略高度、世界眼光和创新思维加强统筹规划，以百场中国工程科技论坛为契机，总结经验，把握定位，发挥优势，创新方法，改进服务，把论坛做好做强，打造成国际上有影响的知名学术活动品牌。要注重四个引领：一是引领科技创新，紧扣工程科技和经济社会发展中的战略性、前瞻性问题，精心组织各种类型的学术活动，让学术思想碰撞的火花点燃创新激情、开阔创新思路，促进多学科交叉融合和重大工程科技问题的解决，带动工程科技创新的长足发展。二是引领国内外交流，准确把握世界工程科技发展的前沿趋势，吸引国内外更多的一流科技专家参加进来，组织国内优秀科技专家参与国际学术交流，提升学术活动的质量和水平，不断扩大我国科技界的国际影响力。三是引领学术风气，积极营造诚信、宽松、和谐的学术环境，倡导求真务实的科学精神，发扬学术民主，提倡学术争鸣，鼓励自主探索，带头抵制不良学风和不端学术行为，自觉维护科学道德。四是引领科学风尚，宣传科学成果，普及科学知识，传播科学方法，促进全社会更加尊重科学、按科学规律办事，为提高全民科学素质作出更大贡献。我相信，经过我们的不懈努力，中国的学术活动一定能够进一步走向世界，形成有影响的品牌，在国家的发展乃至人类科学事业进步中发挥更大作用。

各位院士，同志们，在现代化建设的伟大进程中，工程科技事业正展现出光明前景和勃勃生机。让我们紧密团结在以胡锦涛同志为总书记的党中央周围，求真务实，奋力进取，让工程科技为加快转变经济发展方式、建设创新型国家作出更大贡献！

谢谢大家！

前　言

随着国民经济长期平稳较快发展和经济发展方式的转变，工程爆破科学与技术也得到了前所未有的迅猛发展。爆破技术广泛应用于城市建设、水利水电、航空航天、交通运输、采矿工程等领域并且发挥了巨大作用，取得了举世瞩目的成就。所以，爆炸合成新材料与高效、安全爆破关键科学和工程技术已成为工程爆破行业一个十分重要的研究课题。

爆炸合成新材料作为爆炸技术中最具活力的学科，从最初的爆炸成型、爆炸切割和爆炸硬化等对爆炸机械力学效应的直接应用，已经逐步拓展到包括材料、冶金、化学和高压物理以及生物技术等多学科的交叉领域。例如，将爆炸技术与材料冶金技术相结合形成了爆炸复合（焊接）、爆炸粉末烧结（粉末冶金）和金属材料表面的爆炸硬化（表面加工）等；在高压物理领域中产生了别具特色的动高压冲击相变合成方法；将爆炸与材料化学科学相结合形成了独特的纳米材料爆轰合成技术。最近，人们又将爆炸技术与天然的生物材料处理相结合，将水下爆炸冲击波对细胞和纤维组织的细观破坏作用加以利用，从而形成了较为完善的肉类冲击波嫩化技术，并将冲击波处理逐步拓宽，应用于杀菌、处理植物纤维、木材、速冻食品和药物萃取等多种用途。

在爆炸合成新材料实际应用方面，世界各地建设了许多爆炸加工厂，形成了从爆炸焊接金属复合材料到深加工产品的完善的产业体系。美国、日本、俄罗斯、乌克兰、波兰等均有爆炸复合材料生产，例如由法国、美国和瑞士加盟的 DMC 爆炸加工公司（Dynamic Materials Corp.），以钛、锆等复合钢板制造为主，年产值已经超过 8 亿美元。国内年产值超亿元的爆炸加工企业已经有大连爆炸加工研究所、西安天利、西安宝钛、四川惊雷科技、洛阳双瑞、山西太钢、南京三邦和南京宝泰等多家企业。各种标准的不锈钢复合板、钛钢、锆钢复合材料已经广泛地用于化工设备的制造、舰船、航空航天、军工、机械、冶金产业当中。随着改革开放经济大潮的发展，我国的爆炸复合加工总产量已经越居世界第一位，使得我国爆炸复合板的总产值从 21 世纪初的几亿元人民币，迅速跨越式发展到现在的近百亿元总产值。另外，爆轰合成的纳米金刚石已经成为纳米材料开发的重要原料，如美国、俄罗斯、乌克兰、白俄罗斯等国均有纳米金刚石商品出售，乌克兰纳米金刚石已经有近一亿美元的产值，在润滑油添加剂、超精抛光、电镀层硬化等方面具有极大的潜力。我国也已经开始在该领域的产业有投入，在兰州、郑州等地已出现了爆炸合成纳米金刚石企业，形成了爆炸合成产业新的生长点。

高效、安全、环保爆破关键科学与技术是我国爆破行业多年研究的一项重要课题，主要针对城市高大建（构）筑物爆破拆除。采用多体-离散体动力学分析方法来研究和模拟高大建（构）筑物多段折叠倾倒过程，为高层建筑物和烟囱多段折叠爆破拆除选用合理的倒塌方式、切口高度、分段时间及不对称高大楼房倒塌过程中出现的偏离定向中心问题等关键技术，提供了理论支撑。在高大建（构）筑物爆破拆除工程中，首先进行化繁为简、保效降耗等措施，有效减少爆破拆除工作量和爆破器材消耗量，降低施工费用，从而提高爆破拆除效率；采用拆除爆破专家预评系统事前消除安全隐患，通过爆破拆除的预拆除预警系统，提高施工安全性；研究爆破拆除扬尘机理，运用泡沫控制爆破拆除中的扬尘，并取得显著成效，为推行无污染爆破拆除奠定了坚实基础。

实现高效、安全、环保爆破关键科学与技术的一个重要理论依据是精细爆破。精细爆破是由我国工程爆破界本着“从效果着眼，从过程入手”原则，在多年的爆破工程实践中提出的，通过定量化的爆破设计、精心的爆破施工和精细化的爆破管理，对炸药爆炸与介质破碎、抛掷等过程进行控制，从而达到预期的爆破效果，并实现安全可靠、技术先进、绿色环保和经济合理的工程爆破。

精细爆破根据爆破介质的力学特性，运用爆炸力学、岩石动力学、结构力学、材料力学和工程爆破等相关学科的最新研究成果和飞速发展的计算机技术，实现了爆破方案和工艺参数的优化；通过爆破作用过程的仿真模拟以及爆破振动、冲击波和飞石等有害效应的跟踪监测与信息反馈，实现爆破效果及有害效应的预测与预报；依赖于性能优良的爆破器材及先进可靠的起爆技术，辅以精心施工和严格管理，实现炸药爆炸能量释放、介质破碎、抛掷及堆积等过程的精密控制。

本论文集是中国工程院中国工程科技论坛第125场论文的汇集，它从多方面较全面地反映了我国爆炸合成新材料和高效、安全爆破技术的研究成就。关于爆炸合成新材料的研究，既有爆炸焊接与爆炸烧结的理论研究，也包含了爆轰合成纳米粉末、爆炸冲击合成新材料等科学前沿内容，更多的是关于新材料开发、新材料应用领域拓展以及材料检验、材料处理、质量控制等工程应用技术；而高效、安全爆破技术所涉及的内容包括水利水电、交通运输和城市高大建（构）筑物爆破拆除等精细、高效、安全和环保爆破技术等方面。论文集的内容丰富、质量较高，相信“爆炸合成新材料与高效、安全爆破关键科学和工程技术论坛”的成功召开与本论文集的出版，必将促进我国特种爆破理论与应用技术的进一步发展。

中国工程院院士
中国工程爆破协会理事长

2011年8月

目　　录

1　特种爆破基础理论研究

爆炸合成新材料中的几个关键问题 ………………………… 李晓杰　汪旭光　张　勇　等　3
金属材料爆炸焊接精确化研究及应用 …………………………………………… 王耀华　13
复合板冲击性能影响因素分析 ………………………… 赵　惠　李平仓　薛治国　31
金属爆炸复合材料的界面分析 ……………………… 徐宇皓　邓光平　韩顺昌　等　37
爆炸与轧制复合钢板结合界面的研究 ……………………… 范述宁　卫世杰　续春明　44
0Cr13Ni5Mo-Q345C 爆炸焊接界面波试验探讨 ……………… 侯发臣　张　超　刘富国　52
爆炸合成钛/钢复合板探伤界面波与结合强度的研究
…………………………………………………………………… 关尚哲　赵　妍　刘润生　等　58
爆炸焊接界面波的模拟研究 ………………………………………… 李晓杰　莫　非　65
有限元仿真技术在爆炸焊接中的应用 …………………… 薛治国　樊科社　黄杏利　等　71
浅谈水下爆炸焊接的发展及试验研究 ………………………………… 陈晓强　张可玉　77
爆炸焊接复合板在石化装备应用中的关键技术研究 … 周景蓉　邹　华　邓家爱　等　84
爆炸不锈钢复合钢板焊接裂纹研究 ……………………… 卫世杰　王海峰　刘云飞　93

2　爆炸复合新技术

镍基合金复合板的制造及应用 ………………………………… 薛小军　刘建立　刘国洪　101
论钛钢复合板覆层钛板特性及对爆炸复合板的影响 ……… 闫　力　陈孝国　王小兵　109
不锈复合冷轧薄钢板的开发与应用 ……………………… 郭励武　范述宁　王虎成　等　114
爆炸焊接铝钢复合板在城市轨道交通中的应用 ………… 李玉平　范述宁　王虎成　120
爆炸焊接地铁用铝钢复合电磁感应板研制 ……………… 侯发臣　辛　宝　张　超　等　125
高速铁路桥梁整体桥面用复合钢板应用研究 …………… 张　超　侯发臣　辛　宝　等　135
水利工程用不锈钢复合钢板的研发 ………………………… 夏万福　李志毅　郭　勇　147
爆炸复合过渡接头在舰船行业中的应用 ………………… 徐宇皓　岳宗洪　侯发臣　等　157
爆炸轧制钛/钢复合板在燃煤脱硫烟囱中的应用 …… 张杭永　关尚哲　刘润生　等　164
爆炸轧制复合型不锈螺纹钢工艺研究 …………………… 方　雨　葛　伟　邓宁嘉　等　171
钛/不锈钢爆炸复合过渡接头在国内航空航天领域中的应用
…………………………………………………………………… 王虎年　李　莹　郭悦霞　等　176
爆炸焊接过渡接头的研制与应用 ………………………… 王　勇　姚　政　张越举　等　180

大面积钛/钢复合板不同装药方式对焊接质量的影响研究
…………………………………………… 张杭永 刘润生 关尚哲 等 187
挠性/塑性爆炸加工炸药及其应用研究 ……………… 黄亨建 杨 攀 袁启纯 等 193
低温对爆炸焊接用粉状铵油炸药爆速的影响研究 …… 张越举 杨旭升 李晓杰 等 199
爆炸轧制铜铝复合排的制备和检测方法研究 ……………… 苏海保 吴小玲 李 勇 204
爆炸焊接场地地基结构优化与研究 ………………………… 周景蓉 李 勇 陈寿军 212

3 爆炸合成新材料

爆轰法合成纳米碳材料的研究 ……………………… 李晓杰 罗 宁 闫鸿浩 等 221
爆炸合成纳米氧化物与应用 ………………………… 谢兴华 邸云信 严仙荣 等 236
爆轰参数对爆轰合成纳米粉体的影响 ………………………… 谢兴华 邸云信 颜事龙 243
磷酸铁锂爆炸合成 …………………………………………… 谢兴华 邸云信 颜事龙 248
爆炸粉末烧结的细观沉能机理研究 …………………………… 王金相 赵 铮 李晓杰 256
爆炸法在制备碳材料中的应用 ……………………… 魏贤凤 韩 勇 黄毅民 等 268
冲击波法制备可见光活性的氮掺杂 TiO_2 光催化剂研究 … 陈鹏万 高 翔 刘建军 277

4 高效安全爆破技术

冰凌灾害破除高效爆破施工技术 …………………… 周丰峻 郑 磊 李永忠 等 287
黄河凌汛期爆破破冰破凌减灾技术研究 ……………… 杨旭升 佟 铮 宋长青 等 297
水电工程开挖精细爆破技术 ……………………………………………… 张正宇 刘美山 304
精细爆破理论与技术体系概述 …………………………………………… 谢先启 贾永胜 311
爆炸加速深部软土地基排水固结的研究与应用 …………… 杨年华 张志毅 邓志勇 323
环保爆破理论基础与技术研究 ……………………………………………………… 郑炳旭 331
椭圆双极线性聚能药柱数值模拟及应力测试研究 …… 李必红 秦健飞 崔伟峰 等 351
SPH-FEM 方法在聚能射流侵彻岩石靶板数值模拟中的应用
…………………………………………………………… 李 磊 沈兆武 马宏昊 359
冷激波灭火卷及其卷吸现象研究 ……………………………… 蒋耀港 沈兆武 龚志刚 365
基于未确知测度的爆破质量综合评价模型 ……………………………… 陶铁军 宋锦泉 372
爆炸加载反射式焦散线实验方法与技术探讨 ……………… 杨仁树 杨立云 岳中文 378
损伤及应变率效应对结构动力响应影响分析 ………… 陈士海 张安康 杜荣强 等 387
多体-离散体动力学分析及其在建筑爆破拆除中的应用 … 傅建秋 刘 翼 魏晓林 393
裂隙带富水层铁矿山采场爆破技术的应用 ………………………………………… 陈佩富 402
深凹露天矿富水岩层护帮控制爆破技术研究 ……………………………………… 王运敏 407
深水环境特种爆炸作用原理及应用 ………………………… 沈兆武 李 磊 马宏昊 414
模拟深水爆破块度与装药量的研究 ………………… 张 立 张明晓 孙跃光 等 426
某港口海底水雷排除和引爆技术 ……………………………… 吴金仓 朱京武 张 昆 435
51 米深水海底沟槽爆破开挖技术……………………………… 朱京武 王朝军 吴金仓 441

水介质预裂爆破试验研究 …… 张西良 446

5　爆破安全

非冲击引爆与炸药安全 …… 朱建士 453
精确延时起爆控制爆破地震效应研究 …… 杨　军　徐更光　高文学　等 459
机组人员高空应急逃生精确爆破保障系统研究 …… 王耀华 467
城市地下顶管爆破施工危害分析及控制 …… 傅光明　任才清　李必红　等 488
炸药类爆炸事故应急预案的制定 …… 张远平　赵继波　庞　勇　等 494
爆破振动频率调控技术研究 …… 施富强　柴　俭 500
爆破振动频率控制技术的应用研究 …… 施富强　柴　俭 505
工程爆破有害效应远程监测信息管理系统初步设想 …… 吴新霞　黄跃文 513
爆破振动反应谱分析及其应用研究 …… 陈　超　闫国斌　张亚宾　等 518
减震沟相邻区域内爆破地震波传播实验研究 …… 周明安　陈志阳　周晓光　等 527
地下矿山减振控制爆破技术研究 …… 刘为洲　杨海涛 535

1

特种爆破基础理论研究

爆炸合成新材料中的几个关键问题

李晓杰[1,2] 汪旭光[1,3] 张 勇[1,4] 王耀华[1,5] 邓家艾[1,6]

（1. 中国工程爆破学（协）会，北京，100044；2. 大连理工大学工业装备结构分析国家重点实验室，辽宁大连，116024；3. 北京矿冶研究总院，北京，100044；4. 大连船舶重工集团爆炸加工研究所有限公司，辽宁大连，116024；5. 中国人民解放军理工大学，江苏南京，210007；6. 南京三邦金属复合材料有限公司，江苏南京，211155）

摘 要：文中总结了半个世纪以来各种爆炸合成新材料技术的发展历程，对爆炸复合、爆炸粉末烧结、爆炸冲击合成、气相爆轰合成技术与应用进行了分析总结，结合目前新材料的发展方向指出了爆炸合成新材料发展的关键问题所在。

关键词：爆炸合成；爆炸复合；爆炸烧结；爆炸冲击合成；气相爆轰合成；纳米材料；金属复合材料

Key Issues in the Explosive Synthesis of New Materials

Li Xiaojie[1,2] Wang Xuguang[1,3] Zhang Yong[1,4] Wang Yaohua[1,5] Deng Jiaai[1,6]

(1. China Society of Engineering Blasting, Beijing, 100044; 2. State Key Laboratory of Structural Analysis for Industrial Equipment, Dalian University of Technology, Liaoning Dalian, 116024; 3. Beijing General Research Institute of Mining & Metallurgy, Beijing, 100044; 4. Dalian Shipbuilding Industry Explosive Processing Research Co., Ltd., Liaoning Dalian, 116024; 5. PLA University of Science and Technology, Jiangsu Nanjing, 210007; 6. Nanjing Sanbam Clad Metal Co., Ltd., Jiangsu Nanjing, 211155)

Abstract: This paper concludes the developing process of various explosive synthesis technologies in the last half century, analyzes and summarizes explosive cladding, explosive powder sintering, shock wave high pressure synthesis and detonation synthesis technologies and their utilization. Combining with the development orientation of new material research, authors figure out the key issues in the development of explosive synthesis technologies for new materials.

Keywords: explosive synthesis; explosive cladding; explosive sintering; shock wave synthesis; detonation synthesis; nano material; clad metal

1 引言

随着现代实验技术、计算技术的发展，人们对爆炸这样高速猛烈现象的认识正在逐步深入，炸药爆炸不再仅限于战争、采矿、拆除建（构）筑物等破坏效应的应用；人们还利用爆炸的高速度、高压力、高温环境以及物理、化学效应开发了众多新的应用领域。爆炸加工就是其中的一朵奇葩，如用薄片炸药去爆炸冲击奥氏体钢材，可以使材料表面硬化，由此衍生的爆炸硬化技术[1]（Explosive Hardening）已经在工厂室内进行大量的铁道辙叉预硬化加工（如乌克兰和我国秦皇岛等地）；用小量的爆炸处理大型容器焊缝的爆炸消除焊接残余应力技术[2,3]，可以消除焊缝应力、改善应力腐蚀，已经用于大型化工储罐和三峡等水利工程引水压力管线，实现了焊接应力现场消除；利用水中爆炸实现了金属板料的无模成型和连铸结晶器等精密部件成型[4,5]；在数千米的油井下也正在进行射孔、整形、补贴和压裂增采等爆炸作业[6]。人们甚至将爆炸冲击效应用于食品、生物材料的处理，如对肉类进行的冲击爆炸嫩化[7]、对木纤维进行爆炸膨化[8]等。其中用于新材料合成的爆炸加工技术包括有：用于制造金属包覆材料的爆炸复合（焊接）技术，用于金属与陶瓷粉末冶金的爆炸粉末烧结技术，用于陶瓷粉末和金刚石等超硬材料粉末制造的冲击波合成方法以及制备纳米粉末的气相爆轰合成方法等。

2　爆炸复合

爆炸复合（Explosive Cladding）是一种制造金属包覆材料的技术，也是焊接异种金属的特种焊接技术，是力学与金属材料学相结合的产物。爆炸复合的基本原理是利用炸药爆炸驱动复板与基板产生高速斜碰撞，碰撞在材料接触面上剥离并喷出微量的金属射流，产生“自清理”作用使焊合面露出无污染的洁净金属本体；同时射流后部的金属本体接触面在碰撞高压、大变形以及高速近乎绝热变形和高压压缩所产生高温的联合作用下，产生固相扩散和熔化焊合；焊合后界面的高温又会迅速向小变形的低温基体内散热，使高压界面结合态被快速淬火固定下来，阻止金属过度扩散反应和大量脆性相的生成。这个特殊的焊合过程使爆炸复合具有两大优点。一是可以阻止异种金属间的过度反应，能焊接普通熔化焊方法无法焊合的不同种类金属；二是适于进行大面积复合作业，便于制造各种包覆材料。

爆炸复合方法从20世纪50年代初被发现，70～80年代爆炸金属复合板逐步进入工业市场，80年代后逐渐成为金属复合板制造的主要技术。目前已成功爆炸复合金属组合有数百种。对于铝-钢、铜-钢、钛-钢、锆-钢这些非常难焊接的金属，采用爆炸复合的界面结合强度均可接近或大于母材，且复合界面能保持一定的韧性。在爆炸加工厂内，一次起爆数百公斤炸药，将厚度2～6mm的不锈钢板一次爆炸复合在面积30m^{2}左右碳钢板上，已经成为常规的生产技术；类似大小的铜、铝、钛、镍合金的大板幅复合钢板也均有成品板材出售。另外，爆炸复合还可以对管材实现内包覆与外包覆，可在一种管材的内表面或外表面包覆焊接上另外一种金属管材。因此，爆炸复合技术最普遍的应用领域就是用于制造各种双金属包覆材料，如复合板、棒、管材等。除此之外，爆炸复合还被用于制造各种双金属过渡材料，如导电接头、结构过渡接头等。也被用于特殊场合焊接，如热交换器管与管板焊接、电气铁路的导电连接焊、化工容器和管道的快速堵漏、电网快速焊接、输油管线接地焊等特定领域的焊接。爆炸复合技术与其他金属加工技术的结合，则更进一步拓宽了其产品的应用范围，如将爆炸复合坯料进行热轧、冷轧制成薄板复合材料的爆炸-轧制技术，加工复合管、棒、丝材的爆炸-挤压、爆炸-拉拔方法等。

目前，在欧美、原独联体国家、日本以及中国都有大量的各种型号、材质的复合板生产，以美国的DMC Co.（Dynamic Materials Company）为例，年生产各类爆炸复合板材8亿美元以上，主要产品有不锈钢-钢、钛-钢复合板、锆-钢复合板等；我国是爆炸金属复合板发展速度最快的国家，国产的爆炸金属复合板已经广泛用于石油加氢装置、三峡等大型水利工程、航空航天、军舰与商船等，已经有复合板净产值超过60亿元人民币。经过我国广大科学工作者和企业家的共同努力，我国已经从金属复合板的进口国发展成为出口国，近年来除整机复合设备进口外，已经没有单独的国外金属复合板产品进口。

爆炸复合在二次世界大战后的军工爆炸试验研究和爆炸成型实验中被发现后，人们首先研发出了半圆柱法实验技术来进行金属爆炸焊接试验，粗略地提出了爆炸焊接窗口理论；在20世纪60~70年代，人们开始使用军事研究的爆炸实验技术与理论对爆炸复合机理进行大量深入的研究，参与研究的有很多知名学者和知名机构，如苏联西伯利亚科学研究院的德里巴斯（A. A. Deribas）院士、中国科学院力学所的郑哲敏院士、英国皇后大学B. Crossland副校长以及美国Los Alamos National Laboratory和Lawrence Livermore National Laboratory有关人员等。人们采用高速摄影和X射线高速摄影光学技术；探针和电阻丝测速、热电偶等高速电测技术观测飞板的运动和碰撞过程；除建立了简单的理论计算模型外，还使用了可压缩流特征线差分、流体弹塑性差分程序（HEMP、HELP）与有限元程序（DYNA）等当时著名的计算手段模拟碰撞过程；引入了流体力学中的非线性现象卡门涡阶（Kármán vortex street）、流体界面的Kelvin-Helmholtz不稳定性等来解释爆炸焊接界面波的形成机理；从射流穿甲和聚能切割器理论加以深化来确定爆炸焊接参数窗口；用台阶法和小倾角法进行爆炸焊接参数试验；用压力焊接、扩散焊接理论来解释结合机理；用高分辨率的材料分析手段来研究结合面中的微晶、非晶态以及绝热剪切带等。20世纪80年代，出版的《爆炸加工》（郑哲敏、杨振生，1981）、Explosive Welding of Metals and Its Application（B. Crossland，1982）、Explosive welding forming and compaction（T. Z. Blazynski，1983）以及稍后出版的《爆炸焊接及其工业应用》（邵丙璜、张凯，1987）等，对爆炸焊接技术推广起到了极大的推动与促进作用。在此期间，美国杜邦、日本旭化成、瑞典诺贝尔以及我国的大连造船厂、洛阳725所、宝鸡有色金属加工厂等均开始爆炸金属复合板生产，工业界也对复合板的加工、检验、热处理、焊接、封头成形等工艺进行大量研究，国内外均制定了相应的复合板验收标准和检验标准。

从爆炸复合材料生产与科研情况来看，目前主要的爆炸复合产品以化工容器复合板为主，包含部分导电复合接头。从爆炸复合产品推广上，仍需深入普及开发，如桥梁用复合板、热电用薄钛钢复合板、民用不锈钢薄复合板、军事与民用双硬度复合板均是近期爆炸复合材料发展的重点。从长远的发展来看，爆炸复合技术与热轧、拉拔等金属加工技术的结合将是复合板重点的发展方向，一可以弥补爆炸复合产量的不足，二可以使复合产品的品种多样化、标准化。单纯从爆炸复合技术要求上，复合产品的质量也尚有待于提高，不均匀波纹、大波纹、“黑线”等问题尚需解决，以适用于核电、加氢等重要设备的需求。从工业产品的开发角度，爆炸复合板的深入发展需要相关技术的配合，如爆炸复合质量的无损探伤检验方法与技术，爆炸复合专用的经济稳定的低速炸药，各种材料组合的热处理工艺与深加工工艺技术，如卷制、旋压、锻压、轧制、拉拔等。解决数百公斤炸药裸露焊接爆破的冲击波与噪声问题以及真空与保护性气氛中的爆炸焊接技术实现问题。

另外，爆炸复合理论研究方面也正从力学概念与材料学概念相结合，如光滑粒子动力学（SPH）等无网格计算方法，正在用于爆炸复合成波机理的研究。非线性有限元也用于大板面复合的计算，初步发现尾端大波纹与边缘的鼓泡原因。爆炸焊接窗口理论也向着实际的双金属焊接窗口理论发展。飞板等元件参数计算已经从简单公式，发展到特征线差分和有限元数值计算。新的实验现象发现了爆炸甚至可以焊接非晶态合金与陶瓷材料，对现有焊接结合理论提出了挑战。

从近期来看，爆炸焊接技术发展的关键性问题有以下几点：

（1）爆炸复合的精细化问题。这一则是爆炸复合材料界面控制；二则是检验技术与后处理技术的精细化控制问题，包含材料验收标准和质量控制问题。

（2）爆炸复合产品应用范围拓展问题。如爆炸连续轧制的超薄复合板、各种建筑钢结构用金属包覆材料等。

（3）爆炸复合机械化与封闭爆破问题。炸药裸露焊接爆破的冲击波与噪声问题是关乎每个工厂生存的问题，尽管现期可由经济补偿等手段解决，但从长远发展来看，封闭性爆破是爆炸焊接发展的必然。

3　粉末材料的爆炸合成与烧结

3.1　冲击相变合成

冲击相变合成最早是20世纪60年代初，发现直接冲击石墨能够产生少量的金刚石[9]，由此激发了冲击高压合成研究的发展。相继发明了纯石墨法、冲击冷淬法、化学爆炸法、爆轰合成法等多种方法用于金刚石合成，这使爆炸合成技术得到了相当大的发展[10,11]。爆炸金刚石微粉也一度用来制成研磨膏、研磨片、镍衣微粉及金刚石聚晶（PCD）产品。早在20世纪60年代，美国杜邦公司就开始生产这种爆炸合成产品，日本油脂公司、日本昭和电工、西德肯普顿电冶公司及俄罗斯、乌克兰等都生产这种爆炸合成微粉及深加工产品。我国对爆炸合成金刚石的研究始于20世纪60～70年代对石油矿藏开发的刺激，由中国科学院物理所、力学所等[12～14]单位研究，并采用的金刚石转化率低的简单石墨板法与铸铁法进行少量生产，并进行了一些爆炸烧结聚晶研究和钻井试验。直接爆炸合成的金刚石通常是40μm以下的微粉，由2～20nm的晶粒组成的多晶体，一般粉末呈黑色或灰色，所以也称黑金刚石、多晶金刚石与天然陨石冲击形成的carbonado。在20世纪80年代由于装饰材料抛光的需求又重新刺激了对金刚石的爆炸合成研究，其中东南大学采用铸铁法进行研究，石墨到金刚石的转化率最高可达22%[15]，中国物理研究院流体物理所则对多次冲击石墨促进金刚石颗粒长大及爆轰合成法进行了研究[16]，大连理工大学开始对石墨铜粉混合的冲击冷淬法进行了研究，发明的“膨胀石墨法”可使石墨到金刚石的转化率达到27%[17]以上。中国科学院力学所也曾经在门头沟开设工厂生产爆炸金刚石出口，约达到了每公斤炸药生产100克拉金刚石的水平。目前，在大连、郑州、东莞等地仍有一些公司少量地合成这种爆炸金刚石。

爆炸冲击合成方法除了用于金刚石合成外，还被用于许多高压相新材料的探索与合成，如立方型和纤锌矿型氮化硼、高密相B-C-N、高密相C_3N_4、β相氮化硅等许多高密相（高压相）材料[18～20]。冲击相变合成已经成为超硬材料合成的一种重要手段。以完全人工合成的氮化硼超硬材料为例，自1967年美国和苏联学者首先发现了普通六方氮化硼的冲击相变现象[21]后，进而发展出了高密相氮化硼的冲击合成法。近年来，日本油脂公司[22,23]将爆炸合成的高密相氮化硼用于刀具制造，生产出的聚晶产品表现出远高于静压聚晶的韧性，从而为爆炸合成的超硬氮化硼应用打开了广阔的前景。国内用爆炸法合成高密相氮化硼始于20世纪70年代。近年来，工程物理研究院流体物理研究所[24,25]、吉林大学[26]、北京理工大学[27]及大连理工大学[28]都开展了这方面的研究。爆炸合成氮化硼通常采用金属粉与普通六方氮化硼（hBN）混合进行冲击，一般在回收产物中可有50%的原料转化为纤锌矿型氮化硼（wBN）。中物院谭华等人[24,25]对hBN的石墨化度对转化率的影响以及合成产物的性能都进行了详细研究，并发展了具有吸收马赫波能量的柱对称爆炸合成装置[29]。北京理工大学则采用纯hBN在圆管中进行爆炸合成实验，并对爆炸所产生的冲击压力场进行了测试和计算，这种方法可合成出不含铁质的高纯wBN，转化率最高可达30%，另外他们还进行了氮化硼爆轰合成法的研究，也取得了较好的效果。我们主要进行了混合粉末法的研究，在研究中发明了新的柱对称爆炸合成装置[30]，该装置可承受50GPa的入射压力、8000m/s的轴向爆轰速度，采用经优选的工业用氮化硼原料可达到50%以上的转化率。我们的研究结果还表明，在较低的合成压力下，hBN主要向wBN转化；而在较高的合成压力下，hBN可部分地转化为立方氮化硼（CBN），这一点是与国外同类研究结果相一致的[31]。

事实上，冲击相变合成的除用于新材料理论探索研究外，在应用方面多多少少受到静高压合成金刚石与立方氮化硼制约。爆炸合成的产品为纳米晶粒的聚晶微粉，在作为粉末抛光时有良好的出刃性，磨削效率较静压微粉高；在进一步烧结成聚晶块体时，由于晶粒细小，有很好的韧性。但由于爆炸合成产品的成本较静压产品高得多，而且品种单一，所以要在传统的抛光、聚晶领域与静压微粉竞争就必须降低造价，提高生产效率和转化率。

3.2 爆炸烧结[32~34]

爆炸烧结也称爆炸粉末压实，是利用炸药爆轰或高速冲击产生的能量，以激波的形式作用于粉末材料，使粉末在瞬态的高温、高压下烧结成密实材料的一种爆炸加工技术。爆炸粉末压实分为轴对称爆炸压实和平面爆炸压实，在进行陶瓷等难熔材料烧结时，也采用预热爆炸压实。预热爆炸压实的目的是为了解决超硬陶瓷粉末在压实与烧结时的脆性裂纹问题，通过加温可以提高陶瓷韧性，同时也改善了颗粒界面的烧结活性。

最早的爆炸烧结也同样是起源于20世纪60年代，开始主要用于钨、钼这类难熔合金的动力压实与烧结研究。至20世纪80年代后期，随着世界高技术研究中对新材料的重视，开始对精细陶瓷材料、金属基复合材料、金属间化合物、非晶与微晶亚稳态材料的大量研究。在这一时期，爆炸烧结研究同样开始升温，对各种陶瓷材料进行爆炸烧结研究，寄希望于利用爆炸的高压烧结出近乎100%理论密度的陶瓷材料。随着研究的深入，常温状态的“冷”爆炸烧结不可避免地在材料中造成裂纹与微裂纹，于是出现了爆炸压坯再烧结工艺和预热的爆炸烧结、冲击波化学反应辅助烧结等方法。研究对象广泛之至，如氧化铝、氧化锆、碳化硅、氮化硅等结构陶瓷，钛酸钡、锆钛酸铅，甚至有钇钡铜超导氧化物等功能陶瓷。几乎在同一时期，随着金属材料学家对非晶态、微晶这些亚稳态合金的研究，开发了一系列的快速淬火、机械合金化（非晶化）等制造低维材料的方法，也急需进行三维宏观尺度材料制备。爆炸烧结因此也被用于各种亚稳态合金研究，如铁钴镍基非晶态软磁合金、快淬铝锂合金等。同时人们也进行了大量金属与复合材料的爆炸烧结研究，如镍钛记忆合金、SiC 晶须增强铝合金等，也发展了较完善的宏观爆炸烧结理论。目前，爆炸烧结方法已经广泛用于新材料研究中，在力学上也发展了较完善的细观结合理论。对于金属类材料，人们已经对众多的金属与金属基复合材料粉末进行了成功的爆炸压实研究，如钨、钼、钛合金、镍基高温合金、高温金属间化合物、金属玻璃、微晶合金以及 SiC 晶须增强铝合金、钨铜复合材料、Al_2O_3 颗粒增强铜基合金、钨钛合金等。对于陶瓷类脆性材料，人们也对氧化物、碳化物和氮化物陶瓷进行了大量的爆炸烧结研究，甚至对金刚石、氮化硼这样的超硬材料也取得了一定的研究成果。

爆炸烧结的缺点是所烧结工件形状单一，不便于机械化生产；但作为独特的粉末加工技术，爆炸粉末烧结具有烧结时间短（10^{-7} ~ 10^{-9}s 量级）、作用压力大（1 ~ 100GPa 量级）和对“烧结”后的颗粒界面有快速冷却“淬火”的特征。这些特点使得它与常规的烧结成型技术如超高压压实、热等静压烧结等相比，在材料制备科学中有着其独特的优点。爆炸的超高压可以制备出近乎密实的材料，如对钨、钛等合金粉末的烧结密度可高达 95.6% ~99.6% T. D. （T. D. 为英文理论密度缩写）；可以使 Si_3N_4、SiC 等非热熔性陶瓷达 95% ~98.6% T. D. ；爆炸烧结的快熔快凝性，可以防止长时间高温加热造成材料晶粒粗化，是烧结微晶、非晶态合金材料最有效的方法之一。

4　纳米粉末气相爆轰合成

4.1　气相爆轰合成纳米金刚石

气相爆轰合成法最早用来合成纳米金刚石。1984 年苏联 A. M. Staver 等[35]在俄文刊物上报道了在炸药爆轰残余灰尘中含有金刚石；之后，1988 年美国 Los Alamos 国家实验室的 N. R. Greiner 等[36]在著名的 Nature 杂志以“爆轰碳烟中的金刚石（Diamonds in Detonation Soot）”为题发表了利用负氧平衡炸药爆轰所产生的余碳合成出颗粒直径 4 ~ 7nm 的纳米金刚石的报道和原理分析，从而带动了世界性的研究。由于当时在材料学中没有“纳米”的概念提法，所以一直称为“超微细金刚石”（Ultra fine Diamond）或“超分散金刚石”（Ultra Dispersed Diamond），目前大都称为“纳米金刚石”（Nano-diamond）或“爆轰纳米金刚石”（Detonation Nanodiamonds，DND）。目前，俄罗斯、白俄罗斯、乌克兰、美国、德国等都有纳米金刚石生产线。我国国内也先后开展了纳米金刚石合成及其应用技术等方面的研究工作，有一些单位也建立了爆轰合成生产线。

纳米金刚石的爆轰合成主要是利用负氧平衡炸药爆轰的余碳进行转化的。大部分爆轰合成是使用高密度的黑梯（RDX/TNT）或太梯（PETN/TNT）混合炸药，如铸装梯黑 60/40；也有在炸药中加入高聚物、碳粉来进行合成的方法。通常的方法是将药柱置于密封的爆炸容器中，并对药柱采用水或气体保护后进行爆炸，最后收集爆轰后的固体粉尘，在其中提纯出纳米金刚石。当炸药爆轰时，反应区的压力可高达 10 ~ 30GPa，温度为 3000 ~ 4000℃。由于炸药是负氧平衡的，即氧分不足以与所有的碳成分化合，爆轰波后会析出大量的多余碳烟尘。在碳的相图中，爆轰反应区又恰处在金刚石的稳定区，所以余碳在爆轰反应区内会聚集成金刚石，如果卸载温度下降得足够快，保证生成的金刚石晶粒不再发生石墨化，最终就可获得金刚石晶粒。爆轰法合成的金刚石是通过气体反应扩散生长而来的，所以合成出的金刚石颗粒一般很小，通常为纳米量级，直径在4～7nm左右。

爆轰合成法的优点是炸药能量利用率较高，是金刚石产出率较高的一种方法。以单位重量炸药产出金刚石计，一般金刚石产出率会达到炸药重量的6%～8%。目前人们正在对其应用领域进行开发，如研制水基分散液用于微电子抛光、掺加纳米金刚石对橡胶进行改性、在镀液中加入金刚石改善金属镀层的耐磨性、在油品中加入纳米金刚石提高润滑油的耐磨性、用于作为静压合成金刚石晶种、作为基因药物承载颗粒进行癌细胞检查等。

4.2 气相爆轰合成其他纳米碳材料

由于气相爆轰合成纳米金刚石的影响，人们又对气相爆轰方法用于其他新材料的合成进行了更深入的研究，如气相爆轰合成石墨粉[37]是用纯梯恩梯药柱置于抽真空的爆炸容器中爆炸，可得到药柱质量20%～28%的纳米石墨粉。这种纳米石墨颗粒呈球形或椭球形，粒径分布在1～60nm之间，在红外隐身材料、储氢、润滑和导电等方面存在应用的潜力。

气相爆轰合成石墨烯片[38]是将天然石墨酸处理后的可膨胀石墨与炸药混合，在爆炸容器中引爆。炸药爆轰产生的高温高压使得可膨胀石墨中的插层化合物裂解，从石墨层内部膨胀破碎石墨。经爆炸裂解后制备出1～10μm石墨粉，石墨化程度没有降低。直接在酸性环境下爆轰分解石墨层间化合物GIC，得到了纳米厚度的高石墨化度片材。

气相爆轰合成方法还可以用来制备碳包金属纳米颗粒[39]（CEMNPs，Carbon Encapsulated Metal Nano-particles）。在气相爆轰合成中，如果加入易被碳还原的金属元素化合物，并如同合成金刚石一样使爆轰中产生多余的碳分，就能合成出碳和单质金属颗粒。在合适的条件下碳和金属粒子就会形成碳包覆金属纳米颗粒。碳包金属纳米颗粒由于在金属纳米粒子的外表包覆了碳层，所以可以保护内部金属抵抗环境的氧化与溶解，可以充分发挥纳米金属的优势，在磁流体、磁记录介质、癌症诊断与治疗、吸波材料、静电印刷等诸多领域存在潜在的应用价值。

4.3 气相爆轰合成纳米氧化物

受在氧环境中用电爆炸金属丝来合成纳米氧化物粉的影响，2002年俄罗斯的Bukaemskii等[40]在爆炸容器中充入氧气，用炸药爆炸驱动包裹在药包外面的微米级铝粉进入氧气环境中，高速飞散的铝粉与氧气反应、燃烧，得到了纳米级氧化铝。2004年大连理工大学提出利用炸药爆轰直接反应合成纳米氧化物的方法[41]。离子反应型的爆轰合成是用廉价的金属硝酸盐为主，用硝酸盐、燃料、敏感炸药按照炸药制作程序制成新的爆轰合成专用炸药，然后置于爆炸容器中引爆。在爆轰波后金属硝酸盐分解出金属离子与氧离子结合，生成了纳米氧化物。有趣的是在数千度的爆轰温度下，用这种方法竟然可以合成出低温晶型纳米氧化物。如用硝酸铝爆轰合成出常压时在750℃以下稳定的低温γ晶型Al_2O_3[42]。用这种方法可以合成出多种氧化物，如纳米的氧化锌、铁酸锌、锰铁酸锌、尖晶石型锰酸锂等，所使用的炸药形态也可以使用固体粉末混合炸药、液体炸药、乳化炸药和水胶炸药，如用硝酸铈水胶炸药可以合成出高分散的球型纳米氧化铈[44]。

另一种纳米氧化物爆轰合成方法是完全热分解型的，即使用水合氧化物混入炸药中进行爆轰合成，爆轰波后的高温高压会使水合氧化物中的水分子脱出，发生了高压热分解。瞬时的水分子逸出，会在晶体内部发生爆炸膨化作用，这个过程与“崩爆米花”很相似；膨化后的小“爆米花”在爆炸的相互冲击碰撞下还会进一步破裂；最终使水合氧化物破碎成纳米级的氧化物。同样这种方法还可以合成出多种氧化物，如用偏钛酸合成纳米氧化钛、用氢氧化铝合成纳米氧化铝等，所合成出的纳米材料往往有出人意料的形态。另外，把石墨相氮化硼与高能炸药混合后直接放入爆炸容器进行爆轰，可以直接合成出致密相氮化硼[43]。

目前，研究最多的气相爆轰成材料主要是纳米金刚石，人们不仅对其合成方法、合成原理进行了大量的研究，而且对其实际应用也进行了大量研究，如作为微电子抛光液、橡胶改性剂、耐磨镀层添加剂、润滑油添加剂、基因药物载体等。尽管目前所研究的应用方向众多，但是要促进纳米金刚石和上述大部分爆轰纳米材料的应用，首要的问题就是降低纳米材料的合成成本，其次是对纳米材料进行表面化学改性，实现粉末的纳米分散。从合成纳米材料的各种技术途径来看，爆轰合成方法的成本是相对较低、单次合成产量较大的一种方法；但爆轰合成的自动化程度较低，是合成成本的主要瓶颈，因此，发展高效自动化合成方法，提高爆轰合成材料的总产量，将是降低合成成本的主要措施。再者，通过理论研究提高合成纳米材料的生成率，采用综合的合成方法等也是降低合成成本的重要手段。为促进纳米粉末材料的应用，将纳米材料制成各种水基、油基分散液，分散到高聚物与金属基体中和担载各种药物将是其主要的应用技术，表面性能与改性研究将是纳米粉末应用的技术基础，所以需要爆炸、化学、材料学家的通力协作。

5　总结

爆炸技术用于新材料的方法包括爆炸复合、冲击相变合成、爆炸粉末烧结、气相爆轰合成等，所合成的材料既包含巨大的成熟的金属复合板，也包括各种微细至纳米尺度的新兴材料。

爆炸复合作为金属包覆材料的主要生产方法，其生产技术发展已经相当成熟，今后的关键问题是进一步与其他材料加工技术相结合，进行新品开发；其次应该进一步提高爆炸复合的界面质量，使爆炸产品满足核电等领域的高质量要求；三是逐步开发新爆炸复合专用炸药、降低爆炸冲击波等。

冲击相变合成的聚晶金刚石微粉和气相爆轰合成的金刚石纳米粉在国内外均已有少量生产。冲击相变方法合成的金刚石微粉为亚微米到微米直径的聚晶颗粒，其主要优势是用于玻璃、陶瓷材料的精抛光，尽管使用性能优于普通金刚石微粉，但在造价上仍然较高，因此进一步提高爆炸金刚石转化率以及特定粒度粉末的收得率，将是促进这类金刚石应用的关键。气相爆轰合成的金刚石粉是目前研究热度极高的纳米材料，因此，人们对其潜在的应用进行了大量的探索。对纳米金刚石表面处理、改性、化学接枝将是材料化学研究的关键；对于爆炸合成本身进一步提高合成效率，大幅度地降低材料成本以及开发多品种的金刚石是研究的关键问题。

在粉末爆炸合成中，除了金刚石合成以外，其余材料的冲击合成、爆炸烧结、气相爆轰合成基本上处于实验室研究阶段，但由于爆炸合成的新型材料的独特特点，各种新材料的爆炸研究将是永恒的主题。就目前而言，冲击相变研究氮化碳、硼碳氮等新型超硬材料，爆炸烧结金刚石与氮化硼，烧结纳米、微晶、非晶态合金以及气相爆轰探索各种纳米材料等都是很有前景的研究方向。

参 考 文 献

[1] Murr, L. E. Shock Waves for Industrial Applications, William Andrew Publishing, 1998.

[2] 马耀芳，王富林，陈怀宁．爆炸法消除焊接残余应力工艺在三峡引水压力钢管上的应用[C]//中国科协2005年学术年会11分会场暨中国电机工程学会2005年学术年会论文集．

[3] 陈怀宁，刘贺全，林泉洪，陈静．三峡工程高强钢压力钢管爆炸消除焊接残余应力工艺研究[C]//第一届国际机械工程学术会议论文集，2000.

[4] 佟铮，等．爆破与爆炸技术[M]．北京：中国人民公安大学出版社，2001.

[5] 董亭义，刘小鱼，马万珍，佟铮．管式结晶器爆炸成型实验研究[J]．工程爆破，2004，(3).

[6] 张凯，金小石，奚进一．油井套管错断口爆炸处理的有关理论分析[J]．爆炸与冲击，1997，17(1)：81～84.

[7] 约翰．B. 朗，唐纳德·韦特．冲击波肉类处理：中国，CN01822037.1，(2001). & J. B. Long, Tenderizing meat, US5273766, (1993).

[8] 秦虎，汪旭光，熊代余．爆炸波膨化法对木质纤维材料形态结构的影响[J]．纤维素科学与技术，2008，16(1)：54～57.

[9] Decarli P S, Jamieson J C. Formation of Diamond by Explosive Shock, Science, 1961, 133(9): 1821.

[10] Setaka N. Nagareyama. Process for Producing Diamond Powder by Shock Compression, U. S. Patent 4, 377, 565, 1983.

[11] Setaka N, Sekikawa Y. Diamond Synthesis from Carbon Precursor by Shock Compression, J. Mater. Sci., 1981, (16): 1728.

[12] 陈祖德．爆炸合成金刚石展望[C]//中科院力学所．爆炸法合成金刚石：1～4.

[13] 吉林大学固体物理教研室高压合成组．人造金刚石[M]．北京：科学出版社，1975：132～161.

[14] 姚裕成，熊文松，莫文裔．我国超硬材料研究的兴起与发展[J]．人工晶体，1984，(3)：220～229.

[15] 吴元康．用冲击法合成金刚石[J]．人工晶体，1984，(1)：41～47.

[16] 陈德元，金孝刚，杨慕松．多次冲击石墨合成聚晶金刚石的实验研究[J]．高压物理学报，1992，6(2)：127～135.

[17] 李晓杰，董守华，张凯．爆炸合成金刚石的膨胀石墨法：中国：9311592.9[P]. 1993-11.

[18] T. Komatsu, etc.. Creation of Superhard B-C-N Heterodiamond using an advanced Shock Wave Compression Technology, J. Mater. Proc. Tech., 1999, 85: 69～73.

[19] Sekine T, He HongLiang, Kobayashi T, et al. Shock-induced transformation of β-Si_3N_4 to a high-pressure cubic-spinel phase. Appl. Phys. Lett., 2000, (76): 3706.

[20] 于雁武，刘玉存，张海龙，陈翠翠，爆炸冲击合成多晶 C_3N_4 的研究[J]．无机材料学报，2009，24(3)：627～630.

[21] Coleburn N L, Forbes J W. Irreversible Transformation of Hexagonal Boron Nitride by Shock Compression, J. Chem. Phys., 1968, 48(2): 555～559.

[22] Araki M, Kuroyama Y. Shock Synthesized and Static Sintered Boron Nitride Cutting Tool, Physica, 1986, (139&140B): 819～821.

[23] 荒木正任，黑山丰．wBNの爆合成[J]．工业火药，1988，49(4)：250～256.

[24] 谭华，等．炸药爆炸冲击合成纤锌矿型氮化硼[J]．高压物理学报，1991，5(4)：241～243.

[25] 谭华，等. 利用X射线衍射研究冲击波合成纤锌矿型氮化硼[J]. 高压物理学报，1993，7(3)：177～182.

[26] 池元斌，等. 纤锌矿型氮化硼及其应用研究（Ⅰ）——纤锌矿型氮化硼的冲击波合成[J]. 高压物理学报，1991，5(4)：275～285.

[27] 恽寿榕，黄正平，孙艳峰. 爆炸加载回收管中氮化硼压力的测定[J]. 爆炸冲击（增刊），1995(11)：71～72.

[28] 李晓杰，李永池，董守华. 单次冲击六方氮化硼向立方型转化的研究[J]. 金刚石与磨料磨具工程，1995，(6)：2～6.

[29] 谭华，韩钧万，王晓江，崔玲，刘利，苏祥林，付兴海，董庆东. 冲击波合成纤锌矿性氮化硼装置：中国，CN1087888A，1993.

[30] 李晓杰，奚进一，董守华，杨文彬，孙明. 一种粉末材料的爆炸合成与处理装置：中国，ZL98212323. X.

[31] Soma T，Sawaoka A，Saito S. Characterization of Wurtzite Type Boron Nitride Synthesized by Shock Compression，Mat. Res. Bull.，1974，9(6)：755～762.

[32] 王金相. 爆炸粉末烧结的细观沉能机制研究[D]. 大连：大连理工大学，2005.

[33] 张越举. 爆炸压实烧结纳米陶瓷粉末研究[D]. 大连：大连理工大学，2007.

[34] T. Z. 布拉齐恩斯基. 爆炸焊接、成形与压制[M]. 李富勤，吴柏青译. 北京：机械工业出版社，1988.

[35] Staver A. M.，etc.，Synthesis of ultrafine diamond powders by explosion，Fizika Goreniya i Vzryva (Russian)，1984，20(5)：100～104.

[36] Greiner N. R.，etc.，Diamonds in detonation soot，Nature，1988(333)：440～442.

[37] 文潮，等. 炸药爆轰合成纳米石墨的红外光谱研究[J]. 高等学校化学学报，2004，25(6)：1043～1045.

[38] 李晓杰，闫鸿浩，孙贵磊. 爆轰裂解可膨胀石墨制备石墨微粉的方法，发明专利，ZL200510046964. 0& 爆轰制备片状纳米石墨粉的方法，发明专利，ZL 200710010117. 8.

[39] 孙贵磊. 爆轰制备碳纳米材料及其形成机理研究[D]. 大连：大连理工大学，2008.

[40] A. A. Bukaemskii，A. G. Beloshapko. Explosive Synthesis of Ultradisperse Aluminum Oxide in an Oxygen-Containing Medium. Combustion，Explosion and Shock Waves，2001，37(5)：594～599.

[41] 李晓杰. 氧化物粉末的爆轰合成方法：中国，CN200410020553. X，2004.

[42] 李瑞勇. 纳米氧化铝的爆轰合成及其晶型和尺寸的控制研究[D]. 大连：大连理工大学，2006.

[43] 牟瑛琳，恽寿榕. 爆轰波直接合成致密相氮化硼研究[J]. 爆炸与冲击，1993，13(3)：205～211.

[44] 杜云艳. 爆轰法制备球形纳米二氧化铈[D]. 大连：大连理工大学，2008.

金属材料爆炸焊接精确化研究及应用

王耀华

（中国人民解放军理工大学，江苏南京，210007）

摘　要：本文主要论述爆炸焊接精确化的原理及其技术应用。首先确定“以尽可能低的炸药用量获得尽可能好的焊接质量”作为精确化研究的基本目标；考察了爆炸焊接界面的主要缺陷，发现了界面波波形大小与微观缺陷的关系，得出了“微小波状结合界面质量最佳”的结论；建立了覆板弯曲变形的力学模型，为减少炸药用量奠定了理论基础；分析了覆板对爆轰荷载的振动响应及其对碰撞荷载的影响，创立了“碰撞荷载低限平稳控制原理”；发明了“不等厚度布药”工艺，在降低炸药用量20% ~25%的条件下实现了微小波状结合的优质界面。应用以上原理和技术，创立了硬脆金属复合板材、铝合金/钢长细复合管材等的精确爆炸焊接技术。

关键词：金属材料；爆炸焊接；精确化；研究；应用

Study on the Precisation of Metal Explosive Weld and its Application

Wang Yaohua

（University of Science and Engineering PLA，Jiangsu Nanjing，210007）

Abstract：This paper deals with the principle and technologies for precision of explosive welding. The minimization of dynamite quantity and optimization of quality are determined as the basic goal of precision explosive welding. Based on the investigation of micro flaws on the interface of composite plate, the relationship between the micro flaws and the condition of interface wave was found, and the conclusion was obtained that the less the interface wave is the better composite quality is. The establishment of the mechanical model of bending of clad plates provides a new theoretic fundamental for minimization of dynamite quantity. The vibration responding of clad plate to explosive loading and the effecting on the responding to the strength of collision between clad plate and the base plate were researched, the principal of minimization and stable collision strength was originated. By means of principal, the technique of unequal thickness of explosive charge was invented, and optimization quality of composite plate with tiny interface wave were obtained under the condition of the explosive quantity less than that in the past by 20% ~25%. The principal and technology stated above were successfully applied in a lot situation, especially; the technologies about precision explosive welding of hard-fragile metals and long-thin pipes composited of aluminum alloy and steel were founded.

Keywords：metals；explosive welding；precision；research；application

1　引言

通过不同金属材料的复合制作新材料是材料合成的重要发展方向之一。

爆炸焊接是以炸药为能源使不同金属板材（或管、柱件等）实现冶金结合的材料复合技术。由于在生产工艺、设施设备、加工成本等方面，其相对于其他金属复合技术具有显著的优越性，因此，在金属材料复合领域具有不可替代的地位。

尽管爆炸焊接已经历了半个多世纪的发展，但目前仍存在以下问题：(1) 理论基础较弱，对经验的依赖性较强；(2) 装药量偏大，爆炸负效应控制不力；(3) 焊合质量不稳定，质量评价体系不完备等。

针对上述问题，我们提出爆炸焊接技术精确化的发展理念，并将“炸药用量最小化”和“焊合质量最优化”，作为精确化理论与技术研究的基本目标。在朝着这个目标努力的过程中，注重解决生产实践中提出的典型性难题，特别是研究成果在高新技术领域的应用。

2　复合板结合界面质量最优化目标研究

迄今，爆炸焊接复合板质量的评价要素仍然仅包括整体变形（例如翘曲）、局部变形（例如局部破碎和宏观裂纹）、焊合率、焊合强度，焊合界面的微观缺陷则被忽略了。

经过深入分析表明，焊合界面的微观特征是其他质量要素的集中反映，是焊合质量的本质。另外，从应用的角度看，无论是复合板的后续加工，还是满足抗振、耐疲劳和耐腐蚀等特殊要求，界面的微观特征都起着举足轻重的作用。

因此，为了实现结合界面质量的最优化，首先观察了复合板结合界面的微观缺陷，提出了“三种波状界面”的新观点，在研究微观缺陷与波形特征之间对应关系的基础上，提出“以界面波形判断焊合质量”的建议，得出“微波状结合界面为质量最优化目标”的论断。

2.1　复合板结合界面微观缺陷的测试分析

2.1.1　缝隙和空洞物的测试

测试复合板的基材为低合金钢 SA266 锻件，复材为 304 不锈钢。采用 JXA-8800M 电子探针，对复合板结合界面域（结合界面的两侧由界面向外一定距离的区域，简称界面域）进行测试，结果之一如图 1 所示。由图 1 可以看出，在结合界面域存在“空洞物”和缝隙。

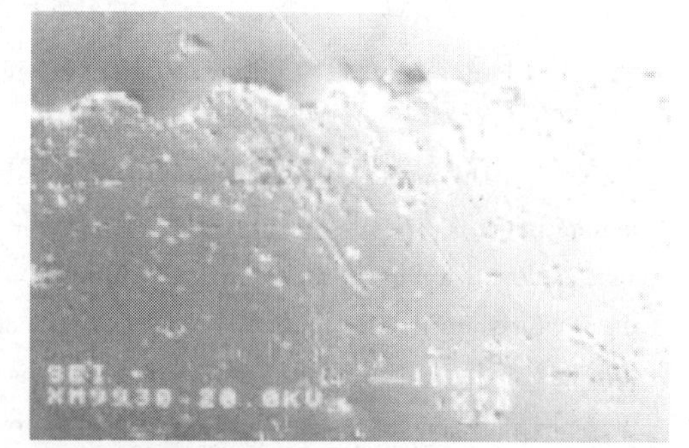

图 1　SA266/304 复合板界面域“空洞物”分布图

成分测试结果表明：(1)“空洞物”是一种疏松状物质，虽然其 Fe 元素含量仅为基体的 60% 左右，但并非真正的空洞无物；(2) 缝隙中各元素的含量均为 0。

2.1.2　界面塑性变形的测试

由于界面硬化是塑性变形的主要表现之一，故可通过对界面显微硬度的测试来考察界面塑性变形的程度。

图 2 所示是复合板 SA266/304 的小波状和微波状（关于微、小波状界面的分析将在后文阐述）界面域的显微硬度分布曲线（虚线为小波状界面，实线为微波状界面）。由图 2 可见：(1) 界面处加工硬化程度最大；随着与界面距离的增大，硬度相应降低；当距离增至 1mm 左右，硬度就趋近于基体金属的原始硬度。(2) 微波状界面硬化程度比小波状界

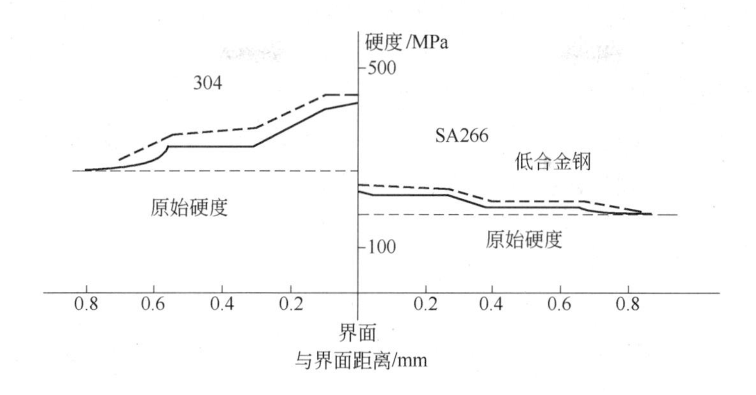

图2 波状结合“界面域”显微硬度分布曲线

面轻。

图3所示是小波状结合界面上沿着波形的显微硬度分布曲线。由图可见，界面的显微硬度也呈波状分布，而且波峰处硬度最高，波谷处硬度最低。

界面塑性变形不仅导致界面硬化，而且会引发其他的微观缺陷。

2.1.3 界面的熔化

在爆炸焊接过程中，金属复板与基板发生高速倾斜碰撞后，由剪切变形引起的界面热量相当大，以致在微秒数量级内，碰撞点附近的温度可上升数百度甚至上千度，使得界面金属发生热软化以至于熔化。

尽管材料产生热软化是形成射流的必要条件,而射流又是成功焊接的必要条件,但如果复合界面过度熔化,则会比较容易被从自由面上反射回的拉伸波撕开,从而导致焊接失败,如图4所示。图中不结合区上方就是界面的熔化。因此,界面过度熔化对焊接质量是不利的。

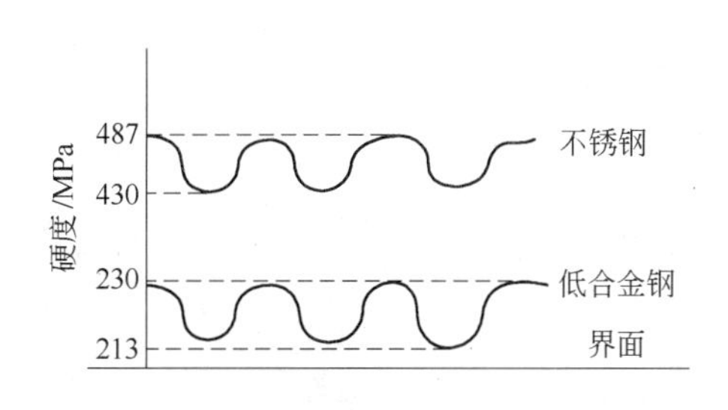

图3 小波状界面上沿波形的显微硬度分布曲线

图4 界面熔化产生的不结合区

2.2 复合板的三种结合界面

以往爆炸焊接理论一般将复合板结合界面形态分为三类，即直接结合、连续熔化层结合和波状结合。

然而，根据我们的测试发现（详见2.2.1）：“直接结合”实际上是一种微波状结合；“波状结合”则可根据界面过渡区域的宽窄以及化学成分的差异分为大波状和小波状两种；而“连续熔化层结合”实际上是应该尽量避免的一种低质量结合。因此，我们将符合焊合质量一般要求的结合界面形态重新划分为三类，即大波状、小波状和微波状。

2.2.1　直接结合界面的电子扫描测试

图5和图6所示分别是304/SA266“直接结合”界面的二次电子像和背散射成分像，测得其波幅约为20μm、波长为100μm左右。因此，“直接结合”实际上是一种“微波状”结合。

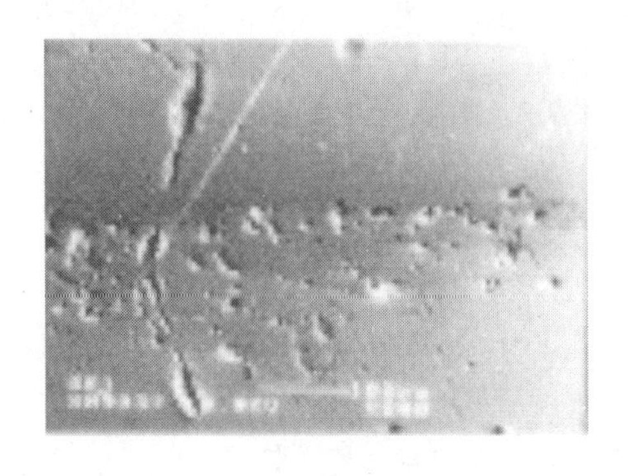

图5　微波状结合界面的SEI像

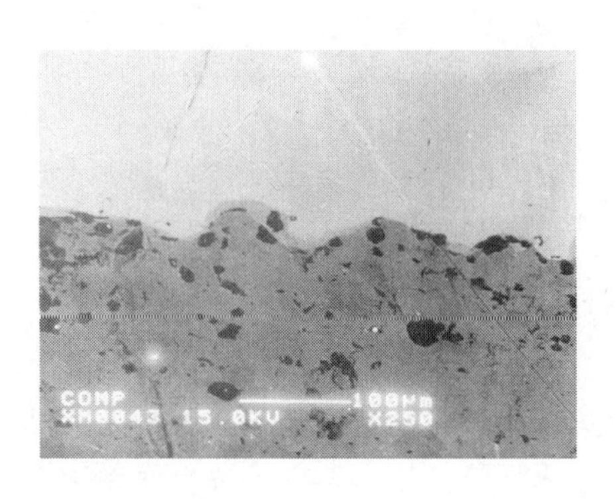

图6　微波状结合界面的COMP像

2.2.2　三种波状结合界面的比较

2.2.2.1　大波状结合界面

图7所示是304/SA266复合板大波状结合界面的二次电子像。波幅为100～150μm，波长为300μm左右，结合界面过渡区宽30μm左右，并有一定的微缝隙（宽度为几个微米），在基材SA266上发现有大量的“空洞物”。

图8所示是304/SA266复合板大波状结合界面中Fe、Cr、Ni、Mn四种元素电子探针面扫描图像。由图8可知，在过渡区域中，铁含量仅为45%，Ni、Cr、Mn三元素的含量几乎为零。

大波状界面的结合强度虽满足工程要求，但所存在的各种微观缺陷，对于复合板的使用性能（如耐腐蚀、力疲劳、热疲劳等性能）会带来不同程度的负面影响。

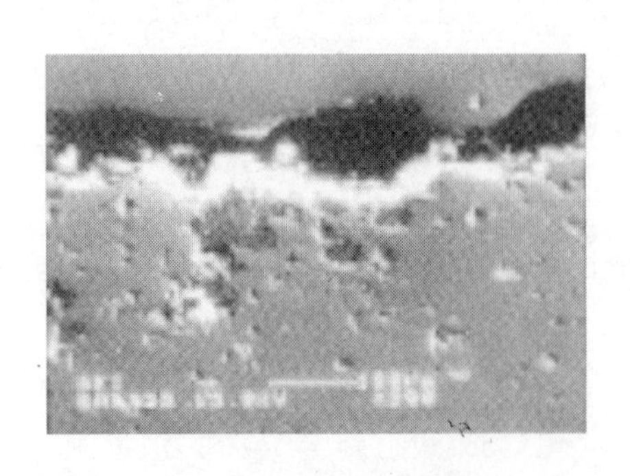

图7　大波状结合界面SEI像（×200）

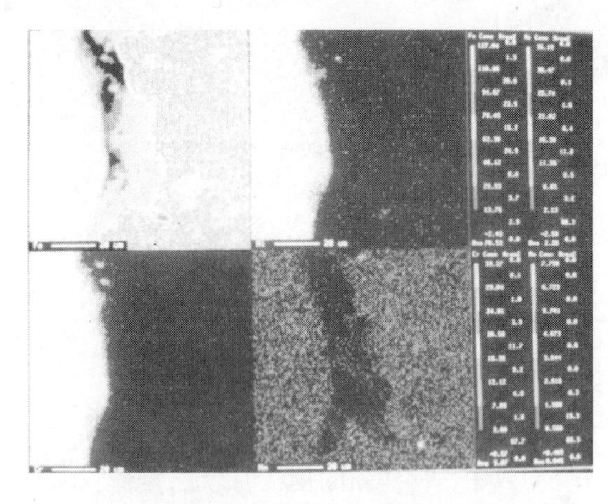

图8　大波状结合界面元素面扫描图像

2.2.2.2 小波状结合界面

图9所示是304/SA266复合板小波状结合界面的二次电子像，界面波波幅为50μm左右，波长为150~200μm，过渡区域相对较窄（约15μm左右）。其结合界面域微观缺陷的类型基本与大波状相同，不过缝隙稍小，空洞物数量也有所减少。

图10所示是结合界面的元素面扫描图像。在过渡区域中，Fe、Cr、Ni、Mn四元素含量分别约为80%、10%、6%、2%，元素扩散程度较大波状为轻。

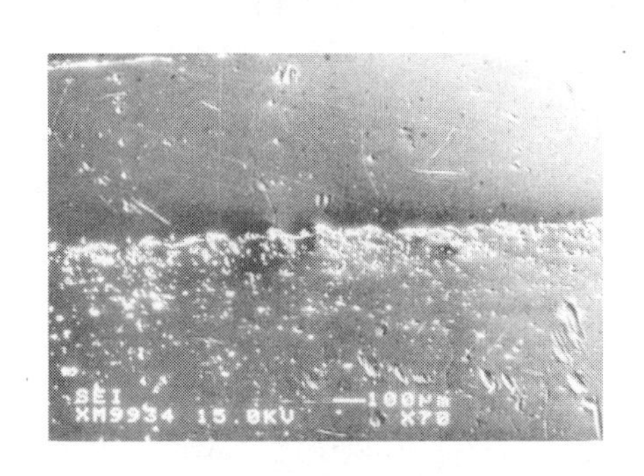

图9 小波状结合界面的SEI像

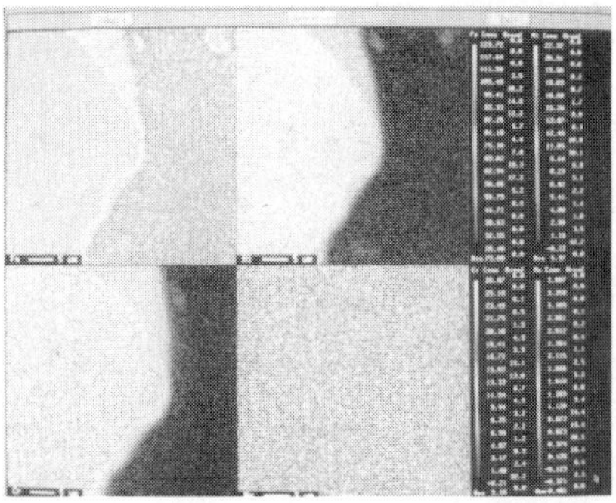

图10 小波状结合界面元素面扫描图像

2.2.2.3 微波状结合界面

微波状结合界面的二次电子像如图7所示，图11所示是此类结合界面的元素面扫描图像。由图11可知，该结合界面几乎没有过渡区域，也没有缝隙和疏松状空洞物等缺陷，除在界面附近有少量Fe、Cr、Ni、Mn四种元素的相互扩散外，界面两侧金属几乎保持原有的元素组成。由此可知，微波状结合界面具有与大、小波状界面明显不同的特征。

显然，复合板的微波状界面是一种高质量的结合形式。

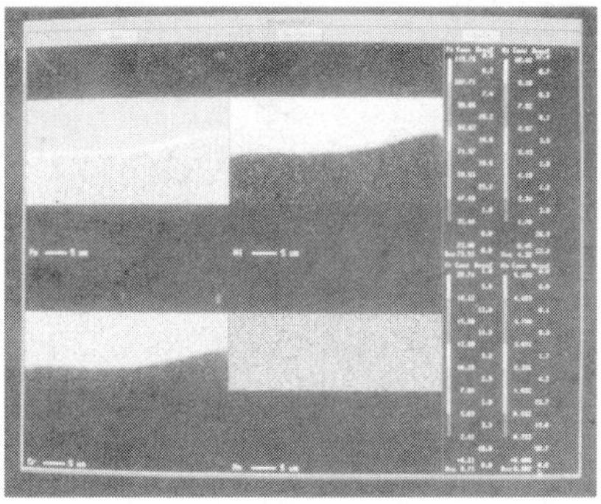

图11 微波状结合界面的元素面扫描图

2.3 结论

由以上分析可知，界面波形态与焊合质量有明确的对应关系，因此，可以将界面波形态作为评价焊合质量的核心指标，并将“在复合板的全部界面上形成微波状结合”作为质量优化的理想目标。

3 炸药用量最小化研究

炸药用量（又称“装药量”）是爆炸焊接最重要的工艺参数。但是，迄今装药量都是依据经验公式计算的，计算结果只能是一个变化范围。

为了追求炸药用量的最小化，在对以往装药量确定方法分析的基础上，从观测复板的运动姿态入手，构建新的复板力学模型，得到“基于复板弯曲变形的装药量计算方法”，为降低装药量提供了原理性依据；进而以质量最优化为基本出发点，考察了三种界面波在复合板全部界面上的分布规律，提出了“合理利用基、复板振动能量以稳定碰撞荷载”的思路，据此发明了进一步降低装药量的“不等厚度装药工艺”，构建了“最佳装药量窗口”。

3.1　关于以往装药量计算方法的简要述评

确定装药量的基本依据是“可焊性窗口”，而“可焊性窗口”是以往爆炸焊接基本理论的比较集中的体现，因为它反映了爆炸焊接过程中三个基本动态参数，即碰撞速度（V_p）、碰撞角（θ）和碰撞点移动速度（V_c）三者的关系，即有爆炸焊接的基本公式：

$$V_p = 2V_c\sin(\theta/2) \tag{1}$$

当复板与基板相互平行时，碰撞角等于复板的弯折角，同时有：

$$V_c = V_d \tag{2}$$

式中　V_d——炸药的爆速。

只要这三个动态参数的值在某一个恰当的范围内变化，爆炸焊接就能成功实施。这样一个范围在平面直角坐标系中的图像状若窗口，故称为“可焊性窗口”（如图12中的阴影区域所示）。

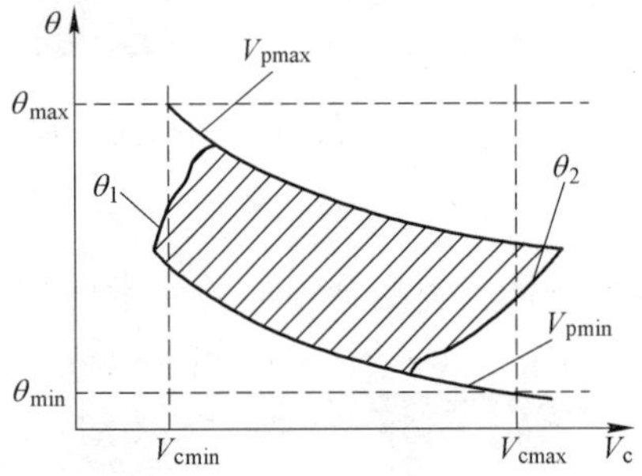

图12　可焊接性窗口示意图

一旦由试验建立了某一金属的“可焊性窗口”，就可以据此确定该金属爆炸焊接的炸药用量。

单位面积装药量 C 与复板单位面积质量 m_f 的关系为：

$$C = R \cdot m_f \tag{3}$$

由于 m_f 是一个已知量，因此，计算炸药用量的关键是确定质量比 R。

目前，R 的确定主要是利用 R—V_p 之间的经验关系式来计算，这些经验公式共同的基本原理是：炸药用量能够提供一个满足焊接需要的碰撞速度 V_p，V_p 的判定准则是基、复板之间的碰撞强度大于基、复板静态强度的10倍。

若记 R_{min} 为与 V_{pmin} 相对应的质量比，则有：

$$C_{min} = R_{min} \cdot m_f \tag{4}$$

由式（1）可知，爆炸焊接的基本前提有两个：一是基、复板之间实现斜碰撞；二是合适的碰撞速度，而斜碰撞则是由复板产生弯折变形以形成弯折角来保证的。

然而，以往的经验公式都只关注了碰撞速度，而未考虑使复板产生弯折变形的动态弯矩。因此，通过分析使复板产生弯折变形的动态弯矩来计算单位面积的装药量，就成为我们深入研究的一个出发点。

3.2　复板的荷载和运动分析

采用闪光X射线摄影观测了复板在炸药爆轰作用下的飞行姿态（如图13所示）。

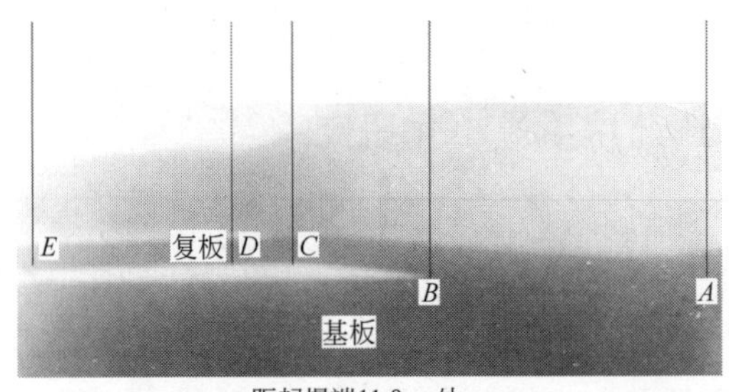

图13　爆炸焊接复板运动姿态的X光照片

由图 13 颜色的深浅可以判定：*AB* 段的爆轰产物已完成了对复板的做功过程，且基、复板也已焊合；*DE* 部分是尚未引爆的炸药；两部分之间的 *DCB* 部分则为爆轰反应区及爆轰产物的初始膨胀阶段，其颜色由左至右逐渐变浅，反映了爆轰反应及其产物膨胀的不同程度。据此，可定性地描述爆炸焊接的某一瞬间施加于“复板上表面”的荷载分布，如图 14 所示（图中 $A'B'C'D'$ 直线段均是相关曲线的简化）。

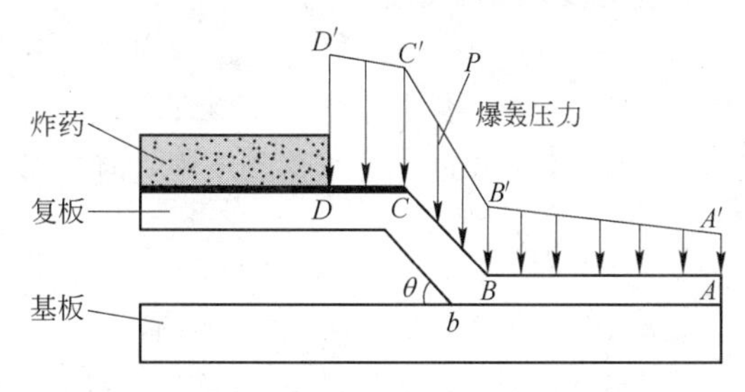

图 14　复板上表面的荷载分布示意图

由图 14 可见，复板“上表面”的 *ABCD* 段处处受到爆轰荷载的冲击作用，但是，各段冲击作用的功效是不同的。在 *AB* 段上，冲击作用在造成复板对基板的碰撞和焊合之后，进一步巩固其结合效果，同时，也将冲击传递给基板；*BC* 段的荷载驱动该段飞向基板，并使复板产生弯折变形；*CD* 段的荷载一方面使该段复板产生加速度，一方面为复板的弯折变形提供“固定端”支反力；与此同时，*ABCD* 段冲击作用均在复板内产生很强的应力波。

3.3　基于复板弯曲变形分析的装药量计算

由于 *CD* 段复板受爆轰波头的压力作用，其加速度最大，而速度为 0，因此，复板的 *CD* 段可视为固定端，该段所受的荷载即为固定端的支反力；而 *BC* 段复板（除刚刚焊合的 *B* 点外）则可视为自由段；这样一来，经受爆轰压力产生弯曲变形并存在加速度的 *BCD* 段复板就可视为一端固定、一端自由的悬臂梁，如图 15 所示。

由此可以得到 *BC* 段荷载对 *C* 点的力矩：

$$M_{\max} = \frac{1}{6(1+\gamma_0)}\rho_0 D^2 l^2\left[2 + \cos^{\frac{2\gamma_0}{\gamma_0-1}}\left(\sqrt{\frac{\gamma_1 - 1}{\gamma_0 + 1}}\arctan\frac{1}{\delta}\right)\right] \tag{5}$$

式中，ρ_0 为复板密度；γ_0 为炸药的多方指数；D 为炸药爆速；l 为 *BC* 段长度；δ 为装药厚度。

由大量文献（例如［8］）可知，复板材料的动态屈服强度 $\sigma_d = 30\sigma_s$，σ_s 表示复板的静态屈服强度。不妨设复板处于完全塑性状态，则复板产生极限弯矩（如图 16）W_m：

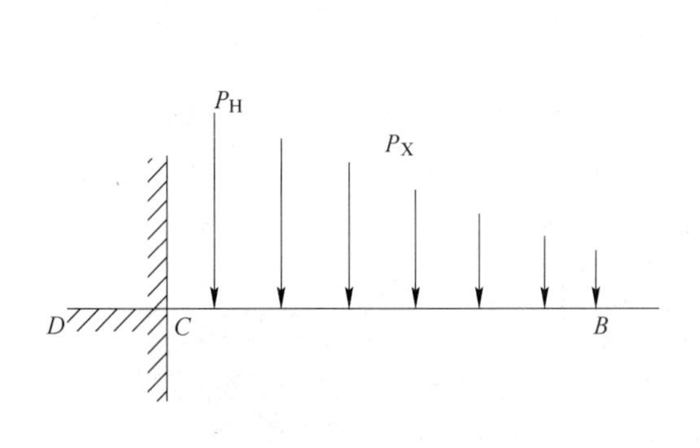

图 15　爆炸荷载作用区悬臂梁模型示意图

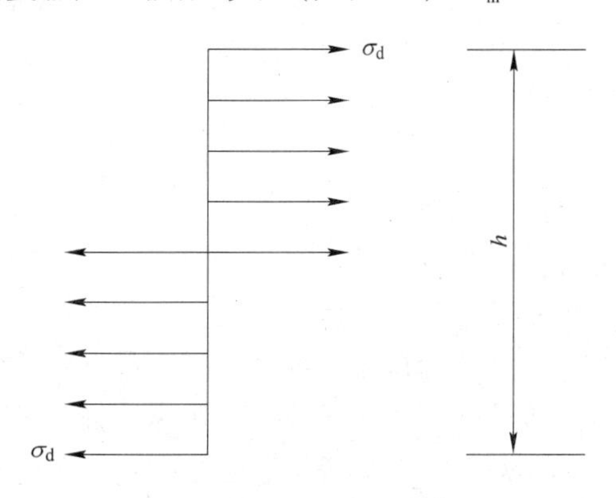

图 16　复板极限弯矩示意图

$$W_m = \sigma_d \frac{h}{2}\frac{h}{2} = \frac{1}{4}\sigma_d h^2 = \frac{15}{2}\sigma_s h^2 \qquad (6)$$

式中，h 为复板厚度。

在爆炸焊接过程中，须有 $M_{max} \geqslant W_m$，才能使复板产生弯折变形，进而满足复板与基板的斜碰撞条件。由此计算的单位面积装药厚度下限，相对于按照碰撞速度满足射流产生条件假设所推导出的公式计算的下限，还要小15%～30%。即式（4）可以修正为：

$$C_{min} = kR_{min} \cdot m_f \qquad (7)$$

式中，$k = 0.70 \sim 0.85$。

由于在计算动态弯矩时，设定材料动态屈服强度为 $\sigma_d = 30\sigma_s$，而产生射流的条件仅要求动态碰撞压力大于材料静态屈服强度的10倍，因此，只要满足复板弯折变形条件，则产生射流的条件也自然满足，故以上推导的装药厚度下限具有较好的可信度。这一点在大量的试验中得到证明。

3.4　关于基、复板振动现象的探讨与启示

对于在爆炸焊接中，“因基复板之间碰撞，且碰撞点又做高速移动，从而迫使碰撞区前方的‘待焊区’板产生愈来愈强烈的振动”这一现象，可以凭直觉和推理认识其客观存在。这就如同用锤子敲击钢板的一端，板的另一端必可感觉到板的振动；若敲击点连续不断地向前移动，则板的另一端的振动将不断增强；而且敲击力越大、敲击频率越快，感觉到的振动就越强烈，即板所具有的振动能也越大。显然，爆炸焊接中“待焊区”板的强烈振动，与这种用锤子敲击钢板的情形十分相似。

关于振动对焊合过程的影响，在文献［10］中，H. EI-Sobky 对碰撞点前后所产生的表面应力波进行了分析，并认为该表面应力波的强烈扰动是焊合界面波的形成机理。但是，该文献没有认识和分析焊合界面波形貌沿爆轰传播方向的变化。

为此，我们对三种形态界面波在复合板全部界面上的分布状况进行了测试分析。

对沿爆轰传播方向长度为1m的T10复板，采用普遍采用的等厚度面装药工艺（即在复板的上表面布设与复板表面积相当的、厚度均匀的炸药层），与A3钢基板爆炸焊接形成T10/A3复合板。

图17所示为沿爆轰传播方向，按照一定的间距，从该复合板上取9排共27个试样，进行电镜扫描所得到的其中9个试样按先后顺序排列的界面波形图，界面上方晶粒较细的是T10。

由图17可见，三种形态界面波的分布规律是：在距起爆端300mm以内，界面波为微波状（图中左侧3幅照片），但是波形迅速增大；在其后很短的一段长度上，界面波为小波状并基本保持不变（图中中间3幅照片），随后波形逐渐增大（图中右侧3幅照片），以至于形成大波状界面波。

由炸药爆轰速度沿爆轰传播方向的变化规律可知，上述第一阶段界面波的变化与碰撞速度的变化直接相关。炸药爆速测试实验表明，在距起爆端300mm的距离上，正好对应所用炸药的非稳定爆轰阶段。在这个阶段中，炸药爆速迅速增大而趋于稳定爆轰，导致复板在爆炸荷载作用下获得的速度迅速增大，基、复板碰撞速度随之同步增大，从而使界面

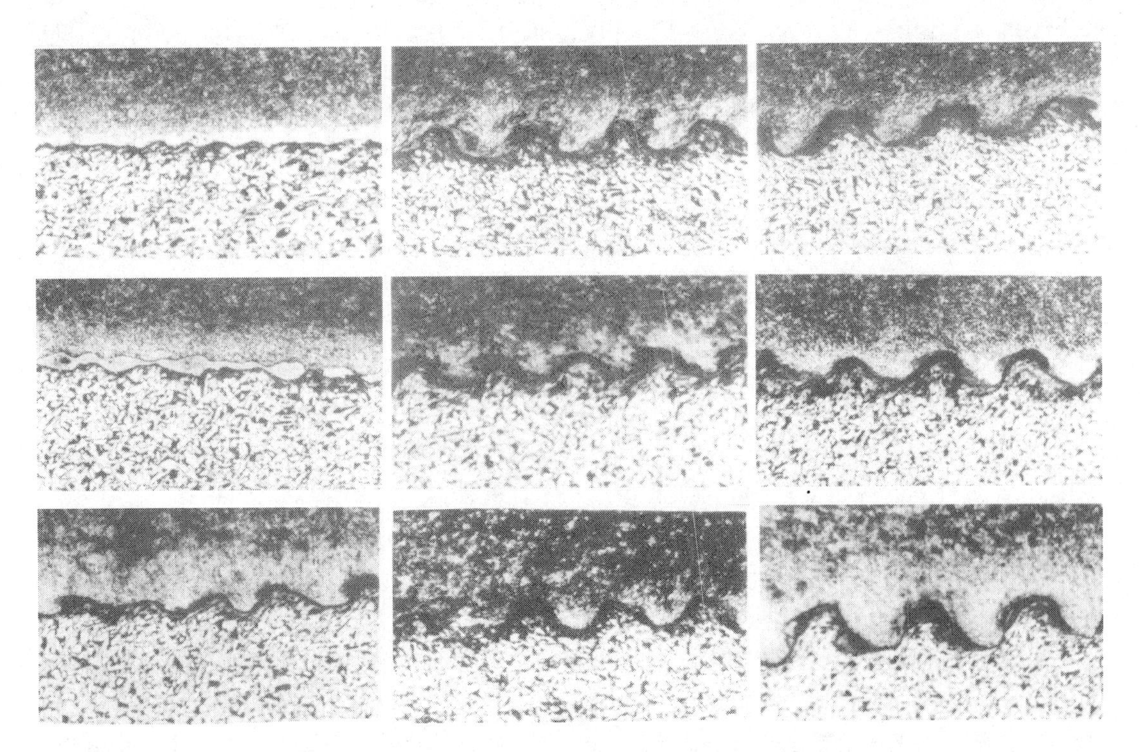

图 17 T10/A3 复合板的界面波沿爆轰传播方向的变化

的微波状波形迅速增大。

300mm 以后，爆轰进入稳定阶段，即爆速和碰撞角都保持稳定，据式（1），碰撞速度理应保持稳定；那么，界面波也应该稳定。但是，除了稳定爆轰的初期阶段，界面波的波长和波幅却在持续增大。由此可以判定：（1）在爆速稳定的情况下，碰撞速度的持续增大是由基板和复板的振动尤其是复板的振动所造成的；（2）基板和复板的振动对焊合质量是不利的。

但是也给出一个启示：在爆轰传播方向上，可以适当减小装药量，以降低爆速和爆轰能量，同时合理利用振动能量，从而抑制碰撞荷载的持续增长，达到降低装药量和提高焊合质量的双重目的。

3.5 不等厚度装药

由于在“面装药”情况下，减小装药厚度就等于减少了爆轰能量和爆轰速度；而这一减少，可以由振动能来补偿。因此，基于上述启示，研究了“不等厚度”装药工艺。

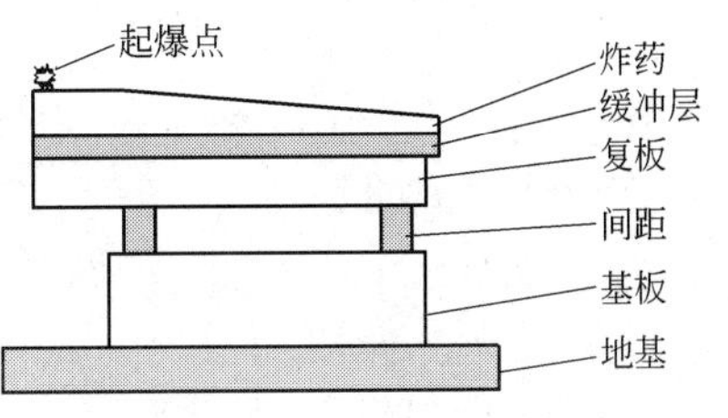

图 18 不等厚度布药结构示意图

“不等厚度布药”结构如图 18 所示，其参数系指装药厚度在整个布药面上的变化规则，主要包括：起爆端“等厚度布药”的面积与厚度、起爆端与末端的装药厚度差以及布药面中部与两侧的装药厚度差等。参数确定的一般规则是：

（1）为确保起爆端的可靠起爆和传爆，自起爆点开始的某一长度（设为 a）上采用“等厚度布药”。一般地，$a = 50 \sim 60$mm；布药厚度（记为 δ_{min}）按式（9）计算，若 $\delta_{min} < \delta_c$（δ_c 为所采用炸药的起爆临界厚度），则取 $\delta_{min} = \delta_c + (5 \sim 10)$mm。

（2）沿爆轰传播轴线，“不等厚度布药”部分的剖面一般为直角梯形，梯形斜边与水平面的夹角视复板的长度而定，一般的有 $\alpha = 5° \pm 2°$；垂直于传播轴线的剖面是关于轴线剖面对称的两个直角梯形，与水平面的夹角 $\beta \approx \alpha$。

（3）无论何处的布药厚度均不得小于可靠传爆的临界厚度。

目前，关于待焊区板的振动能量还没有理论计算结果，我们仅在大量试验的基础上，对不同的复板厚度，给出不等厚度布药的合理药厚减小值。对于乳化炸药，当复合板长度为 1m 时，一般有：

$$\Delta t = k \cdot H$$

式中，Δt 为首、末端药厚差；H 为复板厚度；k 为系数。

$$k = \begin{cases} 1 \sim 1.2, H = 2 \sim 2.5\text{mm} \\ 1.5 \sim 2, H = 3 \sim 6\text{mm} \\ 1.5, H > 6\text{mm} \end{cases}$$

为检验不等厚度布药爆炸焊接的复合板界面是否会形成较为均匀的微、小波状，对两组 Q235/Q235 复合板（尺寸为 600mm × 400mm × 30mm，复板厚 6mm）分别进行等厚度和不等厚度布药的爆炸焊接试验，并对界面结合形貌进行测试。其结果是，“不等厚度布药”爆炸焊接的复合板，其整个界面结合波的波长和波幅基本均匀一致，而“等厚度布药”则相差较大，图 19 所示为两组复合板界面波的波长和波幅比较曲线。

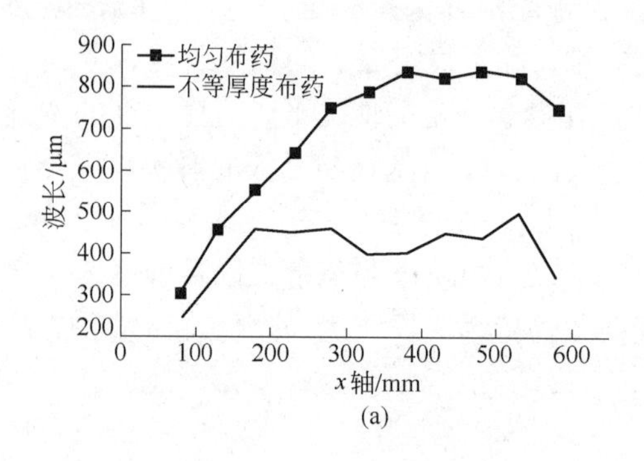

(a)

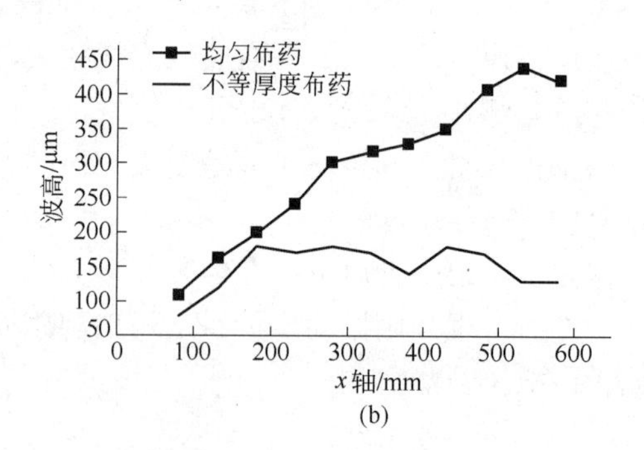

(b)

图 19　两种布药方式下的结合界面波长和波幅比较

（a）界面波长比较；（b）界面波幅比较

3.6　最佳药量窗口

3.6.1　“最佳药量窗口”的建立方法

在以上研究的基础上，创建了“最佳药量窗口”。

对于一定的复板材料，其质量仅取决于复板的厚度，因此，由牛顿第二定律可知，复板的加速度仅取决于荷载的大小和复板的厚度。当两板间隙合理设置后，碰撞角也取决于荷载的大小和复板的厚度。由此可见，就爆炸复合的两个基本前提而言，复板的厚度与爆轰荷载的大小（即装药量大小）具有明确的对应关系。

另外，相对于比绝大多数金属材料静态屈服强度高数十倍的弯曲与碰撞荷载，不同金属在强度和硬度性能上的差异基本上可不予考虑。

因此，对绝大多数金属而言，仅根据复板的厚度可以基本确定装药量。因此，以装药厚度和复板厚度两个参量作为坐标系，以构建“最佳药量窗口”是可行的。

综合考虑临界起爆药厚、合理的最大复板厚度以及“不等厚度布药”等因素所建立起的“最佳药量窗口”如图 20 所示。

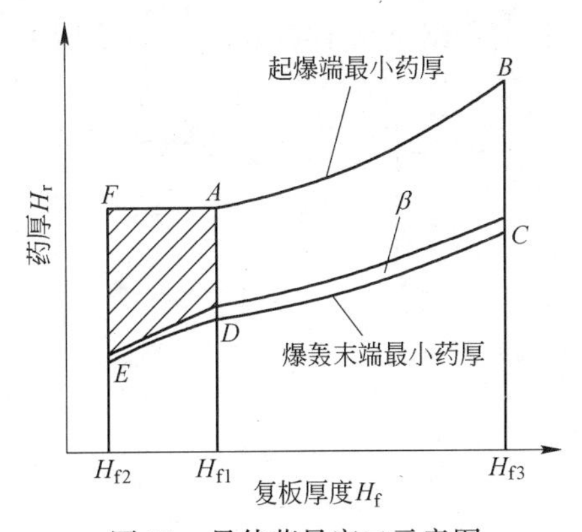

图 20　最佳药量窗口示意图

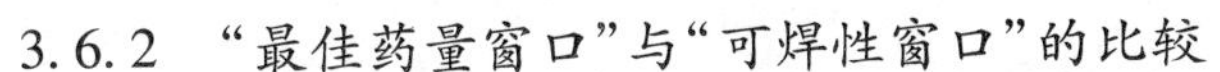
3.6.2 “最佳药量窗口”与“可焊性窗口”的比较

“最佳药量窗口”与“可焊性窗口”的主要区别如下：

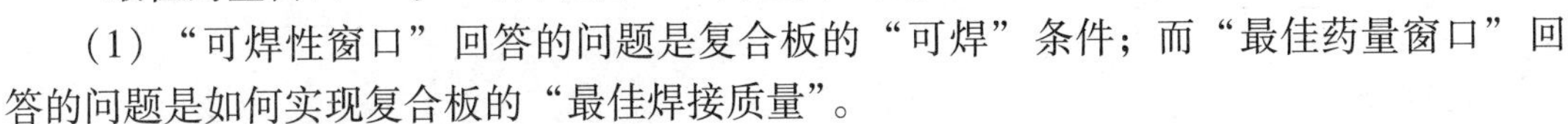
(1) “可焊性窗口”回答的问题是复合板的“可焊”条件；而“最佳药量窗口”回答的问题是如何实现复合板的“最佳焊接质量”。

(2) “可焊性窗口”所给出的是金属可焊性的动态参数变化范围，没有直接给出装药量；而“最佳药量窗口”则直接给出实现“最佳焊接质量”的装药厚度。

(3) “可焊性窗口”以动态参数为坐标系，而“最佳药量窗口”则以复板厚度和装药厚度两个可以直接度量的参数为坐标系，其中，复板厚度变化范围可较容易地根据爆炸焊接技术应用实际情况予以明确界定。

(4) 虽然“可焊性窗口”的理论具有普遍性，但每一种复板材料的“可焊性窗口”都不具有普遍性；而“最佳药量窗口”只需选取一种或几种典型金属材料进行试验即可建立，且一旦建立则适用于绝大多数金属。

(5) “最佳药量窗口”是以“不等厚度布药”工艺作为其重要基础，而“可焊性窗口”则根本不包括“不等厚度布药”工艺这一概念。

总之，“最佳药量窗口”对于“可焊性窗口”的理论及其应用，都是一个值得重视的发展和补充。

4　硬脆金属的优质爆炸焊接

以硬脆金属作复板的爆炸复合板（简称硬脆金属复合板），具有特殊的用途。但是，迄今为止，关于硬脆金属复合板的高质量爆炸焊接还很少见文献资料报道。

4.1　T10/Q235 复合板爆炸焊接存在的问题

工具钢是典型的硬脆金属之一。为解决工具钢在爆炸焊接中易形成宏观开裂的问题，以往采取的技术途径主要是：在爆炸焊接前，对工具钢板进行退火处理，以降低硬度，提高韧性。此方法不仅需要专门的热处理设备（由于复板尺寸变化范围大，设备准备成本高、困难大，有时甚至是不可能的），而且解决开裂问题的效果很不理想。

为此，我们以 T10 为代表，研究工具钢复合板爆炸焊接，研究目标是，在不进行退火预处理的情况下，解决其在爆炸焊接中易形成宏观开裂的问题。

为弄清问题，在最初的试验中，曾依据“可焊性窗口”理论确定装药量，其他工艺参数和主要试验结果如图 21 和图 22 所示。

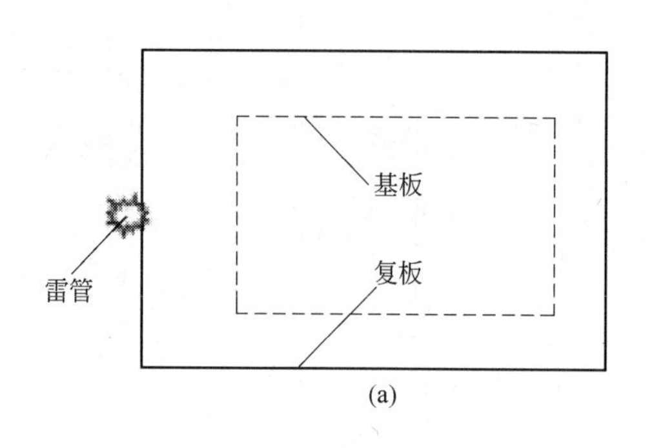

(a)

(b)

图 21　“四边切割法”及其试验结果

（a）基复板相对安放位置；（b）复合板外观

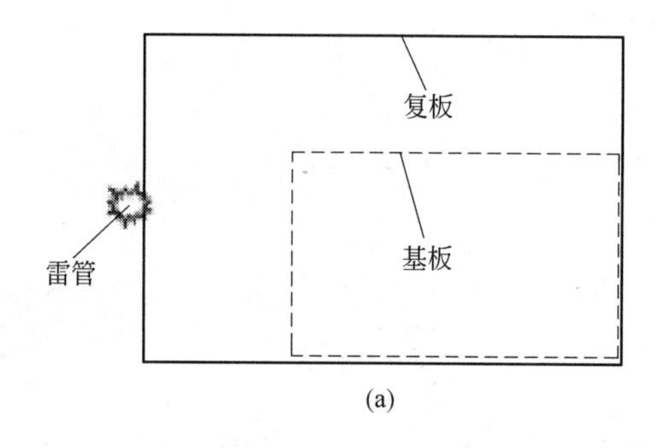

(a)

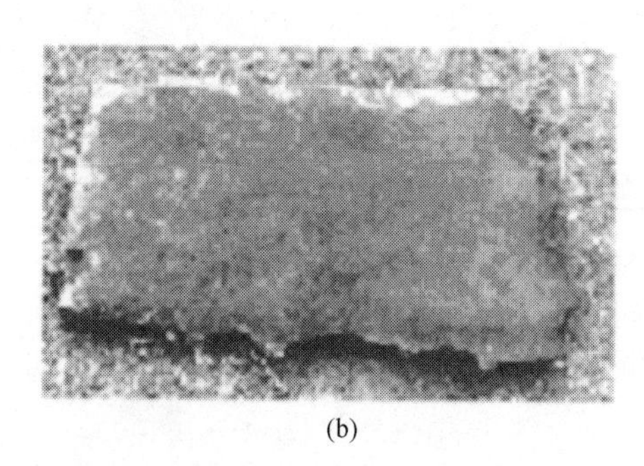

(b)

图 22　“两边切割法”及其试验结果

（a）基复板相对安放位置；（b）复合板外观

显然，上述爆炸焊接工艺不能满足工具钢复合板的焊接质量要求。

对图 22 所示复板进行了电镜扫描观测。扫描试样取自未见宏观裂纹的复合板中间部位，扫描结果如图 23 和图 24 所示。可以清楚看到，即使复板表面没有出现宏观裂纹，但在金相组织中“硬质相”渗碳体与“软质相”基体的结合界面处仍产生了一定数量的微裂纹。

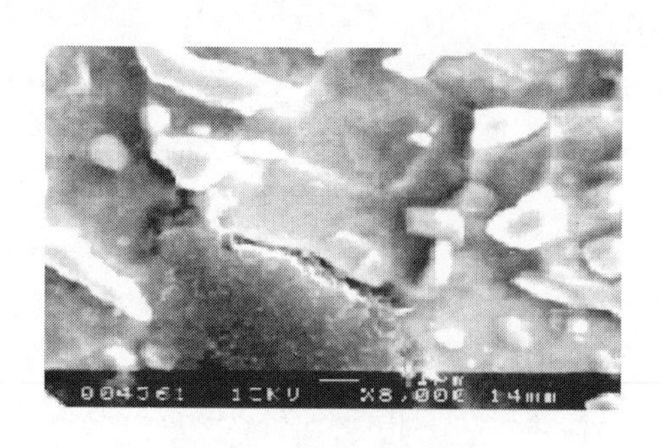

图 23　8000 倍金相图

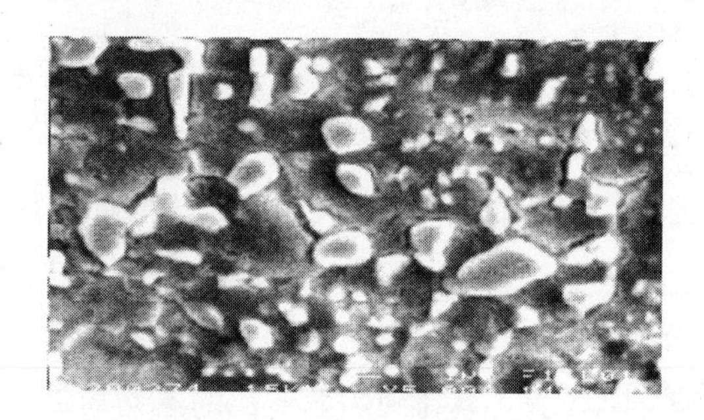

图 24　5000 倍金相图

以上结果表明，要解决工具钢在爆炸焊接中的宏观开裂问题，就必须尽可能地控制其组织中微裂纹的产生数量，同时要抑制微裂纹的扩展，尤其是要防止多个微裂纹的相互贯通。

4.2 工具钢中的损伤场和微裂纹场

损伤力学是研究材料在宏观裂纹产生以前，其组织内部缺陷的产生、发展直至形成微裂纹等力学行为的一门科学，其基本概念是损伤场及其演变。

损伤场可以理解为材料内部微观缺陷的集合。在共析工具钢的珠光体组织中，存在着力学性能相差很大的“软质相”铁素体和“硬质相”渗碳体 Fe_3C；而对于过共析工具钢，则除珠光体以外，在构成珠光体组织的原奥氏体晶界上还存在二次渗碳体 Fe_3C_{II} 相。

由于外力大到一定程度，共析工具钢珠光体的“软质相”基体将发生弹塑性变形，而“硬质相”相对于“软质相”基体则可视为刚性体，两者之间的甚大应变率差异将使得“硬质相”相对于“软质相”基体发生微动，由此对基体产生割裂作用而导致组织损伤。因此，可将 Fe_3C 对基体产生的割裂效果看做是组织中的“损伤场”，而将任一个 Fe_3C 颗粒视为损伤场的“组元”。

对于过共析工具钢的 $P+Fe_3C_{II}$ 组织，当材料变形时，除了上述珠光体组织中的损伤外，还会在“软质相”珠光体与“硬质相”二次渗碳体之间造成损伤。

因此，将在珠光体中的损伤场定义为“第一损伤场”，而将 Fe_3C_{II} 对珠光体造成的组织损伤定义为“第二损伤场”。显然，两种损伤场产生微裂纹的难易程度是不一样的。

由于第二损伤场的网状“硬质相” Fe_3C_{II} 对“软质相”珠光体基体的割裂作用，要比第一损伤场的颗粒状“硬质相” Fe_3C 对“软质相”铁素体基体的割裂作用大得多，并且网状 Fe_3C_{II} 在材料变形过程中还会出现脆断现象，所以，过共析工具钢在受力变形时也就更容易产生微裂纹。

因为哪里有损伤，哪里就可能产生微裂纹，故仿照损伤场定义，将微裂纹的集合定义为“微裂纹场”，同时将任意一个微裂纹称为“微裂纹场”的组元。

4.3 “微裂纹场”的演变与抑制

4.3.1 “微裂纹场”演变的特征

由断裂力学可知，当金属材料在一定的外力作用下发生变形达到一定程度时，材料内部所存在的裂纹将缓慢或迅速扩展，最终导致材料的断裂。同样的，若对上述的“微裂纹场”继续加载，则会导致某一微裂纹扩展，并可能与另一微裂纹相连通。而一旦微裂纹相贯通，那么微裂纹尺寸则以很大比例增加。若多个微裂纹（微裂纹群）相互贯通就会形成宏观开裂。

发生在“微裂纹场”中的这种“微裂纹贯通”现象，我们称之为“微裂纹场”的演变，是硬脆金属在爆炸焊接中的一个特殊的力学行为。

硬脆金属复板在爆炸焊接过程中的受力过程可分为：上表面受冲击、弯折变形、向基板飞行及其与基板的碰撞等四个阶段。

在这四个阶段中，工具钢复板损伤场演变的主要特点可概括为：在第一阶段表现为材料组织的损伤程度加大；第二阶段表现为损伤场的急剧演变并一般会产生微裂纹；第三阶段表现为损伤场演变的继续加剧以及微裂纹的扩展；第四阶段则表现为损伤场的演变十分剧烈，既有新的微裂纹产生，又加剧了已经发生的裂纹的扩展，裂纹相互贯通的现象也极有可能发生。

因此，在硬脆金属爆炸焊接中，为了获得高质量的复合板，应该筑起两道“防线”。一是抑制损伤场的演变，使“微裂纹场”的“场强”（取决于微裂纹的大小、形状和数量）尽可能地弱；二是控制“微裂纹场”的演变。

而实现这一切的根本，是清楚认识爆炸焊接过程中的荷载特性并对其进行有效的控制。

4.3.2　抑制“微裂纹场”演变的工艺措施

由以上分析，对于工具钢爆炸焊接，提出以下抑制“微裂纹场”演变的工艺措施：

（1）依据创建的“最佳药量窗口”来确定工具钢复合板的爆炸焊接炸药用量，以最大限度减小爆轰荷载。

（2）采用“改进的一边切割法”爆炸焊接工艺，即除了使工具钢复板在起爆端伸出基板一段长度、其他三个边与基板对齐外，在起爆端复板与基板的重合部位处，预先在复板上切制一条一定深度的“V形”应力隔离槽，以确保伸出基板之外的复板能可靠地切下，并有效隔断复板伸出部分上的应力波，以尽可能减小复板伸出部分上的炸药爆轰荷载对起爆端处复合板焊接质量的不利影响。

（3）采用布药面积大于复板面积的布药工艺，以便将爆轰边界效应引出基复板的复合部位之外，消除爆轰边界效应对复合板周边焊合率的不利影响。

（4）采用“不等厚度布药”工艺。

（5）在装药与复板上表面之间设置缓冲层。

（6）优化地基参数，减小地基对焊接质量的消极影响。

采用上述工艺生产的复合板的焊合率几乎达到了100%，既无宏观开裂，整体变形也几乎可以忽略。

为了检验上述工艺的可扩展性，我们对T8工具钢、3Cr13马氏体不锈钢、62硬质黄铜三种最常见的硬脆金属，与Q235普碳钢进行了试验性爆炸焊接生产。结果如表1～表3和图25、图26所示。

表1　T8/Q235爆炸焊接复合板试验情况

序　号	数量/件	复合板尺寸/mm×mm×mm	试验结果
1	7	1200×750×40	焊合率均大于98%，且表面无宏观裂纹
2	15	1140×715×30	
3	16	1650×750×30	
4	18	1500×900×30	

表2　3Cr13/Q235复合板爆炸焊接

序　号	数量/件	复合板尺寸/mm×mm×mm	试验结果
1	20	1600×750×46	焊合率均大于98%，且表面无宏观裂纹
2	35	1450×750×46	

表 3　62 硬质黄铜/Q235 复合板爆炸焊接

序　号	数量/件	复合板尺寸/mm × mm × mm	试 验 结 果
1	25	1300 × 750 × 31	焊合率均大于 98%，且表面无宏观裂纹
2	22	1150 × 700 × 26	
3	10	850 × 700 × 31	
4	20	800 × 600 × 31	

(a)　　(b)

(c)

图 25　三类爆炸焊接复合板外貌

（a）3Cr13/Q235 复合板；（b）T10/Q235 复合板；（c）62 黄铜/Q235 复合板

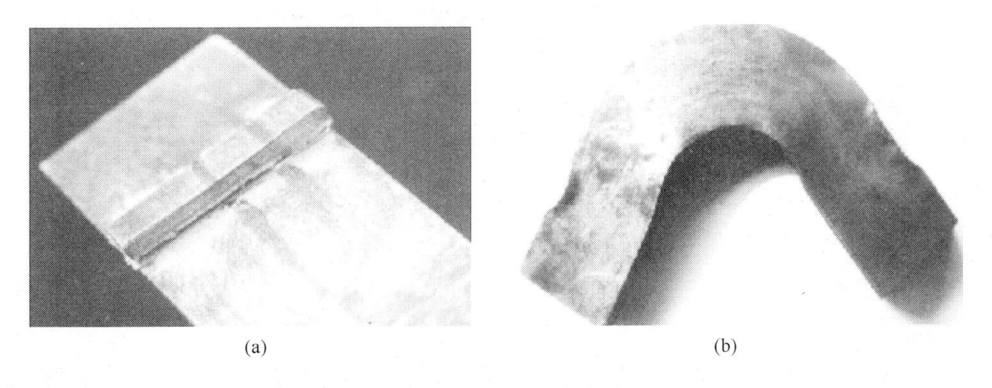

(a)　　(b)

图 26　工具钢复合板力学性能测试件的测后形貌

（a）剪切强度测试件；（b）冷弯曲性能测试件

结果表明，三类硬脆金属复合板的爆炸焊接焊合率均在 98% 以上，完全消除了复板的宏观破裂，复合板界面的力学性能也圆满实现了用户的要求。由此说明，我们给出的硬脆金属爆炸焊接工艺是成功的，具有可扩展性。

5　特殊用途长细管件的爆炸复合

正在国际范围内研究中的基于核聚变原理的核电技术，需要一种爆炸焊接复合管件。此管件要求由工业纯铝作复管，与某合金钢基管复合而成，复合管件的合金钢基管外径变化范围为12~30mm，工业纯铝复管外径变化范围为8~18mm，其壁厚变化范围为0.5~1.0mm，而长细比则大于100。

由于复合后的纯铝复管，需要通过特殊的氧化工艺生成Al_2O_3陶瓷薄膜，以防止核辐射的泄露，所以对该爆炸焊接复合管的质量要求是：焊合率必须达到100%；整个复合管界面均须保持细微波状结合；纯铝复管的塑性变形须严格控制，以确保其厚度的均匀性。

这样严格、特殊的质量要求，迄今尚未见报道。

为实现上述要求，我们运用爆炸焊接精确化的研究成果，通过大量试验研究及分析，发明了能满足复合管件质量要求的爆炸焊接工艺。其主要包括以下内容：

（1）配制了高性能低爆速炸药。所配制的低爆速炸药是以粉状乳化炸药为基，通过掺入粉状珍珠盐并充分搅拌混合均匀而成的，配制的炸药爆速控制在1850~2200m/s范围内。添加的珍珠盐颗粒控制在75~150μm之间，添加量主要根据复管的壁厚来确定，当复管壁厚为0.5~2.0mm时，乳化炸药与珍珠盐的质量比为（3~5）∶1。

（2）确定了基管与复管径向间隙的经验公式。在复合管件的爆炸焊接中，为了保证内、外管之间的斜碰撞这一爆炸焊接的必要条件，两管之间在半径方向必须保持适当的间隙s，即复管外径与基管内径的半径差。为保证复管与基管碰撞焊合，复管的平均周长必须产生的变形量为$\Delta l = 2\pi s$。

按照爆炸焊接原理，s一般取决于复管壁厚和炸药爆速。但是，在长细管爆炸复合中尚需妥善处理两个特殊问题。

1）对于一定壁厚的复管，s应该是一个确定的值，本来与复管的直径无关。然而，复管的应变$\varepsilon = 2\pi s/2\pi r = s/r$却是随着复管内径$r$的变化而变化的。这就导致细管的塑性变形大于壁厚相同的较粗管的塑性变形，从而使得薄壁细管的焊合质量很难保证。

为妥善解决这一特殊问题，经分析和试验验证发现：当r的变化范围为5~25mm时，ε的最佳变化范围为0.05~0.1，当半径较小时，ε取较大值；当半径较大时，ε取较小值。综合考虑复管直径及其壁厚两个因素与s之间的关系，得到

$$s = k\varepsilon \cdot r$$

式中，k为壁厚修正系数。

经反复试验得到，当复管壁厚在0.5~2.0mm范围内变化时，k的取值范围为0.7~0.9，且随复管壁厚增大，k在此范围内取较大值。

2）除母线的弯折变形和驱动复管高速撞击基管以外，复管的径向塑性变形也需要能量，因此，当炸药成分一定时，炸药用量比焊合同样厚度的复板必须有所增加。然而，本管的复合目前只能采用“内复法”，即炸药必须装在复管的内孔中，这就可能导致因内孔过细而满足不了装药量要求。

针对此特殊问题，我们试验确定了复管内径对于装药量限制的敏感范围，对处于该范

围内的复管，参考上述确定 s 的经验公式，在保持壁厚不变的前提下，精细试验确定 s 的减小量 Δs，亦即复管内径的增量 Δr。

对于不可能采用“内复法”复合的更细的复管，在本应用中尚未提出要求。

（3）抑制基管与模具之间孔隙对焊接质量消极影响的方法。为了严格限制基管的变形，基管的外壁需要与模具的内壁紧密贴合。模具通常采用与基管材料相同或相近的合金钢制作。当基管的外壁与模具的内壁紧密贴合时，由于两表面的硬度相同或相近，表面的不平度和粗糙度势必导致各种孔隙在贴合区形成。由于孔隙中的空气密度远低于钢铁的密度，爆炸焊接复管撞击基管时，在基管中形成的应力波会在孔隙中产生反射波，该反射波会对刚焊合的界面造成不同程度的危害，因此需要对反射波加以抑制，而抑制的关键是尽可能减少基管与模具之间的孔隙。为此，我们采取的主要方法是：

1）基管外表面粗糙度低于模具内表面粗糙度，两者之间的差别控制在两个级别之内；

2）在基管外壁与模具内壁之间加入一层紫铜片，其厚度为1.0±0.1mm。

采用上述爆炸焊接工艺，我们对不锈钢（1Cr18Ni9Ti）/铝（Al）、钛（Ti）/铝（Al）、纯铁（Fe）/铝（Al）等复合管进行爆炸焊接试验。经检验，除在复合管两端处各有约10mm的不焊合区外，其余部分的焊合率均为100%。另外，又经对复合管的力学性能和界面结合形貌的测试，其结果不仅复合管的结合界面未出现分离现象，而且结合形貌均为理想的微小波状结合。图27为爆炸焊接后的复合管外貌，图28和图29分别为复合管结合界面力学性能及结合形貌的测试结果。

图27　复合管外貌

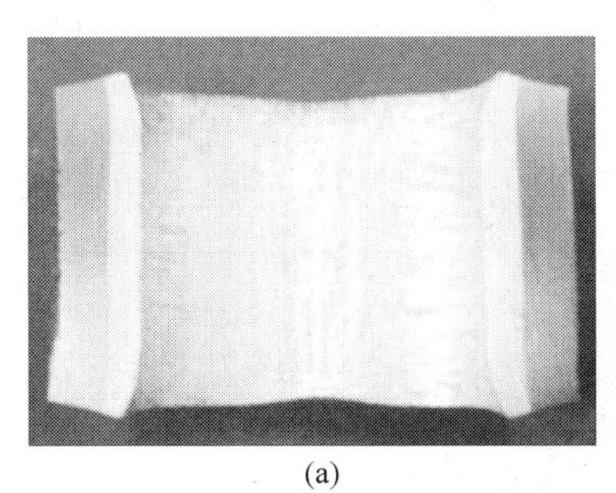

(a)

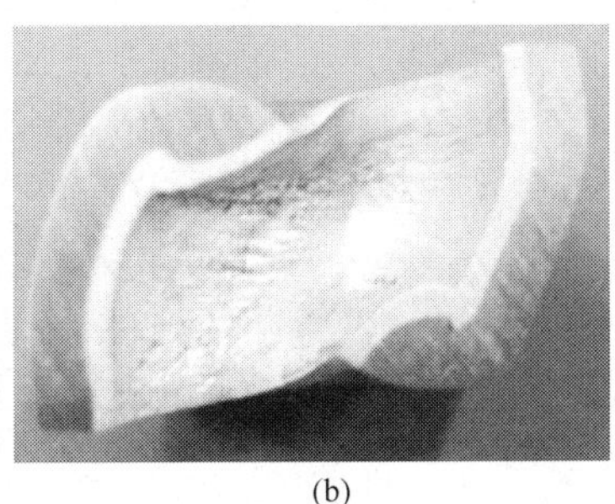

(b)

(c)

图28　复合管力学性能测试件的测后形貌

（a）压扁测试；（b）压缩测试；（c）压剪测试

6　结束语

爆炸焊接精确化涉及爆炸焊接理论与技术的方方面面，是一个不断深化的发展历程；我们所做的工作，虽然抓住了爆炸焊接的两个基本问题，但是研究仍然缺乏系统性和全面性；在处理具体问题中，务必视情而变。

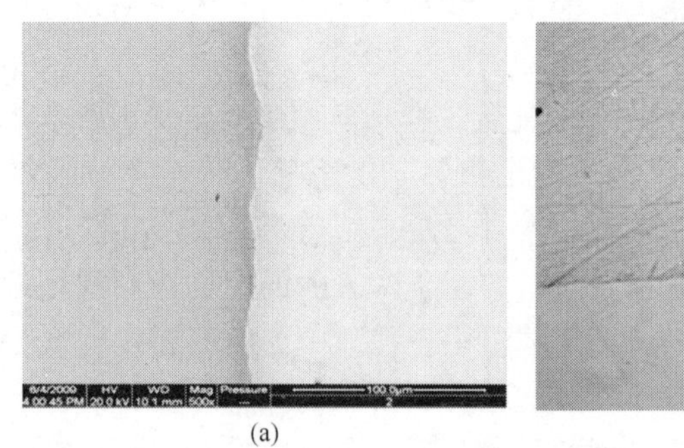

(a)

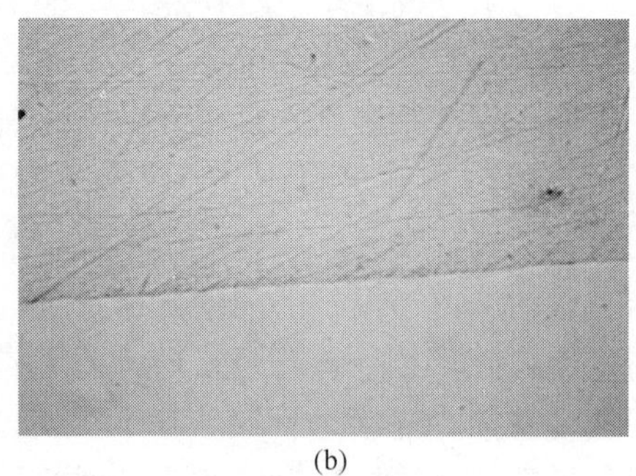

(b)

图 29　复合管结合界面形貌测试
（a）500 倍；（b）100 倍

参 考 文 献

[1] 郑哲敏，杨振声，等．爆炸加工[M]．北京：国防工业出版社，1981.

[2] 邵炳璜，张凯．爆炸焊接原理及其工程应用[M]．大连：大连理工大学出版社，1987.

[3] 王耀华．金属板材爆炸焊接研究与实践[M]．北京：国防工业出版社，2007.

[4] 史长根，王耀华，洪津．爆炸焊接结合界面测试分析[J]．理化检验——物理分册，1998，7（34）.

[5] 王耀华，洪津，史长根．SA266-304 爆炸复合板的三种结合界面[J]．材料科学与工艺，1998，4(6).

[6] 郑哲敏，谈庆明．爆炸复合界面波的形成机理[J]．力学学报，1989，4.

[7] 张军良，李选明，李正华．爆炸焊接时钢板破裂问题的探讨[J]．稀有金属材料与工程，1990，1.

[8] 郑远谋，黄荣光，陈世红．爆炸焊接条件下金属动态屈服强度的分析与计算[J]．理化检验，1999，12.

[9] 王耀华．合金铸铁切削原理与技术[M]．南京：江苏金陵科技著作出版社，1996.

[10] 布拉齐恩斯基．爆炸焊接、成形与压实[M]．李富勤，等译．北京：机械工业出版社，1988.

[11] 晶相图谱编写组．晶相图谱[M]．北京：电力工业出版社，1980.

[12] 哈宽富．金属力学性质及微观理论[M]．北京：科学出版社，1983.

[13] 陆明，王耀华，等．工具钢/Q235 复合板爆炸焊接试验及性能研究[J]．焊接学报，2001，8.

[14] 陆明．工具钢/普碳钢复合板爆炸焊接新工艺及机理研究[D]．郑州：解放军理工大学，2001，8.

[15] 王耀华，陆明，等．工具钢与普碳钢复合板的爆炸焊接工艺：中国，00135415. 9[P]. 2003-06-11.

[16] 王耀华，陆明，等．爆炸焊接最佳装药量窗口的建立方法：中国，031 33207. 7[P]. 2005-10-26.

[17] 埃兹拉．金属爆炸加工的原理与实践[M]．张铁生，等译．北京：国防工业出版社，1981.

复合板冲击性能影响因素分析

赵 惠 李平仓 薛治国

(1. 西安天力金属复合材料有限公司，陕西西安，710201；
2. 陕西省层状金属复合材料工程研究中心，陕西西安，710201)

摘 要：本文运用扫描电镜分析、金相检验和力学性能测试方法，对冲击性能不合格的复合板进行了观察和分析。结果表明，复合板基层钢材中的晶粒尺寸不均匀和粒状贝氏体组织是导致钢板冲击性能不合格的主要原因。经适当的热处理工艺后，复合板的冲击性能有所改善。
关键词：复合板；爆炸焊接；冲击性能

Analysis of Effects on Impact Properties of the Clad Plate

Zhao Hui Li Pingcang Xue Zhiguo

(1. Xi'an Tianli Clad Metal Materials Co., Ltd., Shaanxi Xi'an, 710201;
2. Shaanxi Engineering Research Center of Metal Clad Plate, Shaanxi Xi'an, 710201)

Abstract: In this paper, OM, SEM and mechanical testing were all employed to investigate the clad plates with low impact property. The results indicated that non-homogeneous grain size and bainite microstructure in the steel resulted in the undesirable impact properties. After heat treating, the impact property of the steel was improved.
Keywords: clad plate; explosive welding; impact properties

1 引言

近年来，我国在低温压力容器设计及制造过程中普遍使用16MnR钢板，而按ASME规范设计制造往往使用SA516钢板[1~8]。西安天力金属复合材料有限公司自2003年成立以来，一直从事爆炸复合板的生产。在生产压力容器用爆炸复合板时，根据用户要求，我公司一般采购牌号为SA516Gr70的钢板为基板。由于爆炸复合的特殊性，生产中对爆炸用钢板性能有一定的要求，尤其是其冲击性能。2011年1月份，我公司对A厂提供的16批Gr70钢板进行常规检验时，发现其中6个批号钢板在−45℃条件下，横向冲击值偏低。为避免给公司的经济效益造成巨大影响，针对这种情况，通过对数据异常的6个批号钢板进行分析，找出了导致钢板冲击性能不合格的原因，同时采取相应的热处理措施，使此批钢板的冲击性能得到了全面的改善，为公司挽回了一定的损失。此次对原材料Gr70钢板的深入研究与分析，在我厂原材料质量的控制上具有十分重要的指导意义。

2　实验设备及方法

2.1　实验材料

实验所用材料为 A 厂提供的 16 批 ASME SA516Gr70 型正火态钢板中，冲击性能不合格的 6 批钢板，其质证书化学成分及冲击功数据如表 1 所示。

表 1　不合格钢板质证书所示化学成分及冲击性能

钢板编号	规格/mm	化学成分(质量分数)/%					冲击吸收功 A_{kv}/J		
		C	Mn	Si	S	P	1	2	3
1	32	0.15	1.13	0.25	0.0009	0.083	121	144	117
2	32	0.15	1.13	0.25	0.0009	0.083	172	282	266
3	32	0.15	1.13	0.25	0.0009	0.083	172	283	182
4	26	0.14	1.05	0.29	0.0017	0.0101	54	74	74
5	26	0.14	1.05	0.29	0.0017	0.0101	52	85	64
6	26	0.14	1.05	0.33	0.0015	0.01	139	90	140

2.2　实验设备及方法

冲击试验设备为 JB30A 型冲击试验机。实验执行《钢及钢产品力学性能试验取样位置及试样制备》（GB/T 2975—1998）标准，在每批钢板上取一样坯，制备成 3 组 10mm × 10mm × 55mm 的 V 形缺口的夏比冲击试样。冲击试样的位置应平行于主轧制方向，缺口轴线应垂直于钢板的主轧制面。冲击实验后，对冲击试样进行宏观断口分析及微观组织评定，所用设备为 MJK1-101 型金相显微镜和 ss550 型扫描电子显微镜。同时，利用扫描电镜上的能谱分析仪对材料的内部组织进行成分分析。用于观察腐蚀形貌的试样需经车床打磨，然后采用砂纸和绒布进行抛光，再用 4% 硝酸酒精对抛光面进行腐蚀，经酒精清洗后吹干。

3　结果与分析

3.1　断口分析

从 16 批来料中选取冲击性能不合格的钢板，重新进行化学成分分析，分析结果及冲击实验数据见表 2。从表 2 中可以看出，6 批钢板的化学成分都符合标准 ASME 对 516Gr70 的要求。而且，与材料的原始质证书相比（见表 1），钢板化学成分相差不大，但冲击吸收功差别较大。材料中 P、S 含量较低，说明化学成分应该不是影响材料冲击性能偏低的原因。随机选取一组典型的冲击试样（编号为 6 号的钢板），冲击吸收功（A_{kv}）分别为 22J、23J 和 112J，观察冲击性能合格与不合格试样的宏观断口，可以看出，两者断口形貌完全不同。同样坯料中，A_{kv}不合格试样的断口平整，无肉眼可见的塑性变形，断面有金属光泽，成晶状和瓷状不等，属于脆性断口。而 A_{kv} 合格的试样断口从试样缺口处开始有明显的塑性变形，断口无光泽，呈暗灰色，属于韧性断口。根据《金属夏比冲击断口测定法》（GB/T 12778）标准，用卡尺测定冲击试样断口的纤维断面率（即断口中纤维区的总面积与缺口下方原始横截面面积的百分比），结果如表 3 所示。

表 2　性能不合格钢板复验化学成分及冲击性能

钢板编号	规格/mm	化学成分(质量分数)/%					冲击吸收功 A_{kv}/J		
		C	Mn	Si	S	P	1	2	3
1	32	0.17	1.12	0.26	0.005	0.017	20	135	136
2	32	0.17	1.13	0.20	0.005	0.019	22	80	118
3	32	0.13	1.12	0.31	0.005	0.0025	15	79	34
4	26	0.15	1.03	0.29	0.005	0.0025	93	133	23
5	26	0.14	1.03	0.26	0.005	0.0026	14	22	79
6	26	0.14	1.06	0.31	0.005	0.0023	112	22	23

表 3　冲击性能不合格样品的冲击断口纤维断面率

钢 板 编 号	纤维断面率/%		
	1	2	3
6	10	10	65

取编号 6 号钢板的冲击吸收功（A_{kv}）分别为 112J 和 22J 的冲击试样，观察其断口处微观形貌，如图 1 所示。两个冲击试样断口的裂纹源都起源于缺口处，但 A_{kv} 为 22J 的冲击

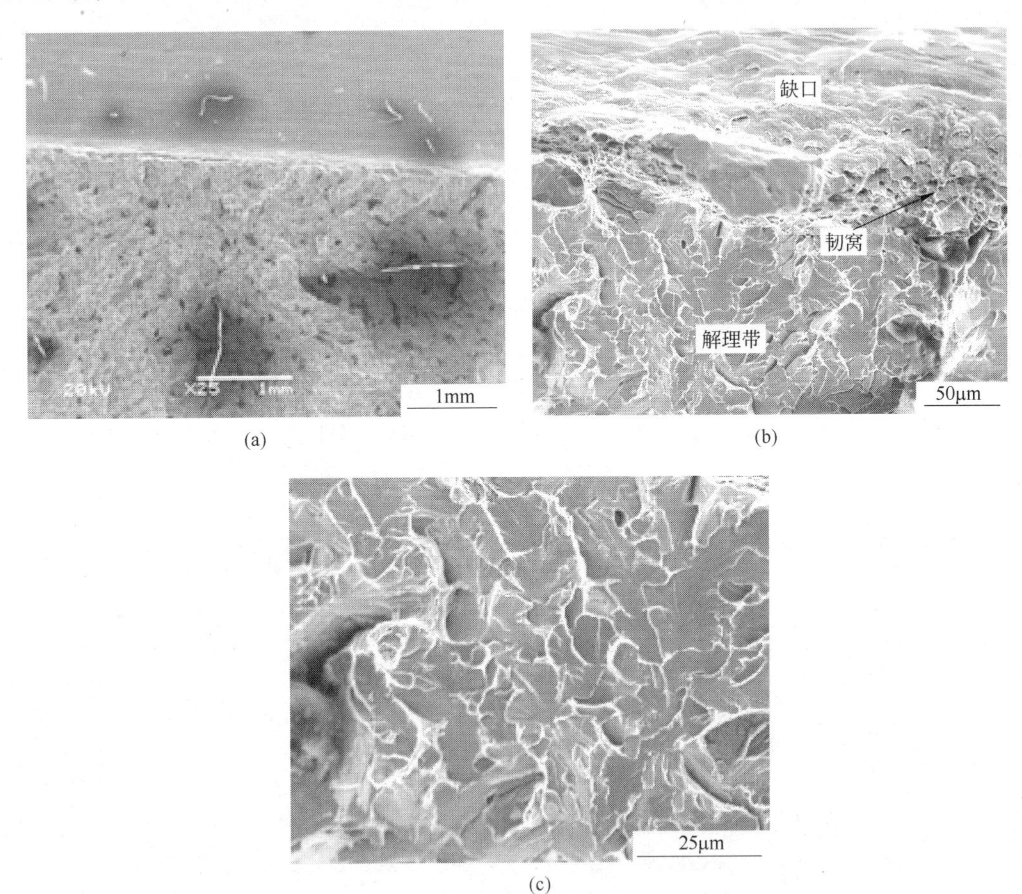

(a)　　(b)

(c)

图 1　A_{kv} 为 22J 的冲击试样断口微观形貌

（a）冲击试样断口微观形貌；（b）高倍显微镜下断口纤维区形貌；（c）脆性断口解理区微观形貌

试样断口微观形貌呈现典型的脆性解理断口，沿冲击槽口根部可观察到一层非常狭窄的纤维状组织（韧窝型），在低倍显微镜下几乎看不到（见图1（a））。在狭窄的纤维区中，有大小不等的被拉长的韧窝，如图1（b）所示。经过狭窄纤维区后，裂纹进入放射区（即脆性断口解理区），由于受剪切力的作用，试样的解理面沿着裂纹源及扩展方向拉长，呈椭圆或狭长的特征（见图1（c））。对断口的纤维区与解理花样区进行EDX能谱分析，分析结果如图2所示。从能谱分析结果可以看出，冲击试样断口各区成分相似，能谱显示两区中仅含有Fe、Mn和Si三种元素，无其他元素存在，这可能是由于P和S在材料内部含量较少的原因。而A_{kv}值为112J的冲击试样断口从宏观上看就存在明显的塑性变形，观察其微观形貌可以看出，裂纹同样起源于试样的缺口处，但试样的纤维区较宽，约占断口面积的65%。纤维区的显微形貌为“韧窝花样”（如图3所示），图中所示的韧窝花样属于剪切断裂韧窝，其形状是由于受冲击载荷的作用，在显微空洞聚集之前因所受的剪切应力不同，引起的塑性变形量也不同，因而沿着受力较大方向（即撕裂方向）韧窝被拉长，呈现抛物线形状。另外，从图中可以看出，韧窝底部较干净，未见夹杂物存在。图4是A_{kv}为112J冲击试样的EDX能谱分析图。从图中可以看出，与A_{kv}为22J的冲击试样检验结果

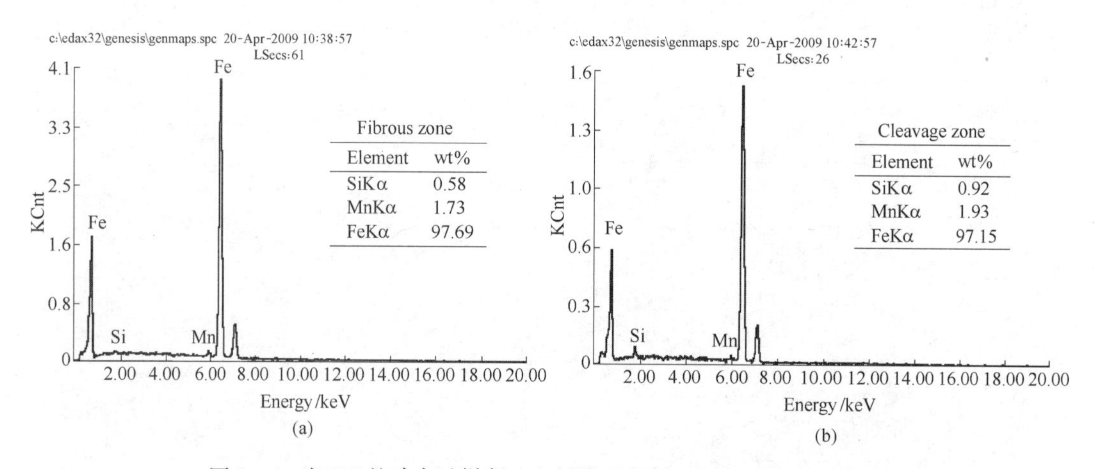

Fibrous zone

Element	wt%
SiKα	0.58
MnKα	1.73
FeKα	97.69

Cleavage zone

Element	wt%
SiKα	0.92
MnKα	1.93
FeKα	97.15

图2　A_{kv}为22J的冲击试样断口上纤维区和断口解理区的EDX能谱

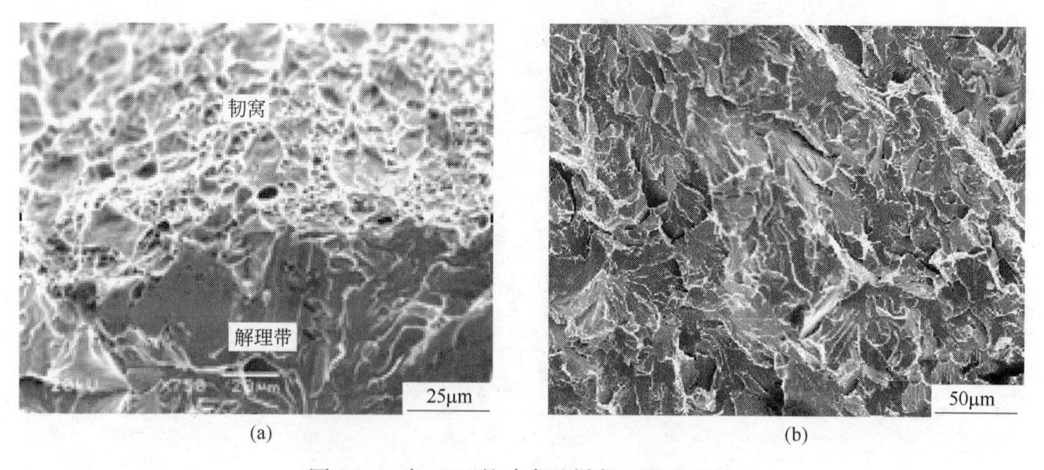

图3　A_{kv}为112J的冲击试样断口微观形貌

（a）纤维区与放射区过渡界；（b）断口解理区微观形貌

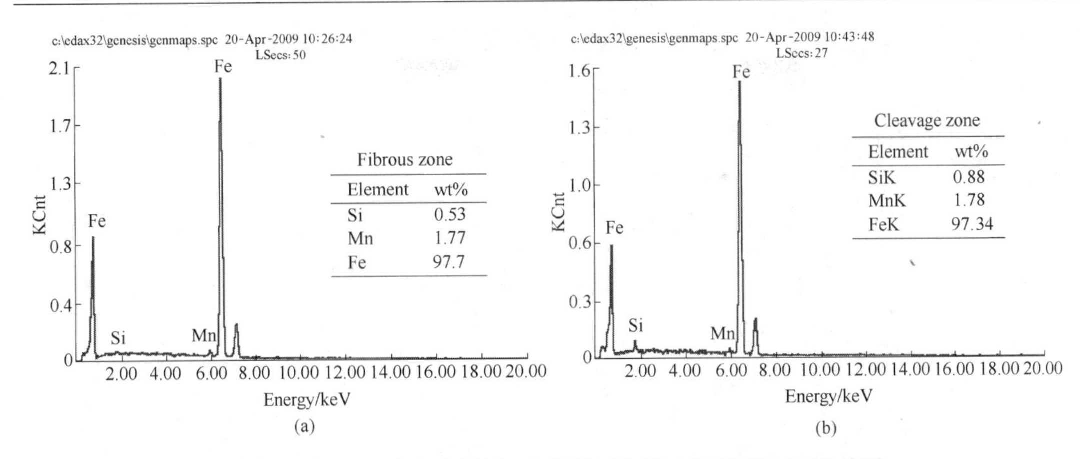

图4 A_{kv}为112J冲击试样断口上纤维区和断口解理区的EDX能谱

相似，EDX能谱分析结果显示纤维区（韧窝）和断口的解理面内仅含有Fe、Mn和Si元素，而未见其他元素存在。以上分析结果表明，A_{kv}合格和不合格试样的断口处都没有异常的金属或非金属夹杂物，EDX能谱分析结果显示断口内部无MnS等降低材料冲击韧性的杂质存在，这说明材料的化学成分不是导致材料冲击吸收功（A_{kv}）不合格的原因。

3.2 微观组织分析

钢板的显微组织决定其机械性能。对A_{kv}分别为112J和22J的冲击后试样分别取样，抛光、腐蚀后在光学显微镜下观察其金相组织，如图5所示。在光学显微镜100倍放大倍数下，A_{kv}为112J和22J冲击试样的微观组织均为铁素体+珠光体组织。但是A_{kv}为22J的试样内部除了含有铁素体和珠光体外，还含有少量的粒状贝氏体。而且，从材料的内部组织可以看出，其内部晶粒尺寸非常不均匀，相邻晶粒尺寸相差较大，这种近不均匀的组织状态对材料性能影响很大，造成钢的冲击韧性下降。针对以上问题，调整热处理工艺，对此次分析的试样所对应的编号为6号的钢板进行正火处理。SA516Gr70属于低碳亚共析钢，经反复试验，确定钢板正火工艺为：910±10℃，保温1h，空冷。正火后，从6号钢板取冲击试样，3组冲击试样的A_{kv}分别为156J、178J和146J。冲击试验后，从A_{kv}为146J的冲击试样上取样分析其微观形貌，如图6所示。正火后材料微观组织为珠光体+铁素体

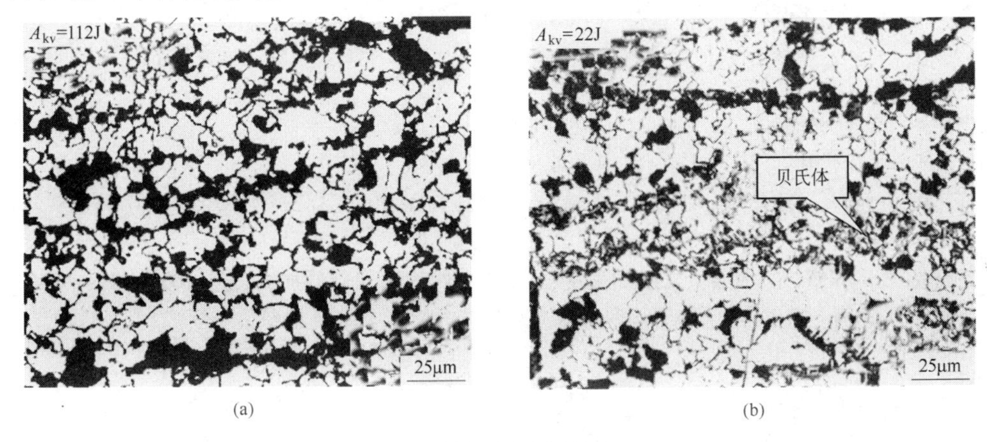

图5 材料内部微观组织

组织。与正火前组织相比（见图5），材料内部晶粒尺寸较小，组织不均匀性得到一定的改善，冲击试验结果显示材料内部组织与材料的冲击性能成对应关系。正火处理细化了组织内部的晶粒尺寸，同时也减小了材料内部晶粒尺寸的差异，从而提高了材料的冲击性能，使材料满足应用要求。

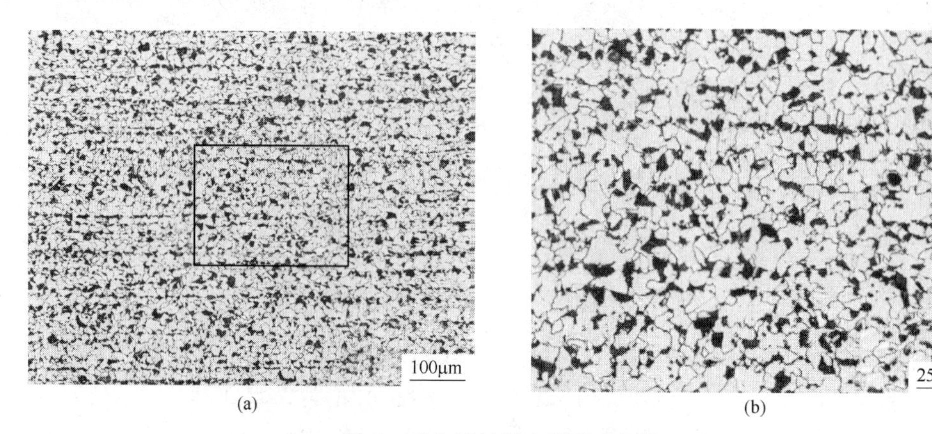

(a)　　(b)

图6　正火后材料内部微观组织

4　结论

通过对不合格原料的研究和分析，得出以下结论：

（1）材料内部晶粒尺寸不均匀性和粒状贝氏体组织的存在是导致材料冲击性能不合格的主要原因。

（2）通过反复试验，确定正火工艺为910±10℃，保温1h，空冷。对材料采取正火处理后，材料内部晶粒得到了细化，且晶粒尺寸不均匀性得到改善，从而提高了SA516Gr70钢板的冲击性能。

参考文献

[1] 李红英，丁常伟，张希望，于振江．16MnR钢奥氏体连续冷却转变曲线（CCT）图[J]．材料科学与工程学报，2007，25(5)：727～730.

[2] 温智红．提高Q345系列钢板冲击韧性的轧制工艺探讨[J]．南方金属，2004，141，27～29.

[3] 热处理手册编委会．热处理手册（第四分册）[M]．北京：机械工业出版社，1978.

[4] 韩德伟．金相技术基础[M]．长沙：中南工业大学出版社．

[5] 赵惠，李智超．低碳奥氏体-马氏体双相不锈钢热处理工艺研究[J]．辽宁工程技术大学学报．（自然科学版），2004，23(2)．

[6] 束德林．金属力学性能[M]．北京：机械工业出版社，1987.

[7] 包永千．金属学基础[M]．北京：冶金工业出版社，1986.

[8] 李远帆，孙桂兰，陆景阳，刘亚萍，王铁成，王雷．16MnDR与SA516钢板的对比分析与代用[J]．石油和化工设备．

[9] 赵俊敏,王玉,张辉,等．钛合金搅拌摩擦焊接三维流场数值模拟[J]．热加工工艺，2007，(19)：72～75.

[10] 杨静，程东海，黄继华，等．TC4合金激光焊接工艺参数与接头组织性能研究[J]．热加工工艺，2007，(23)：15～18.

E-mail：huier 7921@126. com

金属爆炸复合材料的界面分析

徐宇皓 邓光平 韩顺昌 岳宗洪 韩 刚

(1. 中船重工第七二五研究所，河南洛阳，471039；
2. 洛阳双瑞金属复合材料有限公司，河南洛阳，471039)

摘 要：简述了金属爆炸复合材料界面的基本特征，介绍了针对不同分析目标的界面分析手段，以实例方式揭示了多种金属复合材料的界面特征。组织、成分、缺陷的特殊性表明界面分析是爆炸复合材料综合性能分析的重要组成部分，重视界面分析并选择适当分析手段，对优化工艺、深入研究爆炸复合材料有重要意义。

关键词：爆炸焊接；界面；组织；显微分析

Analysis of Bonding Interface for Explosive Welding Metal

Xu Yuhao Deng Guangping Han Shunchang
Yue Zonghong Han Gang

(1. No. 725 Institute of China Shipbuilding Industry Corporation, Henan Luoyang, 471039;
2. Luoyang Shuangrui Metal Composites Co., Ltd., Henan Luoyang, 471039)

Abstract: This paper describes briefly the interface characteristics of clad-plate, and introduces the different analysis methods to different aims, using the interface analysis methods reveals a variety of interface characteristics of clad-plates. the special nature of interface, Such as organization, composition and defects, shows that interface analysis is an important part of methods to test the combination properties of clad-plates. We should pay attention to interface analysis and choose proper methods, because it is important to optimize process parameters and in-depth study the clad-plates.

Keywords: explosive welding; interface; structure; microscopic analysis

1 引言

采用爆炸焊接技术生产的层状复合材料充分发挥了两种或多种金属的物理和力学性能，从而大大扩展了现有金属的应用范围[1]。界面是复合材料特有而极其重要的组成部分。复合材料的整体性能优劣取决于界面，界面的组织状态又是原材料性能、爆炸复合工艺、后期处理等诸多因素的综合反映。因此，爆炸复合界面组织的观察与分析对爆炸焊接工艺的选择与优化具有很强的指导意义，成为有关科技和研究人员极为关注的课题。

2　爆炸复合界面的基本特征

通常将爆炸复合界面按状态划分为三种形式[2]，即直接结合、波状结合和连续的熔化层结合，波状结合被公认为理想的结合方式。另有学者将界面划分为大波界面、小波界面和微波界面，并认为微波界面是最理想的界面状态[3~6]。作者结合工程实践和大量的复合材料实物分析，认为波状界面是最常见的形态，均匀细小的波形是最佳的结合状态，但具体尺度需综合材料性能、工艺参数等因素。例如，图 1 所示为不锈钢-钢波形，两种材料性能接近，界面呈规则的准正弦波形；图 2 所示为铅-钢复合波状，两种材料密度、硬度等性能差异悬殊，致钢侧波峰呈锯齿状，波谷呈半圆弧形，且无明显漩涡区；图 3 所示为铝-铜结合波形，两种材料硬度均偏小，波形扁平，漩涡区面积较大。

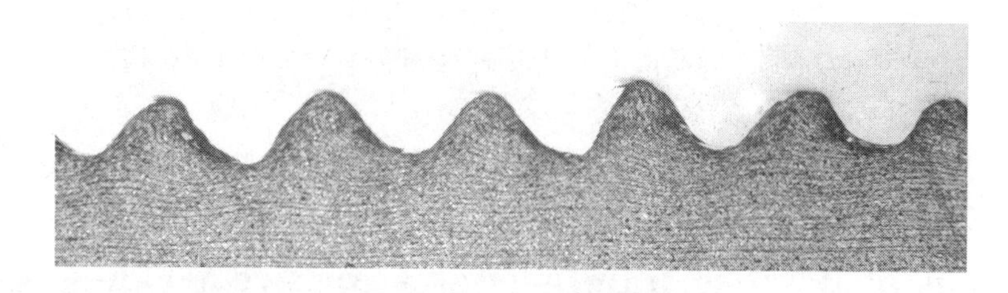

图 1　321-Q345R 界面波形（×25）

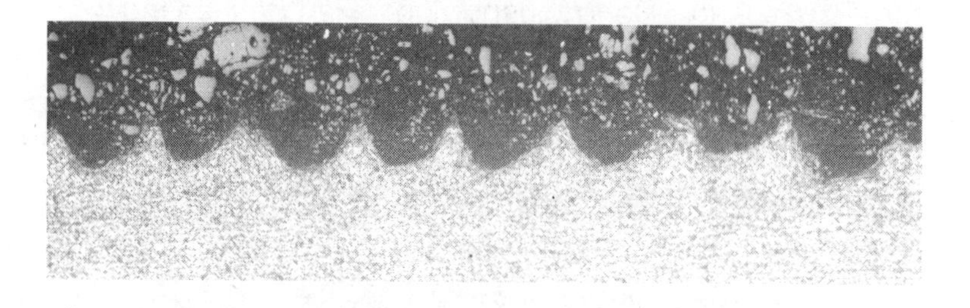

图 2　Pb-Q245R 界面波形（×50）

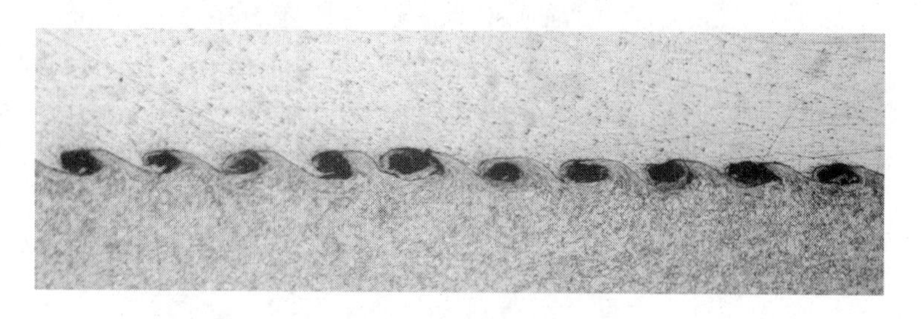

图 3　1060-T2 界面波形（×25）

对于波的形成机理，目前有多种模型给予解释，如刻入机理、流动不稳定性机理、卡门涡街机理、应力波机理等[2,4]。以 A. S. Bahrani 为代表的刻入机理认为，在撞击区中复板材料的形态与低黏性流体相似，在复板和基板撞击的接触点上形成很高的压强，并产生两股射流，在复板压入基板表面时，基板在接触点下变形，并形成一个凸起。图 4 是该机理的直观描述。

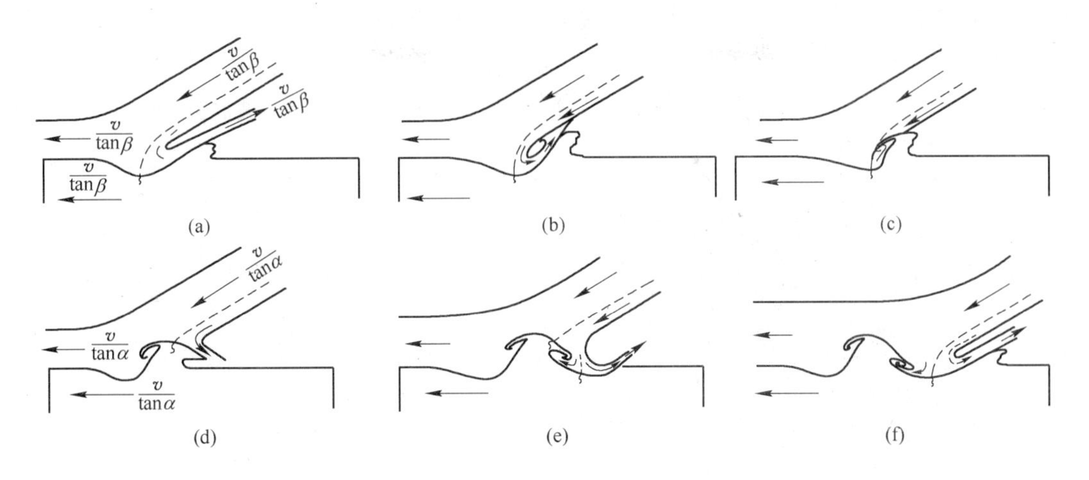

图4 刻入机理的直观描述

3 爆炸复合界面组织的分析方法

在现代材料表征技术中，常用的有形貌分析技术、微区成分分析技术、微区结构分析、应力分布、动态瞬时结构分析、计算机动态模拟等六大类。而爆炸复合板界面分析主要使用前三类。显微镜（OM）与扫描电镜（SEM）是常用的形貌分析技术，二者可对两金属的结合做出初步且直观的评价，图5是用金相技术观察的Inconel钢/不锈钢复合界面，在界面上形成过量的熔化金属，冷凝后形成连续的铸造组织，中心出现大量的疏松和气孔，基于此即可判断工艺参数偏高。

图6是用扫描电镜观察的镍-钛界面，箭头所指反映了基板波峰发生断裂被冲挤到漩涡其他部位的奇特现象。

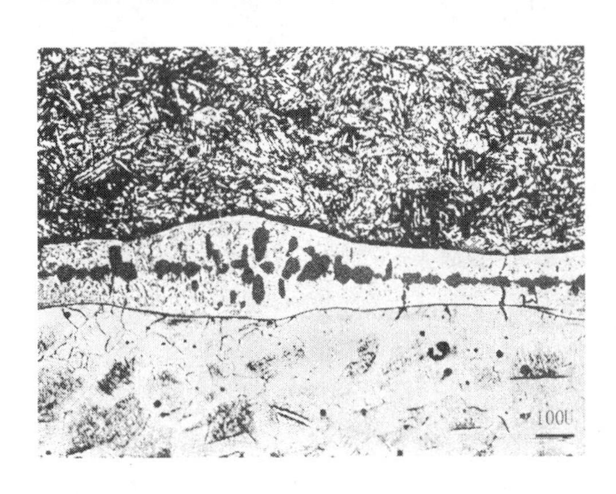

图5 Inconel钢/不锈钢复合界面

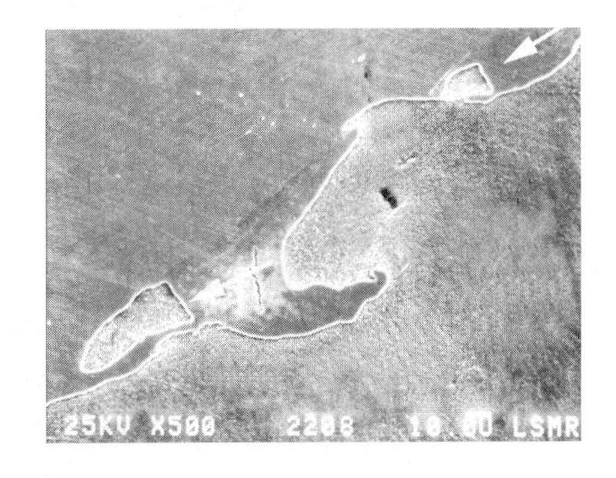

图6 扫描电镜观察的镍-钛界面

若要分析界面组织或新相的成分，需用各种微探针分析技术，对于微米级的分析目标，通常采用电子探针分析或扫描电镜能谱分析等。对于纳米级等更小的目标，应采用分析透射电镜或电子能量损失谱进行分析。透射电镜（TEM）是金属爆炸复合电镜机理研究的主要手段，由于爆炸冲击波的作用，复合材料界面附近晶体内产生大量的诸如变形孪晶、堆垛层错、位错网络、位错缠绕等缺陷，透射电镜是分析这些对象的唯一可靠的方法。但由于异种金属间的电化学腐蚀性能、离子减薄速率相差甚远，给制备复合材料 TEM 薄膜样品增加不小难度[5]。用透射电镜观察铅-钢复合界面，图 7 和图 8 显示界面处含铁微晶 + 铅微晶混合组织。

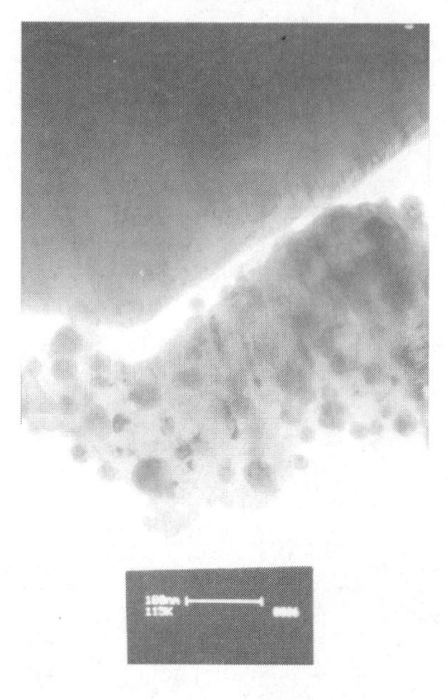

图 7　铅-钢复合界面（TEM）

图 8　铅-钢复合界面的电子衍射花样

4　界面漩涡区的组织分析

图 1 ~ 图 4 表明，漩涡是爆炸复合界面的重要特征和常见现象。一般认为，爆炸复合板的界面漩涡为铸造组织，因冷却速度极快（$\geqslant 10^5$K/s），凝固时间仅 1.5 ~ 2.5ms，使其结晶过程和组织形态与普通铸件有较大差异。在漩涡区及附近可能形成诸如非晶、纳米晶、微晶、细针组织、细小树枝晶及等轴晶等多种组织形态。以 B30/922 船体钢复合材料界面组织分析为例（如图 9 所示），图 9（a）所示为界面的低倍组织，漩涡区、“直接”焊接界面、复板的变形层流组织、流动金属在波谷形成的湍流等清晰可见；图 9（b）所示为在扫描电镜（SEM）下对漩涡组织的进一步观察，左侧为 B30 变形层，右侧为漩涡，箭头所指为边界上的纳米晶带，右侧可见细小针状晶及树枝晶；图 9（c）所示为针状晶过渡到等轴细晶，并能见碎钢颗粒和局部的微树枝晶；图 9（d）所示为漩涡心部的松散组织，呈游离的细小颗粒（约 1μm），颗粒间空隙多，这种状态可能与气体在颗粒间的分布有关。

5　界面漩涡区的缺陷分析

与常压铸件类似，爆炸复合板的界面漩涡里能观察到气孔、裂纹、夹杂、疏松等缺陷。爆炸焊在瞬间完成，被卷入的高压气体在强烈的湍流作用下封闭在漩涡内，形成气孔，同时，熔池中高压气体对液态金属的结晶产生强烈影响，形成独特气孔形貌，由于冷

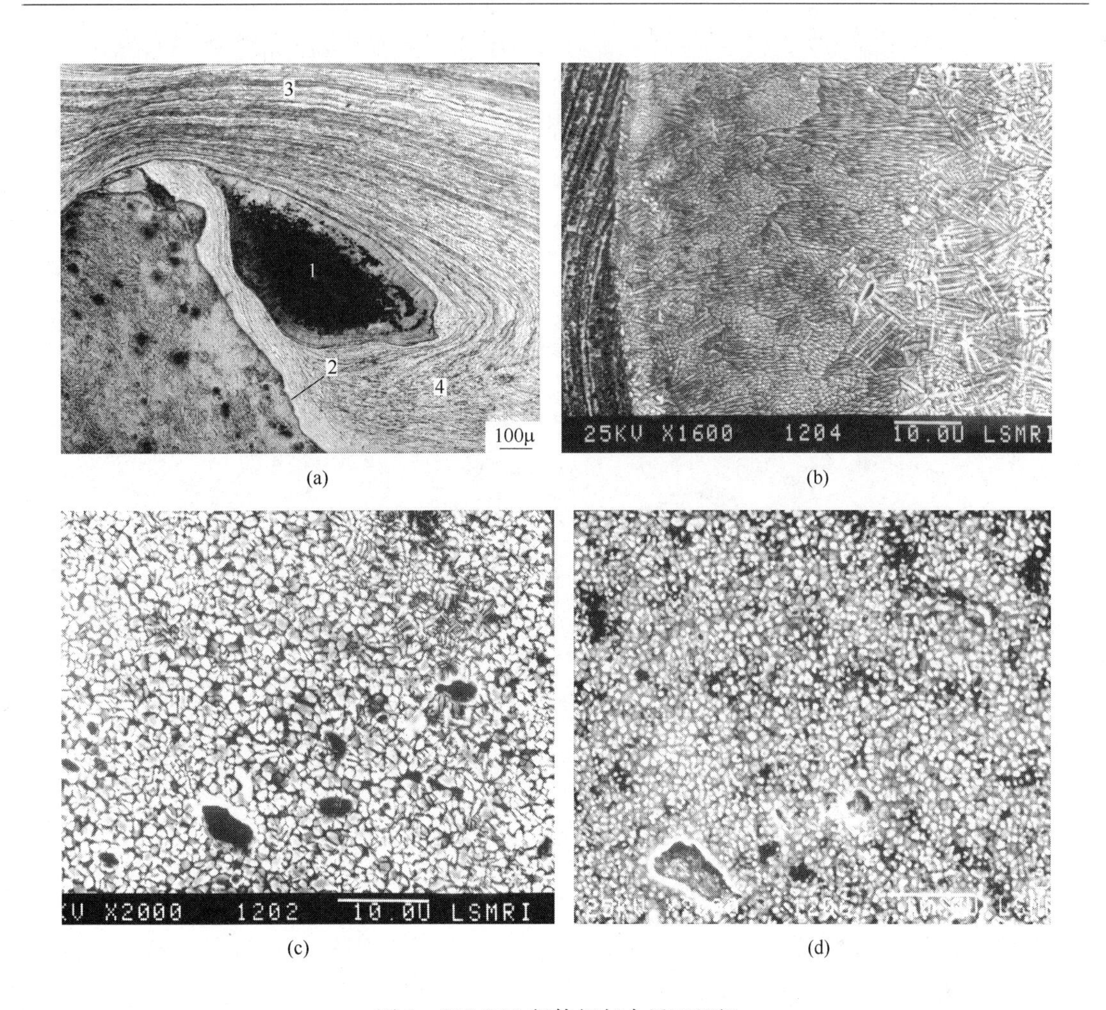

(a) (b) (c) (d)

图 9　B30/921 船体钢复合界面组织

速度过快形成内应力，通常在气孔表面看到许多树枝状结晶组织和微裂纹，如图 10 所示。

与常压铸件的疏松有本质区别，漩涡中的气体是基板和复板间隙的气体被卷进后形成

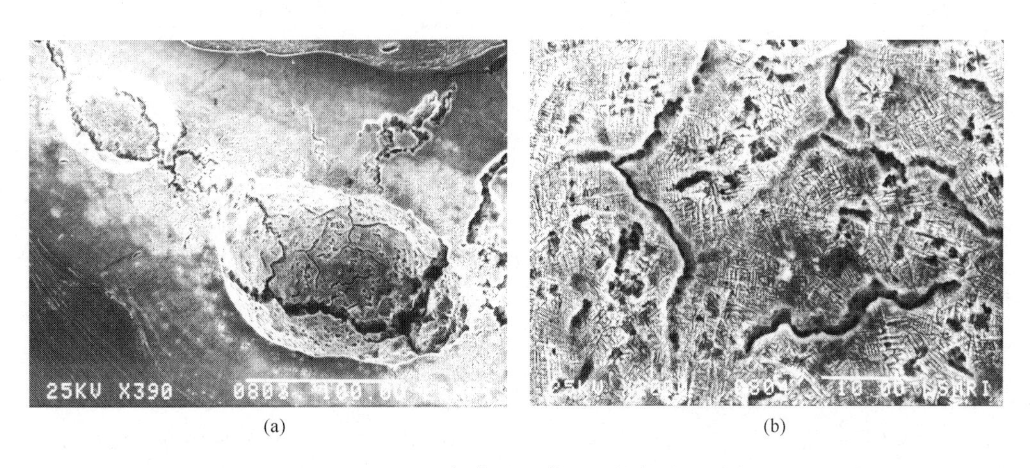

(a) (b)

图 10　B30/921 复合界面漩涡区的气孔和裂纹

的，分散在结晶颗粒间，阻止了凝固金属的连续生长，从而形成松散的结晶状态，图 11 所示为扫描电镜下观察的 321-Q370qD 复合界面的疏松组织，而液体金属的结晶过程是单个原子按能量高低次序在结晶面上的沉积过程，结晶完后形成光滑表面甚至“等位线”。

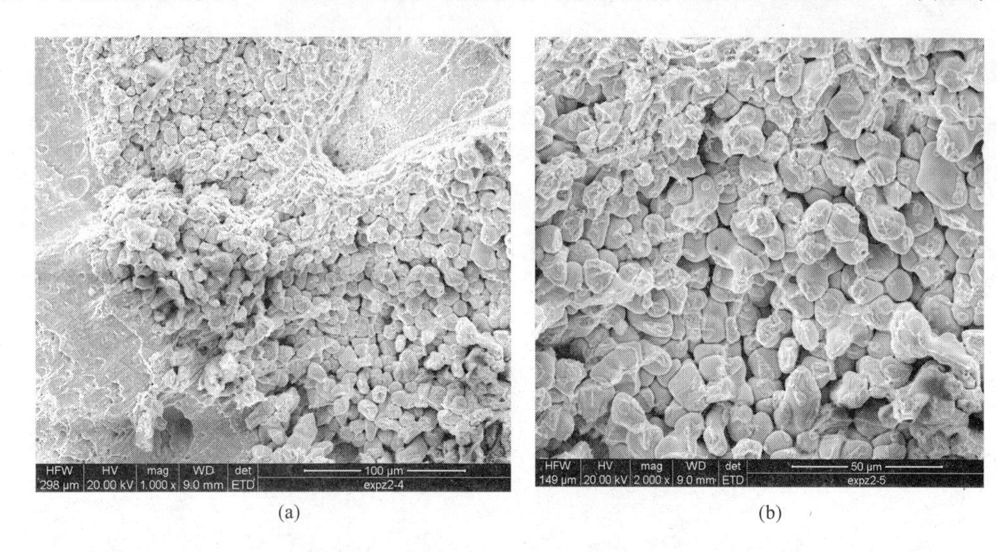

(a)　　(b)

图 11　321-Q370qD 复合界面的疏松组织

夹杂是漩涡的又一重要缺陷，且来源广泛：射流喷刷复板和基板表面形成的碎颗粒；表面氧化物、污物及爆炸现场被卷入的砂粒；爆炸焊接用辅助材料等；特定条件下所形成的化学产物等。图 12 所示为界面中发现的 Si 夹杂物，来自于爆炸现场的沙粒。图 13 所示为钛钢复合板界面解剖后的铜支撑形貌，说明支撑对界面的影响较大。可采取清洁基复板面、减少支撑数量等措施减少界面的夹杂含量。特有的波状形貌将大量夹杂卷入漩涡中，外区域的夹杂含量减少，对保证复合板整体的结合强度是有利的。

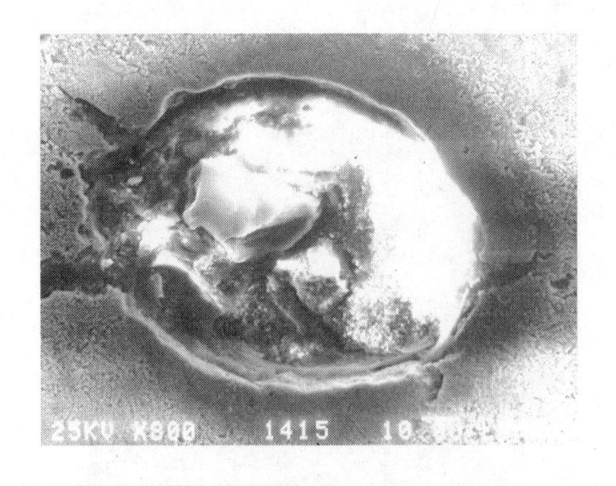

图 12　在复合界面发现的 Si 夹杂物（SEM）

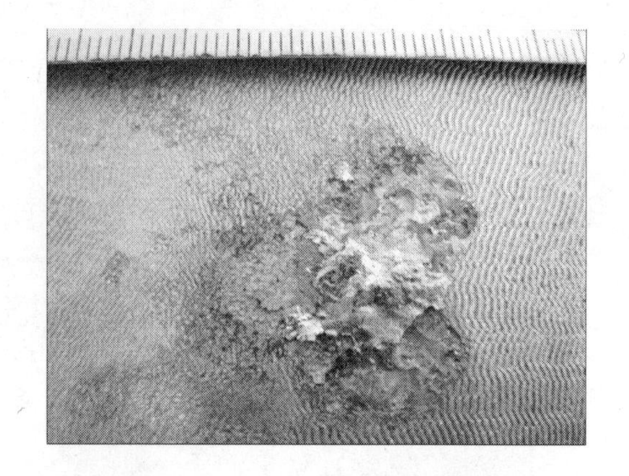

图 13　钛钢界面的铜支撑形貌

6　爆炸复合界面成分分析

漩涡中的化学成分是由射流的成分所决定的，电子探针的分析结果表明，前后漩涡内的成分存在差异，在前漩涡中基板金属成分偏多，后漩涡中复板金属成分偏多，该现象与波形的刻入机理吻合。漩涡区外的界面存在异种金属原子的扩散现象。尽管这一问题存在分歧，有人认为在爆炸焊中，焊接时间极短，加之压力大，原子无扩散机会。但许多试验数据表明，扩散是存在的。图 14 所示是利用电子探针分析的 B30/922 爆炸复合板界面两侧的元素分布规律图。界面附近存在宽约 3μm 的 Fe、Cu、Ni 扩散带。图 15 所示是采用俄歇电子能谱 + 离子溅射的方法，对 Al/321 复合界面断口的元素深度分析，在界面中心，Al 的含量占 70% 以上，Fe 和 Cr 含量很低，随着溅射时间增加，逐渐进入不锈钢一侧，溅射速度为 150nm/min，从完全进入钢侧（第 210min）到 Al 含量降为零（第 300min），在这 1.35μm 范围内，Al 元素的存在说明其发生了扩散现象。

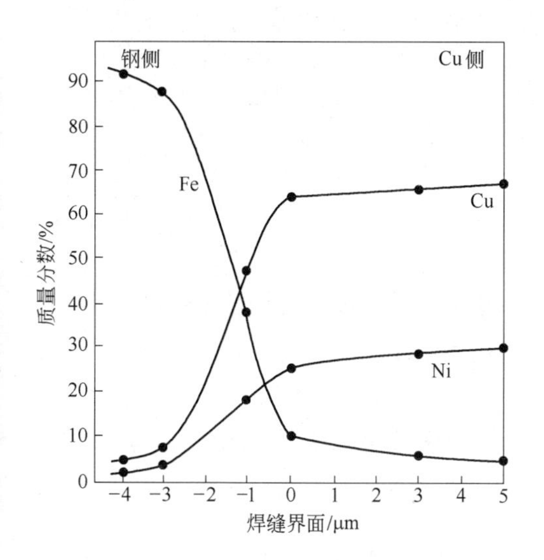

图 14 B30/921 复合界面两侧的元素分布

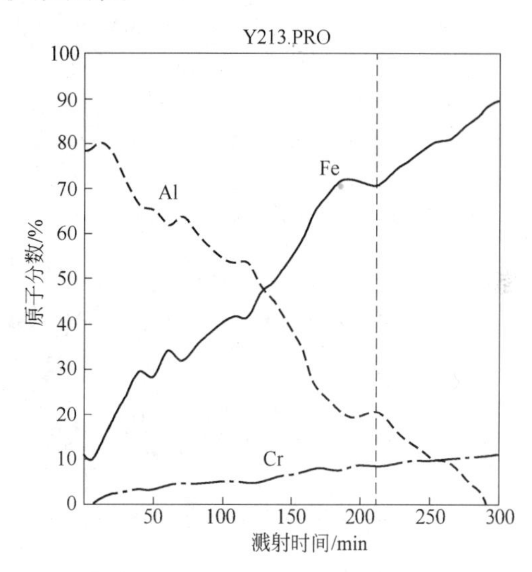

图 15 Al/321 复合界面断口元素分析

7 结论

爆炸复合材料的界面形态受材料性能、工艺参数等因素影响，均匀细小的波状结合是高质量的结合。

爆炸复合的高温、高压、绝热以及瞬时特性，必然导致结合界面区的组织形态、缺陷种类、成分分布较为复杂，应充分重视界面分析并选择适当的分析手段。在制定工艺参数时，应选择合适的工艺以减小界面缺陷对整体结合性能的影响。

参 考 文 献

[1] 李晓杰，闫鸿浩，王金相，等．爆炸焊接技术回顾与展望[J]．襄樊职业技术学院学报，2003，2(2)：17.

[2] 郑哲敏，杨振声．爆炸加工[M]．北京：国防工业出版社，1981.

[3] 王耀华．金属板材爆炸焊接研究与实践[M]．北京：国防工业出版社，2007.

[4] 李晓杰，曲艳东，李瑞勇，等．爆炸焊接界面结合机理的研究现状[J]．金属材料研究，2005，31(1)：6.

[5] 杨扬．金属爆炸复合技术与物理冶金[M]．北京：化学工业出版社，2006.

[6] 王耀华,王伟策,史长根,等．爆炸焊接界面的三种结合形式[J]．工程兵工程学院学报，1998，13(2)：1.

爆炸与轧制复合钢板结合界面的研究

范述宁 卫世杰 续春明

（太原钢铁集团有限公司，山西太原，030003）

摘 要：本文通过 Nova Nano SEM430 扫描电镜、OXFORD 能谱仪及显微硬度仪，对两种复合方式的复合钢板结合界面的组织结构、成分及硬度特点进行分析研究。爆炸复合钢板结合界面为波纹状结构，结合区存在 30μm 左右的微细晶粒带，结合区存在原子扩散，通过热处理可以消除爆炸态界面缺陷。轧制复合钢板结合界面为平直状，其界面存在少量硼硅化合物，界面原子扩散范围相对较窄。

关键词：爆炸焊接；轧制；复合钢板；结合界面

Research on Bonding Interface of Explosive Clad and Cold Rolling Clad Plate

Fan Shuning Wei Shijie Xu Chunming

（Taiyuan Iron & Steel（Group）Co.，Ltd.，Shanxi Taiyuan，030003）

Abstract：Using Nova Nano SEM430 SEM，OXFORD EDS and microhardness tester，microstructure，composition and hardness on bonding interface of two kinds of cladding plates were researched. Waveform structure be observed on bonding interface of explosive clad plates，and a submicron grain zone is observed in bonded zone. Atoms can diffuse in this zone，so explosive inducing interface defects can be removed by heat treatment. Bonding interface of cold rolling clad plates is flat structure，few boron silicates are observed in bonding zone，and atoms diffusing area is narrower in this zone.

Keywords：explosive welding；cold rolling；clad plate；bonding interface

1 引言

复合钢板是利用复合技术使两种或两种以上物理、化学、力学性能不同的金属在界面上实现牢固的冶金结合的一种新型材料。目前，生产复合钢板的主要方式有爆炸法、爆炸-轧制法、轧制法、浇铸法、熔焊法等，国内以爆炸法和轧制法生产复合钢板为主。由于复合钢板具有两种材料的综合性能，广泛应用于石油化工、真空制盐、粮食加工、铁路交通、轻工造纸、压力容器等各行各业。

爆炸法是利用炸药作为能源，使基复板产生碰撞，将两种或两种以上金属大面积瞬时焊接在一起。轧制法是将基、复板组坯抽取真空，通过加热轧制实现基复板结合的一种方式。由于生产方式的不同，两种复合工艺结合界面的组织结构及特点直接影响到复合钢板的性能和加工。因此，一直成为业内关注的焦点，本文就采用 Nova Nano SEM430 扫描电镜，OXFORD 能谱仪及显微硬度仪，对两种复合方式的复合钢板结合界面的组织结构、成分及硬度特点进行分析，对比两种生产方式的特点，为生产及加工提供一些有价值的参考。

2 试验条件

轧制复合工艺比较适合复层较薄的复合钢板，尤其复层小于2mm，而爆炸法复层一般不小于2mm，且基复比不小于3。目前轧制法复层限于奥氏体不锈钢，其他脆性材料及有色金属如钛、铝等作为复层还存在一定问题，而爆炸法能实现用常规焊接方法无法焊接的两种材料的焊接，如铝 + 钢、钛 + 钢等，为便于比较，两种复合方式复层为奥氏体不锈钢，基层为碳钢。

2.1 爆炸法复合钢板生产工艺

爆炸法复合钢板生产工艺为：基复层结合面打磨→爆炸焊接→探伤→挖补缺陷→热处理→性能检验→矫平→切割→抛光包装。

复层选用316L，基层选用 Q345R，规格为 2mm + 6mm、2mm + 22mm，炸药采用硝铵炸药，爆速控制在 2500 ± 100m/s，间距 6 ~ 8mm，炸药量为 15 ~ 18kg/m^2，基、复材化学成分见表 1。

表1 化学成分 (%)

	C	Si	Mn	P	S	Cr	Ni	Cu	Al	N	Nb	Mo
316L	0.0147	0.5159	1.1498	0.0250	0.0015	17.023	10.203	0.0280		0.0352		2.0713
Q345R	0.1516	0.2530	1.3610	0.0111	0.0013				0.01		0.0137	

2.2 轧制法复合钢板生产工艺

轧制法复合钢板生产工艺为：基复层结合面打磨→组坯→抽真空→热轧→冷却→剪边分离→检验→矫平→抛光包装。

复层选用304，基层采用 Q235B，制坯顺序为：碳钢 + 不锈钢 + 隔离材料 + 不锈钢 + 碳钢，即双二层对称轧制，真空度达到 10^{-2} Pa 以上，成品规格为 2mm + 6mm、2mm + 22mm。基、复材化学成分见表 2。

表2 化学成分 (%)

	C	Si	Mn	P	S	Cr	Ni	Cu	Al	N	Nb	Mo
304	0.0460	0.5000	1.0200	0.0410	0.0010	17.670	8.0100	0.1300		0.0480		0.1200
Q235B	0.160	0.200	0.520	0.017	0.020							

对两种生产方式的复合钢板切取试样，进行力学性能检验，对结合界面组织结构采用电镜分析，用能谱分析仪确定结合界面化学成分，用显微硬度计测定结合区硬度情况。

3　试验结果及分析

3.1　力学性能检验

力学性能检验结果见表 3。

表 3　力学性能

材　质	规格/mm	复合方式	σ_s/MPa	σ_b/MPa	δ_5/%	内弯	外弯	剪切强度/MPa	压缩比
316L + Q345R	2 + 6	爆破	360	550	31	2*a* 合格	2*a* 合格	340、330	—
304 + Q235B	2 + 6	轧制	325	475	39	2*a* 合格	2*a* 合格	440、475	12.5
304 + Q235B	2 + 22	爆破	280	450	40	3*a* 合格	3*a* 合格	290　300	—
304 + Q235B	2 + 22	轧制	310	450	34	3*a* 合格	3*a* 合格	182、197	6

由表 3 可知，2mm + 6mm 两种复合方式的力学性能全部符合 GB/T 8165—2008 或 NB/T 47002标准要求，且剪切强度远远大于 210MPa 的标准值，尤其轧制复合钢板的剪切强度，高于爆炸法复合钢板的剪切强度。2mm + 22mm 轧制复合钢板的剪切强度低于爆炸法复合钢板的剪切强度且低于国家标准值 210MPa 的要求，但符合 ASTM264 标准 140MPa 的要求。这说明轧制复合钢板的剪切强度与压缩比、轧制力等有关，轧制力与压缩比越大，其剪切强度越大。所以，轧制复合工艺比较适合较薄的复合钢板，尤其复层小于 2mm，而爆炸复合工艺比较适合中厚复合钢板。具体关联本文不再讨论。

3.2　结合界面的微观结构（仅对 2mm + 6mm 规格进行分析）

3.2.1　轧制法复合钢板

304/Q235B 轧制复合钢板的结合界面见图 1。

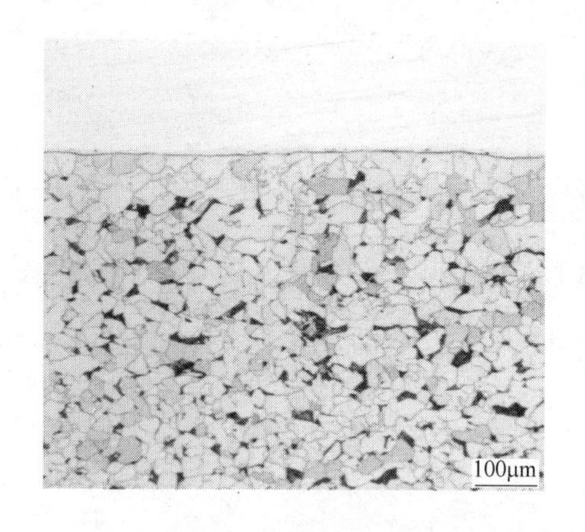

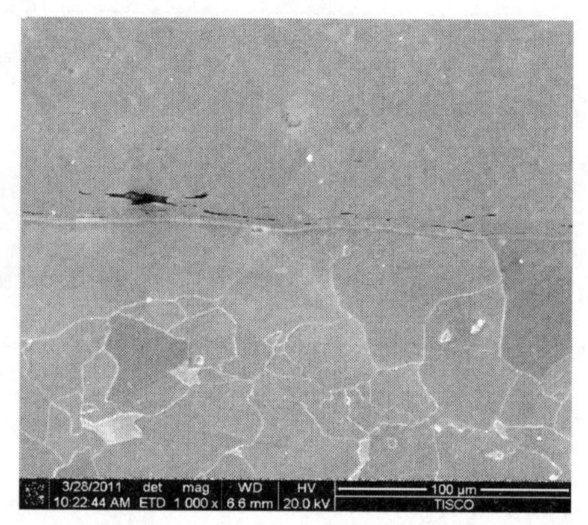

图 1　304/Q235B 轧制复合钢板的结合界面（左图为光显 ×100，右图为 SEM ×1000）

从图 1 中明显观察到，轧制复合钢板的结合界面为直线状，两侧复层及基层符合各自的组织（基层为铁素体 + 珠光体，复层为奥氏体），没有明显变化，结合层也没有明显微观缺陷，但采用电镜并放大 1000 倍后，发现界面靠复层方向存在夹渣物。这是由于轧制复合与轧制温度、压力、表面状况及钎料品质有关。轧制不锈钢复合钢板钎料一般采用镍基钎料，镍基钎料中含有硼、硅等降低熔化温度的元素，在加热过程，钎料中的硼/硅等元素向不锈钢扩散，轧制时形成硼、硅化合物。

3.2.2 爆炸法复合钢板

316L/Q345 爆炸复合钢板爆炸态结合界面见图 2。

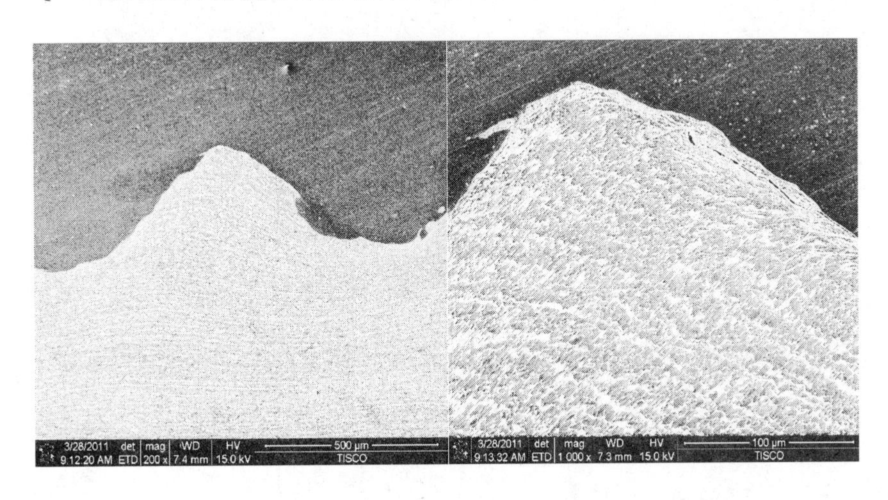

图 2 316L/Q345 爆炸复合钢板爆炸态 SEM 图

试样经抛光侵蚀后，结合界面即可看到明显的波纹状结合。在电镜下进一步观察，结合层呈漩涡状，在波峰处存在疏松组织，在结合界面的基层形成流线组织（见图 2），即基层在爆炸瞬间受到高的压力，使晶粒沿爆轰传播方向被拉长。对 316L/Q345R 爆炸复合钢板进行正火热处理后，通过电镜进一步观察，波峰存在的疏松组织基本消失，进而发现在基层方向存在 10～30μm 的微细晶粒带。微细晶粒带的形成是由于爆炸复合时，在炸药的作用下复板与基板产生碰撞并形成金属射流，此碰撞点在高温高压下使母材表面晶粒碎化，在 10^5K/s 冷却速度下形成微细晶粒带（见图 3）。

图 3 316L/Q345 爆炸复合钢板消除应力态 SEM 图

正火态复合钢板结合界面的电镜图（见图 4）中波谷存在“空穴”。基、复板高速碰撞产生的射流，在射流作用下，波峰处产生漩涡，由于射流被捕捉于界面，而以某种形态凝固于界面形成过渡区，界面上会有金属熔融物形成。

图 4　316L/Q345 爆炸复合钢板正火态 SEM 图

3.3　结合界面的硬度情况

3.3.1　轧制复合钢板的硬度

轧制复合钢板的硬度情况见图 5。

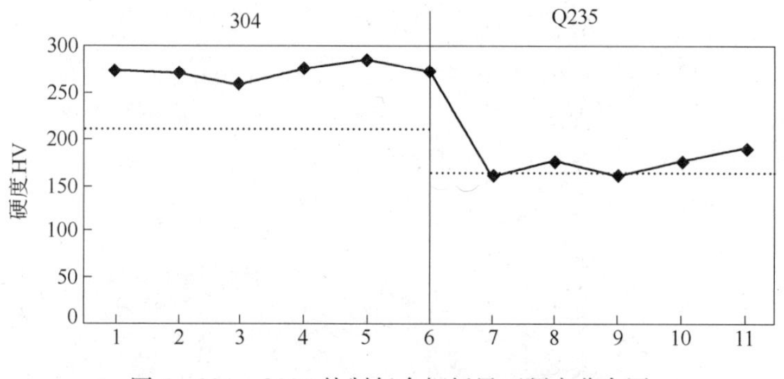

图 5　304 + Q235 轧制复合钢板界面硬度分布图

对 304 + Q235 轧制复合钢板以结合界面为基点，向两侧间距为 100μm，检测硬度变化。从图 5 中可知，结合层硬度与复层硬度相当。

3.3.2　爆炸复合钢板的硬度

对 316L + Q345R 复合钢板，以结合界面为基点，向两侧间距为 100μm，测定其硬度变化。图 6 为爆炸态、正火态复合钢板结合界面硬度情况。结合界面不锈钢侧 100μm 硬度最高，爆炸态结合界面硬度比正火态结合界面高。

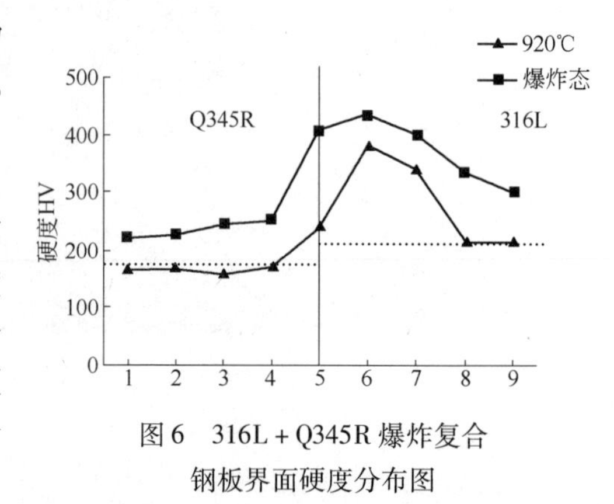

图 6　316L + Q345R 爆炸复合钢板界面硬度分布图

3.4 结合区化学成分分析

采用 OXFORD 能谱仪对复合钢板结合区进行成分分析，结果见表 4 和表 5，结合界面成分变化图见图 7 和图 8。

表 4 304 + Q235 轧制复合钢板结合界面成分分析

步长 3μm	Si	Cr	Mn	Fe	Ni
1	0.72	18.79	1.05	70.55	8.89
2	0.47	19.82		71.96	7.76
3	0.58	19.15		69.51	10.76
4	0.3	21.06	1.2	67.97	9.48
5	0.5	18.75	1.92	69.83	9.01
6	1.1	18.19	1.92	71.75	7.04
7	0.61	18.04	1.26	71.62	8.46
8	0.42	19.64	0.67	71.45	7.82
9	0.41	12.68	0.56	81.47	4.87
10	-0.17	0.99	0.5	99	-0.33
11	0.17	0.56	-0.06	98.41	0.92
12	0.36		-0.49	100.13	
13	-0.24		-0.69	100.93	
14	-0.17		0.3	99.87	
15	0.18		0.62	99.2	
16	0.38		-0.87	100.5	
17	0.15		-0.43	100.28	
18	0.29		0.38	99.32	

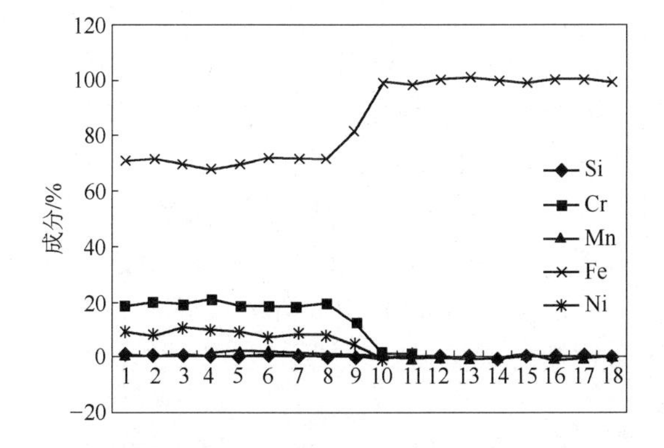

图 7 304 + Q235 轧制复合钢板结合界面成分变化图

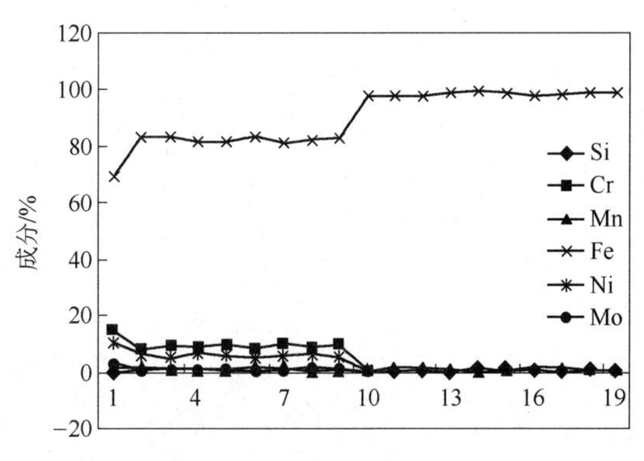

图 8 316L + Q345R 爆炸复合钢板结合界面成分变化图

表 5　316L + Q345R 爆炸复合钢板结合界面成分分析

步长 3μm	Si	Cr	Mn	Fe	Ni	Mo
1	0.07	15.14	1.75	69.47	10.54	3.03
2	0.94	8.04	1.49	83.24	6.28	0.35
3	1.23	9.31	0.78	83.07	4.63	0.98
4	0.9	8.94	0.85	81.66	6.43	1.22
5	0.42	10.26	0.89	81.57	5.64	1.25
6	0.32	8.61	1.94	83.56	4.84	0.72
7	0.96	10.14	1.92	81.07	5.46	0.45
8	0.52	9.12	0.42	82.27	6.17	1.5
9	0.38	9.86	0.41	82.72	5.26	1.37
10	-0.11	0.82	0.35	97.8	1.23	-0.1
11	0.63		1.81	97.56		
12	0.52		1.62	97.86		
13	-0.21		1.23	98.99		
14	0.93		-0.16	99.24		
15	0.58		0.7	98.72		
16	0.67		1.45	97.88		
17	-0.23		1.66	98.57		
18	0.38		0.74	98.87		
19	0.57		0.76	98.67		

从表 4 和表 5 可知，爆炸复合钢板结合区成分变化仅限于 30 ~ 50μm 狭窄区间，采用轧制复合工艺，界面有高镍夹层，有效抑制了基、复材在加热和轧制过程中成分的扩散，扩散范围在 10 ~ 12μm 之间。

4　讨论

（1）2mm + 6mm 规格的爆炸复合钢板与轧制复合钢板剪切强度均远大于国标 210MPa 的标准。尤其轧制复合钢板其剪切强度达到 440 ~ 575MPa，但爆炸复合钢板在后序加工中，剪切强度不是越高越优（具体关系待定）。随着爆炸能量的加大，结合界面易形成铸态金属及粗波纹，此时，由于波高、波长的增大，剪切强度并不会明显下降，在结合层存在“空穴”即熔化物（见图 4）。轧制复合钢板剪切强度较高，但在结合层存在 NiB、NiSi 等脆性相的存在，是加工封头过程中复合钢板分层的主要原因。2mm + 22mm 轧制复合钢板的剪切强度低于爆炸法复合钢板的剪切强度且低于国家标准值 210MPa 的要求，但符合 ASTM264 标准 140MPa 的要求。这说明轧制复合钢板的剪切强度与压缩比、压力等有关，压力与压缩比越大，其剪切强度越大。

（2）爆炸复合钢板结合界面为波纹状结合。复板与基板在炸药的作用下发生碰撞，其驻点的比强度 $\rho_0 Vf^2/2\sigma_b$ 达到一定值后，碰撞压力远远超过它们的动态屈服强度，再入射流达到下临界角，随着爆轰的传播，在结合界形成波纹状结合。在复基板的碰撞中，使基板晶粒拉长，形成流线状组织，另外，在基层形成 30μm 的超细晶粒，由于在高温高压下，使基体表面晶粒碎化，在 10^5K/s 冷却速度下，导致特细晶粒带的形成，轧制复合钢板则没有发生以上现象。

（3）爆炸复合钢板结合界面的硬度在不锈钢侧有所提高，这是由渗碳所致。另外，热处理态复合钢板的界面硬度低于爆炸态的界面硬度。轧制复合钢板结合界面的两侧硬度，没有明显变化。此外，爆炸复合钢板结合界面原子有相互扩散现象，范围为 30 ~ 50μm，轧制复合钢板由于高铬镍材料的阻隔，扩散范围在 10μm 左右。

5 结论

（1）试验规格 2mm + 6mm 的轧制复合钢板剪切强度高于爆炸复合钢板，2mm + 22mm 轧制复合钢板的剪切强度低于爆炸法复合钢板的剪切强度且低于国家标准值 210MPa 的要求。所以，轧制复合工艺比较适合较薄尤其复层小于 2mm 的复合钢板而爆炸复合工艺比较适合中厚复合钢板。

（2）爆炸复合钢板结合界面为波纹状结构，其爆炸态结合界面波峰存在微观缺陷，经正火处理后没有发现缺陷。轧制复合钢板结合界面为平直状，其界面存在少量镍与硼、硅化合物。

（3）爆炸复合钢板结合区存在 30μm 左右的微细晶粒带。结合区硬度高于母体，爆炸态结合区硬度高于热处理态结合区硬度。轧制复合钢板则没有以上现象，硬度无明显变化。

（4）爆炸复合钢板结合区存在扩散，范围为 30 ~ 50μm 之间，轧制钢板原子扩散则只有 10μm 左右。

参考文献

[1] 邵丙璜，张凯，等．爆炸焊接原理及其工程应用[M]．大连：大连理工大学出版社，1987：4 ~ 5，87.

[2] [英]布拉齐恩斯基．爆炸焊接、成形与压制[M]．李富，等译．北京：机械工业出版社，1988：34.

[3] 张启运，庄鸿寿．钎焊手册[M]．北京：机械工业出版社，2008：205 ~ 233.

[4] 张寿禄，李文达．应用 LINK—ISIS 显微分析系统研究不锈钢复合钢板复合区的成分分布[J]．太钢科技，1997.

0Cr13Ni5Mo-Q345C 爆炸焊接界面波试验探讨

侯发臣　张　超　刘富国

（洛阳船舶材料研究所，河南洛阳，471039）

摘　要：采用平板和半圆柱两种爆炸焊接试验方法，观察和测试了 0Cr13Ni5Mo-Q345C 界面波的形态和尺寸、半圆柱试样界面波产生及消失的焊接参数，确定了波的临界转变速度 v_T 值。讨论了波产生的判据 v_T 和 P_C 的表达式，该公式可用于参数设计和可焊性窗口的制作。

关键词：波高；波长；临界转变速度；碰撞角；临界比压力

Experimental Approach for Explosive Welding Interface Wave

Hou Fachen　Zhang Chao　Liu Fuguo

（Luoyang Ship Material Research Institute，Henan Luoyang，471039）

Abstract：The wave pattern and size at 0Cr13Ni5Mo-Q345C interface and the welding parameters for wave appearance and disappearance at semi-cylinder interface were observed and measured in explosive welding experiment with flat plate and semicylinder as two types of base body. The results manifest that the transition velocity v_T is 1410m/s. The criterion v_T and P_C for creating wave were discussed which can be used in parameter design and weld ability window establish.

Keywords：wave height；wave length；critical transition velocity；collision angle；critical specific pressure

1　前言

通常，爆炸焊接界面是由周期排列的准正弦波组成的。20 世纪 60 年代初，国内外先后提出了各种不同的波形成机理[1]。B. Crossland、Bahrani 等人提出用半圆柱方法研究波和焊接参数的关系。H. Cowan 等人提出了波产生的临界转变速度 v_T的公式，并推荐了一些材料组合适用的雷诺数。但对高强不锈钢和软钢而言，尚未见有关报导。试验表明，对新的材料组合，通过半圆柱试验确定 v_T 值，是一种简捷可靠的方法，可作为参数设计和制作可焊性窗口的有效手段。

本文通过平板和半圆柱爆炸焊接试验，确定高强不锈钢和软钢的 v_T 值，并给出 v_T和临界比压力 P_C 的关系式，以供工程实践上采用。

2　试验条件及试验方案

2.1　试验条件

复板 0Cr13Ni5Mo 与基板 Q345C 的化学成分和力学性能分别见表 1 和表 2。

表 1 试验材料的化学成分 w 实测值 （%）

材 料	C	S	Si	P	Mn	Ni	Cr	Mo	Nb	Ti	Al	Cu	V
0Cr13Ni5Mo	0.031	0.002	0.141	0.026	0.991	4.02	12.46	0.639	—	—	—	—	—
Q345C	0.210	0.013	0.472	0.010	1.540	—	—	—	0.018	0.047	0.041	0.055	0.030

表 2 试验材料的力学性能实测值

材 料	$\sigma_{0.2}$/MPa	σ_b/MPa	δ_5/%	ψ/%	A_{kv}/J①，-20℃	HB
0Cr13Ni5Mo	745	880	20	57	28	270
Q345C	405	600	27	—	52	187

①不锈钢冲击试验试样尺寸为 2.5mm × 10mm × 55mm。

材料规格：平板试验用复板为 4.5mm × 300mm × 600mm，基板为 20mm × 260mm × 540mm；半圆柱试验用复板为 4.5mm × 100mm × 500mm，基板为 <100mm × 50mm。

试验用炸药：2 号岩石粉末状混合炸药，稳定装药密度为 0.8g/cm^3。

2.2 试验方案

平板爆炸焊接参数示意图及半圆柱法原理图见图 1，其中，α 为静态安装角，γ 为复板弯折角，β 为动态碰撞角，v_D 为炸药爆轰速度，v_P 为复板的碰撞速度，v_{CP}为碰撞点移动速度。

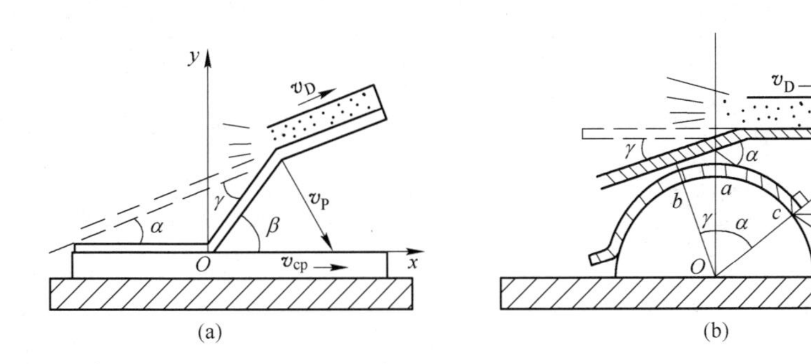

图 1 爆炸焊接装置及参数示意图

（a）平板；（b）半圆柱

爆炸焊接参数质量比 R（单位面积炸药质量与复板质量的比值），基、复板间距 S，静态角 α 和半圆柱顶点到复板的距离 S_0 的设计值如下：

（1）平板爆炸焊接：

R =0.7，0.9，1.1，1.3；

S =5.0mm，9.0mm，13.0mm；

α =0°

（2）半圆柱爆炸焊接：

R =0.3，0.5，0.7，0.9，1.1，1.3，1.5；

S_0 =5.0mm

按上述参数完成爆炸焊接试验后，对平板试样进行界面波形态的金相观察和波形尺寸测量，对半圆柱试样进行弯折角、波产生和消失相对应的碰撞角的测量。

3　试验结果的观察、测试和分析

3.1　半圆柱试验

除1号试样（$R = 0.3$）外，其余试样全部实现了焊接。1号试样复板与半圆柱分开，在垂直碰撞点处有明显的压平痕迹，但其表面仍光洁如初。将半圆柱试样沿爆轰波传播方向切片，然后磨光、侵蚀，在10倍显微镜下测量动态弯折角γ、波产生和消失的动态碰撞角β_1和β_2，与β_1和β_2相应的碰撞点移动速度v_{CP_1}和v_{CP_2}均可按下式计算：

$$v_{CP} = v_D \sin\gamma / \sin\beta \tag{1}$$

$$\beta = \alpha + \gamma \tag{2}$$

在半圆柱试验中，安装角α是指碰撞点处的切线与复板原始位置的交角。将不同R值下测得的γ值进行回归分析，得到质量比R和碰撞角β的经验关系式：

$$1/\beta = a + b/R \tag{3}$$

式中，a、b是和炸药多方指数相关的试验常数。上述γ、β_1、β_2的测量结果和v_{CP_1}、v_{CP_2}的计算结果见表3。

表3　半圆柱试验的测量与计算结果

试　样	R	$v_D/\text{m}\cdot\text{s}^{-1}$	$\gamma/(°)$	$\beta_1/(°)$	$\beta_2/(°)$	$v_{CP_1}/\text{m}\cdot\text{s}^{-1}$	$v_{CP_2}/\text{m}\cdot\text{s}^{-1}$
1	0.3	1114.8	7.94	—	—	—	—
2	0.5	1927.3	10.35	14.65	12.75	1369.1	1568.9
3	0.7	2325.0	11.37	18.97	12.67	1410.0	2089.8
4	0.9	2529.0	11.77	23.54	13.12	1291.7	2272.7
5	1.1	2661.0	13.05	25.50	15.55	1395.7	2241.3
6	1.3	2754.0	13.85	26.25	14.35	1490.6	2660.0
7	1.5	2811.3	13.48	25.73	15.28	1509.5	2486.7

从半圆柱试样切片上可以清晰地看到波的产生、发展和消失的全过程。在垂直碰撞点b处，$\beta = 0°$，$v_{CP} = \infty$，没有观察到射流喷射痕迹，也无波纹，此点及附近没有发生焊接。在a点，$\alpha = 0°$，$\beta = \gamma > 0°$，$v_{CP} = v_D$。在c点，$\alpha > 0°$，$\beta = \alpha + \gamma > 0°$，$v_{CP} < v_D$。离开$b$点一定角度，$v_{CP}$由最大减少到某一值时出现平直的焊接界面；当$\beta$进一步增大时，界面上开始出现规则细小的正弦波纹，随着β的继续增大和v_{CP}的连续减小，波纹逐渐长大，最后变为大而规则的畸变的准正弦波，此时再增加β值，界面上波纹不再产生，此β值对应的v_{CP}就是波产生的临界转变速度v_T。由此可确定波产生和消失的上、下边界条件。

3.2　平板试验

在金相显微镜下观察和测量波高h、波长λ，计算h/λ和比波长λ_1（波长/复板板厚），结果见表4。图2是试样界面波纹的宏观金相照片，分别对应5、6、7和8号试样，可以看到在v_{CP}较小时，界面是规则的正弦波，漩涡不明显。随着v_{CP}值增加，波形逐渐长大，形状发生畸变，漩涡尺寸也相应变大，金属流动特征明显。图 3 是 6 号试样界面波漩涡组织及冶金缺陷的金相照片，可以进一步看到漩涡里有结晶熔池，其中有微裂纹和气孔等冶金缺陷。在波峰波谷边缘，基板侧有脱碳层存在，复板的波峰边缘晶粒细小。

表 4 平板试验界面波尺寸的测量与计算结果

试 样	R/S	$\beta/(°)$	$v_{CP}/m \cdot s^{-1}$	λ/mm	h/mm	h/λ	$\lambda_1$①	P②
1	0.7/5.0	11.56	2325	0.48	0.13	0.27	0.11	24
2	0.9/5.0	11.63	2529	0.78	0.20	0.26	0.17	29
3	1.1/5.0	13.19	2661	0.53	0.17	0.32	0.12	32
4	1.3/5.0	13.56	2754	0.96	0.29	0.30	0.21	34
5	0.7/9.0	11.56	2325	0.79	0.26	0.33	0.18	24
6	0.9/9.0	11.63	2529	0.86	0.31	0.36	0.19	29
7	1.1/9.0	13.19	2661	1.33	0.45	0.34	0.30	32
8	1.3/9.0	13.56	2754	1.07	0.41	0.38	0.24	34
9	0.7/13.0	11.56	2325	0.84	0.28	0.33	0.19	24
10	0.9/13.0	11.63	2529	1.02	0.33	0.32	0.23	29
11	1.1/13.0	13.19	2661	1.18	0.51	0.43	0.26	32
12	1.3/13.0	13.56	2754	1.50	0.51	0.34	0.33	34

①$\lambda_1 = \lambda / h$ 为比波长；

②$P = \rho v_{CP}^2 / 2\sigma_b$ 为比压力。

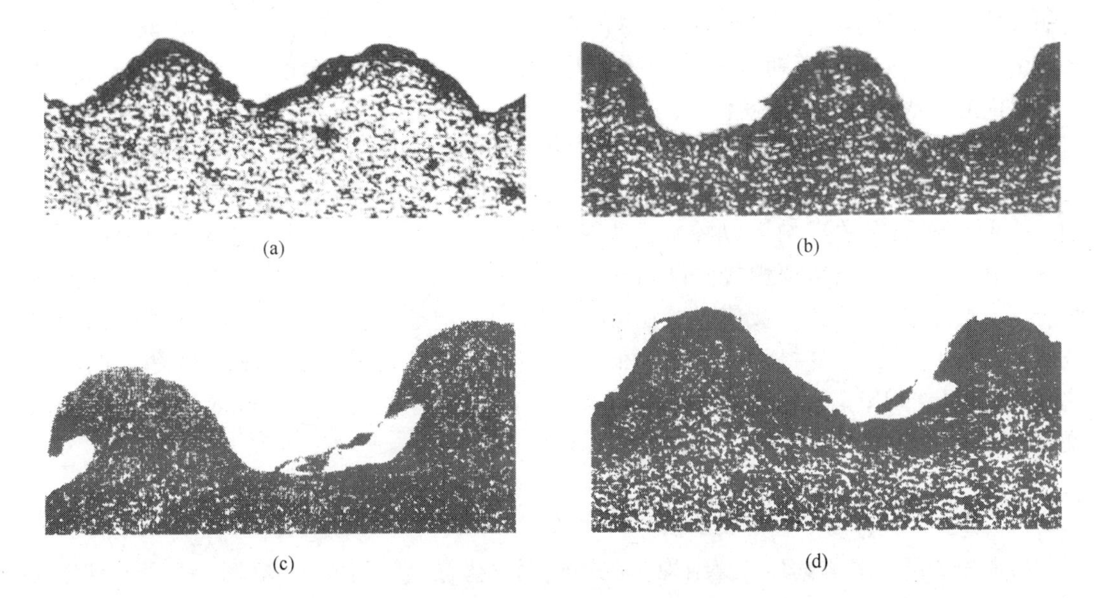

(a) (b) (c) (d)

图 2 波状界面形态的金相观察

(a) v_{CP} = 2325m/s；(b) v_{CP} = 2529m/s；(c) v_{CP} = 2661m/s；(d) v_{CP} = 2754m/s

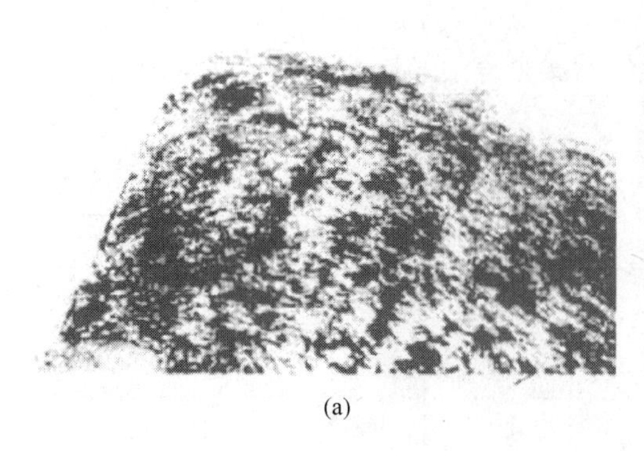
(a)

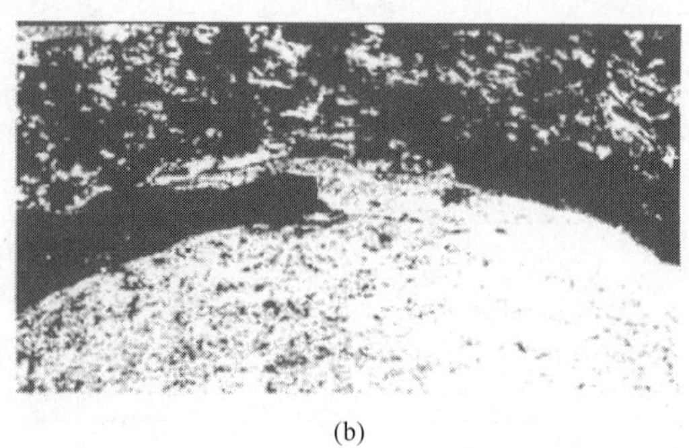
(b)

图 3　界面波漩涡组织及冶金缺陷
(a) 6 号试样基板波峰组织 (125 ×); (b) 6 号试样复板波峰组织 (250 ×)

4　试验结果讨论

4.1　关于波的形态和尺寸

从试验测试结果得出，在 β = 11.5° ~ 13.5°、v_{CP} = 2325 ~ 2754m/s 范围内时，波高在 0.13 ~ 0.51mm、波长在 0.48 ~ 1.50mm 范围内，h/λ 在 0.26 ~ 0.34 之间变化。β 和 v_{CP} 虽然变化不大，但 h、λ 却发生了 3 ~ 4 倍的变化，说明 h 和 λ 明显受到 β 和 v_{CP} 的影响。一些资料认为，波长随着 β 增加而增加，而波高 h 开始是随着 β 增加而增加，当 h 达到一峰值后，随着 β 增加，h 反而减小；在 β 值相同时，复板厚度越大，h 和 λ 也越大[1]。这是大量试验数据和很多金属组合试验所证明的[1,2]。

由表 4 中数据可知，对于本试验的材料组合，在比压力为 24 时，界面就已出现了波，它的尺寸此时比较小，在比压力为 29 时，波形尺寸增大，在比压力为 32 以上时，波的形态产生了畸变，波长继续随着比压力的增加而上升。这表明在这个范围内，材料强度对于波状界面的形成有一定的抑制作用。

从低碳钢的试验中观察，当比压力在 20 ~ 50 范围内变化时，界面由平直型发展为细小的波状界面；当比压力在 50 ~ 100 范围内时，比压力的增加不再引起波长的增加，表明材料强度的影响可以忽略，这时材料具有流体的行为[1]。另有研究表明，当比压力较小时，不能实现焊接。随着比压力的增加，界面开始出现平直结合区、波状结合区。比压力超过某一数值时，比波长下降[2]。对于本试验而言，全部试验都处在波状结合区内，由于复材强度大约为低碳钢的 2 倍，又是采用了低爆速炸药，因此当比压力在 24 ~ 32 范围内，间距为 5.0mm 时，波的尺寸均匀细小，随着比压力和间距增加，h 和 λ 均相应增大。

4.2　波的临界转变速度及其计算

根据表 3 所列的测试和计算结果，在 β-v_{CP} 平面坐标上绘制成图 4。图中 6 条双曲线是 6 个复板速度 v_P 的曲线，阴影区为试验参数范围内波存在的区域，v_{P_2} 曲线为试验范围的下边界条件。在本试验中，上边界未形成封闭。

由表3 、图4 的测试结果及试验点的分布，可明显地看到：虽然初始参数 R 从 0.3 变化到 1.5，参数设置范围较大，但表示波开始形成的临界速度 v_T数据却比较接近，试验点比较集中，所有 v_T测试值平均为 1410m/s。在爆炸焊接参数通常适用的范围内，即 （5° ~ 10°） $<\beta<$ 25°，最大偏差为 5.4%，这是 v_T内在变化规律的体现。因此，用一条垂直于 v_{CP}坐标的直线来表征 v_T，与试验结果是基本相符的，而且也与焊接参数的关系相一致。

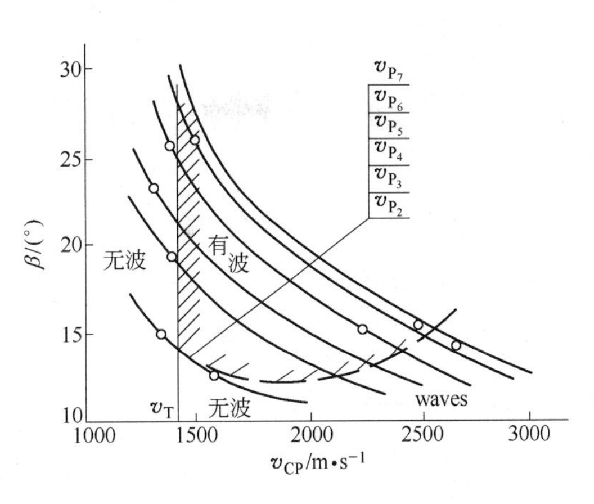

图4 波存在区域及临界速度 v_T的示意图

H. Cowan 等人提出用组合材料的维氏硬度 HV、密度 ρ 及适用雷诺数 Re 来计算临界速度 v_T，并在可焊性窗口中，作为界面有波、无波的边界。

$$v_T = [2Re(H_1 + H_2)/(\rho_1 + \rho_2)]^{1/2} \tag{4}$$

根据 v_T 的表达式，可以得到相应的生成波的临界比压力 PC 和另一种形式 v_T的表达式：

$$P_C = K \cdot Re[(1 + H_2/H_1)/(1 + \rho_2/\rho_1)] \tag{5}$$

$$v_T = [2P_C]^{1/2} v_{P\min} \tag{6}$$

式中，K 为复层金属维氏硬度 H_1 与拉伸强度 σ_{b_1}的比值；下标 1 和 2 分别代表基板和复板的相应参数；$v_{P\min}$是按 σ_{b_1}和 ρ_1 所得的计算值或试验值。对于已经推荐 Re 值的材料组合可采用式（4）计算 v_T值[3]；对通过试验得到 P_C 值时，则可方便地从式（5）和式（6）中计算 v_T。式（5）和式（6）是以比压力形式给出的波形成的下边界条件，可在参数设计中采用。

5 结论

（1）半圆柱试验结果表明，0Cr13Ni5Mo-Q345C 材料组合波形成的临界转变速度 v_T = 1410m/s。在爆炸焊接窗口的 β-v_{CP}平面坐标上，可用一条垂直于 v_{CP}横轴的直线来表示。

（2）在平板爆炸焊接参数范围内，波高、波长随比压力的增加而增加，与半圆柱试验结果的相关性是明显的。

（3）可用 PC 来表征波形成的下边界条件，Re 值可由半圆柱和平板试验确定。

参 考 文 献

[1] Cheng Chemin. Mechanics of Explosive Welding. CAS. Proceedings of the International Symposium on Intense Dynamic Loading and Its Effects. Beijing：Science Press，1986：854 ~ 859.

[2] 邵丙璜，张凯．爆炸焊接原理及其工程应用[M]．大连：大连工学院出版社，1987.

[3] 张振逵，张蕾．爆炸焊接参数优化和下限判据[J]．爆炸与冲击，1999，19（增刊）：364 ~ 367.

爆炸合成钛/钢复合板探伤界面波与结合强度的研究

关尚哲　赵　妍　刘润生　车龙泉　张杭永　付光辉　陆　帅

（宝钛集团有限公司，陕西宝鸡，721014）

摘　要：在爆炸焊接工艺技术条件下，根据钛与钢两种材料的声阻抗相差大，采用超声波探伤对界面波的高低与结合强度大小进行研究，从而找出了4mm/40mm 钛/钢复合板超声探伤一次底波后面界面波与符合标准的结合强度的对应关系，同时，为钛复层大于4mm 的钛/钢复合材料超声探伤检验建立基础。

关键词：超声探伤；界面回波；结合强度

Relation in Quality Testing on Interface Wave and Joining Strength of Explosion Synthesis Titanium/Steel Composite Plate

Guan Shangzhe　Zhao Yan　Liu Runsheng　Che Longquan
Zhang Hangyong　Fu Guanghui　Lu Shuai

（Baoti Group Co.，Ltd.，Shaanxi Baoji，721014）

Abstract：Owing to the enormance differences between titanium and steel on the stress-sound-impedance effect，this thesis mainly steadies the relation on interface wave and joining strength of 4/40 titanium and steel composite plate in quality testing on the explosive welding technologies. Accordingly，the paper finds out that the relevant hight of interface wave and the qualified bonding strength of 4/40 titanium and steel composite plate. At the same time，the paper is a good foundation to the titanium and steel composite plate in which the cladding overpass 4mm on the quality testing with ultrasonic instrument.

Keywords：quality testing with ultrasonic instrument；interface wave；bonding strength

1　引言

钛/钢复合板是一种具有特殊物理和化学性能的材料，在石化、冷凝器、电力等行业广泛应用。为了确保钛/钢材料使用质量，避免常规超声探伤因两种材料（钛和钢）声阻抗差异大产生界面回波判定缺陷，因使用试块比较判定带来的准确度差，利用声阻抗差异大产生一次底波后面的界面波，依据一次底波后面的界面波高低与结合结合强度大小对比，直接判定结合质量从而决定产品出厂质量，这种研究对钛/钢复合板超声探伤不同复层厚度钛/钢复合材料有重要意义。本文从4mm/40mm 钛/钢复合板爆炸焊接复合工艺出发，研究用这种超声探伤一次底波后面界面波的高低判定不同部位结合强度质量，通过这种检验手段可确保产品出厂质量，从而建立4mm/40mm钛/钢复合板超声探伤检验规范。

2 实验方案

2.1 试验用料

2.1.1 试验材料和规格

试验材料牌号为TA1/Q235B，规格为TA1（4mm × 500mm × 3000mm）、Q235B（40mm ×500mm ×3000mm）。

2.1.2 原材料化学成分和性能控制

原材料化学成分和性能控制应符合钛板和钢板相应标准及内控标准。

2.2 爆炸焊接制坯工艺流程

爆炸焊接制坯工艺流程如下：基、复材料验收→基、复板下料→表面处理→表面检查→地基铺垫→基、复板安装→布药→检查→起爆→初探→退火→校平→成品探伤→取样→性能检测。

2.3 超声探伤检测方法

（1）复合材料探伤的方法是直接接触法，与钢板的探伤方法基本相同。常用单直探头或联合双直接头进行纵波探伤，探伤频率2.5～5.0MHz，探伤直径为ϕ14～20mm。复合材料探伤时，探伤灵敏度调节采用复合完好的试块或复合板区域的第一次底波B_1调至示波屏幅度的80%～100%。

（2）常规产品探伤方法：当复合的两种材料声阻抗相近时，如不锈钢/钢，基本无界面回波，出现一次和二次反射底波则属于复合良好区域；在一次和二次反射底波前移时属于不结合区域；当复合的两种材料声阻抗相差大时，如钛/钢，即使复合良好也会产生界面回波，这时判定结合质量较困难，即使有缺陷，判定也困难，常规方法是利用试块比较，根据复合界面反射波宽度、高度和底波变化来判别，如图1所示。

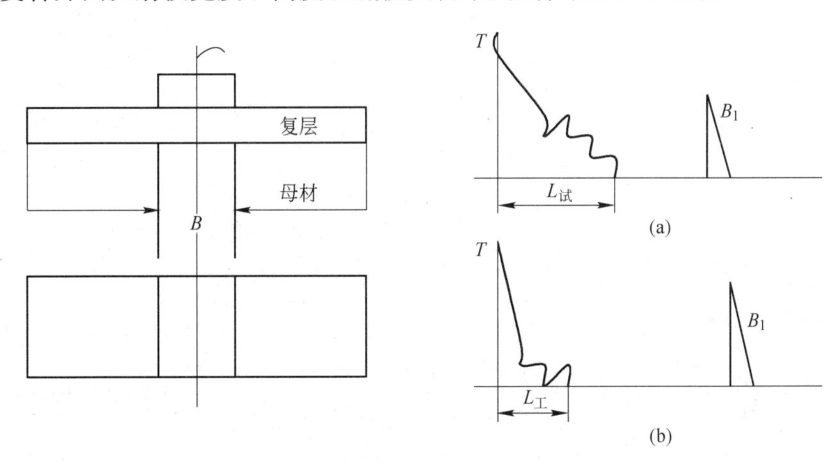

图1 复合材料探伤用对比试块

（a）复层侧探伤试块；（b）复层侧探伤工件

图 1 中，T 表示复合界面声压表面波（常称始脉冲），B_1 表示底波。若工件复合界面反射波宽度$L_{工}$小于试块上的反射波宽度 $L_{试}$，且工件底波高于试块底波，则复合良好。但因从复层侧探伤时，复合界面反射波宽度 L 在示波屏中显示无法观察到，因此只能确定结合情况而无法判定结合质量。钛复层大于 4mm 时，出现一次底波后面二次界面波分贝高度，因此探索研究一次底波后面二次界面波分贝高度与结合强度大小的关系，确定结合质量是直接高效的一种方法。

（3）界面波探伤方法：利用钛/钢复合板声阻抗的差异大，产生一次底波后面的界面波 F_2 高低与对应结合强度性能，确定一次底波后面的界面波高低范围，从钛复层侧探伤示波屏观察一次底波后面的界面波高低方法，如图 2 所示。

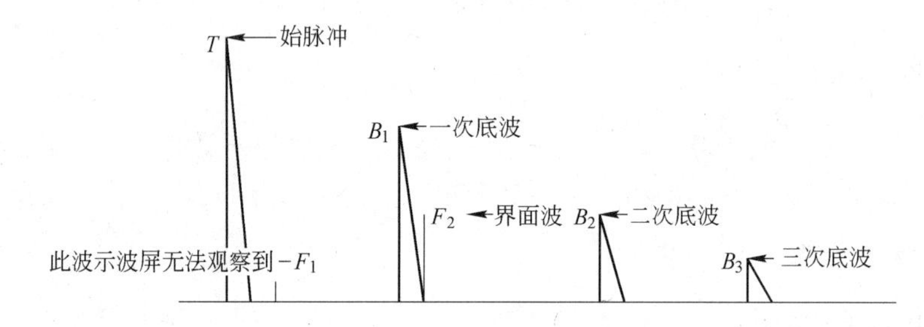

图 2　钛/钢复合板探伤示波屏调至幅度 80% 底波与界面回波的波形

3　试验结果

钛/钢爆炸复合 4mm/40mm × 450mm × 3000mm，从起爆点开始分头部、中间、尾部分别探伤，一次底波达到 80% 刻度，记录界面波 F_2 刻度的大小并根据该点值取剪切试样，如图 3 所示。

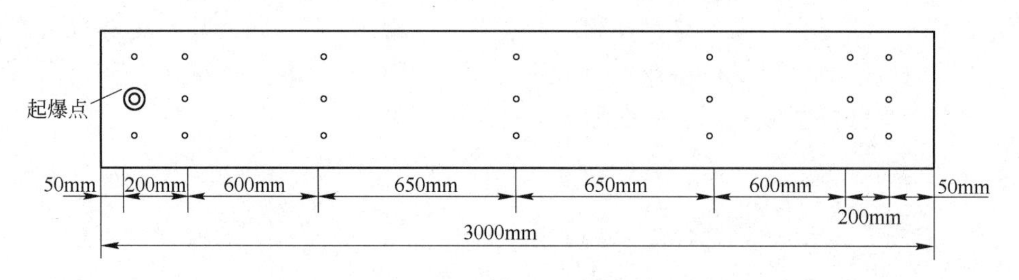

图 3　探伤点与取样点部位图

依据超声探伤钛/钢复合板一次底波后面的 F_2 界面波的高低结合该点取样，力求取样部位的一致，达到试验的准确性，示波屏调至一次界面底波幅度 80%，二次、三次底波及 F_2 界面波和分贝差值调整数据列于表 1。

表 1　钛/钢复合板探伤示波屏幅度调至 80% 各波高数据

探伤部位	一次底波/%	二次底波/%	三次底波/%	界面波/%	分贝差/dB
头部起爆点附近探伤	80	45	9	35	?
	80	42	10	34	8
	80	34	10	30	8.5

续表 1

探伤部位	一次底波/%	二次底波/%	三次底波/%	界面波/%	分贝差/dB
中间部位探伤	80	40	6	30	9.5
	80	32	5	26	11
	80	38	10	23	12
	80	31	6	32	10
	80	38	12	18	?
尾部探伤	80	28	0	30	10
	80	30	0	12	0
	80	32	0	34	7
	80	38	0	36	5
	80	36	0	40	2

注：表中数据为针对不同部位探伤筛取的代表性数据。

依据探伤的各不同部位，对应探伤界面波高度数值取剪切强度检测结果见表 2。

表 2　钛/钢复合板探伤二次界面波高度对应结合强度数据

探伤部位	一次底波/%	界面波/%	分贝差/dB	剪切强度 τ_b/MPa
头部起爆点附近探伤	80	35	?	294
	80	34	8	308
	80	30	8.5	317
中间部位探伤	80	30	9.5	300
	80	26	11	337
	80	23	12	321
	80	32	10	298
	80	18	?	163
尾部探伤	80	30	10	244
	80	12	18	47
	80	34	7	195
	80	36	5	180
	80	40	2	75

注：表中列举了 35 个探伤和结合强度数据对应，其中取 13 个具有代表的数据列于表中，能够代表 4mm/40mm 钛/钢复合板探伤判定结果。

CUT-218 型三种示波屏幅度调到 80% 二次界面波高度，如图 4 ~ 图 6 所示。

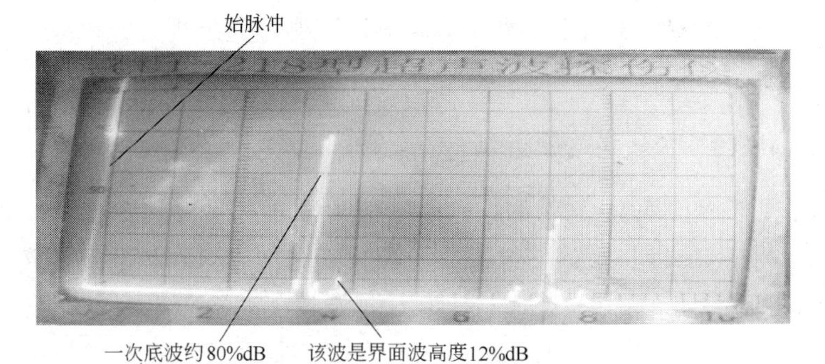

图 4　尾部波形及界面波约 12% dB

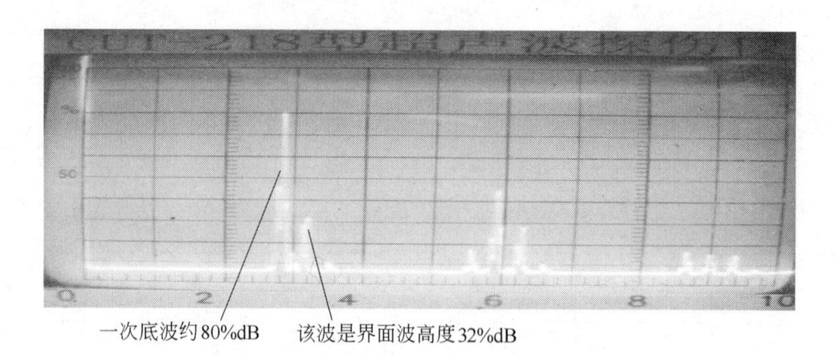

图 5　中部波形及界面波约 32% dB

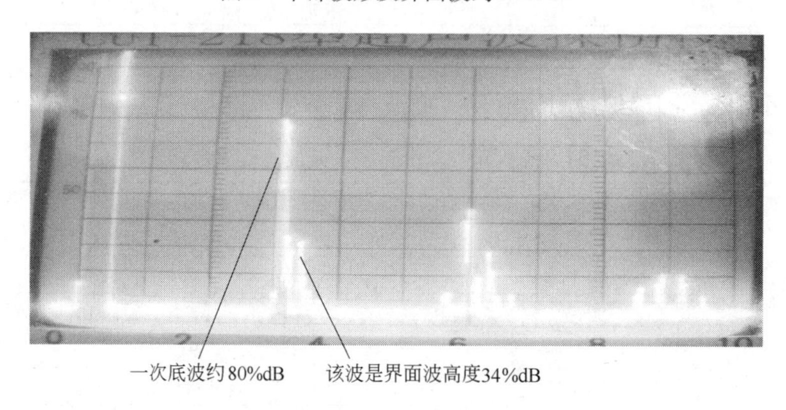

图 6　头部波形及界面波约 34% dB

4　分析讨论

4.1　钛/钢复合板声阻抗的应用

当复合的两种材料声阻抗差异大，超声波探伤采用试块对比法时，复材和基材出现材料缺陷问题容易出现判定困难，即使复材和基材没有材料上的缺陷问题，F_1 界面回波的出现也会造成产品判定误区，为此我们根据多年实践经验研究，认为在探伤检测中当复合的材料声阻抗差异大时产生（F_1）一次界面回波，（F_1）一次界面回波从复层侧探伤时，F_1 界面回波在示波屏中被覆盖在始脉冲无法观察到，故运用一次底波后面的 F_2 为界面波的高低去判定质量，即避免了复合的两种材料缺陷问题容易出现判定困难，又可确定结合质量。

4.2　二次底波高度与结合质量的分析

表 1 中列举了超声探伤时，当一次底波打到 80% dB，二次底波在介质衰减和扩散衰减极少时达到 50% ～60% dB 最好，但探伤两种材料介质衰减和扩散衰减实际影响反射波要大得多，所以二次底波越接近 50% ～60% dB 越好，在试验中第二次底波头部最高 45% dB，中间部位最高的在 40% dB，尾部最高 38% dB，而第三次底波存在可以讲结合质量是优良的，判别分析结合界面几乎没有产生界面熔化问题。在表 1 中，头、中部的探伤第三

次底波最高达到10%～12% dB，而尾部第三次底波在示波屏无法读出，数据表中按0给出，说明二次底波相对较高和三次底波存在，说明结合界面层熔化和脆性化合物少，同时对介质衰减和扩散衰减影响也极少，通过检测分析界面脆化层厚度只有20～36μm，属于小波纹结合，资料介绍此波纹的结合强度应大于200MPa，结合质量优良。

4.3 二次界面波的高度与对应点结合强度分析

表2中列举了超声探伤F_2界面波的高度与对应点结合强度的实际检测数据，并用示波屏上的显示出的一次底波后面的界面波F_2高度调至B_1一次底波80%位置，读出分贝差差值数据。资料说明，对于复合的两种材料的声阻抗相差较大时，可以结合底波与复合界面回波的dB差由理论计算得到，当不考虑介质衰减和扩散衰减，且底波全面反射时，底波B_1与复合界面回波F的分贝差（dB）为：

$$\Delta BF = 20\lg B_1/F = 20\lg 1 - r^2/r$$

根据钛与钢两种复合材料声阻抗，底波B_1与复合界面回波F的分贝差理论计算为11.5dB，界面声压反射率25.3%，作为参考依据进行界面波的高度与对应点结合强度的判定。

头部界面波高达30%～35% dB，界面波F_1和一次底波B_1各点调差8dB、8.5dB，其中35% dB调差1/2时融合在一起，各点剪切强度在317～294MPa之间，分析再次说明起爆点附近头部约200～400mm区间脆性化合物极少，且界面硬度与基、复板的高的维氏硬度差值测试仅有17。分离基、复层观察界面波纹显示，距起爆点50mm没有波纹平面结合，大于50～400mm波纹从小到大形成，测量显示属于小波纹，结合波长约80～120μm、波高约25～40μm，但界面波比理论计算值高，实际分贝差低于理论值，剪切强度高说明此方法判定可行。

中间部分界面波在18%～30% dB，界面波F_1和一次底波B_1各点调差11dB、10dB、9.5dB，其中18% dB调差2/3半时融合在一起，各点剪切强度在337～163MPa之间。其中界面波26% dB、分贝差值11dB，与理论计算值相近其结合强度高达337MPa，而18% dB调差2/3半时融合在一起的分贝差值无法读出，但结合强度也在163MPa，说明界面波18% dB也可作为探伤判定依据。

尾部部分界面波在12%～40% dB，界面波F_1和一次底波B_1各点调分贝差10dB、18dB、7dB、5dB、2dB，各点剪切强度在224～47MPa之间。其中界面波12% dB、分贝差值18dB，高于理论计算值，其结合强度仅有47MPa。而界面波40% dB、分贝只有调差2dB，低于理论计算值，其结合强度只有75MPa，说明界面波12% dB、40% dB时对结合强度都有很大的影响，可作为探伤判定范围依据。另外尾部测量一点界面波34% dB、分贝差7dB、结合强度195MPa，此点与头部一点的界面波、分贝差基本相同，但结合强度差异很大，分离界面基、复层，显示结合波纹有明显区别。分析尾部波纹测量，显示属于大波纹，结合波长约240～320μm、波高约100～150μm，说明界面脆性化合物较多，对介质衰减和扩散衰减影响较大，造成结合强度降低。

4.4 示波屏中显示结果

图4中，尾部一次底波80% dB，产生的界面波为12% dB，对应结合强度只有47MPa。

图5中，中间部一次底波80% dB，产生的界面波为32% dB，对应结合强度达到了298MPa。

图6中，头部一次底波80% dB，产生的界面波为34% dB，对应结合强度高达308MPa。

上述是依据实际检测结果的分析判定，但此次爆炸试验工艺与前期爆炸工艺不同，分离结合界面检测波纹较细小，波纹宽度为0.5～1.0mm，而前期爆炸波纹宽度为1.2～2.0mm，探伤界面波最高15% dB，分贝差值达到7dB，已经与底波融合，无法判定结合质量。说明界面波高低与界面结合波纹尺寸也有关系，同时与界面脆化层或熔化层的厚度有关，直接反映爆炸焊接能量的控制。资料介绍，利用回波分贝差值（B_1-F_1）可判定钛/钢复合板焊接质量，判定方法以理论计算差值（B_1-F_1）11.5dB对比分贝差，接近11.5dB则结合质量好。由于实际F_1无法读出，这里用F_2与B_1对应计算也可得到较准确结果，但较繁琐，故直接用示波屏调至80% dB读出分贝差值判定结合质量。

5　结论

（1）采用钛/钢复合板声阻抗的差异大时，在示波屏中界面波的高度和分贝差值联合判定方法对4mm/40mm钛/钢复合板超声探伤检测，完全可以判别结合质量，确定超声探伤检测，是实际探伤检测的一种可行检验方法。

（2）通过4mm/40mm钛/钢复合板头、中、尾部探伤对应点取样结果对比，得出了界面波高度的判定范围，界面波为18%～35% dB，分贝差值为5～12dB，结合质量良好。

（3）该研究为大于4mm不同复层厚度钛/钢复合板探伤检测建立了基础，复合的两种材料声阻抗差异较大时也可采用此方法进行深入研究。

参考文献

[1] 王耀华．金属板爆炸焊接研究与实践[M]．北京：国防工业出版社，2007.
[2] 胡天明．超声波探伤[J]．中国锅炉压力容器安全，1995，3.
[3] 内部专用．稀有金属材料加工手册．1983，6.
[4] 郑远谋．爆炸焊接和金属复合材料及工程应用[M]．长沙：中南大学出版社，2002.

爆炸焊接界面波的模拟研究

李晓杰　莫　非

（大连理工大学工程力学系工业装备结构分析国家重点实验室，辽宁大连，116023）

摘　要： 爆炸焊接是生产金属复合材料的一门工业技术，它广泛应用于复合板材和管材等的实际生产。界面波和金属射流是爆炸焊接过程中产生的两个主要现象，其中爆炸焊接界面波是评价焊接质量的重要依据。本文借助于动力学分析软件 ANSYS/LS-DYNA 11.0，运用光滑粒子流体动力学方法（SPH 方法），建立以 Johnson-Cook 材料模型和 Grüneisen 状态方程为基础的热塑性流体力学模型，对同种钢板爆炸焊接界面波进行了模拟研究。模拟结果表明运用 SPH 方法可以得到清晰的爆炸焊接界面波和金属射流形貌，同时还实现了爆炸焊接界面波形成过程的计算机重现。另外，通过与实验结果的比较，表明：模拟误差较小，并且模拟误差随着复板碰撞速度的增大而减小。因而，说明本文使用的热塑性流体力学模型有利于爆炸焊接界面波的研究，对模拟较高碰撞速度的情况更为适用。

关键词： 爆炸焊接；界面波；SPH 方法；热塑性流体力学模型

The Simulation of Interface Wave in Steel Explosive Welding

Li Xiaojie　Mo Fei

(Department of Engineering Mechanics, Dalian University of Technology, The State Key Laboratory of Structural Analysis for Industrial Equipment, Liaoning Dalian, 116023)

Abstract: Explosive welding is an industrial technology of producing the metal composite materials. It has been widely used to make bi-metallic plates and tubes and so on. An interface wave and a jet are two master phenomena in the process of explosive welding. Among them, the interface wave of explosive welding is an important standard of welding quality judgment. In this work, the Smoothed Particle Hydrodynamics (SPH) method in the ANSYS/LS-DYNA 11.0 was used to do simulation research of the interface wave in the same steel explosive welding. On the basis of Johnson-Cook material model and Grüneisen state equation, it established a kind of thermoplastic hydrodynamic model. This model reproduces the process of forming interface wave in explosive welding. The simulation used the SPH method showed that the interface wave and the jet were simulated vividly. Additionally, compared the simulation results with the experimental results, it proves that the simulation errors are small. And the simulation error decreases with the collision velocity of flyer plate increases. So the thermoplastic hydrodynamic model used in this work is significant to study the interface wave of explosive welding. Especially, it is that the higher collision velocities of the flyer plate the more applicable to use this model to simulate the interface wave in explosive welding.

Keywords: explosive welding; interface wave; SPH method; thermoplastic hydrodynamic model

1　前言

爆炸焊接是利用炸药作为能源推动金属体，使其以高速撞击基体，从而产生焊接效应的一门技术。爆炸焊接实验装置以及主要的控制参数见图 1，其中 1 为炸药，2 为复板，3 为基板，v_d 为炸药的爆速，v_p 为复板的碰撞速度，β 为碰撞角，v_c 为碰撞点移动速度。如图 2 所示，界面波和射流是爆炸焊接过程中产生的常规现象，它们是衡量焊接质量好坏的重要指标。

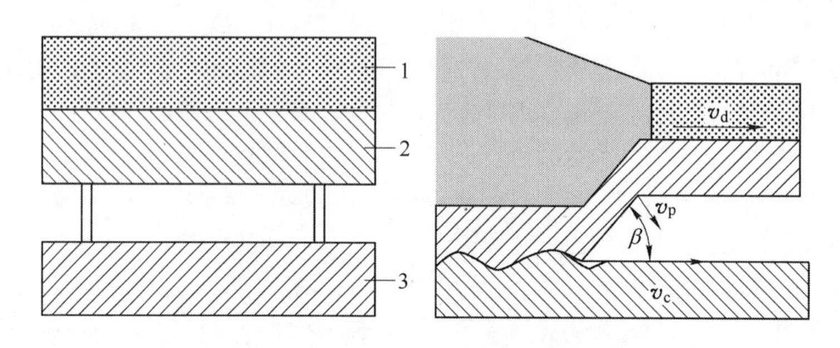

图 1　爆炸焊接装置及主要控制参数

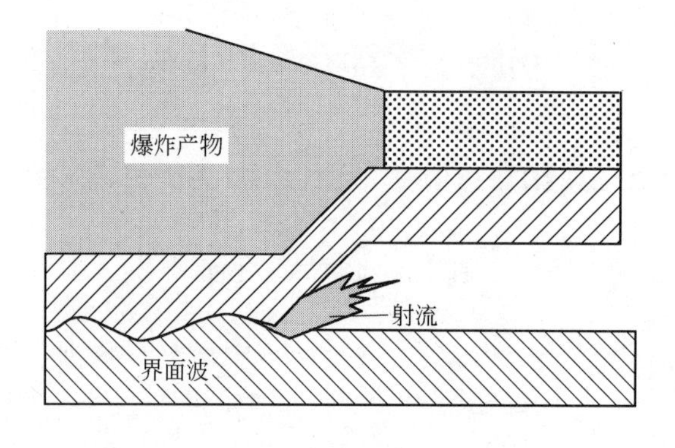

图 2　爆炸焊接过程

2　爆炸焊接界面波形成理论

界面波是爆炸焊接过程中常见的现象之一，其与焊接质量息息相关。在力学研究方面，从 20 世纪 60 年代起，Helmholtz 失稳模型开始用来解释爆炸焊接界面波的形成机理[1]，这种平行流失稳理论经历了从理想不可压缩流体到黏性不可压缩流体的发展，计算得到的涡旋形貌与实验非常接近，然而它却无法解释为什么碰撞点不是驻点以及旋涡区中常常出现的铸态组织及缩孔现象。20 世纪 70 年代，流体弹塑性失稳模型的引入[2]很好地解释了驻点问题。该模型中，材料强度不可忽略，弹塑性本构添加到计算当中。在此研究基础之上，热塑性失稳模型的提出进一步解释了旋涡区现象。其中，塑性本构考虑了温升所带来的影响，能量方程考虑了塑性畸变功。但不论基于何种模型，其理论基础均源于连续介质力学，物质的微观结构被理论理想化了。在材料科学研究方面，界面附近区域局部剪切的力学条件、演化规律和微观结构的研究不断深入[3]，试图揭示爆炸焊接界面波的形成机理，然而这种瞬间动载条件下的变形局部化现象，分析起来极为困难。另外，在界面波形成过程的观测以及实验测量方面，相关仪器的功能限制也成为研究的瓶颈。因此，爆炸焊接界面波研究的深入需要力学、材料等多学科学者的共同努力。

3 爆炸焊接界面波相关实验研究

基于量纲分析，张登霞等[4,5]学者设计了爆炸焊接实验，通过对实验结果的总结得出了爆炸焊接界面波相关的经验公式，此公式由三个无量纲量构成，其表达为：

$$\bar{\lambda} = \frac{\lambda}{h} = \begin{cases} 31 \times \left(\frac{\beta}{2}\right)^{2.1} \exp\left(-\frac{13.6}{P}\right) & \text{当 } 23 \leqslant P \leqslant 50 \\ 22 \times \left(\frac{\beta}{2}\right)^{2.1} & \text{当 } P \geqslant 50 \end{cases} \tag{1}$$

式中，$\bar{\lambda}$ 为无量纲波长；λ 为波长；h 为基板厚度；β 为碰撞角；$P = 1/\bar{\sigma}$ 为无量纲压强，$\bar{\sigma} = \sigma_y/\rho v_f^2$，$\sigma_y$ 为静态屈服强度，ρ 为密度，v_f为复板来流速度，在平板放置的情况下，其等于碰撞点移动速度 v_c和爆速 v_d。

4 爆炸焊接斜碰撞过程的数值模拟

根据爆炸焊接的特点，建立平面二维数值计算模型，使用 ANSYS/LS-DYNA 11.0 有限元分析软件中的 SPH 单元进行数值模拟。模拟过程使用了 Johnson-Cook 材料模型[6]和 Grüneisen 状态方程[7]。以复板的碰撞速度 v_p 为初始条件。为了反映爆炸焊接的斜碰撞过程，复板运动形式按炸药滑移爆轰驱动方式来设定。复板的碰撞速度 v_p 值可由平面炸药抛掷复板的 Taylor 公式计算：

$$v_p = 2v_d \sin\frac{\beta}{2} \tag{2}$$

式中，v_d 为炸药爆速；β 为碰撞角。

由于在滑移爆轰抛掷时，碰撞速度 v_p 的方向是垂直于碰撞角 β 的角平分线的，这样矢量速度 $\boldsymbol{v}_p$ 在图 1 坐标系中的 x-y 分量分别为：

$$\begin{cases} v_{px} = 2v_d \sin^2\frac{\beta}{2} \\ v_{py} = -v_d \sin\beta \end{cases} \tag{3}$$

4.1 计算模型

本文使用的计算模型几何尺寸与实验相同，复板和基板的尺寸大小相等且是同种材料。模拟选用了两种钢材进行数值试验，即 Q235 碳钢和 40CrNiMoA 钢。其材料参数和几何尺寸见表 1 和表 2。

表 1 Johnson-Cook 材料模型参数

	密度 ρ_0 /g · cm^{-3}	剪切模量 G /GPa	A/GPa	B/GPa	n	C	m	熔点 T_{melt} /K	室温 T_{room} /K	比热容 c_v /J · K · kg^{-1}
40CrNiMoA 钢	7.83	77	0.792	0.51	0.26	0.14	1.03	1793	294	477
Q235 钢	7.85	80	0.28	0.38	0.32	0.06	0.55	1811	294	452

表 2　Grüneisen 状态方程参数及几何尺寸

	声速 c /m · s^{-1}	S_1	S_2	S_3	γ_0	a	矩形尺寸 /mm × mm	β/rad
40CrNiMoA 钢	4569	1. 49	0	0	2. 17	0. 46	20 ×2. 5	1. 49
Q235 钢	3574	1. 92	0	0	1. 69	0. 46	40 ×2. 5	1. 92

4. 2　模拟结果

40CrNiMoA 钢作为材料，几何尺寸为 20mm ×2. 5mm，保持碰撞角 $\beta = 13°$，通过改变爆速 v_d 来改变无量纲压强 P，其变化范围为 16 ~150，模拟试验得到的界面波形貌见图 3。其中四种界面波即为爆炸焊接生产实际中可能出现的波形形貌，即从平直界面向带有前后涡旋界面过渡的四个阶段。

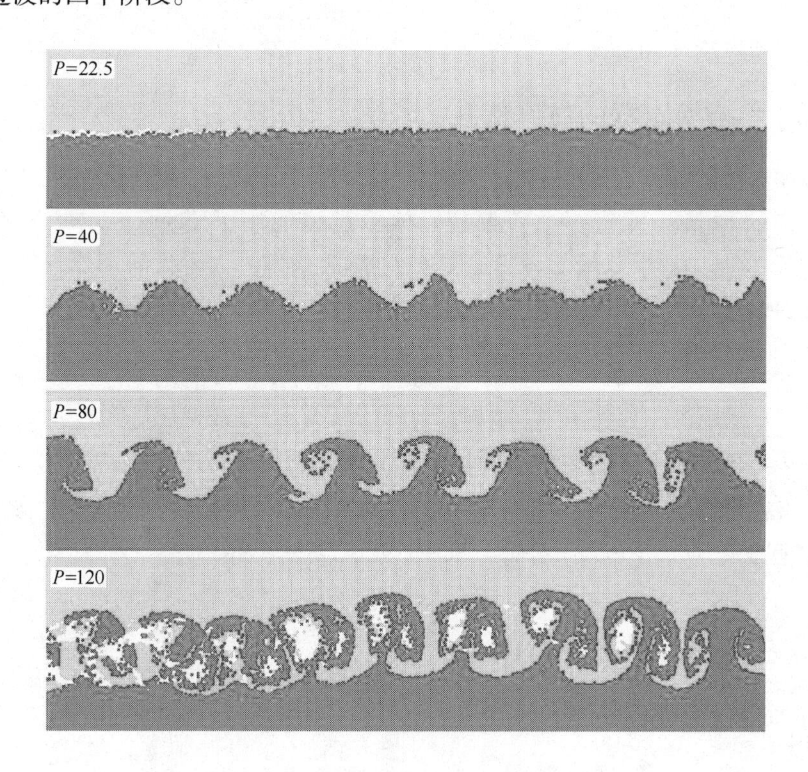

图 3　不同比压 P 情况下 40CrNiMoA 钢模拟界面波形貌

5　结果探讨

实验与模拟的结果尽可以由图 4 得以展现。图 4 由四条曲线和三组图构成，它们分别是：Ⅰ曲线为 40CrNiMoA 钢的经验公式计算曲线，Ⅱ曲线为 40CrNiMoA 钢模拟曲线，Ⅲ曲线为 Q235 碳钢实验实测曲线，Ⅳ曲线为 Q235 碳钢模拟曲线，a 图为不同工况下 40CrNiMoA 钢的模拟界面波图像，b 图为 Q235 碳钢实验界面波形微观图像，c 图为 Q235 碳钢模拟界面波图像。

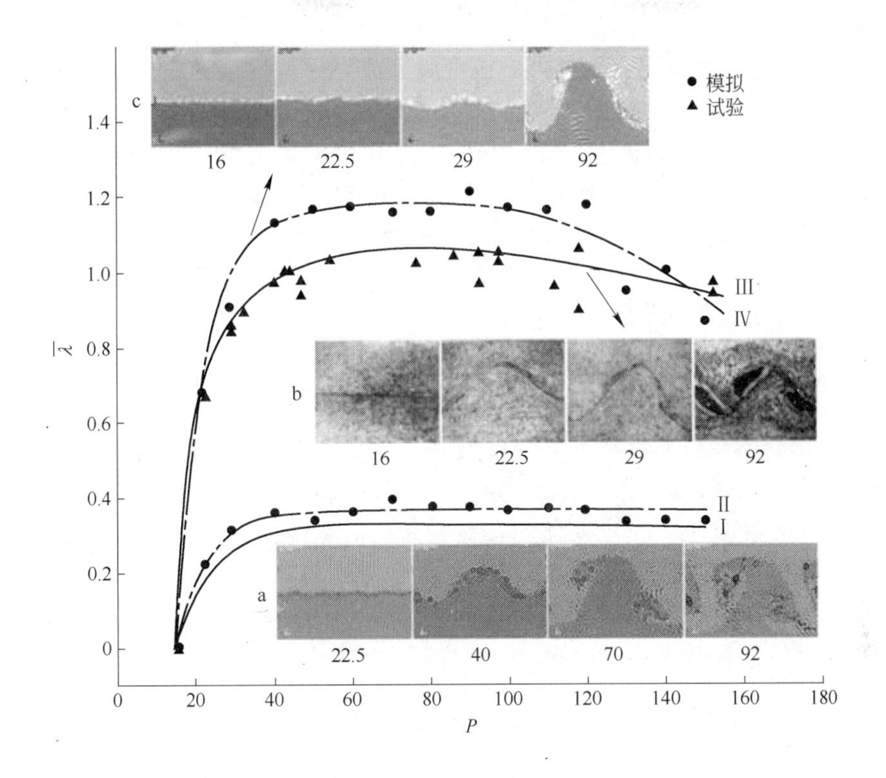

图 4 变强度 $\bar{\lambda}$-P 关系曲线

对照实验将无量纲压强 P 的取值范围分为三段，即 22.5 ~ 50 区段、50 ~ 100 区段和 100 以上区段，其分别对应低碰撞速度段、高碰撞速度段和更高碰撞速度段（碰撞速度始终小于声速）。通过同种材料爆炸焊接实验与模拟的结果对比可知其各区段上的模拟误差总结，见表 3。

表 3 误差表

P	22.5 ~ 50	50 ~ 100	≥100
40CrNiMoA 钢	56.14%（P = 40）	22.12%（P = 70）	4.67%（P = 140）
Q235 钢	16.80%（P = 40）	15.43%（P = 92）	11.13%（P = 120）

误差主要来源于三方面：一是测读误差，40CrNiMoA 钢模拟过程中粒子的尺寸与板厚的比为 1∶125，因此，在读取波长值时若错读一个粒子的距离，便会造成 0.8% 的测读误差，同样的，Q235 钢模拟中单个粒子测读误差为 2%，取平均波长的测读方法可以减小测读误差，但是界面波不清晰时测读误差会较大。二是材料模型以及实验公式参数误差，本文使用的是 Johnson-Cook 材料模型，Q235 钢模拟中不详参数用纯铁参数替代，势必会造成误差，其真实 Johnson-Cook 材料参数需要相关实验加以测定，另外，与 40CrNiMoA 钢模拟进行对比的实验公式来源于 Q235 钢材料的爆炸焊接实验，当实验公式被直接应用时，同样也会产生误差，应当对经验公式作出适当的修正。三是能量耗散项可能带来误差，两板发生高速碰撞，板中会有冲击波产生，模拟过程中用 * CONTROL_BULK_VISCOSITY 的默认值来提供冲击问题所必需的能量耗散，模拟界面波比实际发展滞后的原因可能部分来

源于耗散项的设置不当。

文献[5]证明了爆炸焊接界面波形成机理属于流体弹塑性范畴，其依据来源于对低碰撞速度段和高碰撞速度段“比波长—比压”实验曲线的走势分析，低碰撞速度段对应比压 P 在 22.5 ~ 50，高碰撞速度段对应 50 ~ 100。从模拟的结果上可见，文中使用的热塑性流体力学模型同样可以印证该结论在 22.5 ~ 100 上的适用性。除此之外，对比压 P 大于 100 的区段，即更高碰撞速度段，模拟曲线与实验也符合得较好（从图 4 中实测曲线Ⅲ与模拟曲线Ⅳ的比较可知）。另外，通过各区段最大误差的比较可知，文中模型更适用于高碰撞速度段爆炸焊接界面波的模拟。

6　结论与展望

运用 SPH 方法对爆炸焊接界面波进行模拟，其优点之一就是它能够很好地再现爆炸焊接过程中的界面波形貌，这一点无疑为爆炸焊接界面波的理论研究提供了一个新的有利工具。模拟过程中存在着不足，主要体现在材料参数的选择上，Q235 钢的 Johnson-Cook 材料模型参数由纯铁的加以替代，势必影响模拟的效果。另外，文中使用的热塑性流体力学模型是以 Johnson-Cook 材料模型和 Grüneisen 状态方程为基础建立起来的，尝试运用其他的材料模型和状态方程对爆炸焊接界面波进行模拟研究也是有必要的。

参 考 文 献

[1] J. N. Hunt. Wave formation in explosive welding[J]. Philosophical Magazine, 1968, 17(148).
[2] 郑哲敏，谈庆明．爆炸复合界面波的形成机理[J]．力学学报，1989，21(2)：129 ~ 139.
[3] 张保奇．异种金属爆炸焊接结合界面的研究[D]．大连：大连理工大学，2005.
[4] 张登霞，李国豪．低碳钢爆炸焊接界面波与板材无量纲强度关系的试验研究[J]．爆炸与冲击，1983，3(2)：23 ~ 29.
[5] 张登霞，李国豪，周之洪，等．材料强度在爆炸焊接界面波形成过程中的作用[J]．力学学报，1984，16(1)：73 ~ 80.
[6] Gordon R. Johnson. Fracture characteristic of three metals subjected to various strains, strain rates, temperatures and pressures[J]. Engineering Fracture Mechanics. 1985, 21(1): 31 ~ 48.
[7] 王礼立．应力波基础[M]. 2 版．北京：国防工业出版社，2005：205 ~ 206.
[8] 邵丙璜，张凯．爆炸焊接原理及其工程应用[M]．大连：大连工学院出版社，1987：346 ~ 347.

有限元仿真技术在爆炸焊接中的应用

薛治国 樊科社 黄杏利 王虎年

(1. 西安天力金属复合材料有限公司，陕西西安，710201；
2. 陕西省层状金属复合材料工程研究中心，陕西西安，710201)

摘 要：爆炸焊接是一个高温、高压、高应变速率和瞬间完成的金属复合过程，而此过程很难用世界先进设备采集。因此，科技人员通常用收集到的信息来推测爆炸焊接现象。本文阐述了有限元分析方法在爆炸焊接中的应用原理，并利用该方法成功地模拟了爆炸焊接过程。上述研究结果表明，有限元分析方法在爆炸焊接领域的应用，可为复合板向大面积方向发展提供理论依据。

关键词：爆炸焊接；有限元分析法；参数优化

The Application of Finite Element Analysis in Explosive Welding

Xue Zhiguo Fan Keshe Huang Xingli Wang Hunian

(1. Xi'an Tianli Clad Metal materials Co., Ltd., Shaanxi Xi'an, 710201;
2. Shaanxi Engineering Research Center of Metal Clad Plate, Shaanxi Xi'an, 710201)

Abstract: Explosive welding is a high temperature, high pressure, high strain rate and instantaneous process of metal welding. It is difficult to be captured using the most advanced equipment. In this paper, the basic theory of Finite element analysis is discussed. By using finite element method, explosive welding process can be shown continuously and dynamically at any time, repeatedly. This study provided a basis to explosive welding for large scale clad plates.

Keywords: explosive welding; finite element analysis; parameter optimized

由于爆炸复合过程的瞬时性、不可接触性及不可逆性，尽管有国内外学者已经采用高速相机拍摄整个爆炸复合过程，但由于此过程只有几个微秒的时间，很难捕捉到其详细的复合过程，尤其是对射流的产生及波形界面的形成更难以从实验手段上进行说明[1]。

随着有限元仿真技术的引进，实验成本大幅度降低，实验周期大幅度缩短，产品成品率和性能有较大提升，对爆炸复合现象有了更直观的认识。同时有限元分析技术计算精度和可靠性高，其计算结果已经成为各类工程问题分析的依据。有限元仿真技术把计算力学的理论成果、算法和工程知识结合在一起，对教学、科研、设计、生产、管理、决策等都有很大的应用价值，为此世界各国均投入了相当多的资金和人力进行研究[2~5]。

因此，有限元仿真技术具有较大的竞争优势，具有广阔的市场推广前景。

1　有限元理论基础

1.1　控制方程

LS-DYNA3D 的主要算法采用 Lagrangian 描述增量法。

取初始时刻的质点坐标 $X_j(j=1,2,3)$，在任意时刻 t，该质点坐标为 $x_i(i=1,2,3)$，这个质点的运动方程是：

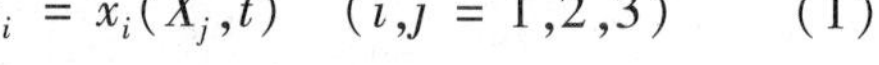

$$x_i = x_i(X_j,t) \quad (i,j=1,2,3) \tag{1}$$

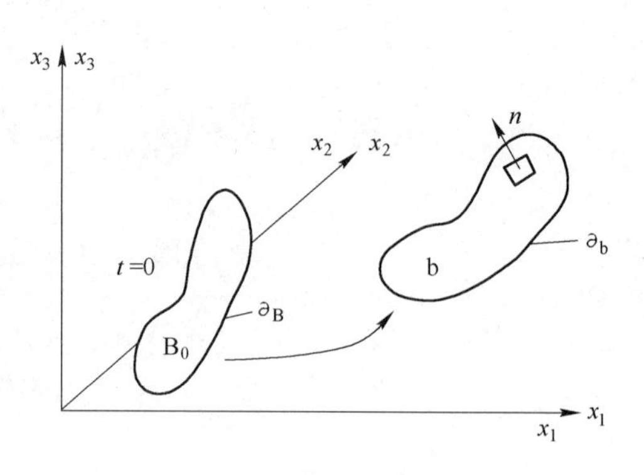

图 1　质点运动状态图

在 $t=0$ 时，初始条件为：

$$x_i(X_j,0) = x_i \tag{2}$$

$$\dot{x}_i(X_j,0) = v_i(X_j,0) \tag{3}$$

式中，v_i 为初始速度。

（1）质量守恒方程：

$$\rho V = \rho_0 \tag{4}$$

式中，ρ_0 为初始质量密度；ρ 为当前质量密度；V 为相对体积，$V=|F_{ij}|$，而 $F_{ij}=\dfrac{\partial x_i}{\partial x_j}$ 为变形梯度。

（2）动量方程：

$$\sigma_{ij} + \rho f_i = \rho \ddot{x}_i \tag{5}$$

式中，σ_{ij} 为柯西应力；f_i 为质点体积力；$\ddot{x}_i$ 为加速度。

（3）能量方程：

$$\dot{E} = VS_{ij}\dot{\varepsilon}_{ij} - (p+q)\dot{V} \tag{6}$$

$$S_{ij} = \sigma_{ij} - (p+q)\delta_{ij} \tag{7}$$

$$p = -\frac{1}{3}\sigma_{kk} - q \tag{8}$$

式中，V 为现时构形体积；$\dot{\varepsilon}_{ij}$ 为应变率张量；S_{ij} 为偏应力；p 为压力；q 为体积黏性阻力；δ_{ij} 为 Kronecker 记号。

（4）边界条件：

1）面边界条件：

$$\sigma_{ij}n_j = t_i(t) \quad （在 S^1 面边界上） \tag{9}$$

式中，$n_j(j=1,2,3)$ 为现时构形边界 S^1 的外法线方向余弦；t_i 为面力载荷。

2）位移边界条件：

$$x_i(X_j,t) = K_i(t) \quad （在 S^2 位移边界上） \tag{10}$$

式中，$K_i(t)(i=1,2,3)$ 是给定位移函数。

3）滑动接触间断外的跳跃条件：

$$(\sigma_{ij}^{+} - \sigma_{ij}^{-})n_j = 0 \tag{11}$$

当 $x^+ = x^-$ 接触时，沿接触边界 S^0 。

（5）迦辽金法弱形式平衡方程：

$$\int_V (\rho \ddot{x}_i - \sigma_{ij,j} - \rho f_i)\delta x_i \mathrm{d}V + \int_{S^0} (\sigma_{ij}^{+} - \sigma_{ij}^{-})n_j \delta x_i \mathrm{d}S + \int_{S^1} (\sigma_{ij} n_j - t_i)\delta x_i \mathrm{d}S = 0 \tag{12}$$

式中，δx_i 在 S^2 边界上满足位移边界条件，在当时的几何形状上积分，应用散度定理：

$$\int_V (\sigma_{ij}\delta x_i)_{,j} \mathrm{d}V = \int_{S^0} (\sigma_{ij}^{+} - \sigma_{ij}^{-})n_j \delta x_i \mathrm{d}S + \int_{S^1} \sigma_{ij} n_j \delta x_i \mathrm{d}S \tag{13}$$

并注意到分部积分：

$$(\sigma_{ij}\delta x_i)_{,j} - \sigma_{ij,j}\delta x_i = \sigma_{ij}\delta x_{i,j}$$

推导出虚功原理的变分形式：

$$\delta\pi = \int_V \rho \ddot{x}_i \delta x_i \mathrm{d}V + \int_V \sigma_{ij}\delta x_{i,j} \mathrm{d}V - \int_V \rho f_i \delta x_i \mathrm{d}V - \int_{S^1} t_i \delta x_i \mathrm{d}S = 0 \tag{14}$$

1.2 Euler 算法与 ALE 算法

欧拉算法（Euler）与拉格朗日（Lagrange）算法有明显的不同。对于 Lagrange 描述，单元网格附着在材料上，随着材料的流动而产生单元网格的变形，对于大变形情况，特别是处理流体流动的时候，将造成有限元网格严重畸变，引起数值计算的困难。对于 Euler 描述，空间网格固定在空间中不动，材料在固定的空间网格中流动，所以在单元边界上会有质量的输入和输出，随之也会有动量和能量的输入和输出。欧拉算法理论上适用于处理大变形问题，除非对材料表面和界面位置作出特殊规定，这些表面和界面将迅速在整个计算网格中扩散。欧拉算法可以直接通过在离散化格式中进行，或通过两步骤完成。两步骤操作的第一步主要是拉格朗日计算，第二步输运阶段，拉格朗日单元的状态变量被映射或输送到固定的空间网格中。这样网格总是不动和不变形的，相当于材料在网格中流动，从而可以很好地处理流体大变形问题。

假设在一个网格中含有 N 种不同的介质，则各体积分数满足 $\sum_{i=1}^{n} \gamma^{(i)} = 1$，网格平均物理量定义为各组分介质物理量的体积加权：

$$\rho = \sum_{i=1}^{N} \gamma^{(i)} \rho^{(i)} \tag{15}$$

$$\rho u = \sum_{i=1}^{N} \gamma^{(i)} \rho^{(i)} u^{(i)} \tag{16}$$

$$\rho E = \sum_{i=1}^{N} \left(\gamma^{(i)} \rho^{(i)} e^{(i)} + \frac{1}{2}\gamma^{(i)} \rho^{(i)} u^2\right) \tag{17}$$

式中　$\gamma^{(i)}$——第 i 种介质的体积分数；

N——介质的种类；

ρ, u——分别表示介质密度、速度。

欧拉算法具有处理大变形的优势，但是当描述一个场变量 ϕ 时，要得到该变量的物质变化率，必须考虑对流的影响。而且由于物质本构关系复杂，固定的欧拉网格无法跟踪物体的形状变化。ALE 算法结合欧拉算法（Euler）与拉格朗日（Lagrange）算法，引入一个可以独立于初始构形和现时构形运动的参考构形，记为 Ω_ε 。为了确定参考构形中各参考点的位置，引入参考坐标 $O\xi_1\xi_2\xi_3$ ，参考构形中各点的位置由其 ξ 在空间中的运动规律确定。

ALE 描述方法中的网格部分是对参考构形进行的，网格点就是参考点，网格是独立于物体和空间运动的，可以根据需要自由选择。t 时刻某质点 X 在空间中运动速度 v 表示为：

$$v = \left.\frac{\partial x(X,t)}{\partial t}\right|_x \tag{18}$$

参考构形中某点 ξ 在空间中的运动速度 $\hat{v}$ 表示为：

$$\hat{v} = \left.\frac{\partial x(\xi,t)}{\partial t}\right|_\xi \tag{19}$$

物质点 X 在参考坐标系中的速度表示为：

$$w = \left.\frac{\partial \xi(X,t)}{\partial t}\right|_x \tag{20}$$

ALE 描述是欧拉（Euler）描述与拉格朗日（Lagrange）描述的综合，指定特殊的网格运动规律可以将 ALE 描述退化为欧拉描述和拉格朗日描述：

$\hat{v} = 0$ ，即计算网格在空间中固定，退化为欧拉描述；

$\hat{v} = v$ ，即计算网格跟随物体一起运动，退化为拉格朗日描述；

$\hat{v} \neq v \neq 0$ ，即计算网格在空间中独立运动，此为具有一般性的 ALE 描述[6]。

2　有限元分析法的应用

将有限元分析法应用于实践中，本文开展了如下研究。以规格 10mm/140mm × 4500mm × 4500mm 的钛/钢复合板为例，钛板与钢板所用材质分别为 TA2 和 Q345R。当基、复板和炸药物理参数确定后，根据经验公式进行爆炸复合工艺参数选择。

同时，根据爆炸焊接工艺参数建立实体模型与网格模型后，再对此参数条件下复板的运动状态进行了有限元分析。炸药从中心引爆后，快速地以引爆点为圆心，向四周传播，大约经过 1700μs 后，炸药爆炸结束。之后通过有限元后处理软件可以连续动态地、重复地显示爆炸焊接过程，有助于研究其整体与局部的应力、位移、结合等变化过程。

图 2 所示是间隔高度为 12mm 时，复板经 1700μs 后，在竖直方向上的运动位移模拟结果。从图 2 中可以看出，复板上的各点在爆炸复合结束后，其运动位移达到 12mm，复合板中完全贴合，不存在任何不结合区。为了更清晰地观察复合板节点的位移随时间的变化情况，特选了板中三个节点 A(node 5022)、B(node 5693)，C(node 6002)，同时输出 3 个节点在竖直方向的运动位移-时间历程图，见图 3。由图 3 可见各节点移动规律，各节点在完全贴合之前都经历了上下震荡的过程，且离起爆点距离越远，振动次数越多，振荡也越剧烈，最终全部节点的位移均达到了 12mm，这表明各节点已经完全贴合。

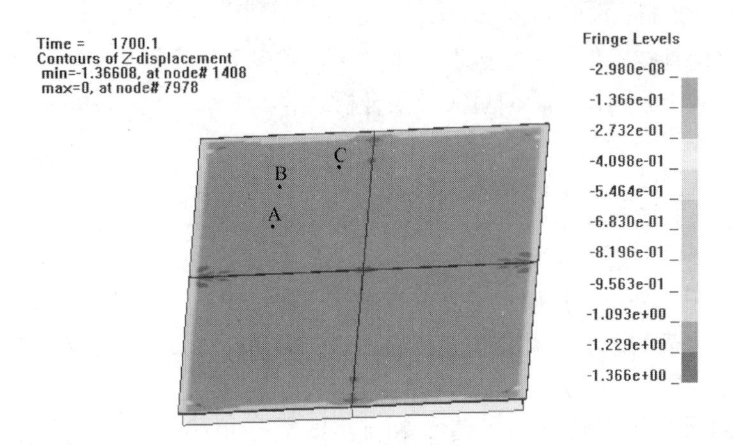

图2 竖直方向位移云图（cm）

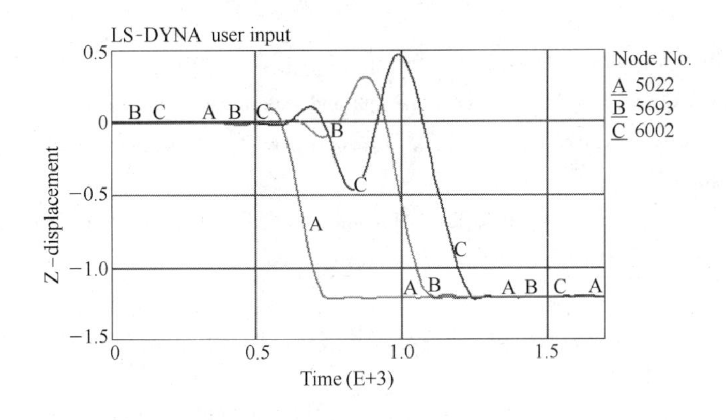

图3 特征点的位移-时间历程图（cm-μs）

为了进一步分析复合板结合情况，在爆炸复合后板面中任意一点做剖面，选择一节点区域附近，看结合情况。从图4中可以看出，爆炸复合后，基复板紧密贴合在一起，没出现不结合现象。因此，大板面爆炸复合时采用此工艺参数，模拟结果良好。

将有限元分析结果与实践经验相结合，现已研制出钛/钢复合板成品，其规格为

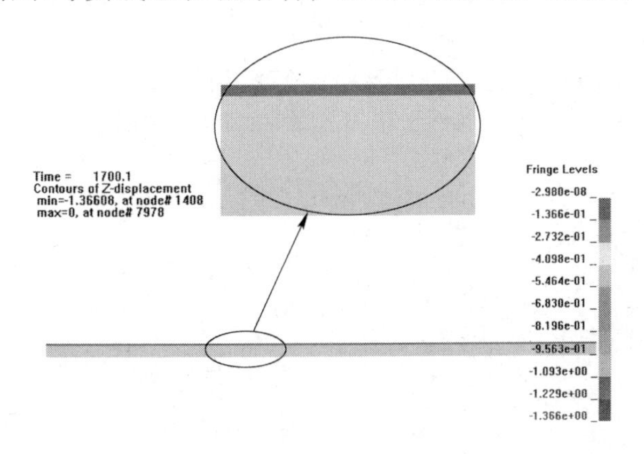

图4 剖面竖直方向位移（cm）

10mm/140mm × 4500mm × 4500mm。

因此，通过仿真技术使工艺得到进一步优化，实现了低成本、高成品率。有限元分析方法的使用将有利于公司研发板面更大的复合板。

3　结束语

有限元分析法有效解决了爆炸焊接窗口小、复合工艺难、高成本、高风险等问题。本文经过研究，得出以下结论：

（1）通过有限元分析方法模拟了复合板爆炸焊接过程。

（2）研究结果表明，有限元分析方法有助于研究爆炸焊接过程整体与局部的位移、应力、结合等变化过程。

（3）将有限元分析法优化的工艺参数与实践经验相结合，现已制备出复层厚度为10mm，单张面积为 $20m^2$ 的复合板。

参 考 文 献

[1] 郑远谋．爆炸焊接和金属复合材料及其工程应用[M]．长沙：中南大学出版社，2002.

[2] A. A. Akbari Mousavi, S. T. S. Al-Hassani. Numerical and experimental studies of the mechanism of the wavy interface formations in explosive/impact welding[J]. Journal of the Mechanics and physics of Solids, 2005, 53: 2501 ~ 2528.

[3] A. A. Akbari Mousavi, S. J. Burley, S. T. S. Al-Hassani. Simulation of Explosive Welding Using the Williamsburg Equation of State to Model Low Detonation Velocity Explosives. International Journal of Impact Engineering. 2005, (3): 719 ~ 734.

[4] 薛治国，李付国，吕利强．大面积钛钢复合板爆炸焊接过程的数值模拟[J]．焊接技术，2007，(6)：12 ~ 16.

[5] 赵惠，李平仓，薛治国，黄张洪，王虎年．爆炸焊接过程中复板运动位移的数值模拟[J]．热加工工艺，2010，39(3)：1 ~ 4.

[6] 王飞，顾月兵，陆飞．爆炸焊接生成波状界面的数值模拟[J]．解放军理工大学学报（自然科学版），2004，5(2)：63 ~ 67.

[7] ANSYS/LS-DYNA 中国技术支持中心．ANSYS/LS-DYNA 算法基础和使用方法[M]．北京理工大学，1999：18 ~ 30.

[8] 时党勇，李裕春，张胜民．基于 ANSYS/LS-DYNA8. 1 进行显式动力分析[J]．北京：清华大学出版社，2005：264 ~ 282.

[9] 范亚夫，段祝平．Johnson-Cook 材料模型参数的实验测定[J]．力学与实践，2003，25：40 ~ 43.

[10] 白金泽．LS-DYNA3D 理论基础与实例分析[M]．北京：科学出版社，2005.

E-mail：xzg613@ yahoo. cn

浅谈水下爆炸焊接的发展及试验研究

陈晓强 张可玉

(海军潜艇学院防险救生系，山东青岛，266071)

摘 要：本文叙述了水下爆炸焊接的优点，介绍了国外几个工业发达国家在水下爆炸焊接方面取得的成绩。结合具体的水下爆炸焊接试验，指出了水下板与板之间的爆炸焊接时，如果不采取任何排水措施，有间隙的爆炸焊接很难实现，无间隙的爆炸焊接有成功的可能性；如果使用排水措施，水下爆炸焊接的参数设置基本与陆上相同，而且能够成功地焊接两块板材。在水下管与管之间的爆炸焊接时，不加排水措施可以实现连接，但如果想提高焊接质量，最好使用排水措施，并使用适当的工艺参数。

关键词：水下爆炸焊接；发展；试验；工艺参数

Study about Development and Experiment of Underwater Explosive Welding

Chen Xiaoqiang Zhang Keyu

(Department of Rescue and Salvage, Naval Submarine Academy of PLA, Shandong Qingdao, 266071)

Abstract: The advantages of underwater explosive welding are narrated and the achievements gained by the developed countries are introduced. Based on the experiment of underwater explosive welding, the conclusions are obtained that if drain measures are not taken, the welding with the interval setting between two plates will be very difficult to be achieved and the welding without the interval setting between two plates possibly can be done; if drain measures are taken, the parameters of underwater explosive welding are same to them on land and the two plates can be successfully welded together. When welding two pipes under water, it can be achieved without drain measures. In order to improve the welding quality, it is suggested to take drain measures and choose the proper technological parameters.

Keywords: underwater explosive welding; development; experimentation; technological parameter

1 引言

爆炸焊接是通过炸药爆炸所产生的化学能，使同种金属或异种金属表面在一定的倾斜角度下高速碰撞，产生高温、高压，致使金属结合界面上产生强烈塑性变形及局部熔化，达到原子间结合的一种新的焊接技术[1,2]。水下爆炸焊接是爆炸焊接技术中的一个新的发展方向和应用领域，是水下焊接方法的重要补充。与以往的水下连接修补管线的手工电弧焊方法相比，水下爆炸焊接具有焊接速度快，不需要预热、后热等热处理过程，焊缝质量高，对水下操作人员的技术要求较低，焊接成本低的优点。随着大陆架资源开发和海洋工程建设的日益增多，海底石油、天然气管线的连接技术和修补作业技术也越来越受到关注。目前，海底管线的连接一般是采用普通的焊接方法在水面完成后，再放置到海底，这在深海作业中比较困难；而破损的管线通常使用手工电弧焊进行修补，焊接质量差，作业难度大。如果能把爆炸焊接方法引到水下进行管线连接，将会获得巨大的经济利益。

2　国外水下爆炸焊接的研究

水下爆炸焊接最初是在1948年进行水下爆炸时偶然发现两块金属元件结合在一起而被发现的。在1961年苏联西伯利亚流体力学研究所研究爆炸硬化时，获得了不希望的结果—"爆炸焊接"[1]。

从水下爆炸焊接的文献资料中还没有发现国内的研究单位或机构从事这项工作。在国外，几个发达国家在某些项目中已经开始着手研究水下爆炸焊接及部分应用，获得了可喜的成果。英国是搞水下爆炸焊较早的国家，由于需要对北海油田和气田进行开发，需要铺设很多管线，所以英国政府给予国际科研及开发公司（International Recsarch & Development Co.）津贴用于水下爆炸压焊的研究，主要试验都集中在管道连接和修补方面，尤其是在深海下的管线[3]。研究中，IRD公司试验的两种管线爆炸焊接的方法比较成功，焊接接头疲劳试验强度与熔焊相比基本相同。在20世纪70年代后期，英国水下管道工程公司（British Underwater Pipeline Engineering Company，BUPE）根据与挪威国家石油公司（Statoil of Norway）的合同，研制成功了一个完整的管道修补系统，其中采用了爆炸焊接技术[4]。另外，文献[1]还提到了英国在北海122m的深处进行了水下爆炸焊接的实验，取得成功，并在以后的几年中应用水下爆炸焊接对水下石油管道和气管进行了修理。

日本也很早就进行了水下导管的爆炸焊接和水下爆炸复合板的工作（主要是大阪工业大学），并在大阪市港湾局的协助下进行了海水的实验[4,5]，主要包括水下爆炸焊接的防音试验和水下爆炸焊接条件研究及具体的水下板材间爆炸焊接试验。根据试验和理论分析，得出要使水下爆炸焊接有可能，必须采取两点措施：一是使两板材之间缝隙的水容易挤出，使水的阻力减小；二是增多炸药量，使两板材之间面间压力增大，抵消水的阻力。具体试验中，在水深1m以内获得了比较满意的爆炸复合板材，但在水深20m处所做的试验中，还没取得很好的试验效果。

美国由于墨西哥湾等海洋资源的开发，对水下爆炸焊接也很早就开展了研究。文献[6]中就提到了采用水下局部排水爆炸焊接的方法将板眼（pad eye）焊接到船体上以固定缆绳用。另外在文献[7,8]中提到了采用爆炸焊接的方法进行管道的连接和修补试验，其中，文献[7]采用了局部排水的方法，而文献[8]中则直接对管道进行了爆炸焊接，取得了较好的效果。

3　水下爆炸焊接的相关试验研究

爆炸焊接的工艺参数很多，主要包括了材料参数、炸药和爆炸参数、安装参数、动态参数、能量参数、基础参数、气象参数和界面参数等[1]。与陆上爆炸焊接相比，水下爆炸焊接的参数主要区别在于炸药参数、安装参数及界面参数等。如对于水下爆炸焊接的炸药来说，必须选择防水炸药，爆速和能量还要能达到焊接要求，炸药的形状设置有时也要根据情况变化。安装时如果是直接在水中爆炸焊接，间隙不能太大，甚至没有；如果采用局部排水的方法进行水下爆炸焊接，间隙参数的设置就基本与陆上相似。界面要保持清洁，如果夹有太多的杂物，在水下爆炸焊接时就很难排除。

3.1 水下板与板之间的爆炸焊接试验

爆炸焊材料中基板选择了船用钢板 Q345（相当于 16Mn），覆板选择了纯铝板 1060。炸药选择时，即要考虑炸药的爆速，又要考虑防水的问题，所以试验时选择青岛的 845 厂生产的新式乳化炸药（爆速为 3000 ~ 4000m/s）临时用于水下试验。

具体试验时，分别采取了水下局部排水的爆炸焊接（如图 1 所示）、无间隙水下直接爆炸焊接（如图 2 所示）和有间隙的水下直接爆炸焊接（如图 3 所示）。

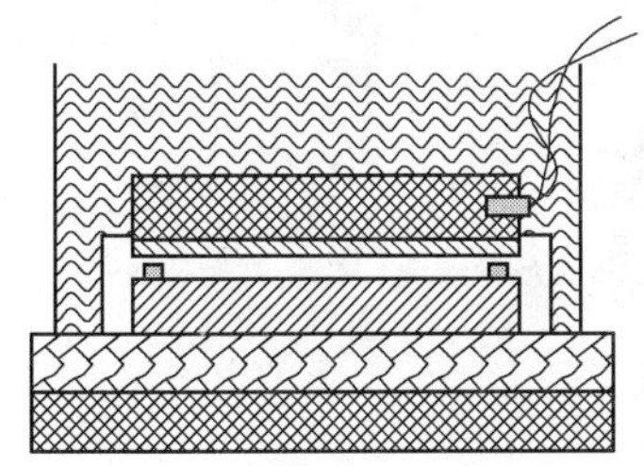

图 1　局部排水的爆炸焊接（有间隙）试验示意图及爆炸焊接后的试件效果

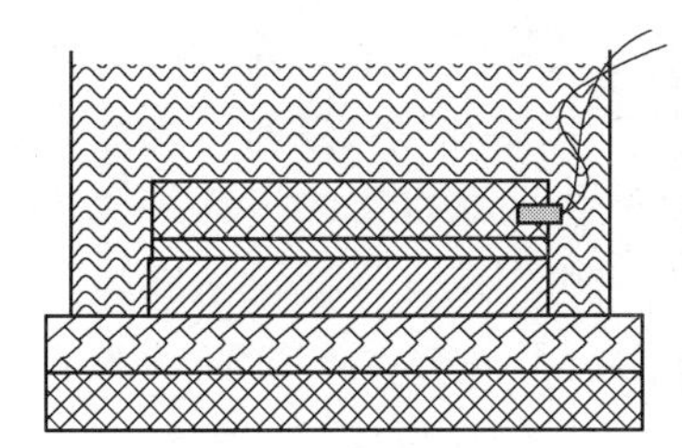

图 2　水下直接爆炸焊接（无间隙）的试验示意图及爆炸焊接后的试件效果

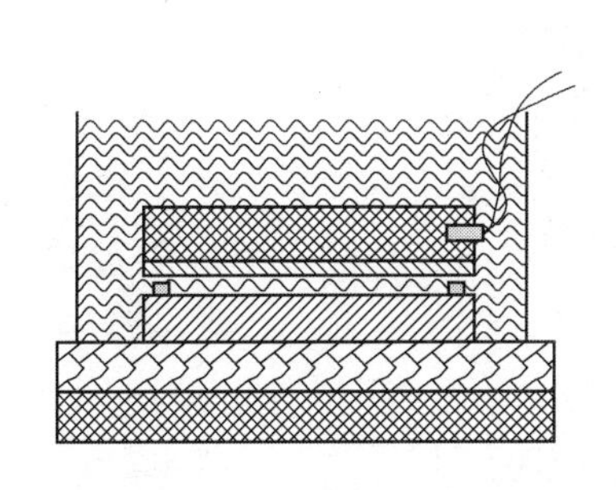
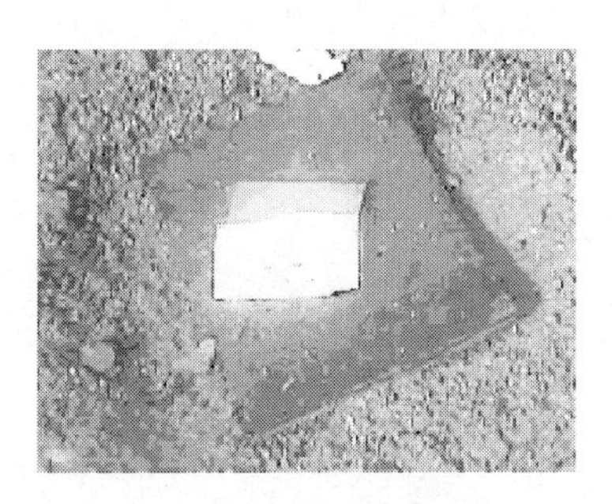

图 3　水下直接爆炸焊接（有间隙）安装示意图及爆炸焊接后的试件效果

在局部排水水下爆炸焊接时，覆板牢固地焊接在基板上，且覆板在爆炸焊接后表面波消失，比在陆上焊接后表面质量要高。产生这种结果和现象的主要原因：一是药量基本符合要求，加上采用了局部排水的措施，爆炸焊的条件基本与陆上的一致，确保了爆炸焊接的顺利进行；二是由于炸药与覆板之间有水存在，致使炸药爆炸后的热量基本被水所吸收，只将形成的动能传递给覆板，所以覆板的表面基本没有损伤及表面波存在。

水下直接爆炸焊接无间隙支撑试验中，当炸药爆炸后，覆板材料牢固地结合在基板上，从外表看基板基本上没有变形，而覆板存在一定的变形，表面有程度不同的轻微凹凸，且向周围有少量延伸，部分边缘有的向下有弯曲，有的被切向力撕裂，有的直接被切割下来。把试件撕裂后（如图4），可以看到试件钢板表面有水的锈迹，也有焊接好的界面，并且界面处明显有铝层在钢板表面上。

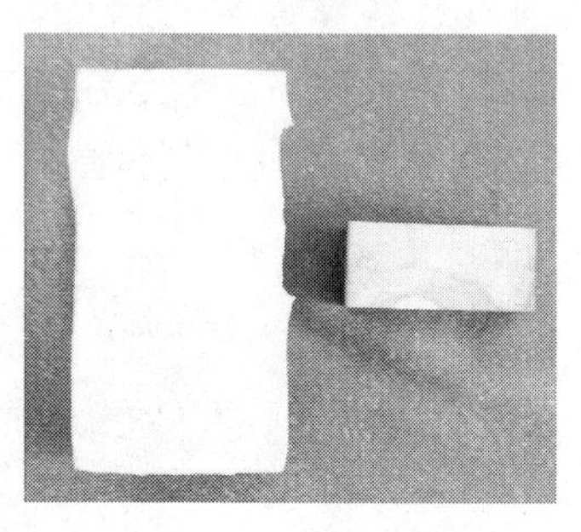

图4　爆炸焊接试样撕裂后的界面图

由此可知，由于覆板直接被放置在基板上，尽管板材表面都被打磨过，但从微观角度来说还是有一定的凹曲度的，所以两板之间的接触为点与点的接触，而不是面与面的接触，这就决定了板材之间必定有一定的间隙，也即在爆炸试验中，当试验所需的炸药药量达到要求后，同样存在着能量的传递、吸收、转换和分配过程。另一方面，正是由于覆板与基板之间的间隙很小，在间隙之间的水就会很少，这样在爆炸焊接的过程中，这些少量的水在覆板向基板撞击时，在能量的传递、吸收和转换时被汽化，并被排出间隙，其中可能存在部分气态水残存于间隙中，形成小鼓包或其他缺陷。最后在结合面上产生塑性变形，部分熔化现象和原子扩散现象，达到焊接成功的目的。对试验试件切割打磨后，在高倍电子显微镜下观察，如图5所示，可以清楚地看到铝和钢的界面结合效果良好，界面结合线呈波纹状，但波幅较小。

(a)

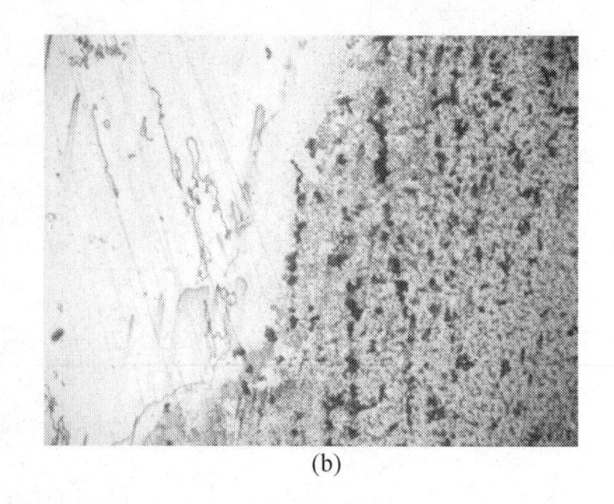
(b)

图5　水下直接爆炸焊接界面放大效果图（白色区域为铝，灰黑区域为钢）

（a）×100；（b）×200

水下直接爆炸焊接有间隙支撑试验中，覆板与基板没有焊接成功，基板的结合面有一定的下沉，宽度和长度略有增加。覆板材料在药量较少时只是有一定的塑性变形，宽度和长度都有明显的增加，且边缘有弯曲，而随着药量的增加，覆板的表面就有破碎和撕裂的遗迹，且变形严重，有一定的鼓包现象。产生这种结果的主要原因是由于水的影响，加上在间隙的大小和药量的设定方面没有达到最佳的效果，致使在炸药爆炸的瞬间，间隙中的水没有及时的排出，进而影响了炸药能量顺利地向基板传递。另外没有排出的水在吸收部分能量后，产生了一定的汽化，导致覆板的撕裂破碎和鼓包现象。

通过以上板与板的爆炸焊接试验，可以得出以下结论：

（1）水中局部排水爆炸焊接时，只要排水措施得当，爆炸焊接可以实现，而且在一定程度上要好于陆上爆炸焊接的效果。

（2）水下直接爆炸焊接，在基板和覆板之间有间隙时，爆炸焊接不能顺利完成；如果采用无间隙设置，爆炸焊接有实现的可能。

3.2 水下管与管之间的爆炸焊接试验

水下管与管的爆炸焊接试验中管材选择了 20g，且套管的接触区域要进行简单的处理打磨。炸药选择了容易整形的导爆索。

试验前，先将试验管材按照图 6 的结构形式对钢管管壁进行加工处理并套在一起。随后将导爆索按照管线的内径制作成相应环状，和雷管连接好，并用防水胶布密封，放置在管线内待连接部位。最后将整个管线试件直接放于盛有水的塑料袋中，实施引爆。焊接后的管材如图 7 所示。

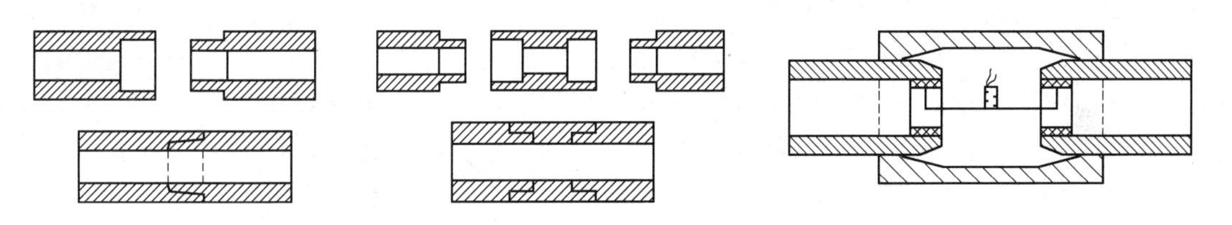

图 6　两管直接连接示意图和管线外加套管连接示意图

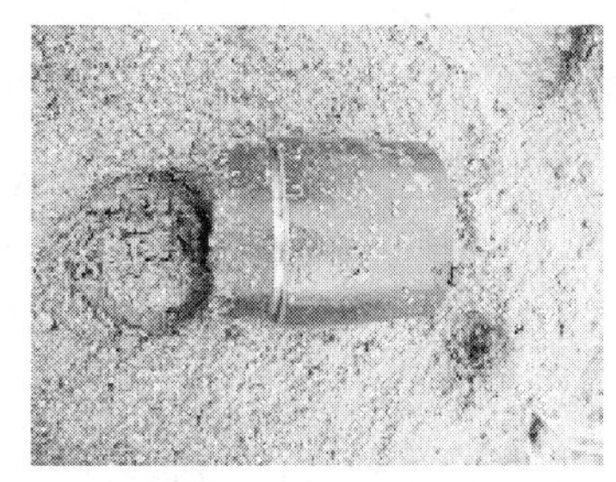

图 7　爆炸后试验管材效果图

爆炸后，管线之间都牢固地连接在一起，整个管线基本完好。在常压下进行水密实验，在 30min 内没有渗水现象。将部分管线沿横截面方向切割（如图 8），可以看到连接横截面连接紧密。

图 8　爆炸后试验管材的剖面图

进行水下爆炸焊接管线试验时，工艺参数选择及设计需要注意的是：

（1）管线厚度及连接设计：直接连接的管线中，外置管与内置管的连接间隙可设计成平行或倾斜的，间隙值不能太大，否则中间的水会影响结合效果。外置管连接部位厚度要足够，以确保管壁强度。如果厚度不够，则可使用外加套管的方式进行。使用套管时，工艺上应注意要便于安装。

（2）炸药的选择：与爆炸复合板相比，管线的爆炸焊接可选用高爆速的炸药，如导爆索及易加工成型的乳化炸药和塑性炸药都可选用，但要注意形状的设计及药量的大小。

（3）炸药的引爆方式：引爆时可以采用内爆法、外爆法和内外爆法，但从工艺角度看，外爆时管内必须有填充或支撑物，这对管线连接来说不是很实用，但如果用于管线的堵漏则能达到很好的效果；内外爆法时炸药要准确对正，这在工艺上也有一定的难度；而使用内爆法，则可以很好地避免这些问题。

（4）炸药的放置及爆炸顺序：炸药放置时应与管线连接部位对正，避免偏斜，否则会影响管线连接质量及管线本身的结构。爆炸焊接时，如果是两管线直接套接，一次施爆便可以解决。若是加套管两端连接，则需要注意引爆顺序，距离较近且相互有影响的，施爆时应分两次进行，如果相互影响不大或两次引爆工艺上难度较大，则可以一次性引爆。

（5）连接管线内部设置：水下爆炸焊接时水对管线的连接质量有很大的影响。如果不加任何保护和排水措施，由于管线间隙水的存在，爆炸后连接强度和致密性虽有一定的保证，但与一些要求较高的工程作业还有一定的差距。所以在工艺条件允许的情况下，可在连接管线的内部加用气袋以形成局部排水，减小水对连接部位的影响。另外，从水下爆炸的作用原理可知，管线内部以空气的形式设置，还可以减小爆炸时对管壁结构的破坏，保证管线质量。

4　结束语

水下爆炸焊接是一种新型的水下焊接方法，许多国家都比较关注该方法的研究和应用，在深海中管道的连接和修补方面，几个工业发达国家已经取得了突破[1,3,4]，并将该技术应用到实际工程中。尽管许多文献[1,3]和相关试验证实，在浅水中水下板与板之间的直接爆炸焊接有实现的可能，但相对管道焊接而言，要难实现得多，还需要大量的工作和试验加以验证。如果借助局部排水设备[6,7]，改进水下爆炸焊接工艺（如改变装药形状、在覆板或基板上加开凹槽等[9,10]），水下板与板之间的爆炸焊接便会容易实现，这也是以后水下爆炸焊接发展的一个方向。

参 考 文 献

[1] 郑远谋．爆炸焊接和金属复合材料及其工程应用[M]. 长沙：中南大学出版社，2002.
[2] 邵丙璜，张凯．爆炸焊接原理及其工程应用[M]. 大连：大连工学院出版社，1987.
[3] 梅福欣，俞尚知．水下焊接与切割译文集[M]. 北京：机械工业出版社，1982.
[4] 约翰 H·尼克松．水下焊接修补技术[M]. 房晓明，周灿丰，焦向东译．北京：石油工业出版社，2005.
[5] 英国焊接协会．近海设施的水下焊接[M]. 郭照人译．北京：中国建筑工业出版社，1984.
[6] Terry E. Hill. Apparatus for attaching an underwater explosive pad eye：US，4552298[P]. 1985-11-12.
[7] Underwater Explosive welding：US，4288022[P]. 1981-9-8.
[8] Method of underwater jointing and repair of pipelines：US，4815649[P]. 1989-3-28.
[9] 陈晓强，张可玉，詹发民，等，线性爆炸焊焊接结合界面的显微分析[J]. 焊接学报，2008，(9)．
[10] 陈晓强，张可玉，周方毅，等，爆炸焊接修补工艺试验研究[J]. 焊接技术，2007，(12)．

E-mail：cxq18@ tom. com

爆炸焊接复合板在石化装备应用中的关键技术研究

周景蓉[1]　邹　华[2]　邓家爱[1]　陈寿军[1]　张海峰[2]　王世宽[2]

（1. 南京三邦金属复合材料有限公司，江苏南京，211155；
2. 南京德邦金属装备工程有限公司，江苏南京，211153）

摘　要：随着爆炸焊接复合板近年来在石化装备等行业中的大量运用，其复合技术及其后续制造工艺进步的重要性愈来愈显现出来。本文根据爆炸焊接复合板在石化装备等工程领域中的应用特点，结合爆炸焊接复合板的可焊性窗口及特点，阐述了不同材质的爆炸焊接金属复合板在生产制造中的热处理参数及使用中焊接、无损检测等关键技术。

关键词：爆炸焊接；金属复合板；热处理；焊接；无损检测

Research of Key Technologies for Application Explosion Welding Clad Plate in Petrochemical Equipments

Zhou Jingrong[1]　Zou Hua[2]　Deng Jiaai[1]　Chen Shoujun[1]
Zhang Haifeng[2]　Wang Shikuan[2]

(1. Nanjing Sanbom Metal Clad Material Co., Ltd., Jiangsu Nanjing, 211155;
2. Nanjing Duble Metal Equipment Engineering Co., Ltd., Jiangsu Nanjing, 211153)

Abstract: With the recent explosion welding clad plate extensively using in the petrochemical equipment industry and other industries, the improvement of clad technology and its follow-up manufacturing process technology become more and more important. This paper describes the application characteristics of using explosion welding clad plate for the equipments in the petrochemical industry and other industries; combined with the weldability window and the characteristics of explosion welding clad plate; it describes the heat treatment parameters, the welding, nondestructive testing and other key technologies for different material explosion welding metal clad plate during manufacture.

Keywords: explosion welding; metal clad plate; heat treatment; welding; non-destructive test

1　引言

我国对爆炸焊接金属复合板的研制起始于20世纪60年代初。随着近年来我国石油和化工等工业的发展，为了节约资源和适应高温、高压、易燃、易爆、有毒等恶劣工况，越来越多的石化设备采用不锈钢及有色金属材料。在国内外多学科研究人员的多年努力下，爆炸焊接复合板的制造和使用日趋成熟，产品结构与技术指标更加合理，爆炸复合技术在理论上取得一些进展，在制造实践中也取得长足的进步。目前我国压力容器制造业使用的金属复合板95%由国内专业复合板加工厂家采用爆炸焊接复合方法生产。现在我国各类爆炸复合板的年产能产量已具有一定的规模。最新的行业标准《压力容器用爆炸焊接复合板》(NB/T47002.(1-4)—2009)，包括不锈钢-钢、镍-钢、钛-钢、铜-钢。

目前总体上我国大板幅的双层或多层金属复合板的复合与国外先进技术相比存在差距，但国内在爆炸焊接复合的界面结合率、脆性材料的复合、复合后的热处理、焊接等工艺技术方面已经与国外水平相当，有的甚至超过国外水平。

2 爆炸焊接的基础

2.1 爆炸焊接窗口简介

爆炸焊接时，参数选择必须满足以下几个条件：

(1) 焊接时必须有再入射流产生，从而使焊接界面有自清理的功能；

(2) 能使结合界面呈现细小的正弦波或焊接强度足够的平直焊接界面；

(3) 要防止焊接界面出现过熔现象。

以上几个参数的计算通常依据爆炸焊接窗口理论获得。爆炸焊接窗口由四条曲线包围而成，如图1所示。

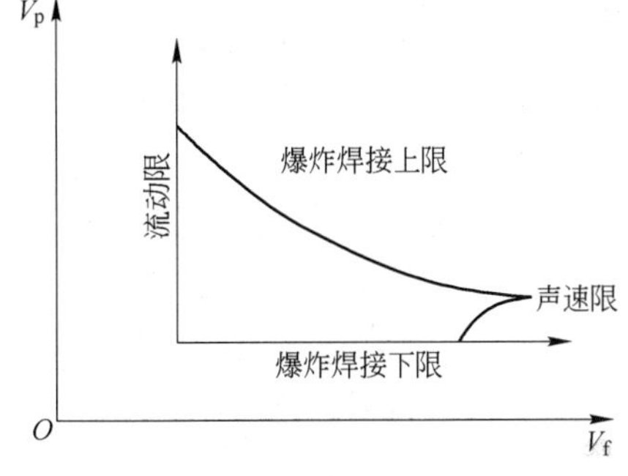

图1 爆炸焊接窗口示意图

(1) 爆炸焊接上限 (Welding Superior Limit)：是对爆炸最大能量的限制。当爆炸能量过大时，焊接界面沉积的热量过高，卸载后界面仍处于热软化状态，反射的卸载拉伸波将会拉开爆炸焊接界面，造成焊接失效。这一限制也是对爆炸焊接最大碰撞速度的限制。

(2) 爆炸焊接下限 (Welding Inferior Limit)：基复板间的碰撞速度必须大于一个最小速度值以形成焊接金属射流。

(3) 流动限 (Liquid Speed Limit)：碰撞射流形成的理论驻点压力必须要远大于材料强度，使材料表面达到流动状态，顺利形成金属射流。这一限制规定了平行焊接时的来流速度所须达到的最小值，一般认为理论驻点压力应大于材料静止屈服强度的10倍，材料才会呈现出流动状态。

(4) 声速限 (Sonic Speed Limit)：为保证形成焊接射流，焊接流动必须是亚声速，可以简单认为碰撞点移动速度小于体波声速。

2.2 爆炸焊接特点

爆炸焊接是压力焊、熔化焊、扩散焊三位一体的焊接技术。与其他复合方法的主要区别有以下几点：

(1) 高压。爆炸形成的高压是材料能够复合的能量来源。

(2) 高的应变速率。爆炸冲击波的高速度造成高的应变速率。

(3) 作用载荷的局部性与移动性。由爆炸复合的机理决定，是爆炸复合过程的主要特点。

（4）复合界面呈波状结构。由爆炸冲击波形成，是界面具有复合强度的必要条件。

（5）复合材料种类不限。不受材料熔点、塑性相差悬殊的限制，而且复合尺寸规格灵活性大。

3 金属复合板在石化装备等工程领域中的应用

复合板技术已成为当今世界材料科学革命的一个重要组成部分。由于采用金属复合板的经济效益，石化设备制造的选材中广泛应用各类复合板，为我国国民经济的发展作出了巨大贡献。如化工厂里的各种反应塔、沉淀槽、搅拌器；海水淡化工厂中的海水淡化装置；纸浆造纸工业中的染色缸、洗涤塔、高压釜；制盐工业中的蒸发器、加热室；核能工业中的加速器、脱盐装置、纯水装置、反应堆热交换器管板；小型舰艇、巡逻艇、化学品运输船；由普钢和高级合金钢的爆炸复合材料制成的各类刀具等。

爆炸复合材料不仅节省贵重金属材料，而且寿命长。尤其与轧制工艺相结合后材料复合质量更高。如用于航空工业的三层、四层、五层乃至十层金属或合金采用一次性爆炸金属复合材料，寿命可延长几倍。还有许多有色金属（如铜、钛、不锈钢等）制容器，采用爆炸复合与轧制相结合工艺制作的金属复合板、爆炸复合与冷拔轧制相结合工艺制作的复合管，不仅大量节省了有色金属，且其质量也是采用一般轧制复合的材料所无法比拟的。

综上所述，通过爆炸焊接技术可以使绝大多数金属材料相互复合在一起形成一种兼有两种或多种金属（合金）性能的复合板材或管材，从而大大地扩展了现有金属（合金）的性能及应用范围。随着技术的进步，金属复合板应用的广度与深度还将会不断开拓与加深，在机械、轻工、化工、造船等许多部门有着广泛的应用前景。

4 关键技术研究

4.1 爆炸复合的关键技术研究

为满足容器使用的强度、刚度要求和耐腐蚀性能，复合板基层常采用碳钢，复层常采用不锈钢或钛、铜合金、镍基合金。《压力容器用爆炸焊接复合板》（NB/T47002.（1-4）—2009）中包括不锈钢-钢、镍-钢、钛-钢、铜-钢。

经历过爆炸复合后的钢板，表面不平整，内部存在很大的加工应力，另外两种材料通常性能差异很大。因此采用复合板材料制作的设备具有通常设备所不具有的特点。

4.1.1 复合板特性

由于基层复层材料不同，在材料线膨胀系数、导热、熔点、比热和耐腐蚀性能方面的差异往往直接影响材料的加工。各种金属材料的线膨胀系数如表1所示。

表1 金属材料线膨胀系数

金属材料	铝	奥氏体不锈钢	铜	镍	碳素钢	钛	锆
线膨胀系数/$10^{-6}\cdot℃^{-1}$	23.6	16.28	16.24	11.9	11.12	8.2	5.3

4.1.2 金属复合板爆炸后的状态和热处理的必要性

通过对复合板取样和检测分析，复合区附近的基板与复板都有强烈的塑性变形，组织呈流线特征，基板一侧晶粒显著拉长，复板一侧由于变形，晶粒内部应力大，位错密度大。而且爆炸后材料的强度显著增加，塑性、韧性降低，不能满足设备制作中复合板材料加工成形以及复合板设备运行所需要的塑性和韧性要求。另外复合板在爆炸复合过程中存在较大的加工应力。这些都需要通过相应的热处理来改善或恢复材料的性能，使其达到使用的要求。

复合板的热处理主要有两方面的作用，一是消除爆炸焊接的残余应力，二是改善复合板经爆炸焊接后的力学性能（主要是塑性）和耐蚀性。

不同的复合板材料具有不同的特性，必须采取相应的热处理制度使材料的强度、塑性和耐腐蚀性等得到改善。

4.1.2.1 不锈钢复合板爆炸后的状态

在波形结合区界面上金属显现出不同程度的塑性变形：紧靠界面（波峰）位置的点状物质是因强烈变形而破碎的晶粒组织，往下为纤维状的晶粒变形区，再往下是晶粒歪扭区，在两波谷连线以下的地方是钢的原始晶粒区。可见在基层侧从界面向其内部金属的塑性变形是由强变弱。在整个结合区这种变形形态是连续波状的和周而复始的。而且复合板金属材料在爆炸焊接的过程中，结合界面附近金属原子在高的浓度梯度、高压、高温下金属的塑性变形和熔化等条件综合作用下产生扩散层，扩散层的厚度在5～20μm的范围内。

在爆炸焊接过程中没有σ相等脆性相的析出，主要是因为快速冷却的原因，脆性相的析出都是在随后的热处理过程中产生。

4.1.2.2 不锈钢复合板热处理后的状态

试验表明，固溶状态的奥氏体不锈钢在爆炸复合后仍保持良好的耐蚀性。奥氏体不锈钢爆炸复合后热处理的加热温度在450～850℃区间存在晶间相析出，导致材料塑性和耐腐蚀性严重降低；马氏体不锈钢复合板，加热到一定温度会产生脆化；铁素体不锈钢复合板，加热到一定温度会出现组织长大和粗化，导致材料脆化。

在复合界面有基层的脱碳和复层的渗碳现象。金相照片上可见热处理后双金属的界面及其附近出现一条较窄的白带和与其相连的较宽的黑带。这是因为在高温加热和保温过程中，由于基板与复板两侧的碳势很高，碳原子尺寸小，发生碳原子的扩散。且随着保温时间的延长，碳原子的扩散不断加剧。不锈钢复板渗碳后，合金元素的碳化物大量析出。由于铁素体中碳的溶解度小于奥氏体不锈钢中碳的溶解度，而且铁素体不锈钢复板的铁素体晶粒尺寸（约15～20μm）大于奥氏体不锈钢晶粒尺寸（约5μm），这样铁素体晶粒的晶界面积远小于奥氏体晶粒的晶界面积，致使在铁素体不锈钢复板渗碳层中形成约30μm宽区域的碳化物网，而奥氏体不锈钢复合板和双相钢复合板渗碳层中碳化物均未呈网状分布。另外，对应结合界面的显微硬度分布曲线上脱碳区的硬度较低而增碳区硬度较高。

利用电子探针测量，热处理后，在由脱碳层和增碳层组成的中间层中，Cr在中间层呈现下降趋势，Ni在不锈钢与中间层的交界面处下降，而当其进入中间层后突然上升，在升到一半位置时又突然下降；Fe在不锈钢与中间层的交界处上升，当进入中间层后下降，下降到近一半的地方又突然上升。

所有经热处理后的复板试样在靠近结合区一侧都存在一条约 30μm 宽的亚微米级的超细晶粒带。这是在爆炸过程中由于金属的高速碰撞，在极短的时间内产生的巨大能量使金属在很窄的区域内发生熔化，然后急剧冷却，形成极细的组织，甚至有非晶组织形成。在爆炸后热处理过程中，基板碳钢组织发生了恢复和再结晶，且再结晶完全，使拉长变形的晶粒变成等轴晶粒，并局部长大。而在复板一侧，由于不锈钢再结晶温度较高，晶粒没有长大，在爆炸中熔化的区域形成了亚微米级的超细晶粒带。这一超细晶粒带的存在，使得结合区的硬度、剪切强度和抗拉强度都很高。

爆炸后不锈钢层主要合金元素的含量基本不变，为满足耐蚀要求提供了必要条件。

一般来说，对于奥氏体不锈钢-钢复合板，恢复不锈钢层组织状态最简单的方法是进行正火（常化）处理，即在温度 900℃左右时将其置于空气中快速冷却。

4.2　爆炸焊接复合板在使用过程中的关键技术研究

复合板的主要用途是制作压力容器的壳体。目前我国压力容器制造业已有 95% 以上有色金属材料使用金属复合板。复合板由于基层复层材料的加工性能各异，在加工过程中相互影响，从而增加了加工难度。如卷制过程中复合钢板材料加工硬化倾向严重，加上两种材料变形情况不一致，且延展性差异较大，极易在结合面出现裂纹或分层。采用热加工，虽可降低材料加工硬化，但其工艺不当可能会降低复层材料的耐蚀性能。因此复合板对压力容器制作过程中的切割、卷制、焊接、热处理等制作工艺的适应性是复合板技术发展的关键，关系到复合板的研究方向。以下从几个方面说明金属复合板在加工制造中的关键技术。

4.2.1　金属复合板的切割方法

有剪切、等离子切割、水切割及机械加工等工艺，若采用等离子切割需留出热影响区机加工余量。复合板的切割须从复层往基层割，并在复层表面做好防护，避免复层接触切割时产生的氧化渣及飞溅造成污染。

4.2.2　金属复合板在后期加工中的控制

复合板筒体卷制时，卷板机上、下辊表面应清理干净，复层表面需采取保护措施，使其不受污染。另外卷制时不能反复碾压，防止复合板分层（特别是难熔金属复合板）。筒体在卷制和校圆过程中受力复杂，既有来自上下辊的压力，也有上下辊之间压力形成的向两侧的切向力。此时复层处于受压，基层处于受拉状态。于是在复合钢板基/复层界面形成切应力，严重时导致界面分层。另外由于复合材料的强度差，造成卷板时材料的中性层移位，下料时应详细计算，以得到正确的筒体周长或直径。

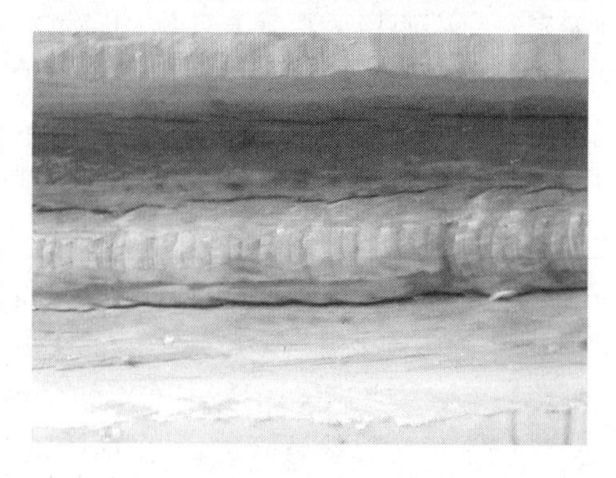
图 2　筒体校圆焊缝裂纹

对校圆来说，一般情况此时复层还未焊。校圆时筒节纵焊缝由于受力不均匀和应力集中，在上辊压过未焊满的焊缝中心时，很容易因前进和后退过程中冲击力较大而在接头出现裂纹（见图 2）。钛锆钽等复合钢板剔边处也即焊缝边缘处有波纹面存在，校圆过程中波谷部位应力集中，会产生沿波纹的裂纹。剔边的或带台阶的焊接接头（图3）很容易在校圆中产生裂纹，需要精心操作，严格控制压下量。

换热器复合管板的钻孔方向是从复层往基层，避免复合板分层。

拼焊金属复合板在封头旋压成形过程中，在焊接接头部位开裂（见图4）。

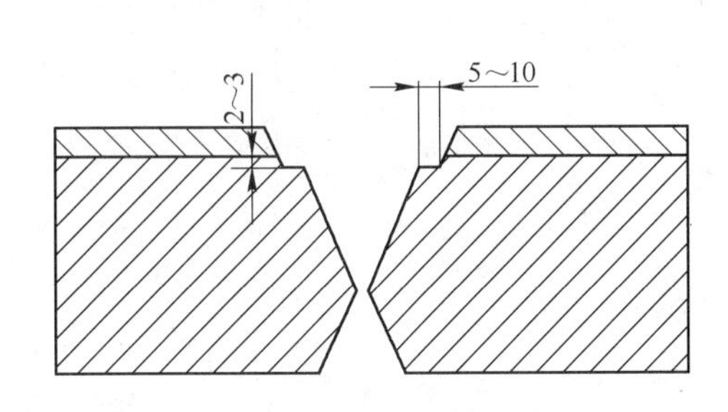

图3　带台阶的焊接结构

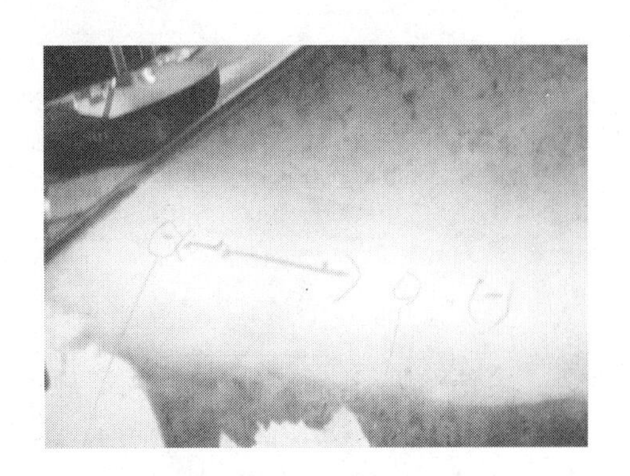

图4　冷旋压封头焊缝裂纹

旋压封头逐点挤压变形，复合钢板材料加工硬化，在焊缝部位产生裂纹。复合钢板封头热压，须顾及基、复材的性能，保证基层的力学性能和复层的耐蚀性。锆钢、钛钢复合板封头冲压成形还要保证材料剪切强度。镍及镍合金复合钢板封头成形防止S、P等杂质引起材料脆化和避免热加工晶间相析出以及后期出现焊接裂纹和应力腐蚀开裂。

封头冷旋压时材料容易加工硬化，焊缝可能产生裂纹。而温旋压时材料强度降低，旋压力较小，同时可减少材料加工硬化。热压封头应采用适当的加热方式，防止S、P等污染，还要选择适当的温度，避免材料性能降低。

活泼金属（Ti、Zr等）为复层，采用涂敷涂层或包覆的方式加热，防止C、H、O、N等侵入；压制过程中避免复层脱层，要保证压制温度，采取多次加热、分步压制成形的措施。

对于镍基合金及不锈钢复合板热压封头时应重视控制热处理制度，避免造成复层出现晶间腐蚀倾向而影响耐腐蚀性。

4.2.3　焊接控制

4.2.3.1　焊接接头的坡口加工

焊接接头的坡口应采用机械方法加工，焊前清理坡口，若坡口表面油污、铁锈等清理不良，杂质熔入焊缝，会导致焊缝出现低熔点共晶，产生裂纹；复合钢板的坡口边缘存在基复层分层或在坡口面形成开口，会导致焊接熔合不良、夹渣等。

加工焊接坡口时，若将复层残屑挂在坡口表面（见图5）、钛锆钽金属复合钢板揭除复层后波纹面有残钛（见图6）、复合钢板台阶接头复层刨铣不彻底（见图7），焊接基层时复层残屑熔入基层焊缝，使基层焊缝中的合金元素（Cr、Ni、Cu、Ti）增加（尤其在焊缝熔合线部位），

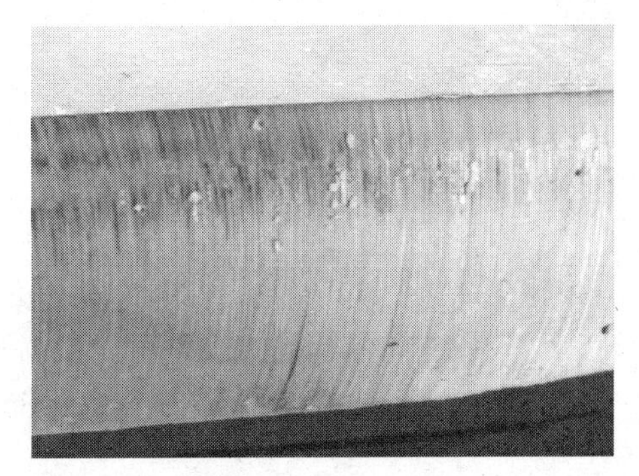

图5　坡口面有复层残屑

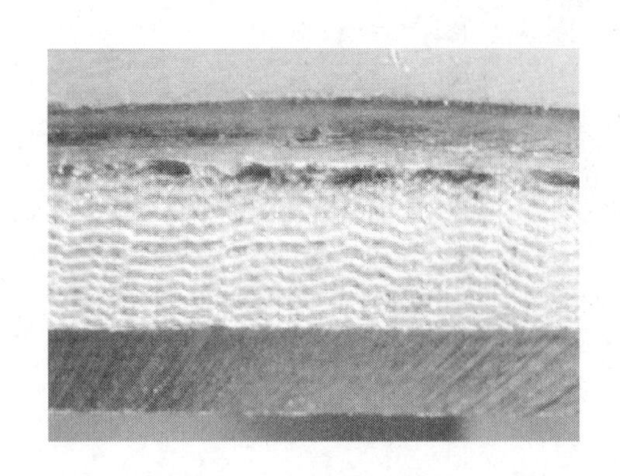
图 6　剥边波纹有残钛

图 7　复层加工残留

就会产生硬脆组织。故焊接坡口的清理至关重要。

4.2.3.2　过渡层焊接

复合钢板涉及异种材料之间的焊接（即过渡层的焊接）。过渡层焊接时基层对其有稀释作用，过渡层熔合线附近成分复杂，易形成马氏体类等硬脆带[10]，在随后的成形过程中可能产生裂纹。复合板焊接一般先焊基层再焊过渡层，最后焊接耐腐蚀面层。

4.2.3.3　焊接参数选择

采用大电流焊接，熔合比和稀释率大。基层金属熔入过渡层焊缝的同时，就有较多的S、P等进入，这些杂质与铁、镍、铜等结合会形成低熔点共晶，使焊缝出现热裂纹。不锈钢复合钢板过渡层熔合区带状马氏体组织的宽度就与熔合比有关，熔合比越大，宽度就越大，就越容易在加工变形中产生裂纹（见图 8 和图 9）。因此焊接中应避免采用高的焊接线能量。

图 8　堆焊侧弯开裂（大电流焊接）

图 9　堆焊侧弯完好（小电流焊接）

4.2.3.4　焊接环境

焊接过程中，车间空气中的粉尘会沉降或附着在焊接坡口上，焊接时熔入焊缝，使得焊缝中 Fe、C、H、O 等有害杂质元素增加，造成焊缝气孔或脆化。另外焊接前坡口油污未清理干净，气温较低时，金属材料表面积露的情况，都会产生气孔等焊接缺陷。不良的焊接环境会直接导致接头不合格，或是使得焊缝在后续加工或使用过程中开裂。

金属复合板基层可在一般的车间焊接，而复层应在专用洁净车间内焊接。进入洁净车间前，设备应清理表面的铁污染；洁净车间接触复层材料的场地应铺设橡胶或木板，起吊用绳索或吊钩避免用铁质材料，甚至卷板机辊子表面也应该用麻绳等缠绕，避免卷制过程中复层表面的铁离子污染。施工人员也应着装整洁，穿软底鞋，套洁净鞋套，保证车间环境的清洁。

复合板焊接前需将坡口两侧的复层去除，便于基极之间的焊接，剔除复层时不能伤及基层。应尽量完全去除复层，避免在熔合线层施焊。焊前坡口及两侧必须进行严格的清洁处理。严禁用铁器敲打有色金属表面及坡口。另外，当基层焊接时，应对复层采用涂料进行涂覆，保证基层焊接时的飞溅容易去除而不污染复层。

4.2.4 复合钢板材料组合的影响

复合板组成材料不同的性能直接影响焊接质量。铜钢复合板导热不同，焊接过渡层易在铜侧产生熔合不良。B30、NCu30、N6 等金属复合板磁性不同，易在焊缝熔池形成磁场，导致焊接电弧偏吹、焊接过程不稳而产生飞溅、未熔合等；钽钢复合板组成材料熔点差异非常大，相差近 1500℃，焊接钽层时易引起钢层熔化；总体上复合钢板的组成材料导热性和热膨胀性能有很大不同，易使焊接接头产生焊接应力。

4.2.5 无损检测

金属复合材料照相底片上常有爆炸波纹（见图 10）。尤其在钛钢复合材料制作的设备中，底片上多出现爆炸波纹（见图 11）。钛钢复合时常有此现象，这是在爆炸冲击波的作用下结合面两种材料结合形成的结构形态，并不是结合面内部的裂纹，不会影响复合板的基本性能。因此，在进行评片时不做判废评定。

图 10　不锈钢复合板底片

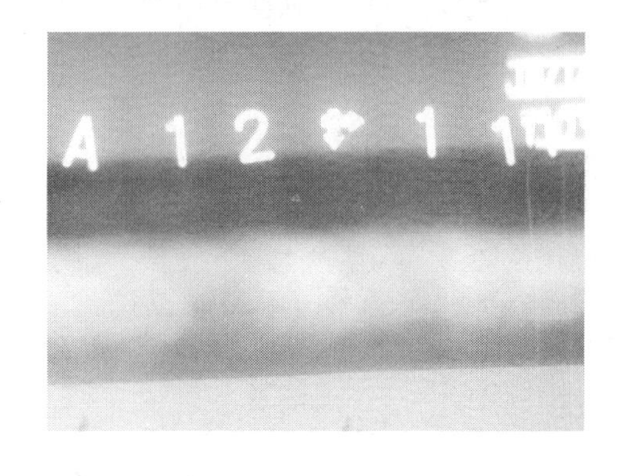

图 11　钛钢复合板底片

4.2.6 密封检漏

难熔金属复合板即钛钢、锆钛钢等需在基板拼接接头部位贴上与复层相同材质的密封垫条，外加锆钛贴条。焊接时采用气体保护。为防止贴条部位出现泄露，使物料进入基层造成基板腐蚀，需在基板拼接焊缝部位钻检漏孔，安装检漏嘴。检漏嘴一般每道焊缝设置两个，制作时需将每道焊缝之间隔开，使物料一旦出现泄露就可知道是哪道焊缝的贴条出现泄露，便于快速检测。

5 结束语

随着石化生产的发展，面对工艺参数的强化和腐蚀性越来越强的生产环境，金属复合板将有更多的用途，特别是在低碳经济和节能减排带来的扩建改造的需求下，石化生产中大量采用过程强化技术，超高温、超低温或强腐蚀下进行化学反应和处理的工况越来越多，金属复合板需求量也会持续增长。国际市场的需求走势也与国内大体相同。可以预计，在未来若干年，金属复合板的研制仍将是材料科学的一个重要组成部分，它的经济效益十分明显，将为我国国民经济的发展作出应有的贡献。

参考文献

[1] 郑远谋．爆炸焊接和金属复合材料及其工程应用[M]．长沙：中南大学出版社，2002.
[2] [英]B. 克劳思兰，等．爆炸焊接法[M]．建谟译．北京：中国建筑工业出版社，1979.
[3] Carl L r. Metal Progress[J]. 1944，46(1)：102.
[4] Fairlie J. Weld Engineering[J]. 1959，44(4)：61.
[5] Crossland B. Explosive Welding of Metals and Its Application[M]. Oxford，1982.
[6] 郑哲敏，杨振声．爆炸加工[M]．北京：国防工业出版社，1981.
[7] 郑远谋．爆炸焊接和金属复合材料[J]．稀有金属，1999，23(1)：56.
[8] 杨扬，张新明，李正华，等．爆炸复合的研究现状和发展趋势[J]．材料导报，1995，9(1).
[9] 中国机械工程学会焊接学会．焊接手册（之二）[M]．北京：机械工业出版社，2001.
[10] 潘春旭．复合零部件异种金属焊接接头显微结构特征及其转变机理研究[J].
[11] 张立新．复合钢板加工中常见裂纹及解决方法探讨[J]．安装，2004，2.
[12] 陆燕，等．镍材加热发生硫脆的试验研究[J]．压力容器，2003，9：4~5.
[13] 程治方．近年来石化工业有色金属设备制造技术发展综述[J].
[14] SH/T 3527—1999. 石油化工不锈复合钢板焊接规程[S].
[15] JB 4709—2000. 钢制压力容器焊接规程[S].

爆炸不锈钢复合钢板焊接裂纹研究

卫世杰　王海峰　刘云飞

（太原钢铁集团有限公司复合材料厂，山西忻州，035407）

摘　要：对复合板焊接经常出现裂纹的问题，结合金相检验、理化试验，利用舍夫勒图进行原因分析。结果表明，过渡层有马氏体组织的生成，异种钢接头的热应力是产生焊接裂纹的主要原因。减小熔合比是防止裂纹产生的关键。

关键词：裂纹；马氏体；热应力；熔合比

Study on Welding Crack Analysis of Exploded Stainless Steel Clad Plate

Wei Shijie　Wang Haifeng　Liu Yunfei

（Taiyuan Iron and Steel（Group）Co.，Ltd. Clad Products Plant，Shanxi Xinzhou，035407）

Abstract： Welding cracks of stainless steel clad plate were analyzed by metallographic examination, physical and chemical test and shuffler diagram. The results show that marten site at transition area and the thermal stress in the joint of different material will cause crack in clad steel plate during welding. The way to prevent the crack is to reduce the penetration ratio.

Keywords： crack；marten site；thermal stress；penetration ratio

1　引言

在制作压力容器过程中，需要对不锈钢复合钢板进行对接焊，基层主要满足结构强度和刚度的要求，复层满足耐蚀、耐磨等特殊性能的要求，但是，碳钢焊缝对不锈钢焊缝产生稀释，降低了不锈钢焊缝中的铬、镍含量，增加了不锈钢焊缝的含碳量，所以不锈钢焊缝中容易形成硬而脆的马氏体组织，从而降低了焊接接头的塑性和韧性。

不锈钢复合钢板焊接的一般顺序应为：基层→过渡层→复层。焊接过渡层时容易将基层母材熔入焊缝，影响焊接接头的抗腐蚀性并易产生冷裂纹。焊接复层时，焊接接头被重复在敏化区加热，焊接接头易产生晶间腐蚀。在焊接后，经 RT 线检测，发现微细的横向裂纹。焊缝返修后，有时会产生平行焊缝裂纹。针对这一情况，对裂纹进行了检测和分析。

2　试验结果

从图 1 底片上观察，裂纹一般垂直于焊缝，影像微细，开口较小。挖开时发现裂纹通常出现在过渡层，靠近基层侧，试验表明过渡层金属韧性下降，使马氏体组织产生，造成焊件力学性能下降，见表1。

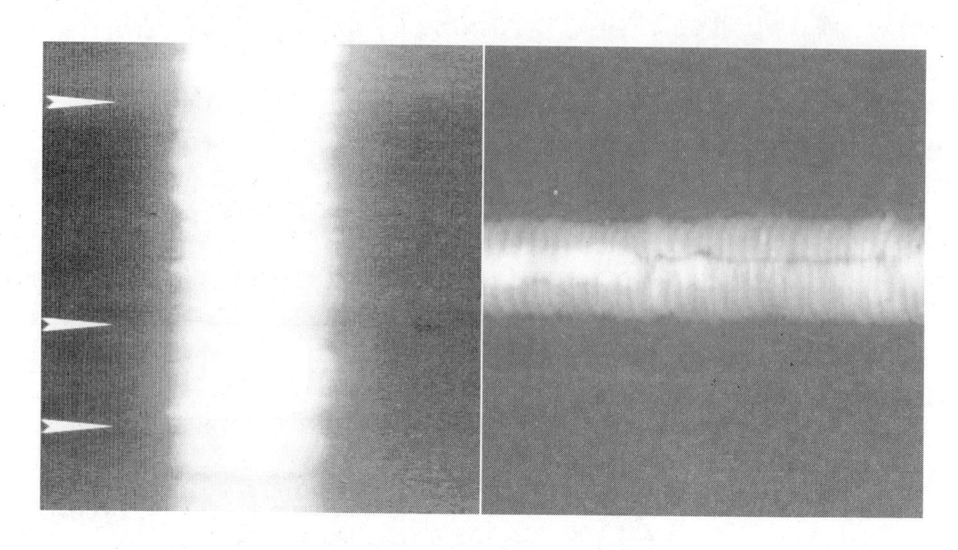

图1　挖补焊后的裂纹形貌

表1　焊接试样力学性能

复合板规格	R_{el}/N · mm^{-2}	R_m/N · mm^{-2}	A/%	A_{kv}/J	断裂位置
GB 713—2008，GB 2651—2008	325	500	21	34	母　材
3mm + 20mm(316 + 16MnR)	335	515	23	135、115、120	熔合线处

在弯曲试样过渡区切取试样，将试样进行抛光和腐蚀后，在显微镜下观察（见图2）。可以看到，显微组织分三个区域，即基层组织、过渡区、焊缝区。基体组织是铁素体 + 珠光体，过渡区为白亮的脱碳层，组织为铁素体 + 少量珠光体，焊缝区有较多渗碳体的增碳层，明显看出马氏体组织的存在。珠光体和奥氏体钢之间存在含碳量的差异，在焊接过程中，熔合线两侧发生碳迁移现象，结果造成珠光体钢热影响区靠近熔合线处脱碳，称为软化带，焊缝熔合线处增碳，称为硬化带。

图2　焊缝显微组织

试样板直径2m，在2500t双动压力机上进行压延拉伸试验，拉伸速率3mm/s，上表面涂抹润滑剂，拉伸96s后焊缝开裂，随后母材开裂，焊缝断口两侧人字形纤维带指向焊缝，剪切唇不明显（见图3）。

图3 压延拉伸断口形貌

3 原因分析

3.1 马氏体组织的形成

为确认马氏体组织的形成，取焊接试板材料为316+16MnR，厚度为$\delta=(3+20)$mm，焊接材料基层为J507，过渡层为CHS402，复层为A022。利用舍夫勒图分析过渡层焊缝组成。母材、复材和焊材的化学成分及铬、镍当量的计算数值见表2。在图4中找出基层金属16MnR相应的成分m点，复层金属316相应的成分为f点，焊条金属成分为a点。由于过渡层是在基层金属上焊接，基层母材金属熔入焊缝的比例远远高于复合层，因此两种母材成分混合后应在mf连线中心偏左的位置，假设为s点，可以认为这就是待焊母材。具有点s成分的待焊母材再与填充金属成分a相熔合后，即构成焊缝金属。具体组成应落在af连线上，从图4中看出，为使焊缝不出现马氏体组织，熔合比应低于30%，实际焊接时很难控制，所以马氏体组织产生的几率很大。同时由于焊接过程中，基层金属的熔入，焊缝金属的合金成分被稀释。基层金属对焊缝的稀释程度取决于母材的熔入量，即熔合比。熔合比越大，稀释程度越高，产生马氏体组织的可能性越大。镍是决定焊缝奥氏体化的主

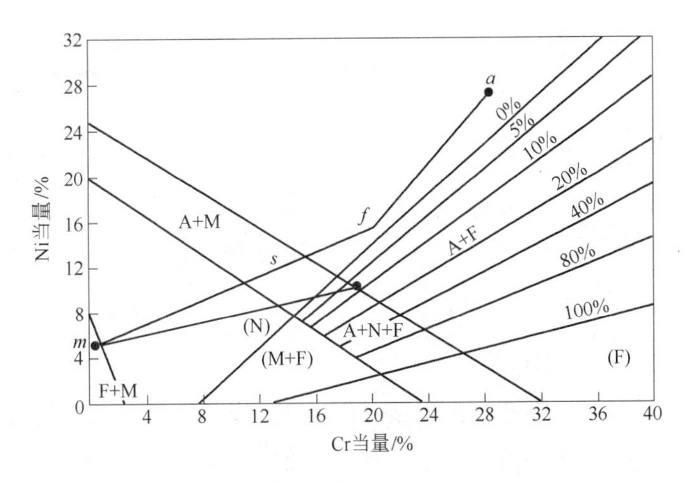

图4 舍夫勒图确定过渡层焊缝组织

要因素，由于过渡层中镍含量低于5%～6%，所以产生马氏体组织。

表2　16MnR、316钢和焊条的化学成分及铬、镍当量　　(%)

钢　号	C	Si	Mn	P	S	Ni	Cr	Mo	Cr当量①	Ni当量①	图中位置
16MnR	0.163	0.23	1.41	0.014	0.004				0.38	5.66	m
316	0.06	0.67	1.65	0.015	0.016	13.2	17.43	2.2	20.63	15.8	f
CHS402	0.16	0.45	1.85	0.021	0.017	21.3	27.1	0.3	28.07	27.03	a

①铬当量计算公式：Cr当量=(Cr+Mo+1.5Si+0.5Nb)%；镍当量计算公式：Ni当量=(Ni+30C+0.5Mn)%。

3.2　过渡层碳的迁移

由于复合板焊接过程中，碳在珠光体中的含量远远高于奥氏体，形成一个浓度差，使碳从α-Fe向γ-Fe中迁移。碳在液态铁中的溶解度大于在固态铁中的溶解度，焊接时基体母材中的碳向熔化态焊缝金属中扩散。同时奥氏体焊缝中含有更多的促进碳化物形成元素，其中铬是强碳化物形成元素，所以奥氏体焊缝对碳更具有亲和力，形成较稳定的$Fe_xCr_yC_z$。正是由于上述因素的影响，使碳由珠光体向奥氏体扩散过程中，大量迁移到过渡层，生成针状马氏体，使该区域力学性能恶化。

3.3　异种钢焊缝的热应力

珠光体钢与奥氏体不锈钢的导热系数和线膨胀系数有较大差异，见表3。由于奥氏体的导热系数较低，热膨胀系数较大，膨胀变形较大，焊缝在冷却时，奥氏体钢比珠光体钢收缩变形大，而基层金属却强烈束缚着过渡层金属的收缩。在焊缝方向上，在过渡层产生较大的残余应力作用。在高温运行时产生热应力，过渡层存在脆、硬的马氏体组织，在热应力的作用下，很容易产生裂纹，马氏体组织越多，焊缝裂纹敏感性越强。

表3　16MnR和316物理性能

钢　号	线膨胀系数/10^{-6}·℃$^{-1}$	导热率/W·(m·K)$^{-1}$	纵向弹性模量/10^3MPa
16MnR	11.5	46.89	205.9
316	17.5	21.48	193.2

3.4　焊缝返修对过渡层组织的影响

在拼焊缝挖补时，用气刨清除缺陷后，重新补焊，这相当于对焊缝区进行一次热处理，碳在550～600℃时扩散活动能力较强，使过渡层碳由高浓度向低浓度扩散，进一步恶化焊缝组织与性能，在补焊时，基层金属熔入焊缝，使过渡层合金元素稀释程度加大，易产生马氏体组织。局部的补焊冷却时会产生较大拉应力，这些因素共同作用，使焊缝很容易产生裂纹。

在电弧焊时，起弧电流过大，以致引起局部热量过高，焊缝在1100～1300℃范围内开始凝固，晶界强度较小，由于热应力的作用，而形成焊接龟裂（见图2），焊缝区开始向基体金属延伸，最后沿晶界开裂的网状裂纹。

4 结论

16MnR+316复合钢板过渡层的焊接为异种材料之间焊接，复层的焊接为同种材料之间焊接，该复合钢板焊接的关键是过渡层的焊接，而控制基层焊缝的熔合比是焊接过渡层的关键。基层金属的碳向过渡层扩散迁移，使焊接性下降是不锈钢复合钢板的焊接裂纹产生的主要原因。

参考文献

[1] 周振丰，张文钺．焊接冶金与金属焊接性[M]．北京：机械工业出版社，1988.
[2] 史美堂．金属材料及热处理[M]．上海：上海科学技术出版社，1983.
[3] 中国机械工程学会焊接分会．焊接手册[M]．北京：机械工业出版社，1992.
[4] 张立新，周天锡．复合钢板加工中常见裂纹及解决方法探讨[J]．中国化工装备，2003(3).

2

爆炸复合新技术

镍基合金复合板的制造及应用

薛小军 刘建立 刘国洪

（四川惊雷科技股份有限公司，四川宜宾，644623）

摘　要： 由于镍基合金具有很好的耐腐蚀性能，其在海洋工程、制盐设备、化工设备、核工业、航天工业、治污工程等方面有着广泛的应用。但是，镍基合金的价格昂贵，在一定程度上限制了其使用。镍基合金复合板的研发，大大降低了使用镍基合金的成本。本文就镍基合金复合板的制造及应用进行简要的论述，主要阐述镍基合金复合板的爆炸复合、热处理、焊接等关键环节。

关键词： 镍基合金复合钢板；爆炸焊接；热处理

Manufacturing and Application of Nickel-based Alloy-clad Steel Plate

Xue Xiaojun　Liu Jianli　Liu Guohong

（Sichuan Jinglei Science and Technology Co.，Ltd.，Sichuan Yibin，644623）

Abstract： Nickel-based alloy is widely used in marine work，salt-making equipment，chemical equipment，nuclear industry，aerospace industry，pollution control engineering etc. But the usage is limited due to its extremely high price. Now，the research and manufacture of nickel-based alloy-clad steel plate reduce the cost of using nickel-based alloy. This article summarizes the manufacture and application of nickel-based alloy-clad steel plates，including the process of explosive cladding，heat treatment，and welding.

Keywords： nickel-based alloy-clad steel plate；explosive welding；heat treatment

1　镍基合金的种类及应用

按照合金的主要性能，可以把镍基合金分为镍基耐热合金、镍基耐蚀合金、镍基耐磨合金等；按照成分进行分类，可以分为 Ni-Cu 合金、Ni-Cr 合金、Ni-Mo 合金、Ni-Cr-Mo 合金、Ni-Cr-Mo-Cu 合金等。几种镍基合金的典型化学成分见表 1。下面列举几种常见牌号的镍基合金：

（1） Monel 400 是一种 Ni-Cu 合金，在海水、稀氢氟酸、稀硫酸等腐蚀环境中具有优异的耐腐蚀性能，广泛应用于海洋工程、制盐设备、化工设备等领域。

（2） Inconel 600（简称 600 合金）是一种 Ni-Cr-Fe 合金，具有很好的耐应力腐蚀开裂、耐碱腐蚀等性能，广泛用于石油化工、核工业等领域。

表1 几种镍基合金的典型化学成分（主要成分） （%）

合金牌号	UNS 代号	Ni	Cr	Mo	Fe	Cu	其他
Monel 400	N04400	65.1	—	—	1.6	32.0	Mn1.1
Inconel 600	N06600	76.0	15.0	—	8.0	—	—
Inconel 625	N06625	61.0	21.5	9.0	2.5	—	Nb3.6
Incoloy 825	N08825	42.0	21.5	3.0	28.0	2.0	—
Hastelloy C-276	N10276	57.0	16.0	16.0	5.5	—	W4.0
Alloy 59	N06059	59.0	23.0	16.0	—	—	—

（3）Inconel 625（简称625合金）是一种Ni-Cr-Mo合金，用于苛刻性腐蚀环境，尤其是存在缝隙腐蚀、点腐蚀及高温氧化的环境，广泛用于航天工程、化工设备、石油天然气开发、治污工程等领域。

（4）Incoloy 825（简称825合金）是一种Ni-Fe-Cr-Mo-Ti合金，具有优异的耐硫酸和磷酸腐蚀性能，很好的耐点腐蚀、应力腐蚀开裂和晶间腐蚀性能，广泛用于化工设备、石油工程、治污工程等领域。

（5）Hastelloy C-276（简称C-276合金）具有优异的耐点腐蚀和应力腐蚀开裂性能，特别是在含氯离子的烟气脱硫环境中的耐蚀性能，广泛用于烟气脱硫工程、治污工程、化工设备等领域。

2 镍基合金在复合板中的应用

镍基合金一般用作复合板的复层材料，基层材料可以是碳钢及低合金钢，也可以是不锈钢。表2中列举了某公司生产的部分镍基合金复合板。

表2 某公司生产镍基合金复合板举例

材质分类		牌 号	规 格	订货方名称
基 材	复材(UNS代号)			
Cr-Mo钢	N08825	Incoloy825 + 15CrMoR	3 + 30、40	西安航天华威化工生物工程公司
不锈钢	N10276	N10276 + 304	3 + 10	沈阳东方钛业有限公司
		N10276 + 304 Ⅱ	10 + 140	西安核设备有限公司
	N06600	N06600 + 304	2 + 16	张家港化工机械股份有限公司
C-Mn钢	N08825	Incoloy825 + SA516Gr60	3 + 12、20、40	深圳巨涛公司
		N08825 + 16MnⅢ	6 + 34、8 + 47	南京斯迈柯特公司
	N06600	Inconel600 + 16MnR	9 + 55/9 + 60	江苏中圣高科
		Inconel600 + Q345R	3 + 42	西安航天华威化工生物工程公司
	N06625	N06625 + 16MnR	2 + 22	天津冠杰石化工程有限公司
	N06059	N06059 + Q235B	2 + 8	华能洛璜电厂
	N10276	N10276 + Q235B	2 + 12/2 + 25	东方锅炉股份有限公司
		N10276 + 16MnR	12 + 46、50、100	西安核设备有限公司
	N04400	N04400 + 16MnDR	4 + 12	南化集团建设公司中圣机械厂
		N04400 + 16MnR	3 + 22、24	上海杨园压力容器有限公司
		N04400 + SA516Gr70	3 + 14、16	中石油天然气第七建设公司
		N04400 + Q245R	3 + 12、14、16	南京宇创石化工程有限公司

3 镍基合金复合板生产流程

镍基合金复合钢板的生产从原材料入厂检验到成品的包装发运一般要经过几十道工序，其中主要的工序有：原材料入厂检验→基、复材划线下料→基材抛光除锈→复材拼接→复材校平→基、复材配板→爆炸复合→无损检测→未结合区域补焊→复合板热处理→校平→性能检验→二次无损检测→剪边→复材表面酸洗钝化（抛光）→包装等。

4 镍基合金复合板的爆炸复合

爆炸焊接（Explosive Welding）就是利用炸药爆炸所产生的能量作为能源，使被焊接的金属形成牢固的固相结合的一种焊接方法。它既是一种重要的金属零件（构件）连接方法，又是一种基本的金属材料复合技术。爆炸焊接而成的金属复合材料具有单一金属不可比拟的综合性能和很高的性价比，尤其是可以节约贵重稀缺金属。因此爆炸焊接在材料合成和加工领域具有不可替代的地位。

爆炸焊接的工艺装置原理一般如图 1 所示。其中，图（a）所示是复板（Cladding Plate 或 Flying Plate）倾斜防止的工艺装置简图，图（b）所示则是复板平行放置时的工艺装置简图。炸药 1 经过引爆器 5（一般为雷管）引爆后，爆轰波以速度 V_d（见图（c））自左向右传播，复板在爆轰产物压力作用下以速度 V_p 向下飞行，在碰撞点 c 处（见图（d）），由于高速斜碰撞产生很大的压力，该处的金属受到很大的剪切作用，在碰撞点 c 处附近一个很窄的区域内会有熔化现象产生。这样，碰撞点附近区域的金属呈现流体形态，速度为 V_f 的来流经碰撞点 c 后分成两段，向左的称为“主体射流”，向右的称为“再入射流”。在这种高压的状态下产生射流后，复板与基板（Base Plate）的表面就可以牢固地结合在一起了。

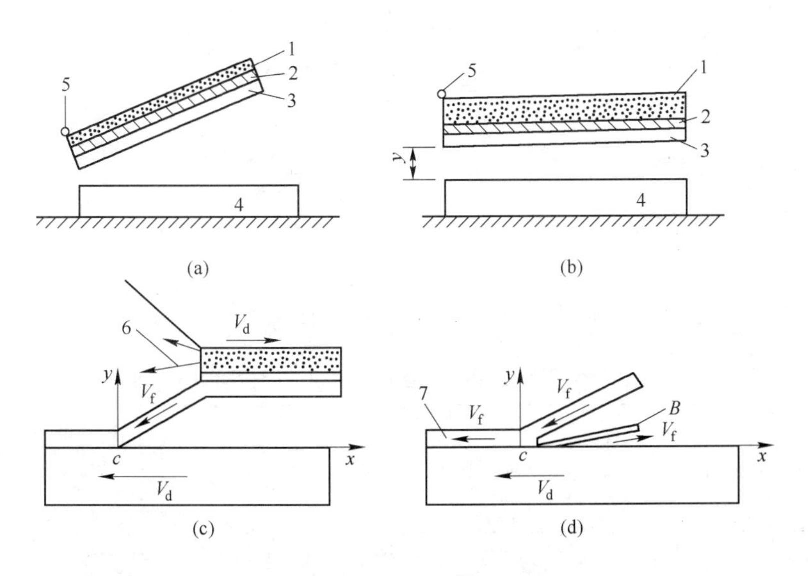

图 1 爆炸焊接的工艺装置原理

1—炸药；2—保护层；3—复层钢板；4—基层钢板；5—雷管；
6—爆轰产物；7—主体射流

5　镍基合金复合板的热处理

镍基合金复合板的热处理与奥氏体不锈钢复合板的热处理相比，有很多相同之处。首先，必须兼顾考虑基材和复材两种材料的组织、状态、性能等特点。其次要考虑热处理对结合界面强度的影响。镍基合金复合板的热处理有一定的特殊性，镍基合金自身的固溶处理温度很高，并要求很快的冷却速度。而在碳钢基材正火温度范围内，多数镍基合金敏化严重，析出多种金属间化合物，降低镍基合金的耐腐蚀性能。以碳钢及低合金钢为基材的镍基合金复合板，为了兼顾基材的力学性能和复材的耐腐蚀性能，多数采用消应力热处理，而不锈钢的热处理方式和镍基合金的相似，因此，以不锈钢为基材的镍基合金复合板的热处理就多了一种选择，即固溶处理。下面简要介绍几种镍基合金复合板的热处理方式。

5.1　Hastelloy C-276 复合板的热处理

资料介绍的 C-276 合金的固溶温度为 1150～1175℃。从图 2 可以看出，C-276 合金在 600～1050℃温度范围内，只需很短的时间，就开始敏化，因此，C-276 复合板尽可能在 600℃以下进行消应力热处理。如果以不锈钢为基材，还可以选择高温固溶处理。我公司在 2010 年生产了一批材质为 C-276 + 0Cr18Ni9，规格为 3mm + 12mm、3mm + 14mm、3mm + 16mm 等的镍基合金复合板，采用固溶处理，得到理想的力学性能和耐腐蚀性能。部分腐蚀性能检验数据见表 3。

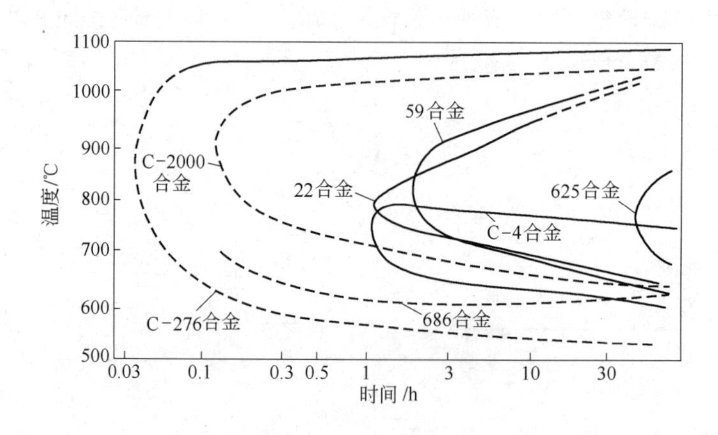

图 2　镍基合金敏化曲线（测试条件 ASTM G-28A）

表 3　C-276 复合板固溶处理腐蚀性能检验数据

生产批号	试样编号	材　质	规　格	UNS N10276 腐蚀试验 ASTM G28A 法/mm · a^{-1}	
				复合板热处理态	原材料供货态
F10205-18	Q1150	UNS N10276 + 0Cr18Ni9	3mm + 12mm	9. 39/7. 99	7. 49/7. 42
F10205-10	Q1166	UNS N10276 + 0Cr18Ni9	3mm + 14mm	7. 62/7. 67	
F10205-2	Q1168	UNS N10276 + 0Cr18Ni9	3mm + 16mm	8. 33/8. 52	

5.2 Incoloy 825 复合板的热处理

据资料介绍，825 合金的热处理温度范围是 920 ~ 980℃，最合适的是 940 ± 10℃，快速冷却，保证材料的耐腐蚀性能。825 合金的敏化曲线见图 3。

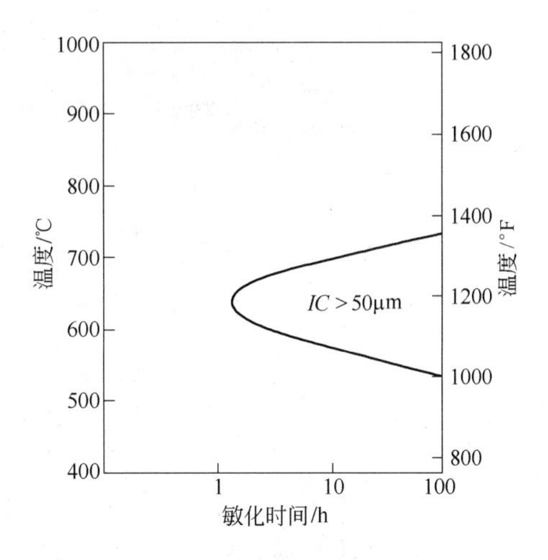

图 3 825 合金敏化曲线

825 合金可以组合的基材包括 C-Mn 钢、Cr-Mo 钢、不锈钢。以 C-Mn 钢和不锈钢为基材的复合板，可以直接采用 825 合金的推荐热处理工艺。以 Cr-Mo 钢为基材的复合板，可以采用正火 + 回火或回火的工艺方式。正火工艺采用 825 合金推荐热处理工艺，回火工艺推荐采用 700 ± 10℃，快速冷却。我公司生产的 Incoloy825 + 15CrMoR 复合板的腐蚀性能数据（部分）见表 4。

表 4 Incoloy825 + 15CrMoR 复合板腐蚀性能数据

生产批号	试样编号	材 质	规 格	Incoloy825 腐蚀试验 ASTM G28A 法/mm · a^{-1}	
				复合板热处理态	原材料供货态
F10116-5	Q2900	Incoloy825 + 15CrMoR	3mm + 24mm	0.23/0.25	0.26/0.25
F10133-1	Q2901	Incoloy825 + 15CrMoR	3mm + 26mm	0.22/0.22	
F10116-4	Q2902	Incoloy825 + 15CrMoR	3mm + 28mm	0.25/0.23	
F10133-2	Q2897	Incoloy825 + 15CrMoR	3mm + 28mm	0.20/0.21	

5.3 Inconel 625 复合板的热处理

从图 2 的敏化曲线可以看出，625 合金的敏化时间较长，在正常的热处理条件下，不容易发生敏化。因此，625 复合板的热处理可以正火处理或消应力热处理。以不锈钢为基材的复合板，可以选择固溶处理或消应力热处理。我公司对 625 复合板进行了系列的热处理试验，试验采用材质为 Inconel 625 + Q345R，规格为 2mm + 22mm，不同热处理规范下的力学性能和腐蚀性能见表 5。由表中数据可见，以 625 合金为复材的复合板经 1000℃ 的热处理后，得到很好的力学性能和耐腐蚀性能。

表 5 625 复合板不同热处理规范下的力学性能和腐蚀性能

试样编号	热处理状态	抗拉强度 /MPa	屈服强度 /MPa	伸长率 /%	外弯	V 形冲击功 (0℃)/J	腐蚀试验 (G28A120h 沸腾)	
							g/(m^2 · h)	mm/a
S125-1	800 ± 10℃/24min 空冷	572	373	27	合格	137/124/126	4.116 3.969	4.727 4.117
S125-3	920 ± 10℃/24min 空冷	558	368	31	合格	170/178/180	1.094 1.504	1.135 1.561

续表 5

试样编号	热处理状态	抗拉强度/MPa	屈服强度/MPa	伸长率/%	外弯	V形冲击功(0℃)/J	腐蚀试验(G28A120h 沸腾)	
							$g/(m^2 \cdot h)$	mm/a
S132	1000±10℃/24min 空冷	531	354	31	合格	138/122/128	0.520 0.529	0.540 0.549
S133	1020±10℃/24min 空冷	530	346	33	合格	150/132/124	0.499 0.489	0.540 0.549
S141	1000±10℃/24min 空冷+580±10℃/90min 空冷	531	339	35	合格	172/174/176	0.807 0.794	0.838 0.824
S142	1000±10℃/24min 空冷+600±10℃/90min 空冷	528	339	34	合格	136/134/158	0.548 0.537	0.569 0.557
S149	1000±10℃/24min 空冷+580±10℃/8h 空冷	519	319	33	合格	90/109/106	1.248 1.221	1.248 1.295
S148	1000±10℃/24min 空冷+600±10℃/8h 空冷	511	314	34	合格	109/123/134	1.094 1.098	1.139 1.136

注：复层625爆炸复合前的腐蚀试验（G28A120h）结果：0.43mm/a。

6 镍基合金复合板的焊接

我公司研发的镍基合金复合板的复材种类较多，现仅以N06625为例来说明镍基合金复合板的焊接特点。

6.1 N06625合金的特点

N06625（以下简称625）合金除具有镍基合金共同的焊接特性外，还具有以下一些特点：

（1）625合金含Mo量高达9%左右，由于Mo在奥氏体中溶解度低，故易向液体中偏析，因此先结晶的固相（即枝晶中心）易形成贫Mo而优先被腐蚀。

（2）由于625合金含Nb量很高，达3.15%～4.15%，Nb可与C、Si、S、P等结合，形成如Fe4Nb5Si3等金属间化合物和低熔点共晶而引起热裂纹。

（3）625合金复合板焊接时，由于稀释作用，铁加入到焊缝中，铁对敏化态的Ni-Cr-Mo合金耐蚀性十分有害，因为它能促进有害金属间相μ和ρ的析出，同时铁的加入，使Mo和Nb在奥氏体中的溶解度减小，从而增加Mo和Nb的偏析倾向，进而加大热裂纹和腐蚀倾向。

（4）625合金在700～950℃之间加热，晶间腐蚀十分严重，因为此温度下会有大量的Cr和Mo碳化物析出，为此焊后应快速冷却以尽快通过此温度区间。

（5）625焊缝结晶温度区间宽，液态温度为1360℃，最终结晶反应温度为1152℃，结晶温度区间达208℃，在此温度区间如受力，焊缝很容易开裂，故热裂纹倾向大。

6.2 N06625 + Q345R 复合板的焊接试验

选择 625 + Q345R（2mm + 22mm）复合钢板进行焊接，分为热处理态和非热处理态两组进行了试验，编号分别为 HS01 和 HS02。HS01 在焊态下进行性能试验，HS02 经过 1000℃/25min 热处理，冷却方式为风冷，然后进行性能试验。

焊接坡口示意图见图 4。

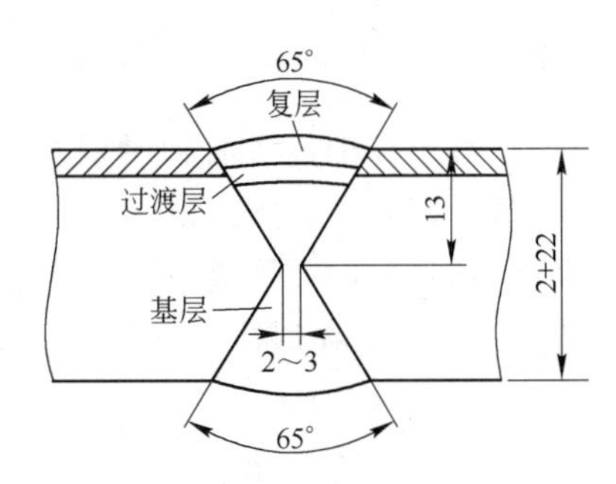

图 4 HS01、HS02 试板坡口示意图

针对前述各项分析，为控制焊接热输入，防止过渡层稀释及镍基合金焊缝晶粒粗大，保证焊缝耐蚀性能，过渡层、复层选择钨极氩弧焊进行焊接，并控制层间温度在 100℃以下，焊丝选用 ERNiCrMo-3，ϕ2.0mm。过渡层焊接前对坡口进行仔细打磨，露出金属光泽，并对坡口两侧 50mm 范围复层采用丙酮清洗，去除有害杂质。基层 Q345R 的焊接采用焊条电弧焊进行，两组试验的焊接参数相同，详见表 6。

表 6 HS01 和 HS02 焊接规范参数

层道	焊接方法	焊接材料		极性	焊接电流/A	焊接电压/V	焊速 /$cm \cdot min^{-1}$	线能量 /$kJ \cdot cm^{-1}$	Ar 气流量 /$L \cdot min^{-1}$	钨极直径 /mm	喷嘴直径 /mm
		牌号	直径 /mm								
基层	SMAW	E5015	3.2	反接	125	20~22	6~8	17.2~18.9	—	—	—
		E5015	4.0	反接	175	22~24	9~10	24.3~26.5	—	—	—
过、复层	GTAW	ERNiCrMo-3	2.0	正接	120	12~14	13.5	6.4~7.5	15	2.5	18

分别对两块试板按 JB 4708—2000 标准进行力学性能试验以及 ASTM G28A 和 G48A 腐蚀试验，试验结果见表 7 和表 8，可以看出，不论是力学性能还是耐蚀性能数据均比较理想，因此，可以确定此焊接工艺方法可以较好地满足 625 合金复合板的焊接要求，能够保证复层的耐蚀性能。

表 7 HS01 和 HS02 力学性能试验数据

编 号	拉伸试验		弯曲试验			冲击试验	
	R_m/MPa	断裂位置	弯芯直径 /mm	弯曲角度 /(°)	侧弯	温度 0℃	冲击吸收功 A_{kv}/J
HS01	615	母材	40	180	无裂纹	WM	135/150/151
	620	母材				HAZ	97/100/93
HS02	540	焊缝	40	180	无裂纹	WM	148/146/137
	550	焊缝				HAZ	110/90/74

表 8 HS01 和 HS02 腐蚀试验数据

编 号	腐蚀试验方法			
	（ASTM G28A 沸腾 120h）腐蚀率		（ASTM G48A 55±1℃ 24h）腐蚀率	
	$g/(m^2 \cdot h)$	mm/a	$g/(m^2 \cdot h)$	mm/a
HS01	1.211	1.257	0.004	0.874
	1.245	1.293	0.007	1.566
HS02	2.965	3.077	0.007	1.589
	2.880	2.990	0.007	1.581

6.3 镍基合金复合板的焊接注意事项

（1）焊前仔细地清洁和保护是保证焊接质量的关键，应彻底清除工件及焊丝表面污物，并用丙酮擦拭干净，坡口最好采用机械刨边，清根可采用砂磨方式进行。

（2）尽量采用小规范施焊，严格控制焊接热输入，层间温度最好低于100℃（有关资料推荐≤70℃）；在焊接复合板时，过渡层应采用小焊丝、小规范、快速焊，尽量减少母材中Fe对合金的稀释。

（3）宜选择含C量低，含S、P等杂质低，含Fe不高的焊材施焊，以避免热裂纹和耐蚀性能下降。

（4）对复层厚度较薄的复合板，如要满足高耐蚀性要求，则最好选用59、686、C-22等焊材，以减少合金元素稀释带来的不利影响。

7 镍基合金复合板的力学性能和腐蚀性能的检验

镍基合金复合板可以采用的标准有NB/T 47002.2—2009和ASME SA265等。力学性能检验按标准所列项目及用户要求进行检测，如拉伸试验、冲击试验、弯曲试验、剪切试验等。NB/T47002.2—2009规定剪切强度的不小于210MPa，ASME SA265规定剪切强度不小于140MPa。我公司生产经验表明，采用爆炸法生产的镍基合金复合板的剪切强度不小于300MPa，远大于标准要求值。拉伸、冲击等性能达到基材的要求，保证复合板在设备制作和运行过程中所需的强度和韧性，保障设备安全运行。弯曲试验分为内弯曲和外弯曲，其结果在弯曲部分外侧不得有裂纹，结合界面不得有分层。良好的弯曲性能可以保证复合板在制造过程中复层与基层之间不产生脱层等缺陷。

镍基合金耐腐蚀性能的检测，也是镍基合金复合板性能检测的一个重要项目。镍基合金常用的晶间腐蚀试验方法为ASTM G28（A法和B法），评定镍基合金的晶间腐蚀倾向。复合板通过适当的热处理，保证复层镍基合金的耐腐蚀性能。

8 结语

随着设备使用要求的提高，越来越多的镍基合金复合板得到应用。复合板制造过程中应重点注意热处理和焊接的质量控制。

（1）在镍基合金复合板的制造过程中，应当根据复层镍基合金的特点、腐蚀性能要求及复合板自身的特点来选择适当的热处理工艺。实践表明，恰当的热处理工艺既能最大限度地消除爆炸过程中产生的应力，恢复和改善基材力学性能，又能保证复层镍基合金的耐腐蚀性能。

（2）焊接过程中应严格控制热输入，采用小焊丝、小规范、快速焊，尽量减少母材中Fe对合金的稀释，保证焊缝的耐腐蚀性能。

参 考 文 献

[1] 郑远谋．爆炸焊接和金属复合材料及其工程应用[M]．长沙：中南大学出版社，2002.

[2] NB/T 47002.2—2009　压力容器用爆炸焊接复合板　第二部分：镍-钢复合板[S].

[3] ASME SA265—2007 SPECIFICATION FOR NICKEL AND NICKEL-BASE ALLOY-CLAD STEEL PLATE[S].

论钛钢复合板覆层钛板特性及对爆炸复合板的影响

闫 力 陈孝国 王小兵

（宝钛集团有限公司，陕西宝鸡，721014）

摘 要：本文论述了爆炸钛钢复合板的覆层用钛板的特性和工艺要求，分析了爆炸强化对覆层钛板的影响，并结合爆炸钛钢复合板的生产实践论述了用于爆炸复合的钛板的特点及对生产、检验、使用的影响，指出爆炸复合板用钛板其更低的杂质含量及良好的塑性更适合于生产爆炸复合板，而且耐腐蚀性更优良，其强度也会在爆炸过程中得到提高。

关键词：爆炸复合板；覆层钛板；爆炸强化；强度；塑性；耐腐蚀性

Study on the Titanium Cladding Characteristics of Titanium Steel Clad Plate and It's Impact to the Explosion

Yan Li Chen Xiaoguo Wang Xiaobing

（Baoti Group Co., Ltd., Shaanxi Baoji, 721014）

Abstract: This paper discusses the titanium cladding characteristics and process requirements of titanium/steel clad plate, analysis the impact of enhanced explosion on titanium cladding, expounds the titanium cladding characteristics and its influence to production, testing and use based on the production practices of explosion titanium/steel clad plate, propose that lower impurity content and good plastic of titanium cladding are more suitable for production of explosion clad plate, and better corrosion resistance, in addition, its strength will be improved in the explosion process.

Keywords: explosion clad plate; titanium cladding; enhanced explosion; strength; plastic; corrosion-resistance

1 引言

爆炸复合是20世纪兴起的一种新的特殊的材料加工技术，爆炸复合是通过炸药巨大的爆炸力形成的冲击波使复板与基板直接焊接在一起，故又称为爆炸焊接，它是集压力焊、熔化焊、扩散焊三位一体的特殊焊接技术。采用爆炸复合法生产的钛钢复合板，既有钛的耐蚀性，又有普通钢板作为结构件的强度、刚度和塑性，特别重要的是成本大幅度下降了。伴随着我国设备制造技术的不断进步，钛钢复合板材料在石油、化工、冶金、轻工、盐化工、电站辅机、海水淡化、造船、电力及海洋工程等行业得到了广泛使用。

哪些钛板适合做爆炸复合板的覆层材料呢？在新颁布的钛钢复合板标准中给出了明确要求，《钛-钢复合板》（GB/T 8547—2007）第4.1.2条和《压力容器用爆炸焊接复合板》

（NB/T47002.3—2009）第7.1.1条都明确规定了复合板的复材应符合GB/T3621的规定，即钛板的化学成分和力学性能等各项要求都必须满足国家标准的规定，但在实际生产实践中，为满足爆炸复合工艺要求，却存在一些差异。

2　爆炸复合板用覆层钛板原材料的特性及对爆炸复合工艺的影响

在爆炸焊接情况下，金属的塑性将对焊接的难易程度和焊接强度有很大影响，根据大量的实践和实验资料，在爆炸焊接情况下，结合区金属首先发生的是塑性变形，因此，复板的塑性越好，越容易实现爆破焊接复合，相对的结合强度比较高，焊接窗口也比较宽广，特别理想的爆炸复合用钛板应具有尽可能低的抗拉强度，尤其是屈服强度要低以及较高的伸长率，这样，爆炸后才易于实现两种材料的有效结合。

如钛板标准《钛及钛合金板材》（GB/T 3621—2007）对部分爆炸复合板用钛板强度做了专门要求，尤其是TA10，作为复层材料时由于其较高的强度值、较低的伸长率在爆炸复合工艺中往往难以实现有效焊接结合，为了适应这一特殊情况，标准专门规定了爆炸复合板用TA10的强度塑性指标，如表1所示。可以看出，作为爆炸复合用钛板TA10（B）的强度值远低于原标准规定值，伸长率提高了39%。

表1　钛板力学性能指标

牌　号	状 态	厚度/mm	抗拉强度 R_m/MPa	规定非比例延伸强度 $R_{p0.2}$/MPa	断后伸长率 A 不小于
TA1	M	0.3～25	≥240	140～310	30
TA2	M	0.3～25	≥400	275～450	25
TA3	M	0.3～25	≥500	380～550	20
TA10(A)	M	0.8～10	≥485	≥345	18
TA10(B)	M	0.8～10	≥345	≥275	25

通过大量的实践应用证明：适合于爆炸焊接的钛材都采用低Fe、低O、低H的高纯钛材，这些钛材共同的特点是强度低、伸长率高、塑性特别好，特别适合于爆炸焊接。在生产实践中，为便于实现爆炸复合，复合板生产厂家往往要选用杂质成分含量更低的纯钛板用于爆炸复合，以保证其爆炸复合的成功率，表2列出了一企业对爆炸复合板用钛板TA2的内控要求。由表2可以看出，爆炸复合板用钛板的各项杂质含量要求都很严格。控制钛板的杂质含量主要就是为了控制其强度、塑性等指标数值在爆炸工艺要求的范围内，使之更易于实现复合。在这样的控制要求下，爆炸复合板用钛板的大部分指标已远远低于GB/T3621的规定。实践证明，满足上述成分标准要求，经过热处理交货的用于爆炸复合的钛板原料如TA2，强度已大幅降低，而塑性得到了提高。这样用于爆炸复合板用的钛板强度数值已普遍低于标准要求（见表3），也就是说，按国内钛钢复合板标准要求，原料钛板力学性能指标是普遍低于（国家标准）要求的，这往往带来一些复合板产品在验收时存在原料质证书不合格的问题，造成了工艺要求与标准规定之间的差异。美国材料试验协会钛钢标准《活性及耐蚀金属复合板规范》（ASTM B898）规定覆层金属应符合使用的覆层金属规范所规定化学成分的要求，对成品力学性能则规定：除非供需双方另有协议，经复合后的覆层金属并不要求符合覆层金属规范所规定的力学性能要求。从钛钢复合板的生产实践来看，此规定更符合生产实际。在复合板材料验收中，覆层钛板的原始力学性能可

以不作为强制性合格指标，应作为特殊情况予以控制，这样更利于钛钢复合板的生产、检验和过程质量控制。

表 2 某企业爆炸复合板用钛板 TA2 内控化学成分要求与国标的比较

标准号	主要成分	杂质，不大于						
	Ti	Fe	C	N	H	O	其他元素	
							单一	总和
GB/T3620	余量	0.30	0.10	0.03	0.015	0.25	0.1	0.4
复合板用钛板	余量	0.10	0.08	0.03	0.012	0.10	<0.10	<0.30

表 3 复合板用钛板与标准规定的差异

牌 号	状 态	厚 度	抗拉强度 R_m/MPa	规定非比例延伸强度 $R_{p0.2}$/MPa	断后伸长率 A 不小于
TA1	M	0.3～25	≥240	140～310	30
TA2	M	0.3～25	≥400	275～450	25
实际用的 TA2 钛板	M	0.3～25	≤400	≤300	≥30

钛钢复合板材普遍应用于耐腐蚀的环境，钛覆层大部分只作为耐腐蚀层使用，不参与强度设计。作为纯钛材来说，杂质含量越低，耐腐蚀性则更优异。因此，这种钛材能够很好地满足钛钢复合板的使用要求。

3 爆炸复合对覆层钛板的强化作用分析

金属爆炸复合材料的爆炸强化是指爆炸焊接后其强度指标相对于原始强度指标的提高。爆炸强化的原因也是在爆炸载荷下金属材料发生了不同形式和不同程度的塑性变形及组织变化所致。在相同的碰撞压力下，复板的强化要显著得多。爆炸复合材料中普遍存在着爆炸强化的问题，其强化的程度与爆炸焊接的工艺参数、材料的特性密切相关。

爆炸焊接后覆层基层材料相对于其各自原材料的强度增加和塑性降低，这是爆炸强化的典型结果，通过实践数据可知，钛的强化程度较钢高，其原因有二：一是钛更容易在外加载荷下强化，二是钛作为覆层直接与爆炸载荷接触。

我们随机抽取几个批次的钛钢复合板，在爆炸复合、退火后对覆层钛板取样做拉伸试验，与其复合前钛板性能对比，其数据见表 4。

表 4 钛板在爆炸前后拉伸性能变化

序号	牌号	批号	规格	爆炸前/MPa			爆炸后/MPa			强化值/%		
				R_m	$R_{p0.2}$	A_5	R_m	$R_{p0.2}$	A_5	R_m	$R_{p0.2}$	A_5
1	TA1	07794	3	370	285	47.5	435	370	26.5	17.6	29.8	-44.2
2		07718	3	335	245	48.5	395	300	35.5	17.9	22.4	-27.1
3		06452	3	340	245	46.5	395	340	33.5	16.2	38.8	-28
4		T07411	5	400	255	32	500	425	27.5	25	66.7	-14.1
5		08021	2.5	345	245	52.5	415	320	32.5	20.3	30.6	-57
										19.4	37.66	-34.1

续表 4

序号	牌号	批号	规格	爆炸前/MPa			爆炸后/MPa			强化值/%		
				R_m	$R_{p0.2}$	A_5	R_m	$R_{p0.2}$	A_5	R_m	$R_{p0.2}$	A_5
6	TA2	03743	2.5	380	280	42	420	335	32.5	10.5	19.6	-22.6
7		T09699	3	300	198	51.5	395	340	33.5	31.7	71.7	-35
8		T10632	3	300	225	40	360	265	35	20	26.8	-12.5
9		08024	3	370	285	44	445	365	38.5	20.3	28.1	-12.5
10		T10186	8	380	280	40.5	480	410	22	35.7	46.4	-45.7
11		T10187	10	305	176	50	390	255	38	27.9	44.9	-24
										24.4	39.6	-25.4

表 4 中，深色区域为强化平均值，从表中数据可以看出：

（1）通过爆炸复合，抗拉强度一般提高 15% ~35%，屈服提高了 19% ~60%，断后伸长率则降低了 12% ~57%，强化效果明显；

（2）TA2 比 TA1 强化效果明显，说明材料强度越高强化值也高。

4　钛覆层强化的实践意义

国内现行的钛钢复合板标准中，规定了钛覆层参与强度设计的情形，由于爆炸强化作用，强度偏低的钛板在爆炸成复合板以后，其强度得到大幅提升，对于钛覆层强度有要求的复合板产品，这种强化是有利的，在生产实践中，可对覆层原材料钛板性能作为特殊情况加以控制。

不参与强度设计的钛钢复合板，覆层用钛板可以不考虑力学性能要求直接选用利于工艺需要的钛板材料，这既能有利于爆炸复合实现，又能提高覆层的耐腐蚀性，提高设备的使用寿命。

5　结论

（1）用于爆炸复合的钛板一般选用铁氧杂质含量更低的钛材，这种钛材塑性好，易于爆炸复合，但强度大部分低于标准规定，在钛钢复合板材料验收时，覆层钛板的原始力学性能可以不作为强制性合格指标，应作为特殊情况予以控制；

（2）爆炸复合板的覆层钛板可在爆炸复合过程中得到强化，强化程度与材料性能、爆炸参数等因素有关，一般可强化 15% ~25% 以上，对于钛覆层强度有要求的复合板产品，这种强化是有利的；

（3）钛覆层不参与强度设计的钛钢复合板，覆层用钛板可以直接选用利于爆炸工艺需要的铁氧杂质含量较低的纯钛板材料，这既能提高爆炸复合的合格率，又能增强覆层的耐腐蚀性，延长设备的使用寿命。

参 考 文 献

[1] 郑远谋．爆炸焊接和金属复合材料及其工程应用[M]．长沙：中南大学出版社，2002.
[2] 郑哲敏，杨振声．爆炸加工[M]．北京：国防工业出版社，1981.

[3] 郑远谋，黄荣光，陈世红. 爆炸焊接条件下金属中一种特殊的塑性变形方式[J]. 中国有色金属学报，1998，9.
[4] 张登霞，李国豪，周之洪，等. 材料强度在爆炸焊接界面波形成过程中的作用[J]. 力学学报，1984，16.
[5] 马东康，周金波. 钛/钢爆炸焊接界面区形变特征研究[M]. 稀有金属材料与工程，1999，2.
[6] 黄永光，等. GB/T 8547—2006 钛-钢复合板[S]. 2006.
[7] 寿比南，等. NB/T47002. 3—2009 压力容器用爆炸焊接复合板第三部分：钛钢复合板[S]. 2009.
[8] ASTM B898—2005 活性及耐蚀金属复合板规范[S]. 2005.
[9] 张海龙，等. GB/T 3621—2007 钛及钛合金板材[S]. 2007.
[10] 黄永光，等. GB/T 3620. 1—2007 钛及钛合金牌号和化学成分[S]. 2007.

不锈复合冷轧薄钢板的开发与应用

郭励武　范述宁　王虎成　卫世杰

（太原钢铁（集团）有限公司复合材料厂，山西定襄，035407）

摘　要：不锈复合冷轧薄钢板是太钢开发的复合板产品，在解决了焊接问题后，被广泛应用于轻工机械、食品、炊具、建筑、装饰、焊管、铁路客车、医药卫生、环境保护等行业。

关键词：复合板；冷轧；焊接；08Al

Development and Application of Stainless Composite Cold-rolled Steel Sheet

Guo Liwu　Fan Shuning　Wang Hucheng　Wei Shijie

(Tai yuan Iron and Steel (Group) Co., Ltd. Clad Products Plant, Shanxi Dingxiang, 035407)

Abstract: Stainless composite cold-rolled steel sheet is the composite panels products developed by Taiyuan Iron and Steel Co. Comparing the obligate welding seam and no obligate weld, adding welds of different welding wire, and analying the chemical composition, corrosion resisting property and exterior quality of the welding line to get the best welding process parameters, so that it can be used extensively in light industrial machinery, construction, decoration, welded pipe, railway passenger, medicine and health, environmental protection, etc.

Keywords: steel sheet; cold-rolled; welding; 08Al

1　引言

不锈复合冷轧薄钢板是利用爆炸的方法在普通碳钢的两面整体连续地包覆一定厚度的不锈钢，然后施以轧制而成的薄钢板。复层单侧最薄0.08mm，最小总厚度0.8mm。

不锈复合钢冷轧薄钢板和钢带在轻工机械、食品、炊具、建筑、装饰、焊管、铁路客车、医药卫生、环境保护等行业的设备或用具制造上有着极其广泛的应用。利用“爆炸+轧制”的复合工艺使得基、复材之间形成冶金原子结合，层间剪切强度大于210MPa，并且可承受反复弯曲、剪切、冲孔等加工而无分层开裂。基层采用深冲钢，使之可以承受较大变形、深拉伸工艺。此复合钢板和钢带不仅导热系数高、冷成型性能好，而且制成品美观豪华、经久耐用。

2　主要生产工艺流程

不锈钢冷轧复合钢板的主要生产工艺流程如下：

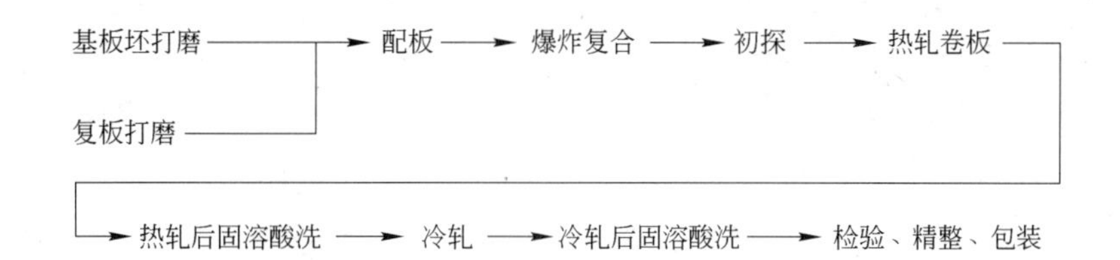

3 不锈复合冷轧薄钢板的优点

（1）复层单侧最薄0.08mm，最小总厚度0.8mm，复层厚度均匀。

（2）可实现连续成卷生产。

（3）可实现单面或双面对称、非对称型复合。

（4）结合率高，冷成型性能好。

不锈复合冷轧薄钢板的性能指标如表1所示，图1所示为冷轧复合板的弯曲试样，性能合格稳定。

表1 不锈复合冷轧薄钢板的性能指标

钢 号	规格/mm	抗拉强度 R_m /MPa	屈服强度 R_{el} /MPa	伸长率 A /%	杯突值 IE /mm	复层厚度 /mm	弯曲 $d=2a$，180°
304+08Al+304	1.2	490	330	57.0	11.1	0.14~0.13	合格
	1.2	480	340	54.5	13.1	0.13~0.13	合格
	1.2	475	335	52.5	11.5	0.12~0.13	合格
	1.0	490	340	54.5	11.0	0.11~0.12	合格
	1.0	480	340	58.5	11.0	0.11~0.11	合格
	1.0	480	330	59.0	10.8	0.11~0.12	合格

图1 冷轧复合板的弯曲实验

4 不锈复合冷轧薄钢板焊接

不锈复合冷轧薄钢板，不锈钢复合层的厚度在0.1~0.15mm左右，材料为0Cr18Ni9。基层采用Q235或08Al低碳钢材料，厚度在1.0~2.0mm之间。这种双面不锈钢复合薄板一般的焊接方式很难使接头的耐蚀性满足要求。为了使这种材料在市场上广泛推广应用，对厚度为1.0～2.0mm的不锈钢薄板的焊接工艺、接头的力学性能及耐蚀性进行研究，重点解决焊接接头的耐蚀性问题。通过对比预留焊缝和不预留焊缝、添加焊丝的不同进行对比，详细指标见表2。

表2　1.5mm厚双面不锈钢复合板TIG填丝焊试验参数

焊接条件	试样代号	焊接电流/A	焊接速度/m·min^{-1}	送丝速度/m·min^{-1}	填充焊丝牌号	对接间隙/mm
保护气体：氩气，流量15L/min；焊缝背保护气体：氩气，流量10L/min；钨极到焊丝距离：2mm；钨极到工件距离：3mm；焊丝直径：1mm	1号	75	0.2	1.6	HS309L	0
	2号	75	0.2	1.6	ERNiCrFe-7	0
	3号	75～80	0.2	1.6	HS 309L	1.5
	4号	75～80	0.2	1.6	ERNiCrFe-7	1.5

4.1　焊缝成形

所有试件均实现了单面焊双面成形，焊缝正反面成形光滑平整，正反面均有一定的余高，没有任何咬边现象（见图2和图3）。

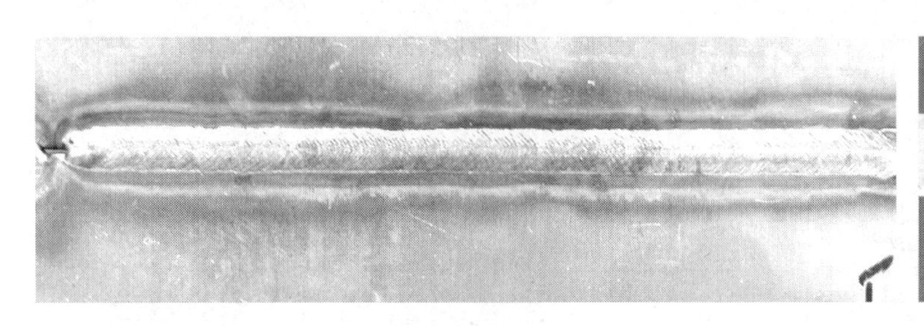

图2　焊缝正面

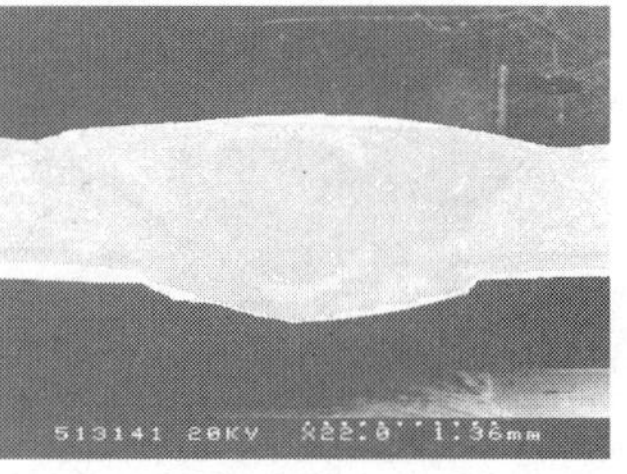

图3　焊缝横断面

4.2　焊缝的金相组织

4.2.1　母材金相组织

母材中基材金相组织均为铁素体+珠光体，如图4所示。复合层金相组织为奥氏体+少量铁素体，如图5所示。

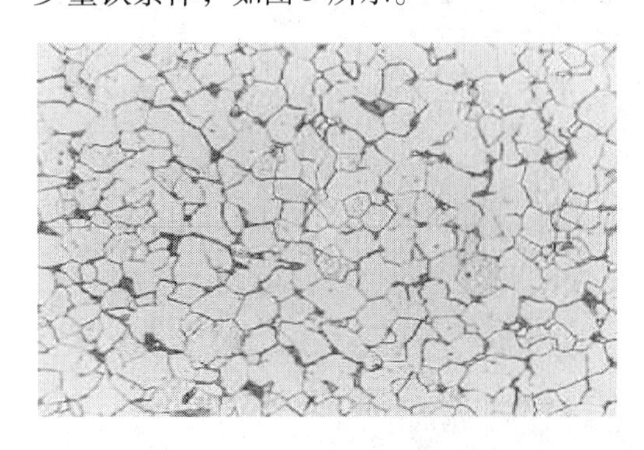

图4　基材组织

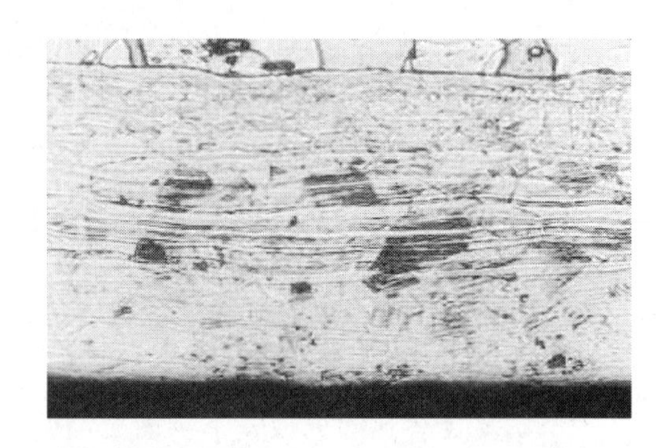

图5　复合层组织

4.2.2 焊接接头的金相组织

从焊缝金相组织的分析结果可以看出，采用 HS309L 不锈钢焊丝作为填充金属，对于不留焊接间隙的 1.5mm 双面不锈钢试板对接焊缝，焊缝的组织基本相同，均为板条马氏体；热影响区的组织为先共析铁素体 + 贝氏体 + 珠光体，见图 6 和图 7。采用 ERNiCrFe-7 镍基焊丝作为填充金属，对于不留焊接间隙的 1.5mm 双面不锈钢试板对接焊缝，焊缝的组织为奥氏体，局部有马氏体，见图 8。显微硬度 HV0.1 值分散度较大，四点值为 183、270、328、408。

图 6 无间隙试样焊缝（HS309L） ×350

图 7 无间隙试样热影响区（HS309L） ×350

填充焊丝 HS309L，对接间隙 1.5mm，焊缝金相组织为奥氏体 + δ 铁素体，显微硬度 HV0.1 为 256，如图 9 所示。4 号试样，填充焊丝 ERNiCrFe-7，对接间隙 1.5mm，焊缝金相组织为 γ 固溶体 + 少量第二相，显微硬度 HV0.1 为 191，如图 10 所示。

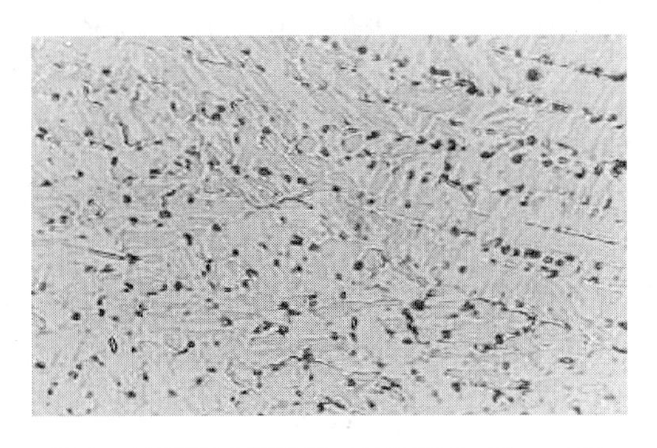

图 8 无间隙试样焊缝（ERNiCrFe-7） ×350

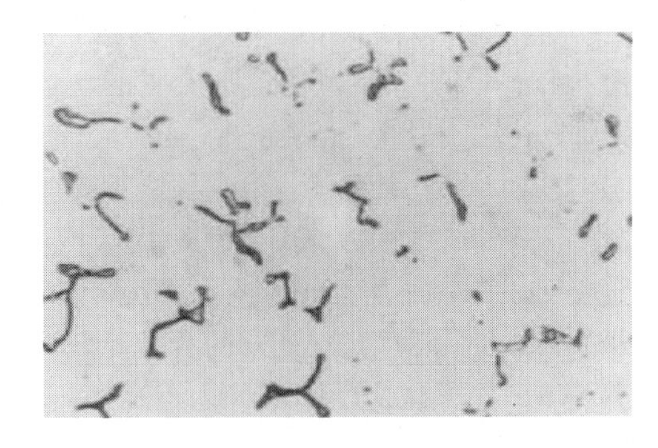

图 9 有间隙焊缝组织（HS309L） ×350

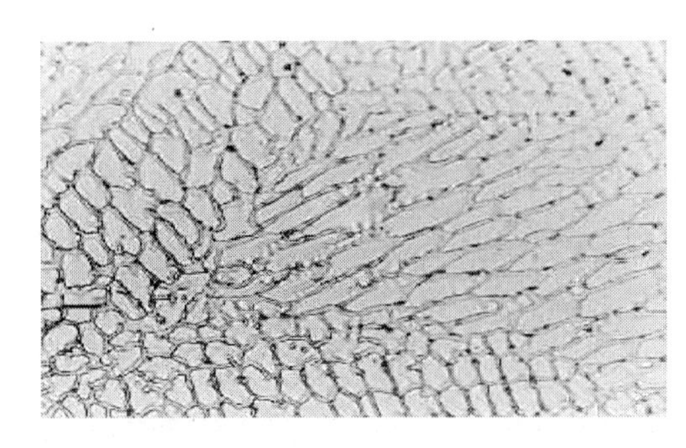

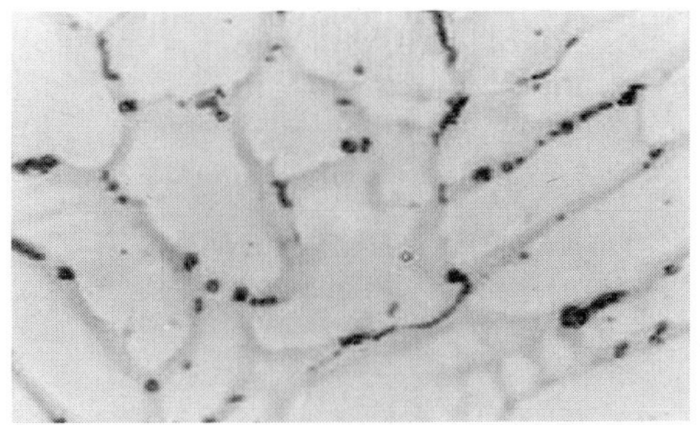

图 10 有间隙焊缝组织（ERNiCrFe-7） ×350

4.3　焊接接头

采用点能谱分析的方法对填充焊丝 HS309L、对接间隙 1.5mm 的双面不锈钢复合板 TIG 填丝焊焊缝的化学成分进行分析，能谱分析仪器采用了 Sirion 200 扫描电镜系统。从结果看，焊缝中 Cr 元素含量在 17% ~19% 之间，与母材中复合层 Cr 元素含量（17.91%）相当（见表 3）。

表 3　化学成分分析

位　置	元　素	k 比	ZAF 修正值	质量分数/%	原子分数/%
近上表面焊缝中心	Cr-（Ka）	0.18372	1.0235	17.3377	18.4650
近焊缝中心成分	Cr-（Ka）	0.20269	1.0231	19.1118	20.3363
近下表面焊缝中心	Cr-（Ka）	0.20350	1.0228	19.1876	20.3971
近上表面焊表面熔合	Cr-（Ka）	0.17147	1.0237	17.2191	17.2782
近下表面焊表面熔合成分	Cr-（Ka）	0.20452	1.0222	18.3579	20.5358

4.4　耐蚀性能分析

对于双面不锈钢薄板预留间隙对接接头 TIG 填丝焊，采用 HS309L 不锈钢焊丝作为填充金属，当预留对接间隙达到 1.5mm 时，焊缝 Cr 元素的含量可以达到 17% ~19% 左右，焊缝金相组织为奥氏体 + δ 铁素体，从焊缝成分和金相组织来看，具有与复合板复合层相似的耐蚀性。采用 ERNiCrFe-7，对接间隙 1.5mm，焊缝金相组织为 γ 固溶体 + 少量第二相，由于 ERNiCrFe-7 焊丝 Cr 元素的含量高于 HS309L 不锈钢焊丝，因此接头的耐蚀性完全可以达到复合板复合层的耐蚀性。

总之，通过焊接试验得到预留对接间隙的 TIG 填丝焊工艺适合不锈复合冷轧薄钢板的焊接。焊缝的耐蚀性能高于复合板基材的耐蚀性。当焊接间隙达到 1.5mm 时，仍然可以形成良好的单面焊双面成形。采用 HS309L 不锈钢焊丝作为填充金属，当预留对接间隙达到 1.5mm 时，焊缝 Cr 元素的含量可以达到 17% ~19% 左右，焊缝金相组织为奥氏体 + δ 铁素体，从焊缝成分和金相组织来看，具有与复合板复合层相似的耐蚀性。

5　不锈复合冷轧薄钢板的应用

5.1　炊具和餐具行业应用

太钢利用工业园区优势与园区内不锈钢制品制造商合作，开发出以不锈钢复合板为原料的一系列餐具、炊具。此种炊具远销欧美市场，既具有 304 不锈钢的耐蚀性能，又具有碳钢的优良导磁性。不锈复合冷轧薄钢钢卷见图 11，不锈复合冷轧薄钢板锅制品见图 12。

5.2　装饰材料的应用

利用专用模具，将不锈钢冷轧薄钢板制作成幕墙支架，通过与哈尔滨焊接研究所共同开发，解决了焊接难题，制作的幕墙已应用在天津杨柳青。

图 11 不锈复合冷轧薄钢钢卷

图 12 不锈复合冷轧薄钢板锅制品

5.3 其他应用

部分应用于电梯内装饰材料、楼梯扶手、旗杆、护栏等民用设施，具有广泛的市场应用前景。

6 结论

不锈复合冷轧薄钢板是太钢开发的复合板产品，是国内唯一一家批量化供应不锈复合冷轧薄钢卷的厂家，不锈复合冷轧薄钢板具有优良的导磁性、冷变形等物理性能。在解决了焊接问题后，其市场应用前景得到了更好的推广。

参 考 文 献

[1] 李宝绵. 对称复合板冷轧变形模式的上限分析[J]. 复合材料学报，2004，21(3).

[2] 王立新. 冷轧不锈钢-碳钢复合板弯曲裂纹的分析[J]. 特殊钢，2005，26(4).

[3] 谢振亚. 双面不锈钢复合板冷轧及热处理工艺探讨[J]. 天津冶金，2003，(6).

爆炸焊接铝钢复合板在城市轨道交通中的应用

李玉平　范述宁　王虎成

（太原钢铁集团（有限）公司复合材料厂，山西定襄，035407）

摘　要：通过对爆炸焊接铝+钢复合板工艺及性能的研究及在城市轨道交通中的首次成功应用，简述爆炸焊接铝+钢复合板在直线电机应用中的优越性。

关键词：爆炸焊接；复合板；轨道交通

The Explosion Welding Al and Steel Composite Board in the Linear Motor in the Application

Li Yuping　Fan Shuning　Wang Hucheng

(Taiyuan Iron and Steel (Group) Co., Ltd.Clad Products Plant, Shanxi Dingxiang, 035407)

Abstract: The explosive weld parameters of Al and steel composite board and irregular surface protection have been appropriatechosen through explosive weld examinations. The explosive combine ratio, interface waveform, bond strength and mechanical properties of the explosive welded Al and steel composite board have been studied. Discusses the explosion welding Al and steel composite board performance superiority. Through the research, experiment, makes Al and steel composite board for the first time in our country composite steel successful application in urban rail transit, described the explosion welding Al and steel composite board in the linear motor in the application of superiority.

Keywords: explosive weld; composite panels; urban rail

铝具有良好导电性和导热性，但铝的强度、硬度、熔点等均很低，与钢的熔点、强度的性能差别大，并且它们之间可生成很多金属间化合物，很难用常规熔化焊接工艺进行焊接；采用铆焊法生产在结点易形成电离腐蚀，严重影响其使用寿命。而采用爆炸焊接法生产，复合板结合率达100%，大大提高了其使用寿命。

1　爆炸焊接工艺及性能研究

铝+钢复合板是一种具有特殊使用性能的新型结构材料。由于钢具有高硬质、高脆性、高熔点等特性，而铝却具有优良的导电性、导热性、良好的耐蚀性、密度小等特性，特别是两者熔点和强度的差别以及它们之间可生成很多种金属间化合物的特性，很难用常规的工艺将它们制成复合材料。这就使得爆炸焊接成为一种最好的制造小规模铝+钢复合材料的新工艺。

爆炸焊接用基板为 Q235 普通碳素钢板，复板为 1050P 热轧铝板，基、复板尺寸分别为 25mm × 360mm × 1000mm、8mm × 400mm × 1050mm，复板和基板的化学成分见表 1，爆炸焊接试验用钢板的物理、力学性能见表 2。

表 1 爆炸焊接试验用钢板的化学成分 （%）

材质	Si	Fe	Cu	Mn	Mg	Zn	C	Ti	铝	其 他
1050P	0.25	0.40	0.05	0.05	0.05	0.05		0.03	99.5	0.03
Q235	0.30						0.14 ~ 0.22			S：0.050，P：0.045

表 2 爆炸焊接试验用钢板的物理、力学性能

项目	密度 /g · cm^{-3}	熔点/℃	比热容	线膨胀系数	体积声速	屈服强度 /MPa	抗拉强度 /MPa	伸长率/%
1050P	2.71	660.2	0.215	24×10^{-6}	5392	63.7	83.3	22
Q235	7.87	1539	0.11	12×10^{-6}	4800	225	375 ~ 500	25

根据流体力学理论得再入射流从层流过渡到紊流时的黏流流速，即最小碰撞点运动速度：

$$v_T = [2 \times 10^6 \times Re \times (h_f + h_j)/(\rho_f + \rho_j)]^{0.5} \tag{1}$$

得
$$v_T = 1829.29 \text{m/s}$$

为了得到波形结合界面，碰撞点移动速度 v_c 必须大于式（1）计算的 v_T，由 Stivers 提出的理论取 $v_c = v_T + 400 = 2229.29$m/s。爆炸焊接试验采用平行安装法，选用炸药爆速 $v_d = v_c = 2229.29$m/s，试验取 2300m/s。

由
$$R = 27/32\{[(1.2v_d + v_p)/(1.2v_d - v_p)]^2 - 1\} = C/m = C/\rho_f t_f \tag{2}$$

得
$$R = 0.79, C = 1.71$$

式中，R 为质量比；v_d 为爆速；v_p 为碰撞点移动速度；C 为单位面积炸药质量；m 为单位面积复板质量。

由于爆炸复合后铝板表面会被严重地冲击与烧伤，在复材表面涂抹水玻璃和 3 号钙基润滑脂可在进行爆炸复合时对复板面进行保护（见图 1 ~ 图 3）。

图 1 润滑脂保护复层面图

图 2 3 号钙基润滑脂保护复层面效果图

图3　三枪数控水下等离子切割机

爆炸焊接铝 + 钢复合板的主要性能及工艺指标见表3。

表3　铝 + 钢复合板主要工艺指标

项　目	指　标	项　目	指　标
拉伸强度/MPa	480 ~ 510	表面不平度/mm · m^{-2}	1
伸长率/%	26 ~ 35	结合率/%	>99.6
结合强度/MPa	85 ~ 110	端面垂直度/mm	<1
表面粗糙度/μm	4 ~ 6	四边直角度/mm	<1
长度公差/mm	0 ~ +3	宽度公差/mm	0 ~ -4

2　爆炸焊接铝 + 钢复合板性能分析

2.1　界面分析

金相照片显示了铝 + 钢爆炸复合板的情况，界面结合良好，属冶金结合，并呈波形特征，但与铜 + 钢、不锈钢 + 钢爆炸复合板相比，界面结合区的波形不规则，波长长，波幅小（见图4）。

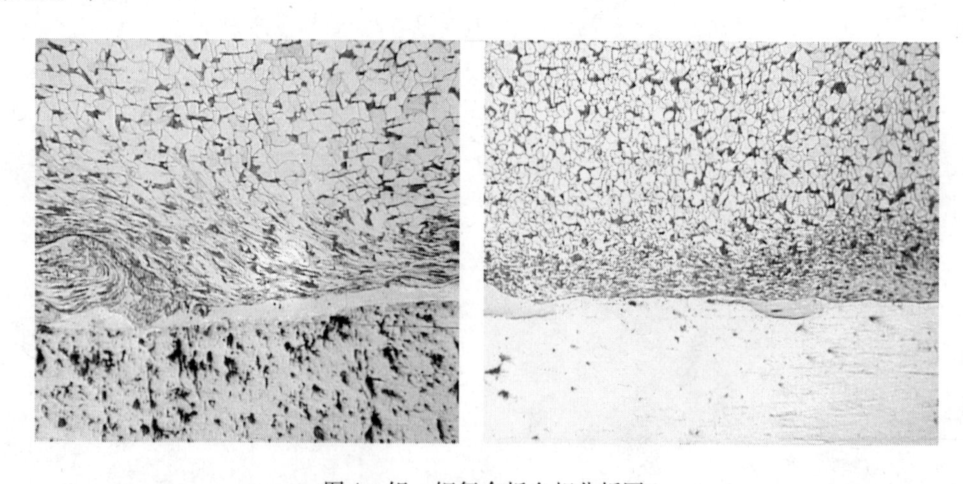

图4　铝 + 钢复合板金相分析图

2.2　结合界面结合强度

用剪切强度（按 GB/T6396 进行）评定铝 + 钢复合板界面结合强度。爆炸复合板剪切强度的稳定值在100～110MPa，远高于标准规定值的60MPa。爆炸铝+钢复合板的结合强度同复材的拉伸强度相当。爆炸复合板的界面结合强度较高，焊接牢固。

2.3　性能分析

对爆炸态铝+钢复合板的拉伸、伸长以及外观表面粗糙度进行检验，检验结果为拉伸强度：480～510MPa；伸长率：26%～35%；表面粗糙度：4～6μm。

对爆炸焊接铝+钢复合板复合区两侧化学成分进行电镜测试，分析表明，该复合板的界面两侧存在着Al和Fe的相互扩散，图5和图6分别是复合区的二次电子图像和对应的背散射电子图像，照片中A、B、C位置的成分分别见能谱图7～图9。

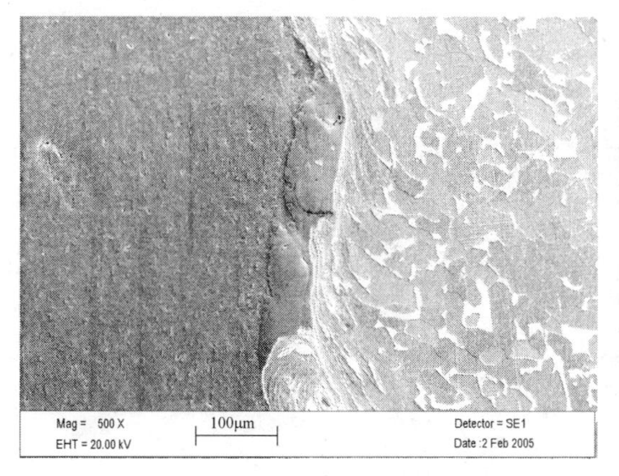

图5　二次电子图像

图6　背散射电子图像

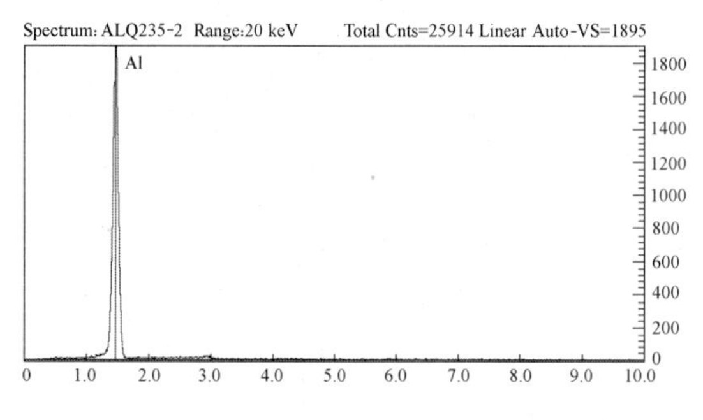

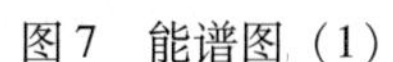

图7　能谱图（1）

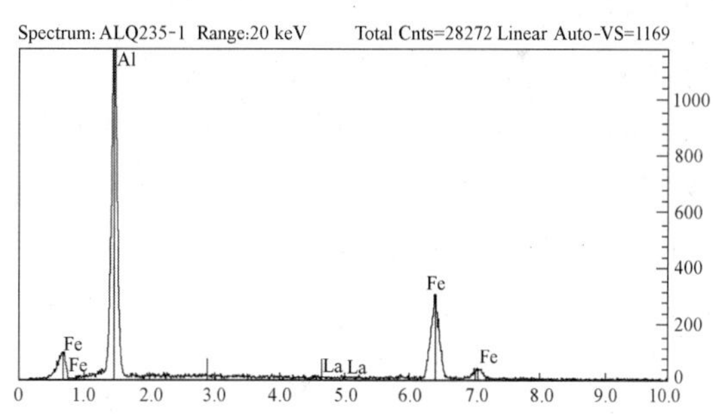

图8　能谱图（2）

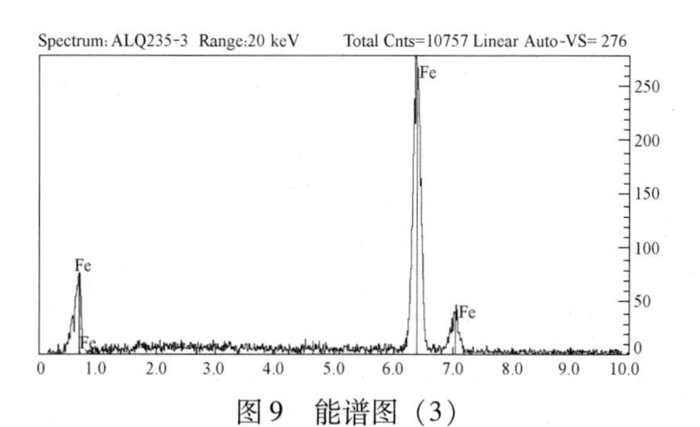

图9　能谱图（3）

3　爆炸铝 + 钢复合板在城市轨道交通中的应用

在城市轨道交通体系中，采用短定子列车驱动直线感应电动机，当初级线圈通以三相交流电时，由于感应产生磁力，直接驱动车辆前进，改变磁场方向，车辆运动随之改变。直线电动机驱动技术先进，爬坡能力强，转弯半径小，运行平稳，系统安全可靠，工程造价低，运营费用低，环保性能好。

直线电动机的转子就是铺在轨道中心的感应板，它构成了直线电机牵引系统不可或缺的重要部分，其材质、安装及运行时的气隙大小都直接影响着整个系统的技术经济指标。直线电动机车辆转向架（包括电动机）、直线电动机、感应板构成了直线电动机轨道交通系统的技术核心（见图 10）。

图 10　直线电动机轨道

2004 年我国首次提出在广州地铁 4 号线、5 号线上使用金属复合材料感应板技术做直线电动机转子。使得铝 + 钢复合板成功地应用于直线电动机转子的感应板。

广州地铁 4 号线是国内首次使用直线电动机技术，使我国成为全球第五个拥有该技术的国家，在感应板的制造方面，摆脱了依赖进口的局面，填补了一项国内空白。

参 考 文 献

［1］郑哲敏，杨振声，等．爆炸加工［M］．北京：国防工业出版社，1981.

［2］埃兹拉 A A. 金属爆炸加工的原理与实践［M］．北京：国防工业出版社，1981.

爆炸焊接地铁用铝钢复合电磁感应板研制

侯发臣　辛　宝　张　超　岳宗洪　王小华　张　蕾

（中国船舶重工集团公司第七二五研究所，河南洛阳，471039）

摘　要：本文通过选材论证，确定了铝-钢组合作为新型地铁直线电机系统中的复合电磁感应板（相当于旋转电动机的转子，平铺安装在两条走行轨道中间）；通过对各种复合工艺方法的比较，确定了采用爆炸焊接技术来实现铝与钢的大面积复合。本文概括了爆炸焊接地铁用铝-钢复合电磁感应板的主要研究内容，包括爆炸焊接参数及布药工艺、焊接热模拟及焊接工艺、组织和性能、超声波检测方法等，并对产品的使用情况作了简要介绍。

关键词：地铁；铝-钢；爆炸焊接；感应板；性能

Development on the Explosive Welding Aluminum-steel Complex Electromagnetism Sensor Used in the Subway

Hou Fachen　Xin Bao　Zhang Chao　Yue Zonghong
Wang Xiaohua　Zhang Lei

（Luoyang Ship Material Research Institute，Henan Luoyang，471039）

Abstract：Aluminum-steel cladding was eliminated for the complex electromagnetism sensor used in the new style linear electrical system of the subway，amounted to the rotating motor rotor fixed paralleled in the middle of two tracks. Compared with the different technologies，explosive welding was chose for producing the big area aluminum-steel cladding plate. In this paper，explosive welding parameters，arranging explosive technology，welding thermodynamics simulation，welding technology，metallurgical structure，mechanical property and ultrasonic testing were researched. Based on this，we introduced the application of the complex electromagnetism sensor.

Keywords：subway；aluminum-steel；explosive welding；sensor；property

1　引言

随着我国城市化进程的加快，城市建设的规模不断扩大，人口不断增加，市内交通问题越来越突出。据调查，目前全国有30多个城市正在规划、筹建和在建地铁、轻轨等城市交通设施，力图依靠轨道交通来改善日益拥堵的城市交通状况。然而，传统的地铁系统采用的是旋转电动机驱动，经减速器、齿轮箱、联轴节等传动机构，靠轮轨黏着驱动前进的模式。这种驱动方式使地铁工程存在建设费用高、振动噪声大、维护费用高等缺点。而直线感应电动机驱动模式是近20年来逐渐发展起来的一种先进轨道交通模式，其动力类似于磁悬浮系统（尚处于试验阶段，还没有一条商业运行线路，建设成本大），实现了以磁力为牵引力代替传统的轮轨黏着摩擦牵引的转变，具有振动小、噪音低、爬坡能力强、动力性能优越、工程造价低、运量大等诸多优点，已经在日本、美国、加拿大等多个国家的9条线路上成功运行了十多年，实践证明是安全可靠的，在经济、技术和效率方面具有相当优势，是21世纪地铁发展的趋势。

中船重工第七二五研究所根据城市轨道列车直线电动机牵引系统核心部件——复合电磁感应板（以下简称复合感应板）的技术和使用要求，开展了深入广泛的试验研究工作，解决了地铁用复合感应板的选材和铝-钢大面积爆炸复合生产制造中的关键技术问题，优选出了爆炸焊接参数及工艺；并模拟实际应用场合的工况条件进行了焊接热模拟试验研究，确定了合理的焊接工艺，得到了铝-钢爆炸复合感应板的使用温度应在350℃以下的结论，是后续安装焊接和使用的重要依据；同时提出了一套针对铝-钢复合感应板的行之有效、准确可行的超声波检测方法，得到了性能优良的大面积铝-钢爆炸复合感应板，并成功应用于国内第一条以磁力牵引的地铁工程——广州地铁4号线~5号线的直线电动机车辆建造，实现了关键部件材料的创新和国产化，取得了良好的经济、技术和社会效益。本文即是关于直线电动机牵引系统核心部件——复合感应板国产化研制工作的简单介绍。

2 复合感应板材料的选择

在新型地铁直线电动机轨道交通系统中，复合感应板相当于旋转电动机的转子，平铺安装在两条走行轨道中间，其作用是与安装在列车底部转向架上的电动机的定子，通过电磁感应产生磁力，从而驱动列车前进，实现列车牵引由传统的轮轨摩擦力向磁力的转变。

相当于转子的感应板材料应该具备电阻率低、导热快、无磁性等特点。铜材或铝材，两者均无磁性且都有优良的导电性能和热传导性能，因此，可考虑作为广州地铁直线电动机系统的感应板材料。但是采用单一的铜材或铝材也存在着材料强度偏低的问题，这就给磁力牵引的地铁列车的高速安全运行带来了隐患，因此，为了确保安全可靠，必须采用铜材或铝材与强度较高的钢材组合在一起作为感应板使用，同时也可以显著降低铜材或铝材的使用量，节省建造费用。

由于铜材较贵，经济性不如铝材，因此，中国船舶重工集团公司第七二五研究所会同广州地铁总公司、日本川崎株式会社和中国南车集团四方机车车辆有限公司最终选择确定了铝-钢组合作为复合感应板材料。其中，铝材为8mm厚的1050铝、钢板为25mm厚的Q235B。这样一来，既可充分发挥1050铝和Q235B钢各自的优点，又克服了其不足之处，体现了合理使用材料的原则，使产品的技术性能和经济性达到最佳配合，满足地铁直线电动机牵引系统的设计和使用要求。

3 制造方法的选择

金属复合材料的制造方法有多种，如浇铸复合法、铸轧法、堆焊法、轧制法（热轧、冷轧）和爆炸焊接法等。板叠热轧法是利用高温和轧制时产生的高压而使不同的金属实现焊合，该种方法虽然可利用其材料的高温塑性，能够采用较大的变形量，但在加热和高温轧制过程中，加速了界面元素的扩散，促使不希望有的Al-Fe金属间化合物的形成，损害结合质量，特别是对于大面积、厚覆层的铝与钢的复合来讲，表现尤为突出。因此，热轧法不宜选用。铝和钢都有足够的塑性，可以进行冷轧，而且可以得到光洁的金属表面，但单纯依靠冷轧使铝和钢结合起来也是困难的，目前还未见报道。

由于铝和钢不能互溶，所以堆焊法不能用来制造铝-钢复合材料；铸造复合法是将液相铝与固相钢基体在铸模内进行组合，凝固后形成复合材料。在适当的温度和压力下可获得一定的复合强度，但因其两种金属的熔点不同，界面存在有较多的疏松、孔隙、裂纹等缺陷，导致其界面结合强度偏低，同时也难以进行大面积的复合，因而具有较大的局限性；而铸轧法是液相金属与固相金属在轧机上实现复合的方法，它将浇铸法与轧制法结合起来，既有液相高温，又有轧制压力，但工艺流程复杂、对材料性能要求高，目前仍处在试验研究和完善阶段。

爆炸焊接是一种高能率加工技术，它可以将两种性能差别很大，或者复合面积大，其他工艺方法无法复合的组元金属结合在一起。它的结合本质是固相冶金结合，没有或仅有极少量的熔化，没有热影响区，界面结合强度高。长期实践证明，爆炸焊接是实现性能差别悬殊的异种金属优质结合的可靠方法。因此，本文选择采用爆炸焊接技术研制地铁用铝-钢复合感应板。

4 爆炸焊接参数及工艺

地铁用铝-钢复合感应板面积大（长度在5000mm以上）、复层厚度较厚（铝复层厚度在8mm以上），如果采用薄铝板先与钢基板爆炸复合，之后经矫平再在该薄铝复层上爆炸复合第二层铝板的复合方式，不仅生产效率较低，更严重的是实施第二层复合时，基层钢易产生破断，从而导致产品报废。为此，本文确定采用一次直接爆炸复合的方式进行大面积地铁铝-钢的爆炸焊接。

对于直接爆炸复合方式，其优点在于一旦参数及工艺选择合适，便省去了多次爆炸的繁琐，一次完成复合。但由于厚铝板爆炸焊接的固有困难，特别是大面积复合以及铝、钢材料各自性能的显著差异，铝与钢的爆炸焊接需要解决三个技术关键问题。

一是输入碰撞界面的能量大。在爆炸焊接过程中，铝材与钢材是可压缩和有黏性的，因此两者碰撞时输入界面的能量 ΔE 可近似表示为：

$$\Delta E = \frac{m_1}{2} V_p^2$$

式中，m_1 为复板单位面积质量；V_p 为碰撞速度。

从上式中可以看出，输入碰撞界面的能量与复板质量成正比，在 V_p 一定时，对于厚复板的情况，界面将会因大能量的输入而产生过多的熔化，形成厚的熔化过渡层[1]，其结果是复合率低（反射拉伸波作用）、结合强度低。为此，本文提出了减小装药厚度，采用台阶式布药方式的技术方案，通过选择合适的参数，以达到控制界面温度和熔化层的形成，从而实现良好的爆炸焊接。

二是易出现铝表面波纹状破裂。用流体动力学分析基复板的碰撞过程，界面由层流变为湍流，形成波纹状界面的临界转变速度 V_T 可由下式计算：

$$V_T = \left[\frac{2(\mathrm{HV}_1 + \mathrm{HV}_2)Re}{\rho_1 + \rho_2}\right]^{1/2}$$

式中，HV 为材料的维氏硬度，1、2 分别表示复材和基材；ρ 为材料密度；Re 为当量雷诺数，对于确定组合的材料为常数。

对于铝、钢组合，按上式计算得到 $V_T = 1937\text{m/s}$。为防止波纹状破裂出现并控制界面均匀细小波形，必须采用低爆速炸药。为此，本文通过在选用的硝铵炸药中加入一定比例的添加剂并均匀混合，获得了适用的低爆速炸药，该炸药爆速稳定在 1900 ~ 2400m/s 之间。

三是易产生 Fe-Al 金属间化合物相。由于铝材的熔点较低，仅有 660℃左右，在进行大面积爆炸焊接过程中，碰撞区（特别是板的两个末端）的短时局部高温易使其熔化和生成过多的金属化合物，不利于界面的结合质量，因此，必须控制碰撞区温度场的温度峰值，使其尽可能低。为此在采用低爆速炸药的同时，还应按其爆炸焊接窗口的下边界条件选择爆炸焊接参数[2]。

首先从材料系统入手，根据铝和钢本身固有的材料性能及参数，包括强度、硬度以及声阻抗等数据，可以推算出其产生良好焊接的临界动力学参数[3]，然后结合实际选配的低爆速混合炸药系统进行拟合[4]，得出初始参数质量比 R 与间距 S。

（1）确定 V_{pmin}。根据 Stivers 和 Wittan 方程求得 V_{pmin}值：

$$V_{pmin} = (\sigma_b/\rho)^{1/2}$$

（2）确定 V_{cp}。为使界面产生波纹，则应该使 $V_{cp} > V_T$（界面临界转变速度）：

$$V_T = [2Re(\text{HV}_1 + \text{HV}_2)/(\rho_1 + \rho_2)]^{1/2}$$

$$V_{cp} = V_T + (100 \sim 200)$$

（3）确定β。取 $V_p = 1.2V_{pmin}$，$\beta = \arcsin V_p/V_{cp}$。

（4）确定质量比 R。$\beta^{-1} = a + b/R$ 得出质量比 R（a、b 为与炸药有关的实验常数）。

（5）确定药厚 H_e。由公式 $R = H_e\rho_e/H_f\rho_f$ 计算。

（6）确定间距 S。根据公式 $S = 0.2(H_e + H_f)$计算。

为了在下边界条件区域确定爆炸焊接参数，在理论计算的基础上，设计并进行了系列工艺参数爆炸焊接试验（$R = 0.7 \sim 1.5$；$S = 5 \sim 11\text{mm}$）。铝复层厚度选用的是 $\delta = 8\text{mm}$ 厚的工业纯铝板 1050 Al，钢基板选用的是 $\delta = 25\text{mm}$ 厚的 Q235B，爆炸焊接后先进行超声波及着色探伤，随后按日本标准《包覆钢试验方法》（JIS G0601—2002）规定的取样方法，分别取样进行了界面剪切、界面拉力和内外弯曲试验。具体试验结果见表 1 ~ 表 3。

表 1　爆炸焊接试板超声波探伤结果

试板编号	1	2	3	4	5	6
有效区内结合率/%	100	100	100	100	100	100
界面波反射高度/%	15	20	15	30	15	20
起爆点大小/mm	φ20	φ20	φ20	φ20	φ20	φ20
试板编号	7	8	9	10	11	12
有效区内结合率/%	100	100	100	100	100	100
界面波反射高度/%	20	15	10	15	15	22
起爆点大小/mm	φ20	φ20	φ20	φ20	φ20	φ20

表2　爆炸焊接试板结合界面着色探伤结果

试板编号	着色探伤结果	试板编号	着色探伤结果
1	界面无缺陷	7	界面有分散细小缺陷
2	界面无缺陷	8	末端150mm有分散细小缺陷
3	末端150mm有分散细小缺陷	9	界面无缺陷
4	末端150mm有分散细小缺陷	10	界面无缺陷
5	界面无缺陷	11	界面有分散细小缺陷
6	界面无缺陷	12	末端150mm有基本连续缺陷

表3　爆炸焊接试板复合界面结合强度

试板编号	界面剪切强度/MPa		界面抗拉强度/MPa	
	数　值	平均值	数　值	平均值
1	95/145/121	120	111/153/160	141
2	83/93/113	96	122/114/131	122
3	109/94/108	104	143/122/144	136
4	92/80/110	94	83/92/107	94
5	101/105/89	98	148/88/108	115
6	105/81/88	91	105/98/132	112
7	99/102/111	104	123/100/81	101
8	98/80/87	88	100/106/116	107
9	93/89/109	97	112/125/147	128
10	113/124/100	112	156/154/145	152
11	95/82/89	89	94/130/105	110
12	124/131/136	130	140/140/151	144

根据上述试验结果，爆炸焊接初始工艺参数可选择单位面积装药比 $R=0.9\sim1.2$。为了解决大面积复合末端及角部过大的未复合区，在进行大面积铝-钢爆炸焊接时，采用台阶式布药（如图1所示），取得了良好的复合效果。

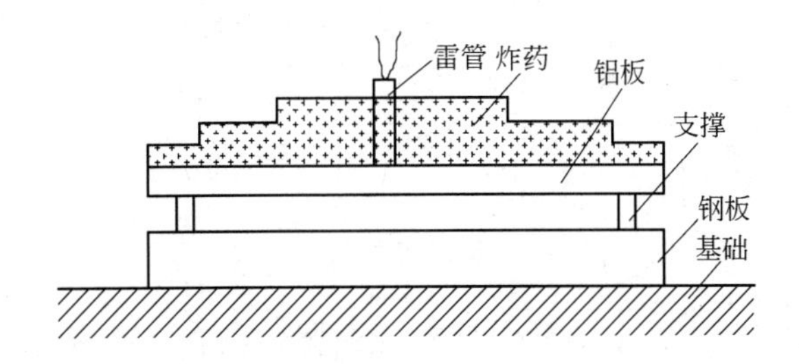

图1　大面积铝-钢爆炸焊接台阶式布药示意图

综上所述，在理论分析和计算的基础上，通过减小装药厚度，采用台阶式布药爆炸复合技术和采用低爆速炸药以及按下边界条件确定爆炸焊接参数等技术措施，解决了大面积铝-钢爆炸焊接的三个技术关键问题，确保了铝-钢复合感应板的良好复合。

5　铝-钢爆炸复合感应板的组织和性能

通过爆炸焊接参数及工艺试验研究，选择确定了台阶式布药一次直接爆炸复合方式及相应的工艺和参数，并进行了产品试制和生产，产品板的板面尺寸为(8mm + 25mm) × 1500mm × 5500mm。随后随机取样进行了有关力学及工艺性能测试、微观结构观察和分析以及显微硬度测试。

微观结构观察表明，铝-钢复合界面较为平直，波形较小，大部分区域为铝与钢的直接结合，局部有少量漩涡。在结合界面钢侧波峰上的铁素体和珠光体呈现形变特征，远离波峰的基体组织为正常的铁素体 + 珠光体（见图 2）。在铝侧波峰上的 α（Al）基体上有细小的 β 相，并有 $MnAl_6$ 相（见图 3）。漩涡区为两种金属的互溶体，和两种金属相比，比较亮。显微硬度测试表明，复合界面硬度最高，界面两侧硬度逐渐下降（见图 4），反映出了正常的爆炸复合材料特征。

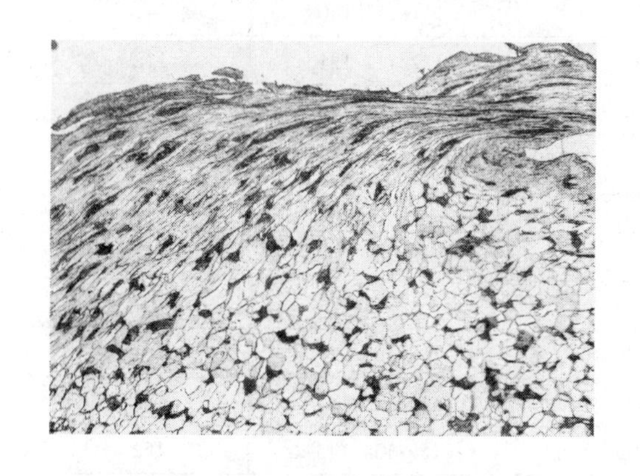

图 2　钢波峰组织（×200）

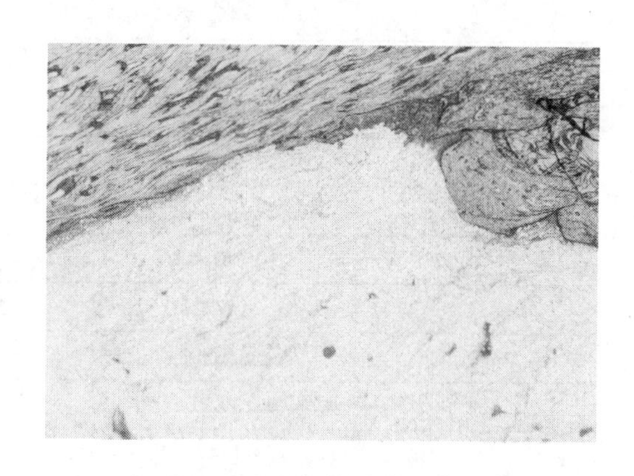

图 3　铝波峰组织（×200）

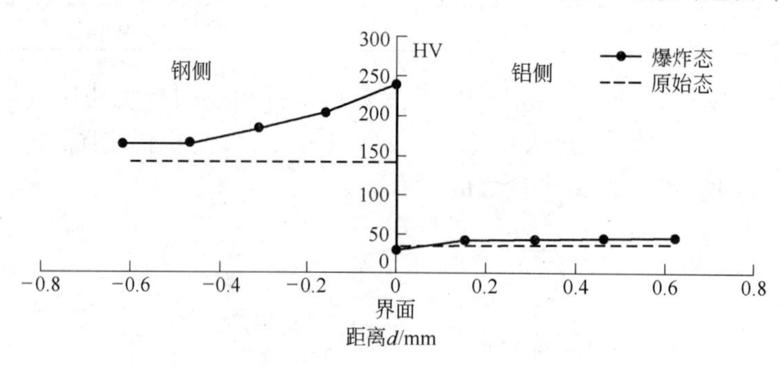

图 4　显微硬度测试曲线

力学性能测试结果表明，铝-钢复合材料的屈服强度在 290 ~ 320MPa 之间，抗拉强度在 360 ~ 380MPa 之间，伸长率在 23.5% ~ 27.5% 之间（见表 4），具有良好的强度和塑性；界面剪切强度平均值在 100MPa 以上（见表 5），界面拉脱强度平均值在 110MPa 以上（见表 6），数据都很高，且数据稳定与工艺试验研究中的测试数据相当；界面波纹规则、均匀、略显扁平；内、外弯曲和侧弯曲试验表明，复合界面均无分层和开裂现象，结合良好，这些都进一步说明了爆炸焊接参数及工艺选择的合理与实际。

表 4　铝-钢爆炸复合感应板拉伸试验结果

编　号	屈服强度 $R_{P0.2}$/MPa	抗拉强度 R_m/MPa	伸长率 A/%
试样 1	295	365	23.5
试样 2	305	365	24.0
试样 3	320	375	25.0
试样 4	315	360	24.5
试样 5	305	380	26.0
试样 6	315	370	27.5

表 5　剪切强度测试结果

编　号	剪切强度 τ_b/MPa			平均值/MPa
试样 1	95	121	145	120
试样 2	94	108	109	104
试样 3	89	101	105	98
试样 4	99	102	111	104
试样 5	100	113	124	112
试样 6	124	131	136	130

表 6　拉脱强度测试结果

编　号	拉脱强度 R_m/MPa			平均值/MPa
试样 1	114	122	131	122
试样 2	98	105	132	112
试样 3	112	125	147	128
试样 4	145	154	156	152
试样 5	94	105	130	110
试样 6	140	140	151	144

用 DX-4X-ray 能谱仪对结合界面两侧元素的扩散及界面成分进行分析，结果见图 5。可以看出，在结合界面两侧铝元素和铁元素有轻微扩散，在铝侧，铁元素的含量随着距离界面距离的增加而降低，在钢侧，铝元素的含量同样随着距离界面距离的增加而降低；在结合界面，铁元素的质量百分含量略高于铝元素的质量百分含量，分别为 52.70% 和 47.30%，结合界面两元素相互扩散的深度只有几微米数量级。

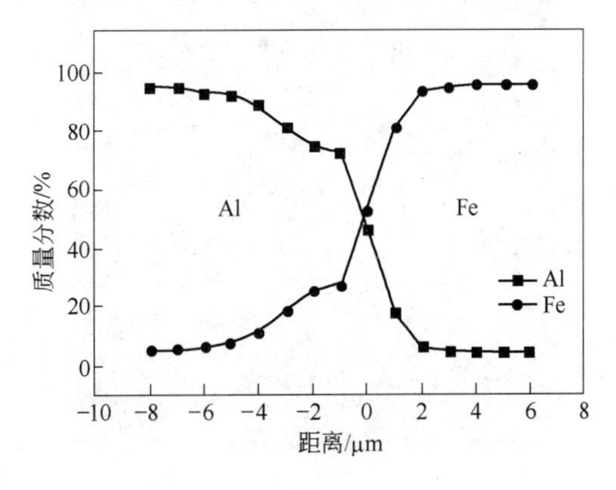

图 5　铝-钢界面区元素的分布

用 JSM-35C 扫描电子显微镜和 DX-4X-ray 能谱仪对结合界面局部漩涡区（见图 6）的化学成分进行了分析，分析结果见表 7。在漩涡熔化区存在有铝和铁的金属间化合物，透射电镜电子衍射试验表明，该化合物由铝和铁平衡相图中的 FeAl 和 $FeAl_2$ 组成（见图 7 和图 8），这与有关文献[5]报道的结果是一致的。

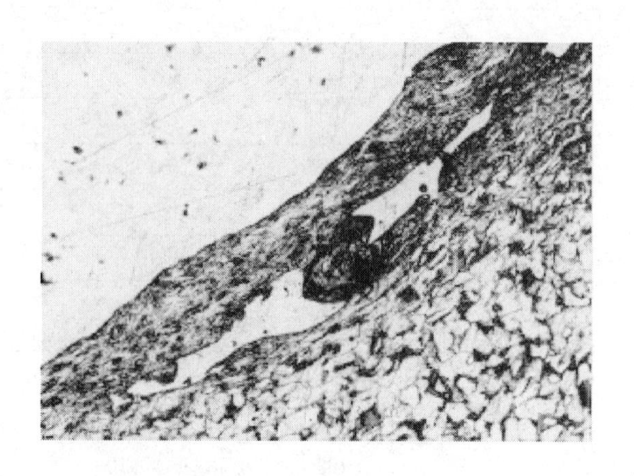

图 6　铝-钢复合界面漩涡区形态

表 7　结合界面漩涡区的化学成分

成　分	Al		Fe	
	质量分数/%	原子分数/%	质量分数/%	原子分数/%
1 号	15.66	27.76	84.34	72.24
2 号	37.92	55.83	62.08	44.17
3 号	13.01	23.63	86.99	76.37
4 号	37.39	55.28	62.61	44.72
5 号	37.77	55.68	62.23	44.32
6 号	30.12	47.14	69.88	52.86

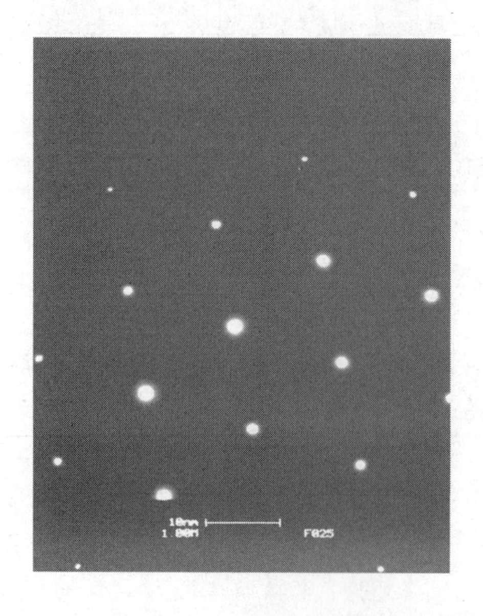

图 7　FeAl 电子衍射花样

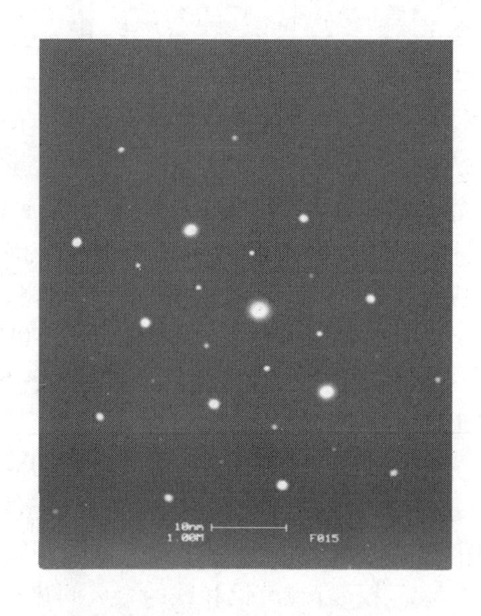

图 8　$FeAl_2$ 电子衍射花样

6 焊接及热模拟试验

铝-钢爆炸复合感应板除了应具备良好的界面结合强度和弯曲变形能力外，根据使用工况条件要求，它还应具备良好的经受焊接施工作业能力。复合界面在焊接作业之后不能分层，结合强度（界面剪切、界面拉力）不能有明显下降，弯曲变形时界面同样必须保持完好，不能脱开。为此根据中国南车集团四方机车车辆有限公司的实际焊接安装工况，进行了活性气体保护焊（MAG 焊接）试验，三种焊接参数下的试验结果表明，铝-钢复合界面峰值温度均不超过 160℃，界面剪切强度均在 100MPa 以上，拉脱强度不低于 125MPa，相互间相差无几，基本保持稳定，且远远高于技术规格书规定的指标要求。侧弯曲试验（$d=12a$，90℃）表明，复合界面均完好，无分层和开裂现象。由此可见，正常的焊接不会影响铝-钢复合感应板的力学性能和工艺性能。

为了更深入系统的了解界面温度对复合界面结合强度的影响，进行了系列温度模拟热处理试验（热处理在电炉中进行，试验温度范围为 200 ~ 550℃，保温时间 15min），图 9 和图 10 是试验得到的铝-钢复合感应板界面剪切强度、拉脱强度随热处理温度的变化曲线。

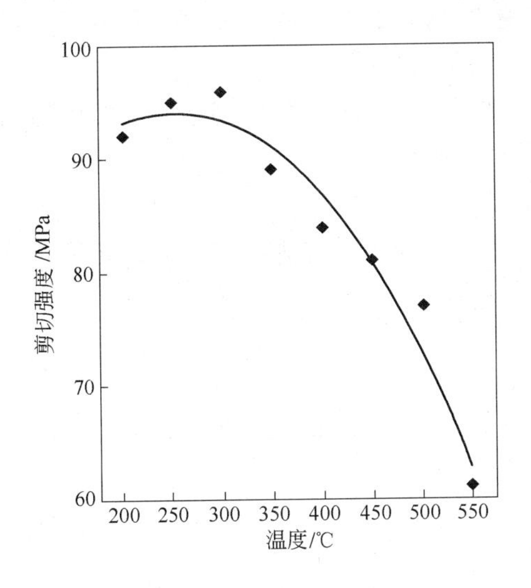

图 9 剪切强度-温度曲线

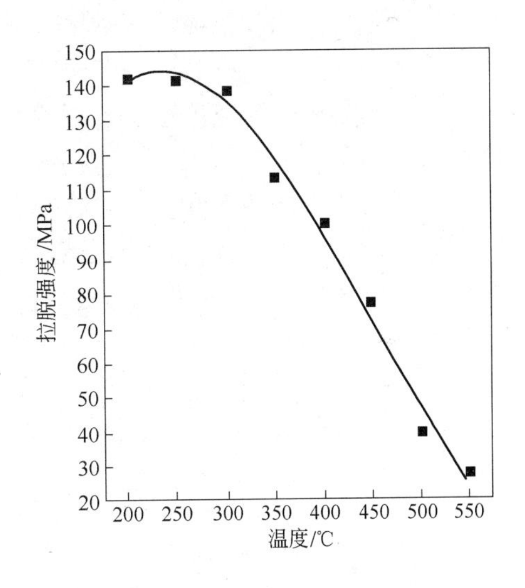

图 10 拉脱强度-温度曲线

从图 9 和图 10 中可以看出，剪切强度、拉脱强度随热处理温度的变化规律基本相同，其数值随温度的升高呈逐渐下降的趋势。爆炸态时，拉脱强度平均值为 141MPa（142MPa、144MPa、138MPa），剪切强度平均值为 97MPa（97MPa、94MPa、100MPa）；热处理温度在 350℃以下时，其性能与爆炸态基本相当；在 400℃时，结合强度下降较明显；450 ~ 550℃时，拉脱强度值已低于 80MPa 以下。由此可见，要使铝-钢界面结合强度不受焊接热输入的影响，就要保证界面温度不高于 350℃，而焊接试验表明，正常的焊接施工作业，不会导致铝-钢界面温度过高（在 160℃以下），因此是安全可靠的。

上述试验充分说明，铝-钢爆炸复合感应板具有良好的经受焊接作业能力，可以经受正常的焊接施工作业，这也从另一个角度反映了它的高结合质量。

7　超声波检测方法

铝-钢爆炸复合感应板是一种新型材料组合，它不同于以往的铜-钢复合感应板。由于铝和钢的物理和化学性能相差悬殊，其超声波检测时界面波形也会有显著的不同，而目前国际上还没有相对应的检测标准和方法，尽管铝-钢复合材料用途越来越广，但其超声波检测仍停留在以往的经验水平上，为此，在长期从事爆炸焊接理论和实践工作基础上，通过对铝-钢复合感应板材料平底孔试块、槽形试块及工件底面超声波检测的试验、对比，提出了铝-钢复合感应板超声波探伤的探头频率选择、探头晶片选择、探头灵敏度选择、未复合状态确定、未复合区确定、验收标准制订等一整套超声波检测方法，该方法行之有效、准确可靠，用这种方法检测的铝-钢复合感应板，能够满足地铁直线电动机牵引系统的设计、技术和使用要求。

8　结论

综合上述试验研究和现场实际安装焊接及列车运行使用验证，可以得出如下结论：

（1）本文确定的爆炸焊接参数及台阶式布药工艺合理，实际操作可行。

（2）研制的大面积铝-钢爆炸复合感应板结合强度高，组织、性能优良，并可经受正常的焊接施工作业。

（3）焊接热模拟研究确定了合理的焊接工艺，得到了铝-钢爆炸复合感应板的使用温度应在350℃以下的结论，是后续安装焊接和使用的重要依据。

（4）本文提出的超声波检测方法行之有效、准确可靠。

（5）广州地铁4号线、5号线工程应用证明，七二五研究所研制的大面积铝-钢复合感应板用于新型直线电动机牵引系统是完全可行、可靠的。

参 考 文 献

[1] Leszcynski T. Structure and property of St/Al clad joint[J]. Biuletyn Instytutu Spawalnictwa, 1991, 35(2/3): 36 ~ 40.

[2] V. G. Petusnkov. New Theoretical Concepts and Technological Developments in the Field of Explosion Welding of Metals. Joining/Melding 2000. 1991. 127 ~ 138.

[3] P. VVaidynathan. Computer-Aided Design of Explosive Welding Systems. Journal of Materials Processing Technology. 38 (1993) 501 ~ 516.

[4] 张振逵. 爆炸焊接参数下限和冶金机理探讨. 第六届全国焊接学术会议论文选集（第七集）. 1990. 5. 8 ~ 12.

[5] 李炎，肖宏滨，等. 爆炸焊接L2/16MnR界面反应区显微结构[J]. 洛阳工学院学报，1997，(2)：12 ~ 17.

高速铁路桥梁整体桥面用复合钢板应用研究

张 超 侯发臣 辛 宝 徐宇皓 岳宗洪 王小华 张保奇

(1. 中国船舶重工集团公司第七二五研究所，河南洛阳，471039；
2. 洛阳双瑞金属复合材料有限公司，河南洛阳，471039）

摘 要：本文根据高速铁路桥梁桥面的环境工况条件和材料的综合性能以及适用性比较，提出了奥氏体不锈钢与桥梁结构钢组成复合钢板用于桥梁整体桥面的选材建议；并研究了组合321-Q370q复合钢板母材及焊接接头的组织和相关性能。指出：321-Q370q复合钢板在保持了Q370q钢原有的较高的强度和韧塑性以及良好的焊接性、疲劳性能的同时，兼具了321不锈钢的良好的耐蚀性，能够满足《不锈钢复合钢板和钢带》（GB/T 8165—2008）、《桥梁用结构钢》（GB/T 714—2008）和《铁路桥梁钢结构设计规范》（TB 10002. 2—2005）的规定，用于铁路桥梁的桥面板结构是安全可靠的。

关键词：复合钢板；桥梁；组织；疲劳；性能

Application Research of Overall High-speed Railway Bridges with Clad Plate Deck

Zhang Chao Hou Fachen Xin Bao Xu Yuhao Yue Zonghong Wang Xiaohua Zhang Baoqi

(1. No. 725 Institute of China Shipbuilding Industry Corporation, Henan Luoyang, 471039;
2. Luoyang Shuangrui Metal Composites Co., Ltd., Henan Luoyang, 471039)

Abstract: According to the working conditions of the high-speed railway bridge deck, and overall performance and applicability of the bridge deck materials, an offer was made to choose austenitic stainless steel and bridge structural steel as clad plates used in the overall bridge deck. Parent metal and welded joints of 321-Q370q clad plates were studied on their structures and related properties. It was pointed out that 321-Q370q clad plates not only maintained the original features of Q370q plates, that' s higher strength, toughness, well weldability and fatigue resistance, but also got features of 321 stainless steels, good corrosion resistance. Features of this plate satisfied the standard provisions of GB/T 8165—2008 "stainless clad plate and steel strip", GB/T 714—2008 "structural steel for bridges", and TB 10002. 2—2005 "railway bridge steel structural design specification" . So the plate is safe and reliable for railway bridge deck structure.

Keywords: clad plate; bridge; organizations; fatigue; performance

1 引言

随着桥梁建设的飞速发展，高可靠性和低使用维护成本成为桥梁设计和使用者的迫切要求。如何采用新技术、新材料，提高结构的耐久性，保证桥梁的使用寿命是桥梁设计应解决的主要问题之一。钢桥面作为主要的受力构件，直接承受铁路荷载，其耐久性要求更为突出。尤其在道砟槽和钢桥面的连接面，会存在局部连接不密贴现象，容易产生积水，加剧桥面的锈蚀，同时结合面处的日常检修和维护较困难。因此桥面成为整个结构耐久性设计的薄弱环节。

传统的油漆防腐寿命仅有 8 ~ 10 年，而电弧喷涂工艺（喷涂各种涂料、锌、铝等），由于其涂层的密度、结合质量和自身耐蚀性能所限，其使用寿命也是有限的（30 ~ 50 年），这对于设计使用年限 100 年以上的永久性钢桥结构来说，尚不能做到一次防腐与钢桥设计寿命同步，而桥面防腐的维护、修理和重涂势必需要相当长的时间，而且需要中断运输，造成的经济损失将非常巨大。复合钢板是理想的工程结构材料[1~3]，它既有复层材料良好的耐蚀性，又有基层材料的高强度和韧性，同时还有较好的加工适应性和可焊性，因此，采用不锈钢-桥梁钢双金属复合钢板代替单一的桥梁钢板，将会充分发挥不锈钢和桥梁钢各自的优点和长处[4~6]，从而显著提高桥面结构的抗腐蚀能力和使用寿命，实现目前的防腐工艺方法无法达到的耐久性目标，不失为一条新的途径。

中船重工七二五研究所在国内首次根据高速铁路桥梁桥面的环境工况条件和材料的综合性能以及适用性比较，提出了奥氏体不锈钢与桥梁结构钢组成复合钢板用于桥梁整体桥面的选材建议；并对组合 321-Q370q 复合钢板的组织和性能进行了全面试验研究和评价，这些试验结果对于桥梁设计和工程技术人员加深对复合钢板的了解和应用具有重要意义和参考价值。

2 桥梁钢桥面的环境因素和工况条件

高速铁路设计桥上时速通常在 300 公里左右，为了增大桥面刚度以适应高速行车，采用正交异性钢板整体桥面，即在背面由纵、横肋加固，与主桁的下弦杆焊接在一起，桥面板直接参与弦杆的受力，均匀地传递下弦平面的内力。用于大桥桥面的复合钢板之间采用对接焊的方法连接起来，在复合钢板上面铺放道砟，道砟上面是枕木和钢轨（如图 1 所示）。钢桥桥面等结构作为永久性的设施长期处在弱酸性潮湿大气腐蚀环境中，同时还要经受道砟碎石的直接压轧作用，因此必须具有十分可靠的使用性能和足够的安全性。

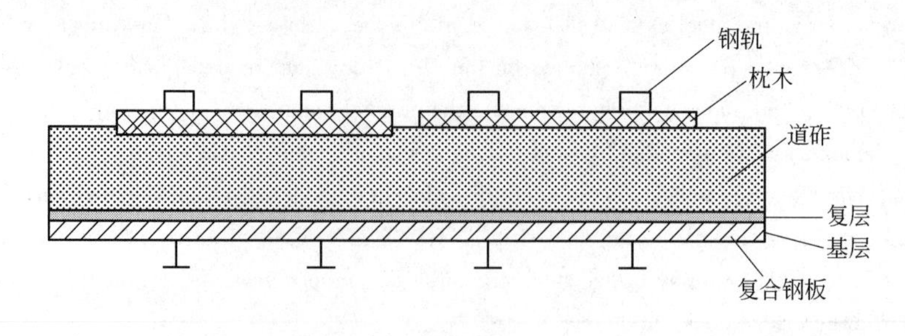

图 1 复合钢板使用位置示意图

我国大部分地区工业废气排放较多，大气中含有一定量的 SO_2、SO_3 等酸性气体，属于低浓度的酸性潮湿大气腐蚀环境（pH 值约为 5 ~ 7），对钢结构会产生一定程度的腐蚀。特别是道砟碎石之间有空隙，且松紧不一，因此在桥面上存有水时，不同部位水介质的含氧量不同，会导致相应部位的极化程度不同，产生不同的电位，从而产生浓差电池腐蚀[3]。

3 复层材料的选择

3.1 材质选择

材料性能尤其是抗腐蚀性能受环境诸因素的影响和作用，没有一种万能的材料适合于所有的环境。根据环境因素的分析，提出适用的材料是选材的基本原则[1,2]。

高速铁路大桥钢桥面结构的环境因素特点要求复层适用材料应耐腐蚀、并具有一定的强度和硬度，它们可能成为该环境下复层材料失效的主要形式，因此，在复层选材时应符合如下要求：

（1）耐腐蚀（耐低浓度酸性潮湿大气条件下的局部腐蚀）；

（2）材料应有一定的强度和硬度，足以抵抗碎石道砟的压轧损伤；

（3）在钢桥的实际交变载荷作用下，具有良好的冲击性能和疲劳性能；

（4）有良好的可焊性、热处理性能和加工适用性；

（5）材料来源方便、价格合理。

考虑铁路桥梁的使用环境条件，复合钢板的复层材料主要应满足耐腐蚀性、抗压轧损伤以及良好的可焊性和加工适用性，同时也要考虑到经济性。不锈钢（奥氏体、铁素体、马氏体、双相不锈钢）是人们在与腐蚀现象作长期斗争的实践中而逐渐形成的特殊钢系列材料，它们在不同的介质中具有良好的耐蚀性。另外，不锈钢材料与钛、镍基合金、铜合金等相比较，具有较低的价格和较齐全的材料规格系列，板面较大，这对建造大型金属结构（各类容器、海洋平台、船舶、桥梁等）是很重要的。不锈钢复合钢板加工适用性良好，母材与焊接材料匹配，焊接工艺成熟，是实际上较适宜的材料。

为了保证材料的可焊性，低碳和超低碳是优选的条件之一，其次是良好的耐蚀性和具有一定的强度，虽然不锈钢作为复合钢板的复层材料不参与强度设计，但是对于抗压轧损伤却是非常必要的。从强度和硬度数据看，沉淀硬化不锈钢的数值最高，但塑性很差，将给加工造成困难，虽然它们具有优良的腐蚀性能，但综合性能差。铁素体钢 0Cr13Al 和 430 钢没有十分突出的性能，一般不推荐在耐蚀和机械作用环境下使用，铁素体钢存在着韧性-脆性转变及焊态的低塑性问题，没有资料表明它是抗磨耗腐蚀的，而且铬 17 型铁素体钢在水中对点蚀和缝隙腐蚀敏感，而且不宜于用阴极保护来改善，由于上述原因，沉淀硬化不锈钢和铁素体不锈钢不能进入选择材料之内。

马氏体不锈钢 Cr13 型，其强度和硬度略高于奥氏体不锈钢，但塑性明显偏低。由于其对点蚀和缝隙腐蚀很敏感，一般认为不宜在全浸状态使用；双相不锈钢（如 Avsta 2205、2507 等）不仅具有优异的耐腐蚀性能，同时也具有较高的强度和韧塑性，是理想的耐腐蚀、抗机械损伤的材料之一，只是价格较贵，使得其应用受到了一定影响。

奥氏体不锈钢品种较多，标准中排除了含碳量较高和铬镍高合金不锈钢，重点推荐含钼的镍铬合金，钼的加入减少了产生局部腐蚀的可能性，其强度、塑性和硬度值较高，代表性的有 316L、317L 和 254SMO，特别是 254SMO 具有和钛、镍几乎同等的抗腐蚀抗力。304、304L 和 321 不锈钢也是公认的耐腐蚀的材料，在化工、炼油以及核工业的耐腐蚀部件和低温焊接构件上被大量采用。奥氏体钢有致密牢固的保护膜，即使产生局部破坏，空气或水中的氧会促使破裂的膜弥合，这种自修补能力对于提高材料的耐蚀性是十分重要的。

选材要全面考虑材料的综合性能，确保主要性能，合理地选择和使用材料。因此可以认为在众多的材料当中，采用奥氏体不锈钢、双相不锈钢作为复层材料是比较合理的选择。考虑到其来源的方便性和价格因素，从实用的角度出发，我们推荐321不锈钢作为高速铁路大跨度钢桥整体桥面用复合钢板的复层材料。

3.2　厚度选择

与碳钢相比，321不锈钢由于加入Cr、Ni等合金元素显著提高了基体的电极电位，因而具备较强的抗腐蚀能力，一般不会发生均匀腐蚀问题，它的腐蚀主要表现为局部腐蚀。我国大部分地区，具有潮湿大气气候的特征，存在一定程度的酸雨，因而其腐蚀环境可以定义为低浓度的酸性潮湿大气。在这种低浓度的酸性潮湿大气中，大气腐蚀相对比较轻微，年腐蚀速率一般低于0.002mm/a。但由于铺垫在复合钢板上的碎石道砟厚达350mm，且松紧不一，存在较大的缝隙，在不锈钢复层表面存有水时会因氧浓度梯度产生不同的电极电位，从而在局部产生浓差电池腐蚀，可以认为它是复合钢板复层在此环境条件下的主要腐蚀形式。因而在计算复层的厚度时，应以此为主要计算依据。

由于目前尚没有此环境条件下有关浓差电池腐蚀的数据。可以参考不锈钢板在土壤中的腐蚀数据进行分析估算。碎石道砟和土壤相似，均为颗粒状，且都表现为虚实松紧不一，因而在碎石道砟中的腐蚀条件类似于土壤中的浓差电池腐蚀，但比土壤中的不锈钢的腐蚀要轻微。这是因为：首先发生电池腐蚀的一个条件是必须要有电解质才能形成腐蚀回路，处于震动状态下的碎石道砟中的复合钢板表面实际上很难总是满足这一条件（水易流走），浓差电池腐蚀不能连续地进行，比较而言，处于静止状态下的土壤颗粒小更易存水，对不锈钢的腐蚀持续时间要长得多；另外，土壤与碎石道砟相比更致密一些，属于缺氧环境，相比较而言，阴极面积更大，按照大阴极小阳极腐蚀加速的观点，不锈钢在土壤中的腐蚀应该比碎石道砟环境下的腐蚀更为严重。因此，需要的不锈钢复层的厚度要明显小于土壤环境中的计算厚度（321不锈钢在土壤中的最大腐蚀深度为每100年3mm），保守估计，若以碎石道砟中腐蚀时间为土壤中的腐蚀时间一半估算，321不锈钢复层厚度仅需1.5mm，考虑到其表面承受交变载荷下的压轧作用等因素，321不锈钢复层厚度可设计为2~3mm，从而可以确保钢桥桥面100年的使用寿命。

4　321-Q370q复合钢板的组织和性能

4.1　界面组织形貌

图2为在金相显微镜（OLYMPUS GX71）下观察到的321-Q370q复合钢板复合界面形貌，表现为典型的爆炸复合准正弦波界面特征。波纹细小、均匀，平均波高约为0.12mm，平均波长约为0.5mm。Q370q基层组织（见图3）为呈带状分布的铁素体+珠光体。321复层组织正常（见图3）为呈孪晶状的单相奥氏体。

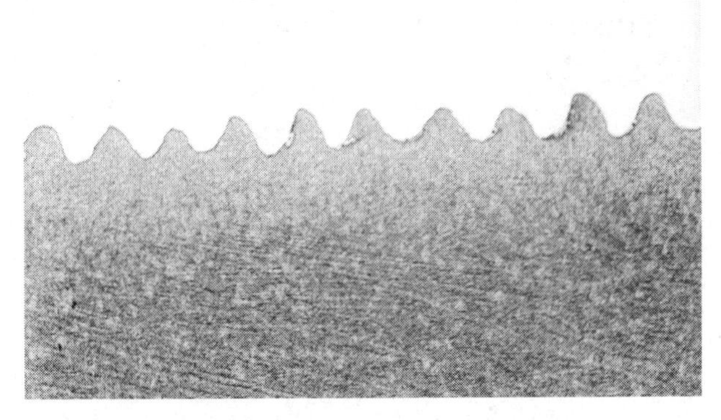

图 2　复合钢板的界面特征（×12.5）

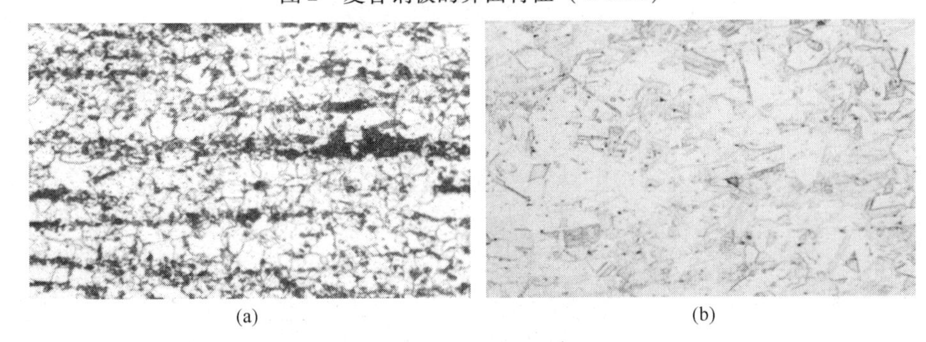

(a)　　(b)

图 3　321-Q370q 复合钢板的微观组织

（a）Q370q（铁素体+珠光体）（×500）；（b）321（孪晶单相奥氏体）（×500）

4.2　力学及工艺性能

包括拉伸强度、冲击韧性、界面剪切强度、冷弯性能等，试验结果见表 1。

表 1　力学及工艺性能

牌　号	拉伸试验			冲击试验 A_{kv}/J	界面剪切强度/MPa	内、外弯曲性能 $d=2a$，180°
	屈服强度/MPa	抗拉强度/MPa	伸长率/%			
321-Q370q（标准值）	≥370	≥530	≥21	≥41（-40℃，E 级）	≥210	复合界面不分层、弯曲外表面不开裂
	≥343.63 组合强度	≥528.42 组合强度				
321-Q370q（全厚度实测值）	380	555	36.0	228/228/172（-40℃） 234/240/250（-20℃）	355	合　格
	385	560	36.5		345	
	390	555	33.5		350	
321-Q370q（刨掉复层后的基层实测值）	390	555	30.0	298/288/298（-40℃） 298/298/290（-20℃）	—	合　格
	403	565	23.0			
	398	560	28.0			

结果表明，321-Q370q 复合钢板的拉伸、冲击、弯曲性能、剪切强度指标均满足《不锈钢复合钢板和钢带》（GB/T 8165—2008）及《桥梁用结构钢》（GB/T 714—2008）的规定。

4.3 应变时效敏感性

对残余应变量为5%和10%的样坯，进行人工时效（250℃ ×1h）处理，随后进行V形缺口冲击试验，冲击试验温度分别为 -20℃、 -40℃和室温，试验结果见表2。结果表明，321-Q370q 复合钢板5%和10%预应变的时效敏感性系数均小于20%，具有较低的应变时效敏感性。

表2 应变时效冲击试验结果

试 样	试验温度/℃	试样状态（应变+热处理）	A_{kv}/J		应变时效敏感性系数 C/%
			数 值	平均	
Q370q 原始钢板	-40	原 态	52/154/162	123	—
		5% +250℃ ×1h	154/50	102	17.1
		10% +250℃ ×1h	110/115/87	104	15.5
	-20	原 态	185/143/220	183	—
		5% +250℃ ×1h	152/188	170	7.1
		10% +250℃ ×1h	145/138/161	148	19.1
	室温	原 态	218/262/254	245	—
		5% +250℃ ×1h	290/255/250	265	-8.2
		10% +250℃ ×1h	198/235/218	217	11.4
321-Q370q	-40	原 态	147/152/161	153	—
		5% +250℃ ×1h	110/194/89	131	14.4
		10% +250℃ ×1h	100/106/167	124	18.9
	-20	原 态	125/132/118	125	—
		5% +250℃ ×1h	117/119/66	101	19.2
		10% +250℃ ×1h	170/65/105	113	9.6
	室温	原 态	192/196/203	197	—
		5% +250℃ ×1h	185/180/160	175	11.2
		10% +250℃ ×1h	167/175/162	168	14.7

4.4 *z* 向拉伸性能

为了考核321-Q370q 复合钢板抗层状撕裂性能，对321-Q370q 复合钢板进行了板厚方向拉力试验。其中，三个试样的复合界面在平行段，另三个试样的复合界面不在平行段。试验结果见表3。

表 3 321-Q370q 复合钢板 z 向拉伸试验结果

复合钢板	R_m/MPa	Z_z/%	备 注
321-Q370q	545	75.5	平行段包括复合界面
	525	77.0	平行段包括复合界面
	535	77.5	平行段包括复合界面
	560	74.5	平行段不包括复合界面
	555	75.0	平行段不包括复合界面
	555	75.0	平行段不包括复合界面

从表 3 可知，六个试样的 z 向断面收缩率均在 70% 以上，远远超过了 z 向钢最高级别 Z35（$Z_z \geqslant 35\%$）的要求，显示了 321-Q370q 复合钢板具有良好的抗层状撕裂性能。同时试样拉断的位置均不在复合界面，也验证了两种材料的结合是可靠的。

4.5 疲劳性能

采用脉动拉伸疲劳试验方法，试验频率为 15Hz。试验试样为复合钢板，复层为 321，厚度为 3mm；基层为 Q370q，厚度为 16mm。试验共取得 10 组试验数据，对其进行 *S-N* 曲线拟合，得到的 *S-N* 曲线方程及曲线图见图 4。

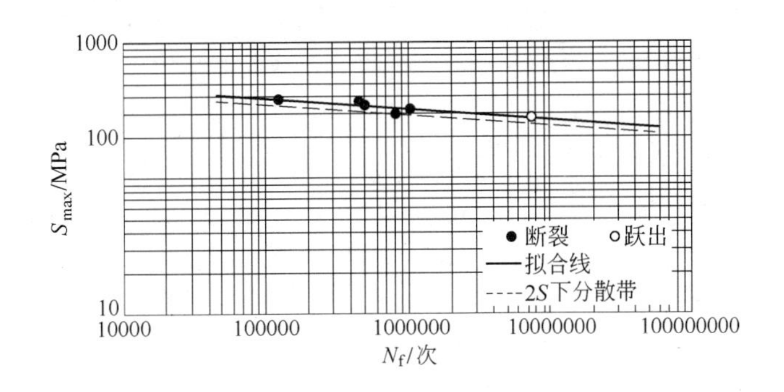

图 4 321-Q370q 复合钢板 *S-N* 曲线图

置信度为 50% 时，$S = 1147.06 \cdot N^{-0.09246}$（相关系数 $r = 0.9192$，对应常用对数最大应力标准离差 $S = 0.02376$）。

置信度为 97.73% 时，下分散带方程：$S = 1028.31 \cdot N^{-0.09246}$（相关系数 $r = 0.9192$）。

根据以上 *S-N* 曲线方程计算可知，试验材料的条件（指定寿命 $N = 2 \times 10^6$）疲劳极限如下：

$S_{max} = 299.9$MPa，置信度为 50%；

$S_{max} = 268.9$MPa，置信度为 97.73%。

即当置信度为 50% 时，321-Q370q 复合钢板的条件（指定寿命为 2×10^6）疲劳极限为 299.9MPa；当置信度为 97.73% 时，321-Q370q 复合钢板的条件（指定寿命为 2×10^6）疲劳极限为 268.9MPa。

4.6 晶间腐蚀性能

为了考核 321-Q370q 复合钢板复层的耐蚀性能，按照《不锈钢复合钢板和钢带》（GB/T

8165—2008)、《不锈钢冷轧钢板》(GB/T 3280—1992)、《不锈钢热轧钢板》(GB/T 4237—1992)的要求进行了复层的晶间腐蚀试验。试样为321-Q370q复合钢板刨掉基层后的复层321不锈钢，试样尺寸为20 mm×80mm，试验按《不锈钢硫酸-硫酸铜腐蚀试验方法》(GB/T 4334.5—2000)的规定进行。试验前，先对复层321不锈钢进行650℃×2h敏化处理，之后在硫酸-硫酸铜溶液中连续煮沸16h，取出洗净、干燥、弯曲（压头直径为5mm），通过在NEOPHOT-21金相显微镜下观察弯曲试样外表面，未发现裂纹和晶间腐蚀现象。

5　道床稳定性试验

采用不锈钢复合钢板作为高速铁路桥梁整体桥面的桥面板时，由于不锈钢板面的摩擦系数比混凝土面小，直接铺碎石道砟是否会影响轨枕的纵横向阻力，从而影响线路的稳定性是需要考虑的重要问题。鉴于此，设计进行了两种方案的试验：(1) 碎石道砟直接铺设在刚性的混凝土面板和钢面板上的比较方案。(2) 在混凝土面板和钢面板上都铺上10mm厚的小碎石垫层道砟、再铺碎石道砟的比较方案。

试验段按《高速铁路设计暂行规定》进行桥上道床断面设置，其中混凝土面基础和不锈钢复合钢板面基础各占一半。轨道结构采用了60kg/m钢轨、弹条Ⅲ型扣件、ⅢB型无挡肩轨枕。枕下一级碎石道砟厚350mm（第二方案先铺10mm厚的小碎石垫层道砟），枕端与桥面挡碴墙之间填满道砟。试验段示意图如图5和图6所示的标准断面道床。

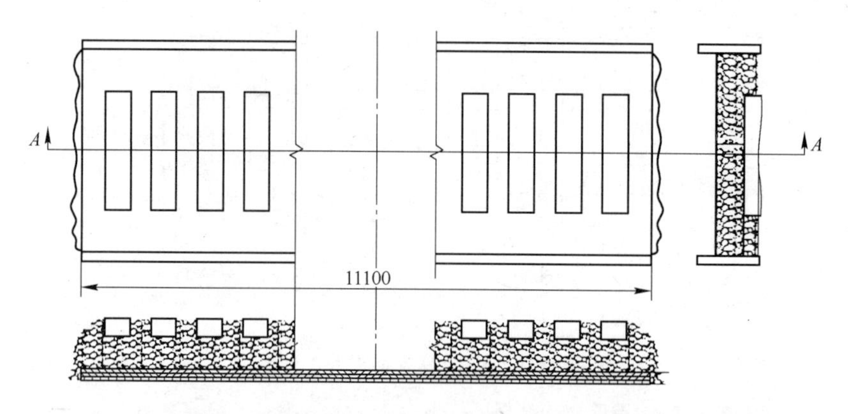

图5　碎石道砟直接铺设在刚性混凝土面板和钢面板的试验段示意图

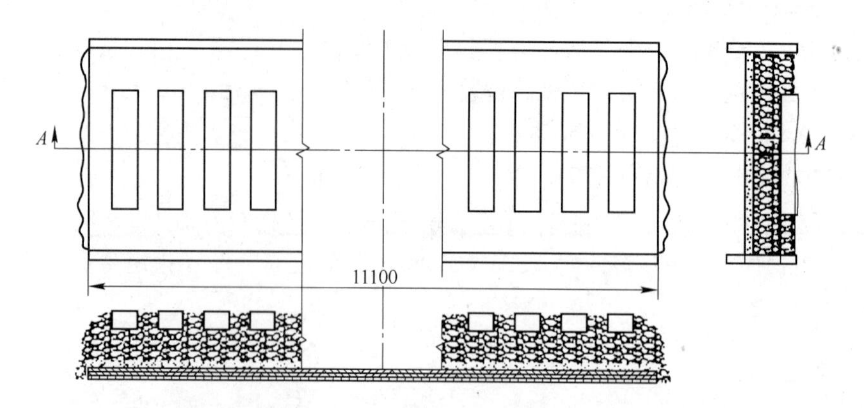

图6　碎石道砟与混凝土面板和钢面板之间都铺设10cm厚的小碎垫层道砟的试验段示意图

对以上各种工况的试验段线路，测试枕下 15cm 道床密实度。测试工作采用 BH-5049 型 γ 射线道床密度智能测试仪，详见图 7。测试结果见表 4 和表 5。

图 7 道床密度测试

表 4 第一试验方案道床密度测试值

测 点	混凝土板		不锈钢复合板		平 均
	1	2	3	4	
密度/g · cm^{-3}	1.58	1.69	1.61	1.69	1.64

表 5 第二类轨道结构道床密度测试值

测 点	混凝土板		不锈钢复合板			平 均
	1	2	3	4	5	
密度/g · cm^{-3}	1.71	1.68	1.55	1.63	1.64	1.64

从测试数据可以看出，混凝土板和不锈钢复合板两种地段的道床密实度，相差不大，处于同一道床状态，故两种地段的其他测试资料可作相对比较。

在无缝线路稳定性计算中，都采用轨枕位移 2mm 时的小位移纵、横向阻力作为计算参数，因而小位移纵、横向阻力对保持线路的稳定性具有重要意义。

在道床密度达到运营线路要求标准之后，在混凝土底板和不锈钢复合底板上进行第一次小位移纵、横向阻力测试。具体布置见图 8。

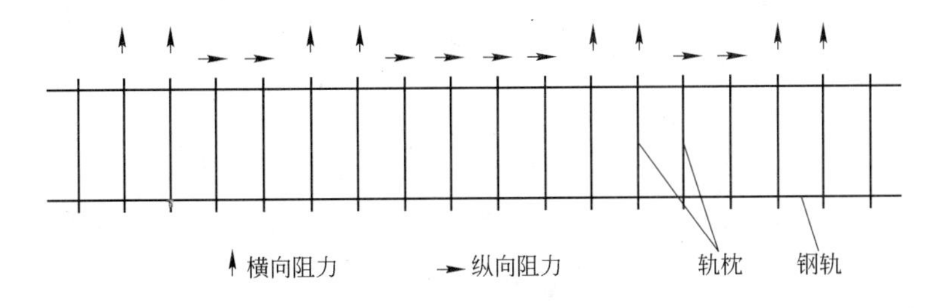

图 8 纵、横向阻力测点布置

第一次测试完成后，又进行了第二次小位移纵、横向阻力测试。将道床重新捣固，重复第一次测试过程。测试结果见表 6 ~ 表 9。

表 6　第一试验方案道床横向阻力测试值　(kN/枕)

工　况	混凝土板				不锈钢复合板			
测　点	1	2	3	4	5	6	7	8
横向阻力	9.7	9.0	9.8	10.2	10.1	10.6	8.3	9.9
平均值	9.68				9.72			

表 7　第二试验方案道床横向阻力测试值　(kN/枕)

工　况	混凝土板				不锈钢复合板			
测　点	1	2	3	4	5	6	7	8
横向阻力	8.2	6.0	7.8	8.8	8.4	7.9	8.8	8.9
平均值	7.7				8.5			

表 8　第一试验方案道床纵向阻力测试值　(kN/枕)

工　况	混凝土板				不锈钢复合板			
测　点	1	2	3	4	5	6	7	8
横向阻力	11.1	12.7	12.1	14.5	11.5	15.4	12.4	16.9
平均值	12.6				14.05			

表 9　第二试验方案道床纵向阻力测试值　(kN/枕)

工　况	混凝土板				不锈钢复合板			
测　点	1	2	3	4	5	6	7	8
横向阻力	15.5	13.3	12.0	18.9	17.8	14.2	13.0	15.4
平均值	14.9				15.1			

从表 6 ~ 表 9 可以看出，无论是第一试验方案还是第二试验方案，在混凝土板和不锈钢复合板地段的道床纵、横向阻力差异都不大，属于同一量值范围，其数值均满足高速铁路开通前所要求的指标。因此，用不锈钢面板取代混凝土面板，不论是否铺设细石垫碴层，都不会影响无缝线路的稳定性。

6　构造细节疲劳试验

高速铁路桥梁的动荷载大，疲劳问题严重，尤其是直接承受列车荷载的桥面结构，更是设计人员特殊关注的部位。整体钢桥面采用复合钢板时，为了保证全方位防腐，需要设置一些特殊构造。本研究专门针对整体钢桥面采用复合钢板所需设置的 6 种特殊构造，设计成构造细节疲劳试件进行疲劳试验，同时在试验中也可对复合钢板的受力特点进行观察。对于其中实际桥面承受负弯曲拉应力的情况，在试件模拟设计时全部按照全截面受拉的加载状态进行设计。

（1）复合钢板与其加劲肋之间的横向焊缝附连件构造；

（2）整体桥面上安设排水孔构造；

（3）整体桥面侧边安设排水孔构造；

（4）复合钢板现场单面焊接十字对接焊缝构造；

（5）复合钢板与普通钢板不等厚对接焊缝构造；

（6）复合钢板上焊接剪力钉构造。

全部试验在 ±2000kN 液压伺服疲劳试验机上进行。试验中各试件加载最小控制吨位均取 10kN，进行拉-拉循环加载。试验中借助 5 倍放大镜和酒精观察，同时疲劳试验机设置位移限位。发现裂纹后，定时记录裂纹扩展情况和对应循环次数，继续疲劳加载至裂透板厚或试件断开。统计数据以肉眼发现疲劳裂纹为准。统计分析的加载应力幅一律以试件破坏截面的公称尺寸为准。

根据上述各构造的疲劳破坏特征和疲劳试验结果，并参考桥梁工程一般疲劳设计曲线斜率的归类规律，给出桥面复合钢板各构造细节疲劳 *S-N* 曲线推荐公式，见表 10。

表 10 桥面复合钢板的细节构造推荐疲劳设计 *S-N* 曲线

构造细节	试验回归曲线（97.7% 保证率）	推荐设计曲线	疲劳容许应力幅 $[\sigma_0]$/MPa
复合钢板与其加劲肋之间的横向焊缝附连件构造	$\lg N = 15.0003 - 4.5197\lg\sigma$	$\lg N = 12.02 - 3.0\lg\sigma$	80.6
整体桥面上安设排水孔构造	$\lg N = 11.4336 - 2.7960\lg\sigma$	$\lg N = 11.64 - 3.0\lg\sigma$	60.2
整体桥面侧边安设排水孔构造	$\lg N = 13.6576 - 3.9050\lg\sigma$	$\lg N = 12.80 - 3.5\lg\sigma$	71.9
复合钢板现场单面焊接十字对接焊缝构造	$\lg N = 12.4278 - 2.8698\lg\sigma$	$\lg N = 13.6 - 3.5\lg\sigma$	121.7
复合钢板桥面与主桁下弦盖板不等厚对接	$\lg N = 16.3828 - 4.9751\lg\sigma$	$\lg N = 11.89 - 3.0\lg\sigma$	72.9
复合钢板上焊接剪力钉构造	$\lg N = 14.3977 - 4.1818\lg\sigma$	$\lg N = 12.02 - 3.0\lg\sigma$	80.6

上述试验表明，复合钢板现场单面焊双面成型的对接交叉焊缝构造、复合钢板上焊接剪力钉构造均满足现行规范的相应构造疲劳性能要求；复合钢板与其加劲肋之间的横向焊缝附连件构造、整体桥面上安设排水孔构造、整体桥面侧边安设排水孔构造以及复合钢板与普通钢板不等厚对接焊缝构造在规范中没有相应的规定，本次试验得到了相应数据，可作为设计依据。从细节类比和各试件具体的情况分析看，复合钢板的构造焊接细节与普通钢材细节相当；从试件疲劳断裂情况看，疲劳裂纹在不锈钢层和基层启裂的机会相当，取决于焊接表面的情况；通过疲劳试验得到 6 组构造细节的疲劳 *S-N* 曲线和对应的容许应力幅，据此提出与规范相匹配的疲劳容许应力幅设计指标见表 10，可供设计人员使用，并可作为规范修订的依据。

7 结论

（1）根据高速铁路钢桥环境工况条件的分析和材料综合性能以及适用性的比较，按照选材的基本原则，认为复层材料 321 不锈钢的选择和厚度的计算是适宜的。

（2）321-Q370q 复合钢板的拉伸、冲击、弯曲性能、剪切强度、z 向拉伸、疲劳性能指标和复层抗晶间腐蚀性能均满足《不锈钢复合钢板和钢带》（GB/T 8165—2008）及《桥梁用结构钢》（GB/T 714—2008）标准的规定，能够满足我国高速铁路大跨度钢桥的设计和使用要求。

（3）道床稳定性试验表明，用不锈钢面板取代混凝土面板，不论是否铺设细石垫碴层，都不会影响无缝线路的稳定性。

（4）构造细节疲劳试验表明，疲劳裂纹在不锈钢层和基层启裂的机会相当，取决于焊接表面的情况。得到的疲劳试验数据和疲劳 *S-N* 曲线及对应的容许应力幅，可作为桥梁设计和制造施工的依据。

参 考 文 献

[1] [英]布拉齐恩斯基（T. Z. Blayzymshi）. 爆炸焊接成形与压制[M]. 李富勤，吴柏青，译. 北京：机械工业出版社，1988.

[2] 邵丙璜，张凯. 爆炸焊接原理及其工程应用[M]. 大连：大连理工大学出版社，1987.

[3] 刘中青，等. 异种材料的焊接[M]. 北京：科学出版社，1990，256～258.

[4] 唐纳德，皮克纳，I. M. 伯恩斯坦. 不锈钢手册[M]. 顾守仁，周有德，等译. 北京：机械工业出版社，1987，754～761，766～775.

[5] 张少棠. 钢铁材料手册（第5卷，不锈钢）[M]. 北京：中国标准出版社，2001，97～125.

[6] 黄建中，左禹. 材料的耐蚀性和腐蚀数据[M]. 北京：化学工业出版社，2002，126～165.

水利工程用不锈钢复合钢板的研发

夏万福　李志毅　郭　勇

（四川惊雷科技股份有限公司，四川宜宾，644623）

摘　要：本文以 2205 + Q345C 为例，介绍了水利工程最常用不锈钢复合钢板在爆炸复合、热处理、焊接等关键工序的研究与质量控制，使复合板的各项性能检验（包括拉力、内外弯曲、延伸、冲击、360°扭转、复层硬度、剪切强度、耐蚀性等）结果均满足水利工程的技术要求。

关键词：爆炸复合；双相不锈钢；热处理；焊接

Research of Stainless Clad Steel Plate for Hydraulic Engineering

Xia Wanfu　Li Zhiyi　Guo Yong

(Sichuan Jinglei Science and Technology Co., Ltd., Sichuan Yibin, 644623)

Abstract: Take 2205 + Q345C as an example in this article. It introduces the most frequent usage of stainless clad steel plate in hydraulic engineering and its quality control in explosive cladding, heat treatment, welding and other important processes. So that the various performance tests results of the clad steel plate including tensile strength, bending, elongation, impact, 360 degree twist, hardness, shear strength, corrosion resistance etc. could comply with technical requirements of hydraulic engineering.

Keywords: explosive cladding; duplex stainless steel; heat treatment; welding

1　引言

国外如美国、日本等在建造高水头水利发电站时已大量使用不锈钢或不锈钢复合钢板，原因是不锈钢或不锈钢复合钢板既具有较高强度，又具备高流速下的耐气蚀性、泥沙冲击下的耐磨性以及水质变化的耐腐蚀性。我国从长江三峡工程开始，在排沙泄水管道、永久船闸等地方大量使用了复合钢板，仅三峡工程就使用了 8300 余吨。目前在建的向家坝水电站和溪洛渡水电站也大量使用金属复合板，分别达到 2000 余吨和 3500 余吨。在这些复合钢板中，有双相不锈钢复合板 00Cr22Ni5Mo3N(2205) + Q345C（4mm + 20mm）、奥氏体不锈钢复合板 304N + Q345C（4mm + 20mm）以及马氏体不锈钢复合板 0Cr13Ni5Mo + Q345C（4mm + 24mm），其中以 2205 + Q345C 为主。为满足三峡工程用复合钢板的技术要求，我公司早在 1995 年就针对上述几种复合钢板进行了研发，并取得了很好的效果，各项性能（拉力、内外弯、延伸、冲击、剪切、结合率、扭转、黏接、无损检测、硬度等方面）完全满足工程建设的要求。公司从 2001 年到 2003 年陆续为三峡工程提供了 3000 余吨 2205 + Q345C 金属复合板，使用效果获得了三峡总公司的好评。目前与溪洛渡水电站签订的 3500 余吨 2205 + Q345C 金属复合钢板已陆续供货。

本文主要以 2205 + Q345C 为例，较详细地介绍金属复合板生产中爆炸复合、焊接、热处理等几道关键工序的质量控制。

2　复合钢板制作的主要工序

金属复合钢板的生产从原材料入厂检验到成品的包装发运一般要经过几十道工序，其中主要的工序有：原材料入厂检验→基、复材划线下料→基材抛光除锈→复材拼接→复材校平→基、复材配板→爆炸复合→无损检测→未结合区域补焊→复合板消应力热处理→校平→性能检验→二次无损检测→剪边→复材表面酸洗钝化（抛光）→包装等。

3　爆炸复合质量控制

3.1　爆炸焊接原理

爆炸焊接金属复合板是利用爆炸焊接技术，在基材金属（通常为碳钢或低合金钢，偶尔也有不锈钢）上复合另一种耐腐蚀或具有特殊性能的复材金属（通常为不锈钢、钛、铝、铜或其他贵重金属如锆、钽等），使之具有良好的综合力学性能和耐蚀性能，从而保证设备的安全可靠性和使用寿命。爆炸焊接金属复合板的机理是利用炸药爆炸时产生的极大能量作用于复板，使复板屈服，产生固态流动变形，形成一定角度高速向基板碰撞，使两种金属原子键打开，相互渗透，金属原子重新结合从而牢固地焊接在一起。爆炸焊接过程仅在几毫秒的时间内完成固相焊接，因此，对基材、复材本身的化学成分几乎没有影响，经过可靠的消应力热处理后，金属复合板就成了既具有普通碳钢或低合金钢综合力学性能又具有贵重金属特殊耐磨耐蚀性能的新型工程材料。它的推广应用，可为国家节约大量的贵重金属，从而大大降低项目的投资成本。

3.2　基、复材性能

要很好地完成两种或三种金属材料的爆炸复合，必须了解待复合的基材和复材的物理性能、化学成分、力学性能、金相组织以及耐腐蚀性能要求，以便对爆炸焊接工艺参数、热处理工艺参数以及补焊工艺等进行调整和优化。

2205 钢的特点是：属奥氏体和铁素体各约占 50% 的双相不锈钢，其屈服强度比普通奥氏体不锈钢高一倍多，且有很好的韧性、耐磨性及耐腐蚀疲劳性，所以用在排沙管上是很好的材料。2205 钢的膨胀系数与碳钢接近，适合与碳钢连接，它比普通奥氏体不锈钢具有更高的能量吸收能力，对爆炸冲击等也有较大的承受能力。但该钢存在中温脆性区，对后序的热处理和焊接工艺需严格控制，以避免有害相的析出。表 1 ~ 表 4 所示是 2205 和 Q345C 的化学成分及力学性能数据。

表 1　2205 化学成分（质量分数）　　(%)

数据来源	C	Si	Mn	P	S	Cr	Ni	Mo	N	Fe
质保书	0. 020	0. 55	1. 59	0. 017	0. 002	22. 48	5. 46	3. 31	0. 173	余
ASTM SA-240	≤0. 030	≤1. 00	≤2. 00	≤0. 030	≤0. 020	22. 00 ~ 23. 00	4. 50 ~ 6. 50	3. 00 ~ 3. 50	0. 14 ~ 0. 20	余

表 2　2205 力学性能

数据来源	屈服强度/MPa	抗拉强度/MPa	伸长率/%	金相组织	硬度 HB
质保书	524	843	28	α 约 45%	250
ASTM SA-240	≥450	≥655	≥25	α 和 γ 各半	≤293

表 3　Q345C 的化学成分　　(%)

数据来源	C	Si	Mn	P	S	Nb	V	Ti	Cr	Ni	Cu	N	Mo	Als
质保书	0. 16	0. 31	1. 35	0. 018	0. 008	0. 004	—	—	—	—	0. 007	—	—	0. 014
GB/T 1591—2008	≤0. 20	≤0. 50	≤1. 70	≤0. 030	≤0. 030	≤0. 07	≤0. 15	≤0. 20	≤0. 30	≤0. 50	≤0. 30	≤0. 012	≤0. 10	≤0. 015

表 4　Q345C 的力学性能

试样号	屈服强度/MPa	抗拉强度/MPa	伸长率/%	冲击功(0℃)/J	弯曲试验（$d = 3a$）
质保书	395	545	23. 5	138/147/162	合格
GB/T 1591—2008	≥335	470 ~ 630	≥21	≥34	合格

3.3　爆炸焊接工艺参数控制

2205双相不锈钢的屈服强度是奥氏体不锈钢的两倍，这一特性使设计者在设计产品时可减轻设备重量，但同时也给爆炸复合生产过程造成了不小的难题。由于其超高的屈服强度，使其发生塑性变形以形成爆炸焊接所需的碰撞角变得更为困难，所以用常规奥氏体不锈钢爆炸复合工艺很难达到理想的复合效果。因此，必须调整爆炸焊接工艺以解决物理性质、化学成分以及力学性能存在较大差异的两种材料很好地焊合在一起的问题，从而达到技术条件规定的结合率。

根据2205不锈钢的特性，通过理论分析和实验验证制定出了相应的工艺参数。爆炸焊接的主要工艺参数包括以下几点：

（1）预设角。如图1所示，预设角指复板与基板之间的夹角，一般在较大面积板材的爆炸焊接装置中，我们都采用平行法（即预设角为0）。

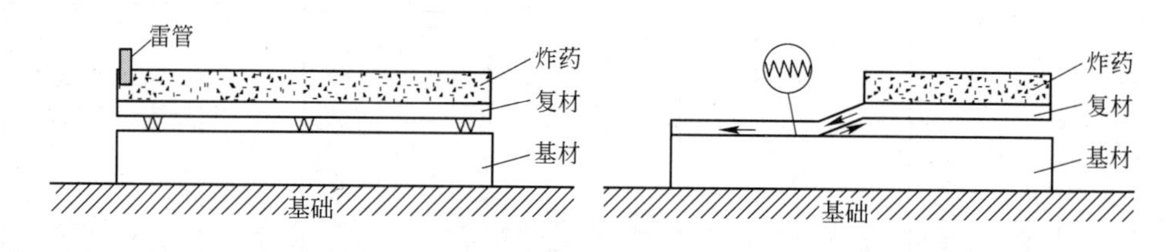

图1　爆炸复合简图

（2）板间距。板间距指复板与基板之间的距离。为了使复板获得爆炸焊接所需的碰撞速度，保证一定的板间距是必需的。但是由于2205不锈钢超高的屈服强度，在爆炸复合前很难保证其平整度，在局部区域可能无法达到爆炸焊接所需的加速距离，所以我们板间距较一般奥氏体不锈钢要大。

（3）炸药密度。爆炸焊接是以炸药爆炸产生的能量作为复合的能源，而炸药爆炸能量与爆速关系十分紧密；炸药爆速又直接决定基、复板的碰撞速度；而当炸药密度在一定范围内变化时，炸药爆速一般随炸药密度的增加而增大，所以炸药密度是控制炸药爆速的重要参数。因而，当炸药品种选定以后，炸药密度的控制就显得十分重要。此外，炸药颗粒度和均匀性也非常重要。

（4）炸药配比。复合板爆炸焊接一般都采用混合炸药，有时还须添加一定的附加物，以改善炸药爆炸性能和安全性，公司专门针对高屈服强度材料进行炸药配方，以此控制爆轰速度和猛度。

（5）装药厚度。爆炸焊接采用平面装药，即在复板的上表面形成具有一定厚度的平面装药，故其装药厚度就可以代表装药量。装药厚度不仅决定爆轰能量的多少和爆轰载荷的大小，而且与爆速的关系也十分密切。另外，当装药厚度小于某一数值（通常称为临界起爆厚度）时，炸药无法起爆。因此，装药厚度是决定爆炸焊接能否成功进行及焊接质量优劣的关键参数之一。

（6）基础。爆炸焊接的基板必须置于某种基础之上，如果基板与基础之间有空隙，或者基础的声阻抗与基板的声阻抗匹配不恰当，则会在基板与基础的接触界面上产生拉伸波，可能会因此而分离基板与基础之间刚刚形成的固相结合界面。所以，基础的选取是爆炸焊接中的一个重要环节，由于金属密度较大，所以通常我们选取既紧密结实而又均匀的基础。

采用此工艺，我们已成功为三峡工程和溪洛渡水电站生产了材质为2205 + Q345C，规格为4mm/20mm×2600mm×13200mm的大面积复合板，其结合率达到99.8%以上。

4 复合钢板的热处理控制

复合钢板在爆炸过程中产生较大的内应力，造成基、复材的抗拉强度、屈服强度和硬度（结合界面处）都有明显升高，塑性和韧性有所降低，这一现象的出现将影响复材耐蚀性能特别是抗应力腐蚀的性能，同时也影响到复合钢板的冷成型。因此，采取适当的热处理消除或减少爆炸复合时产生的硬化效应和内应力，保证基材性能符合标准要求是非常必要的。根据2205和Q345C的物理和化学性质的较大差异，这两种材料的热处理规范也有很大区别。如何选择两者均能适合的热处理规范，既要考虑2205的耐蚀性不受影响，同时也要保证Q345C的力学性能，是一个十分困难的问题。

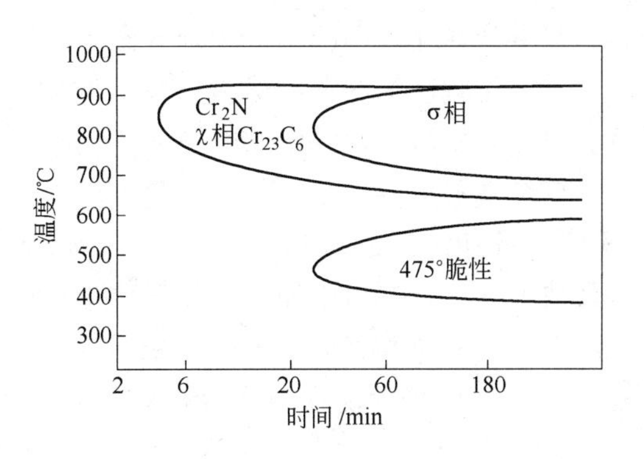

图2 2205双相钢的敏化曲线

图2所示是2205双相钢的敏化曲线图，从图中可以看出，2205在280℃以下是稳定的，在280～975℃之间都会发生有害相析出。从相变图可以看出，当温度在650～975℃之间时，即使在较短的时间内停留，也会析出有害相。当温度超过1040℃以后，只要保持一定的时间就能使各种金属沉淀物完全溶解。

为了寻找最佳的消除爆炸焊接应力的热处理规范，我们做了大量的试验研究和理论分析，得出了均适合于基、复材的热处理工艺规范参数。试验认为，2205 + Q345C最好的热处理方法是高温处理，处理后其内应力得以更彻底的消除，基材性能满足要求，2205耐蚀性能合格，其他各项性能也均满足技术标准和产品技术条件的要求。表5所示是2205 + Q345C（4mm + 20mm）高温热处理后复合板的各项性能。

表5 高温热处理复合板性能

产品板号	屈服强度/MPa	抗拉强度/MPa	伸长率/%	内外弯（$d=3t$ 180°）	冲击功(0℃)/J	扭转360°	剪切强度/MPa	腐蚀923C法 25℃/mdd	腐蚀 GB 4334.5	复层硬度 HB	金相组织
技术要求	≥335	470/630	≥21	无裂	≥27	无裂	≥210	≤10	无裂	250/290	α约50%
6号	376	563	29	合格	86/86/70	合格	426	0.693/0.697	合格	248/250/252	α约45%
76号	365	554	26	合格	92/93/95	合格	408	2.105/0.682	合格	251/255/258	α约45%
200号	475	585	28	合格	82/95/76	合格	380	0.683/0.676	合格	256/260/247	α约45%

注：1. 拉力试样带复层。

2. mdd意为mg/(dm^2·d)。

5　复合钢板焊接

5.1　2205 钢焊接特点

焊接热循环对 2205 双相钢焊接接头的组织影响很大。焊接时焊缝和热影响区都会有重要的相变发生，进而影响其耐蚀性和韧性。焊接的关键是如何保证焊缝和热影响区保持适量的 α 相和 γ 相。

热影响区的高温区加热时奥氏体能完全溶解，成为单一的铁素体。高温区的 α 相向 γ 相的转变是不平衡的，快速冷却时铁素体来不及转变成奥氏体，导致该区域大量的铁素体存在，从而影响接头各项性能。另外，焊缝中含有一定量 N，N 在铁素体中的溶解度很低，易导致氮化物的析出，也会导致其韧性和耐蚀性下降。

与热影响区的高温区转变一样，焊缝从高温冷却时铁素体向奥氏体转变也是不平衡的，其主要影响是焊缝中的化学成分和冷却速度。如果焊缝金属与母材是相同的化学成分，就会造成焊缝中铁素体含量过高。由于 Ni 是奥氏体形成元素，因此在焊材中适当增加 Ni 含量有利于提高焊缝中奥氏体比例，这就是焊材采用 9Ni 的原因。另外，N 也是奥氏体形成元素，在焊材中加入适量 N 元素，焊缝在快速冷却时也可以获得更多的奥氏体。根据有关资料介绍和我们的试验结果，焊缝的 γ 相保持在 30% ~65%，热影响区的 α 相不超过 70%，是可保证焊接接头的耐蚀性的。

2205 复合钢板的生产主要涉及三方面焊接，即复材拼接、复合钢板对接、未结合区域补焊。针对这三方面的焊接，我们按 2205 纯材、2205 + Q345C（4mm + 20mm）复合钢板对接以及 2205 + Q345C（4mm + 20mm）复合钢板耐蚀堆焊三种情况，分别进行了一系列的焊接试验，现分类进行简要阐述。

5.2　复材拼接

目前市场上供应的不锈钢薄板，宽幅大多为 1219mm 和 1500mm，部分宽度能达到 2m。而工程上采用的复合钢板宽度大多在 2m 以上，所以必然存在复材的拼接问题。我公司复材的拼接主要采用三种焊接方法即焊条电弧焊、手工钨极氩弧焊、等离子弧焊。为弄清楚每种焊接方法的接头性能，我们进行了一系列试验，并分别进行了焊态和热处理态下接头性能的比较。

采用焊条电弧焊和钨极氩弧焊焊接 2205 双相钢是完全能满足要求的，这在很多资料上都有介绍，这里不再赘述。而据资料介绍，不加丝的等离子弧焊一般不推荐用于 2205 钢的对接，原因是不加丝的焊接会造成焊缝铁素体含量增加，影响焊缝的韧性和耐蚀性。试验中我们采用等离子弧焊，从试验结果来看，如果采取了适当的措施是可以保证焊缝的双相组织的：一是焊接时在离子气和背保气中加入一定量的氮气，这在一定程度上起到了提高焊缝的奥氏体含量的作用；二是等离子拼缝在后续复合钢板的消应力热处理时采取高温处理，也能促使焊缝金属的相平衡得以恢复。

图 3 是三种焊接方法的坡口简图，其接头性能数据见表 6。

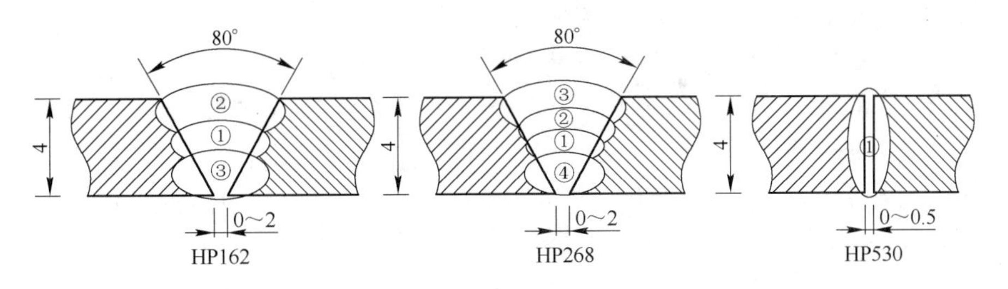

图 3 三种焊接方法的坡口简图

表 6 复材拼接试板力学性能数据

编号	焊接方法	焊材	热处理	R_m/MPa	面背弯（180°）	腐蚀 923C 法（22℃/24h）	腐蚀 GB 4334.5	金相组织（金相法测定）
HP162	SMAW	E2209	焊态	775/750 断在母材	合格	1.63/1.39mdd	合格	WM：α+γ，α 约 35%～40% HAZ：α+γ，α 约 65%～70% BM：α+γ，α 约 45%～50%
HP162-1	SMAW	E2209	高温	785/775 断在母材	合格	2.087/0.698mdd	合格	WM：α+γ，α 约 35%～40% HAZ：α+γ，α 约 60%～65% BM：α+γ，α 约 45%～50%
HP268	GTAW	ER2209	焊态	795/795 断在母材	合格	0/0.65mdd	合格	WM：α+γ，α 约 30%～35% HAZ：α+γ，α 约 65%～70% BM：α+γ，α 约 45%～50%
HP268-1	GTAW	ER2209	高温	785/775 断在母材	合格	1.473/3.78mdd	合格	WM：α+γ，α 约 35%～40% HAZ：α+γ，α 约 55%～60% BM：α+γ，α 约 45%～50%
HP530	PAW	自熔	焊态	795/820 断在母材	合格	7.678/8.765mdd	合格	WM：α+γ，α 约 70%～75% HAZ：α+γ，α 约 65%～70% BM：α+γ，α 约 45%～50%
HP530-1	PAW	自熔	高温	815/795 断在母材	合格	4.675/3.679mdd	合格	WM：α+γ，α 约 50%～55% HAZ：α+γ，α 约 60%～65% BM：α+γ，α 约 45%～50%

试验结果：采用焊条电弧焊、手工钨极氩弧焊和等离子弧焊焊接 2205 薄板，无论是在焊态下还是在高温热处理下，焊接接头的各项指标均能满足要求，其中在焊态情况下的等离子自熔焊缝，虽然焊缝铁素体含量偏高，但腐蚀结果还在合格范围内，而经高温热处理后，焊缝在高温下部分铁素体转化成奥氏体，使焊缝中奥氏体比例得以提高，从而焊缝的耐蚀性也得到了提高，手工钨极氩弧焊和等离子弧焊保护气体中均加入了 3%～5% 的 N_2，焊接线能量均控制在 1.0kJ/mm 左右。

5.3 复合钢板对接焊试验

为保证 2205+Q345C（4mm+20mm）复合钢板焊接接头的质量，如何选择最佳过渡层和复层的焊材以及焊接工艺是影响接头质量的关键。为此，我们根据过渡层焊材的不同进行了两组焊接试验，编号分别为 HP260、HP272，图 4 为焊缝层道示意图。

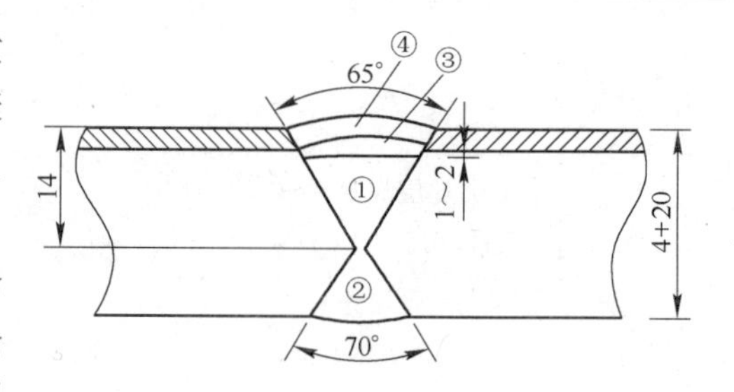

图 4　复合板对接示意图

两副试板焊接时基层所用材料均为焊条 E5015。试板 HP260 过渡层、复层均使用焊条 E2209 ϕ3.2mm/ϕ4mm，试板 HP272 过渡层用焊条 E309MoL ϕ3.2mm，复层用焊条 E2209 ϕ4mm；试样均为焊态，其中拉力试样带复材。表 7 是接头力学性能及腐蚀试验数据。

表 7　HP260 和 HP272 试板性能数据

编号	焊接方法	焊材	R_m/MPa	侧弯（180°）	腐蚀 923C 法（22℃/24h）	腐蚀 GB 4334.5	金相组织（金相法测定）
HP260	SMAW	基：E5015 过：E2209 复：E2209	670/675 断在焊缝	合格	2.774mdd 1.489mdd	合格	WM：$\alpha+\gamma+k$ 少量，α 约 25% ~30% HAZ：$\alpha+\gamma$，α 约 65% ~70% BM：$\alpha+\gamma$，α 约 45% ~50%
HP272	SMAW	基：E5015 过：E309MoL 复：E2209	620/625 断在母材	合格	9.83mdd 0.71mdd	合格	WM：$\alpha+\gamma+k$ 少量，α 约 30% ~35% HAZ：$\alpha+\gamma$，α 约 65% ~70% BM：$\alpha+\gamma$，α 约 45% ~50%

试验结果：过渡层采用 E309MoL 时，腐蚀试样的厚度要进行控制，当试样厚度大于 2mm 时，容易取到过渡层上，造成腐蚀率偏大；而过渡层选用 E2209 时，焊缝耐蚀性要好于前者。因此，如果对焊缝耐蚀性要求较高的设备，建议采用 E2209 作为过渡层。

5.4　堆焊试验

复合钢板爆炸焊接时，其结合率受很多因素影响，除了前面提到的爆炸焊接工艺参数外，甚至天气的影响都有很大关系。尽管我们在爆炸焊接时尽可能把影响因素都控制好，但通常情况下引爆点区域都会出现未结合的现象，而引爆点的位置有时放在钢板中央，当工程上所需要的复合钢板结合率为 B1 级即为 100% 结合时，就存在未结合区域的补焊问题。对未结合区域补焊，由于形状的不规则，目前大多采用比较灵活的焊条电弧焊进行修补。针对 2205 + Q345C 复合板，其过渡层焊材可以选择 E309MoL，当耐蚀性要求高时也可以选择 E2209，盖面层均为 E2209，如图 5 所示。

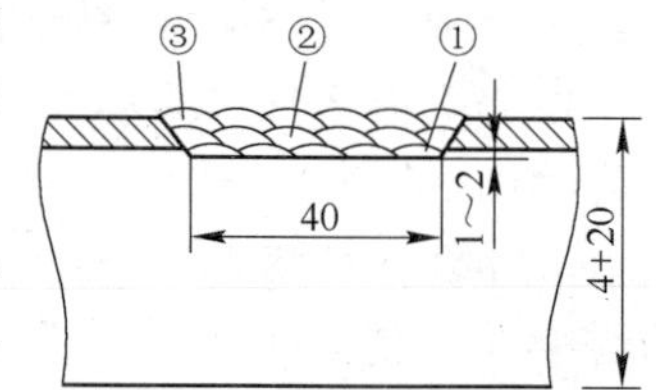

图 5　未结合区补焊示意图

为了弄清楚未结合区域的补焊应该在复合板消除爆炸焊接应力之前还是之后进行，我们进行了三种情况的试验：一种是过渡层和复层焊接完成后才进行热处理，试样编号 HP51；另一种情况是过渡层焊接完成后就进行热处理，复层焊接在热处理之后，试样编号 HP52；最后一种是复合板热处理完成后再焊过渡层和复层，试样编号 HP53。三种情况的力学性能见表 8。

表 8 未结合区域补焊试板力学性能数据

编号	热处理阶段	R_m/MPa	R_{el}/MPa	A_5/%	侧弯（180°）
H51	过渡层复层焊接后进行热处理	505/455	365/355	6.2/6.2	复层脆断，无法弯曲
HP52	过渡层焊接后进行热处理，然后焊复层	550/550	385/385	断在标记处，无法测量	两件无裂，一件裂 2mm，一件裂 3mm
HP53	先进行热处理，然后焊过渡层、复层	555/560	365/375	22/23	4 件均合格

从试验结果可以看出，未结合的补焊最好放在复合板热处理之后进行，即补焊焊缝以焊态交货为最好。这也是与有关资料上介绍的任何形式的热处理对 2205 焊缝均有影响的观点是一致的。

5.5 保证焊接质量的措施

通过对 2205 拼接、复合板对接以及堆焊试验的结果分析，我们基本可以从以下几个方面来保证焊接质量：

（1）焊材选择。对于焊后不经固溶处理的 2205 焊接接头，应选择 9Ni 焊材，其原因：Ni 是奥氏体形成元素，当焊接接头冷却速度快，Ni 的加入不致使焊缝铁素体过多，能保持其双相比。此外，Ni 可减缓析出相的析出速度，富 Ni 焊缝中不易出现氮化铬等有害相。当然，除 Ni 外，焊缝金属中的 C/Cr/Mo/N 等元素的控制应有一个适当比例，Cr、Mo 不宜过高，太高易促使 σ 相的析出，但也不宜过低，否则影响其耐蚀性。

（2）热输入及焊接规范参数控制。资料介绍，2205 的焊接热输入为 0.5 ~ 2.5kJ/mm，层温应不大于 150℃，多层多道焊有利于改善热影响区的相比例和性能。热输入过低，冷却速度太快，导致 HAZ 的 α 过多，韧性和耐蚀性下降；过大则易出现中间相的产生。我们的经验是，热输入在 1.0 ~ 1.2kJ/mm 为最佳，对 2205 复合板，采用焊条电弧焊，推荐规范为：ϕ3.2mm，100 ~ 110Am，速度 14 ~ 18cm/min；ϕ4.0mm，150 ~ 160A，速度 20 ~ 24cm/min。

（3）层温影响。2205 焊接时一般不需要预热，其层温上限一般控制在 150℃以内。层温过高，如连续堆焊，则焊接区域冷却太慢，会出现有害相析出，严重时会是焊缝开裂。这一点在复合板未结合区域的补焊时应引起高度重视；但层温也不宜过低，过低的层温会造成焊接接头冷却速度过快，从而导致 HAZ 的铁素体含量增多，特别是纯 2205 厚板的焊接。根据我们的经验，层温一般控制在 50 ~ 150℃之间比较合适。

（4）热处理对焊缝性能影响。2205 钢经过焊接热循环后，焊缝和 HAZ 已不是原有双相钢的相比例，特别是 HAZ 的 α 相比例可能高达 70% 左右，此时 HAZ 内奥氏体量少且有纯铁素体晶界，铁素体晶内还会析出较多的氮化物，特别是表面与焊缝毗邻的高温 HAZ 内，更是如此。此时对焊缝进行热处理，等于是对含有过饱和氮的铁素体再次加热和冷却，由于碳氮化合物的析出，会使钢的脆性转变温度明显上移，钢的缺口敏感性增加，冲击韧性和耐腐蚀性下降，除固溶处理外的任何热处理，对焊缝都易脆化。所以，2205 焊接接头应以焊态交货为好，焊缝经热处理后韧性塑性下降，易造成弯曲不合格。未结合区域的补焊尽量放在复合板热处理后进行。

6　结论

（1）2205 + Q345C（4mm + 20mm）复合钢板，爆炸焊接性良好，其结合率可以达到GB/T 8165—2008 中的 B1 级，完全满足工程用复合钢板结合率的要求。

（2）消除爆炸焊接应力的热处理，宜选择大于 1000℃ 的高温。当采用 1000℃ 以上温度热处理时，加热温度和保温时间以及出炉冷却速度的控制非常重要，否则可能影响基材的力学性能和复材的耐蚀性能。

（3）复材 2205 的拼接无论采用焊条电弧焊还是手工氩弧焊，只要严格控制焊接工艺参数，均能满足接头的耐蚀性和力学性能，而当复合板采用高温热处理时，采用等离子焊接也能满足要求。对 2205 + Q345C 复合板的焊接以及未结合区补焊，不推荐焊后进行热处理。必须热处理时，应充分考虑热处理温度、保温时间和冷却速度。

（4）通过爆炸、焊接、热处理等关键工序的控制，2205 复合钢板的各项性能包括拉力、内外弯曲、冲击、360°扭转、基复层硬度、剪切强度、耐蚀性、金相组织等均满足技术要求。

参 考 文 献

[1] 郑远谋. 爆炸焊接和金属复合材料及其工程应用[M]. 长沙：中南大学出版社，2002.
[2] 吴玖. 双相不锈钢[M]. 北京：冶金工业出版社，1999.
[3] Raph M Davidson，Jmaes D Redmond. 双相不锈钢的制造实用指南，NiDI 资料，No 10044，2001.
[4] L Van Nassou，H Meelker，J Hilkes. 双相不锈钢和超级双相不锈钢的焊接，NiDI 资料，No. 14036，2001.

爆炸复合过渡接头在舰船行业中的应用

徐宇皓 岳宗洪 侯发臣 邓光平 刘金涛

（1. 中船重工第七二五研究所，河南洛阳，471039；
2. 洛阳双瑞金属复合材料有限公司，河南洛阳，471039）

摘 要：本文简述了爆炸复合铝-钛-钢、铝-铝-钢过渡接头在舰船行业的应用情况以及过渡接头的性能指标、焊接接头形式和要求。

关键词：爆炸复合；过渡接头；舰船

Explosive Compound Transition Joint Application in Ship Industry

Xu Yuhao Yue Zonghong Hou Fachen Deng Guangping Liu Jintao

（1. No. 725 Institute of China Shipbuilding Industry Corporation, Henan Luoyang, 471039;
2. Luoyang Shuangrui Metal Composites Co., Ltd., Henan Luoyang, 471039）

Abstract: This article describes explosive compound aluminum-titanium-steel, aluminum-aluminum-steel transition joint application in the ship industry and the performance indicators over joints, welded joint types and requirements.

Keywords: explosive compound; transition joint; ship

1 引言

爆炸焊接亦称爆炸复合，就是以炸药为能源，在炸药爆炸载荷作用下复层金属高速碰撞基层金属并强固地连接在一起的金属加工方法，是一门新兴边缘学科和具有实用价值的高新技术。它的最大特点是能够在瞬间将任意的金属组合强固地连接在一起，它的最大用途是制造各种组合、各种形状、各种尺寸和各种用途的双金属及多金属复合材料[1]。

爆炸复合材料作为一种新材料，已广泛应用于化工、压力容器、电力、轨道交通等行业。本文以铝-钛-钢、铝-铝-钢、铝-铝-不锈钢为例简述了爆炸复合过渡接头实现异种金属之间的焊接连接替代铆接和螺栓连接在舰船行业中的应用。

2 舰船上层建筑和主船体简述

为了减轻重量、降低重心、改善稳性、提高航速，舰船的上层建筑采用铝合金结构是近代舰船发展的一大趋势。传统的舰船结构铝合金、钢之间的连接方式是铆接和螺栓连接，其水密性、密封性差，施工效率低，还存在缝隙腐蚀和渗漏等问题。

采用爆炸复合生产的铝-钛-钢、铝-铝-钢、铝-铝-不锈钢过渡接头的复层为铝合金，基层为船体钢（不锈钢），过渡接头的复层铝合金和舰船结构铝合金焊接，基层船体钢（不锈钢）和主船体钢焊接，实现了同种金属的焊接，解决了传统连接方式产生的问题。例如某舰从上层建筑1～7层和飞行甲板以下的1～5层的各种舱室（如指挥中心、机组室、会议室、值班室、水兵舱等）的铝板与钢板的连接都选用了铝-铝-不锈钢过渡接头产品，实现了整舰铝与钢的直接焊接连接，施工方便且外观美观，与传统的螺栓连接和铆接相比，其强度高，水密性、气密性优异，且免维护，从根本上解决了缝隙腐蚀和渗漏问题。

3　爆炸复合过渡接头在舰船行业中的应用情况

1948年，我国开始使用进口的具有铝合金上层建筑的钢船，所用的是航空铝合金和铆接工艺。20世纪70年代以来，国外普遍采用铝合金-铝-钢、铝合金-钛-钢过渡接头，通过焊接方法实现铝合金与钢之间的连接[2]；1980年我国建成全用海洋防腐铝合金焊接的小艇，并逐步用海洋防腐铝合金建造钢船的上层建筑。1982年我研究所采用爆炸复合的方法研制出复层为5083或者3A21，中间过渡层为纯铝或者钛，基层为船体钢的铝-铝-钢、铝-钛-钢过渡接头，1989年用于“海鸥3号”的铝上层建筑与主船体的连接，改变了过去采用铆接和螺栓连接带来的水密性、密封性、缝隙腐蚀和渗漏等问题，实现了上层铝合金与过渡接头复层铝合金焊接，主船体钢与过渡接头基层船体钢焊接。图1所示是由广东新中国造船厂建造的双体客船“海鸥3号”，该船1992年8月开始航行于琼州海峡。

图1　“海鸥3号”双体客船

广西柳州西江造船厂将铝-钛-钢、铝-铝-钢过渡接头用于新建的某型快艇上，共建造数十艘；广西梧州桂江造船厂建造某型交通快艇等74艘，成为使用铝-钛-钢、铝-铝-钢过渡接头建造舰艇最多的厂家。

之后，广东、上海、武汉、哈尔滨、舟山、大连、青岛等船厂推广采用铝-钛-钢、铝-铝-钢过渡接头进行舰艇的上层铝合金与主船体钢的过渡连接，使铝-钛-钢、铝-铝-钢过渡接头在造船行业得到广泛应用。图2所示为某导弹快艇，图3所示为某型巡逻艇。

图2　某导弹快艇

图3　某巡逻艇

4 爆炸复合过渡接头的力学性能

国外对铝-铝-钢过渡接头性能指标要求主要有美国军用标准《铝-钢双金属接头》(MIL—J—24445A（SH)），该标准规定复合材料的抗分离强度为76MPa，铝-钢界面的剪切强度为56MPa，国内目前还没有该过渡接头的国家标准，725所编制的企业标准《铝-铝-钢过渡接头》(Q/725—1100—2001）规定界面剪切强度为60MPa，拉脱强度为80MPa，略高于美国标准；国外对铝-钛-钢过渡接头性能指标要求主要有日本轻金属协会标准《铝合金-钢过渡接头》(LWSB8102），该标准规定复合材料的抗拉强度为137MPa，铝合金-钛界面的剪切强度为78MPa，钛-钢界面的剪切强度为137MPa；国内725所编制的《铝-钢过渡接头规范》(CB 1343—1998）规定与日本标准相当。在弯曲性能方面，国内外标准规定在弯心直径6倍于试样宽度，弯曲角度为90°的条件下试样弯曲后表面应不产生裂纹，但结合界面处可以有少量针孔、皱纹等缺陷。表1为725所多年来生产的部分铝-钛-钢、铝-铝-钢过渡接头的力学性能。

表1 铝-钛-钢、铝-铝-钢过渡接头力学性能

复合板编号	剪切强度/MPa			拉脱强度/MPa	弯 曲	
	铝-钛界面	钛-钢界面	铝-钢界面			
A01	133/152	305/315	—	183/175	合格	合格
A02	145/158	297/285	—	174/195	合格	合格
A03	156/152	265/245	—	156/174	合格	合格
A04	148/143	255/275	—	187/165	合格	合格
A05	106/123	285/295	—	155/175	合格	合格
L01	—	—	121/116	143/140	合格	合格
L02	—	—	129/122	148/148	合格	合格
L03	—	—	100/108	146/133	合格	合格
L04	—	—	119/117	144/151	合格	合格
L05	—	—	119/120	156/145	合格	合格

5 爆炸复合过渡接头的界面微观组织

铝-钛-钢、铝-铝-钢、铝-铝-不锈钢过渡接头的爆炸复合界面呈波纹状结合，如图4～图10所示。其中铝铝界面，因为是同种金属，波形呈典型的准正弦波，波形参数较大；

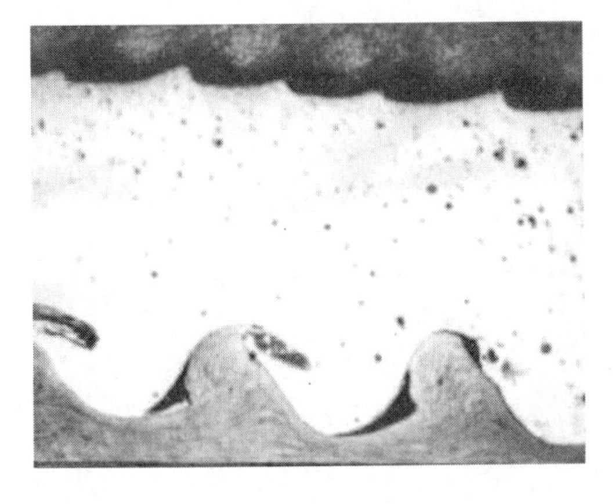

图4 铝合金-钢过渡接头界面形态（×10）

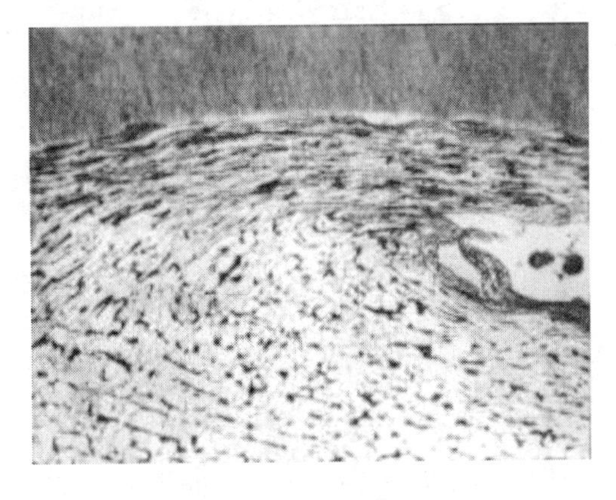

图5 铝钢界面钢侧的流线组织（×100）

而铝钢界面由于铝、钢金属密度和塑性变形能力的差异，波形较为平缓，波形参数小；铝钛、钛钢界面也呈典型的准正弦波。在爆炸焊接过程中，由于金属间的高速碰撞，铝钢界面两侧都呈现出强烈的塑性变形的流线特征，如图 5 和图 6 所示。

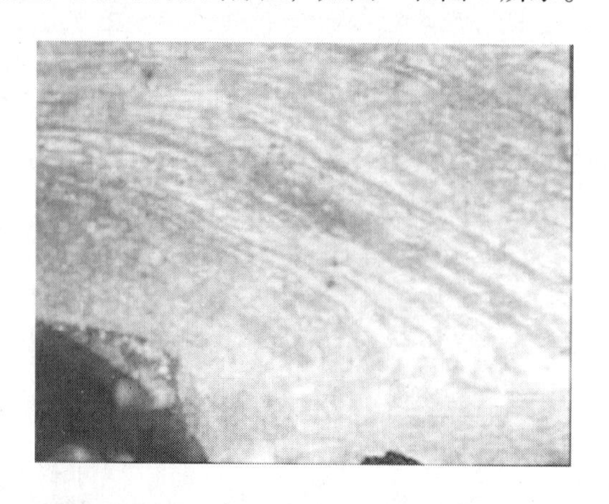

图 6　铝钢界面铝侧的流线(覆膜)组织(×100)

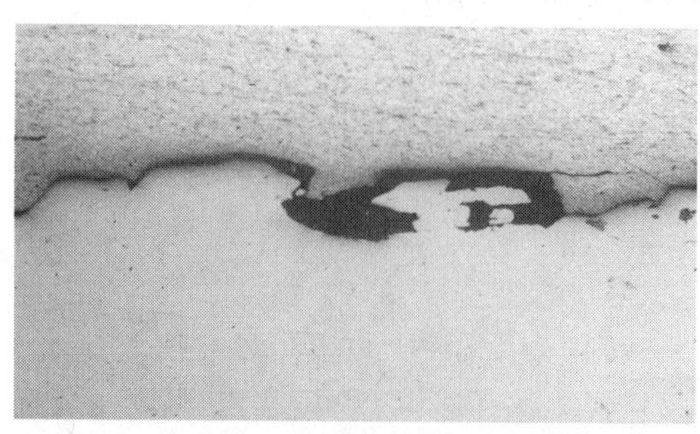

图 7　1060/321 界面形貌（×50）

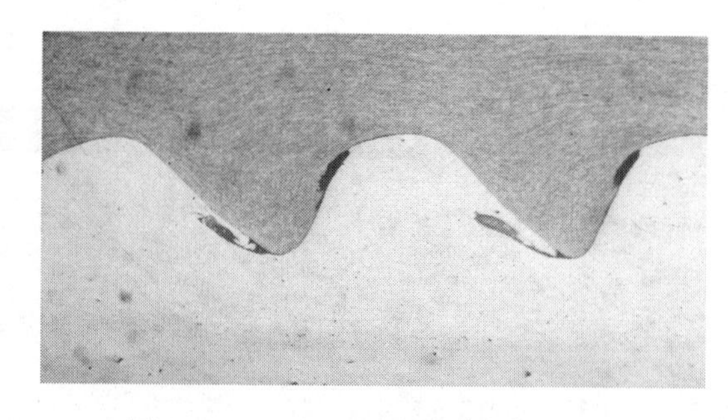

图 8　5A05/1060 界面形貌（×12.5）

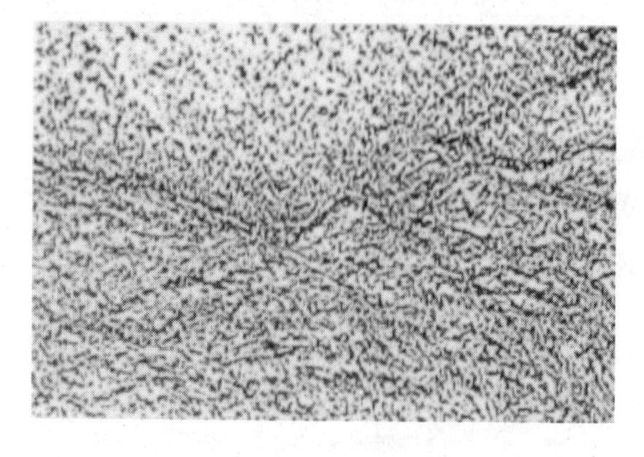

图 9　铝钛界面形貌（×200）

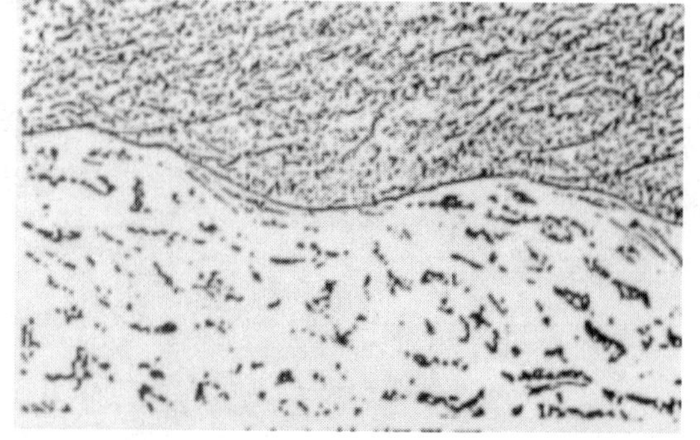

图 10　铝钛界面形貌（×200）

6　爆炸复合过渡接头的疲劳性能

铝-钛-钢、铝-铝-钢、铝-铝-不锈钢过渡接头的力学性能已达到并超过国外标准，为了舰船设计和使用提供依据，文献［3］针对某舰艇使用条件，对铝-钛-钢过渡接头在使用条件（应力 39 ~ 49MPa）下的疲劳寿命和弯曲疲劳 *S-N* 曲线进行了试验，在使用条件（应力 39 ~ 49MPa）下的疲劳寿命大于 2×10^5，弯曲疲劳 *S-N* 曲线见图 11，取疲劳寿命为 2×10^5 时，焊接前后过渡接头的条件疲劳极限分别为 296.45MPa 和 271.58MPa，大于设计使用条件 49MPa，完全满足使用要求。

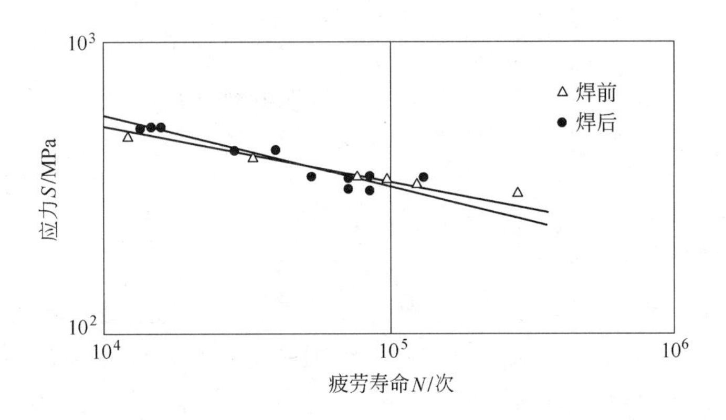

图 11 铝-钛-钢弯曲疲劳 *S-N* 曲线

7 爆炸复合过渡接头的腐蚀性能

铝-钛-钢、铝-铝-钢、铝-铝-不锈钢过渡接头在舰船服役中，长期处于海洋大气及海水飞溅状态下，因此其腐蚀与防护问题必须予以重视。

根据设计要求，我研究所对铝-钛-钢过渡接头进行了实验室腐蚀电位的测定、盐雾试验、间浸试验，并在海南榆林海港试验站进行了实海环境暴露腐蚀试验。

电位测试结果表明，在铝-钛-钢过渡接头复合电极体系中，复层铝合金将作为阳极而加速腐蚀，钛、钢将作为阴极，腐蚀将减缓。

盐雾试验结果表明，复层铝合金在 72h 已出现明显的局部腐蚀，这是与其电位较正的钛、钢接触腐蚀加速的结果，而钢的腐蚀程度较轻，钛则基本无腐蚀；当在铝-钛-钢过渡接头表面涂刷油漆品种为 9515 或 9516 的氯化橡胶后，过渡接头的涂层在经过 240h 试验后没有出现起泡、脱皮、粉化、裂纹、变色等现象，说明保护效果完好。

间浸腐蚀试验经过表明，铝合金在经过 3 天试验后产生了轻微腐蚀，经过 20 天后挂样处出现了明显的缝隙腐蚀，最大深度达到 0.29mm，但是其余部位并未产生明显的局部腐蚀，铝-钛-钢过渡接头复层铝合金经过 3 天后在表面及铝合金与钛复合界面产生了明显的腐蚀，局部腐蚀成沟槽，经过 20 天试验后铝合金表面及铝合金与钛界面都严重腐蚀成沟槽，最大深度达到 0.34mm；当在铝-钛-钢过渡接头表面涂刷油漆品种为 9515 或 9516 的氯化橡胶后，过渡接头的涂层表面经过 20 天后无异常，而在试样的棱角处，漆膜有鼓泡，泡下有钢腐蚀产物，说明棱角处膜下钢有腐蚀，这是边缘效应所致。

海洋大气试验结果表明，经过 180 天试验后，铝-钛-钢过渡接头复层铝合金腐蚀轻微，与单一铝合金相同，基层钢板全部锈蚀，锈蚀程度与单一钢板相同，铝合金与钛界面铝合金腐蚀较严重；当在铝-钛-钢过渡接头表面涂刷油漆品种为 9515 或 9516 的氯化橡胶后，过渡接头的涂层在经过 180 天试验后完好。

海水潮差试验结果表明，经过 180 天试验后，铝-钛-钢过渡接头复层铝合金腐蚀较单一铝合金严重，基层钢板锈蚀轻微，铝合金与钛界面铝合金腐蚀较严重；当在铝-钛-钢过渡接头表面涂刷油漆品种为 9515 或 9516 的氯化橡胶后，过渡接头的涂层在经过 180 天试验后完好。

从试验结果可以看出，过渡接头在实船上应用，属异种金属的接触腐蚀，在实海环境中存在严重的电化学腐蚀行为，但是同以往传统的铆接或螺栓连接形式相比，避免了缝隙腐蚀，采用油漆 9515 或 9516 的氯化橡胶可以有效保护过渡接头免受海水和海洋大气腐蚀。

8　爆炸复合过渡接头的焊接

铝-钛-钢、铝-铝-钢过渡接头作为舰船上层铝合金和主船体钢连接的过渡接头，在焊接时，过渡接头结合界面的温度不能太高，法国制造的铝-铝-钢过渡接头的临界温度为 300℃[4]，铝-钛-钢过渡接头的临界温度为 350℃[5]，因为当结合界面的温度高于临界温度时，结合界面的原子相互扩散，可能在结合界面形成晶间脆化相，使界面的结合强度下降。《铝-钛-钢过渡接头焊接技术条件》（CB/T 3953—2002）列出了过渡接头本身接长的对接焊形式，还规定了舰船铝合金结构、主船体和过渡接头的连接形式，分为直接焊在钢甲板上和过渡接头与钢结构之间再加上矮的钢围壁两类六种形式，见图 12。该标准还规定焊接时铝-钛界面温度不超过 350℃，道间温度不超过 60℃。

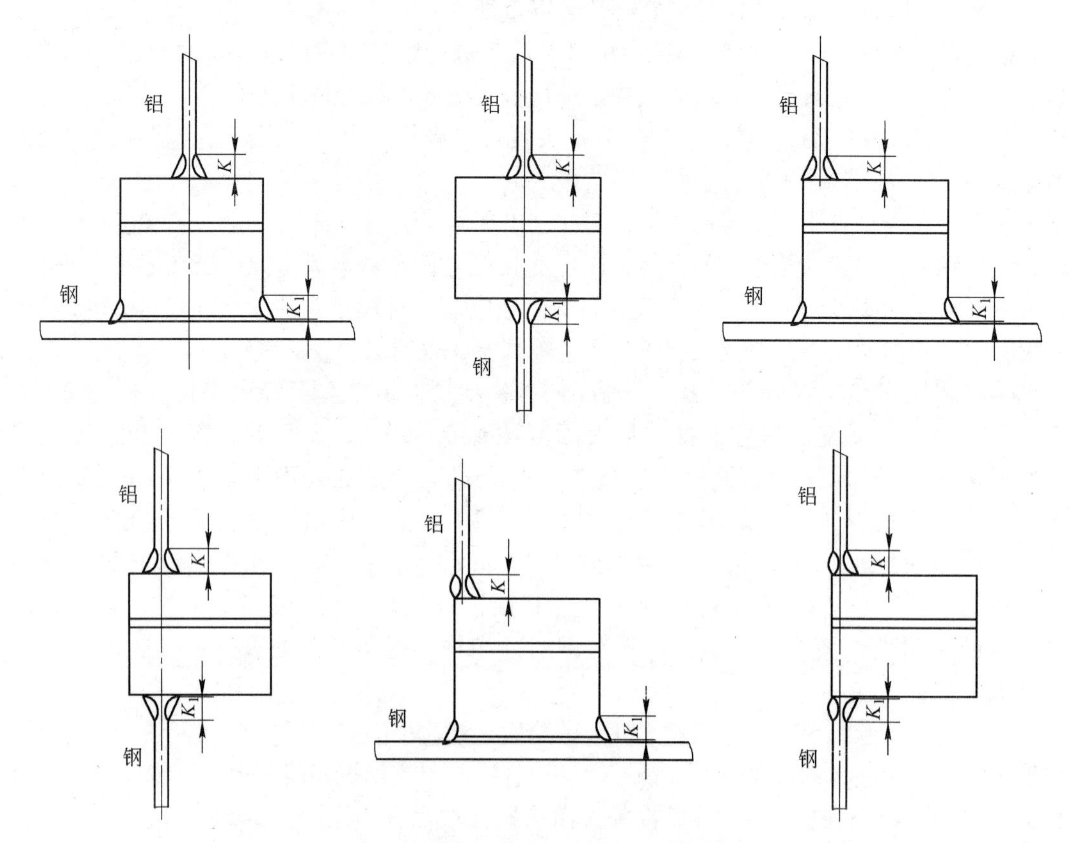

图 12　过渡接头与铝合金上层建筑及主船体角焊形式

9 结束语

爆炸复合过渡接头作为一种新材料，是材料科学及其工程应用中的一个新领域。采用爆炸复合生产的铝-钛-钢、铝-铝-钢作为舰船的上层铝合金结构与主船体的过渡连接接头，解决了原来采用螺栓或铆接形式带来的水密性、密封性差，施工效率低，还存在缝隙腐蚀和渗漏等问题，取得了很好的经济效益和社会效益。

参 考 文 献

[1] 郑远谋，黄荣光，陈世红．爆炸焊接和复合材料[J]. 复合材料学报，1999，16(1)：14～21.

[2] Ed Gaines and John Banker Joumal of ship product. 1991，7(3)：188～189.

[3] 李敬勇，赵路遇．船舶结构用铝-钛钢复合过渡接头疲劳性能研究[J]. 船舶工程，1997，(6)：35～37.

[4] Merrem and’ de la porte . STRUCTURAL TRANSTTION JIONTS GENERAL INGES FOR WELDING. B. V，1998.

[5] 陈国虞，李标峰，李敬勇．铝合金上层建筑与钢结构的电焊连接[R]. 96’中国国际船艇及船用技术设备展览会技术交流报告会，上海：1996. 4.

爆炸轧制钛/钢复合板在燃煤脱硫烟囱中的应用

张杭永　关尚哲　刘润生　庞　磊　车龙泉　付光辉　李引弟

（宝钛集团有限公司，陕西宝鸡，721014）

摘　要：本文就钛/钢复合板材的合成工艺及其在燃煤脱硫烟囱中的应用情况进行了比较详细的阐述。单张面积达 35m^2 的薄复层钛/钢复合板的研制成功，极大满足了国内外市场的需求。随着人类环境保护意识的增强和国家环保标准的逐步提高以及钛材优异的耐蚀性，钛/钢复合板材在燃煤脱硫烟囱中的应用前景看好。

关键词：爆炸焊接；轧制；燃煤脱硫（湿法脱硫）

Synthesis of Explosion + Rolling Titanium/Steel Clad Palte and the Application in the Chimney of Coal Desulfurization

Zhang Hangyong　Guan Shangzhe　Liu Runsheng　Pang Lei
Che Longquan　Fu Guanghui　Li Yindi

(Baoti Group Co., Ltd., Shaanxi Baoji, 721014)

Abstract: The paper elaborated the product technology of titanium / steel clad plates and the application of the chimney desulfurization in coal-fired in detail. The succeed development of single area of 35m^2 complex layers thin titanium / steel clad plate has greatly meet the needs of domestic and foreign markets. As the awareness of people's environmental protection, the gradual improvement of the national environmental standards and the excellent corrosion resistance of titanium, the application of titanium/steel clad plate in the chimney of coal desulfurization is in good prospects.

Keywords: explosive welding; rolling; coal desulfurization (wet FGD)

1　引言

钛是诞生于20世纪的新金属。钛在地壳中的含量极为丰富，位居 Fe、Mg、Al 之后的第四位。因其密度小、导热系数低、耐腐蚀、耐低温高温性能好等特性，作为一种新型结构金属被广泛应用于航空、航天、化工、石油、冶金、电力、建筑、生活日用品等领域。钛的需求及应用领域和范围还将日益扩大，被誉为“第三金属”、“智慧金属”、“战略金属”。随着我国国民经济的强劲增长，钛金属的应用范围还将不断拓展。

近年来，钛在民用领域的应用迅速扩大，然而由于其较高的价格，需要大量的资金投入，限制了其在相关产业中的发展。而以钛作为复层的金属复合板，因其经济的价格和优良的防腐耐蚀性能已越来越受到众多用户的青睐，应用领域被迅速拓宽，在石油、化工、冶金、制盐、电力等众多行业得到了广泛使用，充分弥补了钛材在价格上的劣势，为钛及钛复合材的应用开辟了新天地，为众多设备制造及使用厂家选材提供了新的思路。

2 爆炸+轧制工艺合成钛/钢复合板材

2.1 生产工艺流程

爆炸+轧制工艺合成钛/钢复合板材的生产工艺流程如下：

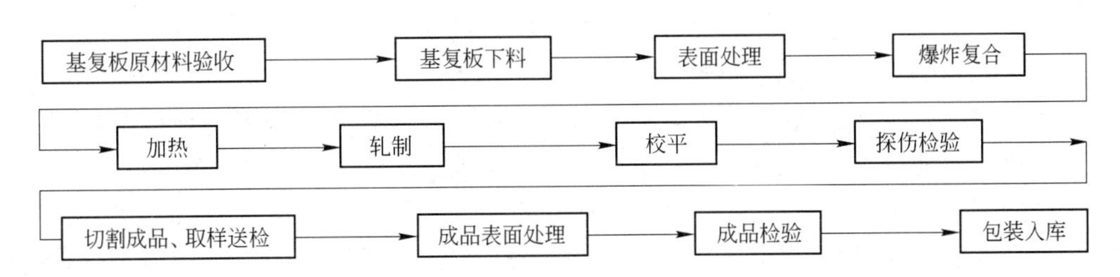

2.2 技术原理

烟囱用钛/钢复合板的生产难度在于钛复层薄（1.2mm 厚钛板）、整体密闭性的需要要求面积很大，若采用直接爆炸法生产，由于其工艺技术在产品的厚度、面积上有很大的局限性，尤其对于复材厚度小于等于 2.0mm 的大面积复合板采用爆炸复合的方法很难实现，在复合板面积大型化方面缺乏竞争力。可采用低爆速混合炸药爆炸复合工艺制取复合板板坯，然后通过合理的轧制工艺获得符合技术要求的薄复层大面积钛/钢复合板材。

2.3 性能指标

性能指标如下：

薄复层钛/钢复合板材质	TA2/Q235B
规格	1.2mm/(12～18)mm×(2000～3000)mm×(5000～14000)mm
需满足的技术条件	GB/T 8547—2006 标准
剪切强度	$\tau_{min} \geqslant 140$MPa
弯曲（内弯）	180°
整板结合率	≥98%

2.4 与国内外同类技术比较

国外复合板生产工艺技术开发早于国内，爆炸复合、轧制技术领先于国内，如美国和日本在爆炸复合方面均有较大优势，复合面积可达 20m^2，而日本更是通过轧制可生产单张面积达 60m^2 的中厚复合板，其材料多年来一直在国内电机制造领域处于领先地位。我们在以前原有的复合板轧制工艺的基础上参考国外一些先进的技术工艺，采用一些新的工艺方法对大面积、薄复层钛/钢复合板进行了开发研制，使复合板的剪切强度稳步提高，为市场尤其是燃煤脱硫行业提供了合格的复合板材产品，可生产出规格为(1.2～1.6)mm/(12～18)mm单张面积达35m^{2}的钛/钢复合板材，极大满足了国内市场的需求。此项工艺研制的成功，填补了国家标准中的空白，可生产面积达35m^{2}以上的双金属复合板。爆炸焊接与轧制工艺的结合大大减少了炸药用量，同时极大提高了生产效率和成材率，充分体现了高效、安全、环保这一时代理念。

2.5　爆炸+轧制工艺合成钛/钢复合板材的关键技术

2.5.1　炸药性能参数和装药量的选择优化

炸药性能参数和装药量是影响爆炸焊接结合质量的主要工艺因素。炸药的性能参数主要包括爆速、密度、感度、猛度等，不同性能参数炸药对爆炸焊接过程中的爆炸压力及排气有很大影响。爆速越高，排气效果越差，易造成不复合，同时材料变形速率也越高，变形热增加，易导致界面局部熔化，降低结合强度；爆速低会影响炸药的爆轰稳定性。装药量决定着爆炸压力的大小，爆炸压力是实现焊接的必要条件，它为焊接的实现提供足够的能量，装药量大会造成界面微观缺陷增加，装药量少会导致焊接失败。装药量由炸药性能参数与待焊接金属需要的焊接压力确定。对于钛/钢复合板的爆炸焊接，要保证复合界面的结合质量，炸药性能参数和装药量的选择与优化至关重要，是需要解决的关键技术。

2.5.2　复合板力学性能控制

爆炸焊接的质量直接关系到最终轧制的成功与否，而材料的力学性能尤其是钛与钢爆炸焊接时，控制钛材的力学性能是提高爆炸焊接质量的关键。通过控制杂质元素含量、合理的加工工艺，提高钛材塑性，降低强度，可以防止边部过度撕裂，提高结合强度，确保轧制的成功率。因此，控制钛材的力学性能是一项关键技术。

2.5.3　边界效应控制技术

复合板的爆炸焊接存在一种称为边界效应的物理现象，即爆炸焊接的复合材料周边出现被打伤、打裂、变形严重及结合质量降低等问题。在厚复层钛/钢复合板坯爆炸焊接过程中，为了确保复板充分加速，通常采用较大间隙值。在边界区，由于复合板的累积变形程度大、卸载波的作用以及较大的间隙影响，使得边界效应更加严重。因此，控制边界效应是需要解决的又一关键技术。

2.5.4　轧制工艺的合理选择

钛/钢复合板坯加热后，界面易产生TiC、TiFe等脆性化合物，脆性化合物会严重降低钛/钢复合板的结合强度。加热温度越高，危害作用越大，加热温度低，内部组织得不到改善，造成弯曲表面发生裂纹，所以选择合理的加热温度和终轧温度，优化轧制工艺，抑制脆性化合物的形成和生长是需解决的关键技术。

2.6　讨论与分析

2.6.1　爆炸制坯

根据总变形量选择基、复板的厚度，另根据资料介绍及实践经验在炸药选择方面我们将其爆速和密度作为两个主要工艺参数来加以控制。爆速是炸药的主要性能之一，是炸药作用效率指标，而密度则是影响爆速的一个重要指标。在实际生产中采用膨化硝铵炸药为基体炸药配制成低爆速混合炸药，有效地控制炸药的爆速，使其在一个合理的范围之内，这样有利于厚复层复合板的爆炸复合。通过爆炸试验证明，爆炸效果良好，说明爆炸工艺参数的选择是合理的。

2.6.2 轧制工艺对复合板综合性能的影响

由表1可以看出，随着加热温度的升高，复合板的结合强度下降，但下降幅度不大，在加热温度相同的情况下，随着变形量的增加其结合强度也随着增加，而且增加幅度很大。另外，随着加热温度的增加，其弯曲性能也相应得到改善。由于复合板为两种金属材料所组成，而两种材料的物理性能又有很大差异，尤其是热膨胀系数相差很大，造成了复合板的板形平整度难以得到控制，因此，对于复合板不能热校平，要采用冷校平，在试验中给以成品复合板3%～5%的冷平量，再通过矫直机进行矫直，从而获得平直的双金属复合板。

表1 不同轧制工艺复合板性能数据

加热温度/℃	变形量/%	剪切强度/MPa		内　弯	外　弯
760	80	纵	156	裂	裂
		横	156		
	90	纵	290	裂	裂
		横	285		
850	90	纵	210	合	合
		横	220		
900	80	纵	170	合	合
		横	170		
	90	纵	205	合	合
		横	215		

2.6.3 轧制工艺对复合板界面组织的影响

通过对轧制后的复合板界面金相组织进行观察可知，爆炸轧制复合板界面较为平直，如图1所示，这是因为爆炸后界面产生的波纹在轧制中被拉长和压平。由图1还可以看出，随着轧制温度的增加，其界面两侧晶粒也随之长大，但中间层晶粒无长大现象且和基复材之间无扩散现象。从金相图可以看出复合界面清晰、无杂物、无污染，说明钛和钢完全达到冶金结合，是理想的结合状态。

2.7 结论

（1）通过配制低爆速混合炸药，采用爆炸复合工艺制取的复合板板坯，其结合状况能满足轧制复合所需要的结合机理。

（2）采用爆炸轧制方法在加热温度800～900℃，变形量80%～90%的条件下进行轧制所获得的双金属复合板工艺是合理的、可行的，各项性能指标均达到国家标准要求。

（3）此项工艺研制的成功，填补了国家标准中的空白，可生产面积达35m^2以上的双金属复合板材。

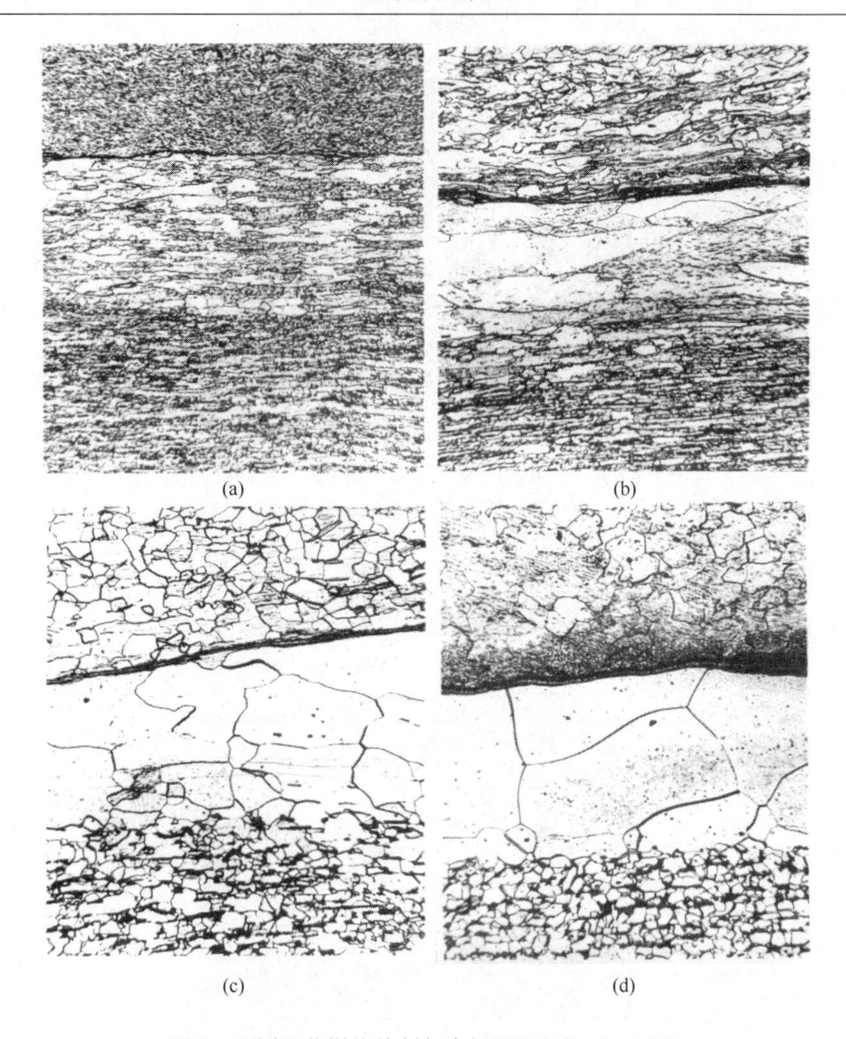

图1　不同工艺爆炸轧制复合板界面组织（×200）
（a）760℃加热，90%变形；（b）850℃加热，90%变形；
（c）900℃加热，90%变形；（d）900℃加热，85%变形

3　薄复层大面积钛/钢复合板在燃煤脱硫囱中的应用

3.1　薄复层大面积钛/钢复合板在燃煤脱硫囱中的应用根据

随着人类环境保护意识的增强和国家环保标准的逐步提高，节能减排工作已成为构建和谐社会的重要内容，特别是《燃煤电厂大气污染物排放标准》（GB 13223）的发布执行，对以燃煤为主的高污染企业进行治理，使其燃烧的烟气中含硫量降低到国家允许的排放标准，以使我国在较短时间将污染物排放量达到国际先进水平。新建火电厂工程要求进行烟气脱硫处理。通常进行湿法脱硫处理后的烟气，水分含量都很高，湿度大，温度低，易于出现烟气结露现象。烟气中的水汽结露后形成的具有腐蚀性水液较大，主要依附于烟囱排烟筒内侧壁流下来至专设的排液口排到脱硫系统的废液池中。而脱硫处理后的烟气中还含有氟化氢和氯化物等强腐蚀性物质，形成腐蚀强度高、渗透性强且较难防范的低温高

湿稀酸型腐蚀状况。如何进行烟囱的防腐设计，各电力设计院都在进行摸索和探求，以期达到安全可靠、耐久经济。对于钢内筒结构，在烟气湿法脱硫（无 GGH 装置）的情况下，国际工业烟囱协会（CICIND）在其发布的《钢烟囱标准规程（Model Code For Steel Chimneys)》（1999 年第 1 版）中建议采用普通碳钢板在其内侧（接触烟气）增加一层非常薄的合金板或钛板的方法进行处理。

21 世纪初，电力规划设计总院组织部分电力设计院的工程技术人员与意大利哈蒙公司烟囱专家、国际工业烟囱学会理事史密斯，进行了技术交流和探讨，专家认为湿法脱硫系统取消烟气加热系统采用薄复层钛/钢复合板的防腐措施在国际上早有先例，并写入了国际烟囱设计标准中。在满足环保要求的条件下，对不设烟气加热系统装置（GGH）的烟囱排烟筒宜选用抗渗密闭性好、整体性强、自重轻的钛/钢复合板材料。

按照国际工业烟囱协会（CICIND）的设计标准要求，燃煤电厂排出的烟气虽然在脱硫过程中除去了大部分的氧化硫，但经脱硫后，烟气湿度增大，温度降低，使烟气中单位体积的稀释硫酸相应增加，其烟气通常被视为“高”化学腐蚀等级，因而烟囱应按强腐蚀性烟气等级来考虑烟囱结构的安全性设计。

钛/钢复合板（1.2mm 厚钛板）是一种较合适的组合材料，也是国际烟囱设计标准推荐的防腐处理方案。它真正做到了结构（钢）、防腐（钛）各司其职，发挥各自的优势，并且能够抵御多种工况下烟气的腐蚀作用，烟气流速稳定，烟气扩散效果好，在防腐蚀性能和耐热性能方面是完全可以满足钢内筒湿烟囱长期运行要求的，可以确保烟囱结构的使用寿命，而且其造价并不高。

3.2 钛/钢复合板材在燃煤脱硫烟囱中的应用情况

电厂烟囱用钛/钢复合板材料的生产采用爆炸轧制工艺，这种生产工艺是安全、环保、节能的。首先大面积复层表面无焊缝，在爆炸复合工序中大大减少爆炸面积（均为成品面积的 20% 左右），从而减少了炸药的用量和爆炸产物的产生量，降低了因爆炸对周边环境的影响程度，轧制工序符合大工业化生产要求，生产效率大幅度提高，产值产量增长显著，规避了市场、技术和环保风险。钛/钢复合板在烟囱内衬上的使用，使得该产业符合了节约能源和保护生态环境的产业结构。2004 年以来，这种材料先后应用于江苏常熟电厂、江苏太仓电厂、河北西柏坡电厂、广东台山电厂、河北黄骅电厂、陕西锦界电厂、青岛黄岛电厂、山西武乡电厂、山西王曲电厂、南阳鸭河口电厂、锦界电厂二期工程、黄岛电厂二期工程和鹤壁电厂及苏丹喀土穆北电站三期工程等国内外工程项目，使用量超过 40000t。

4 钛/钢复合板材在燃煤脱硫烟囱中的应用展望

按照国际烟囱协会的建议及国内外应用情况，钛/钢复合板材在燃煤烟气湿法脱硫处理、且不设烟气加热系统的条件下使用是较为理想的防腐处理方案。目前国内大部分火力发电厂工程，由于工程优化和降低成本的原因，都希望在满足环保要求的情况下湿法脱硫系统不设烟气加热系统 GGH，这就为钛/钢复合板材在烟囱钢内筒中的应用创造了条件和机会。

另外，下面三个方面也使钛/钢复合板材在烟囱钢内筒中的应用更具有优势。

4.1 国内材料、生产、制作和安装标准的配套支持

国内有配套完整的系列钛钢复合板材料生产、制作和安装标准，为其在脱硫烟囱中的

使用打下了坚实的基础。

这些标准主要是：

钛制焊接容器	JB/T 4745—2002
钛/钢复合板	GB 8547—1987
钛及钛合金复合钢板焊接技术条件	GB/T 13149—1991
钛及钛合金板材	GB/T 3621—1994
钛及钛合金牌号和化学成分	GB/T 3620. 1
钛及钛合金加工产品超声波探伤方法	GB/T 5193
钛及钛合金加工产品的包装、运输和储存	GB/T 8180
钛及钛合金化学分析方法	GB/T 4698

4.2　国际烟囱设计标准建议方案

在烟气湿法脱硫（无 GGH 装置）处理的情况下，钢内筒采用钛/钢复合板材料进行防腐设计是国际工业烟囱协会（CICIND）烟囱设计标准的建议方案。

4.3　技术经济效益分析

（1）采用钛/钢复合板材后的烟囱造价应与原有的烟囱造价及烟气加热系统 GGH 的造价之和进行比较，单纯地比较钛/钢复合板材料烟囱造价和其他材料的烟囱造价是不能完全反映实践情况的。因为，不设烟气加热系统 GGH 后，烟囱的腐蚀性更加恶劣，安全性降低，烟囱的防腐蚀设计标准理应提高和加强。

（2）从目前火电厂烟囱工程的技术经济比较看，采用钛/钢复合板材后的烟囱综合造价都比原有的烟囱造价及烟气加热系统 GGH 的造价之和要小，若机组数量多、单机容量大，则采用钛/钢复合板材料后节省的烟囱造价就越大。江苏省常熟市华润电力常熟第二发电厂 3 ×600MW 机组工程整个烟囱投标价与省下的三套 GGH 设备费用相当，而原有的烟囱造价全部节省下来就是一个典型事例。

（3）电厂烟囱用钛/钢复合板的价格主要取决于钛板的价位，2006 年下半年以来由于国内多家海绵钛生产企业的投产运行，海绵钛供应的紧张局面和高价位状态已被打破，随之而来的是钛材及钛/钢复合板的价位更加合理，使得广大电厂投资方极大受益，大大降低了投资成本。

（4）钛/钢复合板材料在化工行业应用较广泛，其制造、安装等不属于特殊工艺，技术是安全和可行的。

参 考 文 献

[1] 郑哲敏，杨振声．爆炸加工[M]．北京：国防工业出版社，1981.

[2] 郑远谋．爆炸焊接和金属复合材料及其工程应用[M]．长沙：中南大学出版社，2001.

[3] 王耀华．金属板材爆炸实践与研究[M]．北京：国防工业出版社，2007.

[4] 宋秀娟，浩谦．金属爆炸加工的理论和应用[M]．北京：中国建筑工业出版社，1983.

[5] 解宝安．钛钢复合板材料在湿法脱硫防腐蚀烟囱中的应用[R]．西北电力设计院，2004.

[6] 杨杰．湿法 FGD 后烟囱防腐措施的试验研究[J]．电力建设，2007.

[7] 龙海飚．烟囱结构选型及防腐材料的选择[J]．湖南电力，2004.

爆炸轧制复合型不锈螺纹钢工艺研究

方 雨 葛 伟 邓宁嘉 张 占 芮天安

（南京宝泰特种材料有限公司，江苏南京，211100）

摘 要：本文综述了复合型不锈钢螺纹钢的爆炸-轧制工艺试验研究，通过试验发现单位面积药量、安装间隙、起爆方法、复层保护、等静态参数的选择，对保证后续轧制的顺利进行，有着重要的作用。

关键词：爆炸轧制；间隙；中心起爆；边缘效应

Study on Explosion Welding-Rolling Composite Stainless Steel Clad Bar Process

Fang Yu Ge Wei Deng Ningjia Zhang Zhan Rui Tianan

（Nanjing Baotai Special Materials Co., Ltd., Jiangsu Nanjing, 211100）

Abstract: This paper studies explosion-rolling process test of composite stainless reinforced bar. It was found that unit area explosives amount, interspace installation, initiating method, clad layer protection and other static parameters play an important role in follow-up rolling process.

Keywords: explosion-rolling; interspace; centre initiation; edge effect

1 引言

爆炸轧制复合型不锈螺纹钢是利用炸药作为能源，在优质碳钢棒外复合一层不锈钢，然后再根据需要，用其作为原料加工成各种不同用途产品的一种工艺方法。目前，这种产品以不锈钢螺纹钢为主，其具备科技、环保、节能、耐腐蚀、节材的多重特性，可以为国家节约大量的 Ni、Cr 等稀有金属，与普通不锈钢棒相比，80% 以上原材料使用优质碳钢代替，降低了成本，改善了材料的力学性能。其主要应用在特殊环境下的基础设施建设工程（如沿海地区造地护坡、桥梁、隧道、输油管线等），市场主要以海外为主。目前市场需求量达到 10 万吨，2 ~3 年内将迅速超过 30 万吨。近年来，国家不断加大力度整顿钢铁行业，限制低附加值的产品出口，鼓励新产品开发，力推国际标准和节能环保概念，不断要求钢铁行业企业在新产品和生产过程提高科技含量。所以本产品符合国家鼓励政策和出口政策，在世界各国不断向海洋发展、不断改造内陆特殊环境地区的趋势下，应用空间广阔。本文讨论的就是爆炸轧制复合型不锈钢的工艺研究。

2　爆炸焊接静态参数的选择

2.1　试验材料

基层材料为 GB/T 3077 42CrMo 圆钢，规格尺寸为 ϕ80mm × 2000mm，复层材料为 GB/T 13296 0Cr18Ni9，规格尺寸为 ϕ94mm × 4mm，L = 2000mm，见表 1 和表 2。

表 1　两种材料的化学元素含量　　(%)

牌号＼元素	C	Si	Mn	Cr	Ni	Mo	S	P
42CrMo	0.16	0.25	1.35	—	—	0.21	0.009	0.011
0Cr18Ni9	0.04	0.8	1.2	17.5	9.2		0.009	0.009

表 2　两种材料的力学性能

牌号＼项目	R_m/MPa	$R_{P0.25}$/MPa	A/%	A_{kv}/J
42CrMo	1250	999	19	110、132、121
0Cr18Ni9	585	395	42	—

2.2　单位面积药量

与平板爆炸焊一样，单位面积药量是复合棒爆炸焊接的关键工艺参数之一，如果以复层面积来确定药量，那么在材料组合及复层厚度相同的条件下，复合棒爆炸焊接的单位面积药量要比平板爆炸焊接大。这主要是因为一方面爆炸产物飞散条件变了；另一方面就是炸药爆炸产生的能量不但要推动复层加速运动，同时在这个过程还伴随着收缩变形，但是如针对这些变化因素从理论上定量地计算单位面积药量是有一定难度的。所以通常采用药厚相等的原则来估算复合棒爆炸焊单位面积药量。这显然与复层外径有关，外径越大，单位面积药量就越小，假设外径无穷大时，单位面积药量将与平板爆炸焊接相同。其关系可由下式表达：

$$C = \rho_0 H(1 + H/d)$$

式中　C——复合棒爆炸焊单位面积药量；

ρ_0——炸药密度；

H——相同条件平板爆炸焊药厚；

d——复层外径。

所以，复层 4mm 的 0Cr18Ni9 复合棒爆炸焊选用膨化硝铵炸药，密度为 0.67g/cm^3，平板爆炸焊的单位面积药量为 2.0g/cm^2，药厚为 30mm，那么，根据上式可知，外径为 ϕ94mm 时，单位面积药量为 2.7g/cm^2。

2.3　安装间隙

由于炸药爆炸后推动复层加速运动过程中还伴随着收缩变形，存在失稳的可能性，一且复层失稳，就无法获得好的焊接质量。影响失稳的因素是多方面的，如装药不均匀造成爆炸载荷的不对称、间隙大造成收缩量大、复层厚度不均匀等。当然间隙大是导致失稳的重要原因，这是因为当复层直径和厚度都均匀一致时，间隙越大，收缩变形程度越大，失稳的可能性也越大。所以，复合棒的爆炸焊接，间隙通常要比平板爆炸焊小得多，一般直径在50mm以下时，单边间隙为复层厚度的二分之一，直径在100mm左右时，选择单边间隙为3mm。虽然间隙小了，失稳的可能性小了，但3mm的间隙很难保证复层被加速到所要求的碰撞速度，所以只有通过适当提高炸药爆速、猛度来达到所要求的碰撞速度。因此试验用药选用膨化硝胺炸药的原药，爆速为3300m/s左右，图1为爆炸安装示意图。

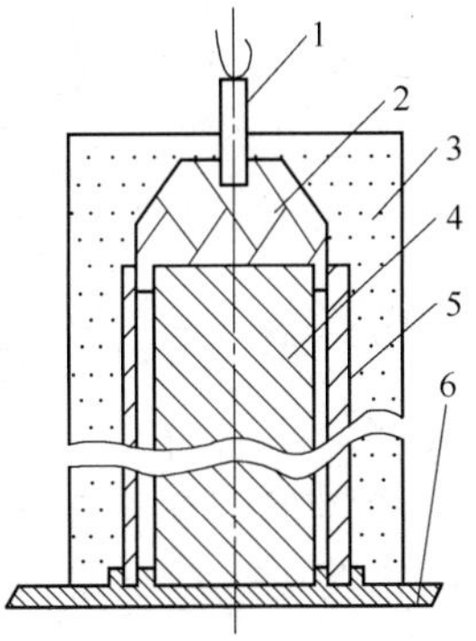

图1　复合棒爆炸安装示意图
1—雷管；2—铅帽；3—炸药；
4—基层；5—复层；6—底座

2.4　起爆方法

起爆方法的选择将直接影响爆炸焊接的质量，因为起爆方法决定了爆轰波波阵面的形状，平板爆炸焊接可以有多种选择，如圆形、弧形、直线形的，但对应复合棒的爆炸焊接就只有一种能获得好的质量的波阵面形状，那就是垂直与棒材轴线的爆轰波阵面。因为如果选择边缘起爆（见图2），那么，射流喷射将集中向 A 点，而造成从 A 点起形成一条与轴线平行的不贴合线，甚至是穿孔。因此我们选择相对较易操作的中心起爆（见图3）。但要想获得好的爆炸质量，必须严格控制两个重要参数，即装药的密度和厚度，这就要求相关的工装尺寸要很精确。

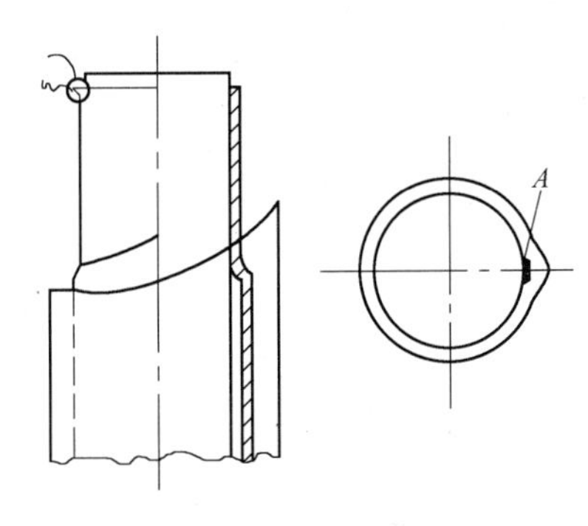

图2　边缘起爆

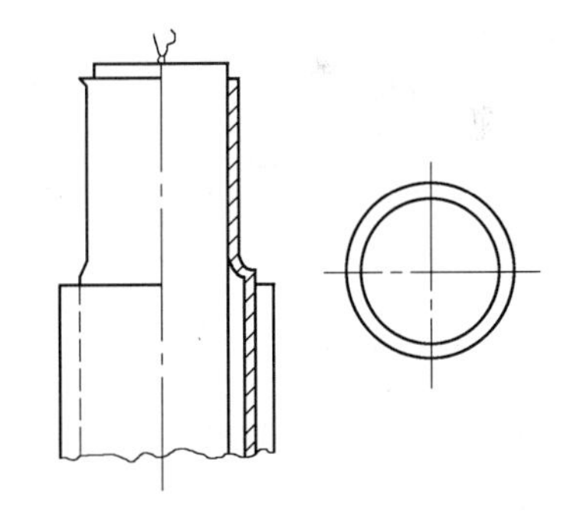

图3　中心起爆

2.5　复层保护

和平板爆炸焊一样，棒材爆炸焊接由于炸药的爆速、猛度更高，因此为避免复层被烧伤，0Cr18Ni9管外表面更要做好保护工作。在间隙安装好后装药前，在不锈钢管外表面均匀地涂刷上一层保护层，厚度约为0.3～0.5mm。

3　爆炸焊接后结果检验与讨论

3.1　外观质量

从爆炸后复合棒外观来看，在起爆后复合棒的末端存在缩颈及复层撕裂的现象（见图

4)，从端部缺陷可以看出，复合棒的爆炸焊接和平板爆炸焊接一样，在端部也存在边缘效应区域。因此，根据试验，复合棒端部要预留一定的爆炸余量，便于爆炸后切除，余量约为一个复合棒的直径。另外，爆炸后复合棒存在一定程度的弯曲，这主要是爆炸现场人工装药存在不均匀的原因造成的，所以现场装药必须采取有效的措施控制装药密度和装药均匀度。

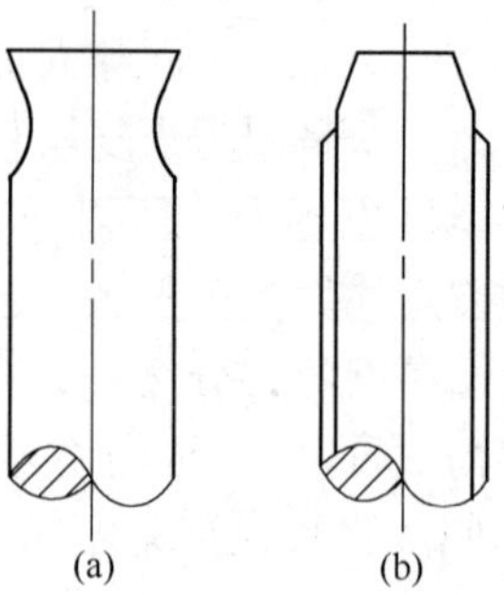

(a)　(b)

图 4　复合棒爆炸复合边缘效应
(a) 末端缩颈；(b) 末端撕裂

3.2　力学性能

从表 3 可以看出，复合棒爆炸态应力较大，强度高、塑性低，弯曲试验后出现断裂现象，因此，爆炸后复合棒必须经过热处理消除爆炸应力，以获得好的力学性能。

表 3　复合棒不同状态力学性能

状态 \ 项目	R_m/MPa	$R_{p0.25}$/MPa	A/%	A_{kv}/J	弯曲 180°
爆炸态	1250	990	14	110、132、121	开裂
热处理态	820	515	19	—	合格

4　爆炸复合棒的轧制

4.1　复合棒的处理

爆炸焊接的复合棒表面整体抛光，头、尾部的局部缺陷切割除去，对局部凹坑超过 1mm 的部位可补焊，补焊后修磨平整。

4.2　复合棒的轧制

复合棒在电炉中加热至 1150℃、并保温 120min、保证料温的均匀后方可轧制，通过两次加热轧制，采用“方—方—圆—椭圆—圆—椭圆—菱—椭圆—圆”的孔型，11 道次轧制至 ϕ16mm 螺纹钢，总变形量达 95% 以上。

4.3　热处理制度

考虑避开奥氏体不锈钢的敏化温度区，采用 900℃、保温 120min，空冷的热处理制度。

5　检测结果

5.1　尺寸检测

尺寸检测结果见表 4。

表 4　尺寸检测结果　(mm)

内　径	横肋高度	纵肋高度	横肋宽	纵肋宽	纵肋宽
15.59	1.42	1.72	0.8	1.75	10
15.62	1.42	1.73	0.8	1.75	10
15.61	1.43	1.72	0.81	1.75	10
15.6	1.42	1.73	0.8	1.74	10

注：随机抽测的结果，符合 GB 1499.2—2007 热轧带肋钢筋的尺寸要求。

5.2　成品复层厚度检测

成品复层厚度检测结果见表 5。

表 5　成品复层厚度检测结果

检测点	1	2	3	4	5	6	7	8
厚度/mm	0.78	0.65	0.68	0.74	0.78	0.6	0.59	0.7

5.3　力学性能检测

力学性能检测结果见表 6。

表 6　力学性能检测结果

项　目	抗拉强度 R_m/MPa	屈服强度 $R_{p0.25}$/MPa	断后伸长率 A/%	最大力总伸长率 A_{gt}/%
热处理态	850	675	18	12
	860	680	19	12

6　结语

（1）金属复合棒爆炸焊接因其安装间隙较小，为使复板获得足够的碰撞速度，要选择爆速、爆压较高的炸药；

（2）安装间隙、装药均匀度并且在中心起爆是复合棒爆炸焊接的关键参数，要加强控制；

（3）证实了 42CrMo 圆钢包覆不锈钢,采用爆炸-轧制生产复合材螺纹钢工艺的可行性；

（4）成品复层厚度的控制取决于多种因素，控制比较困难，有待实践中总结。

参 考 文 献

[1] 大冶特殊钢股份有限公司，冶金部信息标准研究院. GB/T 3077—1999 合金结构钢[S]. 北京:中国标准出版社,2000.

[2] 四川长城特殊钢（集团）有限公司，浙江久立集团股份有限公司. GB/T 13296—2007 锅炉热交换器用不锈钢管[S]. 北京:中国标准出版社,2007.

[3] 郑哲敏，杨振声，等. 爆炸加工[M]. 北京：国防工业出版社，1981.

[4] 杨扬. 金属爆炸复合技术与物理冶金[M]. 北京：化学工业出版社，2006.

[5] 郑远谋. 爆炸焊接和金属复合材料及其工程应用[M]. 长沙：中南大学出版社，2002.

[6] 王耀华，金属板材爆炸焊接研究与实践[M]. 北京：国防工业出版社，2007.

[7] 周金波,马东康,爆炸焊接 Ni/Ti 双金属复合棒的工艺与性能研究[J]. 世界有色金属，1999，(A08).

[8] [英]T. Z. 布拉齐恩斯基. 爆炸焊接、成形与压制[M]. 北京：机械工业出版社，1988.

钛/不锈钢爆炸复合过渡接头在国内航空航天领域中的应用

王虎年　李　莹　郭悦霞　王礼营　周颖刚

（1. 西安天力金属复合材料有限公司，陕西西安，710201；
2. 陕西省层状金属复合材料工程研究中心，陕西西安，710201）

摘　要：钛/不锈钢爆炸复合过渡接头用于航空航天推进系统，在姿态控制方面发挥着极其重要的作用。本文简要介绍了爆炸复合过渡接头，详细描述了爆炸复合钛/不锈钢接头目前在航空航天领域中的应用，文章对钛/不锈钢接头的界面特征、当量缺陷和拉剪强度等关键技术指标进行详尽阐述。

关键词：钛/不锈钢；过渡接头；自锁阀；当量缺陷

The Application of Titanium/Stainless Steel Transit Joints in the Field of Domestic Aerospace

Wang Hunian　Li Ying　Guo Yuexia　Wang Liying　Zhou Yinggang

（1. Xi'an Tianli Clad Metal Materials Co., Ltd., Shaanxi Xi'an, 710201；
2. Shaanxi Engineering Research Center of Metal Clad Plate, Shaanxi Xi'an, 710201）

Abstract: Titanium-stainless steel transit joints were used in aerospace propulsion system, playing an extremely important roles in attitude control system. In this article, Transit joint products were given a brief introduction, A detailed current applications about titanium-stainless steel transit joints in domestic aerospace fields were also described, Key technical indicators such as interface characteristics, equivalent defects and pull shear strength were also elaborated in this paper.

Keywords: titanium-stainless steel；transition joint；latching valve

1　钛/不锈钢爆炸复合过渡接头介绍

航天和化工等行业中，同一台设备会用到多种不同的材料，如何实现不同材料之间的连接，特别是焊接难以相容的材料，是设备整体设计所必须解决的问题，目前较为常用的连接方式有铆接、螺接和常规焊接等。在航空航天工业中不少部件采用钛（钛合金）材和不锈钢，钛/不锈钢过渡连接用接头有多种制备方法，目前常用真空电子束焊、钨极氩弧焊、冷压焊、锲焊、摩擦焊、扩散焊、螺纹加钎焊、爆炸焊[1]，但对于管接头来说最常用的方法是后四种。四种焊接方法中爆炸焊接的结合强度最高，其次是扩散焊和摩擦焊[2]，最后是螺纹加钎焊。军工和原子能工业用的钛/不锈钢接头过渡接头，要求的结合性能、防泄漏、韧性、耐蚀性能和安全性能等综合性能较高，其他方法很难保证，爆炸焊接方法在制备这类过渡接头上有很大的优势。

管棒爆炸焊接（如图1所示）相对于平板爆炸复合影响因素更多，工艺过程更为复杂，工艺参数设置难度更大，特别是在制订炸药质量比和间隙这两个重要工艺参数方面。格尼和阿述兹建立了管棒爆炸复合时的一维和二维模型，并在此基础上推导了公式，但其假定材料是不可压缩的流体，另外默认爆轰产物是按径向扩散，这与实际过程是不相符的。目前，采用数值模拟方法研究间隙和工艺参数对复合管爆炸焊接质量的影响有文献资料报道，如文献[3]采用间隙元法求解金属圆管在爆炸焊接时的二维弹黏塑性大变形的接触问题，对圆管内包爆炸焊接的全过程作了分析；文献[4]基于 ANSYS/LS-DYNA 平台建立了钢-铜-铜三层圆管爆炸焊接的三维有限元模型，研究了不同间隙下的成形过程和焊接质量问题。但以上文献仅局限于定性分析，没有给出合理确定工艺参数大小的方法。

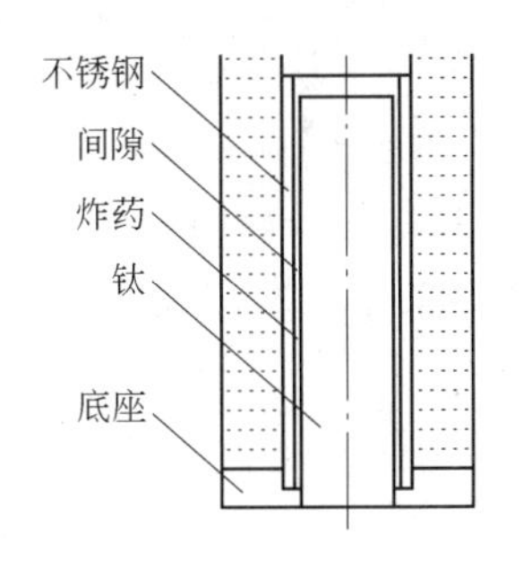

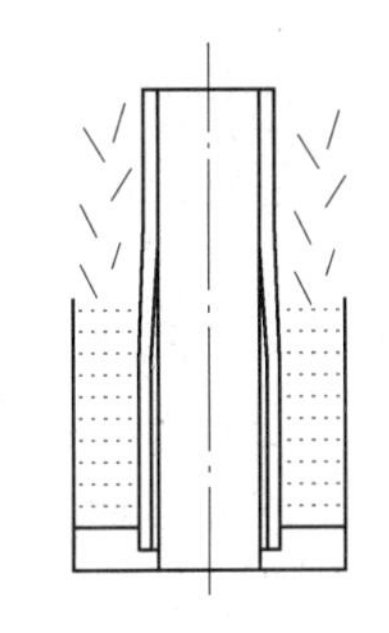

图1 管棒复合示意图

爆炸复合过渡接头之所以能够实现可靠的连接，在于爆炸焊接在两金属的界面间形成原子间的冶金结合，不改变两种金属的组织、化学成分及力学性能[5]，且两金属间的界面结合强度能够达到母材中较弱金属强度。其密封性能也较采取其它密封方式最少提高 1 ~2 个数量级，从而达到更为可靠的密封。另外过渡接头在作为结构材料使用时，可承受各种机械力、冷热作用应力。因此在具有较高结合强度的同时，也有着优良的热循环性能。

2 钛/不锈钢爆炸复合过渡接头在国内航空航天领域中的应用

我公司研制的钛/不锈钢爆炸复合过渡接头棒用于制作卫星自锁阀的进出口接头，由于其具有高结合强度、密封性好、使用寿命长和极高的可靠性，既是低压自锁阀的首选材料，又是高压自锁阀的自主关键材料。该复合棒目前已成功交付 1300 多根，并成功应用于多种地球卫星和嫦娥探月卫星，为完成国家卫星型号任务发挥了重要作用（见图2）。

图2 钛/不锈钢接头棒图片

喷气推进系统所用液体推进剂与气体推进剂经开启的低压自锁阀进入姿控发动机使之点火工作，自锁阀关闭发动机停止工作。然而低压自锁阀的气密性是否可靠是至关重要的，也就是说不锈钢与外部钛管连接处的密闭性是否可靠，其密封两种推进剂的能力是否能满足设计要求，十分重要。早期采用的是胶接加机械密封的方式，这种方式适于设计寿命较短的卫星使用。使用钛/不锈钢爆炸复合过渡接头后阀体与管路熔焊，气密性比胶接加机械密封提高了两个数量级以上。提高密封性的直接益处有两点：一是不会泄漏推进剂，保证了推进剂的用量。二是大大提高了整星的安全，免除了安全威胁，因为当两种推进剂同时外漏且相遇会引发安全事故，因此气密性检测要严格进行。

另一方面，对于设计寿命在8年以上的长寿命卫星，材料与推进剂的相容性十分重要，必须达到相关标准长期相容的等级。对某种气体推进剂，现阶段只有钛/不锈钢爆炸复合过渡接头才能满足要求，胶接材料应不满足要求而被淘汰。相容性不达标，意味着材料受到浸蚀、损坏，同时推进剂就会因溶有材料成分而被污染，难以保证长期可靠的工作性能。

因此，如果说钛/不锈钢爆炸复合过渡接头因为气密性优良，成为迈入了卫星应用门槛的首选材料，那么就可以说，因钛/不锈钢爆炸复合过渡接头是现实唯一能与气体推进剂长期相溶的特性，而成为了目前不可替代的材料。

3　爆炸复合接头棒的质量保证

卫星发射是高科技水平的象征。作为一种新材料，钛/不锈钢爆炸复合过渡接头棒从制作低压自锁阀开始，历经重重考验之后开始应用于卫星。研制工作经历了从模样、初样再到正样的三个过程，1988 年立项，1997 年装星发射成功，并于 1998 年进行成果鉴定，历时十年。进行高压自锁阀用材研制，又花了十多年时间，前后二十多年的不断开发与研制才逐步发展为今天的低压接头棒、高压接头棒、超高压接头棒三个品种，随着应用的要求的不断提高，正在修订的《卫星用钛-不锈钢爆炸复合过渡接头》（GJB 3797）标准将取消高压接头棒这一品种，而直接被超高压接头棒代替。

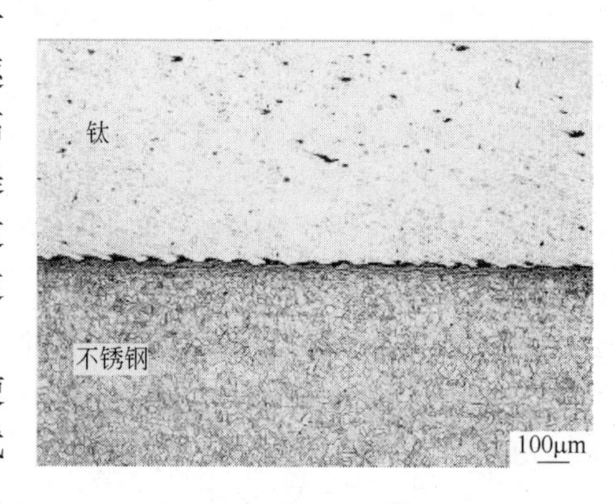

图 3　钛/不锈钢结合界面金相 ×100

自 1992 年起，近 1300 支接头棒已交付用户使用，接头棒的品质得到充分肯定。图 3 所示为有代表性的爆炸复合接头棒钛/不锈钢结合界面照片，具有典型的金属爆炸复合界面结合特征，最佳的整体性表明炸药的爆炸能量得到了合理的利用，冶金缺陷受到了很好的控制，结合状态俱佳。

用超声波检测接头棒结合界面，可以检出不结合缺陷当量不大于 ϕ1. 5mm 的缺陷，接近母材钛的 A1 级标准规定，探伤波形如图 4 所示。

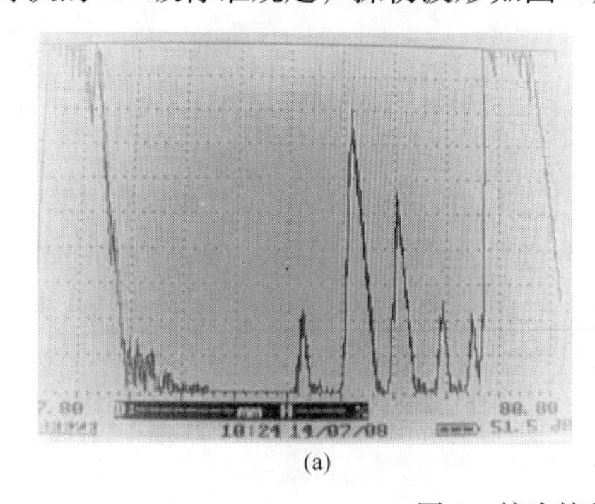

(a)

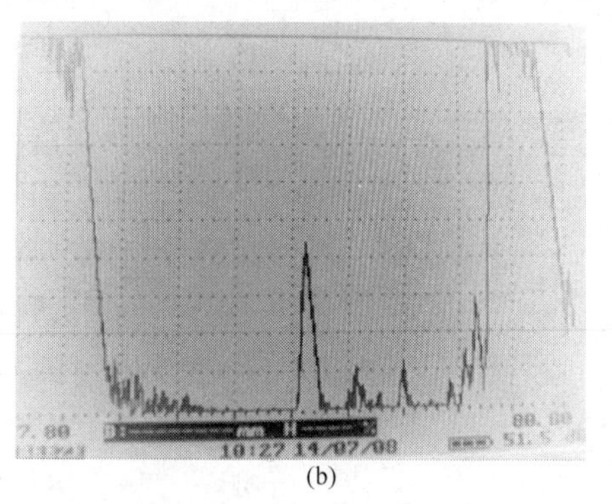

(b)

图 4　接头棒的超声波探伤

（a）完好结合部位；（b）ϕ1. 5mm 当量缺陷

超高压接头棒的结合强度（以拉剪强度计）使用要求不小于300MPa，母材钛的拉剪强度同样条件下的实测值也就在300MPa左右，因此接头棒的拉剪强度达到了钛的强度，实现了等强结合[6]，从爆炸焊接原理上讲是可实现的两金属结合的最好强度。图5所示为强度测试后的断裂试件。可以看出，断裂发生在钛基体内，不是在结合界面。

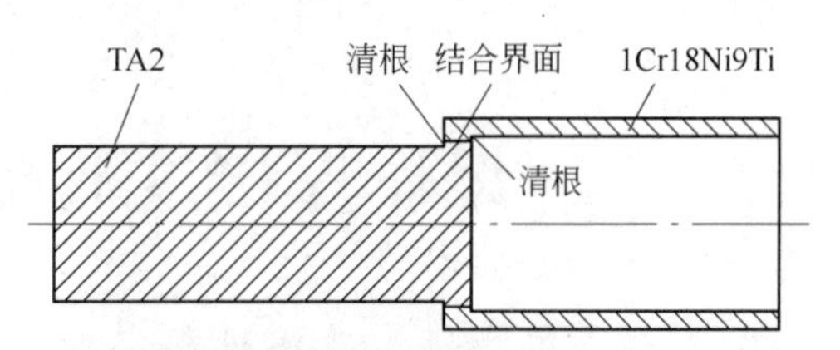

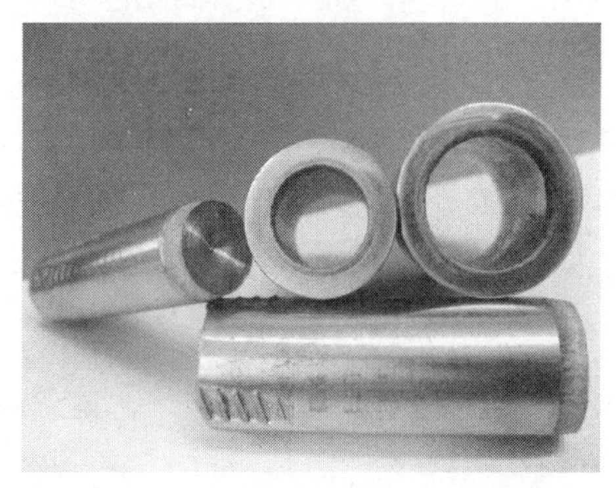

图5　拉剪试样示意图与断裂试件

一颗卫星通常包含主发动机一个，姿控发动机有几个。总共使用的高低压接头棒的数量不是很多，因此整个装星用量是很少的，然而如果高压自锁阀工作不好，影响主发动机工作，卫星因无法变轨或定轨制动将很快成为太空垃圾；另一方面，如果低压接头棒工作不正常，那么卫星照样难以完成在轨工作任务。由此可见，小小的复合过渡接头在国家卫星自锁阀的制作中和发射工程中起举足轻重的作用。

4　结束语

运用爆炸复合技术研制的新材料在我国高技术领域仅仅是开始，可以相信未来我们将会有更多的爆炸复合接头在飞船、空间站、核动力等前瞻性工程中得到广泛的应用。

瞄准国际水平的发展与之并驾齐驱，为我国空间技术的发展和壮大提供强有力的过渡材料支撑，将是爆炸焊接接头的发展方向。

参考文献

[1] 孙荣录，张久海．钛及钛合金与钢的焊机[J]．焊接技术，1995，(5)：37.

[2] 段立宇，等．摩擦焊接的现状与展望[J]．西北工业大学第11卷增刊，1993，12.

[3] Akihisa A. Numerical study of the mechanism of a wavy inter-face generation in explosive welding. JSME International Journal Ser B，1997，(3)：395～401.

[4] 马贝，李宏伟，常辉，等．间隙对三层圆管爆炸焊接影响的数值模拟[J]．焊接学报，2009，(9)：33～36.

[5] 王飞，顾月兵，陆飞．爆炸焊接生成波状界面的数值模拟[J]．解放军理工大学学报（自然科学版），2004，(2)：63～67.

[6] 裴大荣，郭悦霞，等．钛/不锈钢复合棒结合强度评价[J]．稀有金属材料与工程，1997，(5).

E-mail：whn@ c-tlc. com

爆炸焊接过渡接头的研制与应用

王　勇　姚　政　张越举　赵恩军　周海鹏　刘　昕　张　迪

（大连船舶重工集团爆炸加工研究所有限公司，辽宁大连，116021）

摘　要：本文着重介绍了铝/钢、铜/铝、铜/钢和铝/钛/镍/不锈钢爆炸焊接过渡接头在地铁、电解铝、船舶等工业领域的应用。对铝/钢、铜/铝和铜/钢的优越性进行了阐述，通过与其他连接方式界面电阻值的比较，说明爆炸焊接过渡接头的节能环保价值。对爆炸焊接铝/钛/镍/钢四层过渡接头的工艺参数选择进行了介绍，对爆炸焊接过渡接头性能进行了检测。结果表明，铝/钛/镍/钢四层爆炸焊接过渡接头性能远远超过大型 LNG 船舶结构部件设计的要求。

关键词：爆炸焊接；过渡接头；节能环保；电解工业；LNG 船舶

The Research and Application of the Transition Joint

Wang Yong　Yao Zheng　Zhang Yueju　Zhao Enjun
Zhou Haipeng　Liu Xin　Zhang Di

(Dalian Shipbuilding Industry Explosive Processing Research Co., Ltd., Liaoning Dalian, 116021)

Abstract: The application of explosive welding transition joints in the fields of metro project, electrolytic industry and shipbuilding are introduced with aluminum/steel, copper/aluminum, copper/steel, and aluminum/titanium/ nickel/stainless steel. The advantage of the transition joint of the aluminum/steel, copper/aluminum, copper/steel is revealed. Comparing the interface resistance of the explosive welding transition joints with that of the other joint structures, the value for energy-saving and enviromental protection of the explosive welding transition joints are illuminated. We introduced the method for selecting the explosive welding parameters to produce the four layers transition joint of the aluminum/titanium/nickel/steel, and checked its properties. The results show that the values of the transition joint properties are far larger than the design of the components for the LNG ship.

Keywords: explosive welding; transition joint; energy-saving and enviromental protection; electrolytic industry; LNG ship

爆炸焊接技术在20世纪50年代末期被发现后，人们对其进行了大量的研究，不仅在爆炸焊接的机理方面有了较为深刻的认识[1~4]，而且在爆炸焊接工艺参数方面进行了大量和具有针对性的探索[5~9]。目前，由爆炸焊接技术加工的复合板已经广泛应用于石油、化工、冶金、机械、电子、电力、汽车、轻工、宇航、核工业、造船等各工业领域，尤其是在压力容器行业的应用最为广泛，约占复合板总量的70%以上。爆炸焊接技术最大的优点就是将金属材料物理性能差异较大、容易形成脆性金属间化合物、用其他焊接连接技术难以实现的两种或多种材料全面积100%焊接在一起，其结合强度不低于其中强度最小的一种材料。这种优越特性使得爆炸焊接复合材料在一些特殊的领域获得了应用，比如航天工业中的高强铝/不锈钢管（LD10/1060/1Cr18Ni9Ti）过渡接头、LNG船舶上的铝/钛/镍/不锈钢过渡接头、电解铝工业中的铝/钢和铜/铝过渡接头、测试核辐射的康普拉尔纯铁/铝二极管渡接头等。本文重点介绍几个工业工程领域获得广泛应用的过渡连接接头的特点、应用以及其中一些过渡接头的研制。

1 电解铝工业工程中应用的过渡接头

铝/钢爆炸复合材料是爆炸焊接技术最早工业化应用的产品之一[10]，这种产品最大的应用领域是电解铝行业。其作为过渡连接部件（见图1），是电解铝工业中的一个非常大的技术改进。这是因为，电解铝工业对电力能源的使用量非常大，如果改动某个工艺环节或者部件能省电，就能成为电解铝技术的一个非常大的进步。在铝/钢爆炸焊接过渡接头未出现之前，传统的铝电解设备采用机械连接的方法（压接、铆接、包接和螺栓连接等）将铝导杆与钢爪，钢导杆与铝母线连接在一起。这种连接方式施工复杂，而强大磁场又给维修带来困难，特别是，由于机械连接不紧密，导致导电性差，造成很大的电力浪费。据现场测量，由铝导杆与钢爪机械连接时，该位置处的电阻达到136μΩ，而采用爆炸焊接的铝/钢过渡接头时，其电阻仅仅0.3μΩ。按照目前电解铝的实际生产情况，对于电压为4V，电流为320kA的生产线，按照电工知识，$U=RI$，采用爆炸焊接的铝/钢过渡接头时，该部位的电压降为96 mV，而采用机械连接时，该部位的电压降为43520mV。据统计[11]，如果界面电压降低1mV，按年产10万吨电解铝计算，1年可节电80万度。因此，采用爆炸焊接铝/钢过渡接头对于电解铝企业节省能源来说，是相当可观的数据。显然，爆炸焊接制备的铝/钢过渡接头具有非常大的优势。

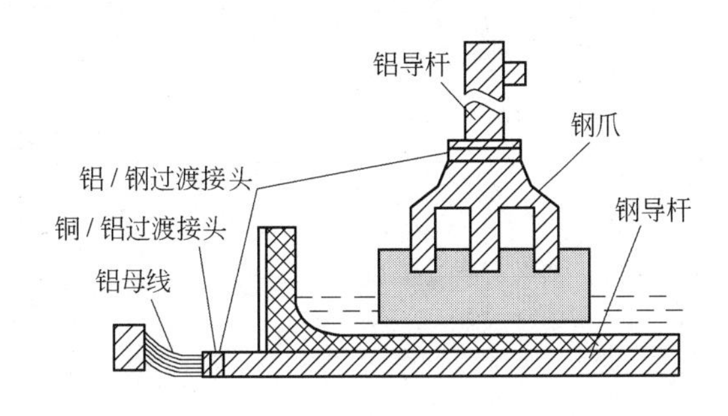

图1 铝/钢过渡接头在电解铝工业上应用示意图

爆炸焊接质量对铝/钢过渡接头的电性能具有较大的影响，这与铝和钢在爆炸焊接过程中是否形成或者形成多少金属间化合物有关，也就是与爆炸焊接参数的选择有关。对于铝和钢这两种材料来说，采用普通的熔化焊接是无法将其牢固地焊接在一起的，这是由于两种材料在高温下会生产硬脆的金属间化合物，如$FeAl_3$、FeAl、Fe_2Al_5等。同样，在爆炸焊接过程中，如果参数过大，超过爆炸焊接参数窗口上限，界面发生大量过熔物质，也会形成金属间化合物，导致铝与钢的结合强度降低、界面电阻增大的不良后果。因此，制备优质铝/钢过渡接头应正确选择爆炸焊接参数。

铜/铝爆炸焊接过渡接头的电阻值[12]为$(0.95\sim2.28)\times10^{-7}\Omega/cm^2$。研究表明，爆炸焊接制备的铜/铝过渡接头的电压降是铝包铜接头电压降的1/27，而使用寿命高出1.5倍。这种优势使得铜/铝过渡接头有时也被应用在电解铝装置上（见图1）。一般在钢导杆和铝母线之间采用铝/钢过渡接头连接，但由于此处部件更换频率大、更换时工序复杂、难度大等问题，目前有些装置采用铜铝作为连接部件。考虑到铜与钢的连接无法采用焊接工艺，该部位一般采用机械连接的方式。铜/铝过渡接头的形式如图2所示。

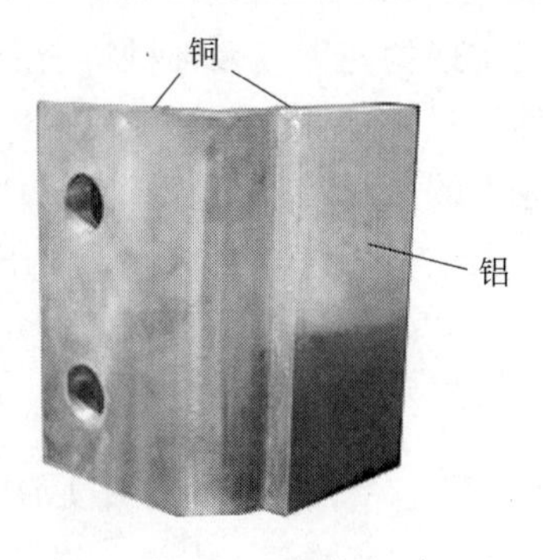

图2　铜/铝过渡接头的形式

2　地铁工程中应用的过渡接头

地铁工程中大量采用铝/钢作为DC750V电压制式轨道交通的导电板，与低碳钢作为导电板时相比，具有如表1所示的多方面优势。

表1　低碳钢接触轨和铝/钢复合导电轨的综合技术性能比较[13]

序号	比较项目	普通低碳钢导电轨	铝/钢复合导电轨
1	安装重量	较重	较轻
2	受流质量	受流质量稳定	导电轨表面光滑，受流质量更好
3	断面	断面大，安装较难	断面小，易于安装
4	耐磨性能	耐磨性能能够满足运营要求，使用寿命长	通过不锈钢带实现，耐磨性能好，使用寿命长
5	电能损耗	电阻大，供电系统一定的条件下，电能损耗高	电阻小，供电系统一定的情况下，电能损耗较钢导电轨低
6	对牵引网电压降的影响	牵引网压损较大	牵引网压损较小
7	接触轨系统维护工作量	维护量小，费用低	维护量小，费用低
8	对牵引供电系统的运营影响	变电所数量增加，加大运营成本	变电所数量减少，降低运营成本
9	国产化程度	完全实现国产化	已可实现完全国产化
10	接触轨系统经济性	价格低，工程投资少	价格高，工程投资大
11	对地铁系统投资的影响	增加变电所数量，相应增加变电所投资和土建投资	减少变电所数量，相应节省变电所及土建投资，降低地铁系统总投资

DC750V电压制式轨道交通系统采用了第三轨技术，使得地铁工程建设的隧道截面积要比DC1500V电压制式架空接触网的小，既隧洞直径由原来的5.8m可减小到3.5m，这不仅使得工程开挖量大大减少，而且提高了工程的施工进度，节省了人力物力。

当轨道坡度较大时，由于所需要的牵引功率较大，导致输电感应板产生更多的热能使其温度升高，将导致铝/钢出现寿命降低的问题。铜/钢作为一种替代材料，在地铁工程的坡度较大的情况下得到了应用，如日本从新宿到炼马的地铁新干线就采用了爆炸焊接铜/钢复合板作为过渡接头（见图3）。

图3 爆炸焊接铜/钢过渡接头作为地铁直线电机导体

3 船舶工业工程中应用的过渡接头及其研制

在水面舰艇及中、小型快艇的设计中，为使其轻量化、增加稳定性、提高航速，常采用铝合金作为上层建筑材料，钢作为主船体材料。以往上层建筑铝合金结构与主船体钢的连接采用铆接或螺栓连接。这种连接方式存在着水密性不良、耐腐蚀性差、施工工艺复杂及维修困难等缺点。为了提高铝-钢结合部位的耐腐蚀性和水密性，延长舰船的使用寿命，设计和建造者们采用了铝/钢[14]或者铝/钛/钢[15]作为船甲板与上层铝建筑物的连接部件。而在大型液化天然气运输船（LNG 船舶）上，铝/钢或者铝/钛/钢的强度性能已经满足不了设备设计的使用要求。根据设计要求，提出了 Al/Ti/Ni/SUS 四种材料组合的爆炸焊接过渡接头。四层材料的厚度分别为 13mm/2mm/2mm/20mm。设计要求 Al/Ti/Ni/SUS 四层爆炸复合材料的性能指标如表2所示。

表2 LNG 船 Al/Ti/Ni/SUS 四层爆炸复合过渡接头性能指标

检验项目	数量	性能指标
拉伸（不带槽）	3	137.2MPa
	1	
剪切	3	Al/Ti 78.4MPa
		Ti/Ni 137.2MPa
		Ni/304L 137.2MPa
侧弯 $R=6t$，90°	4	裂纹不大于 3mm
冲击（-196℃）	3	16J

Al/Ti/Ni/SUS 四层复合材料的爆炸焊接参数选择，采用了最小正碰撞压力原则，其计算方法如下[5]：

（1）采用式（1）首先估算各层材料同金属爆炸焊接的最小碰撞速度 V_{pmin}：

$$V_{\mathrm{pmin}} = K\sqrt{\mathrm{HV}/\rho} \tag{1}$$

式中　HV——材料表面维氏硬度；

ρ——材料密度；

K——系数，根据材料表面清洁和粗糙度取值范围为0.6～1.2，清洁和粗糙度好时取0.6，一般取值为0.85。

（2）按照固体密实介质中的激波速度与质点速度之间的线性关系式（2）计算同种金属爆炸焊接的最小碰撞压力：

$$D = C_0 + \lambda\frac{V_{\mathrm{pmin}}}{2} \tag{2}$$

$$P_{\min} = \rho D\frac{V_{\mathrm{pmin}}}{2} \tag{3}$$

式中，D 为激波在金属中的传播速度；C_0、λ 为金属材料常数；$P_{\min}$ 为最小碰撞压力。

（3）以碰撞界面压力相等原理（最小碰撞压力）求取最小碰撞速度：

$$P_{\min} = \mathrm{Min}(P_{\min 1}, P_{\min 2}) \tag{4}$$

$$u_1 = \frac{\sqrt{1 + 4\lambda_1 P_{\min 1}/(\rho C_{01}^2)} - 1}{2\lambda_1}$$

$$u_2 = \frac{\sqrt{1 + 4\lambda_2 P_{\min 2}/(\rho C_{02}^2)} - 1}{2\lambda_2} \tag{5}$$

$$V_{\mathrm{pmin}} = u_1 + u_2 \tag{6}$$

式中，各量下标1、2分别代表不同的两种材料。

由最小正碰撞压力确定了最小碰撞速度后，按照碰撞界面传热理论[16]式（7）求取最大碰撞速度 V_{pmax}：

$$V_{\mathrm{pmax}} = \frac{2}{\sqrt[4]{\pi}}\sqrt{(\rho_1 c_{\mathrm{p1}}\sqrt{a_1} + \rho_1 c_{\mathrm{p1}}\sqrt{a_1})T_{\mathrm{mpmin}}\sqrt{K}} \cdot \frac{\sqrt[4]{t_{\min}}}{V_{\mathrm{c}}} \cdot \sqrt{\frac{1}{\rho_1 h_1} + \frac{1}{\rho_2 h_2}} \tag{7}$$

式中，c_{p}、a、h 分别为材料的质量定压热容、热扩散系数和板厚，下标1、2分别代表两种不同金属；V_{c} 为碰撞点速度；T_{mpmin} 为两种金属材料的最小熔化温度；$t_{\min}$ 为冲击波在两种金属板厚度方向第一次从自由界面反射到碰撞界面的最小时间；K 为与两种金属材料体波声速有关的常数。

最后通过爆炸焊接动态参数试验的“台阶法”[17]对最佳工艺参数进行了选择。确定最佳工艺参数后，对Al/Ti/Ni/SUS四层材料进行了爆炸焊接，对过渡接头进行了力学性能试验，数据如表3所示，拉伸后的试样形态见图4。

表3　Al/Ti/Ni/SUS四层爆炸复合过渡接头性能检测结果

检验项目 / 层间材料	剪切/MPa	抗拉强度/MPa	侧弯 $R=6t$，90°	冲击/J（－196℃）
Al-Ti	120	157，不带槽，Al断	好	32，35
Ti-Ni	370	257，带槽，Al断	好	33，27
Ni-304L	410	265，Al/Ti断	好	33，31

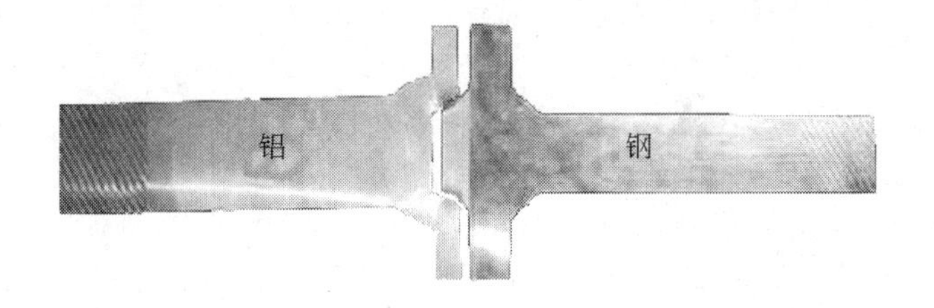

图4　Al/Ti/Ni/SUS 四层过渡接头拉伸试验结果

由拉伸试验后的试样形态（见图3）可以看出，试样断裂在铝母材侧，这说明在最优爆炸焊接参数条件下爆炸焊接的 Al/Ti/Ni/SUS 四层过渡接头具有非常高的抗拉强度。在苛刻的 -196℃冲击温度（液氮温度）条件下，冲击值大大超出了设计要求的16J。因此，采用爆炸焊接制备的 Al/Ti/Ni/SUS 四层复合材料过渡接头作为船甲板与铝合金制储罐的连接部件，可在液化天然气储存和运输（温度一般在 -82.5～ -160℃之间）条件下满足结构对材料性能的要求。

4　结束语

爆炸焊接过渡接头是爆炸焊接加工金属复合材料的一个重要的应用方向，随着工业技术的不断发展和人们对爆炸焊接加工金属复合材料认识的不断提高与普及，爆炸焊接复合材料的应用领域将会不断得到扩展，爆炸焊接过渡接头的形式和应用范围也将不断扩大，其环保和节能的价值也将不断被开发和利用。

参 考 文 献

[1] A S Bahrani, T J Black, B Crossland. The mechanics of wave formation in explosive welding. Proceedings of the royal society A, 1967, 296: 123～136.

[2] 郑哲敏，谈庆明．爆炸复合界面波的形成机理[J]．力学学报，1989，21(2)：129～139.

[3] S K Aslanov. Theory of wave Generation in explosive welding. Combustion, Explosion, and Shock Waves, 1999, 35(4): 453～457.

[4] 李晓杰，莫非，闫鸿浩，等．爆炸焊接斜碰撞过程的数值模拟[J]．高压物理学报，2011，25(2)：173～176.

[5] 李晓杰，杨文彬，奚进一，等．双金属爆炸焊接下限[J]．爆破器材，1999，28(3)：22～25.

[6] 黄风雷，段卫东，恽寿榕．爆炸驱动下飞板运动速度的实验研究[J]．爆炸与冲击，2002，22(1)：26～29.

[7] M Chizari, S T S Al-Hassani, L M Barrett. Effect of flyer shape on the bonding criteria in impact welding of plates. Journal of Materials Processing Technology 2009: 445～454.

[8] 聂云端．爆炸焊接专用粉状低爆速炸药的研制[J]．爆破，2005，22(2)：106～108.

[9] 陈火金．爆炸焊接界面碰撞压力的计算[J]．爆炸与冲击，1984，4(3)：10～19.

[10] 邵丙璜，张凯．爆炸焊接原理及其工程应用[M]．大连：大连工学院出版社，1987.

[11] 黄维学，赵路遇．铝/钢爆炸焊接过渡接头的制造和应用[J]．材料开发与应用，2000，15(4)：35～39.

[12] 郑远谋，黄荣光，陈世红．金属爆炸复合材料的界面电阻[C]//复合材料的现状与发展，第十一届全国复合材料学术会议论文集，2000：271～277.

[13] 金鹏，朱晓军．钢铝复合轨在北京地铁 5 号线工程中的应用研究[J]．铁道标准设计，2007，10：75 ~ 78.
[14] 秦拴狮．舰船金属基复合材料发展现状及对策研究[J]．材料导报，2003，17(10)：68 ~ 70.
[15] 赵路遇．舰船用铝-钛-钢过渡接头的爆炸焊接[J]．舰船科学技术，1998：53 ~ 59.
[16] 李晓杰．双金属爆炸焊接上限[J]．爆炸与冲击，1991，11(2)：134 ~ 138.
[17] 陈火金，等．爆炸焊接参数试验的台阶法[C]//全国第四届爆炸加工会议．1982.

大面积钛/钢复合板不同装药方式对焊接质量的影响研究

张杭永　刘润生　关尚哲　庞　磊　车龙泉　付光辉

（宝钛集团有限公司，陕西宝鸡，721014）

摘　要：本文通过对金属复合板爆炸焊接不同装药方式下爆轰过程的分析与探索，认为炸药作为爆炸焊接的能源，其安装方式直接决定着爆炸压力的分布规律，而压力分布的合理性是爆炸焊接成功的关键因素。通过调整炸药的安装方式，从而改变爆炸焊接过程中的压力分布规律，保证大面积钛/钢复合钢板爆炸焊接效果。

关键词：气体动力学；气动热；压力分布；界面回波

Study on Explosive Welding Effect of Large Area Titanium/Steel Clad Plate of Different Dynamite Arrangement

Zhang Hangyong　Liu Runsheng　Guan Shangzhe
Pang Lei　Che Longquan　Fu Guanghui

(Baoti Group Co., Ltd., Shaanxi Baoji, 721014)

Abstract: By analysing and exploring the explosive welding effeet of the metal clad plates on different dynamite arrangement. The paper indicated that as the energy of detonation, explosive property and dynamite arrangement directly determine the distribution properties of explosion pressure, and that distribution is the key factor to success. Therefore, through the adjustment of explosive property and change of dynamite arrangement, the pressure distribution could be changed, thus to ensure the explosive welding effect.

Keywords: aerodynamics; aerothermodynamics; pressure distribution; interface echo

1　引言

大面积钛/钢复合板在大型压力容器、汽轮机冷凝器等的应用日益广泛，而大面积钛/钢复合钢板爆炸焊接的生产存在一定难度，出现的局部不贴合、界面不良、边部特定位置钛复层撕裂、鼓棱等缺陷造成了很大损失，并且严重影响了其使用。本文在试验及生产实践的基础上，通过对金属复合钢板爆炸焊接特点的分析与研究，对于爆炸焊接在不同装药方式下的焊接效果进行了探索。炸药作为爆炸焊接的能源，炸药性能及布药方式直接决定着爆炸压力的分布规律，而压力分布的合理性是爆炸焊接成功的关键因素。通过炸药性能的调整及装药方式的变化，从而改变爆炸焊接过程中的压力分布规律，保证大面积钛/钢复合钢板爆炸焊接的效果。

2　爆炸焊接试验

2.1　试验方案

本试验采用不同爆速炸药分段装药与同爆速等厚度装药两种爆炸复合工艺，如图 1 所示。

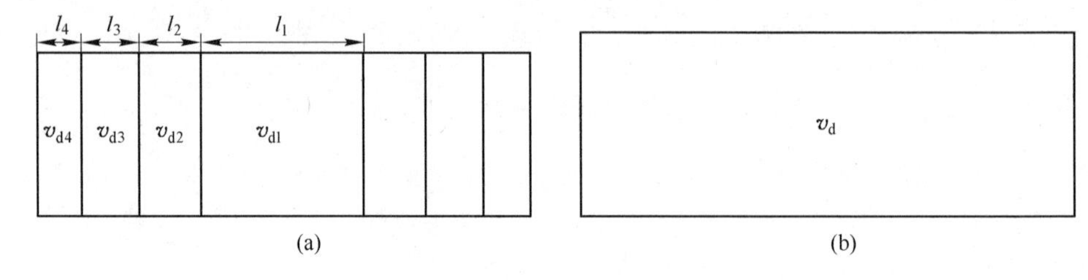

图 1　布药示意图

（a）分段装药；（b）等厚度装药

图 1（a）中，炸药爆速 $v_{d1} > v_{d2} > v_{d3} > v_{d4}$；图 1（b）中，采用同一爆速为 v_d 的炸药。

2.2　试验材料

试验材料牌号为 TA2/Q235B；规格为 5mm/35mm × 3000mm × 6000mm（2 块）。原材料化学成分及性能分别符合相关标准。

3　试验结果

爆炸焊接后，方案 a 不同爆速炸药分段装药外观检查良好，表面质量良好，无边界效应现象，UT 检测结合率达到 99%；方案 b 同一炸药等厚度装药边部界面有较严重界面熔化现象发生，边部有较严重复层撕裂现象，UT 检测结合率达到 94%。此外还进行了力学性能、金相、弯曲等方面的检测。

3.1　力学性能检测结果

对爆炸后的复合板进行力学性能检测，取样位置分别为起爆区域、距起爆点 1500mm 处、距起爆点 2000mm 处、端部，结果见表 1。

表 1　力学性能检测结果

方　案	牌　号	力　学　性　能				
		σ_b/MPa	σ_s/MPa	δ/%	τ_b/MPa	内弯（180℃）
a	TA2/Q235B	445	305	32	280	合
		440	300	31	264	合
		460	320	28	242	合
		450	310	33	198	合
b	TA2/Q235B	443	295	34	280	合
		445	320	33	158	合
		490	380	20	60	界面分层
		458	315	33	80	界面分层

如表 1 所示，方案 a 复合板的力学性能均达到了 GB/T 8547—2006 的要求，此爆炸焊接工艺取得了较好的效果；方案 b 复合板的力学性能未达到 GB/T 8547—2006 的要求。

3.2 结合界面波纹尺寸及脆性化合物的量分析

界面微观检测结果见表 2。

表 2 界面波纹尺寸及金属间化合物数量量的分析

方案	波形数据			化合物量分析	
	取样位置	波长/mm	波幅/mm	Ti 侧	钢侧
a	中　心	0.3～0.5	0.2～0.4	微量：FeTi，TiC，Fe_2Ti	微量：FeTi，TiC
	距起爆点 1500mm	0.4～0.6	0.3～0.5	微量：FeTi，TiC，Fe_2T	微量：FeTi，TiC
	端　部	0.5～0.8	0.4～0.6	微量：FeTi，TiC，Fe_2Ti	微量：FeTi，TiC
	距起爆点 2000mm	0.7～0.9	0.5～0.7	微量：FeTi，TiC，Fe_2Ti	微量：FeTi，TiC
b	中　心	0.3～0.5	0.8～1.1	微量：FeTi，微量：Fe_2Ti	微量：FeTi，TiC
	距起爆点 1500mm	0.4～0.7	0.5～0.8	少量：FeTi，微量：Fe_2Ti	少量：FeTi，TiC
	距起爆点 2000mm	1.5～3	1.2～1.5	大量：FeTi，微量：Fe_2Ti	大量：FeTi，TiC
	端　部	0.8～1.2	0.9～1.1	大量：FeTi，微量：Fe_2Ti	大量：FeTi，TiC

3.3 UT 检测结果

UT 检测，界面回波及与底波的分贝差值见表 3。

表 3 UT 检测结果

方　案	检测位置	起爆点附近				距起爆点 1500mm				距起爆点 2000mm				端　部			
a	一次底波/%	80	80	80	80	80	80	80	80	80	80	80	80	80	80	80	80
	界面回波/%	35	32	34	30	30	26	23	22	18	22	21	17	30	26	28	28
	分贝差/dB	11	12	10	13	13	13	12	14	15	14	13	15	11	13	10	13
b	一次底波/%	80	80	80	80	80	80	80	80	80	80	80	80	80	80	80	80
	界面回波/%	34	30	32	28	20	24	22	16	8	6	9	7	12	10	8	12
	分贝差/dB	10	13	9	12	14	15	14	16	28	26	30	32	18	20	24	20

4 讨论与分析

4.1 不同装药方式爆炸压力分布规律分析

不同装药方式下，爆轰过程中爆炸压力的变化规律，如图 2 所示。

从图 2（b），可以看出等厚度装药时，从 0 到 t_1，v_d 是增长的，压力 p 也是增长的（是爆速的二次函数），从 t_1 到 t_2，v_d 相对稳定，爆炸压力 p 以 Δp 的速度累积，基、复材碰撞能量 e 逐渐增加，界面到某一程度即会出现界面熔化、复层撕裂及钢板断裂。从图 2（a）可以看出，压力分布比较均匀，到了边部，因为爆炸产物不仅向波阵面后飞散，同时还要向外飞散，p 急剧下降为零，压力的迅速降低造成了边缘效应，爆速越高边缘效应越

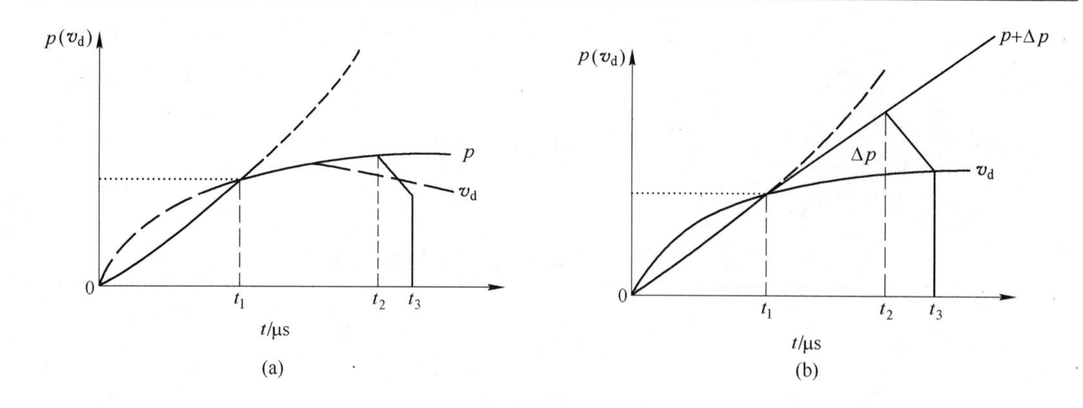

图 2　爆炸压力的分布规律

（a）分段装药；（b）等厚度装药

明显，这种效应是边部撕裂或是不复合的主要原因。

爆炸焊接过程中，爆炸压力的均匀与否，直接决定着爆炸焊接的质量。从表 1 和表 2 看出，不同装药方式下，压力分布规律不同，方案 b 由于爆炸压力逐渐增加，较方案 a 界面波纹尺寸大，界面金属化合数量多，剪切强度下降严重，在距起爆区一定距离后剪切强度不达标，边缘效应比较严重。方案 a 采用分段装药，逐渐降低爆速，使爆炸压力趋于均匀，波纹尺寸均匀，化合物数量少，力学性能较一致，在一定程度上避免了界面波纹尺寸增加及化合物数量的急剧增加，保证了界面结合质量的均匀性，减轻了边缘效应。

4.2　不同装药方式下间隙层的气体动力学分析

爆炸焊接过程中，间隙层的气体是以 5 倍声速以上（2000 ~ 2200m/s）的速度向前推进，气体处于这样高的速度下与材料的作用直接影响着爆炸焊接质量，用传统气体动力学的理论来近似估计复板局部热环境，见下式：

$$T_0 = T_1\left(1 + \frac{1 + \gamma}{2}Ma^2\right) \tag{1}$$

式中，T_0 为滞止温度；T_1 表示气体初始温度；Ma 为气体流动马赫数；γ 为空气的比热比。在爆炸焊接中，由于表面粗糙及板形不良，界面间气体会发生滞止，气体动能全部转化为内能。由式（1）估算，5 倍声速的气体，发生滞止后温度可上升到 1500K，在变形热、摩擦热的共同作用下，界面必然熔化。因此，研究气体的运动规律对于如何保证爆炸焊接过程中气流的畅通无阻至关重要。

爆炸焊接过程中，材料的塑性变形热与气动热是造成界面熔化与过量化合物产生的主要原因，方案 a 使爆炸压力趋于均匀，同时由于爆速递减，材料变形速率减小，给界面排气提供了充足的时间，将变形热与气动热控制在了较低范围，界面金属间化合物数量很少。方案 b 由于爆炸压力是一个递增过程，从表 1 和表 2 可以看出，界面化合物的数量逐渐增加，剪切强度下降，材料硬化严重，伸长率降低，表现出了力学性能的很大不一致性。

4.3　界面波纹增加机理分析

人们在研究复合板界面波的形成机理时，对碰撞点前后所产生的表面应力波进行了分析，认为当表面应力波速度大大高于碰撞点的移动速度时，将会产生很强烈的扰动而使图 3 中点 1 和点 2 的表面变形，并形成波纹状，随后的碰撞则发生在已形成波纹的表面上，而振动波和爆轰波的叠加造成的动态碰撞荷载及其波动的最大，是界面波纹逐渐增大的原因。

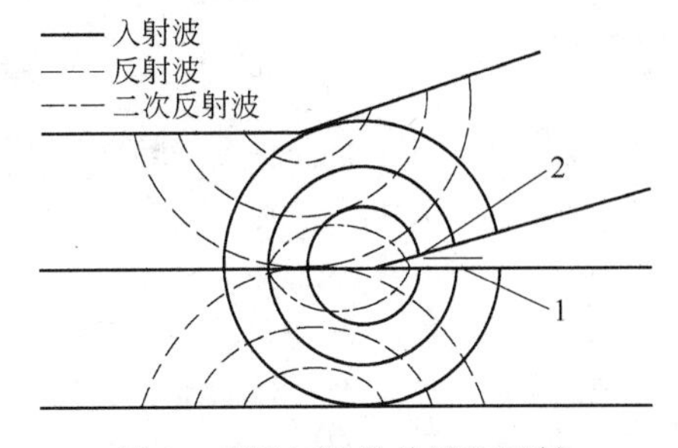

图 3 碰撞区波的传播和反射

从表 2 可以看出，方案 a 由于改变了爆炸压力的分布规律，减轻了扰动程度，界面波纹尺寸较方案 b 要均匀许多。方案 b 爆炸压力逐渐增减，扰动加剧，界面波纹尺寸逐渐增大。

4.4 UT 检测结果分析

钛与钢由于固有声阻抗差异的缘故，UT 检测时，在钛-钢界面上会产生界面回波，而界面回波与底波的分贝差值与结合强度存在关联，通过理论计算可以得到钛-钢界面的分贝差值为 11.5dB。从表 3 可以看出，方案 a 界面分贝差值均匀，与理论计算值接近。方案 b 界面分贝差逐渐增加，距起爆区愈远，偏离愈大，反映出了界面的不均匀性。这主要是由于随着爆炸压力的增加，界面化合物及缺陷增加，对界面回波的吸收及散射增加。据此，通过过超声波界面反射的分贝差值判定爆炸焊接质量与力学性能的检测结果有一致性，分贝差值愈接近理论值，剪切强度愈高。

4.5 大面积钛/钢复合板装药方式的选择

4.1~4.3 节初步阐明了，爆炸焊接过程中，等厚度装药压力分布规律（见图 1(b)），随着爆轰过程的进行，爆炸压力逐渐增加，碰撞区压力增加、界面变形量增大，导致的结果是界面波纹逐渐增大，气动热、变形热增加，微观缺陷增多，界面熔化严重等问题。这些问题在大面积钛/钢的爆炸焊接中尤为突出。基于这样的压力分布特点，大面积钛/钢复合板爆炸焊接装药就必须摒弃以往的等厚度布药，改变布药方式，应采用：(1) 梯形装药（操作难度较大）。从板面的中心沿长度方向，装药高度均匀降低，使 Δp 的增长幅度连续的受到控制，保持稳定。(2) 分段降速。这也要通过试验来确定 v_{dmax} 和 v_{dmin} 的取值范围和沿长度方向板面不同速度 v_{d1}、v_{d2}、…各布药段 L_1、L_2、L_3、…的长度，使爆炸压力均匀受控，从而保证焊接质量。

5 结论

通过理论分析和试验，可以这样认为，大面积钛/钢复合钢板爆炸焊接过程中，局部不贴合，界面不良，边部特定位置钛复层撕裂、鼓棱等缺陷的出现，与爆炸焊接过程中的爆炸压力分布不均有很大关系，而炸药作为爆炸焊接的能源，炸药性能及布药方式直接决定着爆炸压力的分布规律，而压力分布的均匀性是爆炸焊接成功的关键因素。本文从动力学方面进行分析，试验采取分段布药的方式，通过炸药性能的调整及装药方式的改变，从而使爆炸焊接过程中的爆炸压力的分布规律得以改变，使压力分布趋于均匀，保证大面积钛/钢复合钢板爆炸焊接效果。

参 考 文 献

[1] 宋秀娟，浩谦．金属爆炸加工的理论和应用[M]．北京：中国建筑工业出版社，1983.

[2] 钱学森．物理力学讲义[M]．上海：上海交通大学出版社，2007.

[3] 许越．化学反应动力学[M]．北京：化学工业出版社，2008.

[4] 王耀华．金属板材爆炸实践与研究[M]．北京：国防工业出版社，2007.

[5] 杨亚政．高超声速飞行器热防护材料与结构的研究进展[J]．应用数学和力学，2008，1.

[6] 姜宗林．触摸高温气体动力学[J]．力学与实践，2006.

[7] 何立明，赵罡，程邦勤．气体动力学[M]．北京：国防工业出版社，2009.

[8] 张庆明，刘彦，等译．材料的动力学行为[M]．北京：国防工业出版社，2005.

[9] 恽寿榕，赵衡阳．爆炸力学[M]．北京：国防工业出版社，2005，

[10] 超声波探伤编写组．超声波探伤[M]．北京：劳动人事出版社，1989.

[11] 许金泉．界面力学[M]．北京：科学出版社，2006.

[12] 程靳，赵树山．断裂力学[M]．北京：科学出版社，2006.

[13] 杨扬，李正华，等．爆炸复合界面温度场模型及应用[J]．稀有金属材料与工程，2000.

[14] Akbari Mousavi A A, Al-Hassani S T S. Numerical and experimental. studies of the mechanism of the wavy interface formations in explosive/impact welding[J]. Journal of the Mechanics and Physics of Solids, 2005, 53: 2501 ~ 2528.

[15] Lindholm U S. Mechanical properties at high rates of strain. Proc Conf Mech. Properties of Mater. at High Rates of Strain. Oxford, 1974.

[16] M. Acarer, B. G¨ulenc, F. Findik, Investigation of cracks and fracture on interfaces of explosive welded metals by using tensile shear and bending test, in: Fifth International Fracture Conference, Flrat University, Elazǐg-Turkey, September 2001, pp. 301 ~ 309.

[17] Marc Andre Meyers. Dynamic Behavior of Materials. 1994.

挠性/塑性爆炸加工炸药及其应用研究

黄亨建　杨　攀　袁启纯　卢校军

（中国工程物理研究院化工材料研究所，四川绵阳，621900）

摘　要：本文简述了爆炸加工技术对传爆性能稳定、耐候耐水性优良的挠性/塑性炸药的应用需求，对国内外主要挠性/塑性炸药的性能和应用情况进行了简要回顾，重点介绍了化工材料研究所研制的几种挠性/塑性炸药的性能及其在高锰钢爆炸硬化等方面的应用，建议大力加快此类炸药的研发和规模化生产。

关键词：爆炸力学；爆炸加工；挠性炸药；塑性炸药

Flexible/Plastic Explosives and its Applications in Blasting Processing

Huang Hengjian　Yang Pan　Yuan Qichun　Lu Xiaojun

（Institute of Chemical Material，CAEP，Sichuan Mianyang，621900）

Abstract：The application demands of blasting process technology for flexible/plastic explosives with stable detonation property and fine resistance to weather and water are briefly introduced. Domestic and foreign main flexible/plastic explosive's performances and the application situations are briefly reviewed，with emphasis on performances and applications such as in high-manganese steel explosion hardening for the several flexible/plastic explosives developed by Institute of Chemical Material. It is suggested to speed up this kind of explosive's development and massive production.

Keywords：explode mechanics；blasting process；flexible explosive；plastic explosive

1　引言

爆炸加工技术在宇航、军工、铁路、矿山、化工等方面都有着广泛的应用。例如用于宇宙火箭上各种形状的大型铝制舱壁、压力容器上的圆盖等的爆炸成型技术[1,2]；用于电缆连接、金属复合材料板成形制造等的爆炸焊接技术[3~5]；用于铁轨撤叉、矿上设备等高锰钢硬化处理的爆炸硬化技术[6,7]；用于涡轮机拆除、船舶拆除等的爆炸切割技术[8,9]……近几十年来，爆炸加工技术已形成了30余种新工艺和新技术，可以说，爆炸加工技术已成为现代金属高能加工的高科技。

爆炸加工技术是以炸药为能源，利用炸药爆炸产生的瞬时高温高压对可塑性金属、陶瓷、粉末等材料进行改性、优化、形状设计、合成等的加工技术。因此，除了对爆炸加工的机理、工艺技术进行深入研究外，对于所用炸药的研究也是一项重要的内容。

目前民用炸药主要以硝酸铵系列炸药为主。由于硝酸铵的吸湿性和结块性使得这类炸药的传爆性能不稳定，从而影响爆炸加工的质量，同时也不适用于爆炸加工的重要方向之一的水下加工。就爆炸焊接而言，一般使用的炸药都是粉末炸药，手工操作时容易造成密度的不均匀性。对于大多数工业炸药来说，在爆轰范围内，密度每增加 $0.1g/cm^3$，爆速增大 100 ~200m/s[10]，显然，这将会影响爆炸焊接板面的质量稳定性。因此，研制爆速稳定、布药方便、耐水耐候性强、成本低廉、适用于各种复杂形状工件爆炸加工要求的挠性/塑性炸药是目前爆炸加工用炸药研制的重要问题。

为此，我们研制了系列挠性炸药和塑性炸药，并得到了初步应用。

2　挠性炸药研制

2.1　国内外研究现状

挠性炸药（Flexible Explosive）外观像皮革、橡皮或软质塑料制品，具有一定的弹性、韧性、挠性、耐水性等良好的物理机械性能。挠性炸药自 1960 年问世于美国后，许多国家相继研制了多种系列产品（见表 1）。如美国以 PETN、RDX 为基的挠性炸药 EL-506A、EL-506B、EL-506C 系列挠性炸药[11 ~17]，兵器 204 所研制的以 RDX 为基的系列挠性炸药，湖南湘中电业局研制的太乳炸药[18]等。自 20 世纪 80 年代以来，我们也开发了以 PETN、RDX 为基的系列挠性炸药。

表 1　国内外部分挠性炸药的有关性能

名称或代号	主炸药	临界传爆厚度/mm	可靠传爆厚度/mm	产品厚度/mm	研制时间	研制单位
EL-506B	RDX	4.5	—	6	20 世纪 60 ~70 年代	美　国
EL-506A	PETN	1.07	—	2.1		
EL-506C	PETN	0.64	—	1.5		
橡皮炸药	RDX	4.5	—	6	20 世纪 80 年代	204 所湘中电业局
太乳炸药	PETN	4.5	—	6		
挠性炸药	PETN	1	—	1.2	20 世纪 90 年代	北京理工大学
SEP-3 橡胶板片炸药	RDX	—	—	3 ~6	20 世纪 90 年代	长沙矿冶研究院
GI-920	PETN	0.3	0.68	0.8	20 世纪 80 年代	化工材料研究所
GH-927	RDX	0.7	1.0	1.4	2000 年	
薄片炸药	PETN	0.3	0.35	0.4 ~0.5	2002 年	

2.2　挠性炸药工艺过程简述

首先，将计量的主体炸药 PETN/RDX、液态黏结剂（如 HTPB）、固化剂、添加剂投入捏合机中混合大约 15min；其次，将混合料投入三辊研磨机中研磨成生面团状；然后，利用专用压片机，将生面团状的混合炸药碾压成片并复合在不干胶基底上；最后，在室温下固化 1 ~2 天，即得片状挠性炸药，其厚度为 0.4 ~4mm，产品外观如图 1 所示。

图 1　片状挠性炸药产品外观

2.3　挠性炸药的性能

研发的系列挠性炸药能被 8 号雷管可靠起爆，其基本性能见表 2。

表 2　化材所片状挠性炸药的基本性能

炸　药	产品厚度/mm	密度/g · cm^{-3}	爆速/km · s^{-1}
FSX-1	0.4	1.47	7.1
FSX-2	1.0	1.50	7.1
FSX-3	1 ~ 2.5（可调）	1.35	6.4
FSX-4	3 ~ 5（可调）	1.0 ~ 1.5（可调）	4.1 ~ 7.6（可调）

力学性能：拉伸强度 1 ~ 4MPa；拉伸模量 10 ~ 28MPa；伸长率 15% ~ 120%；压缩强度 3 ~ 8MPa；压缩模量 20 ~ 30MPa。

安全性：撞击感度 50%；摩擦感度 20%；静电火花感度：$V_{50} \approx 11$kV，$E_{50} \approx 2$J；可用美工刀或单面刀片切割成任意形状。

环境适应性：在 -20 ~ 60℃条件下，对炸药样品进行了 5 次温度循环冲击处理。处理前后未发现炸药层有明显变化，挠曲性能也无变化，处理后样品能完全传爆。说明该样品的环境适应性不错。

3　塑性炸药研制

3.1　国内外研究现状

塑性炸药（Plastic Explosive）是一类以 RDX、PETN、HMX 等为主体炸药，以液态高分子材料或者油脂等为黏结剂的塑料黏结炸药（Plastic Bonded Explosive，PBX），外观像腻子或生面团，具有塑性形变能力，易于捏成所需的任意形状，工艺性能优良，便于携带和伪装，并可装填弹形复杂的弹体，其最大优势在于使用的安全与便捷。

塑性炸药在军事上主要用于扫雷、特种起爆元件、特种爆破、特种兵作战以及爆炸切割等方面；而民用上则主要是以爆炸成形、压制、焊接、切割等为代表的爆炸加工行业以及水下打捞、油井开发等作为主要应用方向。

塑性炸药诞生于第二次世界大战后期，为了满足特种兵工程爆破需要研制了第一代塑性炸药，采用黑索金加增塑油脂的体系；20 世纪 50 年代末期，美国为了满足在越南战场上的特种作战需要，进行了第二代塑性炸药的研制工作，主要采用黑索金加塑性高分子材料的体系，并成功地获得了一个 C 系列炸药的配方（相关数据见表 3）。德国、奥地利、捷克、日本以及我国（见表 4）也相继开发了性能类似的塑性炸药。

表 3　美国 C 系列塑性炸药性能

代　号	组　成	爆速/m·s^{-1}	撞击感度（落锤 2kg，试样 20mg）
C-1	RDX/黏结剂 = 88.3/11.7	7010（1.49g/cm^3）	最小落高 100cm 以上
C-2	RDX/助剂 = 78.7/21.3	7600（1.57g/cm^3）	最小落高 90cm
C-3	RDX/助剂 = 77/23	7625（1.60g/cm^3）	最小落高大于 100cm
C-4	RDX/黏结剂 = 91/9	8040（1.59g/cm^3）	最小落高大于 100cm

表 4　国产塑性炸药性能

代　号	组　成	爆速/m·s^{-1}	撞击感度/%	摩擦感度/%
塑-1	RDX/聚醋酸酯与助剂 = 92/8	7548（1.51g/cm^3）	20	18
塑-2	RDX/聚甲基丙烯酸酯与助剂 = 92/8	7657（1.50g/cm^3）	10	8
塑-4	RDX/聚异丁烯与助剂 = 91.5/8.5	7586（1.48g/cm^3）	40	40
塑-10	HMX/聚异丁烯与助剂 = 94/6	7994（1.65g/cm^3）	68	40
SH-82	RDX/黏结剂与助剂 = 82/18	7600（1.55g/cm^3）	8	8
SH-831	RDX/黏结剂与助剂 = 83/17	7300（1.42g/cm^3）	20	16

3.2　塑性炸药工艺过程简述

首先，将计量的主体炸药 RDX、液态黏结剂（如聚异丁烯、HTPB 等）、增塑剂、添加剂投入捏合机中混合大约 15 ~ 30min；然后，将混合料投入三辊研磨机中研磨成腻子状；最后，封装成产品。

3.3　塑性炸药性能

化材所近年研制了 SH-82、SH-831 两种塑性炸药，其基本性能见表 4，产品外观见图 2。装填 SH-82 的聚能切割带具备在钢墩上切割深度 16 ~ 18mm 的能力（见图 3），在反恐

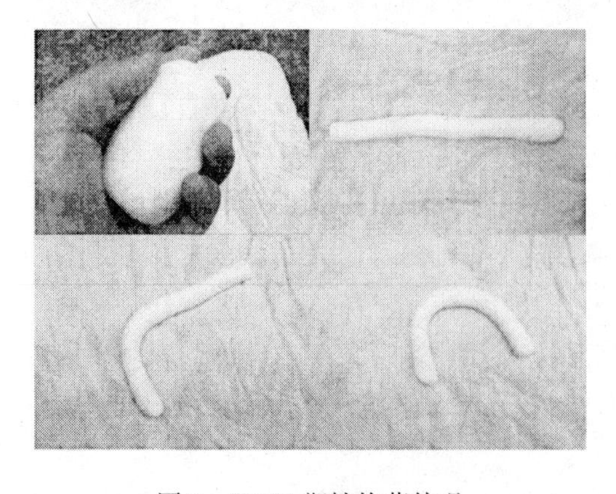

图 2　SH-82 塑性炸药外观

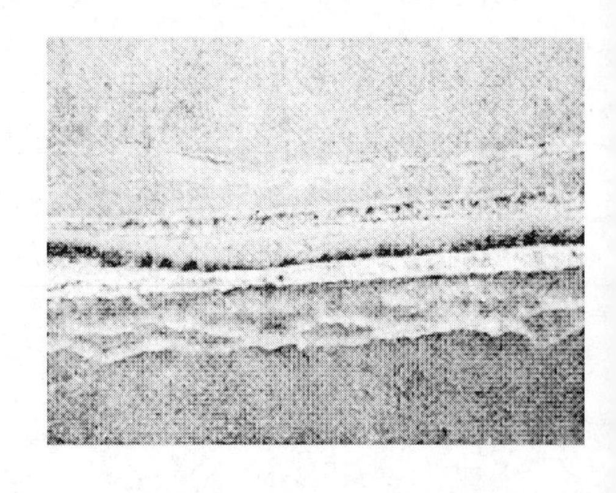

图 3　SH-82 塑性炸药切割能力

作战中破除门窗等方面具有较好的应用前景。

4 应用情况

挠性/塑性炸药的突出优点是不吸潮，能在水下适用，并且密度均匀，传爆性能稳定，布药方便，目前，其主要应用方向是爆炸硬化[19]和水下爆炸成形和切割等。

我们研发的 FSX-4 挠性炸药和 SH-831 塑性炸药先后应用于鞍钢集团矿山公司（含攀钢矿山公司）的圆锥破碎机破碎壁和轧臼壁、棒磨机衬板的爆炸硬化，经爆炸硬化处理后高锰钢的硬度显著提高。

表 5 列出了 FSX-4 挠性炸药对初始硬度为 190HB 的棒磨机衬板的爆炸效果，炸药用量约为 0. 5g/cm^2。

表 5 FSX-4 挠性炸药用于棒磨机衬板爆炸硬化实验结果

编号	药厚/mm	比药量/g · cm^{-2}	爆炸后硬度			
			一次爆炸		二次爆炸	
			HB	HRC	HB	HRC
1	3	0. 41	266	37. 5	306	39. 7
2	3. 5	0. 47	275	38. 2	325	40. 1
3	4	0. 54	285	38. 8	342	41. 3
4	4. 5	0. 61	287	39. 0	347	41. 4

表 5 实验结果表明，高锰钢经 FSX-4 挠性炸药爆炸硬化处理一次的硬度提高约 50%，经二次处理后，表面硬度提高约 78%。经过矿山实践证明，圆锥破碎机破碎壁和轧臼壁、棒磨机衬板的寿命延长 50% 以上，相应设备生产效率提高 90% 以上，整体效益显著。

此外，我们研发的 FSX-3 挠性炸药分别应用于四川冶金机械厂和成都瑞钢公司的结晶器铜管的爆炸成形与修复，效果显著。

5 结束语

挠性/塑性炸药在爆炸加工中具有很好的应用前景，尤其是随着水下爆炸加工技术的发展，其应用将越来越受到重视。但目前该类炸药的品种还比较单一，尚未形成规模化生产，导致其成本偏高，大量应用受到限制，因此，应大力发展该类炸药的研制和生产。

参 考 文 献

[1] 王南海. 无模爆炸加工金属容器[J]. 金属世界，1997，(05)：281 ~ 284.
[2] 于盛发，闫鸿浩，李晓杰. 罐内爆炸成型技术在修复结晶器中的实验研究[J]. 实验力学，2008，23(01)：84 ~ 88.
[3] 郑远谋，黄荣光，陈世红. 爆炸焊接和金属复合材料[J]. 复合材料学报，1999，16(01)：14 ~ 21.
[4] 李晓杰，杨文彬，奚进一. 爆炸焊接异种金属导电材料[J]. 轻合金加工技术，1997，25(04)：36 ~ 38.
[5] 印文栋. 应用爆炸焊接方法生产不锈钢复合板[J]. 爆破，1994，(01)：58 ~ 62.
[6] 薛继仁，于启湛，史春元. 高锰钢爆炸加工硬化及其硬化机理[J]. 大连铁道学院学报，1997，18(04)：65 ~ 69.

[7] 陈勇富，洪有秋．高锰钢爆炸硬化机理·炸药·应用[J]．海南矿冶，1994，(03)：20～24.
[8] 肖纯，张礼炎，肖蓓．爆炸切割技术在拆除蜗轮机座的应用[C]//第七届全国工程爆破学术会议论文集，2001.
[9] 胡建新，刘少帅，李介明．大型船用螺旋桨的爆炸切割[C]//中国爆破新技术Ⅱ，2008.
[10] 张勇，李晓杰，张越举．爆炸加工的历史、现状及其未来发展[C]//中国爆破新技术Ⅱ，2008：17～22.
[11] USP 3428503.
[12] USP3311513.
[13] USP3754061.
[14] TRPA 4714.
[15] TRPA4846.
[16] TRPA4847.
[17] ARLCD-TR-77043.
[18] 湖南省湘中供电局，等．太乳炸药与爆炸压接[M]．北京：水利电力出版社，1978.
[19] 安二峰，陈鹏万，杨军．一种爆炸硬化用高聚物粘结塑性炸药及应用研究[J]．含能材料，2008，16(06)：734～737.

E-mail：hhenry0816@ sina. com

低温对爆炸焊接用粉状铵油炸药爆速的影响研究

张越举[1,2,3] 杨旭升[1] 李晓杰[2] 姚 政[3]
王 勇[3] 闫鸿浩[2] 曹景祥[3] 成泽滨[3]

(1. 沈司工程科研设计院，辽宁沈阳，110162；
2. 大连理工大学工业装备分析国家重点实验室，辽宁大连，116023；
3. 大连船舶重工集团爆炸加工研究所有限公司，辽宁大连，116021)

摘　要：对爆炸焊接用粉状多孔粒硝酸铵与轻柴油混合制备的炸药进行了研究，通过分析不同温度下0号轻柴油混合的粉状铵油炸药爆速的变化和工业轻柴油标号的性能，指出配制多孔粒粉状铵油炸药时，应按照炸药存放和使用的环境温度高于轻柴油冷滤点5℃以上的原则选择相应标号的轻柴油。对由－35号轻柴油配制的粉状铵油炸药在不同温度条件下爆速的测量发现，该炸药在低于－7℃和高于－2℃的两个温度区段内爆速值较为稳定，30mm厚炸药的爆速值分别为2700m/s和3050m/s；而在－7～－2℃温度区段内时，爆速值发生了较大的变化。这一规律对低温条件下进行爆炸焊接具有重要的指导意义。

关键词：粉状铵油炸药；硝酸铵；爆炸焊接；爆轰性能

The Effect of Low Temperature on the Detonation Velocity of Powder Ammonium Nitrate Diesel Oil Used in Explosive Welding

Zhang Yueju[1,2,3] Yang Xusheng[1] Li Xiaojie[2] Yao Zheng[3] Wang Yong[3]
Yan Honghao[2] Cao Jingxiang[3] Cheng Zebin[3]

(1. Engineering Research Institute, Shenyang Military Area Command, Liaoning Shenyang, 110162; 2. State Key Laboratory of Structural Analysis for Industrial Equipment, Dalian University of Technology, Liaoning Dalian, 116023; 3. Dalian Shipbuilding Industry Explosive Processing Research Co., Ltd., Liaoning Dalian, 116021)

Abstract: The powder porous ammonium nitrate plus light diesel oil explosive used in explosive welding was researched. The changes of the detonation velocity of the explosive mixed with 0# diesel oil were analyzed. The properties of different grade industry light diesel oil distinguished by their numbers were checked. We prompt that the explosive should be prepared with proper light diesel oil according to the environment temperature of the explosive kept and used, the temperature should be 5 degree centigrade (℃) higher than cold-filter point of the choice oil. To the explosive mixed with the －35# light diesel oil, the detonation velocities were tested in different temperature condition, it was found that the values of the velocity of the explosive are stable in the two regions of the temperature －7℃ lower and

-2℃ higher. The values are 2700m/s and 3050m/s respectively for the explosive charge dimension of 30mm thick. Although, the value changes abruptly in the regime of -7 ~ -2℃. This finding will be important to explosive welding in low temperature condition.

Keywords: powder ammonium nitrate oil explosive; ammonium nitrate; explosive welding; detonation properties

1　引言

工业炸药的生产主要针对使用量非常大的工业爆破领域，如岩土爆破、软地基的爆夯、拆除爆破等，专门针对爆炸焊接技术要求研制和生产的不多。爆炸焊接技术对炸药的要求随着所加工的复合板金属材料组合、尺寸大小，尤其是随着复板的材料品种和厚度的不同而有所不同，工业化生产中采用的炸药为低爆速炸药，爆速一般在2000 ~ 3000m/s之间。因此，爆炸焊接炸药的工业化生产存在着一定的难度。根据爆炸焊接对炸药的特殊要求，人们研究出了各种不同成分的爆炸焊接专用炸药[1~4]，并对影响炸药爆轰速度的因素进行了较为全面的分析[5]，也注意到了低温对炸药爆炸性能的影响，进行了耐冻炸药的研制[5]，但是并没有给出温度与炸药爆轰性能之间的关系。截至目前，还没有发现炸药温度与炸药爆炸性能之间关系研究的文献报道。我们在爆炸焊接的生产实践中发现，在冬季低温条件下实施爆炸焊接作业，经常出现一些复合质量缺陷问题，然而同种炸药在较高温度条件下爆炸焊接相同材料组合和尺寸规格的复合板，就很少出现复合质量缺陷。这表明温度对爆炸焊接有重要影响。

2　柴油种类对多孔粒粉状硝酸铵油炸药爆炸特性的影响

将多孔粒状硝酸铵进行粉碎后，对其颗粒度进行了分级和统计，具体情况见表1。

表1　多孔粒硝酸铵破碎后的粒度分布

粒度大小/mm	质量分数 /%	粒度大小/mm	质量分数/%
$d \leqslant 0.28$	4.45	$0.28 < d \leqslant 0.33$	2.92
$0.33 < d \leqslant 0.41$	6.71	$0.41 < d \leqslant 0.55$	21.13
$0.55 < d \leqslant 0.83$	17.46	$0.83 < d \leqslant 2.5$	45.1
$d > 2.5$	0.23	操作损失	1.82

将破碎后的硝酸铵与0号轻柴油按照质量比94：6的比例均匀混合后，在20℃的环境中存放48h，使0号柴油充分浸透硝酸铵，即达到氧化剂与还原剂的充分接触。然后将制备好的多孔粒粉状铵油炸药分为两部分，其中一部分在自然温度环境下存放，一部分放置在-5℃的环境中冷冻一段时间后，使得炸药温度达到-5℃。对这两种炸药进行爆速测量，数据见表2。炸药爆速测量方法按照道特里氏法进行，示意图见图1。

表2　炸药温度对多孔粒粉状硝酸铵+0号柴油炸药爆速的影响

试验序号	柴油标号	炸药温度/℃	炸药厚度/mm	爆速/m·s^{-1}	备　注
1	0	10	30	2854	
2	0	9	30	2900	
3	0	12	30	2870	

续表 2

试验序号	柴油标号	炸药温度/℃	炸药厚度/mm	爆速/m · s^{-1}	备 注
4	0	-5	30	2120	有飘粒现象①
5	0	-5	30	2205	
6	0	-5	30	2210	
7	-10	-5	30	2700	
8	-20	-5	30	2850	
9	-35	-5	30	2900	

①爆炸后在现场可发现地上有未发生爆炸反应的白色颗粒，通常把这种现象称为飘粒现象。

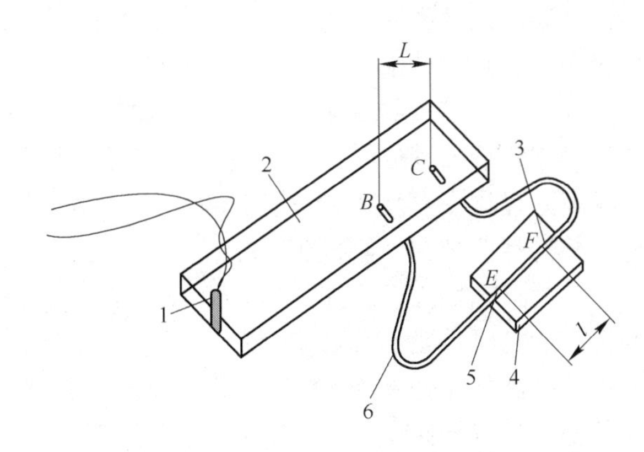

图 1 金属爆炸焊接工艺中的道特里氏法测爆速装置

1—雷管及传爆药；2—待测炸药；3—导爆索中传播的爆轰波的碰撞点印痕；
4—铅（铜、铝）板；5—导爆索中点在 4 上的印痕；6—导爆索

从表 2 中数据可以得出，对于多孔粒粉状硝酸铵中加入 0 号轻柴油的铵油炸药，当炸药温度低至 -5℃时，炸药的爆速出现了明显降低，而且炸药出现了不完全爆炸的现象。这说明，对于多孔粒硝酸铵来说，当气温较低，比如达到 0℃附近时，采用 0 号柴油配制铵油炸药已经达不到理想状态。造成这种现象的原因主要是铵油炸药中的油相在低温条件下冻结硬化[6]，从而很难在炸药中形成气态的油相，爆炸过程中不利于形成热点。0 号柴油配制的粉状铵油炸药在长时间低温存放条件下，爆轰感度和爆速性能都发生了降低。这在实际生产中往往导致如图 2 所示的局部区域的复合质量问题。

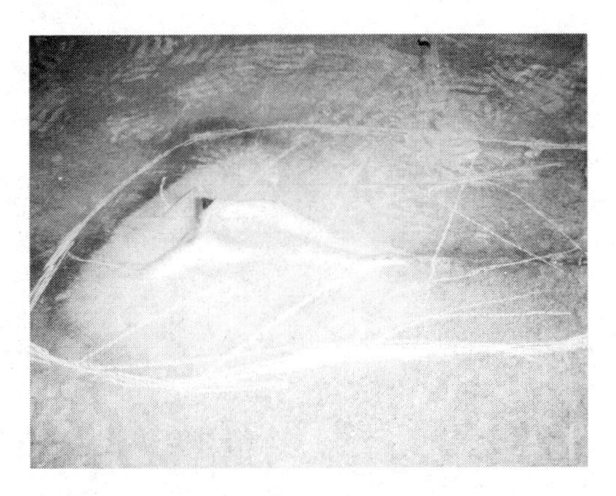

图 2 低温条件下由炸药爆轰不稳定性导致的局部焊接质量问题

为了避免低温条件下使用时，因轻柴油品种特性导致的炸药爆轰性能低劣化问题，应根据不同低温条件选择相应标号的轻柴油进行粉状铵油炸药的制备。几种较为普遍采

用的工业轻质柴油数据见表 3。

表 3　轻质柴油性能的检验数据

油品名称		油品标号				检验标准
轻柴油/号		0	-10	-20	-35	GB 252—2000
色度/号	不大于	3.5	3.5	3.5	3.5	GB/T 6540
铜片腐蚀（50℃，3h）级	不大于	1	1	1	1	GB/T 5096
冷滤点/℃	不高于	4	-5	-14	-29	SH/T 0248
凝点/℃	不高于	0	-10	-20	-35	GB 510
闪点/℃	不低于	55	55	55	45	GB 261

由表 3 可以看出，各种柴油以其凝固点为标号，而各柴油在高于其凝固点以上的温度值时存在一个冷滤点，这个指标是指柴油开始堵塞发动机滤网的温度值。这表明柴油在此温度值下，其黏性和流动性出现了较大的变化，其分散性能降低。分散性对配制的铵油炸药的性能影响非常大，这是因为分散性低时，柴油不易包覆粉状多孔硝酸铵颗粒的表面和渗透到颗粒内部，不利于爆轰过程中氧化剂和可燃剂的充分接触与反应。研究认为[7]，制备铵油炸药时，油相材料的选择要把握其能量、闪点、黏度及熔化点。针对表 3 中的轻质柴油来说，为了使其充分渗透进硝酸铵，应提高炸药存放的环境温度和延长存放时间。一般存放炸药环境的温度应高于柴油冷滤点温度 5℃以上，存放时间至少应大于 24h。按照我国对炸药库的管理规定，考虑到炸药库的运行成本等，炸药存放的环境基本上是与自然环境相一致的，即低温条件下与自然温度相同。这种情况下，配制炸药时柴油标号的选择应更加慎重，必须考虑气温的变化对柴油在炸药中渗透的影响。

3　粉状铵油炸药爆炸性能与温度的关系

为了更详细了解低温条件下炸药温度对炸药爆轰性能的影响，对用 -35 号轻柴油配制的粉状铵油炸药进行了不同炸药温度条件下的爆速测量。结果如图 3 所示。

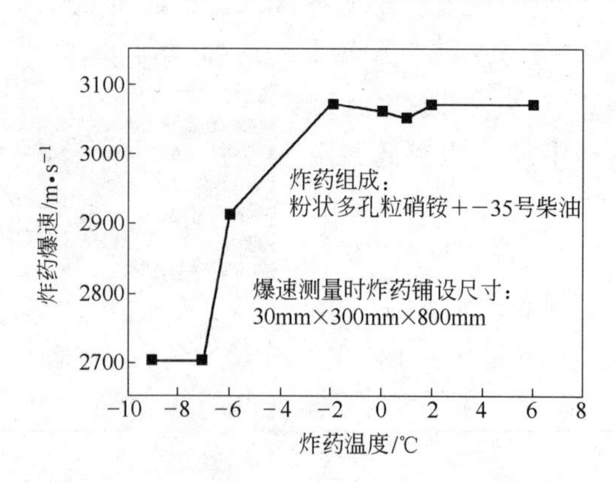

图 3　不同温度条件下炸药爆速的变化曲线

从图 3 数据可以得出，对于由 -35 号柴油配制的粉状多孔粒铵油炸药来说，当炸药温度高于 -2℃以上时，30mm 厚炸药的爆速值基本稳定在 3050m/s 左右。当炸药的温度在

-9～-7℃之间时，30mm厚炸药的爆速值稳定在2700m/s。而炸药温度在-7～-2℃之间时，炸药的爆速发生了显著变化。这表明，在这一温度区段，炸药的爆轰性能极不稳定。在爆炸焊接的实际操作中，当采用-35号轻柴油配制铵油炸药时，应避免在这一温度区段使用炸药。

4 结论

（1）采用轻质柴油配制爆炸焊接用粉状多孔粒铵油炸药时，柴油标号的选择应考虑炸药存放和使用的环境温度，一般应高于所选柴油冷滤点温度5℃以上。

（2）由轻质柴油配制的粉状多孔粒铵油炸药，在低温条件下炸药爆速会在不同的温度区间表现出不同的爆炸特性。实验结果表明，对于由-35号柴油混制的粉状多孔粒铵油炸药来说，其爆速在低于-7℃和高于-2℃时较为稳定，30mm厚炸药的爆速分别为2700m/s和3050m/s，在-7～-2℃区间时，炸药的爆速变化较大。出现这一现象的机理不明。

（3）本文对温度低于-7℃条件下炸药爆速测量值给出的数据有限，当炸药低于-9℃或更低时是否还存在一个变化较大的区域还不得而知，因此，这方面还有待进一步研究。

参考文献

[1] 安立昌．低爆速爆炸焊接炸药的配方设计[J]．火炸药学报，2003，26(3)：68～69.
[2] 田建胜，陈青术．爆炸焊接专用炸药实验研究[J]．工程爆破，2008，14(3)：59～61
[3] 聂云端．爆炸焊接专用粉状低爆速炸药的研制[J]．爆破，2005，22(2)：106～108.
[4] 王勇，张越举，赵恩军，等．金属爆炸焊接用低爆速膨化铵油炸药实验研究[J]．含能材料，2009，17(3)：326～329.
[5] 郑远谋，高健，刘胜利．爆炸焊接条件下炸药爆轰速度的影响因素[J]．武钢技术，2002，40(4)：46～50.
[6] 周新利，胡炳成，刘祖亮，等．耐冻膨化硝铵炸药的制备[J]．含能材料，2005，13(1)：49～51.
[7] 邓安健．铵油炸药性能影响因素研究及生产工艺的改进[J]．爆破器材，2006，35(2)：10～13.

E-mail：zhangyueju@dlewri.com

爆炸轧制铜铝复合排的制备和检测方法研究

苏海保　吴小玲　李　勇

（南京三邦金属复合材料有限公司，江苏南京，211155）

摘　要：本文对铜铝复合排爆炸-轧制的生产工艺过程进行了研究和总结，重点介绍了爆炸制坯的过程，轧制后铜铝复合排的检测实验，并对实验结果进行了讨论，从而找出了爆炸-轧制制备铜铝复合排的可行性工艺路线。

关键词：铜铝复合排；爆炸复合；轧制

Research of Explosion Cladding TLF Row Manufacturing and Detection Methods

Su Haibao　Wu Xiaoling　Li Yong

(Nanjing Sanbom Metal Clad Material Co., Ltd., Jiangsu Nanjing, 211155)

Abstract: TLF rows process of the explosion-rolling carried out the research, observation, the system focuses on the explosion process of billet, TFL row after the detection experiments, the experimental results were discussed, and to find the explosion-rolling of the feasibility of copper and aluminum composite emission process route.

Keywords: TLF row; explosion cladding; rolling

1　引言

电气设备对汇流排的要求主要是它的载流量以及在发生短路故障时，能满足动热稳定的要求，也就是说它的电气性能和机械性能。电线电缆中的以铝代铜是趋势使然。由于铜的密度为8.96g/cm^3，是铝（2.7g/cm^3）的3.65倍，而铜的电阻率为0.01851Ω · mm^2/m，是铝（0.0294Ω · mm^2/m）的63%。根据国家推荐标准，在20℃时，铜的某截面直流电阻值与对应大两个规格的铝相当，从理论上来说，用铝作为电线电缆的原料比铜划算得多。

铜、铝都是良好的导电材料，但铝排表面极易氧化，在搭接处易造成接触不良故障。同时，由于硬度小，搭接处紧固后时间长了也会自然松动，造成接触不良的故障。因此电气设备中的载流导体目前98%都采用铜排。

铜铝复合汇流排其表面抗氧化性能和接触电阻与铜排相同，只要铜层厚度达到一定要求，其导电性能和机械性能接近铜排，就可满足电气设备的要求。

本文研究的是采用爆炸-轧制法生产的复合排，结合爆炸和轧制两种生产复合材料方法的优点，生产工艺简单高效，生产成本低，产品规格种类多。针对一些比较特殊的铜铝复合排，单一采用爆炸法或轧制法是很难达到它的技术要求的，而采用爆炸-轧制法在投入很少的情况下就能生产出满足市场各种规格要求的产品。

2 研究内容

研制确定的技术工艺路线为爆炸-轧制，其主要工艺路线为：爆炸制坯→轧制→矫直→表面处理→质量检测。本文研究的重点是铜铝两种金属的爆炸焊接技术以及轧制后的复合排质量检测。

3 研制过程

3.1 爆炸复合制坯

T2 纯铜成分见表 1，在本文中由于研制的技术工艺路线为爆炸-轧制，因此首先要将一定比例厚度的基复材爆炸复合在一起，本文试验中所用材料的复层规格为 T2 纯铜，规格为 4.0m × 1060mm × 1260mm，基材为 1060 纯铝，规格为 40mm × 1000mm × 1200mm，为了满足最终产品规格要求，则要求爆炸复合制坯的基复层贴合强度要高，且铝板厚度爆炸减薄小于 2mm，结合以往的爆炸焊接经验，在试验中有针对性地对各型号炸药的配比、爆炸性能、单位面积药量及间隙等主要工艺参数进行了选择及多次试验。

表 1 T2 化学成分

代号	检测项目 元素	化学成分(质量分数)/%						
		Cu + Ag	P	O	S	Fe	Zn	杂质总和
T2	最小值	99.9	—	—	—	—	—	—
	最大值	—	—	0.06	0.005	0.005	0.005	0.1

3.1.1 爆炸焊接装置及原理

采用平行法爆炸焊接装置（见图 1），在边缘某点或中心起爆。

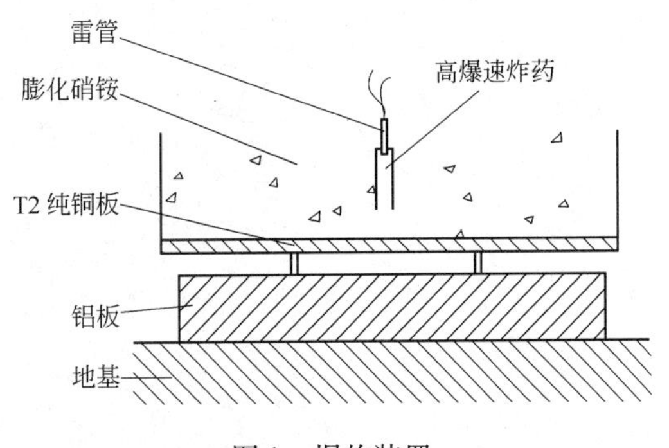

图 1 爆炸装置

图 1 中爆轰波从雷管起爆点开始传播，复板在爆轰压力的作用下加速向下运动，与基板碰撞从而结合在一起。

3.1.2 爆炸焊接参数设计

由于铜、铝自身物理性质的特点，在铜、铝两种金属爆炸焊接时要求炸药爆速稳定，爆速较小，且价格低廉、安全无毒。本文中采用膨化硝铵炸药，其自然堆积密度约 0.9 ~ 0.95g/cm^3，爆速为 1800 ~ 2300m/s，较材料体积声速低，符合使用要求。本文选择 3 种不同装药量对同种材料 T2/1060 进行爆炸焊接，然后对爆炸复合板进行轧制，其实验参数及轧制结果见表 2。

表 2　爆炸工艺参数及效果实验结果

试　样	材　料	复板规格 /mm × mm × mm	间隙高度/mm	药量/kg	贴合效果/%	轧制效果
试样 1	T2/1060	260 × 360 × 4	8	3	100	存在缺陷
试样 2	T2/1060	260 × 360 × 4	10	3	100	100%
试样 3	T2/1060	260 × 360 × 4	10	4	100	存在缺陷
试样 4	T2/1060	260 × 360 × 4	12	5	100	存在缺陷

由表 2 的结果可以看出采用试样 2 的爆炸参数能够满足爆炸-轧制的要求。

3.2　轧制

铜铝坯料经过 UT 检测后，采用450mm 四辊可逆轧机进行轧制（如图 2 所示），轧3 ~ 5 道，每道变形量控制在 20% ~40%，防止大变形造成的表面缺陷，保证轧制板的同板差小于 0.1mm，镰刀弯每米小于 5mm。然后进行校平、纵剪和修边，然后进行退火。

图 2　轧制过程

通过爆炸-轧制工艺制备的铜铝复合排，其规格可以达到 0.4mm/8mm/0.4mm × 1000mm × 6000mm，厚度和板幅上都适应市场发展的需要。

4　试样检测试验及实验结果分析

4.1　拉剪实验

复合材料的贴合强度检验方法有很多种，由于铜层的厚度比较薄（0.3～1.5mm），所以我们采用拉剪的方法用于测量复合板的结合强度。将复合板加工成如图3所示的试样。

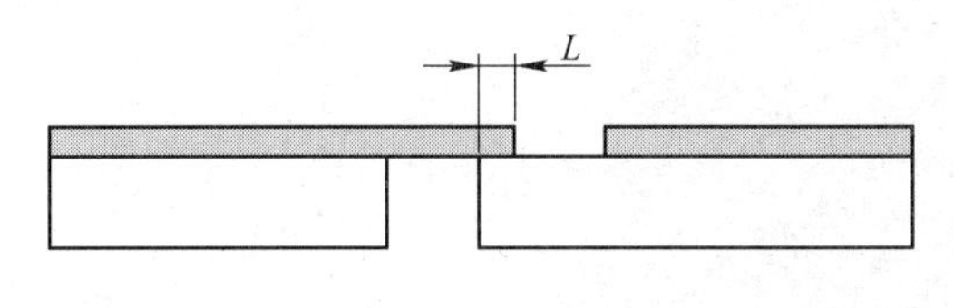

图3　拉剪试样

用铣床分别将复合板正反两面的基材和复材全部铣掉，中间搭接的部分长度 L 要小于复材厚度，以保证在实验过程中复合面上拉断。

4.2　弯曲试验

铜铝复合排成品要求做弯曲性能试验，采用虎钳式专用弯曲装置由虎钳配备足够硬度的弯心组成（见图4），配置加力杠杆。采用的弯心直径为24mm，弯心柱面宽度大于试件宽度或直径（见图5）。

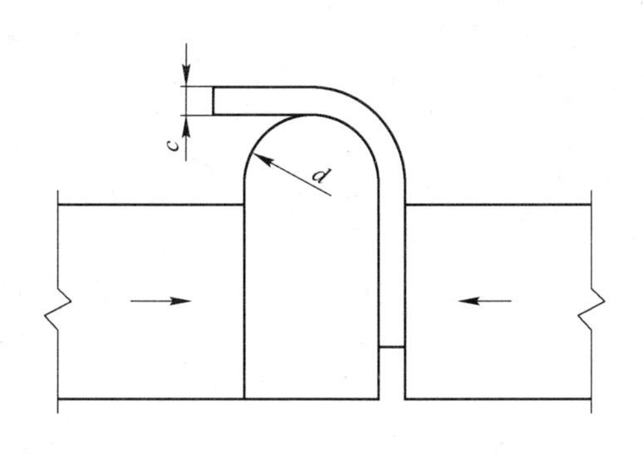

图4　虎钳式弯曲装置

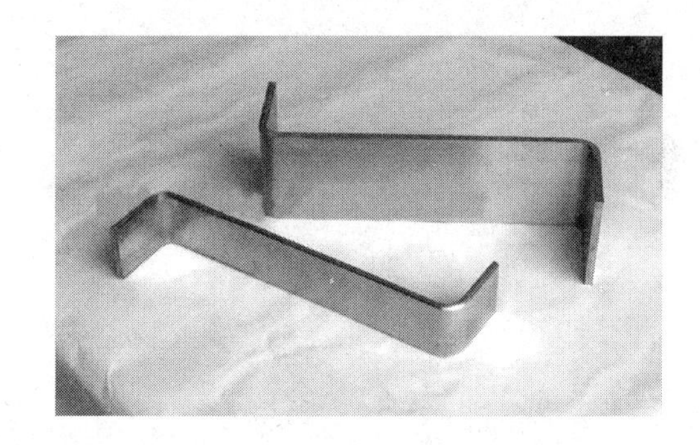

图5　弯曲试样

4.3　扫描电镜观察复合界面

在放大2000倍后，能观察到复合面上形成了过渡层，过渡层的成分主要是铜和铝的中间产物。

图6是背散射图片，反映Cu-Al爆炸复合板界面原子扩散的情况。颜色的深浅主要反映成分的变化情况。图像可以分为三个比较明显的区域，中间是扩散层，左侧为Al，右侧为Cu。红色线代表Al的百分含量从左到右的变化情况。绿色线代表Cu的变化情况。

在复合面上，用电镜检测复合面不同区域的化学成分，如图7～图11所示。

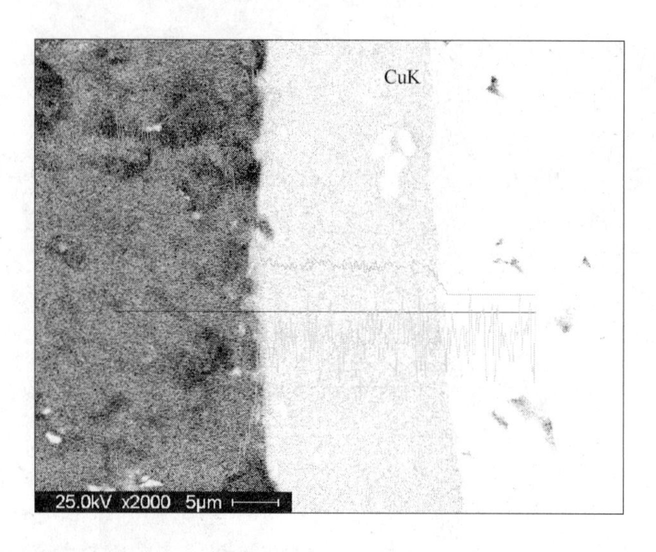

图 6　Cu-Al 背散射

元素	质量百分比	原子百分比
AlK	100.00	100.00
总量	100.00	

图 7

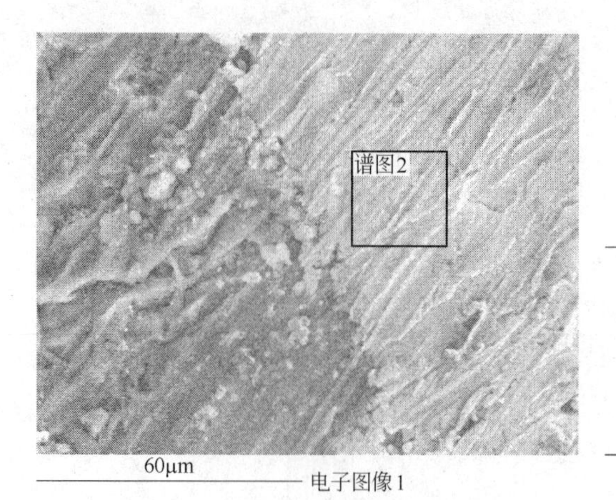

元素	质量百分比	原子百分比
CuK	100.00	100.00
总量	100.00	

图 8

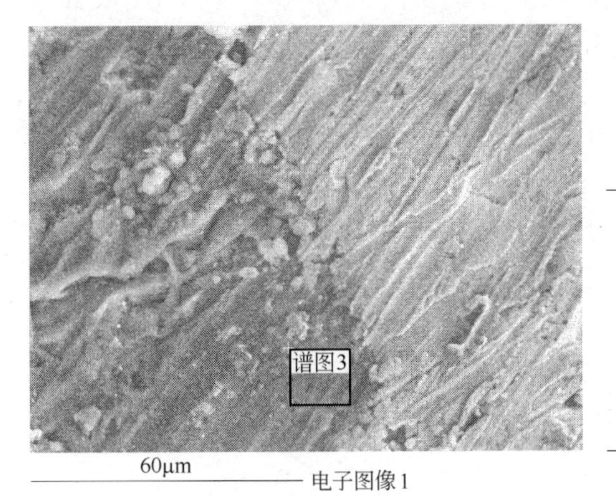

元素	质量百分比	原子百分比
OK	11.50	18.70
AlK	81.22	78.32
CuK	7.28	2.98
总量	100.00	

图 9

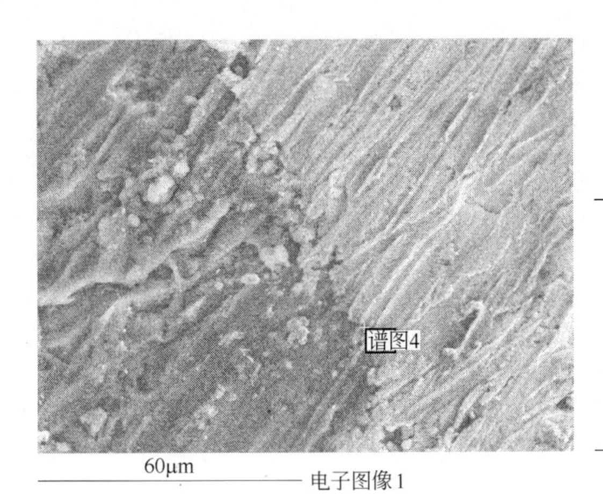

元素	质量百分比	原子百分比
OK	4.37	15.00
AlK	2.61	5.33
CuK	93.02	79.67
总量	100.00	

图 10

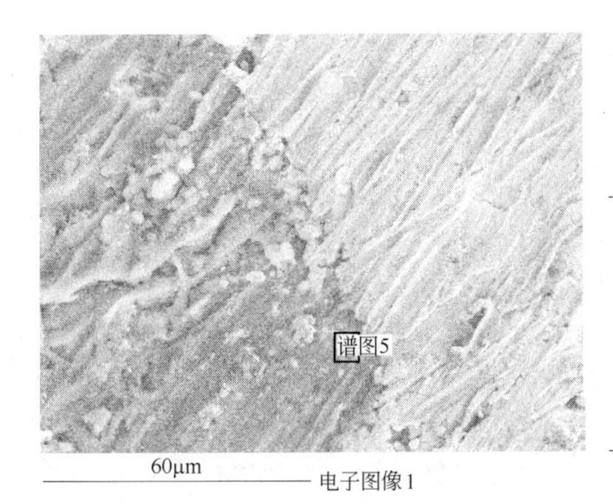

元素	质量百分比	原子百分比
OK	17.61	33.37
AlK	42.34	47.63
CuK	40.05	19.00
总量	100.00	

图 11

图 7 ~ 图 10 所示在复合面较远的区域没有扩散现象，稍靠近复合面有少量的扩散。界面区域的氧元素，我们分析是氧化铝和氧化铜带入到复合面界面上的。从图 11 可以看出，在复合面上有明显的铜铝渗透扩散的现象，铜铝比例约为 2∶5，但尚不能确定化合物的结构。

分析可以得到：通过爆炸-轧制法生产的铜铝复合排，结合面上形成了由铜和铝两种元素组成的过渡层，厚度约为 15μm。从成分来看，在复合面周围，各个区域元素组成不同，界面上铜铝比例为 2∶5，很明显说明铜铝复合排的金属间渗透扩散，所以能保证较高的结合强度。

4.4　轧制后退火

在爆炸-轧制法生产铜铝的过程中，退火过程用来消除轧制所带来的加工硬化，提高材料的机械成型性能。由于双金属复合材料的特殊性，使得复合材料的轧后热处理及其机理还须进一步的研究。通过对铜铝轧制复合板退火工艺的研究，找到一种维护其结合强度和材料成型性能之间平衡的退火工艺。

热处理一般采取低温长时间和高温短时间两种退火制度，退火温度区间选取低温（200 ~ 400℃）和高温（580 ~ 675℃）。低温退火的时间分别为 0.5h、1h、2h、4h、6h、12h。有资料显示铜铝可以采用高温退火温度 620℃，保温 3 ~ 5min，要求温度准确均匀，由于我公司设备条件达不到，未做该方面实验。退火所用的实验材料为铜铝铜轧制复合板，退火试样的规格约为长 6000mm，宽 100mm，厚 8mm。其中铜铝铜复合板三层的厚度分别约为 0.4mm、7.2mm、0.4mm，覆层铜薄而芯部铝厚。采用维氏硬度计检测复合板退火后铜和铝的硬度值，并对复合界面进行成分扫描，采用拉剪实验来对比热处理对复合强度的影响。

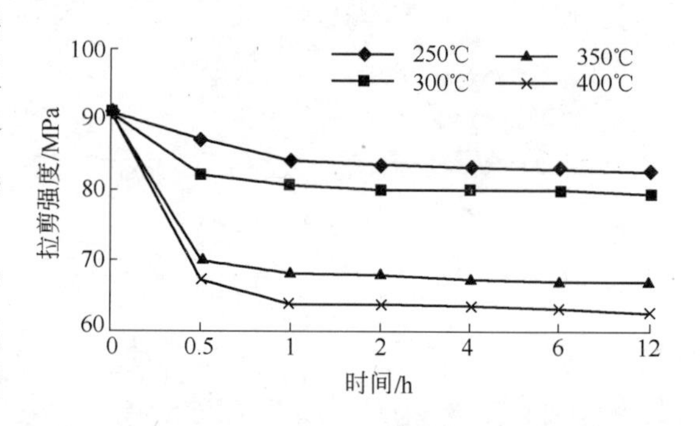

图 12　拉剪强度与退火时间的关系

实验测得无退火处理时，结合强度为 91MPa，覆层铜的硬度为 197HV，芯部铝的硬度为 67HV。图 12 所示是低温退火制度下得到的铜铝复合排的拉剪强度与退火时间的关系图。表 3 所示是低温退火制度下铜和铝的维氏硬度值。低温退火大致分成三个温度区间：（1）退火温度小于 250℃时，复合板保留较高的结合强度，铜和铝的硬度较高，铜和铝没有实现软化。（2）退火温度在 250 ~ 350℃之间时，界面结合强度仍随着退火温度的升高而低。由表 3 可以看出，在此区间退火时，铜和铝的硬度值已经降低，说明铜和铝发生结晶，开始软化。（3）当退火温度超过 350℃时，综合图和表可以看出，材料界面结合强度随退火温度的升高而降低；当保温时间大于 2h 后，随着退火时间的延长，界面结合强度降低的幅度较小；覆层铜和芯部铝的软化程度越高。但是如果通过完全软化铜和铝来提高材料的成型性能，会严重降低界面结合强度，所以铝双金属复合材料的低温退火选择在 250 ~ 350℃之间，时间为 1 ~ 4h。

表3 维氏硬度值

退火温度/℃		150	200	250	300	350	400
硬度值 HV	Cu	170	121	121	97	78	64.1
	Al	67.0	65	55.4	46	45	35

5 结论

通过多次试验，确定了爆炸复合的工艺参数，总结出最优方案，爆炸后的铜铝坯料的拉剪强度为91MPa，超过退火状态下纯铝的强度。

轧制方面，因为爆炸复合保证了贴合强度，所以轧制工序要求就相对简单，轧制过程中应控制好每道次的变形量，减少和避免轧制所带来的缺陷，控制好产品的外形质量。

严格执行退火工艺，温度控制在250~350℃，时间不宜过长，否则会形成金属间化合物，影响成品的贴合强度。

从各项试验结果来看，爆炸-轧制法生产的铜铝复合排的性能优良，能够达到市场要求。

参考文献

[1] 王健民，朱锡，刘润泉．爆炸焊接的应用与发展[J]. 材料报道，2006，20(1)：42.

[2] 张英云，等．最新实用金属材料手册[M]. 南昌：江西科学技术出版社，1999：512~516.

[3] 于九明，孝云祯，王群骄．金属层状复合技术及其新进展[J]. 材料研究学报，2000，14(2)：12~16.

[4] 黄素霞，李河宗，于九明．不锈钢复铝板结合强度和延伸率的实验研究[J]. 河北建筑科技学院学报，2002，19(4)：54~57.

[5] 姜喜成，唐可洪，魏福玉．铜包铝线退火工艺的初步探讨[J]. 电线电缆，1999，01：20~23.

爆炸焊接场地地基结构优化与研究

周景蓉　李　勇　陈寿军

（南京三邦金属复合材料有限公司，江苏南京，211155）

摘　要：爆炸焊接场地的地基受土壤组成、密实度、含水量等因素的影响表现出不同的结构特性，试验表明地基特性对爆炸焊接质量有直接的影响，在现实生产应用中是不能够被忽略的。本文在多年积累的实践经验的研究和理论支撑的基础上，阐述了爆炸焊接场地地基的优化方法及维护措施。

关键词：爆炸焊接；基础；砂土基；波阻抗；撕裂

Optimization and Research of Anvil Structure by Explosive Welding

Zhou Jingrong　Li Yong　Chen Shoujun

（Nanjing Sanbom Metal Clad Material Co.，Ltd.，Jiangsu Nanjing，211155）

Abstract：The foundation site of Explosive Welding is affected by the factors of the soil composition，density，water content etc.，it will Shows different structural characteristics. Experiments show that the foundation characteristics of explosive welding have a direct impact on the quality of the welding；it can not be ignored in the real production of applications. In this paper，based on years of practical experience in research and theoretical basis of support，it expounds the characteristics of explosive welding of the foundation and optimization methods，maintenance measures.

Keywords：explosive welding；anvil；sand base；wave impedance；tear

1　引言

地基又称基础，英文名为anvil，是指在爆炸焊接中基板（坯）的支撑体。根据地基的材料不同，基地一般分为钢基和土基。由于钢基存在变形后不易修复、成本高等缺点，所以在实际生产应用中很少采用；而土基具有可重复多次使用、成本相对较低等优点，因而，在国内被大多厂家和单位采用。本文爆炸焊接所称的地基是指土基。

根据土质的组成不同，即根据土壤中砂粒（粒径大于0.05mm）、粉粒（粒径为0.005～0.05mm）和黏粒（粒径小于0.005mm）的含量不同，土基可分为砂土基、黏土基、粉土基、砂粉土基、黏粉土基等。

2　爆炸焊接中的地基缺陷

通过对爆炸焊接有关文献进行检索发现，在爆炸焊接机理的研究中，对基复板间的高速碰撞、高温高压下的金属射流的流动、结合界面的形态、边界效应、可焊接参数等多种问题进行了较系统的研究，而爆炸焊接地基却很少被研究，以致在爆炸焊接研究领域中出现了一个空白带。

在爆炸焊接中，由于地基的影响，经常发生如下的现象：

（1）同一土质的地基，在相同的爆炸焊接参数下，对复合板进行爆炸焊接，常出现复合板弹跳、旋转、翻转等现象，而且只要有这些现象，则复合板结合界面就可能被撕裂，使复合板的焊合质量明显下降，焊合率降低。

（2）同一土质的地基，在不同位置进行爆炸焊接，焊接质量不稳定，重复性差。

（3）同一土质的地基，在不同的土壤物理参数（如含水量、密度、孔隙度等）条件下进行爆炸焊接，或在不同土质的地基（黏土基、砂土基等）进行爆炸焊接，均出现土壤被压缩几厘米甚至几米的现象，而且支撑一件复合板的地基被压缩下陷的程度不同，在这种情况下使得爆炸焊接质量不易控制。同时，若复合板被压入地下几米，既给挖掘工作带来很大困难，又增加了作业成本。

3 地基土壤的主要参数

土的物理力学性质的变化则常用其中的密度、含水量、孔隙比来描述。压实程度与土的可压缩性有关，土的可压缩性大小决定于颗粒级配、孔隙比、含水量、外荷载压力及作用时间。常用加载后土密度之比表示可压缩性，其数值可达 1.2 ~ 1.34。颗粒级配好、孔隙比大的土容易被压实；外荷载大，作用时间长，压实效果更好，从而可以得到较高的密实度和强度。

3.1 颗粒比重 G_s

颗粒比重通常定义为物质的单位质量和某种基准物质单位质量之比，大多数情况下，基准物质为 4℃的蒸馏水。据此，土的比重 G_s 可记为：

$$G_s = \frac{\gamma_s}{\gamma_w} \tag{1}$$

式中，γ_s 为土壤中固体部分的单位质量；γ_w 为 4℃蒸馏水的单位质量。

γ_s 为土壤固相质量与固相体积之比，但通常土是固、液、气三相体，要得到土的固相体积，需要将土放入无机溶剂中，根据土的放入前后溶剂体积的变化或整个溶液质量的变化求出。

3.2 干松散密度 γ_d

单位体积内干土的质量称为干松散密度，是指包括土壤孔隙在内的土壤密度，即

$$\gamma_d = \frac{W_s}{V} \tag{2}$$

式中，W_s 为干土的质量；V 为土的总体积。

干松散密度可能表示颗粒排列的紧密程度，影响着土壤的承压能力和抗剪切能力。通常存在着三种干松散密度：自然状态的干松散密度 γ_d，最紧密状态的干松散密度 γ_{dmax}（最大干松散密度）和最疏松状态的干松散密度 γ_{dmin}（最小干松散密度）。

3.3　孔隙比 e

孔隙比定义为土样中的孔隙体积与固相体积之比：

$$e = \frac{V_v}{V_s} \tag{3}$$

式中，V_v 为土壤中的孔隙体积；V_s 为土壤中的固体体积。

3.4　土的相对密实度 D_r

土的密实度反映着土的物理特性。土越密实，其抗剪切强度越大，压缩变形也越小，承载能力也就越高。通常用相对密实度 D_r 来反映土的密实程度，即

$$D_r = \frac{e_{max} - e}{e_{max} - e_{min}} = \frac{(\gamma_d - \gamma_{dmin})\gamma_{dmax}}{(\gamma_{dmax} - \gamma_{dmin})\gamma_d} \tag{4}$$

相对密实度指标在一定程度上反映了土壤的粒径级配、颗粒形状、大小和结构排列的特征。从理论上说，它比较合理地反映了土壤的紧密情况，也在一定程度上反映出土壤的物理力学性能。

一般情况下，$D_r \leqslant 1/3$ 时，土壤是疏松的；$D_r = 1/3 \sim 2/3$ 时，土壤是中密的；$D_r \geqslant 2/3$ 时，土壤是密实的。

3.5　含水量 ω

当土壤孔隙内存在水时，某一块湿土所含有水的质量 W_w，对同一块土烘干（温度为 100 ~ 105℃）至恒重时的质量 W_s 之比，以百分数表示，叫做含水量，即

$$\omega = \frac{W_w}{W_s} \times 100\% \tag{5}$$

含水量表示土壤中所含水分的多少，反映土壤的湿度状态。土壤中含水量发生变化时会改变土地力学性质。

4　土壤密度对焊接质量的影响

土壤的密度对焊接质量会产生很大影响，相同地基不同土壤密度对焊接质量的影响也会不一样。

黏土的密度对爆炸焊接质量的影响最为显著，当黏土的密度在 1.8 ~ 2.0g/cm^3 之间时，可以获得较高的焊合质量，能接近到 100%，在此范围之外，就很难能达到 100%。这其中的主要原因是因为当黏土密度小时，土壤比较松软，其压缩性就大，在吸收爆炸焊接传播到地基的大量能量时，造成地基急剧沉陷，导致了焊合质量下降；当密度大于 2.2g/cm^3 时，焊合质量也下降明显，这主要是因为土壤黏粒之间排列紧密，抵抗变形能力增加，以致形成强烈的反射拉伸波，当这个发射波足够大时，就能够将刚形成的焊合区撕开，导致焊合质量下降。

5 土壤的含水量对焊接质量的影响

同样黏土的含水量对爆炸焊接质量的影响也是很显著的，而土壤中的含水量大小又与当地的降水程度密切相关。当其含水量在17% ~19%之间时，焊合质量很好，能接近或达到100%；在此范围以外，焊合情况就不是很理想，这主要是因为当黏土的含水量高时，土壤的压缩性大，在吸收了爆炸焊接传播到地基的大量能量时，造成地基急剧沉陷，导致焊合质量下降；而当含水量较低时，由于其黏聚性，黏粒之间排列紧密，抵抗变形的能力增加，就使得焊合质量下降。

而砂土的含水量对焊接质量的影响不显著，在不同的含水量下，焊合质量均能达到相当高，这主要是因为，砂土土粒间的联结是很微弱的，孔隙比虽然大，但抵抗变形能力也较大，以致既能吸收爆炸焊接传播到地基的能量，又能产生较大的支反力，使得焊合质量较好。

6 地基波阻抗对焊接质量的影响

在爆炸焊接过程中，由于地基的波阻抗与复合板波阻抗的不同匹配关系，可以引起爆炸冲击波、应力波在地基表面的反射和透射，从而改变其强度和方向，使复合板边缘界面出现不结合区。

根据一维波传播的反射、透射理论可知，爆炸焊接产生的压缩冲击波在由复合板向地基传播过程中，在地基中引起压力和质点运动的传播，即产生透射波，同时在已焊合的复合板上产生反射波（见图1）。

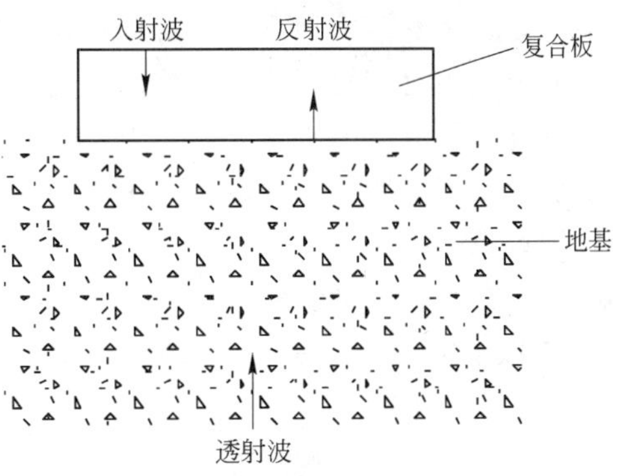

图1　压缩波在复合板与地基中的传播

由于砂土地基的波阻抗是黏土地基的1.6倍，则砂土地基的反射压力大于黏土地基，这表明砂土地基波阻抗与复合板匹配性比黏土地基好。在各种地基中，虽然砂土地基的波阻抗比较大，但与钢基相比还是小得多，为了提高砂土地基的波阻抗，可以增加砂土的密度，改善其与复合板波阻抗的匹配关系，以提高焊合质量。

若地基的波阻抗比复合板的波阻抗过小，例如在雨水很多的季节里，含水量很高的黏土地基，其强度过小，仅变为一个吸能体，在爆炸焊接载荷作用下，地基变形过大，既不能获得足够大的地基支反力，使焊合质量得不到保证，又使复合板陷入地基过深，给挖掘工作带来困难。

7 实例研究

7.1 爆炸焊接场地的地质状况及出现问题的研究分析

某公司皖南山区的爆炸焊接场地为土基构造。根据皖南山区的地质结构和土质条件，我们取样分析后其土壤中的组成多为黏土粒和粉粒，即黏土，在土基中又可以划分为“柔性”基础。

7.1.1 地基含水量对焊合质量的影响

在遭遇连续阴雨天气雨水量较大时，黏土和粉粒很容易吸水并达到饱和状态，实际测试中黏土的含水量甚至达到了30%左右，又因为黏土粒和粉粒颗粒孔隙度小，造成吸水之后水分不易排放和渗漏掉，这样一来就会给我们的爆炸焊接造成两个方面的不利影响：一方面是地基在爆炸焊接强冲击载荷下，距表层2m范围内的土壤均表现出不同程度的可压缩流体特性，进行爆炸之后地基不同程度下陷，甚至有复合板出现翻转现象。这时复合板体被嵌入地基很深，地基吸收爆炸焊接能量过多，会引起焊合质量下降。另一方面就是因为地基含水量很大，而水在受高速冲击下，其反作用力会相当大，甚至比刚体还要大，同样水含在一些松散的物质中，含水大的黏土的反作用力也会很大，基础物质在吸收一部分能量的同时，还会有一部分剩余能量以反作用力的形式进入到复合板体中，使复合板体离开基础上下运动，产生宏观及微观变形，基础物质对复合板的反作用力越大，复合板再次引起组织和性能的变化也就越大，这种变化包含金属材料的强度、硬化，不规则的宏观塑性变形和破坏。

7.1.2 地基密度对焊合质量的影响

因为皖南山区地带的土质均为黏土，前面已经说到过黏土类土基很容易吸收水分并且该土壤具有很高的可压缩性，所以黏土地基表现出的密实度变化会很大，而且密实度会不均匀，有时候甚至差别很大，对焊合质量产生了很大的负面影响，焊合率大大降低。

黏土因为具有很高的可压缩性，在完成一次爆炸焊接之后，地基就会有一次被强烈压缩的过程，所以在被压缩之后黏土出现板结状，密度大大增加，在实际测试当中黏土在被压实之后密度最大甚至可以达到3.5g/cm^3，在这样的地基之上进行了爆炸焊接，焊合质量差，焊合率下降。

黏土在吸收大量水分之后，密实度就会大大地降低，在实际的测试中，黏土在含水量达25%以上之后，密度就会降到1.6g/cm^{3}以下，在此地基之上进行了爆炸焊接，焊合质量差，焊合率下降。

从上面的实例中我们可以看出，黏土地基的含水量和地基土壤密度对爆炸焊接焊合质量的影响比较显著，所以对地基场地的改造也应当主要从这些方面入手考虑。

7.2 改造方案的确定及实施

地基结构和场地地基的含水量和密度等因素对爆炸焊接的影响，使我们尽快地确定了爆炸焊接场地的改造方案，同时也给改造工作顺利进行打下了良好的基础。

综上所述，钢基或者类钢基是爆炸焊接中最好的基础之一，可以以钢基为基础，在其上铺设砂土，这样既保证了地基的波阻抗与复合板的匹配，也避免了黏土地基对爆炸焊接焊合质量的影响。但是制作钢基成本较高，变形后不易修复，尤其是在大面积复合板的爆炸焊接中，采用这种方法适宜性较差，所以在大规模生产过程中是不适宜的。

在爆炸焊接场地的改造过程中，其目标是要控制地基中的含水量，使复合板体放置在含水量符合要求且波阻抗与复合板匹配的支承体上，在持续降水量比较大的时期挖设排水渠道能够让地基迅速排水，减小地基对复合板体的反作用力，综合考虑之后砂石地基是最好的选择，一次投入较低，后期维护工作简化，具体实施可以参考下面的几个方面：

（1）在放置复合胚体的支承地基范围内，用机械方法（挖掘机等）往下挖掘，深度大于等于2m，然后在其上填埋大片石头并整理平整，层层夯实，保证地基是建立在刚性体的表面上；

（2）在大片石头上用沙石填埋，在深度1m范围内尽量压实基础，夯实表面；

（3）最后在离地表面1m范围内用砂土混合物（砂土和黏土的混合物，砂土混合质量比控制在2∶1左右范围）填埋，高度到表面上0.2m；

（4）在爆炸场地的周围选择合适位置铺设沟渠，使排水量达到因山洪期间瞬间排放量，避免爆炸场地砂土流失，铺设刚性物体制作的管道，抵抗爆炸作业时的冲击破坏。

7.3 场地的维护

在实际生产中，任何进行爆炸焊接的场地都要经常承受几十甚至上百公斤炸药裸露爆炸后的冲击压力，瞬间冲击载荷达 10^5 ~ 10^6 MPa。在这样的环境条件下，爆炸场地的改造优化是一项长期的、不间断的、反复的工作，需要经常性对场地定期进行维护。

首先具有爆炸资质的单位应该选择2~3个爆炸焊接场地，做到对场地的定期维护并且不耽误生产的正常进行。

由于雨水冲刷和爆炸时的飞散作用，场地的砂土持有量会减小，所以有必要保证砂土的供应使用，使砂土混合比例在稳定的范围之内。

在雨季到来的时候，野外必备大面积油帆布，雨天用来覆盖爆炸场地地基，减少地基以下2m范围内沙土浸水量，达到地质状态满足爆炸状态的要求。

7.4 场地的安全维护

（1）爆炸焊接场地一般在山区地带较多，因为长期进行爆炸作业，周围山体因长期受高强度冲击，易出现山体塌方和滑石，给场地正常作业和人员的安全带来隐患，所以对场地周边的山体要进行定期清理，在山体周边挖设防振沟或建防振岩石土堤，隔断爆炸冲击波对山体结构的直接冲击破坏，边坡应设铁丝网防止滑石伤人。

（2）控制单次起爆炸药总量，尽量降低爆破振动和爆炸冲击波对场地周围环境的破坏程度。

8 结束语

本文通过对爆炸焊接中地基存在问题的分析，确定了影响爆炸焊接地基的因素，经过理论与实践比较，得到了爆炸焊接场地理想地基和实际生产地基的有效控制方法。

在本文的基础上，爆炸焊接行业中的同行们，根据各自经验来丰富和完善爆炸焊接场地的理论与实践，从而能够更好地指导爆炸焊接工程的应用。

参考文献

[1] 王耀华．金属板材爆炸焊接研究与实践[M]．北京：国防工业出版社，2007.

[2] 邵丙璜，张凯．爆炸焊接原理及其工程应用[M]．大连：大连工学院出版社，1987.

[3] 褚武杨．断裂力学基础[M]．北京：科学出版社，1979.

[4] 郑远谋. 爆炸焊接和金属复合材料及其工程应用[M]. 长沙：中南大学出版社，2002.
[5] 杨扬. 金属爆炸复合技术与物理冶金[M]. 北京：化学工业出版社，2006.
[6] 段卫东. 爆炸焊接的安全评估和安全防护措施[J]. 中国安全科学学报，1999，12(6).
[7] L. G. Lazari and S. T. S. Al-Hassani. A Solid Mechanics Approach to the Exp-losive Welding of Composites. The 8th International Conference on high energy rate fabrication SAN ANTONIO, Texas 1984, 4: 17 ~ 21.
[8] 库图佐夫. 工业爆破安全[M]. 北京：冶金工业出版社，1988.

3

爆炸合成新材料

爆轰法合成纳米碳材料的研究

李晓杰　罗　宁　闫鸿浩　王小红

（工业装备结构分析国家重点实验室，大连理工大学，辽宁大连，116024）

摘　要： 本文主要回顾了近三十年来，世界各国学者们从事爆轰法在合成纳米材料领域的研究进展。从爆轰法合成纳米金刚石、富勒烯碳、碳纳米管、纳米石墨材料至碳包覆金属复合纳米材料等，合成出了从单质到复合材料等形式多样的纳米碳材料。本课题组以爆炸加工技术为基础，独立并创新性地在采用爆轰法合成纳米碳材料方面也取得一定的进展和成果，作此文与同行们共同交流、探讨、分享。

关键词： 爆轰法；纳米碳材料；纳米金刚石；纳米石墨；碳纳米管；碳包覆金属纳米材料

Detonation Synthesis Research of Nano-Carbon Materials

Li Xiaojie　Luo Ning　Yan Honghao　Wang Xiaohong

(State Key Laboratory of Structural Analysis of Industrial equipment, Dalian University of Technology, Liaoning Dalian, 116024)

Abstract: In this paper, we review that the scholars in all over the world who engaging in detonation synthesizing of nanometer materials in the last 30 years. From the nanodiamond, Fullerene, carbon nano tube to carbon-encapsulated metal nanometials and so on, these nanomaterials were prepared by a detonation method. On that basis of detonation technique, we have achieved complete success and made progress and results in carbon nanographite materials. The paper was composed for the purpose of communication and share with other researchers.

Keywords: detonation method; nano-carbon materials; nano-diamond; nano-graphite; CNTs; carbon-encapsulated metal nanometerials

在纳米科技领域，对纳米材料而言，纳米碳材料是研究的一个重要的分支。自从人类出现以来，利用碳材料的历史悠久，主要经历了木炭时代（公元前~1712年）、石炭代（1713年~1866年）、炭材料的摇篮时代（1867年~1895年）、经典炭材料（1896年~1955年）和新型炭材料（1955年至今）的发展时代。著名的理论物理学家、诺贝尔奖金获得者 Richard P. Feynman[1] 曾指明了材料的发展方向："如果有一天人们按照自己的意愿排列原子和分子，那将创造什么样的奇迹。"

19世纪末，美国人 Niagara[2] 生产的 Acheson 人造石墨标志着经典炭材料发展时期的到来。根据原子杂化轨道理论，碳原子在与其他原子结合时，会产生不同形式的杂化，最常见的杂化形式为 sp1、sp2、sp3 杂化，与此相对应的碳的同素异形体主要有三种[3]：卡宾炭（Linear Carbon-Carbyne，也称线性炭）、石墨、金刚石。碳的结构逐渐被人们深刻地认识和研究，多种多样的纳米碳材料层出不穷，包括碳纤维、碳微球（GMSs）以及C60、碳纳米管（CNTs）、纳米洋葱状富勒烯（NOLFs）等多种笼状结构富勒烯、碳包覆金属纳米材料等复合纳米材料。炸药在爆炸瞬间释放出大量能量，对周围物体产生强烈的破坏作用，是人们经常利用的巨大能源之一。由于冲击压缩及加热作用，造成了被压缩炸药发生放热化学反应，以化学反应波的形式在炸药中按照一定的速度一层一层地自动进行传播。化学反应波的波阵面比较窄，化学反应正是在此很窄的波阵面内进行并迅速完成。由于爆轰法的反应速度快、能量密度高、做功强度大，使其在众多纳米材料的制备方法中独树一帜。

1 爆轰法合成纳米金刚石

纳米级的金刚石（Ultra Dispersed Diamond(UDD)或者Ultrafine Diamond(UFD)）不但具有金刚石所固有的综合优异性能，而且具有纳米材料的奇异特性。由于纳米金刚石具有双重特性，即除了具有金刚石的特点之外同时还具备了其他纳米材料的共同特点：比表面积、化学活性好、熵值大和较多的结构缺陷等[4]。因此纳米金刚石的制备和特性的相关研究一直是各国学者的研究热点。20世纪中叶，美国通用电气公司揭开了人工合成金刚石发展的序幕，它主要采用静态高压高温技术使得人造金刚石合成技术成为第一次大的飞跃[5]。接着，20世纪80年代，采用化学气相沉积法（CVD）技术使得金刚石膜问世，从而在全世界兴起，成为人工合成金刚石技术发展的第二次飞跃[6]。之后，俄罗斯科学家们在实验室利用负氧平衡炸药中的碳率先爆轰合成出纳米金刚石，从而实现了合成纳米金刚石技术的第三次飞跃[7]。

最早取得爆轰合成纳米金刚石的是1982年苏联的流体物理所，1990年已建立了年产数十至数百千克规模的工业实验装置。1988年美国和德国研究者公布了对爆轰过程的实验观测。目前在前苏联地区纳米金刚石的年产量约为5千万克拉左右；美国对爆轰过程中碳相行为进行了较深入的理论和实验研究，并形成了年产2.5千万克拉的生产能力。随后，美国的Los Almos国家研究实验室和苏联的科学院西伯利亚分院流体物理研究所同时报道了纳米金刚石研制成功的信息[10,11]。我国国内最早在（1993年）中科院兰州化学物理研究所[12]用爆轰法也得到了纳米金刚石，从而解开了我国爆轰法合成纳米金刚石的序幕，之后，北京理工大学、西南流体物理所、西安交通大学、大连理工大学也分别建立了自己的爆轰实验装置，院校单位分别对爆轰合成纳米金刚石相继开展了探索和深入的研究工作。

Staver A M等[13]在前人研究以金属为催化剂，冲击波压缩石墨使之相变合成超细金刚石粉末的基础上，利用炸药爆炸时产生的能量开展了超细金刚石粉末制备方面的研究，其所得产物的TEM图片及电子衍射图如图1所示。

美国Los Alamos国家实验室的Greiner N R等[14]在Nature上发表了爆轰灰分中的金刚石一文，将石墨混入炸药爆轰后制备得到的爆轰固体产物中含有4~7nm直径的金刚石颗粒，产量达到固体产物的25%，图2所示是其所得的第27样品的TEM和电子衍射照片。

Yamada K等[15]采用电子能量损失能谱法和X衍射能谱等表征手段，对冲击石墨合成p-Diamond的微观结构及形成机制进行了研究，同时发现在所得的产物中含有的纳米金刚

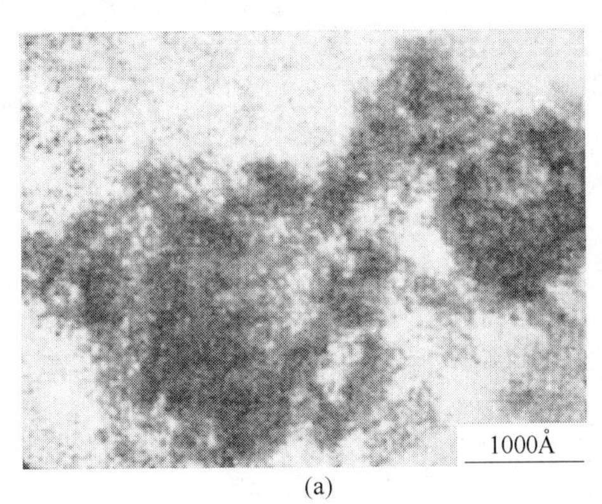

(a)

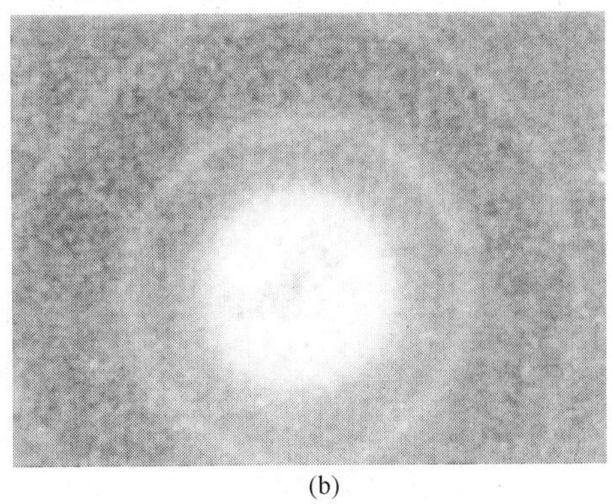
(b)

图1 冲击波合成金刚石粉末
(a) 透射电镜照片；(b) 电子衍射（多晶体）

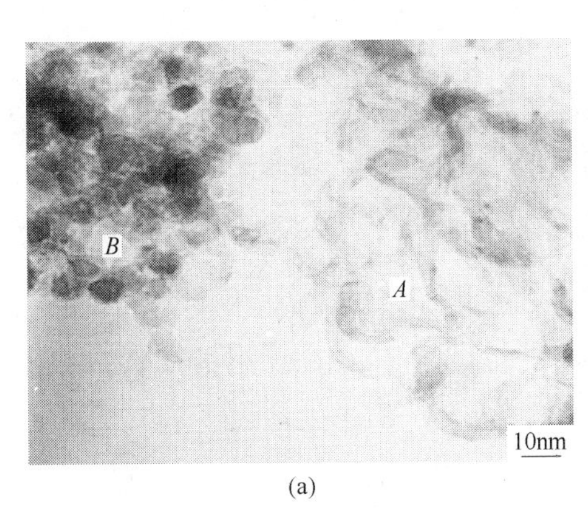

(a)

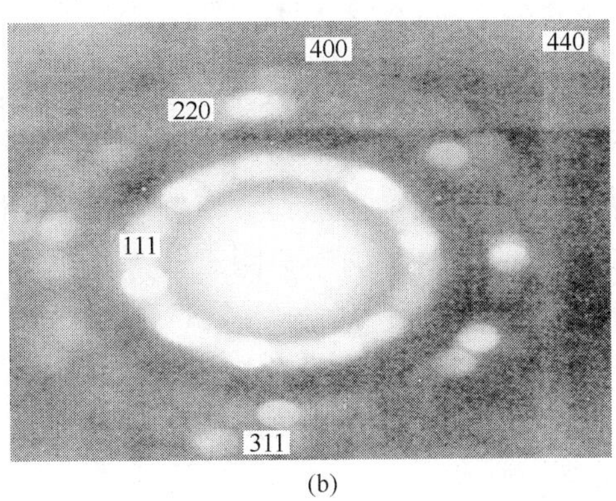

(b)

图2 爆轰纳米金刚石的显微图像（直径约10nm）
(a) 石墨带与纳米金刚石的透射电镜；(b) 球形金刚石的电子衍射环
[金刚石的(111)(220)(311)(400)峰和微弱的(400)峰]

石颗粒中单个晶粒存在许多晶格缺陷。

中国科学院兰州化学物理研究所的徐康课题组[16~19]在国内最早介绍了用炸药爆炸法合成的金刚石粉的制备方法、性质和结构特点以及一些可能的应用途径。TNT 含量在50% ~70%时，金刚石的产率较高；爆炸必须在密闭的容器中进行，容器中要充填惰性介质以保护生成的金刚石不被氧化。爆炸后，可以收集到黑色固体产物，其主要组成除金刚石粉外，还含有石墨和无定形碳。用强氧化性的酸处理，即可将非金刚石碳除去，得到灰色粉末。采用 TNT-RDX 混合炸药爆轰后合成了 3 ~20nm 球形的超细金刚石颗粒，对其微观形貌进行了研究，采用 FTIR 方法开展并研究了炸药爆轰合成超细金刚石粉末表面官能团的特征，先将样品进行氧化酸化处理后再氢还原处理，图 3 为其所得 UDD 样品的 XRD 图谱及 TEM 照片，其 X 射线衍射谱（XRD）上只有可归属于金刚石（111）、（002）和（310）晶面的衍射峰，表明这种产品是金刚石，纯度在 95% 以上。着重指出，这种金刚石粉是由纳米尺寸的颗粒组成的一种金刚石新品种。用炸药爆炸法制备的纳米金刚石（ND）是由直径为 4 ~6nm 的金刚石微晶粒组成的，但这种纳米晶粒相互团聚。

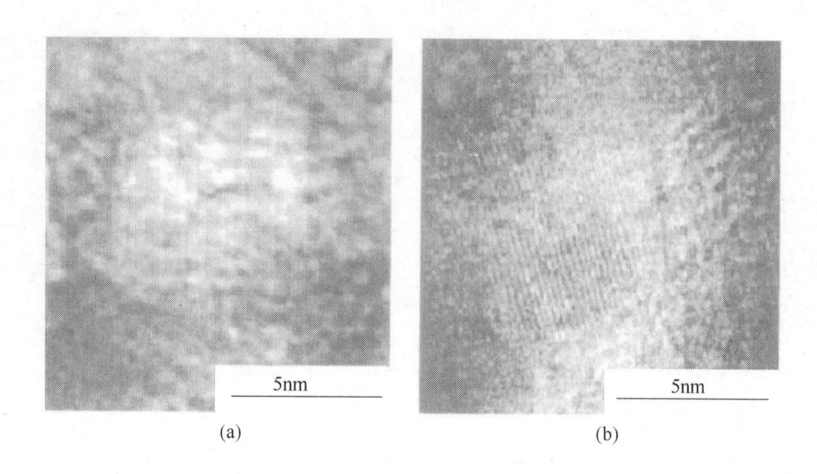

(a)　(b)

图 3　纳米金刚石高分辨率透射电镜（HRTEM）图像
（a）石墨处理后；（b）氧化处理后

北京理工大学恽寿榕、黄风雷课题组[20~23]采用不用的保护介质（N_2、NH_4HCO、水、冰），以一定质量的负氧平衡的单质或者混合炸药在密闭钢制容器中爆轰后合成含碳质的固体产物和球形超细纳米金刚石，并通过高能炸药合成球形纳米金刚石。X 射线衍射谱显示，得到的纳米金刚石微晶为立方结构金刚石；晶粒尺寸为 4 ~ 6nm，并有很大的微应力。

文潮课题组[24,25]用负氧平衡炸药爆轰法合成纳米金刚石，并用粉末 X 射线衍射（XRD）仪、激光 Raman 光谱仪和红外光谱仪等分析仪器对其结构进行表征。结果表明，纳米金刚石为立方结构，由于其内部结构的高密度缺陷、杂质原子的夹杂使谱线偏离，晶格常数比静压合成的大颗粒金刚石大 0.72%。由于金刚石晶粒细小，光谱特征峰产生宽化，并且向小波数方向偏移了 3cm，此外在纳米金刚石中还含有极少量的石墨，见图 4。

Kruger A 等[26]在爆轰 Composition B（TNT：RDX = 65：35）密闭容器中分别在二氧化碳（干）气氛和水（湿）气氛中，爆轰灰分中含有纳米金刚石并讨论纳米金刚石的团聚特征及如何分散的相关问题。

李晓杰课题组[27]在爆轰制备纳米金刚石实验中，利用 TNT/RDX（质量比 50/50）混合装药，柱状浇注，浇注密度为 1.63g/cm^3，单个药柱质量为 880g。外部用 PVC 膜制成的容器盛水，将药柱同起爆体放入中间，用水将药柱完全包覆起来并放入球形爆炸反应釜中爆轰后经提纯后得到纳米金刚石为多晶结构，见图 5。

燕山大学 Q. Zou 等[28]主要通过采用 XRD、HRTEM、EDS、FTIR、Raman 和 DSC 等测试方法来全面分析了爆轰技术制备的球形或椭球形、直径 5nm 左右的纳米金刚石颗粒的结构及表面具有多种官能团特征，而且在空气气氛中，纳米金刚石的初始氧化温度大约为 550℃，其值低于块状金刚石。图 6 所示为制备的纳米金刚石 XRD 图谱、微观形貌和电子衍射图谱。

用炸药爆炸法制备的金刚石粉是由纳米尺寸的圆球形颗粒组成的材料，具有一系列特殊的结构和性能，是金刚石材料的新品种。

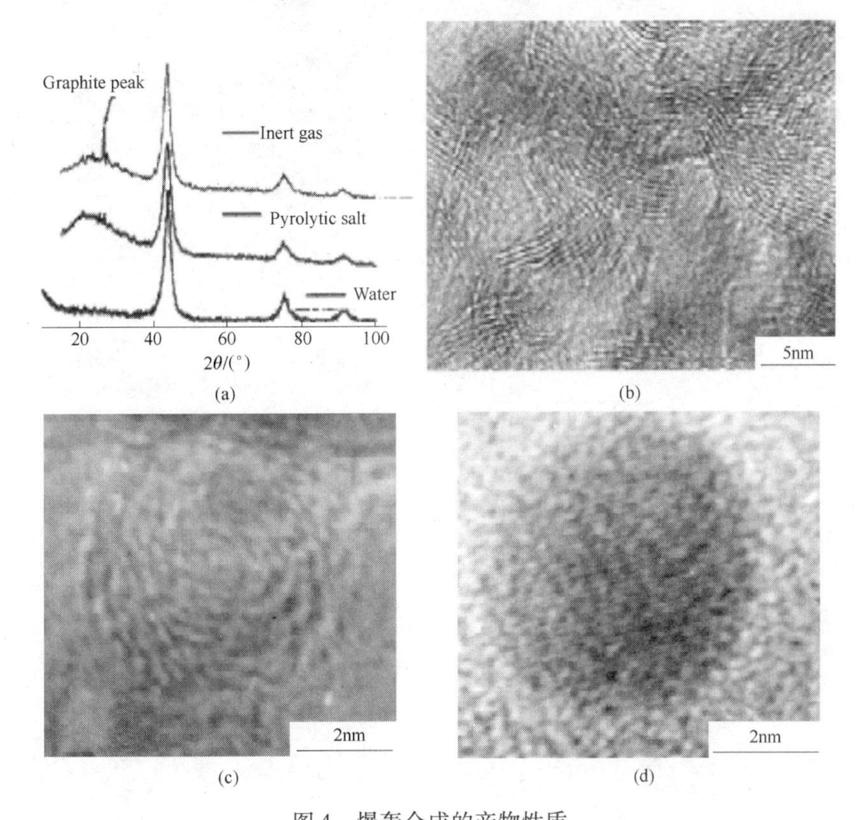

图 4 爆轰合成的产物性质

（a）X 射线衍射图谱；（b）石墨带与金刚石；（c）球状碳；（d）球形金刚石

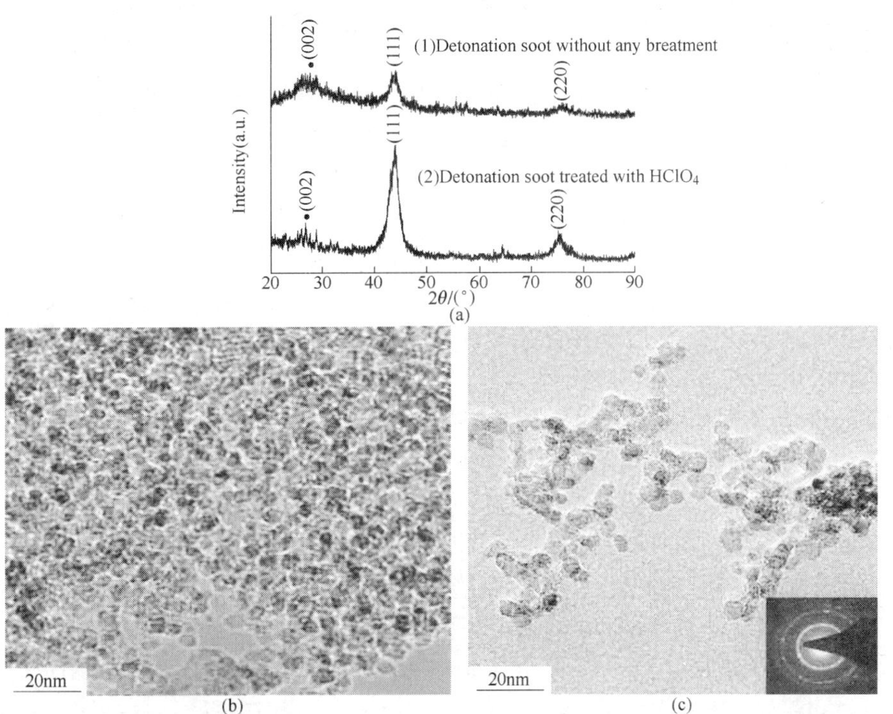

图 5 爆轰合成纳米金刚石的 X 射线衍射图谱、爆轰产物和经高氯酸提纯的纳米金刚石

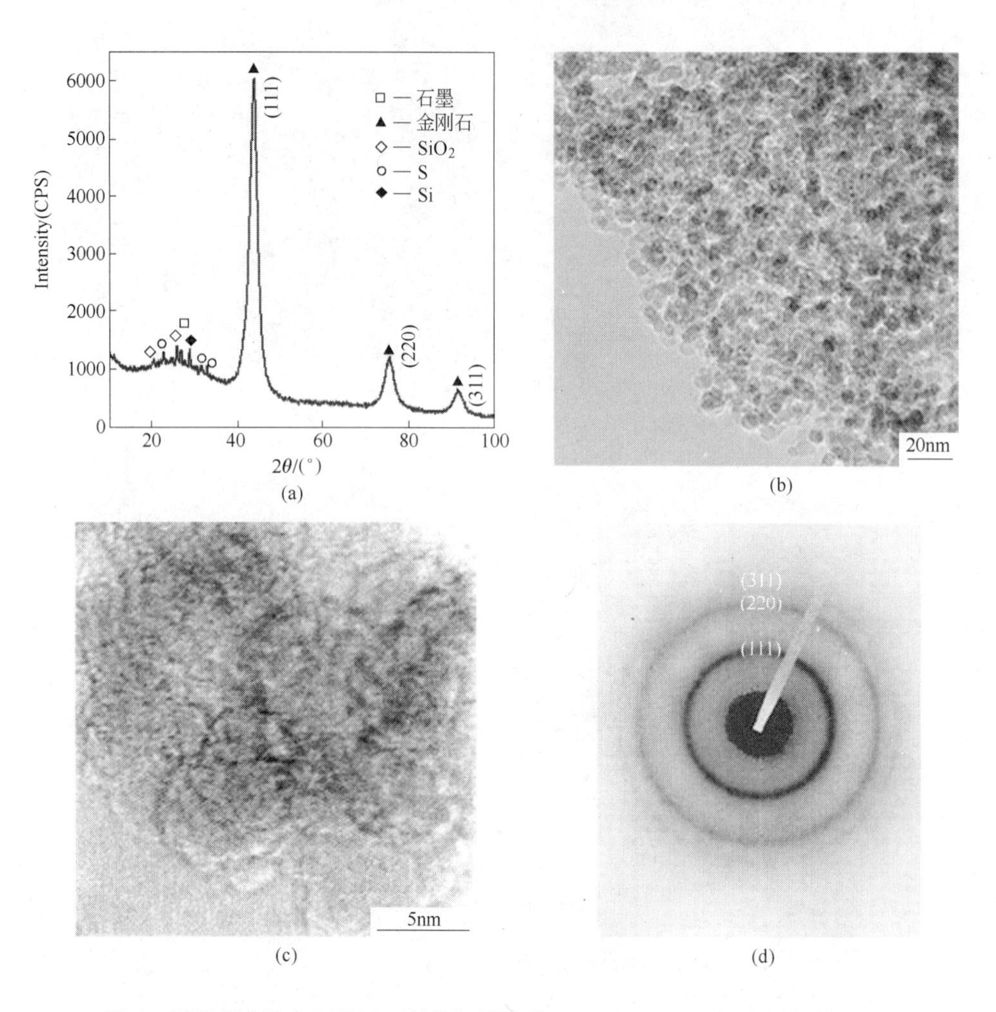

图 6　爆轰合成纳米金刚石 X 射线衍射图谱、TEM、HRTEM 和电子衍射环

2　爆轰法合成碳纳米管、纳米石墨和石墨片

碳纳米管是管状的纳米级石墨晶体，是单层或多层石墨烯片围绕中心轴按一定的螺旋角卷曲的无缝纳米级管。每层碳纳米管是一个碳原子通过 sp^2 杂化与周围三个碳原子完全键合而成的、由六边形平面组成圆柱面。

Utschig T 等[29]采用爆炸分解含有（2，4，6-triazido-s-triazine）C_3N_{12} 的含能材料前驱体，并分别考察了过渡族金属铁、镍、铜和钛对爆轰合成 50 ~ 150nm 且具有多种形貌的碳纳米管的影响，并研究了金属晶粒被包覆于碳纳米管末端及其形成机制。Faust R 等[30]采用自制高能含碳有机前驱体爆炸，在爆轰灰分中观察到了 MWNTs、洋葱碳及洋葱碳包覆金属结构。Edwin K 等[31]以 2,4,6-三叠氮基三氮杂苯（C_3H_{12}）为炸药，在 1.15g/cm^3 装填密度下爆炸，固体产物中能得到 MWNTs 和洋葱碳。

朱振平、吴卫泽课题组[32,33]报道了以三硝基苯酚（苦味酸，$C_6H_3N_3O_7$）、乙酸钴［Co(Ac)$_2$］和菲（$C_{14}H_{10}$）作为爆炸物，通过热引发方式使其在不锈钢耐高压容器中发生爆炸反应来制备多壁碳纳米管，随着反应条件的变化，可获得外径分布在 20 ~ 40nm 范围内，管长为数十微米的多壁碳纳米管，金属钴催化剂在爆炸过程中原位生成，苦味酸装填密度的增大有利于碳纳米管含量的提高，优化条件（苦味酸的装填密度为0.2g/cm^3）后碳纳米管的含量可达70%左右，见图7。

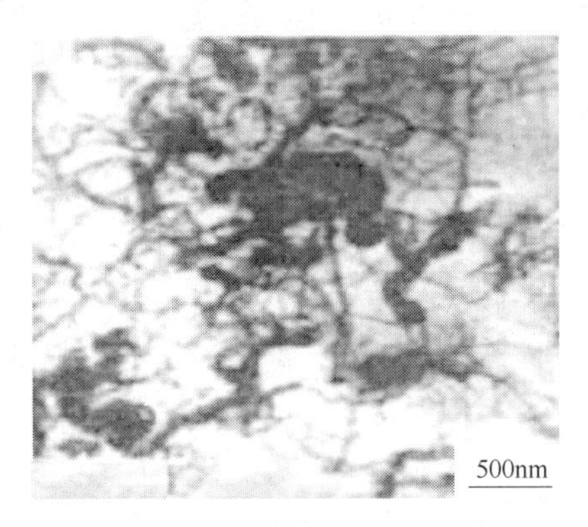

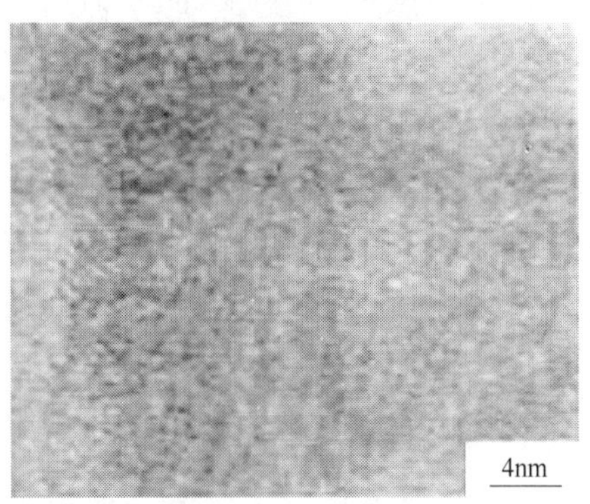

图7 用钴触媒爆燃合成碳纳米管

通过热引发方式使炸药-催化剂前驱体——碳氢化合物体系在密闭反应管中发生爆炸合成碳纳米管，主要观察二茂铁、甲酸镍和乙酸钴作为催化剂前驱体对所合成碳纳米管产物的形貌、微观结构和纯度的影响。以乙酸钴为前驱体可以得到纯度较高（约80% ~90%）、微观结构较好的管腔中空的碳纳米管。以二茂铁为前驱体，只有约10% ~20%的碳管生成且多呈竹节状形貌。以甲酸镍为前驱体，得到的碳管纯度也不高（约10% ~20%），碳管管壁富含结构缺陷，相当多的碳管端口膨胀成直径约为160nm的纳米泡，见图8。

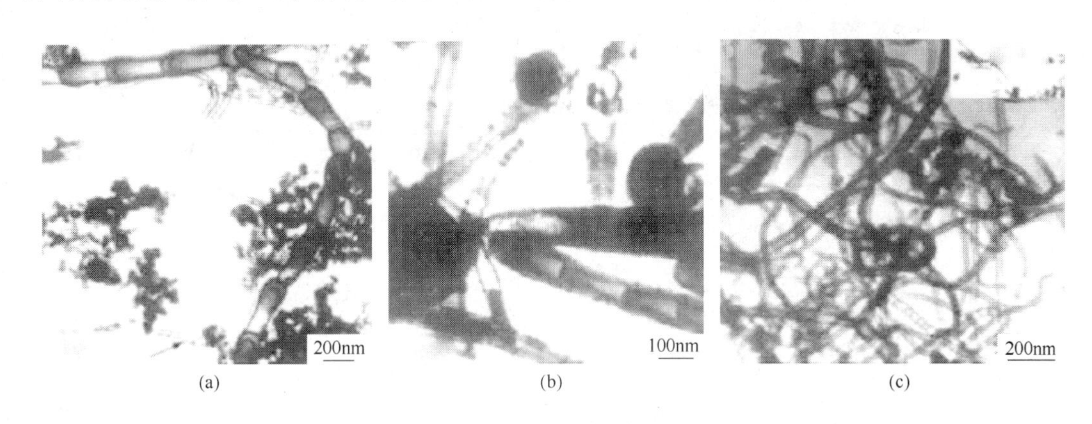

图8 用各种触媒爆轰合成的碳纳米管
（a）铁触媒；（b）镍触媒；（c）钴触媒

关于人造石墨的研究源于19世纪人造石墨在电解和冶金工业方面的应用，这一应用大大促进了冶金工业的发展。如炭质电刷的问世和应用促进了电机工业的发展，高纯石墨的出现并应用于电子工业，促进了通信工程的发展，也进一步为现代计算机技术发展奠定了基础；另外，它们也被用于原子能反应堆中作中子减速材料。在石墨基的群体中，新型材料的发展始于19世纪60年代，而且被发现其有广阔的应用领域。最为显著的应用是作为炭电极应用于锂电行业，是利用了六角形石墨具有择优取向的性质，为人们提供了便于携带的电源设备。

近几年来，由于纳米石墨的发展，使得石墨在某些高新技术领域有许多潜在应用价值，如作为高温垫圈、润滑油添加剂、可充电锂电池的电极等；石墨还可以作为纳米合成物的加强材料、复合材料或涂料的添加剂（提高导电性）、作为制备金刚石的原始材料等[34]；高纯纳米石墨粉还可以作为储氢材料，其储放氢的量与碳纳米管相媲美，但制备成本远低于碳纳米管。此外，因为石墨自身具有润滑性，还具有吸附性能，这使石墨表面可以吸附一定量的润滑油，以用作高级润滑油添加剂，进而获得更好的润滑性能[35]。由于石墨的性能优异，既具有金属的导热和导电性能，又具有非金属惰性和润滑性能，使其成为十多年来众多研究者们所追捧的对象。

文潮等[36,37]用负氧平衡炸药爆轰法制备纳米石墨粉。纯梯恩梯（TNT）药柱数个，单个质量约 50 ~60g，密度为 1. 50g/cm^3，爆炸时的保护气氛为 CO_2。用炸药爆轰法可以制备出纯度较高的纳米石墨粉，其为密排六方结构，形貌呈球形或椭球形，分布在 1 ~50nm 范围内，有 92. 6% 的粉末粒度小于 16nm；XRD 法测得的平均粒径为 2. 58nm，而 SAXS 法测得的平均粒径为 8. 9nm；制备的纳米石墨粉的比表面积约为 500 ~650m^2/g。在相同实验条件下，纳米石墨粉原始样品的储放氢能力较原始纳米碳纤维（0. 15% ~0. 5%）和多壁碳纳米管（0. 15% ~0. 20%）的储放氢能力略强，但低于超级活性炭（0. 92% ~0. 98%），见图 9。

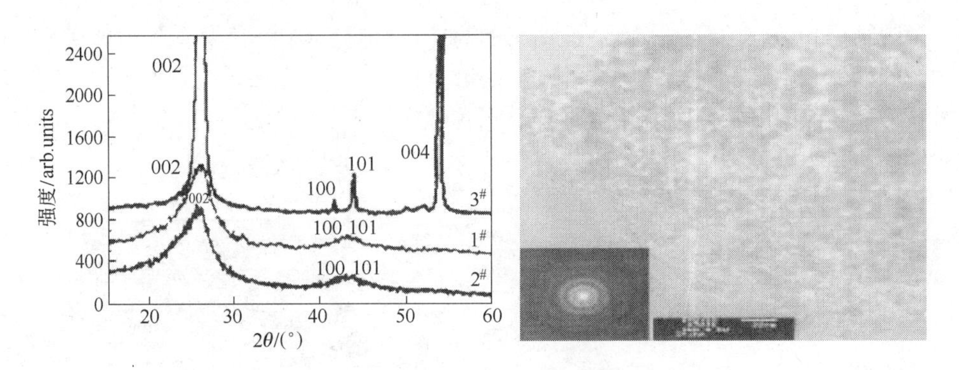

图 9　纳米石墨粉的 XRD 图谱、纳米石墨粉的 TEM 照片及电子衍射图

大连理工大学[38]爆轰裂解可膨胀石墨制备石墨微粉的方法，将一定质量比的可膨胀石墨与 RDX 粉末均匀混合，然后在爆炸反应容器中引爆，收集爆轰产物。所得产物的结构没有改变，仍然呈现良好的层片状；而且，片与片之间无黏连，粒径大都分布在 1 ~10μm 左右，层片厚度分布于 100 ~300nm 之间。再者，将石墨、发烟硝酸以及硝基甲烷按 3∶3∶4 的摩尔比依次均匀混合形成了液体炸药，并保持混合时温度在 273 ~293K 之间；然后将液体混合物倒入一个塑料容器中，放入球形爆炸反应釜的中心位置；引爆后从反应釜内壁收集爆轰产物——纳米石墨片，见图 10。

3　爆轰法合成碳包覆金属纳米材料

CEMNPs 是一种类富勒烯碳包裹金属颗粒所形成的具有核壳包覆结构的纳米材料，同时具有碳纳米材料和金属纳米材料的双重结构性质[39,45]。包覆型的纳米材料应运而生，核壳结构之所以被人们所重视，不仅是由于碳外壳的保护作用从而使被包覆的材料可以免受

(a)

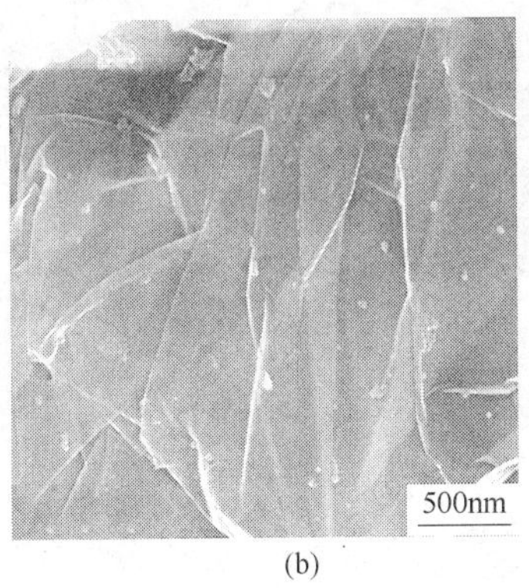

(b)

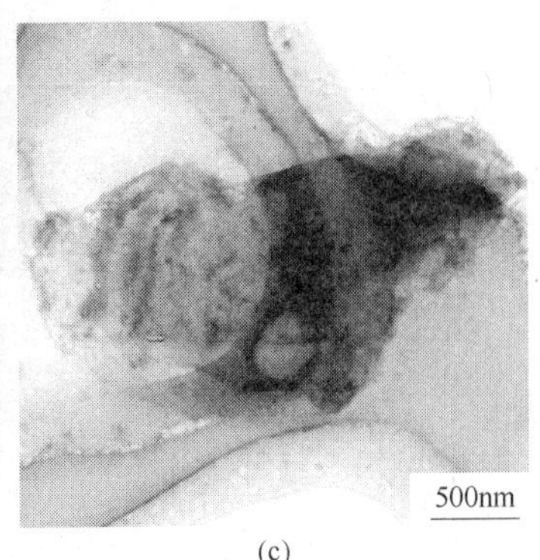

(c)

图 10　爆轰合成纳米石墨片

（a）天然鳞片石墨；（b）爆轰合成石墨片的扫描电镜；（c）纳米石墨片透射电镜

外部环境的影响或者侵蚀，而且这种结构为研究限域体系[40]提供了可能性。1993 年碳包覆金属纳米颗粒材料最初是由美国 Rouff 小组[41]在采用电弧法蒸发气化掺 La 的阳极石墨棒时，在所得到的烟灰中发现的，它是由多层石墨层片壳包覆 La 纳米颗粒的新型纳米材料。电弧放电法是 CEMNPs 的制备方法中研究最早，也是最重要的一种方法。目前研究人员已成功地制备了包裹一个或多个金属原子的富勒烯分子和包覆金属或金属碳化物纳米晶体的碳纳米结构颗粒材料，并发现该类新奇的结构材料具有独特的电学、光学和磁学性质，成为继富勒烯和纳米管研究发现之后的又一纳米碳材料研究热点。碳包覆金属纳米材料作为目前国际关注的一个领域，众多同仁为此坚持不懈地创新研究，已初步取得了一定的研究成果。

George P P 等[42]将 $W(CO)_6$ 和 PPh_3 混合物封装在一个不锈钢密闭手套式真空容器中，容积约 3mL，放在管式火炉中，在惰性氮气保护环境中以 10℃/min 梯度升温到 850℃、3 个小时，反应采用在快速升温自加压技术（RAPET）得到了碳包覆磷化钨纳米晶 30nm 的磷化钨纳米晶。

朱珍平课题组[43,44]选用了水溶性沥青制备碳基凝胶热处理惰性气氛下爆炸合成无定形碳包覆 Fe_7C_3 纳米颗粒，粒径 10 ~ 40nm 以及 5 ~ 20nm 的 Fe/C 复合纳米颗粒。在 1300℃、惰性气氛下，对含铁的碳基干凝胶的爆炸产物——无定型碳包裹 Fe_7C_3 纳米颗粒进行了热处理，并对热处理后的产物进行 HRTEM 和电子衍射分析。结果表明：热处理后无定型碳包裹 Fe_7C_3 纳米颗粒由 10 ~ 40nm 长大到 100 ~ 300nm，颗粒的外层碳石墨化。通过对包裹颗粒的长大机理进行初步探索，认为在热处理过程中，核碳化铁对壳层的无定型碳具有催化石墨化作用；颗粒的长大是由于核 Fe_7C_3 对其外层的无定型碳产生催化石墨作用时，导致核碳化铁的裸露，相互融并引起的，见图 11。

通过热引发方式使炸药[三硝基苯酚(苦味酸，$C_6H_3N_3O_7$)]-催化剂前驱体［二茂铁/甲酸镍/乙酸钴］-碳氢化合物[菲($C_{14}H_{10}$)]体系在密闭反应管中发生爆炸诱导高温分解二茂铁，合成碳包覆铁纳米粒子包覆结构具有很好的核壳结构，以铁为核心（5 ~ 20nm）石墨为碳层。

大连理工大学[12,45]分别选用石蜡、萘作为碳源材料构成不同前驱体，以二茂铁、环烷酸钴等有机金属以及硝酸铁、硝酸镍等硝酸盐为原料，在直径为 0.6m、长为 1.2m 爆炸反应容器

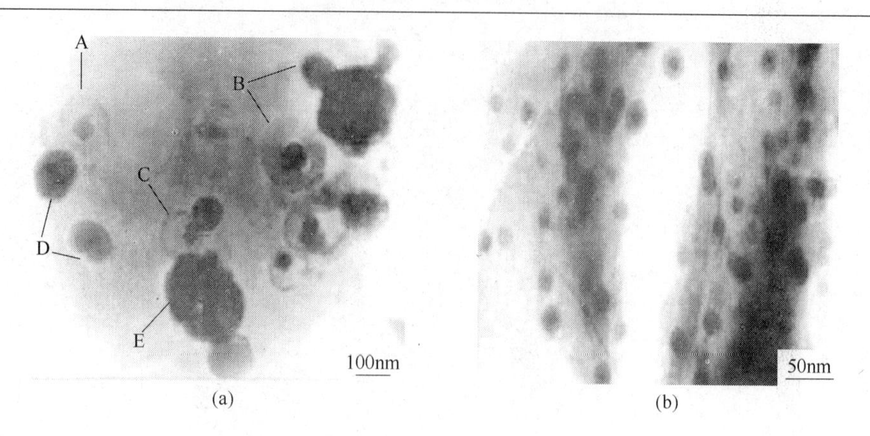

(a)　　(b)

图 11　干凝胶热爆炸合成的碳包铁纳米晶体
（a）产物；（b）1300℃处理后

（最大允许的 TNT 当量为 200g）中，在密闭容器中真空条件下爆轰合成了不同形态结构的碳包覆铁、碳包覆碳化铁等纳米颗粒，制备出结构完整的碳包覆金属纳米材料，见图 12。

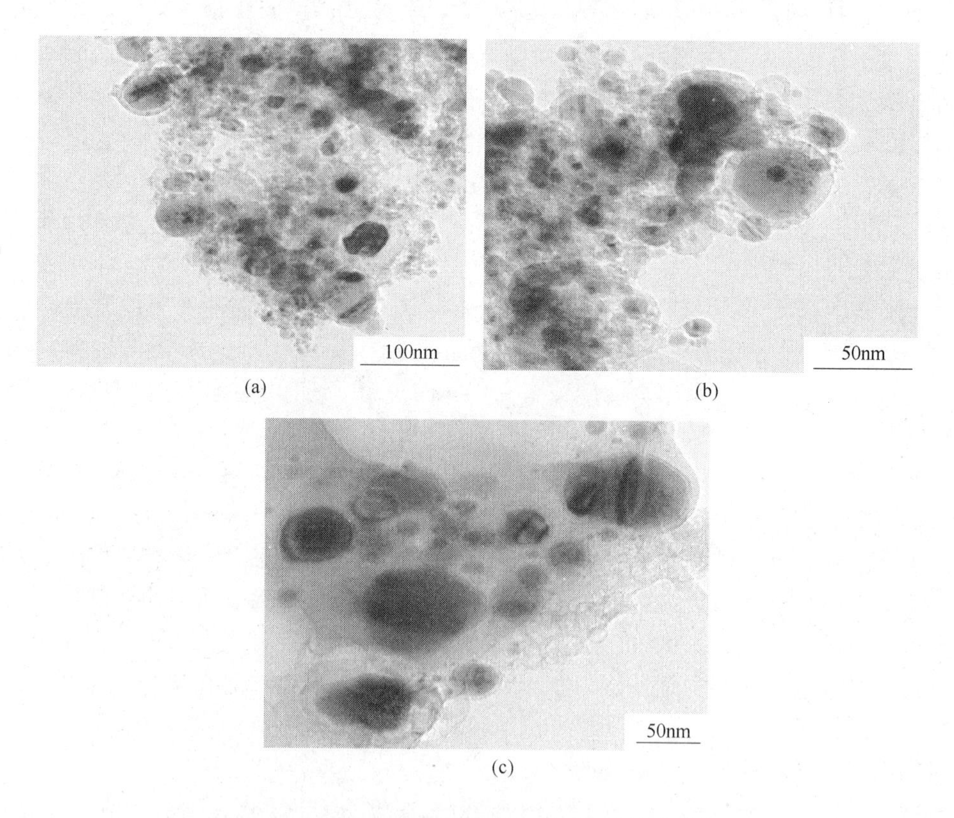

(a)　　(b)

(c)

图 12　不同放大倍率的爆轰合成碳包铁纳米晶体

在总结前人采用爆轰法合成纳米金刚石、纳米碳材料等基础上，李晓杰课题组[46~50]首先对爆轰前驱体从氧平衡、爆炸性能、热力学性能、选择材料等方面对前驱体炸药进行初步设计。以此为出发点，首先开展了尿素硝酸盐络合物炸药爆轰合成碳包覆金属（Ni、Co、Fe）纳米颗粒的研究。结果表明，通过调整前驱体中元素摩尔比例，在密闭容器内惰性气体保护下，可以制备出碳包覆金属（Ni、Co、Fe）纳米材料并初步探讨了其合成机理。现阶段研究者们主要以过渡族金属铁、钴、镍等为主要研究对象，因为Fe、Co、Ni等金属的溶碳量较好，能促进包覆或非包覆结构纳米材料的形成。首先通过爆轰技术以硝酸盐、尿素为络合剂形成金属源材料，合理地设计制作前驱体炸药进行合成碳包覆金属纳米颗粒来验证所提出方法的可行性和有效性。结果表明：首先选用硝酸盐与尿素按照一定的质量比形成尿素络合物，然后在一定温度下，与小分子有机物及猛炸药均匀混合后，爆轰合成含金属离子的尿素硝酸盐络合物炸药，在密闭容器内惰性气体中，分别爆轰合成碳包覆镍（Ni@C）、碳包覆钴（Co@C）和碳包覆铁（Fe@C）纳米颗粒，获得一种简单、大量、成本价廉的制备碳包覆金属（Ni、Co、Fe）纳米颗粒的新方法，见图13。

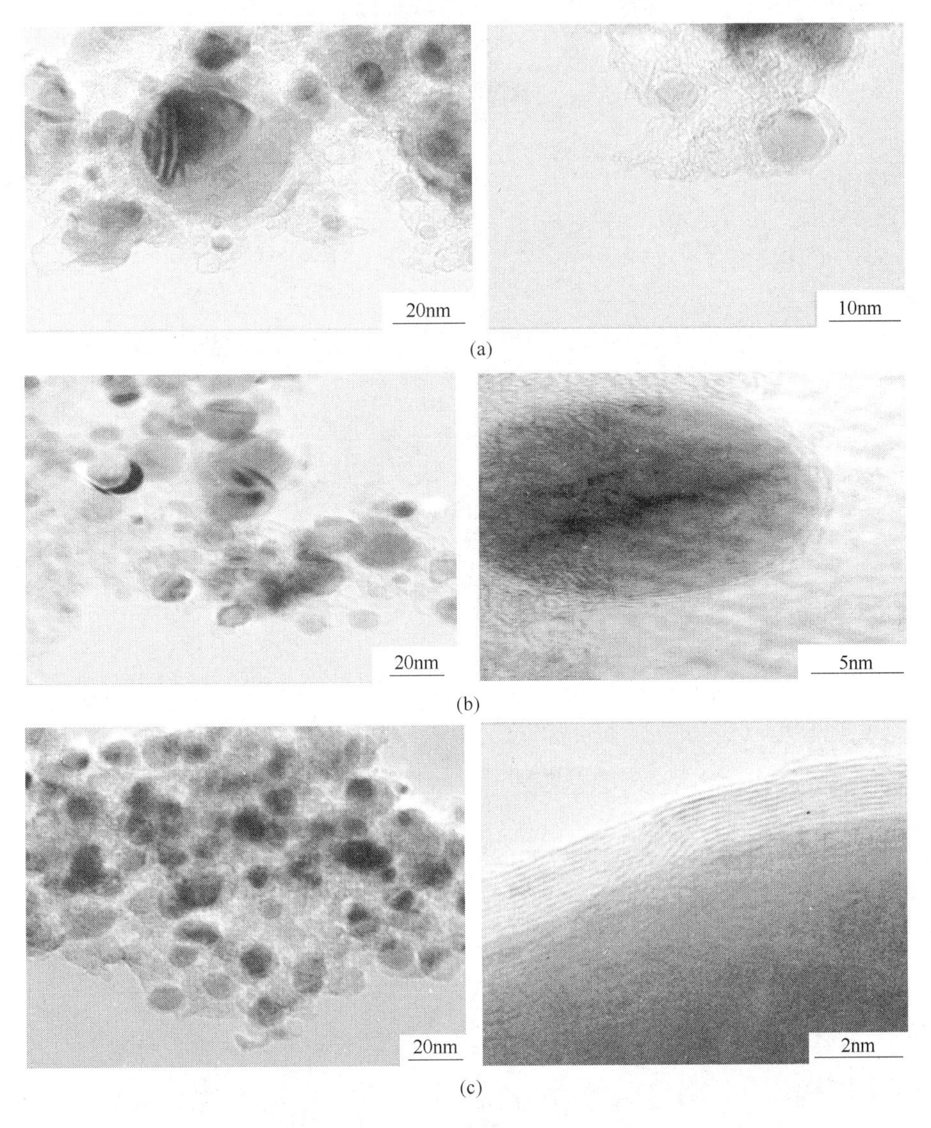

图13 爆轰产物的TEM图片

（a）镍基产物；（b）钴基产物；（c）铁基产物

在合成碳包覆镍、钴、铁金属纳米颗粒的基础上，进一步研究利用掺杂硝酸铁和硝酸镍以及硝酸铁和硝酸钴混合硝酸盐作为金属源材料，按照一定比例混合后与以丙酮与猛炸药（RDX）混合物为碳源材料在一定条件下配制成尿素硝酸盐络合物炸药，在密闭容器内惰性气体中，爆轰后成功制备了球形、核壳结构的碳包覆铁镍（[FeNi]@C）和碳包覆铁钴（[FeCo@C]）合金纳米颗粒。随着前驱体炸药中金属源材料中金属元素摩尔比例的不同，含铁镍离子前驱体炸药分别制备出金属晶核为 gamma-FeNi 和 alpha-FeNi 的晶核；含铁钴离子前驱体炸药则制备出为 bcc-FeCo 的金属晶核。所合成的纳米颗粒主要由不同摩尔比例构成的铁镍合金元素或者碳化镍为纳米晶核，其包覆碳壳层主要由石墨碳构成，见图 14。

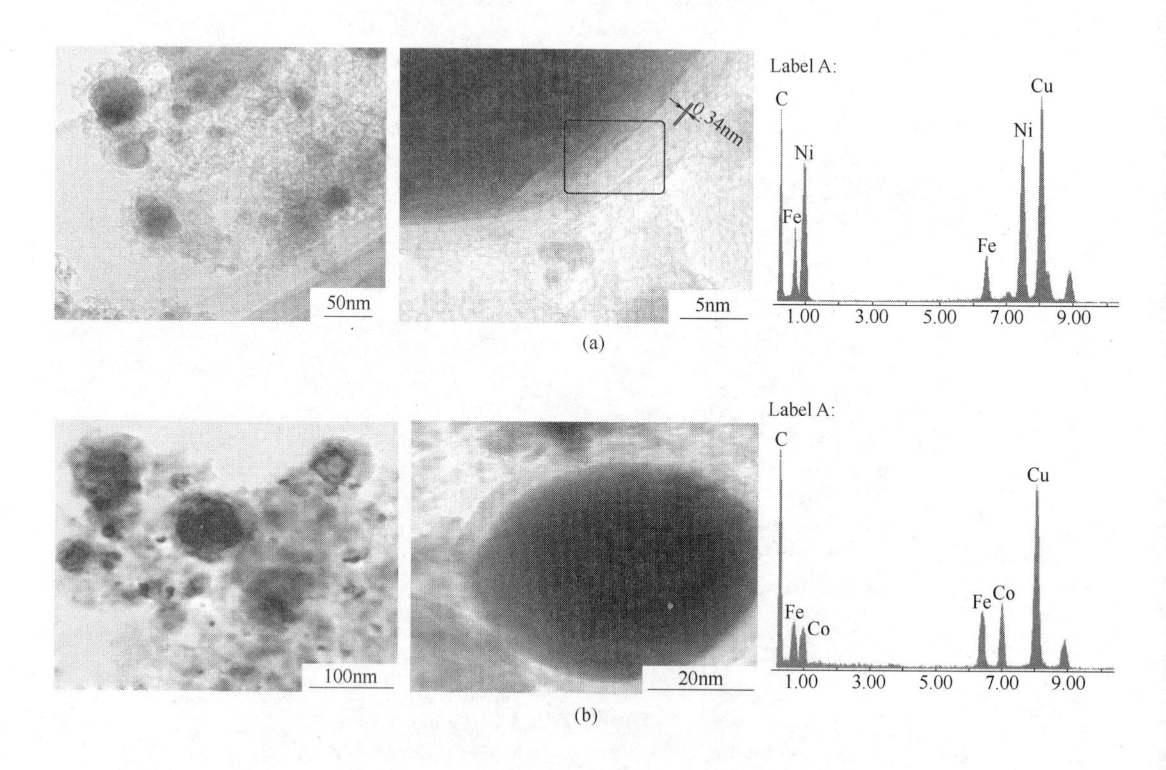

图 14　碳包覆合金纳米材料的 TEM 图片和 EDX 图谱

（a）FeNi 纳米颗粒；（b）FeCo 纳米颗粒

柠檬酸溶胶凝胶法（Sol-gel method）是 20 世纪 60 年代发展起来的制备材料的新工艺。目前，采用柠檬酸凝胶路线的方法已经应用到合成介孔材料、磁性材料、发光材料、生物医学材料及陶瓷材料等，而且正在被日益深入研究并逐渐扩展到其他研究领域。

进一步开展了柠檬酸凝胶前驱体炸药爆轰合成碳包覆铜纳米材料的探索性研究，选用硝酸铜为金属源材料，柠檬酸、乙二醇、RDX 为碳源材料，在密闭容器中氩气气氛中成功合成出球形、颗粒大小均匀、核壳结构的碳包覆铜纳米颗粒。用柠檬酸凝胶法爆轰合成了纳米碳包覆铜，证实了爆轰合成方法可以用于包覆与碳相溶性较差金属，见图 15。为深入进行爆轰碳包覆其他金属、合金的研究奠定了基础。

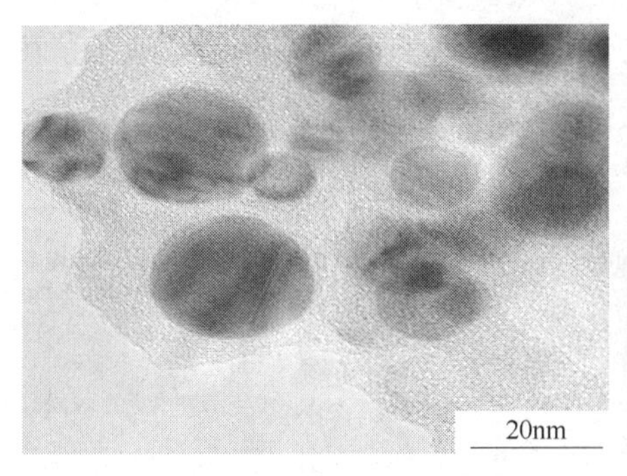

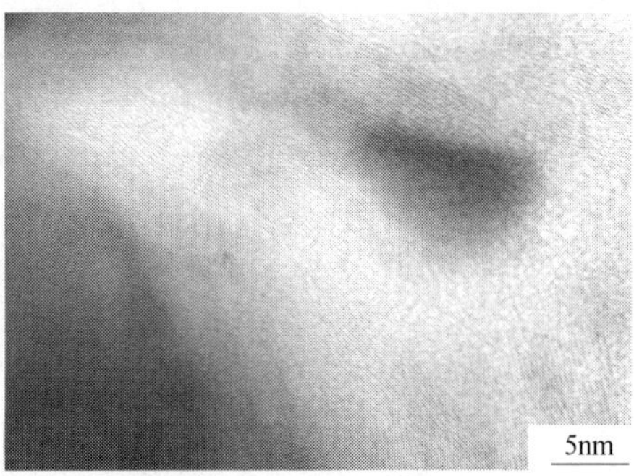

图 15　爆轰产物碳包覆铜纳米晶粒的透射电镜图片

4　结论

本文主要回顾了近三十年各国研究人员采用爆轰法合成碳纳米材料相关的研究工作。爆轰技术以其独特的方式在合成纳米金刚石、碳纳米管，纳米石墨及碳包覆金属纳米材料领域等都取得了一定的研究进展。本课题组在研究爆炸加工技术的基础之上，将爆轰法成功应用于纳米材料的研究开发，目前已经成功合成了多种纳米材料，如纳米金刚石、纳米石墨、纳米氧化物、纳米硫化物、纳米铁氧体（尖晶石）及碳包覆金属纳米材料等。为进一步开发爆轰技术在合成纳米材料的生产效率、工业应用，我们将协同更多研究人员共同探讨、携手并致力于此领域，为爆轰合成纳米碳材料大家族的合成贡献一份力量。

参考文献

[1] Feynman R P. There's plenty of room at the bottom[J]. Journal of Microeleciromechanical Systems, 1992, 3(1): 60 ~ 66.

[2] 成会明. 新型炭材料的发展趋势[J]. 材料导报，1998，12(1)：5 ~ 9.

[3] Shenderova O A, Zhirnov V V, Brenner D W. Carbon nanostructure[J]. Critical Reviews in Solid State and Materials Science, 2002, 27(3/4): 227 ~ 356.

[4] Magnus G H C, Alexandre V. A methodology for replacement of conventional steel by microalloyed steel in bus tubular structures[J]. Materials and Design, 2008, 29(2): 539 ~ 545.

[5] Bundy F P, Hall H T, Strong H M, et al. Man-made diamonds[J]. Nature, 1955, 176: 51 ~ 55.

[6] Dieter M G. Nanocrystalline Diamond Films[J]. Annual Review Materials Science. 1999, 9: 211 ~ 259.

[7] Abadurov G A, Bavina T V, Breusov O N. Method of producing diamond and/or diamond-like modifications of boron nitride[P]. US Patent, 4.483.836.

[8] 周刚. 利用炸药中的碳爆轰合成超细金刚石的研究[D]. 北京：北京理工大学，1995.

[9] 李世才，池军智，黄风雷，等. 影响超细金刚石尺寸长大的限制机理[J]. 北京理工大学学报，1997，17(5)：552 ~ 558.

[10] 徐康，薛群基. 炸药爆炸法合成的纳米金刚石粉[J]. 化学进展，1997，9(2)：201 ~ 208.

[11] 文潮，孙德玉，李迅，等. 炸药爆轰法制备纳米石墨粉及其在高压合成金刚石中的应用[J]. 物理学报，2004(4)：1260 ~ 1265.

[12] 孙贵磊. 爆轰制备碳纳米材料及其形成机理研究[D]. 大连：大连理工大学，2008.

[13] Staver A M, Gubareva N V, Lyamkin A I, et al. Ultrafine diamond powders made by the use of explosion

energy[J]. Translated from Fizika Goreniya I Vzryva, 1984, 20(5): 104 ~ 106.
[14] Greiner N R, Phillips D S, Johnson J D, et al. Diamond in detonation soot[J]. Nature, 1988, 333: 440 ~ 441.
[15] Yamada K. Nanostructure and formation mechanism of proto diamond shock-synthesized graphite[J]. Carbon, 1999, 37: 275 ~ 280.
[16] Jiang T, Xu K. FTIR study of ultradispersed diamond powder synthesized by explosive detonation[J]. Carbon, 1995, 33(2): 1663 ~ 1671.
[17] Xu T, Xu K, Zhao J Z. TEM and HRTEM studies on ultradispersed diamonds containing soot formed by explosive detonation[J]. Materials Sciencc and Engineering B, 1996, 38: L1 ~ L4.
[18] 徐康，薛群基．炸药爆炸法合成的纳米金刚石粉[J]．化学进展，1997，9(2)：201 ~ 209.
[19] 金增寿，徐康．炸药爆轰法制备纳米金刚石[J]．含能材料，1999，7(1)：38 ~ 45.
[20] 陈鹏万，恽寿榕，黄风雷，等．爆轰合成纳米金刚石的 Raman 光谱表征[J]．高压物理学报，1993，13(1)：59 ~ 64.
[21] Chen P W, Ding Y S, Chen Q, et al. Spherical nanometer-sized diamond obtained from detonation[J]. Diamond and Related Materials, 2000, 9: 1722 ~ 1725.
[22] Chen P W, Huang F L, Yun S R. Characterization of the condensed carbon in detonation soot[J]. Carbon, 2003, 41: 2093 ~ 2099.
[23] Chen Q, Yun S R. Nano-sized diamond obtained from explosive detonation and its application[J]. Materials Research Bulletin, 2000, 35: 1915 ~ 1919.
[24] 文潮，孙德玉，关锦清，等．用 X 射线衍射强度测定纳米金刚石的德拜温度和熔点[J]．高压物理学报，2003，17(3)：1999 ~ 2004.
[25] 文潮，金志浩，刘晓新，等．炸药爆轰合成纳米金刚石的拉曼光谱和红外光谱研究[J]．光谱学与光谱分析，2005，25(5)：681 ~ 688.
[26] Kruger A, Kataoka F, Ozawa M, et al. Unusually tight aggregation in detonation nanodiamond: Identification and disintegration[J]. Carbon, 2005, 43: 1722 ~ 1730.
[27] Sun G L, Li X J, Yan H H. Detonation of expandable graphite to make micron-size powder[J]. New Carbon Materials. 2007, 22(3): 242 ~ 246.
[28] Zou Q, Li Y G, Zou L H, et al. Characterization of structures and surface states of the nanodiamond synthesized by detonation[J]. Materials Characterization, 2009, 60: 1257 ~ 1262.
[29] Thomas U, Marcus S, Gerhard M, et al. Synthesis of carbon nanotubes by detonation of 2,4,6-triazido-1,3,5-triazine in the presence of transition metals[J]. Carbon, 2004, 42(4): 823 ~ 828.
[30] Faust R. Exposions as synthetic cycloalkynes as precursors to fullerenes, bucktubes and buckyonions[J]. Angewandte Chemie International Edition, 1998, 37: 2825 ~ 2828.
[31] Edwin K, Stefan W, Manfred W, et al. Siliranes: Formation, isonitrile insertions and thermal rearrangements[J]. Tetrahedron Letters, 1996, 37(21): 3675 ~ 3678.
[32] Lu Y, Zhu Z P, Wu W Z, et al. Detonation chemistry of a CHNO explosive: catalytic assembling of carbon nanotubes at low pressure and temperature state[J]. Chemical Communications, 2002, 22: 2740 ~ 2741.
[33] Lu Y, Zhu Z P, Su D S, et al. Formation of bamboo-shaped carbon nanotubes by controlled rapid decomposition of picric acid[J]. Carbon, 2004, 42(15): 3199 ~ 3207.
[34] 杨国华．炭素材料（上册）[M]．北京：中国物资出版社，1999.
[35] 欧忠文，徐滨士，丁培道，等．纳米润滑材料应用研究进展[J]. 2000，14(8)：28 ~ 30.
[36] 文潮，孙德玉，李迅，等．炸药爆轰法制备纳米石墨粉及其在高压合成金刚石中的应用[J]．物理学报，2004(4)：1260 ~ 1265.

[37] 文潮，金志浩，李迅，等．炸药爆轰制备纳米石墨储放氢性能实验研究[J]．物理学报，2004，53(7)：2384 ~ 2389.

[38] Sun G L, Li X J, Yan H H, et al. Preparation and characterization of graphite nanosheets from detonation technique. Materials letters, 2007, 62(4/5): 703 ~ 706.

[39] Kelly B T. Physics of Grahpite[M]. Lodon: Applied Science, 1981.

[40] Dravid V P, Host J J, Teng M H, et al. Controlled-size nanocapsules[J]. Nature, 1995, 374: 602 ~ 603.

[41] Ruoff R, Lorents D C, Chan B, et al. Single-crystal metals encapsulated in carbon nano- particles[J]. Science, 1993, 259: 346 ~ 348.

[42] George P P, Pol V G, Gedanken A. Synthesis of carbon encapsulated nanocrystals of WP by reacting $W(CO)_6$ with triphenylphosphine at elevated temperature under autogenic pressure[J]. Journal of Nanoparticle Research, 2007, 9: 1187 ~ 1193.

[43] Wu W Z, Zhu Z P, Liu Z Y. Preparation of carbon-encapsulated iron carbide nanoparticles by an explosion method[J]. Carbon, 2003, 41(2): 317 ~ 321.

[44] Lu Y, Zhu Z P, Liu Z Y. Carbon-encapsulated Fe nanoparticles from detonation induced pyrolysis of ferrocene[J]. Carbon, 2005, 43(2): 369 ~ 374.

[45] Sun G L, Li X J, Zhang Y J. A simple detonation technique to synthesize carbon-coated cobalt[J]. Journal of Alloys and Compounds, 2009, 473: 212 ~ 214.

[46] Luo N, Li X J. Preparation and magnetic behavior of carbon-encapsulated iron nanoparticles by detonation method[J]. Composites Science and echnology, 69(2009): 2554 ~ 2558.

[47] Luo N, Li X J, Wang X H, et al. Synthesis and characterization of carbon-encapsulated iron/iron carbide nanoparticles by a detonation method[J]. Carbon 48(2010), 3858: 38 ~ 63.

[48] Luo N, Li X J, Yan H H, et al. Synthesis and characteristic of carbon-encapsulated ferronickel nanoparticles by detonation decomposition of doping with nitrate explosive precursors[J]. Journal of Alloys and Compounds, 505(2010): 352 ~ 356.

[49] Luo N, Li X J, Wang X H, et al. Synthesis of carbon-encapsulated metal nanoparticles by detonation method[J]. Combustion, Explosion and Shock Waves, 2010, 46(5): 609 ~ 615.

[50] 李晓杰，罗宁．爆轰法制备碳包覆铁镍合金纳米颗粒及其表征[J]．稀有金属与材料，2010，39：429 ~ 433.

爆炸合成纳米氧化物与应用

谢兴华[1] 邸云信[1] 严仙荣[1] 刘绍瑜[1] 朱 晶[1] 周慧生[1]
吴红波[1] 颜事龙[1] 李晓杰[2] 闫鸿浩[2] 王小红[2]

（1. 安徽理工大学化学工程学院，安徽淮南，232001；
2. 大连理工大学工业装备结构分析国家重点实验室，辽宁大连，116024）

摘 要：对含能前驱体如硝酸盐和控制炸药装药的情况下爆轰反应生成纳米金属氧化物进行了探索研究。采用透射电子显微镜表征了爆轰产物。氧化物爆轰产物中的碳微粒即爆轰灰在某种意义上反映了晶型生长机制。通过爆轰合成技术产生的氧化物肯定了纳米粉体爆轰合成技术的有效性。介绍了纳米氧化物的研究进展。该方面研究工作的开展也将促进在细微观尺度上的工业炸药设计和爆轰理论的发展。

关键词：爆炸力学；纳米粉；爆轰合成；氧化物；炸药设计；微观机理

Explosive Synthesis and Usage for Nanometer Oxides

Xie Xinghua[1] Di Yunxin[1] Yan Xianrong[1] Liu Shaoyu[1] Zhu Jing[1] Zhou Huisheng[1]
Wu Hongbo[1] Yan Shilong[1] Li Xiaojie[2] Yan Honghao[2] Wang Xiaohong[2]

(1. School of Chemical Engineering, Anhui University of Science and Technology, Anhui Huainan, 232001; 2. State Key Laboratory of Structural Analysis for Industrial Equipment, Dalian University of Technology, Liaoning Dalian, 116024)

Abstract: The formation of metallic nano oxides via detonation reaction was investigated with respect to the presence of an energetic precursor, such as the metallic nit rate and the degree of confinement of the explosive charge. The detonation products were characterized by scanning electron microscopy. Nano-metallic oxides with diameters from 10 to 50nm and a variety of morphologies were found. Carbon particles in the oxides, the grey detonation soot, indicate a catalytic growth mechanism in a sense. The detonation synthesis technique is one of the methods of producing nano-metallic oxides. The oxides produced by this cheap method affirmed the validity of detonation synthesis of nano-size powders. The paper is concerned with the fabrication of nanometer oxides. The results show that the nano-metallic oxides produced by detonation of nitrate explosives are between 20 to 50nm. This investigation also promotes the design of commercial explosives and the development of detonation theory on a microscope.

Keywords: mechanics of explosion; nano-size powder; detonation synthesis; oxide; explosive design; microscale mechanism

1 引言

李晓杰[1]研究了乳化炸药密度与爆炸合成纳米 $MnFe_2O_4$ 颗粒的关系，分别从爆炸产物的外观、XRD 图谱、TEM 照片、DSC 曲线等 4 个方面，考察了不同密度的乳化炸药爆炸合成的纳米 $MnFe_2O_4$ 的相结构、形貌以及热分解特性。结果表明：乳化炸药密度对爆炸产物的成分有较大影响，高密度炸药得到的爆炸产物相对于低密度炸药得到的爆炸产物纯净，具有相对较好的颗粒分散性和均匀性；聚苯乙烯球添加剂严重影响乳化炸药的爆轰反应结构。李晓杰[2]综述了爆炸应用的发展和采用爆轰法合成纳米粉体的实践工作，结合控制爆破在工程建设中发挥的作用，提出“控制爆轰技术”应用于纳米颗粒合成，据此总结讨论和探索了爆轰法制备纳米颗粒存在的内因素和外因素，并指出内因素是采用爆轰法制备纳米粉体的关键因素。许并社[3]研究了一种制备氧化锡纳米线的新方法——热爆形变合成法（TEDS）。该方法以铝热剂为主要原料，包括自蔓延高温合成和热爆成型两个基本过程。通过自蔓延高温合成反应获得熔融状态的 SnO_2，再通过热爆反应，在气体迅速膨胀的过程中，把 SnO_2 拉制成纳米线，氧化锡线的长度达几到几十毫米，直径为 10～100nm，其中多数为 40～60nm。TEDS 法具有设备简单、操作方便、生产率高、无团聚等优点，稍加研磨便可获得长度不同的纳米棒。

哈日巴拉[4]采用电爆炸技术，合成了粒径约为 70nm 的 Ni 纳米颗粒，以 3-巯基丙基三甲氧基硅烷偶联剂（MPTS）对 Ni 颗粒进行表面改性，利用共沉淀法对改性 Ni 颗粒进行包覆得到核-壳结构的复合纳米颗粒。核-壳结构 Fe_3O_4/Ni 复合颗粒作为微波吸收剂，在相同质量比条件下，其微波吸收性能明显优于纯 Ni 纳米颗粒或 Fe_3O_4 纳米颗粒的情况，随着 Fe_3O_4 含量的增加，微波吸收频段向高频段移动。大连理工大学[6]利用爆轰合成的方法制备纳米 γ-Fe_2O_3 粉末，所制备的纳米 γ-Fe_2O_3 颗粒圆整度较高，呈现红棕色，产物平均粒径为 42. 17nm。李晓杰课题组[6～8]对含能前驱体如硝酸盐和控制炸药装药的情况下爆轰反应生成纳米金属氧化物进行了探索研究。李世江[9]介绍了制备纳米无机材料的电爆炸制粉技术。电爆炸方法制备纳米无机材料的生产技术因具有工艺简单、产量高、无环境污染、低能耗、产品纯度高等特点，在国内外得到广泛应用。叶雪均[10]认为爆炸冲击具有作用力大、产生温度高及作用时间短等特点，在新材料的开发中有不可替代的潜在优势与前景，综合分析了爆炸冲击在粉体处理、合成超硬材料、合成纳米晶粒和爆炸烧结等领域应用前景及研究进展。李东风[11]介绍了软磁铁氧体纳米材料的特性，综述了近年来具有尖晶石结构的软磁铁氧体纳米材料的制备方法，其中包括化学共沉淀法、水热法、溶胶-凝胶法、喷雾热解法、微乳液法、相转化法、超临界法、冲击波合成法、微波场下湿法合成、爆炸法、高能球磨法、自蔓延高温合成法等。

A. A. Bukaemskii [12] 研究了用 RDX 炸药爆炸形成冲击波合成纳米氧化铝并转化晶型的方法，通过爆炸抛散铝粉（粒径 1μm）并使其在富氧气氛中氧化燃烧 [13]，他们认为冲击波是一个独特的材料加工工具，特别是材料在极短的时间内获得极高的压力、温度和压缩量[14]。最使人感兴趣的就是金刚石和立方氮化硼的合成以及冲击波前沿化学反应过程的研究。纳米氧化铝可以用于纳米陶瓷和整形外科等[15]。A. N. Tsvigunov [16] 首先发现了炸药在铜管中爆轰时会产生氧化铜和大量不确定的氧化亚铜中间体。Lu Yi[17]用苦味酸在钴盐催化下爆炸合成碳纳米管。纳米金属氧化物主要可以用在多功能纳米材料如传感器、多层陶瓷电容器和固体氧化物燃料电池等方面[18]。如氧化钇掺杂在纳米钛酸钡中可以防止晶粒长大，还有氧化锆复式氧化物在结构和功能材料中的应用，在氧化钇催化下用微波法等合成纳米氧化锆[19]。李晓杰[20]系统研究了金刚石和立方氮化硼爆炸合成技术，发明了爆炸合成金刚石的膨胀石墨法新技术。通过冲击相变过程诱发低密相向高密相转化作为爆炸冲击合成的主要手段。还有化学反应爆炸法，利用冲击波激发化学反应，化学反应合成中主要依靠原子的扩散作用，而冲击冷淬法则依靠直接相变作用。杨世源[21]利用柱面冲击波加载装置，获得的 PZT 粉体晶粒尺寸为亚微米级，且粒度均匀性好。以钛酸丁酯为原料，用溶胶 2 凝胶法制备 $Ti(HO)_4$ 干凝胶，用平面冲击波加载技术对干凝胶进行冲击处理使其在极短时间内完成分解和相变过程，制得金红石型 TiO_2。

炸药爆炸合成可以分为冲击合成和爆轰合成。合成的产物可以是单质、化合物、复合化合物等。如可以用金属丝或薄膜在惰性气体中爆炸气化制备纳米金属粉，还有制备金刚石等超硬材料。另外，也有人开始研究爆炸法生产纳米氧化物，通过爆炸抛散金属粉在富氧气空间里燃烧形成纳米金属氧化物。近些年来，炸药爆炸能量被广泛用于特种材料合成领域，特别是纳米材料的迅猛发展，为炸药这一特种能源提供了更广阔的应用空间。这涉及合成机理、微观爆炸理论、特种炸药设计与优化、高温高压下纳米晶粒长大及动态响应等方面研究，也吸引了许多学者投身于该领域的技术研究和理论探索。

冲击合成通常采用粒度为几个和几十个微米的无机原料。此尺寸范围远大于冲击作用时间（几个微秒）内原子的扩散距离。即使在熔化温度下金属原子的扩散距离也只有 100nm[22]。而且，凝聚态反应产物的生成还会阻碍传质扩散过程和化学反应的蔓延。因此，在冲击的瞬间，粉末间的化学反应只能在靠近颗粒表面极小范围内进行。但是，冲击实验结果却表明，质点传输速度相对于常压下提高了两个数量级[23]。S. S. Batsanov[23]提出了亚晶粒强力穿透模型：由于粉体组成和粒度不同，冲击波作用下的运动速度也不同，颗粒间发生强力碰撞和穿透促进了组分间的混合，缺陷的产生加快了反应过程，冲击产生了剪切应变和塑性流动，物质间发生了强力穿透和湍流过程。Y. Horie[24]提出塑性流动模型：在非平衡波阵面上冲击作用使不同组分的粒子具有不同速度，固体材料中的这种粒子速度差异源于粒子显微结构的不均匀性；由于粒子速度差异引起类似于塑性流动的剪切运动，在冲击波作用初期促进反应初期不同组分的充分混合；局部剪切流动导致整个体系产生湍流，这种不稳定流动来源于体系的力学平衡被破坏，即颗粒破碎降低材料黏性，颗粒产生大量缺陷，局部温度升高，颗粒不稳定流动。A. G. Mamalis [25] 介绍了冲击波能量结构和球形粉的颗粒变形机理，描述了区分冲击压缩粉状混合物出现的冲击诱导和冲击支持化学反应的物理概念，并在相比其他固相反应过程基础上讨论了这两种反应。

爆轰合成法是利用炸药爆轰波的高温高压反应区合成。在爆轰反应区内压力可高达 10 ~ 30GPa，温度可达 3000 ~ 4000℃。通过气态反应扩散生长，合成的产物颗粒一般很小，通常为纳米量级。N. R. Greiner [26] 在研究金刚石爆轰合成时发现爆轰灰中有无定形碳，长十几纳米、宽几纳米的条形石墨和 4 ~ 6nm 的金刚石晶粒。周刚[27]认为在 C-J 条件下，微碳粒呈液态，液滴聚结类似两分子反应在几纳秒时间完成。陈权[28]研究了超微金刚石的爆轰合成。爆轰合成最关心的是前一个过程末端固相产物的组成，目前还未见爆轰反应终了、产物膨胀之前这一点的爆轰产物检测方面报道，爆轰化学反应区是一个多级反应过程，作为标志反应完成、完全满足 C-J 条件的点这时并不存在，可以从热力学条件或统计力学来推算纳米氧化物爆轰产物的物相。A. A. Vasil'ev[29]认为：尽管人们已成功地研究了横截面不变的多前沿爆轰局部和整体特征，但在考虑膨胀波情况下很多有关爆轰波不稳定相互作用的物理因素和机理需要探索。

章冠人[30]解释了炸药爆炸合成超细金刚石粉的一些理论问题。炸药爆炸产生的金刚石颗粒是由碳原子凝聚而成。在凝聚过程中，似乎呈液滴状，经冲击波后迅速冷却，液滴来不及再结晶，因而呈球形或多边形，但颗粒内部结构均保留了金刚石相的结构。经爆轰波后很快降压、降温，仍基本保留了球形或类球形，但其内部原子结构已完成了金刚石相的转变。许多学者的研究结果认为由于金刚石的产生区域仅限制在反应区内，反应区时间很短，所以金刚石不可能凝聚很大。实验结果有：一为导电率随时间变化测量结果，因为碳液滴相变为金刚石以后，导电率要发生急剧减小，导电率急剧减小的时间对 TNT 为 5μs，对不同成分的 TNT 和 RDX 的混合炸药为几微秒到零点几微秒，完全和反应区的时间相对应；二为研究金刚石颗粒尺寸分布和炸药柱大小的关系，炸药柱大小与粒子大小分布无关；三为爆温爆压越高，产生金刚石的百分数越大。TNT 的金刚石产生百分数本是最低的，但如用混合炸药将其包围，在其内产生马赫爆轰，也可以获得高的金刚石百分率，这也说明金刚石仅在反应区内产生。

2 爆轰灰

固体物质结构分为亚原子（小于 0. 1nm）、原子排列（小于 1nm）、微观组织（纳米、微米、毫米）和宏观结构（大于 1mm）等层次。材料设计一般都只局限在某个层次上，发展趋势是直接从成分设计开始。一个著名的例子就是 β-C_3N_4 的设计。在未考虑缺陷等情况下预计其硬度超过金刚石，至今未被证明。然而，却由此导致了非晶 C-N 材料的发展，材料性能优良。复杂化合物体现了串状结构而非蜂窝状特征；材料设计遵循相似组成法则。炸药爆轰直接生产纳米粉体得到粒度较均匀的稳定终态产物。爆轰反应产生的纳米氧化物和纳米碳均为纳米尺度，进一步研究需要解决如何表征纳米粉体的结构与尺度效应以及纳米组分相互间的协同效应，探索新材料的工程应用领域。

可以通过设计炸药配方来调整爆轰参数，进而控制纳米氧化物的颗粒尺度。制备合成纳米金属氧化物的专用炸药，在炸药中掺加前驱体，通过爆炸方法合成纳米材料属于化学与力学交叉的新材料合成技术。通过使用无机盐、有机盐和金属粉等各种形式前驱体合成纳米金属氧化物、复式氧化物和制造纳米氧化物涂层颗粒；而且可将炸药制成液体、固体、气体，特别是能制成水胶、浆状、乳化液及各种混合形式对纳米金属氧化物进行合成。而使用廉价的含水前驱体合成纳米金属氧化物，可以实现复式氧化物分子尺度结合。

3 炸药设计

通过成熟的工业炸药制备技术，开展乳化炸药设计。研究的难点在于少加或不加猛炸药作为敏化剂，并且控制炸药组成与密度，利用低速爆轰合成氧化物粉体，根据氧化物形成机制调节氧平衡和炸药密度及工艺条件来控制最终产品组成与粒度。通过配制不同成分配比炸药，可以得到不同粒径的纳米级产物，而这些产物爆炸反应后可以详细进行尺度性能分析，从而为爆轰反应机理研究提供指示剂的作用，为研究爆轰机理提供跟踪物质，不仅能生产出有实际应用价值的纳米粉体，发展新的纳米材料制造方法和指导工业炸药设计，而且为完善爆轰理论和发展微细观爆炸力学与化学，甚至引申建立量子爆轰力学与化学提供了新的研究途径，也为计算机数值模拟合理性提供了新的验证手段，因而具有理论探索价值。制备合成纳米金属氧化物的专用炸药，在炸药中掺加前驱体，通过爆炸方法合成纳米材料属于化学与力学交叉的新材料合成技术。通过使用无机盐、有机盐和金属粉等各种形式前驱体合成纳米金属氧化物、复式氧化物和制造纳米氧化物涂层颗粒；而且可将炸药制成液体、固体、气体，特别是能制成水胶、浆状、乳化液及各种混合形式含水炸药对纳米金属氧化物进行合成。而使用廉价的前驱体合成纳米金属氧化物正是本项目中最具特色的关键技术。从而建立爆轰合成系列纳米材料如单体、氧化物、复合氧化物、碳化物、氮化物、金属间化合物和碳纳米管等合成理论及研究方法，特别是锂锰氧化物的合成、掺杂与改性，可为工业应用提供基本数据。

4　结论

纳米氧化物爆轰合成实验说明爆轰法合成纳米金属氧化物技术上是可行的。下一步是探索复式纳米氧化物的合成。相应的微观爆轰理论和炸药设计以及纳米氧化物形成机理与结构表征尚待研究。微细观爆炸理论、介孔粉体特征、非晶态冲击合成、炸药化学反应微观机理等的建立，可为工业炸药设计提供微细观理论和为优化爆轰反应工艺提供微细观验证依据。与此同时，也为纳米材料晶型结构与尺度控制提供微观合成理论。兼顾科学性、可行性和经济性三原则，实现工艺技术优化，为爆轰合成纳米氧化物产业化提供理论支持。

爆炸理论研究向微细观方向发展，一些新理论已经建立，而另一些理论正在建立或将要形成，如微观爆炸力学、微观爆炸化学、计算机模拟与仿真等，而且将来会以量子力学与量子统计物理为基础，构建量子爆炸物理和量子爆炸化学等。

在爆炸理论中，传热和流动不可逆输运过程中能量的耗散必然有一部分是以热的形式体现的，对于一个化学反应式或相变过程来说，任意分子的重组都必然涉及与周围环境之间的能量乃至热量的交换。

对微观物理化学机制的揭示从来都是了解宏观现象的重要桥梁。爱因斯坦根据量子力学理论，运用谐振子模型推导出固体的热容理论。爆炸流体力学变得越来越复杂，人们对微尺度下的基本传热和流动过程中的理论和实验技术以及炸药设计，特别是纳米金属氧化物等材料合成具有理论意义和实用价值。纳米材料爆炸合成研究与日俱增。这类工作应包括设计和过程建模以及对材料流体力学、热行为、晶体结构变形及其性能等的数值模拟。刘静[31]认为科学技术的一个重要趋势是向微型化迈进。在理论与计算研究方面，包括从量子分子动力学到连续介质模型的各种方法；实用技术方面，一些特殊测量方法的空间、时间和能量的分辨率极限正被逐渐打破，新方法层出不穷。这些进展使得研究微米纳米尺度下的爆炸力学与化学及交叉学科问题成为可能。同时，从微观粒子角度理解经典 C-J 爆轰理论中的宏观现象，可以立足于分子动力学方法、量子力学方法和统计力学方法等来构建微观爆炸流体力学。

微观爆轰理论需要考虑经典爆轰理论热传导中的各向异性、非均匀对流问题中的流体压缩性，介质物性的变化、外场影响、边界效应、材料结构的特殊性等以进行修正，特别要发展新的理论与测试技术。理论和计算研究上，需要从量子分子动力学到连续介质模型的方法。工程系统中由于一些介观现象的存在而显得较为复杂。在复杂的材料和工程系统中，低温和理想晶体假设不再成立。在这类系统中，微尺度内的能量输运可与其周围复杂的环境发生相互作用，并导致在过去所研究过的理想系统内不易出现的独特行为。发展探测无规则及纳米结构材料中能量输运的时间和空间高分辨率探针以及获取爆轰反应区内形成的氧化物粒子是微尺度爆轰流体力学研究的重要手段。

致谢

本文得到安徽省高校省级重点自然科学基金“爆炸合成纳米磷酸铁锂”（KJ2010A102）、安徽省科技攻关项目“工业炸药生产中意外爆炸的预防”（07010300189）、安徽省高校科研创新团队“新型爆破器材及现代控制爆破技术”（TD200705）、淮南市自然科学基金和安徽理工大学博士基金等项目的资助，特此表示感谢。

参考文献

[1] 李晓杰，王小红，闫鸿浩，江德安，杜云艳．乳化炸药密度与纳米 $MnFe_2O_4$ 颗粒爆炸合成[J]．工程爆破，2009，15(4)：78～80.

[2] 李晓杰，王小红，闫鸿浩，曲艳东，孙贵磊．爆轰法制备纳米颗粒的探索[J]．材料导报，2007，21(Ⅸ)：170～172.

[3] 许并社，李俊寿，李三群，尹玉军．氧化锡纳米线的合成与表征[J]．稀有金属材料与工程，2007，36(增2)：492～495.

[4] 哈日巴拉，付乌有，杨海滨，刘冰冰，邹广田．Fe_3O_4/Ni 复合纳米颗粒的制备及其微波吸收特性[J]．复合材料学报，2008，25(5)：14～18.

[5] 孙贵磊，闫鸿浩，李晓杰，曲艳东，齐林．爆轰制备球形纳米 γ-Fe_2O_3 粉末[J]．材料开发与应用，2006，21(5)：5～7.

[6] 李晓杰，谢兴华，李瑞勇．纳米金属氧化物粉体爆轰合成[J]．爆炸与冲击，2005，25(3)：271～275.

[7] 李晓杰，李瑞勇，赵峥，谢兴华，曲颜东，王占磊，陈涛．爆轰法合成纳米氧化铝的实验研究[J]．爆炸与冲击，2005，25(2)：145～150.

[8] 李瑞勇，李晓杰，闫鸿浩，曲艳东．混合型纳米氧化铝的爆轰合成研究[J]．云南大学学报（自然科学版），2006，28(5)：441～443.

[9] 李世江，杨华春，史剑锋，冯艳艳．电爆炸合成纳米无机粒子[J]．纳米加工工艺，2005，2(2)：42～44.

[10] 叶雪均，钟盛文．爆炸冲击在新材料中的应用与进展[J]．中国钨业，2000，15(4)：22～25，33.

[11] 李东风，贾振斌，魏雨．尖晶石型软磁铁氧体纳米材料的制备研究进展[J]．电子元件与材料，2003，22(6)：37～40.

[12] Bukaemskii A A, Avramenko S S, Tarasova L S. Ultrafine α-Al_2O_3 explosive method of synthesis and properties[J]. Combustion, Explosion, and Shock Waves, 2002, 38(4): 478～483.

[13] Bukaemskii A A. Physical model of explosive synthesis of ultrafine aluminum oxide[J]. Combustion, Explosion, and Shock Waves, 2002, 38(3): 360～364.

[14] Bukaemskii A A, Beloshapko A G. Explosive synthesis of ultradisperse aluminum oxide in an oxygen-containing medium[J]. Combustion, Explosion, and Shock Waves, 2001, 37(5): 594～599.

[15] Webster T J, Siegel R W, Bizios R. Design and evaluation of nanophase alumina for orthopaedic/dental applications[J]. Nanostructured Materials, 1999, 12: 983～986.

[16] Tsvigunov A N, Frolova L A, Khotin V G. Detonation synthesis of cuprite with a cubic face-centered lattice (A Review)[J]. Glass and Ceramics, 2003, 60(9～10): 47～350.

[17] Lu Yi, Zhu Zhen-ping, Liu Zhen-yu. Catalytic growth of carbon nanotubes through CHNO explosive detona-

tion[J]. Carbon, 2004, 42: 361 ~ 370.

[18] Polotai A V, Ragulya A V, Randall C A. Preparation and size effect in pure nanocrystalline barium titanate ceramics[J]. Ferroelectrics, 2003, 268(1 ~ 4): 84 ~ 89.

[19] Pilipenko N P, Konstantinova T E, Tokiy V V, et al. Peculiarities of zirconium hydroxide microwave drying process[J]. Functional materials, 2002, 9(3): 545 ~ 548.

[20] 李晓杰．超硬材料的爆炸合成机理与实验技术研究[D]．合肥：中国科学技术大学，1998.

[21] 杨世源．准球面汇聚冲击波高压回收装置及材料的冲击合成研究[D]．绵阳：中国工程物理研究院，2002.

[22] Horie Y. Mass Mixing and Nucleation and Growth of Chemical Reactions in Shock Compression of Power Mixtures[A]. Murr L E. Metallurgical and Materials Applications of Shock-wave and High-strain-rate Phenomena 1995[C]. Elsevier Science Publishers B V, 1995.

[23] Batsanov S S. Effects of Explosions on Materials[M]. New York: Springer, 1994.

[24] Horie Y. Kinetic Modeling of Shock Chemistry[A]. Proc of the Workshop Shock Synthesis of Materials[C]. Georgia Institute of Technology, 1994: 24 ~ 26.

[25] Mamalis A G, Vottea I N, Manolakos D E. On the modelling of the compaction mechanism of shock compacted powders[J]. Journal of Materials Processing Technology, 2001, 108: 165 ~ 178.

[26] Greiner N R, Philips D S, Johnson J D, et al. Diamonds in detonation soot[J]. Nature, 1998, 333: 440 ~ 442.

[27] 周刚．利用炸药中的碳爆轰合成超细金刚石的研究[D]．北京：北京理工大学，1995.

[28] 陈权．炸药爆轰合成超微金刚石的理论及应用问题研究[D]．北京：北京理工大学，1998.

[29] Vasil' ev A A, Trotsyuk A V. Experimental investigation and numerical simulation of an expanding multi-front detonation wave[J]. Combustion, Explosion, and Shock Waves, 2003, 39(1): 80 ~ 90.

[30] 章冠人．炸药爆炸产生超细金刚石微粉问题[J]．爆炸与冲击，1998，18(2)：118 ~ 122.

[31] 刘静．微米/纳米尺度传热学[M]．北京：科学出版社，2001：20 ~ 25.

E-mail：xxh1963@163.com

爆轰参数对爆轰合成纳米粉体的影响

谢兴华　邸云信　颜事龙

（安徽理工大学化学工程学院，安徽淮南，232001）

摘　要：本文通过采用猛炸药黑索今与各类前驱体（分析纯）的不同配比进行均匀混合，在特定装置中以爆轰法成功合成了纳米级别的粉体。对直接收集到的不同实验粉体经过筛选、除杂、清洗后，在相同的衍射条件下分别进行了 X 射线衍射分析。根据得到的衍射数据及其衍射图谱，并利用 Scherrer 公式分别计算出各个实验样品最强峰的晶粒度。研究发现纳米粉体的晶粒度随着爆轰参数的不同而呈现出一定的变化规律。

关键词：爆轰合成；纳米粉体；XRD；晶粒度

Detonation Parameters on the Detonation Synthesis of Nano-size Powder

Xie Xinghua　Di Yunxin　Yan Shilong

(School of Chemical Engineering, Anhui University of Science and Technology, Anhui Huainan, 232001)

Abstract: By using high explosive RDX and various types of precursor (AR) in different ratio were uniformly mixed in a specific device to detonation successfully synthesized nano scale powders. Directly collected from the different experimental powder after screening, cleaning, cleaning, in the same diffraction were carried out under X-ray diffraction analysis. According to diffraction data obtained and the diffraction pattern, and were calculated using Scherrer formula of the strongest peak of each experimental sample grain size, the study found the grain size of nano-powders with different detonation parameters showed some changes law.

Keywords: detonation synthesis; nano-size powder; XRD; grain size

1　引言

纳米材料是 20 世纪 80 年代中期发展起来的一种全新的粒度为纳米级（1 ~ 100nm）的材料。纳米科学技术是融介观物理、量子力学等现代科学为一体并与超细加工、计算机、扫描隧道显微镜等先进工程技术相结合的多方位、多学科的高科技。纳米粒子介于原子或分子和宏观物体交界的过渡区域，是数目有限的原子或分子组成的聚集体。纳米粒子具有壳层结构，表面层原子占很大比例且是无序的类气状结构，粒子内部则存在有序-无序结构。正是由于上述结构的特殊性，导致纳米粒子和其纳米材料粒子及其构成的纳米固体，具有体积效应、表面与界面效应、量子尺寸效应和宏观量子隧道效应，并呈现出既不同于宏观物体，又不同于单个原子或分子的特殊的力学、光、电、声、热、磁、超导、化学、催化和生物活性等特性。纳米材料在国防、电子、化工、核技术、冶金、航空、陶瓷、轻工、催化剂、医药等领域具有重要的应用价值，在材料科学、凝聚态物理学、机械制造、信息科学、电子技术、生物遗传、高分子化学以及国防和空间技术等领域有广阔的应用前景。

但是现有的一些合成方法合成的纳米粒子粒径仍较大，且粒度分布宽、不均匀，有较严重的团聚现象。爆轰合成纳米粉体的方法具有先进性、实用性。特别由于爆炸合成所用原料价格较低，设备亦属化工厂较常用设备，工艺相对简单，因而其特点是易于工业化、产业化，从而易形成新的高新技术产业。产品在陶瓷、颜料、填料、电池材料等领域有重要应用。利用此爆炸合成技术生产出的某些粒径细小（10～20nm）的纳米粉体具有某些特殊的改良性质，是其他合成技术所不能拥有的，并且爆炸合成的纳米粉体作为新型功能材料必将有它的新应用。因此用这种合成技术生产的纳米粉体必将给相关传统产业带来较大的经济效益和社会效益。

2 实验

2.1 样品制备

将不同配比的前驱体（分析纯）充分混合均匀后呈液态，加入不同量的粉状猛炸药黑索今（RDX），混合搅拌形成专用炸药（炸药配方见表1），然后把此炸药放入一个专用的爆炸容器中，用8号工业电雷管起爆。

表1 炸药配方 (g)

编 号	A_1	A_2	A_3	RDX	产量
No. 1	95.175	8.775	31.05	15	37.22
No. 2	84.6	7.8	27.6	30	33.09
No. 3	74.02	6.83	24.15	45	28.95
No. 4	63.45	5.85	20.7	60	24.9
No. 5	52.87	4.88	17.25	75	20.67

2.2 检测仪器

采用XD-3型X射线衍射仪分别对所制取的以上几种样品的晶型进行分析，测定条件为：Cu靶（λ=0.15406nm），管电压36kV，管电流40mA，扫描步长0.02°。

3 实验结果及讨论

3.1 衍射分析

图1～图5所示为爆轰合成粉体的X射线衍射曲线。根据爆轰合成衍射曲线，通过Scherrer公式计算可知此种条件下爆轰所得到的是纳米级别的材料。

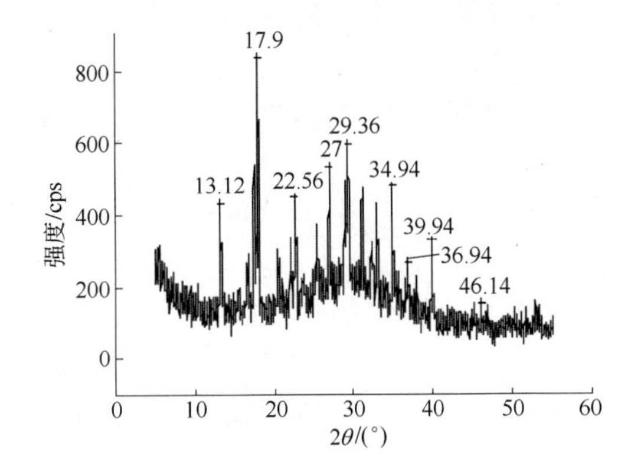

图 1　配方 1 爆轰灰中纳米粉体的 X 衍射曲线

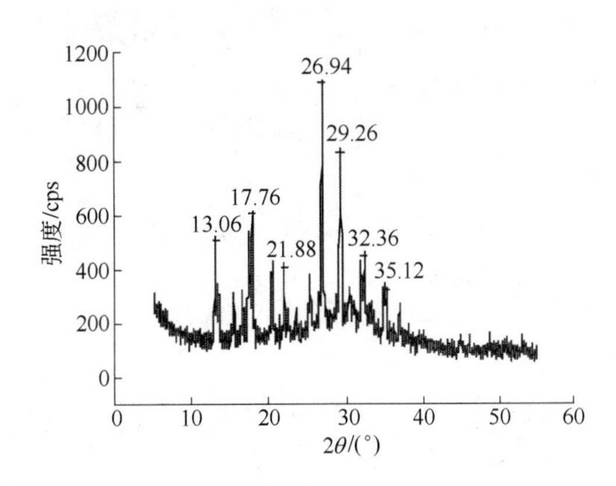

图 2　配方 2 爆轰灰中纳米粉体的 X 衍射曲线

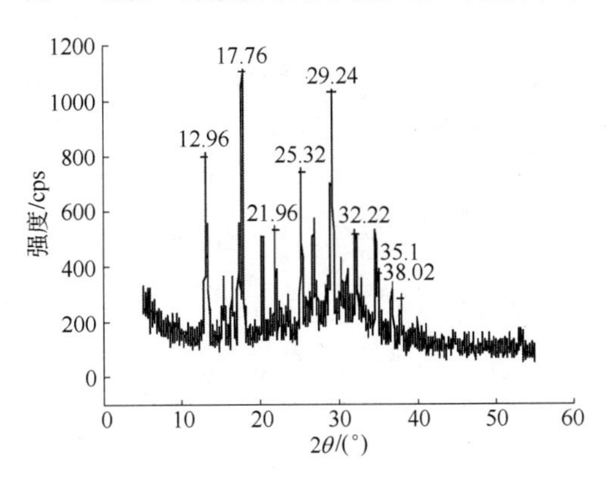

图 3　配方 3 爆轰灰中纳米粉体的 X 衍射曲线

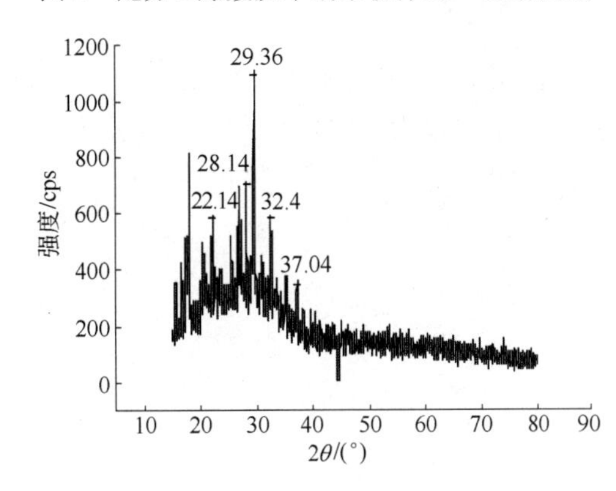

图 4　配方 4 爆轰灰中纳米粉体的 X 衍射曲线

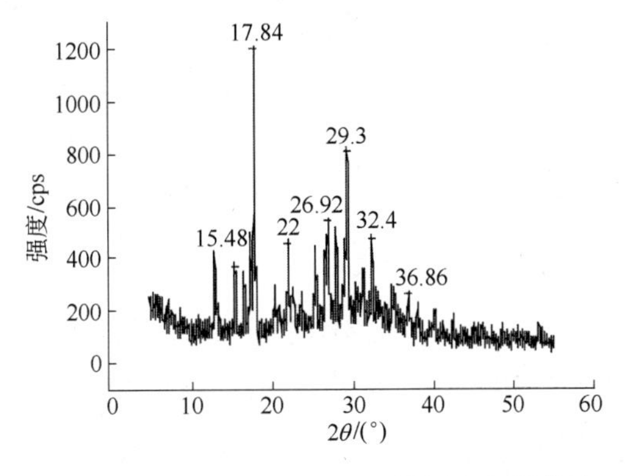

图 5　配方 5 爆轰灰中纳米粉体的 X 衍射曲线

粉末颗粒的平均粒度可由 Scherrer 公式求得：

$$D = k\lambda / B\cos\theta \tag{1}$$

式中　$k = 0.89$；

$\lambda = 0.15406\text{nm}$；

B——峰值半高波宽；

θ——布拉格衍射角，是入射线或反射线与衍射晶面的夹角，可以表征衍射的方向；

$\theta = 2\text{Theta}/2$。

根据公式（1）及 X 射线衍射图谱，可得配方 1 的爆炸粉体粒度的平均值为：$D=11.83$nm。

根据公式（1）及 X 射线衍射图谱，可得配方 2 的爆炸粉体粒度的平均值为：$D=11.64$nm。

根据公式（1）及 X 射线衍射图谱，可得配方 3 的爆炸粉体粒度的平均值为：$D=12.74$nm。

根据公式（1）及 X 射线衍射图谱，可得配方 4 的爆炸粉体粒度的平均值为：$D=18.71$nm。

根据公式（1）及 X 射线衍射图谱，可得配方 5 的爆炸粉体粒度的平均值为：$D=10.01$nm。

3.2　粒度曲线

根据 X 射线衍射得到的数据，得到图 6 的关系曲线，从图中可以明显发现，粉体粒度随着猛炸药含量的增加而逐渐加大，但是当 RDX 的含量超过 40% 时，粒度又突然下降，分析原因，是炸药爆轰时的温度与压力共同作用的结果。

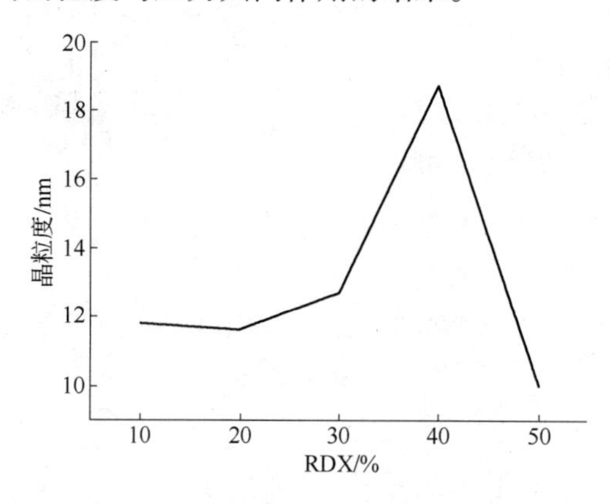

图 6　粉体粒度与 RDX 含量关系曲线

3.3　压力和温度的影响

爆轰合成法是利用炸药爆轰波后高温高压反应区合成。在爆轰反应区内，压力可高达 10～30GPa，温度可达 3000～4000℃。通过气态反应扩散生长，合成的产物颗粒一般很小，通常为纳米量级。

由于爆炸后产生的高压持续时间极短（10^{-6}～10^{-7}s 以下），因此氧化物核来不及生长成较大的晶粒，而只能生成大量尺寸很小且结晶不完整的球状纳米微粒。同时，在爆炸过程中，一些游离的金属氧化物原子杂乱地团聚在一起，形成较大颗粒的小球。由于爆炸产物进行膨胀时，压力下降较快，而温度则下降较慢。因此，纳米粉体的粒度是随着炸药的不同爆轰参数而发生有规律的变化。

4　结论

通过实验结果分析，得到如下主要结论：

（1）爆轰合成实验表明，所得到的纳米粉体，平均直径在 10～20nm 之间，分散相对均匀。

（2）粉体粒度并不是随着猛炸药含量的变化而呈现线性的变化规律，而是随着炸药爆轰性能的递变出现有规律的峰值变化。

（3）爆轰合成纳米粉体材料的关键是前驱体的选择和配置以及合适的炸药添加，粉体的粒度是由爆温和爆压共同决定的。

致谢

本文得到安徽省高校省级重点自然科学基金“爆炸合成纳米磷酸铁锂”（KJ2010A102）、安徽省科技攻关项目“工业炸药生产中意外爆炸的预防”（07010300189）、安徽省高校科研创新团队“新型爆破器材及现代控制爆破技术”（TD200705）、淮南市自然科学基金和安徽理工大学博士基金等项目的资助，特此表示感谢。

参考文献

[1] 杨世源．准球面汇聚冲击波高压回收装置及材料的冲击合成研究[D]．绵阳：中国工程物理研究院，2002. 6.

[2] 文潮，金志浩，关锦清，李迅，周刚，林俊德．炸药爆轰法制备纳米石墨粉[J]．稀有金属材料与工程，2004，33(6)：628～631.

[3] 张立德．纳米材料[M]．北京：化学工业出版社，2000：96.

[4] 刘静．微米/纳米尺度传热学[M]．北京：科学出版社，2001：20～25.

[5] 王思敏，郑明森，董全峰．纳米级 $LiFePO_4$ 材料的水热模板法合成及其性能研究[J]．电化学，2008，14(4)：365～368.

[6] 唐开枚,陈立宝,林晓园．锂离子电池正极材料纳米 $LiFePO_4$[J]．纳米材料与结构，2009，46(2)：84～90.

[7] Guo Shaohua，Pu Weihua，He Xiangming et al. Improvement of spinel $LiMn_2O_4$ cathode materials by metallic elements doping：a review[J]. Journal of Yunnan University，2005，27(5A)：434～438.

[8] Shen Xia，Fang Jianhui，Su Yiling et al. Preparation and application of lithium ion-sieve[J]. Journal of Yunnan University，2005，27(5A)：465～467.

[9] Jiang Jun，Xiang Jingzhong，Li Xili et al. The latest development of cathode materials for lithium ion batteries. Journal of Yunnan University，2005，27(5A)：621～625.

[10] Yu Zemin，Yue Hongyan，Guo Yingkui et al. Preparation of nano-$LiMn_2O_4$[J]. Mining and Metallurgical Engineering，2005，25(1)：72～74.

[11] W. P. Kilroy，S. Dallek，J. Zaykoski. Synthesis and characterization of metastable Li-Mn-O spinels from Mn(V)[J]. Journal of Power Sources，2002，105：75～81.

[12] Yongyao Xia，Hidefumi Takeshige，Hideyuki Noguchi et al. Studies on an Li-Mn-O spinel system (obtained by melt-impregnation) as a cathode for 4 V lithium batteries Part 1. Synthesis and electrochemical behaviour of $Li_xMn_2O_4$[J]. Journal of Power Sources，1995，56：61～67.

[13] Zhanqiang Liu，Wen-lou Wang，Xianming Liu et al. Hydrothermal synthesis of nanostructured spinel lithium manganese oxide [J]. Journal of Solid State Chemistry，2004，177：1585～1591.

[14] P. Piszora，C. R. A. Catlow，S. M. Woodley et al. Relationship of crystal structure to interionic interactions in the lithium-manganese spinel oxides [J]. Computers and Chemistry，2000，24：609～613.

[15] G. Róg，W. Kucza，A. Kozí owska-Róg. The standard Gibbs free energy of formation of lithium manganese oxides at the temperatures of (680，740 and 800) K[J]. J. Chem. Thermodynamics，2004，36：473～476.

E-mail：xxh1963@163. com

磷酸铁锂爆炸合成

谢兴华　邸云信　颜事龙

（安徽理工大学化学工程学院，安徽淮南，232001）

摘　要：基于国内外的最新发展，对磷酸铁锂的各种合成技术进行了概述，比较了不同合成方法的优缺点。分析了每种方法所得到产物的性能优劣，讨论了每种条件下对磷酸铁锂的性能影响。根据实验结果和行业需求，论述了一种新的纳米磷酸铁锂的合成方法。综合理论和实践，得出采用爆轰法进行纳米球形磷酸铁锂的合成技术是可行的。

关键词：磷酸铁锂；爆轰合成；纳米；电池材料

Explosive Synthesis for Lithium Iron Phosphate

Xie Xinghua　Di Yunxin　Yan Shilong

(School of Chemical Engineering, Anhui University of Science and Technology, Anhui Huainan, 232001)

Abstract: Based on the latest development, reviewed on a variety of lithium iron phosphate synthesis, and to compare the advantages and disadvantages of different synthesis methods. Analyzed the performance of the resulting advantages and disadvantages of the product each method, and discussed the properties of lithium iron phosphate under the each condition. According to the experimental results and industry needs, discusses a new synthesis of nanoparticles of lithium iron phosphate. Integrated theory and practice, by the detonation of spherical nanoparticles of lithium iron phosphate synthesis technology is feasible.

Keywords: lithium iron phosphate; detonation synthesis; nanometer; battery materials

1　引言

新型高能化学电源技术的快速发展对电池材料提出了更高的要求，其中，正极材料的发展更与动力电池的性能密切相关，因此人们一直在开发新型的环保的正极材料。1997 年 Padhi 和 Goodenough 等报道了橄榄石型的 $LiMPO_4$（M = Fe、Mn、Co、Ni）具有优良的电化学性能，其中 $LiFePO_4$ 具有理论容量高（170mA · h/g）、循环性能优良、热稳定性好、原材料来源广泛、无环境污染等优点，使其成为该体系中最有潜力的电池材料之一，并且得到了人们的逐步应用。本文分析和总结了 $LiFePO_4$ 正极材料在结构和性能方面存在的缺陷以及所采取的改进途径，并对该材料的深入研究提出了一种新思路。

磷酸铁锂作为锂离子电池正极材料的电化学机理：锂离子二次电池有别于一般的化学电源，其充放电过程是通过锂离子在电池正负极中的脱出和嵌入实现的。$LiFePO_4$ 在充放电时是通过两相反应机理实现的（见图 1）：

充电

$$LiFePO_4 - xLi^+ - xe \longrightarrow xFePO_4 + (1-x)LiFePO_4$$

放电

$$FePO_4 + xLi^+ + xe \longrightarrow xLiFePO_4 + (1-x)FePO_4$$

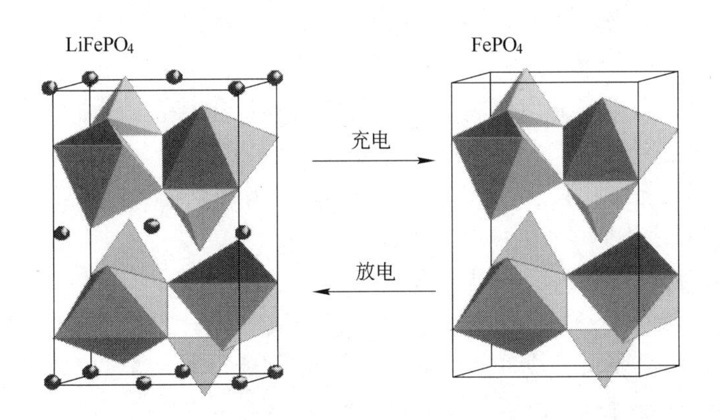

图 1　磷酸铁锂充放电示意图

充电时，Li^+ 从 FeO_6 层迁移出来，经过电解液进入负极，Fe^{2+} 被氧化成 Fe^{3+}，电子则经过相互接触的导电剂和集流体从外电路到达负极，放电过程与之相反。A. S. Andersson 提出了径向模型（又称辐射模型）和马赛克模型对这一过程进行解释（见图 2）。

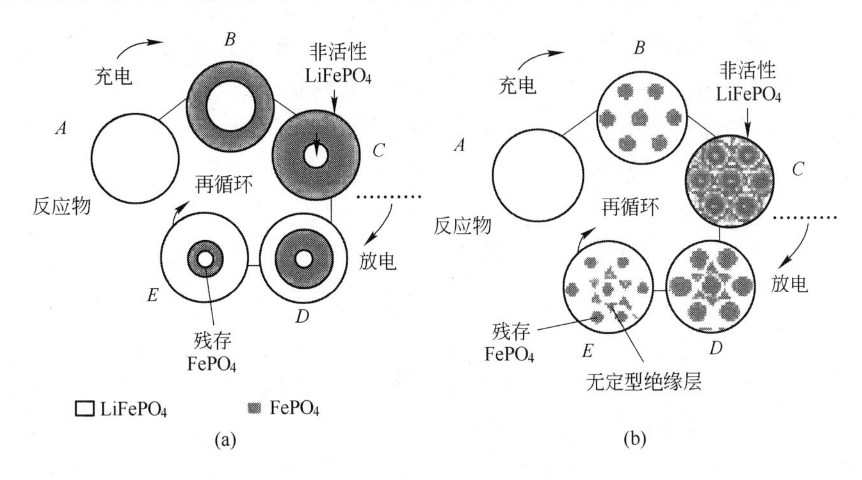

图 2　磷酸铁锂充放电机理模型图
（a）径向模型；（b）马赛克模型

2　磷酸铁锂的制作

磷酸铁锂的制作有如下方法：

（1）原位碳包覆固相法。原位碳包覆固相合成法以高分子聚合物为碳源和还原剂，在一步固相烧结合成的过程中，实现三价铁的还原、$LiFePO_4$ 的合成及同步的颗粒表面原位碳包覆。在此过程中，高分子聚合物分解的碳呈原子级分散，具有高于固态碳的还原能力，不但降低了合成温度，缩短了合成时间，而且原位包覆的碳膜抑制了 $LiFePO_4$ 颗粒长大，在颗粒之间形成了相互联通的导电碳膜，得到的产物形貌均匀且略呈球形，电化学性能优异。

（2）控制结晶法。控制结晶法的结晶过程主要包括晶核生成、晶体生长及粒子的聚集和融合等步骤，其中晶体的成核速度和生长速度的调节对晶体产物的结构和形态有很大的影响。为了保证适当的微晶大小，可通过调节溶液的过饱和度来控制晶体的成核和生长过程。

（3）喷雾热解法。喷雾热解法将各金属盐按制备复合型粉末所需的化学计量比配成前驱体溶液，经雾化器雾化后，由载气带入设定温度的反应炉中，在反应炉中瞬间完成溶剂蒸发、溶质沉淀形成固体颗粒、颗粒干燥、颗粒热分解和烧结成型等一系列的过程（与爆炸法对比），最后形成规则的球形粉末颗粒。

（4）溶胶-凝胶法。溶胶-凝胶法（Sol-gel 法）制备 $LiFePO_4$ 的主要过程为：将金属（Li、Fe）有机盐（醇盐）或无机盐经水解形成金属氧化物或金属氢氧化物的均匀溶胶，然后通过蒸发浓缩将溶质聚合成透明的凝胶，再将凝胶干燥、高温处理（焙烧）去除有机成分得到 $LiFePO_4$ 正极材料。

（5）液相共沉淀法。共沉淀法是一种在溶液状态下，将合适的沉淀剂加入到不同化学成分的可溶性混合溶液当中，形成难溶的超微颗粒的前驱体沉淀物，再将此沉淀物进行干燥或焙烧制得相应的超微颗粒的方法。Prosini 等以 $FeSO_4 \cdot 7H_2O$ 和 H_3PO_4 为原料、LiOH 为 pH 值调节剂和 Li 源在 pH 值很窄的中性范围内直接合成了纳米级的 $LiFePO_4$，5C 充放电倍率下可以得到 147mA · h/g 的容量。

（6）高温固相反应法。一般采用两步加热法合成，即将原料放入有机溶剂中（或研钵中）充分研磨，混合均匀，压块，在惰性气体中预热处理，之后再研磨，于惰性气体中烧结为最终产品。煅烧后有机物分解，氨及 CO_2 等挥发性气体易于除去，可以免去杂质分离步骤，使用惰性气体主要是防止生成三价铁。高温固相法是目前制备 $LiFePO_4$ 最常用、最成熟的方法。

（7）水热合成法。水热法是指在高温高压下，在水或蒸汽等流体中进行的有关化学反应的总称。水热法是以可溶性亚铁盐、锂盐和磷酸为原料，在水热条件下直接合成 $LiFePO_4$ 的方法。

（8）微波加热法。微波加热是利用微波的强穿透能力进行加热，微波可以在极短的时间里均匀深入到样品的内部，使加热的样品中心温度迅速升高，整个样品几乎同时被均匀加热，从而大大缩短加热时间，整个实验烧结过程只需 10min 左右。与传统的固相加热十几个小时相比，微波合成具有反应时间极短、反应灵敏、效率高、能耗低等优点。

（9）乳化干燥法。乳化干燥法制备 $LiFePO_4$ 的原理是将可溶性的原料化合物及添加剂溶解后配成溶液，接着将溶液干燥得前驱体，再将前驱体进行热处理从而得到所需产物。

（10）碳热还原法。碳热还原法中，碳作为还原剂，在高温下将 Fe^{3+} 还原为 Fe^{2+}，同时未被氧化的碳包覆于产物晶粒表面，提高导电性。避免了高温固相法过程中通 Ar、N_2 或其他惰性气体，合成成本较高的缺点。

（11）机械化学法。机械化学法是制备高分散性化合物的有效方法。通过机械力的作用，不仅使颗粒破碎，增大反应物的接触面积，而且可使物质晶格中产生各种缺陷、错位、原子空缺及晶格畸变等，有利于离子的迁移，同时还可以使新生物表面活性增大，表面自由能降低，促进化学反应进行，使一些只有在高温等较为苛刻的条件下才能发生的化学反应在低温下得以顺利进行。

（12）湿化学法。湿化学法是目前实验上和工业上制备超微粉体的主要方法之一，其主要原理是：选择一种或多种适当的可溶性金属盐类，按所需计量配制成溶液，使各元素呈离子或分子态，再选择一种合适的沉淀剂使金属离子形成沉淀，或采用蒸发等操作使金属化合物结晶出来，最后将沉淀物或结晶物干燥脱水或加热分解制得超微粉末。

（13）氧化-还原法。氧化-还原法是将可溶性 Fe(Ⅱ)氧化成 Fe(Ⅲ)，使之形成 $FePO_4$ 沉淀，然后用化学方法把 $FePO_4$ 还原成 $LiFePO_4$。该方法所制得的 $LiFePO_4$ 晶粒为纳米级颗粒，而且粒径分布很均匀。氧化-还原法能得到电化学性能优良的纳米级的 $LiFePO_4$ 粉体，但其工艺很复杂，不能大量生产，只适于实验室研究。

3 产物的性能

（1）原位碳包覆固相法：赵新兵等以高分子聚合物为碳源，经一步固相反应法合成了颗粒尺寸为 300 ~ 600nm 的球形 $LiFePO_4/C$ 正极材料，并分别掺杂 Nb、Ti 和 V，其中 $Li_{0.99}Nb_{0.01}FePO_4/C$ 在2C 倍率下的放电比容量为130mA · h/g，100 次循环后无衰减，循环性能较好。

（2）控制结晶法：J. R. Ying 等通过控制结晶法制备了黄色无定形前驱体 $FePO_4 \cdot xH_2O$，在 520℃下预处理后，得到了光滑的球形 $FePO_4$（粒径约为 10μm），再以葡萄糖为还原剂，制备了均一相的球形 $Li_{0.97}Cr_{0.01}FePO_4$。产物的振实密度为 1.8g/cm^3，在 0.5C、1.0C 下的首次放电比容量分别为 151mA · h/g 和 110mA · h/g。

（3）喷雾热解法：K. Konstantinov 等通过喷雾热解法制备了不同碳含量的球形 $LiFePO_4/C$ 粉体材料。随着碳含量的增加，产物比表面积不断增加，当碳含量为 20% 时，产物的比表面积可达 2113m^2/g，首次放电比容量为 140mA · h/g。S. L. Bewlay 等通过加入蔗糖得到了可控的、单一相的球形 $LiFePO_4/C$，当碳含量为 0.5% ~7% 时，产物的形貌没有显著的变化，导电性得到了提高。

（4）固相法：Padhi 等首先采用高温固相法在 800℃合成了 $LiFePO_4$，发现其在 3.4V 左右有个平稳的放电电压平台，放电容量为 100mA · h 左右，且经 20 个循环后容量基本没有衰减，初步显示了 $LiFePO_4$ 作为正极材料的优势。Goodenough 等最早采用高温固相法以 Li_2CO_3、$Fe(CH_3COO)_2$、$NH_4H_2PO_4$ 为原料，按化学式计量比混合，在惰性气氛保护下于 300 ~350℃预热，使混合物初步分解，然后在 800℃烧结，保温 12h 以上，反应产物为橄榄石晶型的 $LiFePO_4$。所得样品在充电电流为 0.05mA/cm^2 时，室温（23℃）初始放电容量为 110mA · h/g 左右。

（5）水热法：Yang 等将 $FeSO_4$、LiOH 和 H_3PO_4 按 1 : 3 : 1(摩尔比）的比例配成混合溶液，将其置于高压釜中，在 120℃下保温 5h 后合成了 $LiFePO_4$。XRD 分析和氧化-还原滴定结果表明，所合成的材料为单一的 $LiFePO_4$ 相，平均粒径约为 3μm；以 0.14mA/cm^2 的电流密度充放电，该材料容量为 100Ah/kg。Dokko 等在惰性气氛下将 $LiOH \cdot H_2O$、$(NH_4)_2HPO_4$ 溶液与 $FeSO_4 \cdot 7H_2O$ 溶液混合 170℃水热合成 12h 后 400℃煅烧，得到

0.5μm 的片状材料，放电比容量达到 150mA · h/g。Ou 等采用水热法合成 Mg^{2+} 掺杂改性的材料，经过合成方法和掺杂的双重改性，制得的材料具有优越的高倍率性能及循环性能，5C 放电容量达 135mA · h/g，循环 90 次，容量保持率为 98%。

（6）溶胶-凝胶法：Croce 等在氮气气氛下，将凝胶在 350℃ 保温 12h，再在 800℃ 保温 24h 后得到样品。恒电流充放电结果表明，该样品在 0.2C 倍率下的放电容量约 120mA · h/g，经 50 个循环后容量无衰减。Gaberscek M. 等采用溶胶-凝胶法合成了多孔型 $LiFePO_4$ 正极材料。他们在氮气气氛下，将凝胶在 750℃ 保温 1h 后得到了电性能优异的 $LiFePO_4$ 样品。SEM 结果表明，该样品颗粒表面存在大量的微孔结构，这些微孔能增大材料与电解液的接触面积，更有利于锂离子在其中的嵌入与脱出；在 0.1C 倍率下放电，其容量可达 150mA · h/g 左右。

（7）沉淀法：Arnold 等利用 Fe^{2+} 盐和 Li_3PO_4 为原料，在惰性气氛的保护下采用液相共沉积法合成出电化学性能优良的 $LiFePO_4$ 粉末。Park 等以 LiOH 为沉淀剂，在氮气的保护下，将其加入到 $(NH_4)_2Fe(SO_4)_2 \cdot 6H_2O$ 和 H_3PO_4 的混合溶液中，得到绿色沉淀，将所得沉淀烘干后于 650℃ 下保温处理 5h 后即得 $LiFePO_4$ 正极材料。在 0.1C、1C 放电倍率下，该材料的放电容量分别为 125mA · h/g、110mA · h/g。

（8）机械化学法：Franger S. 等将 $Fe_3(PO_4)_2 \cdot 5H_2O$、Li_3PO_4 和蔗糖在行星球磨机中球磨 24h，然后在 N_2 气氛中，500℃ 热处理仅 15min 就合成出 $LiFePO_4$。在这里热处理是必要的，一方面是为生成晶形完整的 $LiFePO_4$，另一方面是使有机添加剂转变为导电炭黑。最终合成出 $LiFePO_4$ 粉体的粒径在几微米左右（0.5 ~ 2μm）。经过 XRD 衍射分析，证明只有单一相的 $LiFePO_4$；用化学滴定三价铁的含量表明，三价铁的含量小于 1%。在 25℃，0.2C 倍率下进行充放电，比容量为 160mA · h/g，20 个循环后容量衰减 1%。

（9）碳热还原法：该法由 Barker 等首次应用于 $LiFePO_4$ 的合成，用 Fe_2O_3 取代 $FeC_2O_4 \cdot 2H_2O$ 作为铁源，反应物中混合过量的碳，碳在高温下将 Fe^{3+} 还原为 Fe^{2+}，避免了在原料混合加工过程中可能引发的氧化反应，使合成过程更为合理，同时也改善了材料的导电性。用该法所合成的 $LiFePO_4$ 和 $LiFe_{0.9}Mg_{0.1}PO_4$ 表现了较好的电化学性能，但反应时间仍相对过长，产物一致性要求的控制条件更为苛刻。

（10）乳化干燥法：Cho 等人也进行了类似的研究，发现最佳的热处理温度为 750℃。在此温度下得到的产物初始容量达到了 125mA · h/g，循环次数达到了 700 次；在掺碳后，其首次放电容量达到了 154mA · h/g。Chung 等人将 $Fe(NO_3)_3 \cdot 9H_2O$、$NH_4H_2PO_4$ 和 $LiNO_3$ 的混合物按化学式计量比溶解于水和酒精的混合物中，然后加入一定质量的白糖后蒸干，然后将其在 750℃ 下于 Ar 气氛中保温烧制 10h 后也得到了性能良好的橄榄石产物。

（11）水热模板法：采用水热模板法合成纳米级 $LiFePO_4$ 材料，改变水热反应中表面活性剂（十六烷基三甲基溴化铵）的比例，控制样品颗粒生成的大小。SEM 测试表明，合成的 $LiFePO_4$ 晶粒尺寸与表面活性剂的配比密切相关，范围在几十到几百纳米之间。

4　磷酸铁锂等电池材料及其性能比较

磷酸铁锂等电池材料及其性能比较见表 1 和表 2。

表1 不同厂家的磷酸铁锂性能比较

项目＼厂家	美国 valence	天津斯特兰	湖南瑞翔	长远锂科	昭和电工
平均粒径/μm	2～4	2～4	2～4	2～4	2～4
比容量/μm	>130 典型值 135	>130 典型值 140	>130 典型值 135	>110 典型值 120	>120 典型值 125
振实密度/$g \cdot m^{-3}$	1.5	1.1	1.2	1.3	1.5
比表面积 /$m^2 \cdot g^{-1}$	12	<15	<15	8	10
200 次循环后容量衰减率/%	<10	<20	<15	<15	<10
产量/$t \cdot a^{-1}$	>300	200	300	500	不详

表2 几种不同类型的动力电池的性能比较

电池类型	铅 酸	镍 氢	镍 镉	锰酸锂	磷酸铁锂
工作电压/V	2	1.2	1.2	3.7	3.3
循环寿命	200～400	500	500～1000	300～500	2000
重量比能/$W \cdot h \cdot kg^{-1}$	30～50	70	60	90～120	120
记忆效应	无	无	有	无	无
是否环保	否	是	否	是	是
特 性	技术最成熟，但能量密度低、寿命短、性价比不理想；铅为有害物质	工作电压低，需较多串并，稳定性差；自放电率高	工作电压低，需较多串并，稳定性差；有记忆效应；镉为有害物质	高温特性差，温度达 80℃时，容量下降一半，且无法恢复	高温特性佳，安全性高，无爆炸之虞；铁为全球第二蕴藏量的金属元素，电池成本有极大下降空间；使用寿命长

5 磷酸铁锂的发展方向

多孔球形 $LiFePO_4/C$ 粉体材料既具有超细粉体的高比表面积等特点，又具有球形颗粒的优点，有利于提高 $LiFePO_4/C$ 的导电性等性能。若得到相貌更规则的多孔微球，可适当添加造孔剂。$LiFePO_4/C$ 多孔微球的制备将成为今后研究的方向。

纳米 $LiFePO_4$ 通过开发新的合成工艺和条件来制备粒度分布均匀的纳米级 $LiFePO_4$，减少锂离子的扩散路径和 $FePO_4$ 死区，进而减少了活性材料的能量损失。纳米级的活性材料只有在一定的条件下才能发挥作用，活性粒子的电化学性能只与有效电化学接触点的大小有关，而与颗粒的半径无直接关系。为了使纳米级的活性材料发挥出优势，制备纳米级活性材料一般都采用碳覆或多孔碳网包覆，连接 $LiFePO_4$ 活性粒子，保证活性粒子表面有足够的电子和离子传导通道。在合成过程中加入有机碳，随着有机物在高温下降解，残留的碳将覆盖在新生成的 $LiFePO_4$ 表面，阻碍了 $LiFePO_4$ 晶粒进一步长大和团聚，碳的加入也确保了颗粒之间的有效接触，提高了 $LiFePO_4$ 的电导率。

目前，纳米级 $LiFePO_4$ 的合成方法主要有溶胶-凝胶法、微乳液法、自发共沉淀-固相法、水热法和化学机械法、微波加热法、固相法等。其中溶胶-凝胶法适用最广，因为前驱体达到了分子水平的混合，且合成条件相对比较简单。P. P. Prosini 等利用自发共沉淀制得了无定形 $LiFePO_4$ 前驱体，再通过高温处理制备了纳米级的 $LiFePO_4$，其粒径为 100 ~ 150nm，能量密度超过 515W · h/kg，在 0.1C 和 1C 循环 700 次后的容量为 124mA · h/g 和 114mA · h/g。

特别是新一代航天器的首选贮能电源，实用化的关键在于设法提高 Li^+ 扩散系数和电子导电率，除了在颗粒表面进行包覆碳膜和进行掺杂等方法外，研究开发不同方法合成纳米 $LiFePO_4$ 正极材料具有现实意义和广阔的发展前景。但纳米 $LiFePO_4$ 电极材料的开发有许多问题需要进一步研究；如 $LiFePO_4$ 材料的微结构与嵌 Li 空间位置、嵌 Li 容量及电极过程等关系问题；如何选择合适的制备方法，确保 $LiFePO_4$ 材料纳米粒径的前提下提高电极的结晶化程度，以获得电池平稳的工作电压。

6　爆轰法合成纳米级 $LiFePO_4$ 电极材料

纳米材料的优点为：缩短了 Li^+ 的固相扩散路程，改善了离子传输性能，提高了材料的倍率充放电性能。纳米化是未来动力电池电极材料的发展方向。由于爆炸法可以直接引爆无机盐水溶液，因而可以用来制造各种纳米复式氧化物。并且爆炸法可以选择廉价的前驱体制备乳化炸药等，并可利用废旧炸药，没有能源消耗，具有经济、廉价、无污染、易控制的特点。

爆炸法具有合成反应速度快、合成设备简单、易批量生产的特点。但目前爆炸合成法尚只有一种应用，即利用 TNT 混合炸药中多余的碳分合成纳米金刚石粉，还有一些报道是在炸药中加入石墨粉，对石墨实行高压的物理破碎。另外，还有报道称德国有采用炸药爆轰驱动金属粉末与外部气氛反应生产纳米化合物的方法，称为可控爆轰合成（Controlled Detonation Synthesis）。

本法是一种大量、廉价合成纳米材料的方法，而且对纳米金属氧化物粉末的制取具有通用性和可控性。尽管对于可控制性尚没有能从机理上得到确切解释，但从爆炸法合成纳米金刚石的金刚石生长过程已经可以借鉴分析纳米金属氧化物的生长过程；并且，常规燃烧合成研究已经证明，氧化物在火焰中的长大过程必须是在数毫秒时间量级才能得到控制的。在常规合成中对毫秒时间的稳定控制较为困难，而在爆轰条件下就容易多了。因为，首先，爆轰波是以每微秒数毫米运动的；其次，爆轰波是稳定传播的。所以，以微秒过程可容易控制毫秒问题，并且控制可以做到十分精确。

还有，正是因为爆轰波可以稳定传播，也就提供了一种稳定合成工艺的绝妙方法。因此，可以说爆轰法合成纳米金属氧化物是可行的，可以有效地控制纳米粒子的晶型成长和获得细微尺度晶粒，并且爆轰产物是稳定氧化物。纳米金属氧化物合成相当复杂，而复式氧化物更要求分子尺度上的均匀性，这使合成工艺难以控制，加工成本增加，产量很低。为促进纳米材料推广应用，首先要降低制造成本，其次是精确控制材料尺度和状态，再者是解决纳米分散问题以及合成的能耗和污染问题。爆炸法为解决上述问题提供了可能。

致谢

本文得到安徽省高校省级重点自然科学基金“爆炸合成纳米磷酸铁锂”（KJ2010A102）、安徽省科技攻关项目“工业炸药生产中意外爆炸的预防”（07010300189）、安徽省高校科研创新团队“新型爆破器材及现代控制爆破技术”（TD200705）、淮南市自然科学基金和安徽理工大学博士基金等项目的资助，特此表示感谢。

参考文献

[1] Jun Sugiyama, Tatsuo Noritake, Tatsumi Hioki, Takumi Itoh, Tadahiro Hosomi, Hisao Yamauchi. A new variety of $LiMnO_2$: high-pressure synthesis and magnetic properties of tetragonal and cubic phases of $Li_xMn_{1-x}O_{x-0.5}$. Materials Science and Engineering B84 (2001) 224 ~ 232.

[2] Shuhua Ma, Hideyuki Noguchi, Masaki Yoshio. An observation of peak split in high temperature CV studies on Li-stoichiometric spinel $LiMn_2O_4$ electrode. Journal of Power Sources 125 (2004) 228 ~ 235.

[3] G. Ceder, M. K. Aydinol, A. F. Kohan. Application of first-principles calculations to the design of rechargeable Li-batteries. Computational Materials Science 8 (1997) 161 ~ 169.

[4] J. B. Donnet, et al. Dynamic Synthesis of Diamonds. Diamond and Related Materials, 2000. (9): 887 ~ 892.

[5] 文潮，等．爆炸法制备超分散石墨的初步研究[J]．兵器材料科学与工程，2000，23(1)：50.

[6] Thomas R. A. Bussing, Joseph M. Ting. Pulse Detonation Synthesis. USP5, 827, 855.

[7] 李慧韫，张天胜，杨南．纳米氧化铝的制备方法及应用[J]．天津轻工业学院学报，2003：34 ~ 37.

[8] 李友凤，周继承．氧化铝纳米材料的制备与应用[J]．硬质合金，2003：242 ~ 245.

[9] 张永刚，闫裴．纳米氧化铝的制备及应用[J]．无机盐工业，2001：19 ~ 21.

[10] 陈权，马峰，恽寿榕，黄风雷．爆轰法合成超微金刚石的 X 射线衍射研究[J]．材料研究学报，1999：318.

[11] A. A. Bukaemskii, S. S. Avramenko, and L. S. Tarasova. Ultrafine α-Al_2O_3 Explosive Method of Synthesis and Properties. Combustion, Explosion and Shock Waves. 000: 479.

[12] Zhanqiang Liu, Wen-lou Wang, Xianming Liu et al. Hydrothermal synthesis of nanostructured spinel lithium manganese oxide[J]. Journal of Solid State Chemistry, 2004, 177: 1585 ~ 1591.

[13] P. Piszora, C. R. A. Catlow, S. M. Woodley et al. Relationship of crystal structure to interionic interactions in the lithium-manganese spinel oxides[J]. Computers and Chemistry, 2000, 24: 609 ~ 613.

[14] G. Róg, W. Kucza, A. Kozíowska-Róg. The standard Gibbs free energy of formation of lithium manganese oxides at the temperatures of (680, 740 and 800) K [J]. J. Chem. Thermodynamics, 2004, 36: 473 ~ 476.

[15] Vincenzo Massarotti, Doretta Capsoni, Marcella Bini. Stability of $LiMn_2O_4$ and new high temperature phases in air, O_2 and N_2[J]. Solid State Communications, 2002, 122: 317 ~ 322.

[16] C. M. Julien, M. Massot. Lattice vibrations of materials for lithium rechargeable batteries Ⅲ. Lithium manganese oxides[J]. Materials Science and Engineering, 2003, B100: 69 ~ 78.

[17] Toshimi Takada, Hiroshi Hayakawa, Toshiya Kumagai et al. Thermal Stability and Structural Changes of $Li_4Mn_5O_{12}$ under Oxygen and Nitrogen Atmosphere[J]. Journal of Solid State Chemistry, 1996, 121: 79 ~ 86.

爆炸粉末烧结的细观沉能机理研究

王金相[1]　赵　铮[2]　李晓杰[3]

（1. 南京理工大学瞬态物理国家重点实验室，江苏南京，210094；
2. 南京理工大学动力工程学院，江苏南京，210094；
3. 大连理工大学工程力学系，辽宁大连，116024）

摘　要：以密排球堆积模型为基础，对粉末爆炸烧结过程中颗粒间的变形和沉能机制进行了分析，将之区为微爆炸焊接、微摩擦焊接、微孔隙闭合等几种形式。建立了考虑传热影响的理想流体对称碰撞模型，研究了微爆炸焊接沉能机制，计算了颗粒间微爆炸焊接引起的焊接界面近区的温度场；对颗粒间的摩擦沉能进行了研究，分析了颗粒尺度、材料特性、冲击压力等实际因素对摩擦沉能的影响，给出了发生“尺度效应”的判据；将传热效应引入空心球壳模型，计算分析了传热效应和颗粒的尺度效应对微孔隙闭合沉能的影响。

关键词：爆炸烧结；沉能机理；微碰撞焊接；摩擦焊接；孔隙踏缩

Research of Micro-mechanism of Energy Deposition in Explosive Consolidation of Powders

Wang Jinxiang[1]　Zhao Zheng[2]　Li Xiaojie[3]

(1. State Key Lab. on Transient Physics, Nanjing University of Science and Technology, Jiangsu Nanjing, 210094; 2. Power Engineering College, Nanjing University of Science and Technology, Jiangsu Nanjing, 210094; 3. Dalian University of Technology, Liaoning Dalian, 116024)

Abstract: Mechanisms of deformation and energy deposition between particles are divided into micro-explosive welding, micro-friction welding, micro-void collapse etc. recur to experiments and numerical simulation on the basis of the model of stacked particles. Energy deposition and temperature distribution at the interface of particles caused by micro-explosive welding in explosive compaction of metal powders is solved with uncompressible ideal liquid symmetrical impaction model. The effect of friction between particles during explosive compaction of powder is studied and influence of shock compression, grain size of powders and intensity of material on the energy deposition caused by friction are analyzed and the critical size in which it takes effect is also given. A one-dimension model of hollow sphere is used to research the last stage of void collapse in powders. Effect of heat conduction on the energy deposition caused by pore collapse is taken into consideration.

Keywords: explosive consolidation; mechanism of energy deposition; explosive welding; friction welding; void collapse

1 引言

爆炸粉末烧结是将炸药爆轰所产生的冲击能量以激波的形式作用于粉末，使其在瞬态、高温、高压下发生烧结的一种材料合成的新技术，是激波物理学在工程中的具体应用。作为爆炸加工领域的第三代研究对象和一种获得新型高性能材料的粉末冶金技术，爆炸粉末烧结具有烧结时间短（一般为几十微秒左右）、作用压力大（可达0.1～100GPa）的特征，这使得它与常规的烧结成形技术如超高压低温烧结、热等静压烧结等相比，在材料科学的研究中有着其独特的优点：（1）具备高压性，可以烧结出近乎密实的材料。目前有关 Si_3N_4 陶瓷烧结密度达95%～97.8%T. D.[1]；钨、钛及其合金粉末的烧结密度也高达95.6%～99.6%T. D. 不等[2]。（2）具备快熔快冷性，有利于保持粉末的优异特性，尤其是针对急冷凝固法制备的微晶、非晶材料和亚稳态合金。（3）可以使 Si_3N_4、SiC 等非热熔性陶瓷在无需添加烧结助剂的情况下产生烧结。由其特点决定，爆炸粉末烧结技术在高温高强粉末制件、硬质合金、难熔金属以及脆性陶瓷材料制件的加工中具有独特的优势，因此，已成为粉末冶金与爆炸力学的交缘科学技术研究的热点。现已广泛应用于金属和金属间化合物[3,4]、金属陶瓷[5]、纳米块体[6]以及微晶、准晶、非晶等压稳合金[7]的粉末烧结当中，甚至还可用于高分子聚合物的激波改性[8]以及超硬材料[9]、磁性材料[10]、超导材料[11]等各种功能材料的加工当中，这说明爆炸烧结作为一种新材料的特殊加工方法有非常广阔的应用空间和极好的发展前景。

本文即是对爆炸粉末烧结的细观机理的研究，这有别于新材料的开发和加工工艺的完善，而是将重点放在爆炸烧结过程中微观尺度下颗粒间的变形和沉能机制的研究上，其目的就是：综合考虑力学效应与传热效应，建立微粒间的冲击运动关系和全面的微尺度能量沉积模型，正确解释颗粒间的结合过程，确立粉末颗粒大小、粒度分布、颗粒形状、表面状态、微粒力学性能和热学性能这些实际因素对压实、结合的影响，从而达到从细观角度指导爆炸烧结研究的目的。

2 爆炸粉末烧结细观机理分析和沉能机制划分

图1为爆炸压实的铜丝的金相照片。同时为了对细观沉能机制进行补充分析，采用LS-DYNA有限元程序对密排丝堆积模型爆炸压实过程中的变形过程进行了数值模拟[12]，上边界取为刚性固壁，向下运动以撞击下面的纤维束，其撞击初速度分别取为400m/s、700m/s、1000m/s，这里仅以撞击速度400m/s为例给出不同时刻纤维的变形发展过程和挤压状态，如图2所示。

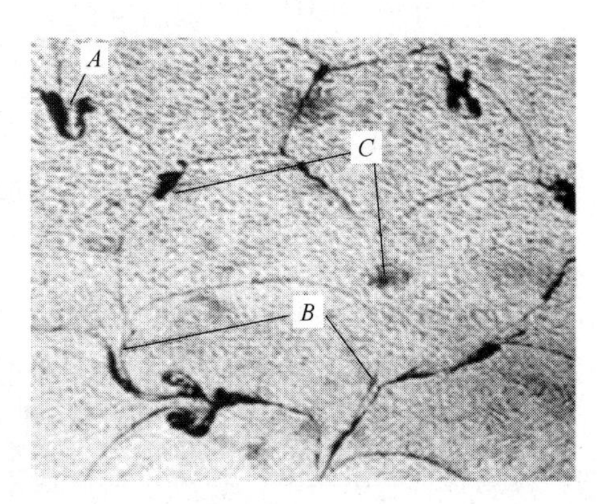

图1 铜丝爆炸烧结体局部放大金相照片（×100）

综合图1所示的实验结果和图2给出的计算结果可知，在整体变形规律上，金属粉末在冲击波作用下发生有规律的变形：沿冲击波方向上的颗粒表面变为凹面，逆冲击波传播方向上的颗粒表面呈光滑的凸表面。这是由于在冲击

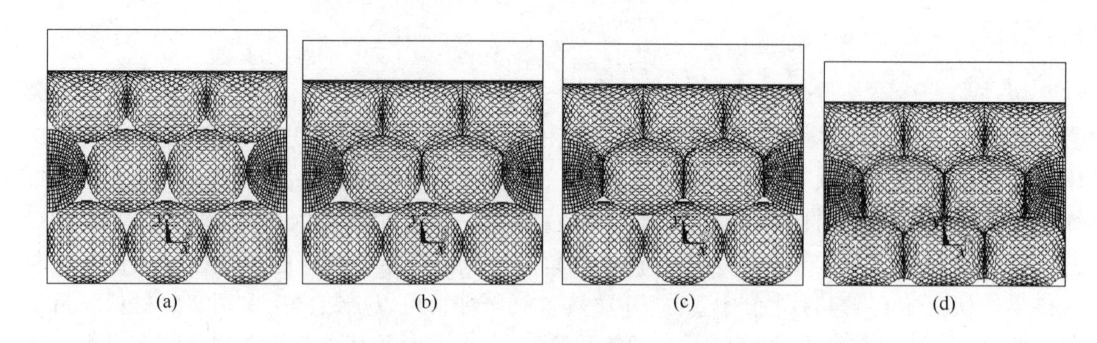

图 2　爆炸压实颗粒变形数值模拟结果

（a）$t=50\text{ns}$；（b）$t=80\text{ns}$；（c）$t=95\text{ns}$；（d）$t=130\text{ns}$

压实的过程中，颗粒表面由于能量的沉积处于塑性较好的易变形状态或熔化状态，颗粒的上表面在冲击波作用下沿冲击波前进方向运动，当冲击波传到粉末颗粒的背面时，由于孔隙的存在，使冲击波的压力发生急剧变化，颗粒背面质点将以 2 倍 U_p 的速度向前运动，说明颗粒背面质点在沿冲击波传播方向，极易向孔隙方向发生变形。由此不难理解，沿冲击波传播方向粉末颗粒向阻力最小的方向发生变形，最终在顺着冲击波行进方向的颗粒表面形成凹面，在逆冲击波传播方向上的颗粒表面形成凸表面。

在局部变形上，从表观来看，爆炸压实后都将发生较大的畸变，其表面的变形要大得多，表面被强烈的冲刷、压延，整个颗粒周围的变形和结合形式明显的不一致，表现为不同沉能模式的作用结果。从图 1 可以看出由于发生较大畸变引起颗粒局部熔融而形成的变形和结合形态。

当冲击波自上而下对粉末压实以后，上排颗粒在高压作用下发生大变形并被挤压进入下层孔隙，并因摩擦在 AB 和 AC 接触面上成熔融流体状态。此外，爆炸压实过程中颗粒间存在微孔隙的闭合区域，在发生塑性大变形甚至熔融的金属的填充下闭合，仔细观察还可发现有孔洞的存在，这是颗粒间的熔化区域在固化过程中收缩形成的。上述三种沉能形式位于颗粒周边的不同位置，在适当的冲击载荷下，都将引起颗粒周边表面的熔化。这些熔化区域的存在表明，在爆炸烧结过程中，粉末颗粒表面处，有一薄层材料经历过熔化和迅速冷却的过程，在快速冷却的过程中，熔化金属再结晶形成结合界面，因其不易腐蚀在金相照片中呈白亮色。

3　微爆炸焊接

3.1　不可压缩理想流体对称碰撞模型

图 3 为针对爆炸烧结过程中颗粒间的横向膨胀引起的爆炸焊接所建立的具有代表意义的计算模型[13]。坐标原点在驻点 O 点上，β 为碰撞半角，若用 H_1、H_2 分别表示两颗粒复合后的出流厚度和再入射流厚度，则在本文研究的问题中，H_1 近似为颗粒半径。来流与出流的无穷远处的流速均为 $v_{f\infty}$。则有流函数表达式：

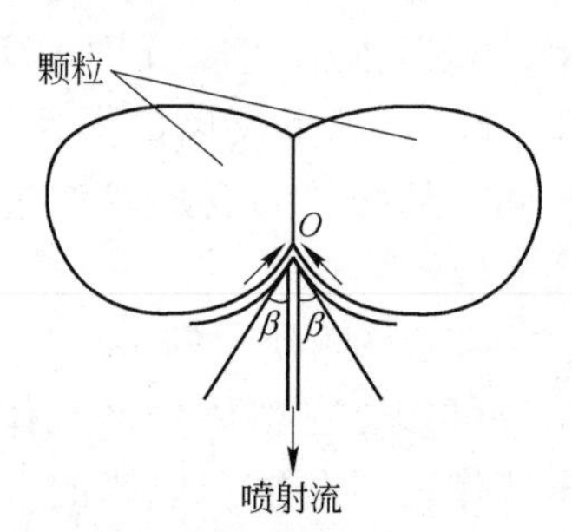

图 3　颗粒间对称碰撞焊接计算模型

$$\frac{1}{v_{f\infty}H_2/2}\psi(u,v)=2\Big[(1+\cos\beta)\arctan\frac{v}{1+u}-(1-\cos\beta)\arctan\frac{v}{1+u}+\arctan\frac{N}{M}-\arctan\frac{K}{J}\Big]\Big/[\pi(1-\cos\beta)] \tag{1}$$

复函数 z 的解：

$$\begin{cases}\dfrac{x}{H_2/2}=\Big\{(1+\cos\beta)\ln[(1+u)^2+v^2]-(1-\cos\beta)\ln[(1-u)^2+v^2]-\cos\beta\{\ln(M^2+N^2)+\ln(J^2+K^2)\}+2\sin\beta\Big(\arctan\dfrac{N}{M}+\arctan\dfrac{K}{J}\Big)\Big\}\Big/[\pi(1-\cos\beta)]\\ \dfrac{y}{H_2/2}=2\Big\{-(1+\cos\beta)\arctan\dfrac{v}{1+u}-(1-\cos\beta)\arctan\dfrac{v}{1-u}+\dfrac{1}{2}\sin\beta\{\ln[(u+\cos\beta)^2+(v-\sin\beta)^2]-\ln[(u+\cos\beta)^2+(v+\sin\beta)^2]\}-\cos\beta\Big(\arctan\dfrac{N}{M}-\arctan\dfrac{K}{J}\Big)\Big\}\Big/[\pi(1-\cos\beta)]\end{cases} \tag{2}$$

式中，$M=1+u\cos\beta+v\sin\beta$；$N=-v\cos\beta+u\sin\beta$；$J=1+u\cos\beta-v\sin\beta$；$K=v\cos\beta+u\sin\beta$。

在同一条流线上 $d\psi=0$，即 $d\psi=(\partial\psi/\partial u)du+(\partial\psi/\partial v)dv=0$，可得 $du/dv=-(\partial\psi/\partial v)/(\partial\psi/\partial u)$，也可写成：

$$dv=-du\cdot\frac{\partial\psi/\partial u}{\partial\psi/\partial v} \tag{3}$$

3.2 爆炸焊接流场内变形能的计算方法

爆炸焊接流场内的变形能可表示为：

$$dU=Y_0\cdot d\varepsilon_{eq}^{p}=Y_0\cdot\dot{\varepsilon}_{eq}^{p}\cdot dt \tag{4}$$

可见，变形能的计算归根到底是求解当量应变率[14]：

$$\dot{\varepsilon}_x-i\frac{\dot{\gamma}_{xy}}{2}=v_{f\infty}\frac{d\overline{V}^*}{dz}=\frac{\pi v_{f\infty}(1-\overline{V}^{2*})(1+2\cos\beta\,\overline{V}^*+\overline{V}^{2*})}{2(H_1+H_2)\sin^2\beta}=\frac{\pi v_{f\infty}(1-\overline{V}^{2*})(1+2\cos\beta\,\overline{V}^*+\overline{V}^{2*})}{2H_2(1+\cos\beta)} \tag{5}$$

式中，$V=u-iv$，把流线上各点计算出的速度分量 (u_i,v_i) 代入式（5），则可求出流线上各个点对应的应变率 $\dot{\varepsilon}_x$ 和 $\dot{\gamma}_{xy}$，最终通过积分公式（4）即可得到变形能。

3.3 爆炸焊接流场内的温度计算

文献[15]给出了拉格朗日坐标系下热力学第一定律形式的能量方程：

$$\frac{\mathrm{d}e}{\mathrm{d}t} = \frac{1}{\rho}P_{ij}\varepsilon_{ij} + \frac{1}{\rho}\frac{\partial}{\partial x_i}\left(\lambda\frac{\partial T}{\partial x_i}\right) + q_{\mathrm{R}} \tag{6}$$

式中，e 为单位质量流体所包含的能量；ρ 为介质密度；q_{R} 为单位质量流体接受的辐射热，在本问题中其值为0。根据的流体不可压缩的近似，对定常的爆炸焊接问题，可得到其在欧拉坐标的二维形式：

$$\alpha\left(\frac{\partial^2 T}{\partial x^2} + \frac{\partial^2 T}{\partial y^2}\right) - u\frac{\partial T}{\partial x} - v\frac{\partial T}{\partial y} + \frac{\overline{U}}{\rho c_{\mathrm{V}}} = 0 \tag{7}$$

式中，$\overline{U}$ 即是上文计算出的变形能。在本文所研究的问题中，所研究对象的各边界可近似认为是绝热的。结合上文对爆炸焊接流场中变形能的分析，可用差分法对其求解。

本文以铜材为例进行了计算，计算中考虑了绝热压缩对温升的贡献。采用的材料常数为 $\rho = 8930\mathrm{kg/m^3}$，质量定容热容 $c_{\mathrm{v}} = 385\mathrm{J/(kg \cdot K)}$，导温系数 $\alpha = 0.000117\mathrm{m^2/s}$，颗粒半径 $d = 50\mu\mathrm{m}$，颗粒初始温度取为 $T_0 = 273\mathrm{K}$。

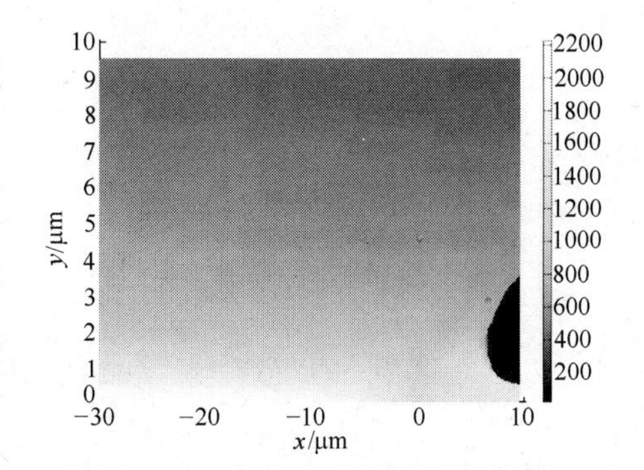

图4 焊接界面和驻点近区二维温度分布

图4所示为当来流速度为2000m/s、碰撞半角为15°时焊接界面和驻点附近的温度分布。可见，从来流到出流方向温度逐渐升高，从板的上表面到焊接界面温度也呈升高趋势；在焊接界面上，温度在驻点处最低，约为1100K，然后向出流和再入射流方向升高，在 $x = -30\mu\mathrm{m}$ 处，约为2200K，在 $x = 10\mu\mathrm{m}$ 处，约为1650K，均高于铜材的熔点（1629K），在驻点左方约4μm处材料开始熔化，在 $x = -30\mu\mathrm{m}$ 处焊接界面的熔层约为板厚的4%，再入射流方向材料也将发生熔化。图5所示为当来流速度分别为1000m/s、1500m/s、2000m/s时再入射流自由边界上的温度变化，可见，从来流向再入射流方向自由边界上的温度呈升高趋势，并且来流速度越大升温越高，这是由于这时材料的变形较大从而积聚的能量也更多的缘故。当来流速度和碰撞角不同时，爆炸焊接流场内的材料温升也将有所变化。图6所示为来流速度2000m/s，碰撞半角分别为5°、9°、12°、15°时和碰撞半角为15°，来流速度分别为500

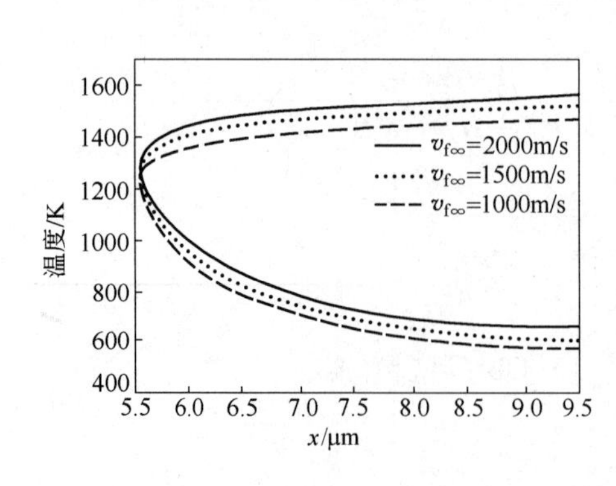

图5 来流速度不同时边界2上的温度分布

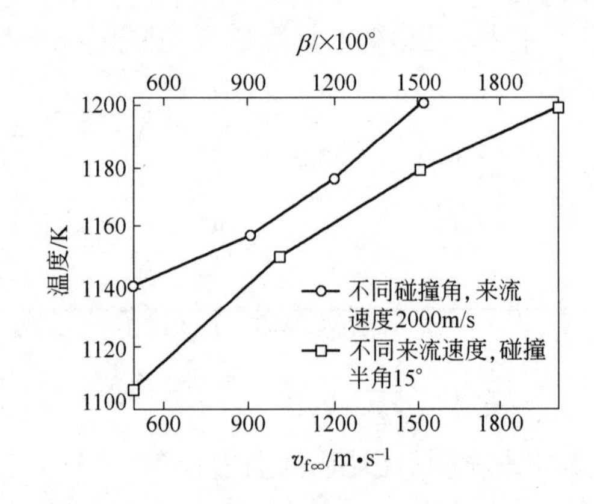

图6 不同的来流速度和碰撞角下驻点的温度

m/s、1000m/s、1500m/s、2000m/s 时驻点温升的变化，可见爆炸焊接引起的材料温升随来流速度和碰撞角度的增大而升高。

4 微摩擦焊接

4.1 考虑传热时颗粒界面温度的计算[16]

4.1.1 不考虑尺寸效应的影响

在爆炸粉末烧结的过程中，颗粒间的摩擦效应将使得摩擦界面上产生一热源并向颗粒内部传热，模型的热传导方程、初始条件和边界条件分别为：

$$\frac{\partial^2 T(x,t)}{\partial^2 x} = \frac{1}{\alpha}\frac{\partial T(x,t)}{\partial t} \tag{8a}$$

$$\begin{cases} T\big|_{x=\delta} = T_i \\ \left.\dfrac{\partial T}{\partial x}\right|_{x=\delta} = 0 \\ -k\left.\dfrac{\partial T}{\partial x}\right|_{x=0} = q(T_s,\ t) \\ \left.\dfrac{\partial^2 t}{\partial x^2}\right|_{x=\delta} = 0 \end{cases} \tag{8b}$$

将微分方程（8a）对热层 $\delta(t)$ 进行积分，并用如下三次多项式来表示热层内温度分布 $T(x,t)$：

$$T(x,t) = a + b\left(\frac{x}{\delta} - 1\right) + c\left(\frac{x}{\delta} - 1\right)^2 + d\left(\frac{x}{\delta} - 1\right)^3$$

$$0 \leqslant x \leqslant \delta(t) \tag{9}$$

可得到用于求表面温度 T_s 的一阶常微分方程：

$$\frac{4}{3k^2}\alpha q(T_s,t) = \frac{\mathrm{d}}{\mathrm{d}t}\left[\frac{(T_s - T_i)^2}{q(T_s,\ t)}\right],\ t > 0 \tag{10}$$

及初始条件

$$T_s = T_i,\ t = 0 \tag{11}$$

在爆炸烧结中，摩擦热功率仅受材料强度的影响，而材料强度只与温度有关，所以热功率仅是表面温度的函数，即

$$q(T_s,t) = q(T_s) \tag{12}$$

代入方程（10）并积分可得表面温度 $T_s(t)$ 与时间的关系：

$$\frac{4\alpha t}{3k^2} = \int_{T_i}^{T_s(t)} \frac{2(T_s - T_i)q(T_s) - q'(T_s)(T_s - T_i)^2}{q^3(T_s)}\mathrm{d}T_s \tag{13}$$

4.1.2 考虑尺寸效应时颗粒界面温升的计算

由于摩擦功率仅是表面温度的函数，因此由式（13）可以得到热层厚度：

$$\delta = \sqrt{12\alpha t} \tag{14}$$

若已知孔隙 ABC 的闭合时间，则由式（14）可求出相应的热层厚度 δ。爆炸粉末烧结的颗粒大小一般为微米甚至纳米量级，这里假设颗粒半径为 L，当 $\delta > L$ 或者 $t > t_L = \frac{L^2}{12\alpha}$ 后，热层概念将不再有物理意义，针对这种尺寸效应的影响颗粒界面摩擦升温的求解方法将有所不同。定义 t_L 为尺寸效应起作用的“特征时间”，而尺寸效应起作用时的颗粒直径定义为“临界尺寸”。这时可以假设温度分布为：

$$T(x,t) = a + bx + cx^2 + dx^3 (0 < x < L,\ t > t_L) \tag{15a}$$

而此时的边界条件为：

$$\begin{cases} \left.\dfrac{\partial T}{\partial x}\right|_{x=L} = 0 \\ \left.\dfrac{\partial T}{\partial x}\right|_{x=0} = -\dfrac{q}{k} \\ \left.\dfrac{\partial^2 T}{\partial x^2}\right|_{x=0} = 0 \end{cases} \tag{15b}$$

可得颗粒界面温度与时间之间的关系如下：

$$\frac{\alpha}{L}(t - t_L) = \int_{T_s(t_L)}^{T_s(t)} \frac{12k - 5Lq'}{12q} \mathrm{d}T_s \tag{16}$$

4.2　计算分析

在计算出孔隙闭合时间和粉末材料的特征时间后，为确定考虑尺寸效应影响与否从而可利用式（13）或式（16）对爆炸粉末烧结过程中颗粒界面的温升进行求解。以铁粉为例对颗粒直径分别为 1nm、10nm、100nm、1μm、10μm、20μm、50μm、100μm 的铁粉在 1 ~30GPa 的冲击压力下爆炸烧结后颗粒界面的升温进行了计算，计算中所采用的参数见表1。

表1　计算中所采用的材料参数

界面初始温度/K	密度 /kg · m^{-3}	热传导系数 /W · m^{-1} · K^{-1}	热扩散系数 /m^2 · s^{-1}	剪切强度 /MPa	温度系数	材料特征温度/K	温度软化系数
298	7850	62. 3	18. 1 × 10^6	350	0. 00028	573	0. 0046

图 7 和图 8 所示为不同尺度和不同压力下颗粒界面的温升。由计算结果可见，随颗粒大小和冲击压力的增大，界面的摩擦升温变大。当颗粒直径为微米量级或大于微米量级时，在适当的冲击压力下，颗粒表面温度很容易达到其熔点，从而粉末更容易烧结；而当颗粒直径降到纳米量级时，即使提高冲击压力，颗粒表面温升也很难达到其熔点，这一方面是因为随着粒度的变小，颗粒的总的表面积增大将使得热能量密度变小，另一方面是因为随着粒度的变小热传导速度变大的缘故。比较 $t_L = \frac{L^2}{12\alpha}$ 和孔隙闭合时间可知，当颗粒大

小降到纳米量级时，应考虑尺寸效应的影响。图 8 反映的是纳米尺度下尺寸效应对颗粒界面摩擦升温的影响，其中虚线为不考虑尺寸效应时的界面温升，不难发现当颗粒越小时，尺寸效应越明显。

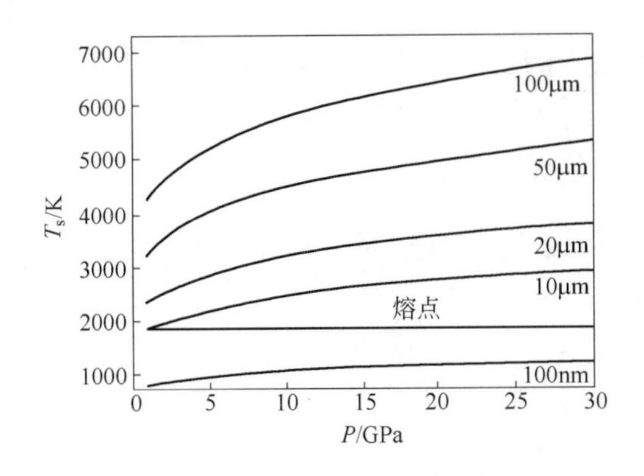

图 7　不同粒径、冲击压力下颗粒界面摩擦温升

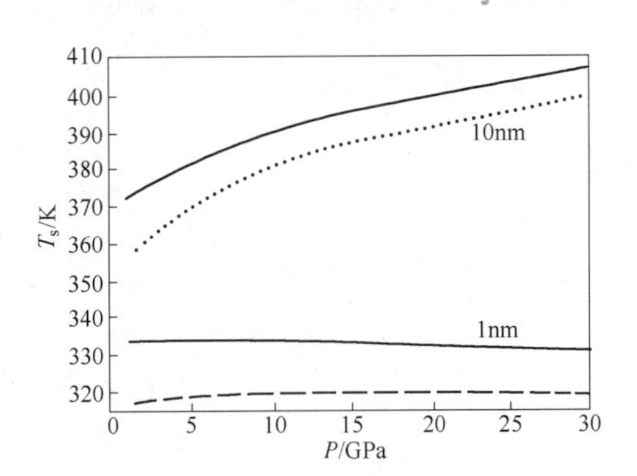

图 8　纳米尺度颗粒在不同冲击压力下的界面摩擦温升

5　微孔隙塌缩

5.1　不可压缩一维球对称塑性流动基本方程

当粉末颗粒间的横向碰撞速度小于产生射流的下限条件时，孔隙将以塑性塌缩的形式闭合。在冲击波的作用下孔隙闭合的最终阶段，当孔隙尺度远小于激波上升前沿厚度时，可将孔隙闭合现象视为厚壁球壳在准等静压下的闭合，从而可忽略孔隙闭合的二维效应而只考虑球形孔隙的一维闭合运动。因此不妨采用 M. M. Carrol 和 A. C. Holt[17] 所提出的空心球壳模型来考察孔隙闭合的塑性沉能过程。同时，由于在冲击压缩过程中，孔隙产生强烈的大变形塑性流动，弹性变形量相对于塑性变形量可以忽略不计因此材料采用理想刚塑性模型。计算模型如图 9 所示，内半径为 a、外半径为 b 的空心球壳承受内压 p_a 和外压 p_b 的作用发生塑性流动。文献[18]给出了计入热效应的球壳的运动形式、应力分布和温度分布的计算方法：

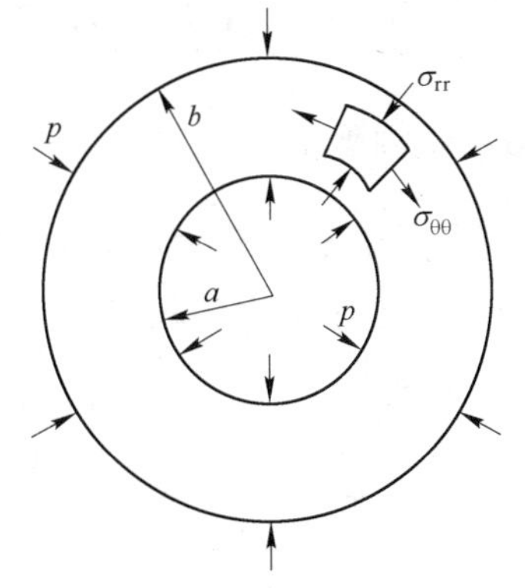

图 9　受压球壳截面图

$$\frac{\mathrm{d}T}{\mathrm{d}t} = -\frac{2D\cdot(\sigma_{rr}-\sigma_{\theta\theta})}{\rho\cdot c_V\cdot r^3} + \alpha\left(\frac{\partial^2 T}{\partial r^2} + \frac{2}{r}\cdot\frac{\partial T}{\partial r}\right) \tag{17}$$

$$\sigma_{rr} = -p_a - 2\int_a^r \frac{\sigma_{rr}-\sigma_{\theta\theta}}{r}dr - \rho\left(\frac{1}{r}-\frac{1}{a}\right)\dot{D} + \frac{\rho}{2}\left(\frac{1}{r^4}-\frac{1}{a^4}\right)D^2 \tag{18}$$

$$\dot{D} = \frac{\left[\dfrac{p_a - p_b}{\rho} - \dfrac{D^2}{2}\left(\dfrac{1}{b^4}-\dfrac{1}{a^4}\right) + 2\displaystyle\int_a^b \frac{\sigma_{rr}-\sigma_{\theta\theta}}{\rho r}\mathrm{d}r\right]}{\left(\dfrac{1}{a}-\dfrac{1}{b}\right)} \tag{19}$$

式中，ρ 为介质的密度；σ_{rr} 和 $\sigma_{\theta\theta}$ 是径向应力和环向应力；c_V 为材料的质量定容热容；α 为材料的导温系数；T 为温度；r 、t 是径向坐标和时间坐标。

5.2　热黏塑性球对称的一维运动解法

根据塑性力学原理可知，对于刚塑性材料，当采用 Tresca 屈服条件时，球对称下塑性流动的条件为：

$$\sigma_{rr} - \sigma_{\theta\theta} = \sigma(\varepsilon, \dot{\varepsilon}, T) \tag{20}$$

式中，σ 为材料强度；ε 为应变；$\dot{\varepsilon}$ 为应变率。这样，求解空心球壳的运动和温度的方程（20）就转化为：

$$\begin{cases} \dot{D} = \dfrac{\dfrac{p_a - p_b}{\rho} - \dfrac{D^2}{2}\left(\dfrac{1}{b^4} - \dfrac{1}{a^4}\right) + 2\displaystyle\int_a^b \dfrac{\sigma}{\rho r}\mathrm{d}r}{\dfrac{1}{a} - \dfrac{1}{b}} \\ \dot{T} = -\dfrac{2D\sigma}{\rho c_V r^3} + \alpha\left(\dfrac{\partial^2 T}{\partial r^2} + \dfrac{2}{r} \cdot \dfrac{\partial T}{\partial r}\right) \end{cases} \tag{21}$$

参量之间的关系如下：$b^3 - a^3 = b_0^3 - a_0^3$（不可压缩条件）；$\sigma_{rr} - \sigma_{\theta\theta} = \sigma(\varepsilon, \dot{\varepsilon}, T)$（本构条件）；$\varepsilon = \dfrac{\mathrm{d}r}{r}$；$\dot{\varepsilon} = \dfrac{\mathrm{d}u}{\mathrm{d}r}$；$u = \dfrac{D}{r^2}$；$\sigma_{rr} = -p_a - 2\displaystyle\int_a^r \dfrac{\sigma}{r}\mathrm{d}r - \rho\left(\dfrac{1}{r} - \dfrac{1}{a}\right)\dot{D} + \dfrac{\rho}{2}\left(\dfrac{1}{r^4} - \dfrac{1}{a^4}\right)D^2$。当给定初始条件及材料常数后，将球壳在一维方向上等间距离散，选取适当的时间步长 $\mathrm{d}t \leqslant \dfrac{\rho c_V(\Delta x)^2}{2k}$，其中 Δx 为节点间距，就可对方程组（21）进行求解。

5.3　算例及分析

以铜材为例进行计算，材料受恒定突施载荷 $p_b = 1\mathrm{GPa}$ 作用。球壳内半径 a_0 分别取 5mm、5μm 和 5nm，相应的外半径 b_0 分别取 10mm、10μm 和 10nm，初始速度 $u_0 = 0$，温度 $T_0 = 298\mathrm{K}$，其他参数如表 2 所示，其中 A、B、n、C、m 为 Johnson-Cook 本构模型参数。

表 2　无氧紫铜热力学参数和本构参数

ρ /kg · m^{-3}	k /W · m^{-1} · K^{-1}	α /m^2 · s^{-1}	c_V /J · kg^{-1} · K^{-1}	T_m/K	A/MPa	B/MPa	n	C	m
8930	386	0. 000113	383	1356	90	292	0. 31	0. 025	1. 09

颗粒采用带有应变率强化和温度软化的热黏塑性 Johnson-Cook 本构模型，当球壳在收缩到最后时，其内表面的温度可达到或超过材料的熔点，这时材料处于黏性流体状态，采用黏性流体模型[14]：

$$\sigma = \mu \cdot \exp[-0.0046(T - 1356)] \cdot \dot{\varepsilon} \tag{22}$$

式中，μ 为黏性系数，计算中对铜取其熔点以上的 $\mu = 3 \times 10^{-3}\mathrm{Pa \cdot s}$。

图 10 为当颗粒内径分别为 5mm、5μm 和 5nm 时无量纲内半径上的温度变化曲线。在球壳收缩的初始阶段，其内壁的温度缓慢上升，而当无量纲内径减小到 0. 1 左右时，球壳

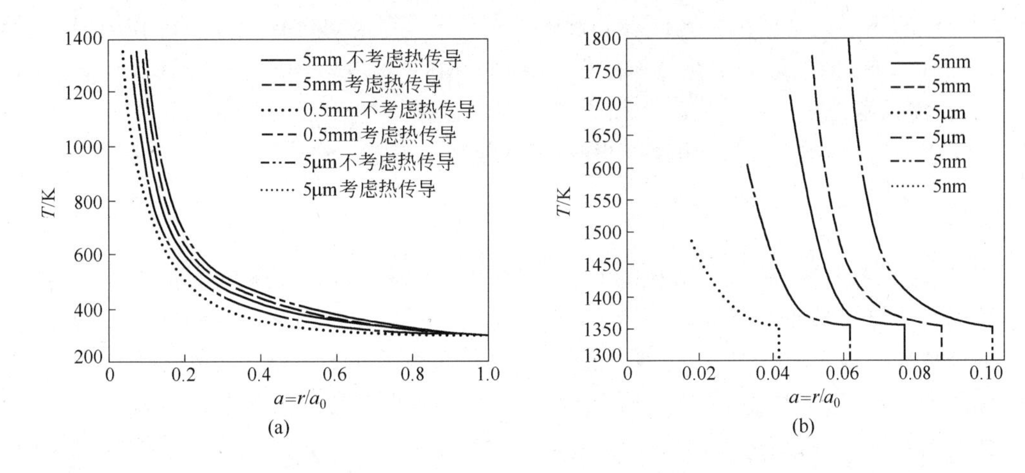

图 10 球壳收缩过程中内表面温度与无量纲内半径关系
（a）球壳内壁熔化前；（b）球壳内壁熔化后

内壁温度急剧上升并达到材料的熔点。这说明在球壳收缩的初始阶段，材料为弹塑性状态，而随着应变率的提高和温度的上升，使得材料强度降低，这反过来又将导致应变率的进一步提高，温度进一步上升直至达到材料的熔点，当球壳内壁熔化处于流体状态以后，材料强度突然下降，球壳收缩速度加快，同时由于黏性的作用，材料温度将进一步上升直至球壳完全闭合，材料在整个过程中完成了从弹塑性模型到流体模型的过渡。当不考虑热传导效应时，球壳尺寸越小，无量纲内径上的温升越高；而考虑热传导效应时，随着球壳尺寸变小降至纳米量级时，热传导的影响较为明显，热传导的作用将使得球壳内壁升温相对较慢，这在说明了热传导在小尺度下作用效果更明显的同时也说明了不同尺度下的球壳的温升是尺度效应和热传导效应相互竞争的结果。

当内径为 0 时，球壳运动停止，球壳闭合过程中无量纲体积上的温度分布如图 11 所示。从计算结果看，球壳内壁在收缩到内部时，由于巨大的变形量，造成了相当高的局部温升。在温升使球壳的内表层失强后，球壳的高速收缩会使内表面具有相当高的应变率，液态金属黏性的作用会继续产生能量沉积，这样使得球心熔化。因此，在粉末材料中的类似于球壳的孔隙塑性塌缩闭合完全会产生不均匀的能量沉积，造成局部熔化，但这种塌缩

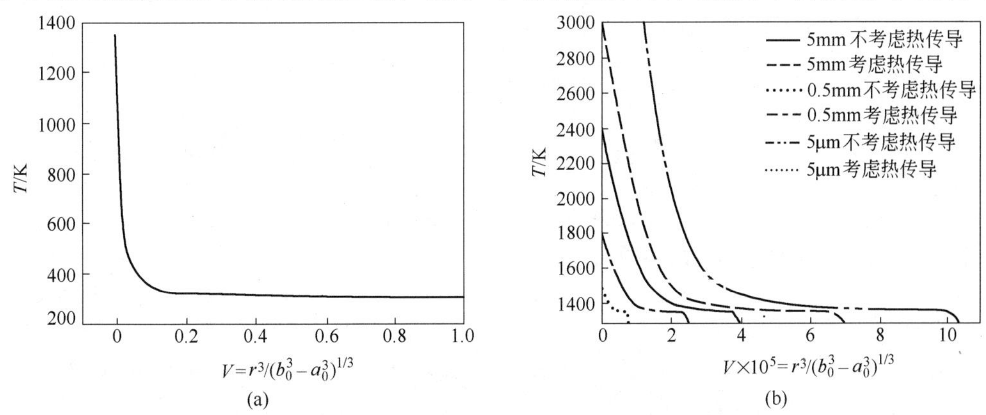

图 11 球壳运动停止时无量纲体积上的温度分布
（a）球壳内壁熔化前；（b）球壳内壁熔化后

闭合所形成的高温区是极小的区域。分析结果表明，当考虑热传导效应，球壳内径分别为5mm、5μm、5nm时，球心熔化体积比例为3.89×10^{-4}：6.92×10^{-4}：$10.31\times10^{-4}=0.38$：0.67：1；而当考虑热传导效应时，相应的比例为3.89×10^{-4}：2.52×10^{-4}：$0.79\times10^{-4}=4.92$：3.19：1，说明尺度变小时，随着热传导效果更突出，使球心的熔化体积变大。

6　结论

（1）爆炸粉末烧结过程中颗粒的变形主要集中于表面区域。颗粒间能量沉积的方式主要有微爆炸焊接、微冲击摩擦焊接、微孔隙塌缩等。同排颗粒之间由于横向碰撞的作用存在着微爆炸焊接现象。在上下两排颗粒之间将经历超声速碰撞—爆炸焊接—强度限下的塑性孔隙闭合三种形式的沉能方式，爆炸焊接在冲击速度较低的情况下也可能不发生，此时，在声速限以上将表现为强烈的冲击波效应和摩擦升温，而强度限以下则表现为塑性孔隙闭合的过程。

（2）爆炸焊接引起的能量沉积主要集中于焊接界面附近并引起较高的温升；在焊接界面上，驻点的温度最低，向出流和再入射流方向温度都呈升高趋势。在适当的来流速度和碰撞角下，微爆炸焊接沉能将使颗粒界面层熔化。由爆炸焊接引起的材料温升随来流速度、碰撞角的增大而升高。

（3）冲击摩擦引起的颗粒界面的温升与材料特性、颗粒度、冲击角度、冲击压力等因素有关，在适当的冲击压力和颗粒直径下，由摩擦产生的热量使界面产生熔化。随着颗粒直径的增大和冲击压力的提高，材料的界面温升更容易达到其熔点温度；而当颗粒直径降到纳米量级时，由于颗粒总表面积的变大和热传导速度的加快颗粒表面温升也很难达到其熔点，烧结难度变大。

（4）在球壳收缩的初始阶段，材料为弹塑性体，其内壁的温度缓慢上升，而当无量纲内径减小到0.1左右时，热软化效应明显，球壳内壁温度急剧上升并达到材料的熔点。球壳收缩的过程中，内壁近区的温升远远高于其他区域，熔化仅限于靠近球壳内壁的很薄的一层。在不考虑热传导效应时，球壳尺寸越小，无量纲内径上的温升越高。随着球壳尺度的变小，传导效应对球壳内壁温升的影响越来越明显，这是由于热传导的作用球壳内壁升温相对较慢所致。不同尺度下的球壳的温升是尺度效应和热传导效应相互竞争的结果，球壳尺寸越小，热传导效应的影响所占的比重越大。

参考文献

[1] 王礼立，余同希，李永池．冲击动力学进展[M]．合肥：中国科学技术大学出版社，1992：323～354.

[2] Laszlo J. Kecskes, Ian W. Hall. Microstructural effects in hot-explosively-consolidated W-Ti alloys. J. Mater. Proc. Tech. 1999, 94: 247～260.

[3] Szewczak E, Matyja H, Paszula J, et al. Explosive consolidation of mechanically alloyed Ti-Al alloys. Acta. Mater. 1999, 47: 2567～2579.

[4] S. Ando, Y. Mine, K. Takashima, et al. Explosive compaction of Nd-Fe-B powder. J. Mater. Proc. Tech. 1999, 85: 142～147.

[5] H. Thomas, O. T. Inal. Metallic/Cermet laminates from explosively consolidated powders. Scripta Mater. 1999, 40: 1341～1345.

[6] Tanimoto H, Pasquini L, Prummer R, et al. Self-diffusion and magnetic properties in explosive densified nanocrystalline Fe. Scripta mater. 2000, 42: 961 ~ 966.

[7] Shao Binghuang. Explosive consolidation of amorphous cobalt-based alloys. J. Mater. Proc. Tech. 1999, 85: 121 ~ 124.

[8] Bengmann O R, Barrington J. Effect of explosive shock waves on ceramic powders. J. Am. Ceram. Soc. 1966, 49: 502.

[9] 李晓杰，张凯，董守华．高转化率冲击合成金刚石微粉[J]．大连理工大学学报．1994，34(6)：243 ~ 244.

[10] 高举贤，秦建武．纳米磁性粉末成形新工艺——爆炸烧结[J]．金属功能材料．1995，4(5)：199 ~ 201.

[11] Mamalis A G, Vottea I N, Manolakos D E, et al. Fabrication of metal/sheathed high-Tc superconducting composites by explosive compaction/cladding: numerical simulation. Mater. Sci. Eng. B 2002, 90: 254 ~ 260.

[12] 王金相，张晓立，等．爆炸粉末烧结颗粒沉能和温度分布规律分析[J]．科学技术与工程．2007，7(21)：5479 ~ 5484.

[13] Wang Jinxiang, LiXiaojie, Wang Zhanlei, Chen Tao. Calculation of temperature field near stagnation point in explosive welding. China Welding. 2006, 15(3): 41 ~ 45.

[14] 邵丙璜，张凯．爆炸焊接原理及其工程应用[M]．大连：大连工学院出版社，1986：188 ~ 205.

[15] 潘文全．工程流体力学[M]．北京：清华大学出版社，1988：274 ~ 277.

[16] M. N. 奥齐西克．热传导[M]．俞昌铭译．北京：高等教育出版社，1984：360 ~ 383.

[17] M. M. Carrol, A. C. Holt. Static and dynamic pore-collapse relations for ductile porous materials. J. Appl. Phys. 1972, 43(4): 1626 ~ 1635.

[18] Wang Jinxiang, Li Xiaojie. Research of energy deposition caused by pore collapse. Combustion, Explosion and shock waves. 2005, 41(3): 357 ~ 362.

爆炸法在制备碳材料中的应用

魏贤凤[1,2]　韩　勇[1]　黄毅民[1]　龙新平[3]

（1. 中国工程物理研究院化工材料研究所，四川绵阳，621900；
2. 北京理工大学机电工程学院，北京，100081；
3. 中国工程物理研究院，四川绵阳，621900）

摘　要：爆炸法以其速度快、效率高、能耗低、操作工艺简单等优点成为制备新型碳材料的有效方法。本文对利用爆炸法制备碳材料进行了分析，分别介绍了爆炸法制备纳米金刚石、纳米石墨的原理、制备方法以及影响因素；对爆炸法制备富勒烯的可行性进行了理论分析。在爆炸法制备碳材料实验中，选择合适的炸药，使爆炸产生的压力和温度适合所需材料合成是很重要的，而且冷却介质和惰性气体的存在等外界因素对爆炸合成有重要的影响。
关键词：爆炸法；纳米金刚石；纳米石墨；富勒烯

The Applications of Detonation Technique in Carbon Materials Synthesized

Wei Xianfeng[1,2]　Han Yong[1]　Huang Yimin[1]　Long Xinping[3]

(1. Insititute of Chemical Materials, China Academy of Engineering Physics (CAEP), Sichuan Mianyang, 621900; 2. School of Mechano – Electronic Engineering, Beijing Institute of Technology, Beijing, 100081; 3. China Academy of Engineering Physics (CAEP), Sichuan Mianyang, 621900)

Abstract: Detonation technique has became an effectual method in carbon material synthesis for its advantage of time-saving, low cost, and easy operation. The applications of detonation technique in carbon materials were analyzed. The forming mechanism, operating process and influencing factors in nano-diamond and nano-graphite preparation by detonation technique were introduced. The feasibility of preparing fullerenes via detonation technique was theoretically proved. As appropriate pressure and temperature are required during the carbon material synthesis process, choosing a right explosive is the key, meanwhile, the influence of other factors such as refrigerants and inert gases are critical as well.
Keywords: detonation technique; nano-diamond; nano-graphite; fullerenes

1　引言

碳是自然界中分布最广泛的元素之一，碳原子间最常见的是以 sp、sp^2、sp^3 键杂化形成的三种同素异形体，即卡宾炭（Linear Carbon Carbyne，也称线性炭）、石墨、金刚石。碳原子间键的杂化形式的不同，所形成的物质的物理及化学性质也不同，如：石墨（sp^2

杂化）质软，具有一定的吸附性能，可做润滑剂[1]；金刚石（sp^3 杂化）质硬，多用做磨具[2]，纳米级别的金刚石用作润滑剂的添加剂等[3]。富勒烯较石墨和金刚石发现的晚，但其独特的笼状结构引起了科学家们的极大兴趣，其在电、光、磁方面的特性在应用方面显示了诱人的前景[4,5]。

炸药的主要固态产物是碳。长时间来，炸药及其爆轰通常用在军事和民用爆破上，研究者们对炸药开展的研究主要集中在如何获得高能炸药，如何提高其安全性以及如何提高炸药性能以得到更高的爆轰能量。20 世纪 80 年代后期，苏联和美国研究者利用负氧平衡炸药成功制备了纳米金刚石[6,7]，这一工作开启了炸药应用的新局面——爆炸法制备新材料。炸药发生爆轰反应时，会产生高温高压，使添加的物质发生分解、裂解或相变，破坏前驱物质的结构，从而使所有原子或部分原子之间发生重新组合，形成新的材料，这种利用炸药合成某种材料的化学反应方法称为爆炸法。爆炸法以其速度快、效率高、能耗低、操作工艺简单等优点成为制备新型材料的有效方法。爆炸法最先应用于纳米金刚石的研究开发，目前已经被推广到多种材料的研究中，如纳米石墨[8,9]、碳纳米管[10]、碳包覆金属材料[11]等，近几年又出现了关于爆炸法制备富勒烯[12,13]和石墨烯[14]的研究报道。本文重点对爆炸法在碳材料制备方面的应用做简要介绍。

2 爆炸法制备纳米金刚石

爆炸法是目前唯一可以大量制备纳米金刚石的方法。爆炸法制备纳米金刚石（又称超微金刚石 Ultrafine Diamond，UFD）又分为两类：一是利用负氧平衡炸药中的碳形成的纳米颗粒；二是在炸药中加入石墨或其他含碳物质。炸药爆轰过程十分复杂，瞬间产生多种反应产物，并且随着爆轰反应区域环境条件的不断变化，爆轰产物之间也发生反应。研究者们早已通过控制炸药反应条件，成功地利用负氧平衡炸药制备出了金刚石，并且工艺条件日益成熟[15]。在我国，1992 年，徐康等[16]开始进行爆炸法制备纳米金刚石的研究，在金刚石的制备、分离、分散和应用方面做了大量工作。北京理工大学恽寿榕领导的科研小组在爆炸法制备金刚石的研究方面同样做了大量工作，周刚提出了“碳液滴”相变机理[17]，李世才博士提出了 UDD 合成机理中“尺寸由爆温限制”的理论[18]。

2.1 爆炸法制备金刚石原理

以负氧平衡炸药爆轰合成纳米金刚石为例，其原理[19]：负氧平衡炸药爆轰时产生高温（2000～3000K）、高压（20～30GPa）条件，爆轰形成的初始冲击波压缩炸药，使其分子吸收能量，导致温度升高，原子振动加剧，原子间的结合键断裂后形成各种活泼的自由基团，并很快形成气体分子，类气态碳自由基则形成小的液珠，并在周围充满高密度的热气体分子的有限空间中通过多次碰撞而长大，长大后的碳液滴在反应区内或反应区后结晶成纳米金刚石颗粒。

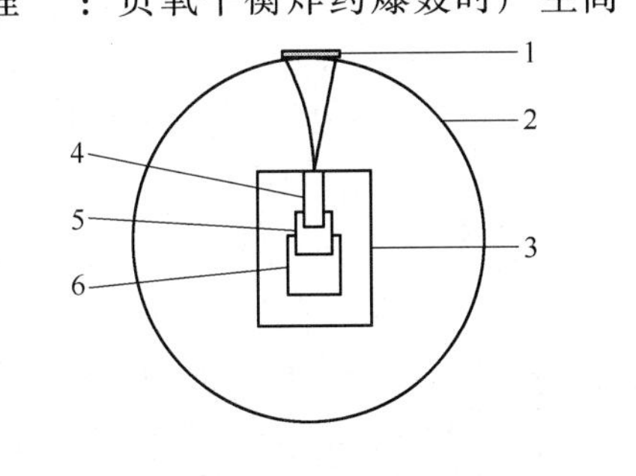

图 1 爆轰合成装置示意图

1—爆炸容器接口；2—爆炸容器；3—水；4—雷管；5—引爆药柱；6—药柱

爆炸法制备纳米金刚石装置如图 1 所示[20]。

一般来讲，纳米金刚石的制备过程是：将所用炸药按比例混合，放入近似圆形的密闭容器中，起爆前装置抽真空，并充入 CO_2、N_2 等保护气体，或在药柱外包裹有保压和冷却剂作用的物质，如吸热作用的水、冰和热分解盐类，反应后收集到的致密相回收物先过筛除去杂物，然后进行提纯和表征。回收物中杂质以石墨为主，常用的腐蚀石墨的氧化剂有高氯酸（$HClO_4$）、浓硫酸（H_2SO_4）、浓硝酸（HNO_3）、高锰酸钾（$KMnO_4$）、重铬酸钾（K_2CrO_7）等[21]。2000 年，北京理工大学的陈鹏万等人[22]采用浓硫酸和高锰酸钾混合液，对爆轰合成的纳米金刚石进行提纯，以去除石墨和无定形碳，为纳米金刚石的提纯提供了一种高效、经济、安全、污染小、投资少的新方法。

2.2　爆轰合成纳米金刚石实验条件的选择

爆炸法制备纳米金刚石成功的关键在于炸药爆轰产生的压强和温度能够使金刚石形成并稳定存在。如图 2 所示，在爆轰法制备纳米金刚石的研究中，炸药爆炸产生的压力在图 2 Ⅴ 区域时，金刚石才能稳定存在[23]。

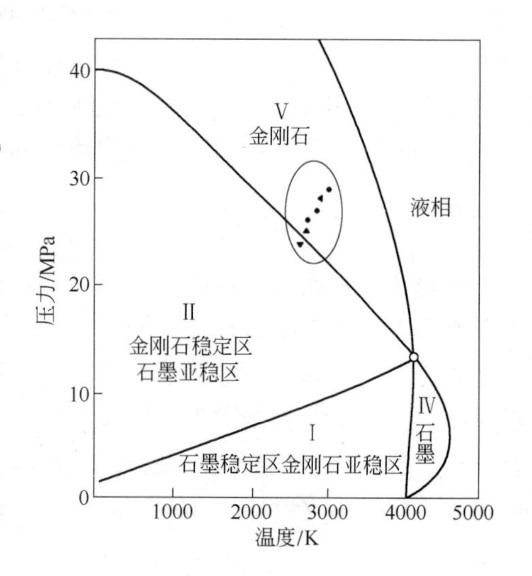

图 2　碳的相图

研究者们尝试了不同种类的炸药，例如 TNT 与 RDX、HMX、PETN 按不同比例混合的炸药。虽然各种炸药配比的实验都能成功制得纳米金刚石，但是其产率有所不同。目前，合成 UFD 的常用方案是采用富碳炸药和高能炸药结合，一般为 TNT/RDX、TNT/HMX，经过试验验证，TNT/RDX 的配比在为 60/40 左右得率最大[24]。以 TNT/RDX 为例，TNT 是负氧平衡炸药，其主要作用是提供碳，这些碳中的一部分能够转化成纳米金刚石；RDX 是近似零氧平衡炸药，主要作为爆轰的主体，产生高压，使 TNT 提供的碳发生转化。基本上，TNT 和 RDX 的装药形式有两种：一种是混合装药，这种装药形式是早期爆炸法合成金刚石实验时经常被采用的，但爆轰时此药柱产生的压力比较低，所以多余的碳在爆轰过程中能够转化为纳米金刚石的量就比较少，因此，纳米金刚石产率很低；另一种是产生马赫反射效应的装药形式[25]，这种装药方式是研究者们针对第一种装药方式爆轰压力低的缺点提出的，此种装药方式利用了爆轰时内部 TNT 药柱与外部 TNT 和 RDX 混合药柱的爆速不同，从而形成马赫反射，产生强爆轰，使炸药爆轰时的压力增大，在这样高的压力下，多余的碳才能更多地转化成纳米金刚石，实验结果显示，这种方式合成纳米金刚石的产率比混合装药方式提高了 2 ~ 3 倍，一般为 8% ~ 10%，最高可达 11.25%[26]。

制备过程中，保护介质对纳米金刚石产率同样会有影响。保护介质在爆轰产物膨胀阶段有保压作用，在纳米金刚石的合成过程中有重要作用[27]。当保护介质为气体时，爆轰产物经过侧向稀疏后已经进入石墨稳定相区，而石墨的热稳定性又高于金刚石，这样很大一部分碳来不及相变成金刚石而直接相变为石墨，造成金刚石得率的降低。当保护介质为水或盐类时经侧向稀疏后状态还保持在金刚石稳定区，且能维持一段时间，有利于金刚石的生成。水的比热比较大，用水作为保护介质可以使爆炸产物迅速冷却，金刚石相以相对较快的速度冷却从而降低了石墨化程度，提高了金刚石得率，目前常用的有水套法[28]、水下法[29]等。

另外，催化剂、装药直径、同一直径下的药量、装药约束条件和起爆方式对金刚石的产率也有影响[30]。通过上述分析可以得出，爆轰环境下金刚石的形成需要相对较高的压力及温度场做保证，其产率较高。否则，爆轰产生的压力及温度低于金刚石在碳相图中的V位置，即使有金刚石产生，其产率也较低。经过研究者们的不断努力和完善，目前国内对爆轰合成纳米金刚石的研究已经由理论转向生产和应用，有数条生产线已经建成，并进行了一定的应用研究[31]。

3 爆炸法制备纳米石墨

纳米石墨是指纳米尺度大小的石墨或石墨片，其结构为多面体，各面由3～6层7～8nm大小的石墨片堆叠而成。比较成熟的纳米石墨制备方法有以下几种：超声波法、脉冲激光液相沉积法、电化学法、高能球磨法等 。在爆轰法制备纳米金刚石基础上逆向思维，通过调整炸药成分、爆轰时的环境气氛和制备工艺参数，制备出了基本不含纳米金刚石的纳米石墨粉。爆炸法是目前大量制备纳米石墨的有效方法。

用炸药爆炸法合成纳米石墨的原理为[32]：利用负压平衡炸药爆轰产生的游离态碳，在高温高压条件下进行结构重组，形成石墨结构，由于快速冷却，石墨晶粒来不及长大，表现为纳米尺寸，爆炸法制备纳米石墨，其碳的物态变化为气态→液态→固态。爆炸法制备纳米石墨装置见图3[33]，制备过程如下：将药柱置于反应容器中间位置，装置抽真空，以一定压强的CO_2或N_2等作保护气体，或直接以水作保护介质后起爆，待装置内产物沉积完毕，排除废气，收集容器内固态产物，进行提纯检测。爆炸反应完成后收集到的黑色固体产物中含有雷管壳及导线损坏后的固体，通过过筛的方法将其除去。将剩余的固体用酸液浸泡。

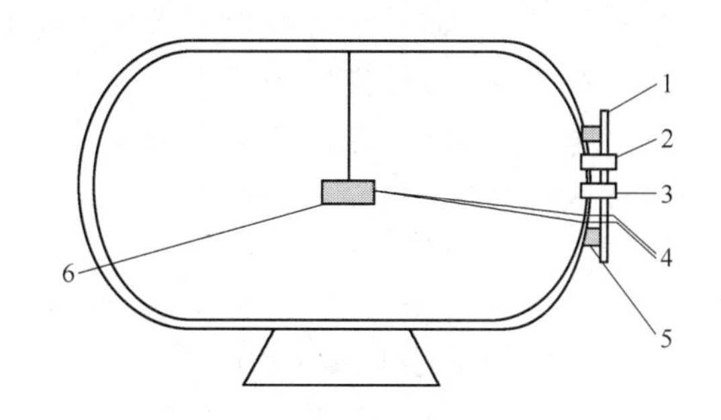

图3 爆炸法制备纳米石墨装置示意图
1—罐盖；2—接真空泵；3—保护气体入口；
4—接起爆器；5—密封圈；6—药柱

与爆炸法制备纳米金刚石一样，纳米石墨的成功制备也需要适宜的压强及温度场。为使所用炸药的爆轰产生的环境条件处于或趋于碳相图中的石墨相稳定区，需要控制炸药成分。研究表明：选择不同炸药成分和反应时的环境条件，可使爆炸后残留下的游离态碳形成不同比例的纳米金刚石和纳米石墨。

炸药种类与保护介质种类对爆轰合成纳米石墨的产率与性质都有很大影响。2000年，文潮等[34]用自行设计的爆炸罐，采用负氧平衡炸药（纯TN与RDX 80/20混合炸药），不充任何保护气，爆炸后将产物进行过筛、离心分离、洗涤干燥，得到颗粒分布在2～22nm的纳米级石墨粉，得率分别为16%和13%。2003年，文潮等[35]用不同密度的TNT药柱进行了爆轰实验，实验结果显示密度增加，纳米石墨产量增加。2003年，刘晓新等[36]采用负氧平衡法（纯 TNT 药柱），容器压力小于 100MPa，然后再分别在容器中预充入氮气、氩气、二氧化碳等气体，爆炸后得到纳米石墨平均团聚粒度为 21.7nm，团聚后的颗粒度在 60nm 以下。2005 年，姚惠生等[9]研究了以水为保护介质，采用炸药爆炸法制得的中位径达到 9.3nm，比表面积达到 1116.2m^2/g，同时他们得出结论，以水做保护气体纳米石墨的得率比在气体介质中高很多。

4　爆炸法制备富勒烯可行性分析

1985 年，Kroto 等人[37]用激光蒸发石墨法发现了 C_{60}、C_{70}的存在，但是只获得了数以千计的 C_{60}分子。1990 年，Kratshmer 和 Huffman[38]首次成功获得了含量为 1% 的富勒烯烟灰，富勒烯的制备、形成机理、理论计算及应用等相关研究工作迅速展开。1992 年，Smalley 等[39]与 Ebbesen 等[40]分别对富勒烯形成机理进行了研究。1998 年，Blank 和 Buga 等[41]对高压下 C_{60}的聚合态做了详细的分析研究。他们的工作为富勒烯制备条件的控制提供了理论上的指导。中国科学院化学研究所、中国科学院物理研究所、北京大学、浙江大学、复旦大学、南京大学、吉林大学等研究所和高校开展了富勒烯的合成及分离的相关研究工作，并取得了一定成果，在国际上产生了重要的影响[42]。

1998 年，Faust 从理论上指出利用炸药爆炸可以制备出富勒烯[43]，但是目前为止，相关的实验研究却很少。富勒烯作为碳的一种同素异形体，利用爆炸法制备富勒烯的研究是必须进行的，这对研究爆轰产物中固态碳的多样性，对更好地理解碳的相图具有重大意义，同时能够提高炸药爆轰性能预测的准确性以及优化利用爆轰法合成新型碳材料的工艺条件。

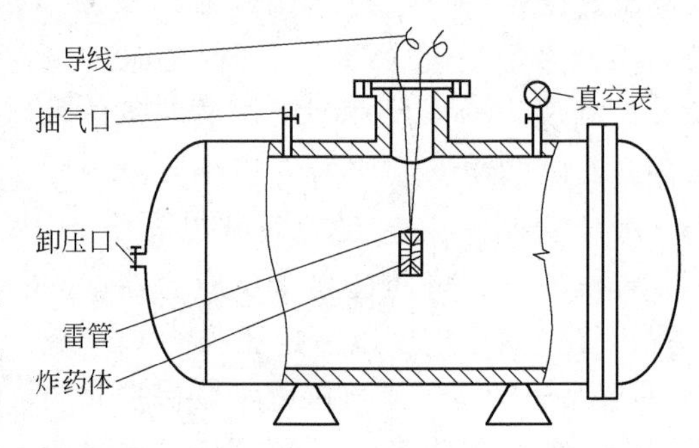

图 4　爆炸容器示意图

2007 年，李晓杰等[44]采用硝酸铁（$Fe(NO_3)_3 \cdot 9H_2O$）、尿素（$CO(NH_2)_2$）熔融，与黑索今（RDX，$C_3H_6N_6O_6$）按一定比例混合、爆炸的方法来制备碳包覆铁碳化合物。实验所采用的反应容器见图 4。在对爆炸产物进行表征时，在 X 射线和投射分析的结果中发现，爆轰产物中不仅有包覆结构，还有富勒烯的存在，TEM 照片见图 5。

作者在对这一研究工作进行总结时，认为在整个爆轰过程中，Fe 不仅参与化合反应，生成 $Fe_{2.5}C$，而且起到触媒催化作用，使反应中有部分富勒烯生成。根据爆轰前测得的炸药密度 1.05g/cm^3，利用 BKW 状态方程计算可得爆轰温度为 2618℃。

2008 年，朱珍平等[45]采用爆炸辅助气相沉积法成功制备出 C_{60}。朱珍平等研究发现：C_{60}的形成与沉积区的温度密切相关，是气相碳簇在合适的温度下退火沉积的结果。因为富勒烯是亚稳态的零维纳米结构，它不会在热力学平衡状态或近似平衡状态条件下形成，所以退火温度过高不会形成 C_{60}。另外，五元碳环是 C_{60}形成的关键，五元碳环的形成需要相对较慢的退火速率来保证，退火速率过快，碳来不及形成五元环就已经沉积形成大的碳簇，所以退火温度不宜过低。

常规的气相沉积法制备富勒烯需要连续的外部加热，而采用爆炸辅助气相沉积法，利

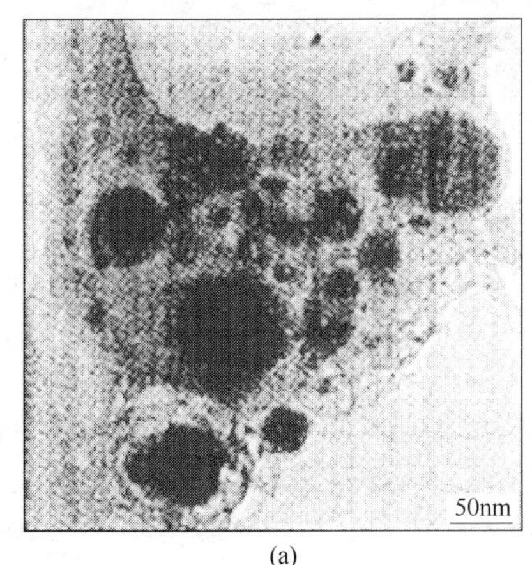

(a)

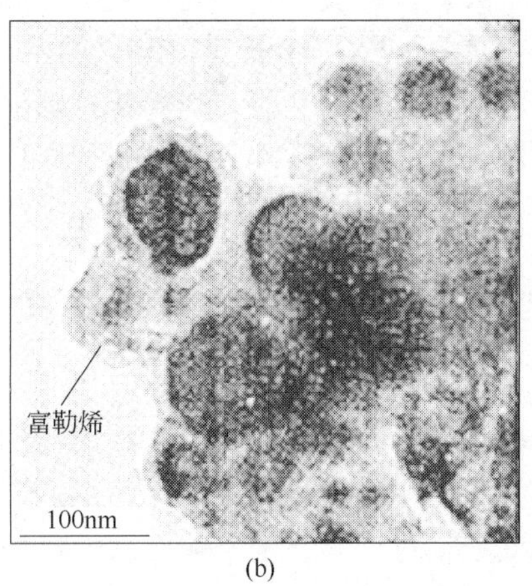

(b)

图 5 爆轰产物的 TEM 照片

用了炸药爆炸瞬间产生的高温对碳源进行瞬间加热，所需时间短，而且操作简单。富勒烯形成过程的动力学仿真结果显示，2500~3000K 的温度有利于富勒烯的形成[46]，炸药爆轰时能够产生高温（2000~3000K）、高压（20~30GPa）的环境，炸药爆炸产生的高温能保证产生足够的游离态碳原子、离子，而且在碳源的选择上可以多样化，如烃类化合物、石墨、负氧平衡炸药等。因此，利用爆炸产生的高温高压来制备富勒烯是可行的，工艺成熟后可进行大规模工业化生产。

爆炸法制备富勒烯可以有两种方式：一是与爆炸法制备金刚石类似，可以选用负氧平衡炸药做碳源，在爆炸容器中起爆，收集爆轰产物，进行提纯，检验 Fullerene 的存在；二是采用石墨、炭黑等与炸药混合进行起爆。这两种方式只是碳源不同。由爆炸法制备纳米金刚石和石墨的经验，制备富勒烯的关键还是在于适宜的压强和温度场；另外在已有的富勒烯制备方法中，产物的冷却速率同样很重要[47,48]。因此，爆炸法制备富勒烯的关键有两点：一是炸药种类的选择和炸药配比的确定；二是爆炸后爆炸产物冷凝速率的控制。

要解决第一点需要依据制备富勒烯所需的温度，例如参考文献[45]中提到：用爆炸的方法来制备碳包覆铁碳化合物，产物中含有富勒烯，此时爆温为 2618°C。我们可以以此温度为参考，通过改变炸药配比，产生不同温度，进而得到不同的富勒烯的产率，找到最优温度和最优配比。对于第二点，爆炸反应后温度极高条件下，碳是以碳离子的形式存在的，经过逐渐的降温过程，碳的存在形式逐渐变化，碳的这一变化过程与温度变化过程密切相关，决定着最终产物的碳的种类。所以，虽然如参考文献[45]所言，让爆炸产物直接在容器内沉积，有富勒烯形成，但若将冷凝过程考虑进去：爆炸反应后，立刻往爆炸容器内通入冷却气体（如氦气），并控制其通入的速率，那么爆炸产物的沉积过程必然会有变化，因而富勒烯的得率必然会有变化。爆炸辅助气相沉积法制备富勒烯的实验结果显示：冷凝速率（退火速率）过慢或过快都不利于 C_{60} 形成，而且在沉积过程中，冷凝温度越高沉积速率越慢，温度越低沉积速率越快，因此冷凝速率也是爆炸法制备富勒烯能否成功的关键。

催化剂在富勒烯制备过程中起着很重要的作用。G. Cota[49] 提到，光催化效应对富勒烯合成影响很大，富勒烯对紫外光很敏感。炸药爆炸产生的主要是紫外辐射，因此这一问题的解决十分重要。Fe 等金属蒸发形成的辐射光谱与炸药爆炸产生的光谱不同，并且要比爆炸光谱强，相比之下，能够削弱紫外辐射。因此，加入金属催化剂能够在一定程度上解决这一问题。事实证明，在利用爆炸法和冲击波法制备金刚石的过程中加入金属催化剂，产率会得到提高，所以在爆炸法和冲击波法制备富勒烯的过程中也要考虑金属催化剂的作用。

5　总结

爆炸法在碳材料的制备中发挥了巨大作用，除上述材料外，碳纳米管[50]、石墨烯[51]、碳纳米球[52]、碳包覆纳米材料[53]也可由爆炸法制备。爆炸法合成碳材料工艺简单、便于控制、合成成本相对较低、生产效率高、操作连续，是人工合成纳米碳中最简单最经济的方法。

参考文献

[1] 周强，徐瑞清．石墨材料的润滑性能及其开发应用 [J]．新型碳材料，1997，12(3)：11.

[2] 王秦生，华勇，宋诚．金刚石树脂磨具的改进 [J]．金刚石与磨料磨具工程，2004，4：25 ~ 30.

[3] 张栋，胡晓刚，仝毅．纳米金刚石用做润滑添加剂的研究进展 [J]．润滑油，2006，1：50 ~ 54.

[4] Seung Mi L，Young H L. Hydrogen storage in single-walled carbon nanotubes [J]. Appl. Phys. Lett. 76. 2877(2000).

[5] Qiang S，Puru J，Qian W，Manuel M. First-Principles Study of Hydrogen Storage on $Li_{12}C_{60}$ [J]. J. Am. Chem. Soc. 2006，128(30)：9741 ~ 9745.

[6] GneinerN. R，PhillipsD. S.，JohnsonJ. D. Nature，1988. 333：440 ~ 442.

[7] LyamkinA. E.，PetrovE. A.，TitovV. M. DokladyAkademiiNaykUSSR，1988，302(3)：611 ~ 613.

[8] 文潮，金志浩，关锦清．炸药爆轰法制备纳米石墨粉 [J]．2004，33(6)：628 ~ 631.

[9] 姚惠生，黄风雷，仝毅．以水为保护介质爆轰法合成纳米石墨 [J]．2005，13(5)：330 ~ 333.

[10] Lu Y，Zhu Z，Wu W. Catalytic growth of carbon nanotubes during detonation of m-dinitrobenzene [J]. Carbon，2003，41(1)：194 ~ 198.

[11] 霍俊平，宋怀河，陈晓红．碳包覆纳米金属颗粒的合成研究进展 [J]．化学通报，2005，1：23 ~ 29.

[12] 孙贵磊，李晓杰，闫鸿浩．碳包覆铁碳化合物的爆轰制备及表征 [J]．功能材料，2007，38：2167 ~ 2169.

[13] 冯守爱，朱珍平，等．爆炸辅助气相沉积法制备富勒烯的研究 [J]．化工新型材料，2008，36(10)：58 ~ 60.

[14] Wang C，Zhan L，Qiao W M，et al. Preparation of graphene nanosheets through detonation [J]. NEW CARBON MATERIALS. 2011，26(1)：21 ~ 25.

[15] V V Danilenko. 纳米金刚石合成的发展史 [J]．超硬材料工程，2006，18(6)：48 ~ 50.

[16] 徐康，金增寿，魏发学．炸药爆炸法制备超细金刚石粉末 [J]．含能材料，1993，1(3)：19 ~ 21.

[17] 周刚．利用炸药中的碳爆轰合成超微金刚石的研究[D]．北京：北京理工大学，1995. 19 ~ 30.

[18] 李世才．炸药爆轰合成超微金刚石的研究[D]．北京：北京理工大学，1996. 8 ~ 12.

[19] 乔志军．纳米金刚石石墨化转变以及纳米金刚石/铜复合材料的制备与性能[D]．天津：天津大学，2007.

[20] 于雁武，刘玉存，王建华．爆轰合成超微金刚石解聚与分散研究［J］．火工品，2005，5：19～21.
[21] 王建华．炸药爆轰合成纳米金刚石研究［D］．太原：华北工学院，2003：29～30.
[22] 陈鹏万，恽寿榕．爆轰合成纳米超微金刚石的提纯方法研究［J］．功能材料，2000，1：56～57.
[23] 田俊荣．爆轰合成超微金刚石影响因素及提纯技术的研究［D］．太原：华北工学院，2004：14.
[24] 金增寿，徐康．炸药爆轰法制备纳米金刚石［J］．含能材料，1999，7(1)：38～44.
[25] 恽寿榕，陈权，马峰．马赫反射效应在炸药爆轰合成金刚石中的应用［J］．高压物理学报，1997，11(2)：110～116.
[26] 马峰，恽寿榕，陈权，等．炸药及外界保护介质对炸药爆轰合成超微金刚石的影响［J］．爆炸与冲击，1998，18(4).
[27] 刘玉存，王建华，于雁武．爆轰合成纳米金刚石中保护介质的影响研究［J］．含能材料，2005，13(5)：327～330.
[28] Volkov K V, Danilenko V V, Elin V L. Synthesis of diamond from the carbon in the detonation products of explosives [J]. Combustion, Explosion and Shock Waves, 1990, 26: 366～368.
[29] 徐康，金增寿，饶玉山．纳米金刚石粉制备方法的改进-水下连续爆炸法［J］．含能材料，1996，4(4)：175～181.
[30] 文潮，关锦清，刘晓新．炸药爆轰合成纳米金刚石的研发历史与现状［J］．超硬材料工程，2009，21(2)：46～51.
[31] 王保国，张景林，王作山．爆轰和爆炸冲击复合合成金刚石微粉得率的影响因素研究［J］．爆炸与冲击，2006，26(5)：429～433.
[32] 黄友艳，伍明华．纳米石墨的制备、应用和表面修饰研究进展［J］．化工时刊，2006，20(8)：48～53.
[33] 文潮，孙德玉，李迅．炸药爆轰法制备纳米石墨粉及其在高压合成金刚石中的应用［J］．物理学报，2004，53(4)：1260～1264.
[34] 文潮，刘晓新，周刚，等．爆炸法制备超分散石墨的初步研究［J］．兵器材料科学与工程，2000，23(1)：50～57.
[35] 文潮，关锦清，孙德玉，等．爆轰合成纳米石墨粉的实验研究［J］．西安交通大学学报，2003，37(7)：746～749.
[36] 刘晓新，孙德玉，李迅，等．爆轰法制备纳米石墨及其特性分析［J］．机械科学与技术，2003，22(6)：989～998.
[37] Kroto H W, Heath J R, S C O' Brien, et al. C60: buckminsterfullerene [J]. Nature, 1985, 318(162): 162～163.
[38] Krätschmer W, Lamb L D, Huffman D R, et al. Nature, 1990, 347: 354.
[39] Smalley R E. Self-assembly of the fullerenes [J]. Acc Chem. Res. 1992, 25(3): 98～105.
[40] Ebbesen T W, Tabuchi J, Tanigaki K. The mechanistic of fullerene formation [J]. Chem. Phys. Letters, 1992, 191(3～4): 336～338.
[41] Blank V D, Buga S G, Dubitsky G A, et al. High-Pressure Polymerized Phases of C60 [J]. Carbon, 1998, 36(4): 319～343.
[42] YAN Xiao-qin, ZHANG Rui-zhen, WEI Ying-hui, et al. Research developments of the methods for preparing fullerenes[J]. New Carbon Materials (Xinxing Tan Cailiao), 2001, 15(3): 63～69.
[43] Faust R. Explosions as a Synthetic Tool Cycloalkynes as Precursors to Fullerenes, Buekytubes and Buckyonions[J]. Angew Chem. Int. Ed, 1998, 37(20): 2825～2828.
[44] 孙贵磊，李晓杰，闫鸿浩，碳包覆铁碳化合物的爆轰制备及表征［J］．功能材料，2007，38：2167～2169.

[45] 冯守爱，朱珍平等，爆炸辅助气相沉积法制备富勒烯的研究[J]. 化工新型材料，2008，36(10)：58 ~ 60.

[46] Yasutaka Yamaguchi, Shigeo Maruyama, A Molecular Dynamics Simulation of the Fullerene Formation Process[J]. Chem. Phys. Letters, 1998, 286(3 ~ 4): 336 ~ 342.

[47] Hiroaki Takehara, Masashi Fujiwara, Mineyuki Arikawa, et al. Experimental study of industrial scale fullerene production by combustion synthesis[J]. Carbon, 2005, 43: 311 ~ 319.

[48] Goel A, Hebgen P, Vander Sande JB, Howard JB. Combustion synthesis of fullerenes and fullerenic nanostructures[J]. Carbon, 2002, 40(2): 177 ~ 182.

[49] G. Cota-Sanchez, G. Soucy, A. Huczko, J. Beauvais and D. Drouin, Effect of Iron Catalyst on the Synthesis of Fullerenes and Carbon Nanotubes in Induction Plasma[J]. J. Phys. Chem. B 2004, 108: 19210 ~ 19217.

[50] Lu Y, Zhu Z, Liu Z, et al. Catalytic formation of carbon nanotubes through CHNO explosive detonation [J]. Carbon, 2004, 42(2): 361 ~ 370.

[51] Wang C, Zhan L, Qiao W M, et al. Preparation of grapheme nanosheets through detonation[J]. New Carbon Materials, 2011, 26(1): 21 ~ 25.

[52] Wang Z S, Li F S. Preparation of hollow carbon nanospheres via explosive detonation [J]. Material Letters, 2009, 63(1): 58 ~ 60.

[53] Peng R F, Chu S J, Huang Y M, et al. Preparation of He@ C60 and He2@ C60 by an explosive method [J]. Journal of Materials Chemistry. 2009, 19(22), 3602 ~ 3605.

E-mail: unoqwei@ 126. com

冲击波法制备可见光活性的氮掺杂 TiO_2 光催化剂研究

陈鹏万[1]　高　翔[1]　刘建军[2]

（1. 北京理工大学，北京，100081；2. 北京化工大学，北京，100029）

摘　要：本文采用炸药爆轰驱动飞片高速碰撞的方法，在不同的加载条件下对 TiO_2 半导体进行了冲击波诱导氮掺杂改性研究。利用 X 射线衍射（XRD）、透射电子显微镜（TEM）、X 光电子能谱（XPS）等对回收样品的相组成、微结构及元素键合等信息进行分析。利用紫外-可见漫反射光谱仪（UV-Vis）进行 TiO_2 的光响应测定，利用其截止波长确定样品的禁带宽度 E_g，并对冲击波氮掺杂 TiO_2 进行了可见光光催化降解活性及光电化学性能评价。通过 XRD、IR、XPS 等对回收产物的相组成、表面吸附状态、N 掺杂浓度等进行了表征。结果表明，在较高的飞片速度下（2.25～3.37km/s），发生了由锐钛矿向金红石的相变，同时也形成了 srilankite 高压相，并实现了高浓度的氮元素掺杂。随飞片速度增加，样品内的氮含量也逐步提高，最高可达 13.58%（原子分数）。在 1.2～1.79km/s 适度的冲击加载条件下，进行适度的氮元素掺杂，可以使 TiO_2 光催化剂具有较好的降解罗丹明 B 的可见光光催化活性。

关键词：二氧化钛；冲击波氮掺杂；光催化剂

Study on Nitrogen-doped TiO_2 with Visible-light Photocatalytic Activity Produced by Shock Wave Method

Chen Pengwan[1]　Gao Xiang[1]　Liu Jianjun[2]

(1. Beijing Institute of Technology, Beijing, 100081;
2. Beijing University of Chemical Technology, Beijing, 100029)

Abstract: In the present paper, shock-induced nitrogen-doping of TiO_2 were investigated through shock loading generated by detonation-driven high-velocity flyers. Phase composition, microstructure, nitrogen-doping concentration of the recovered samples were studied by XRD, TEM, IR, XPS, etc. The optical response activity of the recovered samples were measured by UV-Vis, and the cut-off wavelength was used to determine the energy gap of TiO_2. The photocatalytic degradation activity and photoelectrochemistry activity of shock-induced N-doped TiO_2 were also measured. The results show that, phase transition from anatase to rutile was induced by shock loading of flyers with a velocity of 2.25～3.37km/s, and srilankite-type high pressure phase of TiO_2 was obtained. In addition, high nitrogen doping concentration was realized under this condition. The nitrogen concentration of TiO_2 increases with the increase of flyer velocity and can reach a high concentration of 13.58 at. %. By controlling the impact velocity within the range of 1.2～1.79km/s, moderate nitrogen concentration of doping was obtained, and the shock treated TiO_2 samples exhibit good visible-light photocatalytic activity to degrade Rhodamine B.

Keywords: TiO_2; shock-induced nitrogen-doping; photocatalytic activity

1　引言

TiO_2 由于具有强氧化能力、化学性能稳定和价格低廉等优点，在太阳能转换和环境净化方面具有巨大的应用价值，被认为是最具有实用化前景的光催化剂[1,2]。但 TiO_2 半导体由于具有较大的本征带隙，其中常见的三种相金红石、锐钛矿和板钛矿相 TiO_2 能带宽度分别为 3.03eV、3.2eV 和 3.4eV，对应的本征光吸收均在紫外区（$\lambda<420$nm），这极大地限制了 TiO_2 对太阳光能的有效利用。因此研制具有可见光活性的改性 TiO_2 光催化剂，对于充分利用太阳光来廉价、大量地分解水制氢和有效降解多种对环境有害的污染物，使有害物质矿化为 CO_2、H_2O 及其他无机小分子物质具有重要的应用价值。

对 TiO_2 的改性主要通过元素掺杂来实现。从最初金属掺杂[3]到非金属掺杂[4]，发展到共掺杂。元素掺杂就是制备过程中在 TiO_2 晶格内掺杂微量金属元素 Fe、Cr 和 V 等或非金属 N、C、S 和 F 等，抑或两种不同元素掺入到 TiO_2 晶格。金属阳离子掺杂研究主要涉及的是过渡金属离子，如 W^{6+}、Mo^{5+}、V^{5+}、La^{3+}、Ce^{4+} 等都可以不同程度地对 TiO_2 的带隙进行调控使其能带窄化以拓宽 TiO_2 的可见光响应范围，但由于过渡金属离子同时又会成为光生电子和空穴的复合中心，因此这种拓宽是以降低其光催化活性为代价的。2001 年，Asahi[5] 等报道了非金属氮掺杂的 TiO_2 光催化剂 $TiO_{2-x}N_x$ 的制备，将 TiO_2 光催化剂的光激发波长拓展到可见光区，并保持其光催化活性基本不变，具有良好的可重复性和化学稳定性，引起了国内外学者的广泛关注，N 元素掺入浓度仅为 1% 左右。在近几年时间里，已发展了氮、碳、硫、氟等多种非金属掺杂改性 TiO_2 光催化剂，其制备方法也由溅射法、粉体氮化法，发展到如机械化学法、溶剂热化学方法、离子注入法、金属有机物化学气相沉积法、水解法、喷射高温热分解法等多种方法[6]。但是现有的掺杂方法的元素掺入量均相对较低，常规方法很难实现高浓度的元素掺入。

在高温高压和高应变速率的冲击波作用下，物质会发生一系列物理化学变化，对物质结构和性质产生深远的影响[7]，由此形成了冲击波合成新材料及对传统材料的冲击改性这一独特的研究领域。但是冲击掺杂改性的相关研究并不多见。俄罗斯的 Lin 等人[8]利用爆轰法合成出了含硼金刚石，其电阻比未掺杂的金刚石下降了三个数量级。德国的 Komanschek 等人[9]采用爆轰掺杂的方法得到了含 P、B、Li、Be 等掺杂物种的金刚石，可用于平面显像管的电子发射体涂层。目前，还没有看到对半导体进行冲击波掺杂改性的报道。

本文采用炸药爆轰驱动飞片高速撞击掺杂物与二氧化钛的粉末混合物，产生瞬时的高温高压的冲击波方式加载，利用冲击波诱导氮源的化学分解结合强制扩散对 TiO_2 进行冲击波掺杂改性研究，实现冲击波诱导高浓度氮元素掺杂。

2　实验

采用国际通用的 P25 TiO_2（Degussa）为预掺杂前体，它具有一系列可供对比研究的结构和光催化数据。氮源选取双氰胺（$C_2N_4H_4$）。冲击处理样品由质量比为 9∶1 的 P25-TiO_2 前体和氮源经充分研磨混合制成。具体实验参数安排如表 1 所示，冲击波掺杂改性装置包括近似平面波发生器和“动量陷阱”式样品腔体两部分，工作原理是由近似平面渡发生器加速一块飞片，经适当长的空腔飞行后与样品腔体碰撞，产生一个高压冲击波对样品进行冲击波压缩，并由“动量陷阱”式腔体回收样品[10]。主装药为硝基甲烷液体炸药，密度为 1.18g/cm^3，爆速 6.3km/s。起爆药柱采用 8701 炸药，起爆雷管（8 号工业雷管）通过 8701 传爆药柱引爆硝基甲烷液体主装药爆轰驱动钢质飞片进行高速撞击回收容器产生冲击波，对 TiO_2 进行冲击波掺杂改性研究，实现冲击波诱导高浓度氮元素掺杂[11]。

根据爆轰产物驱动刚体飞片的一维模型[12]，通过改变炸药种类、飞片材质和飞片厚度可在 1.0~3.5km/s 的范围内对飞片速度进行调节，进而可在不同的冲击加载条件下对样品进行冲击处理。采用阻抗匹配法[13]计算冲击波进入样品前的入射冲击波压力如表 1 所示，由于粉末样品的疏松度较高，难于用上述方法计算得到样品中的实际压力，因此表 1 中的计算冲击压力仅供参考。

表 1　实验条件及结果

Samples	ρ_{00} /g·cm^{-3}	ρ_{00} /ρ_0	Flyer thickness /mm	Charge Height /mm	Impact velocity /km·s^{-1}	Shock pressure /GPa	$\lambda_{cut\text{-}off}$ /nm	E_g /eV	N doping content /at. %	Anatase /%	Rutile /%	Srilankite /%
TiO_2							400	3.10		85.3	14.7	0
P25 + $C_2N_4H_4$(10%)	1.63	0.49	3	35	1.2	11.5	446	2.78	3.67	81.9	18.1	0
P25 + $C_2N_4H_4$(10%)	1.59	0.47	2	50	1.9	21.2	438	2.83	9.22	67.7	21.0	11.3
P25 + $C_2N_4H_4$(10%)	1.65	0.49	2	70	2.25	26.8	710	1.75	11.28	50.7	27.5	21.8
P25 + $C_2N_4H_4$(10%)	1.61	0.48	2	90	2.52	31.4	730	1.73	13.45	46.9	30.1	23.0
P25 + $C_2N_4H_4$(10%)	1.96	0.59	1.5	150	3.37	48.0	765	1.69	13.58	21.1	24.9	54.0

通过 X 射线衍射仪（Rigaku D/MAX-2500，CuK$_\alpha$，工作电压和电流分别为 40kV 和 200mA，扫描速度 4°/min）对回收样品的物相结构进行表征；利用紫外-可见光谱仪（Shimadzu UV-vis 250 IPC）对 TiO_2 冲击波氮掺杂回收样品进行紫外-可见漫反射光谱表征，通过谱线分析得到其截止波长，计算后得到经冲击改性后样品的带隙（E_g）；利用 X 光电子能谱仪（Thermo ESCA LAB 250）对掺杂氮元素的状态及浓度进行了初步的分析[14~16]。

3　实验结果分析

3.1　X 射线衍射分析

图 1 所示为样品在不同飞片速度条件下回收后的 XRD 图谱,结果表明 P25 TiO_2 原料发生了不同程度的相变,包括原料本身存在的锐钛矿和金红石相以及新出现的 srilankite 高压相。按照 Murray 等人[17]给出的这三种相的非平衡温度-压力相图知道,金红石相是热力学稳定相,锐钛矿是亚稳相，在高压下可转变为 srilankite 相，而在高温下则转变为金红石相。根据样品的 XRD 衍射数据，可由下式[18]分别计算出锐钛矿、金红石、srilankite 高压相的相对含量：

$$W_A = k_A A_A/(k_A A_A + A_R + k_B A_S)$$

$$W_R = A_R/(k_A A_A + A_R + k_B A_S)$$

$$W_S = k_B A_B/(k_A A_A + A_R + k_B A_S)$$

式中，W_A、W_R、W_S 分别为样品中锐钛矿、金红石、srilankite 高压相的质量分数；A_A、

A_R、A_S 分别为锐钛矿（101）晶面、金红石（110）晶面、srilankite 高压相（111）晶面的衍射峰积分强度；$k_A=0.886$，$k_S=2.721$，相组成计算结果如表 1 所示。在图 1（c，d，e，f）较高飞片速度下（1.90km/s、2.25km/s、2.52km/s 和 3.37km/s），回收样品均发生了由锐钛矿向金红石及 srilankite 高压相的相变，表明高的冲击波压力更有利于 srilankite 高压相的形成，且 srilankite 相的含量随飞片冲击速度的提高而增加；而在图 1（b）较低的飞片（1.2km/s）速度下，与原料 P25 的相组成相比，A 样品仅发生了少量锐钛矿向稳态金红石的相变，并未出现 srilankite 高压相，表明此时的冲击压力较低，不足以引发锐钛矿的高压相变，而只由于冲击温升导致了向金红石的相变。此外在上述实验条件下，均未观察到双氰胺掺杂氮源及其他含氮物种衍射峰的出现，这表明双氰胺已完全分解，没有形成 XRD 可探测含量的其他含氮物质。

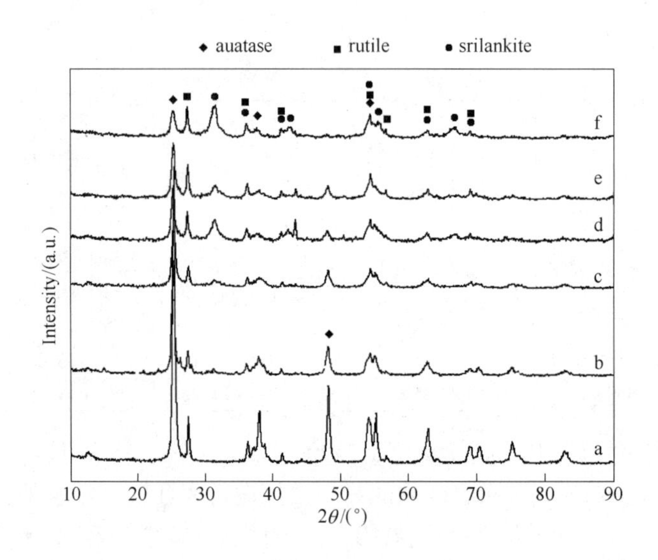

图 1　冲击回收样品的 XRD 图谱

P25 raw material(a), shock-recovered samples at 1.20 km/s(b), 1.90km/s(c), 2.25km/s(d), 2.52km/s(e) and 3.37km/s(f)

3.2　XPS 分析

图 2 所示为不同条件下冲击掺杂样品的 N 元素的 XPS 谱。图 2 显示在 1.20km/s、1.90km/s、2.25km/s、2.52km/s 和 3.37km/s 的飞片冲击速度加载条件下，回收样品的 N 元素的结合能峰值分别为 399.85eV、399.8eV、399.6eV、399.2eV 和 398.95eV，随飞片速度增加，峰强度依次增大，表明在冲击处理后样品中氮含量增加，如表 1 所示，回收样品中的氮元素含量分别为 3.67%、9.22%、11.28%、13.45% 和 13.58%。这说明飞片速度越高，冲击压力和温度也越高。在较高的冲击波压力和温度作用下，更有利于掺杂氮源双氰胺发生分解，同时更多的氮元素会在冲击波的强制扩散驱动作用下扩散掺入 TiO_2 的晶格之中。同时对应的结合能峰位也向低结合能方向移动。通常，对于小于 400eV 的结合能，可解释为 TiO_2 表面的各种吸附氮物种，如 N_2、NH_3、NO_x 等，其对 TiO_2 的带隙减小没有贡献；而对于 396 ~ 399eV 的结合能，则对应于在 TiO_2 内部形成的部分 N 取代 O-Ti-

N、TiN 等形式，形成有效的掺杂能级，降低 TiO_2 的带隙。由此看出，飞片速度的增加，更有利于氮源分解，使 N 原子由 TiO_2 的表面吸附变为扩散掺杂，最终实现高浓度 N 元素掺杂并能有效降低其能带宽度。

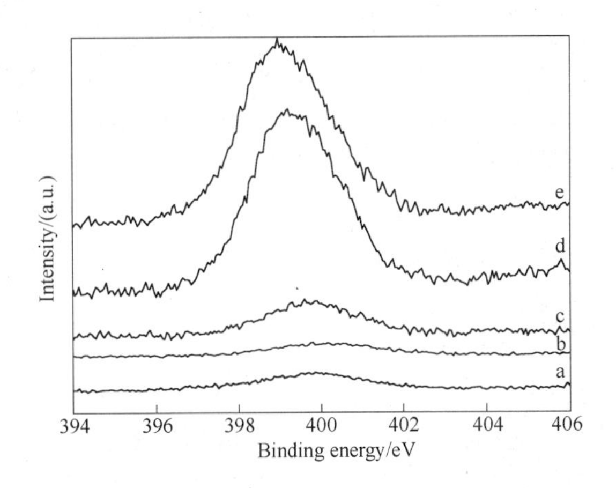

图 2　冲击掺杂样品的 N 元素的 XPS 谱

shock-doped samples at 1. 20 km/s(a), 1. 90km/s(b), 2. 25km/s(c), 2. 52km/s(d) and 3. 37km/s(e)

3.3　紫外-可见漫反射光谱分析

图 3 所示为冲击处理回收样品的紫外-可见漫反射光谱。样品的禁带宽度由测得样品的紫外-可见漫反射光谱中的吸收光谱截止波长通过方程 $E_g(eV)=1240/\lambda(nm)$ 估算。由图 3 可知，按其光谱吸光度最大变化处做切线在横坐标上的截距计算可知，纯 P25 TiO_2 的吸收截止波长为 392. 06nm，对应的 $E_g=3.16eV$，接近纯锐钛矿型 TiO_2 的理论值（$E_g=3.2eV$）。与此相比，冲击掺杂的样品的吸收边界都有了较为明显的红移，最高可从 392. 06nm 红移至 765nm。在 2. 25km/s、2. 52km/s 和 3. 37km/s 的飞片冲击速度加载条件

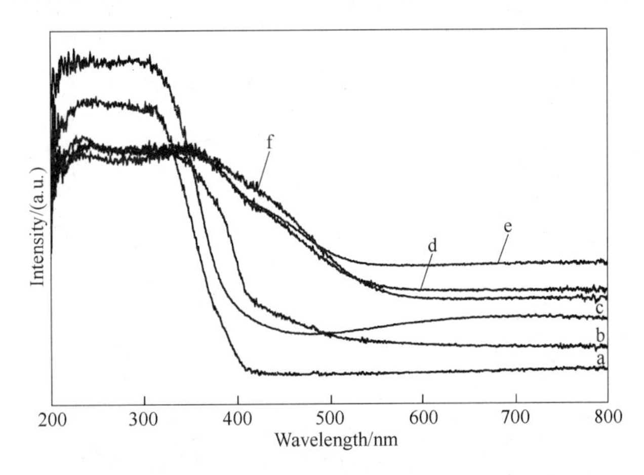

图 3　冲击回收 A 样品紫外-可见漫反射光谱

P25 TiO_2 raw material (a); shock-recovered samples at 1. 20km/s(b),
1. 90km/s(c), 2. 25km/s(d), 2. 52km/s(e) and3. 37 km/s(f)

下（d、e、f），样品冲击掺杂后的 E_g 分别为 1.75eV、1.73eV 和 1.69eV。这一变化规律与其中的 N 掺杂浓度有很好的一致性，即随飞片速度增加，样品中 N 掺杂浓度增大，E_g 减小。已知本文中 TiO_2 三种相的本征 E_g 值分别为锐钛矿（3.2eV）、金红石（3.0eV）和 srilankite 高压相（3.4eV），因此回收样品中的相变也对样品的 E_g 变化有影响，即生成窄带隙的金红石相有利于样品 E_g 的减小，而生成宽带隙的 srilankite 高压相会使样品的 E_g 增大。由此由表 1 结果分析，回收样品窄带隙的金红石相形成较少，而宽带隙的高压相形成较多，且 E_g 变化规律与其 N 含量很一致，这表明其 E_g 减小主要来自于冲击氮掺杂。冲击波氮掺杂实验产物在可见光区整体的吸光率都有所提高，这可能是由于较高冲击压力和温度引起的 TiO_2 的内部缺陷增加，如位错、氧空位形成的色心等以及 Ti^{3+}。

3.4　可见光光催化降解测试

称取 50mg 催化剂分散于一定浓度的 100mL 染料（罗丹明 B10^{-5}）水溶液中，置于光催化暗箱内，磁力搅拌下，先进行暗反应吸附。待吸附达平衡之后，开启风扇和光源，接通冷凝水，进行光反应降解。光催化降解反应采用的光源为氙灯，光源悬挂于暗箱中，光源外包有冷凝水套，目的是消除温度对催化剂活性的影响，保持与反应液液面距离为 15cm。以磁力搅拌开启点为零时刻，前 15min 是暗反应，而后可见光照射每隔 10min 取样一次，每次取样量约为 5mL。取样后，离心分离，上层清液用 752 紫外可见分光光度计测定吸光度。在染料的最大吸收波长（罗丹明 B 的最大吸收波长为 553nm）下测定溶液中染料在光照过程中吸光度随时间的变化，用以表征其光催化活性。前 15min 为暗反应吸附，随后对其进行光照以降解罗丹明 B(RB)有机染料。

为了排除可见光中的紫外光对催化活性评价的影响，采用 400nm 的滤光片（LP400）滤掉可见光照射光源中的紫外光，对冲击掺杂 TiO_2 进行降解罗丹明 B 的光催化活性评价。图 4 所示为冲击波氮掺杂 TiO_2 可见光催化剂降解罗丹明 B 活性曲线。在 1.9km/s 及更高速度的飞片冲击条件下，冲击波氮掺杂 TiO_2（b、c、d）没有表现出对罗丹明 B 的可见光光催化降解活性，而在 1.2km/s 的低速冲击加载条件下，冲击波氮掺杂 TiO_2(a)却表现出

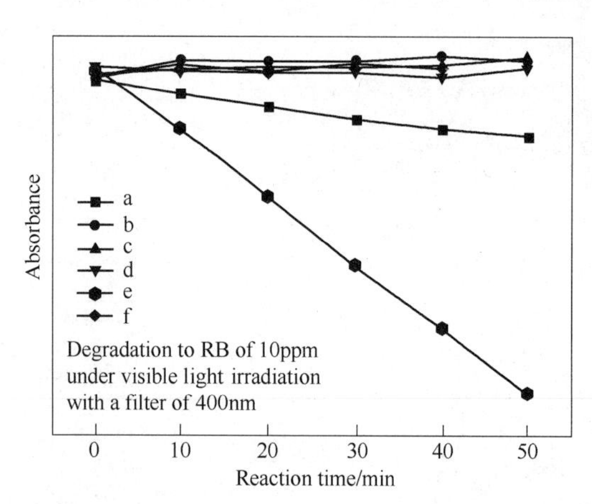

图 4　冲击波氮掺杂 TiO_2 可见光催化剂降解罗丹明 B 活性曲线

shock-recovered samples at 1.2 km/s(a), 2.52 km/s(b), 2.25 km/s(c), 1.90 km/s(d), 1.79 km/s(e); P25 TiO_2 2.25km/s(f)

了一定的可见光催化活性，在1.79km/s的冲击加载条件下冲击波氮掺杂TiO_2(f)展现出了良好的可见光催化活性。

4 结论

冲击波作用时间很短、压力很高，在冲击波作用下二氧化钛会受到很高的应力和应变速率作用，产生更多的位错、缺陷，同时还伴随着高温和高淬火速率效应，有利于亚稳相srilankite高压相的生成，晶格结构受到较大破坏。掺杂氮源双氰胺在冲击波作用下分解后更多的氮元素会在冲击波的强制扩散驱动作用下掺入TiO_2的晶格之中。最终实现了高浓度N元素掺杂。在保证P25 TiO_2相组成含量和结构不变的情况下，通过适度的冲击处理，进行适度的氮元素掺杂，可以使TiO_2光催化剂具有可见光光催化降解染料活性。

参考文献

[1] A Fujishima, K Honda. Nature, 1972, 238, 37~38.

[2] B. O'Regan, M. Gratzel. Nature, 1991, 353, 737~739.

[3] 栾勇，傅丰平，戴学刚，杜竹伟．金属离子掺杂对TiO_2光催化性能的影响[J]．化学进展，2004(16)：738~745.

[4] Liu J J, Yu Y C, et al. Photocatalytic activity of shock-treated TiO_2 powder[J]. Mater. Res. Bull., 2000, 35: 377~382.

[5] Asahi R, Morikawa T, et al. Science, 2001 (293): 269.

[6] 刘中清，葛昌纯．化学进展，2006 (2/3)：168.

[7] Thadhani N N. Shock-induced chemical reactions and synthesis of materials[J]. Prog Mater Sci, 1993(37): 117~226.

[8] Lin E E, Dubitsskii G A, Zyulkova T V, et al. Feasibility of doping of ultradispersed diamonds in a detonation wave[J]. Khimicheskaya Fizika, 1997, 16(3): 142~143.

[9] Komanschek V, Happ A, Pfeil A. Preparation of doped diamond by detonation of explosives. Ger. Offen. DE 19933648 A1 20010118.

[10] 贺红亮，谭华．可控爆轰平面加载样品回收装置[J]．爆轰波与冲击波，1995，2：23~27.

[11] Xiang Gao, Jianjun Liu, Pengwan Chen. Nitrogen-doped titania photocatalysts induced by shock wave[J]. Materials Research Bulletin, 2009, 44(9): 1842~1845.

[12] 经福谦．实验物态方程导引[M]. 2版．北京：科学出版社，1999.

[13] J. J. Liu, T. Sekine, T. Kobayashi. Solid State Commun, 2006(137)21.

[14] Chen, C; Bai, H; Chang, C. Effect of plasma processing gas composition on the nitrogen-doping status and visible light photocatalysis of TiO_2.

[15] J. A. Rengifo-Herrera, K. Pierzchała, A. Sienkiewicz, L. Forró, J. Kiwi, C. Pulgarin. Abatement of organics and Escherichia coli by N, S co-doped TiO_2 under UV and visible light. Implications of the formation of singlet oxygen ($^1O_2$) under visible light. Applied Catalysis B: Environmental, 2009(88): 398~406.

[16] Xiangxin Yang, Chundi Cao, Larry Erickson, Keith Hohn, Ronaldo Maghirang, Kenneth Klabunde. Photo-catalytic degradation of Rhodamine B on C-, S-, N-, and Fe-doped TiO_2 under visible-light irradiation. Applied Catalysis B: Environmental, 2009(91): 657~662.

[17] J. L. Murray, H. A. Wriedt. Bull. Alloy Phase Diag. 1987, 8(2): 148.

[18] J. J. Liu, W. Qin, S. L. Zuo, Y. C. Yu, Z. P. Hao, J. Hazard. Mater, 2009(163)273~278.

4

高效安全爆破技术

冰凌灾害破除高效爆破施工技术

周丰峻[1,2] 郑 磊[1] 李永忠[2] 周 丽[1]

（1. 总参工程兵第四设计研究院，北京，100850；
2. 总参工程兵科研三所，河南洛阳，471023）

摘　要：研究传统防凌减灾技术并分析其局限性，在此基础上根据冰盖、流凌和冰塞冰坝的冰凌形态，提出破除冰凌高效爆破新技术和新方法，实现高效、安全、环保的防凌减灾目标，有效解决长期困扰黄河及其他区域的冰凌灾害问题。

关键词：冰凌；爆破；破冰；聚能；随进装药

High Effective Explosive Cons Truction Technology of Icicle Proofing

Zhou Fengjun[1,2] Zheng Lei[1] Li Yongzhong[2] Zhou Li[1]

(1. No. 4 Design and Research Institute of Zongcan Engineering Corps, Beijing, 100850;
2. No. 3 Scientific Research Institute of Zongcan Engineering Corps, Henan Luoyang, 471023)

Abstract: Researching traditional icicle proofing technology and analyzing its limitation. Then basis on the configuration of ice cap, ice slush, ice berg and ice dam, advancing new efficient explosive technology of icicle proofing so as to achieve the aim of efficiency, safety and environmental protection on disaster reduction. Furthermore, it is hope to solve icicle proofing effectively by researching these new method and technology.

Keywords: icicle proofing; explosive; icebreaking; cohesive energy; following charge

1 引言

我国北方寒冷地区冰凌灾害时有发生，特别是黄河、渤海湾、黄海近岸及黑龙江（黑河）等地冰凌灾害有逐年增加的趋势，防凌形势越来越严重。其存在的主要问题可以概括为五个方面：其一是防凌工程体系不完善，难以满足防凌要求；其二是河段河道淤积严重，主河槽日益萎缩，主流河道摆动频繁，河势游荡加剧，防凌势态还在恶化；其三是对冰塞冰坝的应急处置手段单一，主要采用飞机空投炸弹或炮击炸冰，对有桥梁等民用设施的河段或是在夜间险情突发时往往难以实施，缺乏有效调控手段；其四是对冰塞冰坝等凌情发展过程的监测、预警和预报体系不够完善，技术落后，手段不足，还不能满足防凌减灾预报的要求，应急管理机制急待加强；其五是传统爆破技术和疏排冰坝冰塞河仍缺少有效措施，存在着明显的局限性。如果把传统的黄河冰凌防灾技术应用到黑龙江黑河地区将很难取得一致防灾效果。另外，在技术上将会遇到破除厚冰的技术问题。对于渤海湾、黄海近岸等地区的防凌问题，就要从生态平衡、环境保护的角度提出更加严格的爆破要求。

2 传统防凌减灾技术及其局限性

凌汛演变过程十分复杂，而且变化非常迅速。因此，凌汛灾害也难以预测，难以防御，难以抢护。在长期的凌汛防治过程中，人们总结出了一系列传统的防凌措施，这些措施主要有工程措施、爆破防凌和防凌水量指挥调度措施等。

2.1 工程措施

传统的工程措施主要包括：修筑堤防工程、分水分凌工程、水库防凌工程以及机械破冰防凌措施。

（1）修筑堤防工程防凌。修筑堤防工程防凌是凌汛防御的主要措施。但是，对于长距离冲击性平原河道，修筑堤防难度大。大型水库修建后，水量实行统一调度，水量分配时空分布发生了重大变化，下泄流量得到控制后，足以冲刷河床的流量难以出现，输沙失去平衡，河床逐年淤积抬高，中小水漫滩的河段比比皆是，使堤防工程防御灾害的风险逐年增加。另外，沿河两岸广大百姓在防洪堤内，围垦造田，修筑了大量的生产堤，河道过流能力严重降低，同样增加了凌汛灾害发生的风险。因此，就修筑堤防工程而言，虽然做了大量的工作，但仅靠堤防工程防御凌汛灾害发生远远不够。

（2）沿黄两岸涵闸分水防凌。利用沿黄两岸涵闸分水，减少河槽蓄水量来减轻凌汛威胁，在开河时可起到重要的作用，但对于开河速度加快的情形，封冻期间所蓄槽蓄水量迅速下泄，分凌效率较低。

（3）水库调度防凌。水库调度防凌是通过调节水量，改变下游河道水力条件，形成正常的顺次开河形势，从而避免凌灾发生。防凌调度运用方式是根据凌汛期气象、来水情况及冰情特点，按照发电、引水服从防凌的原则，实行全程调节，但是，由于冰凌形成受多种要素影响，承担防凌水量控制的水库与封冻河段距离较远，水量控制不当又会加剧冰凌的成灾速度，所以，采取水量的调度和控制只能起到辅助排凌的作用。

2.2 爆破防凌

为了防治冰凌灾害,经过长期的发展和完善,对冰凌、冰塞、冰排和冰坝等实施爆破已成为一种疏通河道的有效抢险方法,并在多年的实际排凌减灾中不断地显示出其独特的优越性。

在黄河凌汛期，传统的爆炸破冰技术一般有以下几种：

（1）人工小规模爆破。封河和开河凌汛期，在跨河的工程建筑物（如铁路桥和公路桥）周围，为阻止桥墩周围结冰，经常组织人工小规模施爆，以防止建筑物周围冰盖的形成。这种方法的缺点是耗时长、工效低且安全性差。人工爆破防凌作业如图1所示。

（2）空中投弹爆破。出现卡冰结坝时，求助于空军飞机投弹轰炸冰坝成为冰坝爆破的主要手段之一，在防凌抢险中起到了积极作用。飞机投弹爆破冰凌作业如图2所示。

但是，空投炸弹爆破冰坝存在以下缺点：首先，从爆冰理论方面，炸弹本身是以弹片飞射和冲击波作为主要杀伤武器的，而对于施爆冰凌介质不符合爆破工程学原则，用于破冰排凌，效率低且不科学。其次，飞机投弹破冰过程中，航弹爆炸产生的跳弹和高速弹片

图1 人工爆破防凌

图2 飞机投弹爆破冰凌

严重威胁着周边环境及附近电力水利设施的安全，重磅炸弹将严重损坏河床、改变河道，给爆后的清理和善后工作造成极大的麻烦。在河道狭窄、拐弯以及在桥梁和水工建筑物附近等冰坝极易形成之处，均很难实施准确的空中投弹作业。第三，空中投弹破冰排凌，只能在卡冰结坝后进行，而不能在凌坝形成初期阶段实施爆破，属于被动防御，而且这种方法常常受到风向等气候条件和地面地形条件的限制。这样一旦抢险不及时，就很容易在短时间内造成水灾。

（3）迫击炮破冰。利用军队使用迫击炮和大炮辅助破冰也是传统的破冰方法之一，但由于药量小，且为接触性爆炸，爆炸时弹片飞射，能量利用率低，往往收效不佳。火炮轰击爆破冰凌作业如图3所示。

图3 火炮轰击爆破冰凌

（4）冰面可控爆破。通过在黄河两岸河堤上使用迫击炮发射重磅高能破冰弹，侵彻进入冰层以下一定深度延时起爆可以起到较好的效果。但由于弹体不具有穿冰能力，耗能较大，且弹身尾翼处应力较大；同时，装药量大且是一个定值，在灵活性、高效性和安全性等方面尚有欠缺。

2.3　破冰理论与方法

在爆破防凌理论与方法的研究方面，沿用了建筑物爆破方法和理论，采用传统的断裂力学的分析方法。在分析中，其力学模型是在一个点上研究裂纹的发育，给出径向及环向裂纹的发育扩展状况，如图 4 所示。在理论研究中，认为径向及环向裂纹的发育扩展是在冰层平面内开展，其结果在冰层平面内消耗了巨大能量，因而在弹体分析中，使破冰弹弹体尾部应力集中问题十分严重，如图 5 所示。

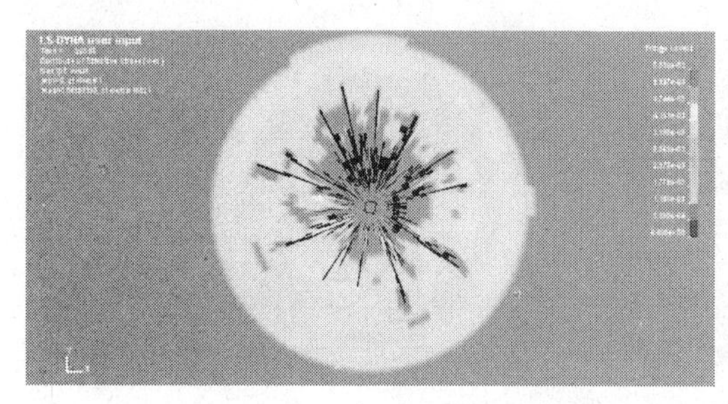
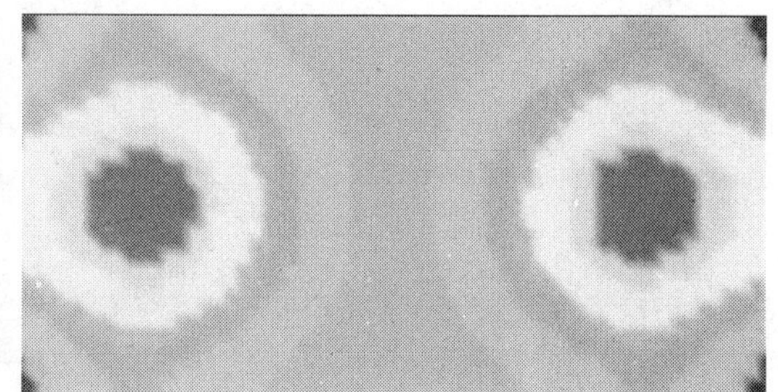

图 4　冰裂纹径向及环向扩展图

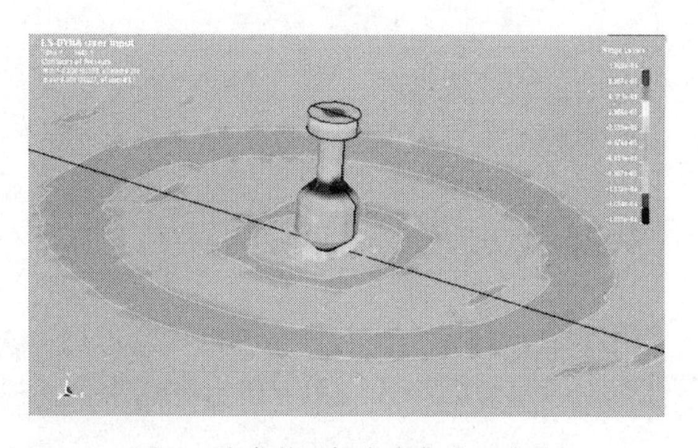

图 5　破冰弹尾部应力集中示意图

综上所述，传统的冰凌防灾技术的综合应用在冰凌抗灾减灾中发挥了重要作用，也取得了显著的效果。但均不具备主动防御的特点，并且在灵活性、安全性和高效性等方面存在明显的不足和局限性。

在理论研究方面，依据传统的爆破理论与方法，采用断裂力学的方法，在一个点上研究裂纹径向及环向扩展情况，实现防灾破冰机理研究。然而在研究中采用了水体不可压缩的基本假设，忽视了水中爆炸时水体可以发生波动的事实，没有利用水中爆炸高效破冰技术，使得爆炸效果始终不能得到显著提升。

所以，在总结以往理论和技术经验的基础上，深入开展冰凌防治新技术的研究，探究冰凌灾害特点，研发有针对性的冰凌防灾减灾的技术措施和专用器材，研究科学有效的现代冰凌灾害预防的技术方案，具有重要的现实意义和学术价值。

3 防凌破冰爆破新技术

在黄河的封冻期和凌汛期，致灾的冰凌按其形态可分为冰盖、流凌和冰塞冰坝。在制定破冰方案时需针对其不同特点，研制新型破冰器材和爆破技术，有效解决冰凌灾害问题。

3.1 冰盖爆破器材

冰盖是当气温长期低于零度时，河段上冻结的具有一定厚度的冰体。冰盖的膨胀作用会对河道水利工程设施和两岸的建筑物造成破坏。克服冰盖膨胀作用的有效方法是在冰盖上沿河流纵向开设一定宽度的裂缝，消除内部应力。传统开凿裂缝的方法通常是：先人工用冰穿、铁锤、钢钎开设或用小包炸药连续爆破构成冰洞，其大小以能通过装药和作业方便为准；然后将装药加上一定质量的配重系在绳索或木杆上，放入冰层下的水中，再用导爆索或电雷管同时起爆。装药相对配置，装药的间距和列距均等于装药设置深度的 4 ~ 5 倍。

上述方法需要人工造孔、布药，耗时长且安全性能差。为充分利用这种水下爆破方法的优势，克服其局限性，研究采用聚能装药穿孔技术和聚能线性成型切割技术来研发新的冰盖同步爆破专用器材，其中包括聚能随进破冰器和冰盖线性切割器。

3.1.1 聚能随进破冰器

3.1.1.1 用途

开辟冰盖破裂带，疏通主河道的过流通道。

根据破冰需要设计并布设一组聚能随进破冰器，可以在主河槽上一次性开设 3m 左右宽的破裂带，疏通河道的过流通道。

3.1.1.2 构造

如图 6 所示，聚能随进破冰器由推进器、破冰主装药、主引信、穿孔弹、穿孔引信、支架等组成，平时收拢起来密封于塑料运装筒中。

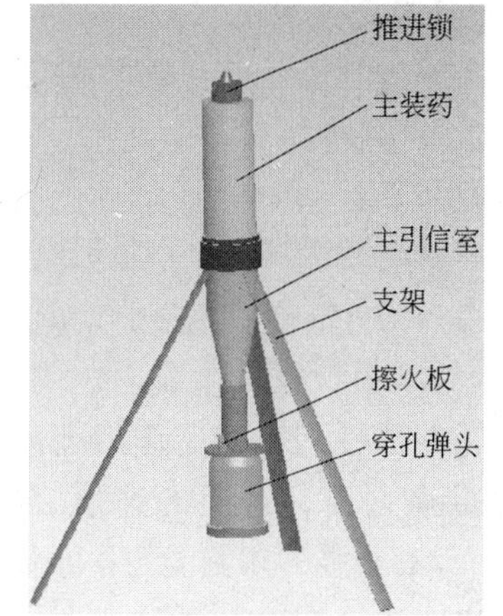

图 6 聚能随进破冰器

3.1.1.3 作用原理

根据冰盖厚度，按设计间距和列距放置聚能随进破冰器，穿孔引信解除保险，通过电点火或遥控点火，点燃推进器中的黑火药，产生推力，推动破冰主装药向下运动，与此同时，穿孔引信中起爆体由于惯性作用沿引信体向上运动，击针戳击火帽，使雷管发火，起爆穿孔弹，穿孔弹爆炸，产生速度在 2000m/s 以上、直径在 80mm 以上的爆炸成型弹丸，高速弹丸能在厚度为 1000mm 以上的冰上穿出 100mm 以上直径的垂孔，在推进器的继续推动下，使破冰主装药（连同主引信）进入垂孔内，穿过垂孔进入水中一定深度后，使质量在 5 ~ 8kg 的破冰主装药爆炸。

一组阵列式布置的破冰器的主装药同时爆炸，如图 7 所示，单列即可爆破出一条宽度大于 3m 的破裂带，多列矩阵布置可开辟出大范围的破裂区域。

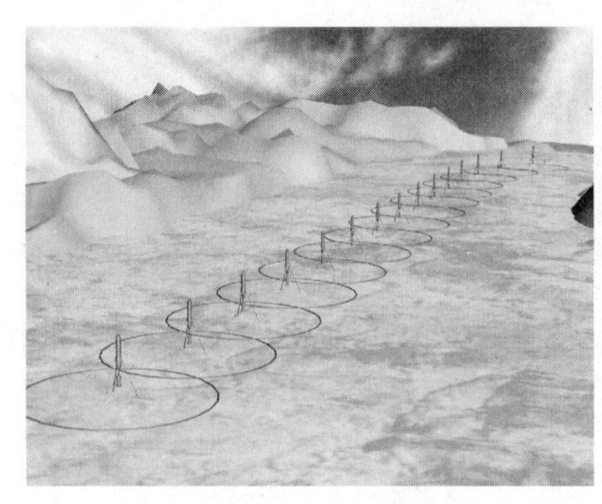

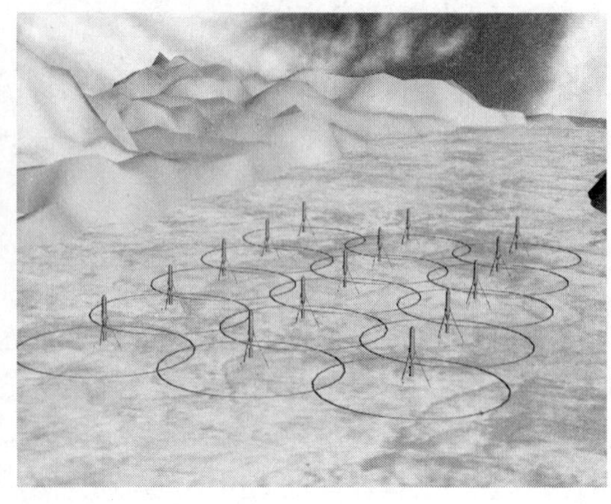

图 7　聚能随进破冰器破冰的布列形式

3. 1. 1. 4　特点

（1）聚能随进破冰器，重量轻（约几千克到十几千克）、体积小，操作简单、使用方便，可改进为一体式穿孔随进爆破复式体；

（2）与传统的爆破方法相比，用聚能随进破冰器开设冰盖破裂带，劳动强度低、作业快速、安全可靠；

（3）聚能随进破冰器，按爆破器材采用一体化设计，可以长期储存运输和安全使用；

（4）不产生向外飞散的金属破片，不会对周围环境产生影响。

3. 1. 2　冰盖线性切割器

3. 1. 2. 1　用途

在冰盖上开设一定宽度的裂缝，根据需要用一组线性切割器可以一次性开设一定宽度的冰盖开槽裂缝。

3. 1. 2. 2　构造

冰盖线性切割器为一条形结构，将线性切割器的楔形槽对准要切割的位置。一组线性切割器可用导爆索或电雷管同时起爆，如图 8 所示。

3. 1. 2. 3　作用原理

冰盖线性切割器爆炸后朝冰面方向产生高速金属射流，射流的速度在 5000 ~ 6000 m/s，具有很强的切割能力；金属射流先将冰盖切出一条缝，接着爆破产生的冲击波和气体产物共同对冰盖强烈冲击，将冰盖破碎。

图 8　冰盖线性切割器示意图

3. 1. 2. 4　特点

（1）冰盖线性切割器，重量轻（约几千克）、体积小，使用方便、安全可靠；

（2）与传统的爆破方法相比，冰盖线性

切割器开设裂缝，劳动强度低、作业快速；

（3）冰盖线性切割器，按爆破器材采用一体化设计，可以长期储存运输和安全使用；

（4）不产生向外飞散的金属破片，不会对周围环境产生影响。

3.2 流凌、冰坝爆破器材

每年春天气温上升、冰开始融化时，上游先解冻的河段会产生大量的流冰，为防止这些流冰在下泄时影响跨河桥梁和其他建筑物的安全，可以在桥梁上游一定距离对大冰块迅速予以炸毁，避免冰块阻塞河道造成泛滥或冲坏桥梁及其他水利工程设施。但是，形成流凌的大小和时间是随机的，用传统的人工爆破方法难以实施。为此可研发一种可根据流凌面积的大小和位置远近实施远程爆破的器材，即火箭抛撒破冰器或专用的破冰弹来摧毁大块流凌和冰坝。

3.2.1 火箭抛撒破冰器

火箭抛撒破冰器在岸上发射，能摧毁距离岸边300～400m以内的大块流凌。

3.2.1.1 组成与结构

火箭抛撒破冰器由测距仪、火箭牵引器、发射架、爆炸带、引信、固定桩及附件组成，如图9所示。

（1）火箭牵引器：是该破冰器的拖带动力部分。

（2）发射架：是发射火箭弹并赋予火箭弹射向和射角的装置。

（3）爆炸带：由首段、中段、尾段等数节内装防水炸药的小段组成，根据冰块大小发射前迅速组装。

（4）牵引钢丝绳和缓冲锦纶绳：牵引钢丝绳用于连接火箭弹与缓冲锦纶绳；缓冲锦纶绳用于连接牵引钢丝绳和爆炸带，以改善爆炸带的受力状态，使爆炸带在火箭起飞瞬间不因受力过大而破坏。

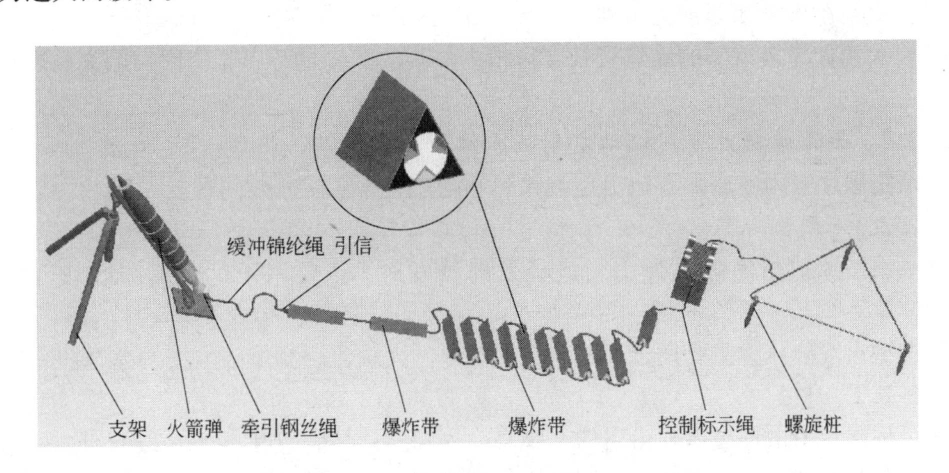

图9 火箭抛撒破冰器

3.2.1.2 破冰原理

用起爆器点燃发动机内点火具，引燃火箭发射药，使火箭发动机开始工作，沿发射轨道起飞。

发动机工作约 0. 2s 后飞离轨道，带动牵引钢丝绳并带动爆炸带，约 2s 左右爆炸带全部拉起，同时拉发尾端引信，火箭弹和爆炸带在空中作加速飞行，如图 10 所示。

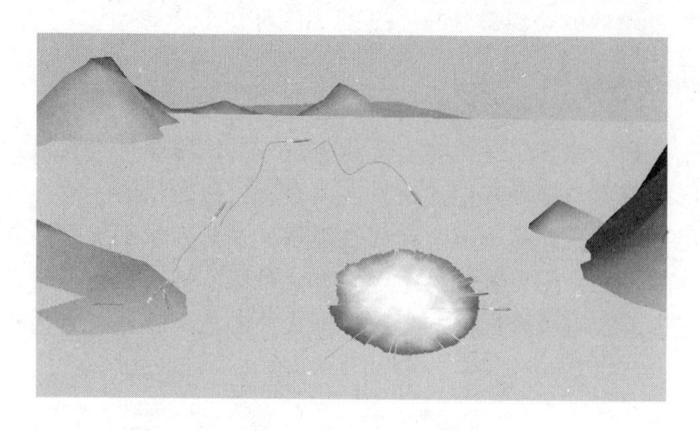

图 10　火箭抛撒破冰器发射、飞行、落下爆炸示意图

约 4s 左右，发动机工作结束，爆炸带靠惯性继续飞行。约 9s 左右发动机壳和爆炸带落到冰面上。首尾引信从两端引爆爆炸带，在保证爆炸定向射流作用的前提下，装药同步爆炸，爆炸后在射流聚能切割作用和爆炸作用共同作用下破坏流冰。

3. 2. 1. 3　特点

（1）火箭抛撒破冰器摧毁流凌，完全在岸上操作，消除在水中操作的各种危险，并且使用方便、安全。

（2）与传统的爆破方法相比，火箭抛撒破冰器摧毁流凌，劳动强度低，作业快速。

（3）火箭破冰器按爆破器材设计，不会向外飞散出任何金属破片，不会对周围环境产生影响。

（4）火箭抛撒破冰器最大组件在 40kg 以内，便于组装和机动携行。

（5）火箭抛撒破冰器的爆炸带长度可根据流凌的宽度进行串联使用，最大破冰宽度可达 400m。

3. 2. 2　无杀伤破片专用机动发射破冰弹

无杀伤破片专用破冰弹有迫击型破冰弹和随进型火箭破冰弹两种。

3. 2. 2. 1　用途

无杀伤破片迫击型破冰弹用大口径发射器发射，主要用于远距离摧毁较薄的大块流凌。

随进型火箭破冰弹主要用于远距离摧毁较厚的大块流凌和爆破大型的冰塞和冰坝。

3. 2. 2. 2　组成

无杀伤破片迫击型破冰弹由引信、弹身、炸药、尾翼装置和专用发射药组成。采用瞬发引信，弹身和尾翼采用复合材料制造，装填高能炸药，其结构如图 11 所示。

无杀伤破片随进型破冰弹由引信、聚能装药（EFP）、随进主装药、点火器、发射药、燃烧室、喷管等组成。弹身采用复合材料制造，装填高能炸药，其结构如图 12 所示。

3. 2. 2. 3　破冰原理

无杀伤破片迫击型破冰弹用大口径发射器发射，主要用于远距离摧毁较薄的大块

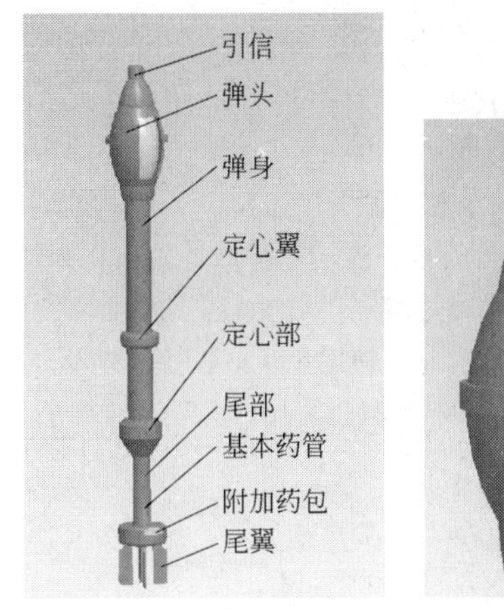

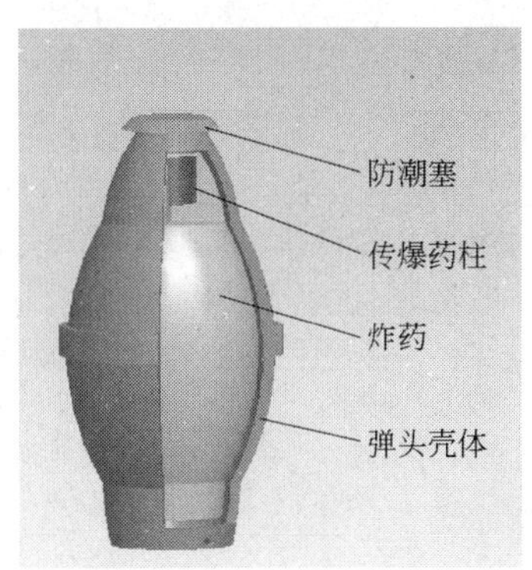

图 11 无杀伤破片破冰榴弹

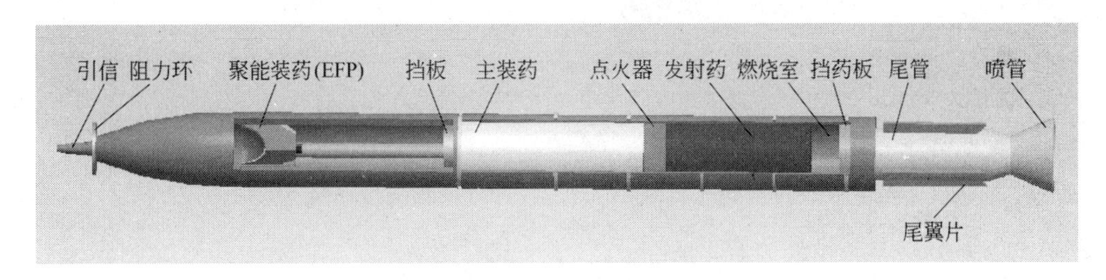

图 12 无破片火箭推进破冰器

流凌。

无杀伤破片随进型火箭破冰弹使用的是串联装药，前部的聚能装药先爆炸，产生高速运动的爆炸成型弹丸（EFP），在冰凌表面穿出一个大洞，而后随进的主装药进入冰中或冰下水中一定距离爆炸，用大口径发射器发射、火箭推进，主要用于远距离摧毁较厚的大块流凌和爆破大型的冰塞和冰坝。

3.2.2.4 特点

（1）无杀伤破片破冰弹摧毁流凌完全在岸上操作，消除在河道中操作的危险，使用方便、安全；

（2）与传统的爆破方法相比，无杀伤破片破冰弹摧毁流凌，劳动强度低，作业快速；

（3）无杀伤破片破冰弹不向外飞散出任何金属破片，不会对周围环境产生影响；

（4）无杀伤破片破冰弹质量控制在 25kg 以内，便于组装和机动携行。

4 结论

本文总结了传统防凌减灾技术并分析了其局限性。根据冰盖、流凌和冰塞冰坝的冰凌形态，研究聚能随进破冰器、冰盖线性切割器、火箭抛撒破冰器、无杀伤破片破冰榴弹及无破片火箭推进破冰器等防凌减灾高效爆破施工技术。实现高效、安全、低耗能的防灾减灾效果，以解决长期困扰黄河及其他区域的冰凌问题。

参考文献

[1] 孟闻远，王璐，许雷阁．河流矩形冰盖结构的动力特性分析[J]．华北水利水电学院学报，2011.02：17～19.

[2] 孟闻远，郭颖奎，王璐．黄河冰凌特点及防治措施[J]．华北水利水电学院学报，2010.12：27～29.

[3] 刘东常，孟闻远，张多新，孙杰，马文亮，李永忠，谢巍．爆炸冲击波作用下冰体结构的动力响应分析[J]．华北水利水电学院学报，2010.08：25～28.

[4] 王凤英，刘天生．毁伤理论与技术[M]．北京：北京理工大学出版社，2009.

[5] 高建华，陆林，何洋扬．浅水中爆炸及其破坏效应[M]．北京：国防工业出版社，2010.

黄河凌汛期爆破破冰破凌减灾技术研究

杨旭升[1] 佟 铮[2] 宋长青[1] 梁秋祥[1] 薛培兴[3] 晏俊伟[1]

(1. 沈阳军区司令部工程科研设计院，辽宁沈阳，110162；
2. 内蒙古工业大学，内蒙古呼和浩特，010062；
3. 浙江振冲岩土工程有限公司，浙江杭州，310002)

摘　要：本文首先对黄河内蒙古段凌汛期冰凌灾害的成因和类型、冰介质力学特性及冰体可爆性能进行了分析，其次探讨了常用爆破技术在以往凌汛期应急破冰排凌中的运用特点。在此基础上，针对黄河凌汛期冰介质的特殊物理力学性质，采用新型高能爆破带和聚能装药在黄河冰封河道进行了爆破破冰现场试验，得到了重要的试验参数。试验结果表明，两种爆破技术破冰效果明显。这为进一步研究相关爆破技术在黄河凌汛期应急破冰的应用，保护沿河两岸人民生命和财产安全作了非常有益的探索。

关键词：爆破破冰；黄河凌汛；减灾；新型高能爆破带；聚能装药

Study on the Application of Blasting Technology to Against the Ice Jam of Yellow River

Yang Xusheng[1] Tong Zheng[2] Song Changqing[1] Liang Qiuxiang[1] Xue Peixing[3] Yan Junwei[1]

(1. Shensi Design Institute of Engineering and Scientific Research, Liaoning Shenyang, 110162;
2. Inner Mongolia Polytechnic University, Neimenggu Huhehaote, 010062;
3. Zhejiang Zhenchong Geotechnical Engineering Co., Ltd., Zhejiang Hangzhou, 310002)

Abstract: Firstly, the ice flood cause and type, mechanical characteristics of ice medium and ice explosibility of Yellow River in inner Mongolia of China are analyzed in this paper. Secondly, the characteristics of application of conventional blasting technology to break ice jam urgently on the ice run of Yellow River. On the basis, aim at the especial character of physics and mechanics, experimental study on blasting ice-breaking by new high-energy explosion belt and shaped charge are carried out on the river way of Yellow River. And the important data are acquired in this experiment. The results show that the effect of ice-breaking is very obvious. So, it offers a helpful exploration for the farther application of blasting ice-breaking technology on the ice jam of Yellow River and the protection of people life and their property safety.

Keywords: ice breaking by blasting; ice jam of Yellow River; disaster reduction; new high-energy explosion belt; shaped charge

1　引言

由于特殊的地理位置和气候条件,黄河凌汛是中国冬、春季节最突出、最主要的汛情。黄河流域可能发生凌汛灾害的河段主要有上游宁蒙河段、中游部分河段和下游河段,而黄河上游宁蒙河段是黄河凌汛灾害最为严重的河段,年年都有不同程度的凌灾发生。由于黄河内蒙古段处于黄河流域最北端,纬度最高[1,2]，冬季封河时，首封下游，自下而上，节节壅水，冰下过流能力减弱，上游来水下泄不畅，河水上涨出岸，产生冰凌灾害；春季解冻开河时，上游先开河，槽蓄水量自上而下释放，冰水齐下，易在河道狭窄、纵坡变缓及弯道处产生冰坝，阻塞河道，致使水位急剧上升，形成武开河的态势，轻者破坏水利设施和水工建筑物，重者则阻断河流使上游水位急剧上涨从而造成浸没性灾害，给沿岸人民生命财产带来巨大损失。

为了防治冰凌灾害的发生，通常会采取工程和非工程措施等多种办法应对冰凌险情，其中对冰凌、冰塞、冰排和冰坝等实施爆破破碎已成为一种有效疏通河道、预防卡冰结坝等险情发生的有效方法。但对凌灾的科学防治目前尚缺少行之有效的方法，因此，有必要对黄河凌汛期爆炸破冰方法做进一步研究。

2　黄河凌汛成因及灾害类型分析

冰凌的发生、发展及消融的演变过程主要取决于水文条件、气象条件、河道走向与河道形态等因素。黄河上游宁蒙河段和黄河下游山东河段是发生凌汛灾害的主要河段，原因有三个方面：一是从南到北的河道流向造成下游先封河、上游先开河的不利封、开河形势，狭窄、多弯、坡缓、散乱的河道形态致使冰凌排泄不畅；二是气温突变造成不利的封、开河形势和冰凌冻融过程；三是流速变化直接影响到结冰融冰条件及对冰凌的输送、下潜、卡塞等。在黄河特有的水文条件、气象条件、河道走向与河道形态等因素共同作用下，易形成冰塞、冰坝，引发凌汛灾害。

根据凌灾形成机理，黄河凌汛灾害主要有冰塞灾害和冰坝灾害两种类型。

(1) 冰塞灾害。在流凌初封期，上游流凌密度增大，受上游来水和河道边界条件影响，在封冻冰盖前缘向上游发展过程中，若遇到水面比降由缓变陡，大量冰花在水流作用下潜入冰盖下并在冰盖下堆积形成冰塞。冰塞堵塞部分过水断面，降低断面过流能力，壅高上游水位，造成淹没损失或堤坝出险（如图 1 所示）。

图 1　冰塞灾害

（2）冰坝灾害。在开河期间，上游河段先开河，下游河段未开河或断续开河，当流冰遇到冰质坚固未破裂的冰盖时，或通过河道狭窄、弯曲、浅滩、冬季冰塞河段、水库回水末端等河段时，流冰在河道内受阻，冰块上爬下插或挤压堆积而形成冰坝。冰坝壅高水位，严重时会形成漫滩和堤防决溢灾害（如图2所示）。

图2 冰坝灾害

3 黄河凌汛期冰介质的力学特性分析

试验研究表明[3,4]，冰体在恒温缓慢加载条件下，冰是一种非线性黏弹塑性材料（如图3所示）。但是，当外力突然增高或加载速度很快时，很容易超过冰破裂强度，而发生脆性变形。实验证明，当应力与冰晶主轴平行时，河冰松弛期超过90min；当应力与主轴垂直时，河冰松弛期只有8min。若加载时间在上述时间之内，河冰仅作弹性变形或作脆性变形。爆破破冰时，由于爆炸加载时间极短，并且加载速度极快，从而河冰表现出明显脆性变形，可视为脆性介质。

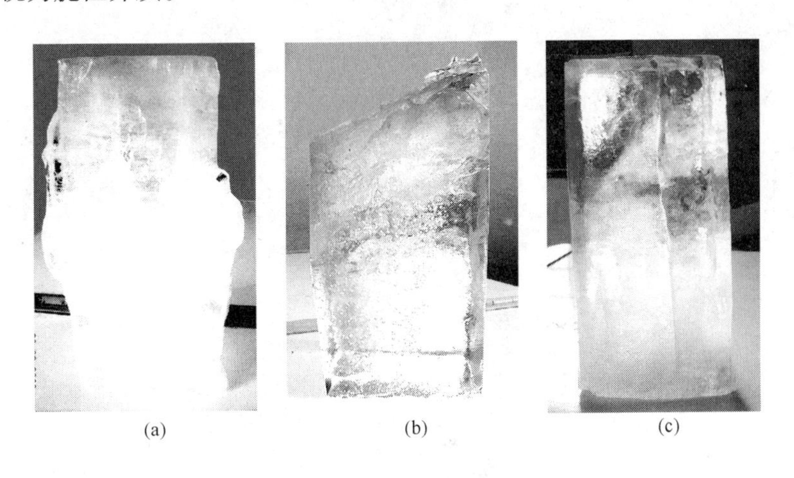

(a) (b) (c)

图3 冰试样不同破坏形式照片

（a）鼓胀形式破坏；（b）剪切形式破坏；（c）劈裂形式破坏

已有抗拉强度测定研究表明[5,6]，冰的力学性能随冰温变化很大。在冰温 -5℃条件下，测得冰的立方体极限抗压强度为3.21～4.20MPa。据有关资料介绍，河冰抗压强度约在3.5～4.5MPa之间，且河冰抗压强度随冰温下降、冰质变硬而增大。同样在冰温 -5℃条件下对冰抗拉强度测得数据，求得冰劈裂抗拉强度为0.82～1.18MPa。如换算为轴心抗拉强度时，应乘以换算系数0.9。有资料介绍，冰极限抗拉强度在1.2～1.5MPa之间。

通过试验和有关资料分析可知[7]，冰抗压强度约是其抗拉强度值的3～6倍。而一般岩体抗压强度为抗拉强度的10～20倍左右，有的达50倍，这是冰介质力学性能与岩体力学性能的一个很大区别。尽管冰抗压强度较岩石低，但抗拉强度却相对较高，因而，爆破破冰单位药量却较岩石多。由于抗压强度低，爆破时更容易产生粉碎性破坏而消耗大量能量，降低破冰效果。

黄河开河期冰温接近于0℃，冰体呈现出溶融状态，冰晶粗大且晶心含水，而此时又是冰凌爆破主要时期，此时爆炸破冰作业效果相对较差。

4　冰体的可爆性能分析

对于冰体介质，爆炸后同样形成类似于一般脆性固体介质的爆破漏斗，这也是冰介质爆炸破坏的基本形式，同样产生压碎区、裂隙区、片落区、爆破漏斗和震动区。但是，由于冰的力学特性不同于一般的岩石，所以对于不同冰温冰体的爆炸破碎，所采用爆破方法和爆破参数差异较大。

为获得冰介质的标准抛掷爆破漏斗炸药单耗，进行了现场小规模的爆破漏斗实验。试验结果分别表明：在气温 $t=-32$℃，冰温 $t_0=-25$℃，炸药单耗为 $750\mathrm{g/m^3}$；在气温 $t=-18$℃，冰温 $t_0=-10$℃时，炸药单耗为 $830\mathrm{g/m^3}$；在气温 $t=6$℃，冰温 $t_0=-1$℃时，炸药单耗为 $1400\mathrm{g/m^3}$。三种典型标准抛掷爆破漏斗特征如图4所示。

(a)　(b)　(c)

图4　不同冰温冰体标准爆破漏斗特征

(a) −25℃；(b) −10℃；(c) −1℃

由炸药单耗量的差异可看出：冰体温度的升高，冰晶含水比例加大，塑性特征明显；应力波的传播效率随冰温的提高而降低；炸药单耗随冰温的升高而增加。这一结果表明：

黄河开河凌汛期是气温回升、冰温升高的初春季节，此时黄河开河期的冰温接近于零度，冰体呈现出溶融状态，冰晶粗大且晶心含水含气，而此时正是凌汛开河期冰体的可爆性基本特征。

图 5 与图 6 分别显示冰温在 -15℃条件下，无限冰介质中球形装药爆炸所产生的径向裂隙和环向裂隙的试验结果。对比两图可以看出，径向裂隙远大于环向裂隙。

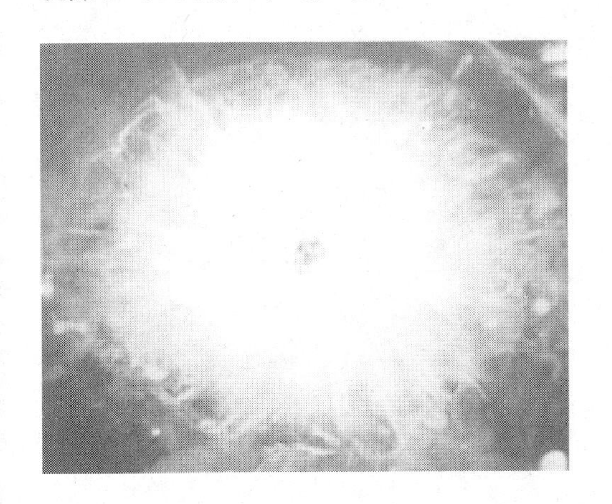

图 5　环向裂隙特征（-15℃）

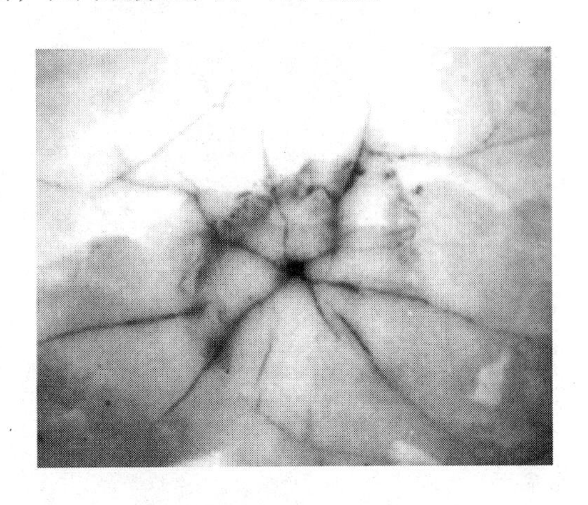

图 6　径向裂隙特征（-15℃）

5　黄河现场爆破破冰试验

通过上述分析可知，无论是对于流冰还是盖面冰或凌坝等，采用爆破破冰仍是一种唯一相对行之有效减少灾害的基本方法。因此，针对冰介质的特殊力学性质及其受地域、气候条件等影响较大等特点，选定在黄河内蒙古段采用新型高爆破带和聚能装药进行了爆破破冰试验，以期得到重要的爆破破冰排凌现场数据，为后续研究打下基础。

5.1　新型高能爆破带破冰试验

在流凌期间或开河初期，局部河段形成冰塞、冰坝，导致河水猛涨，类似于冰体堰塞湖，通常需进行局部开口，破除主河槽内的冰塞、冰坝，形成临时泄水通道，使该河段的部分水流下泄通畅，以遏制或降低该河段壅高的水位，同时不致使大量冰块下泄而对下游未解冻河段造成压力。而要切开一定长度和宽度的开口，破除一定厚的冰塞、冰坝体，则需一种具有破除长度和厚度能力足够，且可以采用投掷或发射方法安放的爆破器材实施爆破破冰。

本次采用针对冰凌这种特殊介质而研制的新型高能爆炸带进行现场破冰试验，其参数如表 1 所示，现场设置如图 7 所示。

表 1　新型高能爆破带参数表

序　号	装药种类	装药结构	延米装药量 /kg · m^{-1}	爆炸带直径 /mm	长度/m	装药量/kg
1	钝化黑索金	间隔装药	5	88	30	150

所设新型高能爆破带爆炸后，在冰面形成长3250cm、宽90cm的长方形破冰区域，周围形成一定范围的冰体裂隙区域（如图8所示），破冰效果理想，从而其可作为一种冰塞、冰坝局部断面开口式破冰的有效爆破技术手段。

图7　高能爆破带冰面设置图

图8　高能爆破带爆破破冰效果图

5.2　聚能装药快速穿孔试验

实施水下爆破时，需在冰面布设一定数量的孔，以便将炸药放入冰面以下。较冬季严寒气候条件及人工、机械在冰面穿孔进行作业时的诸多不便，聚能装药冰面爆破穿孔却是一种行之有效的设孔方法。

本次所用的聚能装药参数如表2所示，其现场设置图如图9所示。

表2　聚能装药参数表

序　号	药型罩			壳体材料	装　药		数量/发
	材　料	罩　型	口径/mm		种　类	重量/kg	
1	Q235钢	截卵形	160	塑　料	注装梯黑炸药	3	2

图9　聚能装药冰面设置图

其试验结果如表3所示。

表3 聚能装药穿孔试验结果

序 号	型 号	炸高/mm	冰面厚度/mm	孔径/mm	穿冰厚度/mm
1	ϕ160mm 穿孔器	450	500	300	500（穿透）
2	ϕ160mm 穿孔器	500	500	200	500（穿透）

分析试验结果发现，所设聚能装药均已穿透冰层，形成穿孔孔径均大于其本身直径，孔与孔之间冰面多条裂隙融通贯穿，取得了良好穿孔效果（如图10所示），为冰下设置装药爆破提供了所需的前提条件。相对于人工和机械穿孔，其作业更安全，速度也更快，效果更好，且可按照一定爆破方案设置成穿孔爆破阵列，利用其自身穿孔孔径大、冰面裂隙贯通的有利条件，数发齐爆，使巨大冰排、冰凌和冰坝爆裂分解，达到人工干预连续开河的目的。

图10 聚能装药穿孔后冰面效果图

6 结论

（1）爆破破冰作为冰凌险情应急破冰的有效方法，破冰效果明显，是黄河凌汛期防凌减灾必不可少的技术措施和手段，需进一步充分发挥其在排凌抗灾中的重要作用，为有效解决黄河凌汛灾害这一世界性难题提供技术支撑。

（2）使用新型高能爆破带进行破冰排凌是一种灵活、高效、安全的新方法，有望成为黄河凌汛期破冰排凌抢险救灾的主要方法。

（3）聚能装药使用安全、布设灵活，穿孔速度快、效果好，同时，其也可成组阵列使用实现大面积快速破冰破凌，是一种理想的黄河凌汛期破冰爆破器材。

参考文献

[1] 魏向阳．黄河下游凌汛成因和防凌对策研究[J]．人民黄河，1997，12～15.
[2] 苏茂林．1999～2000年度黄河防凌工作回顾及2000～2001年度防凌形式分析[J]．人民黄河，2000，12.
[3] 赵文元．搞好黄河防凌防汛工作，确保沿河两岸安全[J]．内蒙古水利，2002，1.
[4] 冯国华，朝伦巴根，闫新光．黄河内蒙古段冰凌形成机理及凌汛成因分析研究[J]．水文．2008，28(3).
[5] 佟铮，马万珍，等．爆破与爆炸技术[M]．北京：中国人民公安大学出版社，2001.
[6] 美国陆军工程师委员会．凌坝爆破研究报告984，DDM 3515.
[7] 崔家骏，等．黄河防洪防凌决策支持系统研究与开发[M]．郑州：黄河水利出版社，1999.

水电工程开挖精细爆破技术

张正宇　刘美山

（长江水利委员会长江科学院，湖北武汉，430010）

摘　要：精细爆破，即通过定量化的爆破设计和精心的爆破施工，实现炸药能量释放与爆破作用过程的精确控制，既达到爆破目的，又实现对爆破有害效应的精确控制，最终实现安全可靠、绿色环保及经济合理的爆破作业。精细爆破秉承了传统控制爆破的理念，但与传统控制爆破又有着明显的区别，精细爆破不是一种爆破方法，而是含义颇广的概念，它是一个综合的体系。本文简单阐述了精细爆破的含义及组成体系，并以溪洛渡拱肩槽边坡开挖和地下厂房岩锚梁开挖为实例，介绍了精细爆破在水电工程中的应用和现状。

关键词：精细爆破；水电工程；拱肩槽；边坡；开挖

Precise Blasting Techniques on the Excavation of Hydroelectric Project

Zhang Zhengyu　Liu Meishan

（Changjiang Academy of Sciences of Changjiang Water Resources Committee，Hubei Wuhan，430010）

Abstract：Precise blasting refers to an effort to realize an accurate control of explosive energy release and blasting process through quantified blasting design and intensive construction. It was an effort that not only gained blasting purposes but also precisely controlled harmful effects and finally realized safe and reliable blasting operation，economic and rational. Precise blasting is evidently different from traditional control blasting but it carries on traditional blasting theory. Precise blasting is not a simple blasting method but a comprehensive system，an extensive concept of blasting. The concept and make-up system of precise blasting were elaborated in this paper. Set as an example of spandrel groove side slope excavation and underground plant anchor and beam excavation of Xi Luodu Power Station，the application and status quo of precise blasting in the hydroelectric project were illustrated.

Keywords：precise blasting；hydroelectric project；spandrel groove；side slope；excavation

1　前言

工程爆破是用炸药炸除岩石、破坏建筑物的一种瞬间作业，它是通过科学研究、理论探讨、现场试验及实际应用建立起来的一项专门科学与应用技术。在国民经济的诸多领域中广泛应用。

水电行业对基岩的保护和对边坡的控制极为严格，各种结构部位开挖爆破中相互干扰较大，在施工中对爆破的要求很多，爆破规模的控制上也非常严格，对各种边界面进行“雕琢”最多。因此，水电行业是对爆破技术要求最为苛刻的一个行业。在水电站建设中，爆破是影响施工质量和进度的一个重要因素，如何实现快速高效的爆破开挖一直是水电工程建设中的一个重要课题。要达到快速高效的开挖目的，就必须实现对爆破试验、设计、施工和安全监测的全过程精确控制，这种精确控制需要突破经验和模糊界限，达到量化的程度。这已经突破了传统控制爆破的范畴，是一种全新的爆破理念。为此 2009 年作者出版了《水利水电工程精细爆破概论》一书[2]。精细爆破，即通过定量化的爆破设计和精心的爆破施工，进行炸药爆炸能量释放与介质破碎、抛掷等过程的精密控制，既达到预定的爆破效果，又实现爆破有害效应的有效控制，最终实现安全可靠、绿色环保及经济合理的爆破作业[1]。

精细爆破的产生和发展是市场的需求，随着国民经济的发展、城市化进程的加快，工程爆破技术越来越发挥重要的作用。精细爆破的提出不仅是技术发展的必然结果，更是源于工程建设对爆破技术的巨大需求。在岩石爆破领域，对精细爆破的需求更是日益增多，例如，在国家重大工程建设及西部大开发中，面临复杂地质条件下修建大型水电枢纽工程、长距离调水或交通隧道、高陡路堑边坡、大型矿山等艰巨任务，都涉及到精细爆破问题。

2 精细爆破的含义

从定义可以看出，精细爆破秉承了传统控制爆破的理念，但与传统控制爆破又有明显的区别。精细爆破的目标与传统控制爆破一样，既要达到预期的爆破效果，又要将爆破破坏范围、建构筑物的倒塌方向、破碎块体的抛掷距离与堆积形状以及爆破地震波、空气冲击波、噪声和破碎物飞散等的危害控制在安全范围内，实现对爆破效果和爆破危害的双重控制。

与传统控制爆破相比，精细爆破在定量化的爆破试验、爆破设计、炸药能量释放和爆破作用过程控制、爆破效果的定量评价等方面，均提出了更高的要求。

精细爆破更注重利用爆炸力学、岩石动力学、结构力学、材料力学和工程爆破等相关学科的最新研究成果，并充分利用飞速发展的计算机技术、数值分析技术，采用定量化爆破设计计算理论、方法和试验手段，对爆破方案和参数进行优化，实现对爆破效果及有害效应的精确控制。

精细爆破更注重根据爆破对象的力学特性、爆破条件及工程要求，依赖性能优良的爆破器材及先进可靠的起爆技术，辅以精心施工、及时的监护和严格管理，实现爆破全过程的精密控制。

精细爆破不仅仅局限于传统控制爆破，其概念适用于土岩、拆除及特种爆破等工程爆破的方方面面，它不是一种爆破方法，而是含义颇广的概念。

3 精细爆破体系的组成

根据长江科学院在多个国家大型水电工程中的爆破实践，精细爆破至少应包含如下几个部分：

（1）定量化的工程爆破分析研究和定量化的爆破设计；

（2）精细化的爆破施工技术；

（3）实时监测；

（4）高精度、高可靠性的爆破器材与定量化的工程爆破设计；

（5）精细化的施工管理方法；

（6）定量化的爆破效果评价等内容。其核心是定量化和精细化。

3.1 定量化的工程爆破分析研究与定量化工程爆破设计

随着爆炸力学、岩石动力学、工程力学等工程爆破的基础理论研究领域的不断进展，借助飞跃发展的计算机技术、爆破试验和量测技术，使得定量化的工程爆破分析研究成为可能。基于运动学和结构力学的基本理论，采用 FEM、DDA、AEM 和 LS-DYNA 等数值分析方法，已能对城市拆除爆破、土岩爆破、爆炸加工等进行较精确的预测和仿真，不再借助实体模型就可以实现对不同爆破方案的分析、比较和研究。此外，采用高速摄影及其三维数值分析系统，已经可以对爆破全过程实施数值化监测，可以定量化分析破碎块体的运动过程和运动规律。

在土岩爆破方面，已经可以实现如下目的：

（1）模拟爆破作用过程中裂纹的产生和发展；

（2）预测爆破块度的组成和爆堆形态；

（3）爆破效果的评价和参数的优化；

（4）模拟和再现爆破过程。

定量化工程爆破分析研究使定量化的爆破设计成为可能。一个完整的工程爆破设计包含爆破方案比较和选择、爆破参数确定、炮孔布置形式的确定、起爆网路设计等。

定量化的爆破方案，包含开挖方式、开挖分区、开挖台阶高度、起爆方式、爆破规模等，通过数值优化分析，过程和结果都以定量化的方式给出和施工。

定量化的爆破参数：主爆破孔爆破参数包括炸药单耗、炮孔间排距、密集系数、炮孔孔径、炸药药径与药量、炮孔堵塞长度；预裂孔爆破参数主要包括线装药密度、炮孔间距、堵塞长度等，此外还包括施工预裂参数。在爆破参数的确定上，借助目前的数值分析和试验手段，已经基本摆脱以往凭经验确定的传统模式，精确定量化的选择目前已经成为现实。

精确化的起爆网路：相对于传统的起爆系统，在设计方法上已经实现了定量化，但由于起爆器材的误差，无论是电起爆还是非电起爆，在实践中都很难满足精细化要求。近年来，高精度非电起爆系统和电子雷管起爆系统的成熟，才使精确化的起爆网络设计成为可能，高精度非电起爆系统和电子雷管起爆系统均可以达到使数十段至数百段的起爆网路避免重段。

3.2 精细化的爆破施工技术

施工机械化和自动化水平的提高，为精细爆破施工提供了技术支持，尤其是以 3S 技术（RS、GIS、GPS）为代表的信息技术在爆破工程中的应用，使得爆破工程测量放线、钻孔精度、装药堵塞等各项工序的精细程度大大提高。满足精细爆破要求的施工机械和施工技术，从施工层面为精细爆破提供了技术保障。例如，国外大型矿山采用的潜孔钻机或牙轮钻孔设备，携带 GPS 系统，可实现钻孔的自动定位；依靠钻机上装备的测量及控制系统，可实现钻孔过程孔向及倾角的自动调整及控制。又如在水电工程开挖爆破中，通过钻机改造，增加限位板，加装扶正器，根据岩性特点定制钻杆直径等技术手段，研制完成了满足精细爆破技术要求的施工设备。

施工工艺流程控制上，水电系统总结出的“爆破设计及审批→开挖区域大面找平→清面→测量放线→布孔→技术交底→打设插筋、钻机就位、固定→钻孔→清孔→钻孔质量检查→钻孔保护→装药→网路连接→网路检查→起爆→出渣→坡面清理→开挖边坡测量检测→爆破效果分析→下一循环”的工艺流程，有效控制了施工质量，为最终实现对爆破过程的精细控制起到了重要作用。

3.3 爆破监测及信息反馈

爆破过程极为短暂与复杂，爆破效果及有害效应仅靠目测难以达到定量化的效果。因此对爆破作用的过程、爆破效果的优劣和有害效应的大小必须依靠各种观测手段获取。依据上述观测结果再反馈到设计与施工中，并对它们不断的修正和改进，以取得最优良的效果。

爆破作用过程的高速摄影观测；爆破块度和堆积形状范围的快速量测；爆破振动、冲击波、噪声和粉尘的跟踪监测与信息反馈；炸药与雷管性能参数的检测等等，均属于实时监控的范畴。

3.4 高精度高可靠性的爆破器材选型

高精度非电雷管和电子雷管的研制成功，在控制结构倒塌过程、改善岩石破碎效果、实现抛掷堆积控制以及降低爆破振动效应等方面发挥了显著作用，基本实现了对起爆时间上的精确控制。此外，适应不同岩性和爆破条件的高性能及性能可调控炸药、不同爆速导爆索，使得对炸药爆炸能量的释放、使用及转化过程的控制成为可能。例如性能可调控炸药的出现，为真正实现炸药与岩石阻抗相匹配创造了条件，从而可以大大提高炸药能量的利用率；低爆速导爆索研制的成功，大大降低了大理石等石材开采中的爆破损伤，从而可提高石材的开采率和利用率，可有效地节约资源。

这些爆破器材的进步，加强了对爆破作用过程的控制能力，使爆破工程能够达到量化爆破设计的要求成为可能。

3.5 精细化的施工管理方法

要实现对爆破过程的精确控制，离不开精细化的施工管理方法。施工管理方法包括建立规章制度和制定质量控制标准，质量控制标准包括爆破振动控制标准、声波波速衰减率标准、保留面的超欠挖、平整度和残孔率要求等。

实施前的准备：包括从组织、技术、资源、进度、环保等管理环节的统筹安排，成立相应组织机构，对各自的职责进行明确分工，编制满足精细爆破要求的管理办法。

施工过程控制：严格按照设计施工，设置专职的工程爆破监理监督质量管理体系建立和运行情况，检查现场施工质量控制程序、环节、质量控制方法等是否到位，分析施工质量控制方面存在的问题，并在组织管理、技术工艺改进等方面提出具体措施和质量控制要求。例如水利水电工程正在实施的“一炮一总结”、“一梯段一预验收”、“一坝段一验收”，及时对本梯坝段的经验教训进行总结，以指导改进下一梯段的施工。严格执行“三定”（定人、定机、定孔）、“三证”（准钻证、准装药证、准爆证）、“三次校钻”（0.2m、1.0m、2.0m）等各项制度等施工过程管理技术，都很好地贯彻了精细爆破的理念。

3.6　精细化数值化的爆破效果评价等内容

爆破效果评价包括爆破振动的数值化监测、岩体爆破松弛深度的数值化测试、平整度和超欠挖检测、钻孔电视检测等数值化检测手段。爆破振动的数值化监测：例如目前具有国际先进水平的加拿大 MiniMate Plus 测振系统以及国内的 EXP 3850 爆破振动测试系统，都可以对爆破振动进行及时有效的数值分析。武汉岩海的 RS-ST01C 一体化数字超声仪，实现了爆破前后保留岩体松弛层深度的及时检测。武汉岩海公司生产的 RS-DTV 数字彩色钻孔电视摄像系统可以对保留岩体的内部质量进行数值化的分析。另外，残孔率、平整度和超欠挖检测……，提供了对爆破效果进行评估的定量化指标。

4　精细爆破应用的工程实例

近十年来，水利水电行业在三峡、小湾、溪洛渡、向家坝等工程中的爆破开挖工作均取得极其显著的成绩，露天及地下工程的保留壁面的质量达到较高水平，受到行业内外专家一致好评。下面仅以溪洛渡工程实例进行介绍。

4.1　溪洛渡水电站大坝拱肩槽开挖

金沙江溪洛渡水电站是我国西电东送骨干电源，位于四川省雷波县和云南省永善县交界的金沙江干流上，电站总装机容量 14400MW，装机容量在国内目前仅次于三峡工程，居世界第三。为我国目前在建的装机容量最大的高拱坝。拱坝承受的荷载将由拱座直接传递到拱肩槽，因此，拱肩槽的开挖质量直接影响到大坝的安全。溪洛渡水电站拱肩槽开挖范围为高程 610 ~ 400m，总方量约 $400 \times 10^4 m^3$，开挖高度 210m，水平向最大长度为 68.6m，开挖轮廓面约 $4.4 \times 10^4 m^2$。溪洛渡水电站大坝拱肩槽开挖工程规模大；地质条件复杂，柱状节理裂隙发育、层间层内错动带密集、开挖轮廓面呈扇形扩散的扭面结构，爆破成型难度大；拱肩槽受力复杂，对建基面开挖质量要求高。

在开挖过程中，围绕提高拱肩槽开挖质量、开挖速度和开挖安全进行了系统研究，初步创立了水电工程开挖精细爆破技术体系，在科研、设计、施工、管理、环保等方面实现了系列创新：

（1）建立了以质点振动速度、岩石声波、钻孔电视、平整度和超欠挖检测等对爆破效果进行定量评估的评价体系；

（2）建立了定量化的精细爆破设计方法，采用多段毫秒延时、大面积预裂等爆破技术，实现了炸药能量的有效利用，达到了岩石破碎效果与保留岩体质量的有效控制；

（3）采用对钻机和样架进行改造、增加限位板、加装扶正器、加粗钻杆直径、改进施工量角器精度等措施，形成了拱肩槽开挖精细爆破施工的专项设备，实现了精确单孔定位、控制钻进速度、多次校钻的个性化爆破装药设计，形成了拱肩槽开挖的精细爆破施工工艺；

（4）初步建立了以“三定”、“三证”、“三次校钻”等制度为基础的精细爆破管理体系。

在溪洛渡水电站拱肩槽开挖中，采用精细爆破技术后形成的建基面光滑平整，平整度、半孔率整体达到优秀水平，爆破对建基面岩石的损伤得到有效控制。建基面法线方向的平均超欠挖、平整度、残孔率的整体合格率分别为97.2%、98.8%、99.8%，采用钻孔声波法检测平均爆破影响深度均在1.0m以内，质量等级全部达到优良标准，其效果如图1所示。

图1 溪洛渡水电站拱肩槽精细爆破开挖效果

4.2 溪洛渡超大规模地下厂房岩锚梁开挖

溪洛渡水电站主厂房最大开挖跨度33.4m，主变洞最大开挖跨度26.3m，厂房洞身主要由 $T_3^{2\text{-}6\text{-}1}$ 至 $T_3^{2\text{-}6\text{-}3}$ 以厚至巨厚层砂岩为主的地层组成，岩体呈微风化-新鲜。地层产状较平缓，岩体受地质构造破坏的程度较低，无较大断层发育，主要结构面为层间错动带、层面和节理裂隙。在洞室附近分布4条2级软弱夹层，1条位于安装间顶拱以上，2条在洞室岩锚梁附近出露，1条在洞室下部出露。厂区节理裂隙主要有3组。厂房围岩泥质类软弱岩石分布洞段，也有层间错动破碎夹泥层分布。

为了克服不利地质缺陷的影响，在开挖中贯彻精细爆破理念，在开挖中，采用了质点振动速度、岩石声波等多种手段等对爆破效果进行定量评估的评价体系。采用了整体集成样架高精度自动施工量角器等措施，实现了精确定位、精确钻进的施工程序。建立了一整套精细爆破管理体系。在溪洛渡水电站地下厂房岩锚梁开挖中，采用精细爆破技术后形成的保留面光滑平整，平整度、半孔率整体达到优秀水平，其效果如图2所示。

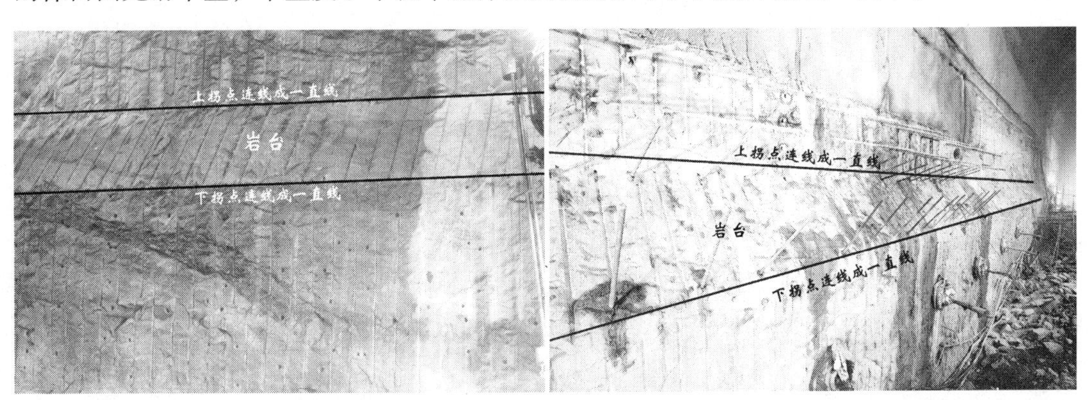

图2 溪洛渡地下厂房岩锚梁精细爆破开挖效果

5　结论

我国已将建设“资源节约型”和“环境友好型”社会作为21世纪的重要战略，精细爆破符合时代需求，精细爆破有望作为引领中国工程爆破行业科技创新的重要手段与发展方向之一，将在实现爆破行业的可持续发展的过程中发挥重要的作用，对我国工程爆破的发展产生深远的影响。

目前“精细爆破”尚有一些需要完善的地方，在实现数值化和推动发展方面还有很多工作要做。尤其是在基础研究领域，重点研究工业炸药爆轰能量释放控制技术，提高和控制爆破能量的利用率；努力开发快速便捷的爆破测试新技术，实现岩石爆破特性及本构模型研究方面的突破；加强信息化爆破设计和施工的基础理论与应用关键技术研究，实现工程设计的智能化、可视化以及爆破施工的机械化、信息化。这些基础研究领域的进步必将推动精细爆破的进一步完善。

参 考 文 献

[1] 谢先启，卢文波．精细爆破[G]．中国工程爆破协会精细爆破研讨会，2008.

[2] 张正宇，卢文波，刘美山，张文煊．水利水电工程精细爆破概论[M]．北京：中国水利水电出版社，2009.

[3] 中国工程爆破行业中长期科学和技术发展规划（2006—2020年）[R]．中国工程爆破协会，2006.

[4] 汪旭光，周家汉，王中黔，等．我国爆破事业的发展和展望——代序言[C]//中国典型爆破工程与技术．北京：冶金工业出版社，2006.

[5] 冯叔瑜，吕毅，杨杰昌，等．城市控制爆破[M]．北京：中国铁道出版社，1985.

精细爆破理论与技术体系概述

谢先启[1,2] 贾永胜[1,2]

(1. 武汉市市政建设集团有限公司，湖北武汉，430023；
2. 武汉爆破公司，湖北武汉，430023)

摘　要：通过分析我国工程爆破面临的机遇和存在的不足，介绍了精细爆破理念的形成背景，精细爆破的定义、技术体系及支撑条件。通过工程实例介绍了精细爆破的应用。最后就精细爆破在不同工程爆破领域的研究与发展方向提出了建议。

关键词：工程爆破；精细爆破；技术体系；概述

Overview on Precision Blasting and its Technique System

Xie Xianqi[1,2] Jia Yongsheng[1,2]

(1. Wuhan Municipal Construction Group Co., Ltd., Hubei Wuhan, 430023;
2. Wuhan Blasting Engineering Company, Hubei Wuhan, 430023)

Abstract: With the development of Chinese society and economy, blasting technique has played a great role in many kinds of fields. But there are still some disadvantages. On the basis of the situation, the author thoroughly analyses the opportunities and the challenges, and then puts forward the precision blasting. In this paper, the definition, technique system and support conditions of precision blasting technique are introduced. The applications and development trends are also discussed.

Keywords: engineering blasting; precision blasting; technique system; overview

1　引言

中国是发明黑火药的文明古国，对人类文明与进步有过重大贡献。新中国成立以来，特别是改革开放30多年来，我国的工程爆破行业取得了举世瞩目的成就，工程爆破技术在矿山、铁路、交通、水利水电、城市基础建设和厂矿企业改扩建等工程建设中发挥了重要作用，年炸药消耗量已超过300万吨，雷管30多亿发，年爆破工程行业产值超过万亿元，很多爆破技术已经达到了世界先进水平，有些技术还处于领先地位。

21世纪是经济全球化和信息化的时代，日新月异的科技发展将给世界带来巨大的变革，工程爆破技术也必将产生新的飞跃。在新的机遇和挑战面前，一方面将有更多的爆破工程和新的爆破技术应用领域需要我们去完成和探索；另一方面，为实现“可持续发展”的需求，工程爆破行业要进一步提高自主创新能力，为国民经济的发展和构建“和谐社会”做出更大的贡献。在这样的历史背景条件下，“精细爆破”的适时提出，必将对我国工程爆破行业的发展起到一定的促进作用。本文对精细爆破的定义、支撑条件及技术体系等内容概述于后。

2　精细爆破理念的形成背景

2.1　可持续发展理论与科学发展观

任何先进技术的产生与发展，都与社会经济发展息息相关。精细爆破，就是以社会可持续发展理论与科学发展观为理论指导的，是它们在工程爆破领域的重要应用和体现。

2.2　中国工程爆破行业中长期科学和技术发展规划（2006～2020年）

为贯彻落实中央《关于实施科技规划纲要增强自主创新能力的决定》和全国科学技术大会精神，按照《国家中长期科学和技术发展规划纲要（2006～2020年）》确定的科技工作指导方针、目标和总体部署的要求，依靠科技进步和自主创新，支撑工程爆破行业全面、协调、可持续发展，中国工程爆破协会特组织制定了《中国工程爆破行业中长期科学和技术发展规划（2006～2020年）》。

制定我国工程爆破行业中长期科技发展规划，是认真贯彻落实中央对科技工作“自主创新、重点跨越、支撑发展、引领未来”指导方针的切实体现。该规划提出的工程爆破行业科技发展的指导思想是：企业主导、强化创新、重点突破、跨越发展。

精细爆破的提出，是与该规划所确定的发展目标相适应的。

2.3　精细爆破的市场需求

2.3.1　土岩爆破领域

土岩爆破领域对精细爆破的需求日益增多。例如，在国家重大工程建设及西部大开发中，面临复杂地质条件下修建大型水利枢纽工程、长距离输（调）水或交通隧道、高陡路堑边坡、大型矿山等艰巨任务，涉及工程建设和环境保护的双重考验。

我国露天矿的爆破规模已达到国外先进水平，太原钢铁公司峨口铁矿一次爆破量达到130.3万吨，使用炸药398.7吨，是目前国内金属矿山一次爆破量最大的深孔台阶爆破。亚洲最大的露天煤矿—安太堡露天煤矿一次爆破量达312万吨，炸药消耗量480吨，在国内更是首屈一指。一次爆破量大，炮孔数目多，施工复杂，爆破产生的有害效应强烈，大大增加了爆破设计和施工难度。如何控制和减少爆破有害效应就成为大规模台阶爆破成败的关键。

2.3.2　水利水电领域

举世闻名的三峡水利枢纽工程双线五级永久船闸，总长1607m，最大开挖深度170m，两闸室间设有宽58m、高46～68m的中隔墩，结构复杂，开挖后闸室侧向位移控制要求达到5mm，开挖技术难度极高。设计与施工人员采用中间拉槽、预留保护层、施工预留（光爆）及保护层的精细爆破开挖等技术手段，实现了闸室开挖的“精雕细琢”，如图1所示。

图1　三峡工程永久船闸鸟瞰图

2.3.3 拆除爆破领域

在城市控制爆破领域，特别是城市拆除爆破领域，我们面临的挑战更是显而易见，这体现在拆除对象所处环境的复杂化，也体现在拆除对象的结构形式越来越多样化。如高大建筑物已从一般框架、框架-剪力墙和剪力墙三大常规结构发展为筒体、筒束和套筒式结构，拆除设计和施工难度大幅增加；又如在密集建筑群之间拆除，允许倒塌范围小，振动、飞石、冲击波、粉尘等控制要求更严格。因此，采用精细爆破技术是未来城市控制爆破的必然发展方向。

例如，黄石电厂烟囱高150m，倾倒方向长162m，两侧允许偏差必须控制在±4°范围内，如图2所示。

(a) (b)

图2 黄石电厂150m烟囱爆破拆除
（a）爆区环境；（b）倾倒过程

2.3.4 特种爆破领域

我国爆炸加工已经形成完整的产业技术和产业体系，年产值已超过数百亿元。除了在大型复杂构件的爆炸加工、焊接和钢结构聚能切割之外，还广泛应用于油气井套管爆炸修复及油气井增油压裂控制爆破、深海地震勘探等。

爆炸加工所涉及的领域正在不断扩展，出现了新兴的爆炸粉末烧结、爆炸合成、材料爆炸改性、爆炸消除残余应力、爆炸热处理、肉类冲击波嫩化、植物纤维冲击破碎等，传统的爆炸成型、爆炸焊接（见图3）、爆炸强化、爆炸硬化、爆炸切割正向更深层次发展，已经形成了完整的生产技术和产业体系。

同时，爆炸成型技术也正应用于地下深层油井的整形与修补、连铸结晶器的精密成型，爆炸焊接也向着超厚、超薄、超大、材料多样化（如脆性材料）发展。新兴的爆炸烧结技术正用于精细陶瓷、快淬合金研究，还有爆炸合成金属间化合物、金刚石、氮化硼、C-B-N超硬材料，通过爆炸改性化学触媒、光触媒材料等。

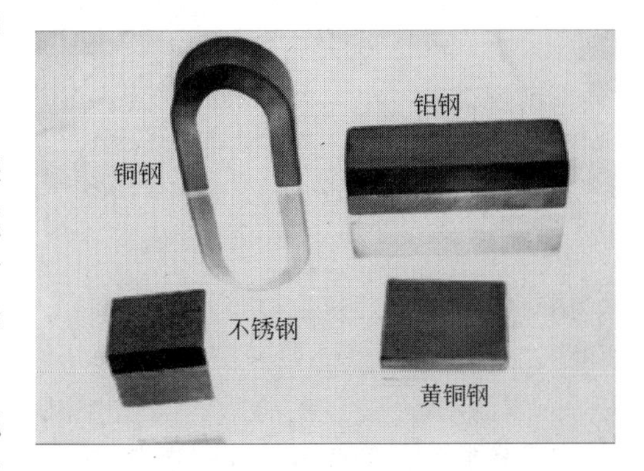

图3 爆炸焊接的各种金属复合材料

3　精细爆破的定义与内涵

3.1　精细爆破的定义

精细爆破，即通过定量化的爆破设计和精心的爆破施工，进行炸药爆炸能量释放与介质破碎、抛掷等过程的控制，既达到预定的爆破效果，又实现爆破有害效应的有效控制，最终实现安全可靠、绿色环保及经济合理的爆破作业。

3.2　精细爆破的内涵

精细爆破秉承了传统控制爆破的理念，但与传统控制爆破有着明显的区别。

精细爆破的目标与传统控制爆破一样，既要达到预期的爆破效果，又要将爆破破坏范围、建（构）筑物的倒塌方向、破碎块体的抛掷距离与堆积范围以及爆破地震波、空气冲击波、噪声和个别飞散物等危害控制在规定的限度之内，实现爆破效果和爆破有害效应的控制。

精细爆破的追求目标比传统控制爆破更高，目的是爆破过程或效果更加可控、危害效应更低、安全性更高、环境影响更小、经济效果更佳。具体到土岩和拆除爆破领域可表现为：机械化自动化水平更高、人机工作环境更舒适、劳动强度更低、孔位测量及定位更加准确、钻孔精度更高、介质内部情况（节理、裂隙、岩层、岩性变化及布筋等）更加清晰或接近“原生态”、装药结构与装药量及炸药匹配更加符合介质破碎需求、延期间隔时间更精确合理、危害效应更低、爆破效果更加可控或更贴近期望值、对环境影响更小、经济效果更优。

并且，精细爆破不仅仅局限于传统控制爆破，而且适用于土岩爆破、拆除爆破、特种爆破等工程爆破的方方面面。精细爆破不仅仅是一种爆破方法，而是含义更为广泛的一种理念，一种目标，可以说是传统控制爆破的更高追求。精细爆破离不开传统爆破（或控制爆破），传统爆破仍然是精细爆破的基础，也可以这样说，传统控制爆破是精细爆破的初级阶段，精细爆破是传统控制爆破的必然发展方向。精细爆破是工程爆破发展新阶段的标志，对工程爆破技术发展必将产生深远的影响。

精细爆破不单含有精确精准，也含有模糊方面的内容，这种模糊并不代表不清晰，而是模糊数学理论在爆破领域的应用。精细爆破也不单是细心、细致，更是一种态度，一种文化。

精细爆破是一个发展的理念，现在认为是精细的，也可能在不远的将来也被视为是非精细爆破。

3.3　精细爆破的外延

精细爆破的外延包含以下几个方面：

（1）精细爆破也是一种控制爆破，是一种更加严格的控制爆破。控制爆破的含意有四，一是控制炸药能量的释放；二是控制倒塌方向；三是控制爆破有害效应的范围和程度；四是控制破碎的块度。精细爆破是一种更加严格的控制爆破，在指导思想上要“精益求精”；在设计和施工中要“精密细致”，要有“精湛的技术”，要紧跟世界发展的趋势；

要在科学管理的基础上做到“精细化”；在结果上要出“精品”。

（2）精细爆破比谨慎爆破、绿色爆破、数字爆破的概念更为广泛。谨慎，小心之意，谨慎爆破强调的是在复杂环境或爆破负面效应需严格控制条件下的爆破技术；绿色，清洁、环保之意，绿色爆破强调的是要控制爆破有害效应和对周围环境的影响；数字爆破展现的是现代信息技术在爆破工程的重要作用。而精细爆破的概念涵盖了上述三种爆破的范围，是一项应用范围更加广泛，理念更为深刻的爆破系统工程。

（3）精细爆破是爆破过程的精细化和爆破过程非确定性的对立统一。

1）爆破过程的非确定性。爆破过程的非确定性来自三方面，一是岩体本身固有的不均匀性；二是工程参数的测量和取样引入的误差；三是由于爆破过程的复杂性而引起模型不够准确而造成的非确定性。非确定性分析方法主要有概率和数理统计、分形几何学、模糊数学、突变论等。由于爆破过程的复杂性和非确定性，就决定了爆破设计主要采用的是经验法或半经验法。而且，经验法或半经验法在今后相当长的一段时间内仍是爆破设计的主要方法。

2）精细爆破强调的是定量化的爆破设计。随着社会的发展和科学技术的进步，在传统控制爆破的基础上提出了精细爆破的理念。与传统控制爆破相比，精细爆破更强调定量化的爆破设计、炸药爆炸能量释放和介质破碎过程控制、爆破效果及负面效应的可预见性。传统控制爆破和精细爆破，两者是个发展和继承的关系。

3）定量化的爆破设计和爆破过程的非确定性似乎是对立的，但是两者也是统一的。定量化是指在一定程度上的定量化；而且这个程度是发展的、变化的；精细爆破的计算方法并不完全抛弃传统的控制爆破分析方法，在定量化爆破设计的同时，还要结合工程实际经验作些调整。关键是如何选取两者的结合点。爆破工程与建筑工程不同，爆破参数不是某一固定值，而是一个范围。合理的结合点就是使这个范围尽量小。

4 精细爆破的支撑条件

半个多世纪以来，在爆破作用的控制与利用技术研究方面已取得了一定的进展，爆破技术已广泛用于岩土和其他介质的破碎、压实、疏松、切割等作业以及在特殊环境（如闹市区建（构）筑物的拆除、人体内胆结石的破碎）、特殊条件（如高温、高压）、特殊要求（如爆炸加工、爆炸合成、地震勘探）等情况下的爆破工程。从利用少至0.3mg炸药对人体内胆结石的破碎到万吨级药量的硐室大爆破，都反映了炸药能量控制与利用技术的进步。

爆破基础理论研究的突破、计算机技术的应用、爆破器材的革新、检测技术的进步以及钻爆机具的改进等方面的进展，为精细爆破的实现提供了强有力的技术支撑；同时我国在采矿、水电、铁道、交通等的基础建设及城市化进程中，对精细爆破提出了巨大的市场需求。

（1）基础理论研究、计算机及测试技术的飞速发展，使定量化的爆破设计成为可能。近年来，随着爆炸力学、岩石动力学、工程力学和工程爆破技术等基础理论研究领域的不断进展，借助飞跃发展的计算机技术、爆破实验和测量技术的进步，使得定量化的爆破设计成为可能。定量化的爆破设计不仅仅限于设计计算过程的定量化，还要强调爆破效果及爆破负面效应的可预见性。例如，采用FEM、DEM、DDA和AEM等数值方法，基于运动学和结构力学的基本理论，已能对高层框架结构楼房定向或多向折叠倾倒、高耸钢筋混凝土烟囱双向折叠倾倒的运动、触地解体及振动等力学行为进行较精确的预测和仿真，从而对爆破切口高度和范围、多切口间起爆时差等关键参数的选择提供定量参考。

2003 年 12 月在武汉市原阳逻化肥厂实施的百米烟囱折叠爆破，通过建立烟囱折叠倾倒运动的力学模型，编制数值仿真程序，并结合运动过程中切口支撑筒壁应力状态的有限元分析，获得了双向折叠爆破中的两个重要参数的选取范围，即上部切口位置 25 ~35m 为宜，上、下切口间起爆时差 1. 5 ~3. 0s 为宜。实际取中上部切口高程 30m，上、下切口间起爆时差 2. 2s，起爆后实现完美空中折叠。见图 4。

(a)　(b)

图 4　百米烟囱双向折叠爆破拆除
（a）模拟图；（b）实爆图

2007 年 12 月在武汉市王家墩商务区两栋 19 层框剪结构大楼爆破拆除中，对部分楼体实施双向三折爆破拆除。在上、中、下三切口部位选择和切口间起爆时差选择等关键设计参数的选择上，运用动力学分析和计算机数值模拟，获得了切口部位的最佳位置和切口间时差：下部切口位于 1 ~4 层，中部切口位于 8 ~9 层，上部切口位于 14 ~ 15 层，切口时间差 1. 02s。12 月 28 日下午实施爆破，实现空中交替折叠，爆堆不超过原建筑占地范围 6m，爆破效果与计算机模拟过程非常吻合，见图 5。

图 5　十九层框剪结构大楼“双向三折”爆破拆除

现在国外的大型矿山普遍采用爆破计算机辅助设计，依赖 GPS 技术来实现钻孔的自动定位与纠偏，配合机械化装药，实现了爆破设计与施工的自动化；同时，通过采集爆堆的三维信息数据，建立爆堆抛掷与堆积的统计模型，可实现给定爆破参数条件下爆堆抛掷与堆积范围的正确预计，见图 6。

（2）高可靠性和安全性的爆破器材的不断

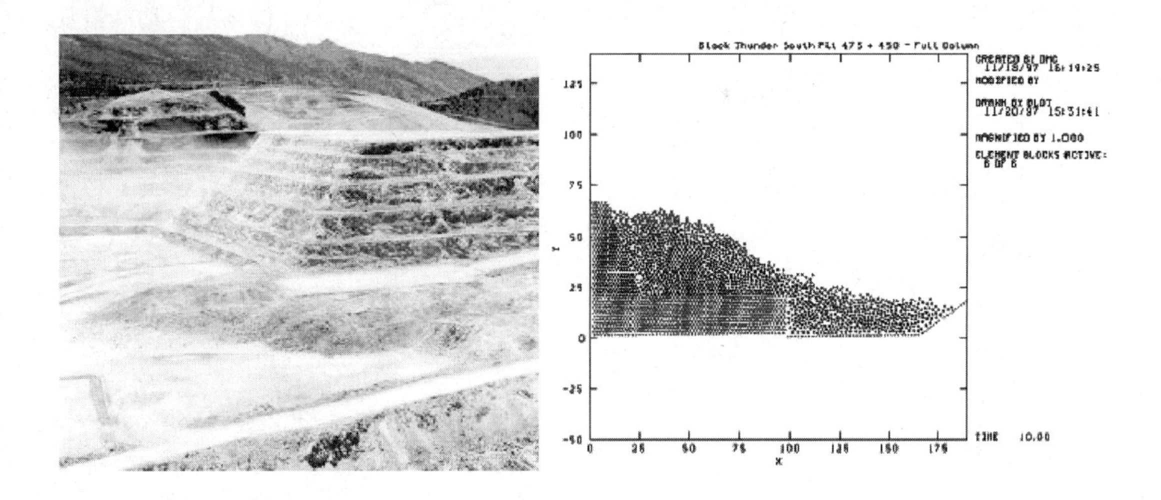

图6　高台阶深孔爆破计算机仿真

发展与完善。适应不同岩性和爆破条件的高性能及性能可调控炸药、不同爆炸能量导爆索、高精度延迟雷管及电子雷管的研制成功，使得对炸药爆炸能量的释放、使用及转化过程的有效控制成为可能。

例如性能可调控炸药的出现，为真正实现炸药与岩石阻抗相匹配创造了条件，从而可以大大提高炸药能量的利用率；低能导爆索的研制成功，大大降低了大理石等石材开采中的爆破损伤，从而可提高石材的开采率和利用率，可有效地节约资源。

又如高精度延迟雷管和电子雷管的研制成功，将在控制结构倒塌过程、改善岩石破碎效果、实现抛掷堆积控制以及降低爆破振动效应等方面发挥显著作用，见图7。

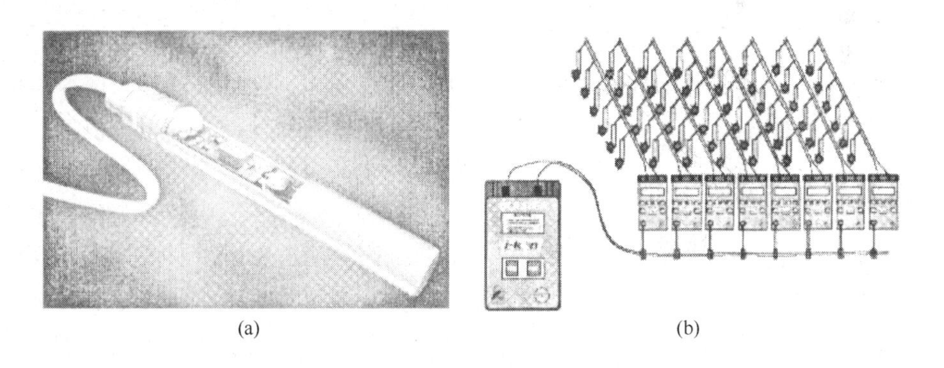

(a)　(b)

图7　I-KonTM 电子数码雷管起爆系统
（a）数码电子雷管；（b）起爆系统

（3）施工机械化和自动化水平的提高，为精细爆破施工提供了施工技术支持。爆破工程施工中机械化水平和自动化水平的提高，尤其是以3S技术（RS、GIS、GPS）为代表的信息技术在爆破工程中的应用，使得爆破工程测量放线、钻孔精度、装药填塞等各项工序的精细程度大大提高，为精细爆破施工提供了施工技术支持。

例如，国外大型矿山采用的潜孔钻机或牙轮钻孔设备，携带GPS系统，可实现钻孔的自动定位；依靠钻机上装备的测量及控制系统，可实现钻孔过程孔向及倾角的自动调整及控制，见图 8 和图 9。

图 8　39HR 牙轮钻机

图 9　49HR 牙轮钻机

5　精细爆破的技术体系

精细爆破不是一种爆破方法，而是涉及爆破设计、施工、监控和管理的技术体系。

精细爆破技术体系包括定量化爆破设计、精心施工、精细管理及实时监测与反馈，见图 10。

（1）定量设计。包括：1）爆破工程地质条件的综合分析，包括岩石类型与岩性、岩体结构及发育程序、地形地貌和水文地质条件等，确定控制与影响爆破效果的主要结构面及其与抵抗线方向的关系、临空面数量和岩体约束程度；2）爆破设计理论与方法，包括临近轮廓面的爆破设计原理与计算方法、爆破孔网参数与装药量计算、炸药选型的理论与方法、装药结构设计计算理论、起爆系统与起爆网路的计算方法、段间毫秒延迟间隔时间选择等；3）爆破效果的预测，包括给定地质条件和爆破参数条件下爆破块度分布模型及预测方法、爆破后抛掷堆积计算理论与方法等；4）爆破有害效应的预测预报，包括爆破影响深度分布的计算理论与预测方法、爆破振动和冲击波的衰减规律、爆破飞石的抛掷距离计算等。

（2）精心施工。包括：精确的测量放样、钻孔定位与钻孔精度控制，基于现场爆破条件（包括抵抗线大小与方向的变化、不良地质条件情况等）的反馈设计与施工优化，精心装药、堵塞、联网与起爆作业等。

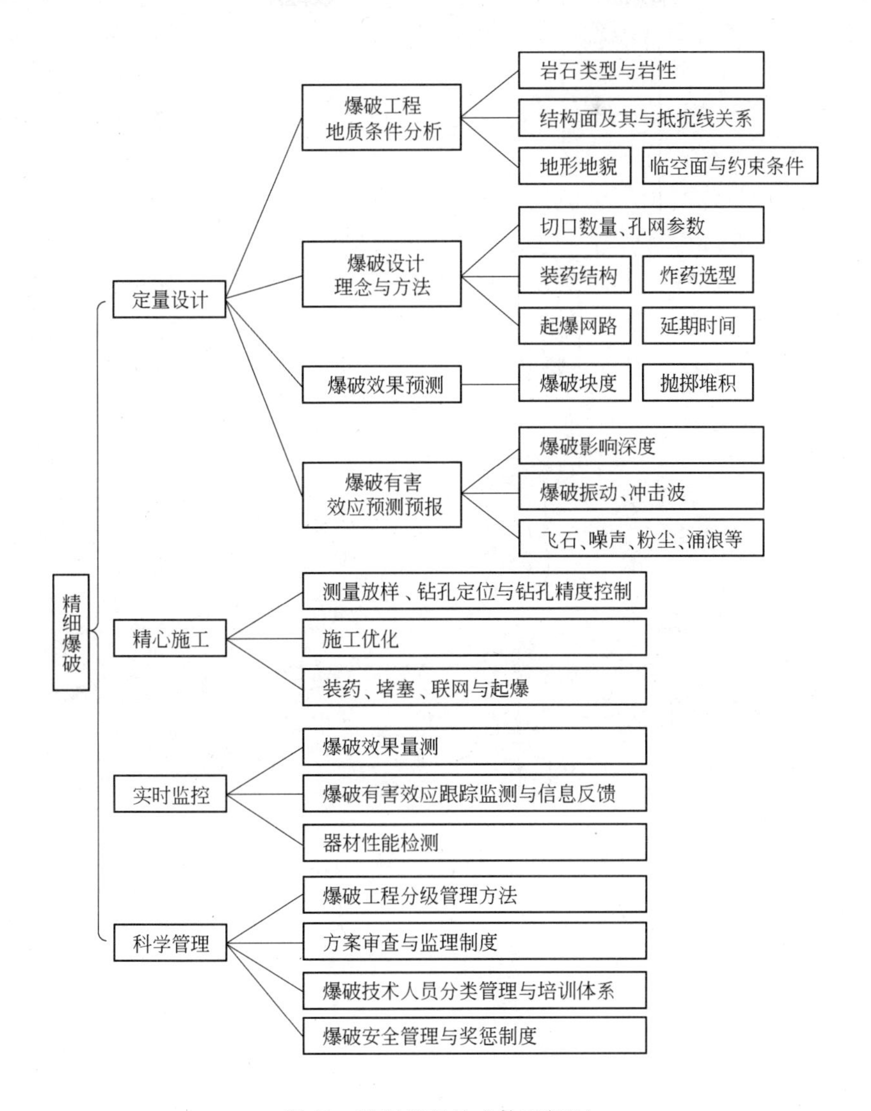

图 10　精细爆破技术体系框图

（3）实时监控。包括：爆破块度和堆积范围的快速量测；爆破影响深度的及时检测；爆破振动、冲击波、噪声和粉尘的跟踪监测与信息反馈；炸药与雷管性能参数的检测等。

（4）科学管理。包括：建立考虑爆破工程类型、规模、重要性、影响程度和工程复杂程度等因素的爆破工程分组管理方法；爆破工程设计与施工的方案审查与监理制度；爆破技术人员的分类管理与培训体系；爆破作业与爆破安全的管理与奖惩制度等。

6　精细爆破技术体系的应用

精细爆破技术体系已在矿山、水利水电和城市拆除爆破等多个工程爆破领域得到应用。现以溪洛渡水电站大坝拱肩槽开挖为例作简要说明。

溪洛渡水电站拱肩槽开挖工程量大、地质条件复杂，且开挖轮廓面呈扇形扩散的扭面结构，对开挖成型不利，其优质、高效、安全开挖为本工程重大技术难题。紧紧围绕大坝拱肩槽开挖，贯彻精细爆破理念，在科研、设计、施工、管理、环保等方面实现了系列创新：

（1）建立了以质点振动速度、岩石声波、钻孔电视、平整度和超欠挖检测等对爆破效果进行定量评估的评价体系。

（2）建立了定量化的精细爆破设计方法，采用多段毫秒延时、大面积预裂等爆破技术，实现了炸药能量的有效利用，达到了岩石破碎及爆破效果的有效控制。

（3）采用对钻机和样架进行改造、增加限位板、加装扶正器、加粗钻杆直径、改进施工量角器精度等措施，形成了拱肩槽开挖精细爆破施工的专项设备，实现了精确单孔定位、控制钻进速度、多次校钻的个性化爆破装药设计，形成了拱肩槽开挖的精细爆破施工工艺，见图 11。

图 11　钻孔样架的加工与搭设

（4）初步建立了以“三定”（定人、定机、定位）、“三证”（准钻证、准装药证、准爆证）、“三次校钻”等制度为基础的精细爆破管理体系。

（5）采用高压水喷雾降尘，有效地降低了爆破对环境和施工作业人员的有害影响，开创了水电工程大规模开挖的水雾降尘环保爆破。

精细爆破使溪洛渡大坝拱肩槽开挖取得了巨大成功。建基面法线方向的平均超欠挖、平整度、残孔率的整体合格率分别为 97.2%、98.8%、99.8%，采用钻孔声波法检测平均爆破影响深度基本在 1.0m 以内，精细爆破后形成的建基面光滑平整，平整度、半孔率整体达到优秀水平，爆破对建基面岩石的损伤得到有效控制，见图 12 和图 13。

图 12　溪洛渡电站右岸主变室边墙开挖成型

图 13　溪洛渡电站拱肩槽开挖边坡成型

"溪洛渡水电站大坝拱肩槽开挖精细爆破技术研究与应用"获得2008年中国工程爆破协会科技进步特等奖。需要说明的是，溪洛渡水电站是目前在建的国内第二、世界第三的特大型水利水电工程。

7 加强精细爆破研究的建议

我国已将建设"资源节约型"和"环境友好型"社会作为21世纪的重要战略。爆破作为具有潜在破坏性的建设手段与技术，精细爆破符合了上述时代需求。精细爆破的理念需要在爆破行业的方方面面得到体现和实践。建议推动精细爆破在下述领域或方向研究和应用：

（1）在露天爆破领域，针对大型露天矿山开采和覆盖层剥离爆破，应用现代信息技术的最新成果，研究并建立基于GPS、GIS和RS的爆破反馈设计理论与方法，完善机械化和信息化钻爆施工技术，努力实现高台阶深孔梯段爆破的精细化；在铁道、交通、水利和市政建设中，重点研究复杂地质、地形和施工环境条件下的石方精细爆破技术，解决石方开挖，边坡成型，预留岩体、邻近建（构）筑物和设施设备保护等综合技术问题。

（2）在地下爆破领域，针对位于城市建筑物下部的地铁开挖爆破、邻近已有铁道交通线路的隧洞爆破，重点完善基于降低和控制爆破振动的微地震精细爆破技术；对于高地应力和复杂地质条件下的大型地下洞室群、超长隧洞开挖和深部采矿，重点研究合理的爆破开挖程序、爆破参数及爆破对围岩的损伤控制措施；针对海底隧道爆破施工，应重点解决覆岩保护及渗流控制相关的安全技术问题。

（3）在建（构）筑物拆除爆破方面，针对高层（耸）建（构）筑物的结构特征、拆除条件和环境保护要求，开发基于结构力学和运动学仿真的建（构）筑物拆除计算软件，研究建筑物多向折叠和原地坍塌等高难拆除爆破技术，实现建筑物拆除爆破效果和负面效应的精细控制。

（4）在特种爆破技术领域，开发钢结构聚能切割、油气井套管爆炸修复、油气井增油压裂控制爆破等精细控制爆破相关的专用炸药及爆炸能量控制装置。

（5）在爆破器材方面，加强性能可调控炸药和起爆、传爆器材的研制，开发数码电子雷管起爆系统和低能导爆索非电起爆系统；研制新型的爆破振动、冲击波和噪声测试仪器，实现爆破负面效应监测的便携化、自动化和信息化。

（6）在基础研究领域，重点研究工业炸药爆轰能量释放控制技术，提高和控制爆破能量的利用率；努力开发快速便捷的爆破测试新技术，实现岩石爆破特性及本构模型研究方面的突破；加强信息化爆破设计和施工的基础理论与应用关键技术研究，实现工程设计的智能化、可视化以及爆破施工的机械化、信息化。

8 结语

2009年10月，在由湖北省科技厅组织的"精细爆破"成果鉴定会上，以冯叔瑜院士和汪旭光院士为正副主任的鉴定委员会认为："精细爆破，是工程爆破发展新阶段的标志，必将对工程爆破技术的发展产生深远的影响。""精细爆破"项目获得了2010年度湖北省科技进步一等奖。但是，我们应该清醒地认识到，我国的工程爆破技术与发达国家仍有较大差距，精细爆破及其技术体系仍需完善。如何抓住当前我国经济社会发展给工程爆破行业带来的巨大机遇，是我国爆破工作者必须面对的课题。

参 考 文 献

[1] 谢先启．精细爆破[M]．武汉：华中科技大学出版社，2010.

[2] 谢先启，卢文波．精细爆破[J]．工程爆破，2008，14(3)：1～9.

[3] 中国工程爆破协会．中国工程爆破行业中长期科学和技术发展规划（2006～2020年）．2006.

[4] 汪旭光，周家汉，王中黔，等．我国爆破事业的发展和展望——代序言[C]．中国典型爆破工程与技术．北京：冶金工业出版社，2006.

[5] 张正宇，等．水利水电精细爆破概论[M]．北京：中国水利水电出版社，2009.

[6] 汪旭光．爆破器材与工程爆破新进展[J]．中国工程科学，2004，4(4)：36～40.

[7] 汪旭光，刘殿书，周家汉，等．中国工程爆破新进展[C]//刘殿书．中国爆破新技术Ⅱ．北京：冶金工业出版社，2008：1～9.

[8] 张勇，李晓杰，张起举．爆炸加工的历史、现状及其未来发展[C]//刘殿书．中国爆破新技术Ⅱ．北京：冶金工业出版社，2008：17～22.

[9] 汪旭光，于亚伦．岩石爆破理论研究的若干进展[C]//工程爆破文集（第七辑）．新疆：新疆出版社，2001. 12～20.

[10] Preece D S，Jensen R A，Chung S H. Development and application of a 3-D rock blast computer modeling capability using discrete elements-DMCBLAST_3D. Proceedings of the Annual Conference on Explosives and Blasting Technique，Ⅵ，2001，11～18.

[11] Cunningham，Claude. Nine years of blasting experience with electronic delay detonators. Proceedings of the Annual Conference on Explosive sand Blasting Technique，International Society of Explosives Engineers，2002(Ⅶ)：21～37.

[12] Grobler H P. Using electronic detonators to improve all-round blasting Performances. A. A. Balkema Publishers，2003，1～12.

[13] Schneider，Larry. Eleetronic detonators，Journal of Explosives Engineering，International Society of Explosives Engineers，V22，nl，2005，38～39.

[14] Bartley，Douglas. A. Future field applications of electronic detonator technology. Fragblast. 2003：13～22.

[15] 汪旭光．乳化炸药[M]．北京：冶金工业出版社，2008，309～401.

[16] 张正宇，等．现代水利水电工程爆破[M]．北京：中国水利水电出版社，2003.

[17] 王运敏．中国采矿设备手册（上册）[M]．北京：科学出版社，2007.

爆炸加速深部软土地基排水固结的研究与应用

杨年华　张志毅　邓志勇

（中国铁道部科学研究院，北京，100081）

摘　要：通过深层软土地基中爆炸作用使土体结构产生破坏，同时爆炸应力波能使软土中的孔隙水产生高压增量，加速孔隙水从预设的排水通道排出，在短时间内可达到静力堆载长期作用的效果，土体产生固结沉降而密实。论文结合现场试验分析了爆炸处理地基试验过程中孔隙水压力、地表沉降量、触探试验值、土样物理力学性质指标和压缩空腔的变化，论证了爆炸加速软土固结排水的原理，得到了用爆炸法处理深层软弱地基的成功经验。

关键词：爆炸；软土；孔隙水压力；排水固结；沉降

Research and Application of Deep Soft Soil Base Drainage Solidification Accelerated by Explosion

Yang Nianhua　Zhang Zhiyi　Deng Zhiyong

(China Academy of Railway Sciences, Beijing, 100081)

Abstract: The role of explosion in deep soft soil base caused damage to soil structure while the explosion of soft soil stress wave could generate high pressure in the pore water and accelerate pore water discharge from the pre-drainage channels. Long-term effects of static preloading force could be achieved in a short time and soil became much thicker resulting from consolidation settlement. According to the results of field test, analysis was made during the explosion test process of base about pore water pressure, surface subsidence, cone penetration test values, changes of soil physical and mechanical properties indicators and compression cavity. Principles of consolidation of soft soil drainage by explosive acceleration were demonstrated, receiving successful experience of treatment deep soft base by explosion.

Keywords: explosion; soft soil; pore water pressure; drainage solidification; subsidence

1　引言

深厚软土地基的加固处理尽管有很多种方法，但各种方法都有一定的局限性和适用条件。例如桩基础成本太高、质量控制难度大；堆载预压或真空预压处理软土地基速度慢、深部固结效果差，日本羽田机场淤泥地基因采用堆载预压处理，没能让深层软土有效固结，运营后期机场跑道下沉了2m，导致很大的维修改造成本。利用爆炸作用加速深部软土固结的研究对降低工程成本、改善软基处理质量有积极意义。爆炸加固处理软土地基有两个显著特点，即速度快、成本低。该方法由于利用了炸药的爆炸力作为动荷载，使处理成本大为降低。

虽然爆炸法处理深层软土地基已有一些前期研究工作，但要将该技术在工程建设中推广应用还有很多问题需做深入研究。首先对爆炸法处理软土地基的适用范围，过去认为爆炸法处理地基仅限于砂性土，研究成果大多局限于爆炸振实砂性土或爆炸压缩黏性土。最新研究认为人为增设排水通道后爆炸法对深层软弱亚黏土、淤泥都可固结处理，如果我们将爆炸对软土的扰动、再压缩和竖向排水相通道结合，对发展爆炸加固处理深层软土技术极有意义，深层软土受爆炸扰动后软土中孔隙水压迅速升高，孔隙水从竖向排水通道中释放，软土的固结作用加快，更使工后沉降量明显减小。

2　爆炸加速软土排水固结的原理

软弱土地基处理从原理上分为两大类：一类是置换法，即将软弱土全部或部分移开，然后回填更高强度的材料，使地基承载力提高；另一类是压实法，即使软弱土原地固结密实，以提高承载力。爆炸法处理深层软土兼用了置换原理和压实原理，它利用炸药爆炸力在软弱土内压缩形成空腔（空腔直径可达原孔径的2~5倍），空腔周围一定范围内的土体被压密，通常影响半径达2~4m；同时由于炮孔周围土体受到压缩，孔隙水压力急剧升高，高孔隙水压力的维持时间与软土的透水性有关，大体能维持数小时至数天，若土中预设竖向排水通道，可使深层软土加快排水固结；另外爆炸空腔内还可回填砂土形成砂桩，它能和周围被压密土体共同组成复合地基，承载力明显提高、工后沉降量显著降低。

爆炸法处理软土的核心是控制爆炸作用力，爆炸力过强可能使软弱土翻浆或地表鼓起，彻底破坏原状土结构；爆炸力过小不能充分发挥爆炸扰动作用，处理效果达不到最佳状态。一般来说，控制过强的爆炸力容易实现，但要使爆炸力达到最佳处理效果，需在现场进行一定的试验研究。爆炸力的控制主要与药包埋设深度及软弱土力学性质有关。药包埋深越大，上覆压力越大，爆炸力就可相应增强，这样爆炸空腔也能加大，压密效果更好。相反浅层软土的处理效果不及深层。根据以往的经验，浅于3m的软土处理效果不好，埋深3m以下的软土可达到良好处理效果，软土越深处理效果越好。软土路基一般表层有一层硬壳，硬壳以下的软弱土需要处理，爆炸法正好适合深层软土固结处理。

3　几次爆炸处理深层软土地基试验效果

3.1　西(安)—合(肥)铁路DK299+500~DK299+550段爆炸试验

西合线DK299+500~DK299+550段爆炸处理深层软土地基的试验场地长30m，宽20m，下覆深度为7.5m的含淤泥质土。试验过程如下：首先在试验场地预埋沉降板和孔隙水压力传感器，地表再覆盖3m厚填土，爆炸孔和排水砂井呈梅花形布置，为了确定不同孔网参数对固结效果的影响，在试验场地设置了三种炮孔布置参数，第一种为3m×3m；第二种为4m×4m；第三种为5m×5m。炮孔至排水沙井的间距为1.5m，炮孔内间隔不耦合装药（总药量2kg），逐孔分次起爆（试验场地平面图见图1）。爆后进行了孔隙水压力测量、土样物理力学试验、标准贯入试验、静力触探试验和沉降量观测，验证爆炸处理效果（含淤泥质饱和软黏土爆炸前后主要物理力学性质指标见表1）。

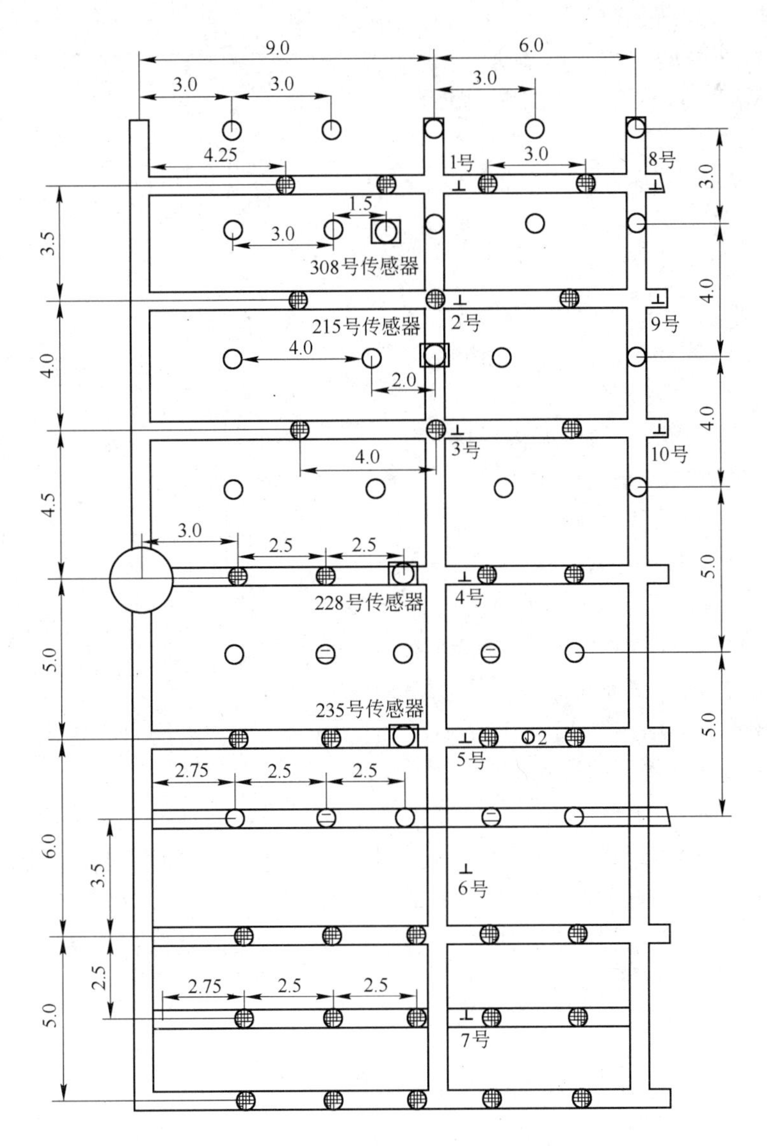

图1 试验场地平面图（单位：m）

表1 含淤泥质饱和软黏土爆炸前后主要物理力学性质指标

土样名称	取土深度 /m	天然含水量 W/%	密度 /g·cm^{-3}	孔隙比 e	饱和度 /%	液限 W_L	塑限 W_P	压缩系数 α	压缩模量 $E_{s(1\text{-}2)}$	凝聚力 C/kPa	备注
含淤泥质黏土	2.9	25.9	1.83	0.875	85.5	30.0	15.1	0.671	2.795	14	爆前
	2.9	24.9	1.93	0.762	89.0	28.9	15	0.469	3.755	17	爆后

试验结果及分析如下。

3.1.1 单孔爆炸的作用效果

三次单孔爆炸试验中爆后旁侧沙井中均有快速排水和冒泡现象，约持续15min。1号炮孔的空腔体积为原孔的7.8倍，半径为爆前的2.79倍。2号炮孔爆后发生堵塞，无法测其体积。3 号炮孔的空腔体积为原孔的 9.7 倍，平均半径为爆前的 3.12 倍。爆炸产生的空腔如图 2 所示。由此可知，单孔爆炸的挤密性可发挥一定作用，爆炸产生的冲击扰动影响范围也较大。

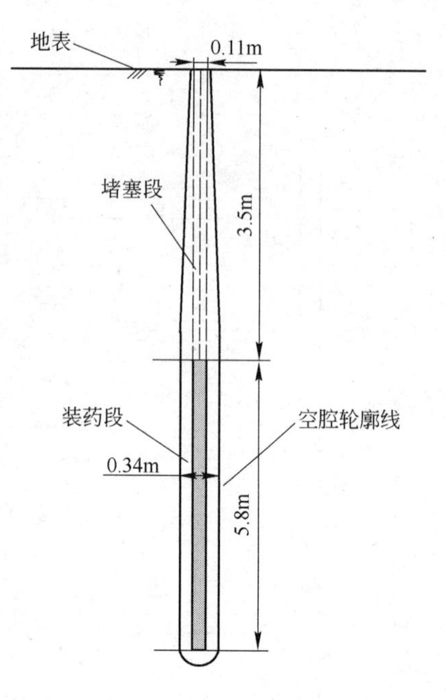

图 2　爆炸产生的空腔

3.1.2　爆后孔隙水压力变化情况

在爆炸场地中心距离炮孔 1.5m、埋深 7.5m 处布设了钢铉式孔隙水压力传感器，实际测得爆炸后孔隙水压力变化曲线如图 3 所示。图 3 中两个峰值为两次爆炸产生，这是在爆后 1 ~ 2min 测得的最大值，爆炸瞬时峰值压力可能远大于此，由图 3 可知孔隙水压力在 40h 内有明显衰减，但在很长一段时间内仍保持较高超静孔隙水压力，能产生持久排水固结沉降。说明爆炸作用使软土受到挤压，从而使土中的孔隙水流向沙井中向上排出。在爆后 12h 之内，孔隙水大量涌出地表或流向袋装砂井，其孔隙水压衰减很快；随后进入孔隙水缓慢排除阶段，孔隙水压也缓慢降低。从宏观上表现为爆后砂井内向外涌水，地面不断沉降，地表可见沙井口涌水时间约持续 12h，同时地表沉降较大。孔隙水压力的变化过程从原理上充分证明爆炸作用可促进、加快固结沉降。

3.1.3　爆炸后沉降观测

根据试验场地分区，本次试验共埋设了 10 个沉降板，中间的 4 号点沉降时程曲线见图 4，爆炸引起的沉降十分显著，爆炸后仍有 3 ~ 5 天的明显沉降期，第一天的沉降最为显著，这一过程与超静孔隙水压力消散过程相对应。另外爆炸次数对沉降量的影响尤为重要。

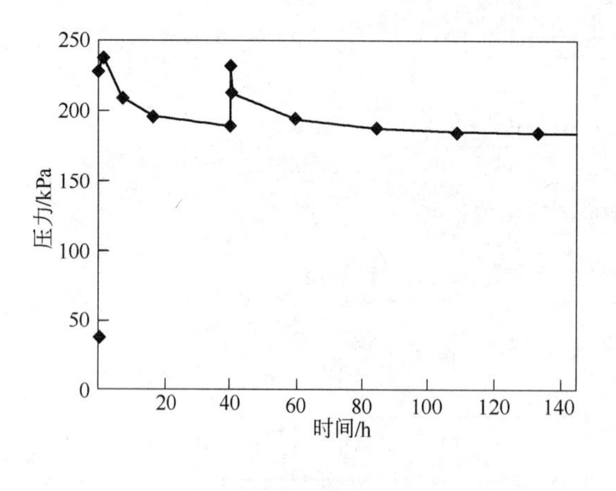

图 3　孔隙水压力变化图

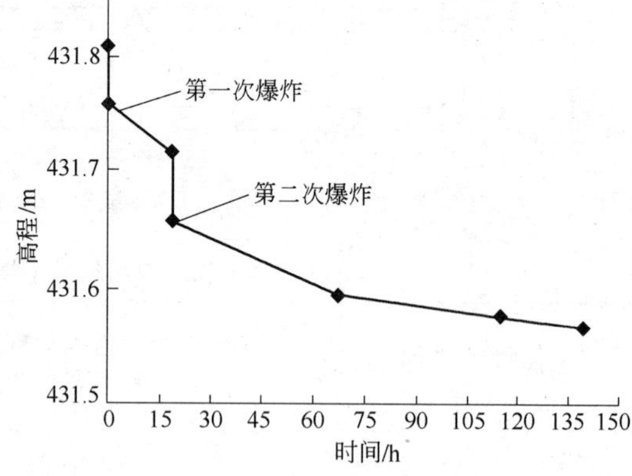

图 4　4 号测点的沉降时程曲线图

3.1.4　标准贯入试验和静力触探试验

为了验证爆炸作用前后土层强度变化，我们在爆前和爆后 45 天进行了轻型标贯试验对比，N_{10}击数比爆前提高了 1.8 倍（见表 2）。爆后静力触探试验指标见表 3。由表 3 可知，爆炸加固处理后，含淤泥质软弱土层的强度指标有所提高，承载力提高了20%，压缩模量提高了20%。

表2　爆炸处理前后标贯试验对比表

标贯类型	标贯深度/m	爆前标贯击数	爆后标贯击数	备　注
N_{10}	4.8	4.5	8	爆后45天，暗灰色淤泥质亚黏土，探井孔壁潮湿，有滴水
N_{10}	7.8	5	10	

表3　爆炸处理前后静力触探指标对比表

土　层	锥尖阻力 g_c/MPa		侧摩阻力 f_s/kPa		比贯入阻力 P_s /MPa	承载力 f_k /kPa	压缩模量 E_s /MPa	备 注
	值域	平均值	值域	平均值				
含淤泥质粉质黏土	0.2～0.8	0.3	3～20	5	0.33	65	2.5	爆前
	0.2～0.8	0.55	7～50	15	0.61	78	3.0	爆后25天

3.1.5　不同孔网参数对固结的影响

在试验场地内，布置3种孔网参数。从整个爆后现象来看，场地表面均有下沉，表面有裂缝产生，沙井中都有涌水。但根据三种孔网参数分布区的各项指标对比，孔距4m×4m的炮孔区内，下沉量最大，沙井涌水量最快、最多。由此可见，软土地基处理中，4m×4m孔网参数较为合适。

3.2　宁启铁路试验段

2003年在宁启铁路DK172+000～DK172+100里程段进行的爆炸加固软土地基试验，地质条件为：表层硬壳厚度2～3m；下覆淤泥质软土，厚度6～7m。为对比不同上覆荷载对爆炸加固软土地基效果的影响，试验区段被分为四段：第一段DK172+000～DK172+010为无上覆堆载试验段；第二段DK172+010～DK172+040表层堆载50cm厚土；第三段DK172+040～DK172+070表层堆载100cm厚土；第四段DK172+070～DK172+100表层堆载150cm厚土，见图5。根据试验要求，铺设覆盖土前预先设置袋装砂井，砂井间距1.5m，深9m。

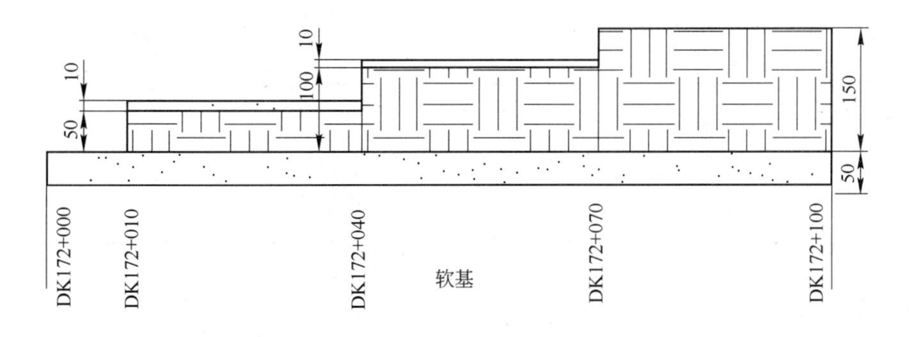

图5　软基爆炸处理填土设计纵向剖面图（单位：cm）

第一段DK172+000～DK172+010作为小规模试验爆炸，每孔装药量1.5kg；第二段DK172+010～DK172+040爆炸孔间距3m，深度9m，每孔装药量2.0～2.4kg；第三、四段DK172+040～DK172+100爆炸参数同第二段，但将这些炮孔间隔分成二次爆炸，爆炸间隔时间1天。

3.2.1　爆炸产生地表沉降

从沉降观测图6中可以看出，四个爆炸试验段观测断面地表沉降出现明显的共同特征：经过爆炸作用后5天内地表发生固结沉降较显著；其后为缓慢持续沉降段，沉降量相对较小。但各试验段爆炸后沉降效果仍有不同：第四段在DK172+080断面爆炸后三天内共沉降140mm，地表沉降量最大；第一、二、三段 分别在DK172+005、DK172+015、DK172+050断面测得爆后三天各沉降80mm、83mm、103mm。爆炸一周后地表沉降已经很慢，每天沉降量在5mm之内。从四段爆炸作用产生的沉降量看，上覆堆载量越大，爆炸后地表沉降量越大。

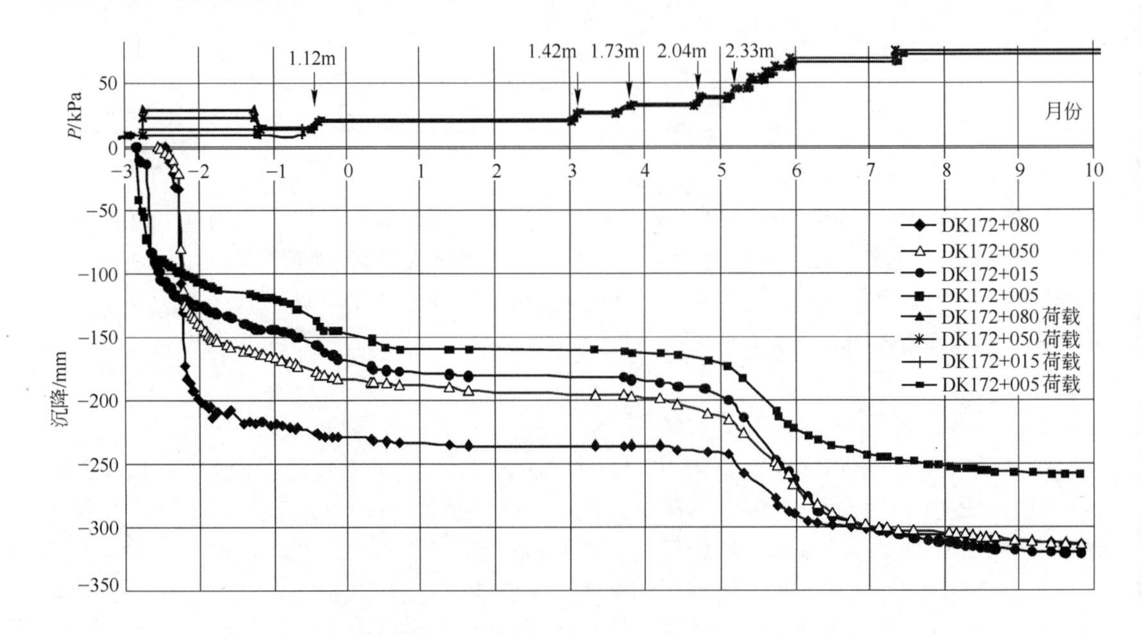

图6　爆破区各断面填土荷载-地表沉降曲线（2003年）

3.2.2　室内试验结果

本次试验在爆炸后各观测断面共取土三次，即爆后一周、爆炸后一个半月、爆炸后九个月，共对56个试样进行剪切试验和压缩实验。现对爆炸后三次取土试验结果总结对比，软土层的压缩系数、压缩模量、固结系数变化值对比见表4。对比表明，土样的压缩系数在爆炸16天后变化非常明显，已经从高压缩性土转化为中压缩性土，压缩模量和压缩系数都有同样的变化情况，说明爆炸对促进土体固结作用较显著。在爆炸后两个月路基上有1.4~2m的填筑土堤，但土体力学参数的变化不大，爆炸后9个月土体参数进一步得到改善，说明爆炸效果得到了验证。

表4　三次取土软土层压缩试验结果对比

	未爆炸	爆后7~16天	爆后2个月	爆后9个月
a_{1-2}/MPa^{-1}	0.47~0.81	0.29~0.46	0.17~0.44	0.15~0.25
$E_{s(1-2)}$/MPa	2.25~3.63	3.75~5.94	3.91~7.19	7.07~21.05
C_v/×10^{-3}cm^2·s^{-1}	2.67	1.58~1.98	0.54~2.10	

在试验段 DK172 +000 ~ DK172 +100 地质情况比较均匀的情况下，室内试验结果反映了爆炸后土体力学参数变化幅度由爆炸试验的具体条件决定，虽不同试验段的爆炸药量相同，但各段的上部堆土高度逐渐增大，堆土高度越高，土样力学参数改变越明显，软弱土的固结强度越高。

综上所述，对爆炸后的压缩试验结果对比表明，土体力学参数在爆炸后产生了较明显改善，并且在不同爆炸条件下土体受爆炸作用效果不同，堆土高度越高，土体强度参数改变越明显。

3.3 佛山和顺—北滘公路

2004 年 5 月在佛山和顺—北滘公路干线公路 K3 +550 ~ K3 +720 段再次进行爆炸加固软土地基试验。该地段处于珠江三角洲冲积平原，地质条件如下：表面硬土厚度 1.0m，主要为亚黏土；淤泥厚度 6.0 ~ 12.0m，呈深灰色、灰黑色，含有腐殖质，饱和流塑状态；淤泥和淤泥质土下层为粉砂层，是良好的持力层。

为了对比爆炸试验段（2 号区）和普通堆载预压段（1 号区）的加固效果，事先全部按 3.3m 厚填土堆载预压施工，并完成了 5 个月的预压沉降，1 号区总平均沉降量为 192mm，2 号区总平均沉降量为 183.6mm。2 号区在 2004 年 5 月 15 日进行了爆炸处理，共 144 个炮孔，间距为 3.6m，孔深 12m，每孔装药量为 3.4kg；与此同时 1 号区在 5 月 21 日再次加载 2.3m 厚填土，填土高度达到 5.6m。截止到 2004 年 7 月 17 日，2 号区总平均沉降量为 363.8mm，1 号区总的平均沉降量为 329.3mm。由此可得知，在未爆夯前，堆载区的沉降量（197.3mm）比爆夯（183.6mm）的大；尔后，堆载区继续加载，爆夯区开始进行爆炸处理，截至 7 月 17 日，爆夯区的平均沉降反超堆载区 34.5mm。堆载区二次加载后的相对沉降量为 132mm，而爆夯区进行爆夯处理后的相对沉降量为 180.2mm，超出堆载区的相对沉降量 48.2mm。由此看出，爆夯的作用效果是非常明显的。可以这样认为，爆夯能够替代一部分堆载，大大加快软土的固结速度。

堆载区（6-1 号）和爆夯区（6-2 号）的沉降曲线见图 7。

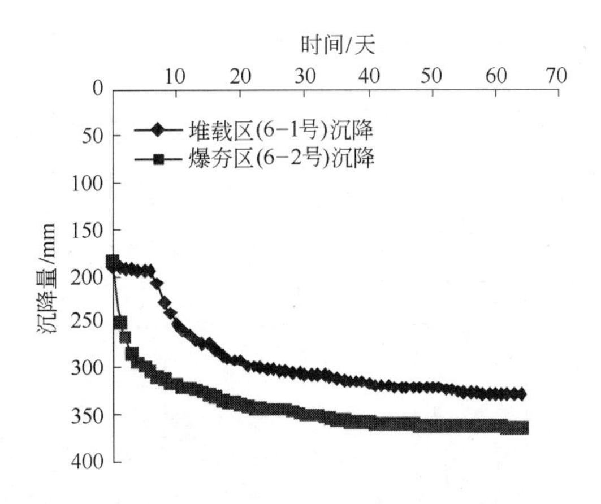

图 7 爆夯、堆载区段沉降对比曲线

（2004 年 5 月 15 日 ~7 月 17 日）

4　分析与结论

深层爆炸作用可使土体结构产生破坏，爆炸应力波频谱范围很宽，含有大应变低频振动能量和小应变高频振动能量，大应变低频振动能量能使软土中的孔隙水产生高压力增量，从而通过人为设置的竖向排水通道排出自由水，土体产生固结沉降而密实；小应变高频振动能量可改善软土的渗透性，促进孔隙水排出，在短时间内可达到静力堆载长期作用的效果。根据以往对爆炸处理软基的研究结果，认为深层软土爆炸处理效果较好，而浅层（深度为1～3m）土层基本无压密效果。至今，将爆炸与堆载预压试验相结合的系统性研究尚属首次。爆炸动力固结法是一种有效的软基处理方法，在有条件的地方采用此法，可大大缩短软基处理工期。通过上述试验总结出以下几点结论：

（1）爆炸加载与竖向排水通道（袋装砂井或排水板）相结合处理深层软土地基技术是有效的，试验研究证明：深层软土受到一定的爆炸压缩和冲击作用产生超静孔隙水压，预设的竖向排水通道可迅速将土中自由水排出，软土的固结作用加强，沉降速度明显加快。爆夯作用能在较短时间内使软土达到一定的固结。

（2）在不同堆载条件下的爆炸加袋装砂井处理深层软土地基技术的试验研究证明：上部堆载高度对爆炸产生的固结效果有明显影响，而且上部堆土越高时，软土中进行爆炸处理所产生的固结作用越大。堆土高度对爆夯效果有一定的促进作用。

（3）利用多次爆炸加堆载结合砂井竖向排水，可在软土地基中产生多次的排水固结作用，提高软弱地基土的承载力。爆破次数越多，爆破处理的效果越好。

（4）在一定的堆载期后再进行爆炸处理，爆炸产生的固结沉降能够替代一部分超载预压效果，大大加快软土的固结速度。

参 考 文 献

[1] 杨年华．成孔爆炸法处理软土地基[J]．爆炸，1997，14(1)．

[2] Л. Л. 依万诺夫．亚黏土爆炸压实[M]．水利水电爆炸咨询服务部译，1988.

[3] 松尾新一郎．土质加固方法手册[M]．孙明章译．北京：中国铁道出版社，1983.

[4] 沈贤玑．压缩爆炸空腔的稳定性分析[J]．南京工程兵学院学报，1988.

[5] 沈贤玑，林学圣．土中压缩爆炸的安全问题[C]//工程爆炸文集（第四辑）．北京：冶金工业出版社，1993.

[6] 许连坡，章培德．土中爆炸初始阶段的空腔和压密层[C]//工程爆炸文集（第二辑）北京：冶金工业出版社，1985.

[7] 马乃耀．挤压爆炸处理软土地基[C]//工程爆炸文集（第二辑）．北京：冶金工业出版社，1985.

[8] W. A. Narin Court J. K. Mitchell Soil Improvement by Blasting[J]. Of Explosive Engineering 12(3).

[9] 朱红兵，等．饱和淤泥爆炸排水固结实验研究[J]．南华大学学报（理工版），2001，15(4).

环保爆破理论基础与技术研究

郑炳旭

（广东宏大爆破股份有限公司，广东广州，510623）

摘　要：爆破产生的飞石、振动、噪声、爆破冲击波和扬尘被视为爆破公害，这些公害会严重影响环境，提高爆破能量的利用效率是控制爆破公害实现环保爆破的基础。介绍了爆破噪声和冲击波的控制、爆破振动控制、爆破飞石控制以及爆破扬尘控制的研究进展，以及爆破施工中使用的爆破与冲击波控制、爆破振动控制、爆破飞石控制以及爆破扬尘控制技术和措施。

关键词：爆破；飞石；振动；噪声；冲击波

Environmental Friendly Blasting Theory Fundamentals and Its Technical Research

Zheng Bingxu

(Guangdong Handar Blasting Engineering Co., Ltd., Guangdong Guangzhou, 510623)

Abstract: Such blasting harmful effects as blasting vibration, noise, shock wave, flying rock and dust will seriously damage the environment. Improving utilization ratio of blasting energy is the basis to control these harmful effects and realize environmental blasting. Research work of the control of noise, shock wave, vibration, flying rock and dust was elaborated in this paper, so were some related control techniques and measures.

Keywords: blasting; flying rock; vibration; noise; shock wave

1　前言

工程爆破会产生飞石、振动、噪声、爆破冲击波和扬尘，要实现环保爆破，就要尽量控制或者消灭这五大公害对于环境的影响。一般的土岩爆破工程飞石、振动、噪声、爆破冲击波对环境影响较大，扬尘对于环境的影响不太突出；拆除爆破工程一般采用工程爆破的理论和实践控制飞石、振动、噪声、爆破冲击波，除此之外还需要控制爆破拆除中的扬尘问题。在爆破飞石、振动、噪声、爆破冲击波和扬尘控制领域，许多人进行了大量研究，本文将这些研究成果进行了归纳，由于篇幅有限，一些成果没有列入，敬请原谅。

2　岩石爆炸能量分布规律

对炸药爆破能量分布与研究，是进行爆破公害控制的基础。

岩石爆破过程中爆炸能量分布理论的研究，旨在揭示炸药爆炸后爆炸能量的分布规律，通过调节主控因素达到合理、有效利用炸药能量，使其朝着有利于爆破目的方向分布。

尽管影响岩石中爆炸能量分布的因素很多很杂，且有一部分能量的分布在目前的测试条件下还难以测得和准确的定量，充分掌握岩石爆破能量分布规律十分困难，但人们对岩石爆破中能量分布已经有了一个初步的认识如图 1。由图 1 可知，为了避免有害效应的产生，应该尽量把炸药爆炸产生的能量用于破碎岩石，尽量控制爆破后外溢的声能、残余爆生气体的动能和溢出爆破区域的振动能，总而言之就是尽量充分利用炸药爆炸所释放出来的总能量[1]。

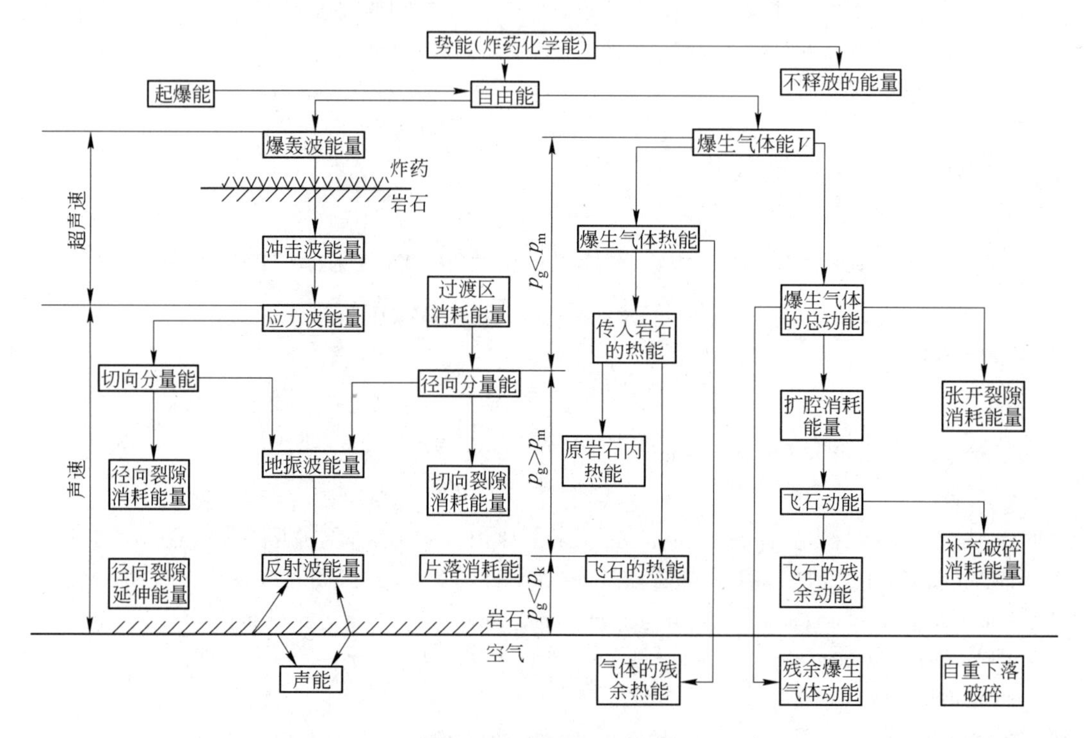

图 1　爆破能量分布模型

p_g—孔壁爆生气体压力；p_k—爆生气体最终压力；p_m—孔壁静立系强度

2.1　基于岩石爆炸能量分布规律的有关理论

2.1.1　阻抗匹配理论

传统的阻抗匹配学说，以波阻抗为基础，要求炸药的波阻抗等于或近似等于岩石体的波阻抗，即

$$\rho_m c_m = \rho_e c_e \tag{1}$$

式中，ρ_m，ρ_e 分别为岩体和炸药的密度；c_m，c_e 分别为岩体和炸药的纵波速度。

炸药的物理化学性能（密度、爆速、爆热）直接影响爆破作用和爆破效果。提高单位炸药的能量密度和爆热，可以提高炸药的爆速，爆速的提高可增大爆炸应力的峰值压力，但相应地减少了波的作用时间。然而，工业炸药的密度和爆热的提高有一个限度，即不能通过一味地提高炸药的密度和爆热来改善爆破效果。

根据阻抗匹配的原则，对于高阻抗的坚硬岩体来说，因其强度高，为使岩体裂隙扩展，爆炸应力波应具有较高的峰值压力，即高阻抗的硬岩爆破时应选用高威力的炸药；对于中等阻抗的硬岩体来说，爆炸应力波的峰值压力不宜过高，而应增大应力波的作用时间，即中等阻抗的岩体爆破时应选用中等威力的炸药；对于低阻抗的软岩爆破时应选用低威力的炸药。

波阻抗匹配理论主要是考虑炸药爆炸后孔壁透射压力与孔壁入射压力的相对比值。然而孔壁透射压力与岩石的冲击阻抗直接相关，与声阻抗没有直接关系。

而且在实际应用中不容易使炸药和岩体的波阻抗相等。所以依据炸药岩石界面上弹性纵波的入射与反射效应推导出来的波阻抗匹配理论观点，对实际工程爆破中炸药能量向岩石传递的复杂过程做了不适当的简化。

2.1.2 能量匹配观点

能量匹配的观点以能量守恒为基础，认为爆炸载荷在岩体中产生的总能量等于破碎岩体做功所需要的能量与无用能量之和，即：

$$W = W_G + W_S \tag{2}$$

式中，W 为炸药产生的能量；W_G 为破碎岩石体做功所需的能量；W_S 为爆破过程损耗的能量。

破碎岩体做功所需要的能量 W_G 是冲击波能量和高温高压的爆生气体能量构成，冲击波能量使岩体产生破碎、裂隙、变形等破坏；爆生气体能量扩展裂隙和产生抛掷等。

由能量匹配的基本原理可知：能量匹配只要求破碎岩体的能量等于或近似等于爆炸荷载产生的能量，并不要求硬岩严格选用高威力炸药、软岩严格选用低威力炸药，而是通过增减装药量来调节炸药能量的大小，以适应岩体软硬程度的变化。

因此在软岩爆破、预裂爆破或光面爆破中，根据波阻抗匹配和全过程匹配的原则，只有选用低密度、低爆速的低威力炸药，才能获得良好的爆破效果。但如果没有低威力炸药，根据能量匹配的原则，选用中等或高威力炸药并减少装药量，改变装药结构，也能获得良好的效果。

2.2 基于能量分布规律的对应技术

（1）波阻抗匹配理论主要是考虑炸药爆炸后孔壁透射压力与孔壁入射压力的相对比值。然而孔壁透射压力与岩石的冲击阻抗直接相关，与声阻抗没有直接关系。所以依据炸药岩石界面上弹性纵波的入射与反射效应推导出来的波阻抗匹配理论观点，对实际工程爆破中炸药能量向岩石传递的复杂过程做了一些简化。

在混装药车问世以前，由于成品药的种类较少，各类爆破面对的岩石种类千差万别，但由于炸药品种十分有限，因而较难实现，因此爆破效果难尽人意。

在混装药车问世后，可以通过调整炸药的密度可以比较方便的改变其炸药的波阻抗，从而实现，岩石和炸药波阻抗的匹配。

基于上述原理，得益于我们多年的工程实践，我们积累了上百种岩石与十几种炸药的波阻抗的匹配值，在具体的工程施工中通过测定岩石的波阻抗和调整炸药的密度就能确保爆破效果比较理想。这项技术已经在云浮硫铁矿和河南中加矿业公司进行试验，并取得良好效果。通过现场测试发现在爆破效果较好的情况下，测定的爆破噪声、爆破振动和飞石的飞散范围均小于正常值；相反，在爆破效果不好，也就是炸药和岩石的波阻抗匹配不好时，测试值大于正常值。

（2）根据能量匹配的观点。可以通过调整装药量和改变装药结构，尽可能多的使炸药爆炸后产生的能量用于破岩，尽量减少无用能外溢产生对于环境的影响。

计算表明，采用集中药包破碎岩石，爆炸过程中能量消耗分布为爆生气体膨胀消耗的能量为50% ~60%，冲击波能量消耗为10% ~20%，无用能约为20% ~30%。这些无用能将产生爆破振动、爆破噪声、和爆破飞石[2]。

采用底部空气间隔连续柱装药，爆后显著提高了破岩质量，提高爆破效率1倍，降低炸药单耗20% ~31%，此外还起到了减振的作用。

经计算，间隔装药爆炸时作用在孔壁上的初始压力是连续装药爆炸时的1/8。实际爆破试验证明，缓冲孔采用间隔装药可以有效降低爆破对于周围岩石的损伤，采用连续装药时爆破后台阶坡面的裂隙率为2.4% ~3.85%，而缓冲孔采用间隔装药后，台阶坡面的裂隙率为0.33% ~3.33%。

国际上，最近几年，在澳大利亚普遍采用空气隔层来降低炸药成本。前苏联曾宣称采用此技术后炸药消耗量降低了10% ~30%，爆破效果和爆破后碎块的位移程度也得到了明显的改善。

国内，在实际工程爆破中，根据不同的爆破目的，不同的岩石条件和爆破条件，选用合理的炸药和合理的炮孔装药结构，这方面的工程事例很多，尤其是空气不耦合装药已广泛应用于如预裂爆破和光面爆破等成型控制爆破中；而水不耦合装药也已被应用在立井掘进爆破、城市拆除控制爆破中，水不耦合装药（多为水垫层装药）可以使爆破能量分布更加均匀，减少爆破飞石。

3　爆破噪声和冲击波的控制理论与技术

3.1　爆破冲击波与噪声的研究进展

爆破冲击波又称为空气超压（Air Over Pressure，缩写为AOP），是由炸药爆炸时在空气中产生的一种压缩波。爆破冲击波含有很宽的频率范围，其中一部分是人耳可听到的，称之为噪声（Noise）；而其大部分频率小于20Hz是人耳听不到但可感觉到的，称为“振荡”（Concussion）。噪声和振荡组成了空气冲击波超压（AOP）[3]。

爆破产生的空气冲击波超压（AOP）的强度受很多因素的影响，可分为可控因素和非可控因素两大类，见图2。

实际观测表明：

（1）爆破产生的空气冲击波的频率大部分都低于20Hz，这意味着大约75%的空气冲击波是人耳听不到的。一般工程爆破的AOP一般不会超过120dBL。

（2）随着距离的增大，爆破冲击波超压明显下降。

（3）爆破产生的空气冲击波的强度对于一次爆破的规模大小并不敏感，这一现象与有些人认为愈多的炸药一定产生愈强的空气冲击波的观点是不相符的，其实这正是逐孔分段

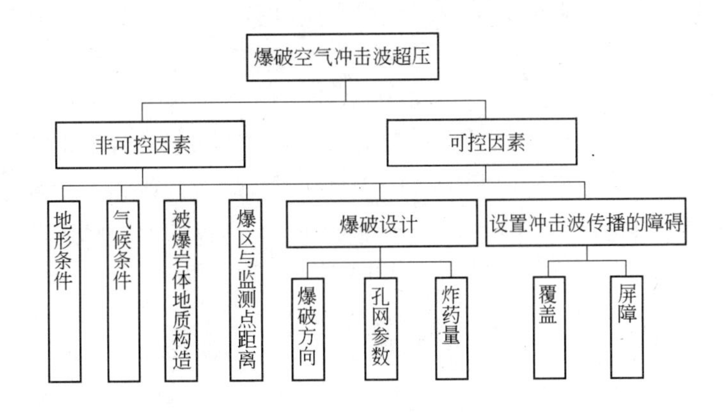

图2　影响爆破空气冲击波的因素

毫秒延时装药台阶爆破的特殊之处。

（4）随着最大单响药量的增加，炮孔的深度也必然增加，这意味着炸药的埋藏深度也增加，而爆破冲击波强度受炸药的埋深影响很大，这一点图3表述得很清楚。

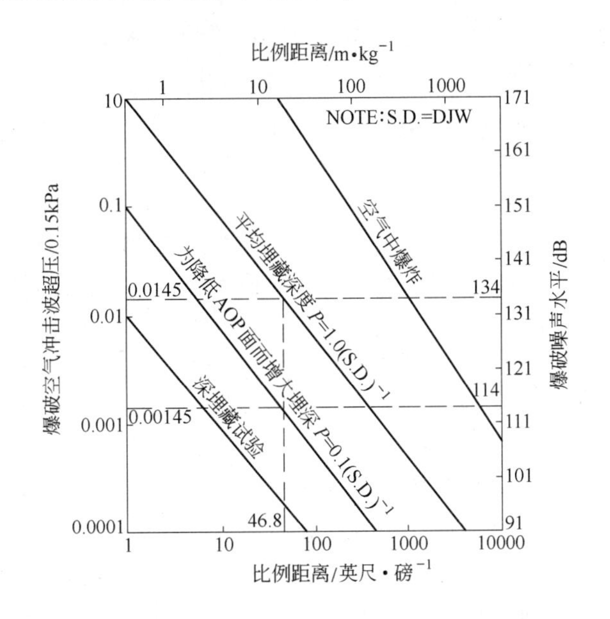

图3　爆破冲击波强度与炸药的埋藏深度的关系

（5）气象条件对爆破空气冲击波超压的影响。气象条件，如风向、风速、温度、湿度和海平面平均气压等，这些气象条件对空气冲击波都有不同程度的影响，而且有明显的规律性。

（6）空气波超压难以预测。空气冲击波超压与比例距离的关系式：

$$AOP = a(D/W^{\frac{1}{3}})^{-b} \tag{3}$$

式中，AOP 为空气冲击波超压，dBL；D 为爆区与监测点之间距离，m；W 为每次延时的最大药量 kg；a 和 b 为与爆区场地、环境有关的常数；$D/W^{1/3}$ 为比例距离，m/kg$^{1/3}$。

但根据观测数据回归 a 和 b 时，发现其相关性很不好。说明由于气象条件和场地条件（地形、地质）的不可预见性和非可控性，爆破产生的空气冲击波超压不可能像预测爆破震动一样做出准确性的预测。

（7）岩石地质构造对爆破空气冲击波超压的影响。被爆破岩体的地质构造，特别是其节理、裂隙的发育情况，对爆破时产生的空气冲击波有极大的影响。当岩体中有一些开口的节理面或裂隙面一直延伸到前方或顶部自由面时，则爆破产生的高压气体会沿着开口的节理、裂隙冲出到大气中形成很强的空气冲击波。

3.2 工程爆破中控制空气冲击波的技术措施

（1）爆破方向应背离公众区域；

（2）适当增加第 1 排炮孔的抵抗线（负荷）值；

（3）适当增加填塞高度，但应综合考虑岩石的破碎效果、场地平整的设计要求及其飞石等因素；

（4）确保填塞质量；

（5）不使用地表导爆索；

（6）采用顶部覆盖和周边的声障以增大空气冲击波传播的阻力。

采取上述措施后，一般能够把爆破噪声控制在 120dBA。

4 爆破振动研究及降振措施

爆破地震波作为炸药在土岩介质中爆炸所产生的必然结果，是由炸药爆炸时所释放能量转化而来的。爆破地震波将引起地面的运动，地面的运动激励建筑物基础的运动，从而造成建筑物等的振动。尽管转换成地震波的能量只占爆炸释放总能量的很小一部分，但如果不加以控制或控制不当，都会对周围环境造成一定的危害，并带来巨大的经济损失。

爆破地震波由若干种波组成，它是一种复杂的波系。根据波传播的途径不同，可分为体波和面波两类。体波是在地层内部传播的爆破地震波，包括纵波和横波。面波是在地层表面或介质体表面传播的波，包括瑞利波和勒夫波。

体波特别是纵波，由于能使介质产生压缩和拉伸变形，因此它是爆破时造成介质破裂的主要因素。表面波特别是瑞利波，携带较大的能量，是造成地震破坏的主要因素。假设震源辐射出的能量为100，则纵波和横波所占能量比分别为7%和26%；而表面波为67%。由于传播速度不同，爆破地震波传播到远区，体波与面波将在时空上彼此分开。

4.1 爆破振动研究的一些结论

影响爆破地震效应的因素，根据国内外学者的研究，有以下几种[4]：

（1）萨道夫斯基提出了计算即发爆破时岩土振速的经验公式，振动速度与炸药量成正比，与质点距离成反比。

（2）毫秒延期爆破的振动理论。毫秒延期爆破时产生地震效应是一个比较复杂的问题，影响振速和振动频率（或周期）的因素很多，诸如介质特性、炸药性能、总炸药量、最大一段药量及测点到爆心的距离、爆区与测点的相对位置、毫秒延期间隔时间、毫秒延期段数、起爆方式及测试系统性能等，所以到目前为止，国内外尚无一个统一的十分精确的公式来计算毫秒延期爆破的地震效应。

爆破质量最好的延期间隔时间和地震效应最小的延期间隔时间是一致的。

原苏联塞尔捷依伍克在研究克里沃罗格露天矿的地震效应时指出：决定延期爆破振动强度的主要参数是分段装药量及延迟间隔时间 Δt，只有当 Δt 为某一定值时，振动强度才最小，Δt 偏离这一最佳值，振动强度便增大。

（3）布药结构与爆破振动的关系。

1）单个条形药包的纵向、横向、垂向以及合成峰值振速，均小于单个集中药包；条形药包的纵向、横向和垂直振动频率也均小于集中药包；

2）2 个条形药包的纵向、垂向以及合成峰值振速小于 2 个集中药包；横向、垂向振动频率也小于 2 个集中药包；而 2 个条形药包的纵向振动频率、横向振动速度大于 2 个集中药包；

3）质点峰值振动速度（纵、横、垂及合振速）随着单响药量的增加而增大，而振动频率则随单响药量的增加而减小。

4.2 工程应用中的减振技术

（1）采用先进的爆破方法。根据爆破机理的微分原理，为达到安全、合理之目的，使炸药均匀地分布在被爆岩体中，防止能量过于集中，达到减小爆破振动强度之目的。常用的爆破技术有：

1）延期起爆，就是将爆破的总药量，分组按一定的时间间隔进行顺序爆破，这完全符合爆破机理的微分原理，对减弱爆破地震效应有很大作用。大量的试验研究表明，在总装药量及其他条件相同的情况下，延期起爆的振动强度要比齐发爆破降低 1/3 ~2/3。

2）是采用大孔距小排距爆破新技术；

3）采用分段起爆，如采用排间分段、孔间分段、逐孔爆破甚至是孔内间隔分段起爆的方法，可以保证在不影响爆破总装药量和爆破矿石总量的条件下，降低每段爆破的药量，从而达到降低爆破地震波峰值的效果；

4）采用干扰减震技术，其基本原理是利用计算机技术将各炮孔产生的子波位移相位时移，使峰谷叠加，相互干扰抵消，从而实现孔间干扰减震，使群孔爆破产生的振动小于单孔爆破产生的振动，从而达到控制爆破振动的目的；

5）采用孔内间隔装药。

6）硐室爆破工程设计时，尽可能布置条形药包，以此降低爆破振动。当由于受到地形、地质条件制约或有特殊要求时，再考虑布置集中药包或分集药包。

（2）创造良好的爆破条件。由爆破试验研究得知，松动条件良好的炮孔爆破，即靠近自由面的炮孔爆破时产生的爆破振动小。因此，爆破施工中必须有充分的自由空间，配合毫秒延期技术，使所有炮孔均能有良好的自由空间，以便使炮孔爆破后，特别是后排炮孔爆破后产生的压缩波可以从这些自由面反射，获得最大的松动，以达到降低爆破振动的效果。

施工中，可充分考虑并利用自然的河流、深沟、渠道、断层等自然条件，减弱地震速度的传播。如无自然条件可利用，必要时开挖减振沟，或采用预裂爆破，人为地形成垂直于地表的裂隙面，使地震波到达时发生反射。采用减振沟措施，一般可减振 30% ~50%，是减振的有效措施。

5　爆破飞石控制研究与技术

5.1　爆破飞石的产生机理

通过实际爆破过程中飞石的现场观察及台阶爆破爆堆与飞石录像资料的分析，并结合理论上的判断，我们认为，飞石的产生存在三种可能机理[5]。

（1）台阶临空面上的松动岩块因受外传爆炸应力波的冲击及其反射作用而高速抛离临空面形成飞石，这种机理有时能在大块石二次解炮过程中得到很好的说明，如图4（a）所示的大块石，尽管垂直于开裂面方向无爆生气体冲出，但与开裂面垂直的临空面方向仍可能有远距离飞石产生，其原因只能是爆炸应力波的冲击及反射作用将临空面处松动岩块高速抛射而形成；

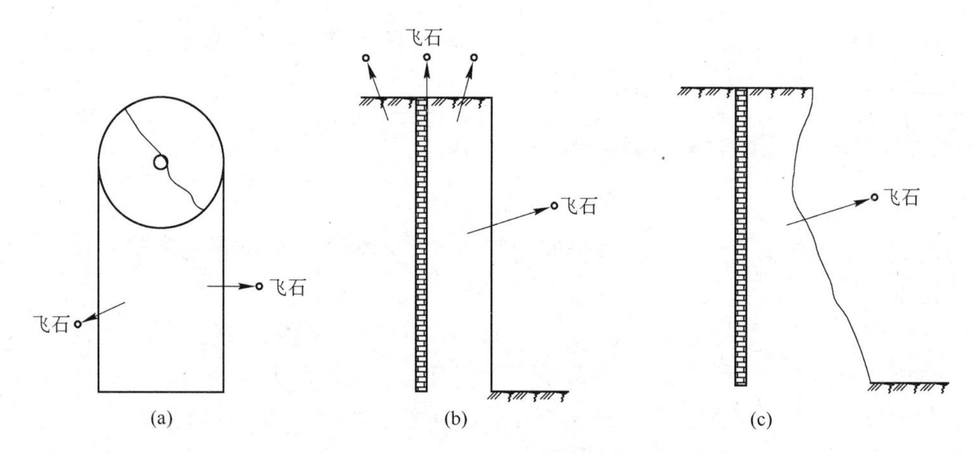

图4　爆破飞石产生原理

（a）爆炸应力波单独作用；（b）爆生气体冲出；（c）联合作用

（2）在爆生气体的作用下形成飞石，如因炮孔堵塞长度不够加上上一梯段爆破所致的孔口顶部岩石破碎，导致爆生气体沿孔口冲出而形成飞石，或爆生气体直接沿断层、裂缝、节理、及软弱夹层等岩体结构面集中冲出而形成飞石，见图4（b）；

（3）在爆炸应力波和爆生气体的联合作用下，首先完成岩体的破碎，随后，爆生气体沿抗力最小部位集中冲出带走碎块而形成飞石，如图4（c）所示，因临空面不规整，岩体破碎后，爆生气体首先沿最小抵抗线方向集中冲出而带走碎块形成飞石。

5.2　爆破飞石飞散距离的影响因素

影响飞石飞散距离的因素包括爆区的岩性、地形地质、爆破时采用的孔网参数、起爆方式、装药结构、炸药性能以及爆破时的风速风向等。

根据弹道理论，在给定的环境条件下，爆破飞石的飞散距离主要受飞石的初始抛掷速度和角度控制，见图5，在忽略空气阻力条件下，以初始速度为v_0，抛掷角为α的飞石的水

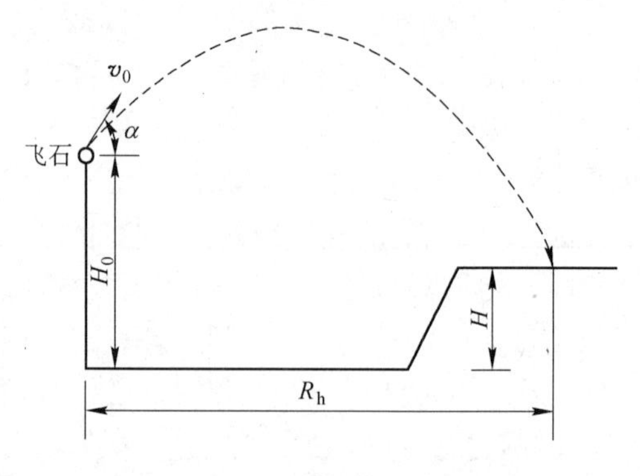

图5　飞石飞散距离计算简图

平飞散距离 R_h 为：

$$R_h = \frac{v_0 \cos\alpha}{g}\left(v_0 \sin\alpha + \sqrt{v_0^2 \sin^2\alpha + 2g(H_0 - H)}\right) \tag{4}$$

如果 $H_0 = H = 0$，即认为地面是平坦的，那么式（4）可以改为

$$R_h = \frac{2v_0^2 \sin\alpha \cos\alpha}{g} \tag{5}$$

由式（5）知，飞石飞散距离控制的关键是合理控制飞石初始抛掷速度 v_0 和抛射角 α。

由上节的分析知，产生爆破飞石的原因是爆炸应力波、爆生气体或两者的联合作用。

假定飞石完全是由爆炸应力波的作用而产生，在深孔台阶爆破中，近似地运用瞬时爆轰及岩石的弹脆性假定条件，考虑到爆炸应力波在临空面上的反射，可以推导出飞石的初始抛掷速度与炮孔直径和前排抵抗线 w 之比的平方根及炮孔内爆生气体的初始平均压力成正比，而与岩石波阻抗成反比。

假定飞石完全由爆生气体的集中冲出而产生，根据能量守恒定律，可以推出飞石所能获得的初始掷速度 v_0 与炮孔内爆生气体的初始平均压力 p_0 成正比。

综上所述，在给定岩性及合理的爆破孔网参数条件下控制飞石初始抛掷速度的最重要手段是降低炮孔内爆生气体的初始平均压力。

影响炮孔内爆生气体初始平均压力 p_0 的主要因素有炸药密度、爆速以及装药耦合程度，根据气体状态方程可以导出，控制飞石初始抛掷速度的有效途径为：从装药结构方面，使用不耦合装药；从炸药选用方面考虑，在满足有效破碎岩石的前提下，选用低密度、低爆速炸药。

5.3 爆破飞石的控制技术

（1）充分了解情况，消除潜在威胁。摸清地质和周围环境情况，了解构造断层、地层岩性，对含松软夹层、孔壁坍塌、卡斯特溶洞等因素要做到心中有数，并事先做好掌子面表面松动岩块及特殊地形地质条件的处理。

（2）精心施工，采用合理的爆破技术。搞好爆破设计，运用计算机进行辅助设计，建立爆破参数数据库，进行方案参数优化和爆破效果模拟。

当存在与临空面贯穿的断层带或其他软弱破碎带时，适当调整装药位置，通过间隔装药即在结构面与钻孔贯通处用炮泥堵塞方式来防止爆生气体沿该弱面冲出而形成飞石。下一个梯段爆破以前，必须清除掌子面上的松动岩块以防止爆破过程爆炸应力波的冲击作用而高速抛射形成飞石。

在确保爆破效果的情况下，酌情使用不耦合装药以有效避免飞石产生。

（3）采取必要的防护措施。

6 爆破扬尘控制研究与技术措施

在爆破工程中，爆破扬尘的控制问题在爆破拆除领域较为突出，因而进行爆破拆除扬尘的控制研究有代表性，爆破拆除的研究成果可以运用到其他领域。

6.1　爆破扬尘控制相关理论

6.1.1　尘粒粒径影响尘粒的起动风速[6]

（1）尘粒的粒径与其扬尘风速之间有一定关系，根据风沙动力学有关理论尘粒粒径与其起动风速之间的关系式为：

$$u_t = 5.75A\sqrt{\frac{\rho_s - \rho}{\rho}gd}\ \lg\frac{z}{z_0} \tag{6}$$

式中　u_t——高度 z 处的风速，cm/s；

z_0——光滑床面与空气的黏滞性有关的参数；

ρ_s——尘粒密度，g/cm^3；

ρ——空气密度，g/cm^3；

d——尘粒粒径，cm；

g——重力加速度；

A——经验系数，根据实验对粒径大于 0.25mm 的尘粒，A 接近于一个常数。

在式（6）中，若设系数 A 是一个常数，则起动风速和尘粒粒径的平方根成正比。因此通过增加尘粒粒径，即通过使小尘粒凝聚成大尘粒，从而使其起动风速增加，减少扬尘的办法是可行的。

（2）实验结论：我国科研工作者在新疆塔里木盆地布古里沙漠地区，用染色沙进行多次实验观测，得出了表 1 所示结果。

表 1　砂粒粒径与起动风速的关系

砂粒粒径/mm	起动风速/$m \cdot s^{-1}$
0.10～0.25	4.0
0.25～0.50	5.6
0.50～1.00	6.7
>1.0	7.1

由表 1 的数据可以看出，沙粒的粒径越大，所需的扬起风速越大。综合理论与实验两方面的结论，可以通过促使尘粒凝聚，增大尘粒粒径，增加其起动风速的办法，减少扬尘。

6.1.2　尘粒间的物理凝聚力

粉体力学研究证明，集聚在一起的固体颗粒间有各种各样的吸引力，在促进颗粒集聚方面最基本的是以下几种作用力。

6.1.2.1　尘粒间的分子作用力——范德华力[7]

（1）范德华力：范德华力由原子核周围的电子云涨落引起，是一种短程力，但其作用范围大于化学键力。

（2）作用范围：分子作用力是吸力，并与分子间距的 7 次方成反比，故作用距离极短（1nm），是典型的短程力。但是由极大量分子组成的集合体构成的体系，随着颗粒间距离的增大，其分子作用力的衰减程度则明显变缓，颗粒间的分子作用力的有限间距可达

50nm，这是因为存在着多个分子的综合相互作用缘故。因此在多个分子综合作用下范德华力又成为长程力。

6.1.2.2　静电作用力[8,9]

（1）产生条件：空气中颗粒的荷电途径有三：颗粒在其生产过程中荷电，例如在干法研磨中颗粒靠表面摩擦而带电；与荷电表面接触可使颗粒接触荷电；气态粒子的扩散作用使颗粒带电。

颗粒获得的最大电荷受限于周围介质的击穿强度，在干空气中，约为 1.7×10^{7} 电子/cm^2，但实际观测的数值要低得多。气体中粒子间静电吸引力主要有以下两种表现形式：

（2）接触电位差引起的静电引力及其大小。颗粒与其他物体接触时颗粒表面电荷等电量的吸引对方等电量的异号电荷，使物体表面出现剩余电荷，从而产生接触电位差。接触电位差引起的静电吸力 F_e 可通过下式计算：

$$F_e = \frac{4\pi q^2}{s} \tag{7}$$

式中，q 为实测单位电量，C；s 为接触面积，cm^2。

用直径为 40 ~ 60um 的玻璃球做实验，测得它黏附油漆板时：$q = 1.9\times10^{-15}$C；$s = 2\times10^{-10}cm^2$，静电力 $F_e = 1\times10^{-5}$N。

可见由接触电位引起的静电作用力是很小的。

（3）由镜像力产生的静电引力及其大小。镜像力实际上是一种电荷感应力。其大小有下式确定：

$$F_j = \frac{Q^2}{l^2} \tag{8}$$

式中，F_j 为镜像力，N；Q 为颗粒电荷，C；l 为电荷中心距离，μm。

对于粒径为 10μm 的各类颗粒（如白垩、煤烟、石英、粮食及木屑等）的测量表明，颗粒在空气中的电荷约在 600 ~ 1100 单位范围之内。据此可以计算得镜像力为 $(2\sim3)\times10^{-12}$N。

因此，在一般情况下，颗粒与物体间的镜像力可以忽略不计。

6.1.2.3　液体桥联力[10]

（1）粉体与固体或者粉体颗粒相互间的接触部分或者间隙部分存在液体时，称为液体桥。由液体桥曲面产生的毛细压力及表面张力引起的尘粒间附着力称为液体桥联力。

（2）产生条件：由于蒸汽压的不同和颗粒表面不饱和力场的作用，大气中的水会凝结或吸附在粒子表面，形成了水化膜。其厚度视粒子表面的亲水程度和空气的湿度而定。亲水性越强，湿度越大，则水膜越厚。当表面水多到粒子接触处形成透镜形状或环状的液相时，开始产生液桥力，加速颗粒的聚集。

当空气的相对湿度超过 65% 时，水蒸气开始在颗粒表面及颗粒间聚集，颗粒间因形成了液桥而大大增强了黏结力。

6.1.2.4　尘粒间物理凝聚力的大小比较

（1）研究表明，颗粒间的上述三种力都有促进颗粒相互吸引，吸附并凝聚成大颗粒的作用。且它们的大小都随颗粒半径的增大呈线性增大关系。

在干燥尘粒流和湿润尘粒流中起主导作用的颗粒间作用力是不同的。在干燥情况下，尘粒间不存在液桥力，起主导作用的是范德华力。在湿润情况下，液桥力起主导作用，并且液桥力比静电力和范德华力要大得多[9]。

表2是在一定的假设情况下，对尘粒间4种粒径尘粒液桥力、范德华力、静电力与其自身重量的量级分析结果。

表2　尘粒间液桥力、范德华力、静电力与其自身重量的量级比较

尘粒粒径/μm	静电力/ $\times 10^{-5}$N	范德华力/ $\times 10^{-5}$N	液桥力/ $\times 10^{-5}$N	重量/ $\times 10^{-5}$N
0.1	6×10^{-10}	4×10^{-7}	1.7×10^{-3}	5×10^{-30}
1	6×10^{-8}	4×10^{-6}	1.7×10^{-2}	5×10^{-10}
10	6×10^{-6}	4×10^{-5}	1.7×10^{-1}	5×10^{-7}
100	6×10^{-4}	4×10^{-4}	1.7×10^{0}	5×10^{-4}

从表2中可以看出，液桥力均比静电力、范德华力大 10^4 以上。因此，液桥力的产生，将促进尘粒间的凝聚，使小尘粒积聚成大尘粒。同时由于液桥力较大，通过液桥力粘结起来的粉尘的起动风力大大增强，与干燥尘粒相比，不易被扬起。

（2）实验研究[11]：在实验室中，对不同含水率的沙层进行起动风速风洞实验研究，试验结果（表3）显示起动风速随沙子湿度的增加而明显增大，同时也说明，液桥力的确能在减少扬尘方面扮演重要角色。

表3　沙子含水率对起动风速的影响

粒径/mm	起动风速/m · s^{-1}								
2.0 ~ 1.0	9.9	15.1	23.5						
0.5 ~ 0.2		6.7	8.4	10.1	11.9	14.2	15.9	17.5	18.9
0.2 ~ 0.1		5.2	8.1	9.8	11.3	13.7	15.1	16.6	17.8
0.1 ~ 0.05		9.4	14.2						
含水率/%	0.3	0.5	1.0	1.5	2.0	3.0	4.0	5.0	6.0

6.1.3　颗粒间的化学凝聚力（固体桥联结力）

（1）理论[7]：由于化学反应、烧结、熔触和再结晶而产生的固体桥联力是很强的结合力。

设密度 ρ_p 直径为 d_p 的球颗粒之间形成固体桥联。该固体桥联最窄部分半径为 r_n，r_n 与桥联接触点上初始液体的体积 V_{1q}、液体的干燥速度及固体的溶解速度有关，其关系如下式所示：

$$\frac{r_n}{d_p} = 1.64 \times \frac{C_1 V_{1q}}{\frac{\rho_p \times d_p^3}{8}} \times x^{\frac{1}{1-x}} \tag{9}$$

式中　C_1——液体饱和溶度，g/cm³；

x——干燥速度与溶解速度的无量纲比值；速度单位为 cm/s，x 是温度的函数。

固体桥联力 F_b 由下式给出：

$$F_b = \pi r_n^2 c_{re} \tag{10}$$

式中　c_{re}——固体组分再结晶所形成的桥联物的强度。

固体桥联力也是颗粒聚集的重要因素，但通常难以计算，而是靠实验测得。

（2）实验研究：用0.8%的成膜剂、2%的天然多糖高分子化合物、2%的吸湿剂和0.1%的表面活性剂与水混合制成黏结式抑尘剂。此种抑尘剂喷洒到散体物料上后，在空气蒸发和化学反应共同作用下能将散体板结起来，使散体间的结合力大大增强，散体间的牢固结合力能使散体在强风作用下不被扬起。

分别在装有沙土介质的培养皿上洒上黏结式抑尘剂溶液和清水，待干燥后用医用天平称样品的质量，做沙土抗风吹试验。实验时，将培养皿放置在离心风机出风口，用数字风速仪测定风速。在培养皿中心风速达到8m/s时，连续吹风10min，然后测定样品的损失量，结果见表4。

表4　化学作用力的实验研究

	洒黏结抑尘剂样品	洒清水样品
培养皿质量/g	73.5	72.7
吹风前沙土样品质量/g	280.0	308.3
吹风前样品质量/g	280.0	230.8
沙土损失量/g	0	67.5
沙土损失率/%	0	21.9

从表4中数据可以看出，黏结式抑尘剂与沙子起化学反应后形成的新物质足可以抵抗8m/s的强风吹，而保证物料不被扬起。而由洒水形成的物理力结合体（沙团），在同样的风力作用下被吹走了21.9%，可见化学作用力的强大。

6.1.4　有关结论

（1）尘粒聚集体的直径越大越不易被风扬起。

（2）微细尘粒具有自凝聚特性。在不对尘粒进行化学处理、干燥情况下，促使尘粒凝聚的主作用力是尘粒间的范德华力；在湿润情况下，液桥力是促使尘粒凝聚的主作用力，并且液桥力比静电力和范德华力要大得多。

（3）颗粒间的化学作用力—固体桥联力在促使尘粒凝聚方面也能发挥重要的作用。

（4）爆破拆除时的尘源本身就有自凝聚特性，粉尘的自凝聚特性有利于小尘粒积聚成大尘粒。在爆破拆除时若能加速尘粒的凝聚，从而生成大量的大尘粒，定能达到降低扬尘目的。洒水降尘法就是利用尘粒间的液桥力来促使小尘颗粒凝聚成大颗粒，并利用尘粒间的液桥力远大于范德华力这一特性来减少粉尘被风流扬起的可能。实践证明，洒水降尘具有显著效果。

（5）除了利用尘粒间的物理作用力，加速尘粒凝聚来达到降尘目的外，我们也可以利用尘粒间的化学作用力（固桥力）来降低爆破拆除时的扬尘问题。

（6）可以采用化学方法改进材料的吸水性能，达到降尘目的。

6.2　爆破扬尘控制技术

上述基础研究为爆破拆除的降尘研究理清了思路，为爆破拆除降尘实施的选择指明了方向，但本着先易后难循序渐进的行事策略，爆破拆除降尘的降尘措施的选择应该按照以下思路和原则：

（1）爆破拆除降尘的总的指导思想是不让粉尘扬起来，把扬起的粉尘控制在萌芽状态。这是因为爆破粉尘粒小（大多在100μm以下）、质轻，一旦扬起将随风逐流，为随后的捕尘、灭尘，带来极大的困难；

（2）由于爆破拆除建筑的建筑一般体积较大、较为陈旧，这些长时间暴露在空气中的老旧建筑积尘点多，积尘时间长，无论采取何种办法都难以保证将所有的积尘清理干净，而爆破过程和建筑坍塌断裂过程中产生的扬尘更是量大且最难降除，因而爆破拆除降尘的着眼点是尽量减少建筑爆破拆除时可能扬起的粉尘的数量；

（3）在尽量减少建筑爆破拆除时有可能扬起的粉尘数量的前提下，尽量不让粉尘扬起或者增加粉尘扬起的难度，从而进一步控制爆破拆除扬尘；

（4）长期的观测证明，爆破前尽量清理有可能扬起的粉尘和增大粉尘扬起的难度的方法，根据具体的工程项目不同，只能控制爆破拆除扬尘总量的1/2～1/3，对于其他扬尘需要采取其他更为复杂的办法进行控制；

爆破拆除降尘需要注意的几个问题：

（1）爆破拆除降尘应该力争使用简单易行的办法；

（2）确保爆破拆除降尘的手段与措施不对环境产生二次污染；

（3）爆破拆除降尘的措施应该先易后难，分步走。

6.2.1　简便易行的降尘措施

针对拆除爆破中粉尘的来源和工程具体条件，爆破拆除项目减少现场粉尘可以采取以下方法：

（1）待拆建筑上面和建筑倒塌场地上的积尘清理。将长期沉积在楼顶、地板上和建筑物倒塌场地上的灰尘，打孔产生的粉尘等清理掉；

（2）残渣清理。将打孔和预拆除施工中堆积的残渣碎块清理掉，使得倒塌过程中产生的气浪无粉尘、残渣可扬。

（3）清理粉尘可以与洒水、淋水相结合，以确保效果。

6.2.2　爆破降尘中的保湿和覆盖措施

微细颗粒，特别是微米级或亚微米级颗粒，在空气中极易凝聚在一起，黏结成团或黏附在其他物体上。爆破拆除中的扬尘多为微米级尘粒，由于受尘粒间内聚力的作用，几千甚至上万个尘粒会聚合在一起。若尘粒间的结合力弱，在风的吹激下或外力作用下，这种集合体极易破碎成单个尘粒，导致扬尘；若尘粒的内聚力大于外来力，则尘粒将一直牢固地结合在一起。

根据理论研究，对于爆破拆除中的扬尘可以采取为尘粒间的液体桥联力的产生创造条件的，即增加爆破拆除区域内的空气湿度的方法，让小尘粒增大成为大尘粒，大尘粒不易扬起，从而可以有效地降低爆破拆除中的扬尘。

根据爆破拆除作业的特点，在爆破拆除中可以采用爆破造雾及如下技术以达到爆破降尘目的。

6.2.2.1　保湿技术

水分蒸发是普遍存在的现象，尤其是高温度、低湿度的情况下，蒸发现象更明显。在南方高温天气作用下，往混凝土或砖上洒水，20min左右就全部蒸发掉，为保持被拆建筑潮湿需要往上面不断洒水。

大气中含有的水分可用相对湿度来表示，但空气中的相对湿度是变化的，气温较低时，空气的含湿量将增加，夜间空气的含湿量比白天高，我国南方空气的含湿量通常比北方高[6]。

利用气候的上述特征，将吸湿剂、保湿剂和粉尘凝并剂按一定比例配合，制造出保湿剂，可以解决洒水后的保湿问题。保湿剂中加有水溶性高分子聚合物，这类物质通常具有长链或网状结构，可以将水分吸附在网络结构内，起到减缓水分蒸发功效。此外高分子物质固有黏性，可将细颗粒粉尘黏结起来，形成大于 100μm 的粗颗粒，使这些粉尘不易扬起。加有保湿剂 HDBS-1 的水与清水的在 25℃时的蒸发情况见表 5。

表 5　HDBS-1 溶液的蒸发情况

溶　液	失水率/%								
	5h	12h	24h	48h	60h	72h	120h	148h	360h
HDBS-1	4.2	8.7	16.0	22.8	27.1	34.8	39.3	40.5	41.6
清　水	5.9	14.3	29.0	44.6	52.1	67.1	99.0	99.8	100

6.2.2.2　黏结覆盖技术

洒水保湿法是在待拆建筑或者建筑废渣表面定期洒水，保持其表面湿润，使粉体不易被风扬起。但是，建筑物或者其废渣上的粉尘颗粒粒径很细，颗粒间黏性小、保水能力差，水分极易蒸发和下渗，使洒水有效抑尘期短、耗水量大。

针对粉尘颗粒细小、松散、易扬起的特点，基于覆盖固结抑尘原理，我们研制出了一种抑尘时间长、抑尘效果稳定、环境适应性强且对环境友好的黏结覆盖型抑尘剂。该物质被喷洒在待拆建筑或者建筑废渣表面后能将表面粉尘黏结起来形成连续壳体，下层松散粉尘颗粒被覆盖起来，只要壳体不破裂，粉尘就不会扬起，从而达到抑制扬尘的效果。

黏结型覆盖抑尘剂组分包括成膜剂、黏结剂、填料及表面活性剂，各组分无毒、无腐蚀性且对环境友好。用优选出的黏结型抑尘剂配方溶液喷洒在建筑碎渣表面，所结壳体表层抗压强度可达 247 kPa，是人体对地压强的 200 多倍。因此，壳体可以经受因人为走动等因素对壳体的破坏。抗雨水性能实验表明，普通降雨虽然可能降低壳体硬度，但不会破坏其完整性，仍具有抑尘作用。当喷洒抑尘剂的样品与风向成 30°吹风，在风速达到 18m/s 时，壳体完整性不受破坏，其吹风损失率为 0.02%。说明该抑尘剂具有很强的抗风吹能力。

运用该型抑尘剂，可以有效控制建筑表面或者建筑残渣上面的尘土飞扬，而建筑物倒塌过程中产生的扬尘，需要采取更为复杂的泡沫降尘技术。

6.2.3　泡沫降尘技术

为了进一步减少建筑物爆破拆除倒塌过程中的扬尘，需要采取泡沫降尘技术。

泡沫虽有许多优点，但稳定性差，堆积度差是一般泡沫的通病，用现有技术制造的泡沫的产量十分有限，且堆积高度一般不超过半米，持续时间只有几十分钟，且多为液泡共存物。在实际应用中被拆除的建筑体积庞大，要在短时间内，制造出持续时间长，堆积高度高，总体积达几万甚至几十万立方米的大量泡沫，需要研制专用泡沫和专用发泡设备。

6.2.3.1　强制发泡技术

我们开发出的专用设备和专用泡沫剂（见图 6 和图 7）具有以下优点：

（1）泡沫的毒性等指标均满足国家环保要求，可以实现无毒、无害，也不会对环境造成二次环境污染。经2006年9月30日国家洗涤用品质量监督检验中心（太原）T06029检验报告确认：本发明产品的表面活性剂生物降解度为93%；经2006年9月10日江苏省疾病预防控制中心急性经口毒性实验检验报告（毒）20060398确认：本发明产品经口半数致死量（LD50）值均大于5000mg/kg，属于实际无毒级。

（2）此种泡沫粘尘剂可在短时间内制造出总体积达几万甚至几十万立方米的大量泡沫。

（3）泡沫粘尘剂制造的泡沫持续时间长。从大量泡沫形成到泡沫完全消失的时间可以超过6～10h。

（4）此种泡沫粘尘剂可以实现大量泡沫堆积高度超高。现有技术中泡沫的堆积高度一般不超过半米，且多为液泡共存物。本发明制造的大量泡沫可将泡沫高度堆高至4～10m。

图6　强制泡沫发生器

图7　试验现场

6.2.3.2　泡沫降尘的机理

（1）泡沫的比表面积大。泡沫具有密度低、比表面积大的特点：若泡沫按300倍的发泡倍率，单个泡沫直径为0.5cm计算，它的泡沫密度为：0.0033g/cm^3，而1g水的泡沫所拥有的比表面积为40000cm^2/g左右。利用泡沫这一无限增大的比表面积特征，可以增加泡沫与尘粒的接触面积。

（2）泡沫的粘附性。由于在泡沫浓缩液中添加了黏稠的高分子物，增加了泡沫的附着力和泡沫的吸附能力。利用泡沫自身无限增大的比表面积大量的吸附气流中的粉尘，随着泡沫吸收的粉尘越来越多，泡沫自身的质量会越来越大，最终是泡沫带着粉尘而逐渐降落。

（3）泡沫云的捕捉性。由于泡沫的密度小、沫质轻，在冲击波和气流的影响下极易被冲起，形成泡沫云或泡沫浪；正是由于泡沫的沫质轻（泡沫的质量是粉尘质量的千分之一），被气浪冲起的泡沫，它在气流中的运行速度要远远小于或慢于粉尘运行的速度。也就是说：由于泡沫沫质轻在冲击波的作用下，首先被气流冲起，形成泡沫云或泡沫浪；正是由于泡沫的沫质轻它在气流中的运行速度要远远慢于粉尘速度。当粉尘要冲出泡沫层时，气流中的粉尘一一被泡沫捕捉（吸附）。

（4）泡沫海的淹没性。我们利用泡沫的沫质轻和无限增大的比表面积以及泡沫的粘附性这些特征，增加泡沫与尘粒的接触面和接触的频率，并利用泡沫的附着力，对粉尘进行捕捉，或者对粉尘源进行覆盖，从根本上隔断粉尘的传播与扩散，从而达到降尘目的。

爆破前，我们在待爆破建筑物的所有空间充满泡沫，让整个建筑犹如淹没在泡沫海洋之中，当建筑物随着炮响应声坍塌时，建筑所占空间越来越少，最后只留下落地的一摊碎渣。但在此过程中，泡沫海的体积自始至终基本保持不变，能够基本包裹或者覆盖建筑物，不让粉尘扩散出去。

6.3 爆破降尘实例

6.3.1 沈阳五里河体育场爆破拆除的降尘措施

（1）施工场地围蔽，把粉尘的扩散范围尽量减小。

（2）爆破前，尽量拆除建筑不承重的部分，包括砖墙和混凝土墙等，尽量减少建筑爆破解体过程中，产生扬尘的可能。

（3）将长期沉积在地板上的灰尘，打孔和预拆除施工中堆积的残渣碎块清理掉，减少倒塌过程中产生的粉尘飞扬。

（4）爆破前，尽量往建筑物上洒水，冲洗建筑物上的浮尘。并尽量让建筑物多吸水，为减少水分的蒸发量，水中加入保湿型降尘剂。

（5）在每一层用彩油布沿爆破柱子的内侧围蔽 2m 高，在彩油布的内侧充满 2m 高的粘尘泡沫，使建筑物塌落在泡沫之中，最大限度地减少飞尘，参见图 8。

图 8 粘尘泡沫装填示意图

沈阳五里河 90000m² 体育场拆除爆破达到了无飞石、低噪声、低污染、低振动、低空气冲击波的效果，实现了“原地坍塌”的目的（见图9）。如此超大规模框架结构的成功拆除，在国内尚属首次。

图9　沈阳五里河体育场爆破后

6.3.2　广州市天河城西塔楼爆破

天河城西塔楼位于广州市天河路 208 号天河城广场西北角。该塔楼始建于 1996 年，地面以上 4 层，地面以下两层。天河城西塔楼地面以上高 18m，地下部分高 12m，为剪力墙、钢筋混凝土柱的混合不规则结构。整个建筑外观呈三角形棱柱状。因改建需要，该塔楼的大部分建筑需要拆除。考虑到工期等诸多原因，业主单位委托我公司对西塔楼进行爆破拆除。

天河城西塔楼周围的环境非常复杂，北面为地下停车场和出口，再往北 33m 处为天河路；南面与天河城商场主体相连；东面为天河城广场北出入口；西面为西塔出入口和地下停车场车辆出入口，再往西 13.5m 处为体育西路。西面 20～25m，北面 30～35m 有 3 条地下管线。西面 20 余米处（体育西路下面）为地铁三号线。

为了最大程度的减少粉尘污染，我们采取了以下降尘方法：

（1）用一般喷雾装置或者洒水装置往待拆除建筑的墙体、地面和顶面上洒吸湿性抑尘剂，尽可能提高建筑的含水率，减少水分的蒸发，节约用水。

（2）利用“泡沫山”或者“泡沫海”来降尘。在建筑的倒塌场地、每层楼面和楼顶上砌筑水池，水池深度为 10～20cm。在水池内的水中加入泡沫粘尘剂，加入比例为泡沫粘尘剂比水的质量比等于 3∶97，搅拌混合均匀，此时水温应不低于 -4℃。

然后用发泡器结合人工制造泡沫，将泡沫尽可能多地堆满待爆破建筑的所有房间，并制造出高达 4～8m 的“泡沫山”或者“泡沫海”将整个待拆建筑包围起来。

（3）使用活性水雾包围扬尘。爆破采用难度大的内凹式原地坍塌爆破方法、分段毫秒延期爆破、分段拆除、缓冲和切断震波传递等手段。该爆破总共布置雷管 1304 发、炸药 276kg。

从起爆到建筑倒塌全过程约三秒钟，最大爆破噪声为 70～80dB。经过爆后检查，环保监测点每立方米空气悬浮颗粒仅 0.5mg，在现场 5m 以外的栏杆上都看不到灰尘。飞石飞溅的距离也被成功控制在 5 米之内，整个爆破过程的扬尘持续时间仅 5min。离爆点 20m 的地铁三号线测点所测到的最大振动速度仅为 0. 178cm/s（垂直）和 0. 184cm/s（水平），成功实现了无飞石危害、无冲击波影响、低粉尘污染和低噪声污染的爆破效果。该爆破被业内称为“中国环保第一爆”。爆破过程见图 10 ~ 图 13。

图 10　爆破前制造泡沫

图 11　爆破时（1）

图 12　爆破时（2）

图 13　爆破后

7　结语

为了满足人类生存和社会发展对资源的需要，为了更快、更多的获取矿产资源，人类发明了爆破技术。爆破技术在人类快速取得矿产资源中发挥了巨大作用，截至目前，爆破仍然是采矿破岩的重要手段有时甚至是唯一手段。

爆破在为人类社会的发展做贡献的同时，产生飞石、振动、噪声、爆破冲击波和扬尘这五大公害，一直为社会所诟病。随着社会的发展，社会对环保爆破的呼声越来越强，但由于科技水平发展的限制，要完全消灭这五大公害在近阶段还难于实现。

但人们的上述努力，正在不断地接近实现完全环保爆破，相信随着科学技术水平的不断提高，人们一定会在通过爆破获得资源造福人类的同时，实现完全环保。

参 考 文 献

[1] 曹棋，颜事龙，韩早．岩石爆破中爆炸能量分布的规律的现状和发展[J]．煤炭爆破 2007，4：28 ~ 32.

[2] 颜事龙．岩石中集中装药爆炸消耗能量分布的计算[J]．淮南矿业学院学报，1993，13(3)：82 ~ 88.

[3] 纪冲，龙源，刘建青，等．爆破冲击性低频噪声特性及其控制研究[J]．爆破 2005，22(1)：92 ~ 95.

[4] 郑峰，段卫东，钟冬望，等．爆破震动研究现状及存在问题的探讨[J]．爆破 2006，23(1)：92 ~ 93.

[5] 卢文波，赖世骧，李金河，等，台阶爆破飞石控制探讨[J]．武汉水利电力大学学报，2000，33(3)：9 ~ 12.

[6] 张洪江．土壤侵蚀原理[M]．北京：中国林业出版社，2000，70.

[7] 卢寿慈．粉体加工技术[M]．北京：中国轻工业出版社，2003，42 ~ 50.

[8] Israelachivili J. N. Intermolecular and Surface Forces. 2nd Ed. London：Academic Press，1991，450.

[9] 陆厚根．粉体技术导论[M].2 版．上海：同济大学出版社，2003，44.

[10] 曾凡，胡永平，杨毅，等．矿物加工颗粒学[M].2 版．徐州：中国矿业大学出版社，2001，168 ~ 209.

[11] 吴正．风沙地貌与治沙工程学[M]．北京：科学出版社，2003，1 ~ 40.

椭圆双极线性聚能药柱数值模拟及应力测试研究

李必红[1,3] 秦健飞[2] 崔伟峰[3] 李是良[3] 郑 懿[3]

（1. 中南大学，湖南长沙，410003；2. 中国水利水电第八工程局有限公司，
湖南长沙，410007；3. 国防科技大学，湖南长沙，410072）

摘 要：聚能装药可用来穿透装甲、岩石、混凝土等高强度介质，在国防工业以及石油工业有重要应用。本文基于聚能装药技术，开发了岩石预裂爆破工程的定向断裂成缝技术，并设计了针对民用低爆速炸药的椭圆双极线性聚能药柱。为了验证药柱的聚能预裂性能，这里通过应力传感器进行了应力测试试验。同时利用动力学软件 Ansys/Ls-dyna 数值模拟聚能射流形成和运动的过程，分析研究射流对岩石侵彻和破坏毁伤效果。通过试验和数值模拟分析，说明椭圆双极线性聚能药柱的预裂爆破效果明显，安全、经济以及环保效益显著。

关键词：椭圆线性双极聚能药柱；数值模拟；应力测试

Numerical Simulation and Stress Testing Research on Elliptical Bipolar Linear Shaped Charge

Li Bihong[1,3] Qin Jianfei[2] Cui Weifeng[3] Li Shiliang[3] Zheng Yi[3]

(1. Central South University, Hunan Changsha, 410003;
2. Sinohydro Bureau 8 Co., Ltd., Hunan Changsha, 410007;
3. National University of Defense Technology, Hunan Changsha, 410072)

Abstract: Based on Shaped Charge technology, the method of linear cracks of directional fracture in rocks controlled blasting by shaped charge and the Elliptical Bipolar Linear Shaped Charge with low detonation velocity explosive was presented in this paper. The stress testing experiment was carried on by the stress sensor for analyzing the characters of cumulative pre-splitting of the shaped charge. A numerical calculation scheme for simulating the formation and movement of jet was developed based on the Ansys/Ls-dyna. The damage of the concrete target penetrated by the jet was showed in the numerical simulation. The results of experiment and the simulation indicted that the shaped charge can form good effect on cumulative energy and produce good pre-splitting blasting effect. At the same time, the safe, economic and environmental benefits had been clearly made.

Keywords: elliptical bipolar linear shaped charge; numerical simulation; stress test

1 引言

在岩石基础开挖施工中经常采用预裂（光面）爆破技术，减少钻孔量、降低爆破后对保留岩体的破坏作用是预裂爆破技术推广应用的必然要求[1]。国内从 2004 年开始研究椭

圆双极线性聚能药柱预裂（光面）爆破技术，并在溪洛渡、小湾水电站工程等多个工程中进行了应用（如图 1 所示），效果良好。

图 1　椭圆双极线性聚能药柱在溪洛渡水电站工程中的应用
（a）药柱断面图；（b）炮孔布置图

椭圆双极线性聚能药柱是指采用注塑拉伸工艺成型椭圆 PVC 管，在该管的长半轴两侧对称形成两个聚能槽，配置对中装置后在管内充满炸药从而形成双极线性装药，称之为椭圆双极线性聚能药柱[2]。该药柱爆炸瞬间，在形成初始裂缝的同时借助高能气流形成的“气刃”使聚能射流沿着裂缝喷射，爆破应力波、爆轰气体的膨胀作用及聚能射流的“气刃”作用相互耦合，使裂缝更容易形成并且得到更充分的扩展和延伸，从而实现聚能射流面与预裂面的完全吻合。

随着技术的发展，人们在药型罩新材料的研制、金属射流形成过程的研究、聚能装药参数对射流破坏毁伤能力的影响及双极聚能射流数值模拟研究等方面取得了很大进展[3~8]。但对药型罩材料为 PVC 管的双极线性聚能药柱数值模拟研究及试验验证还未见报道。本文对椭圆双极线性聚能药柱的破坏毁伤能力进行数值模拟研究，并与应力波实测结果相比较，获得压力波随位置、距离的变化规律，系统研究射流的形成、运动过程以及侵彻岩石目标的效果，为预裂爆破和双聚能装药技术的发展和应用提供理论和实验基础。

2　试验测试及数值模拟分析

2.1　应力波测试方法

利用压力传感器分别测量椭圆双极线性聚能药柱射流方向和非射流方向的应力波。试验用压力传感器如图 2 所示，由 *yzw*/165°切铌酸锂晶体制作而成。岩石开孔分布及压力传感器安装位置有两种方案（如图 3 所示），第一种方案是将椭圆双极线性聚能药柱置于爆破孔中，使一侧聚能槽方向正对传感器孔，然后用定向板将两个传感器分别置于药柱射流方向和非射流方向岩石孔中，用混凝土浇注将传感器固定。第二种试验方案是将两个压力

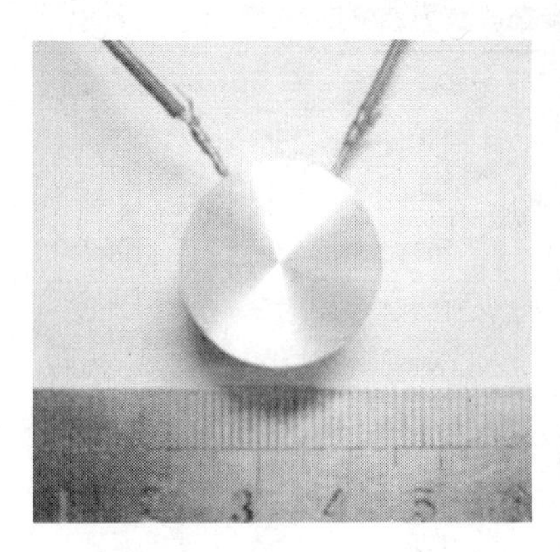

图 2　压电传感器实物图

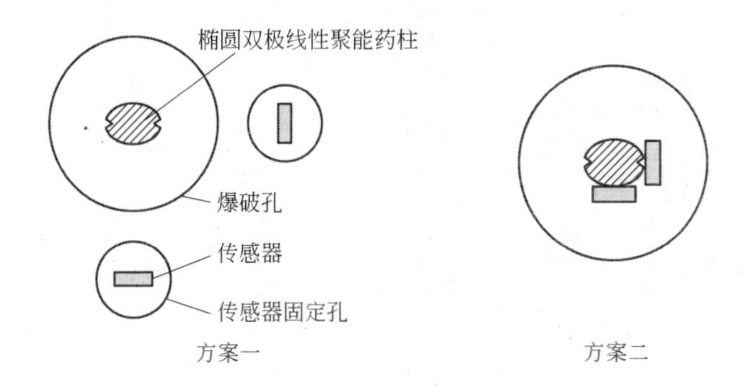

图 3　岩石开孔分布及压力传感器安装位置示意图

传感器直接紧贴于椭圆双极线性聚能药柱的聚能槽和短半轴一侧，共同置于爆破孔中，用混凝土浇注固定。两种测试方案施工现场如图 4 所示。

图 4　椭圆双极线性聚能药柱应力波测试现场图

椭圆双极线性聚能药柱参数及开孔、填装、施工参数见表 1。

表 1 椭圆双极线性聚能药柱应力波测试参数

测 试 参 数		试验 1	试验 2	试验 3	试验 4
爆破孔直径/mm		90	90	90	90
传感器放置孔直径/mm		40	40	40	40
传感器与爆破孔中心距离 x/mm	射流方向	105	105	105	15
	非射流方向	105	105	105	11
传感器与地表距离 y/mm	射流方向	1200	1290	1270	1270
	非射流方向	1200	1250	1290	1290
炸药上端与地表距离/mm		820	940	780	800
炸药长度 l/mm		800	800	800	600
椭圆双极线性聚能药柱尺寸	a/mm	15	15	15	15
	b/mm	11	11	11	11
	c/mm	9	9	9	9
	α/(°)	35	35	35	35

2.2 数值模拟实体模型分析

使用 ANSYS 软件进行模型的建立与数值计算，利用该软件清晰的使用界面以及良好的自动网格划分技术的功能。在数值模拟计算中，综合考虑计算的精度、计算时间、计算机性能的影响，充分利用模型的对称性，在其对称面使用对称边界条件。椭圆双极线性聚能装药结构的截面为椭圆形，射流形成方向为双向的，其侵彻岩石的二分之一模型如图 5 所示，二分之一药柱三维模型的网格划分如图 6 所示。

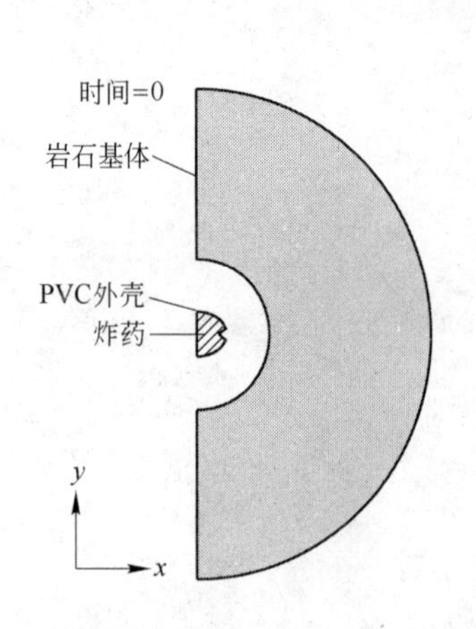

图 5 椭圆双极线性聚能装药侵彻岩石的二分之一模型

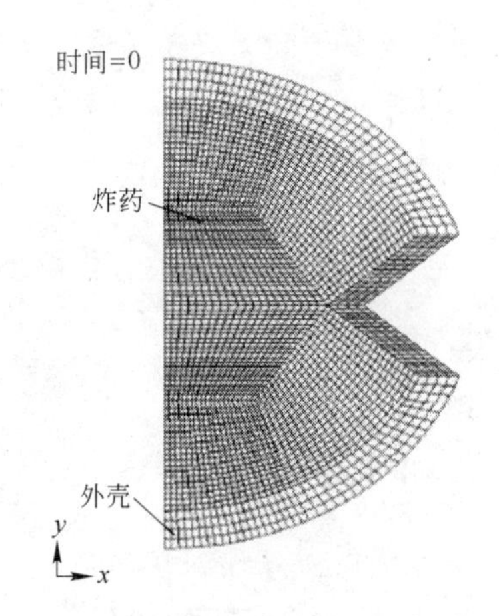

图 6 椭圆双极线性聚能药柱结构及网格划分

由于聚能装药射流的形成经历过程相当复杂，一般的拉格朗日算法不能解决该问题。因此，这里采取流固耦合算法来模拟射流形成过程，外壳、炸药、空气采用 Euler 算法，被侵彻的岩石采用 Lagrange 算法，充分发挥两种算法的优势，更好的模拟出具体的物理过程。

2.3 岩石本构模型分析

涉及高应变和高压情况，材料本构模型需要考虑压力硬化、应变硬化以及应变率相关。目前有些模型是采用限定的假设来简化岩石的本构模型形式，但是这些假设也限制了这些模型对特定问题的应用[9,10]。本文采用 JH 本构模型来模拟岩石的特性。

JH 本构模型在规定失效准则到达之前认为材料是线弹性的，毁伤破坏随着加载的增加而逐渐增大直至到所有的失效出现，并且考虑材料的残余状态。初始失效面有如下公式定义：

$$\sigma^* = \begin{cases} [A + BP^{*N}] \times (1 + C\ln\varepsilon^*) & \text{当}\ \sigma^* \leqslant SMAX \quad (1) \\ SMAX & \text{当}\ \sigma^* > SMAX \quad (2) \end{cases}$$

式中，上标“ * ”表示无量纲化。$\sigma^* = \sqrt{3J_2}/f_c$，$J_2$ 是第二应力偏量，f_c 是岩石单轴压力强度，P^* 是 f_c 的无量纲化，ε^* 是等效塑性应变的无量纲化，单位为 $1s^{-1}$。A、B、N 和 C 均为常数。$SMAX$ 是最大无量纲强度。

失效后强度表面 σ_{pf}^* 由如下公式表示：

$$\sigma_{pf}^* = [A(1 - D) + BP^{*N}] \times (1 + C\ln\varepsilon^*) \tag{3}$$

式中，D 是损伤因子，其值是 0 和 1 之间。

$$D = \int_0^{\varepsilon_p} \frac{d\varepsilon_p}{FS(P^*)} \tag{4}$$

式中，$d\varepsilon_p = d\,\overline{\varepsilon_p} + d\mu_p$，$d\,\overline{\varepsilon_p}$ 是等效塑性应变的增量，$d\mu_p$ 是塑性体应变增量，体应变反映的是体积压缩变形过程中岩石材料压力变化，与整体毁伤相关。$FS(P^*)$ 为压力相关脆性应变，由以下公式定义：

$$FS(P^*) = \begin{cases} c_1(P^* + T^*)^{c_2} & \text{当}\ FS(P^*) \geqslant FSMIN \\ FSMIN & \text{当}\ FS(P^*) < FSMIN \end{cases}$$

式中，T^* 为混凝土单轴准拉应力；c_1、c_2 为常数；$FSMIN$ 是混凝土的一个简单失效标准。

从方程（1）中可以看出，作用在材料强度上的应变率是由因子 $(1 + C\ln\varepsilon^*)$ 来描述强度表面，该模型能较好的描述受压和受拉时应变率强化。

3 结果分析与比较

3.1 椭圆双极线性聚能药柱的实测应力波

图 7 和图 8 给出了椭圆双极线性聚能药柱爆破后射流方向和非射流方向上岩石中的应力-时间曲线。

从图 7 可以看出，椭圆双极线性聚能药柱爆破后，在射流方向紧贴药柱壁处（x = 15mm）最大应力值大于 85MPa（因超出量程而未能测得最大值），而在射流方向离药柱中心 105mm 处最大应力值约为 3.1MPa，表明射流方向上岩石中的应力随距离的增大而迅速降低。

从图 8 可以看出，椭圆双极线性聚能药柱爆破后，在非射流方向紧贴药柱壁处（x =

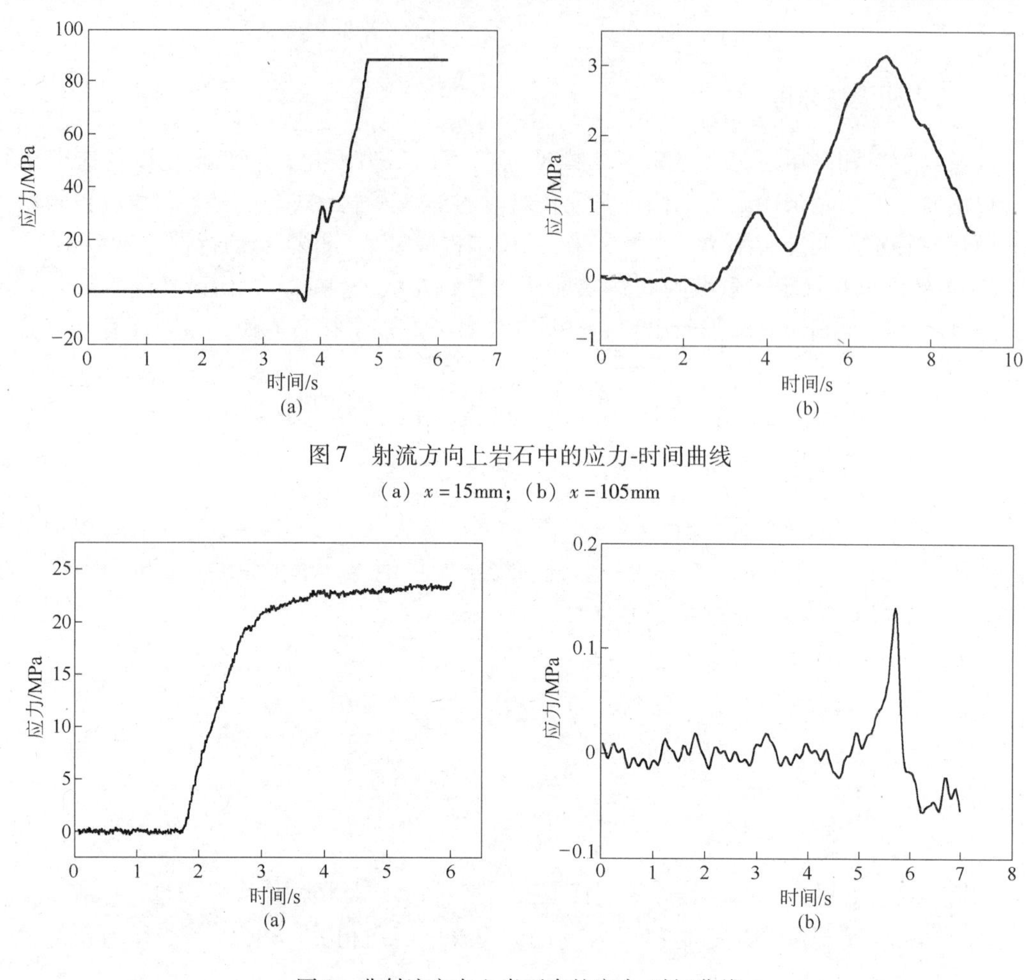

图 7　射流方向上岩石中的应力-时间曲线

（a）$x=15\mathrm{mm}$；（b）$x=105\mathrm{mm}$

图 8　非射流方向上岩石中的应力-时间曲线

（a）$x=11\mathrm{mm}$；（b）$x=105\mathrm{mm}$

11mm）最大应力值约为 23MPa，而在非射流方向离药柱中心 105mm 处最大应力值约为 0.15MPa，表明非射流方向上岩石中的应力亦随距离的增大而迅速降低。

对比图 7（a）和图 8（a）可以看出，椭圆双极线性聚能药柱爆破后，在紧贴药柱壁处，射流方向（距爆心 15mm）最大应力值约为非射流方向（距爆心 11mm）最大应力值的 3.7 倍，考虑到“岩石中的应力随距离的增大而迅速降低”的特点，且射流方向最大值应大于 85MPa，因此在距爆心相同距离处，射流方向最大应力与非射流方向最大应力的比值应大于 3.7 倍，表明射流方向对岩石的侵彻破坏能力远大于非射流方向对岩石的侵彻破坏能力。

对比图 7（b）和图 8（b）可以看出，椭圆双极线性聚能药柱爆破后，在药柱中心相同距离处（105mm），射流方向最大应力值约为非射流方向最大应力值的 20.7 倍，同样表明射流对岩石的超强侵彻破坏能力。

3.2　数值模拟结果分析

图 9 给出了数值模拟得到的射流行程及运动示意图。

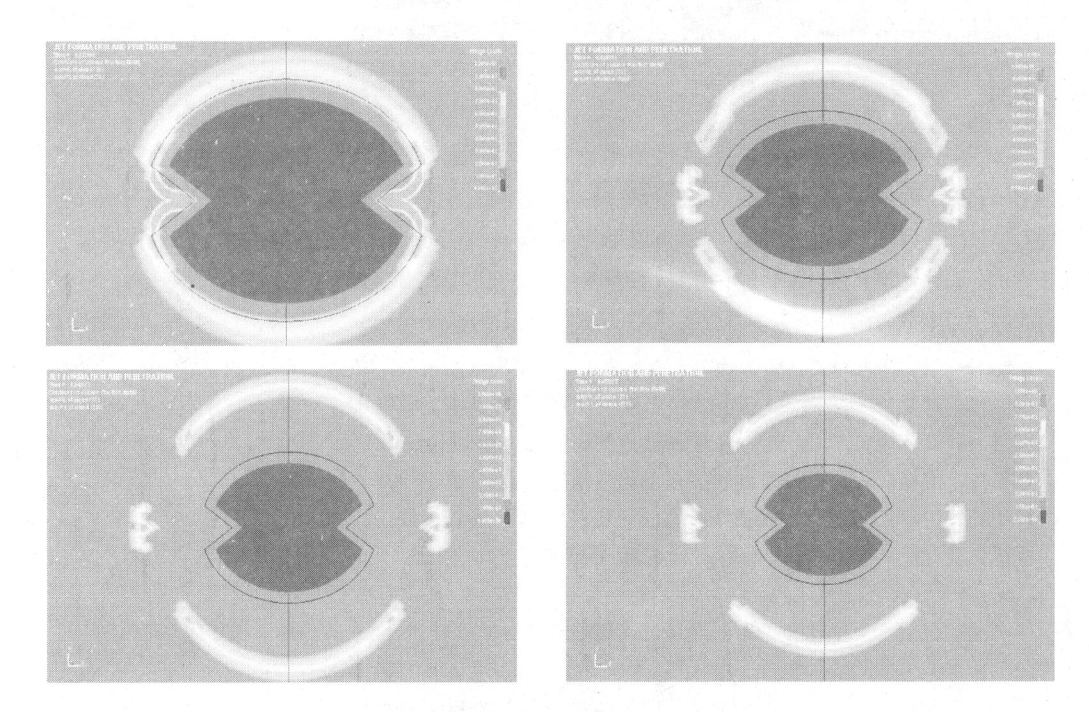

图 9　几个不同时刻聚能射流行程及运动示意图

从图 9 中可以看出在爆轰压力作用下的加速运动，在极短的时间内聚能槽产生巨大的变形，由于壳体收缩到直径较小的区域，使其厚度不断增加；随后压垮的壳体材料在轴线会聚碰撞，使得其内壁材料获得较大的轴向速度后被轴线挤出，形成射流。

图 10 分别给出了岩石中射流方向以及非射流方向应力峰值与位置曲线示意图。

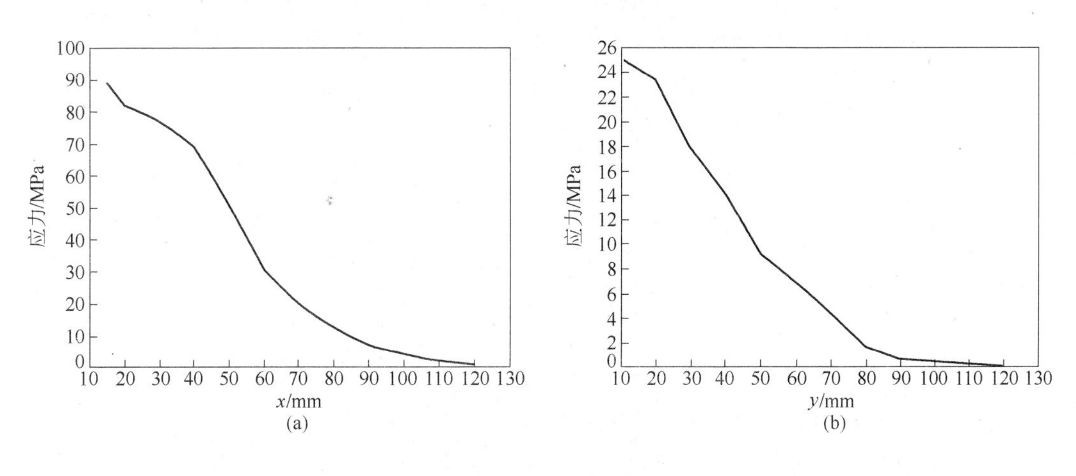

图 10　岩石中应力-位置曲线示意图

(a) 射流方向岩石应力-位置曲线；(b) 非射流方向岩石应力-位置曲线

图 10 中给出了从 $x=15$mm 到 $x=120$mm 各个应力峰值随 x 变化情况，从中可以看出随着应力波在岩石中的传播，应力值衰减较快。对比射流和非射流方向应力变化可以看出，射流造成岩石破坏较为明显。同时与试验结果给出的图 7、图 8 应力值比较，数值模

拟结果与试验结果较为吻合，说明与实际情况基本一致。

4　结论

本文基于椭圆双极线性聚能装药技术，对低爆速炸药对岩石毁伤破坏性能进行了数值模拟和试验分析，得到了聚能射流形成和运动过程，以及不同位置岩石应力的分布情况，数值模拟结果与试验研究基本一致，说明椭圆双极线性聚能药柱的预裂爆破效果明显，为该技术的应用与推广提供了理论和实验基础。

参 考 文 献

[1] 秦健飞．聚能预裂（光面）爆破技术[J]．工程爆破，2007，13：19～24.

[2] 秦健飞，秦如霞，李必红．双聚能槽药柱的研究与应用[J]．工程爆破，2009，3：74～78，87.

[3] 李彬峰，潘国斌．光面爆破和预裂爆破参数研究[J]．爆破，1998，2：14～18.

[4] 杨小林，王树仁．岩石爆破损伤断裂的细观机理[J]．爆破与冲击，2000，20(3)：247～252.

[5] 罗勇，沈兆武．聚能药包在岩石定向断裂爆破中的应用研究[J]．爆炸与冲击，2006，26(3)：250～255.

[6] 何满潮，曹伍富，单仁亮，王树理．双向聚能拉伸爆破新技术[J]．岩石力学与工程学报，2003，22(12)：2047～2051.

[7] 周瑶，李孝林，佟彦军，王泽山．双向聚能预裂爆破切割器的研制与应用[J]．火炸药学报，2006，29(3)：70～72.

[8] Luo Yong, Shen Zhaowu. Study on Orientation Fracture Blasting with Shaped Charge in Rock[J]. Journal of University of Science and Technology Beijing, 2006, 13(3): 1～6.

[9] Yong Lu. Modelling of concrete structures subjected to shock and blasting loading: An overview and some recent studies[J]. Structural engineering and mechanics, 2009, 32(2): 235～249.

[10] Zhengguo Tu, Yong Lu. Evaluation of typical concrete material models used in hydrocodes for high dynamic response simulations. International journal of impact engineering, 2009, 36: 132～146.

SPH-FEM 方法在聚能射流侵彻岩石靶板数值模拟中的应用

李 磊 沈兆武 马宏昊

（中国科学技术大学近代力学系，安徽合肥，230027）

摘 要：采用 LS-DYNA 大型动力非线性有限元程序，利用 SPH-FEM 方法对聚能射流侵彻岩石靶板进行了数值模拟，并给出侵彻过程的物理图像，分析了射流侵彻岩石的机理。数值模拟结果符合岩石破碎的物理规律，表明该方法适合模拟聚能射流侵彻岩石等多介质、大变形问题。

关键词：聚能射流；侵彻；岩石；SPH-FEM；数值模拟

Numerical Simulation of Shaped Charge Jet Perforating Rock by SPH-FEM Coupling Method

Li Lei Shen Zhaowu Ma Honghao

（Department of Modern Mechanics，University of Science and Technology of China，Anhui Hefei，230027）

Abstract：The perforating process of shaped charge jet into rock target was simulated with three dimensional commercial code LS-DYNA by SPH-FEM coupling method. The penetrating pattern was reproduced and the perforating process was discussed. The computational results are in good agreement with the actual physical principle. It shows that this method can deal well with the multi-material and large deformation problems，such as shaped jet perforating rock.

Keywords：shaped jet；perforating；rock；SPH-FEM；numerical simulation

1 引言

聚能爆破技术广泛应用于城市拆除爆破、矿山开采、桥梁建设等行业，例如聚能切割、水下岩石爆破、光面爆破、地下及井巷掘进爆破等。聚能射流破碎岩石过程的数值模拟对于岩石的破碎机理研究及爆破方案设计具有重要的意义。

Lagrange 有限元法具有计算效率高的优势，但在计算大变形、多介质问题时可能遇到网格发生大畸变和滑移面处理等一系列数值计算中的关键问题，最终导致计算精度降低甚至计算中断。Euler 方法不存在计算大畸变问题的困难，但是难以准确描述各类界面。光滑粒子法（SPH）是一种 Lagrange 无网格数值方法，它采用带质量、动量、能量的粒子构成离散计算域，不同材料的粒子自然地构成界面，材料间的相互作用可以由粒子间的相互作用来自然地模拟，材料的变形不依赖于网格而通过粒子的运动来描述，因此在理论上，SPH 方法能够“自然地”模拟爆炸加工、高速碰撞、断裂与破碎等物理现象。SPH 方法最早由 Lucy[1] 和 Gingold[2] 等人于 1977 年提出，并应用于天体物理学，后来被广泛地应用于力学研究的各个领域，Swegle[3] 首先用 SPH 方法模拟爆炸问题，Liu[4~6] 等应用 SPH 方法模拟了聚能装药的爆轰过程。

本文结合光滑粒子与有限元方法的优点，利用 LS-DYNA 有限元程序中的 SPH-FEM 耦合算法对射流侵彻岩石过程进行三维数值模拟，分析其侵彻机理以及岩石破碎的运动过程。

2 光滑粒子法（SPH）

光滑粒子法的理论来源于粒子方法，粒子方法是把连续的物理量用多数粒子的集合来插值的数值解析方法。在 SPH 方法中把连续体用有限数量的粒子运动来离散，所以各个力学物理量都由粒子承担。SPH 的主要思想是通过使用一个核函数对离散质点位置的核估计来计算梯度的相关项，因此不需要网格来求解偏微分的差分，而是将微分形式的守恒方程转化为积分方程形式，计算出在任意一点上的各个场变量的核估计。

函数 $f(x)$ 在空间某一点 x 上的核估计可以通过函数 $f(x)$ 在域 Ω 中的积分获得

$$\langle f(x)\rangle = \int_{\Omega} f(x)W(x-x',h)\,\mathrm{d}x' \tag{1}$$

式中，$W(x-x',h)$ 为核函数或权函数；x 为估计点的空间坐标；x' 为对估计点有贡献作用的空间点坐标；h 为紧支域的度量尺寸即光滑长度。

函数导数的核估计可通过将式（1）里的函数 $f(x)$ 视为导数 $\partial f(x)/\partial x$ 而求得。利用分部积分和核函数 W 在积分域 Ω 边界上为零的条件，可以得到函数导数的核估计为

$$\left\langle \frac{\partial f(x)}{\partial x}\right\rangle = \int_{\Omega} \frac{f(x')\,\partial W(x-x',h)}{\partial x}\mathrm{d}x' \tag{2}$$

由此可见光滑粒子法的基本思想之一是将函数导数的核估计转换成核函数的导数，核函数是预先设定的已知函数。

将解域 Ω 划分为 M 个子域粒子，每个子域粒子 j 的质量和密度分别为 $m_j = m(x_j)$，$\rho_j = \rho(x_j)$。设 $f(x)$ 在粒子 i、j 上的值分别为 $f_i = f(x_i)$，$f_j = f(x_j)$，则 $f(x)$ 及其导数在粒子 i 上的核估计式（1）和式（2）的离散式为

$$f_i = \sum_{j=1}^{M} f_j W_{ij} \frac{m_j}{\rho_j} \tag{3}$$

$$\frac{\mathrm{d}f_i}{\mathrm{d}x^{\alpha}} = \sum_{j=1}^{M} f_j \frac{\partial W_{ij}}{\partial x_j^{\alpha}} \frac{m_j}{\rho_j} \tag{4}$$

式中，W_{ij} 为离散核函数，$W_{ij} = W(x_j - x_i, h)$；积分微体元 $\mathrm{d}x' = m_j/\rho_j$；$\alpha$ 表示空间维序数；下标 j 为编号为 i 粒子的临近粒子编号。

考虑材料的弹塑性效应，全应力张量空间中的 SPH 插值公式可表示为[7,8]

$$\frac{\mathrm{d}\rho_i}{\mathrm{d}t} = m_i \sum_{j=1}^{M} u_{ij} \cdot \nabla_i W_{ij} \tag{5}$$

$$\frac{\mathrm{d}u_i^{\alpha}}{\mathrm{d}t} = -\sum_{j=1}^{M} m_j \left(\frac{\sigma_i^{\alpha x}}{\rho_i^2} + \frac{\sigma_j^{\alpha x}}{\rho_j^2} + \Pi_{ij} \right) \frac{\partial W_{ij}}{\partial x} \tag{6}$$

$$\frac{\mathrm{d}E_i}{\mathrm{d}t} = \sum_{j=1}^{M} (u_i^{\alpha} - u_j^{\alpha}) \left(\frac{\sigma_i^{\alpha\beta}}{\rho_i^2} + \frac{1}{2}\Pi_{ij} \right) \frac{\partial W_{ij}}{\partial x} + H_i \tag{7}$$

式中，u、σ 分别表示速度和应力，上标 x 表示方向，E 为比内能，Π 为人工黏性，H 为人工热流。

3　核函数

核函数是光滑粒子法中的重要组成部分，其形式多种多样，常用的核函数有 B-spline 核函数、Gauss 核函数、二次核函数及指数核函数等。核函数应该满足如下三个基本条件：

（1）归一化条件，即在域 Ω 内核函数的积分值 $\int_{\Omega} W(x - x', h)\mathrm{d}x' = 1$；

（2）W 是强尖峰函数（Peaked function），$\lim\limits_{h \to 0} W(x - x', h) = \delta(x - x')$；

（3）W 是关于 x 的对称偶函数，并且具有局域性，即只在其影响域（一般取 $|x - x'| = 2h$）内有非负值，影响域之外为零。

本次数值计算中采用的是 B-spline 核函数，其形式为[8]

$$W(z, h) = \frac{1}{N} \begin{cases} 1 - 1.5z^2 + 0.75z^3 & 0 \leqslant |z| < 1 \\ 0.25(2 - z)^3 & 1 \leqslant |z| \leqslant 2 \\ 0 & |z| > 2 \end{cases}$$

式中，$z = |x_i - x_j| / h_{ij}$，$h_{ij} = 0.5(h_i + h_j)$ 为光滑长度，$N = 1.5$，$0.7\pi h_{ij}^2$，πh_{ij}^3，分别对应一维、二维和三维问题。

对于光滑长度 h 的时间积分格式采用[9]

$$\frac{\mathrm{d}}{\mathrm{d}t}(h(t)) = \frac{1}{d} h(t) (\mathrm{div}(u))^{1/3} \tag{8}$$

式中，d 表示空间维度；u 为粒子速度。

4　数值模拟及分析

4.1　计算模型

首先，利用 ANSYS 有限元软件建立射流侵彻岩石的三维模型并全部划分为 Lagrange 单元网格，根据对称性只建立四分之一模型。其次，生成 PART 以及最终求解文件（K 文件）。然后，修改 K 文件：删除炸药与药型罩的 Lagrange 单元信息，保留岩石的 Lagrange 单元信息。添加炸药与药型罩的 SPH 质点及相关属性设置信息，如图 1 为修改 K 文件之后得到的计算模型，其中炸药与药型罩为 SPH 质点，岩石靶板为 Lagrange 单元。最后，利用 LS_DYNA 971 求解器求解修改后的 K 文件。然而，采用这种方式建立炸药与药型罩的 SPH 模型时需要注意实际长度和建模长度的区别[10]。

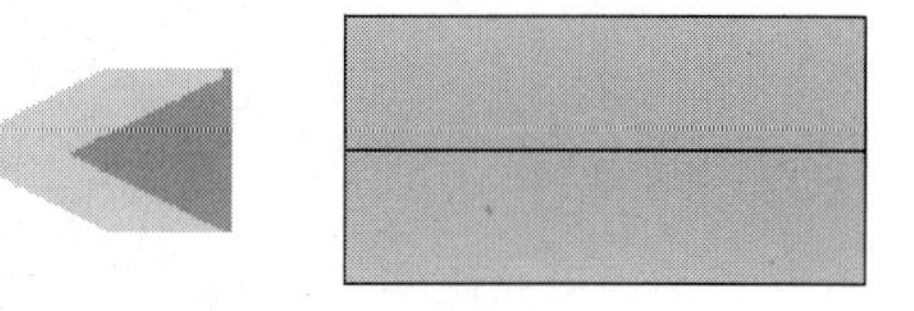

图 1　三维计算模型

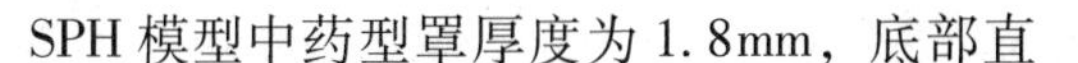

SPH 模型中药型罩厚度为 1.8mm，底部直

径为50mm，顶角为53°，材料为紫铜。炸药为黑索今，药型罩顶端上部的炸药厚度为35mm。岩石靶板为直径80mm、高18cm的圆柱体。

炸药采用顶点起爆方式。四分之一模型中炸药配置了57002个粒子，药型罩配置了14622个粒子。粒子间距为0.036～0.08cm，初始光滑长度为1.2倍最大粒子间距。最小、最大光滑长度分别为0.2、2倍初始光滑长度。采用归一化粒子近似理论，每个粒子初始相邻粒子数设为1200，时间步长比例系数为0.4。数值计算中采用的材料及状态方程的具体参数见表1～表3。

表1 炸药的材料与状态方程参数

密度 ρ /g·cm^{-3}	爆速 D /km·s^{-1}	C-J爆压 P /GPa	A/GPa	B/GPa	R_1	R_2	ω	比内能 E /J·m^{-3}
1.60	7.74	2.8×10^{-6}	1140	24	5.7	1.65	0.34	0.56×10^{10}

表2 药型罩材料和状态方程参数

材料参数	密度 ρ /g·cm^{-3}	剪切模量 G_0 /GPa	A	B	N	C	M	融化温度 /K	室温 /K	极限应变率
	8.93	47.7	9.0E-4	2.92E-3	0.31	0.025	1.09	1360	293	1×10^{-4}
状态方程参数	C	S_1	S_2	S_3	γ_0	a	初始内能 /J	初始相对体积		
	0.394	1.49	0	0	2.02	0.47	0	1		

注：A、B、N、C 和 M 为药型罩本构方程中的系数[12]。

表3 岩石材料参数

密度 ρ /g·cm^{-3}	杨氏模量 E /GPa	泊松比	屈服应力 /GPa	切线模量 /GPa	硬化参数	失效应变
2.50	55	0.27	1.17E-01	2	0.5	0.1

炸药采用MAT_HIGH_EXPLOSIVE_BURN高能燃烧模型，状态方程为JWL[9,10]：

$$p = A\left(1 - \frac{\omega}{R_2 V}\right)e^{-R_1 V} + B\left(1 - \frac{\omega}{R_2 V}\right)e^{-R_2 V} + \frac{\omega E}{V} \tag{9}$$

式中，p 为爆轰压力；E 为单位体积的内能；V 为比容；A、B、R_1、R_2、ω 为状态方程参数。

药型罩采用MAT_JOHNSON_COOK材料模型，状态方程为Mie-Grüneisen[9,10]：

$$p = \frac{\rho_0 C^2 \mu\left[1 + \left(1 - \frac{\gamma_0}{2}\right)\mu - \frac{a}{2}\mu^2\right]}{\left[1 - (S_1 - 1)\mu - S_2\frac{\mu^2}{\mu + 1} - S_3\frac{\mu^3}{(\mu + 1)^2}\right]^2} + (\gamma_0 + a\mu)E \tag{10}$$

式中，C 是以质点速度 v_p 为自变量，冲击波速度 v_s 为因变量所形成曲线的截距；S_1、S_2、S_3 是 v_s-v_p 曲线斜率的相关因数；γ_0 是Grüneisen因数；a 是对Grüneisen因数的一阶体积修正；E 为材料单位体积内能；体积变化率 $\mu = \frac{\rho}{\rho_0} - 1$；$\rho$、$\rho_0$ 分别为材料密度、材料初始密度。

4.2 数值模拟结果与分析

炸药起爆后形成的球形爆轰波首先到达药型罩的顶端（如图 2（a）所示），爆轰波前沿冲击波驱使药型罩向轴线方向闭合，并在轴线处产生高压、高温、高密度、高速射流以及压力、温度、密度、速度相对较低的杵体（如图 2（b）所示）。由于射流头部速度高达 4600m/s，射流在运动过程未来得及拉伸、颈缩与断裂就开始接触岩石靶板（如图 2（c）所示）。射流触靶后在靶板处形成高压、高温、高应变率状态，如图 2（d）所示为射流侵彻岩石靶板处局部等效应力示意图，因为岩石的脆性较大，在达到失效应变为 0.1 时开始破坏，岩石材料在稀疏波作用下发生崩裂，岩石碎片和射流残渣飞溅（如图 2（e）所示）。图 2（f）为 $t=55\mu s$ 时刻的侵彻等效应力图。从数值模拟结果可以看出，在射流侵彻岩石靶板过程中，由于有限元本身算法的特点，即为了保证运算的继续稳定进行，将失效的 Lagrange 网格单元删除，而 SPH 作为无网格的 Lagrange 方法，避免了计算中网格过大变形的产生以及侵蚀算法中没有物理意义的对失效单元的删除。

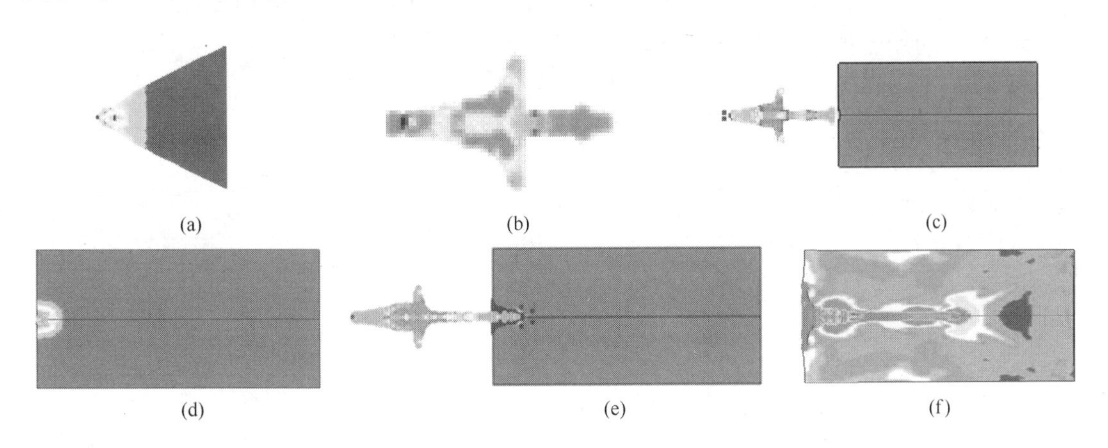

图 2 数值模拟侵彻过程图像

（a）$t=6\mu s$；（b）$t=20\mu s$；（c）$t=24\mu s$；（d）$t=24\mu s$；（e）$t=32\mu s$；（f）$t=55\mu s$

5 结论

射流侵彻岩石过程属于多介质、大变形问题，采用纯网格方法对其进行数值计算时，不可避免的会出现网格扭曲和缠绕等问题。本文采用大型动力有限元程序 LS-DYNA 中的 SPH-FEM 耦合算法，利用 Lagrange 有限元算法的计算效率高与光滑粒子法数值计算稳定的优点，避免了传统有限元算法中删除失效单元带来的计算误差，同时与纯光滑粒子方法相比又提高了计算效率。因此是值得提倡的一种算法。数值模拟结果与实际物理规律比较相符，说明该方法可以有效地模拟此类多介质、大变形问题，为射流侵彻岩石的破碎机理研究提供新的研究方法，为设计相关爆破方案提供参考。

参 考 文 献

[1] Lucy L B. A numerical approach to the testing of the fission hypothesis [J]. The Astron. J, 1977, 5: 45 ~ 58.

[2] Gingold R A, Monaghan J J. Smoothed particle hydrodynamics: theory and applications to non-spherical stars [J]. Mon. Not. Roy. Astrou. Soc, 1977, 18: 375 ~ 389.

[3] Swegle J W, Attaway S W. On the feasibility of using smoothed particle hydrodynamics for underwater explosion calculations [J]. Computational Mechanics, 1995, 17: 151 ~ 168.

[4] M. B. Liu, G. R. Liu, Z. Zone, et al. Computer simulation of high explosive explosion using smoothed particle hydrodynamics methodology [J]. Computers & Fluids, 2003, 32: 305 ~ 322.

[5] M. B. Liu, G. R. Liu, K. Y. Lam, et al. Meshfree particle simulation of the detonation process for high explosives in shaped charge unlined cavity configurations[J]. Shock Waves, 2003, 12: 509 ~ 520.

[6] Liu G R, Liu M B. A mesh free particle method [M]. Singapore: World Scientific, 2003.

[7] Libersky L D, Petschek A G. High strain Lagrangian hydrodynamics[J]. Journal of Computational Physics, 1993, 109: 67 ~ 71.

[8] Petschek A G, Libersky L D. Cylindrical smoothed particle hydrodynamics[J]. Journal of Computational Physics, 1993, 109: 76 ~ 80.

[9] LIVERMORE SOFTWARE TECHNOLOGY CORPORATION. LS-DYNA KEYWORD USER'S MANNUAL [M]. Livermore: 2007.

[10] 李裕春，时党勇，赵远. ANSYS11. 0/LS-DYNA 基础理论与工程实践[M]. 1 版. 北京：中国水利水电出版社，2008.

E-mail: lilei46@mail. ustc. edu. cn

冷激波灭火卷及其卷吸现象研究

蒋耀港　沈兆武　龚志刚

（中国科学技术大学近代力学系，安徽合肥，230027）

摘　要：通过高速摄影拍摄冷激波灭火弹灭火过程发现，灭火介质进入火场后，火焰团被反向卷吸进入灭火介质内部。为此，本文采用固液两相流理论建立灭火介质抛洒模型，对灭火介质爆炸抛洒后固体颗粒和气体的相互运动规律进行了研究，发现卷吸现象的物理机理是由于气固两项流相互作用所致；通过纹影实验拍摄粉系介质的抛洒运动规律也验证了气固两相流的相互作用是导致卷吸现象发生的本质原因。

关键词：爆炸抛洒；冷激波灭火弹；运动规律；两相流理论

Study of Cold Shock-Wave Extinguishing Engulfment and Its Phenomenon

Jiang Yaogang　Shen Zhaowu　Gong Zhigang

(Department of Modern Mechanics, University of Science and Technology of China, Anhui Hefei, 230027)

Abstract: Through high-speed camera observation, an interesting phenomenon was found that the external flame was engulfed into the powder field after which was dispersed by explosion. The powder dispersion model was built by adopting the two phase flow theory, the granular and gas movement law was studied based the model after explosion dispersion, resulting in physics mechanism of the phenomenon of engulfment which is due to interaction between granular and gas. The physics mechanism of the phenomenon of engulfment owing to interaction between granular and gas was verified by Schlieren experiment through photographing the motion law of two phases.

Keywords: explosion dispersion; cold shock-wave extinguishing bomb; movement laws; two phase flow theory

1　引言

针对特殊环境火灾（森林、草原、高楼火灾），各种灭火方法应运而生，如激波灭火方法。激波灭火方法的研究始于20世纪90年代初，俄罗斯托木斯克国立大学的Grishin A M等人从实验、理论模拟、实际观察等方面对激波与森林林冠火相互作用做了部分探索工作[1]；90年代末国防科技大学常熹钰等人通过实验与数值模拟发现激波可以扑灭林冠火[2]。尽管激波能够扑灭林冠火焰，但是激波本身附带危害较大，如冲击波、易复燃（高温）等，使得其应用范围受限；2006年中国科学技术大学沈兆武等人提出冷激波灭火的思想[3~5]，该想法既保留了激波灭火速度快等优点，又降低了激波的危害（弱激波、无复燃），从而使得激波灭火的思想能够运用到更广泛的范围。现有冷激波灭火弹的研究根据抛洒阶段的不同主要分为两个部分，第一部分主要研究灭火弹破碎前应力波在灭火介质内传播及灭火介质的响应，第二部分主要是研究弹体破碎后灭火介质进入大气的抛洒过程。本文的研究属于第二部分，主要研究灭火介质进入大气后气固两项介质的运动规律及引发的现象。

2　卷吸现象

根据文献［5］分析可知，当冷激波灭火弹起爆 9ms 后，上层火焰面开始出现被卷吸进入灭火介质的现象，当灭火介质到达火焰边缘后，边缘火焰也出现被卷吸进入火场的现象，这种现象直至整个明火火焰熄灭。冷激波灭火弹扑灭明火的过程如图 1 所示。

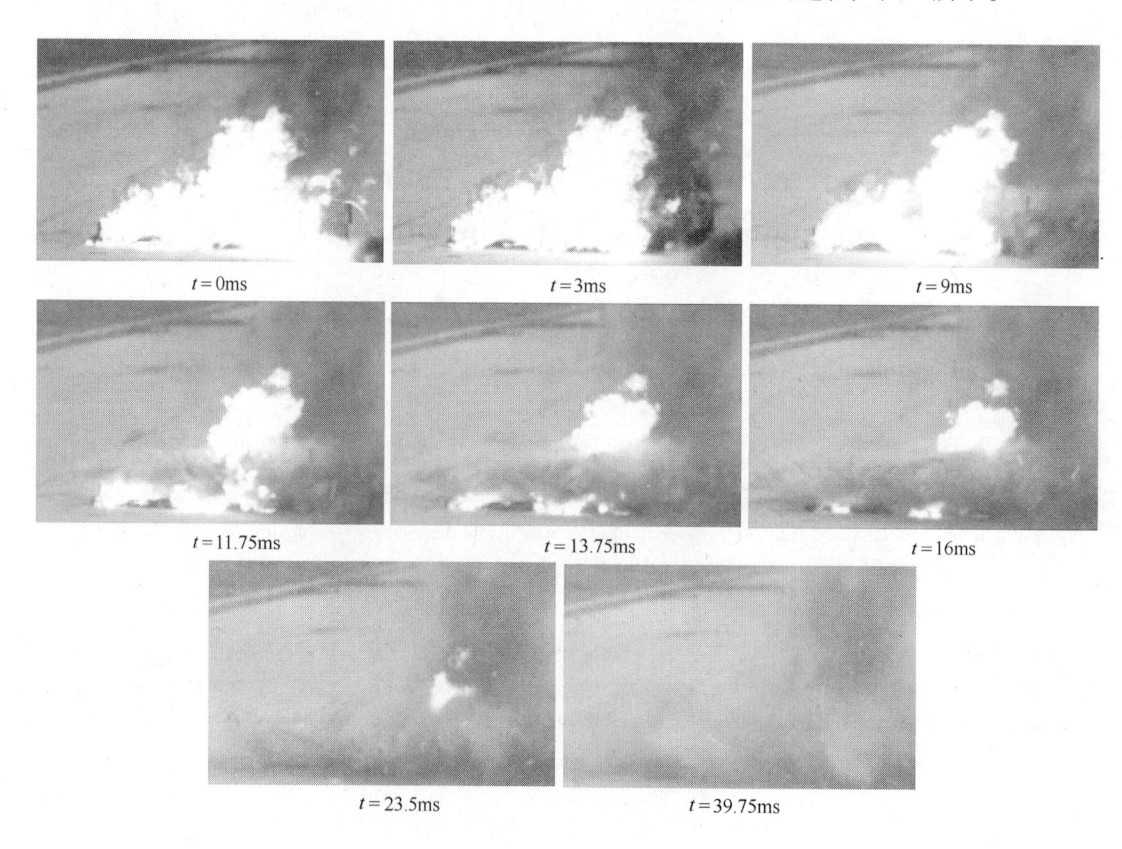

图 1　冷激波灭火系统灭火过程

3　两相流模型[6]

为了分析卷吸现象的物理机理，我们采用气固两相流模型对冷激波灭火弹的爆炸抛洒过程进行建模，采用 Euler-Euler 方法对其进行数值模拟。为了简化说明，做如下假设：(1) 仅考虑冷激波灭火弹的抛洒过程，不考虑与火焰的作用过程；(2) 固相和气相都是惰性相；(3) 固相为统一的刚性球形颗粒，颗粒直径 $d=1\times10^{-6}$m；(4) 气相属于理想气体；（5）混合物以一个初始速度 v_0 在气相中抛洒。两相流控制方程如下[7,8]：

气相：

连续方程

$$\frac{\partial \varepsilon_g \rho_g}{\partial \tau} + \frac{\partial(\varepsilon_g \rho_g v_{gj})}{\partial x_j} = 0 \tag{1}$$

动量方程

$$\frac{\partial(\varepsilon_g \rho_g u_{gi})}{\partial \tau} + \frac{\partial(\varepsilon_g \rho_g u_{gi} u_{gj})}{\partial x_j} = -\frac{\partial p}{\partial x_i} + k_{sg}(u_{si} - u_{gi}) + \varepsilon_g \rho_g g_i + \frac{\partial \tau_{ij}}{\partial x_j} \tag{2}$$

黏性力

$$\overline{\tau_{ij}} = \mu_s \left\{ \left[\frac{\partial u_{si}}{\partial x_j} + \frac{\partial u_{sj}}{\partial x_i} \right] - \frac{2}{3} \left(\frac{\partial u_{si}}{\partial x_i} \right) \right\} \tag{3}$$

理想气体状态方程

$$p = \rho_g R T_g \tag{4}$$

式中，ε_g，ρ_g，u_{gi}，μ_s，p，τ_{ij} 分别表示气相体积分数、密度、速度、黏性、压力和黏性力，k_{sg}表示气固相间相互作用的曳力系数。

当 $\varepsilon_g < 0.8$（基于 Ergun 方程）

$$k_{sg} = 150 \frac{\varepsilon_s^2 u_g}{\varepsilon_g^2 d_s^2} + 1.75 \frac{\rho_g \varepsilon_s}{\varepsilon_g d_s} \left| \overline{v_g} - \overline{v_s} \right| \tag{5}$$

当 $\varepsilon_g > 0.8$（基于 Wen and Yu 模型）

$$k_{sg} = \frac{3 C_d \varepsilon_g \varepsilon_s \rho_g \left| \overline{v_g} - \overline{v_s} \right|}{4 d_s} \varepsilon_g^{-2.65} \tag{6}$$

$$C_d = 24(1 + 0.15 Re^{0.687}) / Re \qquad (Re < 1000)$$

$$C_d = 0.44 \qquad (Re > 1000) \tag{7}$$

式中，Re 表示雷诺数，$Re = \rho_g d_s \left| \overline{v_g} - \overline{v_s} \right| / \mu_g$。

固体相：

连续方程

$$\frac{\partial \varepsilon_s \rho_s}{\partial \tau} + \frac{\partial(\varepsilon_s \rho_s u_{sj})}{\partial x_j} = 0 \tag{8}$$

动量方程

$$\frac{\partial(\varepsilon_s \rho_s u_{si})}{\partial \tau} + \frac{\partial(\varepsilon_s \rho_s u_{si} u_{sj})}{\partial x_j} = -k_{sg}(u_{si} - u_{gi}) + \varepsilon_s \rho_s g_i + \frac{\partial \overline{\tau_s}}{\partial x_i} + \frac{\partial p_s}{\partial x_i} \tag{9}$$

固体黏性力方程

$$\overline{\tau_s} = \lambda_s \frac{\partial u_{si}}{\partial x_i} + \mu_s \left\{ \left[\frac{\partial u_{si}}{\mathrm{d} x_j} + \frac{\partial u_{sj}}{\partial x_i} \right] - \frac{2}{3} \left(\frac{\partial u_{si}}{\partial x_i} \right) \right\} \tag{10}$$

式中，μ_s，λ_s，ε_s，ρ_s，u_{si}，$\overline{\tau_s}$ 分别表示颗粒剪切黏性、体积黏性、体积分数、密度、速度、黏性力，p_s 表示由于颗粒碰撞导致的压力。

颗粒剪切黏性如下：

$$\mu_s = \frac{4}{5}\varepsilon_s\rho_s d_s g_{0,ss}(1+e_{ss})(\theta_s/\pi)^{1/2} + \frac{10\rho_s d_s\sqrt{\pi\theta_s}}{96\varepsilon_s(1+e_{ss})g_{0,ss}}\left[1+\frac{4}{5}g_{0,ss}\varepsilon_s(1+e_{ss})\right]^2 \tag{11}$$

颗粒体积黏性如下所示：

$$\lambda_s = \frac{4}{3}\varepsilon_s^2\rho_s d_s g_{0,ss}(1+e_{ss})\sqrt{\theta_s/\pi} \tag{12}$$

固体相压力计算是基于颗粒流的运动理论：

$$p_s = \varepsilon_s\rho_s\theta_s + 2\rho_s(1+e_{ss})\varepsilon_s^2 g_{0,ss}\theta_s \tag{13}$$

式中，e_{ss}表示碰撞恢复系数，取0.9；$g_{0,ss}$，θ_s 分别表示颗粒浓度分布函数和颗粒温度。

分布函数：

$$g_{0,ss} = [1-(\varepsilon_s/\varepsilon_{s,max})^{1/3}]^{-1} \tag{14}$$

式中，$\varepsilon_{s,max}$表示最大颗粒浓度，取0.523。

颗粒温度与脉动能成比例：

$$\theta_s = \frac{1}{3}v'^2 \tag{15}$$

颗粒温度守恒方程：

$$\frac{3}{2}\left[\frac{\partial}{\partial\tau}(\rho_s\varepsilon_s\theta_s) + \nabla\cdot(\varepsilon_s\rho_s\theta_s)\overline{v_s}\right] = (-p_s\bar{I}+\tau_s):\nabla\overline{v_s} + \nabla\cdot(K_s\nabla\theta_s) - \gamma_s + \phi_{gs} + D_{gs} \tag{16}$$

式中，K_s 是固体热传导系数，γ_s 是湍能耗散，ϕ_{gs}是气固相湍能交换，D_{gs}表示从气相脉动到颗粒相脉动的能力耗散。

$$\gamma_s = 12(1-e_{ss}^2)g_{0,ss}\rho_s\varepsilon_s^2\theta_s^{3/2}/(d_s\sqrt{\pi}) \tag{17}$$

$$\phi_{gs} = -3k_{sg}\theta_s \tag{18}$$

$$D_{gs} = \frac{d_s\rho_s}{4\sqrt{\pi\theta_s}}\left(\frac{18\mu_g}{d_s^2\rho_s}\right)^2|\overline{v_g}-\overline{v_s}|^2 \tag{19}$$

辅助方程：

$$\varepsilon_s + \varepsilon_g = 1 \tag{20}$$

由于我们主要研究卷吸现象的物理机理，而不是整个灭火弹的实际抛洒过程，因此根据文献［7］，我们可以设置气固混合物初始速度为70m/s，初始表压0，大气压力为0，大气速度为0。气体速度矢量如图2所示。

由模拟结果可知，卷吸过程伴随着整个抛洒过程，由于气固两相间存在速度差，使得气固间存在曳力作用，曳力作用迫使气流跟随固体颗粒一起运动，从而在抛洒区域内形成气体环流，环流中心处于颗粒粉团的上下方，环流的形成促使空气被卷吸进入混合物内部，即卷吸现象发生，因此气固两项间的曳力作用是气体被卷吸的动力源。

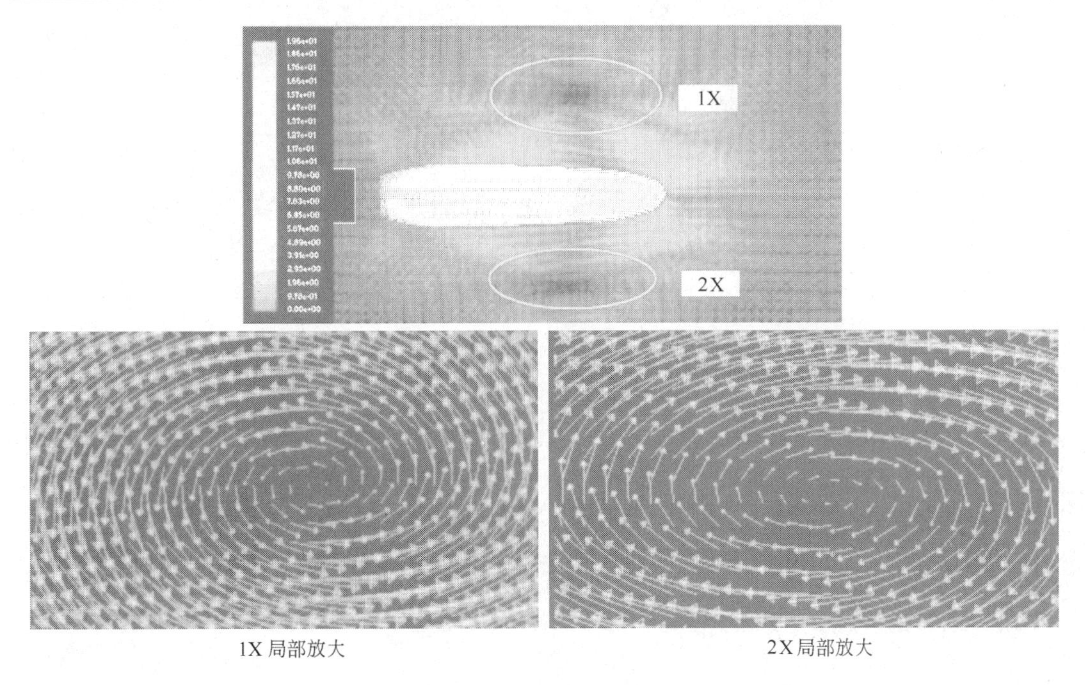

图 2　气体速度矢量图

4　纹影实验

为了验证冷激波灭火弹粉系介质抛洒过程气固两项流的相互作用及其各自运动规律，我们采用高速纹影系统拍摄粉体介质高速进入空气后的运动过程，高速纹影实验装置如图 3 所示。

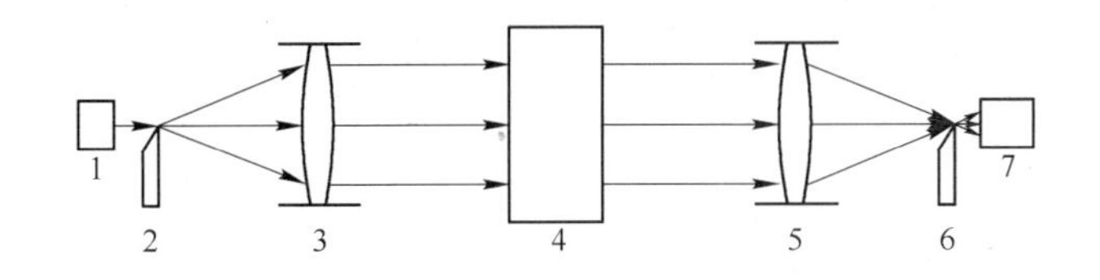

图 3　高速纹影实验装置示意图

1—光源；2—刀口 1；3—光学玻璃 1；4—试验箱体；5—光学玻璃 2；6—刀口 2；7—高速摄影

为了实现灭火粉体高速进入大气，我们设计了如图 4 所示喷射装置。

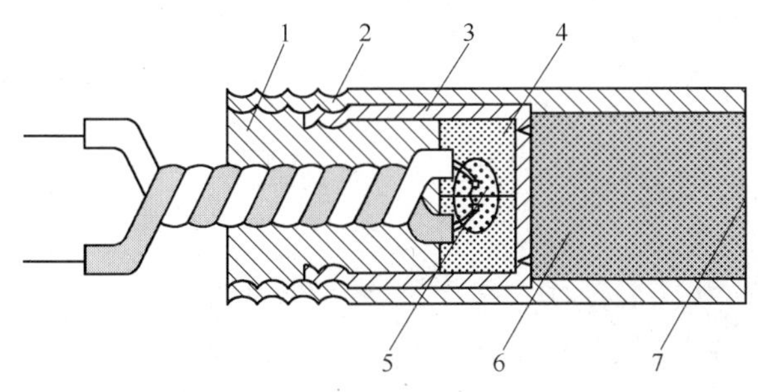

图 4　灭火粉体喷射装置示意图

1—卡口塞；2—管壳；3—内帽；4—造粒黑索今；5—点火药头；6—灭火粉体；7—密封薄膜

点火后，造粒黑索今爆燃，产生高温、高压气体推动飞片向前运动，飞片又推动管内前方的灭火粉体冲破薄膜，高速进入大气。灭火粉体喷射过程如图 5 所示。

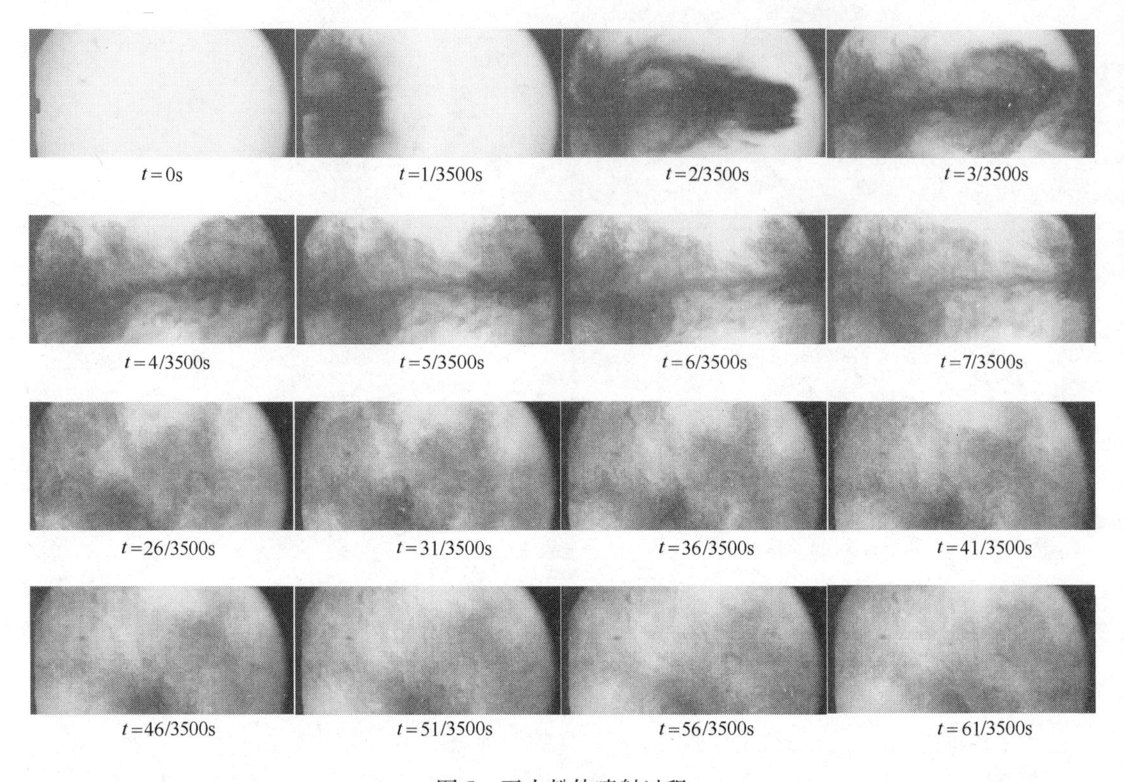

图 5　灭火粉体喷射过程

从图 5 可以看出，灭火粉体高速进入大气后，由于颗粒与气体间存在速度差，即存在曳力作用，使得空气跟随颗粒一起运动，从而在喷射区域内形成环流，环流迫使外围空气被卷吸进入粉团的内部；卷吸现象的强烈程度不仅与气固两相速度差有关，还与颗粒浓度有关；卷吸过程伴随整个抛洒过程，只是在这个过程中有强有弱。

5　总结

根据以上理论分析和纹影实验，我们分析了冷激波灭火弹抛洒后气固两相流的运动规律，从中总结出下列结论：

（1）通过两相流理论分析发现卷吸现象的物理本质是气固两项间的速度差导致的曳力作用。

（2）通过实验发现卷吸现象不仅与气固两项间的速度差有关，还与固体浓度分布有关。

（3）通过理论分析和实验证明，冷激波灭火弹的卷吸现象不仅仅出现在明火扑灭阶段，而是存在于整个抛洒阶段，明火扑灭后，卷吸现象的发生会带入大量的冷空气，使得火场温度急剧下降，从而加快了灭火速度，因此卷吸现象的发生有利于提高冷激波灭火弹的灭火效果。

参 考 文 献

[1] Grishin A M, Kovalev Y U M. Experimental study of the effect of explosions of solid explosives on the front of crown forest fire[J]. Soviet Physics-Dokalady, 1989, 34: 878 ~ 881.

[2] 张艳，任兵，常熹钰等．激波诱导可燃气爆燃[J]．国防科技大学出版社，2001，23(2)：33 ~ 37.

[3] 蒋耀港，沈兆武，马宏昊．冷激波灭火弹的灭火机理及应用研究[J]．火灾科学，2007，16(4)：226 ~ 231.

[4] 蒋耀港，沈兆武，马宏昊，等．冷激波灭火系统扑灭明火现象的机理研究[J]．安全与环境学报，2009，9(5)，154 ~ 157.

[5] 蒋耀港，沈兆武．比药量对冷激波灭火弹灭火效果的影响[C]//刘殿书．中国爆破工程新技术Ⅱ．北京：冶金工业出版社，2008：875 ~ 880.

[6] Dimitri Gidaspow. Multiphase Flow and Fluidization: continuum and kinetic theory descriptions[M]. Academic Press, Harcourt Brace & Company, Publishers, USA.

[7] Veeraya Jiradilok, Dimitri Gidaspow, Jalesh Kalra, et al. Explosive dissemination and flow of nanoparticles [J]. POWDER TECHNOLOGY, 2006, 166: 33 ~ 49.

[8] Lu Huilin, Dimitri Gidaspow, Jacques Bouillard, et al. Hydrodynamic simulation of gas-solid flow in a riser using kinetic theory of granular flow[J]. Chemical Engineering Journal, 2003, 95: 1 ~ 13.

基于未确知测度的爆破质量综合评价模型

陶铁军[1,2]　宋锦泉[1]

(1. 广东宏大爆破股份有限公司，广东广州，510623；
2. 北京科技大学土木与环境工程学院，北京，100083)

摘　要：本文结合当前工程爆破的实际情况，建立了一套完备的爆破质量综合评价的二级指标体系；引入未确知测度模型对工程爆破质量进行综合评价，在各评价指标权重和识别准则的确定上。分别采用了信息熵和置信度识别准则，为工程爆破质量的综合评价提供了一种定性、定量相合的方法，对爆破工程管理与施工质量的提高具有一定的指导意义。
关键词：爆破质量；安全评价；未确知测度；指标权重

A Model Based on Uncertain Measure for Comprehensive Evaluations of the Quality of Blasting

Tao Tiejun[1,2]　Song Jinquan[1]

(1. Guangdong Handar Blasting Engineering Co., Ltd., Guangdong Guangzhou, 510623;
2. Civil & Environment Engineering School, University of Science and Technology, Beijing, 100083)

Abstract: In combination with the actuality of the current engineering blasting, established in this paper is a complete, second-class index system for comprehensive evaluations of the quality of blasting. A model of uncertain measure is introduced to conduct an all-round evaluation of the quality of engineering blasting. In determination of the criterion for the weight and discrimination of each evaluation index, it adopts a discrimination criterion respectively for information entropy and confidence, providing both a quantitative and qualitative method for a comprehensive evaluation of the quality of engineering blasting. This is of some significance to the management of blasting engineering and improvement of construction quality.
Keywords: quality of blasting; safety evaluation; uncertain measure; index weight

1　引言

工程爆破的迅猛发展，使得人们对爆破质量的要求越来越高。爆破质量的优劣，不仅直接影响爆后岩石的铲装、运输、粉碎等，而且直接关系到爆破现场周围人员生命及财产安全。因此，改善爆破质量，对提高矿山的安全生产能力，增加企业的经济效益具有重要的意义。开展爆破质量的综合评价，正是为了定量的确定爆破质量的好坏，为改进爆破设计、降低爆破成本、实现工程爆破的安全生产服务。在现有的对爆破质量综合评价的方法中，应用较多是模糊层次分析法[1,2]、灰色关联分析法[3]。但模糊层次分析法及灰色关联度分析法中，关于可信度的设计及合成可信度的推理算法存在诸多不足，运算中存在信息丢失模型权重分配和确定存在主观误判性等缺陷。为此，本文提出了利用未确知测度模型对爆破质量进行综合评价的方法。

2 评价指标体系的建立

爆破质量评价指标体系的建立应立足工程爆破行业的实际情况，结合爆区周围环境[4]，运用系统工程的理论和方法建立一套结构完整、内容齐备、使用方便的爆破质量评价指标体系，为爆破工程的安全、可靠、经济实施提供依据[5]。就当前工程爆破的发展趋势而言，本文全面系统地考虑了影响爆破质量的评价要素，以安全性、可靠性、经济性作为一级指标，以钻孔成本、起爆器材成本、炸药单耗、松散系数等 20 个因素作为二级指标，建立了爆破质量综合评价指标体系，如图 1 所示。

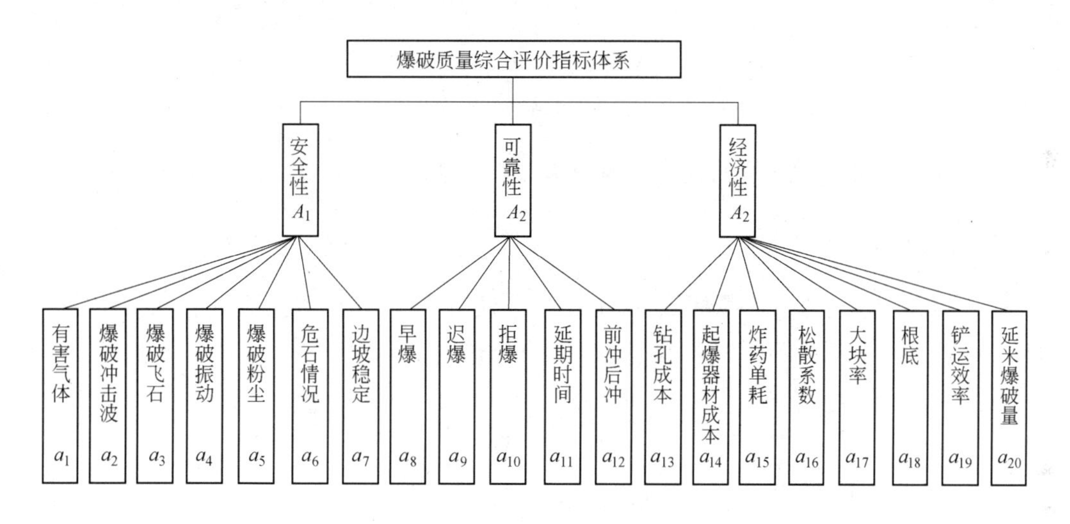

图 1 爆破质量综合评价指标体系

3 未确知测度模型

设 a_1，a_2，…，a_i 表示 n 个待评价的爆破质量测评因素，记 $A = \{a_1, a_2, \cdots, a_i\}$，称之为论域；每个单因素评价指标 a_i 有 j 个评价等级 b_1，b_2，…，b_j，记为 $B = \{b_1, b_2, \cdots, b_j\}$。用 a_{ij} 表示评价对象的单因素 a_i 在第 j 个评价等级 b_j 的观测值。

3.1 单指标未确知测度

单因素评价指标 a_i 处于第 j 个评语等级的程度记为 a_{ij}，本文采用专家打分法，规定每个评价因素的所有评语等级的程度的分值总和为 100 分，由专家将 0 ~ 100 分别打给每个评价因素 a_i 的每个评语等级 b_j，使 $\sum_{j=1}^{j} a_{ij} = 100$。用 $u_{ij} = a_{ij}/100$ 表示观测值 a_{ij} 使 a_i 处于 b_j 评语等级的未确知测度。u_{ij} 是对“程度”的测量结果，是一种可能性测度，作为测量结果的这种可能性测度必须满足“非负有界性、可加性、归一性”三条测量准则[6]。由此可得到评价对象的单指标测度评价矩阵。

$$\boldsymbol{u}_{ij} = \begin{pmatrix} u_{11} & u_{12} & \cdots & u_{1j} \\ u_{21} & u_{22} & \cdots & u_{2j} \\ \vdots & \vdots & \cdots & \vdots \\ u_{i1} & u_{i2} & \cdots & u_{ij} \end{pmatrix} \quad (i = 1,2,\cdots,n) \tag{1}$$

3.2　指标权重的确定

对于观测值有关的不确定性的描述，应该是对不确定性数量上的度量，是观测值分布的泛函，这就是熵[7]。熵（ent ropy）是简单巨系统的一基本概念。最早是在热力学中由克劳修斯提出用来描述系统的状态，而后其被引入到多个领域。对于离散型随机变量，其信息熵为 $S = -k\sum_{i=1}^{k} P_i \ln P_i$ 。其中，$P_i \geqslant 0$ 其中，$\sum_{i=1}^{n} P_i = 1$ 。熵具对称性、非负性、可加性、极值性等特点[8]。设自然状态空间 $\boldsymbol{X} = (x_1, x_2, \cdots, x_n)$ 是不可控制的因素，其中 x_i 为实际发生的状态。设 $\boldsymbol{X}$ 中各状态发生的先验概率分布为 $p(x) = \{p(x_1), p(x_2), \cdots, p(x_n)\}$ 。该状态的不确定程度定义为熵函数：$H(x) = -\sum_{i=1}^{n} p(x_i)\ln p(x_i)$ ，式中 $0 \leqslant p(x_i) \leqslant 1, \sum_{i=1}^{n} p(x_i) = 1$ 。

爆破质量评价对象关于指标 a_i 的观测值 x_{ij} 使对象处于各个评语等级 b_i 的未确知测度为 $u_{i1}, u_{i2}, \cdots, u_{ij}$ 。将未知测度 u_{ij} 的视为 $H(x)$ 中的 p_i ，则有

$$H(u) = -\sum_{j=1}^{j} u_{ij} \ln u_{ij} \tag{2}$$

令 $V_i = 1 - \frac{1}{\lg j} H(u) = 1 + \frac{1}{\lg j}\sum_{j=1}^{j} u_{ij} \cdot \lg u_{ij}, w_i = \frac{V_i}{\sum_{i=1}^{i} V_i}$　　(3)

$w_i (0 \leqslant w_i \leqslant 1, 且 \sum_{i=1}^{i} w_i = 1)$ 即为爆破质量评价对象关于评价指标 a_i 的权重。

3.3　综合评价系统

若关于评价对象的单指标测度评价矩阵（1）已知，则关于评价对象的各指标分类权重可有公式（3）求得。令

$$\boldsymbol{u}_i = \boldsymbol{W}_i \cdot \boldsymbol{u}_{ij} = (w_1, w_2, \cdots, w_i)\begin{bmatrix} u_{11} & u_{12} & \cdots & u_{1j} \\ u_{21} & u_{22} & \cdots & u_{2j} \\ \vdots & \vdots & \cdots & \vdots \\ u_{i1} & u_{i2} & \cdots & u_{ij} \end{bmatrix}, \boldsymbol{u}_i = (u_1, u_2, \cdots, u_i) \tag{4}$$

则 $\boldsymbol{u}_i$ 为爆破质量评价对象的综合评价向量，描述了不确定性分类。为了得到确定性分类，需进行置信度设别。因为评语等级划分是有序的，第 j 个评语等级 b_j“好于” 第 $j+1$

个评语等级 b_{j+1}，所以最大测度识别准则不适合这种情况，改用置信度识别准则。

设置信度为 $\lambda,(\lambda > 0.5)$ [9]，通常取 0.6 或 0.7，令

$$j_0 = \min_j \{ \sum_{j=1}^{j} \mu_{il} \geqslant \lambda, j = 1,2,\cdots,j \} \tag{5}$$

则判爆破质量评价对象属于第 j_0 个评价等级 b_j。

4 实例检验

根据上述未确知测度评价模型，对承德某铁矿露天台阶爆破进行质量综合评价。将各个评判爆破质量的单因素的评价等级分为：很好、好、一般、较差、差，由专家将 100 分别打给单因素的每个评价等级（如表 1 所示）。

表 1 专家打分结果

评价因素	评价等级				
	很好	好	一般	较差	差
有害气体 a_1	15	49	25	9	2
爆破冲击波 a_2	21	34	27	10	8
爆破飞石 a_3	10	27	45	10	8
爆破震动 a_4	4	27	25	38	6
爆破粉尘 a_5	10	25	50	10	5
危石情况 a_6	11	26	53	10	0
边坡稳定 a_7	5	60	30	5	0
早爆 a_8	30	59	8	2	1
迟爆 a_9	31	60	5	2	2
拒爆 a_{10}	35	60	5	0	0
延期时间 a_{11}	5	22	49	20	4
前冲后冲 a_{12}	15	20	60	5	0
钻孔成本 a_{13}	10	37	40	8	5
起爆器材成本 a_{14}	15	30	45	8	2
炸药单耗 a_{15}	10	33	49	5	3
松散系数 a_{16}	17	30	47	5	0
大块率 a_{17}	20	32	40	8	0
根底 a_{18}	22	33	42	3	0
铲运效率 a_{19}	10	25	40	20	5
延米爆破量 a_{20}	18	22	45	10	5

根据表 1 的打分结果，得到单指标未确知测度矩阵：

$$
\boldsymbol{u}_{ij}=\begin{bmatrix}
0.15 & 0.49 & 0.25 & 0.09 & 0.02\\
0.21 & 0.34 & 0.27 & 0.10 & 0.08\\
0.10 & 0.27 & 0.45 & 0.10 & 0.08\\
0.04 & 0.27 & 0.25 & 0.38 & 0.06\\
0.10 & 0.25 & 0.50 & 0.10 & 0.05\\
0.11 & 0.26 & 0.53 & 0.10 & 0\\
0.05 & 0.60 & 0.30 & 0.05 & 0\\
0.30 & 0.59 & 0.08 & 0.02 & 0.01\\
0.31 & 0.60 & 0.05 & 0.02 & 0.02\\
0.35 & 0.60 & 0.05 & 0 & 0\\
0.05 & 0.22 & 0.49 & 0.20 & 0.04\\
0.15 & 0.20 & 0.60 & 0.05 & 0\\
0.10 & 0.37 & 0.40 & 0.08 & 0.05\\
0.15 & 0.30 & 0.45 & 0.08 & 0.02\\
0.10 & 0.33 & 0.49 & 0.05 & 0.03\\
0.17 & 0.30 & 0.47 & 0.05 & 0\\
0.20 & 0.32 & 0.40 & 0.08 & 0\\
0.22 & 0.33 & 0.42 & 0.03 & 0\\
0.10 & 0.25 & 0.40 & 0.20 & 0.05\\
0.18 & 0.22 & 0.45 & 0.10 & 0.05
\end{bmatrix}
$$

由公式（3）计算评判因素的指标权重可得：

$\boldsymbol{W}$ =（0.04，0.02，0.03，0.03，0.04，0.06，0.08，0.08，0.08，0.10，0.04，0.07，0.04，0.04，0.05，0.06，0.04，0.06，0.02，0.03）

由公式（4）求得最终的评判结果

$\boldsymbol{u}$ =（0.18，0.38，0.33，0.07，0.02）

取置信度 $\lambda = 0.7$，由置信度识别准则及公式（5）判定该露天台阶爆破质量评价等级为第三等级，即“一般”。未确知方法注意了评价空间的有序性，给出了比较合理的置信度识别准则和排序的评分准则，而这正是模糊综合评判所不具有的。

5　结论

本文通过建立基于熵权的未确知测度爆破质量综合模型，结合工程实例对未确知测度模型在爆破质量综合评价中的应用，进行了初探，主要做了以下工作：

（1）运用系统工程的理论和方法，从爆破工程实施的安全性、可靠性、经济性等三个主要方面对爆破质量进行综合评价，建立了一套结构完整、内容齐备，使用方便的爆破质量综合评价的二级指标体系。

（2）通过引入未确定测度评价模型对爆破质量进行综合评价。在各评价指标权重和识别准则的确定上。分别采用了信息熵和置信度识别准则，避免了模糊综合评判法中在这两方面的缺陷，使评价结果更具客观性。

（3）便于实现爆破现场的科学管理。通过程序化的方法，实现了对爆破现场施工质量的综合评价，有利于施工项目管理水平的提高，促进爆破施工安全、可靠、经济有效运行。

参考文献

[1] 袁梅，王作强，张义平．基于模糊数学-层次分析的露天矿深孔爆破效果评价研究[J]．矿业研究与开发，2010，30(5)：81～84.

[2] 蒲传金，肖正学，郭学彬．爆破效果综合评价的模糊层次分析法模型[J]．矿业快报，2004(11)：11～12.

[3] 胡新华，杨旭升．基于灰色关联分析的爆破效果综合评价[J]．辽宁工程技术大学学报，2008(27)：142～144.

[4] 吴子骏．露天矿爆破质量的评价与改善途径[J]．长沙矿山研究院季刊，1984，4(2)：32～37.

[5] 李彦苍，石华旺．一种基于未知测度的煤矿安全评价模型[J]．煤炭工程，2004(11)：52～54.

[6] 石华旺，高爱坤，牛俊萍．一种基于熵权的未确知测度评价方法及应用[J]．统计与决策，2008(12)：162～164.

[7] 张殿祜．熵——度量随机变量不确定性的一种尺度[J]．系统工程理论与实践，1997(11)：1～3.

[8] 邱菀华．管理决策与应用熵学[M]．北京：机械工业出版社，2002.

[9] 庞彦军，刘开第，姚立根．滏阳河水质综合评价[J]．运筹与管理，2001，10(1)：82～88.

爆炸加载反射式焦散线实验方法与技术探讨

杨仁树[1,2]　杨立云[1]　岳中文[1]

（1. 中国矿业大学（北京）力学与建筑工程学院，北京，100083；
2. 深部岩土力学与地下工程国家重点实验室，北京，100083）

摘　要：爆炸载荷下介质的动态响应和裂纹扩展是爆破工程和技术的核心问题，焦散线实验方法对于研究裂纹扩展行为和裂纹尖端应力集中程度具有优越性。目前大多是采用透明材料（PMMA 有机玻璃等）来模拟爆炸物体，而爆破工程材料大多是非透明介质（比如岩石），对于非透明材料中爆生裂纹扩展的焦散线实验研究还鲜有文献报道。本文提出了采用反射式焦散线实验方法研究非透明介质中爆生裂纹的实验方法，建立了爆炸加载反射式焦散线实验系统，探讨了研究爆生裂纹在非透明介质（人造石）中扩展行为的实验技术。该实验方法拓展了焦散线实验的应用范畴，为研究更多非透明介质的工程材料的爆炸动态断裂机理和材料的动态断裂韧性提供了思路和实验方法。

关键词：爆生裂纹；焦散线实验；镜面移植；控制爆破；非透明介质

The Study on Experiment Technology of Reflected Caustics with Blasting Load

Yang Renshu[1,2]　Yang Liyun[1]　Yue Zhongwen[1]

(1. School of Mechanics & Civil Engineering, China University of Mining & Technology, Beijing, 100083; 2. State Key Laboratory for Geomechanics and Deep Underground Engineering, Beijing, 100083)

Abstract: The key problems of blasting engineering and technology are the dynamic response of the media under blast loading and crack propagation, and the experimental methods-caustics has superiority for studying the crack growth and the stress fields at crack tips. Currently, the transparent material (PMMA Plexiglas, etc.) were mostly adopted to simulate the explosion object, while, for blasting engineering materials, which are mostly non-transparent medium (such as rock), are rarely reported in the literatures about caustics experimental studies for non-transparent materials in detonation crack growth. In this paper, the reflective caustics was proposed to study the detonation crack about non-transparent medium, and the reflective caustics experimental system of explosive loading were set up, which is tend to explore the cracks expansion behavior of experimental techniques on non-transparent media (artificial stone) under blasting. The application field of caustics is extended by this experimental method, which provides ideas and experimental methods for study the explosion dynamic fracture mechanism and dynamic fracture toughness about non-transparent media of engineering materials.

Keywords: blasting crack; caustics; mirror transplant; controlled blasting; non-transparent medium

1 引言

动态断裂力学是在考虑受载物体各处惯性的基础上，用连续介质力学的方法研究固体在高速加载或裂纹高速扩展条件下的裂纹扩展和断裂规律的学科。固体材料在冲击载荷下的断裂和破坏，尤其是爆炸这种超动态载荷下固体材料中裂纹的扩展规律，属于动态断裂力学的研究范畴。爆破技术是土木建设行业中重要的施工作业技术，在爆炸载荷作用下，被爆破物体（岩石、混凝土、金属等）的动态断裂问题是工程爆破施工过程中最重要的核心问题。

光测断裂力学是动态断裂研究中首选的实验方法，它主要包括动态光弹、动态焦散线、云纹及云纹干涉法、CGS（相干梯度传感方法）等。其中，焦散线实验方法对于解决裂纹尖端应力奇异性问题，研究裂纹尖端场的应力集中和裂纹扩展行为具有优越性，根据焦散斑的特征长度和位置可以确定关于时间、裂纹长度、裂纹传播速度和裂纹尖端的动态应力强度因子等参数。中国矿业大学（北京）杨仁树教授[1,2]首次将焦散线方法用于爆炸加载材料的断裂问题，建立了爆炸加载焦散线实验系统。肖同社[3]、岳中文[4]、李清[5]等采用该实验系统和方法进行了爆炸载荷下裂纹扩展规律的实验研究。但以上实验大多是采用有机玻璃 PMMA 这种透明材料去模拟裂纹在岩石材料中的传播情况，为岩石爆破提供了理论指导。但实际工程中遇到的更多的是非透明介质，比如岩石，对于爆生裂纹在非透明介质中的扩展问题的焦散线实验研究，至今尚未见相关文献报道。且 PMMA 的物理力学性质与岩石相差甚远，若能直接采用工程材料加工成的试件直接进行爆炸载荷下的焦散线实验研究，将具有重要的理论和工程实践意义。

在本文中，作者首先建立爆炸加载反射式动态焦散线实验系统，对该实验的关键技术进行了分析和探讨，并通过人造石材料的爆炸焦散线实验去检验该系统和实验技术的可行性和科学性。

2 爆炸加载反射式焦散线实验系统

2.1 实验原理

焦散线方法是实验应力分析中的一种光学方法，目前已被用于工程问题中奇异应力场的研究。考虑一块带裂纹的平板，受拉应力作用，在拉应力的作用下，平板裂纹附近的厚度以及材料的折射率发生变化，这两种变化都对光线的偏转具有相同的作用。如果一束平行光垂直入射到平板的左侧，光线透过平板无变形部分后没有偏转。但在平板的裂纹附近，光线发生偏转。因此，在试件后面（即试件右侧）的任意平面（像平面或者参考平面）内，光强分布不再是均匀的。某些光线照射不到的区域变暗，而另一些区域由于光强加倍而亮度倍增。在参考屏上可以直观显现光强分布情况，得到的图像就是平板内应力分布的定量描述。通过透射或者反射等不同方式，可以以实像或虚像的形式观察到焦散线的分布。图 1 所示是成像原理示意图[6]。

根据焦散斑的尺寸，可以得到裂纹尖端的应力集中程度。Kalthoff 给出了动态载荷下

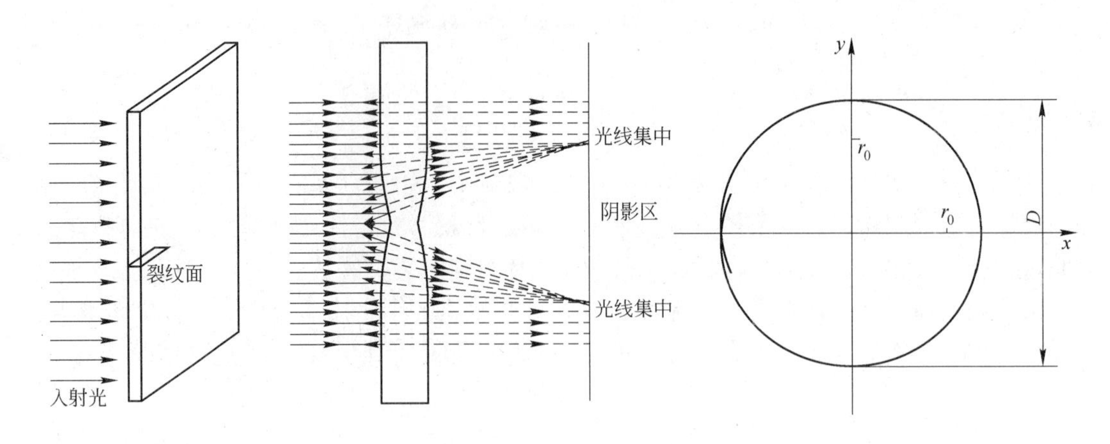

图 1　裂纹尖端焦散线成像原理示意图

复合型扩展裂纹尖端的动态应力强度因子表达式[7]：

$$K_{\mathrm{I}} = \frac{2\sqrt{2\pi}F(v)}{3g^{5/2}z_0cd_{\mathrm{eff}}}D_{\max}^{5/2}$$
$$K_{\mathrm{II}} = \mu K_{\mathrm{I}} \tag{1}$$

式中，$D_{\max}$、$D_{\min}$分别为沿裂纹方向的焦散斑最大直径和最小直径；z_0 为参考平面到物体平面的距离；c 为材料的应力光学常数；d_{eff}为试件的有效厚度，对于反射式实验，板的有效厚度即板的实际厚度；对于非透明材料，板的有效厚度为板厚度的 1/2；μ 为应力强度因子比例系数；g 为应力强度因子数值系数；K_{I}、K_{II} 为动态载荷作用下，复合型扩展裂纹尖端的Ⅰ型、Ⅱ型应力强度因子。一般情况下，在具有实际意义的扩展速度下，$F(v)$近似等于 1。对于给定的实验条件，d_{eff}、c 和 z_0 均为常数，只要利用动态焦散线确定扩展裂纹尖端的焦散斑直径 D，就可以确定不同时刻动态应力强度因子。

根据焦散线实验，记录下不同时刻裂纹尖端的位置，可以得到裂纹扩展距离与时间的关系，进而可以根据多项式拟合法求得裂纹不同时刻的速度值。首先，近似拟合裂纹扩展长度 l 与时间 t 的变化关系，将裂纹的扩展位移 l 拟合成时间的 n 次多项式如下：

$$l(t) = \sum_{i=0}^{n} l_i t^i \tag{2}$$

然后，对该二项式（2）进行一次导数，得到裂纹扩展的速度曲线，进行二次导数，得到裂纹扩展的加速度曲线，公式如下：

$$v = \dot{l}(t), a = \ddot{l}(t) \tag{3}$$

2.2　实验设备

爆炸加载反射式焦散线实验设备由以下几部分组成：多火花式高速摄影光路系统、爆炸加载装置、延迟与控制装置。

2.2.1　高速摄影光路系统

反射式焦散线实验采用的光路系统如图 2 和图 3 所示，主要由点光源、场镜、半反镜和相机组成。通过延迟控制系统控制 16 个点光源依次间隔放电，点光源发出的光线经过

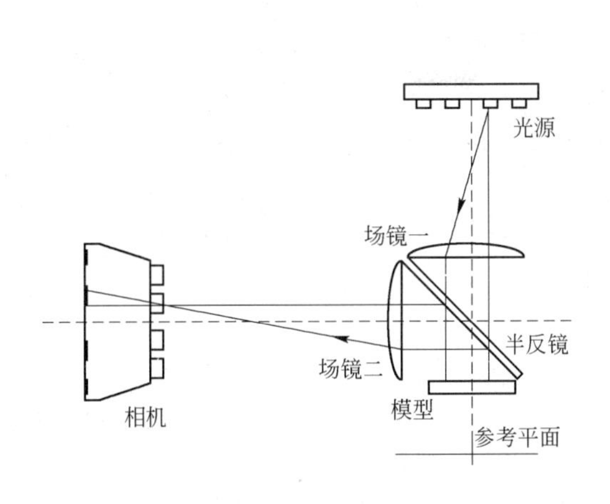

图2 反射式焦散线光路系统示意图

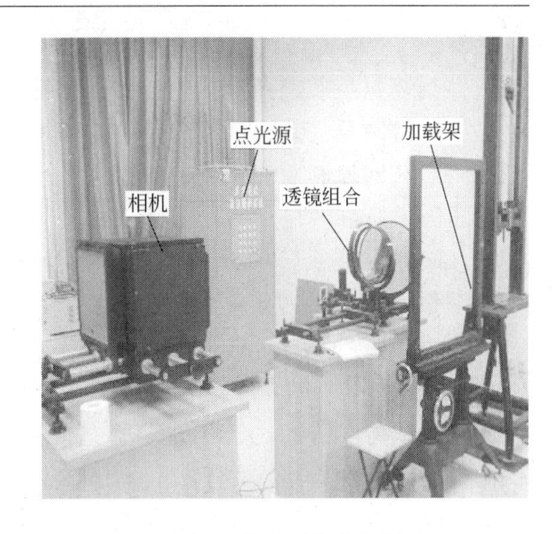

图3 光路系统实物图

两个场镜和半反镜等透射和反射后，进入对应的16个相机镜头内，相机镜头记录下每一次放电瞬时的像，即完成了高速摄像。

2.2.2 爆炸加载装置

反射式实验对光路系统要求特别高,需要保证光源发出的光线经透镜和试件上反射镜面反射后,正好进入相机镜头,这就要求该加载架具备调控试件左右旋转和前后倾角的功能。实验中用到的加载架如图4所示,主要由一可上下旋转的横梁和一挂置于横梁上可左右旋转的试件夹具组成。横梁上的2号旋钮可以控制横梁的上下旋转，横梁的旋转带动夹具和试件的旋转，达到控制试件表面前后倾角的目的。横梁上的1号旋钮用来固定夹具，同时控制夹具的旋转，达到控制试件表面左右旋转的目的。这样，通过两个旋钮，可以实现试件的左右和前后倾角方向的控制，使光线经过试件上反射区的反射后，满足实验光路系统的要求。

实验室爆炸加载方法是采用少量敏感度高的单质炸药——叠氮化铅起爆后产生爆炸载荷对试件加载。装药时在炮孔内放置两组探针，其中一组连接高压起爆器，利用起爆器高压放电产生的火花引爆炸药；另一组连接延迟与控制器，传递触发信号。高压起爆器采用多通道脉冲点火器，手动触发方式，利用自动跟踪式同步机的同步自校触发起爆器引爆炸药，如图5所示。

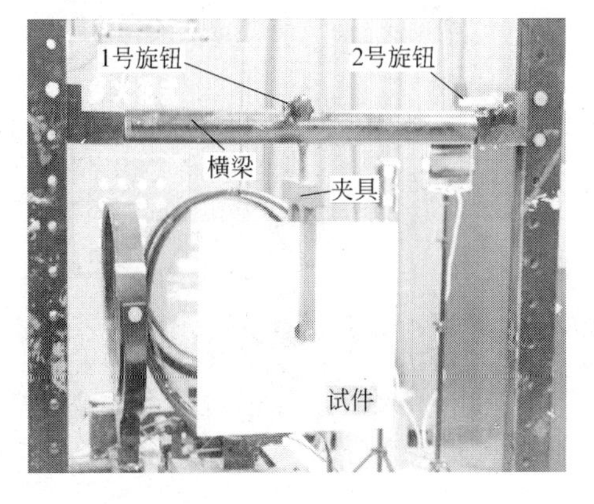

图4 加载架

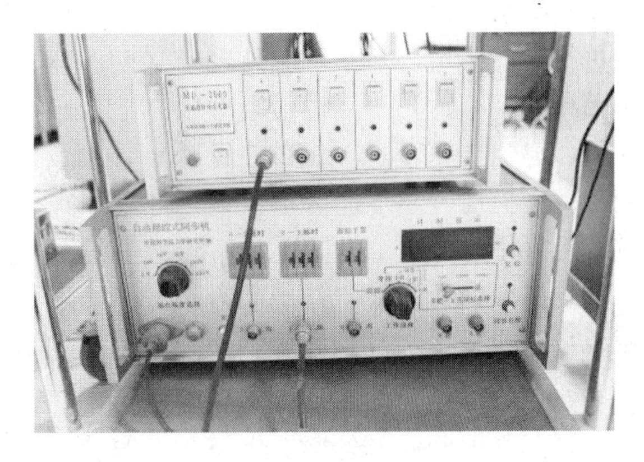

图5 多通道起爆器

2.2.3　延迟与控制装置

控制装置是通过在炮孔内设常断探针，在起爆瞬间，给探针一个通断信号，形成电路回路，使常断开关接通，输出一个电信号给延迟与幅间间隔控制器。经过延迟线路延迟及幅间间隔时间控制后输出16个脉冲信号给触发控制器，进而使16个脉冲变压器输出16个高压触发脉冲使已由高压直流电源充电的放电装置依次放电，发出很强的脉冲光，从而使底片曝光拍摄到瞬时图像。延迟时间和幅间间隔时间在1～9999μs范围内连续可调，最小调节量1μs，幅间间隔可以根据实际需要分别设置。

2.3　控制爆破技术

爆炸载荷作用下，炸药包四周的介质将产生大量的爆生裂纹。这些裂纹的分布具有很大的随机性，一般情况下是有5～7条主裂纹，它们扩展距离相对比较长，大约均匀分布在炮孔的四周。炮孔周围还将产生大量的小裂纹，这些裂纹的扩展长度相对较短，分布更加紧密。鉴于炮孔四周裂纹分布的随机性，为了清晰直观地研究爆生裂纹的扩展行为，采用定向控制爆破技术，控制爆生主裂纹的传播方向，便于实验过程中的观测。常用的定向控制爆破技术主要有切缝药包和切槽爆破两种，使爆生主裂纹沿切槽或切缝方向起裂和扩展，在炮孔四周的其他方向上产生的裂纹将大大减少，便于实验过程中对爆生主裂纹的观测。

2.4　镜面加工技术

对于爆炸加载的反射式焦散线实验，最大的实验技术难点是试件上反射镜面的加工制作。因为在爆炸加载情况下，考虑到边界效应等各种因素，实验用到的试件较大，裂纹的扩展距离也较长，这就需要加工较大的反射镜面区。镜面加工包括以下两种情况：

（1）对于材质均匀、表面光滑无瑕疵的平板试件，可以采用直接真空蒸镀的方法，在试件表面镀上一层铝膜作为反射镜面，这种情况下加工出来的镜面面积较大，容易实现，图6为一采用直接蒸镀法加工的试件照片。

（2）对于大多的工程材料，其表面常含有瑕疵或相对粗糙，需采用镜面移植的方法。

由于移植的镜面面积要求较大，带来很多技术问题，主要有：不仅要求试件反射区的整体平整度、光滑度要高，而且要求移植用的光学玻璃板的面积要大，这样无论是在黏结镜面的时候还是揭开镜面的时候，都给操作和质量的控制带来了很大的难度。实验操作中采用如下方法进行镜面移植，基本可以解决上述问题。具体的镜面移植流程如下：

（1）首先在全息干板的表面进行镜面制作。先对全息干板进行超声波等清洗，彻底清洗掉干板上的灰尘等污物；待干板晾干后，进行脱膜处理，在一侧表面上涂光刻胶，并用离心机甩平；用真空镀膜机将铝蒸镀到干板胶层表面上，这样在全息干板的表面上形成了一层均匀的铝膜，作为反射镜面。

（2）用脱脂棉蘸取丙酮或酒精等有机溶剂彻底清洗试件表面，随后在试件表面均匀地涂一层环氧

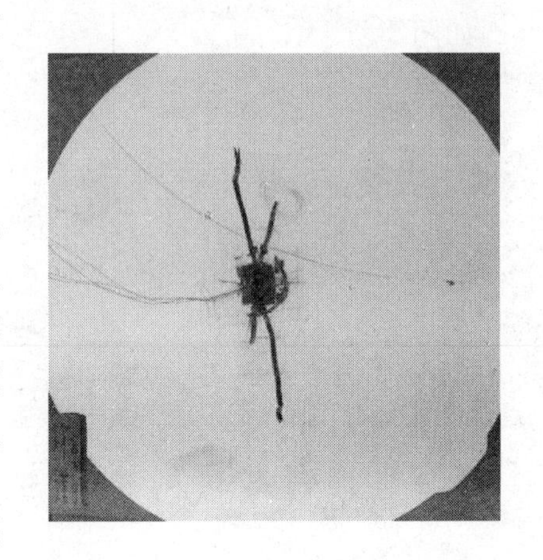

图6　直接蒸镀法加工的试件

树脂胶；然后将试件平放在桌面上，全息干板镀膜的一面覆盖粘贴于试件涂胶处，并在全息干板的另一面黏结分离用玻璃板条，加一定重量的砝码将三者压紧，使干板与试件表面充分接触和黏结在一起。

（3）待环氧树脂胶完全固化后（要求光刻胶与滤膜的黏结力小于滤膜与环氧树脂胶的黏结力），用力揭取玻璃板条，玻璃板条将带动全息干板与试件分离，铝膜就从干板上移植转贴到试件表面上，在试件表面上形成了反射镜面。图 7 为镜面移植示意图。

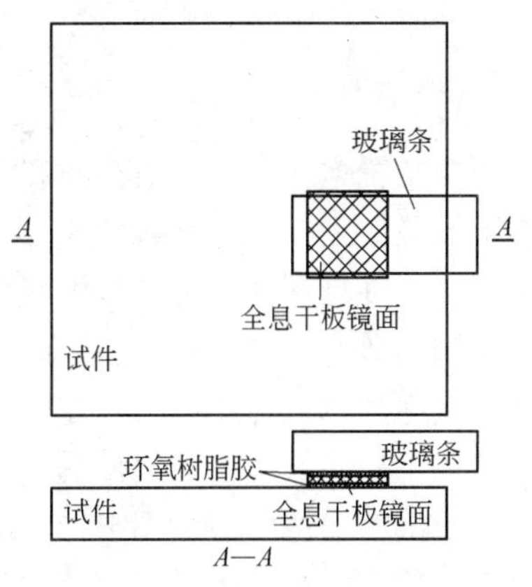

图 7 镜面移植示意图

实验过程中，为了防止全息干板在试件表面上的滑动，需要保证实验台的水平和在干板四周粘贴胶带来约束防止干板的滑动。实验中还要求用到的环氧树脂胶的流动性要好。

2.5 实验流程

具体实验流程是：把实验材料加工成合适大小的平板试件，在平板中间合适位置布置炮孔，并在平板试件表面合适位置加工镜面，需要控制爆破裂纹扩展方向穿过镜面区；在炮孔内装填炸药并布置起爆线和信号线；然后把装有炸药的试件固定在反射式焦散线实验爆炸加载架上，调节实验光路和设置控制系统；起爆炸药并进行高速摄像记录；冲洗胶片，即得到不同时刻爆生裂纹的尖端位置和裂纹尖端的焦散斑，分析实验数据，计算得裂纹的扩展速度、加速度和裂纹尖端的应力强度因子等参量。

3 实例分析

采用一种类岩石材料——人造石进行爆炸加载反射式焦散线实验，验证该实验系统的可行性和科学性，同时为研究岩石爆破技术提供更接近实际的参考依据。

3.1 试件加工

实验采用 8mm 厚的人造石板，在试件的中部设置一炮孔，炮孔直径为 6mm，采用切槽控制爆破技术。在炮孔的一直径方向加工双对称切槽，槽深 2mm，切槽角度为 60°。然后，在试件一侧的控制爆破生成的裂纹扩展方向距离炮孔中心 60mm 位置处，进行镜面移植。试件的加工示意图如图 8 所示。人造石的部分动态力学参数见表 1。

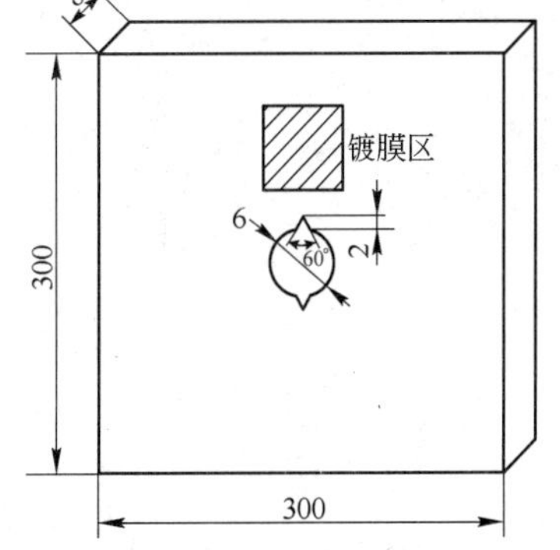

图 8 人造石试件加工示意图

表 1 人造石的波速和力学参数表

材 料	密度 ρ /kg · m^{-3}	纵波波速 C_p /m · s^{-1}	横波波速 C_s /m · s^{-1}	弹性模量 E_d /GN · m^{-2}	泊松比 ν_d	剪切模量 G_d /GN · m^{-2}	光学常数 c /m^2 · (GN)$^{-1}$
人造石	2322	3410	1800	19.66	0.307	75.23	0.031

3.2　实验描述

在预置炮孔中放置 140mg 的叠氮化铅炸药，安置于加载架上，进行延时控制器的设置后起爆。爆破后的试件见图 9。人造石板经爆炸后沿着双切槽方向均匀地断成两块，爆生裂纹从镜面区中间穿过，在炮孔的其他方向上，没有形成明显的裂纹，只产生了一些没有贯穿试件的小裂纹。

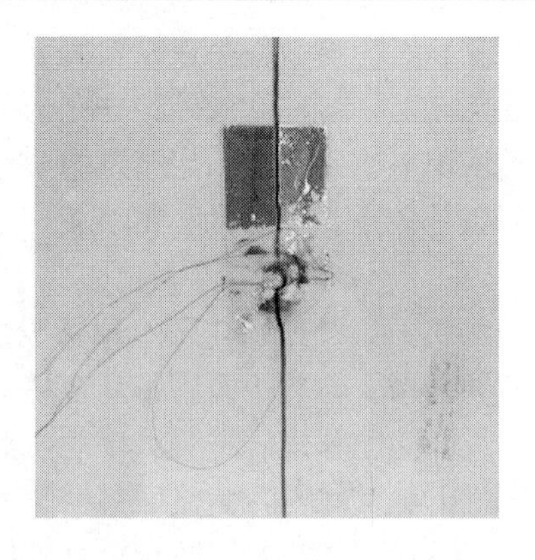

图 9　爆炸试验后的人造石照片

拍摄的焦散线照片如图 10 所示。可以看到爆生裂纹的扩展路径，爆生裂纹的尖端形成了暗斑-焦散斑。对实验照片进行高分辨率的扫描和图像分析软件的读图后，可以清晰区分焦散斑的形状和尺寸大小。

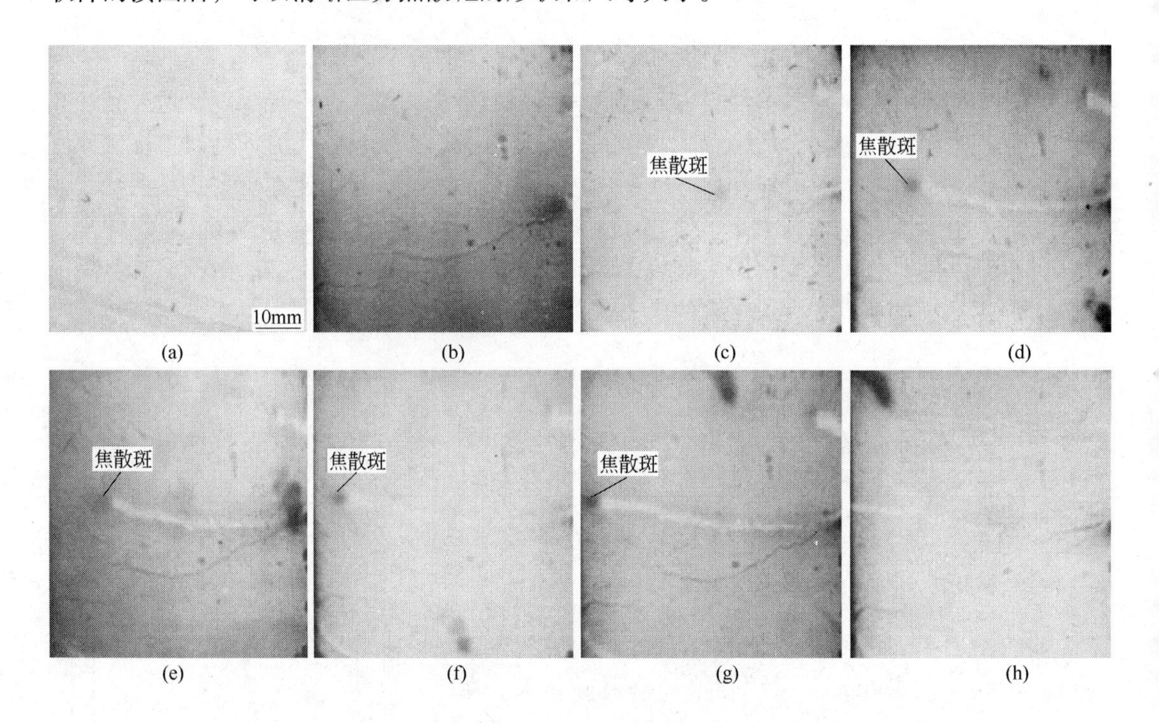

图 10　人造石的焦散斑系列照片（图中 10mm 为该系列照片的比例尺）
（a）20μs；（b）35μs；（c）48μs；（d）65μs；（e）70μs；
（f）80μs；（g）87μs；（h）101μs

3.3　实验结果与分析

由于试件镜面区加工的困难，实验过程中只记录下爆生裂纹在试件中传播的一小段轨迹，记录下的数据点有限。根据焦散线实验记录下不同时刻裂纹尖端的位置，利用式（2）和式（3）得到裂纹扩展距离与时间的关系曲线和速度时间曲线，结果如图 11 所示。从图 11 中可见，裂纹扩展的速度是逐渐下降的，在 35μs 时裂纹传播到镜面区，此时裂纹的速度大约为800m/s，扩展的长度为58mm（距离切槽尖端）；在86μs时裂纹穿透镜面区，此时裂纹的速度下降为400m/s，扩展的长度为104mm。从图11上还可以看到，裂纹的扩展速度在70μs时出现波动性，出现了小幅回升，随后又逐渐下降。这是由于应力波在试件边界发生反射，形成反射应力波，该应力波与扩展的裂纹相遇并互相作用，促进了裂纹的速度。

爆生裂纹扩展的初始阶段，主要表现为Ⅰ型断裂模式，把测得的焦散斑特征长度和相关实验参数代入式（1），得人造石中爆生裂纹尖端的动态应力强度因子值，并绘制应力强度因子与时间的关系曲线，如图12所示。从应力强度因子与时间的变化曲线图上看到，裂纹尖端的动态应力强度因子在35μs时大约为0.41MPa · $m^{1/2}$，然后逐渐下降，在70μs时出现回升。这是由于反射应力波与扩展裂纹尖端相互作用，促进了裂纹尖端的应力集中，导致动态应力强度因子值升高。这与上面速度的分析结果相同。

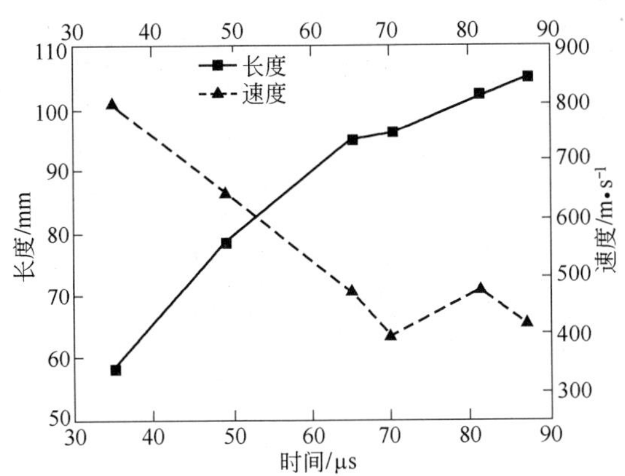

图11　裂纹扩展距离-时间和速度-时间曲线

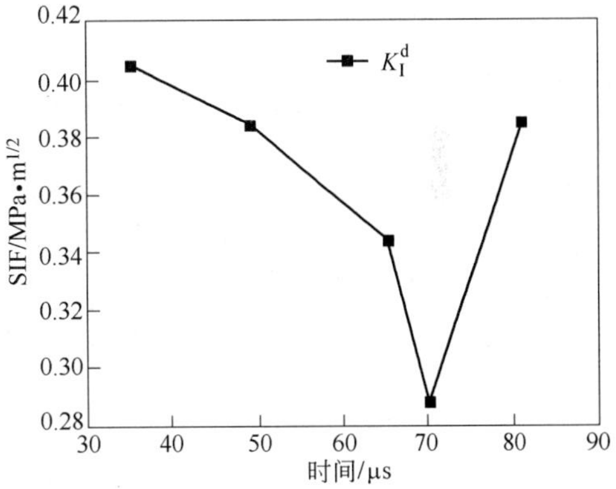

图12　应力强度因子-时间曲线

4　结论

在本文中建立了爆炸加载反射式焦散线实验系统，提出控制爆破与镜面移植相结合的实验技术解决爆炸加载反射式焦散线实验的关键问题，并采用类岩石材料——人造石进行了爆炸加载反射式焦散线实验，对该实验方法和技术进行了实例验证，得到如下结论：

（1）建立的爆炸加载反射式焦散线实验系统和技术对研究非透明材料中爆生裂纹是可行的，该实验方法为研究爆炸载荷下非透明介质中裂纹的扩展规律提供了实验基础设备和实践指导，拓展了焦散线实验的应用范畴。

（2）通过人造石材料的爆炸加载反射式焦散线实验，得到了人造石中爆生裂纹在试件中某一区域段的扩展过程，并得到了该过程中裂纹扩展速度和尖端动态应力强度因子的变化情况，为岩石中爆生裂纹的分析研究提供了更好的参考，即更好地模拟了岩石中爆生裂纹的扩展问题，为将来更加深入的实验研究提供了思路。

参 考 文 献

[1] 杨仁树，桂来保．焦散线方法及其应用[M]．徐州：中国矿业大学出版社，1997.
[2] 杨仁树．岩石炮孔定向断裂控制爆破机理动焦散实验研究[D]．北京：中国矿业大学，1997.

[3] 肖同社．岩石动态裂纹扩展焦散线实验研究[D]．北京：中国矿业大学，2007.
[4] 岳中文．裂隙介质爆生裂纹扩展机理的研究[D]．北京：中国矿业大学，2009.
[5] 李清．爆炸致裂的岩石动态力学行为与断裂控制试验研究[D]．北京：中国矿业大学，2009.
[6] Papadopoulous G A. Fracture Mechanics：The Experimental Method of Caustics and the Det.-Criterion of Fracture[M]. London：Springer，1993.
[7] Kalthoff J F，Milios J. Experimental Determination of Dynamic Stress Intensity Factors by Shadow Patterns [J]. Int. J. Mech. Sci.，1981，23：423 ~ 436.

E-mail：yangly 001@ gmail. com

损伤及应变率效应对结构动力响应影响分析

陈士海　张安康　杜荣强　燕永峰

（山东科技大学，山东青岛，266510）

摘　要：爆破地震波作用下，建筑结构的响应破坏属于动态的损伤累积破坏过程，建筑结构的组成材料（如混凝土和砌体材料等）大多具有明显的损伤累积破坏特性及应变率敏感性。为分析材料损伤及应变率效应对建筑结构动力响应影响的大小，采用之前研究建立岩石类材料的动态损伤本构模型，用LS-DYNA模拟分析了一个典型二层砌体结构在爆破地震波作用下的损伤及动力响应，并主要得出了以下结论：在地震波作用下，结构发生损伤时，其应变响应成倍增加，结构容易更早发生破坏，偏于不安全；考虑材料的应变率效应可以有效地减小结构的损伤；单独考虑材料的应变率效应时可以有效地减小结构的应变响应，但比较而言，损伤引起的最大等效应变的增长是主要的，而应变率效应引起的最大等效应变的减少是次要的。

关键词：损伤；应变率效应；建筑结构；动力响应；LS-DYNA

An Analysis of Influence of Damage and Strain-rate Effect on Structures' Dynamic Response

Chen Shihai　Zhang Ankang　Du Rongqiang　Yan Yongfeng

(Shandong University of Science and Technology, Shandong Qingdao, 266510)

Abstract: Structures' responds are dynamic, and destroy is a damage accumulation process under exciting of blasting vibration waves. Structures' materials, like concrete, brick and etc., almost have obvious characters of damage accumulation and are sensitivity to strain-rate. In order to analyze how much was the influence of damage and strain-rate effect on structures' dynamic response under blasting vibration, a dynamic and damage constitutive model of rock materials found before was adopted to simulate and analyze a typical two-storey masonry structure's responds under blasting vibration by LS-DYNA. The several main conclusions were obtained: (1) when structures were damaged under blasting vibration, their equivalent strain respond increased clearly, they were destroyed more easily and become unsafe; (2) damage of structures could be reduced when strain-rate effect of materials was considered; structures' equivalent strain respond could be also effectively reduced when strain-rate effect of materials was considered only, but comparing with its increase caused by damage, its decrease caused by strain-rate effect was minor.

Keywords: damage; strain-rate effect; structure; dynamic respond; LS-DYNA

1　前言

材料结构受到冲击荷载作用时所表现的力学性质，即动态特性与静荷载作用下的静力特性存在显著差异。通常表现为随着应变率的提高，材料的屈服极限提高，强度极限提高，伸长率降低，这种现象可称之为材料的应变率效应[1]。爆破地震波作用下，建筑结构的响应破坏属于动态的损伤累积破坏过程，建筑结构的组成材料（如混凝土和砌体材料等）大多具有明显的损伤累积破坏特性及应变率敏感性。因此必须充分考虑建筑材料的损伤累积特性及应变率效应，才能更准确的模拟分析建筑结构在爆破地震波作用下的响应。综观国内外文献[2~5]，在分析建筑结构在爆破地震荷载作用下的动力响应的文献中，分析建筑材料的损伤及动力特性对结构响应影响的并不多见。为此采用之前研究建立岩石类材料的动态损伤本构模型[6,7]，用 LS-DYNA 模拟分析了一个典型二层砌体结构在爆破地震波作用下的损伤及动力响应，具体分析材料损伤及应变率效应对建筑结构动力响应影响的程度。

2　结构模型及本构模型

结构模型选用一个二层两跨砌体结构作为典型结构，研究其在爆破地震波作用下的损伤及动力响应。结构的单跨跨度为 6m × 5m，层高 3.6m。构造柱的截面尺寸为 240mm × 240mm，布置在墙体交接处；圈梁的截面尺寸为 240mm × 250mm，布置在楼板下面墙体上面；楼板厚度为 100mm，墙体厚度为 240mm。结构的平面、有限元模型分别如图 1 和图 2 所示。梁、柱和楼板采用钢筋混凝土，砌体墙由普通烧结砖和砂浆砌成，因模型计算量很大，钢筋混凝土及砌体墙均采用整体式模型[8]，材料参数见表 1。结构模型中网格单元的尺寸保持在 10 ~ 12cm 之间。例如，柱子上的单元尺寸为 12cm × 12cm × 12cm。

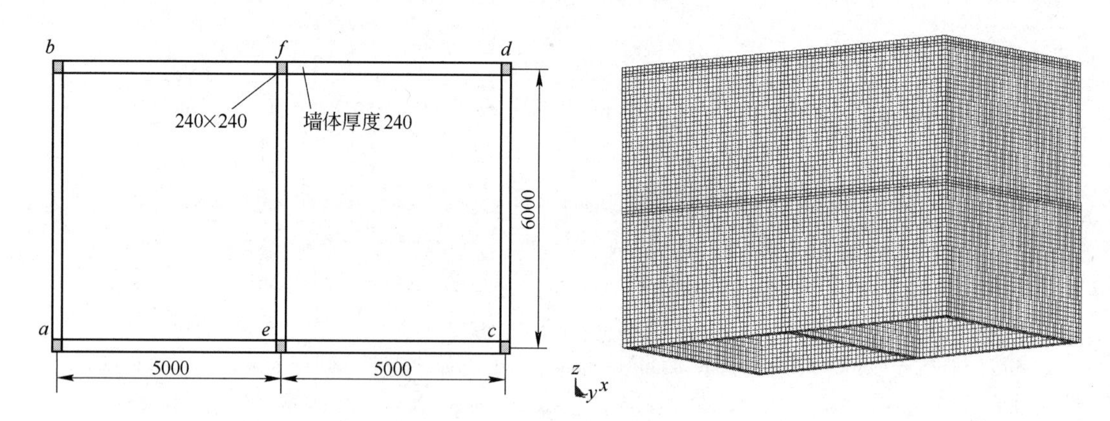

图 1　结构平面图（单位：mm）　　图 2　结构有限元模型

表 1　材料参数表

材料类型	密度 /kg · m^{-3}	弹性模量 /GPa	泊松比	抗压强度 /MPa	抗拉强度/MPa	抗剪强度/MPa
钢筋混凝土	2650	34.5	0.2	32.4	2.85	3.99
砌　体	1800	4.7	0.16	3.5	0.35	0.42

材料本构模型采用已建立的岩石类材料的正交各向异性动力损伤本构模型，详见文献[6，7]。模型中以动力放大系数的形式考虑材料的应变率效应，采用主应变方向的损伤变量来描述材料在外力作用下的损伤。损伤演化采用 Mazars 损伤模型描述主轴方向的损伤变量 D_i（$i=1, 2, 3$），屈服破坏准则采用 Hoffman 提出的正交各向异性破坏准则[9]。将该模型编制成动力有限元软件 LS-DYNA 的用户自定义子程序，以模拟分析结构在爆破地震波作用下的动力响应。

3 计算结果分析

为简化问题，本文仅考虑垂直方向的地震波作用下结构的动态响应。计算的荷载选用 IDTS3850 型号爆破震动记录仪测得的一段典型的爆破地震波 w（速度波），施加到结构底部全部节点上，方向为垂直方向（z 方向）。该波的幅值 PPV 为 6.0cm/s，主频 PF 为 82Hz，持续时间为 0.11s，其速度时程曲线如图 3 所示。

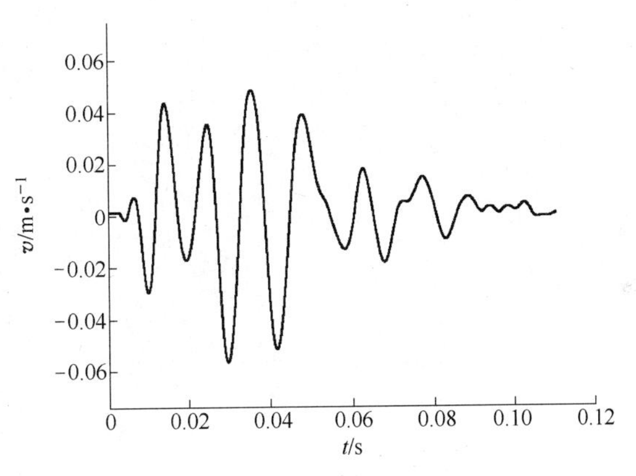

图 3 地震波速度时程曲线

为分别研究材料损伤及应变率效应对结构动力响应的影响，在编制 LS-DYNA 用户自定义子程序时，需将两种效应分开单独考虑，最终建立以下四种求解器：考虑损伤及应变率效应的求解器（Q1）、只考虑损伤的求解器（Q2）、只考虑应变率效应的求解器（Q3）及两种效应都不考虑的求解器（Q4）。分别采用这四种求解器计算结构在典型爆破地震波作用下的动力响应。后处理过程中采用单元的等效应力 $\bar{\sigma}$（$\bar{\sigma}=\sqrt{3J_2}$，其中 J_2 为偏应力张量第二不变量）、等效应变 $\bar{\varepsilon}$（$\bar{\varepsilon}=\sqrt{\frac{4}{3}I_2}$，其中 I_2 为应变偏张量的第二不变量）及损伤情况评价结构的动力响应结果。整个时程中结构所有单元中的最大等效应力、应变（简称最大等效应力、应变）的峰值的计算结果如表 2 所示，其中损伤全部为拉损伤。

表 2 最大等效应力、应变峰值计算结果

求 解 器	最大等效应力峰值/MPa	最大等效应变峰值
Q1	3.84	2.4×10^{-3}
Q2	3.35	2.0×10^{-3}
Q3	3.85	0.14×10^{-3}
Q4	3.40	0.3×10^{-3}

3.1 损伤对结构响应的影响

为分析损伤对结构响应的影响，需比较相同条件下有损和无损时结构响应的区别。为此，首先比较 Q2 和 Q4 的计算结果。Q2 的计算结果中，地震波峰值对应的 $t=0.04$s 时刻，结构并未出现损伤；$t=0.06\mathrm{s}$ 和 $t=0.11\mathrm{s}$ 的损伤最大值分别为 0.85 和 0.95，分布云图见图 4，损伤全部为拉损伤。从损伤云图上可以看出，结构的损伤主要集中在一层砌体墙上，二层的砌体墙底部只有少量的分布，而钢筋混凝土构件上一直未出现损伤。从表 2 中可以得出，Q2 和 Q4 计算得出的最大等效应力峰值分别为 3.35MPa 和 3.40MPa，相差不大。这是由于最大等效应力都出现在钢筋混凝土构件的单元中，而这些单元并未出现损伤。而 Q2 计算得出的最大等效应变峰值明显比 Q4 计算得出的大，这是由于最大等效应变都出现在损伤严重的砌体墙单元中。其中 Q2 计算得出的最大等效应变的时程曲线如图 5 所示，可以看出在最后阶段应变已经发散，表明有单元已经破坏。

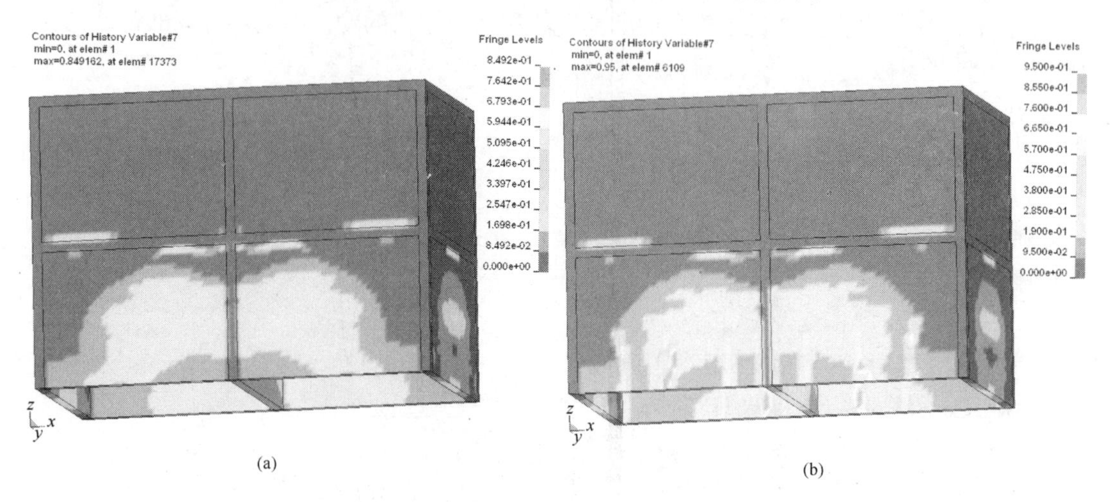

图 4　Q2 计算得出的损伤云图

（a）$t=0.06\mathrm{s}$ 时的结构损伤云图；（b）$t=0.11\mathrm{s}$ 时的结构损伤云图

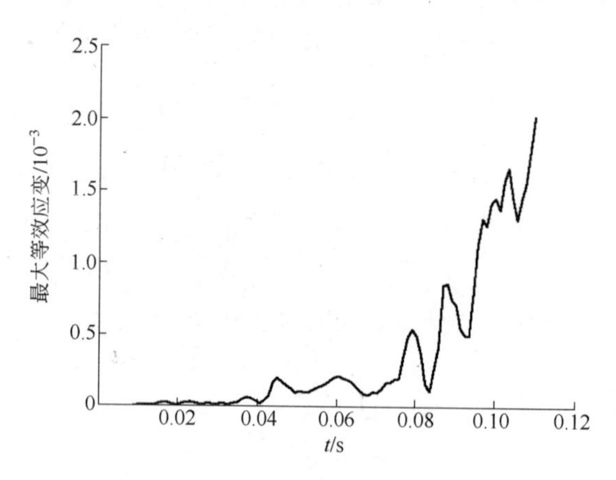

图 5　Q2 最大等效应变时程曲线

另外还需比较 Q1 和 Q3 的计算结果。Q1 计算得出的损伤演化及分布和 Q2 计算得出的基本一致，如图 6 所示。但是 Q1 计算得出损伤明显比 Q2 计算得出的少，如 $t=0.06\mathrm{s}$ 时，损伤最大值仅为 0.36；$t=0.10\mathrm{s}$ 时，损伤最大值虽然也为 0.95，但是损伤达到 0.95 的区域明显比 Q2 计算得出的少。这表明，考虑材料的应变率效应时可以明显地减少结构的损伤。另外，Q1 和 Q3 计算得出的最大等效应力峰值差距依然不大，而 Q1 计算得出的

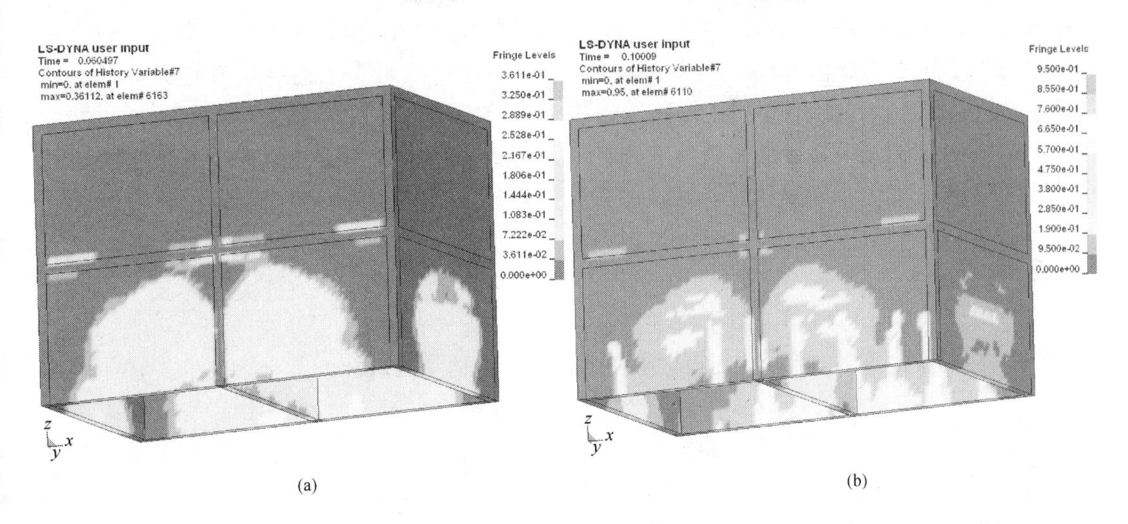

图 6 Q1 计算得出的损伤云图

（a）$t=0.06$s 时的结构损伤云图；（b）$t=0.11$s 时的结构损伤云图

最大等效应变峰值也明显比 Q3 计算得出的大。这表明在地震波作用下，表明材料损伤能成倍增加结构应变响应，导致结构提早发生破坏。

3.2 应变率效应对结构响应的影响

在考虑材料应变率效应时，为简化问题，并未全部考虑 6 个应变分量的应变率，而是采用主应变的应变率来代替。从计算结果中发现结构中所有单元的 3 个主应变应变率的最大值基本保持在 10^{-2} 量级上。如 Q3 计算得出的结构所有单元中最大的第一主应变应变率的时程曲线如图 7 所示。

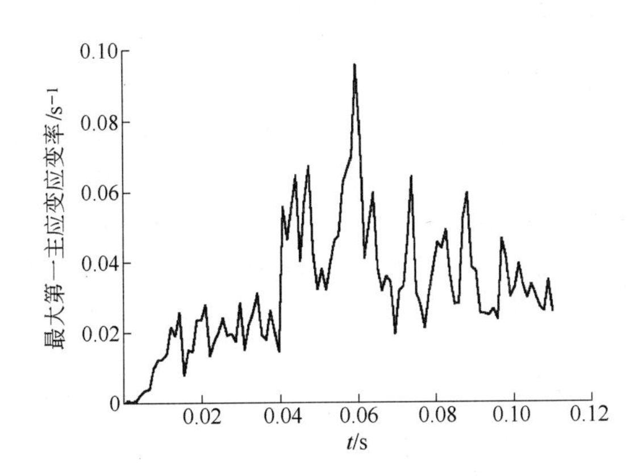

图 7 最大的第一主应变应变率时程曲线

为分析应变率效应对结构动力响应的影响，可首先比较 Q3 和 Q4 的计算结果，从表 2 当中可以看出，考虑应变率效应时，最大等效应力的峰值略大一些，而最大等效应变的峰值却有明显的降低。这是由于考虑应变率效应时，应力放大系数提高了材料的强度。

同时还需比较 Q1 和 Q2 的计算结果。首先可以得出前一节的结论，即考虑材料的应变率效应可以明显地减少结构的损伤。另外从表 2 当中可以看出，考虑应变率效应时，最大等效应力、应变的峰值都略大一些，跟 Q3 和 Q4 计算结果得出的结论有较大差异。这是由于 Q1、Q2 计算结果中都存在损伤达到 0. 95 的单元，它们的等效应变是接近的，并且决定了结构所有单元中最大的等效应变。同时这也说明，损伤引起的最大等效应变的增长是主要的，而考虑应变率效应所能减少的最大等效应变是次要的。

4　结论

综合以上分析，可以得出以下主要结论：

（1）在爆破地震波作用下，砌体结构的破坏主要是受拉破坏，并且主要发生在一层砌体墙上。

（2）在爆破地震波作用下，结构发生损伤时，其应变响应成倍增加，结构容易更早发生破坏，偏于不安全。

（3）考虑材料的应变率效应可以有效地减小结构的损伤；单独考虑材料的应变率效应时可以有效地减小结构的应变响应，但比较而言，损伤引起的最大等效应变的增长是主要的，而应变率效应引起的最大等效应变的减少是次要的。

参 考 文 献

[1] 张安康，陈士海，魏海霞，等．建筑结构爆破震动响应应变率大小讨论[J]．爆破，2010，27(3)：9 ~ 12.

[2] Chengqing Wu，Hong Hao. Numerical simulation of structural response and damage to simultaneous ground shock and airblast loads[J]. International Journal of Impact Engineering，34(2007)：556 ~ 572.

[3] Xueying Wei，Hong Hao. Numerical derivation of homogenized dynamic masonry material properties with strain rate effects[J]. International Journal of Impact Engineering，2008：1 ~ 15.

[4] 魏海霞．爆破地震波作用下建筑结构的动力响应及安全判据研究[D]．青岛：山东科技大学，2010.

[5] 娄建武，龙源，徐全军，等．普通民房在爆破地震波作用下的振动破坏分析[J]．解放军理工大学学报，2001，2(2)：21 ~ 25.

[6] 张安康，陈士海，杜荣强，等．岩石类材料的能量基率相关弹塑性损伤模型[J]．岩土力学，2010，31(增 1)：207 ~ 210.

[7] 杜荣强．混凝土静动弹塑性损伤模型及在大坝分析中的应用[D]．大连：大连理工大学，2006.

[8] 何政，欧进萍．钢筋混凝土结构非线性分析[M]．哈尔滨：哈尔滨工业大学出版社，2007.

[9] 张玉军．锚固正交各向异性岩体的三维弹塑性有限元分析[J]．岩石力学与工程学报，2002，21(8)：1115 ~ 1119.

E-mail：cshblast@ 163. com

多体-离散体动力学分析及其在建筑爆破拆除中的应用

傅建秋　刘　翼　魏晓林

（广东宏大爆破股份有限公司，广东广州，510055）

摘　要：建筑结构爆破拆除的倒塌过程，经历初始失稳、倾倒（或下落）、运动（或撞地）解体和塌落堆积等过程，即建筑物初始失稳后，由建筑机构及塑性铰组成的多体倒塌过程可以用变拓扑多体系统来研究；构件在空中解体和撞地解体时塑性铰断裂失效，但构件间存在钢筋拉应力时用非完全离散体研究；塑性铰失效并且构件间钢筋全部拉断的离散构件及其塌落堆积用离散体来研究。应用多体-离散体动力学分析对建筑机构倒塌过程进行模拟，模拟结果与实际观测相吻合。

关键词：建筑结构；爆破拆除；极限分析；变拓扑多体系统动力学；离散体；近似解；解析解

Dynamic Analysis of Multibody-discretebody and Applying to Demolishing Structure by Blasting

Fu Jianqiu　Liu Yi　Wei Xiaolin

(Guangdong Hongda Blasting Engr. Co., Ltd., Guangdong Guangzhou, 510055)

Abstract: Toppling of demolishing structure by blasting consists of initial instability, topple or fall, disintegrate moved and collect collapsed. That process consists of whirling after initial instability and toppling of building mechanism, which is made up of beams, posts and plastic joints, that movements can be described by vary topological multibody system, disintegrating in the sky, crashing to ground and losing efficacy of plastic joints but existing plastic force of steel bars between structural elements can be described by incomplete discrete bodies, till to the time that plastic joints are destroyed, its all steel bars are broken and discrete structural elements are fallen down on ground can be described by discrete bodies. It is demonstrated by surveying that dynamic analysis and analog toppling of structure can be carried out and are right.

Keywords: building structure; demolition blasting; extreme analysis; varying topological multibody dynamics; discrete body; approximate solution; analytic solution

1　引言

建筑物拆除爆破的模拟是一个复杂问题。近年来国内外学者采用了 DDA 方法[1,2]、离散单元法[3]等数值方法进行了数值模拟，也提出了有限单元法和多刚体动力学[4]相结合数值仿真技术，但是大多应用缺乏动力方程数值解与实际观测的对照分析。本文提出多体-离散体动力分析，尝试对建筑结构爆破失稳倒塌的各拓扑过程进行数值解算，并将数值模拟结果总结归纳为近似解和解析解，并将模拟结果与实际观测进行对比和分析，证明了用多体-离散体动力学分析能正确、简便地计算建筑结构爆破拆除的倒塌解体姿态、着地堆积范围和时程。

2 多体-离散体动力分析

建（构）筑物的各梁、柱等构件以节点相连而成稳定体，其间没有相对运动，则构件组合体称为结构。当爆破拆除了部分构件，结构中部分构件端点的广义力超过极限强度，其端点转变为铰点，而允许构件间发生非变形引起的相对运动，则这时的构件组合体称为建筑机构。铰点将结构分割成构体，这种多体间的连系方式称为拓扑构型，简称拓扑[5]。爆破拆除时建筑机构倒塌运动由初始失稳、倾倒（或下落）、运动（或撞地）解体和塌落堆积等过程组成。

2.1 建筑结构的初始失稳

初始失稳的拓扑为初始拓扑。爆破拆除建筑的应变观测表明[6]，结构体局部爆破拆除是结构失稳的诱因，而结构自重是最终失稳的直接原因。因此，可以用建筑结构失稳的一般方法来研究初始失稳。结构失稳由切口内爆破支撑构件的炸高部分而形成，其构件炸高裸露钢筋可看作主筋的压杆，可利用传统压杆失稳理论分析确定。初始失稳前的应力、应变历程，大多数拆除工程并不关心，因此可以采用刚塑体结构的极限分析来确定极限载荷，由此决定的初始拓扑是唯一的，并且与理想弹塑性分析的结果完全一致，但是采用刚塑体模型由于不涉及体内的应变，其极限分析比弹性分析和有限元方法要简单、方便。确定极限荷载的方法有静力法、机动法及其结合的试算法和增量变刚度法[10,11]，尤其是机动法分析最为简捷，其确定的破损机构正是初始拓扑[7]。

2.2 变拓扑多体系统动力学

当建筑结构转变为破损机构即塑性机构后，可采用多体系统动力学描述，其组成建筑机构的构件及分结构体称作体，体间由“塑性铰”连接，形成运动约束的铰，特别是拉、剪约束，即存在铰连接的体为多体系统。在多体系统中，如果任意两个体之间仅有一条通路存在，称为树形系统。而树形系统没有分支通路，仅有首尾单一通路为单开链系统。如果多体系统中的某两个刚体之间存在一条以上的通路，则称该多体系统为非树形系统。建（构）筑物是众多梁、柱、墙组成的结构，当转化为机构时，梁、柱形成塑性铰后可抽象为若干多体构成的非树系统。由于这些同跨梁、同层柱作平行运动，存在很多冗余约束，因此平行梁、柱的非树多体可简化为同一自由度的虚拟等效体来代替，由此建筑机构就可大大简化为单开链的数个体来处理。多体系统中某个体与运动规律已知的体相连（相铰接），这类系统称为有根系统；另一类系统是系统中没有任何一个体同运动规律已知的其他体相连，这类系统称为无根系统。大多数建（构）筑物爆破拆除时，都有构件与基础相连，或与地面相接触，因此它们为有根系统；也有将建（构）筑物支撑构件全部爆破，其上的结构体在空中下落阶段即为无根系统。因此，建筑机构在系统上都可以用多体来描述。

当采用多体系统动力学描述时，其构件端塑性区的残余抵抗弯矩和剪力采用钢筋混凝土结构中成熟而广泛应用的概率极限分析方法[8]，其对建筑机构的正确模拟，已为现场观测所证实。由于拆除工程多不关心比构体间位移小几个数量级的体内应变，因而在多数体内也不必做有限元分析，仅以多刚体系统动力学分析，已能正确、简单、方便地模拟建筑机构的运动姿态，直至完全解体。

2.2.1 多刚体系统动力学方程

低层和大多数的多层建（构）筑物爆破拆除时形成多刚体树系统。Roberson-Witten-Burg 法是建立多刚体系统动力学方程的普遍方法，包括适合多刚体树系统。该法的特点是应用图论中的关联矩阵和通路矩阵等概念来描述多刚体系统的机构，选用系统中各对相邻刚体之间的相对定位参数作为描述系统位形的广义坐标，最终导出适用于任意结构类型的多刚体系统的动力学方程[12]。

建筑机构树系统中，大部分是单开链系统，高耸建筑如烟囱、剪力墙及筒式结构也为单开链多刚体系统，其有根体的动力学方程[13]为

$$\{[B]^{\mathrm{T}}\mathrm{diag}[m][B]+[C]^{\mathrm{T}}\mathrm{diag}[J][C]\}[\ddot{q}]+\{[B]^{\mathrm{T}}\mathrm{diag}[m][\dot{B}]+[C]^{\mathrm{T}}\mathrm{diag}[J][\dot{C}]\}[\dot{q}]-\{[B]^{\mathrm{T}}[F]+[C]^{\mathrm{T}}[M]\}=0 \tag{1}$$

式中 $[B]=\mathrm{jacobian}(r_{\mathrm{su}},q)$；

$[C]=\mathrm{jacobian}(\varphi,q)$；

jacobian——q 的雅可比矩阵；

$[\dot{B}]=\dfrac{\mathrm{d}}{\mathrm{d}t}(\mathrm{jacobian}(r_{\mathrm{su}},q))$；

$[\dot{C}]=\dfrac{\mathrm{d}}{\mathrm{d}t}(\mathrm{jacobian}(\varphi,q))$；

$\mathrm{diag}[m]$——多体的质量对角矩阵；

$\mathrm{diag}[J]$——多体的惯性主矩对角矩阵；

$[F]$——多体所受外力主矢矩阵；

$[M]$——多体所受切口断面残余抵抗主矩和外力主矩矩阵，烟囱体上下都有切口时，断面残余抵抗弯矩应相加。

式中，$[q]=[q_1,q_2,\cdots,q_f]^{\mathrm{T}}$，则系统中体 u 的质心（或任一点）的位置矢量 $\boldsymbol{r}_{\mathrm{su}}$ 和构件 $\boldsymbol{u}$ 的角位置矢量 $\boldsymbol{\varphi}_u$ 为 $[q]$ 的函数。

$$\begin{cases}\boldsymbol{r}_{\mathrm{s}}=\boldsymbol{r}_{\mathrm{su}}(q_1,q_2,\cdots,q_f)\\ \boldsymbol{\varphi}=\boldsymbol{\varphi}_u(q_1,q_2,\cdots,q_f)\quad(u=1,2,\cdots,n)\end{cases} \tag{2}$$

式中，f 为自由度；n 为单开链体系统的独立广义坐标，即构体数。当 $n=1$，$f=1$ 时，为 $\boldsymbol{\varphi}_1$ 转角的单体单向倾倒拓扑；当 $n=2$，$f=2$ 时，若 $\boldsymbol{\varphi}_1$ 和 $\boldsymbol{\varphi}_2$ 方向相反为双体双向倾倒拓扑，而 $\boldsymbol{\varphi}_1$ 和 $\boldsymbol{\varphi}_2$ 同向则为双体同向倾倒拓扑；当 $n=3$，$f=3$ 时，$\boldsymbol{\varphi}_1$、$\boldsymbol{\varphi}_2$ 与 $\boldsymbol{\varphi}_3$ 若有方向相反，机构为 3 体反向倾倒拓扑；当 $n\geqslant4$，$f\geqslant4$ 时，机构为 4 体以上系统的各种拓扑。

2.2.2　变拓扑多体系统

建筑爆破拆除时，立柱、支撑部切口多是按顺序爆破，节点上的广义力也会跟随变化。当部分支撑拆除或节点转为铰点，或因撞地构件局部破坏转为铰点，其构体的变化与划分及其相互联系方式也跟随改变，即多体系统的自由度发生改变。因此结构在倒塌过程中，所形成的机构是拓扑变化的系统，称为变拓扑多体系统。

这种拓扑构型的切换取决于系统的运动性态，拓扑切换与时间、运动学和动力学条件因素相关。时间条件多以起爆时差 t_u 判断，当计算时间满足约束 $t \leqslant t_u$，为原拓扑状态，否则进入方程下一拓扑，这是人为可以干预的切换；然而多数的拓扑切换却不能预见切换时刻，它是由系统的瞬时运动状态决定的，即由运动学条件和动力学条件形成。运动学条件可分位置量 q 和速度量 $\dot{q}$ 条件，当由切口位置、尺寸、炸高计算的极限 q_u，而约束方程 $q \leqslant q_u$ 为原始拓扑状态，否则进入下一拓扑。动力学切换条件，将比以上条件更复杂，有铰点条件和体内结构强度条件，它们可以按极限分析，从外接体依次向内接铰点，按动静法建立广义力的平衡方程式计算，如果满足约束方程 $F \leqslant F_u$（铰的摩擦稳定条件或强度条件及塑性变形条件，或结构的强度条件）为原始拓扑，否则为另一拓扑。

2.3　多体离散动力学分析

运动解体是各构件或子结构从建筑机构逐个解体离散的过程，从“塑性铰”连接解体为非完全离散体直至完全离散体，和从多体逐步解体出离散个体与剩余多体并存，直至全部离散。这种离散化过程的接触状况，在钢筋混凝土构件间又有钢筋牵拉脱黏和混凝土压剪接触两类。单个现浇钢筋混凝土构件或子结构体的脱离，在非完全离散体的接触中有钢筋的牵拉脱黏而拔出，也可能同时存在体间的压、剪接触；完全离散体则可能仅有压、剪接触。本文将体间存在可再牵拉塑性伸长的约束，称为非完全离散。离散构件在空中的接触状况，多是时接时离的动态变化过程，此时多体系统已不能模拟这种状况，但是用弹性刚度接触的离散体描述却较合适。从多体系统离散为单体的过渡过程，需要处理离散体和多体运动的相互关系，需要相应地调整力学模型加以衔接，完善计算方法和充实部分程序，采用多体离散动力分析来描述。

2.4　完全离散体动力学分析

不可能存在拉约束的物体，称为完全离散体。多体系统解体为完全离散体，其动力学方程和计算方法，实质为多体离散动力分析在没有多体和非完全离散体时的特殊情况，因此仍可按2.2节的程序计算。完全离散体，其物理方程、动力学方程和计算方法及程序，可参阅参考文献［14］。

2.5　小结

将上述的初始失稳的极限分析、变拓扑多体系统动力学分析、多体离散动力学分析和离散体动力学结合起来，可以描述建筑机构的整个倒塌过程。建筑机构倒塌全过程的动力学分析称为多体-离散体动力分析。

3 多体动力方程的近似解和解析解

拆除建筑为多体非树系统，可以近似简化为单开链的多体系统，单开链多体的动力学方程为二阶常微分方程组，迄今为止，一般没有解析解，而只能数值求解。但是建筑机构的多体方程，一般由 1 ~3 体所组成，在重力场的倒塌运动有限域内。本节利用平均速度与瞬时速度的关系，将数值解归纳为近似解；在有限域内提出了将可积分的幂函数代替角函数，形成近似动力学方程，计算出各种建筑拆除倒塌 1 ~3 体方程的解析解、近似解。本节举以下两例，说明求解近似解和解析解的过程。

3.1 单跨框架梁倾倒近似解和解析解

设 n 层单跨框架楼，如图 1 所示。当各梁端都出现塑性铰后，各梁开始平行按同一自由度 q(R° = rad) 倾旋，而柱则平行刚性柱而平动。该多体非树系统可简化为具有单自由度 q 的端塑性铰的有根悬臂梁，即动力学方程为：

$$J_{\mathrm{d}}\frac{\mathrm{d}^2q}{\mathrm{d}t^2}=mgr\cos q-M\cos\left(\frac{q}{2}\right) \tag{3}$$

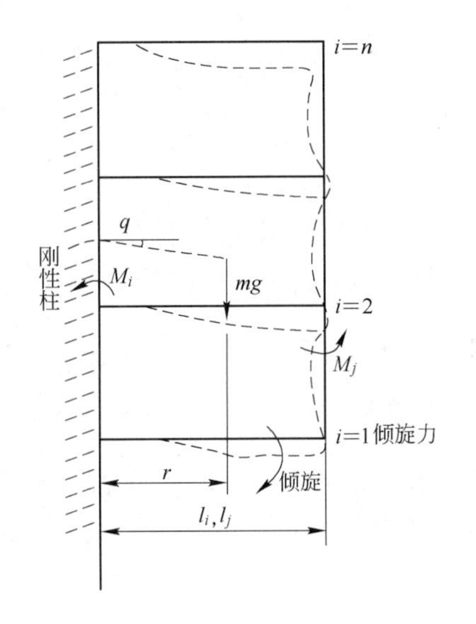

图 1 框架单跨倾旋力图

式中，m 为梁和柱的质量，10^3kg，r 为梁和柱的重心距，m；J_{d} 为梁和柱对固定端的转动惯量，10^3kg · m^2；$M\cos(q/2)$ 为梁两端的“塑性铰”弯矩之和，kN · m；$q/2$ 为梁轴与端钢筋的最大夹角；$M=n(M_i+M_j)$，M_i 为固定端梁的残余抵抗弯矩，M_j 为倾旋端梁、柱的残余弯矩，由于现浇钢筋混凝土框架为 T 型梁，则 $M_i>M_j$；t 为梁倾旋的时间，s。

初始条件：$t=0, q=0, \dot{q}=0$，

则解析解
$$\dot{q}=\sqrt{\frac{2mgr\sin q}{J_{\mathrm{d}}}-\frac{4n(M_i+M_j)\sin\frac{q}{2}}{J_{\mathrm{d}}}} \tag{4}$$

令
$$q_{\mathrm{s}}=\frac{q}{a\cos(M/mgr)} \tag{5}$$

以方程（3）数值解归纳平均角速度 $\dot{q}_{\mathrm{c}}$，其 $\frac{\dot{q}_{\mathrm{c}}}{\dot{q}}$ 的近似值为

$$P_{\mathrm{q}}=\frac{\dot{q}_{\mathrm{c}}}{\dot{q}}\approx 0.095q_{\mathrm{s}}^2-0.024q_{\mathrm{s}}+0.5 \tag{6}$$

则近似解
$$t=\frac{q}{\dot{q}_{\mathrm{c}}}\approx q/P_{\mathrm{q}}\dot{q} \tag{7}$$

当 M/mgr 在 0.95 ~0.095 之间时，其引起 t 平均误差为 0.64%。

3.2　烟囱和剪力墙的单向倾倒解析解

剪力墙等高耸建筑，单向倾倒如图 2 所示，其多体系统可简化为具有单自由度 q，底端塑性铰的有根竖直体，即动力方程为

$$J_{\mathrm{b}} \times \frac{\mathrm{d}^2 q}{\mathrm{d}t^2} = Pr\sin q - M \tag{8}$$

式中，P 为单体的重量，kN，$P = mg$，m 为单体的质量，10^3kg；r 为重心到底支铰点的距离，m；J_{b} 为单体对底支点的惯性矩，$10^3\mathrm{kg} \cdot \mathrm{m}^2$；$M$ 为底塑性铰的抵抗弯矩，kN · m；q 为重心到底铰连线与竖直线的夹角，R°。

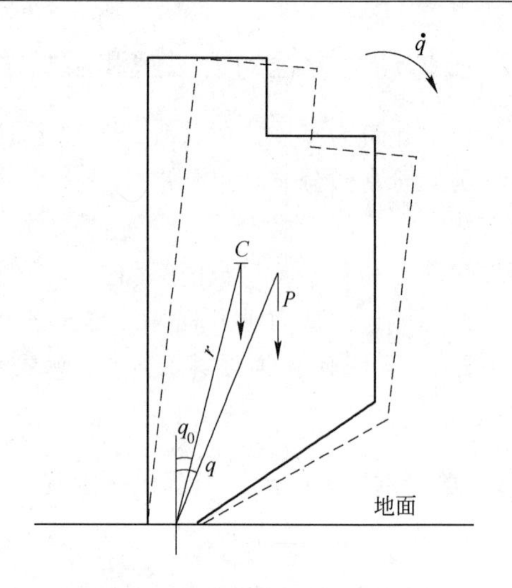

图 2　剪力墙楼房单向倾倒
（实线为初始位置，虚线为运动状态）

爆破拆除时的初始条件是 $t = 0$ 时，$q = q_0$，$\dot{q} = \dot{q}_0$，

解析解

$$\dot{q} = \sqrt{\frac{2Pr(\cos q_0 - \cos q)}{J_{\mathrm{b}}} + \frac{2M(q_0 - q)}{J_{\mathrm{b}}} + \dot{q}_0^2} \tag{9}$$

当 $\dot{q}_0 = 0$，如烟囱，式（8）可简化为近似动力方程：

$$J_{\mathrm{b}} \times \frac{\mathrm{d}^2 q}{\mathrm{d}t^2} = Prq - M \tag{10}$$

有近似方程的解析解，

$$t = \frac{\ln(q_{\mathrm{mr}} + \sqrt{q_{\mathrm{mr}}^2 - 1})}{p_j} \tag{11}$$

式中，$q_{\mathrm{mr}} = (q - M/(Pr))/(q_0 - M/(Pr))$；$p_j = \sqrt{Pr/J_{\mathrm{b}}}$。

近似方程解析解式（8）的数值解在 $q = 1.57$ 时误差最大，接近5%。

4　应用实例

广州造纸厂 100m 烟囱以 3 折爆破拆除，如图 3 所示。运动可简化为 5 个拓扑阶段，即：（1）上切口爆破，烟囱上段单独倾倒；（2）中切口爆破，烟囱上、中段双向折叠同时倾倒；（3）下切口爆破，烟囱上、中、下段连续双向多折倾倒，端弯矩简化为零；（4）烟囱上、中切口闭合，上“铰点”前移至前壁，中“铰点”后移至后壁；（5）烟囱上、中段端剪力大于摩擦力和端强度，钢筋拉出而空中解体。各拓扑的切换点和动力方程初始条件见表 1。

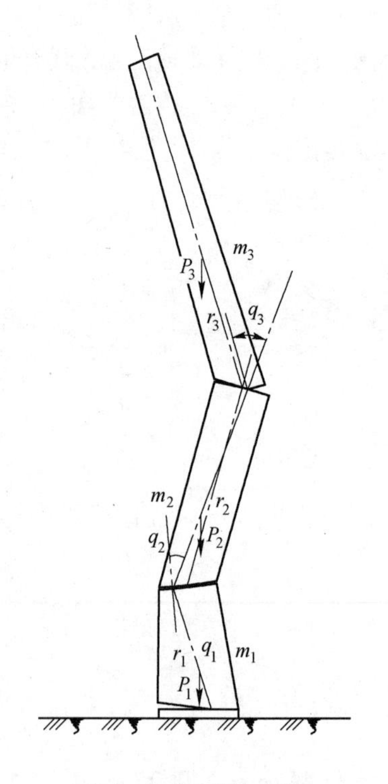

图 3　烟囱三折倾倒图

表 1　纸厂烟囱拓扑切换点和动力方程初始条件

拓扑构型	切 换 点	初始条件	切换点类型
上切口爆破烟囱上段单独倾倒（拓扑 1）	$t=0$	$q_3(t)=q_{3,0}$, $q'_3(t)=0$	时　间
中切口爆破烟囱上、中段同时双向折叠倾倒（拓扑 2）	$t=t_1, q_{3,1}=q_3(t_1)$, $q'_{3,1}=q'_3(t_1)$	$[q(t)]=[q_{2,0}, q_{3,1}]$, $[q'(t)]=[0, q'_{3,1}]$	时　间
下切口爆破烟囱上、中、下段同时多折双向连续折叠倾倒（拓扑 3）	$t=t_2, q_{3,2}=q_3(t_2)$, $q'_{3,2}=q'_3(t_2)$, $q_{2,1}=q_2(t_2), q'_{2,1}=q'_2(t_2)$	$[q(t)]=[q_{1,0}, q_{2,1}, q_{3,2}]$, $[q'(t)]=[0, q'_{2,1}, q'_{3,2}]$	时　间
上、中切口闭合，上“铰点”前移至前壁，中“铰点”后移至后壁（拓扑 4）	$t=t_3, q_{3,3}=q_3(t_2)-q_{f3}, q'_{3,3}=q'_3(t_2)$ $q_{2,3}=q_2(t_2)-q_{f2}, q'_{2,3}=q'_2(t_2)$, $q_{1,3}=q_1(t_2), q'_{1,3}=q'_1(t_2)$	$[q(t)]=[q_{1,3}, q_{2,3}, q_{3,3}]$, $[q'(t)]=[q'_{1,3}, q'_{2,3}, q'_{3,3}]$	空　间
上、中切口剪力大于摩擦力和端强度，钢筋拉出，空中解体，段间非完全脱离至完全脱离（拓扑 5）	$t=t_4$, $[q(t_4)]=[q_{1,4}, q_{2,4}, q_{3,4}]$, $[q'(t_4)]=[q'_{1,4}, q'_{2,4}, q'_{3,4}]$	离散体： $[q(t)]=[q_{2,4}, q_{3,4}]$, $[q'(t-\Delta t/2)]=[q'_{2,4}, q'_{3,4}]$. 多体系统： $[q_1(t)]=q_{1,4}, [q'_1(t)]=q'_{1,4}$	段间相互作用力

注：Δt 为离散运动动力分析法的时间步长；拓扑 5 的多体系统可以为 2 体折叠或有根单体倾倒；q_{f3}、q_{f2} 分别为“铰点”移动引起质心与“铰点”、上“铰点”与下“铰点”连线改变的倾角量；$q_{3,0}$、$q_{2,0}$、$q_{1,0}$、q_{f3}、q_{f2} 计算见参考文献 [9]。

计算所需原始数据见参考文献 [15]，仿真结果与烟囱倾倒过程摄像测量[16] 比较，见图 4 ~ 图 6。

由图中可见，烟囱各段的转角误差在上段的初期最大，上段个别误差为 25%，一般为

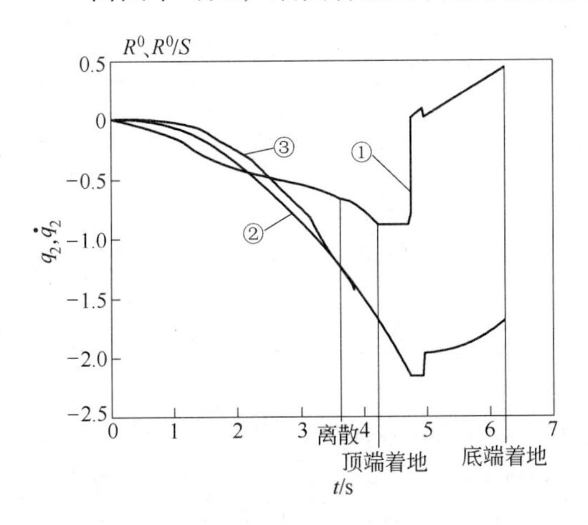

图 4　上段烟囱计算转速 $\dot{q}_3$（①线）、倾倒角 q_3（②线）、实测 q_3（③线）

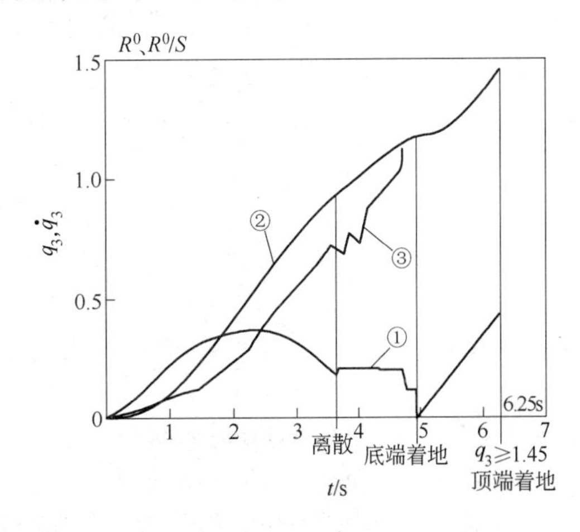

图 5　中段烟囱计算转速 $\dot{q}_2$（①线）、倾倒角 q_2（②线）、实测 q_2（③线）

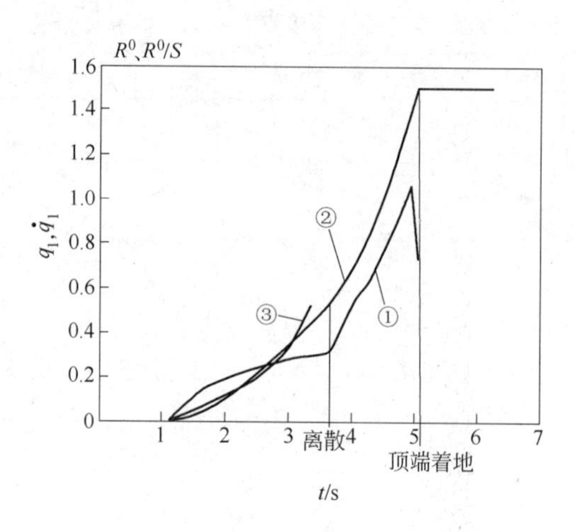

图6　下段烟囱计算转速 $\dot{q}_1$（①线）、倾倒角 q_1（②线）、实测 q_1（③线）

11%，但转角变化趋势是一致的。这是因为在拓扑3过程中，过早地将各段烟囱端弯矩不恰当地简化为零，造成上段烟囱引起的误差较大，上段后期和中、下段计算与观测误差较小。由此说明，多体-离散体动力分析和数值模拟是正确的、可行的；而改进端弯矩和材料塑性动力学参数的取值后，误差就可以减少。

5　结论

爆破拆除建筑物的倒塌过程是由建筑结构转变为建筑机构乃至解体的过程，是经历初始失稳、倾倒（或下落）、运动（或撞地）解体和塌落堆积等过程。反映各个过程不同的力学特征，应采取不同的力学分析方法。初始失稳可用刚塑性体结构的极限分析来判断；失稳的塑体机构可用变拓扑多体系统动力学来描述；运动中多体解体，其生成的离散体可用离散体动力学模拟。在解体过程中，包括从铰连接解体为非完全离散体到完全离散体，从离散个体与其余多体并存到全部离散体。实际拆除工程观测证明，用多体-离散体动力分析描述建筑物倒塌过程是可行的，可以在爆破拆除工程中应用。本文提出的单开链多体的近似解和近似方程解析解，其与数值解的误差较小，在工程应用允许范围内。

参 考 文 献

[1] 小林茂雄，等. RC 制御发破解体时の倒坏举动の预测. 土木学会第48次学术讲演会（平成5年9月）：10～11.

[2] 贾金河，于亚伦. 应用有限元和 DDA 模拟框架结构建筑物拆除爆破[J]. 爆破，2001，18(1)，27～30.

[3] Gu Xianglin，Li Chen. Computer Simulation for Reinforced Concrete Structures. Demolished by Controlled Explosion[C]//Computing in Civil and Building Engineering. Stanford，CA，United Sates 2000，82～89.

[4] 孙金山，卢文波. 框架结构建筑物拆除爆破模拟技术研究[J]. 工程爆破，2004，10(4)：1～4.

[5] 洪嘉振. 计算多体系统动力学[M]. 北京：高等教育出版社，1999.

[6] 郑炳旭，魏晓林，傅建秋，王永庆，林再坚. 高烟囱爆破拆除综合观测技术[C]//中国爆破新技术.

北京：冶金工业出版社，2004，859~867.
[7] 王春玲．塑性力学[M]．北京：中国建材工业出版社，2005.
[8] 过镇海．钢筋混凝土原理[M]．北京：清华大学出版社，1999.
[9] 魏晓林，郑炳旭，傅建秋．钢筋混凝土烟囱折叠倾倒的力学分析及数值模拟[C]//中国爆破新技术．北京：冶金工业出版社，2004，564~471.
[10] 刘全春．结构力学[M]．北京：中国建材工业出版社，2003.
[11] 张奇，吴枫，王小林．框架结构爆破拆除失稳过程有限元计算模型[J]．中国工程学，2005，10(3)：22~28.
[12] 张劲夫，秦卫阳．高等动力学[M]．北京：科学出版社，2002.
[13] 杨廷力．机械系统基本理论——结构学·运动学·动力学[M]．北京：机械工业出版社，1996.
[14] 蔡美峰，何满潮，刘东燕．岩石力学与工程[M]，北京：科学出版社，2002.
[15] 郑炳旭，魏晓林，陈庆寿．多折定落点控爆拆除钢筋混凝土高烟囱设计原理[J]．工程爆破，2007，13(3)：1~7.
[16] ZHENG Bingxu，WEI Xiaolin，Modeling studies of high-rise structure demolition blasting with multi-folding sequences[A]. In：New Development on Engineering Blasting [C]. Beijing：Metallurgical . Industry Press，2007，326~332.

裂隙带富水层铁矿山采场爆破技术的应用

陈佩富

（马钢集团设计研究院有限责任公司，安徽马鞍山，243000）

摘　要：本文就有关增加排孔、分段装药、空气间隔、水间隔、渣间隔，改善布孔工艺优选、爆破参数、实施优质爆破等技术在铁矿山的应用进行了阐述，并根据现场实际情况适时作微量调整，灵活掌控。在控制飞炮、大块，减少底根，减轻爆破振动的破坏，保护采场边坡、边邦的稳定以及减小对周边农户建筑物破坏的影响等方面都行之有效，产生了较好的经济效益和社会效益。这些实用的爆破设计施工方法在类似裂隙带富水层复杂地质条件下的铁矿山采场爆破设计与施工中具有一定的借鉴作用。

关键词：裂隙带；富水；矿山；爆破设计；施工技术；应用

Application of Blasting Techniques in Fracture Zones Iron Mine with Rich Water

Chen Peifu

（Maanshan Iron & Steel Group Design Institute Co., Ltd., Anhui Maanshan, 243000）

Abstract: This paper states about the application of increasing row holes, broken charge, air gap, water interval and slag interval, improving cloth hole process optimization, blasting parameters and carrying out the quality blasting technology in iron mines. And then according to the actual circumstance timely adjust for trace and flexible control. It is worked in the aspects of controlling fly gun, block, reducing root and the destruction of the blasting vibration, protecting the stability of the slope and the side of it and reducing the damage influence of the farmers' buildings surrounding. And it has produced better economic and social benefits. These practical blasting design construction methods had certainly references in the design and construction of the complex geological conditions of iron mine slope blasting like in rich water of fracture zones.

Keywords: fracture zones; rich water; mine; blasting design; construction technique; application

1　某铁矿山采场历史及生产现状

某采场1958年开始投产。1998年末《×××采场调整境界及稳定生产能力研究报告》确定采场年矿石生产能力为35万吨。铁矿床为岩浆期后高温热液矿床，主要分布于闪长玢岩裂隙内接触带、接触带外的火山岩凹地和安山岩中。地下水化学类型为重碳酸型，东部地下水类型属中生代火山基岩裂隙潜水型。铁矿石主要为磁铁矿、赤铁矿，$f=8\sim10$；围岩主要由闪长玢岩、安山岩和凝灰岩等组成，$f=4\sim6$；矿区内断裂、节理构造十分发育且纵横交错。断裂构造7条，均为成矿后构造运动所形成，矿体有不同程度的移位。其中 F_1 断裂规模最大，呈北东—南西向横贯全区。F_2 断裂带为张性断裂破碎，呈近东西走向，其余为正断层和平面断层，矿床矿、岩以碎裂为主并软硬相间。Ⅰ号主矿体形态在平面上呈北东向月牙状，产于闪长玢岩顶部的裂隙带中，受北东向裂隙控制。地下水属火山基岩裂隙潜水型含水矿体、岩石的富水性与渗透性都较强。

2 穿爆工艺参数

2.1 爆破参数

（1）孔径：$\phi=250$mm。
（2）台阶高度：$H=12$m。
（3）孔距：矿石 $a_1=6\sim8$m；岩石 $a_2=9\sim11$m。
（4）排距：矿石 $b_1=5\sim6$m；岩石 $b_2=6\sim7$m。
（5）孔深：$H=14$m（采用牙轮转机转孔，KY250）。
（6）超深：矿石 $h_1=2\sim2.5$m；岩石 $h_2=1.5\sim2$m。
（7）底盘抵抗线：$W_d=9\sim12$m。
（8）填塞长度：矿石 $L_1\geqslant5.5$m；岩石 $L_2\geqslant7$m。
（9）一次爆破孔数：10~30个。
（10）一次爆破排数：2~4排。

2.2 爆破工艺参数

（1）布孔方式：正三角形。
（2）装药结构：连续柱状装药、分段装药。
（3）装药方式：人工装药或炸药车装药。
（4）起爆方式：逐孔起爆或等间隔短微差起爆。
（5）微差时间：根据矿岩性质和起爆方式。逐孔起爆方式，孔间矿石25ms，岩石42ms；排间矿石42ms，岩石65ms；等间隔短微差起爆方式，矿石25ms，岩石50ms；排间矿石50ms，岩石75ms。

2.3 爆破材料及用量

（1）炸药：干岩孔用粒状铵油炸药；干矿孔或浅水岩孔用低密度乳化炸药；深水矿孔用高密度乳化炸药。
（2）雷管：ORICA高精度雷管和普通非电毫秒雷管。
（3）炸药用量：4~6吨/次。
（4）爆破量：3~5万吨/次。
（5）炸药单耗：$q=0.3\sim0.55$kg/m^3。
（6）单孔最大药量：460kg。

3 爆破设计方案与施工

在长期的工程设计与爆破施工中，根据不同地质条件以及富水矿区内实施爆破，我们摸索总结了一些适用的爆破设计方案，为降低大块率、减少底根和振动、控制爆堆形状、提高爆破质量做了一些努力和尝试，应用效果良好。

3.1　复杂地质条件下优化布孔工艺

在节理裂隙非常发育、层理面较多矿岩硬度较大且地下水丰富的矿床块段区域，采用排孔加密爆破。在两排孔中间增加不同深度的炮孔，改变药量分配方式，为了使爆区爆破等时线一致，在不规则区域延时选择和布置，使爆破能量趋于均匀分布。

3.1.1　同孔径增加排孔加密爆破

层理面间厚度在3m以下时，结构面在药包截切上破裂线，爆破后上部矿岩将沿结构面崩塌，上破裂线后仰小，虽爆破方量大但产生大块也较多。在这种地质条件下，我们采用了同孔径增加排孔加密爆破，参数见表1。

表1　同孔径排孔加密爆破孔网参数

布孔爆破方式＼参数	孔距/m	排距/m	填塞长度/m
常规布孔爆破	6～8	5～6	5.5
同孔径排孔加密爆破	8～8.5	6～7.5	7～7.5

前排孔参数不变，在前后排孔之间增加一排孔，与前排成正三角形，后排与增加的排成矩形布孔，前排孔、增加孔采用连续柱状装药反向起爆，后排孔分段装药，增加排装药量为前排孔两侧药量较小的三分之一至五分之一（80～100kg），前排先爆后9ms，增加排在9～17ms之间爆。如图1所示，3排13个孔，前排7个，增加排6个孔，后排6个孔。低密度乳化炸药，起爆网络采用逐孔微差起爆，前排孔采用25ms延期段别的雷管，后排孔采用42ms延期段别的雷管，增加排采用17ms、孔内采用400ms延期段别的雷管，为保证网络的准爆性，每个孔内装两发雷管，并和起爆具固定在一起，后排孔采取分段装药。起爆方法采用非电导爆管起爆（所使用的导爆管雷管均是奥瑞凯公司生产的），由导火索引爆火雷管，火雷管的爆轰冲能再将非电导爆管起爆，进而将爆轰传播下去。

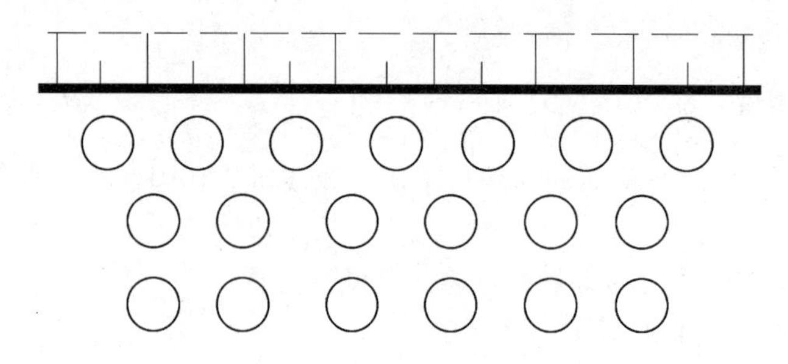

图1　同孔径排孔加密爆破孔网

爆破完成后的现场，爆堆集中，无底根，大块少。达到了预期的爆破效果。

3.1.2　不同孔径增加排孔加密爆破

层理面间厚度在大于3m时，结构面在药包截切上破裂线时，爆破后上破裂线沿结构面发展，使上破裂线比原设计缩小，爆破方量容易形成抛掷爆破。在这种地质条件下，采用不同孔径增加排孔加密爆破，参数见表2。

表2　不同孔径增加排孔加密爆破孔网参数

布孔爆破方式＼参数	孔径/mm	孔距/m	排距/m	孔深/m	填塞长度/m
常规布孔爆破	250	6～8	5～6	14	5.5
不同孔径增加排孔加密爆破	145	7～9.5	6～7.5	14	7～7.5

前排孔参数不变，在前后排孔之间增加一排孔，与前排孔成正三角形，后排与增加的排孔成矩形布孔，前排孔和增加孔采用连续柱状装药，后排孔分段装药，增加排孔装药量为后排药量的1/4～1/5（60～90kg），增加排孔在前排先爆9ms或17ms后，后排孔之前响炮。此种布孔及爆破方法有效增加了爆破量，控制了抛掷爆破和飞炮，没有残留底根，大块较少，爆破后爆堆形状控制较好，保证了爆破安全。此方法提高了爆破能量，减少了炸药用量，降低了炸药单耗，节约了爆破成本。

3.2　炮孔装药间隔

不增加排孔，采用孔底间隔装药、孔间间隔装药等方法适用于节理裂隙相对发育、层理面较多、矿岩硬度中等的干孔或地下水位较低的地段。

3.2.1　孔底空气间隔装药爆破

在干岩孔采取间隔措施，增加药柱高度，即在孔底装入木制1m工字形高脚圆凳（圆盘）做间隔，每孔减少粒状铵油炸药20～30kg，采用短微差单孔顺序起爆，或采用逐孔微差爆破网路，前排用ms-1段，后排用ms-4段，地表用ms-3段雷管做传爆雷管实现非等间隔微差。这种爆破方法控制爆堆状态较好，便于采装运输；破岩质量好，大块和底根少；更主要的是减轻了爆破振动，有利于边坡保护，近郊农村建筑破坏大大减轻。

3.2.2　孔底水间隔装药爆破

孔内水深小于炮孔超深时应用此方法。为防止炸药浮在水中，在孔底放置木制1m工字形高脚圆凳做间隔，用普通密度乳化炸药延长装药长度，普通密度乳化炸药性能优于高密度乳化炸药，作用基本与孔底空气间隔装药爆破相似，节约炸药。

3.2.3　孔间分段装药爆破

DS铁矿采场是利用地表排水疏干。孔内水深大于炮孔超深时，如果仍用普通密度乳化炸药，其下沉速度慢，炸药漂浮在水中，装药施工困难。我们采用高密度乳化炸药，其延米装药量大（见表3）。矿体节理裂隙发育且孔内水深时采用此方法可改善爆破效果。此外，采用孔间填渣间隔、气体间隔器（金山牌BJQ）分段间隔装药爆破方法也可达到较为理想的爆破效果。

表3　普通乳化炸药与高密度乳化炸药性能指标比较

炸药品名	密度/g·m^{-3}	爆速/m·s^{-1}	猛度/mm	殉爆距/cm
普通乳化炸药	1.2～1.23	≥3200	≥12	≥3
高密度乳化炸药	≥1.23	≥3000	≥10	≥2

4 结语

在几十年的铁矿山生产和技术设计工作中，我们矿山工程技术人员工作在采场第一线，对采场地质构造、矿岩性质、矿床赋存、矿体走向、形态、地下水分布状况等都摸索得比较清楚，所以，在爆破设计施工中具有较丰富的经验，能够因地制宜地根据采场实际灵活地开展爆破设计与施工。譬如，炮孔中水深时，为防止乳化炸药上浮，我们在孔口放一横担，将炸药包坠上重物系在横担上顺绳索下放到孔的适当深度再填塞，有效解决了炸药浮在水面的问题。有关增加排孔、分段装药、空气间隔、水间隔、渣间隔等技术的应用都是在生产实践中逐步摸索逐渐形成的，根据现场实际情况适时作微量调整，灵活掌控。在控制飞炮、大块，减少底根，减轻爆破振动的破坏，保护采场边坡、边邦的稳定以及减小对周边农户建筑物破坏的影响等方面都行之有效，产生了较好的经济效益和社会效益，为铁矿山的开采做出了一点成绩。上述实用的爆破设计施工方法对类似矿岩含水、裂隙、破碎地质条件下的矿山爆破有一定的借鉴作用。

参考文献

[1] 梁锡武，张志毅，王中黔．城区风化岩控制爆破问题[C]//工程爆破研究与实践．北京：中国铁道出版社，2004：400~403.
[2] 王文勤．短微差顺序爆破技术在东山采场减震爆破中的应用[J]．矿业快报，2004，(11)：49~50.
[3] 刘芸．提升马钢南山铁矿东山采场产能分析[J]．矿业快报，2006，(7)：52~53，60.
[4] 谢建德．单孔顺序起爆在东山采场的应用[J]．矿业快报，2004，(11)：49~50.

E-mail：mg28800@sina.com

深凹露天矿富水岩层护帮控制爆破技术研究

王运敏

（中钢集团马鞍山矿山研究院有限公司，安徽马鞍山，243004）

摘　要：针对超深凹露天矿山炮孔内含水较多的状况，通过实验室和现场工业试验，研究水介质护帮控制爆破的机理，总结出了关键技术参数的计算公式，该项研究成果在国内多家大型金属露天矿山获得应用。现场应用的实践证明，即使对于极其破碎复杂的富水岩体实施本水介质护帮控制技术，半壁孔痕率仍然可以达到70%以上。

关键词：深凹露天矿；护帮；水介质预裂爆破

Research on Slope-protection Control Blasting for Aqua Rock in Deep Open-pit Mines

Wang Yunmin

(Sinosteel Ma anshan Institute of Mining Research Co., Ltd., Anhui Maanshan, 243004)

Abstract: The theory on aqua pre-split blasting for the mines that the boreholes are full of water is put forward and the key blasting parameters are determined, and the research findings are adopted by lots of domestic mines. It proves that, even for extremely broken aqua rocks, a successful slope protection blasting can also be realized.

Keywords: deep open-pit mine; slope protection; aqua pre-splitting blast

1　引言

目前国内多数大型金属露天矿山进入超深凹开采阶段，随着开采深度的增加，边坡出现区域性滑坡的概率日益增大；基于同样的原因，预裂等护帮控制爆破因为炮孔含水太多而往往很难达到预期的效果，造成边帮控制爆破效果很差，主要体现在爆破后存在超界或不到界现象、爆破后出露坡面不平整及坡面可见半壁孔率极低。目前，国内水孔预裂爆破参数在应用中一般参照干孔的工艺参数计算选取，是造成预裂爆破失败的根本原因。因此本项研究对改变目前我国矿山护帮控制爆破现状，维护高陡边坡的稳定性具有重要意义。

2　水孔护帮预裂爆破机理

2.1　水介质预裂爆破成缝机理

对于水介质预裂爆破，水作为爆破介质缓冲了爆炸能量，这时应保持孔壁不出现压碎，使应力波只能对孔壁产生一定数量的初始裂隙，这要求孔壁初始压力应不大于岩石的极限抗压强度：

$$P \leqslant \sigma_c \tag{1}$$

式中　P——孔壁初始压力；

σ_c——岩石的极限抗压强度。

当 σ_φ 超过岩石的动态抗拉强度时，岩石中将出现破坏裂缝。

$$\sigma_\varphi \geqslant [\sigma_{tt}] = \xi_2 [\sigma]_{拉} \tag{2}$$

式中　$[\sigma_{tt}]$——岩石的动态抗拉强度；

ξ_2——岩石的抗拉动载荷系数；

$[\sigma]_{拉}$——岩体静载荷下轴极限抗拉强度。

此后，爆生产物挤压水介质楔入因应力波作用在炮孔连心线方向上而形成的初始裂缝，产生“水楔”效应，爆生产物与水一起驱动裂缝扩展，并最终贯通形成预裂缝。故裂缝扩展的基本条件为：

$$\sigma_{r,\varphi} \geqslant \xi_2 [\sigma]_{拉} \tag{3}$$

式中　$\sigma_{r,\varphi}$——距孔中心 r 处岩体应力。

当相邻炮孔应力波叠加产生的集中拉应力小于岩石的动态抗拉强度，即 $\sigma_{r,\varphi} \leqslant [\sigma_{tt}]$ 时，裂纹停止发展。

2.2　水介质预裂爆破应力场数学模型的建立

采用等效球药包叠加来近似代表柱形装药结构，从而将柱面波简化为球面波，求解水介质预裂爆破柱状装药的应力波参数。

预裂孔孔壁初始压力的计算：

$$P_w = KP_e \tag{4}$$

式中　P_e——炸药爆轰波阵面上的压力，$P_e = \frac{1}{4}\rho_e D^2$；

K——压力透射系数，

$$K = \frac{2\rho_w C_w}{\rho_e D + \rho_w C_w} \tag{5}$$

ρ_e——炸药密度，g/cm^3；

D——炸药波速，m/s；

ρ_w——水的密度，g/cm^3；

C_w——水的波速，m/s。

但是，即使炸药完全装满炮孔，也不可能希望爆轰波和岩石负载完全耦合，因为爆轰波是在炸药里平行于炸药-水界面运动的，由于很小的“边缘效应”，并没有伸展到炸药的周边。当炮孔与炸药之间存在环状空间的时候，就应该采用炮孔压力（P_b），此外，每当应用这个炮孔压力时都不应忽视非理想爆轰和相应的压力-时间效应。

$$P_b = \Delta^a P_3 \tag{6}$$

式中　P_3——炮孔绝热压力，$P_3 \approx P_e/2$；

a——在这种情况下，$a\approx2.5$；

Δ——对炮孔容积的比值，即炮孔被炸药所占据的部分。

根据近似式 $P_3\approx P_e/2=\rho_e D^2/8$，可得炮孔水中的初始压力为：

$$P'_w = K\Delta^a P_3$$

对球面波，在距爆心 $2b$（b 为药包半径）范围内，冲击波压力随距离增加是近三次方衰减，衰减式为：

$$P_m(\bar{r}) \propto (\bar{r})^{-3} \tag{7}$$

式中 $\bar{r}$——比爆心距，$\bar{r}=\dfrac{r}{b}$；

r——至爆心距离；

b——炸药半径。

在距爆心 $(2\sim5)b$ 范围内，

$$P_m(\bar{r}) \propto (\bar{r})^{-2} \tag{8}$$

在距爆心 $(5\sim240)b$ 范围内，

$$P_m(\bar{r}) \propto (\bar{r})^{-1.13} \tag{9}$$

对柱面波，其波阵面压力随距离增加衰减很慢，近似关系如下：

$$P_m(\bar{r}) \propto (\bar{r})^{-0.56} \tag{10}$$

炮孔中水中波阵面压力随距离增加的衰减为：

$$P(\bar{r}) = P'_w \times (\bar{r})^{-0.56} = P'_w \times \left(\frac{r_0}{b}\right)^{-0.56} = P'_w \times \left(\frac{r_0}{1.2247b_c}\right)^{-0.56} \tag{11}$$

由以上各式可得炮孔壁上的初始压力为：

$$P = \frac{\rho_e D^2 \times \rho_w C_w}{4(\rho_e D + \rho_w C_w)} \times \Delta^a \times \left(\frac{r_0}{1.2247b_c}\right)^{-0.56} \tag{12}$$

3 水孔与干孔实验室模型对比实验

3.1 爆破和起爆器材

试验中采用了厚度 70mm 的有机玻璃，单孔水介质爆破的试块尺寸为 100mm × 100mm × 70mm，见图 2。中间留有孔径为 ϕ18mm 的孔。双孔水介质预裂爆破的试块尺寸为 100mm × 120mm × 70mm，中间留有 ϕ18mm 的双孔。具体操作如下：

（1）采用不耦合装药结构，药包采用内径 ϕ3.0mm 的塑料管，内装黑索今炸药、炸药密度 1.03g/cm^3，电雷管起爆。

（2）模型底部堵胶泥，水孔底部用胶带粘牢。

（3）模型上部用厚纸板隔开，避免雷管爆炸时将有机玻璃击出伤痕，同时兼有堵塞孔口的作用。

3.2 单孔试验结果分析

3.2.1 药量相同水介质和空气介质爆破相比

从实验可知，在单孔爆破中，相同药量 0.35g 的条件下，水介质爆破的径向裂隙长度很明显地大于空气介质中爆破的裂隙长度（见表 1）；干孔裂隙分别为 3.30cm、3.50cm、

3.70cm，水孔裂成两大块（见图1和图2）。

表1　药量相同时的对比试验

编　号	孔内状况	药量/g	裂隙长度/cm	装药高度/cm
Ⅰ-3	空　气	0.35	3.5	4.72
Ⅰ-6	水介质	0.35	裂成两块	4.72

图1　干孔单孔实验

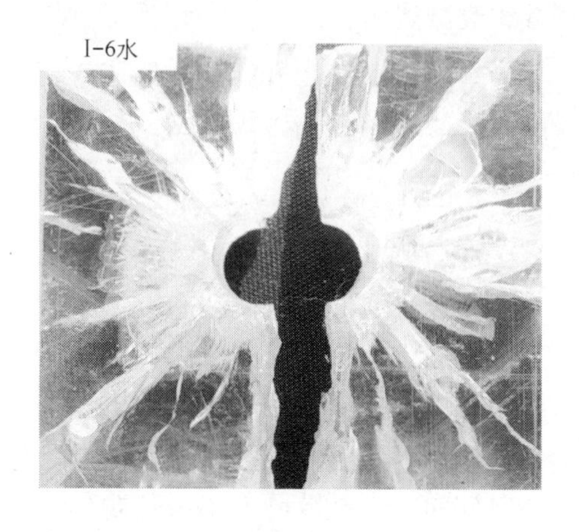

图2　水孔单孔实验

3.2.2　药量不同水介质和空气介质爆破相比

从实验可知，空气介质模型Ⅰ-2和水介质模型Ⅰ-7，在装药量不同的条件下，径向裂隙的长度很相近（见表2）。在水介质模型的爆破中，炸药量下降21%，却获得了和空气介质模型爆破相近的结果（见图3和图4）。

表2　药量不同时的对比试验

编　号	孔内状况	药量/g	裂隙长度/cm	装药高度/cm
Ⅰ-2	空　气	0.317	2.9	4.27
Ⅰ-7	水介质	0.25	2.98	3.37

图3　干孔单孔实验

图4　水孔单孔实验

3.3 双孔试验结果分析

在双孔爆破试验中，主要是比较空气介质预裂爆破和水介质预裂爆破，观察裂隙发展和裂开的状况。

从实验可知：

（1）空气介质模型Ⅱ-2，两孔装药量各 0.2g，爆破后没有裂开，只有很短的径向裂隙，两孔中心连线上也未见明显裂隙；水介质模型Ⅱ-1 爆破后不但裂开了，而且孔底部未装药部分也见到很发育的径向裂隙（见表 3）。

表 3　药量相同水介质与空气介质对比

编　号	孔内状况	药量/g	裂隙长度/cm	装药高度/cm
Ⅱ-1	水介质	0.2	裂成两块	2.69
Ⅱ-2	空　气	0.2	径向裂隙很短	2.69

（2）双孔水介质预裂爆破试块和单孔水介质爆破相比，更容易裂开（药量少 43%）。说明相邻两孔同时起爆时，在孔间连心线上产生应力叠加。所以，在药量少的条件下能拉开预裂缝（见图 5 和图 6）。

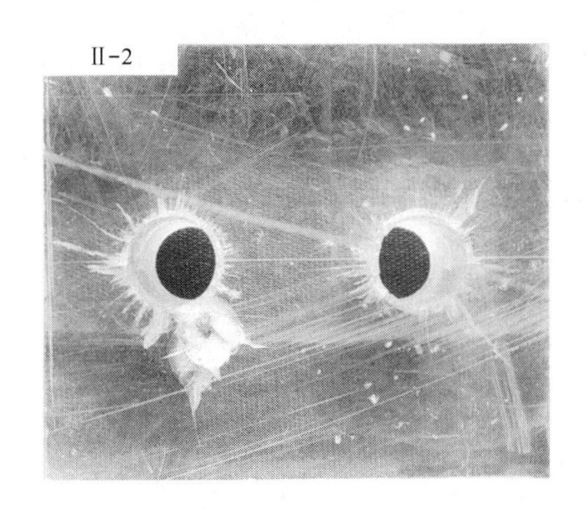

图 5　干孔双孔实验

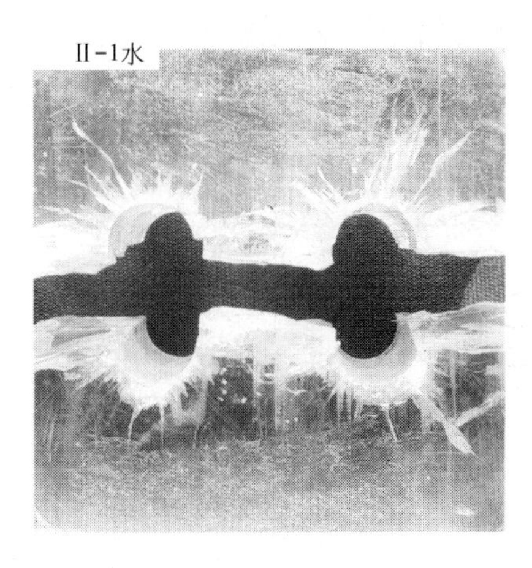

图 6　水孔双孔实验

4　水介质护帮控制爆破参数计算

4.1　水介质预裂爆破不耦合系数

利用模型模拟结果的数学回归分析，得出了不耦合系数 K 的拟合公式。

$$K = 3.36\sqrt{\frac{\sigma_{cy}}{\sigma_c}} \tag{13}$$

式中　K——不耦合系数；

σ_c——岩石的极限抗压强度，MPa；

σ_{cy}——有机玻璃的抗压强度，127MPa。

4.2　钻孔间距计算

$$a = 10.4D(K-1)^{-0.523} \tag{14}$$

式中　a——钻孔间距，cm。

4.3　线装药密度（q_L）计算

计算的药量为2号岩石炸药。

$$q_L = 78.5D^2K^{-2}\rho \tag{15}$$

式中　ρ——炸药密度，g/cm^3。

对其他类型炸药，根据爆轰性能及现场试验按比例折算。

5　护帮控制爆破大规模现场工业试验及爆破效果

5.1　试验条件

边帮岩石有混合花岗岩（f=8～10）、片麻岩（f=8～10），节理裂隙较多，片麻岩的完整性较差，大部分属于破碎岩体。预裂孔孔径为115mm；选用岩石乳化炸药。

5.2　水介质预裂爆破试验

试验爆破参数及试验记录详见表4和表5。

表4　水介质预裂爆破试验参数及爆破效果表

编号	岩石种类	孔数/个	孔距/m	线装药密度/kg·m^{-1}	填塞高度/m	孔口余量/m	预裂效果
1	混合岩	36	0.8～1.0	1.2～1.4	2	3	有预裂孔的半壁孔痕率70%以上，台阶面平整度较好
2	片麻岩	42	1.0	0.90	2	2.5	
3	混合岩	23	1.0	0.90	1.5	2.5	
4	片麻岩	24	1.10	0.67～1.0	1.5	2.5	
5	片麻岩	43	1.0	0.86	1.5	2.5	
6	片麻岩	21	1.0	1.04	1.5	2.5	
7	片麻岩	60	0.8～1.0	1.04	1.5	2.5	
8	片麻岩	17	1.0～1.2	1.08	1.5	2.5	

表5　缓冲孔爆破参数表

缓冲孔类型	孔径/mm	孔距/m	排距/m	药量/kg	孔深/m	孔底距预裂面距离/m
缓冲孔	250	5	5～6	300	15	1.5
辅助缓冲孔	250	5	3.5	70	6	1.3

本实验共统计了11炮，300个孔，预裂孔长度45000余米，预裂面长度250余米。

6 结论

（1）通过实验室和现场工业试验研究了水介质护帮控制爆破机理，根据爆破模拟结果总结出了关键技术参数的计算公式。

（2）富水岩层护帮控制爆破研究证明在富水条件下多裂隙软岩和破碎型岩体中同样可以成功实现护帮控制爆破，本项研究首先提出了关键爆破参数的计算公式，现场试验证明，即使对于极其破碎复杂的富水岩体实施本水介质护帮控制技术，半壁孔痕率仍然可以达到70%以上。

（3）在多裂隙软岩和破碎型岩体中进行水介质预裂爆破时，为使孔壁不被压碎，不耦合系数要增大，孔距要相应缩小，应适当地减少药量。

参考文献

[1] M. A. 库克. 工业炸药[M]. 北京：煤炭工业出版社，1987.
[2] 中国爆破新技术编委会. 中国爆破新技术[M]. 北京：冶金工业出版社，2008.
[3] 中钢集团马鞍山矿山研究院. 首钢水厂铁矿复杂地质条件下护帮控制爆破技术研究. 2005.

深水环境特种爆炸作用原理及应用

沈兆武 李 磊 马宏昊

（中国科学技术大学近代力学系，安徽合肥，230027）

摘 要：介绍了深水环境下炸药爆轰机理，并以工程实例为背景，结合实验与数值模拟方法，对深水环境工程爆破中，炸药的聚能效应原理与应用、炸药的起爆与爆轰稳定性等问题进行研究。结果表明，利用聚能效应可以大大提高炸药的能量利用效率，应用于水下爆破具有良好的爆破效果；以乳化炸药为基质的铝纤维炸药在深水环境下能够正常起爆，并且具有良好的爆轰稳定性。

关键词：深水环境；爆轰机理；工程实例；聚能效应；铝纤维炸药

Research on Working Principle and Application of Special Explosion in Deep Water

Shen Zhaowu Li Lei Ma Honghao

（Department of Modern Mechanics，University of Science and Technology of China，Anhui Hefei，230027）

Abstract：To introduce the mechanism of detonation in deep water，and make use of the engineering projects as background to study the working principle and application of energy cumulative effect，initial detonation and detonation stability by experiment and numerical simulation methods. It has been found that the energy utilization efficiency could be improved greatly using energy cumulative effect，and good blasting effect was achieved when it is applied to underwater demolition. The aluminum fiber explosive based on emulsion explosives was able to detonate normally and steadily.

Keywords：deep water；mechanism of detonation；engineering projects；energy cumulative effect；aluminum fiber explosive

1 引言

水下爆炸的研究在第一、二次世界大战期间得到快速的发展，并于 1948 年形成了比较系统的理论。进入 21 世纪以来，计算机技术得到快速发展，成为水下爆炸数值模拟研究的良好伴侣，进而大大促进了水下爆炸理论的发展。目前，国内外对水下爆炸研究主要集中在以下几个方面：水下爆炸损伤机理及效应评估，水下爆炸能量释放与传播规律，水下爆炸实验测试技术，水下爆炸数值计算与仿真等。水下爆炸的研究的目的最初是用于军事方面，然而随着社会飞速发展，水下爆炸越来越多地被用于港口码头建设、航道疏浚、水利水电等工程领域。

在深水环境下进行爆破，常常受到环境的限制，而无法采用常规的爆破方法，如炮眼爆破法、深孔爆破法、药壶爆破法等。同时，在爆破领域，安全与经济问题日益受到重视。采用最小的药量、最低的成本来达到最佳的爆破效果是爆破界追求的目标。聚能效应形成的聚能气流具有能量密度、速度、压力高以及方向性强等特点，当爆轰产物的能量集中在较小的面积上，能够大大提高破坏作用，当在药柱的表面加一个药型罩时，炸药爆轰后，就将能量传递给药型罩，药型罩在强大的爆轰压力下以很高的速度向轴线方向运动，使药型罩的内表面相互碰撞后形成高速射流，而外表面碰撞后形成速度相对较低的杵体。聚能射流的速度高达数千米每秒，具有很强的穿孔能力，因此被广泛应用与水下工程爆破、军事等领域。本文以工程实例为背景，结合实验与数值模拟方法对深水环境（如水深达数百米至数千米）下，聚能装药结构的爆炸作用原理，以及炸药的起爆、防水、爆轰稳定性、敏化性等问题进行研究。

2　水下炸药爆轰机理

2.1　冲击波参量计算

炸药在水下爆炸后，产生高温高压爆轰产物，并向周围膨胀，其物理过程一般可分为冲击波的产生与传播、气泡形成与脉动。冲击波形成后，向外传播过程中呈指数衰减，并且带走了超过一半的初始能量。

对于爆炸气体，可以使用标准的 Jones-Wilkins-Lee（JWL）（Dobratz，1981）状态方程计算爆炸气体的压力：

$$p = A(1 - \omega\eta/R_1)e^{-R_1/\eta} + B(1 - \omega\eta/R_2)e^{-R_2/\eta} + \omega\rho E \tag{1}$$

式中，p 为爆轰压力；E 为单位质量的内能；ρ 为爆炸气体密度；η 为爆炸气体与初始炸药的密度比值；A、B、R_1、R_2、ω 为状态方程参数。

也可以使用真实气体的状态方程（理想气体的伽马定律 gamma law）计算爆炸气体压力：

$$p = (\gamma - 1)\rho e \tag{2}$$

式中，γ 在许多高能炸药中取值为 3，e 为单位质量的爆轰能量。

美国水面武器中心，Swisdak[1] 将炸药水下爆炸冲击波传播规律用统一公式（3）表示：

$$Parameter = k\left(\frac{w^{1/3}}{r}\right)^{a} \tag{3}$$

式中，$Parameter$ 有多种取值，例如为峰值压力（p_m），或比冲量（$I/w^{1/3}$）；w 为炸药装药量，kg；r 为离爆源中心距离，m；k、a 为相似常数。

例如求解 TNT 炸药的水中爆炸峰值压力，其相似定律表达为：

$$p_m = 53.3\left(\frac{w^{1/3}}{r}\right)^{1.13} \tag{4}$$

我国中国科学院力学所提出了水、泥浆中 TNT 爆炸超压公式[2]：

$$p_m = 60\left(\frac{\sqrt[3]{W}}{R}\right)^{0.85} - 6\left(\frac{\sqrt[3]{W}}{R}\right)^{0.12} \tag{5}$$

式中，p_m 为超压峰值压力，MPa；W 为 TNT 集中药包的药量，kg，其他炸药根据 $W' = (Q/Q')W$ 计算，Q、Q'分别为 TNT 与所要计算炸药的暴热，Q 取 4200kJ/mol，W'为所要计算的炸药质量；R 为与药包之间的距离。

冲击波在水中衰减规律：

$$p = p_m e^{-t/\theta} \tag{6}$$

根据应力波透射理论，水下结构受到爆炸产生冲击波的作用后透射压力为：

$$p_j = \frac{2\rho_j c_j}{\rho_j c_j + \rho_0 c_0} p_0 \tag{7}$$

式中，p_j 为水下结构的透射压强；$\rho_j c_j$为水下结构的波阻抗；$\rho_0 c_0$为水的波阻抗；p_0 为水中压强。

炸药爆轰产生的冲击波冲量、能量密度[3]：

$$I = \int_0^{5\theta} p\mathrm{d}t \tag{8}$$

$$E = \frac{1}{\rho_0 c_0}(1 - 2.422 \times 10^{-4} p_m - 1.031 \times 10^{-8} p_m^2)\int_0^{5\theta} p^2 \mathrm{d}t \tag{9}$$

式中，I 为冲量；E 为能量密度；p 为冲击波压力；p_m 为峰值压力，MPa；θ 为冲击波峰值衰减到 $\frac{p_m}{e}$ 时所用的时间，ms；ρ_0 为水的密度；c_0 为常温常压下水的声速。

2.2 气泡脉动

冲击波脱离爆轰产物后，气泡急剧膨胀，在膨胀过程中气泡内的压力不断下降，当气泡内压力与周围静水压相等时，气泡膨胀速度达到最大，由于惯性作用，气泡仍然在膨胀，此时气泡的膨胀速度不断减小，当膨胀速度减为零时，气泡达到最大膨胀半径，之后在静水下的作用下开始收缩，直至收缩到最小半径，然后开始第二次膨胀，直至气泡内能消耗完毕。当气泡达到最大半径时产生稀疏波，最小半径时产生压力波。一般来说，气泡第一次脉动产生的压力波才具有实际意义。气泡脉动压力一般为冲击波峰值压力的 15% ~ 20%，但是气泡脉动时间较长（高达 1000ms 左右），产生的冲量一般高于冲击波[4]，因而对附近结构也具有较强的破坏作用。

气泡脉动能（也称为气泡振荡能），即气泡克服静水压力膨胀到第一次最大时所做的功，计算公式如下：

$$E_b = \left(\frac{T_b}{K}\right)^3 \tag{10}$$

式中，T_b 为气泡脉动的周期；$K = 1.135\rho^{1/2}/P_\infty^{5/6}$；$P_\infty$ 为距气泡中心无穷远处静水压。

$$T_b = K_T \frac{W^{1/3}}{P_0^{5/6}} \tag{11}$$

式中，W 为炸药质量；P_0 为静水压；K_T 为某种炸药常数，例如 TNT 炸药：$T_b = 2.11 \times \frac{W^{1/3}}{(h+10)^{5/6}}$，$h$ 为水深。

气泡第一次膨胀的最大半径为：

$$R_{max} = K_R \frac{W^{1/3}}{P_0^{1/3}} \tag{12}$$

上式对 TNT 炸药有：$R_{max} = 3.5 \times \frac{W^{1/3}}{(h+10)^{1/3}}$。

对于气泡第一次脉动期间产生的压力波（二次压力波），Cole 得到了二次压力波峰值压力和比冲量的理论估算公式[4]：

$$P_{mb} = 7.24 \times \frac{W^{1/3}}{R} \tag{13}$$

$$I_b = 2.227 \times \frac{(\eta Q W)^{2/3}}{h^{1/6} R} \tag{14}$$

式中，P_{mb}为二次压力波峰值压力，MPa；I_b 为二次压力波的比冲量，N · s/m^2；Q 为爆轰能量，J；η 为冲击波过后的余能率。例如，TNT 炸药，$\eta = 0.41$，$Q = 4.29 \times 10^6$J/kg，有 $I_b = 3.245 \times 10^4 \frac{(\mathrm{W})^{2/3}}{(\mathrm{h}+10)^{1/6}\mathrm{R}}$。

气泡脉动压力波在水中的衰减：

$$P = \beta P_{R_r} \tag{15}$$

式中，β 由实验确定。

3 工程实例

3.1 铜陵长江大桥桥墩底部岩石爆破

3.1.1 工程介绍

京福铁路客运专线，铜陵长江公铁两用大桥的 3 号主桥墩位于长江中心位置，采用圆端形沉井基础，沉井长 62m、宽 38m、高 68m，其上部为 18m 高强度钢筋混凝土沉井，下部为 50m 高强度钢沉井，桥墩总重达两万多吨。桥墩的整体结构如图 1 所示，平面结构见图 2。沉井筒壁的底部为楔形钢，

图 1 桥墩总体结构

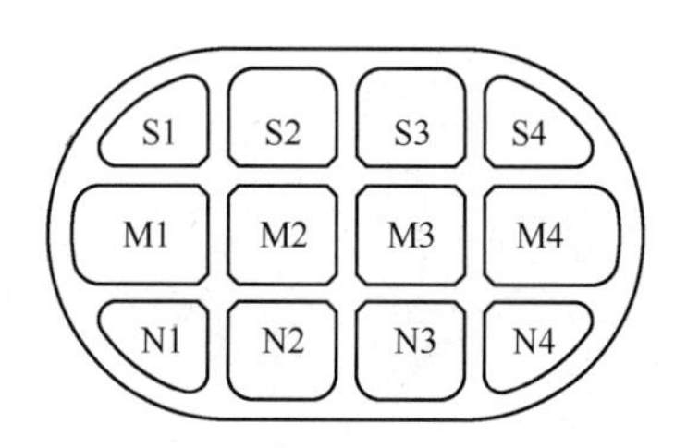

图 2 沉井平面图

沉井主要依靠自身的重量下沉。在施工过程中发现 N1、M1、M2、M3、S1、S2、S3、S4 仓内有胶结层，胶结层呈斜坡状，利用吸泥机无法破坏胶结层。特别是各仓的十字相交处遇到强度较高的块状沙石胶结体和卵石，导致沉井仅依靠自重无法压碎岩石而下沉，严重阻碍了工程进度。沉井筒壁遇到岩石结构体阻碍情况见图 3。

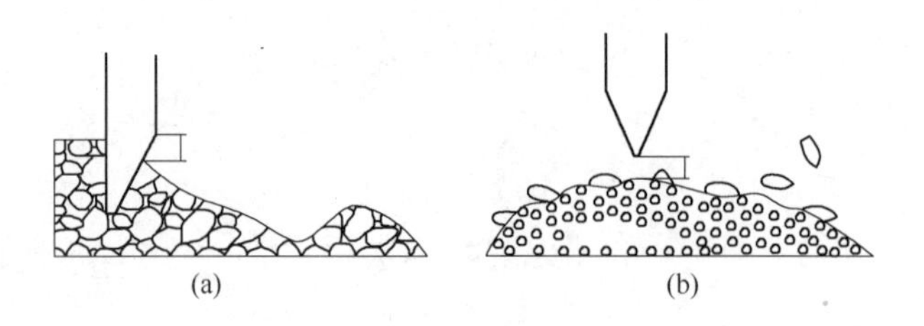

图 3　沉井底结构示意图

3.1.2　技术难点与研究方案

使用已有的机械设备难以捣碎坚硬的岩石，经综合分析和方案对比，决定采用爆破破碎岩石的方法。由于沉井底部位于深水下，施工环境复杂，潜水员无法在水下施工，无法采用常规的钻孔方法施工。经专家讨论，决定采取聚能爆破方法。聚能爆破处理这类水下爆破问题时，合理的设计装药量与装药结构尺寸是保证沉井筒壁安全与爆破成功的关键。研究人员采用有限元 LS-DYNA 软件中的流构耦合算法，对水下聚能爆破破碎岩石过程进行数值模拟研究，并根据数值模拟结果来确定聚能装药结构的尺寸、装药量等参数。

3.1.3　数值模拟

设计一种封闭式的聚能爆破装药结构（如图 4 所示），该结构由外壳、主装药、药型罩、高强度雷管、封闭橡胶圈等组成。

利用有限元软件 LS-DYNA，建立如图 5 所示的 1/4 聚能装药结构三维模型。炸药、药型罩、水、空气采用 ALE 算法，外壳、岩石采用 Lagrange 算法。主装药为乳化炸药基质的铝纤维炸药，装药量为 4kg，装药直径为 16cm。药型罩材料为铜，厚度 0.16cm，锥角 90°。外壳材料为钢，顶部、侧面外壳厚度分别为 0.45cm、0.16cm。岩石为直径 30cm 的半球形花岗岩。装药底部距离岩石 20cm（炸高）。装药结构以及岩石位于直径为 0.8m 的水中，在水的内部施加 0.5MPa 体积力，模拟位于 50m 深水下高压环境。水的外侧边界与底部边界施加固定边界条件，顶部施加透射边界条件。

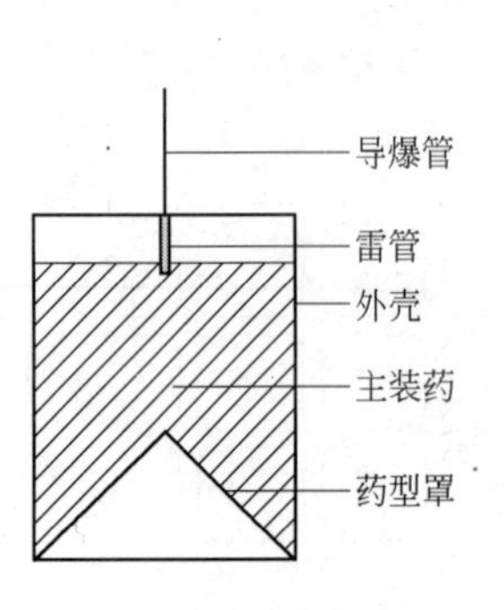

图 4　聚能装药模型

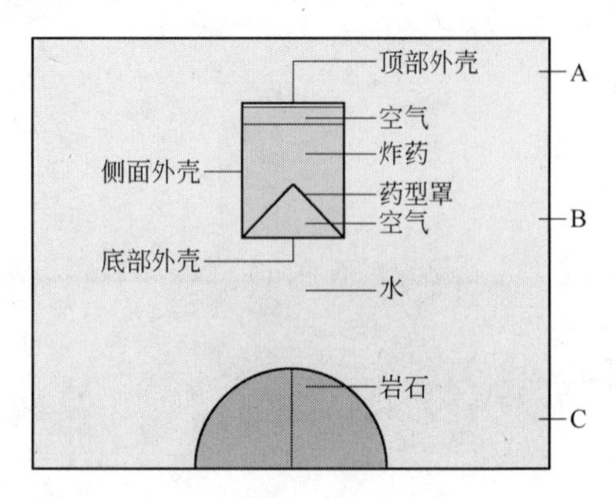

图 5　数值模拟计算模型

3.1.4 数值模拟结果分析

采用顶点起爆方式起爆炸药后，在炸药以及空气内分别产生球形爆轰波与冲击波。图6（a）是炸药起爆的压力云图，从图中可以看出，爆轰波阵面与冲击波阵面并不对称，这主要是因为炸药与空气的密度、声速不同。如图6（b）所示（压力云图），当 $t=18\mu s$ 时刻，爆轰波到达炸药与侧面外壳交界面处，并在外壳内传入应力波，在炸药内反射冲击波或应力波。此时，冲击波已到达顶部外壳，并在空气与外壳交界面处反射冲击波以及入射应力波，如图6（c）为外壳的等效应力云图。如图6（d）所示（流体密度云图），侧面与顶部外壳在应力波与爆轰压力的作用下不断变形，当达到外壳的抗拉或抗压极限强度时发生破坏，数值模拟中破坏失效的单元将被删除，而药型罩在爆轰压力作用下开始向轴线方向闭合运动。如图6（e）、图6（f）所示（流体密度云图），此时射流已形成，并穿透底部外壳进入水中，射流头部速度约为4300m/s，当射流进入水中后向水内传入压缩冲击波，同时，外壳在向外飞散运动过程中在水中产生压缩应力波。当射流在水中运动时，位于射流头部的水形成一个局部压缩区，而且随着射流向前运动，所以这个局部压缩区首先到达岩石的顶端，并冲击岩石，当岩石受到的冲击应变达到破坏应变时则破碎，如图6（g）、图6（h）分别为流体密度和等效应力云图。当 $t=290\mu s$ 时，计算终止，岩石被射流穿透（如图6（i）和图6（j）），平均穿孔直径为11.2cm。从图6（j）（等效应力图）可以看到，岩石表面出现了破碎的现象，这是由于应力波到达岩石表面后产生拉应力进而产生层裂，而岩石的底部也有破碎现象，这是因为应力波到达底部后反射应力加强，导致岩石的应变超过破坏应变。图6（k）所示为聚能装药的顶部外壳，该外壳出现了向下凹

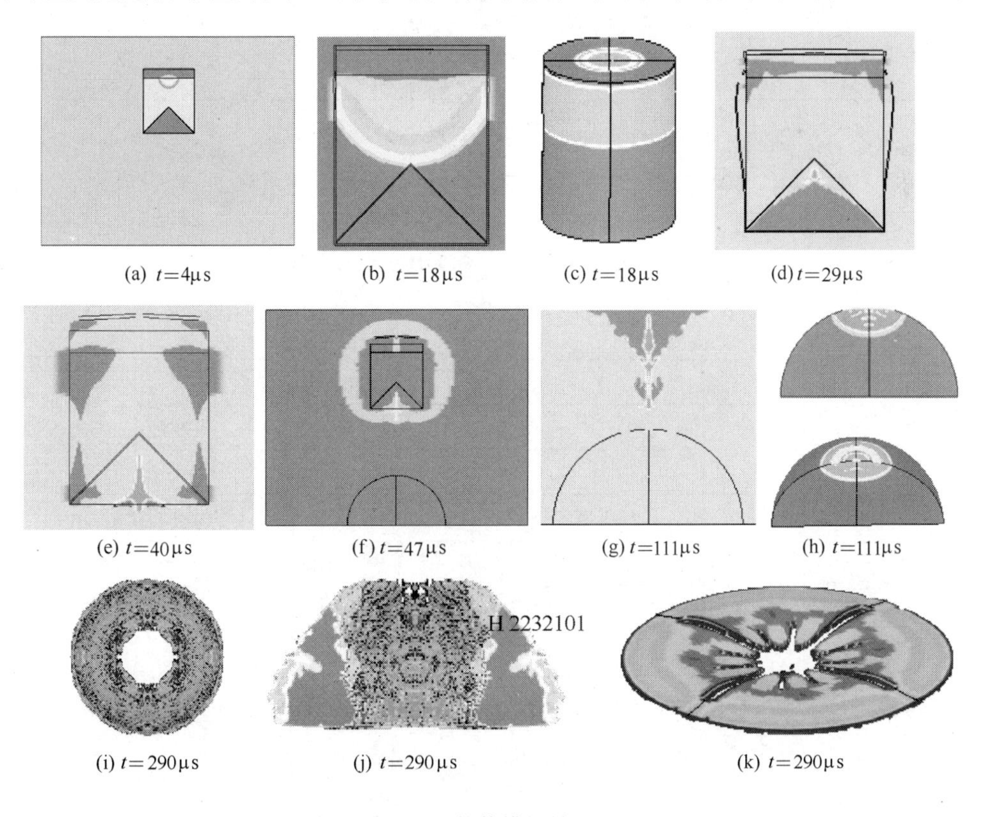

(a) $t=4\mu s$　(b) $t=18\mu s$　(c) $t=18\mu s$　(d) $t=29\mu s$

(e) $t=40\mu s$　(f) $t=47\mu s$　(g) $t=111\mu s$　(h) $t=111\mu s$

(i) $t=290\mu s$　(j) $t=290\mu s$　(k) $t=290\mu s$

图6 数值模拟结果

的现象，这可能是因为爆轰时，爆轰产物、外壳和水一起向周围运动过程中，后两者之间产生了真空区，由于惯性以及重力的作用，周围的水最终反向收缩，顶部外壳正是在这个过程中被反向压缩，所以形成了向下凹的形状。

选取岩石内部某一单元（如图 6（j）所示），其应变与等效应力时程曲线如图 7（a）和图 7（b）所示，从曲线中可以看出，单元已进入屈服阶段，屈服应力为 117MPa，最大应变达到 0.053 左右，接近它的破坏应变（0.06）。如图 5 所示，选取靠近水域固定边界的三个点（A、B、C），其压力时程曲线如图 8 所示，从曲线可以看出第二个峰值压力均为第一个峰值压力的 2 倍左右，这是由于冲击波在固壁边界反射加强的缘故，而 C 点的第四和第五个峰值压力均大于第一、第二、第三个峰值压力，这是由于 C 点处于拐角处，来自底部和侧面固壁边界反射的冲击波在 C 点叠加。根据冲击波透射理论，钢材的透射冲击波压强约为水中冲击波压强的 1.93 倍，所以 A 点处透射压力最大约为 140MPa，而桥墩底部楔型钢的屈服强度不小于 460MPa，抗拉极限强度不小于 700MPa，因此墩体不会受到破坏。

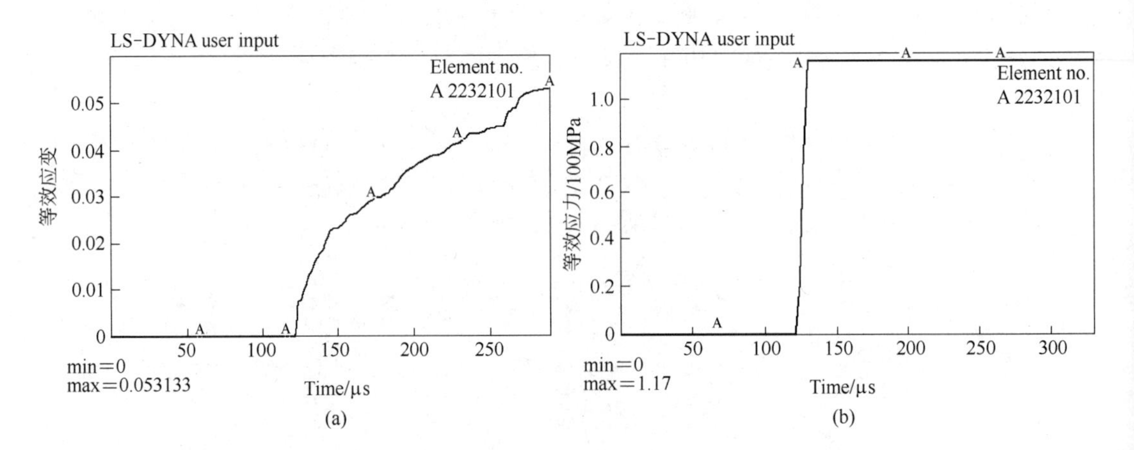

图 7　岩石等效应变、等效应力时程曲线

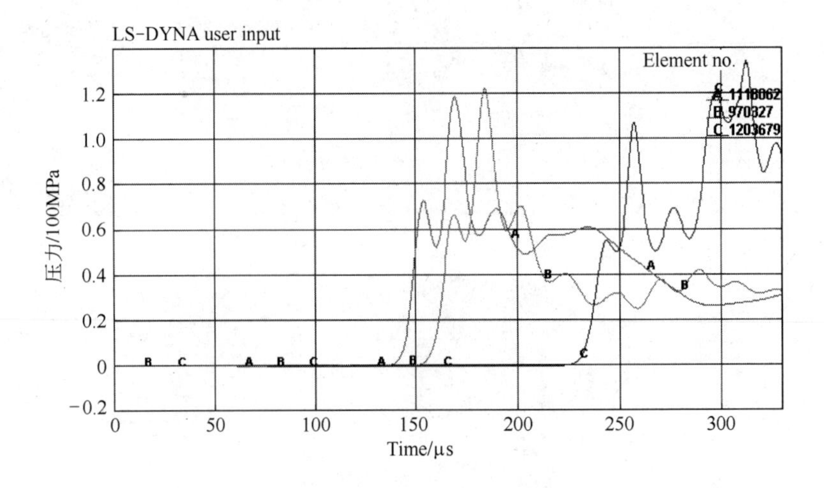

图 8　水域边界的压力时程曲线

3.1.5 工程实践结果与讨论

根据数值模拟结果设计加工聚能爆破装药设备（如图9所示），采用高强度导爆管与雷管进行起爆（如图10所示），导爆索与顶部外壳的连接处采用橡皮圈、方形盖、螺丝、防水液体胶等设备固定。采用该设备进行8次试爆，沉井下沉的结果见表1。图11是施工中回收的顶部外壳。

图9 聚能爆破装药设备

3.1.6 小结与讨论

以铜作为药型罩材料，药型罩的直径、厚度、锥角分别为16cm、0.16cm、90°，在主装药为4kg铝纤维炸药，装药直径、炸高分别为16cm、20cm的条件下，射流头部最大速度约为4300m/s，平均速度约为2400m/s，射流侵彻岩石深度大于15cm，平均孔径大于或等于11.2cm。

图10 高强度导爆管与雷管

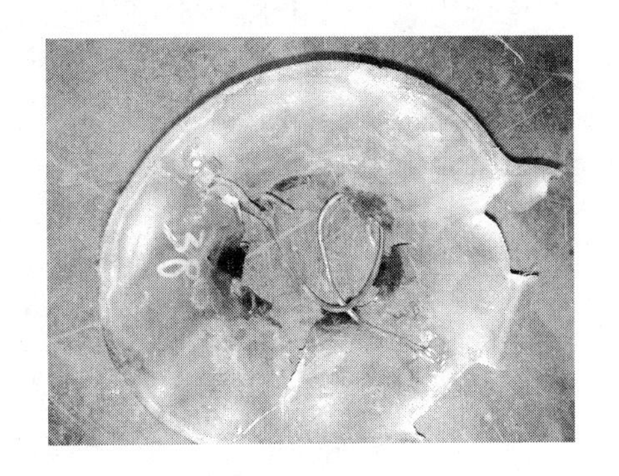

图11 回收的外壳

表1 沉井下沉记录

起爆次序	沉井下沉深度/cm			
	北	东	南	西
1	7.7	11.2	7.5	3.3
2	6.5	4.7	4.8	9.7
3	7.9	11.6	7.5	0.7
4	2.5	6.7	8.2	10
5	8.5	7.0	5.0	6.0
6	10.0	5.0	2.0	0.0
7	9.9	10.0	9.9	11.9
8	2.6	4.8	0.4	2.9
总下沉深度/cm	55.6	61.0	45.3	44.5

岩石的破碎过程为：岩石的顶端首先受到射流头部“压缩区”的作用破碎，随之而来的射流侵彻岩石，并向岩石内部传入应力波，使得岩石进入塑性屈服阶段，其表面与底部在应力波的作用下破碎，而岩石的内部残留的等效应变接近破坏应变，此时，岩石在桥墩

的几万吨自重压力下被压碎。

距离聚能装药结构水平距离约 40cm 处，沉井筒壁楔形钢受到的最大峰值压力约为 140MPa，小于楔形钢的屈服强度，因此聚能装药结构与桥墩的安全距离定为 40cm 能够满足桥墩的安全要求。

数值模拟得到的顶部外壳与爆破后回收的外壳形状相似，说明本文所采用的计算方法与实际情况较为吻合。

按照数值模拟研究结果设计加工聚能爆破装药设备，并将该设备应用于铜陵大桥桥墩底部岩石爆破工程，实际爆破效果非常理想，墩体未受到任何损害。说明该数值模拟方法是可行的，数值模拟结果是有价值的，可以用来指导此类的爆破工程。

3.2　安庆铜矿钻井卡钻事故处理

3.2.1　工程介绍

安庆铜矿的某一钻井，采心提钻 20m 时突然遇卡，具体原因不详。可能是取粉管磨损，导致钻进过程中损害，当提钻时脱落卡住钻头。卡钻深度为 300m，钻具重量达数十吨，采用 10^6N 的拉力无法上提，经专家研究决定采用爆破方法把钻头上部的钻杆炸断，以便提出钻杆。

钻杆内径 ϕ6.5cm，外径 ϕ8.9cm，壁厚 1.2cm，每节钻杆长度为 6m。钻杆内有水和泥浆，卡钻处压力高达 3～4MPa。

3.2.2　技术方案

此次爆破必须确保井筒、井架及上部钻杆不受任何损害，因此需要严格控制装药量。因钻杆接头处内径仅为 5.5cm 左右，不适合采用集中装药爆破，经专家讨论，决定采取聚能射流技术爆破方案，并采用理论与实验相结合方法预先研究该方案的可行性。

3.2.3　聚能爆破结构设计

聚能爆破结构示意图见图 12，该结构呈圆筒形，由外壳、铜管、主装药、配重、盖板、起爆装置等组成。外壳、配重、盖板采用普通的钢材料。与炸药相接触的半边铜管相当于一个弧形的药型罩，每个铜管在爆轰压力的作用下形成一个条形的聚能射流，射流侵

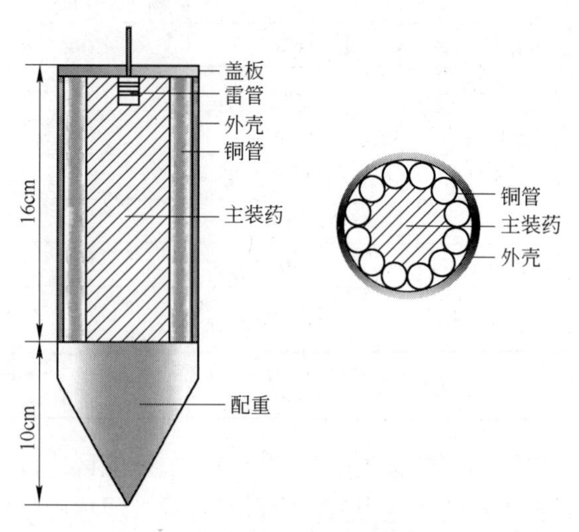

图 12　聚能爆破装置

彻外壳与周围的结构，在结构上形成数个条形的孔，从而达到破坏结构的目的。

3.2.4 实验

实验装置如图 13（a）所示，其中：药柱、铜管高 5.5cm，塑料外壳与铜管外径分别为5cm、1cm，铜管厚0.1cm，炸药为乳化炸药基质的铝纤维炸药，装药量为45g。将图 13 所示的装置放入长为2m 的钢管中（见图 13（b）），钢管厚为 0.4cm，外径为 11.4cm。实验结果如图 14 所示。

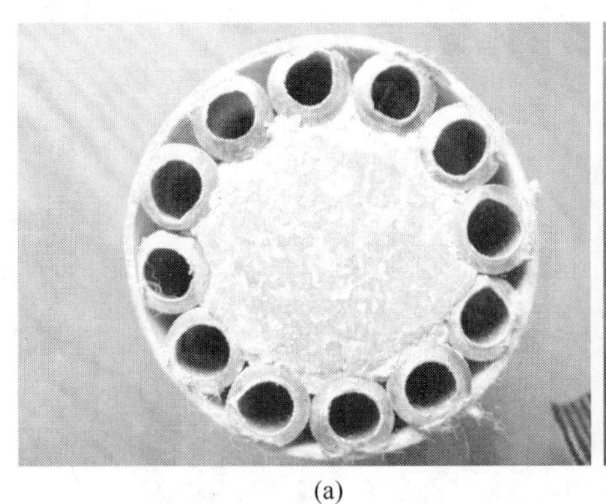

(a)

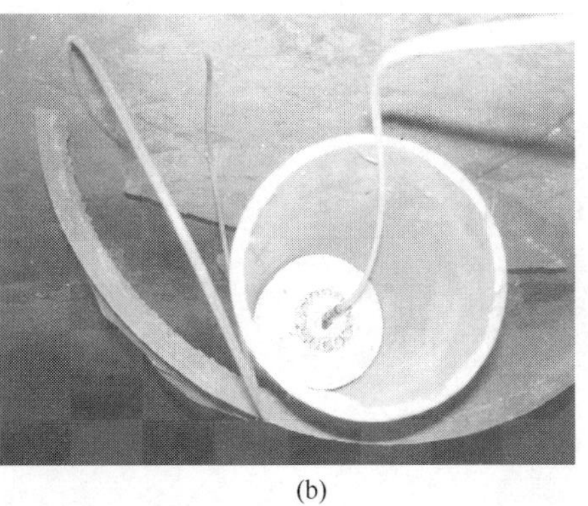

(b)

图 13 实验聚能装置

(a)

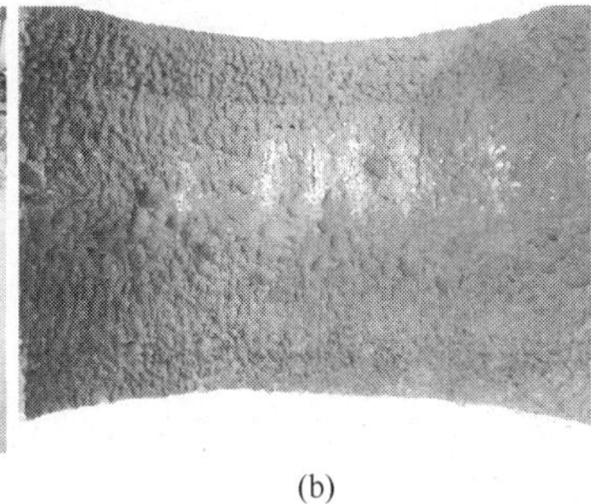

(b)

(c)

图 14 实验结果

由图 14（a）可以看出，12 根铜管在爆轰压力作用下，形成了 12 条条形聚能射流，射流侵彻钢管，形成了 12 条割缝，割缝的平均长度约为 6cm。钢管在受到射流的侵彻作用的同时，还受到爆轰气体膨胀的作用，使得钢管产生鼓包与断裂，鼓包后的钢管直径约为 16cm。图 14（b）与 14（c）所示分别为覆盖在钢管上、下的钢板，射流侵彻钢管之后，能量并没有损耗殆尽，而是继续作用于钢板，并在两块钢板上形成数条深度仅为 2mm 左右的缝。

图 15 施工现场装备

3.2.5 实践案例

按照如图 12 所示加工聚能装药设备（见图 15），并通过钢丝缆绳将该设备下沉至卡钻位置。主装药为乳化炸药基质的铝纤维炸药，总装药量为150g左右。采用普通的发爆器以及沈兆武发明的飞片无起爆药雷管起爆[5]，为了慎重起见，聚能装药设备的各接口处做了防水处理。第一次起爆后，利用提重机上提钻杆，钻杆开始移动，最终将全部的钻杆取出，如图16为取出的钻头，图17为取出的钻杆。

图16　钻头

图17　钻杆

3.2.6　小结与讨论

实验与实践结果表明，如图12所示的聚能装置成为了一个多向聚能切割器，充分地利用了聚能效应，提高了炸药的能量利用效率，并且在300m深度的水下，能够正常的起爆与爆轰。将该聚能装置应用于安庆铜矿的钻井卡钻事故处理中，实际爆破效果非常理想，仅第一次爆破就成功地解决了问题。

该钻井卡钻1个多月以来为矿井带来了数十万的损失，当本课题组接到此项目后，立即讨论与设计方案，并通过实验验证方案的可行性，直至钻杆与钻头被成功取出为止仅用了50多个小时。

4　总结

本文通过两个工程实例，介绍了两种不同形式的聚能效应原理在深水环境的应用以及起爆、防水等问题，并首次将乳化基质的铝纤维炸药应用于深水爆破中。通过实验与数值模拟方法，研究两种不同形式聚能爆炸装置的爆炸与侵彻效果，以及其爆炸后形成聚能射流的原理，并根据数值模拟结果对水下射流的侵彻过程进行详细的分析。工程实践结果表明：采用实验与数值模拟研究的方法是可行的，实验与数值模拟结果是符合实际的；正确与合理地利用聚能效应原理不仅可以大大提高炸药的能量利用效率，而且应用于深水下具有理想的爆破效果；铝纤维炸药在深水下能够正常的起爆，爆轰性能良好。

参 考 文 献

[1] Swisdak M M. Explosion Effects and Properties: Part II-Explosion Effect in water. Naval surface Weapons Center Technical Report, NSWC/NOL TR 76 ~ 116.

[2] 林英松，阮新芳，蒋金宝，等．爆炸载荷作用下的岩石损伤断裂研究[J]. 工程爆破，2005，11(3)：14 ~ 18.

[3] 张志江，徐更光．高能炸药水中爆炸能量输出特性数值分析[J]. 含能材料，2008，16(2)：171 ~ 174.

[4] Cole P. 水下爆炸[M]. 罗耀杰译．北京：国防工业大学出版社，1960.

[5] 沈兆武，飞片无起爆药雷管：中国，93235810. 1[P]. 1994-08.

[6] 荣吉利，李健，杨荣杰，等．水下气泡脉动的实验及数值模拟[J]. 北京理工大学学报，2008，12(28)：1035 ~ 1038.

[7] 汪斌，张远平，王彦平．水中爆炸气泡脉动现象的实验研究[J]. 爆炸与冲击，2008，6(28)：572 ~ 575.

[8] 沈兆武，马宏昊，梅群，等．水中爆炸汽化能应用的研究[C]//第七届全国爆轰学术会议论文集. 2006.

[9] 马宏昊，沈兆武，孙宇新．水下多次爆破法解决大口径深井卡钻问题[J]. 工程爆破，2008，1(14)：38 ~ 41.

模拟深水爆破块度与装药量的研究

张　立　张明晓　孙跃光　钟　帅　高玉刚

（安徽理工大学化学工程学院，安徽淮南，232001）

摘　要：利用模拟深水爆炸压力容器，研究了8号雷管水下0.6m和5.6～150.6m模拟水深的爆炸能量，得出比冲击波能不因水深而变化，比气泡能随水深增加而减小，导致爆炸总能量随之减小。对于爆炸能量对破碎度的影响，采用相同水深和装药，爆破半径0.1m，高为0.22m的水泥砂浆试块，并将爆破块度以最小边长分成三个区域进行筛分，结果显示5.6～90.6m随模拟水深增加，小块和中块呈减少趋势但大块明显增加，水深超过110.6m后，试块仅出现裂纹，不能解体。在此基础上，采用相同的试块增加雷管装药量，在大块集中的30.6m、50.6m、70.6m和90.6m水深进行试验结果为：小块分布无明显规律，中块增加、大块全部呈减少趋势。对数据计算得出了控制爆破大块为0%、10%、20%、30%、40%的水深与装药量曲线和回归计算公式。研究结果对不同水深的爆破设计及单耗计算具有参考价值。

关键词：模拟深水；爆炸能量；爆破块度；装药量

Research on Blasting Fragmentation and Charge Weight in Simulating Deep Water

Zhang Li　Zhang Mingxiao　Sun Yueguang　Zhong Shuai　Gao Yugang

(School of Chemical Engineering, Anhui University of Science and Technology, Anhui Huainan, 232001)

Abstract: Using simulating deep water blasting pressure vessel, the explosion energy was researched under 0.6m water depth and from 5.6m to 150.6m simulating water depth using by $8^{\#}$ detonator. The results show that specific shockwave energy keeps invariant although the water depth changes, but the specific bubble energy will decrease with water depth increasing, which lead to the decrease of total explosion energy. The influence of fragmentation on explosion energy was researched by using 0.22m high cement mortar test block at the same water depth and charge, which blasting radius is 0.1m. The blasting fragmentation was screened which minimum side length is divided into three zone. The results show that the small and middle block decreases gradually with simulating water depth from 5.6m to 90.6m, but the big block increases obviously, when the water depth exceeds 110.6m, the test block only appears crack and can not disintegrate. Based on this, using by the same test block, the experiment was carried by increasing detonator charge weight in the water depth of 30.6m, 50.6m, 70.6m and 90.6m where the big block is relatively concentrate. The experimental results show that the distribution of small block is irregular obviously, but middle block increase, big block decrease gradually. When the big blasting block is controlled at the 0%, 10%, 20%, 30%, 40%, respectively, the relationship curves between charge weigh and water depth and regression calculation formula were obtained by data calculation, which is from the big block control rate. The research results have reference value for the blasting design under different depth of water and unit consumption calculation.

Keywords: simulating deep water; explosion energy; blasting fragmentation; charge weight

1 引言

水下工程爆破是应用较广泛的爆破施工方法，某些特殊条件下的深水水下爆破，如：钻井平台桩腿爆炸切割、油气井套管爆炸切割、油井修补、沉船爆破解体打捞、三峡工程三期混凝土围堰水下爆破拆除[1]等亦有应用。而军工弹药的深水炸弹、深水雷管也涉及到深水环境的爆炸能量、起爆能力等诸多问题。

本文利用自行设计的球形模拟深水爆炸压力容器[2]，对不同模拟水深的装药爆炸能量，水深与爆破破碎度，控制一定大块率的水深与装药量关系进行了研究。

2 模拟深水试验装置

装药在水下爆炸时受到来自外部的两种压力，一种是随时变化但变化量不大的大气压；另一种是装药深度处的静水压，即：

$$p_{\mathrm{H}} = p_{\mathrm{i}} + p_{\mathrm{h}} = p_{i} + \rho_{\mathrm{w}} g h$$

式中 p_{H}—— 装药深度处总静水压，Pa；

p_{i}——水面大气压；

p_{h}——装药深度处的静水压；

ρ_{w}——水的密度，1000kg/m^3；

g——重力加速度，9.8m/s^2；

h——装药入水深度，m。

静水压与装药深度有关，每十米水深相当 1.013×10^5Pa 压力（1 个大气压）。忽略重力加速度的微小变化，改变 p_{i} 或 h 都会使 p_{H} 发生变化，而在容器水面上施加高压空气来改变 p_{i} 较容易实现。水下爆破一般为几米至一、二百米，所以容器设计模拟最大水深为 250m，即可承受最大 2.533×10^6Pa 静水压和瞬间爆炸载荷。p_{H} 采用 0.4 级精度的压力表监测，模拟水深误差 0.64m。压力容器主要参数见表 1 及文献［2］。

表 1 爆炸容器主要参数

容器净重/kg	容积/m^3	内径/m	设计压力/MPa	耐压实验压力/MPa	设计温度/℃	介 质
1490	1.767	1.5	2.5	2.625	20	水

水的密度为 1000kg/cm^3，是不可压缩且各相同性的液体，深水中水温较低，本文研究未考虑温度变化对装药爆轰的影响。

3 装药在模拟深水中的爆炸能量

装药采用 8 号雷管，置于容器中心水下 0.6m，模拟深水为 5.6～150.6m，测试结果显示冲击波压力不因水深变化而改变，第一次气泡脉动周期与半径随水深增加而衰减，说明装药深度处的静水压对爆炸气体膨胀做功有影响，这一结果与理论计算相吻合[2]。

由水下爆炸能量公式计算[3]，得出比冲击波能不变，而比气泡能随水深增加随之减小，因而导致总能量也随之减小，见图 1。

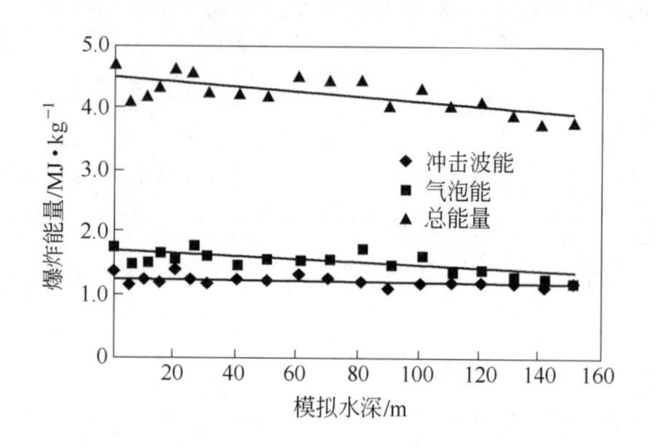

图 1　模拟水深与爆炸能量关系

4　水下爆破试块与装药条件

为了定量解释一定量装药由于水深增加而影响爆炸做功程度，采用了水泥砂浆试块在不同模拟水深中爆破，从爆破破碎度进行考核。

4.1　试块材料选择

水下爆破工程的介质多为抗压远大于抗拉强度的脆性岩体。忽略岩体的节理、裂隙等因素，试块材料应满足与被模拟岩体力学特性相似，还需要材料来源广泛，便于加工成型等。而水泥砂浆可以通过配比调整使试块的性能与岩石相近，而且造价低廉，制作方便，故选用水泥砂浆做试块材料。

4.2　试块形状及尺寸

试块悬吊于水中进行爆破破碎，对试块形状及尺寸应满足几点要求：(1) 爆炸应力波对试块与水的界面为垂直入射；(2) 试块内装药爆炸应力波近似为球面波；(3) 炸药单耗同水下孤石爆破。因此确定试块为圆柱形，径向和轴向最小抵抗线近似相等，预留炮孔的中心线位于试块轴线上。

采用表 2 配比，制作了一定强度的试块，试块尺寸按照爆炸相似律原理进行设计。半径为 0.1m，高为 0.22m，圆柱中心预留一个直径 0.007m、深度为 0.12m 的直孔用于放置装药。在孔两边对称位置各预埋一个挂钩用于水中悬吊试块。试块浇筑后养护期一个月以上，力学性质见表 2。

表 2　试块材料配比和力学性质

水　泥	河　砂	石英砂	水	密度/$kg\cdot m^{-3}$	抗压强度/MPa	波阻抗/ $MPa\cdot s^{-1}$
1	1.2	0.4	0.45	2145	48.656	86.400

4.3 试块内装药

为了便于同上述爆炸能量做定量比较和操作安全，同样用 8 号雷管做爆源，且耦合装药，根据雷管内各层装药的爆热，折合 TNT 当量为 0.00107kg，炸药单耗为 0.155 kg/m^3。

雷管装入试块后，用 AB 胶和石英砂混合物堵塞炮孔，待完全固化后，方可用于水下爆炸试验。

5 水深与破碎度变化规律

对于水中爆炸，由于水的阻力抑制了试块的抛掷、碰撞，防止了二次破碎。压力容器底部设有尼龙网可全部回收碎块，空气中试块破碎效果见图 2，水中破碎效果见图 3 ~ 图 11[4]。

图 2 空气中破碎效果

图 3 水深 0.6m

图 4 模拟水深 10.6m

图 5 模拟水深 30.6m

图 6 模拟水深 50.6m

图 7 模拟水深 70.6m

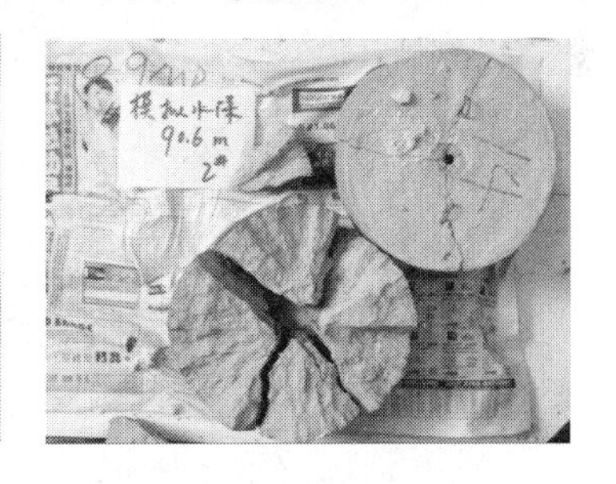

图 8 模拟水深 90.6m

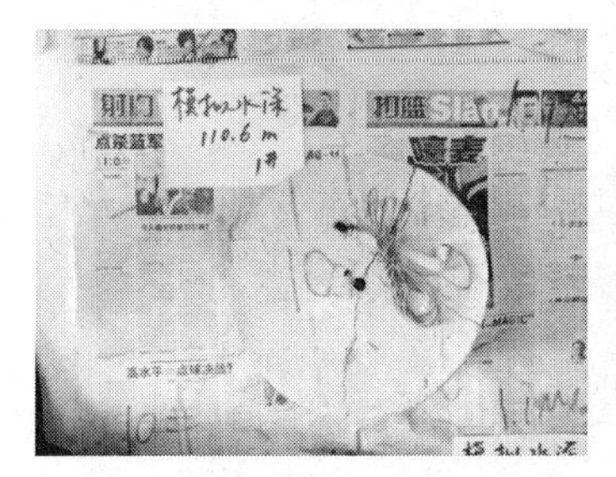

图 9 模拟水深 110.6m

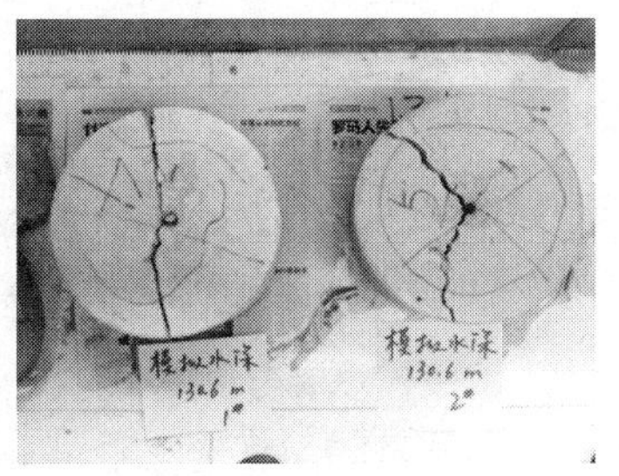

图 10 模拟水深 130.6m

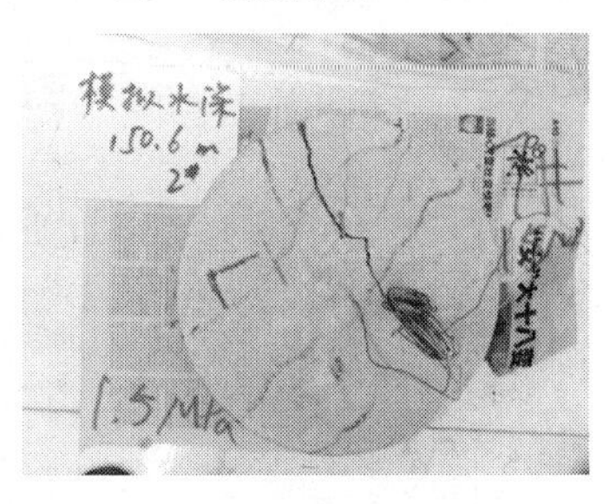

图 11 模拟水深 150.6m

从图3～图11中可以看出，在采用相同炸药单耗情况下，空气中达到了较均匀的破碎度，在水中随模拟水深增加破碎度则出现明显差异。当模拟水深大于50.6m以后，中小块很少，试块基本上只是开裂成几个大块，破坏形式是从装药中心开裂成上下两部分，每部分各呈十字形开裂，当模拟水深超过110.6m后，试块仅出现裂纹，不能解体。上述现象明显说明水深对爆破效果的影响。

从试块的外部环境分析：空气的密度仅为水的近千分之一，空气中试块的爆炸应力波到达自由面绝大部分反射为拉伸波，结合爆炸气体共同作用，试块得以充分破碎；而水中试块爆炸应力波到达自由面，一部分反射为拉伸波，一部分透射到水中形成水中冲击波，又因随水深增加，爆炸气体产物的气泡能随之减小，因此形成了如图3～图11的形态。由此也验证了如前所述结论：水深增加，比冲击波能不变，比气泡能减小，导致爆炸总能量也随之减小。根据文献[5]、[6]的观点："水下爆破炸药单耗与水深呈正比关系"。其实质是弥补由于比气泡能减小而影响整个爆炸做功。

爆破破碎度有多种定量表示法，超径是其中一种，其界限取决于抓运机械的要求。根据原始统计结果，结合试块尺寸，将块度以最小边长分成三个区域，小于10cm为小块、10～13cm为中块，大于13cm为大块，并按照这个原则对回收的碎块进行筛分，结果见图12。

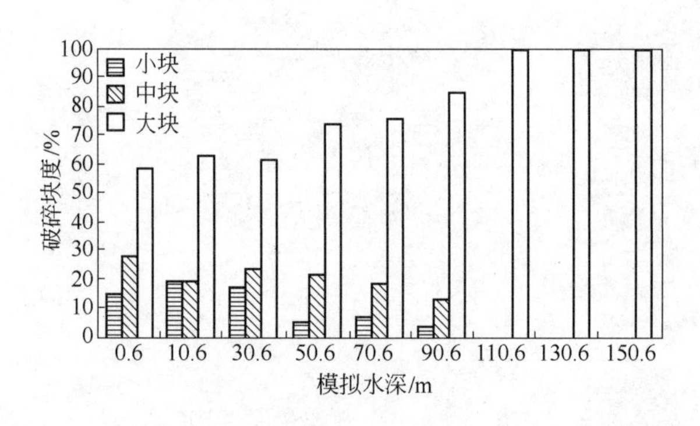

图12　不同模拟水深与破碎块度分布

在图中可以看出，对于三个块度区域，受水深影响最大且最明显的是大块的质量百分数，控制一定的大块率，对不同水深爆破的装药量计算就显得尤为重要。因此在完成了上述研究基础上，进一步增大装药量，即试块尺寸相同增大单耗，研究随水深变化，试块破碎后的大块率。

6　增加装药单耗的水深与破碎度变化规律

根据雷管的TNT当量和试块体积,增大雷管装药量即增大单耗的参数见表3,每20m水深增加0.22～0.23g药量,针对大块集中的30.6m、50.6m、70.6m和90.6m水深进行了试验。

表3　装药参数

药量/kg	0.00107	0.00129	0.00152	0.00174
试块体积/m^3	0.0069	0.0069	0.0069	0.0069
单耗/$kg \cdot m^{-3}$	0.155	0.187	0.220	0.252

将回收的碎块按前述原则进行块度筛分，块度分布情况见图 13。

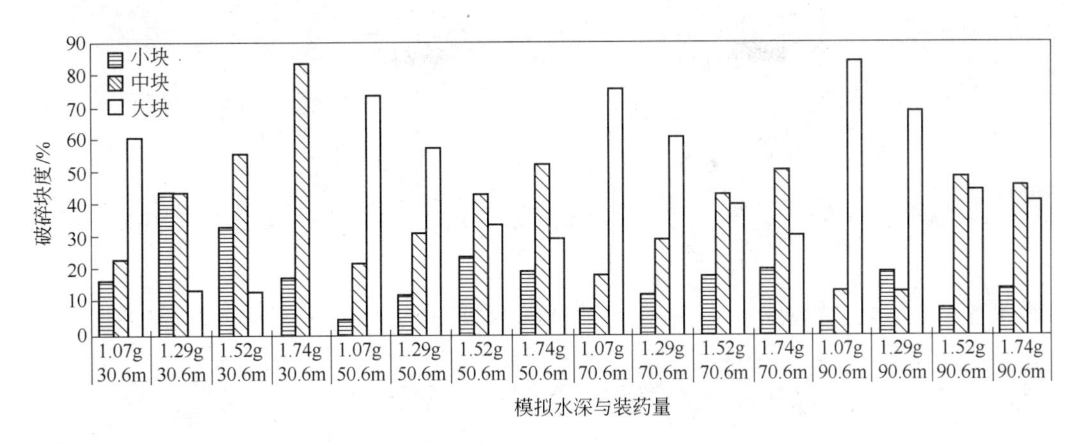

图 13　不同模拟水深、装药量与破碎块度

图 13 表明：水深和装药量都增加后的破碎块度，小块分布无明显规律，中块增加、大块全部呈减少趋势。

0. 6m 水深（装药量 1. 07g）典型照片见图 3，其他水深爆破碎块筛分照片见图 14 ~ 图 16（30. 6m）、图 17 ~ 图 19（50. 6m）、图 20 ~ 图 22（70. 6m）、图 23 ~ 图 25（90. 6m）[7]。

这些照片可以直观地看出，受水深影响最大地是大块率，结合实际的水下爆破工程，在清挖过程中，直接影响工程挖运进度的也是大块的百分比。因此由图 13 得到了如图 26 的不同水深，装药量与大块率的拟合直线。

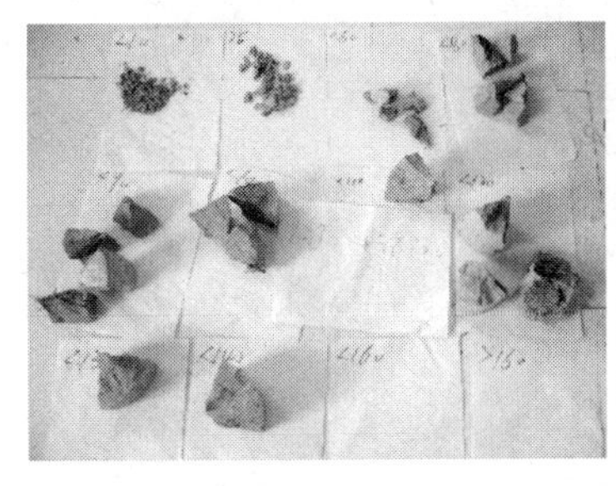

图 14　药量 1. 29g（30. 6m）

图 15　药量 1. 52g（30. 6m）

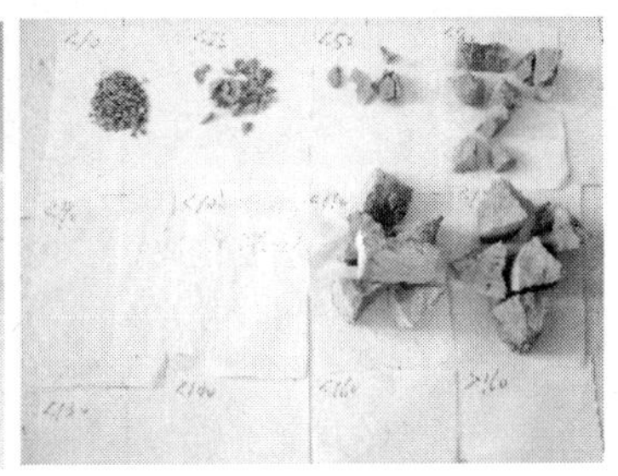

图 16　药量 1. 74g（30. 6m）

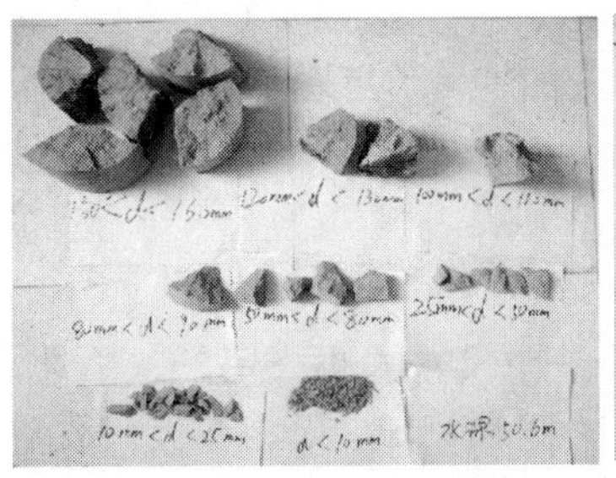

图 17　药量 1. 29g（50. 6m）

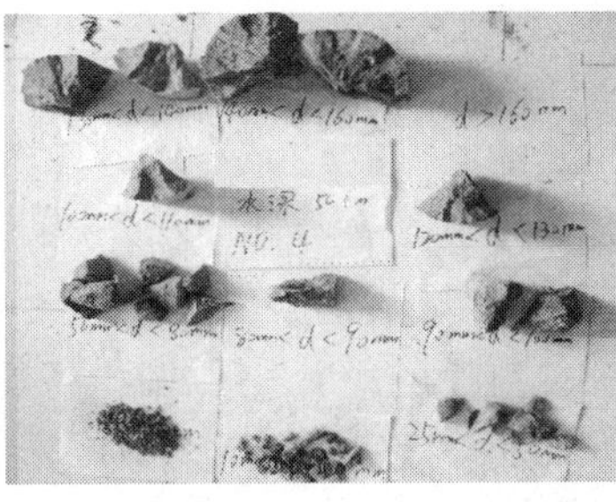

图 18　药量 1. 52g（50. 6m）

图 19　药量 1. 74g（50. 6m）

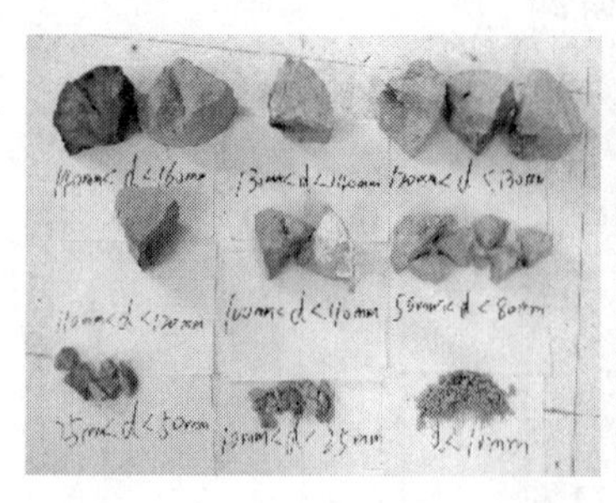

图 20　药量 1.29g（70.6m）

图 21　药量 1.52g（70.6m）

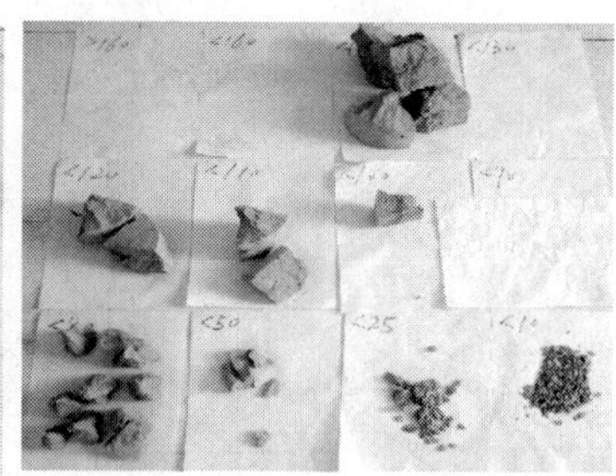

图 22　药量 1.74g（70.6m）

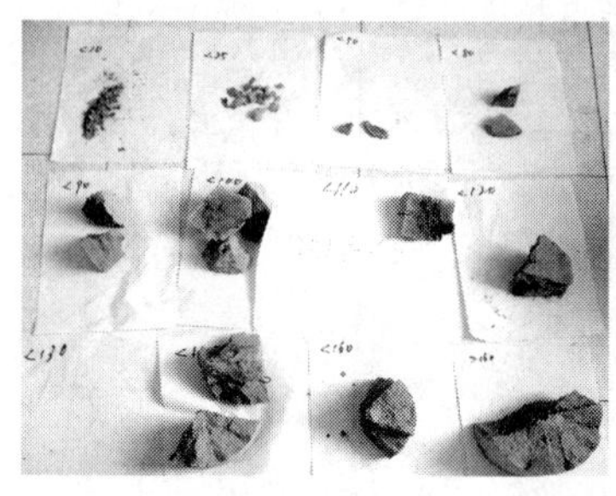
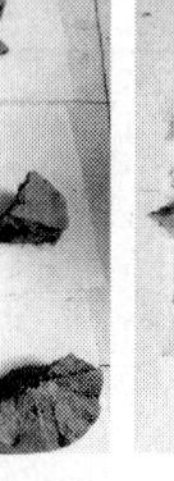

图 23　药量 1.29g（90.6m）

图 24　药量 1.52g（90.6m）

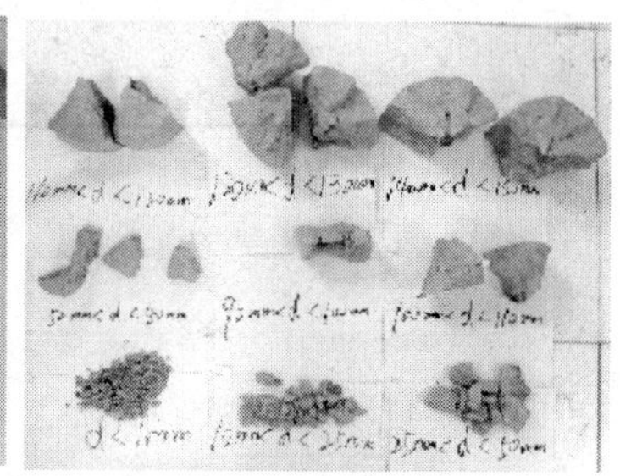

图 25　药量 1.74g（90.6m）

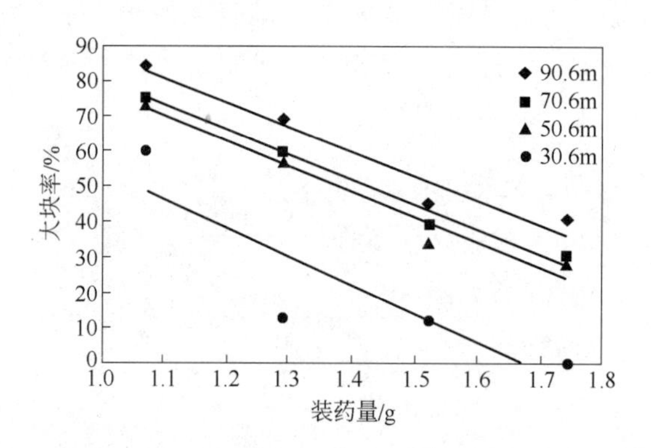

图 26　不同模拟水深的装药量与大块率曲线

7　控制大块率的水深与装药量关系

岩体在水下爆破与空气中爆破不同，随着装药入水深度增加，爆炸能量利用率大大降低，因此，水下爆破要想达到与陆地同样的破碎效果，其装药量相差很大。对试块的爆破块度分析后，通过三维投影的方法研究了装药量随水深变化的关系。

首先将图 26 在三维空间内表示，见图 27。

在实际水下爆破清挖过程中，清挖效率是由所用设备的抓斗尺寸大小决定的，因此，对于大块率的要求也不一样，本文所确定的大块尺寸为直径大于 0.13m，根据对大块质量百分比的不同要求，在三维图上相当于一个平行于底面的平面去截四条线，所得交点在底面投影便可得到不同块度的药量与水深关系。图 28 是不同块度要求的水深与药量拟合曲

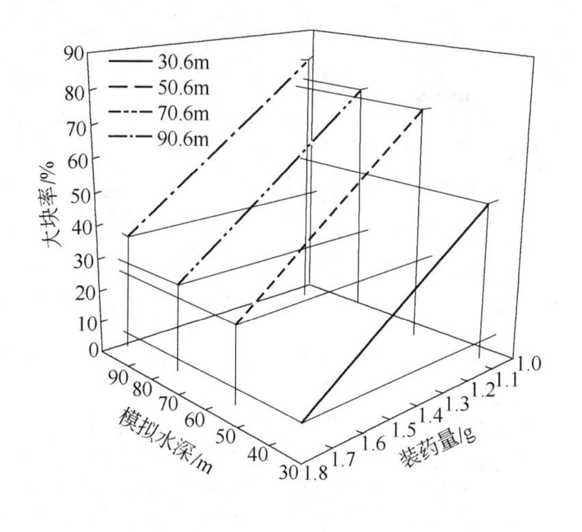

图 27 拟合直线的三维图

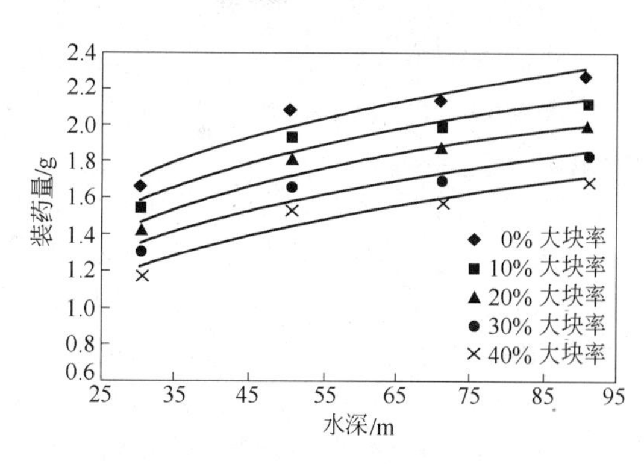

图 28 控制大块率的水深与装药量曲线

线。四条曲线的线性相关系数为 0.9364 ~0.9415。

由以上的拟合曲线还可得不同块度要求的水深与装药量计算公式，见表 4。

表 4 不同大块率的水深与药量计算公式

大块率/%	装药量公式	大块率/%	装药量公式
0	$W=0.5377\ln H-0.1239$	30	$W=0.4710\ln H-0.2719$
10	$W=0.5185\ln H-0.1879$	40	$W=0.4619\ln H-0.3724$
20	$W=0.5001\ln H-0.2490$		

注：W—装药量，g；H—装药入水深度，m。

因为试验所得块度的离散性，根据原有的近似数据对公式进行误差分析，结果见表 5。

表 5 公式误差分析

大块率/%	水深/m	单耗/$kg\cdot m^{-3}$	误差/%	Δ 误差/%
①0/0	①30.6/30.6	①0.252/0.249	1.19	3.18
①28.55/30	①50.6/50.6	①0.252/0.228	9.52	
①30.45/30	①70.6/70.6	①0.252/0.251	0.40	
①41.01/40	①90.6/90.6	①0.252/0.248	1.59	

①为试验数据，其余为表 4 中公式计算数据。

公式计算所得装药单耗与实际装药单耗十分相近，平均误差为 3.18%。本文方法得出计算公式基本符合一定块度要求下装药量随水深变化关系，且装药量推导方法对实际的水下爆破工程药量计算具有一定借鉴意义。

8 结语

本文系列研究可以总结出以下观点：

装药在水下爆炸时，随水深增加，冲击波压力与比冲击波能不变，但气泡脉动周期与比气泡能随之减小，导致装药爆炸总能量减小。但采用高爆速装药时，可以补充气泡能的减小，因为爆速与爆轰压、冲击波压力成正比关系。

单位装药水下破岩时，随水深增加，静水压导致大块率明显增加，当水深达到一定深度，静水压可以完全抵消装药的爆炸做功。

降低深水爆破的大块率，应按水深比例增加装药量。本文试验得出了控制一定大块率的水深与装药量回归公式，研究结果对不同水深的爆破工程设计及单耗计算具有参考价值。

参 考 文 献

[1] 刘美山，吴新霞，张恒伟．混凝土水下爆破炸药单耗试验分析[J]．爆破，2004，24(1)：10～15.

[2] Zhang Li，Yan Shi-long，Sun Yue-guang，Zhang Ming-xiao. Explosion Vessel for Simulating Exploding in Deep Water of Small Charge[J]. NEW DEVELOPMENT ON ENGINEERING BLASTING. Beijing：Metallurgical Industry Press，2009，07：142～146.

[3] 张立，编著．爆破器材性能与爆炸效应测试[M]．合肥：中国科学技术大学出版社，2006，11：259～277.

[4] 孙跃光．模拟深水装药爆炸作功能力研究[D]．淮南：安徽理工大学，2008，06：49～50.

[5] Rune Gustafsson. Swedish Blasting Technique[M]. Published by SPI Gothenburg Sweden，1973：260～265.

[6] 杨光煦．水下工程爆破[M]．北京：海洋出版社，1992，10：13～15.

[7] 张明晓．装药水下爆炸相互作用及破岩能力研究[D]．淮南：安徽理工大学，2009，06：44～51.

某港口海底水雷排除和引爆技术

吴金仓　朱京武　张　昆

（青岛海防工程局，山东青岛，266042）

摘　要：新中国成立前国外空军在某建港地区投放了MK13和MK26等型号水雷。本文主要介绍了该建港工程范围内对水雷的寻找排除和对水雷的引爆技术。

关键词：排除水雷；水雷引爆；诱爆；寻找水雷

A Sea Port Torpedo Detonated Eliminate and Technology

Wu Jincang　Zhu Jingwu　Zhang Kun

(Qingdao Coastal Engineering Bureau, Shandong Qingdao, 266042)

Abstract: Build before liberation put MK13 foreign air force and MK26 models mine deflectors. This paper mainly introduces the built port engineering range of the mines to detonate mines for eliminate and technology.

Keywords: ruled out mine; torpedo detonated; explosive trap; looking for mine

1　引言

某建港海域有新中国成立前国外空军投放的MK13和MK26等型号水雷，这些水雷直接威胁到建港工程施工安全，因此，对水雷应进行排除。排除水雷风险很大，应对这些型号的水雷性能进行了解，制定可行的方案。该区域的水雷都下沉到海底泥面以下，现在的测量技术无法确定其形状和型号，海底又存在很多废弃铁件，寻找水雷的风险和难度都很大。根据目前国内外排雷技术和经验，首先采用磁法探测和GPS定位方法经过科学分析，确定疑似雷的数量和位置。

我们根据磁探法探测到疑似雷位置、水深和预测埋泥深度，制定了安全可行的操作方案逐一进行了排除，发现有的是废弃铁件或含铁废物，寻找到两个真水雷（一个是MK13型号水雷，另一个是MK26型号水雷）。本文主要介绍这两个水雷的水下寻找和引爆的方法，其他疑似雷的水下寻找方法相同。

2　排雷的主要工序

2.1　排雷工程总体流程图

排雷工程总体流程图见图1。

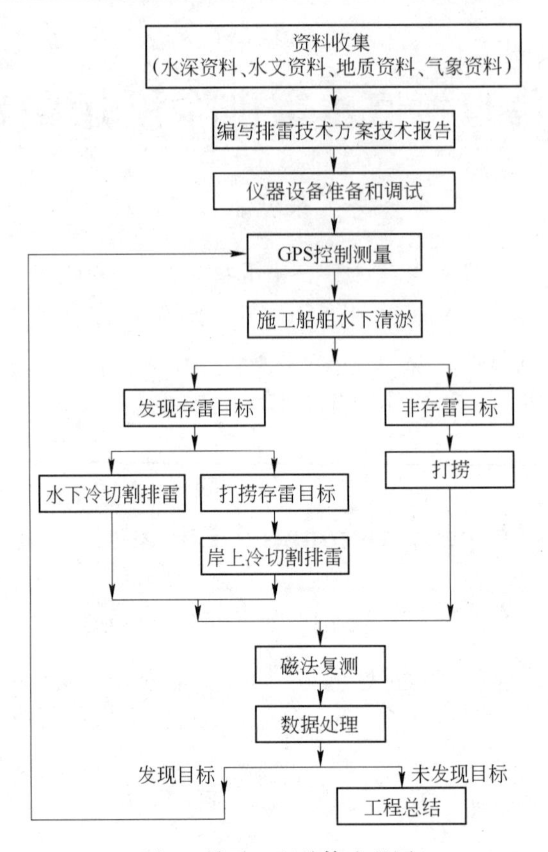

图1　排雷工程总体流程图

2.2　寻找水雷工艺流程

在现场寻找水雷过程中主要采用的施工工艺流程如下：

驳船定位→空气吸泥器组装→水下清淤→水下探摸→水下打捞(或水下引爆)→复测验收。

在水下探摸工序中，如果发现是废弃铁件（废钢丝绳或钢管等）就打捞出水面，如果是水雷就进入水下引爆程序。

3　寻找水雷的方法

3.1　驳船定位

由于疑似雷分布不规则且离岸边较远，水下定位比较困难，因此方驳定位根据疑似雷坐标位置，采用精度高、测量距离远的 V8-RTK 型 GPS 进行海上定位测量。

3.1.1　主要做法

根据待排疑似雷的坐标位置，先在电脑上确定方驳抛锚点位坐标，使方驳轴线与水流方向平行布置，锚缆长度约 400m，以便方驳随时离位和回位；方驳拖到水雷上游附近，由锚艇逐个抛锚，先抛上游两个锚，后抛下游两个锚；调整锚缆，使方驳定位于水雷上方清淤上口边线处，完成海上定位。

3.1.2　质量控制措施

采用动态跟踪监测，如因风浪及水流影响随时进行船位调整；根据施工进展需要及时调整船位。

3.1.3 安全控制措施

所有海上作业人员全部穿救生衣，船舶证件齐全；不得在疑似点附近抛锚；吸泥器水下定点时应轻放、慢移动。

3.2 吸泥器组装

排除疑似雷时水下清淤采用吸泥器进行清淤。吸泥器采用 ϕ250mm 管，法兰连接，分成两段组装，每段约 15m 长。

3.2.1 主要做法

采用方驳吊杆，先将吸泥器下段固定在方驳侧舷组装架上，后将上段与下段对接，然后连接供气管和高压水管，再与组装架分离。

3.2.2 质量控制措施

供气管与吸泥器下段相对固定防止缠绕，保证管路畅通；各管件连接头严密牢固，连接螺栓松紧适度受力均匀。

3.2.3 安全控制措施

吊缆与吸泥器及吊钩连接牢固可靠，吊臂下严禁站人，专人操作专人指挥；各种操作要考虑海上风浪、水流等因素的影响，夜间施工要有充足的照明，超过 6 级风时不得进行海上吊装作业。

3.3 水下清淤

水下清淤采用空气吸泥器进行清淤，淤泥就地顺水流排除。

3.3.1 主要做法

采用方驳吊杆与空气吸泥器进行清淤。清淤过程当中，由高压水泵供水通过吸泥器下方高压喷头将淤泥冲散，由中风压空压机向吸泥器内供气，将淤泥排除。每层清淤厚度约 50cm，吸泥器前后移动通过吊杆调整，吸泥器左右移动通过方驳锚缆调整，移动速度视出泥情况确定。如果发现可疑物体，则重点对可疑物体周边的淤泥进行清理，使其充分暴露。清淤泥的同时采用水下电视进行监视。

3.3.2 质量控制措施

每层清淤平面位置分条进行控制，吊杆控制标高；用 GPS 精确定位，使吸泥器处于设计准确位置；每清理一层，由潜水员检查泥面情况，再进行下一层的清理。

3.3.3 安全控制措施

高压供气阀门缓慢开启，吸泥器升降平移要缓慢，吸泥器上端采用拉绳连接在系缆柱上适当固定，防止吸泥器乱动伤人。

3.4 水下探摸

当水下清淤后，驳船随即就位，先采用 SXZD-Ⅱ型水下灯阵进行照明，由 SXD-Ⅲ BFKR 水下电视进行查看，必要时通过潜水员进行水下探摸排查，确认是否是水雷，以确定下一步工作方案。

3.4.1 主要做法

通过 SXZD-Ⅱ型水下灯阵进行照明，由 SXD-Ⅲ BFKR 水下电视进一步查看是否为水雷，当水下电视分辨有困难时，再由潜水员对其进行探摸，并最终作出判断。

3.4.2　质量控制措施

采用双 GPS 定位，水下电视导向，潜水员进一步确认。

3.4.3　安全控制措施

潜水员应严格按照水下操作规程作业；潜水员要严格服从指挥员的统一指挥，严禁擅自对水雷和炸药做任何处置；潜水员要及时准确地向指挥员汇报水下探摸情况。

3.5　水下打捞

通过水下探摸若发现不是水雷而是其他废弃铁件，应进行打捞。

3.5.1　主要作法

在水下电视的引导下，由潜水员用两根长度为 15m 的尼龙缆绳，一头做成吊装绳扣，把打捞铁件绑牢，另一头固定在吊钩上，由吊机吊到方驳甲板上，完成打捞任务。

3.5.2　质量控制措施

吊绳符合吊装要求，绑扎位置准确、牢固，操作规范。

3.5.3　安全控制措施

严格按照操作规程作业；吊绳符合吊装要求，绑扎位置准确、牢固，操作规范。

每个点打捞排除完后，应采用磁法探测进行复测。

4　引爆水雷

这次排雷找到了两枚水雷，即 MK13 型系列水雷和 MK26 型系列水雷，对这两枚水雷进行了就地引爆。

4.1　引爆的水雷技术性能和外形图片

4.1.1　MK13 型系列水雷技术性能

MK13 型水雷的外形结构与爆破弹相似，采用降落伞减速，沉入水中。布雷深度 5 ~ 30m；布雷间距 120m；重量 474kg；长度 1930mm；直径 508mm；装药 HBX-1，装药量 306kg；引信装置为水声引信（见图 2）。

4.1.2　MK26 型系列水雷技术性能

MK26 型沉底水雷布雷深度 4.5 ~ 40m；布雷间距 400m；重量 470kg；长度 1700mm；直径 460mm；装药 HBX-1，装药量 238kg；引信装置为 M9 磁感应引信（见图 3）。

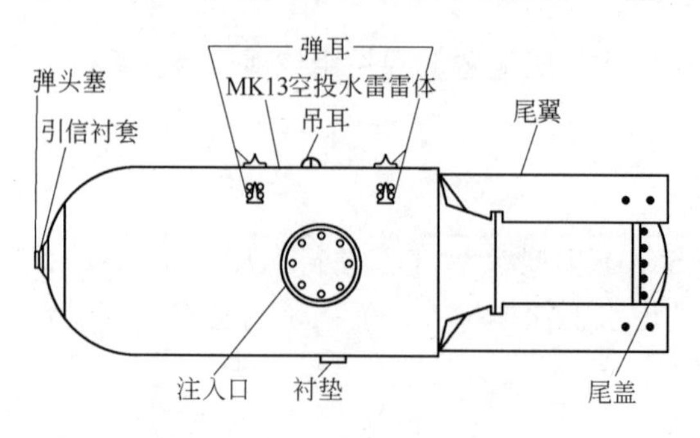

图 2　MK13 型系列水雷的结构

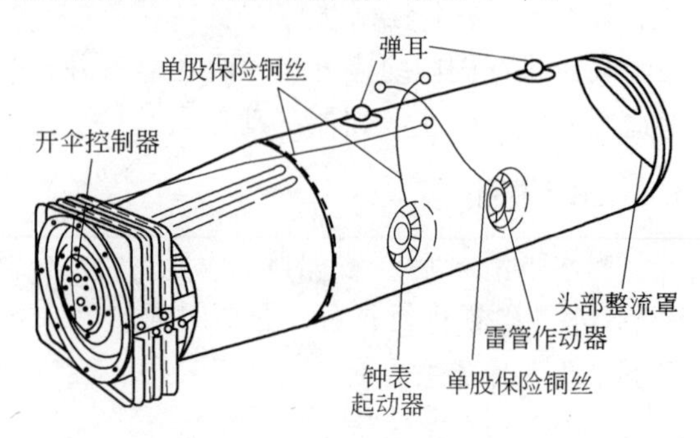

图 3　MK26 型系列水雷的结构

4.2 水下引爆

找到的两个水雷在原地引爆，水雷处的水深在 20 ~ 25m，MK13 型水雷入泥深度约为 2.8m，MK26 型水雷入泥深度约为 3.1m。

在完成水雷周边清理后，由人工将引爆炸药在甲板上组装，并放入水下，由潜水员放入水雷上方，并固定可靠，潜水员出水后至安全范围外进行起爆。

4.2.1 爆破体组装

炸药采用塑料壳包装高能炸药药柱，主要为 TNT。药柱直径 145mm，长度 0.5m，每节重 9.5kg，爆速不小于 6.5×10^3m/s，做功能力不小于 380mL；雷管采用奥瑞凯高强度、高精度导爆管毫秒雷管，导爆管长度有 500m 和 60m 两种。

每个水雷采用两组炸药起爆，MK13 型水雷采用每组 3 节药柱，MK26 型水雷采用每组 4 节药柱，并在每组安放两发 60m 长导爆管毫秒雷管。组装时，把奥瑞凯雷管分别插入每节药卷雷管的插槽内，每组两发，并用防水胶布固定绑牢后装入装药袋，扎紧袋口。

4.2.2 药包安放

在水下电视的导向下，将组装好的药柱由人工缓慢地放到水下，由潜水员水下将其放到水雷上方，并用绳索将其与水雷绑紧，潜水员出水，将 4 发插入到起爆药卷中的 60m 长的导爆管末端与 2 发 500m 长的导爆管毫秒雷管在驳船甲板上连接在一起，用 50m × 50m × 40cm 泡沫板托放在雷管下方并漂浮在水面上。驳船通过锚缆缓缓离开排雷位置，边离边放松导爆管直到 350m 以外的起爆点，等待起爆。

4.2.3 起爆

起爆前，水上派交通艇在安全警戒区域外进行巡逻，并鸣笛示警 5min，这时所有人员及施工船舶均停止施工作业，并撤离到安全警戒范围外；在确定人员、设备都撤离到危险区域以外后，各警戒点确认可以起爆，指挥员下达起爆令进行起爆；听到爆破声响并听到解除警报 15min 后，所有人员才能进入施工现场。在此之前，岗哨应坚守岗位，不准非检查人员进入危险区。

图 4 是对 MK13 型水雷和 MK26 型水雷引爆时的照片。

(a)

(b)

图 4 水雷引爆时的情景
（a）MK13 型水雷；（b）MK26 型水雷

4.2.4　安全距离确定

4.2.4.1　爆破振动安全距离

根据《水运工程爆破技术规范》，爆破振动安全距离可用下式计算：

$$R = (K/v)^{1/\alpha} Q^{1/3} \tag{1}$$

式中　R——爆破振动安全距离，m；

Q——炸药量，kg，齐发爆破取总炸药量，毫秒延期爆破取最大一段的炸药量；

v——安全振动速度，cm/s，一般建筑按 2～3cm/s 控制；

K，α——与爆破点地形、地质条件有关的系数和衰减指数，可按表 1 选取或试验确定。

表 1　与爆破点地形、地质条件有关的系数和衰减指数

岩石类型	K	α
坚硬岩石	50～150	1.3～1.5
中等硬度岩石	150～250	1.5～1.8
软岩石	250～350	1.8～2.0

根据式（1）：K 取 150，α 取 1.5，振动速度 v 取 2cm/s；最大一段起爆药量(306kg + 6 ×9.5 kg)/0.82 = 442.7 kg(硝胺类炸药和 TNT 炸药的当量关系为 0.82)。

振动安全距离按下式计算：

$$R = (K/v)^{1/\alpha} Q^{1/3} = (150/2)^{1/1.5} \times 442.7^{1/3} = 135.5\text{m}$$

根据计算爆破时，水雷起爆点在半径 135.5m 范围外民房和普通建筑物是安全的。实际爆破时附近约 1km 内无建筑物，满足安全要求。

4.2.4.2　水中冲击波安全距离

根据《水运工程爆破技术规范》，水中冲击波的安全允许距离确定，当药量大于 200kg 并小于 1000kg 时对人员游泳为 2000m；潜水人员为 2600m；木船为 500m；铁船为 250m，实施引爆时按此距离确定安全警戒范围。

5　小结

这次水下排雷工程水深超 20m，清泥深度达到 2.0～5.0m，在国内没有先例，寻找水雷时要求定位准确，清理淤泥时要谨慎小心，不能用力撞击；引爆水雷时潜水员应谨慎操作，炸药安放位置要准确、可靠，加强陆上和水面警戒，确保排雷安全。由于领导重视，参加排雷人员责任心强，精心组织，精心施工，顺利完成了这次艰巨排雷施工任务。

实践证明，这次排雷所采取的方案是合理的，技术先进，疑似雷的位置判定准确。采用了先进的 GPS 定位系统和水下电视监视系统；采用了改进型的空气吸泥装置；采用了塑料外壳高能炸药和高强度高精度导爆管毫秒雷管；采用的装药结构和起爆方案都是先进的、可靠的，确保了这次排雷工程安全、顺利地完成，对今后类似的排雷工程有借鉴作用。

参 考 文 献

[1] 中国力学学会工程爆破专业委员会．爆破工程[M]．北京：冶金工业出版社，1996.

[2] 齐世福．军事爆破工程设计与运用．南京：解放军理工大学工程兵工程学院，2002.

[3] 钟冬望．爆破安全技术[M]．武汉：武汉工业大学出版社，1992.

51 米深水海底沟槽爆破开挖技术

朱京武　王朝军　吴金仓

（青岛海防工程局，山东青岛，266042）

摘　要：本文主要介绍了水下岩石爆破开挖管沟沟槽施工技术，爆破开挖长度为2588m，最大爆破水深达到51m。施工区域条件恶劣，风浪大，浪高达到2～3m，流速达到2m/s，通过对爆破施工船只进行改造、改进爆破器材、优化爆破参数和改进施工工艺等，达到了爆破施工要求。该工程是我国目前最深的水下钻孔爆破，对今后类似工程有借鉴作用。

关键词：水下管沟开挖；水下爆破；深水爆破

In the Water Depth of about 51m, the Control of the Digging Blasting Tank Technology

Zhu Jingwu　Wang Chaojun　Wu Jincang

（Qingdao Coastal Engineering Bureau, Shandong Qingdao, 266042）

Abstract: This paper describes the underwater rock blasting trench excavation trench construction techniques, blasting excavation of a length of 2588m, the largest burst water depth 51m. Construction of regional conditions bad, rough sea, wave height reached 2～3m, velocity to reach 2m/s, blasting through the transformation of vessels, improving blasting equipment, blasting parameters optimization and improvement of construction technology, to the blasting requirements for the future with the learning experience in similar projects.

Keywords: underwater trench excavation; underwater blasting; deep-water blasting

1　概述

福建炼油乙烯项目海底原油输送管线工程在福建省泉州市惠安县净峰镇松村福炼鲤鱼尾，位于福建中部沿海湄洲湾。该工程铺设一条直径 ϕ711mm 原油输送管道，管道路由全长13.1km，其中海底岩石区爆破开挖沟槽长度为2588m。海底输油管线平面布置见图1。

沟槽施工主要分为沟槽爆破、沟槽清渣两部分。管道沟槽开挖底宽6m，边坡为1∶0.677。爆破工程量为55000m^3，水深超过25m的开挖沟槽长度达1430m，炸礁总量占总工程量的80%，最大水深达到51m。施工精度要求高、工期紧，尤其是施工区域处于湄洲湾风口区，风大浪高，涌浪高达2～3m，流速每秒2m，暗流复杂多变，施工条件恶劣。爆破岩层厚度4.0～13.5m，岩层为微～中风化花岗岩，浅灰色，花岗结构，矿物成分主要由长石、石英及云母等组成，岩石节理裂隙发育程度一般，岩芯主要呈长柱状，少数短

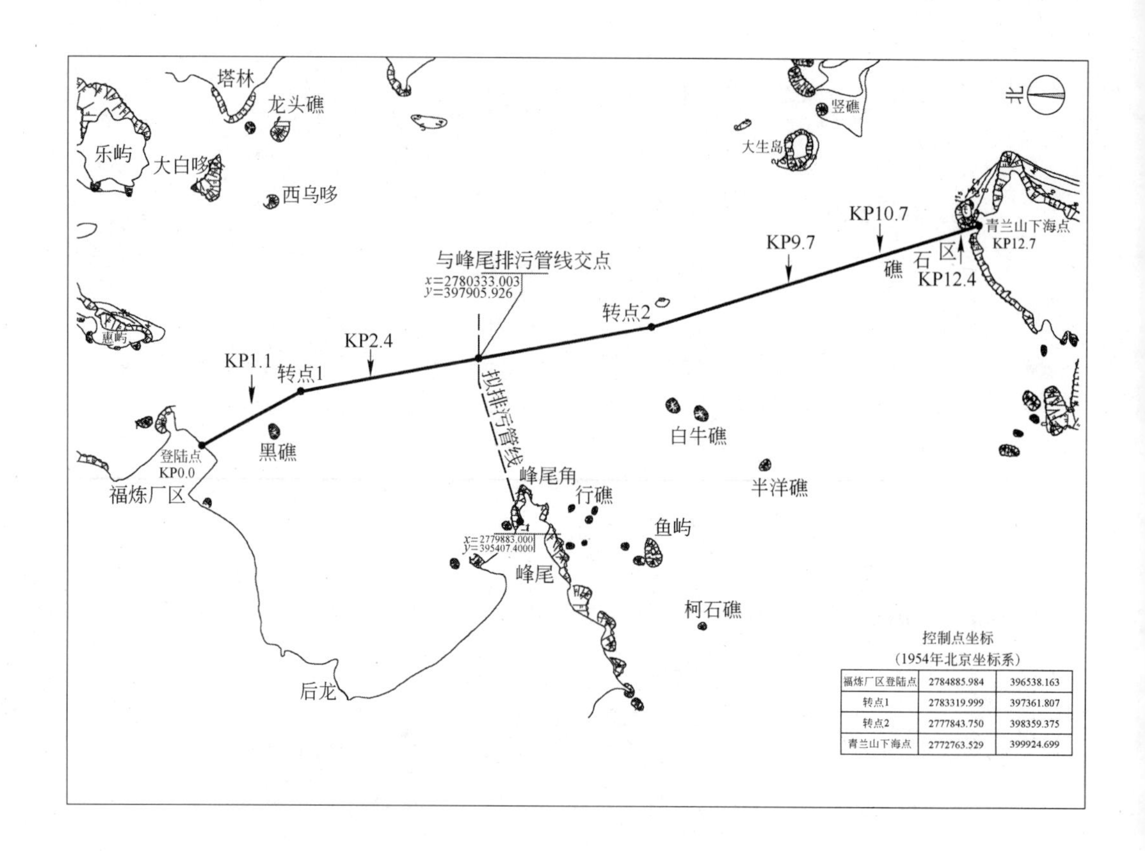

福炼厂区登陆点	2784885.984	396538.163
转点1	2783319.999	397361.807
转点2	2777843.750	398359.375
青兰山下海点	2772763.529	399924.699

图 1　海底输油管线平面布置

柱，锤击声脆，饱和极限抗压强度大于 80MPa。

2　爆破方案设计

2.1　钻爆船只的选择和改进

根据本工程特点，选用了我单位自升式钻爆船只“海钻 202”，钻孔孔径为 ϕ165mm 和大型漂浮式钻爆船“海钻 204”，钻孔孔径为 ϕ115mm，并根据水深的特点进行了如下改进：

（1）增大锚机吨位，确保漂浮作业的稳定性。

（2）由于水深采用了漂浮钻孔作业，抽掉“海钻 202”的四根桩腿，降低重心，提高稳性。

（3）钻机上增加防涌浪装置，以降低涌浪对钻孔的影响。

（4）钻孔施工中用的套管壁厚由原 8mm 改为 12mm，提高抗水流能力。改造完成后，在深水区经试钻后，完全能够满足深水区管沟炸礁作业。

2.2　爆破器材的选用

雷管采用了奥瑞凯高精度高强度导爆管毫秒雷管。该导爆管抗拉强度达 40kg，相邻段别延时都是25ms，误差小于2ms，拒爆率小于百万分之一，可进行逐孔起爆设计，同时具有良好的抗雷电、杂散性电流能力，良好的抗拉、抗渗性，适用于该工程水深条件下的爆破。

炸药采用了塑料壳包装高密度震源药柱。根据钻孔孔径加工了两个不同直径的药柱：Ⅰ型药卷直径 ϕ145mm，药卷长度0.5m，每米药重9.5kg，爆速不小于 6.5×10^3m/s，做功能力不小于380mL，该药柱用于“海钻202”钻爆船。Ⅱ型药卷直径 ϕ95mm，药卷长度0.5m，每米药重5kg，爆速不小于 6.5×10^3m/s，做功能力不小于380mL，该药柱用于“海钻204”钻爆船。

2.3 爆破参数及网路

2.3.1 “海钻202”爆破参数

由“海钻202”船施工作业的炮孔直径为 ϕ165mm；炮孔孔距 $a=3.0$m，排距 $b=3.0$m，炮孔矩形布置；超深3.0～4.0m；炸药单耗 $q\approx2.1$kg/m^3。“海钻202”钻孔断面图见图2。

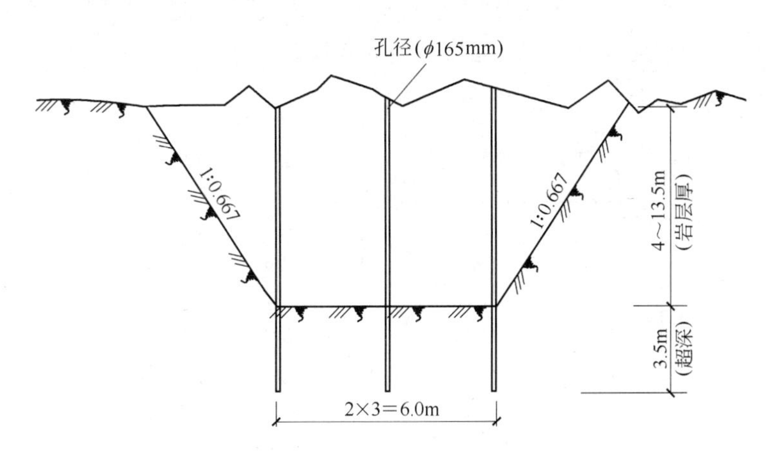

图2 “海钻202”钻孔断面图

2.3.2 “海钻204”爆破参数

由“海钻204”船施工作业的炮孔直径为 ϕ115mm；炮孔孔距 $a=2.0$m，排距 $b=2.5$m，炮孔矩形布置；超深2.5m～3.5m；炸药单耗 $q\approx2.0$ kg/m^3。

孔口填塞长度：水下钻孔爆破当水深大于6.0m时可不堵塞，但考虑到此处水深流急，应进行堵孔，用细石子进行填塞，填塞长度取0.5～1.0m。“海钻204”钻孔断面图见图3 。

2.4 装药结构

钻孔内连续装药卷。孔深小于15m装两枚引爆雷管,雷管分别放置在总装药长度的1/4和3/4处。孔深大于15m装3枚引爆雷管,雷管分别放置在总装药长度的1/4、1/2和3/4处。

2.5 超爆网络的连接和起爆

在爆破网络中，根据以往爆破经验和试爆，合理的安排网络起爆顺序，以改善岩石的

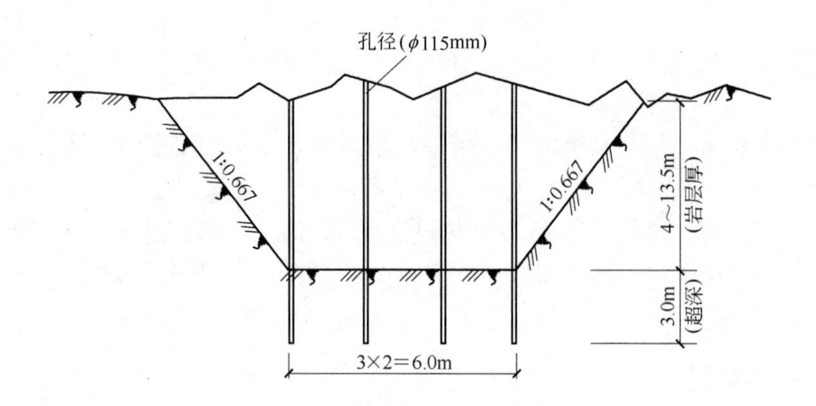

图 3　“海钻 204”钻孔断面图

破碎，起爆网络见图 4 和图 5。每个船位完成后，将各段号的雷管连接在两枚导爆管长度为 180m 的雷管进行起爆。为防止导爆雷管在引爆时雷管碎片将导爆管炸断影响起爆效果甚至造成炸药拒爆，起爆管聚能穴方向要反向导爆管传爆方向，并用一定的防水胶布缠紧。然后将钻爆平台移至 150m 外用起爆枪击发导爆管雷管进行起爆。

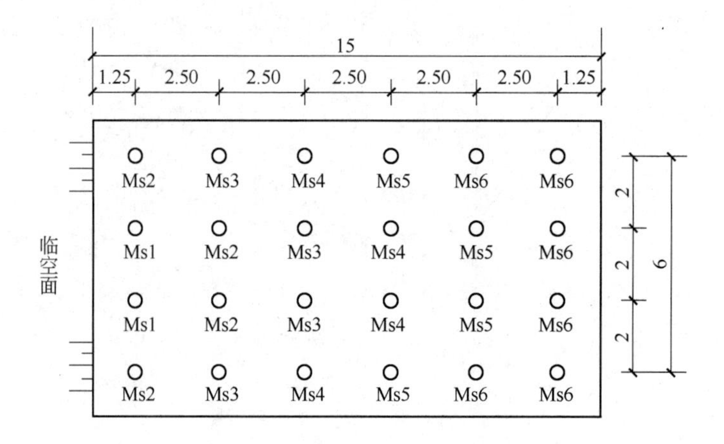

图 4　“海钻 204”爆破网络图

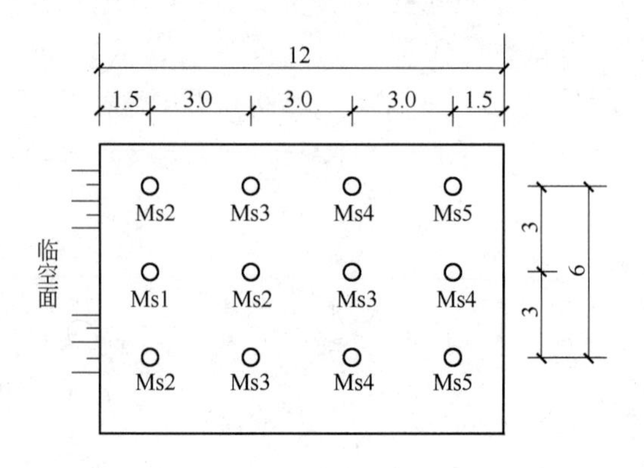

图 5　“海钻 202”爆破网络图

3 爆破安全控制

在该深水管沟爆破中，主要考虑水击波的影响因素。因施工区域处于交通航道，来往船舶较多，施工干扰大，起爆时要特别注意往来船舶的航行安全。

由于设计的爆破单段起爆药量小于 1000kg、大于 200kg，根据《爆破安全规程》，水下钻孔爆破水中冲击波的安全距离：对于游泳者 1100m、潜水者 1400m、木船 250m、铁船 150m、航行船舶 1500m。

根据《爆破安全规程》的有关规定，对于水下钻孔爆破：当水深大于 6m 时，可不考虑飞石对地面或水面的影响。因此在深水区爆破不考虑飞石的影响。

4 结束语

通过本工程施工，为今后深水海域工程爆破参数的设计提供了依据，实践证明所采取的措施是可行的。

（1）在该工程爆破中我们所选择的爆破器材是合理、成功的。

（2）在本工程中，针对水深流急的海况特点，通过对船只锚机的合理改造，增加了船只漂浮定位的稳定性，比一般的漂浮式钻爆船抗涨落潮流及涌浪能力明显增加，船只定位完成后基本无移位的现象，误差在 10 ~ 20cm。

（3）在深水岩石爆破工程中，清渣应选择重型抓石斗船，抓斗开口应根据管沟宽度确定，如果不是重型抓斗船，清渣时会出现漂斗现象。

（4）在深水区的管沟爆破，不同于水下大范围爆破，船只定位的准确性至关重要，需要选择像我单位现在所使用的高精度 RTK 双频 GPS（定位系统），还需要定位操作人员业务熟练，仔细认真，保证定位准确。

（5）在施工中应认真分析施工情况、交流施工经验，发现的问题及时解决，从而提高工作效率，确保工作顺利完成。

参 考 文 献

[1] 秦明武．控制爆破[M]．北京：冶金工业出版社，1993.
[2] 中国力学学会工程爆破专业委员会．爆破工程[M]．北京：冶金工业出版社，1996.
[3] 赵福兴．控制爆破工程学[M]．西安：西安交通大学出版社，1988.
[4] 钟冬望．爆破安全技术[M]．武汉：武汉工业大学出版社，1992.
[5] 水运工程爆破技术规范[S]．北京：人民交通出版社，1992.

水介质预裂爆破试验研究

张西良

（中钢集团马鞍山矿山研究院有限公司，安徽马鞍山，243004）

摘　要：利用有机玻璃模型进行水介质预裂爆破模拟试验，通过对比试验、改变爆破参数等方法，体现水介质和空气介质在预裂爆破中的不同作用，并利用试验结果观察和揭示水介质预裂爆破的成缝机理。结果表明，水介质预裂爆破有水介质爆破和预裂爆破的共同优点，能够获得较好的预裂爆破效果。

关键词：水介质；预裂爆破；成缝机理；模型试验

Experimental Study of Water-medium Pre-splitting Blast

Zhang Xiliang

（Sinosteel Maanshan Institute of Mining and Research Co., Ltd.,
Anhui Maanshan, 243004）

Abstract: Water-medium pre-splitting blasting experiments were carried out with synthetic glass model. Through comparative trial and changing blasting parameters to reflect different effect of air-medium presplitting blasting and water-medium presplitting blasting, and the results is used for observing and showing the cracking mechanism of water-medium pre-splitting blast. Based on the results, water-medium presplitting blasting has the collective advantage of air-medium presplitting blasting and water-medium presplitting blasting, and can get preferable presplitting blasting effect.

Keywords: water-medium; presplitting blasting; cracking mechanism; model experiments

1　引言

目前，随着开采年限的增加，国内露天矿山的开采深度不断增大，采矿作业水平多数低于当地潜水面，穿孔爆破一般在含水层中进行，特别是在雨季作业时，炮孔中经常存在大量涌水。由于预裂爆破炮孔孔径较小，钻孔中的水不能直接抽出，遇到涌水量大的岩层时，就会导致水孔中的预裂爆破质量恶化，不能达到预期的效果。

当前国内涉及水孔预裂爆破原理的研究较少，而将炮孔中的水作为爆破介质，寻求水介质预裂爆破的成缝机理和工艺参数计算方法，有助于减小炮孔中水对预裂爆破的影响，获得良好的预裂爆破效果。

由于岩石是一种极为复杂的地质材料，从理论上去认识和理解该过程需要很多的假设，特别是在爆破加载这种动态和复杂的加载条件下，其限制条件更多。因此，在将预裂爆破理论研究用于指导工程实际之前，通过实验测试以确定理论研究成果的正确性，显然是非常必要的。

2 有机玻璃模型试验

为了缩短试验周期，更清楚地看到爆破后的现象，试验采用了有机玻璃模型，利用试验结果来观察和揭示水介质预裂爆破的成缝机理。

为了在试验中更好地体现空气介质和水介质在预裂爆破中的不同作用，试验通过对比试验、改变爆破参数等方法，来达到体现不同过程的目的。

2.1 模型材料及尺寸

（1）单孔模型。尺寸：长×宽×高＝100mm×100mm×70mm，见图1（a）。每块模型加工一个孔，孔径18mm，孔深70mm，孔位是几何中心。

（2）双孔模型。尺寸：长×宽×高＝120mm×100mm×70mm，见图1（b）。每块模型加工两个孔，孔径18mm，孔深70mm，孔距50mm，孔心距试块边缘35mm。

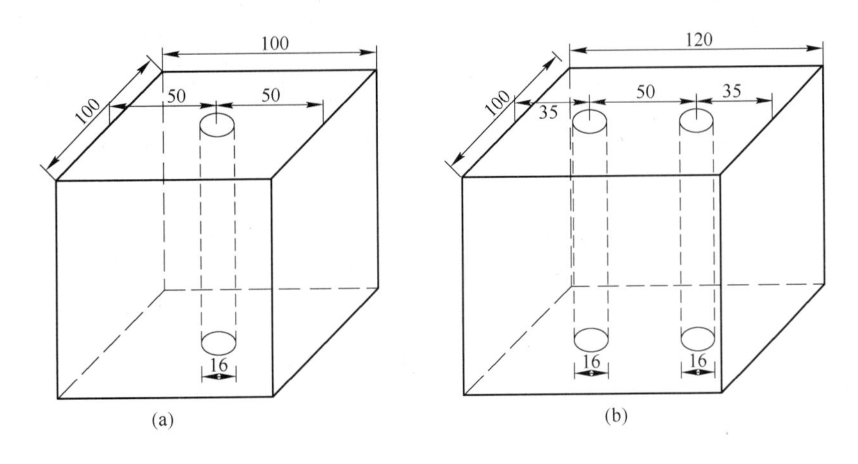

图1 单孔模型与双孔模型

模型内部无间隙，介质较均匀。模型材料的物理力学性能见表1。

表1 有机玻璃物理力学性能表

密度/g·cm^{-3}	纵波速度/m·s^{-1}	横波速度/m·s^{-1}	抗压强度/MPa	泊松比	体积弹性模量/MPa
1.118	3100	2572	127	0.420	4300

2.2 爆破和起爆器材

炸药：采用ϕ3.0mm的药包，黑索今炸药，电雷管起爆。

雷管：试验中使用毫秒电雷管，均为同段雷管。为了防止雷管击坏有机玻璃试块，试验时将雷管底部聚能穴部分用胶布缠绕，同时在试块上加盖板。

塑料管：内径 ϕ3mm 软塑料管，管底封口填塞 1cm，装完炸药后上部封口防水。

纸盖板：模型上部用厚纸板隔开，避免雷管爆炸时将有机玻璃击出伤痕。同时兼有堵塞孔口的作用。

模型底部堵胶泥，水孔底部用胶带粘牢。

2.3 装药结构

干孔及水孔均采用径向不耦合装药。为了防止炸药对试块孔底部造成破坏，塑料管下部 1cm 未装药（见图 2）。

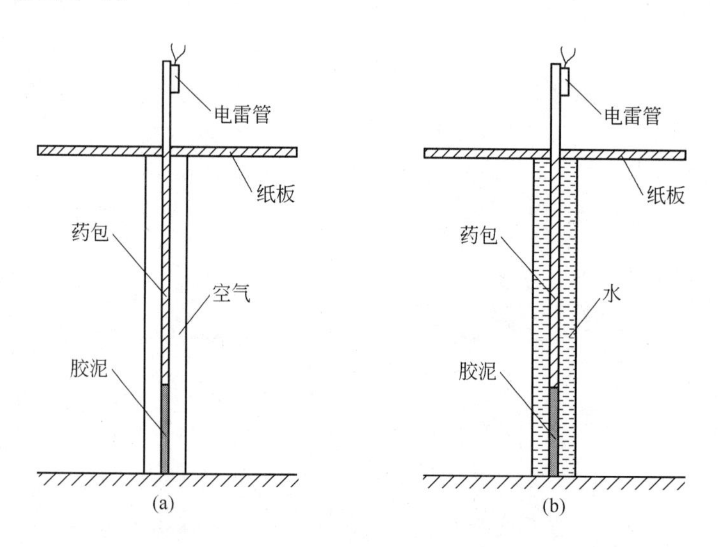

图 2 空气介质与水介质模型试验装药结构图
（a）空气介质模型；（b）水介质模型

2.4 试验内容

在单孔爆破试验中，主要采用不同药量，观察空气介质和水介质条件下径向裂隙的发展状况。

方案 1：单孔模型，相同爆破参数下的干孔与水孔对比试验；

方案 2：单孔模型，不同爆破参数下的干孔与水孔对比试验。

在双孔爆破试验中，主要采用不同药量，观察空气介质和水介质条件下径向裂隙和孔间裂隙的发展状况。

方案 3：双孔模型，相同参数下的干孔与水孔对比试验；

方案 4：双孔模型，不同参数下的干孔与水孔对比试验。

2.5 试验结果

四个方案对比试验的试验结果见表 2。

表 2 水介质预裂爆破模型试验结果

方　案	编　号	孔内状况	药量/g	裂隙平均长度/cm	装药高度/cm
一	Ⅰ-3	空气	0.35	3.5	4.72
	Ⅰ-8	空气	0.35	3.6	4.72
	Ⅰ-4	水介质	0.35	裂成 4 块	4.72
	Ⅰ-6	水介质	0.35	裂成 2 块	4.72
二	Ⅰ-2	空气	0.317	2.9	4.27
	Ⅰ-7	水介质	0.25	2.98	3.37
	Ⅰ-9	空气	0.25	1.9	3.37
	Ⅰ-5	水介质	0.20	1.64	2.69
三	Ⅱ-1	水介质	0.2	裂开两块	2.69
	Ⅱ-5	水介质	0.2	裂开两块	2.69
	Ⅱ-2	空气	0.2	径向裂隙很短	2.69
四	Ⅱ-1	水介质	0.2	裂开两块	2.69
	Ⅱ-5	水介质	0.2	裂开两块	2.69
	Ⅱ-4	空气	0.3	孔中线基本贯通	4.04

3 试验结果分析

（1）单孔模型，同等药量干孔与水孔比较：在药量均为 0.35g 时，水孔模型裂成两块，孔周围形成密集的随机分布裂纹，宽度较大，扩展到试块边缘；干孔模型未裂开，试块上裂纹数目较少，宽度较窄，扩展到孔与试块中部。在药量都为 0.25g 时，试块均未裂开，但水孔裂纹长度、宽度均明显大于干孔，水孔裂纹平均长度为干孔的 1.6 倍，即在单孔爆破中，相同药量的条件下，水介质爆破的径向裂隙长度很明显地大于空气介质中爆破的裂隙长度。在水介质爆破的模型中，孔底部虽然没有装药，但也形成了很多明显的径向裂隙。

（2）单孔模型，不同参数下的干孔与水孔比较：干孔药量 0.32g，水孔药量 0.25g，即比干孔降低 22%，爆后试块上产生的裂纹数目、长度和宽度均相差不大；而当水孔药量减少至 0.2g 时，试块的裂纹与药量 0.32g 的干孔相比无论数量、长度均有一定的差距，说明水孔中药量降低不宜过大，以 20% ~25% 以内为宜。

（3）双孔模型，相同参数下干孔与水孔比较：在每孔装药量均为 0.2g 时，水孔试块两孔间形成裂缝，试块裂成两块，可以看出，炮孔连心线上裂缝的较其他方向有较大优势，破裂面上有水迹；而干孔试块孔间未能贯通形成裂缝，而且试块上裂纹的数量、长度均不发育。双孔水介质预裂爆破试块和单孔水介质爆破相比，更容易裂开（药量少 43%），说明相邻两孔同时起爆时，在孔间连心线上产生应力叠加。所以，在药量少的条件下能拉开预裂缝。

（4）双孔模型，不同参数的水孔与干孔比较：水孔每孔药量均为 0.2g 时，试块裂开；而干孔每孔药量均为 0.25g 时，试块未裂开，孔间也没有形成发育裂隙；但当药量增加到 0.3g 时，孔间已形成贯通的裂纹，只是试块并未裂开。水介质预裂爆破试块的药量比空气介质预裂爆破试块的药量少30%。

在孔底未装药部分，径向裂隙也很发育，说明炸药在水介质中爆炸时由于水的可压缩性小、传压均匀等特性，使之传压能量大、作用时间长等作用的机理的分析是正确的。

4　结论

（1）相同爆破参数下，单孔模型试验中，水孔爆破后产生的裂纹数目、长度和宽度均大于同等条件下的干孔，说明水介质爆破可以在孔壁处产生较大的冲击力，并且产生的应力场的强度大，作用时间长，证明了水介质相比于空气介质的优越性。

（2）相同爆破参数下，双孔模型试验中，空气不耦合装药时，该参数不能使试块裂开，而水孔则能够形成裂缝，说明水的传能效率高，同等装药条件下可增大孔距；或相同孔距条件下可降低装药量。水介质对预裂爆破参数和效果的影响是显著的。

（3）不同参数下，水孔药量降低20%左右时，爆破效果与干孔相当；当药量进一步减少时，爆破效果较差，说明水孔中药量减少以20%~25%为宜。在进行预裂爆破时，水孔中药量应根据实际情况适当减少。

（4）在水介质预裂爆破中存在水楔效应。在水孔试验中观察到破裂面上水的痕迹。在水介质预裂爆破中，同时存在水楔效应和气楔效应，水介质预裂爆破有水介质爆破和预裂爆破的共同优点，故能够获得较好的预裂爆破效果。

（5）在试验中，重复试验的相似性是很明显的。

参考文献

[1] 梁向前，陈庆寿，吕克城，周庆忠．露天矿深孔水介质爆破试验研究[J]．爆破，2002，19(3)：25~27.

[2] 王德胜．水孔中预裂爆破技术的研究[J]．有色金属（矿山部分），1999，03：35~38.

[3] 熊代余，顾毅成．岩石爆破理论与技术新进展[M]．北京：冶金工业出版社，2002.

[4] 朱志武，李义．水孔预裂爆破的损伤断裂成缝机理研究[J]．太原理工大学学报，2003，34(3)：297~300.

E-mail：mimrzhangxl@163.com

5

爆破安全

非冲击引爆与炸药安全

朱建士

（北京应用物理与计算数学研究所，北京，100094）

摘　要：炸药在热、摩擦、剪切、火花和激光等非冲击刺激作用下可能发生不同程度的反应或爆炸。这些刺激以不同的方式在炸药中产生损伤，集中能量，形成热点，开始点火。它们的差别主要是产生热点的机制不同。在点火发生后的过程有很多相似处，遇到的难点具有共同性。这里对不同刺激介绍不同的热点形成机制。以热起爆为代表介绍点火后传导燃烧、对流燃烧、DDT、爆炸、爆轰的过程。

关键词：炸药安全；非冲击刺激；热点火；损伤

Non Shock Initiation and Safety of Explosive

Zhu Jianshi

(Research Institute of Applied Physics and Numerical Mathematics Beijing, Beijing, 100094)

Abstract: Reactions and explosions of different violence occurred in explosives when subjected to non shock stimuli such as thermal, friction, shear, spark and laser. With different mechanism, these different stimuli produce damage in explosives, make energy concentration, form hot spots, induce ignition. After ignition, the process from combustion to explosion or detonation is quiet similar for varied stimuli. Different mechanism of hot spots subjected to different stimuli are described, and the thermal initiation process from conductive burning, convective burning, DDT to explosion or detonation are introduced.

Keywords: safety of explosive; non shock stimuli; thermal ignition; damage

在强冲击作用下炸药一般都能正常起爆，炸药系统的起爆装置如冲击片雷管就是利用冲击起爆原理设计的。在冲击作用下对炸药的安全问题进行了很多研究，对其起爆机理也有较好的了解（当然仍有很多工作有待深入研究）。炸药在热、摩擦、剪切、火花和激光等非冲击刺激作用下也可能发生爆炸，有时甚至在延迟相当长时间后突然发生爆炸，造成严重的人员伤亡和设备损坏，成为炸药安全问题关注的热点。上述非冲击刺激并非完全没有冲击作用，是指其冲击作用不足以引发足够的反应，产生爆炸的主要原因不是冲击作用而是其他因素。冲击起爆主要取决冲击波的强度和维持时间，冲击波后的高压衰减以声速传播，因此衰减很快（一般为几十至几百微秒），是否是冲击起爆一般在很短的时间内就可以决定。而非冲击起爆过程则更为复杂，从外界刺激到最后发生爆炸持续时间较长，因而更危险，对其起爆机理了解也很不够，存在很多需要研究的难题。B. W. Asay 主编的

《炸药非冲击起爆》一书[1]较全面总结了非冲击起爆的研究成果，理清了一些重要的术语和概念，特别是指出需要深入研究问题的复杂性和难度，为该领域研究提出了挑战性的目标，不失为很好的参考书。本文以此为主线加上其他参考文献对非冲击起爆问题作一简要介绍。

1　热起爆

热起爆是炸药在热刺激作用下发生猛烈放能的现象。在火烧环境中，热通过火焰的辐射和对流传到炸药装置表面，由此在固体介质中通过热传导向内传至炸药，炸药开始热分解。热分解逐步改变炸药性能，改变炸药的热容、热导率、剪切模量、屈服强度、体积模量等，直至发生相变，炸药由固相变为气相又引起炸药外壳的运动。根据外壳的强度，热分解可能很慢，引起全系统柔和响应，也可能很快，产生灾难性爆炸后果。

热起爆与冲击起爆有明显差别。热起爆的时间尺度为几分钟甚至几天，而冲击起爆为微秒到毫秒。热起爆的能量传输机制为热输运，而冲击起爆的能量传输机制为冲击波传播。热起爆炸药成分改变是温度的函数，而冲击起爆炸药成分改变是压力驱动的化学反应。热起爆过程相对较慢，炸药和外壳大部分时间处于弹性阶段，而冲击起爆时，炸药和外壳很快进入塑性阶段。热起爆反应慢，炸药在整个计算过程中都是反应物、中间产物、最后产物的混合物，这与冲击起爆很不同。冲击起爆时，除很小的区域外，炸药不是未反应状态就是完全反应状态。可见研究热起爆时对反应物、中间产物、最后产物的状态描述比冲击起爆时要求更精确，这就要求广泛的基础研究成果。目前要较好回答这一问题还有相当的难度。

以 PBX-9501 为例，PBX-9501 由 94.9% HMX、2.5% Estane、2.5% 硝基增塑剂、0.1% 稳定剂组成。162℃左右由 β 相向 δ 相转变，体积增加 7%。温度 180℃维持 30min，在无外壳情形，观察到膨胀 16%。这说明炸药在维持一定的温度时虽然没有明显的、剧烈的宏观力学运动，但发生了微结构变化，这种破坏在快速对流燃烧时有重要作用[2]，早期工作注重不可控（猛烈）反应的引发，考虑热-化学效应，未考虑分解造成的材料力学行为，热和力学是解耦的，这对宏观力学运动影响不大，但对微、细观层次发生的行为就不够了[5]。

低压下完整（无缺陷）含能材料的微弱自燃，其整体是低温的，只有表面为很薄的热解区。热解区释放气体产物提供给气相中的火焰，热通过热传导传给未反应的固体表面，使它升温并引发燃烧。这种过程称为传导燃烧（Conductive Burning），传导燃烧一般比较缓慢。由于碰撞的力学破坏、热破坏、有外壳炸药压力增加引起的应变、使用颗粒炸药等原因，炸药是非完整的且非完整部分可能连通且不断增加。这时热气体可能穿入非完整体积，加热暴露的表面，最终点燃较大的面积。这种穿入、加热、点燃的过程通常称为对流燃烧（Convective Burning）。当热破坏引起的孔洞连通时，将发生一种不同的燃烧模式——加速燃烧，由对流燃烧引起火焰快速传播，这种模式被认为是早期的 DDT。炸药响应的烈度极大地依赖于热破坏材料中燃烧传播的速率和向爆轰自加速的速率[3,4]。

目前爆炸事故烈度（Violence）评估是靠对实验装置的事后分析作出的。烈度的水平基于外壳碎片的尺寸和数目。烈度等级分类为：燃烧、压破（Pressure Rupture）、爆燃、爆炸、部分爆轰、爆轰。各类间的区别带有一定的主观性。为了预计热爆炸的反应烈度，必须知道“热失控前材料热破坏状态”。可是目前对“热失控前材料热破坏状态”了解得很不够。Los Alamos 的 Rae 等测了 PBX-9501 从 21℃到 210℃的应力-应变曲线，发现很多异常的现象[6]。在对炸药热响应机理充分了解以前，目前经常采取的技术途径是，用热破坏材料的疏松度和比表面积反映其整体破坏程度，以此研究炸药热破坏状态的影响。

摩擦、剪切、火花、激光起爆，在点火发生后的过程与热起爆点火后的过程有很多相似处，遇到的难点具有共同性。它们的差别主要是产生热点的机制不同。

2 摩擦起爆

摩擦加热是已有界面间具有相对运动（动摩擦）或相对运动趋势（静摩擦）引起的加热。以摩擦加热为主造成的爆炸称摩擦起爆。

长期以来一直认为摩擦是一种重要的炸药点火源。由非冲击点火造成的事故很多，虽然机理目前还不能完全说清楚，但认为不少与摩擦加热有关。

任何表面都有一定的不平度，两个表面的接触只在很小的突出面积上，因而在这些局部有很大的压力、温度，形成“热点”并可能发展成点火区直至引发爆炸甚至爆轰。热点是否点火取决于化学反应生成热与热传导或其他热输运机制带走的热之间的竞争。炸药中这种竞争与热点温度和尺寸有关，了解摩擦过程温度场的微结构对作出正确预计十分重要。

如果材料熔化，摩擦不再能产生热。炸药的熔点一般低于产生瞬时点火的温度，因此炸药与其他材料单纯摩擦不足以引起点火，这一点已经由无碰撞实验得到证实。有碰撞时，情况更为复杂，可能还有其他因素（如剪切）起作用。

即使有一个摩擦表面其材料是低熔点的，如果其中夹杂有高熔点的颗粒（为了方便，以后都称为砂砾，Grit），也会由砂砾与另一个高熔点表面摩擦引起高温。如果存在多个砂砾，即使两个表面都是低熔点，砂砾间摩擦也能引起高温。目前的共识是，点火最可能发生在砂砾与砂砾，或砂砾与高熔点基底间的相互作用。这点很重要，说明至少在纯摩擦情况，炸药本身的摩擦不会引起点火。

摩擦加热及引爆炸药的过程如下：

（1）正常加热。炸药表面均匀或接近均匀加热，这时无热点产生，炸药表面均匀升温。如没有砂砾，炸药很难点火。

（2）局部加热。由于表面的形状和成分的非均匀性在某些特殊点或接触点处加热。如果表面是粗糙的，加热首先在粗糙区发生。然而炸药与基底材料的相互作用即使在粗糙区升温也不会超过材料的最低熔点，点火也很困难。

（3）砂砾行为（Grit Behavior）。砂砾在与另一表面的粗糙区相互作用时可嵌入另一材料并沉淀。砂砾与另一硬表面或其他砂砾相互作用，有可能产生很高温度，好像是摩擦点火事件的点火点。砂砾的破坏、滚光、嵌入都已观察到，要模拟这一系列复杂的现象是对研究者提出的严重挑战。

（4）热点的演化和相互作用。如果一个热点的温度和尺寸足够大使其热产生大于热耗散，其反应将加速。如果反应传播，相邻热点要相互作用并增强。

（5）反应传播。在表面点火的早期，反应传播依赖碰撞过程提供的惯性约束的程度。如果在反应深入炸药内部以前约束就已撤除，反应可能熄火，不会有猛烈爆炸。如果约束撤除前反应已深入炸药内部，可能增压并引发爆炸。在炸药与一表面斜碰撞发生摩擦起爆的事故时，是否爆炸取决于反应产生的增压与碰撞反弹产生的约束撤除之间的竞争。

总之，由于“如果材料熔化，摩擦不再能产生热。炸药的熔点一般低于产生瞬时点火的温度。”这一事实，摩擦点火主要来源于砂砾行为，点火后的发展与热起爆类似。

3　剪切起爆

剪切起爆是指碰撞作用形成的剪切带内高温引起的爆炸。这里的碰撞限于其冲击作用不足以引爆炸药，主要靠其剪切作用引爆炸药。剪切与摩擦的共同处是都有两层间的相互运动趋势（从这点看，剪切更接近静摩擦），不同处是摩擦已存在界面，剪切在开始时不存在界面，进一步发展可能发生剪切断裂，形成界面滑移，这时更像摩擦了。因此摩擦与剪切的作用有时难以很严格区分。

剪应力在多个坐标方向都有分量，因此产生的剪应变使物质微元扭曲，在主应力的横向产生速度梯度。当将材料处理成（无强度的）流体时，借助黏性分析剪切流，能给出流动图像和力学能转化为热的耗散机制。对有强度的材料施加足够强的剪应力，作为热软化的结果产生绝热剪切带。上述两种情形都是能量沉积的局域化。这种产生热点的方式与加热生成热点相似但构型不同。

剪切破坏可能发生在晶体内，也可能发生在晶体表面。有少量直接证据，也有大量间接证据证明绝热剪切带是产生热点和引爆炸药的重要机制。在有约束 TNT 观察到快速的剪切，在未反应 PBX 中也观察到宏观剪切带。

理论预计炸药晶体很容易产生剪切带。Frey[7] 计算了带表面粗糙度的硬质材料侵彻炸药形成表面定常剪切流（类似绝热剪切带）的问题。炸药假定为线性黏弹性，考虑了熔化效应、熔化温度的升高、压力升高引起的黏性变化等，计算了有强度和无强度情形时薄层的黏弹性加热。发现剪切流速度为 200m/s 时，剪切带在不到 1μs 内升温到 1200K。计算时没有考虑热分解引起的升温。

此处关注碰撞的冲击作用不足以引爆炸药时剪切对起爆的作用。碰撞在炸药中引起损伤、破坏、大变形和亚声速流，从而点火。这里只关注上述过程引起的反应点火，而不是随后的对流燃烧及 DDT 等过程。这些过程与热起爆类似，只是形状和尺寸不同，其问题十分复杂，是目前起爆研究领域的热门课题。

很多碰撞情景，特别是侵彻碰撞，将产生极强的剪切应力引起高速剪切流或严重的摩擦变形。引起燃烧点火的关键是炸药变形能量耗散的局域化，这种局域化可发生在晶体尺寸、介观尺寸和宏观尺寸。对有约束和无约束的碰撞情形，已发现当伴随很大流速梯度时，局部流速为 50 ~ 200m/s 就能引发点火。这样的流速和压力不足以引发冲击起爆（也有实验证实）。这种起爆事件都直接或间接与剪切过程有关。

一旦点火，火焰是加速还是熄灭所遵从的过程与热爆炸的类似，与下述因素有关：

（1）反应核的尺寸。

（2）材料的孔隙度、渗透率、损伤状态。

（3）反应气体产物的压力和约束程度。

（4）任何由连续剪切过程给炸药提供的动力。

惯性约束或结构约束在安全事件中起到多种作用，它可决定有多大的流动可以发生，它可抑制快速挤出流减少剪切过程，但也可维持更长时间的高压培育点火和使反应增长。

4 火花和激光点火

火花和激光都是引起点火的外功率源。火花引起事故的方式有多种，比如闪电、人体放电、处理炸药的设备放电等。对激光人们通常不认为是事故源，而认为是为特殊目的设计的能源，实际上如果使用不当也会发生事故。在此一起讨论是因为炸药对它们的响应有很多共同点。

在高功率起爆器设计时对电火花起爆已有很多研究。火花雷管、爆炸丝雷管、激光雷管都在低密度敏感粉末炸药 PETN 中引发爆轰。首先是电极放电，放电火花通过低密度炸药可以引发局部燃烧和爆燃反应，反应可能增长也可能熄灭，依赖于炸药的接触面积、密度、渗透性。约束是另一关键因素（特别对高密度炸药）。反应增长到自持与外加功率源无关时，就达到点火（Ignition）。实验指出，反应过程很像在低密度粉末中的燃烧-爆轰过程，并且快得多。在很小体积中发生点火，快速形成反应产物气体，压实粉末形成不渗透的塞子，塞子被燃烧气体加速驱动周围的低密度粉末向爆轰过渡。这一过程在很小体积内发生，惯性约束足以维持压力上升，结构约束不重要。火花雷管是在炸药粉末中放电形成火花，爆炸丝雷管（EBW）是丝爆炸形成等离子体作用在炸药粉末上。激光雷管构形类似，代替电极的是光纤和镀有0.25μ m 钛的熔石英窗口，高功率 Q 开关激光脉冲烧蚀整个钛薄膜形成等离子体驱动低密度 PETN，也可不用钛膜，激光直接烧蚀和分解 PETN。因此激光雷管有钛膜时类似爆炸丝雷管（这时称为激光 EBW），无钛膜时类似火花雷管。对雷管起爆规律的研究为低密度敏感炸药的安全性研究提供了丰富资料。

闪电一直被认为是炸药操作时的危险情景，闪电如果与引信或雷管耦合，则雷管将起爆，后果当然是灾难性的。但如果闪电只是击中固体炸药则并不包含这种危险。Buntain[8]等在 Florida（美国的多雷区）进行了系列实验。为了增进闪电与炸药的耦合，将导线引入大药量（约 20kg）无约束 PBX 炸药的小洞中，都没有发现炸药爆炸，闪电产生的爆炸只引起炸药的物理破坏，破裂或散落。回收的块体上有烧焦斑痕和燃烧印记，反应的传播从未观察到。可是一定要记住，这些只是对纯的有机炸药成立，含铝推进剂和炸药的响应则完全不同。1985 年在极其冷而干燥的气象条件下操作 Pershing Ⅱ 的火箭发动机时由于摩擦生电引发放电，其含铝推进剂产生持续爆燃，发动机突然产生推力，造成人员伤亡[9]。事故促进高密度含能材料对放电响应的研究。

放电引起高密度炸药爆燃的因素如下：

（1）炸药中铝含量，促进电介质击穿，形成通过黏结剂的火花通道。

（2）有效的力学约束，或流体静压，支持增压直至爆燃。

Buntain 等实验发现天然闪电没有在大质量（有足够的惯性约束但无外加力学约束）高密度有机炸药中引发自持燃烧或爆燃。

高密度炸药点火的关键因素是功率还是能量？目前看来两者都重要。

低功率连续模态（cw）激光可用来引发燃烧反应，如果是初级炸药燃烧很快成爆轰，如果是次级炸药、推进剂、烟火剂燃烧维持更久。适合的功率水平为 1W，激光二极管即可提供。

Ewick[10]在 HMX 中混入 3% 的炭黑增加吸收性，1W 激光二极管产生激光（880nm）

通过玻璃窗（对 HMX 也起到约束作用）传入 HMX，不到 1ms 点火，这个点火过程类似增强燃烧，这时即使是低功率激光，由于维持时间长也可产生点火反应。

激光可用来加工炸药，也可用作爆轰实验的照明，知道多大的强度照射炸药是安全的，这一点十分重要。

总之，炸药在国防武器装备、经济建设、科研实验中都有广泛的应用，如何保证使用中的安全是十分重要的课题。由于使用环境多种多样，炸药引发猛烈反应的机制很复杂，经过长期研究目前的认识仍很不充分。炸药安全问题仍是炸药应用领域长期的热门话题。

参 考 文 献

[1] W B Asay. Non-Shock Initiation of Explosives. Shock Wave Science and Technology Reference Library, Volume5, Springer, 2010.

[2] A L Nicols Ⅲ, et al. Modeling Thermally Driven Energetic Response of High Explosives. 11th Symposium (International) on Detonation, Snowmass Village, Colorado.

[3] J W Tringe, et al. Propagation of Reactions in Thermally-Damaged PBX-9501. 14th Symposium (International) on Detonation.

[4] R J banton, et al. Conductive Ignition Modeling for Energetic Materials. 14th Symposium (International) on Detonation.

[5] M R Bear, et al. Cookoff of Energetic Materials. 11th Symposium (International) on Detonation, Snowmass Village, Colorado.

[6] P J Rae, et al. The High Temperature Stress/Strain and Stress Relaxation Respose of Unconfined PBX-9501 Between 21 and 210℃. 14th Symposium (International) on Detonation.

[7] R B Frey. The Initiation of Explosive Charges by Rapid Shear. 7th Symposium (International) on Detonation.

[8] G A Buntain, et al. 1998 Joint Los Alamos/Sandia/University of Florida Direct-Strike Triggered Lightning Test of PBX-9501 High Explisives, University of Florida, ReportUF/ECE/690-1, June 1999.

[9] Technical Investigation of 11 January 1985 Pershing Ⅱ Motor Fire, U. S. Army Missile Command, Redstone Arsenal, AL, Technical Report RK-85-9, June 1985.

[10] D L Ewick, et al. Feasibility of a Laser-Ignited Pyrotechnic Device. 13th International Pyrotechnics Seminar.

精确延时起爆控制爆破地震效应研究

杨　军[1]　徐更光[1]　高文学[2]　佐建君[3]　夏晨曦[1]

（1. 北京理工大学爆炸科学与技术国家重点实验室，北京，100081；
2. 北京工业大学建工学院，北京，100124；
3. 北京理工北阳爆破工程技术有限责任公司，北京，100081）

摘　要：在复杂环境下深孔爆破基础开挖工程中，使用高精度电子雷管精确延时技术成功地控制了爆破地震效应。本文结合爆破振动监测及其信号分析结果，通过分析台阶爆破逐孔精确延时起爆及其周边振动效应，得出4～5ms超短延时间隔起爆不仅可以有效降低爆破地震效应，而且振动信号主频与普通毫秒延时起爆相比有向高频部分分散的趋势，更有利于消减爆破振动不利影响。

关键词：台阶爆破；电子雷管；毫秒延时起爆；振动控制

Research to Control the Seismic Effecy by Blasting Based on Precise Time Delay

Yang Jun[1]　Xu Gengguang[1]　Gao Wenxue[2]　Zuo Jianjun[3]　Xia Chenxi[1]

（1. Beijing Institute of Technology, Beijing, 100081; 2. Beijing University of Technology, Beijing, 100124; 3. Beijing Bit Blasting Engineering & Technology Co., Ltd., Beijing, 100081）

Abstract: Using deep-hole blasting to excavate foundation in the complex environment, high-precision electronic detonators technology is used to control the seismic effect. In this paper, blasting vibration monitoring and signal analysis show that, according to analysis the vibration effect of surrounding under hole-by-hole bench blasting of precision delay initiation, 4～5ms delay initiation can not only effectively reduce the seismic effect, but also the vibration signal frequency has spread to the high-frequency trends to compared with ordinary millisecond delay blasting.

Keywords: bench blasting; electronic detonators; millisecond delay; control vibration

1　引言

为了控制爆破地震效应，逐孔毫秒延时起爆技术在国内外的露天爆破中已被普遍采用[1]，该技术降震原理除了尽量减少单段起爆药量外，还在于采用较短的延迟间隔时间使得各段地震信号相互干扰达到降震目的。但在实际应用中，由于工业雷管的起爆精度问题，为了避免因雷管跳段而使各段爆破震动叠加造成地震效应增大的现象[2]，往往加大延迟间隔时间，一般认为的最短毫秒延时间隔应在20～50ms较为合适。电子雷管克服了药物延时误差问题，可使雷管具有精确延期的起爆功能，为爆破技术的精细化和爆破震动效应的有效控制提供了技术保障。有关试验结果表明，采用电子雷管比采用普通雷管能将抑制震动的效果由后者的30%提高到50%[3]。国外有关短毫秒延时爆破改善爆破效果的研究已将毫秒延时间隔缩短为10ms[4]，赵根基于某水利水电工程料场斑状花岗岩体深孔台阶爆破，建议相邻段间时差极小值为8ms，最小值范围为15~20ms[5]。基建工程的岩石基坑开挖项目经常需要在复杂的周围环境下进行深孔爆破施工，为了保证四周建筑物安全，如果采取预裂爆破、逐孔起爆甚至孔内间隔装药等技术还不能满足降震要求，使用高精度电子雷管精确延时技术，实行逐药包、逐孔短毫秒延时起爆，将会使爆破地震效应控制技术更上一个台阶。

2　精确延时起爆的深孔控制爆破

2.1　工程概况

赤城县某家属楼工程位于赤城县西侧汤泉河北岸，基础开挖范围长200m，宽约40m。由于场地狭窄，需要向北侧和东侧山坡拓宽，北侧表层风化岩石先由机械开挖，深部基础采用爆破施工，平均向下爆破开挖深度7~8m；东侧山坡岩体完整，全部采用爆破方法，开挖深度平均为18m。工程所在区域属于燕山山脉，是主要由片麻岩组成的丘陵地带。根据地质资料区内岩层分布为：2m以上为强风化岩石、2~5m为中等风化岩石、5m以下为弱风化岩石。

基础开挖施工区域南侧毗邻汤泉河北街，西侧约160m为步云桥，东侧15m为民房，如图1所示。场区周边环境复杂，爆破开挖过程中，必须采取有效的控制技术和防护措施，确保周围设施、建（构）筑物以及居民的安全。

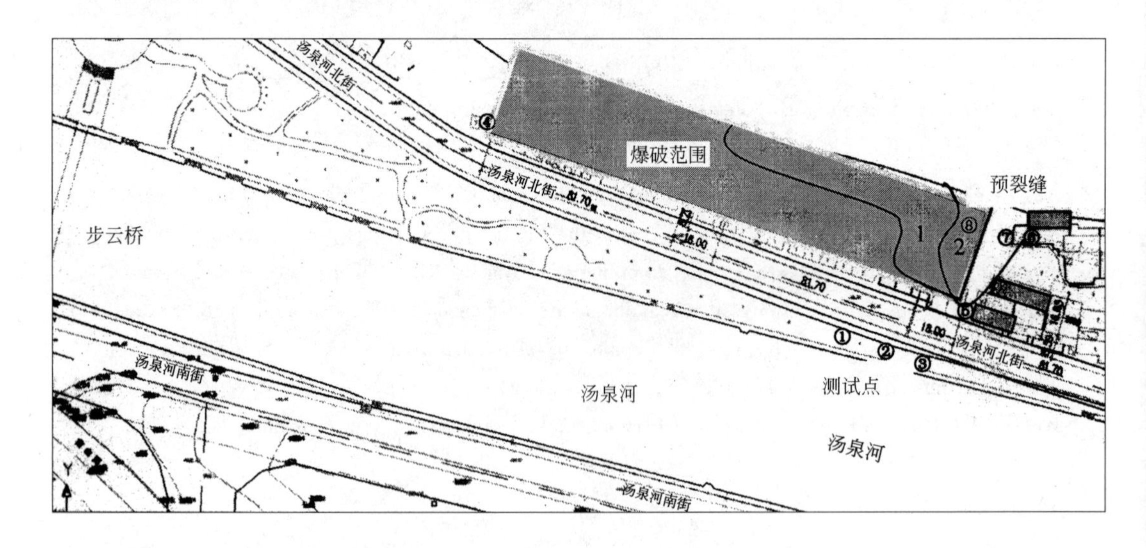

图1　基础开挖周边环境图

2.2　爆破方案

根据开挖基础的周边环境条件，尤其是爆区东侧距离居民区仅15m，考虑岩体工程性质，选择分片开挖的松动爆破方案，爆区由西向东推进，西边部分采取一般松动爆破配合机械开挖，东边靠近民居的最后两轮炮采取精确延时起爆技术，严格控制爆破震动效应。具体爆破方案如下：

（1）采用深孔松动爆破方案，严格控制炮孔堵塞长度及装药量，将爆破飞石距离控制在10m范围内。

（2）采用数码电子雷管，实现逐孔精确延期控制爆破；对于孔深超过10m的炮孔，采用孔内多段延期，控制最大一段药量，在扩大爆破规模的同时严格控制爆破振动，确保邻近建筑物的安全。

（3）基于地形地质条件，结合孔内多段精确毫秒延期爆破设计，选择合理的装药结构，即适度加大孔底药量、分层装药、分层堵塞等，在严格控制爆破振动和飞石的前提下，改善爆破破岩效果。

（4）采用预裂控制爆破技术，在开挖区和保留区之间形成一条预裂缝，既达到减振的目的，又减少超欠挖，保护高陡边坡的安全稳定。

2.3　深孔爆破参数设计

（1）炮孔直径：采用潜孔钻机，孔径 $\varphi=90$mm。

（2）钻孔深度：孔深 h 根据基础开挖深度和超深确定，设计 $h=4\sim19$m，钻孔一次爆破达到设计高度。

（3）孔网参数：结合现场地形、地质条件，设计最小抵抗线 $W=2.5\sim3.5$m；孔距 $a=2.5\sim3.0$m；排距 $b=2.0\sim2.5$m；钻孔倾角75°。

（4）堵塞长度：根据岩石性质和周边环境，堵塞长度控制在 $(0.8\sim1.2)W$ 左右；采用孔内分层装药时，孔内层间堵塞1.5～2.0m，孔口堵塞3.5～4.0m，同时加强堵塞质量。

（5）药量计算：根据能量守恒原理和岩体爆破作用特性，多边界条件下深孔爆破装药量计算公式[6]如下：

$$Q = KqHab \tag{1}$$

式中，K 为药量增加系数，前排取1，以后各排取1.1～1.2；q 为单位炸药消耗量，取0.35kg/m^3；H 为开挖深度，m；其他符号意义同前。计算得到不同孔深主炮孔药量见表1。

（6）预裂爆破参数：设计孔距 $a=0.9\sim1.2$m，线装药量200g/m。

表1　深孔爆破参数表

孔深 h/m	孔距 a/m	排距 b/m	单孔药量 Q/kg	堵塞长度/m	备　注
5	2.5	2.0	7		
6	2.5	2.0	10	3.5	
8	2.5	2.0	15	4.0	
10	2.5	2.0	18	2.0～3.5	间隔装药
12	2.8	2.2	25	2.0～3.5	间隔装药
16	3.0	2.5	40	2.0～4.0	间隔装药
18	3.0	2.5	48	2.0～4.0	3药包间隔装药

2.4　逐孔精确延期起爆

基于该项基础开挖工程的环境条件，借鉴国内外类似工程的研究成果，在两次爆破中，分别设计了不同的延期时间进行试验。第一次在爆区中部和东部中深孔区（见图1），为了对比分析，采用导爆管雷管和电子雷管相结合的方案。导爆管雷管起爆区位于爆区中部：孔间延时25ms，排间25～50ms，逐孔起爆；电子雷管区位于爆区东部：孔间延时4ms，排间20ms，前后排每隔5孔同段；普通雷管起爆区总延时设定为370ms；延迟130ms后电子雷管区开始起爆，持续时间设定为300ms；孔距2.0m，排距2.5m；孔深4～9m，总装药量2600kg。爆后可明显看出使用电子雷管部分爆堆破碎块度较普通雷管部分均匀，且未见大块，证明精确延时起爆有利于改善爆破质量。

第二次爆破选择在开挖区的东侧高台阶部分，全部采用电子雷管起爆，布孔与延期时间如图2所示。孔深小于10m，采用连续装药结构；孔深大于等于10m，采用孔内间隔装药，分2～3段延期起爆；延期时间设计：孔内连续装药时，孔间延期5ms；孔内分2段间隔装药时，孔内层间延期5ms，孔间延时10ms；孔内分3段间隔装药时（孔深大于15m），孔内层间延时4ms，孔间延时12ms；排间延时30～60ms；预裂孔每3个一组，相邻组间延时3ms，且提前主爆孔起爆（≥100ms）；炮孔总数123个，总延时690ms，总装药量3600kg。由于采取高精度电子雷管多药包孔内延时逐孔起爆技术，爆破情景极其壮观，爆区破碎瞬间如图3所示。

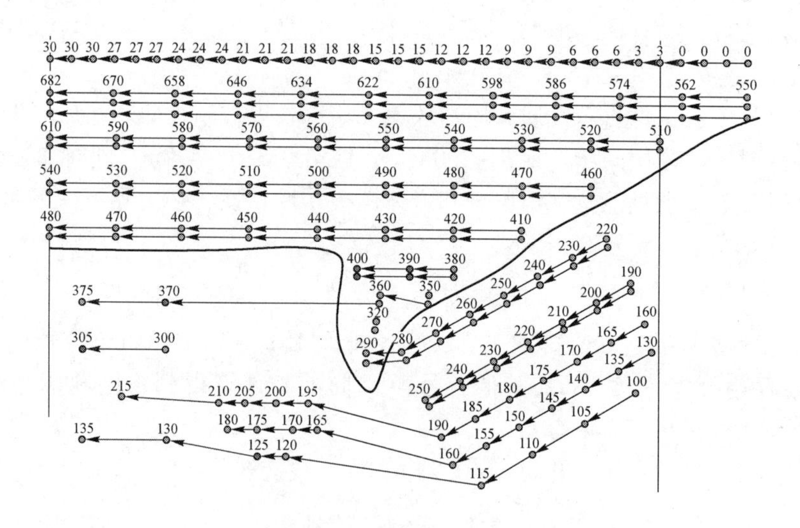

图2　逐孔精确延时起爆示意图（单位：ms）

3　爆破振动特性监测分析

3.1　振动信号对比分析

为了观察爆破地震效果，两次爆破在爆区周围布设了多个地震监测点（位置见图1），重点监测爆破振动对基坑周边民房的影响。第一次试验爆破设计采取了普通雷管和电子雷管两部分的起爆网路，由于中间相隔超100 ms的起爆间隔，从地震波形图中可以明显看

图 3 逐孔精确延时起爆爆破情景

出波形分为两部分。图 4 给出该爆破在附近民房所布测点 6 获得的爆破震动信号，根据起爆时间可得前半部分为普通雷管爆破振动产生的波形，后半部分为电子雷管爆破振动产生的波形，电子雷管区域的震动峰值明显小于导爆管雷管的区域，两者相差约 70%，如图 4（a）所示。为了进一步对比波形的能量变化规律，对图 4（a）波形图进行了 HHT 变换，求出了的瞬时能量图，如图 4（b）所示。可以看出在采样点 400 左右的瞬时能量最大，这和图 4（a）中震速到达最大值的时刻一致，采样点 300 ~ 600 范围内集中导爆管雷管爆破区域的主要能量，在采样点 700 ~ 1000 范围内，集中了电子雷管的主要能量，可以看出电子雷管区域的瞬时能量要明显小于导爆管雷管区域的瞬时能量。图 5 给出了第一次爆破测点 6 不同雷管起爆区幅频图。从图 5（a）中可以看出导爆管雷管区域优势频率主要集中在 20 Hz 左右，而图 5（b）中电子雷管区域的优势频率主要集中在 20 ~ 40Hz，电子雷管区域的主频幅值约是导爆管雷管区域主频幅值的 24%。

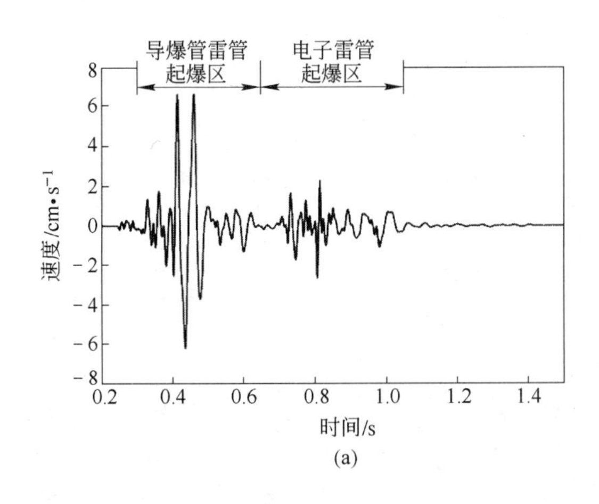

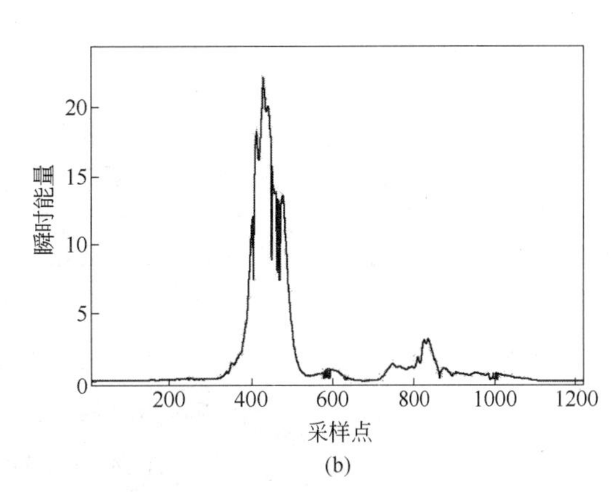

图 4 第一次爆破测点 6 波形与瞬时能量图

（a）振动波形图；（b）瞬时能量图

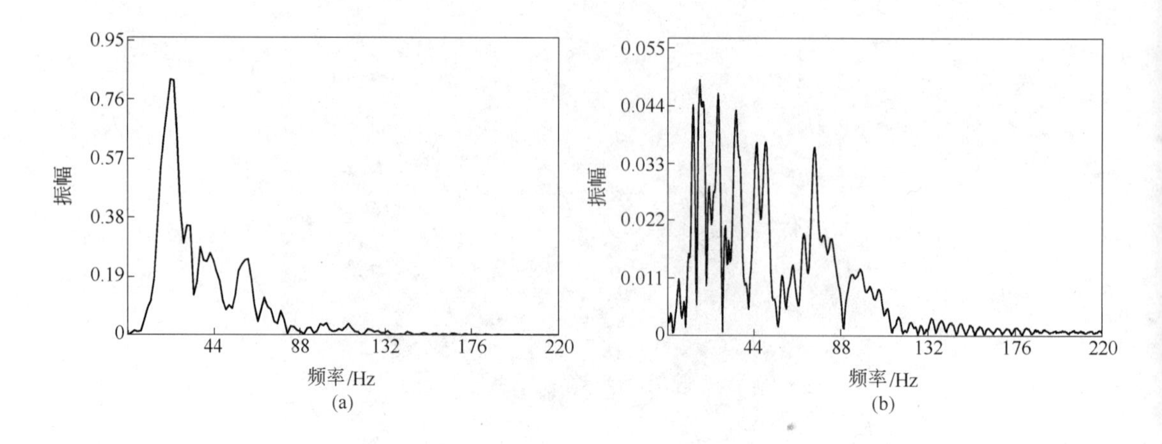

图 5　第一次爆破测点 6 不同雷管起爆区幅频图
（a）导爆管区域幅频图；（b）电子雷管区域幅频图

表 2 给出第一次试验所得不同雷管区域爆破振动最大振速和主频对比表，对于每个测点震动波形及频谱分析可以看出，后半部分的振速峰值普遍小于前半部分，且主频有向高频部分分散的趋势。但也有例外，比如测点 5 后半部分振速大于前半部分。初步分析认为，测点 5 处后半部分振速异常是由于测点距离电子雷管使用区域较近，与使用普通电子雷管区域相差 30m，而且离测点最近一个炮孔是最后起爆，与其前排两孔呈三角形夹制状况。

表 2　第一次爆破振动波形不同雷管区域最大振速和主频

测　点	普通雷管爆源中心距离/m	振速 /cm · s^{-1}	主频/Hz	电子雷管爆源中心距离/m	振速 /cm · s^{-1}	主频/Hz
1	90	3. 05	21. 95	73	1. 05	24. 92
2	70	3. 45	19. 96	80	1. 45	45. 15
3	70	6. 53	19. 96	60	2. 50	91. 67
4	200	0. 61	23. 95	150	0. 17	24. 34
5	80	4. 30	25. 95	50	7. 50	53. 29
6	100	6. 63	21. 96	70	2. 80	16. 19
7	100	7. 70	21. 96	55	2. 50	18. 34
8	63	9. 70	53. 90	30	6. 00	46. 80

3. 2　减振效果

图 6 给出了第二次爆破测点 6 的波形、幅频和瞬时能量图。从图 6（a）可以看出，波形的变化规律明显可以区分三个区间，前两个区域的最大峰值基本相同，并且二者呈现出一种对称性，第三区域的波形最大峰值要高于前两者，第三区域的传播形态呈现出对称性，可以看出精确延时的使用对波形的传播起到一定的影响作用。从图 6（b）中可以看出，主频集中区域也明显分为三个部分，但是其优势频率主要集中在 20 ~ 40Hz 范围之内，

这一频率范围远大于建筑物的固有频率，从而不会引起建筑的共振引起结构破坏。第二次爆破测点 6 的波形频带分布范围比第一次所得略微向低频部分偏移，这可推断为预裂缝降震影响所致。尽管如此，电子雷管精确延时产生的地震信号频率比普通延时爆破还是宽泛得多。从图 6（c）中可以看出，瞬时能量最大值出现在采样点 800 左右，即 800ms 时速度到达最大值，这和波形的变化规律一致，瞬时能量的变化也分为三个部分，这些变化特征和波形、幅频变化相一致。

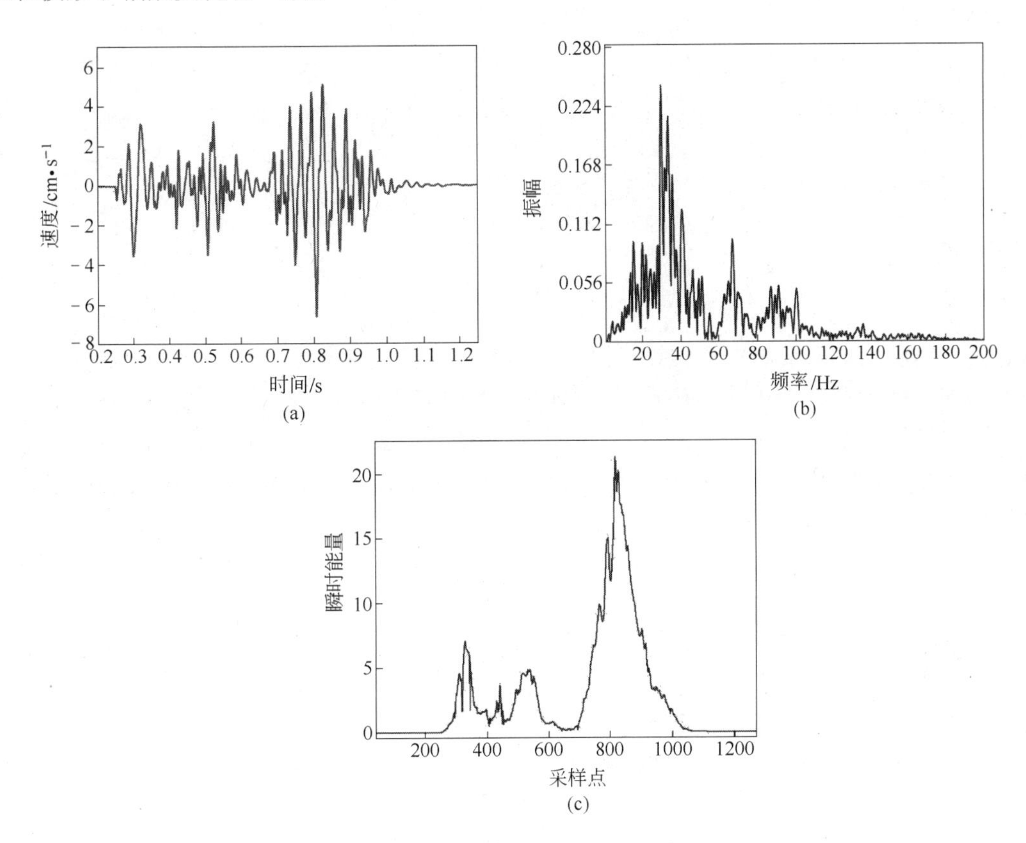

图 6　第二次爆破测点 6 的波形、幅频和瞬时能量图
（a）振动波形图；（b）幅频图；（c）瞬时能量图

综合分析两次爆破及其振动监测数据，可以得到如下爆破振动特性与传播规律：

（1）相同爆破条件下，受雷管延期精度的影响，导爆管雷管的峰值振速普遍大于电子雷管的峰值振速（如表 2 所示）。图 4（a）所示的典型爆破振动波形，在导爆管雷管起爆作用区（$t=200\sim600$ms），质点振动峰值（$v=6.63$cm/s）明显大于电子雷管起爆作用区（$t=750\sim1100$ms，$v=2.20$cm/s）。

（2）电子雷管的主频高于普通雷管的主频，且其频率范围更为宽泛；通过优化延期时间，电子雷管爆破振动可调整为均匀分布的高频低峰值波形，这对改善保护物的安全极为有利。

（3）采用孔内分层装药、多段精确延期，可以有效降低爆破振动。如图 6（a）所示，波形图时间轴记录区间 250～650ms（仪器记录时刻为 250ms），对应前排较浅炮孔逐孔、逐排延期起爆（孔深 h =6～13.5m），排间延期时间30ms；时间轴记录区间650～1100ms，对应后排较深炮孔孔内、孔外延期起爆（孔深 h =13.5～19m），孔内2～3段4ms、5ms延时，排间延时提高到30～60ms（改善爆破破岩效果）。从监测波形分析，孔内多段精确延期，振速峰值得到有效控制，特别是在深孔爆破区域（h =13.5～19m）。

（4）比较两次爆破振动监测数据，特别是测点6所获振动信号可以得出，采用预裂爆破降振效果显著；同时频谱分析发现，预裂缝的形成对爆破地震波的高频部分削弱更为显著。

（5）基础开挖附近的民房多为1～2层砖混结构，自振固有频率一般为5～10Hz。从振动监测数据表2、图4和图6可以看出，高精度电子雷管波形叠加不明显，振幅较小，爆破主振频率较高，远远超过建筑物的自振频率，即使采用预裂爆破，其主振频率亦高于建筑物自振频率的1～2倍，因而避开了“类共振”，不易对建筑物造成破坏。

4　结论

基础开挖逐孔精确延时爆破实践表明，采用高精度电子雷管4～5ms超短延时间隔起爆，可大幅度地降低爆破振动强度，结合预裂爆破、孔内间隔装药等技术，可使爆破降振效果更加显著；通过优化孔内、孔间和排间毫秒延时间隔，不仅可以有效降低爆破地震效应，同时又提高了爆破破岩效果。而且，这种精确延时起爆产生的振动信号主频与普通毫秒延时起爆相比有向高频部分分散的趋势，更有利于周围自振频率较低的建筑物保护，消减爆破振动的不利影响。

参 考 文 献

[1] 庄世勇，卢文川，等．逐孔起爆在南芬露天矿深孔爆破中的应用[J]．金属矿山，2002，314(8)：58～59.

[2] 李宏男，王炳乾，林皋．爆破地震效应若干问题的探讨[J]．爆炸与冲击，1996，1(1)：61～67.

[3] 鲍爱华，王桂林．电子延时雷管和新爆破技术的研究[J]．采矿技术，1992（13）：9～12.

[4] 赵根．台阶爆破精确起爆振动特性研究[J]．爆破，2010，27(2)：14～17.

[5] LIQING LIU，P. D. KATSABANIS. A Numerical Study of the Effects of Accurate Timing on Rock Fragmentation. Inr. J. Rock Mech. Min. Sci. 1997：817～835.

[6] 陈华腾，钮强，等．爆破计算手册[M]．沈阳：辽宁科技出版社，1991.

E-mail：yangj@ bit. edu. cn

机组人员高空应急逃生精确爆破保障系统研究

王耀华

（中国人民解放军理工大学，江苏南京，210007）

摘　要：本文主要介绍机组人员高空应急逃生精确爆破保障系统的研制工作。提出以爆炸动力克服飞机服务门气动阻力地面模拟试验的新途径，为系统研制和验收提供了重要的实验手段；提出“二次聚能”原理，研究相应的复合聚能技术，研制了专用聚能爆炸切割装置，创立了曲面薄板、U 型双层复合板和弯曲厚板等特殊构件的精确爆炸切割技术；深入研究了碳纤维和凯夫拉纤维复合的技术途径，发明了紧贴爆炸切割索的新型复合防护材料和综合防护结构，将爆炸切割负效应削弱了 65% ~75%，可确保密闭空间中爆源附近的人员安全；在火药爆燃能量输出结构及增效技术等方面，取得原创性成果，据此发明了“多节伸缩式爆燃动力装置组元”，圆满实现了服务门精确推移的预期指标；探索了在机身内外电磁环境下可靠避免误起爆和提高点火精度的技术原理，研制了专用钝感电点火器；研制服务门门边抗冲击加固技术手段，确保了推门过程中门边的安全性。

关键词：机组人员；应急逃生；精细爆破；爆炸系统；研究

Support System Research of Precision Explosive Technology for Aircrew Escaping from Flying Plane in Emergency

Wang Yaohua

(University of Science and Engineering PLA, Jiangsu Nanjing, 210007)

Abstract: This paper mainly introduces the development of the support system with precision explosive technology for aircrew escaping from flying plane in emergency. A new experiment method to move the plane's service door born by aerodynamic resistance through explosive power effect was put forward. The method successfully meets the need performance experiment and acceptance check of the system. The principle comprehensive cumulation of explosive energy and the relevant comprehensive cumulation energy technique were set up. A special linear cumulative explosive device was developed. So that, a set of precision explosive technologies to cut camber sheet, U-type double layer plates, bending thick plates, which are made of aluminum alloy, were established. Composition techniques of carbon fiber and Kevlar fiber were researched. Some new composite material made of the above fibers and relevant shield constructers which tightly contact with the explosive device were invented, and the negative effect of blasting of the device is weakened by 65% ~75%, therefore, the safety of aircrew near the explosive devices is no problem. Based on the original research achievements about energy output structure of gunpowder detonation, and methods to reinforce the effect of the detonation, and so on, a kind of detonation powerplant with expansion multi tubes was developed, therefore, the expect objective on the movement of the service door is perfectly archived. The principals that deals with safety of the explosive device in the complicated inner and external electromagnetic environment and the way to improve the precision of initiation were studied, a special insensitive electric detonator were developed. A set of components to improve the strength of the service door edge was researched, and then, the safety of the door edge under the impact resulted from explosive load is insured.

Keywords: aircrew; escaping in emergency; precision explosive; support system; research

1　机身研究背景与意义

我国首次按照国际试航标准独立研制具有自主知识产权的新型支线客机 ARJ21-700，需按照国际试航标准进行试飞考核。

机组人员高空应急逃生精确爆破保障系统受中国商飞集团委托研制，要求当 ARJ21-700 飞机试飞中，人员须弃机离机时，启动本系统，在机舱后部适当部位切割适量的泄压口，经一定时间泄压后，解除机身前部服务舱门的机械约束并将其向机舱内推移一定距离，从而为试飞人员离机提供无障碍通道。

本系统的研制，首次将曾获 2007 年度国家技术发明二等奖的“军事精确爆破技术”应用于机组人员高空应急逃生保障，开创了在民用飞机上采用精确爆破技术的新领域，不仅满足了 ARJ21-700 飞机试飞的迫切需要，而且为机组人员高空应急逃生技术开辟了新的途径；已获得的多项技术发明专利，具有较强的原创性，不仅在民用飞机上具有广阔的应用前景，而且为大型军用飞机驾乘人员应急逃生保障系统的研制奠定了基础。

2　研究目的

研究曲面薄壁铝合金板的精确爆炸切割技术，在机身后部蒙皮上切制出 4 个位置对称、周边光滑的泄压口，其总面积不小于 $0.055m^2$、不大于 $0.06m^2$，从按下启动按钮到 4 个泄压口的形成不超过 0.5s；另外，需确保被切割掉的蒙皮不能形成碎块和进入舱内，以免对飞机发动机以及试飞组成员造成危害。

研究横截面为 U 形的双层铝合金板和铝合金曲臂厚板的精确爆炸切割技术，以便当泄压过程结束后，解除服务舱门与门框之间的机械连接。为避免舱门飞向舱外而撞击发动机，研制恰当的爆燃动力装置，设置于服务舱门门边与门框之间的狭小空间中，以克服服务舱门上 6000N 的气动载荷，将服务舱门推向机舱内；舱门的质心推移距离为 2m，误差不大于 10%；舱门推移过程中，需保持平行运动姿态，以免对机上人员和飞机其他部位的结构造成伤害；舱门倒下后，须保持中间过道的通畅，从而为试飞机组成员提供应急撤离通道；爆破力不能对机上设备产生破坏，不能对飞机姿态造成不可接受的影响；爆炸冲击波和噪声需符合国际适航标准的规定；整个舱门的推移过程，时间不超过 2.5s。

研究在客机机舱内使用爆破系统的安全性和工作可靠性技术，以保证整个系统在长达 2 年的时间内，在试飞所产生的强烈振动、高湿热、电磁干扰等特殊环境中，其安全性和工作可靠性均需在置信度大于 90% 的前提下，不得低于 0.999。

3 难点分析及关键技术攻关

3.1 难点分析

为实现上述目的，研究工作的主要难点如下：

（1）爆炸切割的对象和所处环境均很特殊，此类爆炸切割技术国内外均无报道。

（2）满足服务门开启要求的动力装置，无论是动力性能，还是结构和布设的特殊性，国内外均未见报道。

（3）本系统包含有多个、多型的爆炸装置，分布在机舱内的不同部位，其安全性和工作可靠性的要求对爆炸器材是个非常严峻的挑战。

（4）爆炸部位距人员最短距离约1.5m，在密闭的客舱中和这样的范围内，确保实现国际适航标准规定的人员安全性指标，爆炸切割负效应抑制的技术难度不言而喻。

（5）"服务舱门开启子系统"研制所需的大量试验，包括系统验收时的演示试验，既不允许在飞机上进行，也不可能采用真实的服务舱门在专门的风洞中进行模拟。此类模拟试验在国内外均无先例。

（6）本系统的总重量不能大于30kg，这是系统设计中的另一个难题。

为解决上述难题，开展了以下研究工作：

（1）以装药量最小化和结构安全性为主要目标函数的爆炸切割器材的精确设计；

（2）功能可靠、结构精巧的推门动力装置设计；

（3）确保人员安全的防护材料与结构技术研究；

（4）安全、可靠、易操作的起爆控制器研制；

（5）严格周密的质量控制措施与试验考核。

3.2 关键技术攻关

3.2.1 三类典型件的精确爆炸切割

这里将精确爆炸切割定义为：基于对爆炸切割机理尽可能准确地把握，通过爆炸切割器材的精确化设计及精细的爆炸施工作业，在切割效果控制和爆炸负效应抑制等方面实现预期的目标。

3.2.1.1 爆炸切割机理研究

适应本系统的特殊需要，主要取得了两项研究成果。

A 切割索爆炸飞散物研究

切割索的横剖面如图1所示。炸药爆炸时，一方面推动药型罩相互撞击而产生金属射

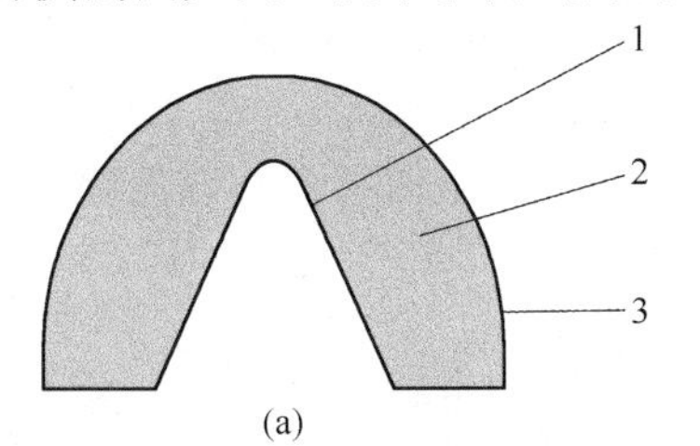

(a)

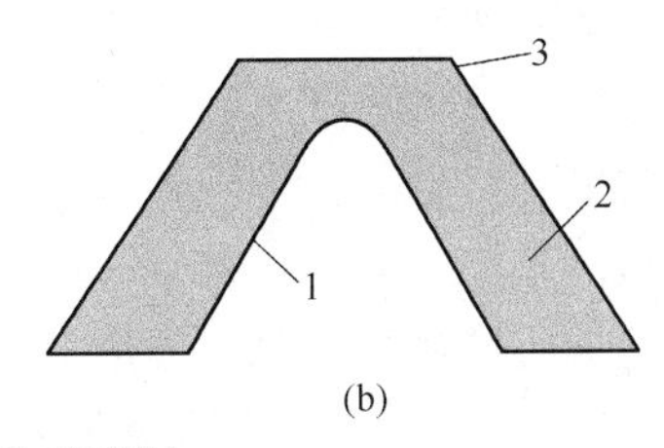

(b)

图1 切割索结构示意图

（a）A型切割索；（b）B型切割索

1—药型罩；2—炸药；3—金属外壳

流；另一方面破坏金属外壳。迄今，关于金属外壳破坏产物的研究尚未见报道。

由于在我们的这种特殊应用中，药型罩破坏产物的溅射方向必然是朝着机舱内的，故必须弄清其物理状态和可能造成的危害。

从实验发现，由铅锑合金制作的切割索外壳，爆炸产生粒径为微米级到毫米级的金属颗粒，其溅射覆盖半径不小于30m，其威力可以击穿距爆源0.5m处的0.5mm厚的紫铜板或0.6mm厚的铝合金板。显然，这种金属颗粒对机舱内人员的伤害作用要比冲击波和噪声严重得多。

(a)

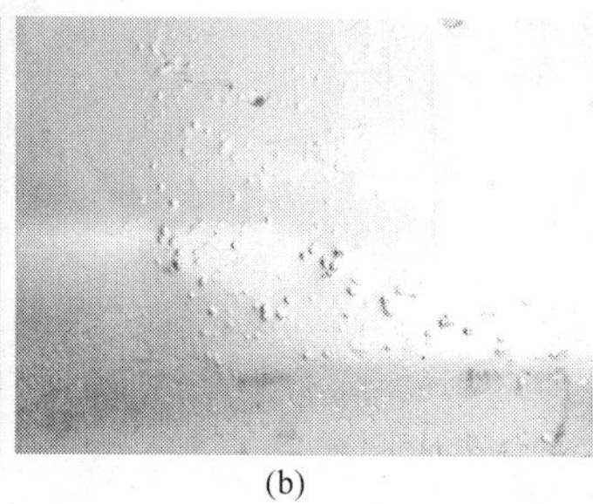
(b)

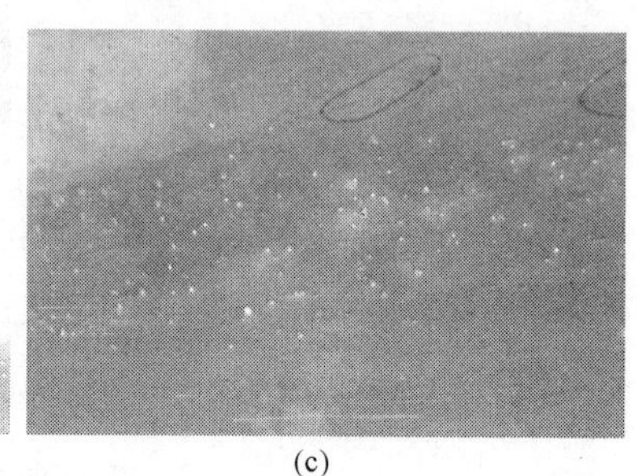
(c)

图2　爆炸飞散物特性实验装置与实验结果

（a）实验装置；（b）铝板破坏形貌；（c）铜板破坏形貌

通过对实验事实的归纳，可以得到此类金属颗粒能量的函数表达式：

$$E_g \propto f(V_e, \rho, \sigma, R) \tag{1}$$

式中　E_g——金属颗粒的能量；

V_e——炸药的爆速；

ρ——金属外壳的密度；

σ——金属外壳的强度；

R——装药量与金属外壳质量之比。

B　聚能机理研究

以往的线型切割索聚能机理可以简单表述为：炸药爆炸产物携带药型罩金属，高速地向V形槽的对称线汇聚碰撞并产生金属射流。显然，该射流所汇聚的只是炸药爆炸所产生的不足50%的能量，其余的能量则形成飞散的柱面波并产生爆炸负效应。

由实验发现，采用合理设计的防护装置，可以汇聚飞散的柱面波所携带的部分能量。一般的有：

$$E_r \propto f(S, \sigma, R_a, C) \tag{2}$$

式中　E_r——二次汇聚的能量；

S——防护层材料的刚度；

σ——防护层材料的强度；

R_a——防护装置与切割索接触表面的粗糙度；

C——防护装置聚能槽的柱面度。

实验事实表明，能量E_r的集中度虽然不如射流那样强，但仍然可以对目标物产生强烈的冲击作用，从而强化射流的切割威力；该强化程度主要取决于目标物的韧性。试验发现，在未有E_r的作用时，某型切割索只能在厚度为8mm的某铝合金板上形成不足4mm深的切痕，而当 E_r 参与作用时，则使得该合金板完全断裂。

3.2.1.2　上述两项蒙皮的精确爆炸切割

在机身蒙皮上切割泄压口的主要技术难题可以概括如下：

（1）蒙皮是一个光滑的曲面，难以设置确定的炸高（炸高系指切割索的下表面与蒙皮表面的距离），而炸高的变化势必影响切割索效能的发挥；对于薄壁铝板件，还会恶化切口的平整性；这都对切割索设计及其设置技术造成了特殊的困难。

（2）蒙皮及其赖以固定的桁架，在飞机起落和飞行中，都会产生剧烈振动；蒙皮的温度变化范围额定为 -70 ~ -50℃。因此要求切割索具有优异的耐振性能、低温工作性能和抗温度冲击性能。

（3）切割索爆炸负效应的可靠防护。

在解决上述难题中，获得的主要技术发明点如下：

（1）装药量精确化的柔性切割索；

（2）形貌、尺寸等切口参数的合理确定；

（3）融切割索与雷管的合理设置、爆炸负效应可靠防护和减振隔热等多种功能为一体的特殊安装装置（如图 3 所示）。

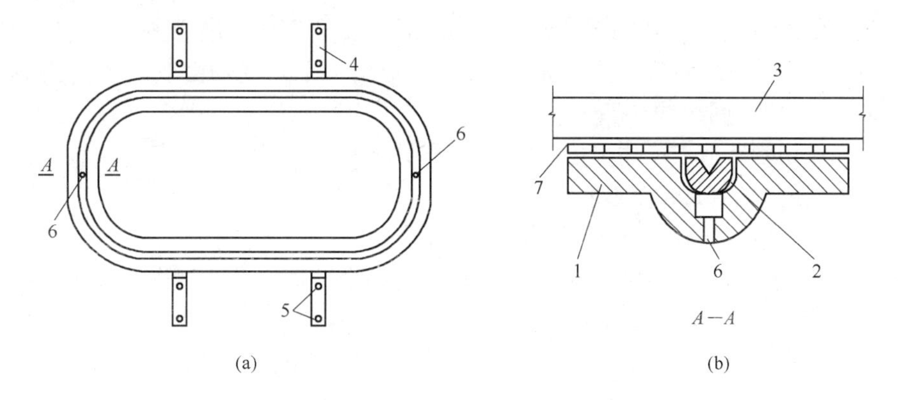

图 3　蒙皮切割安装与综合防护装置结构示意图

1—防护层；2—切割器安装槽；3—被切割构件（即蒙皮）；4—安装固定件；5—螺钉或螺栓连接的光孔；6—阶梯孔（用于设置起爆系统中的能量放大装置）；7—减振隔热层

真实蒙皮件的切割试验和形成的切口效果如图 4 所示。

图 4　机身蒙皮切割试验

3.2.1.3　锁扣的精确切割技术

锁扣的空间位置与结构特征如图5所示。

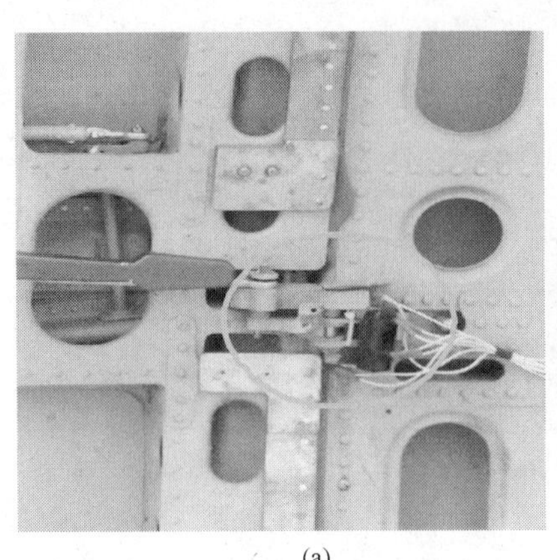

(a)

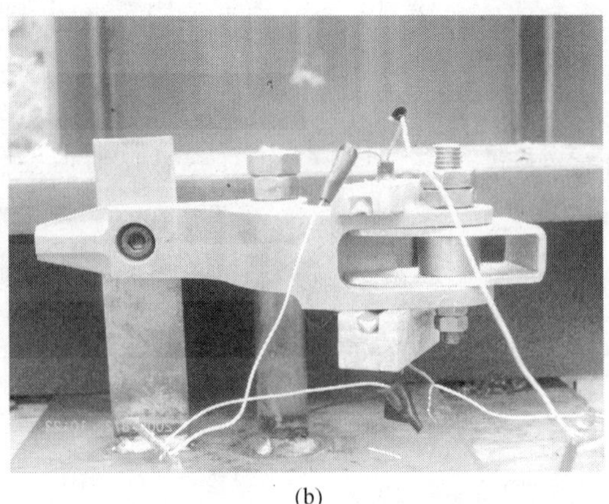

(b)

图5　锁扣空间位置与结构特征

（a）锁扣空间位置；（b）锁扣结构特征

由图5可见：（1）锁扣切割部位的截面为U形，处于三面包围之中，U形锁扣外表面与相应包围面之间的最小距离仅为8mm；（2）U形槽上下两壁均由双层金属构成，厚度为(5+3)mm，金属层间距约0.1mm。

由此对爆炸切割所造成的主要困难是：若采用标准的切割索，并实现可靠防护，则使得切割装置的高度大于8mm而不能安装。

为解决这一矛盾，研究了如下两项措施：

（1）通过对切割索的6个主要的结构参数进行综合平衡，设计制作了截面形状特异的切割索，其高度由5mm减小为4.3mm；

（2）研究包围U形锁扣的金属层的防护作用，将复合材料防护层的最小厚度由6mm减小为3.5mm。

3.2.1.4　铰链板的精确爆炸切割技术

铰链板在服务舱门上的位置及其形体特征如图6所示。

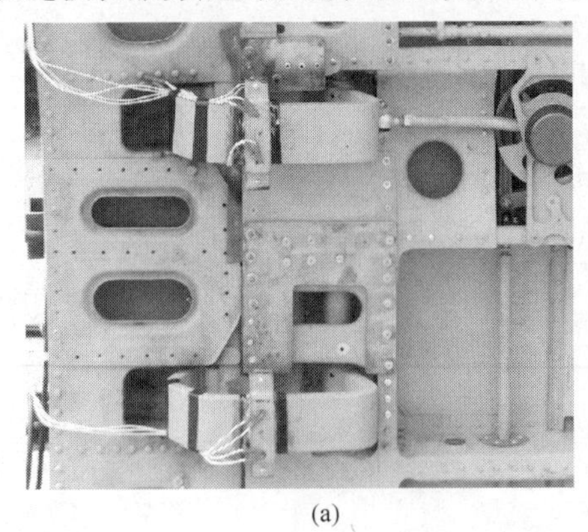

(a)

(b)

图6　铰链板在服务舱门上的位置及其形体特征

（a）空间位置；（b）形体特征

由图6（b）可见，铰链板是长度方向有两处弯曲的转动件，受切割冲击力的作用，切断后的两部分铰链板，分别绕门框和门上的轴作小阻尼旋转性振荡。

这一旋转性振荡在两轴之间造成干扰范围的增大（如图7所示），从而使得留在门框上的那部分，在转动中可能钩住门边；而留在门上的那部分，则可能在与门一起运动时碰撞食品柜，从而造成门的倾侧。

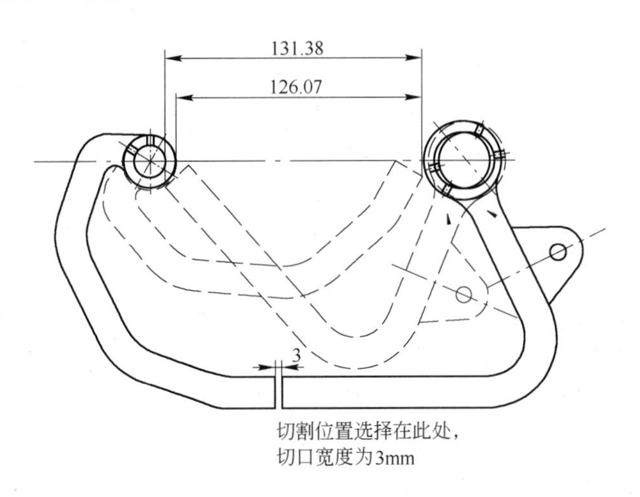

图7　铰链板切断前后振荡干扰示意图

——代表切断前；- - - - 代表切断后

另外，由图6（a）可见，切割位置的选择还要考虑上下两个铰链板切割的同步性问题以及安装切割索及其防护装置组件的空间限制问题。

因此，铰链板切割位置的正确选择以及断板旋转性振荡的控制，成为铰链板精确切割的难题之一。

由于铰链板的厚度为16mm，最小的切割长度即达到150mm，铰链板制作材料的强度与中碳钢相近，若采用常用的切割方法，即使运用二次聚能原理，切割索的装药线密度也不能低于200g/m，这个装药量在本系统中是不能容许的。

为解决第一个问题，在深入研究铰链板断开后振荡规律的基础上，确定了留在门上的那部分断板的最大允许长度；对于留在门框上的那部分断板，则研究了适当增大阻尼的措施，同时计算了使服务门推移能够可靠避开该断板的时间，精确规划了锁扣切割、上下两块铰链板切割与推门动力装置启动四者之间的延时起爆间隔。

对于第二个问题，则发明了双向对称切割方法，采用两个装药线密度仅为18～20g/m的切割索，成功实现了铰链板的切割。与单向切割方法相比，减少装药量近80%；同时为防护装置（如图8所示）的设计、制作和安装提供了可行性。

3.2.1.5　爆炸切割防护技术

由前述可知，可靠的防护技术是爆炸切割技术应用于客机上的基本前提。

A　主要难点与研究工作思路

主要难点可以概括为以下两个方面：

（1）材料技术方面。防护装置必须兼具对切割索爆炸冲击波、噪声和金属飞散物的综合防护功能，同时还要考虑防潮、耐振、电绝缘、重量轻等多种功能。显然，采用单一的

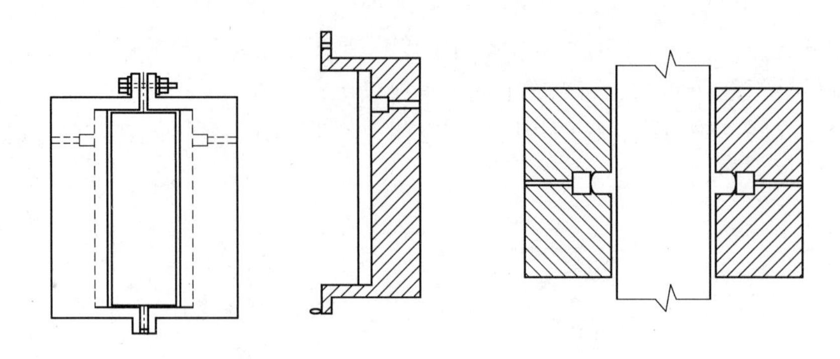

图 8　铰链板切割的防护装置

现有材料不可能满足这些要求。

（2）结构设计方面。防护装置结构首先要利于满足对爆炸负效应的防护要求，利于最大限度地运用二次聚能原理；第二，要便于切割索和雷管的安装；第三，须便于牢固设置在飞机的指定部位上，这些部位有的空间狭小，有的结构特殊；第四，在安装固定中，不允许采取打孔、焊接等对飞机相关构件进行改造的措施。

防护装置的结构设计必须同时兼顾并满足这些特殊的要求。

为解决这两个问题，制定了以下的基本工作思路：

（1）研制由多种非金属材料组合而成的防护层。试验证明，采用金属材料制作的防护装置，在爆炸作用下形成了对人员和设备有严重伤害性的金属飞散物。

（2）采用对切割索进行接触式防护的方式，最大限度地运用二次聚能原理，同时也利于最有效地削弱爆炸负效应。

（3）基于（1）和（2），设计既便于不同型号的切割索和雷管的安装，又便于牢固设置在飞机指定部位上的防护装置。

（4）在防护装置与切割对象之间设置隔振隔热绝缘层。

B　主要研究工作

在对多种可以用于爆炸防护的非金属材料分析的基础上，重点对碳纤维、凯夫拉纤维团状模塑料等材料进行了系统全面的力学性能测试试验和分析。

a　碳纤维力学性能试验研究

使用 T700 碳纤维，对碳纤维束在不同配方的溶液中浸润、在不同的固化条件下固化的试件，进行了抗拉强度试验研究，试验结果如表 1 ~ 表 3 和图 9 所示。

表 1　不同浓度溶液制备碳纤维的抗拉强度（不含增塑剂）

溶液浓度/%	树脂：固化剂	固化温度/℃	固化时间/min	平均拉力/kN	抗拉强度/GPa
15	10：1	120	30	1.3215	2.97
30	10：1			1.6210	3.65
40	10：1			1.6805	3.78
50	10：1			1.7240	3.88
60	10：1			1.5688	3.53

表 2　不同增塑剂添加比例制备碳纤维的抗拉强度

溶液浓度/%	树脂：固化剂	增塑剂占树脂比例/%	固化温度/℃	固化时间/d	平均拉力/kN	抗拉强度/GPa
50	10：1	1	25	15	1. 6450	3. 70
		3. 50			1. 7470	3. 93
		7. 50			1. 6230	3. 65
		1	5	7	1. 5900	3. 58
		3. 50			1. 4718	3. 31
		7. 50			1. 5420	3. 47
		2		15	1. 5060	3. 39
		5			1. 5400	3. 47
		10			1. 4480	3. 26

表 3　不同固化条件制备碳纤维的抗拉强度

溶液浓度/%	树脂：固化剂	增塑剂占树脂比例/%	固化温度/℃	固化时间/min	平均拉力/kN	抗拉强度/GPa
40	10：1	0	120	30	1. 6805	3. 78
				30，随炉冷却	1. 5913	3. 58
			120、110、130	各 10	1. 6425	3. 70
			80	60	1. 5530	3. 49
			25	1440	1. 2720	2. 86
			120	30	1. 4943	3. 36

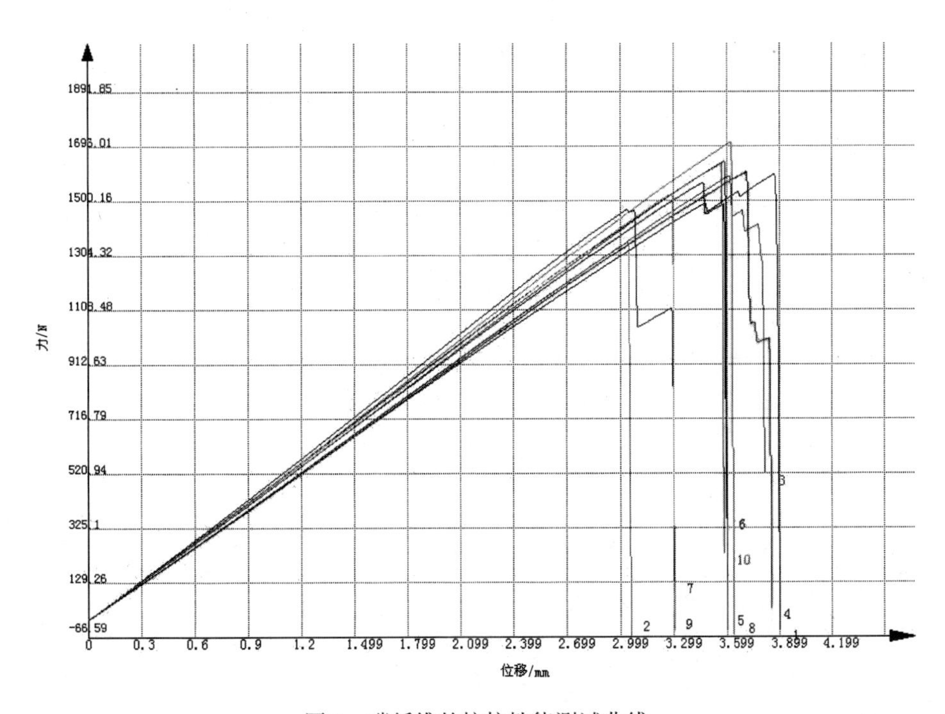

图 9　碳纤维的抗拉性能测试曲线

b　凯夫拉团状模塑料的力学性能试验研究

将凯夫拉纤维的团状模塑料做成试件，主要测试结果如表 4 和图 10 所示。

表 4　团状模塑料复合材料力学性能参数

性能指标	拉伸强度/MPa	拉伸弹性模量/MPa	弯曲强度/MPa	弯曲弹性模量/MPa	冲击强度/kJ · m^{-2}	泊松比/μ
数　值	29.5	11791.9	136.4	130.6	266.2	0.41

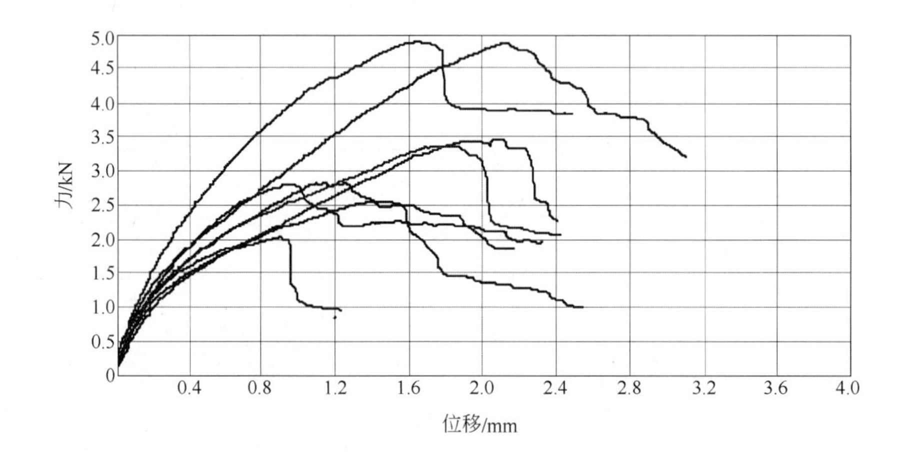

图 10　凯夫拉纤维团状模塑料的力-位移曲线

c　复合防爆材料设计

在上述测试试验的基础上，基于利用碳纤维、凯夫拉纤维和天然橡胶的综合优势研制的复合防爆材料的构造如图 11 所示，其力学性能测试结果如表 5 和图 12 所示。

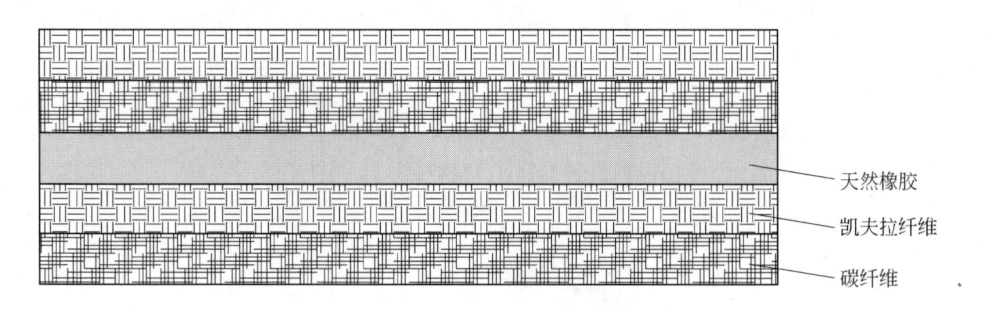

图 11　复合防爆材料结构

表 5　碳纤维—凯夫拉纤维—橡胶复合材料力学性能

性能指标	拉伸强度/MPa	拉伸弹性模量/MPa	弯曲强度/MPa	弯曲弹性模量/MPa	冲击强度/kJ · m^{-2}	泊松比 μ
数　值	362.1	34320.5	204.4	353.1	358.7	0.12

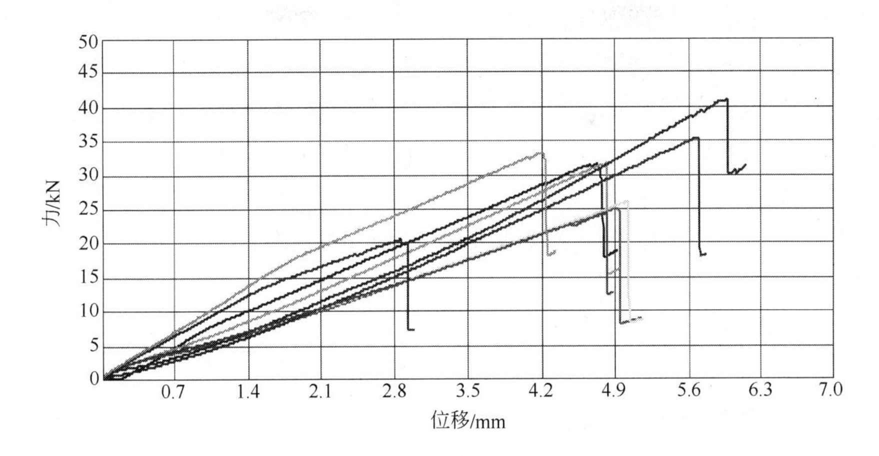

图 12 复合防爆材料力-位移曲线

比较表 4 与表 5 可见，复合防爆材料的力学性能远优于比较理想的抗爆材料——凯夫拉纤维的团状模塑料。

基于此，采用这一复合防爆材料制作了用于原理性试验的切割索防护装置，进行了爆炸冲击波和噪声测试。

试验结果（如图 13 和表 6 所示）表明，该防护装置明显削弱了爆炸负效应。

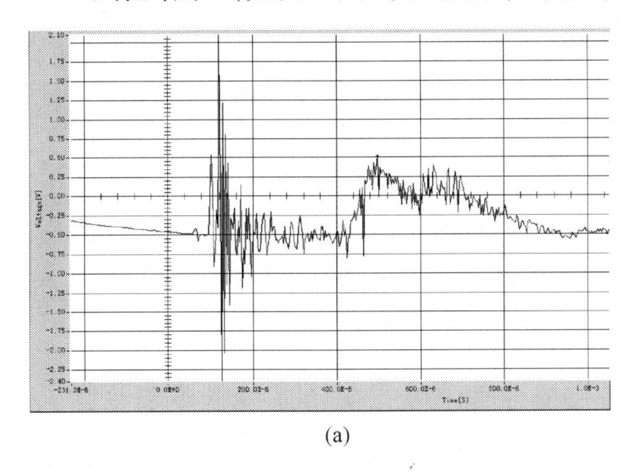

(a)

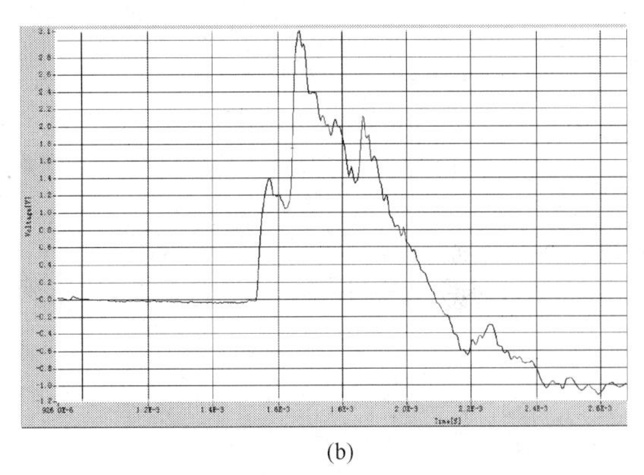

(b)

图 13 使用防护装置前后距爆源 500mm 处的冲击波压力波形图

（a）无防护装置（1V = 0.1MPa）；（b）有简单固定的防护装置（1V = 0.01MPa）

表 6 使用防护装置前后冲击波强度对比 （MPa）

试 验 条 件	试 验 数 据		
测点高度/mm	500	750	1000
无防护	0.085	0.0735	0.0605
有防护	0.029	0.0275	0.0250

d 切割索防护装置设计

防护装置的防护层均采用相同的复合材料，同时考虑加工制作的可行性和方便性，设计了切割蒙皮、锁扣和铰链板等三种型号的防护装置（如图 3、图 5（b）和图 7 所示）。

隔振隔热绝缘层由我们所研制的 WRX-1 材料制作，厚度为 0.5mm。

系统验收实验表明，这些防护装置的各项性能圆满实现了规定的研制要求。

3.2.2　推门模拟试验

推门模拟试验的必要性已如前述。这里简要介绍模拟试验装置及主要结果。

3.2.2.1　模拟试验装置

研究构建了融合 QFD 技术、TRIZ 理论和田口方法的设计流程，设计了模拟试验装置（分别如图 14 和图 15 所示）。

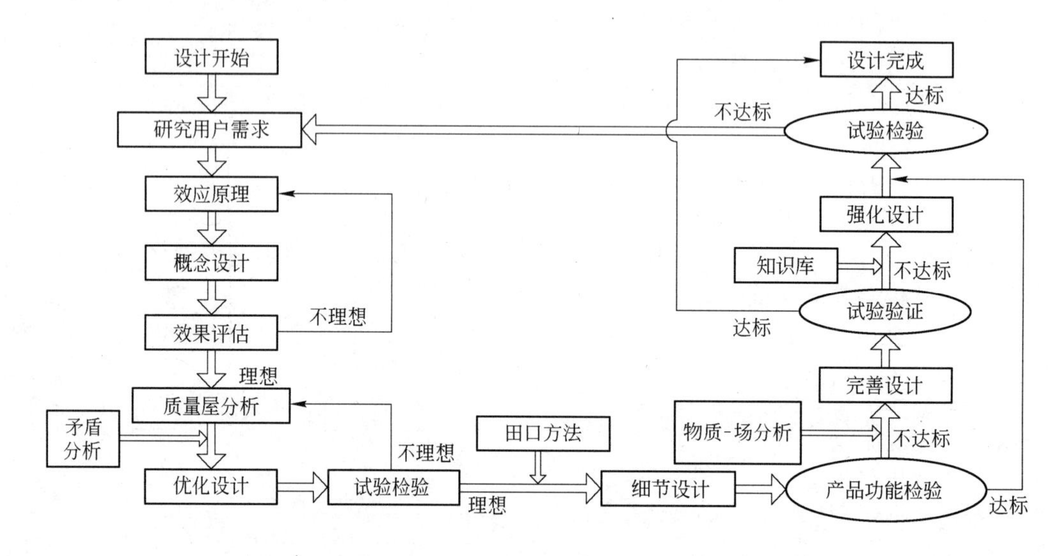

图 14　QFD 技术、TRIZ 理论和田口方法融合的设计流程

3.2.2.2　模拟试验的主要结果

（1）证明了采用爆炸动力开启服务门的可行性；

（2）搞清了服务门开启对爆炸动力的基本要求，为该装置设计奠定了实验基础；

（3）深化了对服务门开启过程中门边破坏基本特征的认识，准确把握了加固需求；

（4）为研制经济实用的、国家适航管理部门系统验收所需的地面演示实验装置，提供了可信的试验基础。

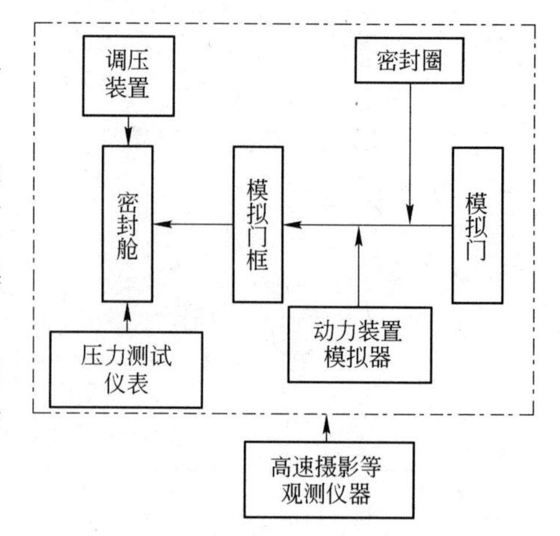

图 15　模拟试验装置的结构原理性框图

3.2.3　推门动力装置设计

动力装置是服务门开启系统的核心部件，也是整个系统研制的一大难点。

提出了多组元、多节伸缩式爆燃动力装置的设计思路；揭示了该装置的装药参数和结构参数与对服务舱门做功效果的特殊关系，发明了“节能增效伸缩节”技术，在爆燃能量转化率及能量输出方向和速度的精确控制、多组元做功能力精确匹配等方面取得原创性成果；发明的伸缩节、药柱和底座的“三固定”技术，避免了动力装置组元在强烈振动、湿热和电磁干扰等特殊环境中发生误点火、药柱破碎、受潮失效等问题；动力装置结构精巧，解决了其在服务舱门与门框之间狭小空隙中设置的难题。

此类装置在国内外均未见报道。

3.2.3.1 设计背景的特殊性分析

动力装置技术的特殊性和创造性建立在适应特殊需求的基础上。现将设计要求的特殊性简述如下。

A 安装空间环境的特殊性

a 空间的既定性

由于在飞机设计中没有考虑本应急逃生系统，因而在服务舱门及门框部位也没有预留设置动力装置的空间；而根据委托方的要求，动力装置又必须设置在既定的服务舱门及门框之间的狭小空间中。因此，合理确定动力装置的结构与布设方案，以满足这一既定空间的要求，是本动力装置区别于其他爆燃动力装置的一个基本方面，成为研制工作需面临的特殊问题之一。

b 空间几何参数的复杂性

首先，安装空间的既定性使得动力装置不能采用集中设置方案，而必须分散、多点布设；其次，采用分散、多点布设，可供动力装置安装部位的数量也十分有限，选择余地不大；再则，不仅各安装部位的几何结构参数都不相同，而且门边与门框的结构都是按照满足密闭性和外观流线型等要求而设计的，都是曲面结构，由此所形成的单个安装部位的空间几何参数也相当复杂。

因此，动力装置的结构如何满足如此复杂的安装空间的特殊要求，也是动力装置研制中的一个难点问题。

另外，动力装置的分散布设也对动力装置控制网络线的布设增加了难度。

c 动力装置安全生存环境条件的特殊性

由于飞机在试飞阶段的飞行要求不同于正常商业运营期的飞行，需在各种可能的恶劣条件下飞行。因此，动力装置必须经受飞机试飞时产生的机身强烈振动、高低温冲击、高湿热度以及机内和机外复杂电磁环境的考验，安全生存环境十分恶劣。

B 做功效果的特殊性

如前所述，客机服务舱门在空中应急开启时的运动距离、姿态和服务门解除约束与开启的总需时都要严格限制；同时，爆炸力产生的负效应不能对飞机姿态造成不可接受的影响。

所有这些限制条件，不仅对动力装置的布设方案，而且对装置的动力性能参数以及多个动力装置组元之间的动作协调性，都提出了严格、精确的要求。

（1）安装空间环境的特殊性已经使动力装置布设方案的可选择性严重受限，而这一做功效果的特殊性又进一步增大了确定布设方案的难度。

（2）影响装置动力性能的参数主要包括：装药的总含能量、总能量在各个组元中的分配、能量有效利用率（这里指满足服务门开启要求所需机械功与装药爆炸能量的比例，故又可称为装药能量向机械功的转化率）以及能量释放的方向和速度等。在动力装置的装药参数和结构参数设计中，妥善处理这些参数及其与装置动力性能的关系，具有相当大的理论和技术难度。

（3）多个动力装置组元之间的动作协调性，主要包括装置启动时刻以及动力作用的方向、速度和时间等方面的协调性，而这一协调性又主要取决于起爆控制网路的性能、起爆元件对控制信号的响应能力及其对装药的起爆能力、上述的动力性能参数以及门边加固件上的受力点的几何特征等四个方面的因素。除起爆控制网路的性能之外，其余三方面的因素都是在装置的装药参数和结构参数设计中必须考虑的。显然，处理好这三方面因素的关系，同样具有相当大的技术难度。

C　安全要求的特殊性

关于这一特殊性可以从两个层面予以说明。

一是如前所述的安全环境的特殊性。这里需进一步指出的是，就爆破器材而言，要求处于如此恶劣的环境中长期安全生存，迄今尚未见报道。另需指出，虽然在导弹、卫星上面也有爆破器材的应用（作为弹箭和星箭的分离装置），但要求其安全生存的时间是相当短暂的。然而，飞机试飞时间一般长达两年左右，这显然对所用爆燃动力装置的安全性，比在导弹卫星上的应用提出了更高的要求。

二是安全性指标非常高。例如，对于爆破器材的误触发概率，按照国内外军用标准，一般为在置信度不小于75%的前提下，误触发概率不大于0.01；而对本爆燃动力装置则要求，在置信度不小于90%的前提下，误触发概率不大于0.001。显然，这一安全性指标要求，对于爆破器材而言是极其少见、相当苛刻的。

由上述分析可见，研制满足这些特殊要求的动力装置，不仅技术难度很大，而且在国内外均无先例可循。

3.2.3.2　研制过程与结果

A　布设方案的确定

由于前述的安装环境的限制，动力装置结构参数和装药参数的设计都必须以布设方案的确定为前提。

前已述及，动力装置只能采用分散多点布设方式。制订布设方案要解决的基本问题是布设点的个数和位置。

研究确定的动力装置布设方案如图16所示。

模拟实验和验收均表明，这一布设方案满足了上述设计原则要求。

B　结构参数的设计

a　结构参数设计的内容

结构参数主要包括结构的形式与构成以及形状和尺寸等，其中，形式和构成系指运动件的个数、运动参数及其与固定件的装配关系，形状系指装置的总体外形和各零部件的形状，尺寸系指装置的总体尺寸和各零部件的尺寸。

b　结构参数设计的结果

（1）结构形式与构成：结构形式为多节伸缩式，由动力源节（又称装药筒或药筒）、增效伸缩节（又称滑筒）和固定连接节（又称固定筒）组成，药筒一端封闭、一端开口，置于滑筒中，滑筒置于固定筒中。滑筒的下端外缘和固定筒上端的内缘均设有

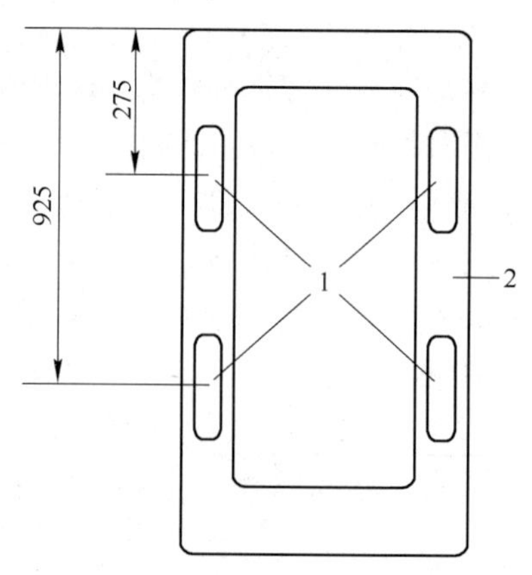

图16　动力装置在服务门门框上的安装位置示意图

1—动力装置组元；2—服务舱门

限位台阶，使得滑筒虽然可以在其轴线方向上自由滑动，但滑动距离则略小于固定筒的高度；药筒在滑筒中沿其轴线滑动，当滑筒运动停止后，药筒仍可在滑筒中乃至脱离滑筒继续运动，通过缓冲层对门边施加推动力。固定筒通过螺纹与固定底座连接；每个底座装有两副固定筒，两固定筒轴线之间距离视不同的安装位置而定。底座两端开有安装螺堵的螺纹孔，电点火器安装在螺堵的内孔中。以上组合被称之为一个动力装置组元。

（2）药筒、滑筒和固定筒的形状皆为圆筒，底座大致为长方体。

（3）药筒、滑筒和固定筒之间的配合间隙，既是影响爆燃能量转化率的首要因素，也是本装置研制中原理性研究的焦点，已经通过理论分析、数值模拟和实验验证予以确定，这里不作详细介绍。

（4）装置的总体尺寸依据安装位置的不同而不同。

设计的动力装置结构及零部件外形图如图 17 所示。

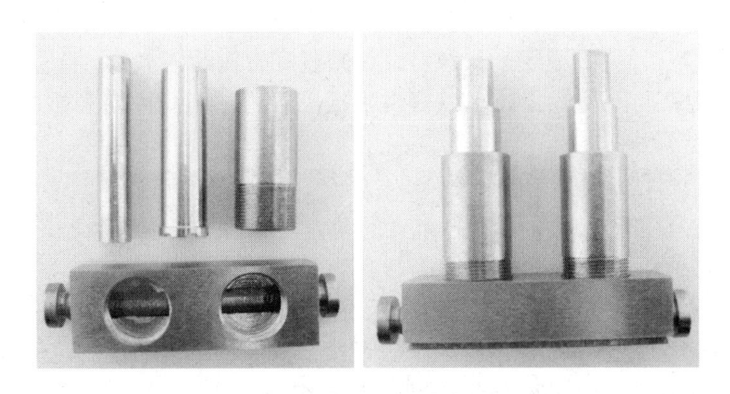

图 17　动力装置结构及零部件外形图

C　装药参数的设计

a　装药参数设计的内容

装药参数主要包括装药品种、总装药量、总装药量在各动力装置组元上的分配、装药方式、装药形状、装药状态。

这里，装药方式主要指装药体积与药筒内腔空间的耦合度；装药状态系指装药密度。

b　装药参数设计的结果

（1）装药品种：主装药为某种发射药，辅助装药为某种耐水药和高性能点火药。

（2）总装药量：28.600g，其中主装药为 24.000g。

（3）总装药量在各动力装置组元上的分配：平均分配，平均性误差不大于 0.01g，其中主装药和辅助装药平均性误差均小于 0.005g。

（4）装药方式：非耦合装药，耦合度 0.93 ±0.01。

（5）装药形状：多节、节间密接触圆柱体。

（6）装药密度：$1.75 \pm 0.01 g/cm^3$。

D　“三固定”技术

“三固定”是指动力装置底座在飞机门框上的固定、药筒和滑筒与固定筒之间的轴向固定以及装药在药筒中的固定。

a　固定要求

（1）底座必须可靠固定连接于服务舱门门框凹槽底面，且与凹槽底面实现电绝缘和振动隔离。

（2）药筒和滑筒与固定筒之间的固定连接需确保实现两项要求：一是当装置处于非启动状态时，三筒之间不能产生轴向和径向的任何松动；二是当启动装置时，因固定而产生的动力损耗需小于总动力的15% ~18%。

（3）药筒中的多节药柱之间不允许产生轴向撞击，多节药柱整体不允许产生周向晃动，药柱与药筒内表面之间不允许产生摩擦运动。

b　固定措施

（1）底座通过一电绝缘层固接于形状与舱门凹槽底面相匹配的连接板上，连接板与凹槽底面之间设置隔振层，连接板与凹槽底面通过凹槽底面原有铆钉相固接。

（2）药筒与滑筒之间以及滑筒与固定筒之间，均采用某航空胶在周向上多点粘接，粘接总长度与周长的比例控制在0.10 ~0.12。

（3）药筒开口端设置一紧定平头螺钉，调整紧定力使药柱上端面与药筒密封端内表面紧密接触，紧定螺钉与药筒旋合处涂以密封减振胶；药柱与药筒内表面之间设置一防潮、减摩薄膜。

E　点火元件设计

模拟试验的结果表明，动力装置各组元的动作同步性是实现服务舱门运动姿态控制的关键。

普通电点火器的点火同步误差通常为毫秒级，研制的钝感电点火器，其点火同步误差实测值不大于20μs，点火精度提高了3个数量级，这一技术水平目前在国内尚未见报道。

为减小装药被点燃的同步误差，在动力装置组元的主装药底部通过加装高性能点火药，使得其点火性能与钝感电点火器中的点火药相匹配，以改善动力装置组元主装药的点火敏感性。

另外，为保证动力装置组的点火同步精度，还对动力装置组采用了双点火器体制，这不仅提高了点火的可靠性，而且增大了点火的强度。

试验表明，四个动力装置组元的动作同步误差实测值不大于35μs。

综上所述，本动力装置的原创性技术主要体现在以下四点：

（1）对安装空间几何特征的适应性技术；

（2）在客机试飞恶劣环境下的安全可靠性技术；

（3）动力装置组元能量输出结构的控制技术；

（4）动力装置多组元之间的动作及动作效果的协调技术。

3.2.4　系统安全性和可靠性的设计与评估

本系统的安全性关系到飞机的安全，而工作可靠性则关系机组人员的生命。因此，确保实现委托方提出的安全性和可靠性指标，是本系统研制必须把握的第一要素。

为此，在研制中认真贯彻了“原理求通畅、措施求稳妥、验证求精细”的原则。前述的内容均体现了这一原则，这里再就以下三方面给以进一步说明。

3.2.4.1　飞机内外电磁环境对点火器件的影响分析

借助天线理论来研究电起爆系统的射频能量吸收问题。分析得出在一定的环境电磁场强度中，雷管桥丝所能够吸收的最大射频功率为

$$P_{\mathrm{L}}=\frac{E^{2}l_{\mathrm{e}}^{2}}{960\ln\dfrac{D}{a}} \tag{3}$$

式中 D——线间距离；

a——导线的半径；

E——电场强度；

l_e——脚线的有效长度。

参照国内外有关标准，飞机机身内的电场辐射强度通常低于200V/m。以200V/m作为机身内的电场辐射强度指标，以分析机内电磁环境对起爆系统的危害，具有足够的安全裕度。

起爆系统所遭受的电磁危害采用电磁危害最恶劣的情况进行计算，表7所列为某普通雷管和我们研制的钝感雷管接收的最大射频功率和最大不发火功率的计算结果。

表7 两种雷管的 P_L 和 P_{MNF} 计算结果

类型	脚线有效长度 l_e /m	线间距离 D /mm	导线半径 a /mm	接收最大射频功率 P_L/W	最大不发火功率 P_{MNF}/W
某普通雷管	0.38	5	0.5	2.61	1.00
某钝感雷管	0.42	5.5	0.6	0.19	5.00

由此可见，某普通雷管不安全，而我们研制的钝感雷管具有很大的安全裕度。

对客舱形成泄压口后雷电直击耦合入飞机客舱内的概率进行了计算。依据卫星观测的全国1995～2005年平均总闪电密度分布数据，计算得出在我国雷电密度最大的湛江地区飞行时，雷电直击耦合入舱内的概率也仅为180万亿分之一。因此，飞机机身内的人员和设备，不会因本系统启动工作而遭受雷电的影响。

3.2.4.2 服务门门边加固技术

服务门门边直接承受爆燃动力装置的冲击荷载，这在飞机设计中是未予考虑的。为彻底避免在服务门应急开启时，发生门边损坏而门却未推开的灾难性后果，深入研究了门边加固的必要性和加固需求。

服务门门边冲击变形的数值模拟结果如图18所示。事实上，模拟门推移试验的结果

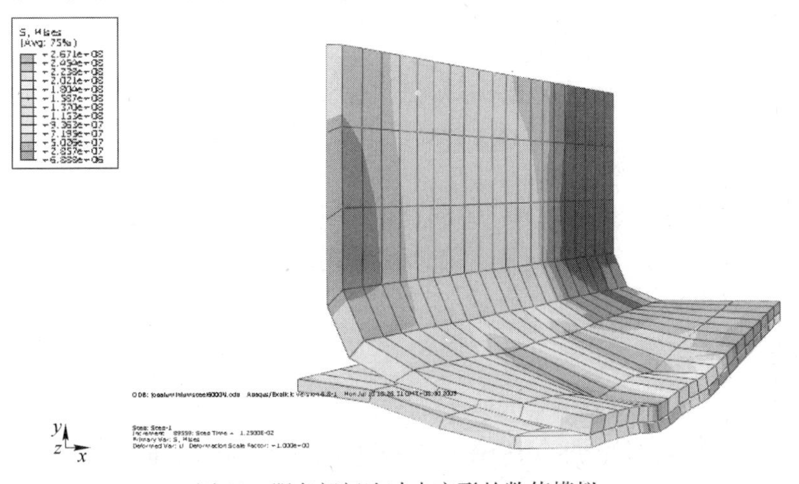

图18 服务门门边冲击变形的数值模拟

证明，门边的实际变形比数值模拟结果更严重。这显然构成了服务门推移中的一个极不安全的因素。

进一步的研究表明，门边抗冲击强度需加固为原型的 10 ~ 12 倍，才能确保安全。

但是，门边加固主要面临以下四个方面的制约：

（1）门边外表面（朝向门框）紧邻门与门框之间的密封件，不仅在其上设置加固件的空间十分狭小，而且密封性能不允许因为加固件的设置而受影响。

（2）门边外表面是曲率沿长度方向变化的曲面，内表面（朝向舱内的面）上则连接有形状不规则的局部强化件，而动力装置需设置在门边上的四个不同位置上，实现门边加固程度的同一性相当困难。

（3）加固件与门边的连接不允许制作新的安装连接孔。

（4）加固件的总重量不应超过 7kg。

通过深入研究门边的破坏机理，统筹兼顾上述制约因素，确定了“将加固件分为减压件和增强件两类”设计思路，研制了 8 个形体各异的减压件和增强件（如图 19 所示）总质量仅为 2. 24kg；巧妙利用门边和门体上原有的铆钉和螺钉，实现了加固件与服务门的可靠联结；门边的抗爆炸冲击作用的能力提升了 18 倍。通过反复试验次考核，门边完好无损。

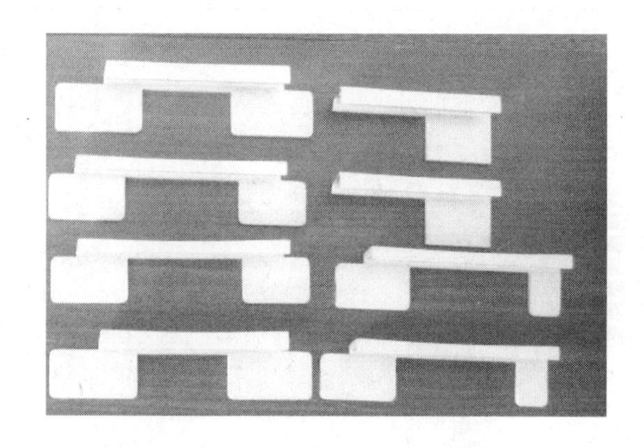

图 19　服务门门边加固件

3. 2. 4. 3　系统组件的环境适应性试验

系统组成框图如图 20 所示。由图示可见，各组件均采取了隔振隔热措施。

环境适应性试验考核的组件包括：控制盒组件、蒙皮切割组件、锁扣切割组件，铰链板切割组件和动力装置组件。

环境适应性试验按照 RTCA DO-160E《Environmental Conditions and Test Procedures for Airborne Equipment》标准规定在振动、高低温和湿热环境下进行。

试验结果经委托方认定，系统各组件的安全性和可靠性符合国际适航标准的要求。

4　结论及推广应用情况

系统研制中取得的主要研究成果如下：

（1）研究飞机服务门气动阻力地面模拟新途径，构建先进的创新设计流程，研制了服务门开启的模拟装置，为原型门地面演示试验提供了加载设备，解决了此类试验研究工作

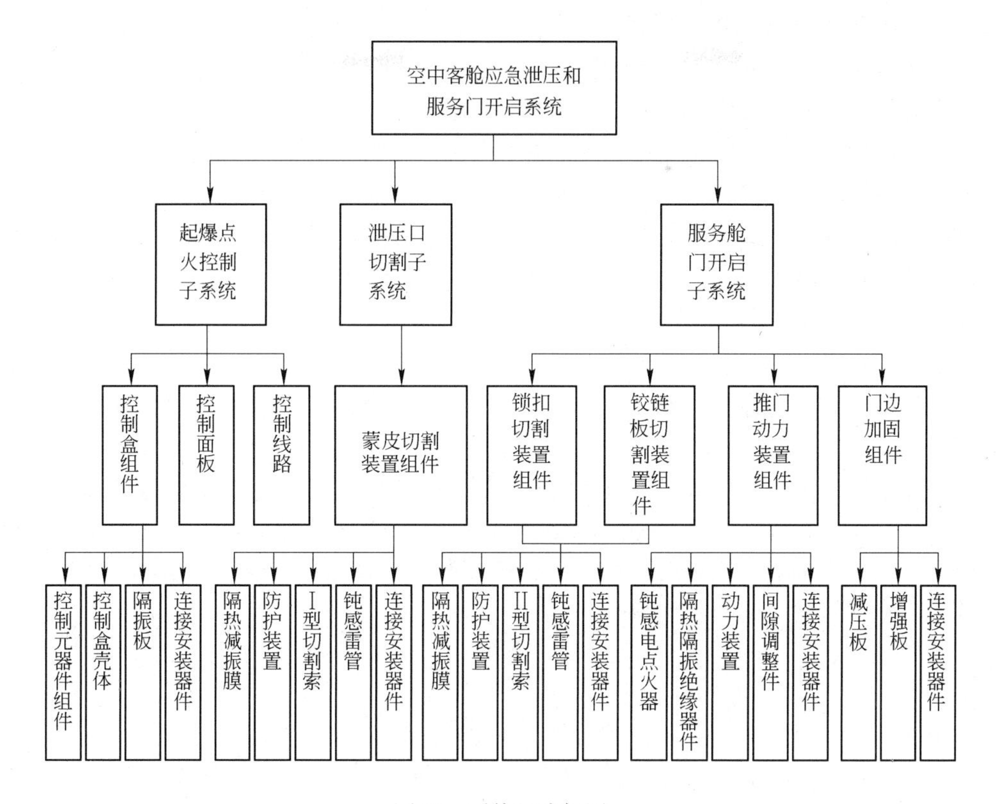

图 20　系统组成框图

既不能在飞机上开展、也不允许在风洞中进行的重大难题。

（2）发现了线性聚能及其切割效果的一些新现象，提出“二次聚能”原理，研究了相应的复合聚能技术，将聚能切割索的能量利用率提高了 20% ~30%，切割效果增强了 20% ~80%，为聚能切割技术的精确化开辟了新途径。

（3）研制了切割客机蒙皮专用的聚能切割索及其安装技术，在提高切割索耐温度冲击和耐振动等工作性能方面取得重要突破，适应了在飞机蒙皮上长期、安全待命的特殊需要；在服务门铰链厚板切割中，创造了“对称切割法”，将切割索的装药线密度由原来的大于 200g/m 降低为 40g/m。

（4）探索了碳纤维和凯夫拉纤维复合的技术途径，发明了紧贴爆炸切割索的新型复合防护材料和相应的综合防护结构，将爆炸切割负效应削弱了 65% ~75%，为保证密闭空间中爆源附近的人员安全，提供了新的技术手段。

（5）研究了改善爆燃能量输出结构及相应的增效技术，在组元装药量精确计算、爆燃能量向机械功转化率的控制、各组元动力的恰当组合等方面，取得了原创性成果；据此发明的“多节伸缩式爆燃动力装置组元”，适应了在服务门门框与门边之间狭小空隙中安装的需要；在验收试验中，门的运动距离误差仅为 2%，圆满实现了误差不大于 10% 的预期指标。

（6）探索了在机身内外电磁环境下可靠避免起爆（点火）元件误触发的技术原理，研究了提高点火精度的技术。研制的专用钝感电点火器，既能可靠避免误触发，又将点火同步精度比普通电点火器提高了三个数量级，保证了 8 个动力装置组元动作的同步性精度要求，实现了服务门运动姿态的恰当控制。

（7）研制服务门门边抗冲击加固技术手段，仅用 2.24kg 的加固件，即将门边的抗冲击能力提高约 18 倍，确保了推门过程中门边的安全性。

经来自中国民航上海审定中心组织的验收考核，一致认为：系统属国内外首创；其研制过程符合研制程序的要求，对关键技术的攻关方向明确、途径正确、工作扎实、效果可靠；系统产品图样和技术文件完整、齐全；系统中切割蒙皮、锁扣和铰链板的切割索以及推门动力装置的技术性能满足技术协议中所提出的性能指标要求；系统的爆炸切割装置及推门动力装置的起爆时段、时序和时差符合委托书要求。

研究成果申报国家发明专利 9 项，已获授权 6 项。

结合研制工作，培养博、硕士生各 5 名，并为三届相关专业本科生提供了实践教学和毕业实习条件。

研制的系统已配置在 ARJ21—700 客机的 4 架试飞机上，迄今仍按预期状态运作。

与国外采用的机械液压式开启系统比较，本成果所提供的系统，不仅成本低、重量轻、装拆方便，而且能在极短时间内为人员应急离机开启无障碍通道。因此，本成果还可作为其他类型飞机空中人员应急逃生技术。

参考文献

[1] 王耀华，王亮，等．飞机空中客舱刨口雷电直击耦合概率计算[J]. 装备环境工程，2011，(3).

[2] 王耀华，王亮，等．基于信息量等值原理的火工品小样本试验方法[J]. 探测与控制学报，2011，(2).

[3] 王耀华，王亮，等．基于燃爆危险源评估法的安全性定量分析模型[J]. 探测与控制学报，2011，(3).

[4] Yaohua Wang，Liang Wang，etc. Study on the electromagnetic environment of the inner & outer fuselage and the hazard of the environment to electro-explosive systems [J]. Applied Mechanics and Materials. 2011 (6).

[5] 王耀华，高清振．航空救生系统实战效能评估[J]. 航空科学技术，2011 (3).

[6] 王耀华，高清振．Fe-Al/TiC 激光熔覆层高温摩擦磨损特性[J]. 机械工程材料，2011 (5).

[7] 王耀华，高清振．基于 CE/SE 的航空救生装置内弹道性能计算[J]. 沈阳航空航天大学学报，2011 (3).

[8] 王耀华，高清振．基于样本法的航空救生装置振动疲劳寿命估算[J]. 中国机械工程，2011 (3).

[9] 高清振，王耀华．飞机备件存储数量预测方法[J]. 军事运筹与系统工程，2010 (4).

[10] 高清振，王耀华．基于田口方法的航空应急推动机构参数优化[J]. 机械设计，2010 (10).

[11] 高清振，王耀华．GO 法在航空应急系统可靠性分析中的应用[J]. 机械设计，2010 (3).

[12] 高清振，王耀华．基于 QFD、TRIZ 和田口方法的融合设计方法[J]. 机械研究与应用，2009 (6).

[13] LIU Ying，LONG Yuan，JIN Guangqian，YAN Junwei，ZHU Weixing，Study on Application of Wavelet and Fractal Theory on Blasting Seismic Effect，8th International Symposium on Test & Measurement，2009. 01：509 ~ 513.

[14] 程小慷．雷电对飞行的影响[J]. 四川气象，2002，22(1)：37 ~ 39.

[15] 马明，吕伟涛，张义军，等．中国雷电活动特征分析[J]. 气象科技，2007，35(9)：1 ~ 7.

[16] 杨光，张九营．从雷击的选择性谈雷电防御[J]. 气象与环境科学，2008，31(9)：202 ~ 204.

[17] 陈渭民．雷电学原理[M]. 北京：气象出版社，2003.

[18] 潘忠林．现代防雷技术[M]. 成都：电子科技大学出版社，1997.

[19] GB/T 14410. 6—1993 飞行力学 概念、量和符号 飞机几何形状[S].

[20] 苏青. 2007 年中国重大科学、技术与进展[J]. 科技导报，2008，26(1)：19 ~ 27.
[21] 国家环境保护总局核安全与辐射环境管理司. 电磁环境监测与评价[M]. 2003.
[22] 乌拉比. 应用电磁学基础[M]. 4 版. 尹华杰译. 北京：人民邮电出版社，2007：352 ~ 354.
[23] 路宏敏，赵永久，朱满座. 电磁场与电磁波基础[M]. 北京：科学出版社，2006.
[24] 王新稳等. 微波技术与天线[M]. 2 版. 北京：电子工业出版社，2006：227 ~ 227.
[25] 朱志宇，张冰，刘维亭. 离散小波滤波器在飞机电磁兼容测试中的应用[J]. 探测与控制学报，2006，28(2)：57 ~ 60.
[26] 王海青. 电磁辐射环境分析与测量[J]. 环境技术，2001，(2)：13 ~ 19.
[27] 张波，汪佩兰. 舰船环境下射频对电爆装置的危害[J]. 舰船科学技术，2007，29(5)：70 ~ 72.
[28] 李金明，安振涛，罗兴柏，丁玉奎. 射频对电火工品的影响及防护措施[J]. 爆破器材，2004，33(5)：17 ~ 19.
[29] 封青梅，呼新义，邢显国. 电火工品抗电磁干扰测试方法的研究[J]. 火工品，2001(3)：19 ~ 23.
[30] GJB 376—1987 火工品可靠性评估方法[S]. 北京：国防科工委军标出版发行部，1987.
[31] 李贤平. 概率论基础[M]. 北京：高等教育出版社，2004.
[32] GJB/Z 377A—1994 感度试验用数理统计方法[S]. 北京：国防科工委军标出版发行部，1994.
[33] 刘宝光. 敏感性数据分析与可靠性评定[M]. 北京：国防工业出版社，1995.
[34] 刘炳章. 小子样验证高可靠性的可靠性评估方法及其应用[J]. 质量与可靠性，2004，28(1)：19 ~ 22.
[35] 荣吉利，白美，刘志全. 加严条件下火工机构可靠性评估方法[J]. 北京理工大学学报，2004，24(2)：118 ~ 120.
[36] GJB 6478—2008 火工品可靠性计量—计数综合评估方法[S]. 国防科学技术工业委员会，2008. 10.
[37] GB/T 3362—2005 碳纤维复丝拉伸性能试验方法[S]. 北京：中国标准出版社，2005.
[38] GB/T 1446—2005 纤维增强塑料性能试验方法总则[S]. 北京：中国标准出版社，2005.
[39] GB/T 1447—2005 纤维增加塑料拉伸性能试验方法[S]. 北京：中国标准出版社，2005.
[40] Mazur Glenn H. Voice of customer analysis：a modern system of front-end QFD tools with case studies [J]. Annual Quality Congress Transactions，1997，pp. 486 ~ 495.
[41] ALAN W. TRIZ-an inventive approach to invention [J]. Engineering Management Journal，2002，No. 6，pp. 117 ~ 124.
[42] Genichi Taguchi. Quality Engineering [M]. Nordica International&Z Liraited，1989.
[43] J. R. Hauser，and D. Clausing. the House of Quality [J]. Harvard Business Review，1988，Vol. 66，No. 3，pp. 63 ~ 73.

城市地下顶管爆破施工危害分析及控制

傅光明　任才清　李必红　陈志阳

（国防科学技术大学，湖南长沙，410072）

摘　要：对城市顶管爆破引起的爆破振动、空气冲击波等爆破危害对地面紧邻建筑物的影响进行了分析，根据工程爆破特点对顶管掘进爆破施工提出一系列减振、降噪的精确控制爆破施工技术，对爆破振动结果进行了对比研究，为复杂环境下城市地下顶管爆破施工提供了参考。

关键词：城市地下顶管；控制爆破；爆破振动

Blasting Hazard Analysis and Control of Urban Underground-pipe Jacking

Fu Guangming　Ren Caiqing　Li Bihong　Chen Zhiyang

（National University of Defense Technology，Hunan Changsha，410072）

Abstract：Analysis the blasting vibration，air shock-wave to ground near building in urban jacking pipe，put forward a series of dampen blasting vibration and noise reduction exact controlled blasting technology，comparison research the result of blasting vibration. All the conclusions above can make reference to blasting of urban jacking pipe.

Keywords：urban underground-pipe Jacking；controlled blasting；blasting vibration

1　引言

随着我国城镇化进程的不断加快，与居民生活、社会生产息息相关的地下管线开挖工程越来越多。城市地下管道一般具有埋深浅、地面建筑物密集等特点。当前地下管线明挖施工方法，会给居民生活、城市交通等带来较大影响，采用顶管技术、盾构技术已成为城市地下管线开挖的新方法。但盾构技术施工成本昂贵，通常只有地铁等大型管线建设项目才使用，城市地下污水、通信管道通常采用液压顶管施工技术。目前大部分城市浅埋管道穿越的地层基本是土层、鹅卵石层、岩石风化层等软弱地层，开挖方式主要通过非爆破方式完成；对穿越较硬岩层地段的地下管线，采用掘进爆破的开挖方式相对更加经济合理。采用爆破方法开挖中深地下管线时，爆破所产生的爆破地震波、空气冲击波等爆破危害对地面密集的建筑物将会产生较大的影响，对地上交通、群众生活也会造成影响。如何控制爆破危害对地面建筑物的影响并减少对居民日常生活的影响，是亟待解决的问题。

本文以湖南冷水江市污水处理厂配套管网工程顶管爆破开挖为例，讨论城市顶管爆破对地面紧邻建筑物的影响及减小爆破施工次生危害的相关对策。

2 工程概况

冷水江市污水处理厂配套管网工程，位于冷水江市金竹东路资江大道口至大湾里集中电站，施工区域周围民房密布，车流量大，且大部分穿越以坚石灰岩为主的硬岩石地带，需要采用爆破方式开挖。距离爆破区域最近的民房距离只有 10m，爆破施工的技术要求高，爆破施工难度大。

该管网爆破开挖全长约 800m，因为平洞断面必须能容纳外径 1. 8m 的水泥预制管，故平洞断面开挖直径不小于 2. 0m。管道掘进爆破要求周边平整，底板高程差小于 10cm，以确保顶管工作的顺利进行，同时又不会把水泥管炸坏。爆破施工过程中，要严格控制爆破所产生的地震波、爆破飞石、爆破噪声等爆破危害，确保附近人员的正常生活及路上车辆、施工人员的绝对安全，确保邻近建筑物、架空电力、通信、电视等线路及地下管线不受损坏。

3 地下管道爆破施工危害分析

地下管道爆破施工对建筑物的影响，不仅有别于天然地震波的高频影响，还要考虑冲击波的破坏作用。由于冲击波沿基本封闭的地下洞室管状传播，传播、反射条件十分复杂，无露天爆破的扩散效应，对紧邻建筑物的质点振动速度影响极大，特别是对于类似岩壁梁的条状结构，在地震波、冲击波的共同作用下，不排除整体振动的可能。地下爆破施工产生的地面水平振动的主频较接近于建筑物的自振频率，与垂向振动相比更易与建筑物产生共振。由于岩体岩性和构造的各向异性，决定了爆破振动的动力响应存在各向异性，致使等药量、等测距实测质点振速和振动频率存在差异。

此外，地下管道的掘进爆破所产生的空气冲击波对施工井口部紧邻的建筑物的外墙玻璃等构件的破坏作用也不容忽视。

4 顶管开挖方法及爆破设计

4.1 顶管开挖方法

地下顶管掘进爆破，要在保证安全的条件下将岩石按规定的断面爆破下来，并尽可能不损坏管线周围的岩石。首先必须在工作面上合理地布置不同种类的炮眼，然后科学确定施工方式、爆破参数、装药结构、起爆方式和起爆顺序。

在顶管掘进爆破中，一般只有一个自由面，爆破条件相对困难。为创造第二个自由面，可以在掘进工作面的适当位置布置少量掏槽眼，爆破时首先起爆，在工作面形成一个槽口，为其余炮孔创造有利条件。因此，选择合理的掏槽形式和确定正确的掏槽参数，是提高爆破效率的关键。对爆破振动强度和频率的控制主要通过控制最大一次齐爆药量和微差起爆来实现。适当控制延迟时间和利用波的干涉作用均可改变振动频率。一次齐爆药量由临界质点振动速度和安全距离确定。

考虑以上因素，该顶管平洞掘进爆破采用半断面、短进尺多循环光面半秒延期微差控制爆破技术，施工流程如图 1 所示。

4.2　控制爆破施工措施

4.2.1　爆破振动速度估算

根据《爆破安全规程》规定的建（构）筑物安全允许标准，一般砖房、非抗震的大型砌块建筑物安全允许振速为2.0～2.5cm/s（＜10Hz），或2.3～2.8cm/s（10～50Hz），或2.7～3.0cm/s（50～100Hz）；本工程的场地系数按 $a=2.0$，$k=200$ 选取。

按萨道夫斯基公式计算：

$$v = k\left(\frac{\sqrt[3]{Q}}{R}\right)^a$$

式中　v——振动速度，cm/s；

k，a——场地系数；

Q——单段起爆药量，kg；

R——爆心距，m。

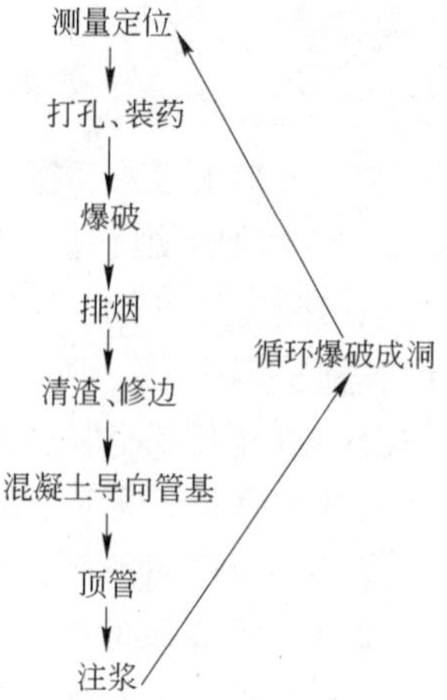

测量定位
打孔、装药
爆破
排烟
清渣、修边
混凝土导向管基
顶管
注浆
循环爆破成洞

图1　施工工艺流程图

当 R 取最小值12m，安全允许振速为2.0cm/s时，允许最大段药量 $Q=1.06$kg。

4.2.2　合理爆破时差选择

因顶管爆破位置距离上部建筑物很近，允许最大段药量较小，实际施工时为了控制爆破振动，采用半秒导爆管雷管逐孔起爆的方法。半秒导爆管雷管较毫秒导爆管雷管的延期时间有差异，虽然爆破时减少了孔间岩石挤压，但因管道爆破布孔方式较密，半秒延期爆破岩石破碎效果同样理想。同时采用半秒延期爆破，可以明显分辨出微差爆破时间，对施工区域周围群众的心理影响可以减到最小，有利于爆破施工的顺利进行。实践证明该方法可以实现爆破施工效果，有效防止各段的振动叠加，是合理的时差间隔。

4.2.3　炮眼布置及起爆顺序优化

在顶管掘进爆破中，一般只有一个自由面，爆破条件相对困难。施工时采用半断面爆破方法，如图2所示。先进行管道下半部分Ⅰ的爆破，在工作面形成一个槽口，创造第二个自由面，为其余炮孔创造有利条件，再进行上半部分Ⅱ的爆破。Ⅰ、Ⅱ部分爆破时，各炮孔起爆顺序按图2中所示数字先后起爆。该方法有效减少了断面的布孔数量，减少了总装药量和单孔装药量，起到了控制爆破振动的目的。

13
14
11
10
12
6
Ⅱ
7
8
9
1
3
2
5
4
1
2
3
4
Ⅰ
6
5
7

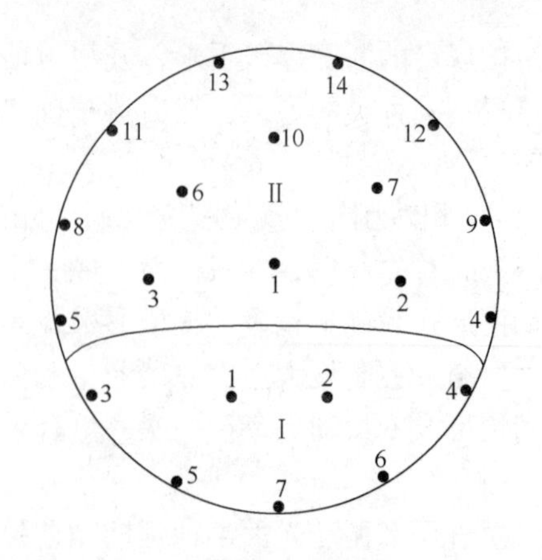

图2　断面爆破起爆顺序

4.2.4　缩短循环进尺

为了控制总装药量的单段药量，爆破进尺控制在1.5 m左右较为合理。该进尺施工时也有利于顶管爆破与出渣的循环作业。

4.2.5　隔振措施

钻孔采用竖直方式，炮孔与地面间距很小，装药时先在孔底装20 cm炮泥作为隔振措施，减小爆破时对紧邻建筑物的振动。

4.2.6 冲击波及爆破噪声的控制

地下管道爆破时，爆炸冲击波沿管道向外传播，其强度较一般岩石中爆破要强很多。爆破冲击波及其衰减后继续传播爆破噪声，对管道地面出口处附近的房屋外墙玻璃及周边人员有很大的影响，实际施工中就出现了玻璃破损的情况。对冲击波及爆破噪声的控制主要措施有：(1) 保证炮孔填塞长度和填塞质量；(2) 管道地面出口进行有效的覆盖。

5 爆破振动监测及分析

爆破振动测试主要包括两个方面的内容：一是研究爆破过程地震波的衰减规律、地质构造及地形条件对它的影响、地震波参数和爆破方式的关系；另一方面是研究建（构）筑物对爆破振动的响应特征，这一响应特征和爆破方式、构筑物结构特点的关系。该工程主要探讨地下爆破地震波的时频特征及爆破区域紧邻建（构）筑物爆破振动相应特征。

以紧邻爆破区域的一栋五层居民楼为研究对象，该楼房地下室一层、地上五层，为普通砖混结构，距离爆破管沟最小水平距离仅 9m，具有一定的代表性。爆破振动监测时分别在地下室、一层和二层基础部位设置监测点，测试管沟爆破时爆破振动引起的建筑物不同区域的质点振动速度，从而分析爆破施工对建筑物的影响。爆区与监测点布置如图 3 所示。

采用四川拓普测控科技有限公司生产的 UBOX-5016 爆破振动测量仪，用爆破振动记录仪配传感器测量爆破振动速度，如图 4 所示。仪器直接与传感器相连设置在监测点，等待爆破振动信号触发后自动记录。

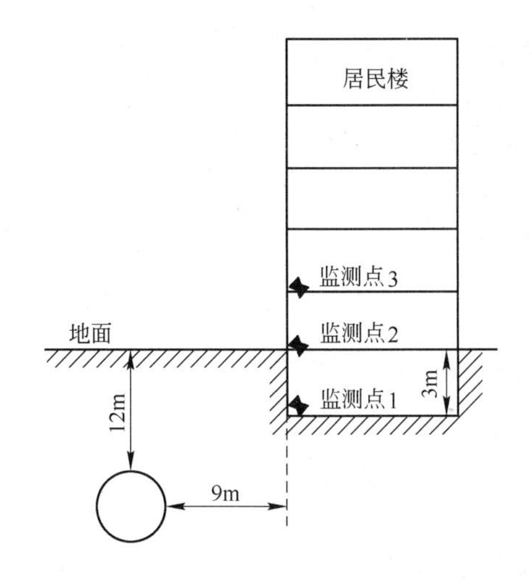

图 3 爆区及监测点布置图

图 4 UBOX-5016 爆破振动监测仪

对某一炮次监测点 1 与监测点 3 测得的单段爆破振动信号进行比较分析，单段起爆药量 1kg。监测点 1 与监测点 3 测得的质点垂直向、水平向振动速度时频图如图 5 所示。

测点 1 距离爆破管沟直线距离 12.7m，垂直向振动速度大于水平向振动速度，垂直向质点振动速度 1.279cm/s，小于萨道夫斯基公式计算所得的振动速度。

监测点 1 与监测点 3 数据比较可以看出，随着楼层的增加：时域上，垂直向振动速度有一定衰减，基本符合萨道夫斯基公式衰减规律，波形相关性较好；水平向振动速度衰减

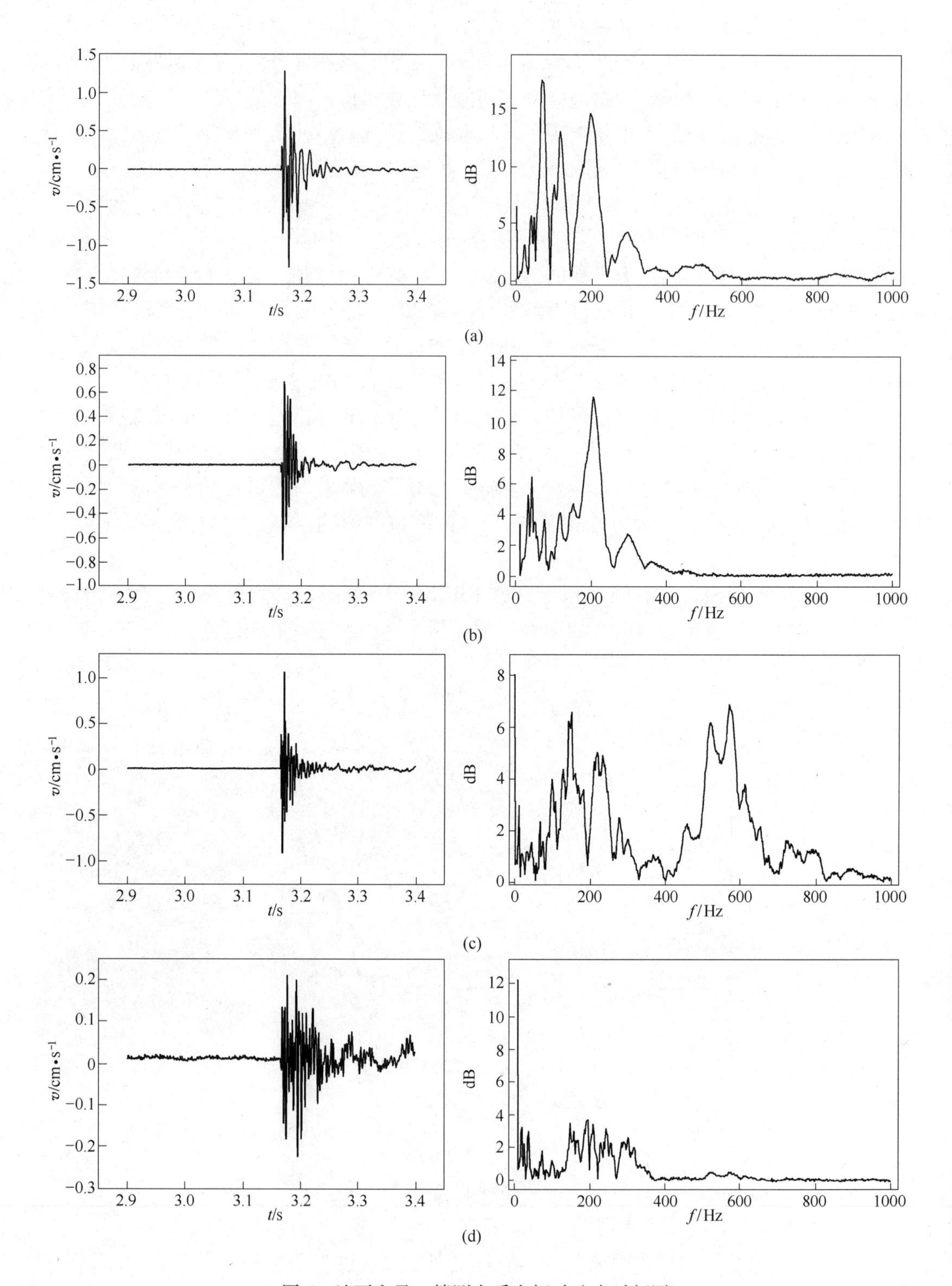

图 5　地下室及二楼测点质点振动速度时频图

（a）地下室垂直分量；（b）地下室水平分量；

（c）二楼垂直分量；（d）二楼水平分量

较大，波形明显拉伸，作用时间增加较大。频域上，由于爆破区域与测点的实际距离较近，高频成分的作用明显，受高层效应及楼房结构的影响，垂直向振动有高频放大的情况，水平向振动高频成分衰减很大。

通过爆破振动监测信号的时频分析可以看出，地下顶管爆破所引起的地表紧邻建筑物爆破振动不同于其他类型的爆破，其爆破地震波高频成分的影响较为明显。随着楼层的增加，垂直向振动速度基本符合萨道夫斯基公式衰减规律，水平向振动衰减较大，但是作用时间增大明显。通过现场调查表明，紧邻爆破施工区域的建筑物均未出现因爆破振动引起的开裂现象。

6 结论

城市顶管爆破因其爆破条件的特殊性，其引起的爆破振动、空气冲击波等爆破危害对地面紧邻建筑物的影响在施工中必须引起重视。根据城市顶管爆破的特点，采取微差起爆、半断面施工、短进尺施工等技术手段严格控制单段起爆药量，保证炮孔填塞长度和填塞质量，对管道地面出口进行有效地覆盖，能够控制爆破振动对紧邻建筑物的影响。通过爆破振动现场监测和时频分析，地下管沟爆破所引起的地表紧邻建筑物爆破振动不同于其他类型的爆破，其爆破地震波高频成分的影响较为明显。随着楼层的增加，垂直向振动速度基本符合萨道夫斯基公式衰减规律，水平向振动衰减较大，但是作用时间增大明显。

参考文献

[1] 林大超．白春华，等．爆炸地震效应[M]．北京：地质出版社，2007.
[2] 中国工程爆破协会．GB 6722—2003 爆破安全规程[S].
[3] 吕增寅．城市公路隧道减振爆破施工技术研究[J]．铁道标准设计，2007(3)：85～87.
[4] 祝文化，等．复杂环境下的减震保护控制爆破试验研究[J]．爆破，2001. 18(3)：70～71.

炸药类爆炸事故应急预案的制定

张远平　赵继波　庞　勇　汪　斌

（中国工程物理研究院流体物理研究所冲击波物理与
爆轰物理实验室，四川绵阳，621900）

摘　要：炸药类爆炸事故是最为常见的爆炸事故之一，也是从事炸药生产、运输、研究、武器装药、工程施工等工作中需要特别关注的事件。本文从爆炸危险源与风险分析、预防与预警、应急响应、信息发布及培训演练几方面，阐述了爆炸事故应急预案的制定方法，对从事炸药相关工作的各类作业人员及其管理部门应有所帮助。

关键词：炸药；危险源；爆炸事故；应急预案

Establishing Contingency Project on Explosion Accident of Explosive

Zhang Yuanping　Zhao Jibo　Pang Yong　Wang Bin

（National Key Laboratory of Shock Wave and Detonation Physics，Institute of Fluid Physics，
China Academy of Engineering Physics，Sichuan Mianyang，621900）

Abstract：Explosive blast is the most familiar one of explosion accidents，and also need be regarded especially in works such as production，research，transportation about explosive，weapon charge and construction. From some aspects including analysis on blast source and risk，advance guard and admonition，contingency response，information and training，this paper expatiates establishing method about contingency project on explosion accident，which is help to all person engaged with jobs about explosive and administer department.

Keywords：explosive；dangerous source；explosive accident；contingency project

1　概述

从事炸药生产、运输、保管和使用等相关工作，是一种高度危险的行业，炸药的爆炸威力和爆炸事故的危害无需多说。为防在出现紧急情况时措手不及，能做到有条不紊处理爆炸事故，制定爆炸事故的应急预案是必需的[1]。

2　危险源与风险分析[2]

炸药类爆炸事故危险源包括如下几种：

（1）炸药、火药。

（2）炸药装药制品：指装填在壳体中的炸药，如战斗部、试验件等。

（3）火工品：电雷管、火雷管、导爆索、导火索、非电起爆系统等。

根据爆炸危险源的贮存、操作和运输情况，主要危险部位及风险分析如下：

（1）库房：主要包括长期贮存炸药的仓库、试验场地或施工工地的临时库房等场所，贮存的危险品的数量大，一旦爆炸，破坏范围大，波及面广，造成的社会影响大，其危害程度最大。

（2）安装（操作）间：各工地的安装间、压药间、雷管操作间，是危险品的主要操作场所，一般都在房间内进行，一旦出险，安装人员难以撤离，其危险等级高。

（3）试验（施工）场地：各试验基地、施工工地是危险源中炸药或火药与引信、雷管等火工品的组装场地，也是出险最多的场所，其危险等级最高。

（4）运输环节：包括长距离运输和短距离搬运，外场试验的长距离运输，是容易出险的环节，因有运输工具和运输车辆的参与，存在机械故障方面的不确定因素和因战线长而使出险地点具有随机性等特点，另外，因离开基地，一旦出险，救助时间长，对正常的交通影响大，对运输线路周边群众的生命安全及其不动财产危害大。

（5）吊装环节：炸药等危险源的上下车吊装、吊装到试验支架、起吊至空中等都存在着较高的危险，吊装过程有吊车等机械或手动葫芦的参与，存在机械故障的不确定性。参与吊装过程的人员较多，一旦出现脱钩、跌落，危害程度很大。

3 预防与预警[3]

3.1 监控措施

针对不同的爆炸事故危险源，实施不同的监控措施。

（1）库房的监控措施和方法。严格遵守库房的规章制度，尤其要做到保持库房的温度和潮湿度，每天通风。穿着符合要求的服装进出库房，人员每次进入库房需先摸接地棒。定期检查库房危险品的摆放，防止地震等因素造成危险品的跌落。控制进入库房人员数量，做到定员定量。搬动危险品时每次只能拿一件。

（2）安装间的监控措施和方法。严格遵守操作间的规章制度，尤其要保持操作间的温度和潮湿度，每天通风。穿着符合要求的服装进出操作间，每次进入需先摸接地棒。控制进入安装间的人员数量，做到定员定量。

（3）试验场地的监控措施和方法。预备警报拉响及所有无关人员撤离后，由试验队长带上起爆台钥匙接插雷管，由一名技安负责人监督。试验场地人员只有两人，把可能的损失应减至最少。

（4）运输环节的监控措施和方法。长途运输时指派开道车引路，对药量较大、危险程度较高的危险源的运输应同时派车尾随护送，派武警队员跟车前行，车辆之间的距离保持在所运输危险源殉爆距离之外，一般平路时为50m，上下坡时100m，控制汽车行驶速度，在能见度好、路况好的情况下不超过60km/h，在能见度好、路况差的情况下不超过40km/h，在能见度差时，控制车速20km/h以下。用警报或喊话等方式阻止其他车辆插队。在途经人口稠密地区，应预先通知当地公安部门，必要时，进行人员疏散。从临时库房到试验场地的短途运输时，控制参与搬运人员的数量，配置长接地线，一直保持危险源的接地状态。

（5）吊装环节的监控措施和方法。使用符合要求的机械手和吊装设备，设备和危险源装置均要求接地，但不能共地。辅助吊装的人员尽量减少，设置吊装警戒线，无关人员一律远离吊装现场。

3.2　预警及信息报告与传递

不同场所的爆炸事故采取有所不同的信息报告程序。

（1）固定场所的爆炸事故。在库房、安装间、试验场地、吊装过程等固定场所发生爆炸事故后，由负责人电话报告主管部门负责人，简明扼要说明事故情况，主要包括爆炸事故的地点、事故等级、伤亡情况，现场已经采取的应急措施等，并逐级上报。固定场所负责人因负伤或死亡，不能报告事故情况，应按下列人员顺序作为临时负责人报告事故情况：试验负责人、技安负责人、质量负责人、测试负责人、一般参试人员、直至场地管理人员。

（2）运输车辆的爆炸事故。危险源在运输过程中发生爆炸事故后，由押运负责人电话报告主管部门负责人和承运的单位（车队），并逐级上报。若装载危险源的车辆因爆炸损毁，造成该车的司机和押运人员出现伤亡，无法报告情况，应由开道车辆的乘员或司机报告事故情况。报告的程序同固定场所。

3.3　预警行动

各相关单位接到出现爆炸事故的信息后，应按照应急预案及时研究确定应对方案，并通知有关部门、单位，必要时通知当地公安部门，采取相应行动防止爆炸事故进一步扩大。

3.4　爆炸事故报警电话

（1）各部门负责人电话：

试验部门办公室电话：　　　　手机：

管理部门办公室电话：　　　　手机：

车队队长办公室电话：　　　　手机：

24 小时值班室负责人：　　　　手机：

（2）主管安全生产领导办公室电话：　　　　手机：

（3）试验场地领导：　　　　手机：

（4）武警消防部队：　　　　手机：

（5）110 电话：110

4　应急响应[4]

4.1　爆炸事故定义及预案的预警级别

爆炸事故是指在参与实验过程中，包括贮存、使用和运输，危险源出现非人控制的爆炸事件。

将爆炸事故分为如下四个等级：

（1）特大事故（Ⅰ级事故）：死亡1人及以上、造成财产100万元以上的损失、社会影响巨大。对应的预警级别为红色预警。

（2）重大事故（Ⅱ级事故）：多人受伤致残但没有人员死亡、造成财产10～100万元的损失、社会影响较大。对应的预警级别为橙色预警。

（3）较大事故（Ⅲ级事故）：有人员受伤但不造成残疾、造成财产1～10万元的损失、对社会有一定的影响。对应的预警级别为黄色预警。

（4）一般事故（Ⅳ事故）：发生爆炸事故但未造成人员伤亡，造成财产1万元以下的损失、对社会不造成影响。对应的预警级别为蓝色预警。

4.2 预案的适用范围

本应急预案适用于炸药及其组件的爆炸实验、爆破施工、危险品运输过程中出现的爆炸事故。其他带有炸药或火药参与的实验或施工中的爆炸事故可以参照执行。

4.3 应急响应程序

应急响应是事故发生前以及事故发生期间和事故发生后立即采取的行动。目的是通过发挥预警、疏散、搜索和营救以及提供医疗服务等紧急功能，使人员伤亡和财产损失减少到最小。

4.3.1 先期处置

4.3.1.1 固定试验场所的爆炸事故

（1）事故发生后，把人员的安全放在第一位，所有人员尽快按实验前规划好的疏散路线撤离爆炸现场，隐蔽在掩体内或安全距离以外。

（2）未受伤的人员协助受伤人员撤离，对受伤人员实施临时的救助措施：若伤者属擦伤、碰伤、压伤等，要及时用消炎止痛药物擦洗患处；若出血严重，要用干净布料进行包扎止血；若伤者发生骨折，要保持静坐或静卧；若发生严重烧伤、烫伤，要立即用冷水冲洗30min以上；若伤者已昏迷、休克，要立即抬至通风良好的地方，进行人工呼吸或按摩心脏，待医生到达后立即送医院抢救。

（3）切断所有通往实验场地的电源，将连接起爆器的电缆从起爆台上卸下并短路，关闭所有实验仪器设备电源，警报不关闭。

（4）以实验队负责人为组长，成立现场救护小组，立即开展事故后的自救工作，以防止事故进一步扩大。

（5）即时联系当地的消防、医疗等部门。

（6）划定警戒线，保护事故现场。

（7）履行爆炸事故信息报告程序，逐级反应事故情况。

4.3.1.2 运输途中发生的爆炸事故

在运输途中发生的爆炸事故，应该由押运员负责临时自救，设置危险标志、拦阻双向车辆通过、临时救护受伤人员、电话报告信息等。若装载危险源的车辆因爆炸损毁，造成该车的司机和押运人员出现伤亡，无法担任临时救助负责人，应由担当警务车辆的司乘人员负责临时的自救任务。

4.3.2　全面响应

4.3.2.1　现场救援

对Ⅲ级和Ⅳ级爆炸事故，由责任部门成立事故应急救助队，对于Ⅰ级和Ⅱ级爆炸实验事故，应由上级主管部门统一组织成立应急救助队，进行现场救援，必要时请求部队和社会力量救援。救护队应指定现场总指挥全权负责爆炸事故现场的处理工作。

应急救援队到达现场后开展下列工作：

（1）划定警戒范围，制止无关人员、车辆进入。

（2）在确保不会发生二次爆炸的情况下进行救援工作。

（3）开展对受伤人员的救助，重伤人员迅速送往医院抢救。

（4）开展灭火工作，控制火情的蔓延。

（5）根据专家组的意见，对未爆炸的危险品进行处置。未爆雷管的回收、引信的处理、试验装置的处置等。

（6）封锁爆炸现场，由影像组先行拍录资料，后由救助队指挥部统一安排处理。

（7）对重特大爆炸实验事故造成人员死亡的遗体应由专业救助人员做防化处理。

（8）道路上的爆炸事故，通知当地交通管理部门协助处理，迅速救助伤员、妥善处置受损车辆、尽快恢复正常交通。

4.3.2.2　指挥与协助

现场总指挥根据爆炸事故的等级和事态的发展情况，调动应急物资，责任部门不能满足应急救援时，向上级求助，直至向社会求助。

4.3.3　事故评估

现场总指挥对事故发展过程进行连续评价，不间断地进行事故评估。根据评价的结果制定相应的应急措施，进行相应的应急行动。

4.3.4　报告与紧急公告

对Ⅲ级和Ⅳ级爆炸事故，由现场总指挥向所在单位负责安全的负责人直至单位的第一责任人持续汇报救助情况，对于Ⅰ级和Ⅱ级爆炸实验事故由现场总指挥向单位上级部门负责安全的负责人直至上级部门的第一责任人随时汇报情况。

4.3.5　应急结束

经现场总指挥确认应急救援工作已基本结束，发生、衍生爆炸事故基本被消除，应及时结束应急救援工作。对Ⅰ级和Ⅱ级爆炸实验事故，经单位主管领导和安全部门确认后，方可结束救援工作。应急救援工作结束情况要及时通知到参加应急救援的所有单位。

5　信息发布

对Ⅲ级和Ⅳ级爆炸事故由责任单位向所在单位提交爆炸事故情况报告，由所在单位办公会议决议后在单位发布事故情况公告。对于Ⅰ级和Ⅱ级爆炸实验事故，由单位安全管理部门会同责任单位一起向上级安全部门提交爆炸事故情况报告，再由上级安全监管部门向整个系统通报，必要时向所属部委报告。对社会造成重大影响的爆炸事故，在必要时、在保密的情况下向媒体通报。

6 培训与演练[5]

6.1 培训

爆炸事故应急预案成文后应在单位进行宣传贯彻，尤其是牵涉到爆炸物品使用较频繁的单位，凡是接触爆炸物品的工作人员都必须熟知应急避险知识，了解一旦出险应该采取的救援方法。可以通过问答题、知识竞赛等形式开展宣传贯彻工作。

6.2 演练

爆炸事故应急救援演练每年最少安排一次并进行实战演习。

（1）各单位和承担运输的车队应结合工作实际，有计划、有重点地组织演练活动。

（2）认真学习安全生产法律法规和安全生产知识，学习应急预案有关条文，并对相关人员及职工进行应急知识培训，提高发生事故时的应对能力。

（3）对迟报、谎报、瞒报和漏报事故和在事故应急救援工作中有其他失职、渎职的行为，依法对有关责任人员给予行政处分，构成犯罪的，依法追究刑事责任。

（4）对重、特大爆炸事故应急救援工作中做出突出贡献的先进单位和个人要给予表彰和奖励。

参 考 文 献

[1] 生产经营单位安全生产事故应急预案编制导则，AQ/T 9002～2006，2006年11月1日实施.
[2] 中国石化（集团）扬子石化储运厂火灾爆炸应急预案，扬子石化股份有限公司储运厂，2006年.
[3] 国家安全生产事故灾难应急预案，2006年1月22日.
[4] 危险化学品事故灾难应急预案，国家安全生产监督管理局，2006年10月.

爆破振动频率调控技术研究

施富强[1]　柴　俭[2]

（1. 四川省安全科学技术研究院，四川成都，610016；
2. 西南交通大学机械工程学院，四川成都，610031）

摘　要：应用机械振动控制理论研究爆破振动的频谱特性，发现延时爆破引发的地震是由逐孔破岩振动和孔间延时振动两种不同能谱的振波叠加而成的。以延时起爆振动作为控制基波，将逐孔破岩振波作为谐波分析，再利用运动震源所产生的多普勒效应，合成混频实现振波频移。据此，建立了爆破振动动力响应控制的基本理论和设计方法并得到成功应用。
关键词：控制爆破；振动频移；动力响应；安全控制

Blasting Vibration Frequency Control Technology Research

Shi Fuqiang[1]　Chai Jian[2]

（1. Sichuan Province Academy of Safety Science and Technology，Sichuan Chengdu，610016；
2. Southwest Jiaotong University，School of Mechanical Engineering，Sichuan Chengdu，610031）

Abstract：Using the control theory of mechanical vibration to study the characteristics of blast spectrum，found that the earthquake occurred in delayed blasting is caused by the superposition of rock blasting vibration and delay time vibration，which are in the different spectrum. We set the delayed explosion oscillating wave to be the command fundamental wave，and analyzing rock blasting oscillating wave by transforming it into harmonic wave，also using the Doppler effect caused by floating epicenter，finally synthesizing the mixed frequency to achieve the frequency shift. According to these，we have established the blast vibration dynamical response control fundamental theory and design methodology，and it was successfully applied.
Keywords：controlled blasting；vibration frequency shift；dynamical response；safety control

1　引言

爆破地震波作为炸药爆炸的必然产物，是由爆炸时所产生的应力波经衰减而来的。通常以爆破区的冲击波、邻近区的应力波和中远区的近似弹性波为主要形式逐渐转化、衰减、消失。从爆区周边安全角度出发，研究的爆破地震波是部分爆炸能量在岩体弹性变形区的传播效应，其强度主要与爆炸能量有关，而振动频率主要取决于爆破岩体非弹性破裂区半径、应力波的传播过程以及起爆方式等因素。因此，研究爆破振动安全技术，应综合分析爆破振动幅值与频率的共同作用，在控制振幅的同时，有效控制振动频率远离保护对象的敏感响应频段，实现对爆破振动动力响应的主动控制。

2 爆破激振动力过程数学分析

根据任意激振的响应原理，单段爆破对系统的激振是任意的时间函数，在这种激振情况下系统没有稳态振动，而是只有瞬态振动。在激振作用停止后，系统将按固有频率继续做自由振动。考虑到结构本身的动力特性，采用直接动力分析法，对动力方程进行直接积分，给出结构响应与时间的关系。

单自由度体系对爆破振动的位移响应可用杜哈美（Duhamel）积分来表示：

$$x(t) = -\frac{1}{\omega'}\int_0^t \ddot{x}_0(\tau)e^{-\xi\omega(t-\tau)}\sin\omega'(t-\tau)d\tau \tag{1}$$

由于单段爆破振动普遍持续时间较短，一般有阻尼频率 ω' 与无阻尼频率 ω 相差不大，即 $\omega'=\omega$，故可将杜哈美积分写为：

$$x(t) = -\frac{1}{\omega'}\sum_{k=1}^{n}\int_0^t \alpha_k e^{-\xi\omega(t-\tau)}\sin(\omega_k\tau+\varphi_k)\sin\omega'(t-\tau)d\tau \tag{2}$$

同理，多自由度结构体任意质点对爆破振动的位移响应可表示为：

$$x(t) = -\sum_{j=1}^{n}\sum_{k=1}^{n}\int_0^t \frac{\gamma_j X_{ji}}{\omega_j}\alpha_k e^{-\xi\omega(t-\tau)}\sin(\omega_k\tau+\varphi_k)\sin\omega_j(t-\tau)d\tau \tag{3}$$

式中，γ_j 为体系中第 j 振型的振型参与系数。

杜哈美积分的通解为：

$$x(t) = e^{-\xi\omega t}\left[x(0)\cos\omega' t + \frac{\dot{x}(0)+\xi\omega x(0)}{\omega'}\sin\omega' t\right] - \frac{1}{\omega'}\int_0^t \ddot{x}_0(\tau)e^{-\xi\omega(t-\tau)}\sin\omega'(t-\tau)d\tau \tag{4}$$

当体系初始处于静止状态时，其初位移 $x(0)$ 和初速度 $\dot{x}(0)$ 均等于零，则式（4）第一项为零，即系统的动力响应只有杜哈美积分表现出的运动规律。在多段位延时组合爆破时，对后续各段激振而言系统初始状态则不再处于静止状态，而是形成稳态振动和瞬态振动的合成。进一步分析，当各段间的延时间隔接近系统的固有周期时，系统将得到按固有频率持续做自由振动的激励，极有可能形成共振。此时的振波将表现出由延时爆破组合而成的“基波”与单段激振形成的“谐波”叠加的效果，则式（4）变为：

$$x(t) = \sum_{i=1}^{n-1}e^{-\xi\omega t}\left[x(i)\cos\omega' t + \frac{\dot{x}(i)+\xi\omega x(i)}{\omega'}\sin\omega' t\right] - \frac{1}{\omega'}\int_0^t \ddot{x}_{n-1}(\tau)e^{-\xi\omega(t-\tau)}\sin\omega'(t-\tau)d\tau \tag{5}$$

式（5）描述了多段位延时爆破组合形成的振动关系。从式（5）可以发现，除了由 ω' 形成的各段有阻尼频率外，还存在由 n 个振波形成的更低频振动，他们共同构成爆破过程所产生的强迫振动。

3　爆破振波频率特性分析

在深孔采矿爆破过程中，应力波传递到可移动界面之前，振波峰值在稳定岩体非弹性破裂区与弹性破裂区的界面上呈上升趋势，一旦应力波到达可移动界面，岩体瞬间破裂并迅速逸出。此时，在岩体非弹性破裂区与弹性破裂区界面上形成的振波峰值迅速衰减，出现主振动波。因此，在爆炸能量确定的条件下，主振波的峰值与抵抗线有关，即抵抗线越大，振幅越大。同时，主振周期反映的是爆破后应力波到达临空面的时间历程，抵抗线越长，主振周期也越长，主振频率也就越低。

动力过程分析同样表明，爆破振动是由爆炸破岩应力波形成的振波与延时起爆产生的振波两部分组成，如图 1 所示，即多个独立的破岩振波共同组成了延时爆破振波。

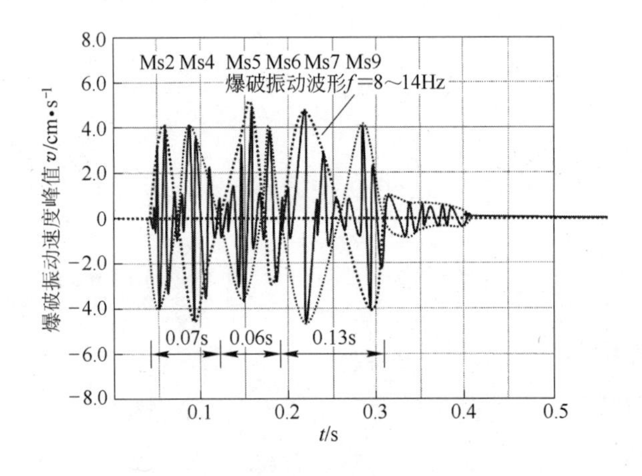

图 1　常规毫秒延时爆破振动波形

在大规模深孔爆破中，由分段形成的独立破岩振波少则数十个，多则上百个，其产生的组合振动自然会形成基波，对矿岩和周边设施产生显著影响。通常的振动监测注重分析主振波所对应的频率——破岩振动频率 f_b，却忽视了延时爆破组合所对应的频率——爆破基频 f_0。

4　多普勒频移技术分析

根据多普勒效应原理，当震源与观测点存在相对运动时，从观测点接收到的震源频率会出现频移现象。即观测点接收到的振动频率为：

$$f = \frac{u}{u - u_s} f_s$$

式中　u——振波传播速度；

u_s——震源运动速度；

f_s——震源频率。

大规模有序延时爆破必然产生移动震源，若根据此原理，在综合分析爆破安全、质量、能耗要求的前提下，针对地面保护物的分布，优化起爆顺序，则可进一步改善保护物的动力响应状态，如图 2 所示。

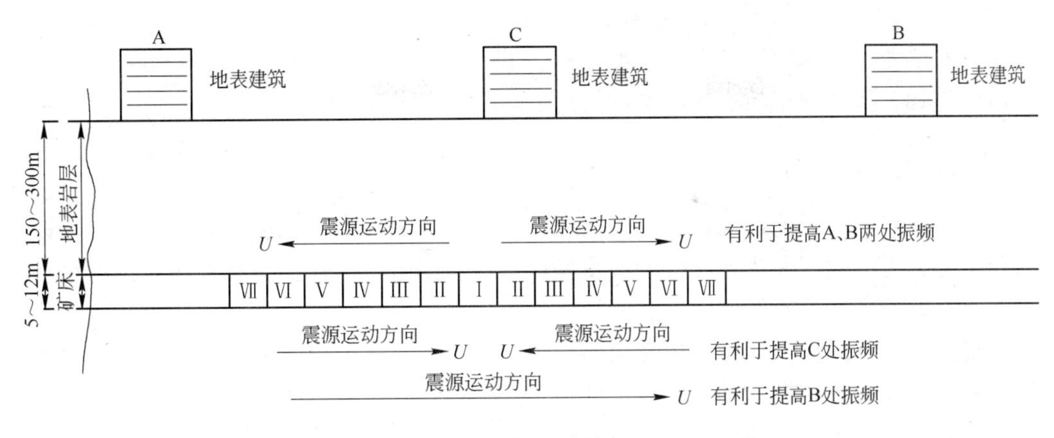

图 2　多普勒效应示意图

5　综合调频设计法

理论与实践表明，根据炸药特性、岩石特性选定用药量和设计参数有着概率统计规律和工程经验积累，在此基础上再增加频率控制要素会使爆破工艺复杂化，同时，调频的范围也极为有限，不具广泛的应用价值。

通常地面设施的固有频率 $f_N \leqslant 6$Hz，若能将深孔爆破产生的振动频率调制到 20Hz 以上，则可明显改变保护目标对爆破地震波的响应。也就是说，将延时爆破时间间隔控制在 $\Delta t \leqslant 50$ms，即可产生 $f_0 \geqslant 20$Hz 的爆破基频。当分段足够多时，即在爆区形成由延时爆破组合而成的主振基波，后续的逐孔破岩爆破振波必然与该基波叠加，从而表现出的振波频率同时满足：$f > f_0$ 和 $f > f_b$，如图 3 所示。

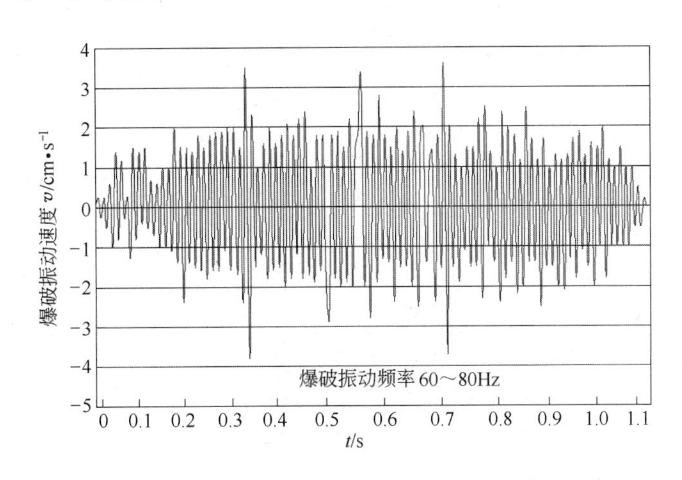

图 3　采用爆破频移设计法监测到的爆破振动波

于是，得出工程爆破调频设计法：

（1）根据被保护目标对爆破振动波的动力响应特性，确定延时爆破的时间间隔和最大单段药量；

（2）根据被保护目标的分布，划区确定起爆顺序，形成有利于改善爆破振动动力响应条件的震源运动方向；

（3）结合钻孔机械及岩石特性，综合确定设计参数，通过控制非弹性破裂半径和应力波的传播过程，实现对单段主振频率的控制。

6　结论

深孔爆破对周边设施影响最突出的问题是爆破振动损伤。将机械振动控制与工程爆破实践相结合，可以发现大规模深孔爆破引发地震的震源是由逐孔破岩振波和孔间振波叠加而成的，并且两者有着不同的能谱和调控属性。

大规模深孔延时爆破产生规律性运动震源，利用多普勒效应调节保护点接收到的振动频率，可有效改善爆破振动动力响应条件。

为了有效控制爆破振动对周边环境的影响，在爆破设计过程中，以控制延时爆破为对象，人为在爆区产生可控的强迫振动，与岩石破裂应力波形成的振波叠加、混频，大幅度提高随机振动频率，结合多普勒效应，实现主振频率高移，充分避开地表设施对爆破振动响应的敏感频段。

将爆破振动频率控制技术应用到拆除爆破时，主要是针对目标物的固有频率，通过合理控制爆序和爆能，促使结构体产生接近固有频率的强迫振动，在发生共振的同时，实现充分解体的拆除目标。

参考文献

[1] 郑兆昌．机械振动[M]．北京：机械工业出版社，1980.

[2] 丰定国．工程结构抗震[M]．北京：地震出版社，2002.

[3] 曹孝君，张继春，吕和林．频率对爆破地震作用下结构的动力响应的研究[J]．爆破，2006，23(2)：14～19.

[4] 施富强，周斌．爆破振动影响安全评价定量分析研究[C]//中国爆破新技术Ⅱ．北京：冶金工业出版社，2008：62～66.

[5] 施富强，汪平，柴俭，王坚．铁路干线附近采矿爆破安全性论证研究[J]．工程爆破，2009(2).

[6] 施富强，梁振宇，张卫彪．重庆米兰大厦控制爆破拆除[C]//中国爆破新技术Ⅱ．北京：冶金工业出版社，2008：371～376.

[7] SHI FUQIANG，CHAI JIAN，WANG JIAN，LIANG ZHENYU，ZHU YONG. DANGER REMOVAL TECHNOLOGY BY BLASTING AFTER EARTHQUAKE[C]//New Development on engineering blasting (The Asian-Pacific Symposium on Blasting Techniques，2009). Beijing：Metallurgy Industry Press，2009.

[8] SHI FUQIANG，YANG XUSHENG，LI WENQUAN，XUEPEIXING，CHAI JIAN，WANG JIAN，LIANG ZHENYU. Technique Analysis of Controlled Blasting Demolition of Tianzhuangtai the Liaohe River Highway Big Bridge[C]//New Development on engineering blasting (The Asian-Pacific Symposium on Blasting Techniques，2009). Beijing：Metallurgy Industry Press，2009.

爆破振动频率控制技术的应用研究

施富强[1] 柴 俭[2]

（1. 四川省安全科学技术研究院，四川成都，610016；
2. 西南交通大学机械工程学院，四川成都，610031）

摘 要：研究爆破振动的频率控制技术，一方面是着力于减弱或控制爆破振动对周边环境的影响，采取的主要措施是提高振动传递频率，使其远离保护目标的固有频率；另一方面是有效降低爆破过程激振频率，使其对目标物产生接近固有频率的强迫振动，诱发结构共振，实现安全、高效控爆拆除。本文将以地下深孔控制爆破、大型桥梁控制爆破和城市 CBD 大厦拆除爆破为例，介绍爆破振动频率控制技术的成功应用。

关键词：爆破振动；频率控制；土岩爆破；拆除爆破

Blasting Vibration Frequency Control Technology Research and Application

Shi Fuqiang[1] Chai Jian[2]

（1. Sichuan Province Academy of Safety Science and Technology，Sichuan Chengdu，610016；
2. Southwest Jiaotong University，School of Mechanical Engineering，Sichuan Chengdu，610031）

Abstract：Study the blast vibration frequency control technology，one is focused on the reduction or control of the impact on the surrounding environment caused by blasting vibration. The main measure is to improve the frequency of vibration transmission，keep it away from the natural frequency of protection objects. Second is to reduce the blast excitation frequency，to produce forced vibration that close to the natural frequency of the target and induce resonance，achieve safe and efficient controlled blasting. This paper will describe the successful application of using blast vibration frequency control technology，for example，underground deep hole blasting，controlled blasting of bridge，CBD City building demolition blasting.

Keywords：blast vibration；frequency control；rock blasting；demolition blasting

1 引言

目前，多数国家选用质点振动速度作为衡量爆破地震效应的标准。大量的现场试验和观测表明，爆破地震破坏程度与质点振速的相关性最好，其峰值又与最大单段药量有着直接的关系。因此，主动调幅意味着调整药量，调整爆破规模，调整循环生产能力。《爆破安全规程》（GB 6722—2003）给出的爆破振动安全判据表现出一种趋势，爆破振动频率越高，质点振速安全许用值越大；爆破振动频率越低，质点振速安全许用值越小。据此，研究爆破振动频率控制技术既是安全工作的需要，也是经济工作的需要，更是节能减排的需要。

一般情况下，研究振动过程的幅值控制采用静力学、运动学分析方法也能达到主要的预期目标。而研究振动过程的频率控制或幅频系统控制，应用动力学分析方法就显得十分重要了。系统在外界的输入，包括初始干扰、外激振力等作用下，将产生特定的动态响应。全面系统地分析各个扰动环节，使其产生安全、可控、有益的输出。

2　振动频率控制技术

描述振动过程的主要参数是振幅、频率和阻尼。实现主动控制振动效应的方法仍然是调幅、调频和阻尼设计。将机械振动控制理论与工程爆破研究成果相结合，我们会发现爆破振动是由多段位延时爆破组合而成的“基波”与单段爆破激振形成的“谐波”叠加而成，满足杜哈美（Duhamel）积分通解：

$$x(t) = \sum_{i=1}^{n-1} \mathrm{e}^{-\xi\omega t}\left[x(i)\cos\omega' t + \frac{\dot{x}(i) + \xi\omega x(i)}{\omega'}\sin\omega' t\right] - \frac{1}{\omega'}\int_0^t \ddot{x}_{n-1}(\tau)\,\mathrm{e}^{-\xi\omega(t-\tau)}\sin\omega'(t-\tau)\,\mathrm{d}\tau$$

式中表明，爆破振动除了包含由 ω' 形成的各段有阻尼振动外，还存在由 n 个延时振波形成的强迫振动。

如果我们要求爆破振动产生的频率高于某一安全值，应从两方面入手。一是控制各段有阻尼频率 ω' 高于设定值；二是调整各段间的延时间隔，将其缩短至设定频率所对应的周期。前者实际上主要是通过调整孔网参数实现，由于深孔爆破、浅孔爆破孔距较小，单耗合理并有较好的级配要求，因此，实现有阻尼频率 ω' 高于为保护对象设定的安全值是比较容易的。后者实际上就是以调整段间延时间隔，满足安全频率要求。在使用我国现有导爆管延时雷管的条件下，实现这一目标有一定的难度。要将建立在误差分析基础之上的不同段别的雷管进行合理组配，形成首尾平滑相连、满足频率控制要求的高频组合振波。随着电子雷管的普及，实现对爆破振动频率控制就是比较简单的工作了。

3　爆破振动频率控制技术的应用

3.1　地下深孔控制爆破

四川盆地周边芒硝储量约占全国的45.66%，主要分布在人口密度较大的成都、眉山、雅安等丘陵地区，矿层集中分布于地下150～200m左右。长期以来，芒硝生产企业一直延续着小规模深孔崩采水溶工艺，不仅能耗高、效率低、安全生产难以保障，而且常常因爆破有害效应造成地面建筑、设施的损伤和人畜伤亡事故。针对这一影响到社会安全的突出问题，提出了应用频移技术解决大规模深孔挤压崩落爆破的振动安全控制技术，即爆破振动频率控制设计法。以控制爆区延时起爆间隔为手段，人为产生可控的强迫振动基波，与爆炸破岩应力波形成振波叠加，以改变振波频率。在此基础上，视地面保护对象的分布，有针对性地设计传爆顺序，形成运动震源，从而进一步改善保护对象接收到的振波频率。设计中，控制延时起爆间隔 $\Delta t = 25 \sim 50\mathrm{ms}$，即可产生 $f = 20 \sim 40\mathrm{Hz}$ 的基频振动。由于破岩振波是呈逐孔统计规律分布，单孔脉冲能量远小于单段组合能量（每段孔数大于 10 个），因此，动力响应反映的主体是单段组合振动。当延时段别足够多时，便形成了强迫振动，即实现了振动响应频率的控制。图 1 为实测波形图。

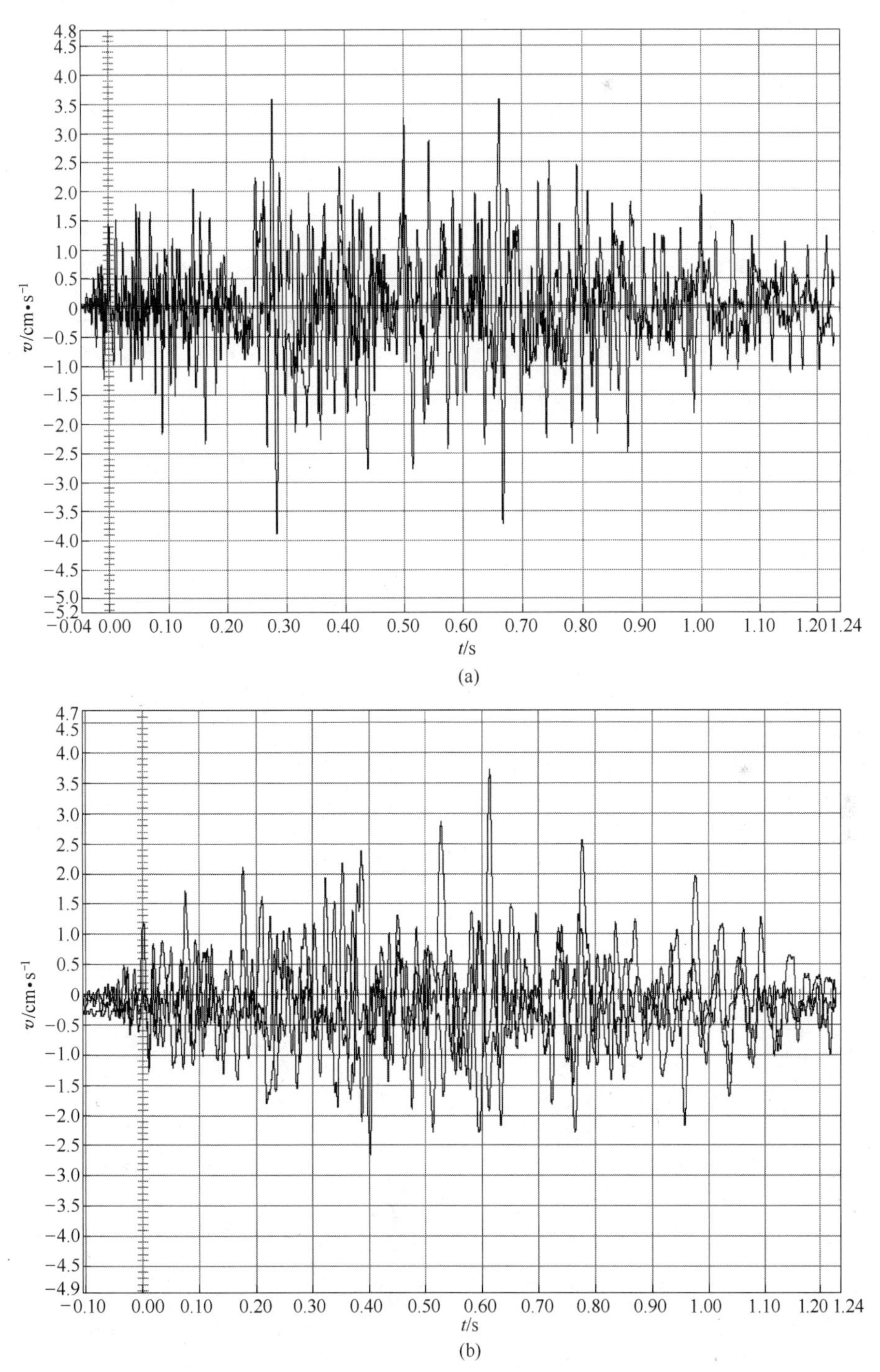

图 1　$Q=68.343$t，矿床深度 144m 开采爆破地表实测波形

（a）垂向振波；（b）横向振波

三年来，应用频率控制技术，先后完成了 28 次 C 级以上规模的地下深孔爆破设计与监测，爆破规模由原来的 D 级（$Q \leqslant 50$t/次），扩大到目前最大规模超过 $Q \geqslant 130$t/次的 B 级。特别需要说明的是，芒硝矿爆破规模大，单段药量控制严，通常一次爆破设计的段位少则数十段，多则超过 200 段，爆破持续时间平均都在 1000ms 以上。因此，采用频移与频控技术十分有效。

由于爆破规模的提高，直接带来了炸药单耗下降 21.3% ~23.8%，年减少循环爆破次数 60%，全地区已应用该项技术的企业每年减少爆生有毒有害气体排放 1000 多吨。

3.2　大型桥梁控制爆破

辽宁田庄台大桥是国内爆破拆除的最长连续钢构特大公路桥梁。由于其下游 22m 处是已通车的新建大桥；营口岸一侧为曾经受海城地震（7.3 级）沿用至今的老民宅，十分脆弱（见图 2）；盘锦岸一侧为企业厂房；两岸分布有水产养殖网箱和池塘。大桥全长 879m，地处辽河入海口，5 孔主桥墩和 16 孔引桥墩全部处于游泥介质，要求将桥墩爆至

(a)　(b)　(c)　(d)

图 2　田庄台大桥结构及周边重点保护设施

（a）待爆大桥；（b）相邻的下游新桥；（c），（d）营口岸民宅

承台桩基以下 1m 高程。因此，对爆破振动的控制要求也是空前的。

针对这一复杂的环境，我们认为必须采取爆破振动主动控制技术，即在控制爆破振动速度的基础上，采用频率控制技术，有效控制周边保护设施对爆破振动的动力响应。

3.2.1 爆破振动幅值控制

重点以下游 22m 处的新建大桥为设计依据，再以营口侧民宅为校核。

按大体积混凝土安全允许标准设计，取 $v_{max} \leqslant 12cm/s$，两桥中心距 $R = 40m$。根据 $Q = \left[R\left(\frac{v}{K}\right)^{\frac{1}{\alpha}}\right]^3$，选用连云港软基爆破平面爆夯经验数据 $K_1 = 530$，$\alpha_1 = 1.82$，$Q_1 = 124.30kg$；选用连云港软基触地爆炸经验数据 $K_2 = 280$，$\alpha_2 = 1.51$，$Q_2 = 122.56kg$；于是确定控制最大单段药量为 120kg。营口侧最近民宅距爆源 234m，校核计算出当 $Q = 120kg$，$v_1 = 0.472cm/s$，$v_2 = 0.820cm/s$，均能满足安全计算要求。

3.2.2 爆破频率控制

每座桥布孔 19 个，以最大单段药量 $Q \leqslant 120kg$ 分组，每组为一段别。选用 Ms2 段串联，形成组间延时量 $\Delta t = 25ms$，以产生每墩内的强迫振动基频 $f = 40Hz$。

由于主墩之间跨度为 80m，在墩间设置 $u = 1600m/s$ 的震源运动速度，由盘锦侧传向营口侧，于是营口侧民宅（重点保护）接收到的爆破振动会出现多普勒频移现象，接收频率大致为：

$$f = \frac{u}{u - u_s} f_s = \frac{3200}{3200 - 1600} f_s = 2f_s$$

式中 f——营口侧接收到的爆破振动频率；

f_s——震源振动频率；

u——振波传播速度，通常在软岩或淤泥介质中为 3000 ~ 4000m/s，为分析方便，取值为 3200；

u_s——震源运动速度，选用导爆管连接，取其传爆速度为震源运动速度。

经过 40Hz 的强迫振动和两倍频率的频移后，营口侧的振动频率将明显提高。

分析还注意到，水激波在含泥沙水介质中的传播速度约为 1200m/s，桥墩间距 80m，因此，两墩间的延时应控制在 60ms 以内，就不会出现水激波正向叠加现象。采用 80m 导爆索联网，将出现 $\Delta t = 50ms$ 的延时，既能满足水激波安全控制要求，也能满足墩间振频 $f_t \geqslant 20Hz$ 的要求。

3.2.3 监测结果

本次爆破业主委托东北大学资源与土木工程学院独立承担安全监测工作。监测结果如表 1 所示。

表 1 田庄台大桥爆破振动监测表

测 点	$v_{max}/cm \cdot s^{-1}$	主振频率/Hz	最大加速度 /9.8m · s^{-2}	最大位移/mm	距爆源距离/m	备 注
营口民宅	0.698	32	0.159	0.241	234	
新桥面 1 号	7.98	17.1	1.22	1.99	22	9 号旧墩侧
新桥面 2 号	9.07	6.8	2.47	2.5	22	10 号旧墩侧
新桥面 3 号	7.48	8.9	1.01	1.55	22	11 号旧墩侧

3.3　框架结构拆除爆破

重庆米兰大厦B楼采用控制爆破拆除。

3.3.1　工程概况

重庆米兰大厦位于重庆市江北区欧式一条街，由一幢22层的主楼（A楼）与一幢10层的附楼（B楼）组成，A、B两楼由西向东依次排列，中间为标准伸缩缝。大厦正南11.1m处平行分布桃花源住宅小区；正北是城市主干道——洋河大道，其中人行道距大厦仅3m，且地下布有通讯、供电、排污等设施；正东距B楼2m外为地下停车场；正西距A楼5m处是城市排污设施。四周密布商业建筑、高层住宅，作业环境十分复杂。详见图3。

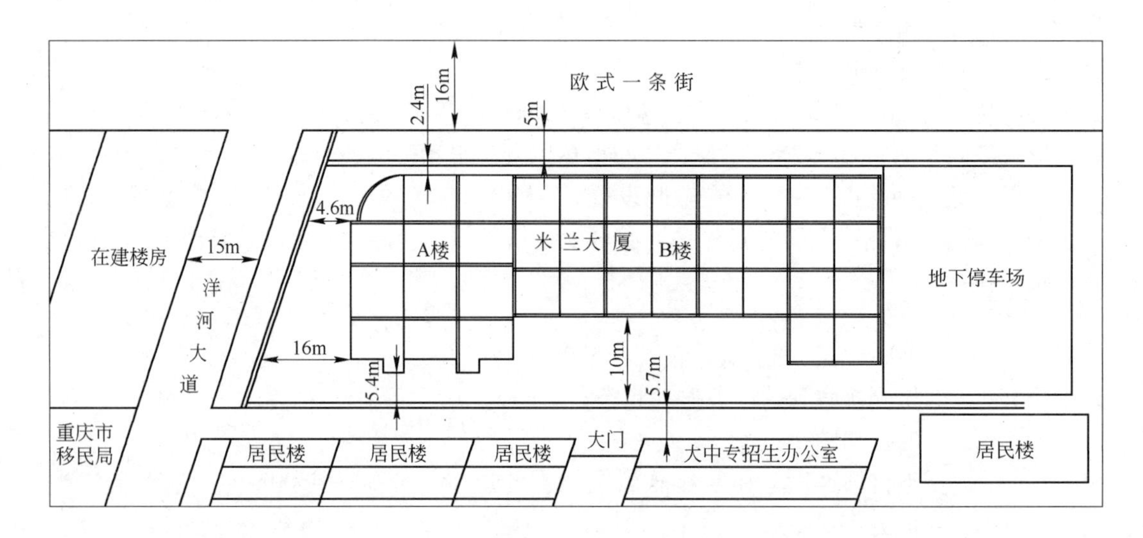

图3　环境平面图

大厦始建于1994年，次年主体工程完工。由于存在着严重的质量问题，未通过质监验收，以烂尾楼的形式保留，2007年9月实施爆破拆除。

3.3.2　B楼控爆设计

鉴于B楼所处的环境及其结构特征，采取向内折叠原地坍塌方案最为合理，但必须满足爆后结构运动过程中梁、柱能够充分解体的要求。应用强迫振动原理，在爆破过程中，通过有效的时序控制，在尚未施爆的梁柱结构上产生1～2Hz的低频振动，并且强迫振动需持续5个周期以上。经分析从中心轴（⑨轴）开始，对称向东西递延可制造出$f=1$Hz左右的强迫振动四个周期。再将Ⓟ轴与Ⓚ、Ⓙ、Ⓖ轴制造一个$t=0.5$s的时差，则可产生$f=1～2$Hz左右的强迫振动8个周期。这样，就能保证在爆破过程中未炸梁体通过强迫振动实现迫振解体的要求。据此，作出B楼爆破的设计方案。

B楼东西向从⑤轴至⑬轴共计8跨62m长，南北向为Ⓟ、Ⓚ、Ⓙ、Ⓖ、Ⓑ5轴共计31.2m宽，东西两端各设一电梯间和应急楼道。根据对比研究结果，确定爆破时序如表2所示。

表 2　B 楼控爆时序表

轴　号	⑤⑬	⑥⑫	⑦⑪	⑧⑨⑩	Ⓟ	ⓀⒿⒼⒷ
爆　序	4	3	2	1	2	1
延时/s	3.5	2.5	1	0	0.5	0

即纵向以⑨轴为中心，分别对称向东西两侧延时推进，间隔在 1 ~ 1.5s 之间；横向以Ⓚ、Ⓙ、Ⓖ、Ⓑ 轴为主体，Ⓟ 轴延时 0.5s。详见图 4。

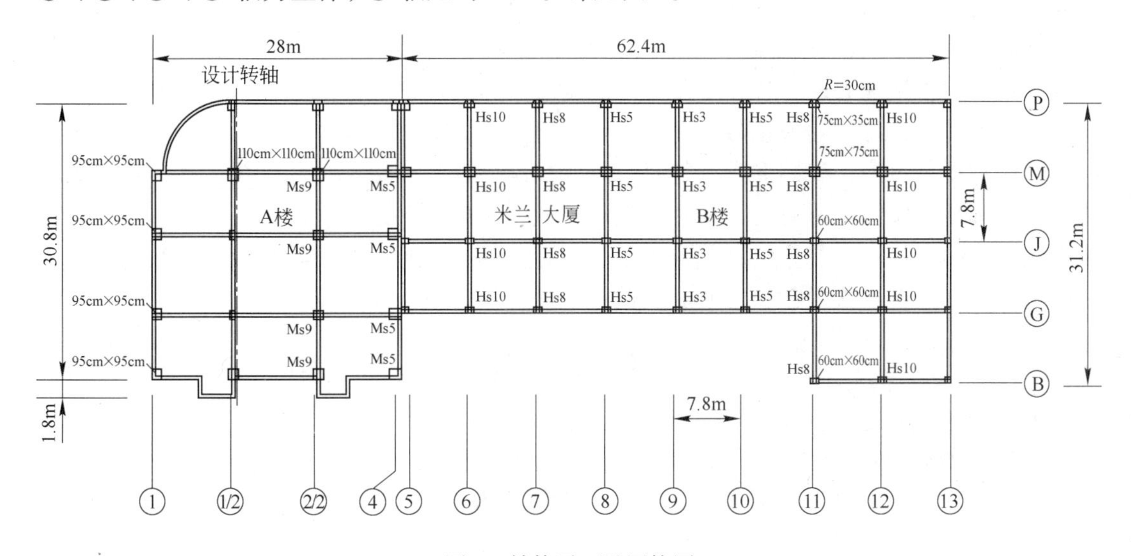

图 4　结构平面及网控图

B 楼爆破楼层为负一层、一至三层，八层、十层为节点性松动爆破区；对每轴纵梁端点进行弱化预处理，位置选择在电梯间前沿。

考虑到西、东两电梯间相对运动，为避免空中迎面撞击，同时减缓触地冲击，将电梯间在 5 层、8 层实施切割爆破。

3.3.3　爆破效果分析

B 楼爆后效果与设计完全一致，梁体全部迫振解体，仅保留三角形现浇屋顶结构。残渣最高堆点约为 6m，周边设施均没有受到影响。爆破坍塌效果如图 5 所示。

图 5　爆破坍塌效果

4　分析讨论

工程爆破涉及的领域很广，所遇到的边界条件差异很大。但就爆破振动问题而言，只要解决了震源机理和振波频谱控制两个核心环节，就能寻找到相应的主动控制技术。首先，从数学关系上我们掌握了任意质点对爆破振动的响应是由系统初始状态的微分解集合与动力响应的积分解两部分组成，这为我们创造强迫振动应用条件提供了理论分析手段和理念创新的基础。其次，是在物理关系上，掌握时空关系，充分利用延时控制技术，实现强迫振动的有效形成；从能量分配方面，实现“基波”能量远高于“谐波”能量的有利叠加。最后，根据现有的工程技术条件，制定可靠的工艺措施，比如，采用毫秒、半秒延时导爆雷管的设计方法和采用数码雷管的设计方法。

在爆源控制方面，我们在爆源能量与降幅控制、延时造频控制、震源运动频移控制等方面做了理论与实践的研究与探索；在振波传递控制方面，也在横波与传递介质中的特性及控制方法等方面做了一些尝试，取得了一点心得。希望通过本文的交流，能赢得更多学者开展跨学科、多层次的创新性研究，共同推进工程爆破行业的技术进步。

参 考 文 献

[1] 郑兆昌. 机械振动[M]. 北京：机械工业出版社，1980.

[2] 汪旭光. 爆破手册[M]. 北京：冶金工业出版社，2010.

[3] 施富强，周斌. 建筑结构控制爆破拆除的力学分析与应用[J]. 工程爆破，2008，14(1)：4 ~ 7.

[4] 施富强，杨旭升，李文全，等. 田庄台辽河公路大桥控制爆破拆除技术分析[J]. 工程爆破，2004，15(3)：50 ~ 54.

[5] 施富强，梁振宇，张卫彪. 重庆米兰大厦控制爆破拆除[C]//中国爆破新技术Ⅱ. 北京：冶金工业出版社，2008：371 ~ 376.

工程爆破有害效应远程监测信息管理系统初步设想

吴新霞 黄跃文

（长江水利委员会长江科学院，湖北武汉，430010）

摘 要：本文介绍了基于物联网技术的“工程爆破有害效应远程监测信息管理系统”的建设构想、管理模式以及相配套的爆破远程智能记录仪。

关键词：物联网；爆破远程智能记录仪；无线网络；有害效应；远程监测；信息管理系统

Adverse Effects of Blasting Information Management System for Remote Monitoring of Initial Ideas

Wu Xinxia Huang Yuewen

（Yangtze River Academy of Sciences of Yangtze River Water Resources Commission，Hubei Wuhan，430010）

Abstract：This paper，based on the internet things technology，describes the thoughts on construction and the management mode of “Adverse effects of blasting information management system for remote monitoring”，and the Blasting Remote Smart Recorders for support the management system.

Keywords：internet things；blasting remote smart recorders；wireless networks；adverse effects；remote monitoring；information management system

1 概述

“工程爆破有害效应远程监测信息管理系统”（以下简称：爆破监测管理系统）——采用新一代信息技术中的物联网，将各监测单位的监测设备及监测资料等进行远程管理。“监测管理系统”依托“中国爆破网”的“数字爆破行业信息化平台”进行建设。

物联网的定义是：通过射频识别（RFID）、红外感应器、全球定位系统、激光扫描器等信息传感设备，按约定的协议，把任何物体与互联网相连接，进行信息交换和通信，以实现对物体的智能化识别、定位、跟踪、监控和管理的一种网络。“物联网概念”是在“互联网概念”的基础上，将其用户端延伸和扩展到任何物品与物品之间，进行信息交换和通信的一种网络概念。因此，要实现远程监测信息管理，不仅要开发管理系统软件，还需研发适应“工程爆破有害效应远程监测信息管理系统”的现场测试设备。

工程爆破安全监测技术经过几十年发展，已有很大进步。下面以爆破振动监测为例，对测试系统进行简单回顾。

（1）第1代测试系统是传感器+光线示波器，所有测点的传感器均需由导线与监测站内的光线示波器相连，光线示波器大而重，单根导线长几十米，甚至几百米，记录时测试人必须守候在光线示波器旁控制记录波形曝光时间，记录波形不便于保存。

（2）第2代测试系统是传感器+磁带机（或瞬态记录仪），同样需要布置长导线将传感器与记录设备相连，记录设备重量减轻不多，只是测试人员可以不守候在记录设备旁，在起爆前几分钟或至多十几分钟开机，让设备连续记录，记录波形保存在磁带或存储器内，可以多次回放。

（3）第3代测试系统是传感器+爆破自记仪，每个测点一台爆破自记仪，不需长导线将传感器与记录设备相连，设备可以待机几小时甚至几天，波形保存在自记仪内，可以多次回放。也有的爆破自记仪增加了无线传输功能，实现了利用互联网传输数据，但未实现系统管理。

新一代的爆破测试系统是传感器+智能化的远程爆破记录仪，现场工作人员只需按指令安置传感器，打开远程监控记录仪的开关，记录仪的参数设置均可由“监测管理系统”管理员或监测单位的技术员进行远程设置，测试完成后，记录数据自动发送到测试系统的数据库中，供有权限的相关人员分析和查阅。

2　爆破远程记录仪

从爆破振动测试系统的发展历程来看，主要是在不断地改进记录设备。为实现工程爆破有害效应远程监测，就需要研制新一代的监测记录设备——爆破远程记录仪（图1），使它具有智能化识别、定位、跟踪、监控和管理功能。

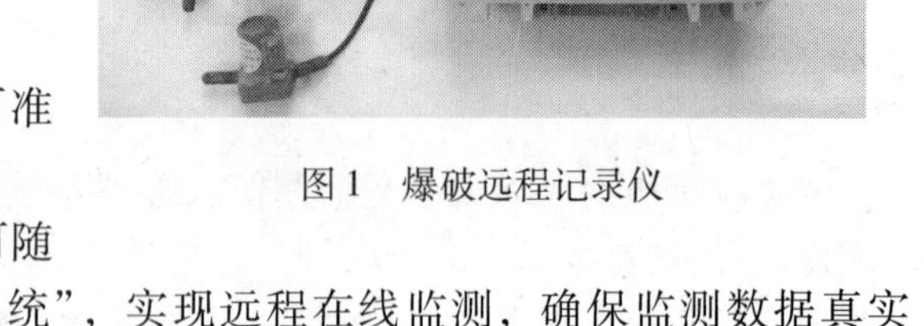

图1　爆破远程记录仪

爆破远程记录仪除具有爆破自记仪的一切功能外，同时还具有以下功能：

（1）技术人员可以通过手机或计算机上网进行测试参数设置，如：采样频率、前置时间等；

（2）内置GPS，“监测管理系统”可准确监控到每台测试系统的使用地点及时间；

（3）通过GPRS或者3G网络技术，可随时随地将测试数据及时发往“监测管理系统”，实现远程在线监测，确保监测数据真实可靠；

（4）通过RFID技术，现场读取爆破传感器参数信息进行传感器远程识别认证，获取爆破传感器性能特性、厂家和生产年份等信息。

随着物联网技术的不断发展，爆破远程记录仪设备将不断升级换代，将根据实际需要开发更多功能。

3　“监测管理系统”基本框架

3.1　系统管理

“监测管理系统”内的监测单位、监测人员、记录设备及传感器都具有唯一的识别码，将编制相关标准规定识别码的设置。相关人员可以通过手机或计算机输入用户名和密码随时随地进入“监测管理系统”，查阅本单位的监测数据。“监测管理系统”将开放不同的权限给不同等级的用户，不同等级的用户能够查看原始数据和系统功能都各不相同。

3.2 系统功能

“监测管理系统”作为一个全局化的系统具有各种功能模块，主要包括：实测波形（或数据文件）、远程标定、数据分析（谱分析、滤波）、监测报告自动生成等功能。

随着逐步完善，“监测管理系统”还将设置起爆网路设计等更多功能模块。起爆网路设计模块具有以下功能：

（1）根据前次爆破的实测波形，进行谱分析，确定出合理的起爆段差，实现相邻段振动波形峰谷相遇，达到减小爆破振动目的；

（2）根据用户输入的实际炮孔布置平面图，自动设计出可以降低爆破振动的起爆网路图，用户可以在工程所在地通过计算机或手机上网下载。

3.2.1 实测波形

根据远程爆破记录仪传回来的数据记录，能够浏览本单位各项目、各测点的实测波形。可通过选择工程名称、传感器编号、远程爆破记录仪编号、日期等信息来查询实测波形。

3.2.2 数据分析

可调出需分析实测波形，利用数据分析功能进行谱分析、滤波等。同时还可请专家进行在线分析。

3.2.3 超标准报警通知

根据用户需要，实测值超出系统设定的允许标准时，“监测管理系统”会发送短信给设定的用户，来告知超允许标准的具体情况，用户可以根据实际情况来做出快速决策。

3.2.4 监测报告

监测成果报告，包括项目名称、监测日期、传感器及记录仪编号和标定日期、现场设备安置人员、数据分析人员、实测波形、监测量的允许标准和实测峰值等。

3.2.5 远程标定系统

传感器和记录仪的标定资料存入“监测管理系统”数据库中，定期或根据需要，系统对传感器和记录仪进行远程标定。

“监测管理系统”远程控制正弦波发生器输出正弦波到远程爆破记录仪，记录仪将信号实时传输到“监测管理系统”，由系统管理员进行分析计算，进行远程爆破记录仪标定。

监测单位配备微型振动台和标准加速度传感器，对现场测试用振动传感器进行自校。“监测管理系统”远程控制微型振动台（传感器布置在其上面），记录仪将信号实时传输到“监测管理系统”，由系统管理员将新标定的波形与数据库中波形进行对比分析计算，进行传感器远程标定。

3.3 整体结构

爆破监测管理系统按照分层分布式系统设计，整个系统分为现场控制级、公司管理级（可选择）和中心管理级。

中心管理级依托中国爆破网，由中国爆破协会指定责任单位进行管理；公司管理级也就是用户管理级；现场控制级就是现场测试人员、记录设备和传感器。爆破振动远程监测系统结构见图2。

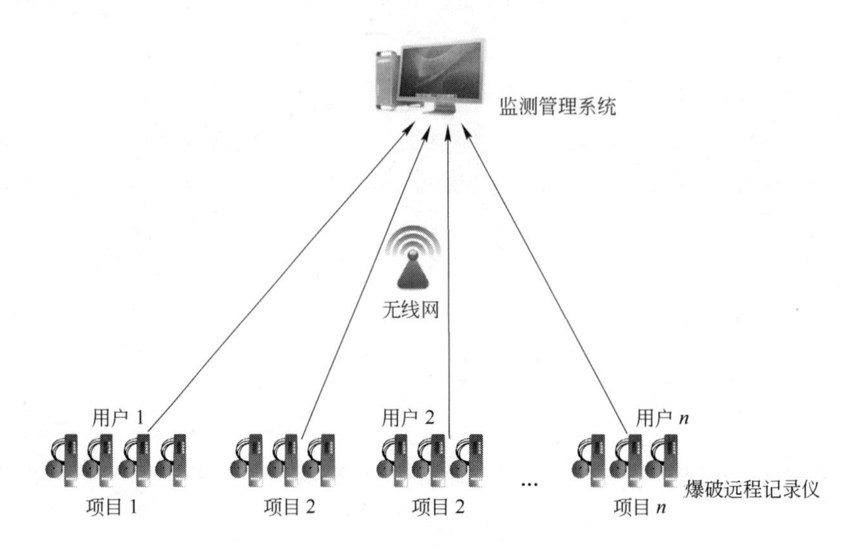

图2　爆破振动远程监测系统结构图

爆破监测管理系统中，爆破远程记录仪和各种传感器作为现场控制级，该级别直接面对爆破现场监控点，是所有数据信息的基础。该级别的各种传感器和爆破远程记录仪形成一个无线传感器网络，通过各自爆破远程记录仪采集到的信号依托互联网无线传输到爆破监测管理系统的数据中心。

爆破数据处理软件为中心管理级，它作为集散控制系统的最高一层，可以监视爆破监测系统中的所有数据，并可根据用户要求对数据进行统计分析和处理，为用户提供服务。

4　已有设备和无网络区的应用问题

《爆破安全规程》（GB 6722—2003）规定“A、B 级爆破、重要爆破以及可能引起纠纷的爆破，均应进行爆破效应监测。”即将颁布执行的《民用爆炸物品管理条例》也要求各级爆破企业应配备必要的监测设备。各级爆破企业均需配备爆破监测设备，然而对大多数企业而言配备专职测试人员有一定困难，每年的测试工作量也不大，如果该企业是“监测管理系统”的用户，就只需购买少量设备（如需同时测量多个测点时，可向系统管理中心租赁设备），由项目安全员在现场安置传感器即可，其余的工作均可由“监测管理系统”的管理员或专家完成。

对于已经购买了记录设备的单位，只要其记录的数据文件格式满足“监测管理系统”要求，也可通过网路将数据传给“监测管理系统”，同样可以进入数据档案库。

在没有第三方无线网络信号覆盖的廊道中，可通过自建无线网络，实现爆破智能记录仪实时监测爆破振动或噪声等数据，廊道组网示意图如图3所示，以数字信号模式，准确可靠的无线传送汇总，管理人员能够通过 Internet 网络，登录到“监测管理系统”对爆破智能记录仪的测试参数进行设置，对实测数据（实时和历史）进行查看和查询，对实测波形进行分析和处理等。

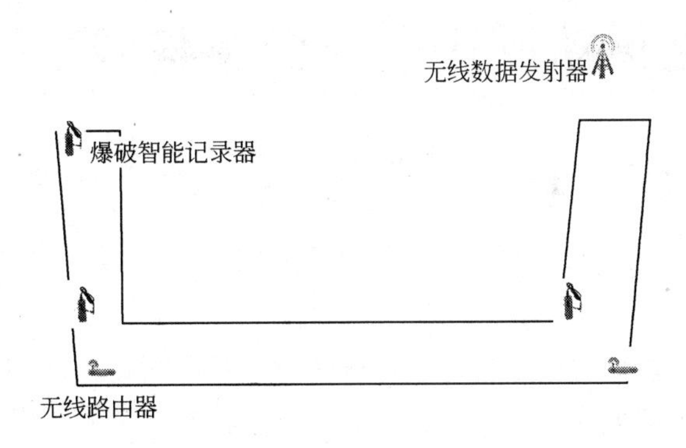

图3 廊道组网示意图

5 结束语

“监测系统管理”采用多种无线技术将各家爆破企业的各项目中使用的爆破智能记录仪采集到的爆破振动、噪声等数据收集到数据服务器中，形成一个物联网。物联网中多种无线技术的运用可降低布线成本，实现爆破有害效应远程在线监测，为工程爆破安全提供技术保障。

本项目于2011年3月11日启动，在开发系统的同时还重新研制爆破智能记录仪和配置小型振动台，还有许多需要完善的地方，如：

（1）研制适应爆破水击波、超压等有害效应测试的记录设备；

（2）将标定系统进行集成，使信号发生器、功率放大器等一体化，根据爆破振动标定规定（正在编制规范）来规范标定信号，并进行远程控制；

（3）根据本次会议专家意见，补充完善信息系统。

目前，物联网技术在工程爆破领域，特别是工程爆破安全监测方面的应用才刚刚起步，不久的将来将拓展到工程爆破的各个环节，例如爆破器材的管理，爆破现场施工的安全管理等。物联网技术的快速发展，将有利于使工程爆破行业更加现代化和信息化。

参考文献

[1] 胡向东．物联网研究与发展综述[J]．数字通信，2010，37(02)：17～21.

[2] 胡向东，邹洲，敬海霞，等．无线传感器网络安全研究综述[J]．仪器仪表学报，2006，27(6)：307～311.

[3] 罗文丽．“物联网”的梦想与现实[J]．中国物流与采购，2008(4)：35～38.

[4] Zhang Shikun，Zhang Wenjuan，Chang Xin，et al. Building and Assembling Reusable Components based on Software ar2 Chitecture[J]. Journal of Software，2001，12(09)：1351～1359.

爆破振动反应谱分析及其应用研究

陈　超[1]　闫国斌[2]　张亚宾[1,2]　王晓雷[1]　李占金[1]

（1. 河北联合大学，河北唐山，063009；2. 北京科技大学，北京，100083）

摘　要：本文在总结爆破振动反应谱特点的基础上，讨论爆破振动反应谱曲线和爆破地震波信号强度（质点峰值振速）和频率的关系，反应谱曲线反映了爆破地震波振幅和频率等信号参数在结构体振动响应中的作用，同时体现了一系列不同动力特性的结构在爆破地震波作用下的最大反应与结构体自振周期 T 的关系，在一定程度上体现了振动信号的时频特性对在结构体振动响应中的作用。

在此基础上，本文还提出了描述反应谱曲线变化特征的谱面积概念，并利用实验数据的统计计算，对谱面积与爆破地震波强度、频率、爆破参数以及结构振动响应的关系进行了讨论。谱面积和爆破地震波的强度指标、爆破参数以及结构的振动响应之间都存在着必然的联系。最后，通过数据分析，依托比尺距 r 建立了谱面积的预测模型：$S_R = K\left(\frac{R}{Q^{\frac{1}{3}}}\right)^{-\alpha}$。

最后本文在对实验数据反应谱计算分析的基础上，利用实验数据对谱面积 S_R 与爆破地震波强度、频率、振动持时、爆破参数以及结构振动响应的关系进行了讨论与分析，并初步建立了以 S_R 作为考核指标的爆破振动安全统一判据。

关键词：爆破振动；反应谱；比尺距

Characteristics of Blasting Vibration Response Spectrum Analysis and its Application

Chen Chao[1]　Yan Guobin[2]　Zhang Yabin[1,2]　Wang Xiaolei[1]　Li Zhanjin[1]

(1. Hebei United University, Hebei Tangshan, 063009;
2. University of Science & Technology Beijing, Beijing , 100083)

Abstract: In summing up the characteristics of blasting vibration response spectrum based on the discussion of blasting vibration response spectrum curve and the blasting seismic wave signal strength (peak particle velocity) and frequency of the relationship between the response spectrum curve reflects the amplitude and frequency of blasting seismic wave signal parameters such as vibration in the structure The role of response also reflects the dynamic properties of the structure of a range of different seismic waves under the action of blasting the maximum response and structure the relationship between the natural vibration period T, to a certain extent, reflects the time-frequency characteristics of vibration signals in the structure vibration response role.

Also raised the response spectrum curve describing the spectral characteristics of an area of concepts and experimental data using the statistical calculation of the spectral area and blasting seismic wave intensity, frequency, blasting parameters and the relationship between the vibration response of the structure were discussed. Spectral area and blasting seismic strength index, blasting parameters and the structure exists between the vibration response of an inevitable link. Finally, data analysis, relying on scaled-distance from the r than the area of the establishment of the spectral prediction model: $S_R = K\left(\frac{R}{Q^{\frac{1}{3}}}\right)^{-\alpha}$.

Finally, according to the blasting vibration response spectrum analysis and Utilizing the experimental data, the relationship between the S_R and the surface vibration intensity, the vibration frequency, the vibration duration time, the blasting parameter and the structure dynamic characteristic, was analyzed. On the basis of the analyzing, the S_R-based unified criterion was founded and the standard value of unified criterion is presented.

Keywords: blasting vibration; response spectrum; scaled-distance

结构振动响应的反应谱理论是地震工程界应用比较成熟的分析方法，虽然在我国工程爆破界已有人把反应谱理论引入到爆破地震动的研究中，但因为爆破地震效应的复杂性和爆破实测地震记录资料的有限性，目前爆破工程界对反应谱理论的应用研究还不是很完善，还有许多问题有待解决。本章准备应用反应谱方法对露天浅孔、深孔爆破的地震波实测记录进行分析，以总结爆破地震波激励下结构的反应谱特征，探寻反应谱和爆破振动强度及其破坏效应之间的关系。

1 建构筑物爆破振动响应的反应谱计算

所谓反应谱理论，是以单质点弹性体系在实际地震过程中的反应为基础来进行结构反应分析的方法。按照这一理论，应用反应谱曲线可以按照实际地面运动来计算建筑物的反应。所谓谱曲线是单质点弹性体系对于实际地面运动的最大反应（可以用加速度、速度和位移的形式来表示）和体系自振周期的函数关系的曲线表示。复杂的结构可以简化为若干振型的叠加，每个振型又可以转化为一个单质点体系来考虑。这样，任何结构对于地震的反应都可以当作若干单质点体系的反应的叠加。虽然反应谱理论是用来计算建筑物在实际地震作用下的反应而提出来的，但是由于爆破地震和天然地震对建筑物的破坏机制是相同的，所以反应谱理论推广应用到计算建筑物在爆破地震作用下的反应也应是可靠的。

本文根据线性加速度法编制了反应谱计算程序 RSF，并利用该程序对实验采集的 138 组爆破地震波进行计算。下面图 1 是一组计算结果的示例，计算结果见表 1。

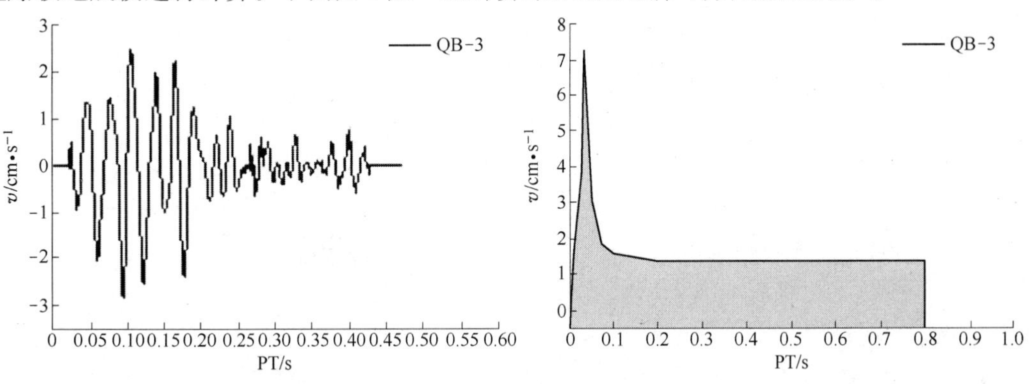

图 1 s-92311 波的速度谱及其 S_R

表 1　s-92651 波反应谱计算结果

自振周期	反应谱			标准谱		
	速度/cm · s^{-1}	加速度/g	位移/cm	速度 β_v	加速度 β_a	位移 β_u
0.0050	0.9440	2.4337	0.0015	0.1849	1.2854	0.0195
0.0150	8.9329	0.0018	0.0214	1.7500	2.0085	0.2753
0.0300	9.7984	2.2150	0.0495	1.9196	1.1699	0.6380
0.0500	9.4845	1.2117	0.0748	1.8581	0.6400	0.9642
0.1000	5.7656	0.2703	0.0666	1.1295	0.1427	0.8580
0.2000	5.0565	0.0490	0.0460	0.9906	0.0259	0.5932
0.4000	5.0249	0.0130	0.0426	0.9844	0.0069	0.5493
0.8000	5.0206	0.0043	0.0413	0.9836	0.0023	0.5324
1.0000	5.0203	0.0033	0.0411	0.9835	0.0017	0.5301
1.6000	5.0199	0.0020	0.0409	0.9834	0.0011	0.5276
2.5000	5.0199	0.0017	0.0409	0.9834	0.0009	0.5272

2　爆破振动建构筑物响应的反应谱特征分析

通过对 138 组露天爆破振动监测实验数据反应谱计算值的对比分析发现，爆破振动反应谱曲线下面积值（谱面积）反映了该曲线的变化趋势，其综合体现了振动信号的振动幅度、频率特征和振动持续时间对结构振动破坏的影响。所谓谱面积即为速度反应谱曲线在纵轴（周期轴）特定区段的下面积积分值，其反映了结构振动反应（振动速度、加速度、位移）在周期域（或频域）上的分布，本文采用 S_R 来表示。

因为现代工程爆破振动检测中采集的质点振动速度参量较多，本文采用速度谱作为计算谱面积特征值参考变量。根据反应谱的定义，谱面积的计算公式如下：

$$S_R = \int_{T_1}^{T_2} S_V(T)\,dT \tag{1}$$

根据爆破地震波的频谱性（其主频在 10 ~ 70Hz），结合爆破振动反应谱曲线特征（当建筑物自振周期在 0.2 ~ 0.8s 时，爆破地震波的激励作用较为明显）所以取积分区间为[0，0.8s]。结构的阻尼比取工程地震中常用阻尼比 $\zeta = 0.05$。本文计算实验采集的 138 组爆破地震波速度反应谱谱面积 S_R，并对 S_R 和爆破地震波参数、爆破设计参数、建构筑物结构相应参数进行了相关性分析。

2.1　速度谱谱面积 S_R 和爆破地震波物理参数的相关分析

对爆破地震波速度谱谱面积和爆破地震波物理参量的分析表明，S_R 和振动峰值速度、振动频率存在明显的相关性，和爆破震动波作用事件的相关性则不明显。

（1）图 2 表明了 S_R 和爆破振动峰值振速之间关系，从图中可以看出 S_R 受爆破振动峰值振速的影响较大。爆破地震波的速度峰值和速度反应谱值之间存在着明显的线性关系。

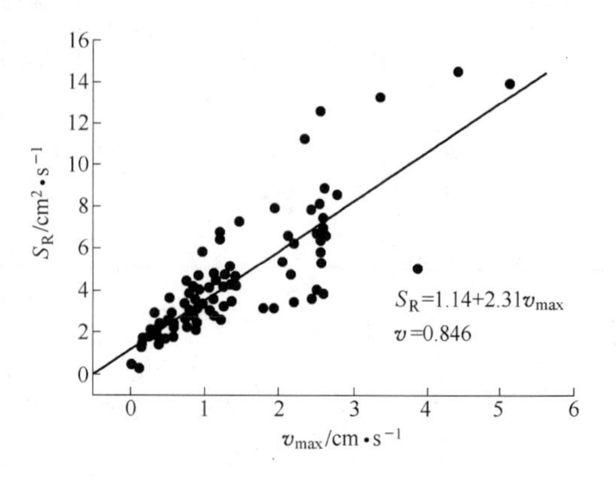

图 2　S_R 与振动速度的关系

（2）S_R 和爆破地震波主频率呈近似的双曲线关系，从图 3 给出的相对趋势可以看出，

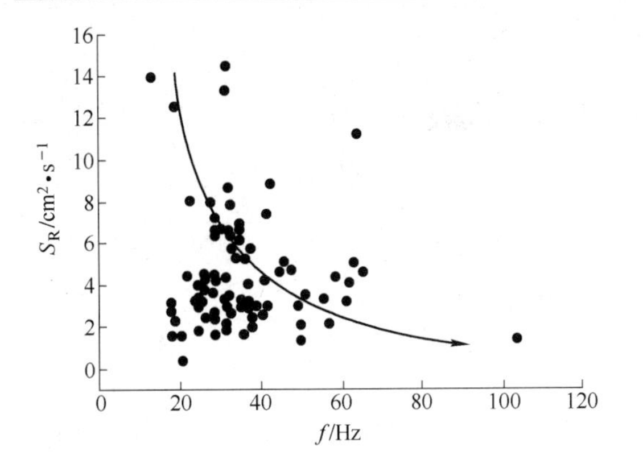

图 3　S_R 与爆破振动持续时间的关系

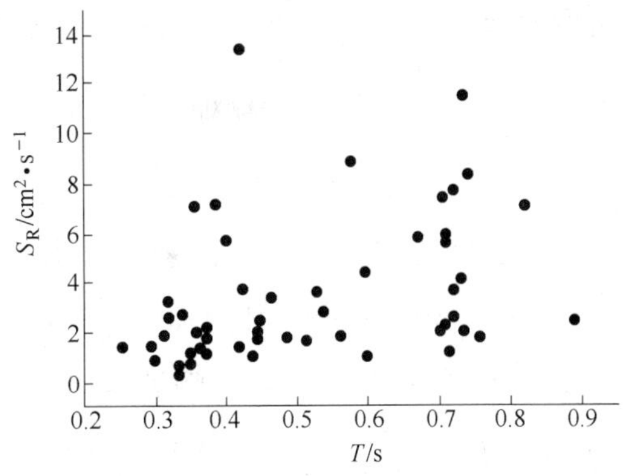

图 4　S_R 与爆破振动主频的关系

随着振动主频减少，S_R 值有增加的趋势，且 S_R 值主要集中在 20 ~ 40Hz 之间。随着峰值和振动持时的增加，S_R 值在 30Hz 左右有明显集中抬升的趋势，且其抬升快慢和接近 30Hz 的程度有关。

（3）谱面积 S_R 和爆破地震波持续时间之间的相关系数为 0.3692，两者的线性关系并不明显。对比相应的爆破地震波振速和频率参数表明，爆破地震波持续时间对 S_R 的影响和爆破振动峰值速度以及爆破振动主频有很大关系。

对谱面积 S_R 值的分布特征的分析表明，谱面积 S_R 值的大小并不取决于爆破振动速度、振动频率和振动持续时间中的单个因素的影响，而是三者共同作用的结果。这表明，S_R 能够很好地表现爆破振动峰值速度、振动频率和振动持续时间对结构破坏的综合效应。

2.2　速度谱谱面积 S_R 和爆破参数的关系

爆破参数中和爆破振动特征关系最密切的是爆心距 R 和装药量 Q，工程爆破领域一般用比尺距 r 把两个参数统一考虑。比尺距 r 和爆心距、装药量的关系为：

$$r = R/Q^{-1/3} \tag{2}$$

理论分析表明速度谱的谱面积 S_R 和比尺距 r 之间存在函数关系。本文通过对大量实际检测数据分析，发现 S_R 和比尺距 r 的指数存在近似的反比关系，如图 5 所示。

利用露天浅孔爆破地面监测点的实测振速数据计算求得相应爆破条件下的速度谱面积 S_R，对 $\ln S_R$ 和 $\ln r$ 进行回归分析（见图 6），得到该地场地条件下的速度谱面积 S_R 和比尺

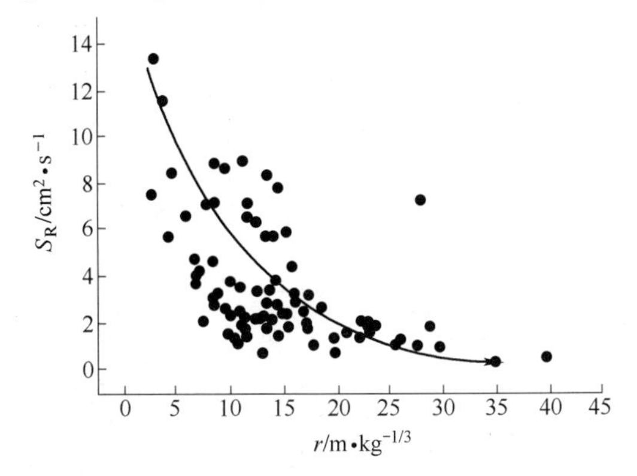

图 5　S_R 与比尺距 r 关系的函数趋势

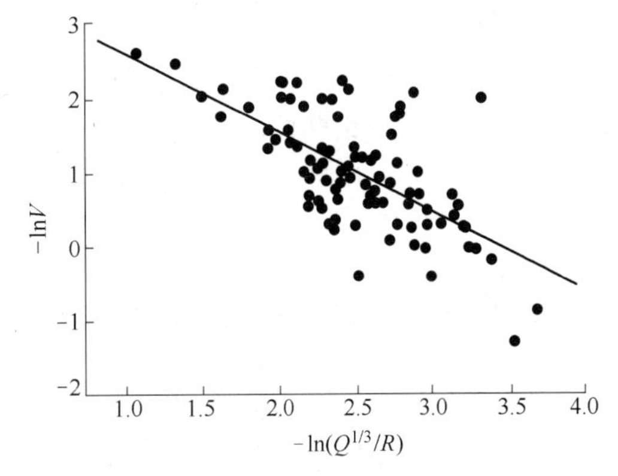

图 6　$\ln S_R$ 与 $\ln r$ 的拟合分析

距的函数关系：

$$S_R = 37.9r^{-1.055} = 37.9\left(\frac{R}{Q^{\frac{1}{3}}}\right)^{-1.055} \tag{3}$$

相关系数：$r=0.82$。

利用该公式预测了部分露天浅孔爆破的速度反应谱谱面积，并和实际监测数据的计算结果进行了对比。结果表明 S_R 的预测值是相对准确的。

2.3　速度谱谱面积 S_R 和结构响应参数的关系

从以上分析可以看出，爆破地震波反应谱的速度谱面积 S_R 描述了爆破地震波的强度特征和频谱特征。为求证 S_R 和结构响应振动的关系，本文利用露天浅孔爆破实测记录的 S_R 计算值和对应结构响应的振速峰值 v_{Rmax} 做了对比分析，分析结果见图 7。

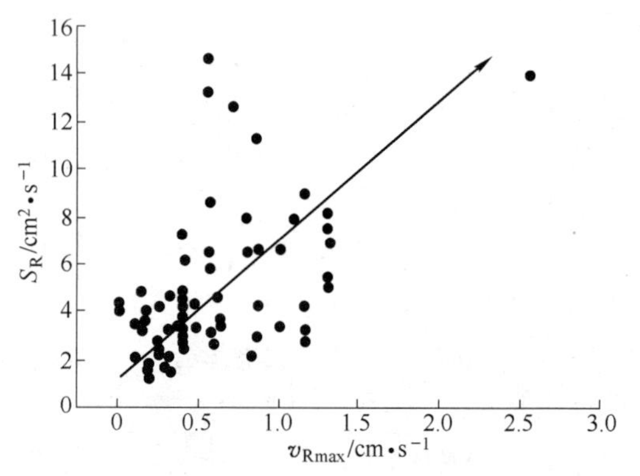

图 7　速度反应谱面积 S_R 与结构实际响应峰值振速 v_{Rmax} 的关系

从图 7 可以看出，爆破地震波的反应谱面积 S_R 和在该激励下结构的实际响应峰值振速有近似正比的线性趋势。因实际回归分析中发现数据点比较分散，可信度不高，所以本文只给出了二者的相对趋势关系，而没有给出 S_R 和 v_{Rmax} 的关系函数。

3　基于谱面积 S_R 的建构筑物爆破响应破坏分析

3.1　频率特性在爆破地震波对结构体危害中的作用

结构体对于介质中传来的地震波具有选择放大作用，这种作用主要表现在爆破地震波中与结构体固有周期相近的谐波分量放大最多，使该波引起的振动最为激烈。从爆源传来的大小和周期不同的爆破地震波群进入结构体时，结构体会使与结构体固有周期相一致的某些频率波群放大并通过，而将另一些与结构体固有周期不一致的某些频率波群缩小或滤掉，由于这种滤波作用，使坚硬场地的爆破振动以短周期为主，而软弱场地则以长周期为主。又由于介质中结构体的放大作用，使坚硬场地的爆破振动幅值在短周期内局部增大，故坚硬场地上自振周期短的刚性结构和软弱场地上长周期柔性结构的爆破振害均会有增大的现象。

3.2　爆破震动结构响应特征、S_R 和宏观破坏观察的对比分析

对 138 组爆破地震波数据的速度反应谱谱面积 S_R 的计算表明，在比例药量 0.03 ~ 0.5kg 范围内的露天土石方爆破中，谱面积 S_R 的值域范围为 0.21 ~ 13.26。对其中有宏观调查记录的 132 组数据的统计分析表明，对普通砌体房屋和砌体建构筑附件（充填墙）产

生了“破坏”以上影响的爆破振动数据的95%以上包含在谱面积值 $S_R > 5.5$ 的范围内。根据统计分析结果，本文把 S_R 分为三部分，以便于利用 S_R 评估爆破振动对结构的破坏效应：$S_R \leqslant 3$ 时爆破振动一般不会对结构体产生不良影响；$3 < S_R \leqslant 5.5$ 时为危险振动范围，可能会对建构筑物产生轻微损伤，但一般不会产生破坏性影响；$S_R > 5.5$ 时破坏振动范围，此时爆破振动会对结构体造成振动破坏，S_R 数值越大，爆破振动将对结构造成的破坏越严重。根据以上分析结果，将实验采集的132组爆破地震波数据的速度谱面积 S_R 值划分为三个区间。

表2　爆破振动结构响应特征、S_R 和宏观破坏观察的对比

记　录	观测对象	结构的响应特征				宏观调查特征	S_R	损坏等级
		v_{max} /cm·s^{-1}	D_{max} /mm	A_{max} /g	f/Hz			
S-82661	厂房剪力墙	1.32	0.099	0.214	43	出现细微裂纹	8.94	破坏
S-82713	厂房剪力墙	1.1	0.068	0.215	36	出现细微裂纹	6.54	破坏
S-91711	厂房剪力墙	0.424	0.022	0.539		细微裂纹扩展	7.11	破坏
S-92521	厂房剪力墙	0.809	0.036	0.637	34	粉刷层粉落	3.59937	无影响
S-92522	厂房剪力墙	0.809	0.036	0.637	34	细微裂纹扩展	7.04985	破坏
S-92611	厂房剪力墙	0.574	0.017	0.353	56	细微裂纹扩展	8.30925	破坏
S-92621	厂房剪力墙	0.329	0.02	0.157	44		3.56286	无影响
S-92622	厂房剪力墙	0.329	0.02	0.157	44		1.75407	无影响
S-92623	厂房剪力墙	0.329	0.02	0.157	44		1.55973	无影响

表3　爆破实验监测宏观调查统计和 S_R 对比

损坏等级	数据个数	S_R		备　注
		范　围	均　值	
无影响	88	0.21～2.91	1.34	
轻微损伤	20	2.89～4.69	3.71	
破　坏	24	5.13～13.26	7.34	
毁　坏	0	0	0	

表4　速度反应谱谱面积 S_R 和爆破振动参数的统计

S_R 分级	数据个数	速度/cm·s^{-1}		主频/Hz	
		范　围	平均值	范　围	平均值
$S_R \leqslant 3$	88	0.29～1.97	0.75	16.6～56.6	31.03
$3 < S_R \leqslant 5.5$	21	0.33～2.58	1.57	18～66	34.05
$S_R > 5.5$	23	0.98～5.10	2.63	14～63	36.99

3.3　谱面积 S_R 与爆破振动破坏的概率关系

从表4和表5中可以看出，数据在各个不同 S_R 区间的分配是不均匀的：$N_1 = 88$，

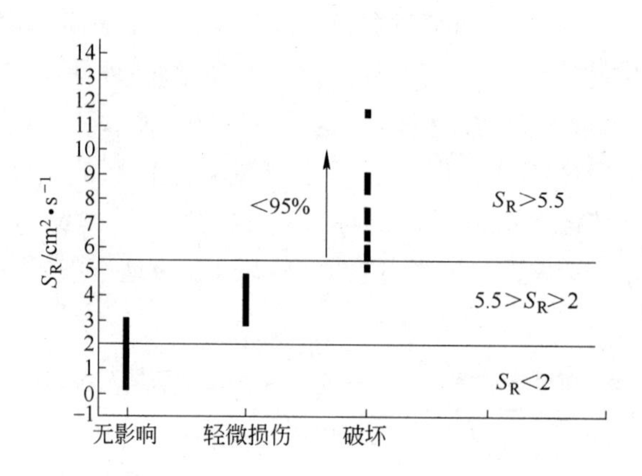

图 8　结构爆破振动不同损坏等级中 S_R 值的分布

$N_2=21$，$N_3=23$，在谱面积 $S_R>5$ 的区间还包含有 $v\leqslant 2.0$cm/s、2.0cm/s $<v\leqslant 5.0$cm/s 范围内的数据，其个数分别为 7 个和 16 个。从表 3 ~ 表 5 可以看出采集数据的分布是不均匀的，通过数据加权处理，以获得更合理的数据分布：

$$S_{ij}=\frac{n_{ij}}{N_i} \tag{4}$$

式中　S_{ij}——加权计算结果；

N_i——($i=1, 2, 3$) 表 5 中属于 $v\leqslant 2.0$cm/s、2.0cm/s $<v\leqslant 5.0$cm/s、$v>5.0$ cm/s 范围的数据个数；

n_{ij}——($i=1, 2, 3$; $j=1, 2, 3$) 表 7 中不同速度谱面积 S_R 的属于 $v\leqslant 2.0$cm/s、2.0cm/s $<v\leqslant 5.0$cm/s、$v>5.0$cm/s 范围的数据个数。

其加权计算结果如表 5 所示。

表 5　不同爆破振速范围内的采集数据个数统计

范围/cm · s⁻¹	数据个数 N/个	平均值/cm · s⁻¹	主频 f/Hz
$v\leqslant 2.0$	106	0.7768	17 ~ 51
$2.0<v\leqslant 5.0$	25	2.38	19 ~ 64
$v>5.0$	1	5.1	14

表 6　不同爆破主频率范围的采集数据个数统计

范　围	数据个数 N/个	平均值/Hz	振速范围/cm · s⁻¹
$f\leqslant 20$	11	18.1455	0.3234 ~ 5.10
$20<f\leqslant 50$	110	31.3255	0.3803 ~ 3.87
$f>50$	11	63.63	0.3837 ~ 1.33

表 7 速度谱面积 S_R 的数据分布加权计算结果

i \ j	$S_R \leq 3$	$3 < S_R \leq 5.5$	$S_R > 5.5$
$v \leq 2.0$cm/s	85	15	7
2.0cm/s $< v \leq 5.0$cm/s	3	6	16
$v > 5.0$cm/s	0	0	1

在不同速度谱面积 S_R 范围内的爆破振动破坏概率可由下式计算：

$$P[d = i \mid j] = \frac{S_{ij}}{(\sum_i S_{ij})} \tag{5}$$

式中，i，j 取值同式（4）。

计算破坏概率如表 8 所示。

表 8 S_R 值与爆破振动破坏概率的关系

S_R 值分级	爆破振动破坏概率 P				备 注
	无影响（$i=1$）	轻微损伤（$i=2$）	破坏（$i=3$）	毁坏（$i=4$）	
$S_R \leq 3$	0.869	0.371	0.102	0	
$3 < S_R \leq 5.5$	0.131	0.629	0.107	0	
$S_R > 5.5$	0	0	0.891	0	
$S_R >> 5.5$	0	0	—	1	$2S_R$ 以上

4 结论

本文提出了描述反应谱曲线变化特征的谱面积 S_R 的概念，根据对多组浅孔爆破地震速度反应谱谱面积 S_R 与爆破地震波强度、频率、爆破参数以及结构振动响应的关系进行了讨论。讨论认为：

（1）S_R 和爆破振动的物理指标参量之间存在较大的相关性，S_R 的大小可以反映爆破振动值的大小。

（2）理论分析和对实验数据的整理分析都表明，S_R 的大小和爆破参数有密切的关系，可用公式 $S_R = 37.9\left(\frac{R}{Q^{\frac{1}{3}}}\right)^{-1.055}$ 表示。

（3）爆破地震波的反应谱面积 S_R 和在该激励下结构的实际响应峰值振速相关性也较为明显，近似成正比的线性趋势。S_R 值能较全面地反映爆破振动三要素的综合作用效果，以及结构动力特性对结构振动破坏的影响，因此可以用 S_R 值作为评估爆破振动安全评估的综合评判指标。

（4）通过对实测振动数据的统计分析发现，$S_R > 5.5$ 时爆破地震波将对一般民房结构产生破坏的概率显著增加。通过引入建构筑物保护系数和结构抗震潜力系数，把 S_R 判据引申推广到其他六类建构筑物。在此基础上，提出了评估建构筑物爆破振动反应谱安全系数 P_{rs} 的概念，并指出当 $P_{rs} < 0.9$，建构筑物是安全的。

（5）S_R 和爆破地震波的强度指标、爆破参数以及结构的振动响应之间都存在着必然的联系，可以用 S_R 来代表爆破反应谱的激励特征来评估爆破振动安全。爆破振动安全统一判据的建立需要大量的、各行业爆破振动实测资料支持，本文所做研究工作为最终构建完整的、科学的爆破振动统一安全判据奠定了理论基础。

参 考 文 献

[1] 张雪亮，黄树棠．爆破地震效应[M]．北京：地震出版社，1981.

[2] Langefors U，Kihlstrom B. The modern technique of rock blasting. The Modern Technique of Rock Blasting. The 3rd edition. Uppsala：Almquist & Wikselis Boktry-ckeri AB，1978.

[3] 吴立，陈建平，舒家华．爆破地震效应的实质及其安全距离和破坏标准[J]．地质勘探安全，1999(2)：21～23.

[4] 李铮，杨升田．线形装药强爆炸地震反应谱与地震力计算[J]．爆炸与冲击，1991，11(1)：1～10.

[5] 胡聿贤．地震工程学[M]．北京：地震出版社，1988.

[6] 刘军，吴从师．用传递函数预测建筑结构的爆破振动效应[J]．矿冶工程，1998，18(4)：1～5.

[7] 刘军，吴从师，高全臣．建筑结构对爆破振动的响应预测[J]．爆炸与冲击，2000，20(4)：333～337.

[8] 刘军，吴从师．建筑结构爆破震动响应的时程预测[J]．矿冶工程，2000，20(4)：20～22.

[9] 贾光辉，王志军，张国伟，等．爆破地震波对地下结构物的影响仿真研究[J]．华北工学院学报，2001，22(6)：445～448.

[10] 王亚勇．关于设计反应谱、时程法和能量方法的探讨[J]．建筑结构学报，2000(1)：21～28.

[11] 李孝林．建构筑物对爆破振动响应的研究[D]．北京：中国矿业大学，2001.5.

[12] 唐中华．爆破地震频率对建构筑物破坏的影响[J]．建筑安全，1998(11)：14～16.

[13] 张志呈．浅谈评价爆破地震效应的方法和标准[J]．爆破器材，1998，27(3)：32～35.

[14] 魏晓林，郑炳旭．爆破震动对邻近建筑物的危害[J]．工程爆破，2000，6(3)：73，81～87.

减震沟相邻区域内爆破地震波传播实验研究

周明安　陈志阳　周晓光　任才清

（国防科学技术大学，湖南长沙，410072）

摘　要：本文结合“江苏田湾核电站二期土石方爆破可行性论证试验研究”课题和“江苏田湾核电站扩建工程爆破振动监测”项目，利用田湾核电站厂区内的大尺寸减震沟，采用减震沟前后相邻区域内密集设置监测点的方法，对该区域进行爆破地震波传播的监测实验研究，分析总结减震沟前后相邻区域内的爆破地震波传播规律。

关键词：爆破地震波；减震沟相邻区域；监测实验

The Experimental Study of the Blasting Seismic Wave Propagation on the Damping Ditch Adjacent Region

Zhou Ming'an　Chen Zhiyang　Zhou Xiaoguang　Ren Caiqing

(National University of Defense Technology, Hunan Changsha, 410072)

Abstract: This article is study around dissemination of damping ditch adjacent region, with subject "Phase II of Jiangsu Tianwan Nuclear Power Plant blasting feasibility study" and "Jiangsu Tianwan Nuclear Power Plant expansion project for blasting vibration monitoring" project. Using the damping ditch which in Lianyungang Tianwan nuclear power, on the way of damping ditch adjacent region intensive monitoring, experimental study on monitoring for blasting seismic wave propagation of the region. Finally, comprehensive analysis use the theoretical analysis and numerical simulation and the results of field test, summary the blasting seismic wave propagation of damping ditch adjacent region.

Keywords: blasting seismic wave; adjacent region of damping ditch; experiment for monitoring

1　引言

爆破地震效应是爆破施工过程中导致危害的主要因素。控制爆破振动，对爆破振动进行准确的预报，减少爆破振动危害，是工程爆破中必须考虑的问题。根据爆破地震波传播规律，在爆破施工区域与保护目标之间开挖减震沟以降低爆破振动强度的方法，在工程实践中被广泛采用。

国内外关于爆破地震效应的研究也有很多。关于减震沟、预裂缝的沟槽效应及相关作用的研究，采用数值模拟的方法较多，也得出了一些相应的结论，但在对结论的现场实验研究方面做得不多[1~12]。相应的一些实验研究工作，主要是在工程基础上进行的，是为满足保护目标的减振要求而进行的。

目前，对减震沟相邻区域这个较小范围爆破地震波传播规律的试验研究很少进行，主要原因是试验条件的限制。比如满足条件的大尺寸减震沟本来就很少、试验器材限制等。本文利用相关项目所提供的条件，对减震沟前 10m 和减震沟后 100m 这两个区域进行实验研究，研究和总结爆破地震波在这两个区域内的传播规律，为进一步研究爆破地震效应提供参考。

2　实验概况

本文利用田湾核电船山二期爆破工程和田湾核电站 2 号核岛与拟建的 3 号核岛间的已有减震沟作为实验模型。

爆破开挖区为含岩块二长浅粒岩，岩石致密坚硬，硬度系数 $f=14\sim18$，岩石密度 $2.64t/m^3$，开挖区内岩石节理、裂隙较发育。山体开挖采用深孔台阶爆破，采用乳化炸药耦合装药的方法。减震沟深度 7.6m，上口宽 8.6m，下口宽 6.4m，长 198m。爆破区域与减震沟直线距离为 450m。

本次试验的试验区域为核电站中轴线（核岛中心所在直线）上减震沟前（爆区一侧）的 A 试验区域和减震沟后（保护目标一侧）的 B 试验区域，具体位置见图 1 和图 2。

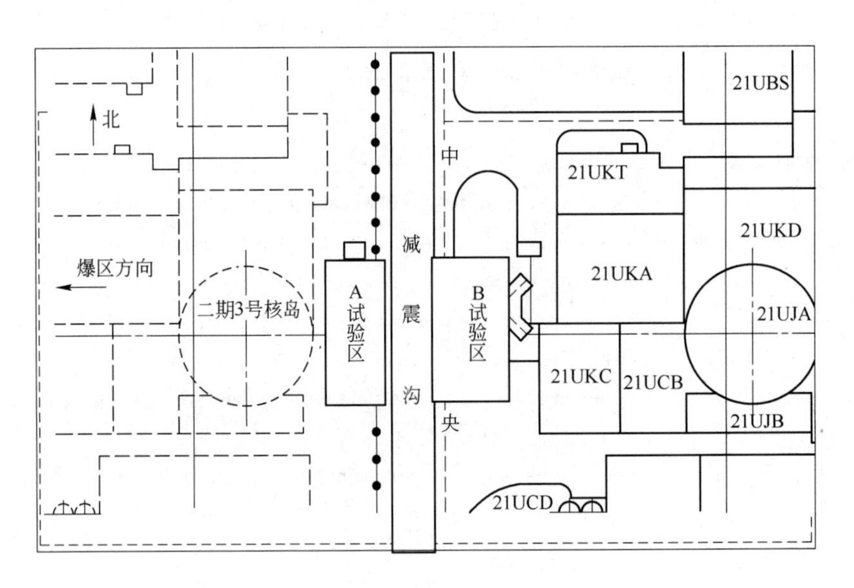

图 1　减震沟与试验研究区域相关位置示意图

本次试验研究减震沟相邻区域内爆破地震波的传播规律，具体研究地震波的变化规律和减震沟的减振作用，对起爆区域没有特殊的要求，只要满足一定起爆药量，能够使研究区域内的爆破地震仪触发即可，对爆破的高程等可以不细究。田湾核电扩建工程山体爆破所产生的爆破地震波满足本次试验的要求。

因为减震沟长度相对于本次试验的试验区域来说较长，所以本次试验可不考虑减震沟两头所衍射的地震波对本次试验的影响。

图2　减震沟与保护目标图

3　数据采集

本次试验为了满足减震沟相邻区域内爆破地震波传播规律研究的分析要求，选择在A、B试验区域内密集设点采集数据。

试验采用EXP-3850爆破振动测试仪和891-Ⅱ型传感器。根据试验需要在减震沟前设置一个测点A01、A02，距离减震沟分别为10m、3m；减震沟后设置四个测点分别为B01、B02、B03、B04，距离减震沟分别为6m、15.5m、41.5m、231m。

选择的试验炮次分析数据见表1。

表1　田湾核电减震沟实验各炮次振动加速度测量值

150炮次振动加速度测量值 g							
测点编号	距爆心距离/m	垂直向（V）		东西向（R）		南北向（T）	
		峰值/g	主频/Hz	峰值/g	主频/Hz	峰值/g	主频/Hz
A01	862.5	0.0153	65.9	0.0307	54.0	0.0411	40.2
A02	870.5	0.0149	64.6	0.0327	54.2	0.0398	43.4
B01	886.9	0.0101	29.9	0.0147	13.8	0.0081	17.6
B02	896.4	0.0224	36.8	0.0334	18.0	0.0268	13.9
B03	924.1	0.0051	245.7	0.0141	16.7	0.0167	15.1
B04	1114.1	0.0025	244.3	0.0085	40.2	0.0101	41.9

151炮次振动加速度测量值 g							
测点编号	距爆心距离/m	垂直向（V）		东西向（R）		南北向（T）	
		峰值/g	主频/Hz	峰值/g	主频/Hz	峰值/g	主频/Hz
A01	491.4	0.0195	51.1	0.0463	58.8	0.0252	23.4
A02	499.4	0.0183	51.2	0.0429	50.8	0.0280	23.5
B01	515.8	0.0105	24.0	0.0186	14.4		
B02	525.3	0.0236	23.5	0.0374	17.1	0.0398	17.2
B03	553.0	0.0046	22.3	0.0118	17.1	0.0185	15.4
B04	743.0			0.0083	14.5	0.0108	46.9

续表 1

152 炮次振动加速度测量值 g							
测点编号	距爆心距离 /m	垂直向（V）		东西向（R）		南北向（T）	
		峰值/g	主频/Hz	峰值/g	主频/Hz	峰值/g	主频/Hz
A01	709.4	0.0076	244.8	0.0152	42.7	0.0186	57.6
A02	717.4	0.0802	202.0	0.0102	49.2	0.0176	56.0
B01	733.8	0.0045	30.6	0.0076	15.6	0.0046	18.0
B02	743.3	0.0120	32.8	0.0101	15.6	0.0124	15.4
B03	771.0	0.0027	33.6	0.0068	15.4	0.0093	15.4
B04	961.0	<0.0050		<0.0050		<0.0050	

153 炮次振动加速度测量值 g							
测点编号	距爆心距离 /m	垂直向（V）		东西向（R）		南北向（T）	
		峰值/g	主频/Hz	峰值/g	主频/Hz	峰值/g	主频/Hz
A01	788.8	0.0007	80.4	0.0179	48.3	0.0206	43.4
A02	796.8	0.0076	202.0	0.0183	47.9	0.0197	43.4
B01	813.2	0.0070	28.9	0.0133	14.6	0.0046	14.6
B02	822.7	0.0156	31.6	0.0252	14.8	0.0162	14.7
B03	850.4	0.0038	245.7	0.0107	43.0	0.0134	14.8
B04	1040.4	0.0022	245.9	0.0043	24.9	0.0078	24.9

4　数据分析

4.1　实验数据整体分析

实验采用毫秒延期微差爆破技术进行爆破作业，因为所用毫秒延期导爆管雷管精度在 ±10ms 左右，高段位毫秒延期导爆管雷管误差在 ±25ms 左右，所以作业时选择隔段毫秒延期雷管，这样有效地避免了串段现象和各段的波峰叠加现象，保证了波形的独立性，满足试验中波形分析要求。

因爆区中心与 A01 点的最小距离均大于 490m，大于 200Hz 频率的信号在这个距离上已被大量衰减，可不考虑装药形式、起爆方式等对试验数据波形的影响。

四个试验炮次的各点爆破振动的加速度峰值如图 3 所示。

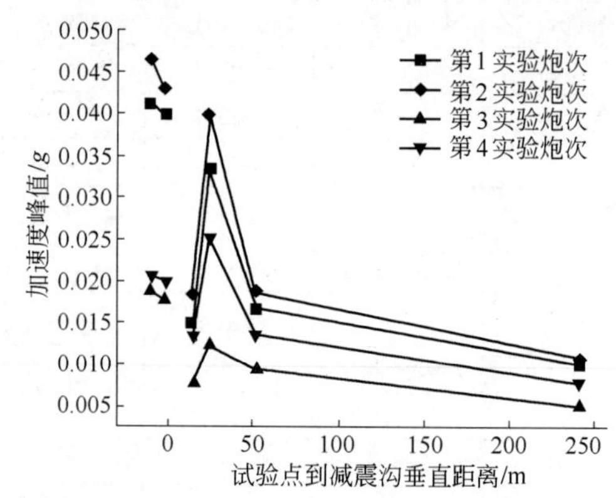

图 3　四个试验炮次加速度峰值随距离变化曲线图

从实验炮次所采集的数据表 1 和图 3 可以看出，减震沟前 A 试验区域内爆破振动的加速度峰值变化较小，符合当地地震波随距离衰减的规律；减震沟后 B 试验区域内，爆破振动的加速度峰值在一个炮次内 B01 点总小于 B02 点的值，B02、B03、B04 点的值依次衰减。通过比较减震沟前后各点加速度峰值所对应的振动频率可以看出，减震沟前 A 试验区振动频率主要集中在 40～60Hz 之间，减震沟后 B 试验区振动频率主要集中在 10～20Hz 之间，减震沟对爆破地震波的降频作用较为明显。

根据试验数据总体分析，几个不同 试验炮次的 试验结果遵循一定的变化规律，选取第一 试验炮次（150 炮次）所测数据为例进行详细的分析。根据爆破地震波传播规律：爆破地震波的水平径向振速大于垂直向振速，两者的比值随测点与爆源的距离加大而加大，随着药量的加大而加大。所以取各试验点的水平向振动加速度波形进行分析。

因试验进行过程中，背景噪声与测试的爆破地震波的加速度信号相比幅值较小，背景噪声对信号的影响也相应较小。为保证信号的完整性，本文对所测得的 试验数据没有对背景噪声做滤波处理，均采用原始数据进行处理和分析。

4.2 实验数据时域分析

对第一试验炮次（150 炮次）减震沟前后相邻区域内各试验点的试验数据进行水平向加速度波形的对比分析，如图 4 所示。

图 4 所示为 150 炮次减震沟前后 A、B 试验区域内测点 A01、B01、B02、B03、B04 所对应的水平向爆破振动加速度波形图。

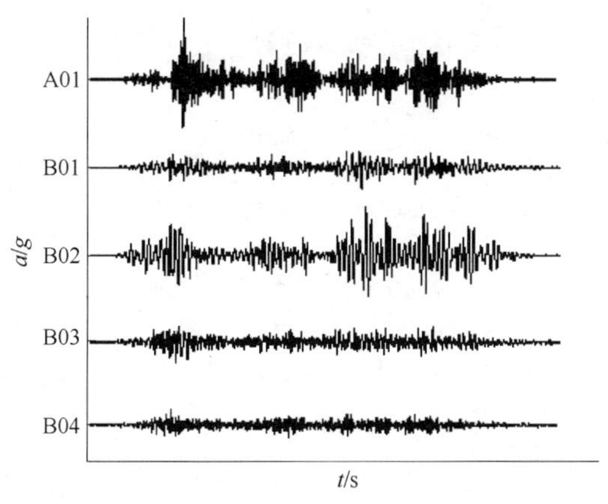

图 4 150 炮次减震沟前后各点爆破振动加速度波形图

通过各点爆破振动加速度波形图对比分析可知：减震沟前 A 试验区域内的 A01 点波形的幅度要大于减震沟后 B 试验区域内各点波形的幅度，A01 点的波形比 B 试验区域内各点的波形能够更加清楚地分辨毫秒延期微差起爆的延期段，减震沟对波形起到了削减和钝化的作用；通过对减震沟后 B 试验区域内的 B01、B02、B03、B04 的水平向振动加速度波形图可以看出，减震沟后的 B 试验区域内随着与爆区距离的增加，爆破振动加速度峰值先增加再衰减，即证明了减震沟后面屏蔽区域的存在。从以上分析可以看出，爆破地震波在减震沟相邻区域内能量传递变化的过程，爆破地震波传播到减震沟位置时被有效地阻隔，部分波通过沟底区域的衍射和反射作用传播到减震沟的另一侧，作用在地面质点的能量先增加，再呈指数衰减。

4.3 实验数据频域分析

对各试验点的试验数据进行快速傅里叶变换（FFT），分别得出幅度谱和功率谱曲线图，分析各点的频谱关系，见图 5 和图 6。

图 5 和图 6 所示为 150 炮次减震沟前后 A、B 试验区域内测点 A01、B01、B02、B03、B04 所对应的水平向爆破振动加速度幅度谱和功率谱曲线图。

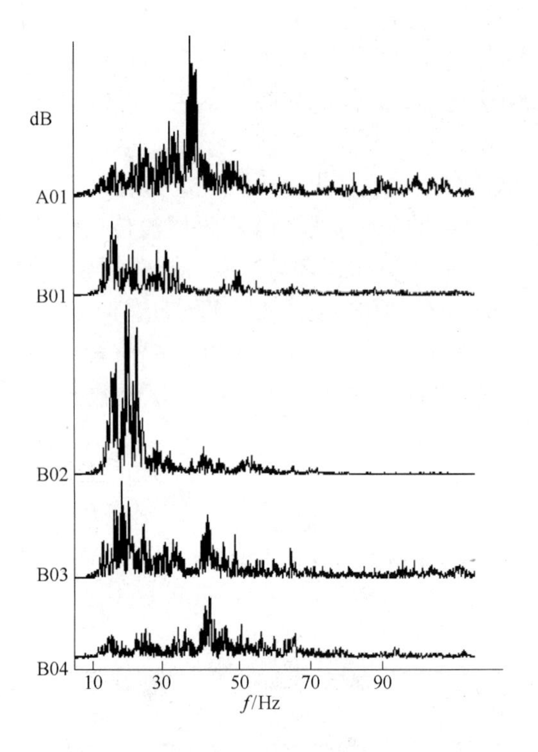

图 5　150 炮次减震沟前后各点幅度谱曲线

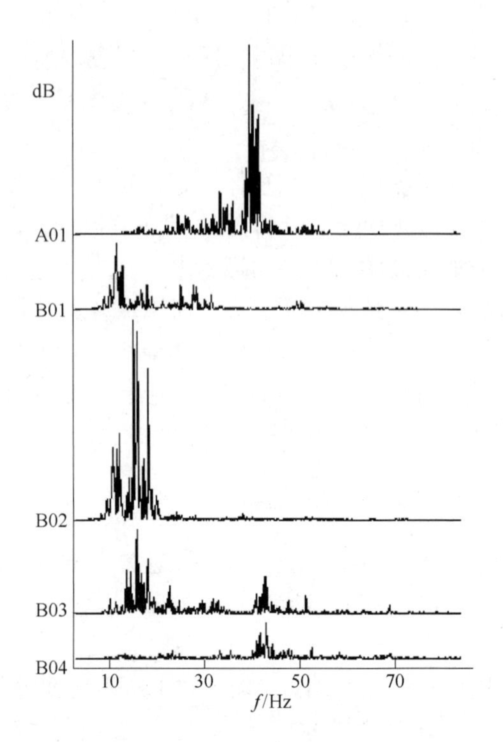

图 6　150 炮次减震沟前后各点功率谱曲线

对各点的频谱对比分析可知：减震沟前 A 试验区域内试验点 A01 爆破地震波的主振频带集中在 40 ~ 50Hz 之间，减震沟前后 B 试验区域内测点 B01、B02、B03 爆破地震波的主振频带集中在 10 ~ 20Hz 之间，试验点 B04 爆破地震波的主振频带恢复到 40 ~ 50Hz 之间与试验点 A01 较为接近，但能量幅值试验点 B04 比试验点 A01 低一个数量级。

通过比较可以看出，减震沟对爆破地震波的主振频带有明显的降低作用，但超过一定距离以后（本次试验 B04 与减震沟距离为 233.5m），减震沟的降频作用表现不明显。

根据瑞利波传播的特点对减震沟的降频作用进行分析：试验场地为含岩块二长浅粒岩，夹有少量绿泥石片岩（构造部位），岩石致密坚硬，硬度系数 $f = 14 \sim 18$，岩石密度 $2.64\mathrm{t/m^3}$，开挖区内岩石节理、裂隙较发育，S 波速为 2750 ~ 3200m/s。此处取 $C_S = 3000\mathrm{m/s}$ 进行分析。

瑞利波的波速约为横波的 0.92 倍，即 $C_R = 0.92C_S = 2760\mathrm{m}$。

相对于 $f = 40\mathrm{Hz}$ 的瑞利波波长：

$$\lambda_1 = 69\mathrm{m}$$

相对于 $f = 15\mathrm{Hz}$ 的瑞利波波长：

$$\lambda_2 = 184\mathrm{m}$$

根据相关理论，传播方向位移的振幅随着距表面距离的增加而降低，衰减的速度决定于频率，当深度达到 0.193 倍时，振幅就变为零[13]。

$$0.193\lambda_1 = 13.3\mathrm{m}$$

$$0.193\lambda_2 = 35.5\text{m}$$

垂直于表面的运动亦随着距表面的距离而变化。当距离增加，振幅首先增加，当达到波长（$\upsilon = 0.25$）的0.076倍时深度达最大，然后就单纯地下降。当距离等于一个波长时，振幅已经下降到它表面的值的0.19倍，波频愈高下降愈快。

$$0.076\lambda_1 = 5.244\text{m}$$

$$0.076\lambda_2 = 13.984\text{m}$$

通过以上计算分析可以得出结论，相对于本实验模型，减震沟对爆破地震波的降频作用，原因为减震沟对40~50Hz之间主振频带的波的有效阻隔；而对于10~20Hz之间的波其波长较长，其传播过程中能量分布距离地表的距离较大，能量衰减较高频的波慢，减震沟对其阻隔作用也较小。

通过上述分析可以得出，减震沟的开挖深度可通过所要阻隔的爆破地震波的主振频带来计算确定。但工程施工时需考虑所进行的爆破工程的特点、现场条件、开挖成本等因素来确定减震沟的具体开挖深度。相对于本试验模型，减震沟前相邻的A试验区域内A01点的主振频带在40~60Hz之间，所以减震沟的开挖深度达到约8m深时较为合适。

5 结论

减震沟后相邻区域内爆破地震波传播受减震沟的影响明显。通过对减震沟前后相邻区域内爆破地震波传播的现场试验结果的分析，减震沟对爆破地震波的传播起到了很好的阻隔作用，对一定距离后的加速度峰值削减较为明显；减震沟后相邻区域内质点的加速度峰值随着与减震沟距离的增加，存在一个突变的区域，先增加然后再呈指数衰减。本文中减震沟后地面质点爆破振动加速度的最大值出现在离减震沟约两倍减震沟深度的距离上。减震沟对爆破地震波有明显的降频作用，在减震沟的作用下，爆破地震波的主振频率有明显的衰减，但沟后较大距离上爆破地震波的主振频率会增加并接近沟前区域的主振频率。

当爆破区域与保护目标间距离一定时，根据减震沟后相邻区域内爆破地震波的传播规律，减震沟的开挖位置不能离保护目标太近，必须避开减震沟后能量激增的屏蔽区域和避免该区域内的低频振动对建（构）筑物的破坏作用。本文所研究的减震沟与保护目标之间的最佳距离为46.5m左右，约为6倍的减震沟深度。

参考文献

[1] 胡修文，朱瑞赓，等. P波与沟槽填充介质的作用研究[J]. 爆破，2002，19(3)：4~7.
[2] 蔡路军，马建军. 预裂爆破减震机理及效果分析[J]. 中国矿业，2005，14(5)：56~62.
[3] 蒋伯杰，易长平，等. 减震槽减震效果的动力有限元数值模拟研究[J]. 中国农村水利水电，2004，8：89~91.
[4] 杨伟林，杨柏坡. 爆破地震动效应的数值模拟分析[J]. 地震工程与工程振动，2005，25(1)：8~13.
[5] 郭涛. 爆破震动减震沟减震效应的试验及数值模拟研究[D]. 南京：解放军理工大学工程兵工程学院，2007.
[6] 朱振海，杨永琦. 沟槽对建筑物减震作用的动光弹研究[J]. 爆炸与冲击，1989(1)：55~59.
[7] 卢文波，赖世驱，等. 岩石钻爆开挖中预裂缝的隔震效果分析[J]. 爆炸与冲击，1997(3)：

193 ~ 198.
[8] 方向，高振儒，等. 减震沟对爆破震动减震效果的实验研究[J]. 工程爆破，2002，8(4)：20 ~ 23.
[9] 娄建武，龙源，等. 爆炸波传播的沟槽效应及分析[J]. 矿冶工程，2004，24(1)：11 ~ 15.
[10] 娄建武，龙源. 预裂缝减震作用下爆破地震波的频谱特征分析[J]. 爆破，2004，22(3)：1 ~ 4.
[11] 林大超，施惠基，等. 爆炸地震效应的时频分析[J]. 爆炸与冲击，2003，23(1)：31 ~ 36.
[12] 邹亦芳. 预裂缝和减震槽减震效果的爆破实验研究[J]. 爆破，2005，22(2)：96 ~ 99.
[13] 叶序双. 爆炸作用基础[M]. 南京：解放军理工大学工程兵工程学院，2001.

地下矿山减振控制爆破技术研究

刘为洲　杨海涛

（中钢集团马鞍山矿山研究院有限公司，安徽马鞍山，243004）

摘　要：为减少矿山爆破振动对周围建筑物的影响，采用三种综合爆破减振技术，根据理论分析及现场试验，确定最佳的爆破参数。实践表明，爆破振动速度比实施该技术前降低了20%以上，试验结果与理论计算基本一致。

关键词：爆破振动；减振；控制爆破

Research on Control Blasting of Reduction Vibration in Mines

Liu Weizhou　Yang Haitao

(Sinosteel Maanshan Institute of Mining and Research Co., Ltd., Anhui Maanshan, 243004)

Abstract: In order to reduce blasting vibration effects on surrounding buildings, three comprehensive techniques of control blasting were adopted to reduce vibration. Blasting parameters were calculated according to explosive theory and tests. The engineering practice indicated that the blasting vibration velocity reduce more than 20% compared to before it is carried out. The experiment result was in concordance with the result of theoretic calculation.

Keywords: blasting vibration; reduction vibration; control blast

1　引言

地下矿山爆破对周围建筑物的影响越来越受到重视，爆破振动效应影响是矿山经济效益和安全生产的重要因素。本文以爆破及振动理论分析与实践相结合，提出三种地下矿山减振控制爆破技术，并广泛应用到矿山的生产爆破中，取得良好的减振效果。

2　爆破工艺参数

地下矿山大多数采用无底柱分段崩落采矿方法，分段高度一般为15m，进路间距一般为20m。

矿山采矿主要采用孔径ϕ78mm的垂直向上扇形孔，边孔倾角为55°，穿孔时炮孔孔底距离采空区保持0.5～1.5m之间，密集系数在2.0左右，孔底距2.5～3.4m；排间距1.6m。单位炸药消耗量保持在0.28～0.33kg/t之间。矿山使用装药器，通过高压风把乳化颗粒状炸药用橡塑软管吹送到炮孔中去，采用微差雷管起爆孔内炸药。

3 减振控制爆破技术研究

爆破振动强度受装药量、爆心距、爆破矿岩工程地质、岩性、爆破方法、穿爆参数、地形等诸多因素的影响。本文采用三种综合减振控制爆破技术，即微差顺序起爆技术（降低最大段起爆药量）、合理的微差间隔时间、调整装药结构技术（孔底减振措施）。

3.1 微差顺序起爆技术

微差顺序起爆目的是在不影响爆破质量前提下降低最大起爆段药量，即减少同时起爆的孔数。

矿山先爆破扇形孔中部的掏槽孔，然后再爆破边孔；一般同时起爆的掏槽孔数大部分为4孔，最大段药量300kg；爆破引起地面的振动速度与药量呈正相关关系，即最大段药量越大，振动速度也就越大，合理选取最大段药量就能控制爆破振动的幅值，起爆顺序见图1。

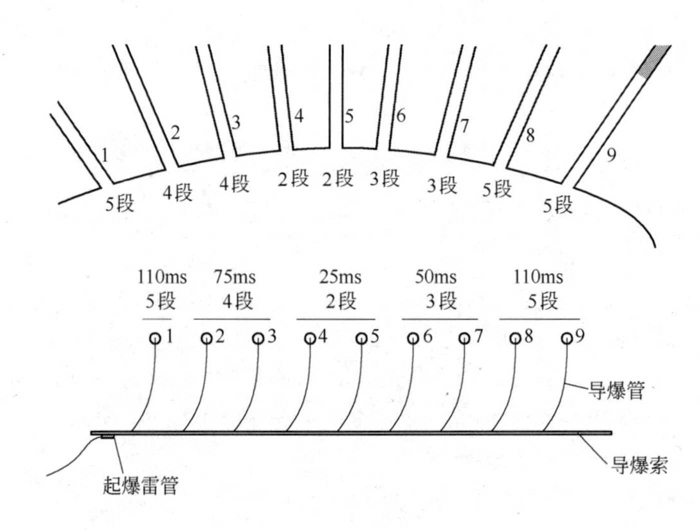

图1 起爆顺序图

与过去生产爆破采用4孔同时起爆的掏槽孔爆破方法相比，起爆段药量降低50%，由此可推断，在相同条件下，与采用的同时起爆4孔（掏槽孔）的爆破方式相比爆破振动降低了20%以上。

3.2 合理的微差起爆延迟时间

在微差爆破中，最佳的延迟时间不但能改善破岩质量，而且还能显著地降低爆破振动效应；先爆炮孔爆破后，刚刚开始脱离原岩体形成新的自由面，后继炮孔再起爆，此时的延迟时间是最合理的。

在微差顺序爆破中，既改善破岩质量，又能减振的合理延迟时间应大于20ms，通常在20～60ms之间，多数为20～40ms。合理的延迟时间是和抵抗线大小有密切关系的函数。我们采用国外应用的一种新的研究方法（即单孔爆破地震波分析法）。单孔爆破地震波分析法原理为：在距单孔爆破点一定的距离记录下单孔爆破的地震波形，输入计算机，按一定时间间隔做出一系列叠加合成的地震波曲线图，从中确定出地震效应最小的最佳延迟时间。

设定穿孔、装药条件及传播途径相同，且从各炮孔产生的应力波具有再现性。将记录的爆破波形输入计算机，通过设计的计算机程序模块及编制的计算机软件，根据单孔波形图，从 1ms 增量直至 80ms 延时，做出一系列叠加合成的地震波曲线图，并从中确定出振动最小的最佳间隔时间，见图 2。

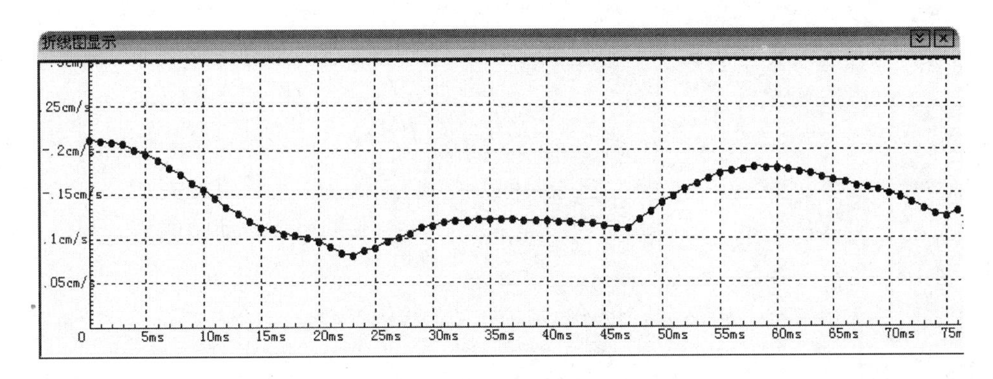

图 2　最大振动速度与微差时间的变化关系图

从图 2 中可以看出，合理的延时爆破时间为 23ms，初始的单孔最大振幅为 0.0711cm/s，延时 23ms 叠加后最大振幅为 0.0607cm/s，因此确定合理延迟时间为 25ms。

3.3　孔底间隔装药减振

目前我国间隔装药技术一般应用于露天矿山的中深孔爆破，在地下矿山的中深孔爆破中，使用间隔装药技术来改善爆破质量、降低爆破振动的几乎没有。本文采取地下中深孔缓冲减振爆破技术，采用孔隙率大的泡沫塑料间隔，基本相当于空气间隔装药。

现运用爆轰波理论，通过不同装药结构分析对比，讨论炮孔底部压力变化及其作用效果。

理论上，爆炸作用的初期过程是在爆轰压力作用下，炮孔壁向外产生膨胀趋势至破裂。为了简化分析过程，假定在爆轰波传到空腔段（柔性垫层）岩石过程中，空腔段（柔性垫层）不变形。

连续装药时，炸药爆炸产生的能量直接作用在岩石上，炸药传播到岩石中的压力为：

$$P_r = \frac{2\rho_r C_r}{\rho_r C_r + \rho_e C_e} P_J \tag{1}$$

式中　P_r——炸药传播到岩石中的压力；

ρ_r——岩石密度；

C_r——岩石纵波速度；

ρ_e——初始炸药密度；

C_e——炸药纵波速度；

P_J——C-J 面压力。

孔底间隔装药时，炸药爆炸产生的能量首先传入空腔段（柔性垫层），再由空腔段（柔性垫层）传入岩石，炸药传播到空腔段（柔性垫层）中的压力为：

$$P_{空} = \frac{2\rho_{空} C_{空}}{\rho_{空} C_{空} + \rho_e C_e} P_J \tag{2}$$

式中　$P_{空}$——炸药传播到空腔段（柔性垫层）中的压力；

$\rho_{空}$——空气密度；

$C_{空}$——空气纵波速度。

经空腔段（柔性垫层）传入岩石中的压力为：

$$P'_r = \frac{2\rho_r C_r}{\rho_r C_r + \rho_2 C_2} P_{空} \tag{3}$$

式中　P'_r——空腔段（柔性垫层）传入岩石中的压力；

ρ_2——空腔压力传入岩石时空腔密度；

C_2——空腔压力传入岩石时空腔纵波速度。

为了简化分析过程，假定爆轰作用过程在一维平面状态下，爆轰产物的膨胀为等熵绝热膨胀，则 C-J 面压力为：

$$P_J = \frac{1}{K+1} \rho_e D^2 \tag{4}$$

式中　K——系数，通常取 3；

D——炸药爆速。

矿山所用炸药为粒状铵油炸药，爆速 3200m/s，装药密度 1.10g/cm³，代入式（4）得：

$$P_J = 11.26\text{GPa}$$

根据矿山矿岩物理力学性质，矿石坚固性系数 $f = 12 \sim 14$，其波阻抗 $(14 \sim 16) \times 10^6 \text{kg}/(\text{m}^2 \cdot \text{s})$，这里取 $15 \times 10^6 \text{kg}/(\text{m}^2 \cdot \text{s})$，即 $\rho_r \cdot C_r = 15 \times 10^6 \text{kg}/(\text{m}^2 \cdot \text{s})$；炸药波阻抗取 $3.5 \times 10^6 \text{kg}/(\text{m}^2 \cdot \text{s})$，即 $\rho_e \cdot C_e = 3.5 \times 10^6 \text{kg}/(\text{m}^2 \cdot \text{s})$；空气波阻抗 $\rho_{空} \cdot C_{空} = 438.6 \text{kg}/(\text{m}^2 \cdot \text{s})$；由于间隔段所占比例很小，$\rho_2 \cdot C_2$ 近似于 $\rho_e \cdot C_e$；代入式（1）和式（3），计算得：

$$P_r = 18.26\text{GPa} \quad P'_r = 4.07\text{GPa}$$

由于间隔段所占比例很小，以上分析计算按弹性介质考虑，在高压下计算值与实际值可能有所偏差，但误差不大。由以上计算可知，在没有空腔段（柔性垫层）的情况下，应力和能量直接传播到岩石上呈放大效应，而当空腔存在时，传入岩石的峰值压力大幅降低，岩石内各点受到的压应力随距离和时间的变化而变化，但有空腔段（柔性垫层）时各点压应力比连续装药时要小，从而起到了降低爆破振动速度的作用。

4　综合降振技术措施的现场试验与测试

4.1　微差顺序爆破降低最大段药试验及测试

正常爆破时，在同时起爆 4 孔（最大段药量 302.5kg），总装药量为 600kg，而微差减振爆破时，同时起爆2孔（最大段药量154.5kg），总装药量为600kg，在相同的测点测得振动速度进行对比，详见表1。

表1 不同最大段药量下振动速度对比表

项 目	地表测点1	地表测点3	井下测点4	井下测点6
正常爆破振动速度/$cm \cdot s^{-1}$	0.0737	0.0491	0.3451	1.0699
减振爆破振动速度/$cm \cdot s^{-1}$	0.0545	0.0386	0.2053	0.6227
减振率/%	26.05	21.38	40.51	41.79

从表1可看出，采用减少最大段药量一半时，地表测点的振动速度降20%以上，井下测点的振动速度降低40%以上。

4.2 孔底降振措施试验及测试

正常装药结构时的最大段药量为238.5kg，总装药量为650kg，在相邻的作业面进行孔底间隔装药爆破，最大段药量为240kg，总装药量为650kg，每段别之间延时25ms，各测点的振动速度对比具体见表2。

表2 不同装药结构下振动速度对比表

项 目	地表测点1	地表测点3	井下测点4	井下测点6
正常装药振动速度/$cm \cdot s^{-1}$	0.3640	0.2204	0.4223	0.3435
间隔装药振动速度/$cm \cdot s^{-1}$	0.3420	0.1984	0.4135	0.3125
减振率/%	6.04	9.98	2.08	9.02

从表2可看出，相同最大段药量下，采用孔底间隔装药时，地表测点和井下测点的振动速度比正常装药明显降低。

根据现场试验结果，目前生产爆破所产生的振动与未采取减振措施之前降低了20%以上，爆破振动得到了大幅度的降低，根据装载情况来看，目前的爆破质量相对原来也有了一定的改善，证明了减振方案的有效性及可行性。综合降振技术措施成本低，工艺简单易懂，便于矿山应用及推广。

5 结论

（1）采用双孔爆破的方案，减少最大段药量，其降振率大于20%，降振效果明显。

（2）首次将孔底间隔装药应用在我国地下矿山生产中，孔底间隔爆破，比正常爆破降振5%～10%，证明采用孔底间隔装药进行降振的措施是切实可行的。

（3）采用单孔爆破的波形分析和现场试验，微差顺序起爆的孔间最佳延迟时间是23ms，建议延迟时间的合理范围为25～50ms。

参考文献

[1] P帕尔罗伊，R B辛，张绪珍，祝玉学．空气间隔爆破及其在生产和预裂爆破中的应用[J]．国外金属矿山．2002(1).

[2] 中国爆破新技术编委会．中国爆破新技术[M]．北京：冶金工业出版社．2008.

[3] 徐国元，古德生．爆破冲击能和膨胀能破岩作用机理研究[J]．金属矿山．1998(7).

[4] 王林，于亚伦．间隔装药对爆破破碎效果的影响[J]．北京科技大学学报．1995(2).